人智交互

以人为中心人工智能的跨学科融合创新

许 为◎主编

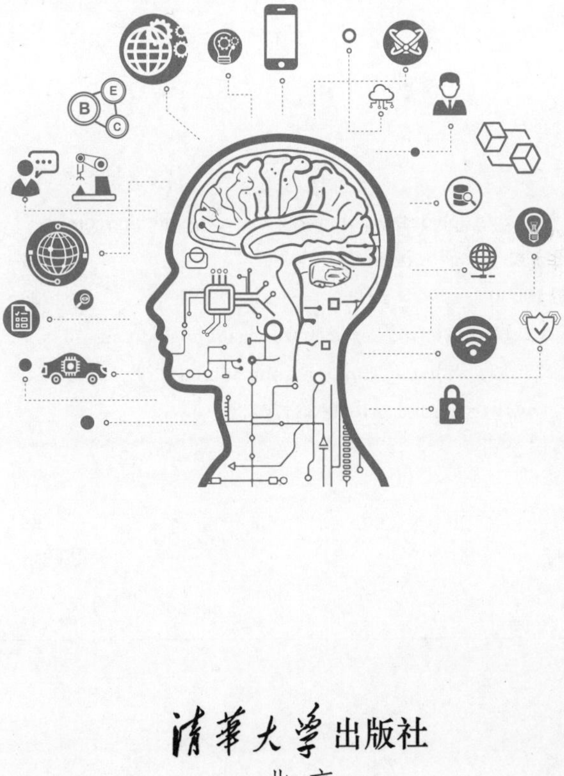

清华大学出版社
北 京

内 容 简 介

人工智能(AI)技术造福了人类，但是如果不恰当地开发和使用，反而会伤害人类和社会。针对 AI 技术的新特征和新挑战，本书系统提出并全面介绍“以人为中心人工智能”的理念、方法和应用。基于“以人为中心人工智能”的理念，本书系统提出“人智交互”(人-人工智能交互) 这一跨学科新领域，定义人智交互的研究对象、方法、关键问题、研究范式取向等。在详细阐述“以人为中心人工智能”新理念和人智交互新领域框架的基础上，本书从理论和方法、专题研究、行业应用三方面介绍近期的相关研究和应用，旨在推动国内相关研究和应用，进一步促进 AI 技术的安全有效发展，使其造福人类，并避免潜在的负面影响。

本书具有创新性、系统性、应用性、时效性等特点，属于人工智能、计算机科学、人机交互、人因工程、心理学和行为科学、设计、用户体验等跨学科领域融合的著作。本书读者广泛，包括但不限于相关领域的从业者、研究者、教师、学生、爱好者、开发者、政策法规工作者等。

本书配套提供彩色图片原图素材，可在本书目录页查看下载方式。

图书在版编目（CIP）数据

人智交互 ：以人为中心人工智能的跨学科融合创新 /
(美)许为主编. -- 北京 ：清华大学出版社，2024. 8.
ISBN 978-7-302-66967-8

Ⅰ. TP18

中国国家版本馆 CIP 数据核字第 2024TJ9949 号

责任编辑：郭　赛
封面设计：杨玉兰
责任校对：郝美丽
责任印制：刘　菲

出版发行：清华大学出版社
网　　址：https://www.tup.com.cn，https://www.wqxuetang.com
地　　址：北京清华大学学研大厦 A 座　　**邮　　编**：100084
社 总 机：010-83470000　　**邮　　购**：010-62786544
投稿与读者服务：010-62776969，c-service@tup.tsinghua.edu.cn
质量反馈：010-62772015，zhiliang@tup.tsinghua.edu.cn
课件下载：https://www.tup.com.cn，010-83470236
印 装 者：三河市铭诚印务有限公司
经　　销：全国新华书店
开　　本：203mm×260mm　　**印　张**：52　　**插　页**：1　　**字　　数**：1400 千字
版　　次：2024 年 9 月第 1 版　　**印　　次**：2024 年 9 月第 1 次印刷
定　　价：218.00 元

产品编号：100442-01

序

1960 年，J.C.R. Licklider 提出人机共生（symbiosis）的理念，阐述了计算机和人类之间将建立一种互相依赖、互相促进的关系。人机交互的方式从打孔纸带、命令行，发展到图形用户界面、触摸和语音交互界面。这一发展过程体现了两个重要趋势，交互媒介从适合机器的结构化数据不断演化至适合人的非结构化数据，这背后是机器感知技术不断发展的结果。同时，受益于数据和算力的持续提升，机器智能水平在不断进步，人机关系也由控制向协作转变。

ChatGPT 的出现标志着 AI 发展中的一次重大转变。利用向量来表征语义，实现知识的可计算性，已成为开启当前人工通用智能（AGI）的关键技术。基于这一进展，机器学习的方法和手段迅速演化。继 ChatGPT 之后，多模态大模型和具身智能迎来了快速发展的时期，成果频出。至此，人机交互已进入一个极为关键的变革阶段，预示着更深层次的互动与协作的可能。

三十多年前，从普适计算的早期研究开始，我就致力于探索计算无处不在的人机交互环境，重点研究其中的自然人机交互，解决人如何自然高效地将意图传递给机器的问题，建立通过“智能感知”实现“自然交互”的研究方法，参与了人机物融合场景下的感知、交互和操作系统的发展。随着研究的深入，我也明确提出，交互必然从接口向协作发展。近年来，我的团队在人机混合方向的研究，深度探索人机之间的沟通、信任和理解问题。

当下，人与 AI 的交互问题变得尤为重要。AI 作为一种新兴的智能形态，已渗透到人类日常生活的各方面，并且一些人类行为研究的方法和视角已被应用于 AI 系统，如机器人行为学等。虽然目前关于 AI 构建技术的资料已十分丰富，但从人的角度探讨人-AI 交互的内容相对较少，也比较分散。但是，这一视角对于确保 AI 发展符合人类需求和价值观至关重要。从人的视角出发研究 AI，不仅是应用的目标，也是推动通用智能发展的关键手段。以 ChatGPT 为例，通过强化学习从人类反馈优化（RLHF）的方法，实现了与人类聊天体验的对齐，迅速赢得了广泛用户的喜爱。然而，这种对齐尚属初级阶段，ChatGPT 在许多生活领域仍无法提供全面可靠的服务。展望未来，AI 将在更多场景中服务于人类，并在与人的交互中不断学习和进化。我们即将面对的是一种能力不断接近甚至超越人类的智能实体。人机协作、人机共生甚至共同进化将成为我们必须关注的重大议题。因此，我们迫切需要从人的视角来指导未来的工作和探索。

本书深入探讨了人与 AI 的交互过程中的各种问题，系统地总结了人智交互的关键议题。许为教授自 2018 年起便致力于以人为中心人工智能（HCAI）的研究，并在与美国工程院院士的合作中不断深化这一领域的研究。2022 年，他们共同发表了《以人为中心人工智能的六大挑战》一文，为 HCAI 研究提供了重要的理论支持。在本书中，许为教授将自己对 HCAI 的理解融入一个全面的理论框架中，并对涉及的学科领域进行了系统性设计。此外，本书还汇集了我国多个研究团队在人机交互和人工智能领域的前沿思想与实践，展示了我国人智交互领域的最新研究成果。这本书包含了迄今为止关于人智交互最全面的介绍，对于对此领域感兴趣的读者来说，这本书是极具价值的阅读材料。

史元春

青海大学校长，清华大学计算机科学与技术系教授

中国人工智能学会会士，中国计算机学会会士

中国计算机学会人机交互专业委员会原主任

前言

我们有幸迎来了一个基于人工智能（AI）技术的智能时代。随着 AI 技术造福人类，人们也开始意识到不恰当地开发和使用 AI 会伤害人类和社会。我自 20 世纪 80 年代起从事人因科学（包括人因工程、工效学、工程心理学、人机交互、认知工程等）的研究，人因科学崇尚“以人为中心”的理念。40 多年前，当人类刚进入计算机时代时，“以人为中心”理念的提倡促进了人因科学新领域（人机交互、用户体验等）从无到有的发展壮大和传统人因科学领域（人因工程、工程心理学等）的与时俱进。实践表明，倡导和实践“以人为中心”的理念在新技术的发展初期尤为重要，AI 技术也不例外。相比核能和生化技术，AI 技术的开发和使用是一种去中心化的全球现象，入门门槛相对较低，使得人类对 AI 技术的控制越加困难，其双刃剑效应对人类和社会表现得更为显著。因此，合理地开发和使用 AI 技术就显得尤为重要，“以人为中心人工智能”（human-centered AI，HCAI）理念也应运而生。HCAI 强调在设计、开发和使用 AI 技术的过程中充分考虑人的需求、价值、智慧、能力、作用、隐私、公平等因素，通过有用的、可用的、负责任的、可扩展的、人类可控的 AI 技术，最大限度地发挥 AI 技术的潜能，提升人类的能力，造福人类和社会，避免伤害人类，更不能取代人类。

我自 2018 年开始考虑 HCAI 的相关问题。作为全球最早提出 HCAI 理念框架的学者之一，我在美国计算机学会（ACM）2019 年的期刊上系统地提出了一个 HCAI 理念框架，该论文目前已是高被引文献。我与 Ben Shneiderman 教授（美国工程院院士）和 Gabriel Salvendy 教授（美国工程院院士）等的合作进一步加深了对 HCAI 的认识，我们与全球 23 位学者共同发表了《以人为中心人工智能的六大挑战》(*Six Human-Centered AI Grand Challenges*）一文（2022）。自 2019 年以来，我陆续提出了一些新的理论和框架，包括基于人智组队(human-AI teaming）合作的智能时代新型人机关系、人智协同认知系统(human-AI joint cognitive systems)、人智协同认知生态系统(human-AI joint cognitive ecosystems)、智能社会技术系统（intelligent sociotechnical systems）、HCAI 方法论框架、智能时代的人因科学研究新范式等。

进入智能时代后，我们研究的对象已不再局限于基于传统非智能化计算技术的人机关系，AI 技术带来了一系列新特征，包括智能自主化、学习和认知、机器行为演进、协同合作等特征，同时也带来了潜在的负面影响和风险的新挑战。此“机”非彼“机”，我们需要跳出固有的思维框架，采用新的思维方式和方法来充分利用 AI 技术新特征，从而应对 AI 技术带来的新挑战。基于多年的研究和思考，我在 2000 年系统地提出了基于 HCAI 理念的“人智交互”（human-AI interaction）这一跨学科新领域。“人智交互”中的“智”是指基于 AI 技术的智能系统、产品、应用和服务等。在智能时代，人们在日常工作和生活中越来越多地与 AI 技术进行交互。2021 年，相关论文也在中国人工智能学会会刊《智能系统学报》第 4 期发表，并引起积极反响，我也凭借该论文获得该年度的优秀作者奖。人智交互是对现有“人机交互”（human-computer interaction，HCI)学科领域的扩展。

人智交互新领域的提出将促使人们注重 AI 技术的新特征和新挑战，推动 HCAI 理念在 AI 研究和应用中的贯彻实施；人智交互新领域也提供了一个跨学科合作的平台，通过优势互补，在传统思维和方法的基础上充分利用 AI 技术的潜能，采用创新思路和方法，共同研发以人为中心的 AI 技术。

有关 HCAI 和人智交互的研究在国际上方兴未艾，我国在这方面的研究和应用仍有待深入开展。为进一步倡导 HCAI 理念和人智交互在我国的研究和应用，我在 2022 年萌发了编写一本这方面的图书的想法。鉴于该领域的跨学科特征，由我一个人来承担这本书的编写显然是不现实的，因此由我主编并与跨学科作者合作便是最佳选择。2022 年年末，我与清华大学出版社共同发布了图书征稿函，并得到了各学科专业人员的积极响应。限于篇幅，我们最终决定总共不超过 37 章。尽管如此，本书的页数还是远超出了一般图书的篇幅。来自 28 个单位的 96 位作者参与了本书的撰写，包括多位海外学者，他们来自人工智能/计算机、心理学、人机交互、人因工程、设计、自动控制、机械工程、制造、医学、法律等专业领域。这些作者既有从事理论和方法研究的，也有从事专项问题研究以及跨行业应用的。本书内容涉及的应用领域包括航空、航天、医疗、康复、教育、制造、自动驾驶、教育等。这样一个作者群本身就已经充分表明了 HCAI 和人智交互为智能时代的跨学科融合创新提供了协同合作的平台。

本书以 HCAI 理念为主线，从以下四部分来全面反映围绕 HCAI、人智交互研究和应用的最新成果。

第一篇　概论。本篇由我撰写。本篇阐述 HCAI 的框架，其中包括 HCAI 理念、设计目标、设计原则、实施路径、方法论；阐述提出 HCAI 理念的意义、实施 HCAI 理念的策略和行动。本篇也阐述人智交互新领域的框架，其中包括研究对象、范围、意义、方法、流程以及研究范式取向。基于这些内容，本书从以下三方面系统介绍最新的研究和应用成果。

第二篇　理论与方法。基于 HCAI 理念，本篇收集了人智交互研究的基本理论和方法，这些基本理论和方法融合了 AI/计算机、心理学、人因工程、人机交互、设计、伦理与法律等领域的研究，为开展人智交互研究和应用提供了理论及方法论基础。

第三篇　专题研究。作为一个新领域，人智交互必然需要对一些重要问题展开深入研究，为全面开展人智交互研究提供参考。本篇收集了围绕 HCAI 理念和人智交互领域的一系列专题研究成果。

第四篇　行业应用。人智交互研究必须展示其社会应用价值,从而进一步推动 HCAI 理念的实施和人智交互领域的研究。本篇收集了来自航空、航天、交通、医疗、康复、教育、制造等行业的应用成果，体现了实施 HCAI 理念、开展人智交互研究和应用的社会价值。

本书具有以下特点:

- 创新性。作为第一部学术专著详细阐述了 HCAI 新理念和方法，并提出了人智交互的跨学科新领域，所提出的一系列理论和方法具有原创性，有助于指导今后进一步开展这方面的研究和应用。
- 系统性。融合跨学科理论和方法，全面呈现了从中心理念到基本理论与方法、专题研究以及行业应用的成果，提供了一个系统化的领域体系架构，有助于全面了解 HCAI 和人智交互的理念、方法、技术和应用。
- 应用性。基于理论与方法、专题研究、行业应用三篇的内容，本书为读者呈现了 HCAI 和人智交互的一些初步应用成果，有助于指导 HCAI 理念的实施和开展人智交互应用研究，从而展示其社会价值。

- 时效性。 AI 技术的研究和应用目前如火如荼,同时潜在的负面影响也引起人们越来越多的关注。 本书的出版有助于为优化 AI 技术研究和应用提供新的思路和方法，有助于为开展这方面的工作提供指导。

作为主编，我在图书征稿函中首先提出了本书的主题、架构、章节题目；在章节提纲编写阶段初审、复审了作者提出的章节提纲；在内容编写阶段初审、复审了章节初稿。 另外，每章均经过了至少两位同行的评审，最终的统稿工作由我负责审定。 此过程虽然费时费力，有些章节还几易其稿，但这是一个主编与各章作者通过观念碰撞、互相学习最终达成共识的跨学科协同合作过程，从而保证了各章内容紧扣主题及其学术质量。

本书的出版离不开大家的帮助和支持。 我首先要感谢所有作者，没有他们的努力，就没有本书。 感谢中国科学院院士、浙江大学心理科学研究中心主任麻生明教授、浙江大学葛列众教授和高在峰教授对本书写作的鼓励和支持。 感谢以下专家在选题、组稿或撰写等方面的支持: 青海大学校长、清华大学史元春教授；中国科学院软件研究所原总工程师戴国忠研究员；中国科学院心理研究所原所长傅小兰研究员；中国科学院心理研究所党委书记孙向红研究员；中国工程院院士、浙江大学杨华勇教授；中国航天员中心航天员系统副总设计师王春慧研究员；哈尔滨工程大学副校长於志文教授；欧洲人文和自然科学院外籍院士、哈尔滨工业大学刘洪海教授；中国科学院自动化研究所原副所长王飞跃研究员；日本工程院院士、日本高知工科大学任向实教授等。 感谢史元春教授为本书撰写的推荐序。 感谢以下专家的推荐语: 美国国家工程院院士、Purdue 大学 Gavriel Salvendy 教授；傅小兰教授；任向实教授；中国人类工效学会理事长、东北大学郭伏教授。

我还要感谢近 80 位审稿专家，他们的审稿意见保证了本书内容的学术质量。 我要特别感谢本书的责任编辑郭赛，一年多前，当我提出本书的构想时，立刻获得了郭编辑的积极响应，没有他的努力，本书不可能出版。 还要感谢清华大学出版社的编辑团队，是他们的辛勤工作保证了本书的质量。 感谢我的科研助理朱田牧在同行评审、封面图案设计、校对等方面的工作。

在这里，我还要感谢我的导师——浙江大学教授、中国人因科学早期开拓者朱祖祥先生。 40 年前，朱先生有意招收工科本科生作为他的工程心理学研究生，我有幸成为他的第一批研究生，从此，朱先生为我打开了一辈子要去追求的大门。 感谢我的博士生导师——美国人因与工效学会（HFES）前主席、美国迈阿密大学 Marvin Dainoff 教授，他为我打开了另一扇大门。

我也想在这里感谢我的家人，感谢他们几十年来对我一如既往的爱和支持。

最后，HCAI 和人智交互研究及应用尚处于起步阶段，本书提出的一些理论、技术、方法等还不成熟，对于一些关键研究题目，本书仅仅提出了问题，仍有待于今后的研究。 AI 技术的发展日新月异，本书大部分章节均在大半年以前完成，因此内容可能没有涉及一些新出现的问题，希望读者提出宝贵意见。 作为一个新的理念和方法，HCAI 和人智交互本身也需要不断提升。 我希望本书能够起到抛砖引玉的作用，推动我国这方面工作的开展。 进入智能时代后，只要我们持之以恒的努力，“以人为中心人工智能” 理念在全社会深入人心的那一天同样也会到来。

许 为

2024 年 4 月

主编简介

许为教授，浙江大学心理与行为科学系和浙江大学心理科学研究中心兼职教授，国际人因学会(IEA)、美国人因与工效学会(HFES)、美国心理科学学会(APS)三会会士，全球顶尖IT企业资深研究员、首席工程师(人因科学)、IT人机交互技术委员会主席，国际标准化组织(ISO)人-系统交互技术委员会(TC159/SC4)成员，ISO TC159/SC4标准起草工作组(WG6)成员，中国计算机学会(CCF)人机交互专委会执委，中国心理学学会(CPS)工程心理学专委会成员，中国人类工效学会(CES)认知工效学专委会成员，HFES人-AI-机器人组队/航空人因工程/认知工程与决策专委会成员；研究领域为人因科学，其中包括人因工程、工程心理学、人机交互、认知工程、用户体验等；美国迈阿密大学人因科学博士(1997)、计算机科学硕士(1997)，浙江大学(原杭州大学)工程心理学硕士(1988)，中国地质大学应用地球物理学学士(1982)。

1985年师从中国人因科学领域早期开拓者朱祖祥先生。20世纪80—90年代初期间，从事航空人因科学研究和应用；40年来一直在国内外高校、全球顶尖IT和航空企业(波音、英特尔等公司)从事人因科学领域的研究、设计、开发以及标准制定工作，为大型民用飞机提供人因科学研究、设计和适航认证等方面的专业合作；主持或参与众多国际、国家、省部级、企业合作等重要研究和开发项目，获众多研究和设计奖项，诸多成果已应用在国内外多种飞机型号和IT系统中；主持或共同起草ISO/ANSI/Boeing/Intel等20多部国内外人因科学技术标准，其中包括国际标准ISO 9241-210、ISO 9241-220、ISO 9241-230、ISO 9241-810、ISO 9241-812等；任*IEEE Transactions on Human Machine Systems*副主编、*International Journal of Human-Computer Interaction*等人因科学核心期刊编委；出版和发表大量著作及论文，其中包括图书《工程心理学》(教材)、《用户体验：理论与实践》(教材)、《人因科学》(学术专著，拟2024年年末出版)，参与编写5部人因科学英文图书；在人因工程、心理学、航空、人机交互、计算机/AI等领域的核心期刊上发表了大量论文；发起和主持编辑*HCI Innovations in China*中国国家专刊(IJHCI，2024年第8期)。

自2018年以来，致力于"以人为中心人工智能(HCAI)""人智交互"等新兴领域的相关研究，获中国人工智能学会(CAAI)会刊2022年度优秀作者奖；作为全球最早提出HCAI理念框架的学者之一，系统地提出了HCAI理念框架(2019)和"人智交互"新领域(2020)，与Ben Shneiderman院士、Gavriel Salvendy院士等全球26位学者共同起草《HCAI白皮书》(2022)；提出一系列新理论、模型和框架，其中包括智能时代人智组队式(human-AI teaming)合作的新型人机关系(2020)、人智协同认知系统(human-AI joint cognitive systems)(2021)、人智协同认知生态系统(human-AI joint cognitive ecosystems)(2022)、智能社会技术系统(intelligent sociotechnical systems)(2022)、HCAI方法论(2023)、智能时代的人因科学研究新范式(2023)、智能时代的"用户体验3.0"范式(2023)等；共同发起和起草针对智能系统的国际人因科学技术标准*Ergonomics Issues of Robotic, Intelligent, and Autonomous Systems*(ISO 9241-810)(2020)、*Ergonomics of Human-Intelligent Systems Interaction*(ISO 9241-812)(2023)。E-mail：weixu6@yahoo.com，xuwei11@zju.edu.cn。

章节作者

		第一篇　概论	
第 1 章	“以人为中心人工智能”新理念	许为	浙江大学心理与行为科学系，浙江大学心理科学研究中心
第 2 章	“人智交互”跨学科新领域	许为	浙江大学心理与行为科学系，浙江大学心理科学研究中心
		第二篇　理论与方法	
第 3 章	人类认知和行为的计算建模	王鑫泽，伍海燕	澳门大学认知与脑科学研究中心、心理学系
第 4 章	人机融合智能	刘伟	北京邮电大学人工智能学院
第 5 章	数据与知识双驱动式人工智能	王昊奋，王萌	同济大学设计创意学院
第 6 章	以人为中心的感知计算	王倩茹，李青洋，郭斌，於志文	西北工业大学计算机学院，西安电子科技大学计算机科学与技术学院
第 7 章	多通道人机协同感知与决策	杨明浩，赵永嘉	中国科学院自动化研究所类脑智能研究中心，北京航空航天大学虚拟现实技术与系统全国重点实验室
第 8 章	以人为中心的可解释人工智能	周建龙，陈芳	悉尼科技大学数据科学研究院（澳大利亚）
第 9 章	以人为中心的社会计算	叶佩军，王飞跃	中国科学院自动化研究所，复杂系统管理与控制国家重点实验室
第 10 章	人智交互的工程心理学问题及其方法论	张警吁，张亮，孙向红	中国科学院心理研究所，中国科学院大学心理学系
第 11 章	人智组队式协同合作的研究范式取向	高在峰，高齐	浙江大学心理与行为科学系
第 12 章	人智交互中的人类状态识别	刘烨	中国科学院心理研究所，中国科学院大学心理学系
第 13 章	人智交互的心理模型与设计范式	孙楚阳，朱田牧，王灿，唐日新	南京大学心理学系，浙江理工大学心理学系
第 14 章	人智交互的神经人因学方法	李小俚，赵晨光，陈贺，李英伟，闵锐，顾恒	北京师范大学(珠海)认知神经工效研究中心
第 15 章	人智交互中的机器行为设计与管理	谭浩，张迎丽，吴溢洋	湖南大学设计艺术学院
第 16 章	人智交互语境下的设计新模态	薛澄岐，肖玮烨，王琳琳	东南大学工业设计系
第 17 章	人智交互设计标准	赵朝义	中国标准化研究院基础所，国家市场监管重点实验室(人因与工效学)
第 18 章	以人为中心的人工智能伦理体系	莫宏伟	哈尔滨工程大学智能科学与技术学院
第 19 章	人类可控人工智能：“有意义的人类控制”	刘成科，牛敏，葛燕	安徽农业大学区域国别研究中心

续表

第三篇　专题研究			
第 20 章	以人为中心人工智能的算法助推	Shin,Donghee(申東熙)	德克萨斯理工大学媒体与传播学院（美国）
第 21 章	以人为中心的智能推荐	纪凌云，张大力，张嘉伟，郝爽	上海交通大学安泰经济与管理学院
第 22 章	脑机接口和脑机融合	赵莎，王跃明，潘纲	浙江大学脑机智能全国重点实验室、计算机科学与技术学院、求是高等研究院
第 23 章	可穿戴计算设备的多模态交互	王运涛	清华大学计算机科学与技术系
第 24 章	人-机器人交互	任沁源，郎奕霖，程茂桐，朱文欣	浙江大学控制科学与工程学院
第 25 章	元宇宙与虚拟现实中的人智交互	佟馨，易鑫，曹嘉迅	昆山杜克大学数据科学研究中心，清华大学网络科学与网络空间研究院
第 26 章	基于人工智能技术的人类智能增强	王党校，田博皓，余济凡	北京航空航天大学虚拟现实技术与系统全国重点实验室
第 27 章	智能座舱中的驾驶行为建模	李欣璘，吴昌旭	清华大学工业工程系
第 28 章	人工智能＋辅具	胡芸绮，孙芹，王俨，王甦菁	中国科学院心理研究所，中国科学院大学心理学系
第 29 章	伦理化人工智能规范与治理	张吉豫，杜佳璐	中国人民大学法学院
第四篇　行业应用			
第 30 章	智能驾驶的人车协同共驾	由芳，付倩文，王建民	同济大学艺术与传媒学院、设计创意学院
第 31 章	以飞行员为中心的智能化民用飞机驾驶舱	张炯，曾锐，张弛	中国商用飞机公司北京民用飞机技术研究中心
第 32 章	载人航天中的人-智能系统联合探测	王春慧，付艳，薛书骐	中国航天员科研训练中心人因工程全国重点实验室
第 33 章	以患者为中心的智慧医疗	马婷，叶辰飞	哈尔滨工业大学(深圳)电子与信息工程学院、国际人工智能研究院
第 34 章	以儿童为中心的自闭症人工智能辅助诊疗	王志永，王新明，陈博文，聂伟，张瀚林，刘洪海	哈尔滨工业大学(深圳)机电工程与自动化学院，机器人技术与系统国家重点实验室
第 35 章	基于人工智能的智慧康复与无障碍设计	郭琪，吕杰，郭潘靖，王多多，李雨珉，汪瑞琴，徐浩然	上海健康医学院康复学院，上海理工大学健康科学与工程学院
第 36 章	以人为中心构建虚实融合的教育元宇宙	段勇	中国联想研究院
第 37 章	人本智造：从理念到实践	王柏村，白洁，谢海波，杨华勇	浙江大学机械工程学院、高端装备研究院

目录

本书配套提供彩色图片原图素材，可扫描下方二维码获取下载地址（https://www.wqyunpan.com/preview.html?id=412780）。

第一篇 概论

第1章 "以人为中心人工智能"新理念 ········ 3
1.1 引言 ········ 3
1.2 AI的双刃剑效应 ········ 4
1.3 "以人为中心人工智能"理念 ········ 5
1.3.1 AI发展的"人的因素"新特征 ········ 5
1.3.2 "以人为中心人工智能"的框架：理念、目标和实施路径 ········ 7
1.3.3 "以人为中心人工智能"的设计原则 ········ 14
1.3.4 "以人为中心人工智能"的方法论 ········ 16
1.4 "以人为中心人工智能"理念的意义 ········ 17
1.5 "以人为中心人工智能"理念的实施 ········ 21
1.5.1 分层式HCAI实施策略 ········ 22
1.5.2 跨层面的实施策略 ········ 23
1.5.3 跨行业的实施行动 ········ 25
1.6 本书的贡献和架构 ········ 27
参考文献 ········ 28
第2章 "人智交互"跨学科新领域 ········ 31
2.1 引言 ········ 31
2.2 人-智能系统交互的新特征 ········ 31
2.2.1 人-智能系统交互与传统人机交互的对比 ········ 31
2.2.2 AI带来的新型人机关系——人智组队 ········ 33
2.2.3 跨学科协同合作的必然性 ········ 34
2.3 人智交互新领域 ········ 36
2.3.1 "人智交互"新领域的提出 ········ 36
2.3.2 人智交互领域框架：理念、关键问题、范围及方法 ········ 37
2.3.3 提出"人智交互"新领域的意义 ········ 38
2.4 人智交互领域框架详述 ········ 39
2.4.1 基本理论与关键问题 ········ 39
2.4.2 跨学科方法 ········ 42
2.4.3 跨AI全生命周期的流程 ········ 43
2.4.4 跨学科团队 ········ 47
2.5 人智交互研究的范式取向 ········ 48
2.5.1 人智协同认知系统的研究范式取向 ········ 49
2.5.2 人智协同认知生态系统的研究范式取向 ········ 51
2.5.3 智能社会技术系统的研究范式取向 ········ 52
2.5.4 人智交互研究范式取向的意义 ········ 54
2.6 总结与展望 ········ 57
参考文献 ········ 57

第二篇 理论与方法

第3章 人类认知和行为的计算建模 ········ 63
3.1 引言 ········ 63

3.2 认知和行为计算建模的两种思路 …… 64
3.3 认知和行为计算建模流程和模型选择 …… 65
3.4 基础认知与行为过程的计算建模 …… 69
3.4.1 视知觉中的计算建模 …… 69
3.4.2 规则表征和推理 …… 72
3.4.3 语言和概念表征 …… 73
3.4.4 记忆和学习机制 …… 73
3.5 社会认知与行为过程的计算建模 …… 74
3.6 总结 …… 79
参考文献 …… 80
第 4 章 人机融合智能 …… 83
4.1 人机融合智能研究 …… 83
4.1.1 人机融合智能概述 …… 83
4.1.2 人机融合智能的关键——人 …… 87
4.1.3 人机融合智能中机的自主性 …… 91
4.2 人机融合智能的应用 …… 92
4.2.1 基于人机融合的智控辅助决策 …… 92
4.2.2 ChatGPT：人机融合智能的初级产品 …… 95
4.3 人机融合智能展望 …… 97
4.3.1 人-机-环境系统 …… 97
4.3.2 人机融合智能趋势预测 …… 98
参考文献 …… 100
第 5 章 数据与知识双驱动式人工智能 …… 102
5.1 引言 …… 102
5.2 数据驱动的人工智能 …… 103
5.2.1 关键技术 …… 103
5.2.2 数据驱动的人工智能应用现状与挑战 …… 109
5.3 知识驱动的人工智能 …… 110
5.3.1 关键技术 …… 111
5.3.2 知识驱动的人工智能应用现状与挑战 …… 114
5.4 数据知识双驱动的人工智能 …… 116
5.4.1 纯数据驱动的人工智能系统的局限性和挑战 …… 116
5.4.2 数据和知识双驱动的人工智能技术优势及典型应用 …… 117
5.4.3 数据驱动和知识驱动的人工智能的融合方法及发展趋势 …… 119
5.5 总结 …… 123
参考文献 …… 123
第 6 章 以人为中心的感知计算 …… 128
6.1 引言 …… 128
6.2 以人为中心的感知模型 …… 129
6.3 传统智能感知计算 …… 130
6.4 群智感知计算 …… 132
6.5 人-机协作感知计算 …… 134
6.6 关键技术 …… 136
6.7 总结及展望 …… 140
参考文献 …… 141
第 7 章 多通道人机协同感知与决策 …… 147
7.1 引言 …… 147
7.2 多通道信息融合的人机协同感知 …… 148
7.3 面向人机协同的交互学习 …… 154
7.3.1 小样本信息处理与融合 …… 155
7.3.2 模仿学习(imitation learning) …… 156
7.3.3 发展趋势和挑战 …… 158
7.4 面向任务的人机协同决策与验证 …… 159
7.4.1 面向人机协同的智能体决策与规划 …… 159
7.4.2 虚实融合的人机协同决策与验证 …… 161
7.5 总结和展望 …… 162
参考文献 …… 163

第 8 章 以人为中心的可解释人工智能 …… 168
8.1 人工智能可解释性 …… 168
8.2 AI 解释方法 …… 170
8.3 AI 生命周期和可解释 AI …… 172
8.4 以人为中心的可解释模型框架 … 174
8.5 应用案例 …… 175
8.6 讨论 …… 180
8.7 总结 …… 181
参考文献 …… 181

第 9 章 以人为中心的社会计算 …… 186
9.1 以人为中心的社会计算概述 …… 186
9.2 以人为中心社会计算的基本方法 …… 187
9.2.1 以人为中心的平行系统 … 187
9.2.2 虚拟人口合成 …… 189
9.2.3 用户个体的认知决策建模 … 192
9.2.4 基于因果推断的用户行为计算实验 …… 195
9.2.5 社会计算的加速技术 …… 198
9.3 社会计算的应用案例 …… 199
9.3.1 以人为中心的城市交通出行诱导 …… 199
9.3.2 以人为中心的社会情境安全 …… 202
9.4 总结与展望 …… 203
参考文献 …… 204

第 10 章 人智交互的工程心理学问题及其方法论 …… 208
10.1 引言 …… 208
10.2 智能时代的工程心理学研究对象 …… 209
10.2.1 智能作为隐藏在幕后的服务提供者 …… 209
10.2.2 人在明确智能体身份的情况下与其进行低卷入的互动 … …… 210
10.2.3 人与智能体组队 …… 211
10.2.4 人接受智能体的管理 … 212
10.3 经典工程心理学方法在智能时代的新应用 …… 213
10.4 新涌现的研究方法 …… 216
10.5 新的设计思路 …… 218
10.6 总结与展望 …… 221
参考文献 …… 222

第 11 章 人智组队式协同合作的研究范式取向 …… 228
11.1 人智组队的由来与含义 …… 228
11.2 人智组队的研究方法 …… 232
11.3 人智组队的研究内容 …… 234
11.3.1 行为层 …… 234
11.3.2 认知层 …… 236
11.3.3 社会认知层 …… 238
11.4 应用分析：以自动驾驶为例 …… 240
11.5 总结与展望 …… 241
参考文献 …… 242

第 12 章 人智交互中的人类状态识别 …… 247
12.1 引言 …… 247
12.2 生理计算 …… 250
12.3 情感计算 …… 255
12.4 交互意图理解 …… 263
12.5 总结与展望 …… 267
参考文献 …… 268

第 13 章 人智交互的心理模型与设计范式 …… 274
13.1 引言 …… 274
13.2 传统人机交互模型 …… 275
13.3 智能时代的人智交互模型 …… 280
13.4 传统人机交互设计范式 …… 287
13.5 人智交互的新范式与新思路 …… 292
13.6 展望 …… 298
13.7 总结 …… 300
参考文献 …… 300

第 14 章 人智交互的神经人因学方法 …… 304
14.1 引言 …… 304
14.2 内源性智能系统 …… 305
14.3 面向认知的智能系统 …… 308

14.4 智能可穿戴、可移动技术 …… 311
14.5 外源性智能系统 …… 314
14.6 总结与展望 …… 317
参考文献 …… 318

第 15 章 人智交互中的机器行为设计与管理 …… 322

15.1 引言 …… 322
15.2 从人的行为到 AI 系统机器行为 …… 323
15.2.1 行为科学与机器行为 …… 323
15.2.2 人的智能与机器智能 …… 325
15.2.3 设计、工程与智能机器行为研究 …… 327
15.3 智能机器行为模型 …… 330
15.4 机器行为的发展 …… 332
15.5 人智交互行为 …… 337
15.5.1 人智融合——人与 AI 系统的相互作用 …… 337
15.5.2 人机协作 …… 339
15.5.3 主动交互 …… 340
15.6 指导原则与设计指南：如何有效管理机器行为 …… 343
15.6.1 智能机器进化对人类的影响：不可预知的行为结果 …… 343
15.6.2 指导原则与设计指南 …… 343
15.7 总结与展望 …… 347
参考文献 …… 348

第 16 章 人智交互语境下的设计新模态 …… 350

16.1 引言 …… 350
16.2 AI 技术与创新思维 …… 351
16.2.1 AIGC 的定义与发展 …… 352
16.2.2 AI 提高创作效率 …… 353
16.2.3 AI 激发创新思维 …… 355
16.2.4 AI 助力设计评价 …… 357
16.3 AI 在设计领域的应用 …… 357
16.3.1 3D 设计中的 AI 应用 …… 357
16.3.2 2D 设计中的 AI 应用 …… 359
16.3.3 其他相关领域与 AI 应用 …… 360
16.3.4 AI 在设计中的创新作用 …… 361
16.4 设计学推动人智系统发展 …… 363
16.4.1 设计学与 AI …… 363
16.4.2 设计学与智能人机界面 …… 366
16.4.3 以智能驾驶为例讨论设计的作用 …… 368
16.5 总结 …… 370
参考文献 …… 371

第 17 章 人智交互设计标准 …… 376

17.1 引言 …… 376
17.2 标准概述 …… 377
17.3 智能人机交互设计标准概述 …… 378
17.4 企业的智能人机交互设计指南简介 …… 383
17.5 总结与展望 …… 388
参考文献 …… 390

第 18 章 以人为中心的人工智能伦理体系 …… 392

18.1 引言 …… 392
18.2 传统伦理与人工智能伦理 …… 393
18.3 人工智能伦理体系结构 …… 395
18.4 人工智能应用伦理(狭义人工智能伦理)主要内容 …… 397
18.5 广义人工智能伦理 …… 400
18.6 “以人为中心”的人工智能工程系统伦理原则 …… 403
18.7 总结 …… 404
参考文献 …… 405

第 19 章 人类可控人工智能：“有意义的人类控制” …… 406

19.1 引言 …… 406
19.2 “有意义的人类控制”的提出背景 …… 407
19.3 “有意义的人类控制”的概念界定与实践框架 …… 409

19.3.1 “有意义的人类控制”的概念溯源 …… 409
19.3.2 何为“有意义的人类控制” …… 410
19.3.3 “有意义的人类控制”的实践框架：追踪与回溯 …… 411
19.4 针对“有意义的人类控制”实施路径的初步研究 …… 412
19.4.1 AI自主化技术的新特征与人类控制 …… 412
19.4.2 有效的人类控制 …… 415
19.4.3 “有意义的人类控制”的跨学科面向和多领域实践 …… 416
19.4.4 MHC认证 …… 416
19.5 走向“有意义的人类控制”——以自动驾驶汽车为例 …… 417
19.5.1 技术嵌入水平与自动驾驶分级 …… 418
19.5.2 基于技术层级的人类控制 …… 419
19.5.3 自动驾驶汽车的“有意义的人类控制” …… 420
19.5.4 “有意义的人类控制”框架下自动驾驶汽车的实践建议 …… 421
19.6 总结与展望 …… 422
参考文献 …… 423

第三篇 专题研究

第20章 以人为中心人工智能的算法助推 …… 429
20.1 使用助推框架设计以人为中心的算法 …… 429
20.2 算法助推有更好的选择吗 …… 432
20.3 算法助推的成本：从黑盒人工智能到透明的成本 …… 433
20.4 算法社会管理：算法行为修正 …… 435
20.5 对算法驱动的助推措施的担忧 …… 437
20.6 反助推：对算法的厌恶与抵制 …… 438
20.7 有意义的控制和算法审计的算法助推 …… 439
20.8 以人为中心的方法 …… 441
20.9 总结与展望 …… 442
参考文献 …… 442

第21章 以人为中心的智能推荐 …… 445
21.1 推荐系统概论 …… 445
21.2 以人为中心的推荐系统概述 …… 449
21.2.1 经典推荐系统 …… 449
21.2.2 以人为中心的推荐系统 …… 450
21.2.3 “以人为中心”与技术的融合 …… 454
21.3 实现路径的探讨 …… 455
21.4 演化融合的路径 …… 457
21.5 总结与展望 …… 459
参考文献 …… 460

第22章 脑机接口和脑机融合 …… 463
22.1 引言 …… 463
22.2 脑机接口技术框架 …… 465
22.3 脑机融合计算模型 …… 468
22.3.1 脑机智能的混合形态 …… 468
22.3.2 智能影子 …… 470
22.4 脑机融合应用实例 …… 471
22.4.1 视觉增强大鼠机器人 …… 471
22.4.2 脑-脑通信大鼠机器人 …… 472
22.4.3 意念控制的四旋翼无人飞行器 …… 474
22.4.4 面向小儿多动症的注意力反馈训练 …… 475
22.5 典型应用与未来展望 …… 477
22.5.1 典型应用场景 …… 477
22.5.2 存在问题和调整策略 …… 479
22.5.3 未来发展方向 …… 481
参考文献 …… 482

第23章 可穿戴计算设备的多模态交互 …… 484
23.1 引言 …… 484

23.2 以人为中心的智能穿戴交互设计 …… 485
23.3 智能穿戴交互的传感器基础 …… 488
23.4 可穿戴计算设备上的多模态交互 …… 490
23.4.1 手指触控交互 …… 491
23.4.2 手部动作交互 …… 492
23.4.3 头部动作交互 …… 494
23.4.4 眼睛动作交互 …… 495
23.4.5 可穿戴设备上其他交互模态 …… 496
23.5 智能穿戴交互的未来发展与挑战 …… 497
23.6 总结 …… 499
参考文献 …… 500

第 24 章 人-机器人交互 …… 506

24.1 引言 …… 506
24.2 面向人-机器人交互需求的机器人设计 …… 507
24.3 人-机器人交互方式 …… 509
24.3.1 接触式交互 …… 509
24.3.2 非接触式交互 …… 510
24.4 人-机器人交互中的应用 …… 513
24.4.1 工业机器人中的人-机器人交互 …… 513
24.4.2 服务机器人中的人-机器人交互 …… 517
24.5 总结与展望 …… 523
参考文献 …… 524

第 25 章 元宇宙与虚拟现实中的人智交互 …… 532

25.1 引言 …… 532
25.2 虚拟现实与元宇宙中的智能人机交互技术 …… 535
25.2.1 人类情感的智能感知 …… 535
25.2.2 用户自然交互意图的智能推理 …… 537
25.2.3 面向人类感知认知能力的交互界面智能优化 …… 539
25.3 虚拟现实与元宇宙中基于临场感的“人-智-人”技术应用和机遇挑战 …… 541
25.3.1 虚拟环境中的临场感概念 …… 541
25.3.2 基于临场感的“人-虚拟环境”优化：达到虚拟与现实的认知“共鸣” …… 543
25.3.3 元宇宙中的多人交互研究与进展 …… 545
25.3.4 元宇宙中的隐私、伦理和可访问性研究进展 …… 547
25.4 机遇与挑战 …… 548
25.5 总结 …… 550
参考文献 …… 550

第 26 章 基于人工智能技术的人类智能增强 …… 557

26.1 引言 …… 557
26.2 理论基础 …… 560
26.3 研究现状 …… 562
26.3.1 基于脑刺激的人类认知强化 …… 562
26.3.2 基于神经反馈的人类认知强化 …… 563
26.3.3 基于视听交互任务的人类认知强化 …… 564
26.3.4 基于精细操作任务的认知强化 …… 565
26.4 关键问题 …… 566
26.5 实证研究：基于触觉人机交互的注意力强化 …… 569
26.5.1 面向注意力强化的精细力控制任务范式 …… 569
26.5.2 人类注意力的测量和解码 …… 570
26.5.3 人类注意力闭环调控策略 …… 572
26.6 典型应用：儿童 ADHD 诊断与康复 …… 573

26.6.1 基于多指精细力控制任务的ADHD客观诊断 …… 573
26.6.2 基于多指精细力控制任务的ADHD康复训练 …… 574
26.7 总结 …… 574
参考文献 …… 575

第27章 智能座舱中的驾驶行为建模 …… 581
27.1 引言 …… 581
27.2 人的绩效建模概论 …… 581
27.3 人的绩效建模实例：智能座舱中驾驶行为的数学建模 …… 582
27.4 使用QN-MHP的智能座舱中的驾驶行为建模 …… 584
27.5 人的绩效建模软件仿真 …… 587
27.6 总结与展望 …… 591
参考文献 …… 591

第28章 人工智能+辅具 …… 593
28.1 引言 …… 593
28.2 辅具的历史沿革 …… 594
28.3 AI+辅具发展的社会基础 …… 594
28.4 AI+辅具在残障人士生活中应用的六大方面 …… 595
28.4.1 移动性 …… 596
28.4.2 交互 …… 599
28.4.3 听力 …… 601
28.4.4 视觉 …… 602
28.4.5 生活环境 …… 603
28.4.6 自我护理 …… 604
28.5 AI+辅具设计理念及实现平台 …… 605
28.5.1 以人为本的设计理念 …… 605
28.5.2 AI+辅具的实现平台 …… 608
28.6 总结与建议 …… 608
参考文献 …… 609

第29章 伦理化人工智能规范与治理 …… 615
29.1 引言 …… 615
29.2 人工智能伦理规范与治理发展 …… 616
29.2.1 国际发展情况概述 …… 616
29.2.2 国内发展情况 …… 620
29.2.3 小结 …… 621
29.3 人工智能治理体系 …… 622
29.3.1 人工智能治理的基本原则 …… 622
29.3.2 多元共治格局下的人工智能治理 …… 623
29.4 应用实例 …… 628
29.4.1 算法备案制度 …… 628
29.4.2 企业人工智能自治实践 …… 629
29.5 总结与展望 …… 630
参考文献 …… 632

第四篇 行业应用

第30章 智能驾驶的人车协同共驾 …… 637
30.1 智能座舱中的人车协同驾驶概述 …… 637
30.1.1 人车协同共驾的概念与发展 …… 637
30.1.2 人车协同共驾的核心特征与关键理论 …… 638
30.2 智能驾驶的人车协同感知系统设计 …… 641
30.3 智能驾驶的人车协同理解和预测系统设计 …… 646
30.4 智能驾驶的人车协同决策控制系统设计 …… 650
30.5 总结与展望 …… 656
参考文献 …… 656

第31章 以飞行员为中心的智能化民用飞机驾驶舱 …… 659
31.1 智能驾驶舱发展现状 …… 659
31.1.1 智能驾驶舱在非民机领域的进展 …… 659
31.1.2 智能驾驶舱在民机领域的现状 …… 660

31.1.3 以飞行员为中心的智能驾驶舱需求特点 …… 661
31.2 以飞行员为中心的智能驾驶舱系统设计要求 …… 663
31.2.1 系统功能模块设计 …… 663
31.2.2 智能辅助系统 …… 664
31.2.3 智能生理监测 …… 665
31.2.4 智能人机交互：目的、方式、作用 …… 670
31.3 实例 …… 673
31.4 以飞行员为中心的智能驾驶舱的挑战与展望 …… 674
参考文献 …… 675

第 32 章 载人航天中的人-智能系统联合探测 …… 679

32.1 引言 …… 679
32.2 航天员-智能系统有效整合中的人因技术 …… 682
32.2.1 团队设计与人机功能分配 …… 683
32.2.2 人机协同模式与方法 …… 684
32.2.3 人机交互技术 …… 686
32.2.4 系统设计要求及效能评估 …… 687
32.3 实例：人机交互协同与交互 …… 689
32.3.1 空间机械臂系统 …… 689
32.3.2 星球探测智能系统 …… 690
32.3.3 舱内智能辅助 …… 691
32.4 未来的挑战与展望 …… 692
参考文献 …… 694

第 33 章 以患者为中心的智慧医疗 …… 697

33.1 引言 …… 697
33.2 医疗领域中的人工智能技术前沿 …… 698
33.2.1 自然语言处理技术 …… 698
33.2.2 医学影像处理 …… 699
33.2.3 决策优化与新药设计技术 …… 701
33.3 智能医疗中人与人工智能的交互 …… 702
33.3.1 医疗虚拟助手 …… 702
33.3.2 医疗机器人 …… 704
33.3.3 疾病辅助诊断 …… 705
33.3.4 药物研发 …… 706
33.4 以患者为中心的智能医疗管理与服务 …… 707
33.4.1 院内数据智能管理 …… 707
33.4.2 院外全病程健康管理 …… 709
33.4.3 面向多中心研究的医疗数据管理 …… 710
33.5 以患者为中心的智能医疗应用案例 …… 711
33.6 以患者为中心的智能医疗的挑战与未来 …… 714
参考文献 …… 717

第 34 章 以儿童为中心的自闭症人工智能辅助诊疗 …… 721

34.1 孤独症谱系障碍 …… 721
34.2 自闭症辅助诊疗系统 …… 723
34.3 多模态自闭症行为分析方法 …… 725
34.3.1 基于可穿戴设备信号的自闭症行为分析方法 …… 726
34.3.2 基于非接触式图像视觉信号的自闭症行为分析方法 …… 726
34.3.3 目前多模态自闭症行为分析方法存在的问题 …… 730
34.4 以人为中心的自闭症 AI 辅助诊断 …… 730
34.4.1 硬件系统 …… 730
34.4.2 叫名反应范式 …… 731
34.4.3 指令回应范式 …… 731
34.4.4 共同注意范式 …… 733
34.4.5 食指指点范式 …… 734
34.5 以人为中心的基于 CAVE 系统的自闭症 AI 辅助干预 …… 734
34.6 总结与展望 …… 737
参考文献 …… 738

第 35 章 基于人工智能的智慧康复与无障碍设计 …… 744
35.1 引言 …… 744
35.2 基于人工智能的残障人士辅助 …… 745
35.2.1 基于人工智能的康复辅助设备 …… 745
35.2.2 基于人工智能的康复辅助技术 …… 749
35.2.3 康复辅助技术的人工智能应用(数字化创新) …… 755
35.2.4 康复辅助技术的 5G 拓展 …… 757
35.3 基于人工智能的信息无障碍设计 …… 758
35.4 总结与展望 …… 761
参考文献 …… 763
第 36 章 以人为中心构建虚实融合的教育元宇宙 …… 768
36.1 引言 …… 768
36.2 教育元宇宙 …… 769
36.3 相关工作 …… 770
36.4 设计思路和目标 …… 772
36.5 系统框架与技术范式 …… 773
36.5.1 以人为中心的沉浸互动计算系统框架 …… 773
36.5.2 虚实融合的技术范式 …… 774
36.6 虚实融合教学 …… 776
36.6.1 全息讲台教学 …… 776
36.6.2 全息讲桌教学 …… 781
36.6.3 远程拟真教学 …… 783
36.6.4 镜面互动教学 …… 785
36.7 总结与展望 …… 788
参考文献 …… 789
第 37 章 人本智造：从理念到实践 …… 792
37.1 引言 …… 792
37.2 人本智造 …… 794
37.2.1 人本智造的提出背景以及发展现状 …… 794
37.2.2 智能制造中人的因素 …… 798
37.2.3 人本智造的架构 …… 799
37.3 人本智造核心使能技术 …… 801
37.4 人本智造典型应用 …… 804
37.4.1 人机协作装配 …… 804
37.4.2 新一代操作工 …… 805
37.5 总结与展望 …… 806
参考文献 …… 808

第一篇

概　　论

第1章

“以人为中心人工智能”新理念

▷ 本章导读

人工智能(AI)技术具有双刃剑效应,它造福了人类,但是如果开发不当,则会对人类和社会产生负面影响。在此背景下,以人为中心人工智能(human-centered AI, HCAI)的开发理念应运而生。HCAI是一种将人的需求、价值、智慧、能力和作用置于首位的AI设计、开发、实施理念和方法,确保AI技术服务于人类,提升和增强人的能力,而不是伤害人类,更不是控制和替代人类。HCAI理念目前在国外是AI界的热门课题之一,国内的研究尚未正式开始。为推动HCAI理念在中国的落实,在分析AI技术的新特征和新挑战的基础上,本章将进一步阐述作者在2019年提出的“以人为中心人工智能”框架,其中包括理念、设计目标、主要实施路径以及设计原则,分析提出HCAI理念的意义。然后,提出实施HCAI理念的方法论、策略和行动。最后,概括本书的贡献和架构。AI技术的研发和实施必须遵循HCAI理念,这是贯穿于全书的一条主线。

1.1 引言

人工智能(AI)技术肯定是一项有利于人类和社会进步发展的新技术,并且正在对人类工作和生活的方方面面产生深刻和积极的影响。但是,研究表明,在研发各类面向用户的AI系统、产品和服务(以下简称智能系统或者智能解决方案)中,许多研发人员主要关心技术问题(例如算法),而不重视用户需求和AI对人类的影响(Hoffman et al., 2016; Lazer et al., 2014; Lieberman, 2009)。早在2015年,著名科学家Stephen Hawking和企业家Elon Musk等向社会公开呼吁,如果不考虑人类的角色和作用而盲目开发AI,AI最终将伤害人类(Hawking, Musk et al., 2015)。2023年,针对ChatGPT 3.5和4.0版本的发布,包括图灵奖获得者Yoshua Bengio、苹果CEO Tim Cook、特斯拉CEO Elon Musk在内的3万多人联合签署了一封公开信,进一步表达了对AI可能给人类带来负面影响的担心(Open Letters, 2023)。目前,在AI技术及其应用日益普及的同时,人们对AI技术潜在负面影响的担忧也越来越多,我们必须采取有效的系统化措施。

历史似乎在重复。20世纪80年代,个人计算机刚刚兴起时,计算机应用产品的用户主要是程序员等专家用户,因此,程序员在产品开发中只考虑技术因素,不考虑可用性和用户体验,这种现象被称为“专家为专家设计”(许为,2003)。目前,许多智能系统的研发也面临类似的问题,许多人的关注点集中在技术和算法等方面,而忽略了AI技术给人类和社会可能带来的潜在负面影响。AI“黑匣子”效

本章作者:许为。

应就是一个例子，AI研发人员主要考虑自身的需求，而不是为普通目标用户提供可解释和可理解的AI(Miller et al., 2017)。20多年前，“以用户为中心设计”实践的兴起带动了可用性、用户体验、人机交互(human-computer interaction，HCI)等新领域的兴起和发展。今天，在全社会大力推广和研发AI新技术时，我们再次遇到了是否应该遵循“以人为中心”理念的问题。

在这样的背景下，本章首先分析AI技术的双刃剑效应以及对可持续AI发展带来的新挑战；在此基础上，阐述“以人为中心人工智能”(human-centered AI，以下简称HCAI)的理念、基本设计目标、主要实现途径和设计原则，阐述提出HCAI理念的意义；然后，提出实施HCAI理念的策略和行动；最后，概括本书的贡献和架构。本章讨论的HCAI理念是AI技术研发和实施应该遵循的理念，这是贯穿于全书的一条主线。

1.2 AI的双刃剑效应

AI的双刃剑效应是指合理开发和使用AI会造福人类，但是不合理的开发和使用则将对人类和社会产生负面影响。Yampolskiy等(2019)的研究表明，不恰当的AI技术开发导致了许多伤害人类公平、公正以及安全的事故。AI事故数据库已经收集了1000多起与AI有关的事故(McGregor et al., 2021)，这些事故包括自动驾驶车撞死行人，交易算法错误导致市场“闪崩”，面部识别系统出错导致无辜者被捕等。跟踪AI滥用事件的AIAAIC数据库表明，自2012年以来，AI滥用相关事件的数量增加了26倍(AIAAIC，2023)。

现有研究已经表明AI技术至少具有以下局限性(NAS, 2021；许为，2019，2020)。

- 脆弱性：AI在其编程或训练数据涵盖的范围内表现良好，但是，当遇到与先前学习不同的新行为类别或者不同的数据统计分布时，它可能会表现不佳，而实时学习训练需要时间，可能导致学习周期期间的性能缺陷。
- 感知限制：如果信息输入不正确，则可能破坏AI对高阶认知过程的学习。
- 潜在偏见：有限的训练数据集或数据本身带有的偏见会导致智能系统潜在的输出偏见。
- 不可解释性：机器学习(ML)算法的“黑箱效应”和不透明问题会导致智能系统输出难以解释和理解。
- 无因果模型：ML技术基于简单的模式识别，缺乏因果模式，导致无法理解因果关系，无法预测未来事件、模拟潜在行动的影响、反思过去的行为或学习。
- 开发瓶颈效应：机器智能很难模拟人类高阶认知过程和能力，导致单一开发机器智能的技术路线遇到瓶颈效应。
- 自主化效应：AI的自主化(autonomy)特征可能导致类似自动化技术的人因问题，影响操作员的工作绩效，其中包括自动化困惑、自动化讽刺、情景意识降低、“人在环外”失控、人为决策偏差、手工技能退化等。
- 伦理问题：智能系统会产生包括数据隐私、用户公正和公平在内的一系列问题。
- 独立操作性：AI被证明在复杂的操作环境中表现出了许多问题。在可预见的未来，AI仍不足以在许多复杂和新颖的情况下独立运行，许多任务仍然需要人类执行和管理，以实现其预期的效用。在许多应用场景中，AI无法替代人类，人类需要维持最终的决控权。

AI技术潜在的负面影响可能在各类智能系统的使用中发生。例如，一些利用不完整或被扭曲的数据训练而成的智能系统可能会导致该系统产生有偏见性的“思考”，轻易地放大偏见和不公平等，它们遵循的“世界观”有可能将使某些用户群体陷入不利的地位，影响社会的公平。正因为这些问题，一些 AI 项目最终未能投入使用(Guszcza，2018；Hoffman et al.，2016；Lazer et al.，2014；Lieberman，2009；Yampolskiy，2019)。当越来越多的企业、政府、学校、医疗、服务等机构采用智能决策系统时，具有偏见“世界观”的 AI 决策将直接影响人们日常的工作和生活。人们甚至担心 AI 将来可能排斥人类，人类终将失去控制，智能武器甚至可能会给人类带来灾难。

类似地，核能和生化技术同样具有双刃剑效应。合理利用核能和生化技术可以造福人类，但是不合理地利用核能、生化技术制造和使用核、生化武器，则有可能对人类和社会造成灾难性的后果。然而，核能和生化技术的掌握难度相对比较高，是一种高度中心化的技术，只有少数国家可以掌握。而 AI 技术的开发和使用是一种去中心化的全球现象，门槛相对较低，这就使得对 AI 技术的控制更加困难，因此，合理开发和使用 AI 技术显得更加重要。

综上所述，AI 技术既能造福人类，但也给人类带来了潜在的负面影响。人类在 AI 技术系统开发和使用中仍然具有不可替代的位置，我们需要采用怎样的策略和方法来解决 AI 技术给人类可能带来的负面影响呢？

1.3 “以人为中心人工智能”理念

1.3.1 AI 发展的“人的因素”新特征

AI 技术的发展大致可以分为三个阶段。前两次 AI 浪潮主要集中在科学探索，局限于“以技术为中心”的理念，呈现出“学术主导”的阶段特征。2006 年，深度机器学习、算力、大数据等技术的发展推动了第三次 AI 浪潮的兴起。在第三次 AI 浪潮中，AI 技术研发开始围绕对一系列“人的因素”的考虑展开，以以下几方面为例。

- 用户需求和 AI 落地场景：AI 在一些应用场景中开始满足用户需要，人们开始重视 AI 技术的应用落地场景和对人类有用的解决方案，开发面向用户的应用解决方案、智能人机交互技术、拥有实用价值的智能系统来解决人类和社会的一些实际问题，开始形成一些基于 AI 解决方案的商业模式，这是第三次 AI 浪潮与前两次本质上的不同。
- 人机混合增强智能：AI 界开始考虑引入在智能系统中人的因素和作用，提倡将人与机器视为一个人机系统。例如，吴朝晖、郑南宁、张拔等院士认为，无论机器多么智能，它们都无法完全模拟人类的高阶认知能力，单一孤立地开发机器智能正在成为影响 AI 技术扩展的瓶颈(Zheng et al.，2017；Wu 2017，2019)。他们提倡开发“人机混合增强智能”。例如，“人在环中”(human-in-the-loop)的人机混合增强智能，即将人作为一个计算节点或者决策节点放置于整个智能系统的回路中；“人在环路上”(human-on-the-loop)的人机混合增强智能，即将人类认知模型引入智能系统，开发基于认知计算的人机混合增强智能，或者在人智系统中将人类用户置于监控的位置。
- “数据＋知识”双驱动：以往的 AI 技术主要基于知识库和推理机来模拟人类推理行为(如 IBM 公司的 Deep Blue)，虽然具有较好的可解释性，但是这些系统在知识收集、表达、建模、算法转换和执行方面存在很多问题。第三波 AI 浪潮中基于大数据训练的深度学习虽然通用性强

(如 ChatGPT4),但是也遇到了算法脆弱、大数据和大算力依赖性强、鲁棒性差、不可解释、低可靠性等瓶颈问题(高新波,2023)。张钹院士提出,第三代 AI 需要"数据+知识"双驱动,充分发挥人类知识、数据、算法和算力四要素的作用(张钹等,2020)。

- AI 可解释性: AI 界开始意识到 AI"黑匣子"问题的严重性,智能系统应该确保透明化和可解释化的输出结果,从而帮助用户了解 AI 技术是如何工作和帮助他们做决策的,由此建立用户对 AI 技术的信任(Gunning,2017)。
- 伦理化 AI: 针对越来越多的 AI 伦理化问题,AI 界开始从伦理道德等方面来考虑 AI 对人类和社会的影响,许多政府和企业都发布了伦理化 AI 开发指南,从人类价值、公平公正、数据保护、用户隐私等方面来考虑如何避免 AI 伦理道德方面的问题(Zhou & Chen, 2022)。
- 人类可控 AI: 随着智能技术的发展,在智能机器自主权不断扩大的同时,人类操作主体在关键决策领域也出现不断让渡控制权的形象,由此带来了如何保证人类对智能机器自主决策行为的控制问题。例如,研究者提出了"有意义的人类控制"(meaningful human control)等方法(de Sio & den Hoven, 2018)。

以上这些"人的因素"涉及人的需求、特征、价值、作用、知识和能力,是前两次 AI 浪潮中没有遇到的新问题,也是对现有 AI 研发中专注于技术的开发思维的突破。同时,如 1.2 节所述,AI 双刃剑效应会给人类带来潜在的负面影响。因此,在 AI 研发和实施中,考虑"人的因素"是一个必然的趋势。针对以往孤立的、不可持续发展的"以技术或算法为中心"的 AI 开发思维,采用"以人为中心"的 AI 开发理念有助于克服现有 AI 开发的不足之处,作为对现有 AI 开发技术和方法的一种有效补充手段,可以确保 AI 技术进一步安全和可持续的发展。

综上所述,我们认为第三次 AI 浪潮正呈现出"技术提升+应用解决方案+以人为中心"的阶段特征,这也是 AI 发展的方向(表 1.1)(Xu,2019)。这种阶段特征意味着 AI 技术研发已经不再是一个纯粹的技术工程项目,而是一个超越 AI 和计算机领域界限的跨学科的系统工程,需要一种系统化的开发新理念和设计思维来解决这一系列"人的因素"的新问题(Xu, Dainoff, Ge,Gao,2023)。

表 1.1 AI 三次浪潮的阶段特征

	第一次浪潮 (20 世纪 50 至 70 年代)	第二次浪潮 (20 世纪 80 至 90 年代)	第三次浪潮 (2006 年至今)
主要技术	早期的"符号主义和联结主义"学派,产生式系统,知识推理,专家系统	统计模型在语音识别、机器翻译的研究,人工神经网络在模式识别的初步应用,专家系统	深度学习技术在语音识别、数据挖掘、自然语言处理、模式识别等方面的应用发生突破,大数据技术,算力提升等
用户需求	无法满足	无法满足	开始提供有用的、能解决实际问题的 AI 应用解决方案,智能化人机交互技术提升了人机交互的用户体验
工作重点	技术探索	技术提升	技术再提升,应用解决方案,伦理化 AI,数据+知识双驱动,人机混合增强智能,人类可控 AI,可解释 AI,智能人机交互,用户体验等
阶段特征	学术主导,知识驱动	学术主导	技术提升+应用解决方案+以人为中心

1.3.2 “以人为中心人工智能”的框架：理念、目标和实施路径

针对AI开发中只专注于“以技术或算法”的开发方式以及所暴露出来的一些问题，在AI技术进步的同时，一些研究者开始探索基于“以人为中心”的AI研发理念和方法，他们分别从不同的角度来探索“以人为中心”的方法，试图解决AI新技术带来的一系列与“人的因素”有关的新问题，例如包容性设计（Spencer et al.，2018）、以人为本的计算（Ford et al.，2015）。2018年，斯坦福大学率先成立了“以人为中心AI”的研究中心，该中心追求的目标是通过技术提升与伦理化设计手段，开发出惠及人类的AI技术；AI发展不能只是追求技术，它还必须合乎伦理道德，对人类有益；AI是增强而不是取代人类的技术（Li，2018）。

2019年，许为在国内率先提出了一个系统化的“以人为中心AI”理念框架，他也是国际上最早提出HCAI理念的几位学者之一。其他一些学者也提出了针对HCAI理念的理论和框架，其中包括Shneiderman的HCAI框架（Shneiderman，2020），人文AI设计（Auernhammer，2020），以人为本的可解释AI（Ehsan et al.，2020），以人为中心的机器学习（Kaluarachchi et al.，2021）等。近几年，针对HCAI理念的研究越来越多，目前国外已有20余所大学建立了HCAI研究机构。国内一些AI界人员在AI研发中已经开始考虑“人的因素”（例如，梁正，2021；Zhang et al.，2019；Zhang et al.，2022；Liu et al.，2017；Zheng et al.，2017），但是目前还没有研究提出系统化的HCAI框架或者建立针对HCAI的研究机构。

本书将“以人为中心人工智能（HCAI）”定义为一种将人的需求、价值、智慧、能力和作用置于首位的AI设计、开发、实施理念和方法。HCAI的最终目的是开发出将人的需求、价值、智慧、能力和作用置于首位的“以人为中心”的AI技术（包括基于AI技术的智能系统），确保AI技术服务于人类，提升和增强人的能力，而不是伤害人类，更不是控制和替代人类。

本书所遵循的HCAI理念和方法主要依据许为提出的HCAI框架（见图1.1，Xu，2019；许为，2019）。如图1.1所示，该HCAI框架从“技术-用户-伦理”三大维度提出了AI设计、开发、实施中为实现HCAI理念的基本目标以及主要实施路径。表1.2定义了实现HCAI理念所期望达到的基本目标，表1.3定义了实现HCAI理念和基本目标的主要实施路径。

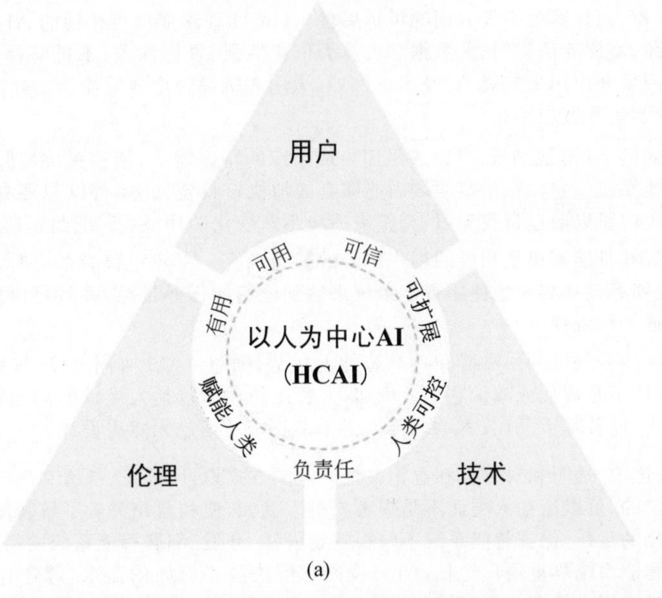

(a)

图1.1 以人为中心AI理念的框架

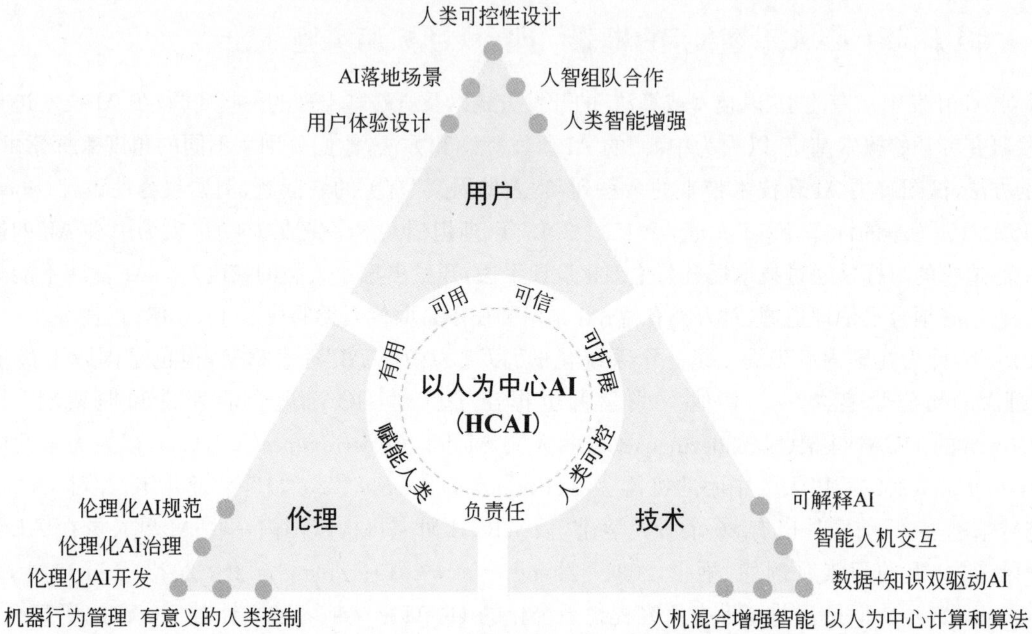

(b)

图 1.1 （续）

表 1.2 实现 HCAI 理念所期望达到的基本目标

基本目标	目标的主要含义
可信的 AI	可以被人类信赖的智能系统，它们的运作和决策是透明公开和可解释的，能够在公正、不带偏见或歧视的情况下做出决策，在一系列条件下可预测、安全的运作，能够保护用户的数据和权利，具备一定的机制使它们(或其开发者/操作者)对其系统行为承担责任，它们的行为与人类的价值观和伦理原则保持一致
可扩展的 AI	智能系统能够在所定义的环境中提供长久的、具备使用价值的效用。可扩展 AI 包括数据、模型、基础设施、算力、计算效率等方面的可扩展性。HCAI 理念强调可扩展的 AI 技术应该能够突破目前的发展瓶颈，克服算法脆弱、大数据和大算力依赖性强、鲁棒性差、不可解释、低可靠性等问题，通过引入人的因素和作用来扩展 AI 技术。例如，采用人机混合增强智能、人类高阶认知能力模拟、"数据＋知识"双驱动等实施路径
有用的 AI	基于有效的 AI 落地场景，可以满足用户或组织的特定需求，能够解决实际问题，并提供实际使用价值的智能系统。它们在指定领域内能够有效地执行特定任务，可以与现有系统集成，并且在一定的操作范围内可以通过自我学习、调整来适应不断变化的环境，长期保持其效用
可用的 AI	用户友好并且能够提供积极的用户体验的智能系统。在使用智能系统时，用户能够理解 AI 系统的输出，能够有效且容易地使用智能系统来达到他们的任务目标，并且可以容易地将智能系统融入日常生活或工作流程中
赋能人类的 AI	智能系统的开发是利用机器和人类智能的优势，通过人-AI 协同合作，增强、补充、扩展人类的能力和潜力，而不是替代或减少它们。例如，人智协同合作包括人类认知增强在内的人类智能增强等方法和技术，以及基于 AI 技术的残障人士辅助技术及信息无障碍设计
负责任的 AI	以伦理、道德、透明和对所有利益相关者有益的方式设计、开发、部署和治理智能系统，确保它们是可靠和安全的，可以造福人类而不是损害人类。例如，使利益相关者了解智能系统是如何做决策的，确保透明化的运作，保证智能系统不歧视特定群体，开发、部署智能系统的组织和个人能够承担其行为负责。智能系统尊重用户隐私，AI 开发能够解决各个群体的需求，遵守有关法规，采用能够保持人类在关键应用中拥有监督和控制权的"人在环中"设计

续表

基本目标	目标的主要含义
人类可控的AI	确保智能系统可以被有效和安全的控制、预测、理解和管理的AI开发和实施方式，防止伤害人类等意外结果，确保AI始终在其开发者或用户定义的范围内行动。例如，保证用户或管理人员可以调整或精细化AI行为，采用“人在环中”设计来确保人类对智能系统行为的监督和控制，确保智能系统不从事不符合社会规范和标准的行为，确保智能系统具备从其错误中学习并实时纠正的反馈循环机制

基于“技术-用户-伦理”三维度，该框架进一步示意了HCAI实施路径、实现HCAI应考虑的“人的因素”以及与HCAI设计目标之间的关系。可见，该HCAI理念框架具有以下三大特征(图1.2)。

(1)“以人为中心”的理念：强调在“技术-用户-伦理”三维度上，在AI研发和实施中将人的需求、价值、智慧、能力、作用置于首位。这些“人的因素”来自AI开发和实施中不同的群体，其中包括使用AI技术的一般人类群体(模型、智能、知识、控制、利益等)、智能系统的目标用户(体验、需求、场景、状态、参与、控制等)、AI研发人员(伦理化研发知识、技能、责任等)等，这些“人的因素”在AI研发和实施的各个环节中都起着重要的作用，而HCAI理念和设计目标的实现正是基于对这些“人的因素”的考虑。在AI研发和实施中，只有充分考虑这些“人的因素”，才能真正落实HCAI的理念。

(2)系统化的设计思维：提倡基于“技术-用户-伦理”三维度系统化融合的设计思维。AI研发如果仅考虑用户和技术而忽略人类伦理(用户公平、隐私等)，AI最终会伤害人类；如果仅考虑用户(体验、需求等)和伦理因素而忽略技术，AI技术会缺乏创新和可扩展性；如果仅考虑技术和伦理而忽略用户(用户需求和应用场景等)，AI最终也不会被用户和市场接受，开发组织也不可能获得经济上的回报。因此，只有采用基于技术、用户、伦理三维度系统化融合的AI研发，才能成功开发出以人为中心的智能系统，即图1.1所示的“技术-用户-伦理”三维度的最佳重合区——以人为中心AI。

(3)可实施的设计目标和路径：定义围绕“技术-用户-伦理”三大维度融合的HCAI设计目标和实施途径。这些具体的HCAI设计目标通过相应的HCAI实施路径来实现，两者之间的对应关系有助于指导AI研发和实施，从而实现HCAI理念所倡导的AI服务于人类、不伤害人类的最终目标。需要注意的是，该框架中提出的许多实现HCAI的实施路径并不是HCAI框架所特有的，但是，该框架把实施路径在“技术-用户-伦理”三维度上融合，强调将“人的因素”置于首位，为实现HCAI理念提出了一个全方位的、可实施的系统化工作框架。

如前所述，“以人为中心”的设计理念始于20世纪计算机普及的初期阶段，因此，严格地说，“以人为中心”的设计理念本身并不是一种新的理念。但是，针对AI技术带来的不同于传统计算技术的新特征、新问题，以及目前AI研发中不注重对“人的因素”的考虑，对目前的AI研发和实施而言，HCAI就是一种AI研发和实施的新理念。虽然许多研究者提出了针对HCAI理念的概念模型和框架(例如，Spencer et al.，2018；Shneiderman，2020；Auernhammer，2020；Ehsan et al.，2020；Kaluarachchi et al.，2021)，但是本书提出的HCAI框架具备以上三大特征，有助于克服现有研究中的不足之处，为HCAI理念和如何实现该理念提出了新的思路和框架，为进一步推广和实现HCAI理念提供了可操作的工作框架。

需要强调的是，HCAI理念是实现以人为中心智能系统的必要条件，它是对现有AI设计、开发、实施技术和方法的一种有效补充。HCAI理念的实现需要跨学科的全面合作，只有贯彻和落实HCAI理念，才能促使AI这一新技术全面地造福于人类，避免伤害人类。

表 1.3　实现 HCAI 理念和基本目标的主要实施路径

HCAI 三维度	实现 HCAI 的主要实施路径	主要实施路径描述	实施路径中考虑的“人的因素”	期望达到的 HCAI 主要目标							本书相关章节（部分）
				有用的 AI	可用的 AI	赋能人类的 AI	可信的 AI	可扩展的 AI	负责任的 AI	人类可控的 AI	
技术	以人为中心的计算和算法	将人类价值和需求整合到计算中（例如，以人为中心的感知计算、社会计算、算法助推、推荐系统）；通过基于有效算法模拟人类高阶认知能力，开发更强大的机器智能	人类价值、认知能力	x				x			人类认知与行为计算建模（第 3 章） 多通道人机协同感知与决策（第 7 章） 以人为中心的算法助推（第 20 章） 以人为中心的社会计算（第 9 章）
	人机融合增强智能	开发融合“人在环内”和“人在环上”机智的人机融合增强智能，利用人机智能的优势互补开发强大的、可扩展的、人类可控的 AI	人的角色、功能	x				x		x	人机融合智能（第 4 章） 脑机接口与脑机融合（第 22 章）
	“数据＋知识”双驱动 AI	通过知识图谱等技术将人类专家知识融入 AI 技术，实现“数据＋知识”双驱动 AI 来克服 AI 发展的瓶颈（如对大数据依赖性强、推理和可解释性不足）	人类智慧、知识	x				x			数据与知识双驱动的人工智能（第 5 章）
	可解释 AI	采用“以人为中心的可解释 AI”方法，开发可解释的 AI 算法和可解释的 UI 模型，为目标用户提供透明且易于理解的 AI	用户体验、知识、理解、信任	x	x		x				以人为中心的可解释 AI（第 8 章）
	智能人机交互	通过对用户生理、认知、意向、情感等状态的建模，开发有效、自然的人机交互技术，推进创新 AI 解决方案和用户体验	用户需求、状态	x	x	x					元宇宙与虚拟现实中的人机交互（第 25 章） 可穿戴计算设备的多模态交互（第 23 章） 人-机器人交互（第 24 章） 人智交互中的人类状态识别（第 12 章）

续表

HCAI 三维度	实现 HCAI 的主要实施路径	主要实施路径描述	实施路径中考虑的“人的因素”	期望达到的 HCAI 主要目标							本书相关章节(部分)
				有用的 AI	可用的 AI	赋能人类的 AI	可信的 AI	可扩展的 AI	负责任的 AI	人类可控的 AI	
用户	用户体验设计	通过有效的交互和用户体验设计方法和流程,开发满足用户需求且易学易用的智能系统	用户需求、体验	x	x						智能时代的工程心理学问题及其方法论(第 10 章) 人智交互的心理模型与设计范式(第 13 章) 人智交互语境下的设计新模态(第 16 章)
	AI 落地场景	挖掘有效的 AI 落地场景,确保智能系统有用并且能帮助目标用户解决实际问题	用户场景、需求	x	x						
	人类智能增强	开发基于 AI 的人类智能增强技术和方法,如可塑性机制、可控认知负荷和实时生理反馈,以增强人类能力	人类能力	x		x					基于 AI 技术的人类智能增强(第 26 章)
	人智组队合作	利用新设计隐喻(即 AI 作为人类的协作队友),开发基于人智组队范式的模型和方法(如人-AI 共享式态势感知和互信),并确保人是团队领导者	人类角色、人智合作		x	x					人智组队式协同合作的研究范式取向(第 11 章)
	人类可控性设计	开发有效的系统设计(如基于“人在环内”“人在环上”的系统设计,有效的人类控制),以确保人类对智能系统拥有最终控制权	人的作用、可控权						x	x	人类可控 AI:有意义的人类控制(第 19 章) 人机融合智能(第 4 章)

续表

HCAI三维度	实现HCAI的主要实施路径	主要实施路径描述	实施路径中考虑的“人的因素”	期望达到的HCAI主要目标							本书相关章节（部分）
				有用的AI	可用的AI	赋能人类的AI	可信的AI	可扩展的AI	负责任的AI	人类可控的AI	
伦理	伦理化AI规范	制定以人为中心的伦理化AI法规和标准，保护人类和用户利益（人类价值、公平、隐私等）	人类价值、利益、隐私				x		x		以人为本的AI伦理体系（第18章） 以人为中心的可解释AI（第8章）
	伦理化AI治理	将伦理化AI规范落实到整个AI生命周期中，并建立健全的伦理化AI审查、审计（如算法治理）、监督和问责体系	人的责任				x		x		伦理化AI规范与治理（第29章）
	伦理化AI开发	提升开发者在伦理化AI设计和算法治理方面的技能，构建可再用的伦理化AI代码模块，落实开发人员、项目团队和组织的伦理化AI的责任追踪制度	开发人员行为、技能、责任				x		x		伦理化AI规范与治理（第29章） 人智交互中的机器行为设计与管理（第15章）
	机器行为管理	采用“以人为中心的机器学习”、用户参与式数据收集、算法测试和调整优化等方法，避免算法、系统的输出偏差和意外的机器行为，有效管理智能机器的自主化学习和演化行为	用户参与，开发人员行为		x				x	x	以人为中心的算法助推（第20章） 人智交互中的机器行为设计与管理（第15章）
	有意义的人类控制	采用有效的系统设计和方法（例如，伦理化AI的“追踪和追溯”问责制、透明化和可控化人机界面设计）、人类操作员培训和认证等手段，确保操作员能够基于足够的信息（情景意识）对AI自主化技术做出知情且有意识的合法决策和控制行为	人类责任、人的可控性				x		x	x	人类可控AI：有意义的人类控制（第19章）

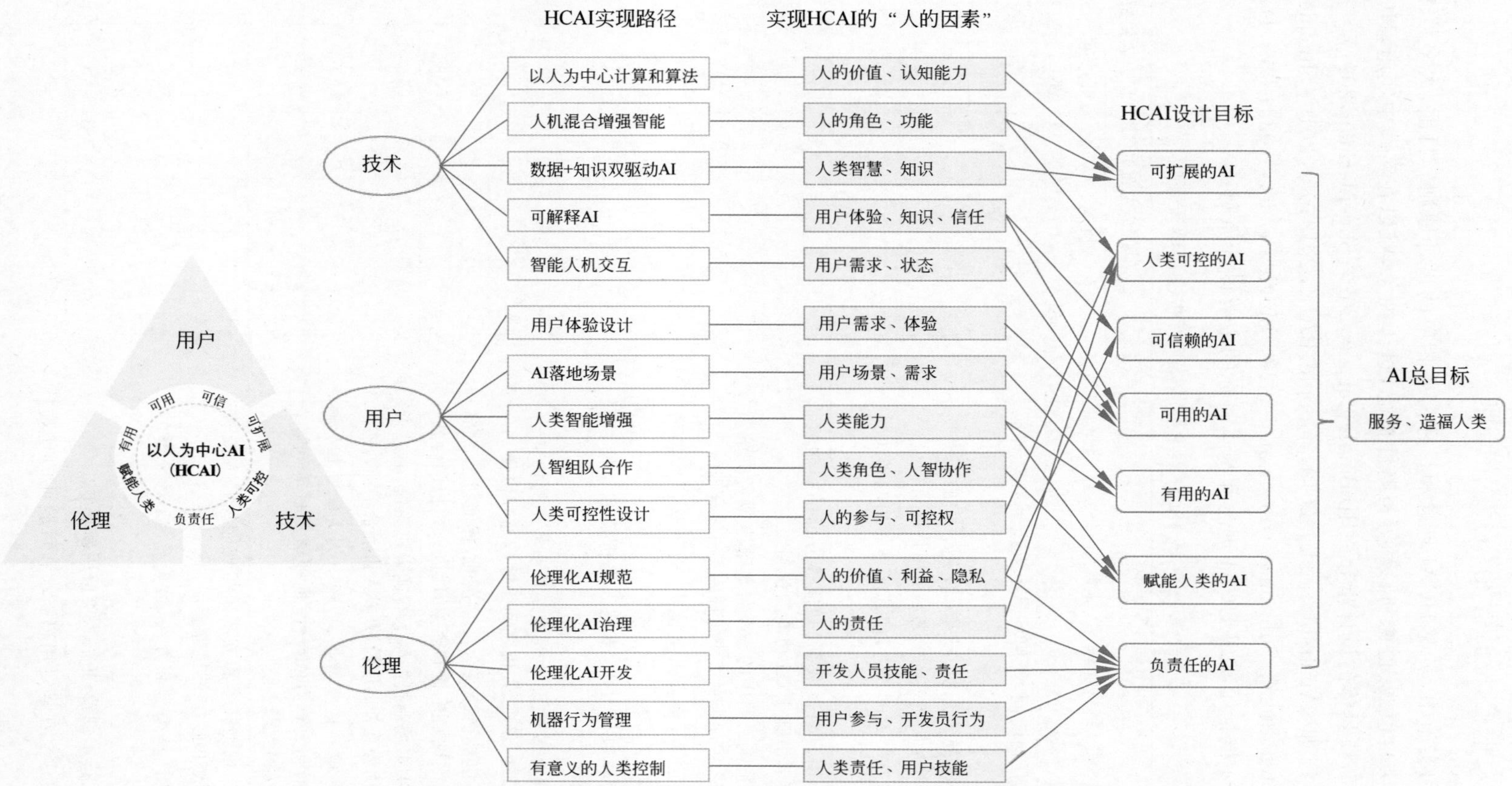

图 1.2　在“技术-用户-伦理”三维度上，HCAI 主要实施路径、“人的因素”、基本目标之间的关系

1.3.3 “以人为中心人工智能”的设计原则

在 AI 研发和实施中，实现 HCAI 理念和目标需要相应的设计原则。目前，大多数 HCAI 设计指南往往侧重于人类价值观、道德和隐私等策略性概念，过于抽象，难以在实践中实施，HCAI 理念在系统设计中的实施需要具体的设计指导原则(Bingley et al.，2023；Shneiderman，2021)。基于现有研究和以往的研究(例如，Amershi et al.，2019；Google PAIR，2019；Xu，2019；Shneiderman，2021；Cronholm & Göbel，2022；Subramonyam et al.，2022；Bingley et al.，2023；Xu，Dainoff，Ge，& Gao，2023)，表 1.4 概括了实现 HCAI 理念和基本目标的主要设计原则。

表 1.4　实现 HCAI 理念和基本目标的主要设计原则

HCAI 主要设计原则(部分)	期望达到的 HCAI 基本目标						
	有用的 AI	可用的 AI	赋能人类的 AI	可信的 AI	可扩展的 AI	负责任的 AI	人类可控的 AI
系统设计要确保在任何时间、任何场景中人类拥有对智能系统的最终决控权			x	x		x	x
智能系统的决策必须处于开发、部署和使用它们的人类所设定的环境和规则中，人类对这些决定承担最终责任				x		x	x
智能系统应赋予用户个人的权力，使其能够做出知情决策并保留控制权				x		x	x
智能系统应该赋予用户对其数据、功能等方面的控制权，用户有选择加入或退出基于 AI 功能的权利				x		x	x
通过将人置于人智系统回路中的一个计算节点或者决策节点，实现基于“人在环内”机制的人类可控的人机融合智能			x	x	x		x
智能系统是为人类服务，提升人类能力，而不是让人类为机器服务	x		x				
应增强人类能力而非取代人类，支持人类价值和目标，建立人智和谐共存的社会	x		x		x		
智能系统应该通过有效的设计促进 AI 与人类的协同合作，例如自然人机交互方式、人机之间无缝沟通和协作	x	x	x				
人类和机器智能不应被视为完全可互换的，智能机器的部署方式应该尊重人类的自主权和能力，促进人机协同合作			x			x	x
将人的作用和有效决策控制机制融入智能人机系统，通过人机智能有机融合与优势互补的途径，开发人机混合增强智能			x		x		x
AI 技术开发不应该单一依靠数据，应该引入人类知识，克服算法脆弱、大数据和大算力依赖性、推理能力低等问题，避免算法感知和决策错误	x				x		x
通过开发有效算法/模型技术和方法来实现能反映人类智能深度特征(高阶认知能力)的机器智能	x				x		
开发以人为中心的计算模型和方法，最大化 AI 对人类的效益，避免伤害人类	x		x			x	x
开发智能人机交互技术创新，拓展人类应用新场景	x	x			x		
智能系统研发必须建立在满足用户需求和可验证的有效落地应用场景上	x	x			x		

续表

HCAI主要设计原则(部分)	期望达到的HCAI基本目标						
	有用的AI	可用的AI	赋能人类的AI	可信的AI	可扩展的AI	负责任的AI	人类可控的AI
智能系统应该能够解决用户的问题,具有实际使用价值	x				x		
自然人机交互技术和设计应该建立在有效的用户认知、意图识别、情感等交互模型基础上	x	x	x				
智能系统输出和决策对目标用户应该是可解释的,而不仅仅是对开发人员	x	x		x			
智能系统输出和决策对目标用户不仅仅是可以解释的,而且基于他们的知识和经验,也应该是可理解的	x	x		x			
通过可解释性和可理解性,透明化智能系统的行为和决策过程,提升用户和利益相关者的信任度	x	x		x			
开发易用、易学、符合用户需求和体验的智能系统	x	x		x			
为AI系统提供自然有效的人机交互设计	x	x					x
人-智能系统交互的设计和技术应该基于“以人为中心”的方法(研究、建模、设计、工程、测试等)	x	x					
从社会技术系统的角度,在智能系统设计中充分考虑人、组织、环境等因素,例如人的情绪、情感、人格、文化、社会等因素	x	x					
AI必须满足人类伦理需求,符合人类的权利和价值观,不伤害人类				x		x	
AI开发需要明确责任界定,开发组织应该设立应对AI可能引发的任何损害的负责机制				x		x	x
AI开发应该确保用户公平,做出非歧视和公平的决策,避免歧视性和偏见的结果				x		x	
AI开发要保护用户隐私,确保用户数据安全,确保个人数据的合法和负责任的收集和使用				x		x	
伦理化AI的实现不能仅依赖伦理AI设计标准,还应该落实到具体的开发流程、编程方法、工具和开发人员				x		x	
对重要的智能自主化系统,通过可预测、可靠和透明的系统设计保证操作人员有足够的信息(态势感知)来对系统的使用做出明智、有意识的决定				x			x
对重要的智能自主化,通过设计、测试和适当的培训确保操作人员可以有效地控制系统的使用				x			x
基于有意义的人类控制设计,对重要的智能自主化系统,系统应该具有可以明确追溯到个人责任(开发人员或开发组织决策者等)的问责制链条机制				x			x
基于有意义、有效的人类控制设计,对重要的智能自主化系统,智能系统设计应该确保在应急状态下,人类操作员可以采取应急措施来控制系统的自主化行为,避免不希望发生的后果				x			x

从表 1.4 可知，一项设计原则可以服务于多个 HCAI 设计目标。这些设计原则也为智能系统研发项目初期阶段的需求定义提供了基础，有助于项目团队在开发的需求定义阶段明确整体设计和开发所遵循的 HCAI 设计原则，在此基础上详细定义项目的需求。因此，这些设计原则为在系统设计中具体实施 HCAI 理念提供了基础。随着针对 HCAI 理念的研发工作的进一步开展，HCAI 设计原则将得到进一步扩展。详细内容可参见本书相关章节。

综上所述，本章提出的 HCAI 框架明确定义了 HCAI 的理念、设计目标、主要实现途径以及设计原则，第 2 章将进一步阐述基于 HCAI 的方法和流程（详见第 2 章 3.1～3.3）。因此，本章提出的 HCAI 框架并非一个抽象概念，该框架有助于指导项目团队在 AI 研发和实施中具体实现 HCAI 理念。

1.3.4 “以人为中心人工智能”的方法论

一个科学理念的成功实施需要有效的方法论。如图 1.3 所示，HCAI 理念的方法论主要包括四方面：设计原则、基本方法、基本流程以及跨学科专业团队配置。上节讨论了 HCAI 设计原则，其他内容将在第 2 章讨论。

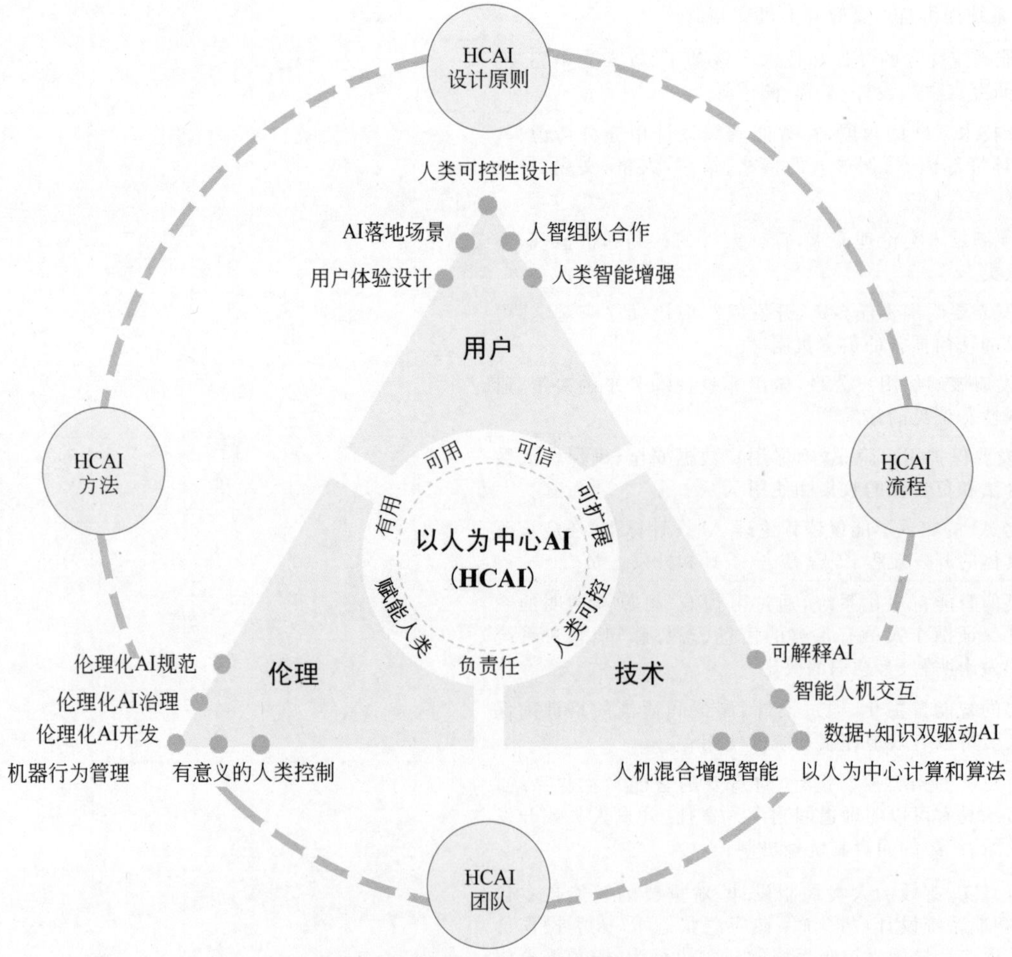

图 1.3　实施 HCAI 理念的方法论框架

- 设计原则

- 基本方法
- 基本流程
- 跨学科专业团队配置

1.4 “以人为中心人工智能”理念的意义

1. AI 开发的新理念

针对以往孤立的、不可持续发展的“以技术或算法为中心”的 AI 开发理念，HCAI 为 AI 开发和实施提供了一个新理念。HCAI 强调将人的需求、价值、智慧、能力和作用置于 AI 开发和实施的首位，这有助于改变现有以算法和技术为中心的单一思维方式，它是对现有 AI 设计、开发、实施技术和方法的一种有效补充。HCAI 将促使 AI 研发团队和组织从系统需求、开发流程、设计和测试、跨学科人员配置、开发方法、开发标准和指南、实施策略和计划等方面全面统筹安排，将 HCAI 理念贯穿落实在研发的整个流程中，从而解决现有 AI 开发和实施中面临的挑战和问题。

如上一节所论，HCAI 理念并不是抽象的，它是通过一系列具体的设计目标、实施路径、设计原则以及方法论实现的。本书各章内容也正是这些内容的展开，为进一步推进 HCAI 理念提供基本理论和方法、专题研究、行业应用等方面的研究成果。

2. 系统化的设计思维

HCAI 理念提出了一种系统化的 AI 研发设计思维，这种系统化的设计思维主要体现在以下三方面。

首先，基于“技术-用户-伦理”三大维度，HCAI 强调有效的 AI 研发和实施需要从以人为中心的角度出发，系统化地融合技术、用户、伦理三方面的考虑。如图 1.1 所示，一个有效的以人为中心 AI 的解决方案必然是充分考虑这三大维度的系统化融合的结果。

其次，HCAI 将人这一重要因素置于智能系统中，将人和智能系统视为一个有机整合的智能人机系统，而不是采用仅仅关注机器智能的单一 AI 技术。HCAI 提倡在一个人机系统的框架内采用人机智能互补、人机智能融合、人智协同合作、智能人机交互、“数据＋知识”双驱动等系统化实施路径来开发 AI 技术，这是一种有效的系统化研发手段。

最后，HCAI 强调从“人—机—环境系统”的角度出发，保证人类(需求、生理、心理、智能、知识、决控权等)、智能技术(算法、模型、数据等)、环境(伦理、社会、文化、组织等)之间的最佳匹配，强调智能系统的开发不仅是一个技术工程项目，而是一个需要跨学科协作的社会技术系统项目。

3. 跨学科合作与方法的融合

HCAI 理念对 AI 研发和实施提出了跨学科协同合作的要求。如同在个人计算机普及阶段初期产生的以用户为中心设计(UCD)，UCD 不仅是一个理念，也是一个有效开发计算技术系统的方法论。类似地，HCAI 在方法论上对 AI 开发和实施提出了跨学科融合的新要求。如表 1.5 所示，本书的近百位章节作者来自计算机科学、AI、人机交互、工程心理学、人因工程、认知科学、认知神经科学、设计、法律等学科团队，他们采用了涵盖理论、研究范式、开发流程与方法、算法和模型、模拟仿真、交互技术、设计、标准和治理等跨学科的方法。基于 HCAI 理念，这些方法根据各自学科特点为开发以人为中心的智能系统做出了独特的学科贡献。

由此可见，一方面，HCAI 理念推动了跨学科的协同合作；另一方面，这种跨学科合作有助于采用跨学科方法和思路来支持基于 HCAI 理念的智能解决方案，两者互为补充，共同推动实现 HCAI 理念的实践。

表 1.5 基于 HCAI 理念跨学科方法融合与协同合作

参与学科（本书实例）	方法类型（部分）	对开发以人为中心 AI 系统的贡献（部分）	本书相应章节（部分）
计算技术、AI	理论、算法	• 社会计算：从面向用户的认知决策计算角度出发，开发面向社会活动、过程、结构、组织及其作用和效应的 AI 计算理论和方法 • 感知计算：将人作为感知的目标主体或参与者，帮助智能系统理解人类意图，提供结合机器感知能力与人类思考能力的全方位的计算理论和方法	以人为中心的社会计算（第 9 章） 以人为中心的感知计算（第 6 章） 人机融合智能（第 4 章）
计算技术、AI	算法	• 多通道人机协同计算：面向用户意图理解，基于多通道人机协同感知、技能习得的交互学习、任务的智能体决策与规划，提供多通道人机协同计算模型和算法 • 智能推荐：基于用户特征、理解性、可信度、拟人化、交互性、公平性、记忆性、用户体验等特征，构建有效的智能推荐算法	多通道人机协同感知与决策（第 7 章） 以人为中心的智能推荐（第 21 章）
计算技术、AI	算法、开发方法	• 以人为中心的可解释：把人的作用引入 AI 研发生命周期，建立以人为中心的 AI 生命周期和可解释 AI 之间的关系，构建基于以人为中心理念的可解释模型 • 以人为中心的算法助推：基于用户反馈和行为，助推和优化 AI 系统算法和输出，从而获取以人为中心的结果	以人为中心的可解释 AI（第 8 章） 以人为中心的算法助推（第 20 章）
人机交互	算法、交互技术	• 智能穿戴交互：开发以人为中心的智能穿戴交互设计、多模态交互的传感器技术、动作交互、高效智能感知以及个性化的智能穿戴交互技术 • 元宇宙与虚拟现实中人机交互：基于对人类情感的智能感知、用户交互意图的智能推理，智能优化面向人类感知认知能力的人机交互界面	可穿戴计算设备的多模态交互（第 23 章） 元宇宙与虚拟现实中人机交互（第 25 章） 人与机器人交互（第 24 章）
计算技术、AI、人机交互	理论、算法、技术	• 将人的作用（人类智能、知识等）融入智能技术开发，推动 AI 可持续发展 • 通过 AI 和人类智能增强技术提升人的能力和人机融合技术 • 开发脑机接口与脑机融合技术和方法	人机融合智能（第 4 章） 数据与知识双驱动式 AI（第 5 章） 脑机接口与脑机融合（第 22 章） 基于 AI 技术的人类智能增强（第 26 章）
人因工程、工程心理学、人机交互	理论、研究范式	• 人智协同认知系统：将人智关系表征为一个协同认知系统中人与智能体两个认知体之间的协同合作，通过优化人智协同合作来提升人机系统的整体绩效 • 人智协同认知生态系统：将智能生态系统表征为一个人智协同认知生态系统，它由一系列人智协同认知子系统组成，人智协同认知生态系统的整体绩效取决于该生态系统内所有人智协同认知子系统之间的协同合作和优化设计 • 智能社会技术系统：智能系统、智能生态系统的设计、开发、部署和实施都要充分考虑和优化社会、技术、组织等子系统之间的相互影响和交互作用，从而使 AI 技术在宏观社会技术环境中实现最佳绩效	“人智交互”跨学科新领域（第 2 章） 人智组队式协同合作的研究范式取向（第 11 章）

续表

参与学科（本书实例）	方法类型（部分）	对开发以人为中心 AI 系统的贡献（部分）	本书相应章节（部分）
人因工程、工程心理学	交互设计、研发流程与方法	• 采用有效的人因科学方法来挖掘和定义有效的 AI 应用落地场景 • 利用神经人因学方法推动人-智能系统交互的研究，例如，神经反馈技术，认知神经信号预处理、特征提取与识别技术，智能认知功能物理增强新技术等 • 采用“以人为中心设计”的方法来设计和验证智能系统人机交互	人智交互的工程心理学问题及其方法论（第 10 章） 人智交互的神经人因学方法（第 14 章） “人智交互”跨学科新领域（第 2 章）
人因工程、工业设计	交互设计、研发方法、标准	• 构建人-智能系统交互的心理模型以及相应的设计新范式 • 开发针对人-智能系统交互的设计标准和指南 • 有效管理智能系统的机器行为，优化机器行为的学习和演化，减少和避免系统行为偏差 • 采用针对人-智能系统交互的创新设计方法	人智交互的心理模型和设计范式（第 13 章） 人智交互设计标准（第 17 章） 智能系统的机器行为（第 17 章） 人智交互语境下的设计新模态（第 16 章）
人因工程、人机交互、心理学、认知科学	模型理论、计算、模拟仿真	• 构建人类状态（认知、情感、意图等）识别模型（理论、计算） • 构建人类认知与行为模型（理论和计算） • 构建人-智能系统交互场景中的人类行为绩效模型（人-智能系统交互行为仿真） • 构建针对智能系统的人机交互模型	人智交互中的人类状态识别（第 12 章） 人类认知与行为计算建模（第 3 章） 智能座舱中的驾驶行为建模（第 27 章）
认知神经科学、AI、人因工程	算法、研发方法	• 应用脑电成像测量等指标来支持开发自适应的智能系统 • 开发脑机接口与脑机融合技术、方法 • 基于 AI 技术的人类智能增强（利用人脑认知神经可塑性等机制） • 开发脑机接口与脑机融合技术和方法	基于 AI 技术的人类智能增强（第 26 章） 人智交互的神经人因学方法（第 14 章） 脑机接口与脑机融合（第 22 章）
伦理学、法律、人因工程	标准和治理、研发流程与方法、交互设计	• 开发以人为本的 AI 伦理体系和 AI 伦理原则，以及可操作性方法 • 开发、实施以人为中心的 AI 治理原则和方法，包括算法治理 • 在系统设计中，实施有意义的人类控制方法	以人为本的 AI 伦理体系（第 18 章） 伦理化 AI 规范与治理（第 29 章） 人类可控的 AI：有意义的人类控制（第 19 章）

4. 对人类有益的智能解决方案

发展 AI 技术的目的是帮助人类和社会解决实际问题，服务于人类和社会。研究表明，许多 AI 研发项目最终失败了（Hoffman et al., 2016；Lazer et al., 2014；Lieberman, 2009；Yampolskiy, 2019），主要原因之一是没有充分考虑到一个成功的智能解决方案应该具备的“人的因素”，例如缺乏有用的应用落地场景，缺乏满足用户的需求，缺乏有效的人机交互和用户体验设计，缺乏考虑用户伦理方面的问题等，所有这些都是围绕是否遵循以人为中心理念的问题，没有为人类和社会解决实际问题，没有造福人类与社会，有些项目甚至可能会产生伤害人类的负面影响。因此，提倡 HCAI 理念有利于推动研发和实施对人类有益的智能解决方案。

本书提供了航空、航天、交通、制造、医疗、康复、教育等领域的 HCAI 应用案例(见表 1.6),实践 HCAI 理念有利于开发出对人类有益的智能解决方案。

表 1.6 基于 HCAI 理念的智能解决方案

应用领域	对研发以人为中心智能系统的贡献(部分)	本书相应章节(部分)
航空	在未来智能驾驶舱中,基于"以飞行员为中心设计"的方法,采用智能辅助系统和智能交互系统,降低飞行员操作负荷,提升飞行员的态势感知,降低操作复杂性,增加安全性;利用智能生理监测系统来实时监测飞行员状态和能力,优化驾驶舱人-智能系统交互	以飞行员为中心的智能化民用飞机驾驶舱(第 31 章)
航天	从载人航天中人-智能系统联合探测的应用需求出发,通过人机协同与交互技术的应用,针对未来航天员-智能系统联合探测任务的需求以及非结构化航天探测任务的不确定性特征,提出人-智能系统联合作业的技术重点和人-智能系统交互的研究重点	载人航天中的人-智能系统联合探测(第 32 章)
地面交通	• 基于人类认知计算模型,对自动驾驶智能座舱的人类驾驶行为进行建模,实现对智能座舱驾驶行为的仿真,帮助评估智能座舱设计 • 基于人机优势互补的协同混合智能特征,从人类驾驶员和机器智能体协同在环出发,基于人车协同共驾概念,从协同感知、理解预测、决策控制等认知活动的全链路层面开发人车协同共驾系统机制	智能座舱中的驾驶行为建模(第 27 章) 智能驾驶的人车协同共驾(第 30 章)
制造	从人本问题、人的因素、技术架构、使能技术、应用实践等方面对以人为本的智能制造(人本智造)提出一整体解决方案,促进人本智造的未来发展和应用实践	人本智造:从理念到实践(第 37 章)
医疗	• 基于非接触式视觉系统的自闭症早期辅助筛查及基于沉浸式虚拟系统的早期干预案例,通过多传感器获取场景以及量化病理信息,制定标准和个性化干预定量指标,采用"以儿童为中心"的 AI 辅助诊疗为解决我国自闭症诊疗提供了新思路 • 提倡从"以疾病为中心"向"以患者为中心"的智能医疗转变,基于医疗 AI 技术发展、人-智能医疗系统、"以患者为中心"的智能医疗管理与服务研究,基于多种临床场景,解决 AI 技术与个性化诊疗流程相融合的若干重要问题,开展"以患者为中心"的智能医疗	以儿童为中心的自闭症 AI 辅助诊疗(第 34 章) 以患者为中心的智慧医疗(第 33 章)
康复	• 基于"以人为中心"理念的"AI+辅具"方法,维持和提升障碍人士的整体幸福感,推广"AI+辅具"便捷残障人士的工作 • 结合"以人为中心 AI"与康复辅助器具,助推智能康复医疗,解决当前 AI 康复辅助设备、康复辅助技术、信息无障碍设计中的一系列问题 • 基于以人类精细指尖力控制的触觉交互任务,实现注意力强化的应用。推动人机交互技术为揭示人类认知神经可塑性机理提供新的工具,在认知障碍疾病康复、特种职业认知强化等领域赋能人类智能	AI+辅具(智能辅助器具)(第 28 章) 基于 AI 的智慧康复与无障碍设计(第 35 章) 基于智能交互技术的人类认知增强(第 26 章)
教育	基于"以人为中心"的沉浸互动计算系统框架与虚实融合的技术范式,构建四个虚实融合的教学系统,在不给教师和学生穿戴或绑定额外设备的前提下提供沉浸互动教学体验,实现元宇宙在教学场景的有效实践	以人为中心构建虚实融合的教育元宇宙(第 36 章)

5. 可扩展的 AI 技术

从造福人类和社会的长远角度看,AI 技术的发展必须是可持续、可扩展的,这是 AI 界目前面临的重大问题之一。例如,基于大语言模型的 ChatGPT4 同样遇到了可扩展问题,它的智能水平局限于人类给定的历史信息,逻辑推理能力有待提高,它的进一步发展需要除了大数据、强大算力以外的其他新手段，例如人类知识和人的作用的引入。以往，AI 界强调 AI 可持续发展主要是从技术角度考虑；目前，AI 界已经开始认识到，单方面孤立地发展机器智能的 AI 开发技术路径已经遇到了瓶颈（甚至是危险的），这不是一个可持续发展 AI 的方向（Zheng et al.，2017；Wu 2017，2019）。HCAI 理念推动可扩展 AI 的实施路径不仅依赖于技术，而是系统地考虑技术、用户、伦理三方面，缺一不可。

首先，在技术层面上，HCAI 理念强调可扩展的 AI 开发必须将人的作用融入智能系统，通过人机智能互补研发人机混合增强智能（“人在环内”“人在环上”）、人类高阶认知模型、人机协同合作、“数据＋知识”双驱动、智能人机交互技术（基于用户体验）驱动 AI 技术创新等，只有走这条人机智能优势互补的技术路线，AI 技术才是可持续地发展。例如，提倡走“数据＋知识”双驱动的 AI 发展路线有助于解决目前依赖于大成本数据 AI 技术、可解释性、鲁棒性等问题（如 ChatGPT）。详细内容可参见本书相关章节：“数据与知识双驱动式 AI”（第 5 章），“人机融合智能的现状与展望”（第 4 章），“多通道人机协同感知与决策”（第 7 章）等。

其次，在用户层面上，HCAI 强调充分考虑用户利益，其中包括用户需求、用户体验、用户应用场景、人机交互、人机协同合作等。例如，研发和实施有用（基于应用场景的、具备使用价值的功能）和可用（易学易用）的智能解决方案。只有这样，才能为人类和社会提供有用的智能解决方案，智能解决方案才能被人类和社会接受，研发组织也能利用经济回报来扩展投入、继续创新技术，从而引导 AI 技术的可持续发展。不考虑这些用户利益，AI 解决方案就失去了生存的土壤，AI 技术的可持续发展就成了一句空话。再如，HCAI 强调对人的因素、用户体验以及自然人机交互的重视，这有助于推动 AI 技术的进一步革新和应用。历史上，人的需求和用户体验推动了人机交互技术的不断创新，进而推动了计算机技术的发展（例如，图形用户界面促进了 PC 技术的可持续发展）。在第一次和第二次 AI 浪潮中，AI 技术无法得到进一步发展的主要原因之一是基于闭门造车、学术驱动的方式，无法提供满足用户和社会需求的应用解决方案（见表 1.1）。在第三次 AI 浪潮中，智能人机交互技术创新（如语音输入）极大地扩展了 AI 技术的应用落地场景，推动了 AI 技术的普及和进一步提升。详细内容可参见本书第三篇“专题研究”和第四篇“行业应用”中的相关章节。

最后，在伦理层面上，HCAI 理念强调开发负责任的 AI。以往许多 AI 研发项目正是因为忽略了对伦理问题的重视而导致失败（Guszcza，2018；Hoffman et al.，2016；Lazer et al.，2014；Lieberman，2009；Yampolskiy，2019）。实现 HCAI 理念需要跨学科、跨行业的伦理化 AI 治理，只有这样，公平、负责任的 AI 才能获得公众和社会对 AI 的信任，保证 AI 技术持续地服务于人类，不伤害人类，推动 AI 技术进入投资、开发、使用、再投资、再开发的良性循环式发展，为人类和社会提供可持续发展的 AI 技术。

6. 可操作的方法论

HCAI 不是一个抽象的概念，它不仅提出了一个有效开发 AI 技术的理念，也是一种有效研发和实施 AI 技术的方法论，这是对现有 AI 开发技术路径和方法的有效补充。如前所述，HCAI 框架包括基于 HCAI 理念的基本目标、主要实施路径、设计原则和方法论，它是一个可操作的系统化工作框架和方法，这将有助于指导 AI 开发、组织、研发和实施以人为中心的智能系统。

1.5 “以人为中心人工智能”理念的实施

HCAI 理念目前还处于推广阶段，同时也引起越来越多的关注。HCAI 理念的实施需要有效的策略和行动。

1.5.1 分层式 HCAI 实施策略

基于智能社会技术系统理论框架(intelligent sociotechnical systems),当前 HCAI 的实践需要采取更广泛、更全面的方法,充分考虑设计、开发和部署智能系统的各个层面的因素(许为,2022)。为此,Xu, Gao (2024) 提出了一个基于社会技术系统理论的分层式 HCAI 实施策略框架(sociotechnically-based hierarchical HCAI approach)。如图 1.4 所示,在个人或群体与 AI 系统交互的基础上(即目前 HCAI 实践的重点),该框架将 HCAI 实施扩展到组织、智能生态系统和宏观社会系统的层面。该框架突出了以下新特征。

图 1.4 分层式 HCAI 实施策略框架(Xu & Gao,2024)

设计范式和隐喻的扩展:除了当前基于单一人-智能系统交互的 HCAI 实践外,该框架方法将 HCAI 实践范围扩展到组织、生态系统和社会系统的层面。在目前的 HCAI 实践中,更多地关注个体或群体背景下的“人在环”设计,分层式 HCAI 实施策略框架通过组织、生态系统和社会等因素的参与,从“人在环”扩展到“组织在环”“生态系统在环”“社会在环”的系统化层面和设计隐喻。

“组织在环”的设计(**keep organization in-the-loop**):该框架要求采用“组织在环”的设计隐喻在组织(任何一个企业和单位)内实践 HCAI(Herrmann & Pfeiffer, 2023)。这有助于设计和构建一个基于 HCAI 理念的组织,最大限度地发挥 AI 的潜力,将员工置于 AI 开发和实施的首位,关注他们的需求和能力,从而组织可以有效地将 HCAI 实践融入其结构、运营以及组织对 AI 的学习和适应中,最终提高生产力并最大化 AI 的价值。

“生态系统在环”的设计(**keep ecosystem in-the-loop**):该框架强调在 HCAI 实践中考虑对智能生态系统的系统化设计。这种方法涉及创建一个基于 HCAI 理念的智能生态系统环境,使技术、人类价值观和组织结构在生态系统内(例如,智能交通、智能城市)和谐地发挥作用。这将有助于建立持续学习和适应的系统,其中智能系统可以根据用户反馈和不断变化的社会规范而进化发展;在智能生态系统设计中,充分考虑用户数据隐私和安全、人-AI 的合作、利益相关者参与、法规和标准等。目标是确保多个智能系统之间的协调和优化,以实现以人为中心的智能生态系统。

“社会在环”的设计(keep society in-the-loop):该框架要求 HCAI 实践充分考虑整个社会价值的系统化设计,将对整体社会的考虑处于设计、开发和部署智能系统的过程中(Rahwan,2018)。它强调设计、开发和部署具有社会责任感的智能系统,例如,HCAI 实践需要考虑道德、监管、治理、公众参与以及教育等方面的社会需求。

跨学科方法:该框架的实施需要跨学科的参与和贡献,包括组织设计、生态系统设计和社会技术系统设计方面的跨学科协作和方法论。

为了进一步说明分层式 HCAI 实施策略的意义,表 1.7 概括了在 HCAI 实践的四个层面上针对一些重要研究主题的研究。如表所示,当前的 HCAI 实践主要基于单一人机系统的人-智能系统交互问题,完整的 HCAI 实践必须在各个层次上实施。从社会技术系统的角度来看,HCAI 项目不再是工程技术项目,它们是需要跨学科参与和协作的社会技术系统项目。分层式 HCAI 实施策略有助于克服当前 HCAI 实践中的弱点,使我们全方位地开展 HCAI 实践。

表 1.7 基于分层式 HCAI 实施策略的全方位 HCAI 实践(修改自:Xu,Gao,2024)

HCAI 实践的层面 / 研究主题	人-智能系统交互(基于单一人机系统)	组织系统	智能生态系统	社会系统
机器行为管理	以人为中心的机器学习,以用户为中心的方法(例如,参与式原型设计和测试)来测试和调整算法,以最大限度地减少系统偏差	机器行为对组织决策、监控和评估的影响,协调组织目标、AI和员工之间的协同作用,以提高生产力、控制风险	生态系统内多个智能系统的机器行为演化,人-AI 生态系统,跨供应商系统的冲突解决机制,跨系统的人类决策权	宏观社会环境对机器行为的影响,社会交往中机器行为的演化,机器行为的跨文化伦理
以人为主导的人-AI 协作	人-AI 功能重新分配,基于协作的认知 UI 设计和用户验证,人-AI 互信,决策共享,人类可控性	工作系统设计(如角色、流程),自动化/日常任务设计,技能开发,组织结构变革,工作丰富化	跨智能系统的人机协作,生态系统内多个人工智能系统和组织的适应,共同学习和进化机制	社会环境中人机团队的社会互动机制,社会责任对人机协作的影响
可解释的 AI (XAI)	以人为中心的可解释人工智能,可解释的 UI 建模和设计,UI 可视化,心理可解释理论的应用	XAI 对组织决策、透明度和信任、AI 驱动决策,AI 问责制,风险管理的影响	跨 AI 系统、决策同步的 XAI 问题,基于 XAI 的跨系统互操作性、跨系统完整性和可信性,XAI 系统的演进和适应	XAI 可解释与公众信任、接受、文化和道德之间的关系,社会技术系统环境中 XAI 的影响
伦理化 AI	系统输出公平性,数据隐私保护,责任追踪,算法治理,伦理化 AI 代码	组织文化,开发人员技能培训,伦理化 AI 准则和治理	生态系统内的公平性,跨组织数据道德和隐私、道德影响评估和审计,生态系统中的人-AI 信任	AI 对社会的道德影响,隐私和数据治理,社会影响和责任,AI 的社会信任,AI 政策和监管,AI 对劳动力市场和劳动力技能、政策和监管的影响

1.5.2 跨层面的实施策略

实施 HCAI 理念需要跨学科、跨行业的全方位协同合作。图 1.5 示意了 HCAI 理念的实施策略架构，该策略强调在 AI 研发项目团队、AI 研发和实施组织、宏观社会环境三个层面上全方位推进 HCAI 理念的实践（许为，葛列众，高在峰，2021）。表 1.8 以本书内容为例进一步说明了该实施策略。

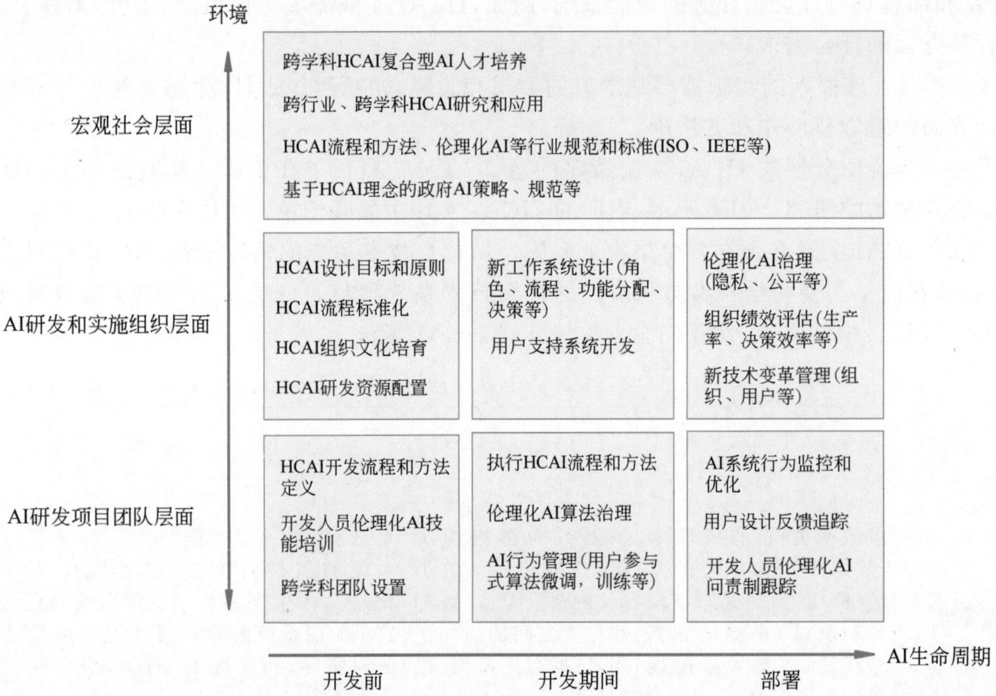

图 1.5 HCAI 理念的实施策略框架

首先，在 AI 研发团队层面，AI 研发团队需要组建多学科的团队，采用跨学科方法和有效的研发流程。如前所述，AI 带来了新特征和新问题，有效的智能解决方案需要跨学科人员的参与、跨学科方法以及有效的研发流程。

表 1.8 在不同行动策略层面实现 HCAI 理念的本书实例

实施环境	具体行动（部分）	本书相关章节（部分）
AI 研发项目团队环境	AI 开发前 • 组建跨学科的开发团队 • 制定优化的 AI 研发流程（"以人为中心"流程等） • 采用跨学科方法（算法、模型、设计、测试、工具等） • 开发人员伦理化 AI 技能培训 AI 开发前期间 • 执行 HCAI 流程和方法 • AI 行为管理（用户参与式算法微调，训练等） • 伦理化 AI 算法治理 AI 部署阶段 • AI 系统行为监控和优化 • 用户设计反馈追踪 • 开发人员伦理化 AI 问责制跟踪	人智交互新领域及框架（第 2 章第 4 节） "以人为中心 AI"新理念（本章表 1.5） 智能时代的工程心理学问题及其方法论（第 10 章） 伦理化 AI 规范与治理（第 29 章） 人类可控 AI：有意义的人类控制（第 19 章）

续表

实施环境	具体行动(部分)	本书相关章节(部分)
AI 研发和实施组织环境	AI开发前 • 制定 HCAI 设计目标和原则 • 制定组织层面的智能人机交互设计标准 • 制定伦理化 AI 规范和设计指南 • 培育 HCAI 的组织文化(伦理化 AI 治理等) • 构建、开发 HCAI 研发资源(设备、可再用的伦理化 AI 代码组件等) AI 开发前期间 • 新工作系统设计(角色、流程、功能分配、决策等) • 用户支持系统开发 AI 部署阶段 • 伦理化 AI 治理(隐私、公平等) • 组织绩效评估生产率、决策效率等 • 新技术变革管理(组织、用户等)	“以人为中心 AI”的新理念(第 1 章) 人智交互设计标准(第 17 章) 伦理化 AI 规范与治理(第 29 章) 人类可控 AI:有意义的人类控制(第 19 章)
宏观社会环境	• 制定政府、行业伦理化 AI 规范 • 制定国际、国家、行业层面的智能人机交互设计标准 • 实施有效的伦理化 AI 治理 • 组织和开展跨行业、跨学科的 HCAI 研究和应用 • 跨学科 HCAI 复合型 AI 人才培养 • 跨行业、跨学科 HCAI 研究和应用	以人为本的 AI 伦理体系(第 18 章) 伦理化 AI 规范与治理(第 29 章) 人类可控 AI:有意义的人类控制(第 19 章) 与 HCAI 应用解决方案相关的章节(参见本章表 1.5)

其次,在 AI 研发组织层面,组织(例如企业、研究机构)要形成基于 HCAI 理念的组织文化,制定基于 HCAI 理念的开发标准和指南(伦理化 AI 设计、人-智能系统交互设计等),提供 HCAI 研发资源(跨学科人力资源、HCAI 项目、跨学科研究设备等)。这样的组织环境可以为研发基于 HCAI 理念的智能解决方案提供组织保证。

最后,在 AI 研发社会层面,我们建议执行以下几项中长期策略。(1)培养具备 HCAI 理念的 AI 跨学科复合型人才。例如,在高校开设“AI 主修+辅修”“主修+AI 辅修”的本科专业,其中的非 AI 主修、辅修学科可以是人机交互、工程心理学、人因工程、社会科学等,培养针对 HCAI 关键研究方向的硕士生和博士生。(2)政府制定相应的 AI 发展策略、政策、法规等。例如,中国 AI 发展战略已将人机协同混合增强智能等方向定为重点发展领域。(3)开展跨行业、跨学科的攻关项目,提倡学术界和工业界之间的协作;设立国家自然科学基金交叉学科专项基金项目,支持 HCAI 研究和应用;建立完善的产学研相结合的科研体系;优先在一些关键行业开展 HCAI 研究和应用。

1.5.3 跨行业的实施行动

实施 HCAI 理念不仅仅需要跨学科的合作,还需要跨行业的合作,其中包括来自各行各业的 AI 研究人员、开发人员、研发组织、AI 决策人员等(Xu & Dainoff,2023)。为进一步推动 HCAI 理念的实施,2022 年,许为与 Ben Sheinerdman 院士、Gavriel Salvendy 院士等全球 26 位学者共同起草了《HCAI 白皮书》(Ozmen Garibay, Winslow … Xu, 2023)。该白皮书从人类福祉、负责任的 AI、隐私保护、系统设计、人-智能系统交互、AI 治理六方面全面分析了实施 HCAI 理念所面临的一系列挑战。为应对这六方面的挑战和进一步推动 HCAI 理念的实施,该白皮书提出了一系列行动建议,希望各行各业的相关人员一起推动 HCAI 理念的实施。表 1.9 概括了其中的一些主要建议,这些建议同样适合于在中国推动 HCAI 理念的实施。由此可见，HCAI 理念的实施并不仅仅是开发团队的责任，更是全社会、全行业的共同责任。

表 1.9 HCAI 行动建议

分类	实施 HCAI 的行动建议（部分）	研究人员	开发人员	企业	政府
人类福祉	研究 AI 为人类带来的益处和潜在危害	x	x	x	x
	提倡 AI 支持和扩展人类的能力	x	x		
	确保 AI 技术适应于人类，而不是人适应于 AI	x	x		
	确保 AI 的包容性	x	x	x	x
	避免智能系统输出带偏见的结果	x	x	x	x
	确保透明和负责的 AI	x	x	x	x
	提供人工控制、反馈等手段，以便用户可以校准对智能系统输出的信任		x		
负责任的AI	通过跨公司、国家、地区和全球组织的协调，引领负责任 AI 开发的标准化	x	x	x	x
	确保 AI 的设计不会使用户盲目地信任智能系统		x		
	允许用户批判性地质疑智能系统的输出		x	x	
	在重要且对道德敏感的智能系统中采用“有意义的人类控制”机制（例如，针对人和机器行为的追踪系统，确定人机之间的责任追溯系统）	x	x	x	x
	开展针对设计师和开发人员的伦理化 AI 方面的培训		x		x
	开发可再用的基于负责任 AI 的代码组件		x		
	采用公平的数据来训练和测试算法，确保智能系统输出的公平性	x	x		
隐私保护	采用安全的存储方式来保护用户数据		x	x	x
	提供有关用户数据格式、存储详细信息和访问权限的信息		x	x	
	建立智能系统的隐私设计原则		x	x	
	将有关 AI 隐私的设计原则落实在具体的开发工作中		x		x
系统设计	系统设计要考虑不同用户群体的需求、价值观和愿望	x	x	x	
	采用以人为中心的系统设计开发方法		x	x	
	实施全流程的包容性设计，包括数据选择、模型训练、软件开发、测试等活动	x	x	x	x
	提升现有的人因科学设计、评估和测试方法来优化智能系统的设计	x	x		
	提升现有软件工程测试方法来有效地测试和监测智能系统机器行为的演化	x	x		
	开发人类可控的 AI 技术	x	x	x	x
	开发以人为中心的可解释 AI	x	x		
	为 HCAI 培训下一代设计师和开发人员	x	x	x	x
	更新现有开发人员、设计人员的技能和知识		x		
	系统设计要确保人类对系统的最终决控权	x	x	x	

续表

分类	实施 HCAI 的行动建议(部分)	研究人员	开发人员	企业	政府
AI 治理	制定有效的 AI 治理策略和行动方案			x	x
	实施多样性、公平性和包容性的 AI 治理		x	x	x
	建立以人类福祉为宗旨目标的 AI 开发的成功指标		x	x	
	实现端到端的透明化系统(从数据到机器学习模型)	x	x	x	x
	将治理流程整合到现有的开发流程中		x		x
	建立明确的 AI 认证指南	x	x	x	x
人智交互	采用基于 HCAI 的开发流程	x	x		
	研究创新的人-智能系统交互的设计范式	x	x		
	制定针对智能系统的人机交互设计标准	x	x	x	x
	开发创新的人-智能系统交互研究框架(如理论、模型、架构、工具)	x			
	研究人智协作和团队合作的理论、模型、需求、评价指标等	x			
	开发人机混合增强智能技术和方法	x	x		
	加速资助跨学科领域的合作研究和应用	x			x
	研究人-智能系统交互中的人机共享式态势感知、信任、控制	x			
	从宏观的社会技术系统角度,评估人-智能系统交互对人类和社会的影响	x		x	x

1.6 本书的贡献和架构

1. 本书的贡献

HCAI 理念的实施在全球还处于起步阶段,尽管以往研究提出了一些 HCAI 的理念和概念,许多政府和企业也出台了针对伦理化 AI 的规范和指南,但是学术界有关 HCAI 理念的书籍和文献仍然非常有限,而且,现有的这些内容缺乏为 HCAI 理念的实施提供方法论等方面的具体指导,例如,缺乏具体的 HCAI 设计目标、实施路径、设计原则、基本理论、方法、研发流程等。本书主要从以下三方面来填补这方面的空白,同时助推 HCAI 理念在中国的实施。

首先,在阐述产生 HCAI 理念的大背景基础上,本书(第 1、2 章)详细定义了 HCAI 的框架,包括理念、设计目标、主要实现路径、设计原则、基本理论与方法、项目流程等。另外,本书也为 HCAI 理念的实施提出了具体的策略和行动建议。这些内容可以为 HCAI 的实施提供具体的指导。

其次,本书首次系统地提出了"人智交互"这一跨学科新领域。作为一个简单的定义,人智交互涉及人-智能系统交互的研究和应用,详细内容参见第 2 章。HCAI 是人智交互的领域理念,人智交互有助于推动 HCAI 理念的实施。同时,人智交互研究和应用需要跨学科的合作,因此人智交互新领域也为实施 HCAI 理念提供了一个跨学科合作的平台,有助于跨学科人员共同探讨、交流、实践 HCAI 理念,不断丰富 HCAI 理念的方法、实施路径、设计原则、开发方法和流程等方法论方面的内容。

最后,在第 1、2 章阐述 HCAI 理念框架和人智交互新领域框架的基础上,本书(第 3~37 章)包括人智交互理论与方法、专题研究、行业应用三大篇章的内容，这些内容为读者系统地展示了基于HCAI理念的一些初步研究和应用成果。由此，本书的架构和内容为读者全面呈现了从框架到基本理论与方法、专题研究以及行业应用实例的系统化研究成果，这将有助于指导HCAI理念的实施和人智交互研究的开展。

综上所述，HCAI是一个新涌现的AI研发理念，HCAI理念本身需要不断的磨合和提升。如同三十多年前，以用户为中心设计、用户体验、可用性、人机交互等新理念的涌现一样，随着时间的推移，目前这些新理念都已经进入成熟的发展阶段。本书呈现的是有关HCAI新理念和人智交互新领域的一些初步研究成果，希望本书可以推动中国在HCAI理念实施和人智交互领域研究方面的工作，助力AI技术服务和造福于人类，避免伤害人类。只要我们持之以恒地努力，HCAI理念被全社会普遍接受的那一天就会到来。

2. 本书架构

本书以HCAI理念为主线，从以下四部分来全面介绍目前人智交互研究和应用的最新成果。

第一篇　概论。本部分的第1章阐述HCAI的框架，包括HCAI的理念、设计目标、主要实施路径、设计原则、方法论；阐述提出HCAI理念的意义，建议实施HCAI理念的策略和行动。第2章阐述人智交互的新领域框架，其中包括研究对象、范围、意义、方法、流程以及研究范式取向。基于这样的大框架，本书从基本理论和方法、专题研究、行业应用三方面系统地介绍基于HCAI理念的人工智能交互研究和应用的最新成果。

第二篇　基本理论与方法。人智交互是一门跨学科的新领域，其理论与方法相对还不成熟，它既要借鉴其他学科的方法，也要开发基于以人为中心理念的方法。基于HCAI理念，本篇各章收集人智交互研究的一些基本理论和方法，这些基本理论和方法融合了AI、计算机科学、工程心理学、心理学和认知科学、人机交互、工业设计、伦理与法律、设计标准化等学科的知识，为开展人智交互研究和应用提供理论和方法论的基础。

第三篇　专题研究。作为一个新领域，必然需要对一些重要问题展开深入研究，从而为全面开展人智交互研究提供参考。本篇收集围绕HCAI理念和人智交互领域的一系列专题的研究成果。

第四篇　行业应用。作为一个应用型领域，人智交互研究必须展示其应用价值，这样才能推动HCAI理念的实施和人智交互领域的研究。本篇收集来自航空、航天、交通、医疗、康复、教育、制造等行业的人智交互应用成果，体现实施HCAI理念、开展人智交互研究和应用的社会价值。

此外，每章的最后部分都概括各个研究方向中开展HCAI理念、人智交互研究目前所面临的一些挑战以及今后需要解决的关键问题。因此，本书既介绍目前HCAI理念实施和人智交互领域的研究现状，同时展望今后的工作。通过以上四方面的内容，本书将为读者全方位地展示HCAI、人智交互领域的最新研究和应用进展。

参考文献

高新波.（2023）.高新波教授：人工智能未来发展趋势分析. http://www.golaxy.cn/yanjiuyuan-info/278.html accessed July，24，2023.

梁正.（2021）.梁正教授：从可解释AI到可理解AI——基于算法治理的视角.https://aiig.tsinghua.edu.cn/info/1155/1321.htm.

张钹，朱军，苏航.（2020）.迈向第三代人工智能.中国科学：信息科学，50(9)，1281-1302.

许为.(2003).以用户为中心设计：人机工效学的机遇和挑战.人类工效学，9(4)，8-11.

许为.(2019). 四论以用户为中心的设计：以人为中心的人工智能. *应用心理学*，*25*(4)，291-305.

许为.(2020). 五论以用户为中心的设计：从自动化到智能时代的自主化以及自动驾驶车. *应用心理学*，26(2)，108-128.

许为，葛列众，高在峰.(2021). 人-AI 交互：实现“以人为中心 AI”理念的跨学科新领域. *智能系统学报*，16(4)，604-621.

Rahwan.(2018). Society-in-the-loop：Programming the algorithmic social contract. Ethics Inf Technol，20(1)，5-14.

Xu W.，Gao Z.(2024). An intelligent sociotechnical systems (iSTS) framework：Toward a sociotechnically-based hierarchical human-centered AI approach.https://arxiv.org/abs/2401.03223。

许为.(2022). 八论以用户为中心的设计：一个智能社会技术系统新框架及人因工程研究展望. 应用心理学，28(5)，387-401.

Herrmann T. & Pfeiffer，S.(2023). Keeping the organization in the loop：A socio-technical extension of human-centered artificial intelligence. AI & SOCIETY，38(4)，1523-1542.

AIAAIC(AI，Algorithmic，and Automation Incident and Controversy)(2023). https://www.aiaaic.org/ accessed July 26，2023。

Amershi，S.，Weld，D.，Vorvoreanu，M.，Fourney，A.，Nushi，B.，Collisson，P.，... & Horvitz，E. (2019). Guidelines for human-AI interaction. In *Proceedings of the 2019 chi conference on human factors in computing systems* (pp. 1-13).

Auernhammer，J. (2020) Human-centered AI：The role of human-centered design research in the development of AI，in Boess，S.，Cheung，M. and Cain，R. (eds.)，Synergy-DRS International Conference 2020，11-14 August，Heldonline. https://doi.org/10.21606/drs.2020.282.

Bingley，W. J.，Curtis，C.，Lockey，S.，Bialkowski，A.，Gillespie，N.，Haslam，S. A.，... & Worthy，P. (2023). Where is the human in human-centered AI? Insights from developer priorities and user experiences. *Computers in Human Behavior*，*141*，107617.

Cronholm，S.，& Göbel，H. (2022). Design principles for human-centred AI.

de Sio，S. F.，& den Hoven，V. J. (2018). Meaningful human control over autonomous systems：A philosophical account. *Frontiers in Robotics and AI*，5，15. doi：10.3389/frobt.2018.00015.

Ehsan，U.，& Riedl，M. O. (2020). Human-centered explainable AI：Towards a reflective sociotechnical approach. arXiv preprint arXiv：2002.01092.

Ford，K. M.，Hayes，P. J.，Glymour，C.，& Allen，J. (2015). Cognitive orthoses：Toward human Centered AI.*AI Magazine*，*36*. doi：10.1609/aimag.v36i4.2629.

Google PAIR (2019).*People + AI Guidebook*：*Designing human-centered AI products*. pair.withgoogle.com/

Gunning，D. (2017). Explainable Artificial Intelligence (XAI) at DARPA. https://www. darpa. mil/attachments/XAIProgramUpdate.pdf.

Guszcza，J. (2018). Smarter together：Why artificial intelligence needs human-centered design. *Deloitte Review*，issue 22.

Hawking，S.，Musk，E.，Wozniak，S. et al.，(2015). Autonomous weapons：an open letter from AI & robotics researchers. Future of Life Institute.

Hoffman，R.R.，Cullen，T. M. & Hawley，J. K. (2016) The myths and costs of autonomous weapon systems，*Bulletin of the Atomic Scientists*，*72*，247-255，DOI：10.1080/00963402.2016.1194619.

Kaluarachchi，T.，Reis，A.，& Nanayakkara，S. (2021). A Review of Recent Deep Learning Approaches in Human-Centered Machine Learning. *Sensors*，*21*(7)，2514.

Lazer，D.，Kennedy，R.，King，G.，& Vespignani，A. (2014). The parable of Google Flu：Traps in the big data analysis. Science，343(6176)，1203-1205. https://doi.org/10.1126/science.1248506.

Li，F.F. (2018). How to make A.I. that's good for people. *The New York Times*. https://www.nytimes.com/2018/03/07/opinion/artificial-intelligence-human.html.

Liu, T., Yang, Q., & Tao, D. (2017). Understanding How Feature Structure Transfers in Transfer Learning. In *IJCAI* (pp. 2365-2371).

Lieberman, H. (2009). User Interface Goals, AI Opportunities.*AI Magazine*, *30*, 16-22.

Miller, T.; Howe, P.; Sonenberg, L.(2017). Explainable AI: Beware of Inmates Running the Asylum. Available online: https://arxiv.org/pdf/1712.00547.pdf (accessed on Feb., 10 2019).

McGregor, S. (2023). AI Incident Database. https://incidentdatabase.ai/ accessed July 12, 2023.

NAS (National Academies of Sciences, Engineering, and Medicine). (2021). Human-AI teaming: State-of-the-art and research needs.

Open Letters (2023). Pause Giant AI Experiments: An Open Letter. Published on Marcg 22, 2023 https://futureoflife.org/open-letter/pause-giant-ai-experiments/

Ozmen Garibay, O., Winslow, B., Andolina, S., Antona, M., Bodenschatz, A., Coursaris, C., ... & Xu, W. (2023). Six human-centered artificial intelligence grand challenges. *International Journal of Human-Computer Interaction*, *39*(3), 391-437.

Shneiderman, B. (2020) Human-centered artificial intelligence: Reliable, safe & trustworthy, *International Journal of Human-Computer Interaction*, *36*, 495-504, DOI: 10.1080/10447318.2020.1741118

Shneiderman, B. (2021). Human-centred AI.Iss Sci Technol., 37(2), 56-61.

Spencer, J., Poggi, J., & Gheerawo, R. (2018). Designing Out Stereotypes in Artificial Intelligence: Involving users in the personality design of a digital assistant. In *Proceedings of the 4th EAI international conference on smart objects and technologies for social good* (pp. 130-135).

Subramonyam, H., Im, J., Seifert, C., & Adar, E. (2022). Human-AI Guidelines in Practice: Leaky Abstractions as an Enabler in Collaborative Software Teams. *arXiv preprint arXiv*: *2207.01749*.

Wu,Z. (2017, 2019)。Hybrid Augmented Intelligence. http://www.kejilie.com/iyiou/article/BjMBRb.html https://www.wicongress.org/2020/zh/article/487 (video)

Xu, W.(2019).Toward human-centered AI: A perspective from human-computer interaction. *Interactions*, *26*(4), 42-46.

Xu, W., Dainoff, M. J., Ge, L., & Gao, Z. (2023). Transitioning to human interaction with AI systems: New challenges and opportunities for HCI professionals to enable human-centered AI. *International Journal of Human-Computer Interaction*, *39*(3), 494-518.

Xu, W., Dainoff, M. J.,(2023). Enabling Human-Centered AI: A New Junction and Shared Journey Between AI and HCI Communities.*Interactions*, 30(1), 42-47

Yampolskiy, R.V. (2019). Predicting future AI failures from historic examples . *foresight*, *21*,138-152.

Zhang, Q., Guo, B., Liu, S., Liu, J., & Yu, Z. (2022). CrowdDesigner: information-rich and personalized product description generation. *Frontiers of Computer Science*, *16*(6), 166339.

Zhang, Q., Guo, B., Wang, H., Liang, Y., Hao, S., & Yu, Z. (2019). AI-powered text generation for harmonious human-machine interaction: current state and future directions. *2019 IEEE SmartWorld, Ubiquitous Intelligence & Computing, Advanced & Trusted Computing, Scalable Computing & Communications, Cloud & Big Data Computing, Internet of People and Smart City Innovation (SmartWorld/SCALCOM/UIC/ATC/CBDCom/IOP/SCI)*, 859-864.

Zheng, N. N., Liu, Z. Y., Ren, P. J., Ma, Y. Q., Chen, S. T., Yu, S. Y., ...& Wang, F. Y. (2017). Hybrid-augmented intelligence: collaboration and cognition. *Frontiers of Information Technology & Electronic Engineering*, *18*(2), 153-179.

Zhou, J. & Chen, F. (2022). AI ethics: From principles to practice. AI & SOCIETY: 1-11.

第 2 章

“人智交互”跨学科新领域

▷ 本章导读

本章系统地提出基于“以人为中心 AI(HCAI)”理念的人-人工智能交互(人智交互)这一跨学科新领域及框架,定义人智交互领域的理念、基本理论和关键问题、方法、开发流程和参与团队等,阐述提出人智交互新领域的意义。然后,提出人智交互研究的三种新范式取向以及它们的意义。最后,总结本章内容和展望今后的人智交互研究。本章的目的是为本书提供一个基于 HCAI 理念、围绕人智交互研究和应用的基本框架,为本书后续章节的内容做铺垫。

2.1 引言

在计算机时代,人们的日常工作和生活中主要与基于非智能技术的计算技术系统(包括产品、系统、服务等)产生交互。进入智能时代,基于 AI 技术的智能系统(包括产品、系统、服务等)逐步进入人们的日常工作和生活,人们开始与这些智能系统产生交互。但是,AI 技术的新特征使得这种人机交互和用户体验不同于传统的基于非智能技术的人机交互,由此带来了一系列的新挑战和新问题,促使我们必须采用新思维和新方法来研究、设计、优化这种新型的人与智能系统之间的交互。如第 1 章所讨论,智能系统的研发必须遵循以人为中心 AI 的理念,同时,针对人与智能系统交互的研究和应用工作也是实践 HCAI 理念的主要领域,两者密不可分,直接影响 AI 技术是否能够有效地为人类服务。

本章首先讨论人与智能系统交互的一系列新特征以及 AI 技术带来的新型人机关系;在此基础上,基于 HCAI 理念,本章系统地提出“人智交互”这一新领域及其框架,阐述其研究对象、理念、范围、特征以及开展人智交互研究和应用的意义;提出人智交互研究和应用的基本理论与问题、方法和研发流程、人智交互的三个新研究范式取向;最后,总结本章内容和展望今后工作。

2.2 人-智能系统交互的新特征

2.2.1 人-智能系统交互与传统人机交互的对比

基于 AI、深度学习、大数据等技术,我们可以开发出具有自主化特征的智能体(intelligent agent,或称为智能代理)。取决于智能系统的智能自主化程度,一个智能系统(包括单个或多个智能体)可以

本章作者:许为。

拥有在一定程度上类似于人的认知能力(感知、学习、自适应、独立执行操作等),在特定的场景下可以自主地完成一些特定任务,对一些不可预测的环境具有一定的自适应能力,可以在一些事先未预期的场景中自主地完成以往自动化技术所不能完成的任务(den Broek et al.,2017;Kaber, 2018; Rahwan et al., 2019;Xu,2020)。

人机交互(human-computer interaction,HCI)是PC时代出现的一门跨学科领域,它主要研究人与非智能计算技术系统之间的交互。表2.1分析和比较了人-非智能计算系统交互与人-智能系统交互之间的一些基本特征(许为,葛列众,2020;许为,2020)。其中,人-智能系统交互的特征是基于智能系统具有较高的智能自主化程度的假设,虽然目前的AI技术还无法实现所有这些新特征,但是随着AI技术的发展以及机器智能自主化程度的进一步提高,未来智能系统将逐步具备这些新特征。

表2.1 人-非智能计算系统交互与人-智能系统交互的特征比较

人机交互特征	计算机时代的人-非智能系统交互	智能时代的人-智能系统交互
实例	洗衣机、电梯、自动生产线等	智能决策系统、自动驾驶汽车、智能机器人等
机器智能与行为	按照事先预定的固定算法、逻辑和规则产生确定的机器行为,不具备机器智能	根据机器智能水平,具有不同程度的类似于人的认知能力(例如学习、自适应、自我执行);展示特殊的机器行为学习和演化,有可能是不确定的或者偏差的
机器角色	辅助人类作业的一种工具	辅助工具,也可能成为与人类合作的团队队友(基于机器智能水平)
机器输出	具有确定性	具有不确定性
人机关系	人机交互	人机交互,人与智能系统之间的协同合作
启动能力	只有人可以主动启动任务、行动,而机器被动接收人的指令	人机双方均可主动地启动任务、行动;智能体可以主动启动基于隐式界面的交互和协同合作(例如,基于人的行为、情感、意图、场景上下文等信息)
方向性	只有人针对机器的单向式信任、情景意识、决策等	人机之间可以拥有双向式的信任、情景意识,可分享决策控制权(但是人应拥有最终决控权)
人机智能互补性	人机之间无智能互补,系统优化主要取决于事先预定的人机功能静态分配(基于人机优势差别)	机器智能(模式识别、推理等能力)与人的生物智能(人的信息加工能力)在系统操作中可以形成动态分配和互补,产生人机混合增强智能
预测能力	仅人类操作员拥有	人机双方均可借助行为、情景意识等模型预测对方的行为、环境、系统等状态
目标设置能力	仅人类操作员拥有	人、机器均可设置或调整系统目标
任务替换能力	机器主要替换人类的体力任务(借助于自动化技术)	机器可以替换人的体力以及部分认知任务,人机之间可主动或被动地接管、委派任务等(但是人应拥有最终决控权)

从表2.1可见,在人-非智能系统交互中,作为支持人类操作的一种辅助工具,机器依赖于由人事先预定的固定逻辑规则和算法来响应操作员的指令,实现单向式(人指向机器)人机交互。尽管人机之间也存在一定程度上的人机合作,但是作为一个辅助工具,机器的行为总体上是被动的,只有人可以主动地启动这种有限的合作。

在特定的操作任务环境中,智能系统可以拥有某些认知能力(学习、自适应、独立执行等),这些能力使得智能系统与人类操作员之间可以实现在一定程度上类似于人-人团队队友之间的双向性"合作式交互"。例如,不同于人-非智能系统交互中的"刺激-反应"单向式人机交互,人智交互的这种双向性

“合作式交互”意味着智能系统对人也有指向，即智能系统可以通过感应技术主动地监测和识别用户生理、认知、行为、意图、情感等状态，人类用户则通过多模态人机界面获取最佳的针对系统和环境的情景意识。取决于智能系统的智能自主化程度，这种“合作式交互”是由两者之间双向主动的、可分享、可互补、可替换、自适应以及可预测等特征决定的(许为，葛列众，2020)。

由此可见，这两类交互存在本质上的差别。智能系统的这些新特征可以促进人机交互的有效性，并形成人机协同合作。但是，智能系统的这些新特征也带来了不同于传统人机交互的一系列新问题，需要我们采用新思维和新方法来优化人与智能系统之间的交互和协同合作。

2.2.2 AI带来的新型人机关系——人智组队

历史上，人机关系的演变一直由技术驱动，而人机关系的演变则推动了人因科学(包括人因工程、人机交互、工程心理学等)的发展。如图2.1所示，人机关系从第二次世界大战前的“人适应机器”范式(人机关系的优化主要依赖于对操作员的培训)演变为战后的“机器适应人”范式(人机关系的优化可以通过对机械式机器的人机界面设计来实现)，并且完成了从“以机器为中心”理念到“以人为中心”理念的转换。在计算机时代，人机关系继续演变为“人机交互”，即人机关系的优化可以通过对计算机系统的人机界面设计、用户培训等双向方法实现。在人机交互中，非智能计算系统主要承担支持人类作业的辅助工具的作用。

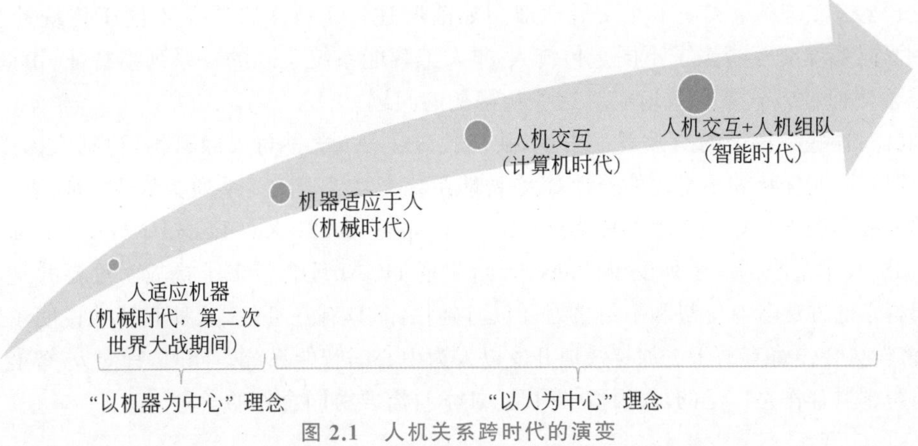

图2.1 人机关系跨时代的演变

进入智能时代，在智能化人机操作环境中，随着AI技术的发展，除了传统的人机交互式人机关系外，智能系统中拥有自主化特征的智能体有可能从一种支持人类操作的辅助工具的角色发展成与人类操作员共同合作的队友，由此，智能技术催生了一种新的人机关系形态，即人与机器(智能系统)可以成为一个合作团队的队友，形成一种“人智组队”(human-AI teaming)式合作的新型人机关系(Brill，Cummings，et al.，2018；Shively，Lachter，et al.，2018；许为，葛列众，2020)。因此，智能时代的人机关系可以用“人机交互＋人智组队”来表征，即智能系统不仅可以作为一种辅助工具，还可以成为人类的合作队友，扮演“辅助工具＋合作队友”的双重角色(许为，葛列众，2020)。

智能时代的这种新型人机关系意味着，人与机器之间的关系并非一种机器作为工具式的人机关系，也不是一种竞争或者机器取代人的人机关系，而是一种人机智能互补和协同合作的关系。同时，如第1章所述，“以人为中心”的理念在智能时代进一步提升为“以人为中心AI”的理念，从而能够更加有效地、有针对性地解决AI技术带来的一些新问题。

目前，人智组队正在成为开发 AI 技术的一种新范式(NAS，2021)，详细内容请见本书第 11 章。在最新发布的《美国国家 AI 研究和战略计划 2023 更新》中，该计划特别提出了需要开展针对人智组队和合作方面的研究(NITRD，2023)。基于人智组队的人智交互既拥有类似于人-人之间协同合作的特征，也拥有人智协同合作的一些新特征，这将促进针对人智双向情景意识、人智互信、人智决策和控制共享、人智社会交互、人智情感交互等方面的建模、设计、技术、用户验证等方面的研究。

尽管当前的 AI 技术远未达到有效队友的标准，但是随着 AI 技术的进步，人类和 AI 的合作将越来越密切。因此，从长远角度看，将 AI 视为与人合作的团队队友会促进 AI 技术的发展。基于人智组队的智能系统的整体绩效不仅仅取决于系统内单个成员的绩效，还取决于人机智能互补和协同合作。这种互补和协同合作可以克服每个成员的局限性，并且借助人机混合(融合)智能等技术和方法最大限度地提升整体系统绩效(Xu & Gao，2023)。有研究者担心人智组队这种设计新隐喻有可能违背 HCAI 理念(Shneiderman，2021)，可能会导致人类在组队操作中丧失对 AI 的控制。因此，基于人智组队的智能系统研发必须遵循 HCAI 理念，保证人类对智能系统的最终决控权(Xu & Gao，2023)。

2.2.3 跨学科协同合作的必然性

技术发展的一个基本动力来自跨学科的交叉融合，AI 技术本身的发展也得益于与其他学科的交叉融合，例如，基于认知神经科学的人类神经网络机制。为顺应学科的交叉发展趋势，国家自然科学基金委员会已经于 2020 年成立了交叉科学部。如前所述，AI 技术带来了不同于传统计算技术的新特征，给人-智能系统交互带来了不同于传统人-非人工智能系统交互的一系列新特征，由此，也给我们提出了应该采用何种方式来有效地应对这些新特征的问题。

为找到针对这些新特征的有效解决方案，我们比较了 AI 学科与人因科学(包括人因工程、人机交互、工程心理学等)的优势和不足之处。针对人-智能系统交互带来的一系列变革性特征，表 2.2 概括比较了这两类学科在实现 HCAI 理念上的优劣势(Xu & Dainoff，2022；Xu，Dainoff，Ge，& Gao，2023)。如表 2.2 所示，AI 技术带来的一系列变革性新特征给实现 HCAI 理念带来了挑战。重要的是，虽然 AI 类学科与人因科学的方法各有优势和不足之处，但是它们之间具有互补性，这种互补性说明了跨学科合作的必要性，跨学科合作将有助于更加有效地开发以人为中心的智能系统。同时，针对人-智能系统交互研究和应用的跨学科合作是广泛的，人因科学只是 AI 学科需要协同合作的学科之一。

表 2.2 AI 类学科与人因科学方法的比较

变革性新特征	AI 技术的新特性	AI 类学科方法对实现 HCAI 理念的优劣势	人因科学方法对实现 HCAI 理念的优劣势
从可预期到不可预期的机器行为	· 独特的自主能力(如学习、自执行)，可处理一些设计者无法预料的场景 · AI 系统表现出独特的机器行为和不确定性结果，导致输出偏差	优势 · 智能自主化技术开处理某些场景中的突发情况 · 基于新技术(如大数据、机器学习)的系统绩效优于人类个体 不足之处 · 缺乏行为科学方法来有效地管理机器行为 · 现有软件工程方法无法有效测试和验证不断学习演化的系统行为	优势 · 用迭代式设计原型和测试方法来优化数据收集、算法训练和改进 · 收集用户反馈来支持机器行为的持续改进 · 部署用户参与式方法，支持"以人为中心"交互式机器学习 不足之处 · 现有设计方法依赖于可预期的机器行为，无法有效处理异常和意外场景

续表

变革性新特征	AI技术的新特性	AI类学科方法对实现HCAI理念的优劣势	人因科学方法对实现HCAI理念的优劣势
从人机交互到人机组队式合作	• 具有自主化能力的智能代理有可以成为与人类合作的队友	优势 • 开发与人类合作的智能代理 • 通过人机协同合作式混合智能方法来增强整体系统的绩效 不足之处 • 缺乏实现人机协作的认知理论和模型 • 主要采用单一的"以技术为中心"方法(人类适应于AI技术)	优势 • 利用人因科学理论来开发人智协作模型和测量方法 • 采用"以人为中心"的方法(AI技术适应于人) 不足之处 • 缺乏成熟的人机协作模型(如人机互信、共享式态势感知) • 现有方法侧重于人与非人工智能系统的交互 • 现有方法将机器视为辅助工具(而不是协作队友)
从单一的人类智能到人机混合增强智能	• 智能体可以开发成拥有一些类似人类的认知能力(例如感知、学习、推理)	优势 • 可以模拟人类的一些认知能力,产生人工智能 • 开发知识图谱技术,开始提倡"数据+知识"双驱动AI 不足之处 • 难以模拟人类高阶认知能力,开发单一机器智能技术路线面临瓶颈 • 可能无法保证人机混合增强智能中人的中心作用(人类可能会失去最终决策权)	优势 • 倡导人类可控的人机混合智能 • 具有模拟人类高阶认知能力的潜力 • 可支持知识表征和知识图谱研究 不足之处 • 目前缺乏对人类高阶认知能力建模的有效方法 • 现有人机系统设计中缺乏对机器智能的有效利用
从用户界面可用性到AI可解释性	• "AI黑匣子"效应可能导致用户难懂的输出结果,影响用户对AI的信任度和接受度	优势 • 开发透明、可解释的算法 • 开发可解释的用户界面模型 不足之处 • 算法驱动的方法可能生成更复杂的算法,导致AI更加难以解释 • 缺乏行为科学专业人员和方法的参与 • 缺乏心理学解释理论、模型以及对可解释AI的行为科学验证	优势 • 可以促进心理学解释模型和理论的应用转换 • 提供"以人为中心"的用户探索、参与等方法 • 帮助验证可解释性AI的绩效 不足之处 • 现有方法主要关心系统人机界面设计的可用性问题 • 缺乏有效地支持可解释AI的人机交互技术和方法
从自动化到智能自主化技术	• 不同于自动化(基于固定规则或逻辑),AI自主化特征可处理一些事先无法预料的操作场景,但会产生不确定输出 • 公众对自主化技术的过度信任会导致安全问题 • 对自动化和自主化技术的混淆会导致对AI的不适当期望和滥用	优势 • 利用智能系统的自主化特征来处理在紧急状态下自动化技术无法完成的一些应急操作 不足之处 • 现有的技术方法可能会导致人类失去对智能自主化系统的最终控制	优势 • 利用针对自动化技术的研究成果,避免自动化人因问题(如过度信任、"人在环外")在自主化技术实现中的重现 • 开发创新的研究和设计范式(人智组队式合作) 不足之处 • 缺乏有效地针对自主化技术的设计方法,例如,应急状态下有效的人机控制接管

续表

变革性新特征	AI 技术的新特性	AI 类学科方法对实现 HCAI 理念的优劣势	人因科学方法对实现 HCAI 理念的优劣势
从传统人机交互到智能化自然人机交互	• 不同于传统的“刺激-反应”交互范式，智能系统可以主动启动交互，主动识别用户状态 • 交互设计出现范式化变化，例如用户意图识别、情感交互、“模糊推理”交互	优势 • 利用新技术（如 AI、大数据、传感技术）开发智能化自然人机交互技术 不足之处 • 缺乏有效的智能人机交互模型、设计范式和隐喻 • 无法有效解决普适计算环境中人类认知资源过载等问题	优势 • 帮助构建有效的人智交互新设计范式和隐喻 • 支持设计、构建和验证自然且可用的智能化人机界面 不足之处 • 现有人机交互迭代式原型设计法无法有效支持智能人机交互 • 缺乏针对智能人机交互的设计标准 • 专业人员参与智能系统开发通常太晚，缺乏影响力
从一般用户需求到特定的伦理化 AI 需求	• 新的用户需求不断涌现，例如隐私权、公平感、决策权、参与感等	优势 • 对伦理化 AI 问题基本达成共识 • 发布了许多伦理化 AI 规范和指南 不足之处 • 缺乏将 AI 伦理规范转化为有效的开发方法的途径 • 缺乏针对伦理化 AI 设计的可再用的代码模块和技术示例 • 专业人员通常缺乏将伦理化 AI 应用于开发的正式培训	优势 • 利用人因科学方法（例如迭代式原型设计和用户测试）优化数据收集、算法训练和测试 • 利用行为科学等跨学科方法来帮助解决伦理化 AI 问题 不足之处 • 缺乏有效、成熟地针对伦理化 AI 设计的方法

2.3 人智交互新领域

2.3.1 “人智交互”新领域的提出

针对人与智能系统交互的研究和应用已经陆续展开，例如，人-智能体交互（human-agent interaction）（Salehi et al., 2018;）、人-自主化交互（human-autonomy interaction）（Amershi et al., 2019）、人-AI 交互（human-AI interaction）（Amershi et al., 2019）。尽管这些研究各自具有不同的侧重点，但都是从不同的角度来研究人与基于 AI 技术的“智能机器”之间的交互，这种“智能机器”的主体就是智能体、智能代理、智能机器、智能系统、自主化系统等。因此，这种交互本质上就是人与 AI 核心技术之间的交互，即人-人工智能交互，本书简称之为人智交互（human-AI interaction）。

目前，除了基础性 AI 技术开发，绝大多数 AI 技术的研发都是为人类提供面向用户的智能系统，例如智能机器人、自动化驾驶车、智能决策系统、ChatGPT、智能物联网等。人类通过人机界面、流程、服务等途径与这些智能系统产生交互，这些交互的有效性直接关系到 AI 技术如何为人类和社会服务、如何避免对人类产生负面影响等涉及 HCAI 理念的重要问题。

如上一节所分析，与人-非智能系统交互相比，AI 技术给人-智能系统交互带来了许多新特征，也带来了基于人智组队的新型人机系统。第 1 章分析了 AI 技术的双刃剑效应、AI 技术发展目前遇到的一些局限性（如脆弱性、感知限制、不可解释性、无因果模型等）。可见，AI 技术和人-智能系统交互既给人类带来了极大的潜在价值，也带来了一系列的新挑战和新问题，这些新挑战和新问题已经远远超出了现有研究（例如人机交互）的内涵及范围，需要一种新的设计思维。这种新挑战和新问题也为我们开辟新方法和新途径提供了机遇，从而开发出以人为中心的智能系统，促使 AI 技术能够最大限度地造福人类，并且避免伤害人类。本书系统地提出的人智交互这一新领域，就是达到该目的的途径之一。

尽管围绕人智交互的研究和应用已经展开，但是目前国内外还没有成熟的有关人智交互的系统化领域框架，其中包括人智交互的研究对象、理念、范围、方法等，因此，本章将系统地提出人智交互这一新领域及框架。

2.3.2 人智交互领域框架：理念、关键问题、范围及方法

任何领域都有特定的领域理念、目的、方法以及范围。人智交互领域以 HCAI 理念为指导，融合跨学科的方法和协同合作，充分考虑“人-技术-环境”的社会技术系统内各种因素之间的相互影响和交互作用，致力于解决人与智能系统交互中的各类问题和挑战，从而为人类和社会研发出以人为中心的智能系统。图 2.2 示意了人智交互的领域框架（许为，葛列众，高在峰，2021）。

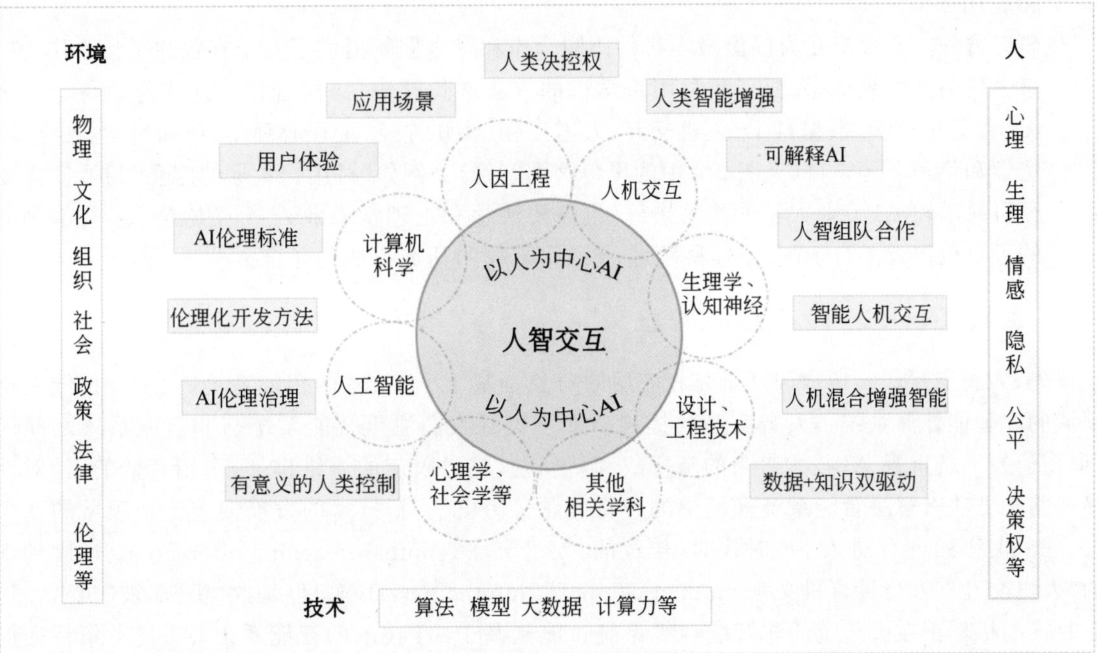

图 2.2 人智交互的领域框架

人智交互的领域框架体现了以下几个特征。

- 研究理念及目的。人智交互遵循 HCAI 理念，致力于研究和开发以人为中心的智能系统。人智交互注重 AI 技术带来的新挑战和新问题，注重人类智能与机器智能的优势互补，致力于优化人与智能系统的交互，全方位考虑 AI 伦理道德，强调人拥有对智能系统的最终决策控制权。人智交互的领域的目的是在智能系统研发中实现 HCAI 开发理念，开发出对人类有益的智能系统，促进 AI 造福人类，避免 AI 对人类的负面影响。
- 研究的关键问题。基于 HCAI 的领域理念和目的，人智交互领域致力于解决围绕技术、用户、

伦理三个维度的一些关键问题(见图 2.2 中的蓝色字框)。例如,“技术”方面的人机混合智能增强、智能人机交互、可解释 AI、“数据+知识”双驱动 AI 等;“用户”方面的用户体验、应用场景、人类决控权、人机协同、人类智能增强等;“伦理”方面的 AI 伦理标准和治理、伦理化开发方法、有意义的人类控制等。这些关键问题就是实施 HCAI 理念的主要路径(见图 1.1),因此,HCAI 理念和人智交互领域互为促进。

- 研究范围。狭义地说,人智交互涉及与人-智能系统交互直接相关的设计、技术和使用等问题。广义地说,从“人-技术-环境”的社会技术系统角度出发,人智交互研究充分考虑各种因素对人智交互的影响,这些因素包括来自技术(模型、算法等)、人(心理、生理等)、环境(物理、组织、社会、伦理等)等方面(见图 2.2)。全面了解这些因素对人智交互的影响将帮助我们优化智能系统的设计、开发和使用,从而充分发挥 AI 技术的优势,避免 AI 对人类造成负面的影响。本书的内容正是反映了这种宏观的系统化视野。从应用领域来说,人智交互包括所有与人产生交互的 AI 应用领域,包括智能硬件和软件系统在各行各业、各种平台上的应用,例如智能手机、行业智能决策系统、智能医疗、智能物联网、智能城市、智能交通等。本书的第三篇“专题研究”和第四篇“行业应用”分别收集了跨领域、跨行业的人智交互研究和应用成果。
- 研究方法。人智交互为提倡跨学科的协同合作和融合创新提供了一个有效的平台。作为一个跨学科的合作领域,人智交互利用跨学科的方法取长补短、协同合作。这些跨学科方法来自 AI、计算机科学、数据科学、人机交互、人因工程、认知神经、工程心理学、认知科学、社会学科、法学和伦理学等学科(见图 2.2 中的黑色圆圈字符)。例如,对用户数据的隐私保护,既需要计算机科学和 AI 专业人员的技术措施,也需要法学和伦理学专业人员的支持。参与本书编写的近百位作者来自 10 多个学科领域,体现了跨学科研究方法的融合。

2.3.3 提出“人智交互”新领域的意义

首先,人智交互新领域强调其研究和应用的对象是基于 AI 技术的智能系统,而不是传统人机交互领域的非智能计算系统。人智交互的提出有助于提醒人们注重智能系统与非智能系统之间的差别,促使研发人员重视 AI 技术带来的新挑战和新问题,跳出固定的思维框架,采用有效的、针对性的设计思路和方法来解决智能系统开发中的独特问题。历史上,新技术的发展促进了新领域的产生和发展。20 世纪 80 年代进入 PC 时代时,传统的“人机交互”(human-machine interaction)过渡到新版本的“人机交互”(人与计算机交互,human-computer interaction,HCI),但是此“机”非彼“机”。目前,智能时代的机器正在由传统的非智能计算系统过渡到基于 AI 技术的智能系统,AI 技术新特征促使人智交互这一新领域应运而生,因此,人智交互这一新领域的出现是必然的。尽管目前人机交互领域的重点已经转移到智能系统,但是与人机交互领域比较,人智交互的领域理念、对象、范围、方法、研究范式、研究问题的复杂性、参与学科等各方面都发生了质和量的变化。目前,我们并不建议将人智交互设置为一门独立的新学科,人智交互是对现有“人机交互”学科领域的扩展和补充。

其次,人智交互新领域的提出有助于推动 HCAI 理念在 AI 研究和应用中的贯彻实施。HCAI 理念是目的,人智交互领域的研究和应用是手段,两者是目的与手段的关系,互为促进。人智交互强调在智能系统研发中注重考虑“人的因素”(包括人的需求、价值、智慧、能力和作用等)以及人与智能系统之间的交互和协同合作,这有助于强化人们对 HCAI 理念的认识,并且采用有效的手段来实施 HCAI 理念。例如,在智能系统研发中,落实有效的 AI 应用落地场景,强调人机智能的优势互补,优化人与智能系统的交互设计，充分考虑伦理化设计，等等。基于 HCAI 理念，人智交互要求在智能系统研发中将人的中心作用以及最终决策者功能整合到系统设计中，避免潜在安全风险问题的发生。人智交互也有助于促进 AI 技术专业人员充分理解 AI 的目的是增强人类智能，而不是取代人类，构建可能危害人类的“机器世界”不是开发 AI 技术的最终目标。类似于实施 HCAI 理念的意义，人智交互通过推动研发对人类有益的、解决实际问题的智能解决方案来助推 AI 技术的可持续发展。

最后，人智交互为 AI、计算机、人机交互、人因工程、工程心理学、工业设计、社会科学等学科提供了一个跨学科、跨行业的合作平台，有助于在一个统一领域名称(人智交互)的框架下，推动和参与跨学科、跨行业专业人员的协同合作，开展优势互补的跨学科交流，共同研发以人为中心的智能系统。本书跨学科的作者群就是一个跨学科协同合作的范例。另外，如 1.4 节的第 3 部分所讨论，跨学科的多样化方法也有助于实现基于 HCAI 理念的智能系统。

2.4 人智交互领域框架详述

人智交互的领域框架并不是一个抽象概念，它包括基于 HCAI 的基本理论和研究的关键问题、方法、流程、跨学科的团队。

2.4.1 基本理论与关键问题

任何一个领域都拥有基本理论和要研究的关键问题。作为一个新兴的跨学科领域，人智交互正在形成自己的基本理论和要解决的关键问题。表 2.3 列出了本书包括的部分基本理论和关键问题。这些基本理论和关键问题都是基于 HCAI 理念和目标提出的，它们为开展人智交互研究和应用提供了基础。人智交互研究和应用涉及的范围非常广，表 2.3 列出的内容只是其中一部分。随着 AI 技术的发展，新理论和新问题也会不断产生，人智交互基本理论和关键问题需要在今后的实践中不断提升和扩展。

从表 2.3 可知，实现 HCAI 理念具有一系列挑战，这些挑战不同于传统人机交互研究中的挑战，如何解决这些新挑战直接关系到是否能够在智能系统研发中实现 HCAI 理念和设计目标。目前，针对这些人智交互基本理论和关键问题的研究正在展开。表 2.3 也展望了今后围绕这些基本理念和关键问题的主要工作(见第 3 栏)。详细内容参见本书相关章节。

表 2.3 人智交互的基本理论和关键问题(本书部分实例)

基本理论与问题(本书实例)	实施 HCAI 理念面临的挑战(部分)	基于 HCAI 的人智交互初步解决方案(部分)	期望实现的主要 HCAI 目标(见第 1 章)	本书相关章节(部分)
智能机器行为	• 基于机器学习的智能系统具有自主学习等能力，会带来系统输出不确定性、算法偏差、意外机器行为、机器行为演变等问题 • 现有机器学习训练和测试方法缺乏用户的积极参与 • 社会交互中存在复杂的机器行为演变 • 多智能代理之间存在复杂机器行为和交互	• 以人为中心、交互式、用户参与式机器学习 • 以人为中心的算法助推、智能推荐 • “以人为中心设计”方法在数据收集、培训、算法调整、测试中的应用 • 基于行为科学等方法的机器行为研究	有用的、负责任的 AI	以人为中心的算法助推方法(第 20 章) 以人为中心的可解释 AI(第 8 章)

续表

基本理论与问题（本书实例）	实施 HCAI 理念面临的挑战（部分）	基于 HCAI 的人智交互初步解决方案（部分）	期望实现的主要 HCAI 目标（见第 1 章）	本书相关章节（部分）
人类模型	• 机器智能无法模拟人类的一些高阶认知能力 • 单一依靠大数据方法的 AI 存在逻辑推理不佳、大数据和算力依赖性强、鲁棒性差、不可解释等问题 • 人机双向协同合作中缺乏有效的人类状态识别模型（用户意图、情景意识、情感等）	• 人类认知与行为建模 • 人类知识表征和知识图谱化 • 人类状态建模（生理、情感、意图等） • 人类绩效建模	有用的、可扩展的、赋能人类的 AI	人类认知与行为计算建模（第 3 章） 人智交互中的人类状态识别（第 12 章） 智能座舱中的驾驶行为建模（第 27 章） 人智组队式协同合作的研究范式取向（第 11 章）
以人为中心的计算	• 传统环境感知计算主要针对单一环境的感知，缺乏将人作为感知目标主体、人的参与、机器感知能力与人类认知能力的结合、理解人类意图 • 传统机器感知模式缺乏人-机协作，缺乏将人类知识传递给机器算法来辅助机器感知和理解环境，无法有效完成复杂任务 • 信息物理系统研究（CPS）主要从物理系统出发，很少考虑用户在动态人机交互中的作用，导致系统应用场景提取不准确、人在回路系统设计出现偏差	• 群智感知计算 • 人-机协作感知计算 • 以人为中心的社会计算	有用的、可扩展的 AI	以人为中心的感知计算（第 6 章） 以人为中心的社会计算（第 9 章） 以人为中心的智能推荐（第 21 章） 以人为中心的可解释 AI（第 8 章） 以人为中心的算法助推（第 20 章）
人类智能增强	• 需要明确 AI 技术是手段，目的是人类智能增强（IA），IA 也拥有基于 AI 的自身发展技术 • IA 与 AI 技术之间存在争论和竞争，缺乏考虑两者优势互补的方案 • 机器智能无法模仿人类智能的某些维度，需要跨学科探索最佳的人类智能增强技术和方法 • 缺乏有效的基于人脑认知神经可塑性机制的智能增强研究工具和方法 • 缺乏有效的基于新型交互范式的技术（例如，认知疾病诊疗和康复、特种职业认知能力强化等领域）	• 以人为中心的 IA 和 AI 协同的技术 • 基于 AI 的人类智能赋能技术（如认知增强） • 刺激调控和内在状态引导两个角度下的认知强化方法 • 基于可塑性机制、认知负荷可控、及时生理反馈、体脑双向交互的人机交互训练及人智增强技术和方法 • 人类生物神经层面上的 AI 与智能增强技术的整合方案（如脑机融合）	有用的、可用的、赋能人类的 AI	基于 AI 技术的人类智能增强（第 26 章） 脑机接口与脑机融合（第 22 章） AI ＋辅具（第 28 章） 智慧康复与无障碍设计（第 35 章） 以患者为中心的智慧医疗（第 33 章） 以儿童为中心的自闭症 AI 辅助诊疗（第 34 章）

续表

基本理论与问题（本书实例）	实施HCAI理念面临的挑战（部分）	基于HCAI的人智交互初步解决方案（部分）	期望实现的主要HCAI目标（见第1章）	本书相关章节（部分）
人机融合增强智能	• 机器智能难以模拟和建模人类高阶认知能力，机器智能技术的发展遇到瓶颈，孤立地开发机器智能的技术途径缺乏可持续性 • 智能系统设计中缺乏对“人在环”的考虑，导致人类失控等安全性问题 • 人智在认知和行为上没有实现最大程度的优势互补 • 单一依赖大数据的AI技术缺乏可持续性	• “人在环路”的人机混合增强智能 • “人在环上”的人机混合增强智能 • 脑机融合 • 多通道人机协同感知与决策 • “数据与知识”双驱动AI • 基于人机环境交互系统的人机融合智能	可扩展的、人类可控AI	人机融合智能（第4章） 脑机接口与脑机融合（第22章） 数据与知识双驱动式AI（第5章） 以人为中心的智能推荐（第21章） 基于AI的智慧康复与无障碍设计（第35章） 以患者为中心的智慧医疗（第33章）
人智协同合作	• 现有人机交互基于“机器为工具”的范式，缺乏对智能时代“人智组队”式合作型人机关系的考虑 • 缺乏成熟的人智协同合作理论、方法、认知架构、模型、绩效评估和测试方法 • 缺乏成熟的共享合作式人机态势感知、人机共信、人机心理模型、人机决策的理论、模型和方法	• 人智组队研究新范式 • 人智协同合作新理论、模型、认知架构、评估和预测方法 • 人智合作式认知界面 • 人智交互的认知心理模型	有用的、可用的、赋能人类的AI	人智组队式协同合作的研究范式取向（第11章） 人智交互的心理模型与设计范式（第13章） 多通道人机协同感知与决策（第7章） 智能驾驶的人车协同共驾（第30章） 载人航天中的人-智能系统联合探测（第32章）
可解释AI	• AI“黑匣子”效应使得用户无法理解AI决策输出，影响人类决策和AI技术的推广 • 心理学解释理论没得到充分利用 • 缺乏有效的用户参与式可解释AI方法 • 许多可解释AI项目仅在AI学科内开展，采用“以算法为中心”方法，加剧了算法的不透明问题	• “以人为中心”的可解释AI • 用户参与式的可解释AI • “人在环路”式可解释AI • 心理学解释理论的应用转化 • 自然式、交互式AI人机界面设计	可用的、可信的、负责任的AI	以人为中心的可解释AI（第8章） 以人为中心的算法助推（第20章）
人类可控自主化	• 对自动化与自主化概念的混淆，低估了的自主化技术的影响（被混淆为简单的高水平自动化） • 系统设计中的人因问题，例如，操作员情景意识下降，人机界面模式混淆、“人在环外”、低参与度、过度信任等	• 有意义的人类控制 • 人类可控自主化 • 人机共享自主化（如应急状态下的接管/交接） • “人在环中”“人在环上”的人智交互	可用的、人类可控的AI	人类可控AI：有意义的人类控制（第19章） 人-机器人交互（第24章） 智能驾驶的人机协同共驾（第30章） 多通道人机协同感知与决策（第7章） 以飞行员为中心的智能化民用飞机驾驶舱（第31章） 载人航天中的人-智能系统联合探测（第32章）

续表

基本理论与问题（本书实例）	实施 HCAI 理念面临的挑战（部分）	基于 HCAI 的人智交互初步解决方案（部分）	期望实现的主要 HCAI 目标（见第 1 章）	本书相关章节（部分）
智能人机交互	• 缺乏成熟的智能人机交互理论和技术，例如，人智交互模型，社会交互和情感交互，用户意图识别等 • 缺乏针对智能系统的认知和人机交互模型、交互设计范式 • 复杂智能计算环境中人类有限认知资源的瓶颈效应 • 缺乏成熟的人智交互和体验设计方法 • 缺乏针对智能系统的人机交互设计标准和指南	• 智能人机交互中的生理、情感、意图建模计算 • 智能人机交互理论、模型和技术等 • 智能人机交互新范式 • 智能人机交互设计标准 • 智能人机交互的可用性和用户体验设计 • 人智交互的神经人因学方法	可用的、有用的 AI	人智交互中的人类状态识别（第 12 章） 智能人机交互的心理模型与设计范式（第 13 章） 人智交互语境下的设计新模态（第 16 章） 人智交互的工程心理学问题与方法论（第 10 章） 人智交互设计标准（第 17 章） 元宇宙与虚拟现实中的人智交互（第 25 章） 可穿戴计算设备的多模态交互（第 23 章） 人-机器人交互（第 24 章） 人智交互的神经人因学方法（第 14 章）
伦理化 AI 设计	• AI 系统可能产生输出偏差和意外结果 • AI 滥用问题（歧视，隐私泄密等） • 人类缺乏对 AI 系统的最终控制权 • 缺乏对 AI 系统故障的追溯和问责机制	• 以人为本的 AI 伦理体系 • 算法治理 • 有意义的人类控制，AI 错误追溯机制 • 透明化系统设计 • 人机交互提倡的迭代式原型设计和用户测试（算法训练、测试）	负责任的、人类可控的 AI	以人为本的 AI 伦理体系（第 18 章） 伦理化 AI 规范与治理（第 29 章） 以人为中心的算法助推方法（第 20 章） 以人为中心的可解释 AI（第 8 章） 人智交互中的机器行为设计与管理（第 15 章） 人类可控 AI：有意义的人类控制（第 19 章）

2.4.2 跨学科方法

针对 AI 技术的新特征和新挑战，人智交互必然需要有效的方法，人智交互领域的跨学科特征决定了它的方法论特征。表 2.4 概括了本书各章节提出的一些跨学科方法。这些跨学科方法立足于 HCAI 理念，即将人的需求、价值、智慧、能力和作用置于 AI 设计、开发以及实施的首位。其中，许多方法来自非 AI 学科或者是基于 HCAI 理念对现有 AI 学科方法的提升，例如，“以人为中心”的可解释 AI、算法助推、感知计算、智能推荐、社会计算等方法。所有这些方法互为补充，有助于研发出基于 HCAI 理念的智能系统。

表 2.4 所示的这些跨学科方法覆盖 AI 全生命周期，其中包括基于 HCAI 理念的理论、研究范式、模型（理论、计算）和算法、交互技术和设计、用户研究和测试、标准制定和治理等。作为一门新的领域，人智交互的研究和应用方法目前还不成熟，需要不断充实和提升。

表 2.4 基于 HCAI 理念的人智交互基本方法

方法类型（本书实例）	基本方法（部分）	本书相关章节（部分）
理论（算法、技术）	人机融合智能，“数据＋知识”双驱动 AI，人类智能增强，智能系统的机器行为	人机融合智能（第 4 章） 数据与知识双驱动式 AI（第 5 章） 脑机接口与脑机融合（第 22 章） 基于 AI 技术的人类智能增强（第 26 章）
研究范式	基于人智组队式的人智协同认知系统，人智协同认知生态系统，智能社会技术系统	“人智交互”跨学科新领域（第 2 章） 人智组队式协同合作的研究范式取向（第 9 章）
模型（理论、计算）	人类状态（生理、情感、意图等）模型，人类认知与行为模型，人类行为绩效模型（人机交互行为仿真），人机交互模型	人智交互中的人类状态识别（第 12 章） 人类认知与行为计算建模（第 3 章） 智能座舱中的驾驶行为建模（第 27 章） 人智交互的心理模型与设计范式（第 19 章）
算法（理论，研发流程）	感知计算，多通道人机协同计算，智能推荐，可解释 AI，算法助推方法，社会计算，脑机接口与脑机融合，人类智能增强	以人为中心的社会计算（第 9 章） 以人为中心的感知计算（第 6 章） 多通道人机协同感知与决策（第 7 章） 以人为中心的智能推荐（第 21 章） 以人为中心的可解释 AI（第 8 章） 以人为中心的算法助推（第 20 章） 基于 AI 技术的人类智能增强（第 26 章） 脑机接口与脑机融合（第 22 章）
用户研究、交互设计、用户测试	以人为中心的设计（用户研究、交互设计、用户测试等），人因科学（工程心理学、人因工程、神经人因学等）方法，人智交互设计新范式，智能人机交互设计标准，智能设计新模态，可解释 AI，算法助推方法	可穿戴计算设备的多模态交互（第 23 章） 元宇宙与虚拟现实中的人智交互（第 25 章） 人-机器人交互（第 24 章） 人智交互的工程心理学问题及其方法论（第 10 章） 人智交互的神经人因学方法（第 14 章） 人智交互语境下的设计新模态（第 16 章） 人智交互中的机器行为设计与管理（第 15 章） 人智交互设计标准（第 17 章）
标准和治理	AI 伦理体系，伦理化 AI 规范与治理，人智交互设计标准，有意义的人类控制	以人为本的 AI 伦理体系（第 18 章） 伦理化 AI 规范与治理（第 29 章） 人智交互设计标准（第 17 章） 人类可控的 AI：有意义的人类控制（第 19 章）

2.4.3 跨 AI 全生命周期的流程

任何一个领域的研究和应用都需要一个有效的实施流程来实现该领域的理念和设计目的。类似于基于“以人为中心”理念的跨产品全生命周期的人因科学流程，人智交互采用基于 HCAI 理念的跨 AI 产品全生命周期的流程，将人的需求、价值、智慧、能力和作用置于 AI 产品设计、开发、实施流程的首位，也就是将基于 HCAI 的方法和活动整合在跨 AI 全生命周期的端到端流程。基于 AI 全生命周期的“端到端”流程意味着基于 HCAI 理念的人智交互工作不局限于智能系统的开发阶段，还包括开发后部署和使用等阶段，例如，针对用户隐私、公平等问题的伦理化 AI 治理、针对 AI 机器行为演化的智能系统行为监控等。通过这样的端到端流程，HCAI 理念才能得到全面有效的实施。

目前还没有研究系统地提出完整的 HCAI、人智交互流程，本书提出了一个基于 HCAI 理念的跨 AI 全生命周期的人智交互工作流程（见图 2.3）。

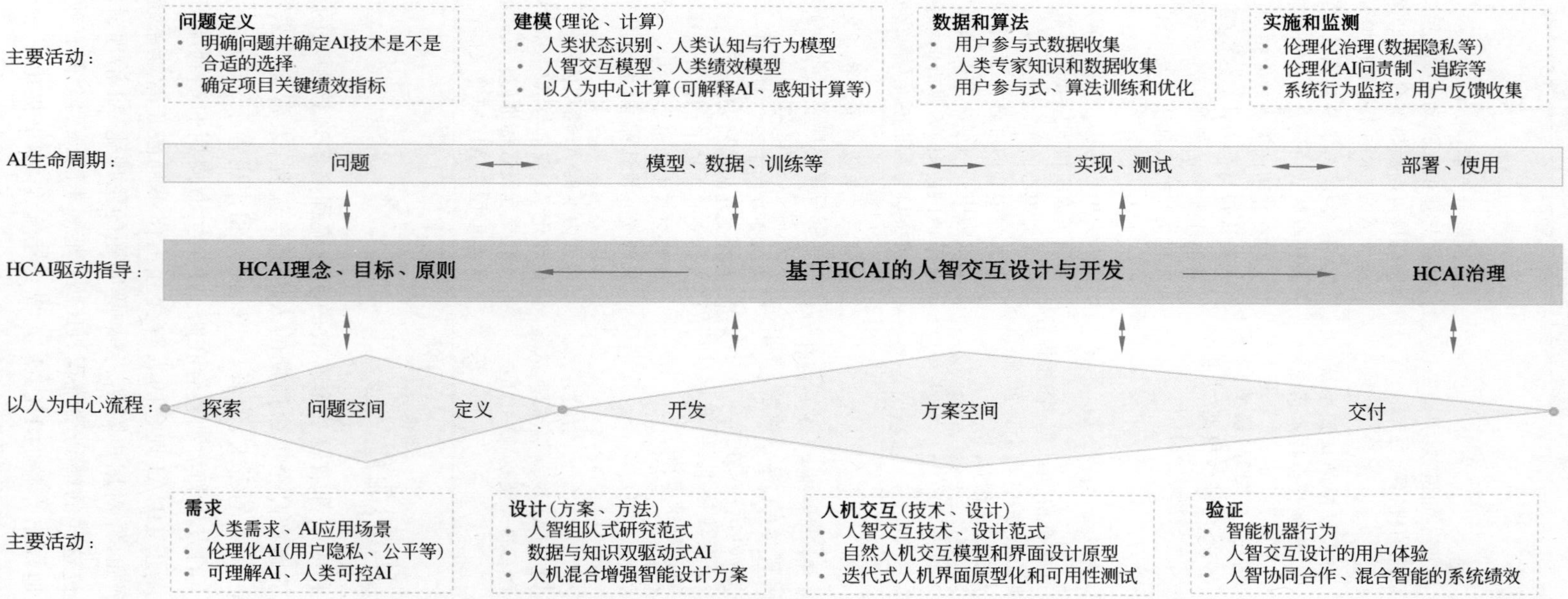

图 2.3 基于 HCAI 理念的跨 AI 全生命周期的人智交互工作流程框架(结合本书实例)

如图 2.3 所示，人智交互流程框架采用了人机交互领域中广泛采用的“双钻石”流程（British Design Council，2005）。“双钻石”流程是一种基于“以用户为中心”理念的人机交互开发流程。该流程将用户置于开发、部署和使用等阶段的方法和活动的首位，通过搜集和定义用户需求、人机交互原型和可用性测试的迭代式设计方法，确保解决方案满足用户需求。它由两个钻石形状代表的四个阶段，强调在问题和方案空间（“双钻石”）过程中发散思维（探索多种可能的解决方案）和收敛思维（缩小到最佳解决方案）的重要性。

具体地说，“双钻石”流程包括以下四个主要阶段。(1)发现。目标是理解问题，通过用户和应用场景研究收集用户需求、应用场景信息等。(2)定义。分析所收集的数据，明确需要解决的问题。(3)开发。在第二个钻石（问题解决）的第一阶段定义解决方案概念和设计，通过一系列迭代式原型制作和用户测试，精炼生成最终可能的设计方案。(4)交付。确定和构建最佳解决方案，通过可用性测试优化解决方案，最终实施解决方案。

如图 2.3 所示（蓝色字符），智能系统的全生命周期一般按照定义问题、模型/数据/训练、实现/测试、部署/使用的流程开展，在此基础上，基于 HCAI 理念的人智交互流程系统化地整合了以下两个重要流程：

- HCAI 理念贯穿整个 AI 全生命周期，包括在早期明确 HCAI 理念、目标和原则，基于 HCAI 的人智交互设计与开发，以及后期的基于 HCAI 的 AI 治理等活动；
- 现有的“以人为中心”的“双钻石”开发流程。

在图 2.3 所示的人智交互流程中，各个阶段融入了本书所提出的一系列方法，从而形成了一个基于 HCAI 理念的人智交互“端到端”工作流程。需要指出的是，该框架并不是一个具体化的基于时间节点的工作流程，它更多地表征了在智能系统研发、实施和使用过程中的一种基于 HCAI 理念的工作思路，该流程为智能系统研发团队和实施组织提供了许多选项（本书提供的一系列方法和工具），从而有助于指导开发和实施基于 HCAI 理念的智能系统。另外，各种方法的使用与具体项目工作进程之间并不是简单的一对一关系。例如，尽管许多伦理化 AI 治理活动是在产品的交付和使用阶段执行的（如用户数据、隐私保护），但是伦理化 AI 治理工作应该贯穿于整个流程中。例如，在开发早期，需要明确伦理化 AI 规范和设计标准；在开发过程中，需要采用算法治理的技术手段。

为进一步阐述基于 HCAI 理念的人智交互流程和方法，表 2.5 列举了跨 AI 全生命周期人智交互工作流程的一些 HCAI 活动和方法选项。如表 2.5 所示，在 HCAI 框架的三个维度上（参见图 1.1），围绕 HCAI 理念的主要实施路径（部分实例），这些 HCAI 活动在整个“端到端”流程中将有效地补充和整合现有的 AI 学科方法，指导项目团队开展必要的 HCAI 活动，帮助项目开发达到所期望的 HCAI 目标，从而开发出以人为中心的智能系统。

综上所述，开发一个基于 HCAI 理念的智能系统可以按照以下工作思路和流程进行。

- “问题空间”

(1) 定义需求。根据 HCAI 理念、基本目标和设计原则，搜集、分析和定义智能系统的用户需求、应用场景，包括伦理化 AI 需求、人机智能各自的特点和互补性（如人机混合增强智能）、人类可控 AI 等需求。

(2) 明确问题。明确要解决的问题和定义满足需求的 AI 落地应用场景，确定是否能有效地解决人类的实际问题。

- “方案空间”

(1) 提出设计概念和方案。例如，利用人智组队式的人机协同合作方式，“数据＋知识”双驱动的 AI，人智交互界面新设计范式等。

表 2.5 跨开发全过程的主要 HCAI 活动(部分实例)

HCAI 实现路径(部分)(第 1 章 1.3 节第 2 部分)	HCAI 系统的开发全过程							本书相关章节(部分)
	需求定义	设计方案	数据收集	模型构建	模型/算法训练和优化	部署实施	使用监测	
HCAI 框架的“用户”维度:用户需求和体验,AI 落地应用场景,人智协同合作等	定义用户、AI 落地应用场景、人智协同合作等需求,评估人机智能和能力的差别特征等	将需求引入智能系统、人智协同合作等设计方案中,帮助定义系统的整体设计方案	采用用户参与式等方法,为验证人智界面设计、系统模型和算法、系统整体设计等提供数据	构建有效的人智交互界面模型、人智协同合作模型(如人机态势感知共享、人机共信),评估现有人智交互设计标准	采用迭代式原型化设计和用户测试等方法,优化人智交互界面和人智协同合作等设计	制定产品市场引入的用户体验策略、用户支持系统方案、用户反馈机制等	将用户反馈引入模型和智能系统的机器行为监测中,评估产品的用户体验,改进人智交互界面、人机融合增强智能、人智协同合作、可解释 AI 的设计和模型质量	人智交互的工程心理学问题及其方法论(第 10 章) 智能时代的人机交互模型与设计范式(第 13 章) 人智交互设计标准(第 17 章) 人智交互语境下的设计新模态(第 16 章)
HCAI 框架的“技术”维度:智能人机交互,人机融合增强智能,可解释 AI 等	定义用户对人智交互、可理解 AI 等方面的需求,评估人机智能之间的特征差别等	将需求引入人智交互设计范式,确定可解释 AI 的设计方案(数据需求、算法设计、模型验证等),制定人机增强智能方案等	从用户的角度定义人机交互所需的数据收集、解释数据的内容和数据收集过程等	构建人机交互模型和用户界面原型、可解释 AI 模型框架(模型和解释层、多模态界面、评价指标)等	验证用户对人机交互的体验,测评人机融合增强智能的系统绩效,采用用户参与方法来训练、调整、验证和优化算法			以人为中心的可解释 AI(第 8 章) 以人为中心的算法助推(第 20 章) 可穿戴计算设备的多模态交互(第 23 章) 人-机器人交互(第 24 章) 元宇宙与虚拟现实中的人智交互(第 25 章)
HCAI 框架的“伦理”维度:伦理化 AI 开发,机器行为管理,有意义的人类控制等	定义用户对伦理化 AI(隐私、公平等)、伦理化 AI 规范、人类可控 AI、机器行为偏差回避等方面的需求	将需求引入数据收集、算法设计中,确定人类可控 AI 的“追踪和追溯”设计方案等	采用用户参与式的数据收集方法,避免数据偏差等	构建基于伦理化 AI 的优化算法,采用可再用的伦理化 AI 代码模块,减小算法和机器行为偏差等	采用交互式、用户参与式、迭代式原型设计和用户测试等方法,训练、调整和优化算法等	建立有效的伦理化 AI 治理流程,确定用户数据隐私保护等措施,确定评估社会、组织等环境因素对机器行为影响的方法等	收集用户反馈,监控和评估社会、组织等环境因素对机器学习、行为演化等影响,进一步优化机器行为和模型等	以人为本的 AI 伦理体系(第 18 章) 伦理化 AI 规范与治理(第 29 章) 人类可控 AI:有意义的人类控制(第 19 章) 人智交互中的机器行为设计与管理(第 17 章) 人智交互的工程心理学问题及其方法论(第 10 章)

(2) 选择和构建 AI 模型。例如,采用以人为中心的方法(以人为中心的可解释 AI,以人为中心的感知计算,以人为中心的智能推荐等)。

(3) 选择和构建智能人机交互界面。例如,人-机器人交互,脑机接口与脑机融合,可穿戴计算设备的多模态交互,元宇宙与 VR 交互界面等。

(4) 训练和优化 AI 模型。例如,采用用户参与式机器学习和算法优化、以人为中心的算法推送和训练方法等方法,达到优化模型、避免算法偏差等目的。

(5) 用户界面原型化和用户验证。采用迭代式用户界面原型化设计和可用性测试等方法,验证和改进人智界面和系统的整体设计。

(6) 优化界面设计和用户体验验证。遵循智能人机界面的设计原则和标准,通过用户体验验证进一步优化设计。

(7) 实施和监测。采取必要措施来遵守和监控伦理化 AI 规范(如用户隐私和数据保护,AI 公平性)的实施,监控智能系统行为演化,收集用户反馈,支持系统设计的进一步优化。

由此可见,本节提出的基于 HCAI 理念的人智交互工作流程并不是一个抽象的概念,而是一个具有指导性、可操作、可执行的开发流程。随着人智交互研究和应用的深入开展,人智交互流程将得到进一步提升和完善。

2.4.4 跨学科团队

作为一个跨学科的领域,人智交互研究需要多学科的支持。从事人智交互的专业人员,包括来自 AI、计算机科学、数据科学、人机交互、人因工程、工程心理学、工业设计、认知神经科学、社会科学以及任何参与面向用户智能系统开发和实施的人员都属于这个范畴,其中也包括参与 AI 伦理规范制定和治理的人员。本书 37 章的近百位作者来自不同的学科领域,这充分反映了人智交互的跨学科特征。以下内容将概括一些主要学科在人智交互研究和应用中的作用。

1. 计算机科学、AI、机器人学、传感技术等技术学科

人智交互首先需要智能技术的支持,计算机科学、AI、数据科学等学科必不可少。人智交互所需的各种建模手段(如机器深度学习、AI 机器视觉、自然语言处理、情感、意图、生理等)离不开各种算法、大数据、传感、自动化等技术。这些专业人员通常习惯于遵循以技术、系统功能为中心的思路,人智交互主张的 HCAI 理念从工作思路、方法论等方面补充了现有的技术开发方法,有助于促进跨学科的融合创新,从而开发可有效服务于人类的智能系统。

2. 人机交互、人因工程等人因科学

隶属于人因科学的人机交互、人因工程等学科遵循“以人为中心”的理念,提供了“以人为中心”的开发流程和方法论、人机交互技术、人机交互设计原则和标准、用户体验验证方法等,这些学科可以为人智交互提供以人为中心的设计思维和方法论。理论上,人因科学研究的对象是人机系统,为人智交互提供了一系列理论和框架;人因科学研究人的能力与局限、人的模型、人机系统理论和方法,已经形成了一系列数据库与设计原则,有助于人智交互的系统设计。在方法论上,人因科学可以为人智交互开发流程提供用户研究、用户需求定义、人机绩效建模、原型设计和用户测试等方面的支持。在技术上,进入智能时代,AI 技术推进了智能人机交互的技术创新,人智交互研究必然会对人因科学的理论、技术、方法等方面提出新要求,也将促进这些理论、技术、方法的提升。

3. 心理学、社会学等学科

人智交互提倡的智能化自然人机交互研究需要心理学等行为科学的参与,以确保人机交互的信

息呈现与用户知觉过程协调、人机界面设计与用户心理模型相容，并且通过基于人类心理活动的基本规律来探索自然的智能化人机交互方式。另外，心理学为传统人机交互研究贡献了许多人机交互理论和模型，人智交互研究需要开发新的理论和模型。例如，心理学在人智交互中的生理计算、情感计算、用户意图建模等方面都将提供人类认知加工的理论基础。从宏观的角度看，人智交互系统的研究和实施都是在社会技术系统环境中发生的，社会环境、文化环境、AI 伦理道德等因素将影响人智交互，智能系统将从具备功能性的工具属性发展为兼具社会性的角色属性，因此，人智交互研究需要心理学、社会学等学科的支持。

4. 生理学、认知神经等学科

人智交互中的情感交互、生理交互、用户意图识别等研究需要生理学、认知神经等学科的支持。生理信号是交互行为的物质基础，生理计算可应用于评测用户认知等状态，为交互自然性设计提供客观评价指标。例如，在人机交互行为中，测量来自中枢神经系统和外周神经系统的生理信号，可以提供有效信息来识别用户心理状态。认知神经科学为人智交互研究提供了认知神经基础，例如，认知神经测量技术(脑功能成像技术等)对人的认知模型和人机交互研究起到了重要作用(如脑机接口)，计算神经科学模型可以与传统认知模型结合起来助力人智交互研究。从发展角度看，认知神经科学研究可以更好地揭示人智交互中的用户特征和交互规律，它与人机交互的融合可为人智交互研究提供新思路。

5. 伦理学、法学等学科

伦理学、法学等学科在人智交互研究和应用中至关重要，直接影响到智能系统的开发和实施是否符合 HCAI 理念。伦理学为 AI 技术的开发提供了道德准则和原则，在整个开发过程中非常重要。例如，在设计阶段，伦理原则可以指导开发更公平、透明、可追责和尊重隐私的智能系统，开发人员可以采取策略来最小化 AI 模型中的偏见，并使智能决策可解释；在部署阶段，伦理准则可以帮助设立防止滥用的保障措施，确定 AI 的不适当用例，避免对用户的潜在负面影响；在实施阶段，伦理化 AI 原则可以指导对智能系统的持续监督，其中包括监控潜在的有害影响或滥用、提供纠错机制。法律学则提供了 AI 开发的约束规则，设定标准并定义责任。例如，在监管合规方面，规定 AI 开发者必须遵守的法律，包括数据收集和使用(如隐私法)、智能系统如何部署(如反歧视法、消费者保护法)等。未来的立法也可以塑造 AI 技术的健康发展，例如颁布 AI 透明度或责任化的特定法律，这将影响智能系统的设计和部署方式。

2.5 人智交互研究的范式取向

一个领域的研究范式取向定义了该领域研究的基本出发点和视角，决定了该领域的设计思维、研究重点和范围以及方法论。研究范式对人智交互这一新兴领域尤其重要。

进入计算机时代，针对人-计算器交互的研究范式呈现出不同的取向。工程心理学、认知工效学等学科从人类认知信息加工机制出发，在用户心理活动层面考察在人机操作环境中人类感知觉、注意、记忆、决策等心理活动与工作绩效间的关系，从而达到优化人机系统设计的目的(Wickens et al.，2021；孙向红等，2011)。人机交互、用户体验等学科从“以用户为中心设计”理念出发，基于计算技术系统作为辅助人类作业工具的范式取向，构建用户心理模型、人机交互模型、人机界面概念模型，通过人机交互界面技术、建模、设计、测试等手段达到最佳用户体验的目的(Nielsen，1994；许为，2023)。

进入智能时代,AI技术新特征、人机组队式新型人机关系等跨时代演变必然带来对人智交互研究范式取向的新思考。基于许为近几年提出的人智协同认知系统(human-AI joint cognitive systems)、人智协同认知生态系统(human-AI joint cognitive ecosystems)、智能社会技术系统(intelligent sociotechnical systems)概念模型和框架,本章提出人智交互研究的三种新范式取向(许为,2022a,2022b)。

2.5.1 人智协同认知系统的研究范式取向

如前所述,AI可以成为与人类合作的队友,人智组队正在成为智能时代的一个新型人机关系形态,也成为开发智能系统的一种新设计隐喻(metaphor)(NAS, 2021)。基于协同认知系统(joint cognitive systems)(Hollnagel & Woods,2005)、情景意识(situation awareness)(Endsley, 1995)以及智能体理论,许为提出了一个表征人智组队式合作的人智协同认知系统的概念框架(许为,2022a)(见图2.4)。

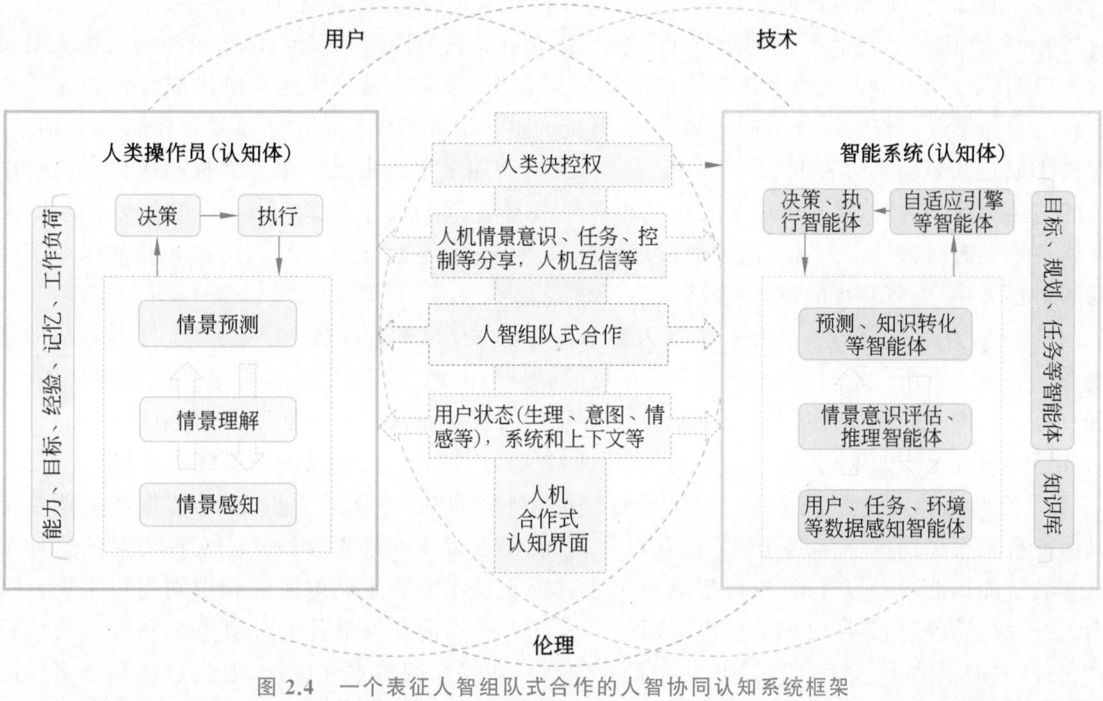

图2.4 一个表征人智组队式合作的人智协同认知系统框架

如图2.4所示,不同于传统人机交互系统,该框架将智能系统(一个或多个智能体)视为能够完成一定认知信息加工任务的认知体。因此,一个人智系统可以表征为两个认知体协同合作的一个协同认知系统。作为与人合作的团队队友,智能系统通过自然有效的人机交互方式(如语音、手势)与人类用户展开双向主动式交互和协同合作,可以对用户状态(认知、意图、情感等)、环境上下文等状态进行自主感知、识别、学习、推理等认知作业,并且做出相应的自主执行(Kaber, 2018; Xu, 2020)。

该框架采用Endsley的情景意识认知理论来表征人类用户和机器认知体的信息加工机制(Endsley, 1995, 2015),即人类操作员感知、理解当前环境状态(包括人机界面、系统、环境、队友等)和预测未来状态的认知加工机制。该模型还包括情景意识与记忆、经验、知识等认知因素的交互,并且拥有数据驱动(根据感知数据来理解和预测情景)和目标驱动(根据目标以及当前的理解和预测来验证感知数据)的信息加工机制。借助于信息收集和后期响应的动态反馈和前馈回路机制,用户能够感知动态环境情景来更新获取的信息。如图 2.4 所示，该模型采用与人类用户认知体异质同构的方式来表征机器认知体的信息加工机制。

人智协同认知系统框架为人智交互提供了一种新的研究范式取向，该研究范式取向主要体现了以下几项新特征和研究新思路。

(1) 机器认知体赋能。不同于视机器为工具的传统研究范式取向，该框架将机器智能体表征为与人类合作的认知体，有助于通过研究智能体的认知行为以及与人类的合作行为，通过优化智能体认知能力和行为的途径来提升人机系统的整体绩效。智能体(agent，或称为智能代理)不是一个新概念，尽管目前的 AI 技术远未达到有效队友的标准，但从长远看，将 AI 视为认知智能体会促进智能代理技术的发展。该框架从概念上提出了与人类智能体异质同构的信息加工机制，可以为开发智能体提供一个概念性系统架构。将机器智能体提升到认知体的概念机制，有助于以一种新思维方式进一步在感知端、决策端、行动端开发智能体的自主特性(如感知-推理-决策-行动)，使其能够成为与人类合作的“合格认知代理”，助力构建强大的基于 HCAI 且推动人智协同合作的智能系统。

(2) “人智组队”式合作。不同于基于“交互”式人机关系的传统研究范式，该框架将人机关系表征为一个协同认知系统中人机两个认知体之间的协同合作，有助于通过优化人机协同合作的途径来提升系统的整体绩效。作为一个协同认知系统，系统的整体绩效不仅仅取决于系统单个部分的绩效，而是取决于通过人机智能互补和合作、人机混合(融合)智能等手段来最大限度地提高人机协同合作和系统的整体绩效。同时，将人智组队表征为两个认知体之间的协作关系，有助于借鉴成熟的人-人团队合作理论和方法来开发人智组队的独特理论及方法，从而研究、建模、设计、构建和验证两个认知体之间的协作关系，提高系统的整体绩效。

(3) “以人为中心”理念。该框架强调人类是人智合作团队的领导者，在应急状态下是系统的最终决控者。如第 1 章所讨论，HCAI 理念寻求在技术、用户、伦理三维度上的系统融合来实现“以人为中心”的理念(如图 2.4 中三个虚线圆圈重合区)。由此，人智协同认知系统强调采用 HCAI 理念来指导“人智组队”研究范式的应用，强调人是人智团队的领导者，拥有对人智系统的最终决定权。

(4) “双向主动式”的人智交互。不同于传统的“刺激-反应”单向式人机交互，该框架强调基于人和机器各自状态识别的“双向主动式”交互以开发、优化人智交互技术和设计。人智交互的这种双向性意味着智能机器对人也有指向，即智能系统通过感应技术能够主动地监测和识别用户生理、认知、行为、意图、情感等状态，同时人类用户则通过多模态人机界面获取最佳的针对系统和环境的情景意识。这种“双向主动式”交互将促进开发人智合作式认知界面的技术和设计，通过构建基于多模态交互技术的人智合作式认知界面来支持人机协同合作。人智“双向主动式”交互需要人机双向情景意识、人机互信、人机决策和控制共享、人机社会交互、人机情感交互等方面的建模、设计、技术实现和用户验证。

基于人智协同认知系统的研究范式取向可以应用于广泛的应用场景和智能解决方案，采用该研究范式取向可以开拓智能系统的研发思维，有助于开发以人为中心的智能系统。由人类认知体与智能机器认知体所构成的人智协同认知系统的概念可以应用于以下领域。

- 智能自动驾驶车。人类驾驶员和车载智能体组成的人智协同认知系统(人车协同共驾)。
- 大型商用飞机基于单一飞行员操作(SPO)的智能化驾驶舱。人类机长与智能副驾驶系统组成的人智协同认知系统。
- 人与机器人交互。用户与智能机器人(制造、手术、康复、家政等)组成的人智协同认知系统。
- 脑机融合。人脑与智能系统组成的人智协同认知系统。

2.5.2 人智协同认知生态系统的研究范式取向

基于人智协同认知系统的研究范式取向主要针对与人交互的单一智能系统。但是,智能不仅是一个产品或系统,而是一个包括技术变革、系统演变、运行方式创新和组织适应等特征的跨智能系统(产品)的生态体系(刘伟等,2023)。随着AI技术的发展,由多重智能系统构成的智能生态系统正在逐步形成,例如智慧城市、智能交通、智能医疗。在这些智能生态系统中,人智交互不仅以单一人智系统的形式存在,也发生于多重人智系统之间,整个智能生态系统的安全和绩效取决于系统内多人智系统之间的交互和协同合作。

例如,基于单车自动驾驶的人车共驾仅仅是一个单一的协同认知系统,整个人车共驾智能生态系统包括基于智能车联网、智能交通系统等技术的人与车、车与车、车与智能交通环境系统之间的交互和协同合作,这些多智能系统构成了一个人智协同认知生态系统,而该人智协同认知生态系统由许多人智协同认知子系统构成,例如,“人类驾驶员与车载智能体”“人类驾驶员与智能道路系统”“车与车”“车与智能交通环境”等各种人智协同认知子系统。这些人智协同认知系统之间的相互作用和协同合作将直接影响单车人机共驾的行驶安全以及整个智能交通系统的安全。因此,人智交互的研究需要突破面向单一人智协同认知系统的研究范式取向,从生态系统化的研究范式取向来考虑整个人智协同认知生态系统的系统化解决方案。

目前,针对多重智能系统的研究主要侧重在工程技术方面(Dorri et al., 2018; Allenby, 2021),例如,分布式多智能体系统、人机物融合群智计算(谢磊,谢幸,2021),尚未有研究从人智交互和协同合作的角度来全盘考虑系统的整体设计。借鉴协同认知系统理论(Hollnagel & Woods, 2005)、多智能体系统理论(Dorri et al., 2018)、多智能体生态系统思维(IDC,2020; Allenby, 2021)、群智理论(於志文,郭斌,2021)以及人机环境系统智能理论(刘伟等,2023),许为(2022a)初步提出了将智能生态系统表征为一个人智协同认知生态系统的概念框架(见图2.5)。

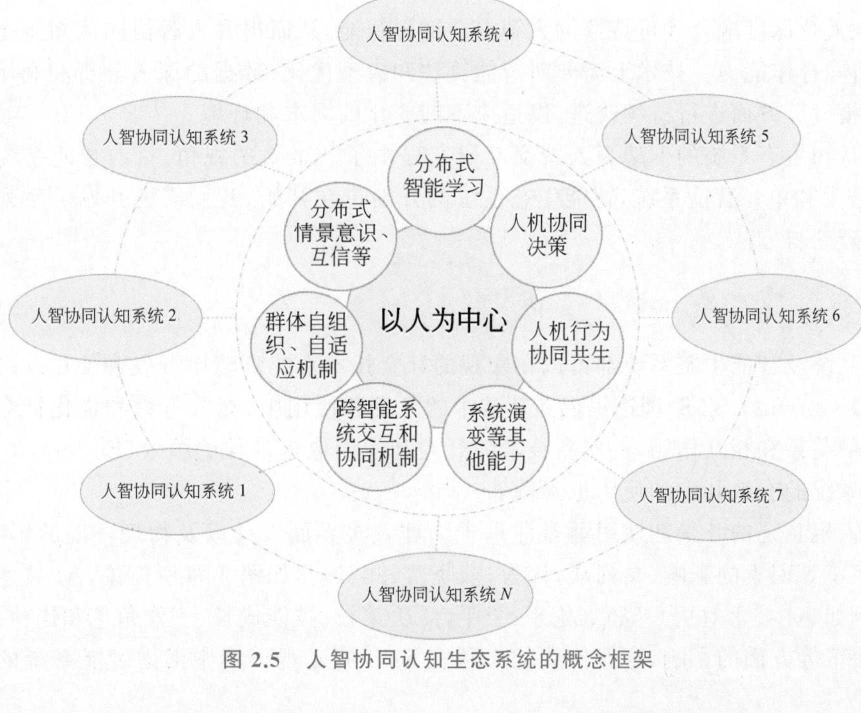

图2.5 人智协同认知生态系统的概念框架

如图 2.5 所示，一个智能生态系统可以表征为一个人智协同认知生态系统，它由一系列人智系统(人智协同认知子系统)组成。例如，智能交通智能生态系统由人与车、人与人、车与车、车与智能交通环境等协同认知子系统构成，智能交通系统的整体绩效和安全取决于人智协同认知生态系统的整体优化设计。人智协同认知生态系统框架为人智交互提供了一种新的研究范式取向，该研究范式取向主要体现了以下几项新特征和研究新思路。

(1) 跨智能系统的系统化设计思维。将多重智能系统组成的一个智能生态系统表征为一个人智协同认知生态系统，它由一系列相互作用的人智协同认知子系统组成，单一人智协同认知系统的优化设计并不能保证人智协同认知生态系统的整体优化，因此，智能生态系统的整体优化设计和开发需要系统化地考虑多重智能系统之间的相互作用和协同合作。这种新取向体现了人智交互研究范式取向从"点"(单一智能系统)设计到"面"(跨智能系统)的系统化设计思维扩展。

(2) "以人为中心"的理念。强调人类在跨智能系统的智能生态体系的中心位置，将人类需求、价值、智慧、能力和作用等置于首位的智能生态系统设计、开发和实施。例如，构建跨智能系统的人智决策权限设置等保障系统，构建跨智能系统的人智信任生态体系、跨智能系统(基于不同开发商、文化、社会、伦理背景等)之间的冲突解决机制，保证人类是整个人智生态系统运营的最终决控者，从而保障智能生态系统的整体安全。

(3) "分布式"协同合作。通过有效的网络分布式(跨智能系统)人智交互和协同合作式系统设计来实现整体生态系统的最佳绩效。这种分布式系统的设计需要考虑跨智能系统的认知增强学习、情景意识、人智情感交互、人智互信、人智信息加工、人智认知学习、人智协同决策、人智控制共享、人智社会交互等一系列具备分布式和分享式特征的协同合作。

(4) 系统学习和演进。强调智能生态系统的学习、演进和进化。该研究范式取向强调通过分布式认知增强学习、跨实体和跨任务的群体智能知识迁移、自组织与自适应协同等能力，实现整体智能生态系统的持续演化和优化，从而能够组织各要素来适应动态化的复杂应用场景。同时，人智协同认知生态系统强调基于人机智能差异性和互补性，通过人智协同增强学习、群智融合、人智协同学习等方法和技术，实现人智深度融合和可持续的人智混合增强智能，从而提升人智协同认知生态系统的整体学习、进化和协同合作能力。技术上需要对智能算法和模型优化、数据的深入分析和利用、系统架构、人智共同演化模型等方面进行持续改进，以适应不断变化的需求和环境。

人智协同认知生态系统的框架为人智交互研究提供了一个新的视角，目前智能系统开发主要集中在 AI 基础技术和单一智能系统，智能生态系统的开发正在开始，我们需要开发一系列针对智能认知生态系统的理论与方法。

2.5.3 智能社会技术系统的研究范式取向

任何智能系统及智能生态系统都可以在宏观的社会技术系统环境中开发和使用。社会技术系统(sociotechnical systems, STS)理论提倡在新技术的开发和使用中，充分考虑和优化社会、技术、组织等子系统之间的关系和相互作用，促使新技术的开发和使用取得最佳的绩效(Eason, 2011)。智能系统及智能生态系统的有效开发和使用也不例外。

以往针对人机系统的开发和使用通常注重于物理人机界面设计以及物理环境的影响，不注重宏观社会、组织环境等因素的影响(葛列众，许为，宋晓蕾，2022)。如第 1 章所讨论，AI 技术具有许多独特的新特征，例如 AI 技术对用户隐私、伦理、公平性、决策权、技能成长、工作角色和岗位变化、工作系统重组、组织决策等方面的影响，这促使我们必须在 STS 的宏观环境中考虑智能系统的开发和使用

(Stahl, 2021)。目前还没有针对智能技术的成熟 STS 理论,许为分析了智能时代 STS 的新特征,这些新特征包括系统组成、认知代理、人机关系、用户需求、系统决策和控制权、系统学习能力、系统设计范围、组织目标和需求、系统复杂性和开放性等方面。基于这些新特征,许为初步提出了一个智能社会技术系统(intelligent sociotechnical systems, iSTS)的概念框架(见图 2.6)(许为,2022b)。

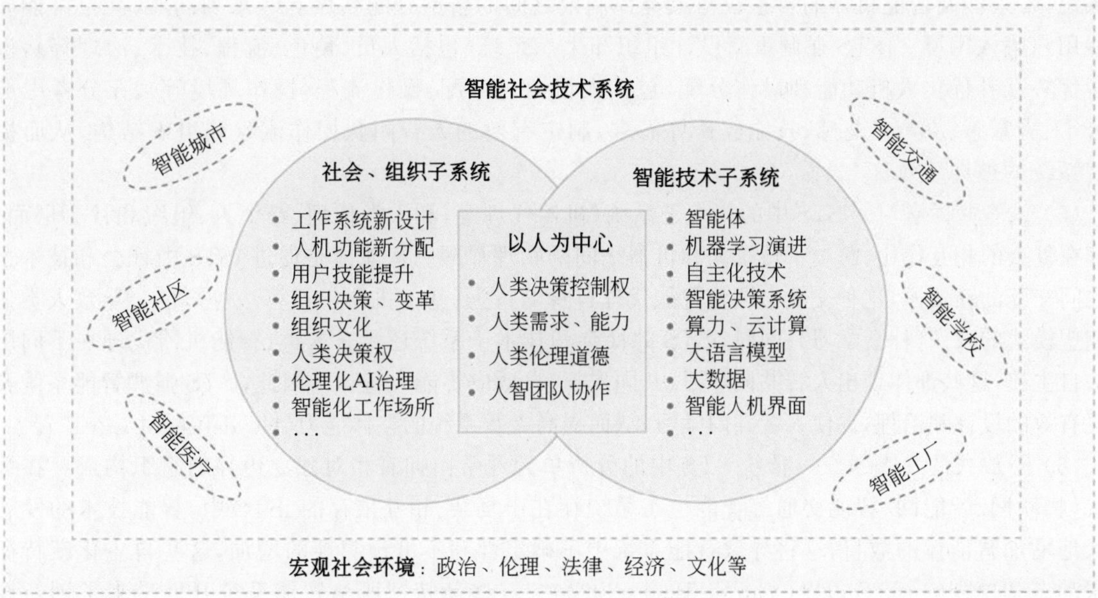

图 2.6 智能社会技术系统(iSTS)的概念框架

如图 2.6 所示,iSTS 继承了传统 STS 理论的一些基本特征,例如,iSTS 拥有独立但相互依赖的技术和社会子系统,系统的整体绩效依赖于两个子系统之间的协同优化(Badham et al., 2000);iSTS 拥有一个宏观的外部环境以及各类智能社会形态。相对于人智协同认知生态系统,iSTS 更加注重于宏观和非技术因素对智能系统开发和使用的影响,其中包括工作和生活系统重新设计、组织文化、组织决策与智能决策等。

图 2.6 表征的概念框架从社会技术系统的视角为人智交互提供了一种新的研究范式取向(许为,2022b),该研究范式取向主要体现了以下几项新特征和研究新思路。

(1) 系统化的设计思维。任何一个人智系统(人智协同认知系统)和智能生态系统(人智协同认知生态系统)的开发和使用都存在于一个 STS 环境中,智能系统的优化设计和有效使用都需要系统化地考虑技术与非技术子系统(如社会、组织、文化)之间的相互作用。智能系统研发和实施不仅是一个工程技术项目,还是一个社会技术系统项目,需要从社会技术系统的角度来全面统筹考虑。这种新取向体现了人智交互的研究范式从“点”(单一智能系统) 到“面”(跨智能系统)再到“体”(STS 宏观环境)的进一步扩展。

(2) “以人为中心”的理念。强调从人的需求、价值、智慧、能力和作用出发,充分考虑社会、文化、伦理等宏观环境因素对智能系统开发和使用的影响,解决 iSTS 中独特的人智协同合作、AI 伦理道德等新问题,在系统开发中采用用户参与等以人为中心的方法,保证 AI 技术能够有效辅助人类和组织决策、增强人类能力,而不是取代人类,确保人类拥有最终决控权。

(3) 人智协作式的新型形态。图 2.6 中的智能技术子系统与社会子系统重叠的部分示意了两个子系统之间基于“人智组队”范式的协同合作关系,这是 iSTS 区别于传统 STS 的重要特征。强调在 iSTS 的社会和组织语境中,智能系统不仅是传统 STS 中提升人类作业和组织生产力的一个简单工具,也是人智协同合作团队的成员。iSTS 中的人智团队分享共同的社会和组织目标,智能系统的成功开发和使用取决于人类与智能系统(智能体)在社会和组织环境中的团队式协同合作、团队式互信、团队式信息和决策分享等。

(4) 组织适应和再设计。AI 新技术的实施在造福人类和社会的同时,也会改变既定的工作和生活系统,带来涉及智能机器的自主权与人类控制权之间的新型分配秩序等一系列问题,甚至可能导致一些用户陷入困境。iSTS 强调重新设计组织和生态系统(包括人员、角色、流程、技术、治理等),根据人智优势互补优化人机功能和操作分配(包括人机角色分配、操作流程、操作环境等),充分考虑员工的公平、满意感、决策参与感、技能成长等需求,制定有效的人智团队操作流程和组织结构,从而提升人智系统的整体绩效。

(5) 人智共同学习。iSTS 中的技术子系统(机器代理等)和人类代理(跨个人、组织和社会层面)之间存在复杂的相互作用,跨越了传统人和机器之间的物理界限。智能体是促进 iSTS 中社会和技术子系统之间交互的新资源,这种交互会调整智能代理自身的行为(基于机器学习算法等),也会导致人类使用和期望模式的改变(社会学习);同时,iSTS 的社会和技术子系统还包含人类、智能机器代理在不同层面上的自主权,这些都体现出人智共同学习、共同成长、自适应等能力特征。因此,iSTS 强调智能系统开发需要有效的设计和治理,促使人智共同学习,从而提高人智系统的整体能力(Heydari et al., 2019)。

(6) 开放式的生态系统。传统 STS 中的分析单元通常由拥有相对独立边界的组织构成。在智能时代,物联网、智能网、智能交通等智能生态系统存在于复杂、相互依存的 iSTS 中,智能技术的发展将极大地增加智能体的数目,这将导致智能系统中不确定性和不可预测性的增加,这些自主化新特征会带来动态和模糊的 iSTS 边界(Van de Poel, 2020)。这些新特征既给智能系统开发带来了创新设计机遇,也给系统设计、系统规则、伦理道德、文化价值等方面带来了挑战(Hodgson et al., 2013)。因此,智能系统开发需要从一个开放式的人类、技术、社会、组织生态系统的角度考虑。

智能社会技术系统的研究范式取向对人智交互研究有着重要的意义,需要从 iSTS 角度出发,开展跨学科的融合创新。读者可以阅读参考本书有关 AI 伦理体系、伦理化 AI 规范与治理等章节,也可以参考与未来智能化社会形态相关的章节,例如人本智造、以患者为中心的智慧医疗、智慧康复与无障碍设计、AI+辅具等。

2.5.4 人智交互研究范式取向的意义

图 2.7 表征了人智交互三种研究范式取向之间的关系,这三种研究范式分别表征了人智交互研究范式取向从"点"(单一人智交互系统) 到"面"(多重、跨人智交互系统)再到"体"(智能社会技术环境)的扩展,这是一种全方位的设计新思维,有助于全面系统地开发出基于 HCAI 理念的智能系统。

图 2.8 进一步比较了三种研究范式取向的范围和特征,同时罗列了它们可以指导的人智交互中的一些关键问题、行业应用的系统化解决方案。

需要强调的是,研究范式取向是一个领域研究的出发点和视角,它并不是一个具体的计算模型,但是一个有效的研究范式取向可以指导开发出一系列具体的理论、概念和计算模型、技术、设计和测试等手段和方法(见表 2.4),本章提出的三种人智交互研究范式取向的目的也正是如此。

表 2.6 进一步概括了研究范式取向对人智交互研究和应用的意义。其中,表 2.6 的列标题是针对人智交互研究和应用的多样化范式取向,其中包括现有研究范式取向(如计算机科学和 AI 学科、人因科学),表 2.6 的行标题是本书针对人智交互提出的一些具体研究方向(部分),表 2.6 的各单元格概括了基于各种研究的范式取向,是人智交互研究方向所需解决的一系列重要问题。

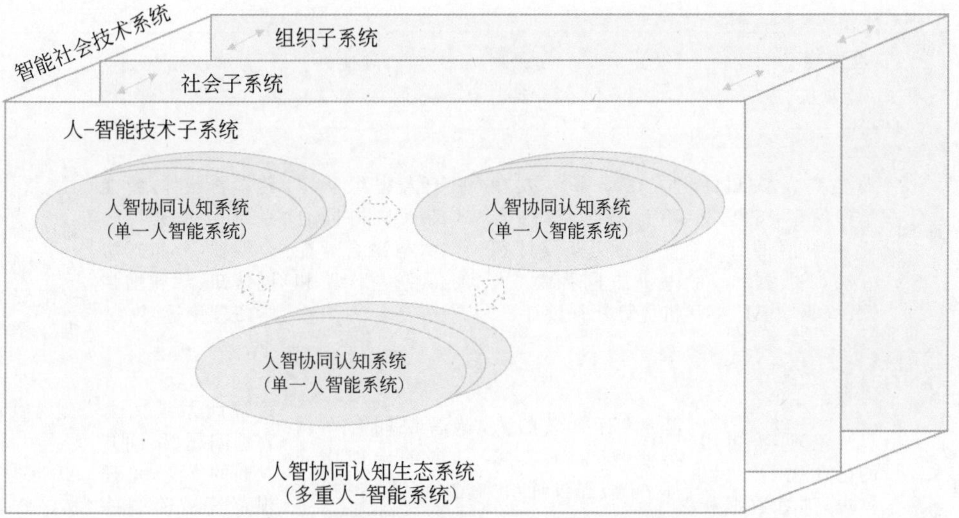

图 2.7 人智交互三种研究范式取向之间的关系

图 2.8 人智交互三种研究范式取向的范围和特征

表 2.6 研究范式取向对人智交互研究的意义

研究范式取向 / 研究方向	计算模型和算法（计算机科学/AI）	“以人为中心”技术和设计（人因科学）	人智协同认知系统（人智组队）	人智协同认知生态系统	智能社会技术系统
智能机器行为	优化的计算模型和算法（机器学习）来减小算法和机器行为偏差	基于人机交互式、用户参与式、迭代式原型设计和用户测试等方法，优化算法训练和测试，减小算法和机器行为偏差	人智协同合作对机器行为的影响（人、智能体共同学习、协同合作等）	跨智能系统的智能机器学习、行为演化模式、人机行为协同共生理论	宏观社会环境对机器行为的影响，社会交互中的机器行为，机器行为公正性和伦理化，智能系统决策与组织决策的协调
人智协同合作	用户感知、情感、意图、行为的计算模型	基于人智合作式认知交互界面模型、技术、设计和用户验证	基于人智组队范式的认知理论和模型，包括人机互信、分享式情景意识、心理模型、人机决策	跨智能系统的人智协同合作、自适应、自组织、学习、演化机制	宏观社会环境中的人智组队合作机制，人与智能体的社会互动，社会责任对人机合作的影响

续表

研究范式取向 研究方向	计算模型和算法（计算机科学/AI）	"以人为中心"技术和设计（人因科学）	人智协同认知系统（人智组队）	人智协同认知生态系统	智能社会技术系统
人机融合增强智能	人类高阶认知的计算模型，知识表征和图谱的计算方法，"数据＋知识"双驱动AI	"人在环中""人在环上"式人机融合智能的交互设计和人机协同控制，人机优势互补设计	基于人智组队范式的人机协同合作、人机融合智能的认知模型和方法	跨多智能体/智能系统的人机物融合群智（分布式协同认知、认知增强学习理论等）	宏观社会和组织环境中人智互补和协调、功能和任务分配、人机决策权限设置等，人—机—环增强智能
伦理化AI	算法治理，可再用的伦理化AI代码模块，训练数据和算法优化	基于"有意义的人类控制"的人类可控AI交互设计，伦理化AI行为科学验证方法	人智协同合作团队中的伦理化问题（团队结构、决策权、文化、规范等）	跨智能系统的兼容性问题（不同开发商的文化、伦理规范等），跨智能系统的决策权限设置和设计	宏观社会和组织环境中的伦理化AI问题（用户隐私、公平、决策等），伦理化AI体系、规范、治理
智能人机交互	智能人机交互的计算模型和算法（情感交互、用户意图识别、社会交互等）	智能人机交互的认知模型（情感交互、意图识别等）、界面设计新范式，智能人机交互设计标准	基于人智组队范式的合作式认知界面设计、设计新范式、认知架构	智能人机交互模拟和生态化优化设计，跨智能系统的人机交互兼容性理论、技术和设计	宏观社会、文化等因素对智能人机交互、设计的影响
可解释AI	可解释、透明化AI模型和算法	"以人为中心"可解释AI方法，心理学解释理论转化，可解释AI界面认知模型和可视化设计	人机协同合作式的自然人机交互模型和界面设计	跨智能决策系统的可解释AI问题（兼容、冲突机制等）	公众AI信任度和接受度与AI解释性的关系，可解释AI与文化、用户知识、决策、伦理的关系
航空（大型商用飞机智能化单人飞行操作/SPO驾驶舱）	智能化机载辅助飞行系统的算法和技术等	智能化机载人机交互界面技术和设计，飞行员生理、认知状态的智能化检测方法系统及优化	人类飞行员与机载智能机器副驾驶之间的团队协同合作（分享式情景意识、信任、决策等）	智能化驾驶舱、远程地面飞行支持站、智能空中交通指挥等SPO智能生态系统内的协同合作、决策	宏观社会和组织等因素对单人飞行操作的影响，包括公众信任、飞行运行、安全、适航认证、培训等
智慧医疗	智能医疗系统的算法和技术等	智能医疗系统的人机交互界面设计，决策可解释化，用户体验（临床医生、医疗检测、患者等）	智能医疗系统与用户（临床医生、医疗检测、患者）之间的协同合作和决策	智能医疗生态系统内的协同合作（厂商、医院、临床医生、检测、患者等）	宏观社会和组织等因素对智能医疗系统的影响，包括患者信任、隐私、知情权，安全等

从表 2.6 可知，人智交互研究需要多样化的研究范式取向的支持，现有研究范式取向仍然起着重要的作用，而本章提出的三种新研究范式取向起到了补充作用。这三种新研究范式取向有助于我们拓宽视野、跳出现有设计思维的固定框架，开展全方位的人智交互研究，从而有效地解决 AI 技术的新挑战和新问题，实现基于 HCAI 理念的系统化智能解决方案。由此可见，AI 新技术拓展了现有人机交互（人智交互）的研究范式取向，而今后的人智交互研究将进一步完善研究范式取向，人智交互的研究范式取向与研究本身互为影响，互为促进。

综上所述，智能系统的开发不仅仅是一项工程技术项目（集中在模型和算法技术等），它的成功需要多样化的、跨学科的、与时俱进的研究范式取向来解决 AI 带来的新挑战和新问题，从而推动人智交互研究的进一步发展和开发出基于 HCAI 理念的智能系统。

2.6 总结与展望

本章系统地提出了基于“以人为中心 AI”理念的人-人工智能交互（人智交互）这一跨学科新领域及框架，定义了人智交互领域的理念、基本理论和关键问题、方法、开发流程和参与团队等，阐述了提出人智交互新领域的意义，最后提出了人智交互研究的三种新范式取向以及它们的意义。

本章基于 HCAI 理念、围绕人智交互研究和应用，为本书后续章节内容提供了一个基本框架。本书后续章节的内容将从基本理论与方法、专题研究、行业应用三大方面，向读者系统地介绍与人智交互相关的研究和应用。

作为一门新兴的交叉领域，人智交互的理论与方法还在发展中，需要借鉴其他学科的理论和方法，也需要进一步开发基于 HCAI 的理论和方法。作为一个新领域，必然需要对一些重要问题展开深入研究，从而为全面开展人智交互研究提供参考。作为一个应用型领域，人智交互研究必须展示其应用价值，需要进一步推动 HCAI 理念的实施和人智交互领域的研究。相信通过跨学科的协同合作，人智交互这一新型交叉领域会得到进一步的发展。

参考文献

葛列众，许为. 宋晓蕾.（2022）. *工程心理学（第 2 版）*. 北京，中国人民大学出版社

郭斌，於志文.（2021）. 人机物融合群智计算. *中国计算机学会通讯*，17(2)，35-40.

刘伟等.（2023）. *人机环境系统智能：超越人机融合*. 北京，科学出版社.

谢磊，谢幸.（2021）. 泛在情境智能，中国计算机学会通讯，17(2)，8-9.

孙向红，吴昌旭，张亮，瞿炜娜.（2011）.工程心理学作用、地位和进展. *中国科学院院刊*，*26*(6)，650-660.

许为，葛列众.（2020）. 智能时代的工程心理学. *心理科学进展*，*28*(9)，1409-1425.

许为.（2020）.五论以用户为中心的设计：从自动化到智能时代的自主化以及自动驾驶车. *应用心理学*，*26*(2)，108-129。

许为.（2022a）.六论以用户为中心的设计：智能人机交互的人因工程途径. *应用心理学*，*28*(3)，191-209。

许为.（2022b）.八论以用户为中心的设计：智能社会技术系统，*应用心理学*，*28*(5)，387-401。

许为.（2023）.九论以用户为中心的设计：智能时代的“用户体验 3.0”范式. *应用心理学*. 在线发表：*http://www.appliedpsy.cn/CN/abstract/abstract448.shtml*

许为，葛列众，高在峰.（2021）. 人-AI 交互：实现“以人为中心 AI”理念的跨学科新领域. *智能系统学报*，*16*(4)，604-621.

Allenby，B. R.(2021). World Wide Weird：Rise of the Cognitive Ecosystem. *Issues in Science and Technology*，*37*(3)，34-45.

Amershi, S., Weld, D., Vorvoreanu, M., Fourney, A., Nushi, B., Collisson, P., ... & Horvitz, E. (2019, May). Guidelines for human-AI interaction. In *Proceedings of the 2019 chi conference on human factors in computing systems* (pp. 1-13).

Badham, R., Clegg, C., Wall, T.(2000). Socio-technical theory. In: Karwowski, W.(Ed.), *Handbook of Ergonomics*. John Wiley, New York, NY.

Brill, J.C., Cummings, M. L., Evans, A. W. III., Hancock, P. A., Lyons, J. B. & Oden, K. (2018). Navigating the advent of human-machine teaming. *Proceedings of the Human Factors and Ergonomics Society 2018 Annual Meeting*, 455-459.

British Design Council(2005). Eleven lessons. A study of the design process. https://www.designcouncil.org.uk/fileadmin/uploads/dc/Documents/ElevenLessons_Design_Council%2520%25282%2529.pdf

den Broek, H.V., Schraagen, J. M., te Brake, G. & van Diggelin, J. (2017). Approaching full autonomy in the maritime domain: Paradigm choices and human factors challenges. *In Proceedings of the MTEC*, Singapore, 26-28 April 2017.

de Sio, S. F., & den Hoven, V. J. (2018). Meaningful human control over autonomous systems: A philosophical account. *Frontiers in Robotics and AI*, 5, 15. doi: 10.3389/frobt.2018.00015

Dorri, A., Kanhere, S.S., & Jurdak, R.(2018). Multi-agent systems: A survey. *IEEE Access*, *6*, 28573-28593.

Eason, K.(2011). Sociotechnical Systems Theory in the 21st Century: Another Half-filled Glass? Sense in Social Science: A Collection of Essay in honor of Dr. Lisl Klein. *Environmental Protection Agency*.

Endsley, M.R.(1995). Toward a theory of situation awareness in dynamic systems. *Human Factors*, 37, 32-64.

Endsley, M. R.(2015), Situation awareness misconceptions and misunderstandings. *Journal of Cognitive Engineering and Decision Making*, 9(1): 4-32.

Heydari, B., Szajnfarber, Z., Panchal, J., Cardin, M. A., Holtta-Otto, K., Kremer, G. E., & Chen, W.(Eds.). (2019). *Analysis and design of sociotechnical systems*.

Hodgson et al., 2013

Hollnagel, E., & Woods, D. D.(2005). *Joint cognitive systems: Foundations of cognitive systems engineering*. London: CRC Press.

IDC(International Data Corporation).(2020).智能体白皮书，共建智能体，共创全场景智慧.

Kaber, D. B. (2018). A conceptual framework of autonomous and automated agents. *Theoretical Issues in Ergonomics Science*, *19*(4), 406-430, DOI: 10.1080/1463922X.2017.1363314.

NAS (National Academies of Sciences, Engineering, and Medicine). (2021). Human-AI teaming: State-of-the-art and research needs.

Nielsen, J.(1994). *Usability engineering*. Morgan Kaufmann.

NITRD (2023) *The National Artificial Intelligence Research and Development Strategic Plan 2023 Update*.(2023). https://www.nitrd.gov/national-artificial-intelligence-research-and-development-strategic-plan-2023-update/

Rahwan, I., Cebrian, M., Obradovich, N., Bongard, J., Bonnefon, J.-F., Breazeal, C., ... & Wellman, M. (2019). Machine behaviour. *Nature*, *568*(7753), 477-486.

Salehi, P., Chiou, E. K., & Wilkins, A. (2018, September). Human-agent interactions: Does accountability matter in interactive control automation?. In *Proceedings of the Human Factors and Ergonomics Society Annual Meeting* (Vol. 62, No. 1, pp. 1643-1647). Sage CA: Los Angeles, CA: SAGE Publications.

Shively, R. J., Lachter, J, Brandt, S.L., Matessa, M., Battiste, V.& Johnson, W.W. (2018). Why human-autonomy teaming? *International Conference on Applied Human Factors and Ergonomics*, May 2018, DOI: 10.1007/978-3-319-60642-2_1.

Shneiderman, B. (2021) 19th Note: Human-Centered AI Google Group. In Human-Centered AI (Sept.12, 2021). Available: https://groups.google.com/g/human-centered-ai/c/syqiC1juHO.c

Stahl, B. C.(2021). *Artificial Intelligence for a Better Future: An Ecosystem Perspective on the Ethics of AI and*

Emerging Digital Technologies(p. 124). Springer Nature.

Van de Poel, I. (2020). EmbeddingValues in Artificial Intelligence (AI) Systems. *Minds and Machines*, *30*(3), 385-409.

Wickens, C. D., Helton, W. S., Hollands, J. G., & Banbury, S. (2021). *Engineering psychology and human performance*. Routledge.

Xu, W., Dainoff, M. J., Ge, L., & Gao, Z. (2023). Transitioning to human interaction with AI systems: New challenges and opportunities for HCI professionals to enable human-centered AI. *International Journal of Human-Computer Interaction*, *39*(3), 494-518.

Xu, W., & Dainoff, M. (2023). Enabling human-centered AI: A new junction and shared journey between AI and HCI communities. *Interactions*, *30*(1), 42-47.

Xu, W., Gao, Z. (2023). Applying human-centered AI in developing effective human-AI teaming: A perspective of human-AI joint cognitive systems. https://arxiv.org/abs/2307.03913

第二篇

理论与方法

第3章

人类认知和行为的计算建模

▷ 本章导读

认知和行为的计算建模是一个多学科交叉领域，涵盖数学、心理学、认知科学、神经科学和机器学习等学科知识。该领域通过数字化的方法来模拟人类的认知和行为，并预测这些过程的结果。这样的模拟研究可以帮助人们理解人类的思考方式，并最终探究认知和行为背后的神经机制。本文通过介绍基础认知和社会情境下的认知和行为的计算建模，概述如何通过计算建模来研究和预测人类的社会行为，阐述计算建模所依赖的基础理论和常见模型。最后，对在人智交互中运用认知和行为的计算建模的研究方向进行展望。

3.1 引言

长期以来，认知科学家致力于了解人类大脑的运作机制，试图通过各种途径描述、解释、预测并控制人类行为。随着技术的进步，对人类认知与行为的研究从对单纯的现象描述转向对数据测量与神经生理的探索。近年来，一个以采用数据建模为手段，借助数字化数据模拟、研究人类认知和行为的领域应运而生。在过去的二十年里，人们对认知和其他心理过程的数学模型的兴趣大大增加。研究者可以基于这些模型，根据不同的输入和输出条件进行模拟和预测。计算建模在验证传统心理学理论的有效性方面发挥着关键作用，同时有助于构建和发展基础理论，从而促进对语言、思维、决策等心理过程背后的行为和神经机制的深入理解。

在认知与行为计算建模领域，研究者常运用多样化的实验范式、技术与工具收集数据，并用来发展数学与计算机模型(de Gelder & Poyo Solanas, 2021; Lindström et al., 2021; Ten et al., 2021; Petzschner et al., 2021)。除对基础心理过程的研究，计算建模可进一步推广至复杂的社会情境，以揭示人类在复杂社会互动中的认知过程与行为决策。计算模型不仅能通过定量数据模型诠释现象，还能模拟人类认知与行为，进而在人际交往与人机交互等更加复杂的社会化场景中发挥作用。

本文首先介绍人类心理认知与行为过程及其计算建模理论，梳理两大计算建模基础思路，之后从基础心理过程出发，阐释计算建模的原理并探讨一般心理过程。在此基础上，深入探讨广泛社会行为背景下计算建模的应用及相关理论模型，重点剖析多种决策行为计算建模的方法与核心思想。此外，本文还将关注人工智能领域认知与行为计算建模的实际应用方式，以期实现计算建模从理论到实践的跨越。

本章作者：王鑫泽，伍海燕。

3.2 认知和行为计算建模的两种思路

在认知行为的计算建模领域，研究者通常采用两种不同的思路来构建和分析模型，这两种思路分别是自上而下和自下而上的建模。这两种方法各有特点和优势，具体取决于研究问题的性质以及研究者的目标和偏好。

1. 自上而下的计算建模

自上而下的计算建模是指基于特定理论假设和框架，通过分析和模拟整体的行为模式，推导出单个心理过程的行为模式或决策过程的方法。这种方式的优点是研究者可以更好地构建符合行为理论的模型，从而验证理论假设，同时对数据要求低，更加依赖于研究者的设计与核心概念的拓展。这种建模思路在单个个体层面，与传统认知理论的知觉加工过程的概念驱动加工类似，例如在跨通道整合理论中的基于相加性这一核心假设构建模型并推导出更加广泛的整合方式。跨通道整合理论（cross-modality integration theory）主要用于解释如何在不同感觉通道（视觉、听觉、触觉等）之间进行信息整合。在这个领域中，相加性（additivity）是一种关键概念，它表达了不同通道信息之间相互作用的方式，可以将其理解为不同感觉通道之间的信息在整合过程中是相互独立、互补的，没有拮抗或竞争的关系。在这种情况下，跨通道信息的整合可以认为是各个通道信息的简单相加。换句话说，每个通道的信息提供了一个独立的贡献，总体的感知强度等于各个通道贡献之和。例如，当我们同时通过视觉和听觉信息判断一个物体的大小和距离时，视觉和听觉信息的整合可以看作是相加的。通过对于相加性这一核心假设进行模型建构的思路推导出更加广泛的整合方式，这就是自上而下的建模思路在实际应用中的体现。基于这一相加理论假设，研究者可以对来自左右视听通道的信号强度进行计算推断（Coen et al., 2023）。基于独立的视觉证据（V）和听觉证据（A），刺激物在右边或左边（R 或 L）的对数概率是一个函数之和。刺激物在右边或左边（R 或 L）是一个函数的总和，每个函数只取决于一种模态（视觉 V 或者听觉 A），如式（3.1）所示。

$$\log\left(\frac{\rho(\mathrm{R} \mid \mathrm{A},\mathrm{V1})}{\rho(\mathrm{L} \mid \mathrm{A},\mathrm{V1})}\right)=\log\left(\frac{\rho(\mathrm{V} \mid \mathrm{R})}{\rho(\mathrm{V} \mid \mathrm{L})}\right)+\log\left(\frac{\rho(\mathrm{A} \mid \mathrm{R})}{\rho(\mathrm{A} \mid \mathrm{L})}\right)+\log\left(\frac{\rho(\mathrm{R})}{\rho(\mathrm{L})}\right)=f(\mathrm{V})+g(\mathrm{A})+b \tag{3.1}$$

来源（Cone et al.，2023）

需要注意的是，相加不是唯一的跨通道整合方式。在某些情况下，信息整合可能表现为拮抗或竞争关系。例如，听觉和触觉信息在特定场景下（如橡胶手套触摸实验）可能导致不一致的感知效果，此仅作为自上而下计算建模的一个例子。

人的社会行为中的自上而下的计算建模可以帮助人们深入理解社会系统的整体行为。同时，这类计算建模的核心在于促进个体行为的预测和管理（Guest & Martin, 2021），可以推导出单个个体的行为模式和决策过程，从而更好地预测单个个体或事件的未来发展趋势、评估政策效果等，为个体行为的管理提供数据结论参考，并提高决策的科学性和有效性。

2. 自下而上的计算建模

自下而上的计算建模是指基于对低层次感知过程的和决策过程的理解，通过计算模拟来推导高层次和整体行为的过程。在传统认知理论中，自下而上的计算建模与数据驱动加工思路相同，并与概念驱动加工相对应。这种数据驱动加工也称为自下而上加工，作为信息加工方式的一种，这种理论认为认知加工是由外部刺激开始和推动，其特征从构成知觉基础的较小知觉单元发展为推测较大知觉单元，即从较低水平的加工到较高水平的加工。得益于此，自下而上的加工可以更好地涵盖整体的数据，更加全面地利用所获得的信息，例如模式识别理论中的特征分析模型就采用这种加工模式。

具体来说，人类从社会环境中可以感觉到的信息开始获取，继而将多种信息以整合的方式形成具体的知觉。部分认知心理学家认为，人类获得的感觉信息就是其知觉加工所需要的一切，而这个过程中并不一定需要其他复杂的思维推理或其他高级认知加工过程的参与，人类便可以直接知觉到周围的社会环境。自下而上的建模方式即通过多种刺激所获得的信息进行逐渐积累，随着时间推移最终做出决策并形成模型。

自下而上的建模方法基于认为人类的认知和行为是由大量基本元素的互动组成的，这些基本元素可以是神经元、感知器、动作单元等。系统通过对这些基本元素进行连接、交互和学习，逐渐形成更高级的认知和行为表现。在AI领域，我们可以想象一个模拟机器人的情景，该机器人具有视觉传感器、触觉传感器和运动执行器。初始机器人对环境一无所知，它只能通过传感器获取原始的感知数据。在自下而上的建模过程中，机器人的底层模块处理这些原始数据，例如边缘检测、颜色分割和物体识别。这些底层模块在感知数据上运行，提取出环境中的基本特征。随着时间的推移，机器人的中层模块将这些基本特征组合起来，形成更高级的知觉结构，例如物体的形状、位置和运动。这些中层模块在感知数据的基础上进行抽象和整合，以获取更高层次的认知信息。最后，机器人的顶层模块将这些认知信息用于决策和行为生成，它可能基于物体的位置和运动决定自己的导航路径，或者基于物体的形状和属性做出抓取动作。

在整个自下而上的建模过程中，机器人的认知和行为能力逐渐增强，从最基本的感知数据逐步构建起更高级的认知表示和复杂的行为表现（H Qiao et al.，2022）。这种方法允许机器人根据实时感知和环境反馈进行自适应学习和决策，从而更好地适应不同的任务和环境。

总体而言，两种计算建模的思路相互对应，但在原理上并不是非此即彼，而是各自有其支持的理论与适用的领域。在人类的认知加工过程中，通常认为同时存在自上而下和自下而上的加工模式，两种加工过程相互协调作用以形成完整的信息加工模型。而在研究具体问题时需要根据研究的实际领域与具体需要选择模型并加以运用，不同的计算建模思路代表了理念基础与数学依据。在研究认知与行为过程中运用计算建模时，首先需要了解基础认知与行为的具体领域及相关模型。接下来我们将从计算建模的流程和如何选择具体的模型开始进一步的介绍与讨论。

3.3　认知和行为计算建模流程和模型选择

在了解两种的不同建模思路后，接下来，我们将具体介绍认知和行为计算建模流程和选择模型的方法。如图3.1所示，建构计算建模和模型选择往往存在四部分，即实验设计、模型探索、模型分析与模型选择。在模型探索和分析的过程中，数据和计算模型之间（或者说，人与模型之间）没有直接的联系。因此，我们的推断是基于模型预测和数据的相互匹配，以及对假设、参数和模型预测之间关系的理解所得出的。

1. 模型探索

模型探索即寻找探索一种我们希望达到预期效果的模型，而恰恰使用模型的一种方式就是检查我们对模型的理解是否正确，例如某种操作是否可以生成预期的行为。为了理解模型探索的过程，首

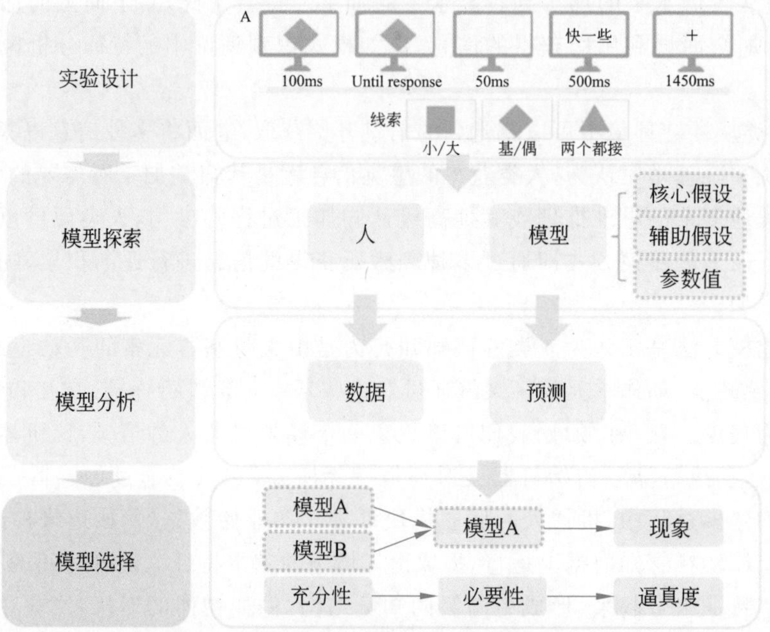

图 3.1 建模流程图

中间两层的小框内代表可观测量：个体的行为(数据)和模型的预测。行为数据和模型的输出都取决于实验设计。此外，模型由核心假设、辅助假设以及参数值定义

先我们需要了解模型探索的必要，例如 Sprenger 等(2011)在 HyGene 模型中模拟了编码时注意力分散对编码的影响。在该模型中，个体基于对以往经验的记忆，被认为以往经验的记忆是产生观测结果的原因。同时，他们发现判断时的注意力分散会增加可加性，这表明概率判断的比较过程存在容量限制。但之后的实验结果却与 HyGene 模型的预测相反，在编码阶段的注意力分散会导致后续在全神贯注状态下做出的概率判断增加。编码过程中注意力分散对判断的影响完全由参与者提出的假设数量所中介，这表明编码和回忆中的限制可以形成判断的偏差。这个例子说明了模型如何产生意想不到的结果，以及模型探索的路径与必要性。

在了解了模型探索的重要性后，如何进行模型探索是最核心的问题。在认知科学的模型应用综述论文中，McClelland(2009)同样通过一个例子来体现模型探索的过程，这个例子源自他自己的工作(McClelland，1979)。McClelland 构建了一个模型，该模型假设信息加工过程是分阶段进行的，但这些阶段并不是离散的，因为信息是连续地从一个阶段传递到下一个阶段的。该模型考虑了一系列阶段，每个阶段都包含一组简单的加工单元，这样在级别 1 的给定单元 i 的激活被视为由值之间的差异引起的驱动，该值表示输入驱动单位到达时间的激活水平，由所有 j 在级别 1 索引的单元及其当前激活，如式(3.2)所示。

$$\mathrm{d}a_{il}/\mathrm{d}t = k_l(v_{il}(t) - a_{il}(t)),\text{where } v_{il} = \sum_j w_{ij}a_{jl} - 1(t) \tag{3.2}$$

来源(McClelland，1979)

其中，常数 1 称为速度常数，其表示单位的响应速率，表示单位在 t 时已经达到的激活水平。McClelland 发现，改变每个阶段的参数(例如激活变化率)通常会导致反应时间的叠加变化。由于

反应时间的叠加变化被认为是辨识不同离散加工阶段的典型指标(Sternberg, 1975),因此McClelland的发现具有重要意义,它强调了尽管离散模型可以预测反应时间的叠加变化,但表面上的叠加变化并不意味着潜在的分离的加工阶段。这是一个如何探索模型的真实过程来展现模型探索的过程。

在此之外,模型探索不仅可以加强对模型工作方式的理解,还有可能为某个领域提供新见解。当研究者对一个系统进行推理并对其有了一定的了解时,概念模拟或思维实验将在其中发挥着重要作用(如 Nersessian, 1992, 1999;Trickett & Trafton, 2007)。模型探索并不是简单地得到一个符合人的认知的模型或利用人的认知调整模型,认知模型的基本目标是超越人类思维的限制,以便对心理过程进行深入调查。这些模型允许研究者探索那些仅通过人们的思考而无法完全理解的思维过程。基于这种类型的观察,从中推断出对人类认知特征的影响。Chandrasekharan 和 Nersessian(2014)指出,在建立模型的过程中,通过运行更复杂、更抽象的仿真,促进研究人员和建模者之间的互动,将有助于研究人员得出更多新的发现。

2. 模型分析和测试

在通过酝酿建立一个模型后,需要对模型进一步进行分析测试。通过对某一特定参数的操作控制可以分离出特定过程中这个因素对模型预测的贡献(Guest & Martin, 2021)。在设计或探索出一个备选模型后,研究者需要利用数据或和与其作为对比的模型以及其他方式对其进行进一步的分析和测试,以验证模型是否能够模拟或预测人类的认知或行为。

但有趣的是,当一个模型未能完全预测到人类认知行为的某些方面时,这既是一个挑战,也是一个机会。挑战在于确定模型失败的原因:由于模型是对一系列想法的探索,因此我们并不清楚这个系列中的哪些成分与模型缺陷有关。模型的失败也提供了一个机会:当一个模型失败时,它使我们能够将注意力集中在犯错的地方,从而推动进一步进展。

Lewandowsky 的序列记忆的动态分布模型就是一个典型例子(Lewandowsky & Stephan, 1999)。这个模型属于联结主义模型,它认为项目被存储在一个自联想网络中,并且根据它们的编码强度以及它们在列表上的其他项目所提示的程度来进行竞争性回忆。Lewandowsky 模型和其他模型(例如,Farrell & Lewandowsky, 2002; Henson, 1998;Page & Norris, 1998)都认为回忆项目之后紧跟着的是反应抑制(response suppression),该现象会限制进一步的回忆。在 Lewandowsky 的模型中,一旦个体回忆了某个项目之后,随后会发生部分遗忘(partially unlearning)。之后,Lewandowsky(1999)声称,他的模型中的反应抑制和连续回忆中的近因效应有关,即列表中最后一两个项目的回忆准确度变高。当回忆最后几个项目时,大多数其他回忆内容(列表上的其他项目)已经从回忆资源的竞争中消失,这为最后几个项目的回忆提取提供了优势。为了证实这一点,Lewandowsky 改变了反应抑制的程度并进行模拟,结果发现再现的结果加强了模型中反应抑制和新近项目之间的联系;随着反应抑制程度的降低,最后几个项目的回忆准确性也会降低。反应抑制和近因性之间的潜在关系已经得到了实证支持(Farrell & Lewandowsky, 2012)。这个例子同时说明了如何对于模型进行进一步的测试和分析,尽管对于模型的分析测试可能不一定会得到预期的结果,但却是整个过程中必不可少且承上启下的过程。

3. 模型的选择

通常,对于同一认知和行为的建模方式不止一种,因此如何在相互竞争的模型中进行选择是核心问题。

研究者已经提出了一些用于评估模型的标准。Jacobs 和 Grainger(1994)对这些标准进行了很好的总结,包括:

(1) 可信性:模型的假设是否在生物学和心理学上合理?

(2) 解释的充分性:理论解释是否合理并与已知情况一致?

(3) 可解释性:模型及其组成部分(例如参数)是否有意义?是否易于理解?

(4) 描述的充分性:模型是否对观察到的数据有很好的描述能力?

(5) 泛化能力:模型是否能很好地在不同情景下预测数据特征?

(6) 复杂性:模型是否以最简单的方式捕捉现象?

这些标准的相对重要性可能会随着所比较的模型类型而变化。现有计算模型可能已经在一定程度上满足了前三个标准,并在其发展的早期达到了一定的可接受程度。因此后三个标准成为评价它们的主要标准。从定量方法的发展中可以看出目前模型研究对后三个标准的强调和重视。

首先,就检验模型的可信性而言,数学理论的实例化提供了一个测试平台,研究人员可以在这个平台上详细检查模型各部分的相互作用和精确度,这是单纯的口头理论模型所无法达到的。此外,通过对建模的个体行为的系统评估,可以获得对模型是否准确可行的评估。建模的目标是推断行为数据中认知过程的结构和功能属性。在最基本的层面上,数学模型是关于过程结构和功能的一组假设。模型的充分性首先通过测量其再现真实数据的能力来评估。如果模型在这方面表现出色,下一步就是与竞争模型进行性能比较。在选择竞争模型的模型选择方法中,必须准确地衡量每个模型近似心理过程的程度。如果选择的一种模型实际上是研究者刻意对自身感兴趣的潜在过程进行的近似模拟,则可能产生错误的研究结果。简而言之,模型选择方法应与其建模的认知过程相适应。

在本节中,我们将介绍一些定量模型选择方法,这些方法在理论上具有坚实的基础,并且能够明确解释为何选择一个模型而不是另一个。我们的目标是为模型选择问题提供一个概念性理解和解决方案,因此只讨论最重要和最新的技术进展。对于更深入的数学处理,可以参考其他文献以获取更多信息(Myung & Pitt,1997,1998;Myung et al.,2000;Myung et al.,2001)。

在介绍了模型选择问题以及将模型的复杂性确定为关键属性后,我们介绍了模型比较。在这个过程中,我们通过计算并比较每个模型的特定指标,例如,AIC(Akaike Information Criterion,赤池信息准则)、BIC(贝叶斯信息准则)及贝叶斯因子,从而找到最佳模型。具体而言,贝叶斯因子等指标为我们提供了每个模型的假设对于解释数据必要性的相对证据。如果我们发现模型 A 具有较大的贝叶斯因子,那么相当于在一组模型比较中,获胜模型 A 所包含的机制对于解释数据是必要性较强的。然而,有时建模结果中存在一些不确定性,贝叶斯因子更模糊(接近 1)。在这种情况下,我们无法对模型 A 解释数据的能力做出任何强有力的判断。一个模型往往要与多个备选模型进行比较(例如,Ratcliff & Smith,2004;Ronald et al.,2014),在指标上表现最优的模型胜出。

接下来,如图 3.2 所示,本文将从基础认知和高级社会认知两方面介绍行为的计算建模方式,作为计算建模和模型选择的参考。

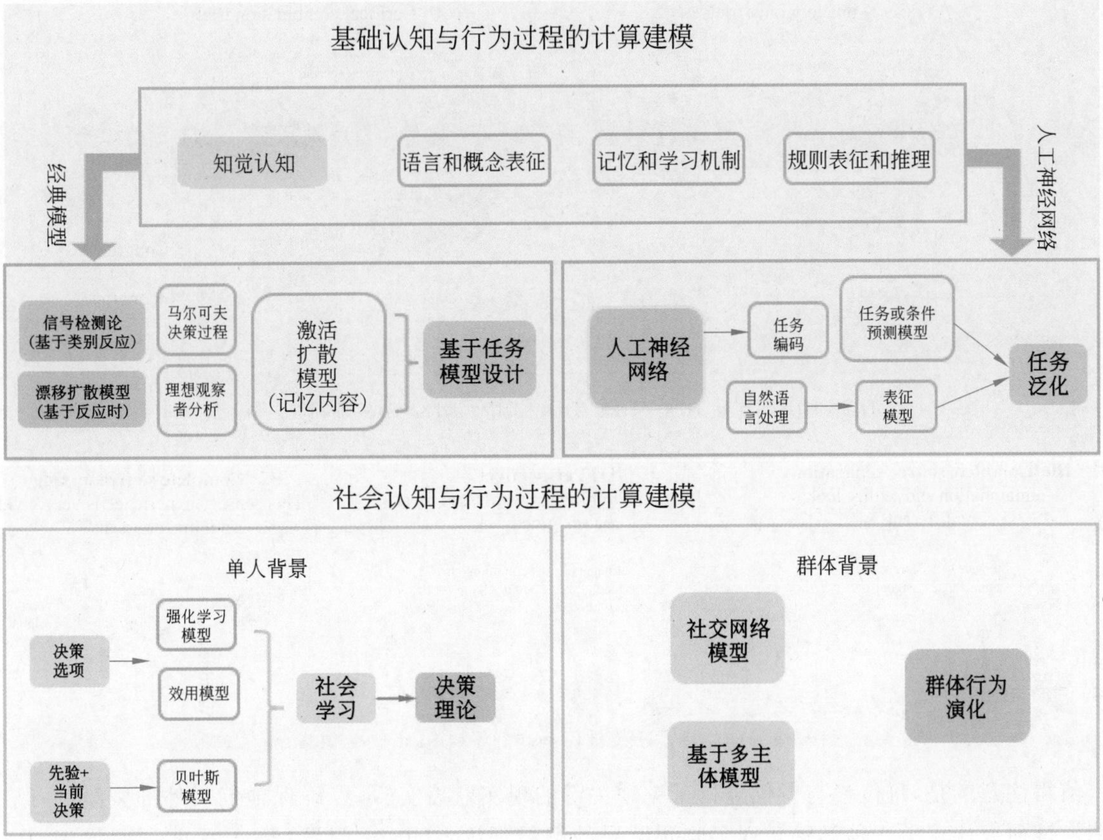

图 3.2　对基础认知和社会认知行为进行建模的一些方式

3.4　基础认知与行为过程的计算建模

3.4.1　视知觉中的计算建模

1. 信号检测理论

信号检测理论(signal detection theory,SDT)是心理物理学中对检测和辨别任务进行建模的一种常见方法,它假设观察者将复杂的感官输入转换为概率决策变量,并使用某些标准来做出离散的选择,比如判断“目标存在”或“目标缺失”(见图 3.3)。尽管 SDT 在视觉科学中取得了巨大的成功,但作为建模方法,SDT 也存在一些局限性。

首先,SDT 仅在计算和算法级别描述任务,其次,SDT 模型在设计上高度简化,没有考虑时间,并且缺乏一种简单的方法来概括从简单的一维表征到更能代表自然情境感知的高维表征。最重要的是,目前还不清楚如何将 SDT 扩展到检测和辨别任务之外。

一个用信号检测论建模的例子。图 3.3 采用在线心理物理学方法,以信号检测建模的方式对现实监控任务进行了研究。被试要求在观察动态噪声的同时想象一个定向光栅。在关键的若干实验试次中,逐渐增加了与他们想象中的刺激具有相同方向(一致条件)或垂直方向(不一致条件)的光栅的可见度,直到接近其检测阈值。随后,询问被试上一次实验中是否出现了刺激,以及他们所观察到的是否与他们的想象一致。

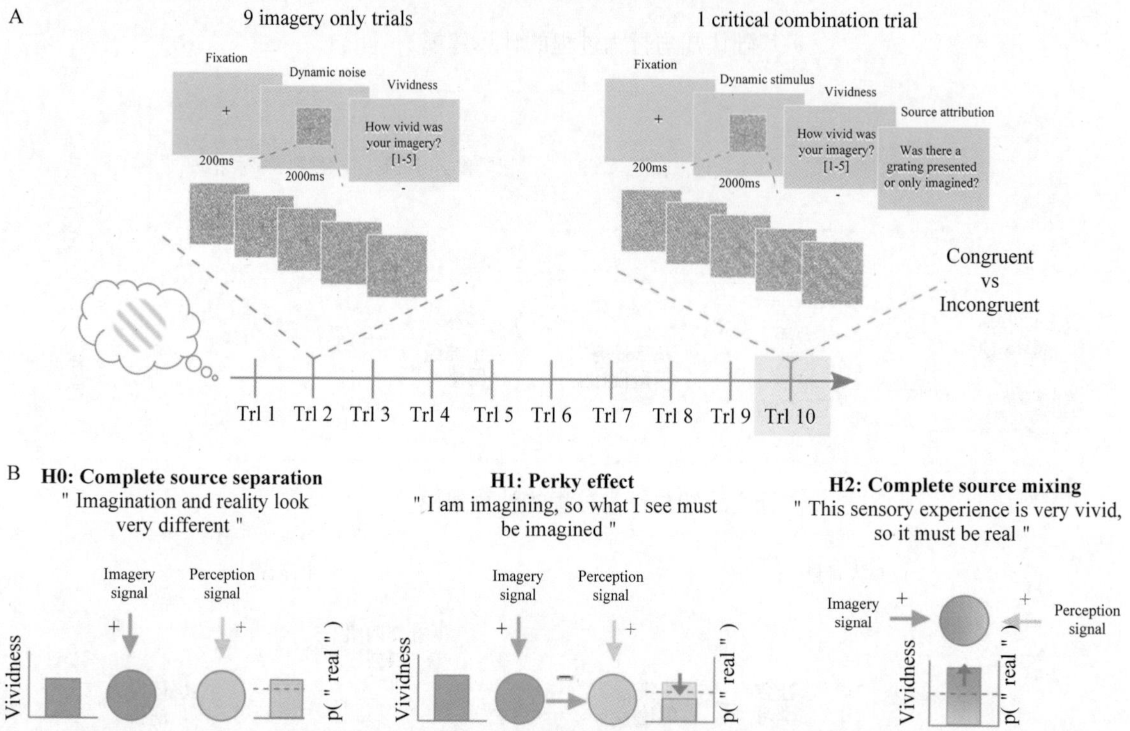

图 3.3 信号检测理论应用于视觉任务的例子(Dijkstra & Fleming，2023)

值得注意的是，每位参与者仅进行了一项关键的现实监控实验，以确保他们对外部刺激的存在不知情。该研究比较了三种对感知现实监测结果的解释理论：H0(零假设)源分离、H1(假设一)Perky效应和 H2(假设二)完全源混合。结果表明，想象和感知的信号实际上是混合的，对现实的判断取决于这种混合信号是否强到可以跨越现实阈值。当虚拟或想象的信号足够强时，它们在主观上变得与现实无法区分。

2. 漂移扩散模型

与 SDT 一样，漂移扩散模型(drift-diffusion model，DDM)提供了对某些类型的决策任务进行建模的框架。DDM 可以被视为 SDT 的时间扩展，其中对随时间推移获取的多个观测值进行了外显式建模。DDM 的核心思想是，观察者随着时间的推移积累证据(可能有噪声)，直到达到某个界限，并在此时做出决策。使用 DDM 来解释人类选择和反应过程有着悠久的历史。如知觉决策范式中的时间，以及人类发现猕猴侧顶内脑区的放电率与 DDM 中假设的证据积累过程之间存在显著的对应关系。然而与 SDT 一样，可以执行 DDM 的实验范式存在限制。

DDM 的一个局限在于其通常不可计算刺激量(即假设实验被试所使用的标签对应于实际的感官输入)，这使其难以泛化到更复杂的刺激情境下。另一个局限是，尽管 DDM 在神经计算中较明确地解决了时间问题，但它没有涵盖人类行为中时间感知复杂性的全部特征。基于实验范式的 DDM 研究通常关注决策者在单个二元决策上的表现，例如在许多随机点运动实验中使用的范式与变式，尽管对决策者随时间进行高维决策的任务的认知过程非常有趣，也更加贴近人们执行自然任务的情况。

在图 3.4 这项研究中，决策者首先需要进行一个二元选择，即从两个选项中选择向左或者向右。随后，他们通过沿着一个刻度移动光标来表明对所做决定的信心程度。通过这种方式，被试可以提供关于他们对所做决策的信心水平的信息。研究者可以由此探究自信心对多个 DDM 参数(如起始点

starting point 和漂移率 drift rate)分别产生的影响。

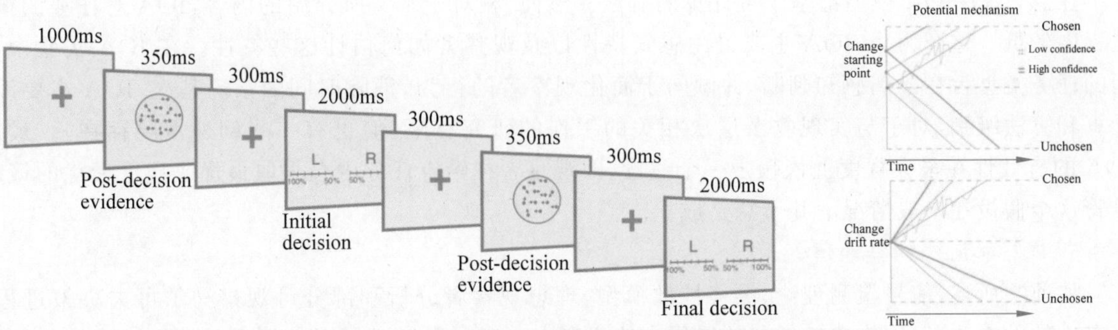

图 3.4 DDM 应用于经典的点阵任务中(Rollwage et al., 2020)

(左侧为实验范式,右侧为自信心对 DDM 参数影响的假设图)

3. 部分可观察马尔可夫决策过程

部分可观察马尔可夫决策过程(partially observable markov decision process,POMDP)是一种扩展的马尔可夫决策过程,用于建模具有不完全观察和随机性的决策问题。在 POMDP 中,决策者需要在状态不完全可观察的情况下,通过观察和采取动作来达到最优决策。

在视觉认知领域,POMDP 可以用于建模和解决涉及视觉感知和决策的问题。由于现实世界中的视觉任务通常受到感知不完全性、噪声和不确定性的影响,因此 POMDP 提供了一种适用的数学框架来处理这些问题。POMDP 是由一组状态、状态转移函数、奖励函数、观察结果的推断和一组可能的动作组成的。根据给定的 POMDP 和损失函数,智能体学习一种策略,即在给定其所处状态的情况下选择某个操作。举个例子,我们可以设想一个实验,给观察者呈现两个彩色定向光栅,其颜色和方向表示获得奖励的概率。观察者的目标是通过选择适当的刺激来最大化奖励。这个实验中的任务可以通过 POMDP 进行形式化建模,定义两种状态("好"和"坏")与观察结果(光栅)之间的关系。

与其他视觉任务的建模方法相比,POMDP 框架对任务采取了截然不同的视角。POMDP 提供了一种自上而下的规范,描述了实验的规则以及代理在样本中的行为方式。然而,这种自上而下的视角可能忽视了观察者从其角度看到的实际任务。此外,POMDP 并未包括规范化观察者在实现其目标时所进行的信息加工操作,尽管可以使用特定的扩展方法来增强 POMDP,例如时间差分学习(temporal-difference learning)算法,但这意味着 POMDP 可能无法捕捉到视觉任务中观察者在感知和决策过程中所进行的详细操作。

因此,尽管 POMDP 作为一种严谨和通用的框架对研究者具有吸引力,但在视觉科学领域的应用相对较少。更多的研究需要探索如何将 POMDP 与视觉任务的具体特点相结合,以提高其适用性和实用性。此外,进一步的工作还需要关注如何丰富 POMDP 框架,使其能够更好地描述观察者的任务和信息加工过程。

4. 理想观察者分析

理想观察者分析(ideal observer analysis, IOA)被广泛用于对视觉任务进行建模,其中观察者需要对呈现的图像进行某些属性的判断。前文提到的三种模型在某种意义上都可以看作理想观察者的特例。IOA 依赖于目标的准确规范,例如在自然图像块中检测目标的存在,以及可能出现的视觉刺激和任何生物限制。IOA 的结果描述了观察者可能使用的最佳算法,包括应该提取哪些视觉特征以及对这些特征进行哪些操作。将 IOA 与自然场景的统计分析的结合为理解生物视觉提供了重要的洞察。

注意,许多 IOA 模型都基于可计算的刺激。然而,相对于本文所介绍的内容,IOA 对任务的概念化程度较低。迄今为止,IOA 主要关注感知特性以及观察者如何估计这些特性。在 IOA 实验中,使用的任务类型旨在隔离感知判断,并倾向于简化观察者的行为,消除时间因素。其次,IOA 主要涉及计算和算法级别,对于与实现复杂层次相关的工作的研究有限(但也有一些例外情况存在)。最后,IOA 的有效性在很大程度上依赖于一个假设,即观察者在给定任务中会采取最优或接近最优的策略,尽管这个假设在一般情况下并不总是成立。

5. 视觉领域中的其他建模思想

如前文所述,信号检测理论、漂移扩散模型、理想观察者分析和部分可观察马尔可夫决策过程是富有成效的方法,但作为建模任务的通用方法仍存在一定局限性。最近的研究开始解决模型如何"知道"它正在执行哪个任务,尤其是对于能执行多个任务能力的人工神经网络(ANN)模型。一种方法是利用输入单元对当前任务进行编码,以指示模型正在执行的任务。另一种方法是使用任务指令的自然语言嵌入,这种方法自然地允许对新颖任务进行泛化。通过对模型进一步的研究,可以更好地促使模型逐步从特异化的任务模式转向通用化发展。

3.4.2 规则表征和推理

推理(reasoning)是指根据一般原理推出结论,也称为演绎推理(deductive reasoning),或者从具体事物或现象中归纳出一般规律的思维活动,也称为归纳推理(inductive reasoning)。对推理的心理过程的研究包括明确这一过程是怎样进行的,提出解释这一过程的理论依据,以及探索影响推理准确性的因素。

对于规则表征和推理的一个著名理论模型被称为激活扩散理论(Anderson & John, 1996; Collins & Loftus, 1975)。如图 3.5 所示,该理论认为,人类记忆中的概念(例如我们对狗或猫的知识)是由一个相互联系的节点网络所代表的。这个网络中的节点在刺激时被激活,同时通过连接扩散到邻近的节点。因此,该理论可以解释著名的语义启动效应,即如果人们刚刚看到了"doctor"这个词,判断"nurse"是否构成一个英语单词就会比判断一个不相关的词(如"bread"这个词)的速度更快(Neely, 1976)。根据激活扩散理论,因为"nurse"在语义上与"doctor"相关,因此两者都位于网络的同一邻近区域,刺激一旦激活节点,通过扩散,前者的呈现就会使后者更容易被认知。

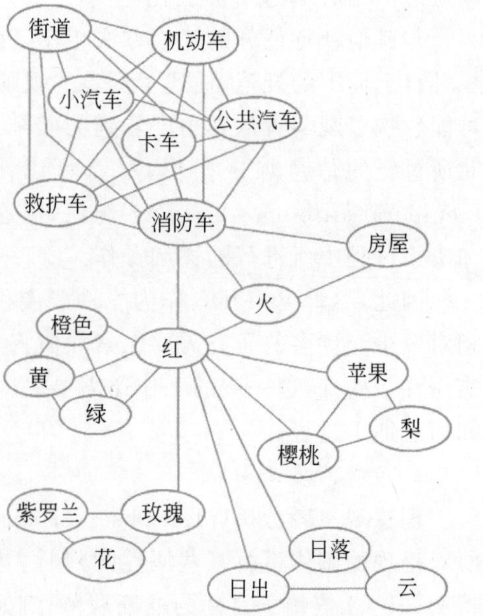

图 3.5 激活扩散模型示意图
(Collins et al., 1975)

对于理解激活扩散的概念,可以借助几个比喻:一些研究者把扩散比作电流通过(Radvansky & Copeland, 2006),另一些研究者则把它比作水通过管道。采用水比喻意味着激活的相对缓慢的传播,而以电类比将意味着瞬间的激活传播。根据目前的研究,一般认为数据与电流传播更为一致,即建模研究显示远端概念的激活是瞬间的而非缓慢的(Ratcliff & Mckoon, 1981)。

在激活扩散模型中,存在着一些难以解释的问题:激活是否可以向后流向紧邻的节点、激活的数量是否无限、节点的激活是否有遗漏等。这样的问题在Anderson的思维适应性控制(adaptive control of thought,ACT)理论的计算框架中已经得到回答(Anderson，1983)。这个理论将概念表示为单元节点,它们在不同程度上相互关联。密切相关的概念之间(例如面包和黄油)有很强的联系,而较远的概念之间(例如面包和面粉)联系较弱。当概念被激活时,相应的单元构成了工作记忆的内容。工作记忆中的单元成为激活的来源,并将它们的激活传递给其他单元,其程度与它们自身的激活和连接强度成正比。该模型通过假设源单位的一些激活量的损失,对激活程度有一个有效的限制。该模型还假设,激活可以沿着激活途径回流。该模型使用关于编码和检索的假设来解释扩散性激活和许多其他现象,如短期内的序列顺序记忆(Anderson et al.，1997)和时间间隔效应(Pavlik & Anderson，2005；Pavlik & Anderson，2008)。

3.4.3　语言和概念表征

语言是人类社会互动的重要组成部分,它是人们通过声音、符号和手势等方式进行复杂通信的系统。概念是对具有共同属性的事物的总称,它帮助人们超越感知范围,深入了解事物的本质。二者都是支撑人类进行沟通交流的重要部分。

在自然语言加工领域,研究者通过数学和计算机科学方法,将语义信息和概念抽象为计算机可以理解和处理的形式。通过模拟自然语言和模型训练,取得了在机器翻译、智能对话和语音助手等领域的突破性进展(冯志伟，2011；冯志伟和丁晓梅，2021)。早期的语言模型采用层次化分析和规则建构(余同瑞等，2020),而随后的统计方法和神经网络语言模型的发展使研究者能够更全面、准确地理解和处理自然语言(Hayes，2013)。马尔可夫模型认为在计算单词出现概率时不必考虑全部的历史,而只关注最接近该单词的若干单词便能够近似地逼近。这些语言模型在构建过程中更加注重统计学的作用,通过从大量真实语料库中获取数据进行计算,能够反映自然语言的真实情况(冯志伟，2015)。

2022年以来,大语言模型不断取得突破性进展(OpenAI，2023，Anil et al.，2023，Touvron et al.，2023，Huang et al.，2023，Driess et al.，2023),在语言智能方面已经达到甚至超过了人类水平。大语言模型为我们进一步理解和探索人工智能的边界和潜力提供了新的机遇。

3.4.4　记忆和学习机制

记忆是在头脑中积累和保存个体经验的心理过程,而学习是个体在一定情境下由于练习或经验而产生的行为或行为倾向发生得较为长久的变化。研究者通常将记忆看成一个信息加工系统,并探索其加工过程和结构。

许多模型为理解记忆和学习规律提供了框架,如神经网络模型。神经网络模型与联结主义模型相似,使用结构和表征来模拟人类的行为,并使用这些结构和表征大致反映对大脑功能的理解。早期的赫布模型通过建构输入层和输出层的权重,模拟行为由于反复呈现刺激进行的训练所产生的线性变化。其公式为

$$y_{ij}=\frac{1}{p}\sum_{k=1}^{p}x_i^k x_j^k \tag{3-3}$$

其中,y_{ij}是从神经元j至神经元i的神经网络连接权重,p为训练的样本数,是神经元j的第k个输入。由于赫布模型对于单次学习的建模非常适用——信息只需经过一次接触就可以存储并使用——因此它一度得到了广泛的应用。然而赫布模型也有一些局限性,例如模型并不完全适用于在多个试次中学习的任务以及难以泛化。

1980年出现了一种新的架构和算法，它克服了赫布模型的这些问题。这些模型通常称为反向传播模型，它的第一个关键因素是多层，通常是三层。除了输入层和输出层，其还有一个位于二者之间的隐藏层。就其本身而言，拥有额外的层并不一定有帮助：如果激活函数是线性的，则可以将其重写为标准的两层赫布模型。因此，第二个关键因素是激活函数是非线性的(例如，S型函数)。最后一个关键因素是改变学习规则，使学习不是由正确的输出驱动，而是由模型输出中的错误(即模型输出与正确输出之间的差异)驱动。反向传播模型的另一个巧妙特征是它们学习自己的内部表征。由隐藏单元刻画的内部表征，每个隐藏单元本身没有必要的意义，但可以通过观察不同输入所产生的隐藏单元之间的相似性来检查由隐藏单元定义的表征空间。

随着时代的发展，研究者对于联结主义模型的兴趣有所下降，转而支持贝叶斯学习，但由于发现了高效的深度学习算法(Hinton et al., 2006)，对联结主义模型的兴趣也被重新点燃。深度学习算法建立了一个简单的联结主义网络的堆叠，每个网络将其输出作为下一个网络的输入。当信息从输入层通过每个连续的隐藏层到达输出层时，各层逐渐总结出输入的特征和结构。深度学习的联结主义网络已被证明是非常强大的，它对手写数字、人脸、语音、动物等产生了超乎寻常的分类与识别效果。目前，许多语音识别应用都依赖于联结主义网络。

3.5 社会认知与行为过程的计算建模

在复杂的社会行为中，人类在除了审视与了解自身外，还需要认知在不同情境中交互时其他人的心理与行为。研究证明，了解自身和他人可以提高社交互动的质量与意义(Frith & Frith, 2010)。在社会交往的同时，人类也会根据社会中其他人的行为反过来获得关于其个性心理特征的新的知识经验，并逐渐了解和理解人在性格及偏好等方面的差异(Rosenblau et al., 2023)。个体通过将他人社会行为的理解整理为具体的概念化结构图式，并由此建构出一个可以灵活地应对复杂社会行为的知识模型。由此建立的强化学习模型为社会行为提供了良好的模拟形式(Behrens et al., 2007; Wilson et al., 2012)。同时，在社会行为过程中，人类在主动学习和推理判断中也会根据信息进行认知调整，从而对模型进行修改和应用，进而促进对于社会行为的理解(Gweon, 2021)。

在通过计算建模的研究社会行为时，通常存在无模型学习与基于模型的学习两种方法。无模型学习涉及通过与环境的互动产生结果，但不能涉及环境的详细数据。然而，基于模型的学习在研究社会行为时充分使用了关于环境的知识经验，并且拥有更好的认知结构和更加灵活的产生模式(Donoso et al., 2014; Lee et al., 2014)。但在社会决策中，往往并非选择最佳策略，受制于特殊的情境与复杂的权衡，社会行为并不会产生绝对理性和优势的决策行为，而是根据认知模型进行权衡。这种富有不确定性的决策行为同样反映在反应时间和神经激活中(Korn & Bach, 2018; Korn & Bach, 2019)。无模型社会学习与基于模型的社会学习会进行权衡与切换，通过平衡启发式和最佳策略而最终选择适当的策略或政策的决定(Courville et al., 2006; Gershman et al., 2015)。

因此，对于社会行为的研究引入计算建模，可以将特定环境中任务的行为计算模型与神经成像数据相结合，从而测试复杂人类认知与行为。这种神经计算模型可以揭示人们如何进行复杂社会行为，以及为什么某些复杂社会行为会产生偏离最佳决策的现象(Camerer, 2006; Coricelli & Nagel, 2012)。在个体之外，社会行为中的认知与行为建模可以更好地理解和掌握诸如群体决策、交通流量、市场行为等社会现象。因此为了深入研究，需要了解常见社会行为建模的模型与理论。

1. 强化学习模型

行为和结果的学习在很大程度上塑造了社会认知和行为。例如，在帮助他人时，我们需要了解我们的决策如何获得奖励或避免对他人造成伤害。在做出自己的选择之前，我们可以通过观察他人经历的积极或消极结果进行观察性学习。通过追踪他人的行为和结果，我们可以推断他们的心理状态。强化学习模型以精确而数学化的方式描述了决策如何随时间推移并与结果相匹配的过程，在社会认知中也起着重要作用(Sutton & Barto，1998；Dayan & Balleine，2002)。选择适当的强化学习模型在设计实验时非常关键。最简单的模型允许逐个实验计算与神经反应相关的两个参数值。第一个参数是与期望相关的关联强度或期望值，第二个参数是预测误差。以图 3.6 中双臂老虎机任务为例，参与者通过反复实验了解哪个选项提供较高的奖励概率。期望值在选择时被计算出来，而有多种模型可以基于这些期望值来解释选项的价值差异。

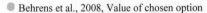

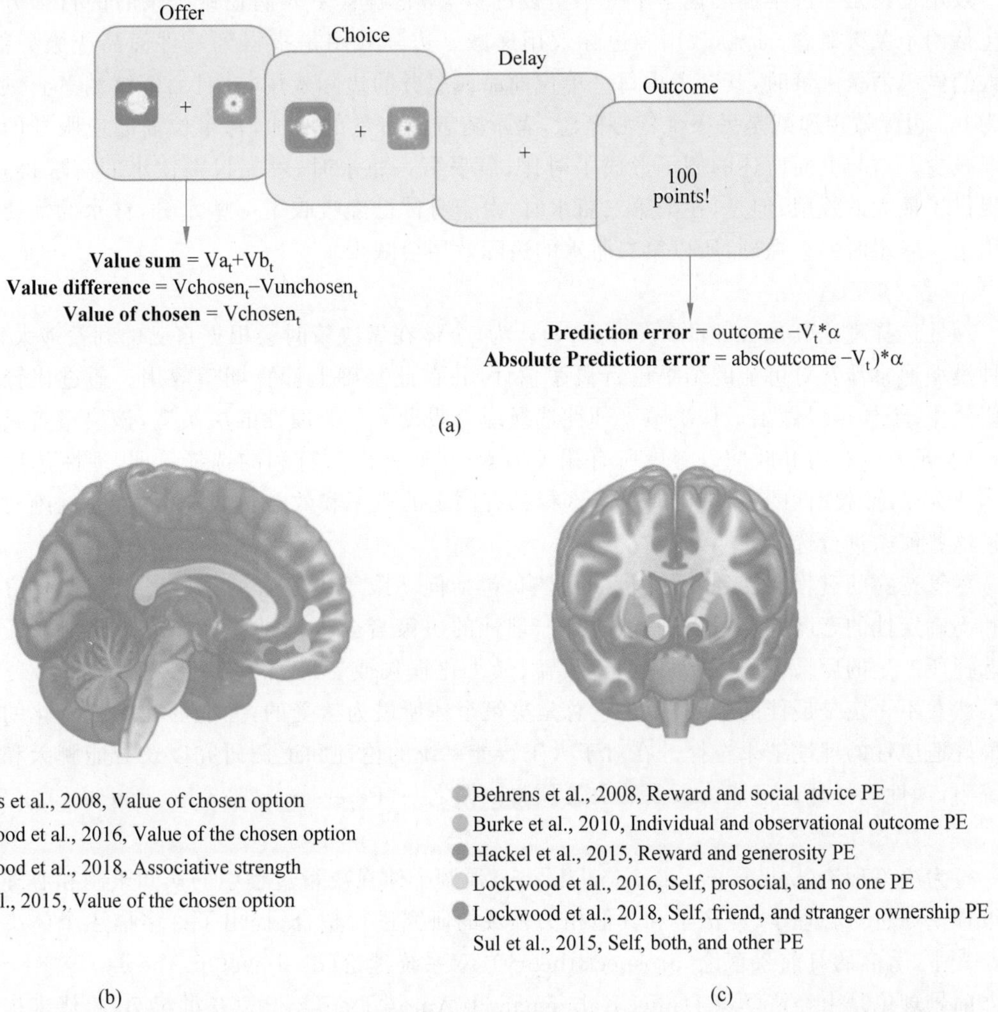

图 3.6　双臂老虎机任务的结构示意图以及社会强化学习研究中相关神经信号(Lockwood & Klein-Flügge，2021)

在该任务中，会提供两个选项，它们与奖励概率相关。有时，选项可能涉及不同大小的奖励，或者奖励概率和大小都可变。参与者通过反复实验来确定哪个选项提供更好的结果。在估价阶段，可以对多种量进行建模，包括图片和结果之间的关联强度、价值总和、差值或所选选项的值。在结果呈现时，可以建模有符号的预测误差，即编码了结果与预期之间的差异，或者可以对“绝对”预测误差进行建模，即忽略预测误差的符号，用来量化整体上的结果出乎意料的程度。预测误差表示结果与期望之间的差异。研究预测误差时需要注意解释预测误差信号的符号。通常情况下，在前额皮质的内侧表面上，腹内侧价值/联想强度信号与选择时的神经活动有关。此外，一些研究表明，在社交和非社交情境下，腹侧纹状体与预测误差的跟踪相关。值得注意的是，NeuroSynth 的元分析显示，对于“预测误差”，腹侧纹状体表现出最强烈的反应，覆盖了 93 个研究的重叠区域。在图 3.6 中，PE 代表预测误差。

2. 社会效用模型

社会效用模型（social utility model）基于效用理论，将决策过程视为最大化个体或群体的效用。效用可以来源于物质利益、声望、满足感等。在这类模型中，个体会根据各种选择带来的预期效用进行权衡，从而做出最优决策（Loewenstein et al.，1989）。

效用理论是经济学和心理学中一个重要的概念，它解释了人们在做决策时的行为方式。这个理论包括两个关键概念：边际效用和边际效用递减。边际效用是指得到一件商品或服务额外的好处。当人们做出消费决策时，其会考虑每一单位商品或服务的边际效用，并且会继续消费直到边际效用下降为 0。边际效用递减是另一个核心概念，表示随着消费量的增加，每单位商品或服务的边际效用会逐渐减少。这与上面所述的例子形成了对比，当喝第一瓶水时，可能口渴饮水的需求得到了满足，因此提供了最大的效用；但是，在喝第二瓶水时，由于身体已经吸收了一些水分，饮水的需要已经不再如饮用第一瓶水时那么强烈，所以第二瓶水的边际效用会减少。

3. 理性选择理论

理性选择理论（rational choice theory）认为，个体在做决策时会根据自己的利益最大化进行决策。这种模型通常涉及对可能的结果进行概率估计，并在此基础上计算期望效用。通过比较各种选择的期望效用，个体可以做出最佳决策。理性选择理论假设了一个理性的决策者，该决策者具有完全的信息，以及足够的智力和时间以考虑所有相关因素，从而做出最有利的选择。即，理性选择理论将决策个体认为是绝对理性的主体，同时每个选择都有固定的概率和效益值，且个体会通过绝对数值的量化比较这些值来进行选择。

尽管选择的过程会受到各种因素的影响，包括但不限于决策者的偏好、情感、先验信念以及对风险和不确定性的态度等。但在进行选择时，理性的决策者会根据某些标准或者原则来轻松地评估每项选择所产生的后果，例如最大化期望收益、最小化损失或者最大化效用。总体而言，理性选择的结果虽然并不一定是最佳的结果，但是它总是决策个体所最为接受的，并能够在不断变化的环境下表现出最好适应性的理性结果选择。在对于人工智能系统的伦理和道德研究以及智能聊天和服务机器人系统中，理性选择理论已成为重要的决策预测依据之一（Peterson，2023；Fan et al.，2022）。

4. 行为决策理论

行为决策理论（behavioral decision theory）强调个体在决策过程中的认知限制和心理偏差。行为决策理论通过对心理学、经济学和其他相关领域的研究进行整合，提出了许多描述个体决策过程的模型。其中，著名的有前景理论（prospect theory）、双系统理论（dual-system theory）等。

前景理论是由经济学家 Daniel Kahneman 和 Amos Tversky 于 20 世纪 70 年代末提出的一种行为决策理论，用来解释人们做出决策时所遵循的心理过程和行为模式（Kahneman & Tversky，1973）。前景理论指出，人们对于收益和损失的主观价值感受和效用评估方式不同，对于潜在收益而言，人们的效用增加较小，因此等额前提下人们更倾向于追求确定性的收益；然而，对于潜在损失，人们的效用减少却很强，因此他们更倾向于避免任何有可能导致重大损失的风险。

前景理论通过引入"参照点"这一概念来解释这种心理现象。参照点是人们用来比较潜在结果的基准,其能够显著影响人们的决策结果。具体而言,人们倾向于将可能的结果分为两类:与参照点相比,既能带来正收益,也能带来较高目标时,对于这类结果,人们更倾向于追求增量,即逐步实现目标;而对于与参照点相比,既能带来负收益,也能带来低目标的结果,人们更倾向于避免负收益以尽可能地避免损失。

根据之前的研究,人类决策时的效用函数可以表示为

$$\Delta U=\frac{\sum_i v(x_i-r)w(p_i)}{\sum_i w(p_i)} \tag{3-4}$$

其中,x_i 代表第 i 个选项可能获得的收益或损失,p_i 表示其概率,r 代表参考点,v 是价值函数,w 表示概率加权函数。价值函数呈现一条通过参考点$(r,0)$的S形曲线。概率加权函数通常定义为

$$w(p)=p_a(0<a\leqslant 1) \tag{3-5}$$

其中,a 是介于0和1之间的常数,数值反映了人们对低概率的敏感程度(Farrell & Lewandowsky, 2018)。

价值函数的不对称性显示出人们对损失比对收益更为敏感,这意味着绝对的损失规避效应要大于绝对的获利效应,这一现象与前景理论一致。但与期望效用理论不同,因为效用的增益或损失取决于参考点而不是绝对财富。因此,人的决策不能仅仅用理性决策理论来解释。

而对于双系统模型,多数研究者认为人类的信息加工过程分为两个相互联系的不同系统,即直觉的启发式系统(heuristic system),也就是"快系统",以及理性的分析加工系统(analytic system),也就是"慢系统"。快系统也指Daniel Kahneman提出的无意识的系统1,它依赖情感、记忆和经验迅速做出判断。这个系统加工问题依赖于直觉的自动化加工,故这个系统加工问题速度快,能够自动给出解决方案,使个体能够迅速对具体的刺激情境作出反应,但信息加工时只提取部分信息,因此容易产生各种决策偏差与失误。而与之相对的慢系统也称为有意识的系统2,它通过调动人的注意力来进行分析,最后作出决定。这个系统加工问题是有意识地努力的结果,依赖于系统性信息加工,在决策时运用一定的算法规则和思维模型加工刺激与情境,慢系统认知加工速度虽慢,但可以在一定程度上回避各种决策偏差的影响,也因此需要耗费更多的心理资源作为代价。

行为决策理论可以帮助我们更好地理解人类的行为和心理过程。通过建立模型来预测人类在不同情境下的决策结果,可以让我们理解人们做出决策的原因、动机和思考方式。这对于设计更优化的决策、政策和干预措施、支持精神疾病治疗等方面都具有重要的应用价值。此外,通过借鉴人类的决策模式和思考方式,可以让计算机模拟出更加符合人类习惯和需求的智能决策,从而为各行业提供更加高效、精准的服务。

5. 社交网络模型

社交网络属性对个体的认知、行为和情感产生了显著影响。最近的研究揭示了个人社交网络的特征与其行为和态度之间的联系,为我们深入了解社交世界结构对个体的重要影响提供了重要见解。社交网络模型关注个体在社交网络中的地位和互动,旨在解释网络结构如何影响个体的决策过程。这类模型被广泛应用于分析信息传播、信任建立、合作行为等社会现象。社交网络模型是指通过数学和计算方法对人际关系网络进行模拟和分析的研究领域。这些模型通常使用节点和边表示人际关系,并利用各种度量和算法来解释和预测相关现象。其中,小世界模型、无标度网络模型和随机图模型等是比较典型的模型。

社交网络模型通常包括节点、边和网络结构三个要素。节点表示社交网络中的个体,即社交网络

中的每个人或组织；边表示这些个体之间的关系，称为链接；网络结构是指由节点和边组成的图形或网络的拓扑结构。最简单的社交网络模型是二元关系网络，也称为双边关系网络。在二元关系网络中，每个节点都有两种状态，即存在与不存在，那么这里就有 n^2 种可能的连线方式。这样的网络结构非常稀疏，只有少量节点之间有链接。二元关系网络广泛应用于社交心理学研究，例如朋友互动和社交支持等领域。人们可以使用邻接矩阵以数学方式表示网络，网络的邻接矩阵 **A** 是一个包含元素 A_{ij} 的 $n \times n$ 矩阵(其中 n 是节点数)。在无向无权网络中，如果节点 i 和 j 之间有边，则 A_{ij} 为 1；如果节点 i 和 j 之间没有边，则 A_{ij} 为 0。由于无向网络中 $A_{ij}=A_{ji}$，因此此类网络的邻接矩阵是对称的(见图 3.7)；还可以使用边列表来表示网络，该列表枚举了通过边直接连接的节点对(见图 3.7)。

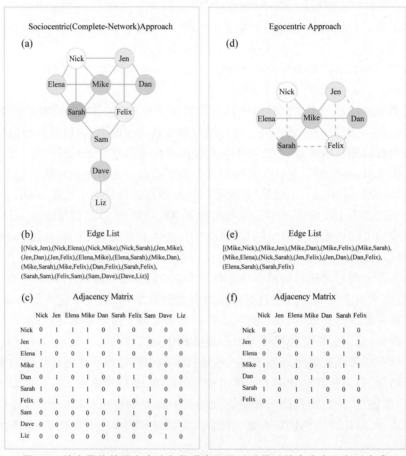

Sociocentric(Complete-Network)Approach

(a)

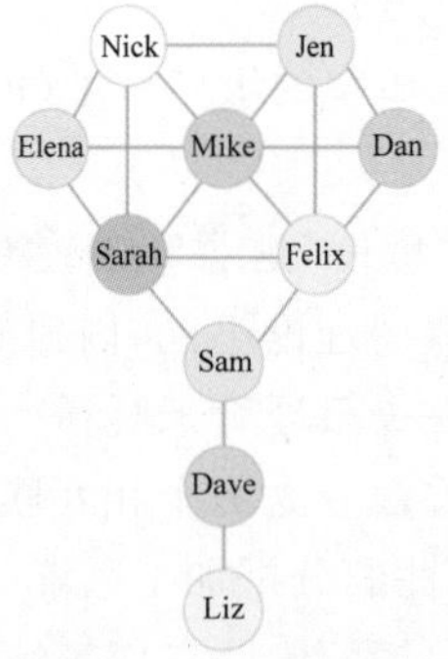

(b) Edge List

[(Nick,Jen),(Nick,Elena),(Nick,Mike),(Nick,Sarah),(Jen,Mike),(Jen,Dan),(Jen,Felix),(Elena,Mike),(Elena,Sarah),(Mike,Dan),(Mike,Sarah),(Mike,Felix),(Dan,Felix),(Sarah,Felix),(Sarah,Sam),(Felix,Sam),(Sam,Dave),(Dave,Liz)]

(c) Adjacency Matrix

	Nick	Jen	Elena	Mike	Dan	Sarah	Felix	Sam	Dave	Liz
Nick	0	1	1	1	0	1	0	0	0	0
Jen	1	0	0	1	1	0	1	0	0	0
Elena	1	0	0	1	0	1	0	0	0	0
Mike	1	1	1	0	1	1	1	0	0	0
Dan	0	1	0	1	0	0	1	0	0	0
Sarah	1	0	1	1	0	0	1	1	0	0
Felix	0	1	0	1	1	1	0	1	0	0
Sam	0	0	0	0	0	1	1	0	1	0
Dave	0	0	0	0	0	0	0	1	0	1
Liz	0	0	0	0	0	0	0	0	1	0

Egocentric Approach

(d)

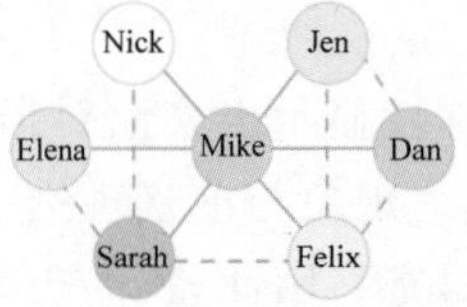

(e) Edge List

[(Mike,Nick),(Mike,Jen),(Mike,Dan),(Mike,Felix),(Mike,Sarah),(Mike,Elena),(Nick,Sarah),(Jen,Felix),(Jen,Dan),(Dan,Felix),(Elena,Sarah),(Sarah,Felix)

(f) Adjacency Matrix

	Nick	Jen	Elena	Mike	Dan	Sarah	Felix
Nick	0	0	0	1	0	1	0
Jen	0	0	0	1	1	0	1
Elena	0	0	0	1	0	1	0
Mike	1	1	1	0	1	1	1
Dan	0	1	0	1	0	0	1
Sarah	1	0	1	1	0	0	0
Felix	0	1	0	1	1	1	0

图 3.7 社交网络的研究方法和数学表示可以采用以社会为中心和以自我为中心的方法(Baek et al.，2020)

在以社会为中心的方法中，描述了有界社交网络中所有成员之间的关系。图(a)展示了一个无向、无权重的社会中心网络的图形表示，代表有界社区成员之间的友谊。彩色圆圈表示节点(也称为顶点)，代表社交网络中的个体。线表示边，编码个体之间的友谊或其他关系。除了图形表示外，网络还可以用边列表来表示，如图(b)所示，它是一个列出了节点之间所有直接连接的列表。此外，网络还可以使用邻接矩阵(图(c))来表示，其中矩阵 **A** 的大小为 $n \times n$(本例中，$n=10$)，元素 A_{ij} 编码了网络中每对节点(i,j)之间边的存在及其权重。在无向且未加权的网络中(如图 3.7 所示)，邻接矩阵是对称的。例如，Nick 和 Jen 之间的边在邻接矩阵的相应元素中被编码为 1。

在以自我为中心的方法中，人们从自我角度来描述网络中的关系。假设我们仅通过对 Nick 进行采访获得了与左栏中社交网络相同的信息，这意味着我们获得了 Nick 的自我网络的信息。我们根据 Nick 对他的直接朋友的回答用实线表示，根据他对他的朋友是否也是彼此的朋友的回答用虚线表示。通过比较社会中心和自我中心方法的图表，可以发现后者缺少关于节点之间某些边的信息(例如 Nick 和 Elena 之间的边、Nick 和 Jen 之间的边等)，这一点在自我网络的相关边列表(图(e))和邻接矩阵(图(f))中也可以观察到。

此外，社交网络模型还包括小世界网络模型。小世界现象是指地理位置相距遥远的人可能具有较短的社会关系间隔。1967 年，Stanley Milgram 通过一个信件投递实验归纳并提出了六度分割理论(six degrees of separation)，即任意两个人都可通过平均 5 个熟人相关联起来(Mills, 2006)。1998 年，Duncan Watts 和 Steven Strogatz 正式提出了小世界网络的概念并建立了小世界模型。所谓“小世界”，意味着网络中任意两个节点之间都可以通过几个链接到达。一个小世界网络通常由一些属于密集团体的节点和极少数的枢纽节点组成，这些枢纽节点使得网络具有快速的信息传播能力(Watts & Strogatz, 1998)，因此广泛用于网络社区、智能舆情监控等领域。

社交网络模型有多种形式和应用，但它们通常都包括一组节点、边和网络结构。二元关系网络是最基本的社交网络模型，缩放定律和小世界模型是比较常见的现实网络模型，而分层网络模型则逐渐成为更精细和细致地描述网络的新方法。使用这些模型，研究者可以更好地了解社交网络的运作方式，从而预测其行为、评估影响力以及优化其设计。在群体水平的社会认知研究中，常用的还包括基于演化博弈和多主体建模的方式。

3.6 总结

认知科学的目标是深化对人类自身的理解和认知，而计算模型为我们提供了一种可以交流的工具，使得认知和行为具备了可复制性和可重复性。通过构建与应用认知和行为的计算模型，能够帮助我们理解、模拟和研究人类复杂的社会行为，并对不同的变量和特定情境进行针对性的探索。认知和行为的计算模型将人类的基本心理状态进行建模，并进一步将其置于社会环境中，以更好地理解人类在复杂社会情境下的交互认知和行为过程。同时，通过对认知的深入了解，我们能够将这些模型应用于实际研究和实践中。

作为认知辅助工具，计算模型在目前的研究中已经成为理解人类和大脑不可或缺的工具。除了在科学研究中的应用，认知和行为的计算模型也在人机交互、用户体验、智能驾驶等多个领域进行了应用。通过建模人类的认知和行为，也应当使智能系统更加贴合人类自然的行为逻辑和思维模式，这意味着对于未来的智能系统开发，在其功能性完善的同时，也应当注重其更好地与人类智能模拟协同，从而提升其易用性和简便性，这对于智能人机交互方面也有类似的启示，对于人智相互逻辑的发展，应当将其作为对人类思维的拓展和外置，而不能忽视其作为工具在便利性之外的操纵性。人智交互应当促进更好的相互理解和系统发展，通过人工智能和人脑智能的协调发展相互促进。

然而，我们必须认识到作为工具的计算建模方法也存在局限性。模型的构建方式和适用范围仍需进一步研究和发展。目前，任何一个实验室都难以同时整合认知科学、计算神经科学和人工智能三方面进行计算建模，因此需要具备与互补专业知识的实验室间的合作。在研究认知和行为的神经成像与计算机技术的同时，我们也应注重认知和行为计算模型在实际工程和社会中的应用，以提升计算模型在具体问题解决中的使用。

参考文献

Adams, M. B. (1994). The Evolution of Theodosius Dobzhansky. The Evolution of Theodosius Dobzhansky.

Anderson, & John, R. (1996). ACT: A simple theory of complex cognition. AMERICAN PSYCHOLOGIST, 51(4), 355-365.

Anderson, J. R. (1983). A spreading activation theory of memory, 22(3), 261-295.

Anderson, John, R., Matessa, & Michael. (1997). A production system theory of serial memory. PSYCHOLOGICAL REVIEW

Baek, E.,Porter, M., & Parkinson, C. (2020). Social Network Analysis for Social Neuroscientists. Social Cognitive and Affective Neuroscience, 16 http://doi.org/10.1093/scan/nsaa069

Behrens, T., Woolrich, M. W., Walton, M. E., & Rushworth, M. (2007). Learning the value of information in an uncertain world. Nature Neuroscience, 10(9), 1214-1221. NATURE NEUROSCIENCE, 10(9), 1214-1221.

Camerer, C. F. (2006). When Does \"Economic Man\" Dominate Social Behavior? SCIENCE, 311(5757), 47-52.

Collins, Loftus, A. M., & Elizabeth, F. (1975). A spreading-activation theory of semantic processing. PSYCHOLOGICAL REVIEW

Coricelli, G., & Nagel, R. (2012). The neural basis of bounded rational behavior. Post-Print

Courville, A. C., Daw, N. D., & Touretzky, D. S. (2006). Bayesian theories of conditioning in a changing world. TRENDS IN COGNITIVE SCIENCES, 10(7), 294-300.

Curtis, C. E., & D'Esposito, M. (2003). Curtis CE, D'Esposito M. Persistent activity in the prefrontal cortex during working memory. Trends Cogn Sci 7: 415-423. TRENDS INCOGNITIVE SCIENCES, 7(9), 415-423.

Dayan, P., & Balleine, B. W. (2002). Reward, Motivation, and Reinforcement Learning. NEURON, 36(2), 285-298.

de Gelder, B., & Poyo Solanas, M. (2021). A computational neuroethology perspective on body and expression perception. TRENDS IN COGNITIVE SCIENCES, 25(9), 744-756. http://doi.org/10.1016/j.tics.2021.05.010

Dijkstra, N., & Fleming, S. M. (2023). Subjective signal strength distinguishes reality from imagination. Nature Communications, 14(1), 1627. http://doi.org/10.1038/s41467-023-37322-1

Donoso, M., Collins, A., & Koechlin, E. (2014). [Research Article] Foundations of human reasoning in the prefrontal cortex

Fan, H., Han, B., & Gao, W. (2022). (Im)Balanced customer-oriented behaviors and AI chatbots' Efficiency-Flexibility performance: The moderating role of customers' rational choices. Journal of Retailing and Consumer Services, 66, 102937. http://doi.org/https://doi.org/10.1016/j.jretconser.2022.102937

Farrell, S., & Lewandowsky, S. (2018). Computational Modeling of Cognition and Behavior. Computational Modeling of Cognition and Behavior.

Frith, C. D., & Frith, U. (2010). Mechanisms of Social Cognition. Annual Review of Psychology, 63(1), 287-313.

Gershman, S. J., Horvitz, E. J., & Tenenbaum, J. B. (2015). Computational rationality: A converging paradigm for intelligence in brains, minds, and machines. SCIENCE, 349(6245), 273-278.

Guest, O., & Martin, A. E. (2021). How Computational Modeling Can Force Theory Building in Psychological Science. Perspectives on Psychological Science, 16(4), 789-802. http://doi.org/10.1177/1745691620970585

Gweon, H. (2021). Inferential social learning: cognitive foundations of human social learning and teaching. TRENDS IN COGNITIVE SCIENCES

Qiao, H., Chen, J., & Huang, X. (2021). A Surveyof Brain-Inspired Intelligent Robots: Integration of Vision, Decision, Motion Control, and Musculoskeletal Systems. IEEE Transactions on Cybernetics, PP. https://doi.org/10.1109/TCYB.2021.3071312

Hayes, B. (2013). First Links in the Markov Chain. AMERICAN SCIENTIST

Hinton, G. E., Osindero, S., & Teh, Y. W. (2006). A fast learning algorithm for deep belief nets. MIT Press(7)

Judd, C. H. (1927). The psychology of learning and the supervision of learning.

Kahneman, D., & Tversky, A. (1973). On the psychologyof prediction. PSYCHOLOGICAL REVIEW, 80(4), 237-251.

Korn, C. W., & Bach, D. R. (2018). Heuristic and optimal policy computations in the human brain during sequential decision-making-Supplementary Material 2

Korn, C. W., & Bach, D. R. (2019). Minimizingthreat via heuristic and optimal policies recruits hippocampus and medial prefrontal cortex. Nature Human Behaviour, 3(7)

Lee, S. W., Shimojo, S., & O Doherty, J. P. (2014). Neural computations underlying arbitration between model-based and model-free learning. NEURON, 81(3), 687-699.

Lindström, B., Bellander, M., Schultner, D. T., Chang, A., Tobler, P. N., & Amodio, D. M. (2021). A computational reward learning account of social media engagement. Nature Communications, 12(1), 1311.http://doi.org/10.1038/s41467-020-19607-x

Lockwood, P. L. and M. C. Klein-Flügge (2021). "Computational modelling of social cognition and behaviour—a reinforcement learning primer." Social Cognitive and Affective Neuroscience 16 (8): 761-771.

Loewenstein,G. F., Thompson, L., & Bazerman, M. H. (1989). Social utility and decision making in interpersonal contexts. JOURNAL OF PERSONALITY AND SOCIAL PSYCHOLOGY, 57(3), 426-441. http://doi.org/10.1037/0022-3514.57.3.426

Mcgaugh, J., & Herz, M. (1972). The consolidation hypothesis of memory

Mills, E. (2006). Six Degrees of Information Seeking: Stanley Milgram and the Small World of the Library. JOURNAL OF ACADEMIC LIBRARIANSHIP, 32(5), 527-532.

Morris, R. (1984). Developments of a water-maze procedure for studying spatial learning in the rat-ScienceDirect. JOURNAL OF NEUROSCIENCE METHODS, 11(1), 47-60.

Neely, J. H. (1976). Semantic priming and retrieval from lexical memory: Evidence for facilitatory and inhibitory processes. MEMORY & COGNITION, 4(5), 648-654.

Ormrod, J. E., & Pearson. (2015). Human Learning, Global Edition. Pearson Schweiz Ag

Pavlik, P. I., & Anderson, J. R. (2005). Practice and Forgetting Effects on Vocabulary Memory: An Activation -Based Model of the Spacing Effect. COGNITIVE SCIENCE(4)

Pavlik, P. I., & Anderson, J. R. (2008). Using a model to compute the optimal schedule of practice. Journal of Experimental Psychology: Applied, 14(2), 101-117.

Penfield, W., & Rperot, ·P. (1963). THE BRAIN'S RECORD OF AUDITORY AND VISUAL EXPERIENCE1. BRAIN(86-4)

Peterson, C. (2023). Further Thoughts on Defining f(x) for Ethical Machines: Ethics, Rational Choice, and Risk Analysis. The International FLAIRS Conference Proceedings, 36 http://doi.org/10.32473/flairs.36.133203

Petzschner, F. H., Garfinkel, S. N., Paulus,M. P., Koch, C., & Khalsa, S. S. (2021). Computational Models of Interoception and Body Regulation. TRENDS IN NEUROSCIENCES, 44(1), 63-76. http://doi.org/10.1016/j.tins.2020.09.012

Qiao, H., Chen, J., & Huang, X. . (2021). A survey of brain-inspired intelligent robots: integration of vision, decision, motion control, and musculoskeletal systems.

Radford, A., Narasimhan, K., Salimans, T., & Sutskever, I. (2018). Improving Language Understanding by Generative Pre-Training

Radvansky, G. A., & Copeland, D. E. (2006). Walking through doorways causes forgetting: Situation models and experienced space. MEMORY & COGNITION, 34(5), 1150-1156.

Ratcliff, R., & Mckoon, G. (1981). Automatic and strategic priming in recognition. Journal of Verbal Learning & Verbal Behavior, 20(2), 204-215.

Rollwage, M., Loosen, A., Hauser, T., Moran, R., Dolan, R., & Fleming, S. (2020). Confidence drives a neural confirmation bias. Nature Communications, 11 http://doi.org/10.1038/s41467-020-16278-6

Rosenblau, G., Frolichs, K., & Korn, C.W. (2023). A neuro-computational social learning framework to facilitate transdiagnostic classification and treatment across psychiatric disorders. Neuroscience & Biobehavioral Reviews, 105181. http://doi.org/https://doi.org/10.1016/j.neubiorev.2023.105181

Son, J., Bhandari, A., & FeldmanHall, O. (2021). Cognitive maps of social features enable flexible inference in social networks. Proceedings of the National Academy of Sciences, 118(39), e2021699118. http://doi.org/10.1073/pnas.2021699118

Sugrue, L. P., Corrado, G. S., & Newsome, W. T. (2005). Choosing the greater of two goods: Neural currencies for valuation and decision making. Nature Reviews Neuroscience, 6(5), 363-375. https://doi.org/10.1038/nrn1666

Sutton, R., & Barto, A. (1998). Reinforcement learning: An introduction (Adaptive computation and machine learning). ieee transactions on neural networks

Ten, A., Kaushik, P., Oudeyer, P., & Gottlieb, J. (2021). Humans monitor learning progress in curiosity-driven exploration. Nature Communications, 12(1), 5972.

Thorndike, E. L., & Woodworth, R. S. (1901). The influence of improvement in one mental function upon the efficiency of other functions. II. The estimation of magnitudes. PSYCHOLOGICAL REVIEW, 8(4), 384-395.

Watts, D. J., & Strogatz, S. H. (1998). Collective dynamics of small-world networks. Nature Publishing Group(6684)

Wilson, R. C., Niv, Y., Corrado, G., & Wilson, R. C. (2012). doi: 10.3389/fnhum.2011.00189 Inferring relevance in a changing world

冯志伟, & 丁晓梅. (2021). 计算语言学中的语言模型. 外语电化教学

冯志伟. (2011). 计算语言学的历史回顾与现状分析. 外国语(上海外国语大学学报)

冯志伟. (2015). 基于短语和句法的统计机器翻译. 燕山大学学报, 39(6), 10.

黎穗卿, 陈新玲, 翟瑜竹, 张怡洁, 章植鑫, & 封春亮. (2021). 人际互动中社会学习的计算神经机制. 心理科学进展, 29(4), 20.

余同瑞, 金冉, 韩晓臻, 李家辉, & 郁婷. (2020). 自然语言处理预训练模型的研究综述. 计算机工程与应用, 56(23), 12-22.

作者简介

王鑫泽　硕士研究生,澳门大学认知与脑科学研究中心。研究方向:社会认知与情感,决策博弈,AI与人的相互作用。

伍海燕　博士,助理教授,博士生导师,澳门大学认知与脑科学研究中心,澳门大学社会科学学院心理系。研究方向:社会认和情感神经科学,计算社会神经科学,人工智能和人与AI的互动。

第 4 章

人机融合智能

▷本章导读

人机融合智能探究的是人与机器系统之间的交互机制和规律，是以人与机器系统的有效协同为目标的理论和技术的统称。人机融合包括人与系统的关系问题、人与系统交互相关的技术问题，以及由人与系统交互而产生的社会伦理道德、法律标准等问题。本章首先介绍人机融合智能的概念和研究现状，分别从人和机两方面阐述各自在人机融合智能中的意义，其次介绍人机融合智能的一些现实应用，最后对人机融合智能进行展望。

4.1 人机融合智能研究

4.1.1 人机融合智能概述

1. 人机融合智能概念

人机融合智能(human-computer fusion intelligent)是以人与机器系统的有效协同为目标的理论和技术的统称，探究的是人与机器系统之间的交互机制和规律，此概念主要起源于人机交互和智能科学。其中，机器主要指一些内部逻辑复杂、能够有一定自动处理任务能力的系统，单纯地使用工具无须谈论人机融合智能。在智能科学发展到一定程度后，此类系统的内部机理逐渐复杂，系统拥有了一部分自动化的能力后，才出现人机融合智能的概念。与人机融合智能相似的概念有很多，例如人机混合智能、人机共生等，其内核都是要解决人机高效协作以完成单独人或机器无法完成的任务，人机混合智能更倾向于以人类操作员为主体，在一些军事场景中提得较多，因为一些重要的决策必须由人类指挥官做出，混合相对于融合强调了以人为中心的系统设计；人机共生也是一样，正如元宇宙的概念，各方有不同的解读，但是最终的目的是一样的。

在人机融合的计算机应用技术层面，以往主要集中在人机交互技术、人机界面设计、计算机支持的协同工作、人机协同作业分配和用户体验等人机交互、人因工程、工程心理学和设计学等与人机界面和人相关的领域，属于广义上的“以人为中心的设计”的一部分，但随着近些年来大数据与智能技术的发展，出现了信息茧房、算法透明性与可解释性、智能系统中的人机决策权争夺等问题。人机融合的问题扩展到大数据、智能推荐、人—机器人交互等与计算、数据和机器人相关的技术领域，比如以人为中心的计算(human centered computing)(Zu et al., 2021)，人—智能体交互(human-agent

本章作者：刘伟。

interaction)等问题引起了重视(Kohei O et al., 2021)。人机融合在作战套装、虚拟主播、影视制作、实时动画、仿真训练和系统运行监控等行业应用方面取得了快速发展。我国人机融合在虚拟主播、企业代言人、咨询、客服、教育、训练等民用商业领域取得了快速发展,涌现出了百度智能云曦灵、中科深智和硅基智能等企业及广泛的应用场景。但对人机共生交互(symbiotic interaction)(Jacucci et al., 2014)、混合智能(hybrid intelligence)(Dellermann et al., 2019)等人机和谐融合交互的基础理论和配套技术,以及人机融合的体验、对人与社会的影响、伦理学等问题的关注度还不够(Zheng et al., 2017)。

在"人机融合"一词尚不为人所知时,已经有类似"人机共生"的概念被提出。受限于当时软件设计交互界面差、硬件计算和存储能力有限,"人机共生"概念提出后,其一直处在缓慢发展中。人机交互在 20 世纪 80 年代由于航空航天需求促进的计算机技术的进步而得到迅猛发展。Dellermann 等学者总结的混合智能中的两种角色分配与郑南宁院士提到的混合增强智能形态的两种基本实现形式不谋而合(Dellermann, 2019; 郑南宁,2017)。混合增强智能形态可分为两种基本实现形式:人在回路的混合增强智能和基于认知计算的混合增强智能。在此基础上,从工程实现的层面来看,重点是数据驱动与知识驱动融合的认知反应框架,以及基于数据驱动和知识驱动相结合的认知反应深度学习实现方法。

人机融合的目标是利用人与机器智能之间的互补性,完成单独机器或人无法完成的复杂任务,而为了实现这一点,需要解决人机有效协同的问题。人机融合智能可以通过结合机器智能与人的智能的优势来克服现有人工智能系统的不足(Dellermann et al., 2019),是人工智能的一种演进模式。在人机融合智能中,人机关系将从命令-服从关系转向伙伴关系,机器与操作人之间的信息流向是双向的,机器快速检索计算并结合操作人的领域经验,可以在交互后快速生成可控可追溯的决策。人机融合智能对于不确定环境下的决策有广泛的应用价值,能在一定程度上克服现有机器学习算法的不足(Dellermann et al., 2019)。人机融合智能主要有两种形式,一是利用机器智能来辅助人类决策,二是用人的智能来训练机器学习模型(Rahwan et al., 2019)。人机融合智能可以克服人类或机器的局限性,完成单独由人或机器难以完成的任务,并提高任务完成的能效(Ebel et al, 2021; Döppner et al., 2016)。在人与智能系统的协同过程中,系统透明度、人对机器的信任程度和人机之间的认知一致性程度决定了有效协同的程度。研究表明,人员的绩效、信任和感知可用性往往随着系统透明度水平的增加而增加(Basantis et al., 2021; Taylor et al., 2017)。而随着人工智能和自主系统技术的发展,自主系统向人传递意图的有效性的评估问题日益突出。比如在自动驾驶中,高度自主化的汽车需要具备足够高的系统透明度,能够使用户明确汽车在不同状态下会产生的动作和意图。当面对同样的交通情况时,如果人与机器之间出现认知不一致,无人驾驶汽车和人类驾驶员/行人之间可能会发生人与机器之间的误解而产生严重后果。

2. 人机融合智能的国内外研究

在 CommPlan 的人—机协同决策的框架中,决策模型的一部分通过学习数据获得,而另一部分则由人手动设定。以准备食物任务进行的实验结果证明,这种人机融合的协同决策在决策时间上显著快于没有人机互动或互动方式,仅由开发者根据自己的经验而设定的方式(Gerber et al., 2020)。人机融合智能的研究中离不开对人机高效协同方式的创新研究,除了手势、语音、鼠标、键盘等设备输入之外,脑机接口是近年来备受关注的新技术,脑机接口技术可以分为侵入式、半侵入式和非侵入式三种(Unhelkar et al., 2020),其中基于头皮脑电技术的非侵入式无创接口在产业中应用最广泛(Bablani et al., 2019)。总体来看,目前,脑机接口技术主要应用于脑科学、心理学等科学研究领域,以及在临床诊断评估和康复调节治疗等医疗健康领域。传统的脑机交互模式主要是单向的脑—控制和脑—响应，例如，通过脑控机械完成取物、进食和控制轮椅运动等动作，实现对失能者的机能重建，以及通过脑的活动状态来识别睡眠程度等。从人机交互的角度，脑机之间双向学习与控制的闭环交互对实现脑机融合智能至关重要（李文新等，2021）。例如，Neuralink 等公司在探索如何结合脑机接口、人工智能和神经网络技术以实现脑与计算机的融合智能问题（Zahedi et al.，2021）。国防科技大学融合脑机接口和人工智能技术设计了一种面向班组作战的人机融合智能头盔系统，能借助人在回路的态势理解和人机融合智能决策等提高作战效率（Kulshreshth et al.，2019）。

混合智能是人机融合智能的弱化版本或低阶形式。人机融合智能早期表现为辅助残疾人的假肢制作（Chadwell et al.，2020；唐景昇等，2021）。人机融合智能的表现形式包括人影响机器、机器影响人和人机协同行为三种模式。人类今天的行为不只是自发的行动或人—人之间的互动，更是在计算机影响和调节下的行为，驾驶行为是驾驶员与汽车中的导航、自动巡航等汽车驾驶辅助系统融合的结果，社交行为也是社交应用与媒体调节下的混合结果。除了涉及前面提到的动力装甲技术外，人机行动融合还可以通过远程控制或虚实融合的方式实现。例如，人可以通过远程、实时控制机器人完成超出人体机能极限或物理承受极限的任务；人机行动融合也可应用于娱乐、电影人物形象和动作创作以及直播等领域，例如依托 5G、VR、AR 等技术开办虚拟演唱会和控制虚拟人物的动作与表情。数字孪生是实现对真实物体、生物体或人进行虚拟数字建模和虚实实时同步的方法。例如，风力发电涡轮的数字孪生体可以通过安装在关键部件上的各类传感器，实时地反映风力发电涡轮的情况；在娱乐领域，可以通过数字人技术构造真实人物的数字孪生体，配以动作捕捉与模拟、VR、AR 和数字媒体实时通信等技术，可以实现实时演奏的效果，而实时 AR 技术的使用甚至可以将观众融入虚拟演唱现场的场景中。

近年来，人机交互技术的发展与进步也促进了人—机—环境之间的融合，人—机—环境系统工程是运用系统科学理论和系统工程方法，正确处理人、机、环境三大要素的关系，深入研究人—机—环境系统最优组合的一门科学，其研究对象为人—机—环境系统。系统中的“人”是指作为工作主体的人（如操作人员或决策人员）；“机”是指人控制的一切对象（如工具、机器、计算机、系统和技术）的总称；“环境”是指人、机共处的特定工作条件（如温度、噪声、振动）。人—机—环境系统的研究是人机融合中的一系列工程实践，其使得人类所处的环境能够与人类以一种自适应的、可进化的、非侵入的、低负荷的、自然的甚至主动的方式进行交互，形成了环境智能或泛在智能（ambient intelligence，AmI）（Dunne et al.，2021）。环境智能的概念最早由欧盟委员会信息社会技术咨询组（European Commissions Information Society Technologies Advisory Group，ISTAG）提出，其基本目标是在智能终端设备与环境之间建立一种共生关系，通过对环境的感知构建一个统一平台，提供各种设备间的无缝连接，从而形成一个相互协作的工作关系，使得人机和环境协调统一，其被视为人工智能发展的新阶段（Ramos et al，2008），也是普适计算的新形态。情境感知与自然交互技术是环境智能领域的两个重要子领域。在感知技术子领域，为了更精确地进行感知与自适应，日本、韩国与欧盟等开发了分布式网络与感知技术。例如，欧盟的可感知空间提升老年独立性项目，通过开发开放的标准技术平台，为老年人群建立了范围广泛的环境感知生活辅助服务。在推理技术领域，涉及感知数据的建模，活动的识别、预测和决策，空间与时间的推理和执行等。自动驾驶汽车系统是环境智能领域相关技术发展的集中体现，通过对环境的自动感知、理解和执行，可以实现不同级别的自动驾驶。

人与机器的关系在不断融合变化。之前的人机交互模式不断完善，完善的方式可能是完全的推翻，重新建立更加符合认知和技术发展需求的新模式。如何将人工智能、自主系统融入人与系统的方方面面、如何让人与系统的关系和交互更加适应智能的发展，还需要继续探索。

3. 人机融合智能系统的实现

目前并无明确实现人机融合系统的确定方式，但是在探索过程中，人们总结出了一些可以尝试的研究方向，下面将对深度态势感知系统展开论述。深度态势感知系统是在 Endsly 的态势感知理论的基础上工程化总结而得的。

深度态势感知系统由人、机、环境三者有机结合，分别对应于个人因素、态势感知机以及复杂环境和环境数据，三者深度交互，共同完成对复杂环境的态势评估，如图 4.1 所示。将人类的认知反应赋予机器，体现为图中的态势感知机。态势感知机由自动机制及分析决策机制组成。深度态势感知存在自动机制，即从信息输入阶段（态势元素觉察）直接进入信息输出阶段（态势预测），可以跳过信息处理整合阶段（态势理解），如图中过程①所示。该阶段模拟人的认知反应，通过将个体或者组织对长期针对性的训练而产生的条件习惯反射构建成具有共性的知识模型，通过人工智能的手段赋予态势感知机，从而使态势感知机获得认知反应能力。

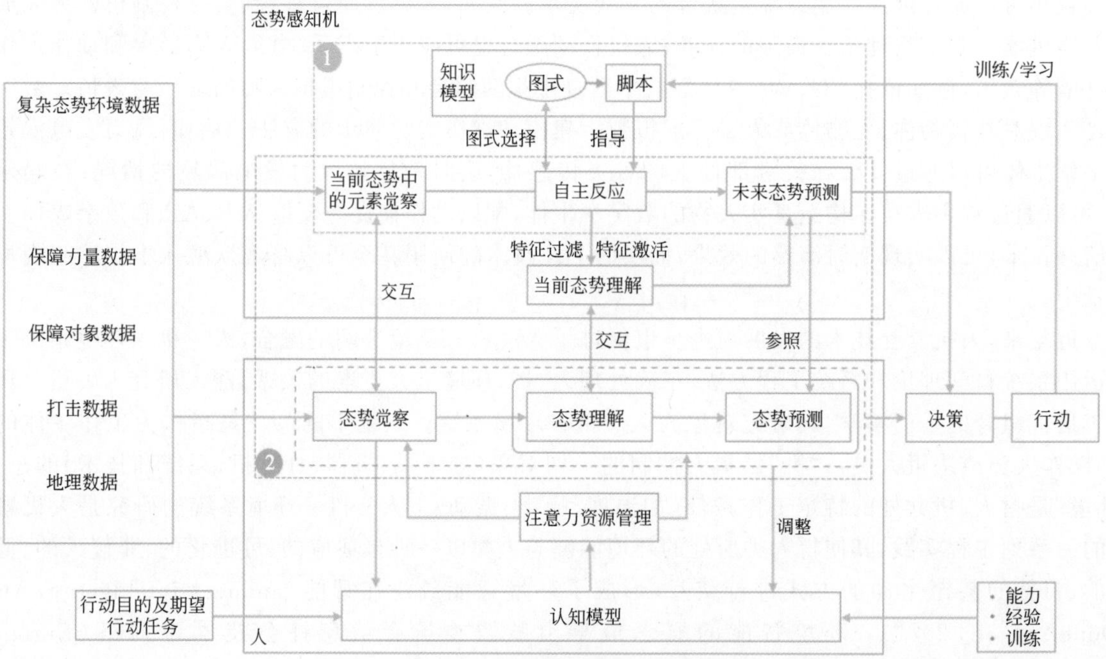

图 4.1 深度态势感知系统基本框架

军用研究往往比民用研究超前一个时代，军用场景下对多元环境感知灵活机动的决策提出了较高要求，人机融合智能的概念早就在国内外军工项目中被广泛提起。下面将图 4.1 中的框架放入军事场景进行说明，在有时间、任务压力的情况下，深度态势感知机对战场态势元素进行基于图式选择的快速搜索对比提炼，按照对匹配的思维图示进行映射快速做出决策。该过程是自上而下的反应，属于知识驱动的过程。在面对复杂的战场环境时，自动机制已经无法做出精确的反应，此时态势感知机的分析决策机制进行作用，如图中过程②所示。针对该情况，深度态势感知机以长期的训练形成的知识模型为支撑，可以对觉察的态势元素进行有效的特征过滤和激活，将有限的运算资源更多地分配给任务主体元素。根据复杂环境动态的演化，基于长期的实践训练，动态感知机具有动态触发情境认知阈值的能力，不同的信息乃至相同的信息会被态势感知机动态地过滤和激活。激活的特征信息进入态势理解阶段，进行自下而上的信息分析，从而进行战场态势的预测，该过程属于自下而上的数据驱动过程。

基于人机环深度态势感知的认知反应机制的实现，首先解决多源异构态势数据的联合表征问题。在深度态势感知系统中，通过多尺度的数据变换以及基于深度学习和稀疏编码的框架对数据进行预处理以得到维度一致的态势数据表征。以此为基础，基于海量历史数据或者复杂场景态势仿真数据训练认知反应通用知识模型，总结其中的行动经验形成认知知识，如图 4.2 所示。该通用知识模型可以是训练好的深度卷积网络或者循环卷积网络等。

针对实际复杂场景态势小数据样本，通过对通用知识模型的迁移学习，可以训练获得认知反应模型，该模型学习能力更强，认知反应决策更符合实际态势感知的需求。基于人机环的深度交互，将人的决策行为及相应态势数据作为样本实时反馈到认知反应模型，实时动态演化认知反应模型，使认知反应模型符合动态演化的复杂场景态势决策需求。

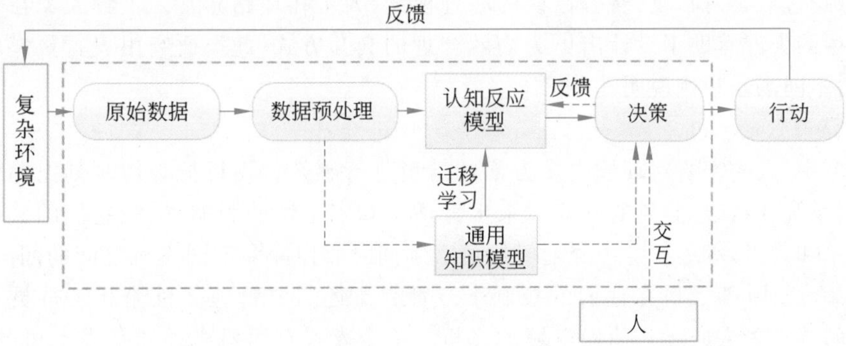

图 4.2 认知反应模型迁移学习及动态演化

4.1.2 人机融合智能的关键——人

人机融合发展从长远来看将是人类借助机器提供的能力改善生活和工作的方方面面，机器在人的主导下不断进化发展，有一定自主性，但是最终决策权仍掌握在人的手中。人机交互界面是人机关系和谐的关键，当前，人机交互正朝着更加自然和谐的人机交互技术和用户界面的方向发展，计算机信息技术的发展会使人机关系从“机器是主体”改变到“人是主体”，从“人围绕着机器转”改变到“机器围着人转”。人机交互的发展总体趋势是持续向着以用户为中心、交互方式更加直观的方向发展。在发展过程中，首先是侧重于交互的人机交互，然后到以人为中心的计算，最终走向去中心化的人机融合系统。

很多自然科学家往往在自己的研究中预设了相关问题的答案，却很少回头反思这些答案的合理性，而哲学思考能够带来的正是理清思路和研究的方向。笛卡儿、莱布尼茨、休谟和康德等哲学家，对人工智能的相关问题均有所涉及，这些想法甚至超越了他们所处时代科学发展的限制。莱布尼茨关于通用语言和理性演算的思想应该是西方人工智能的理论基础，由此引出弗雷格语言哲学、布尔代数的二进制表示和集合/逻辑运算以及图的借鉴和意义，图灵机的指令编码和操作程序，冯·诺依曼结构等。休谟关于事实能否演绎价值的问题很可能是解决未来强智力问题的思想基础，其实质可以看作形式化与意向性之间的转换问题，它因人而异，后者是相对变化的，有不同的意见。当然，有些情况会逆转。休谟的问题还涉及计算与算计的结合。最后，重复最重要的事情：如果把计算看作一个相对简单的逻辑规则序列演绎，那么算计就可能是各种逻辑转角的结果，是不规则的融合演绎。未来高智商的标志之一可能是产生复杂的、并行的和综合的逻辑关系的能力。

自动化由(确定性)数据计算驱动,没有自主决策能力,而人类由(动态)信息和知识计算驱动,能够处理意外情况,并能够尝试和验证。从某种意义上说,人机融合智能应该是人计算智能与机器计算自动化相结合的生物-物理系统。更重要的是,人的智慧在于知道自己的无知,而机器却不是这样。人类能够理解和使用超越概念的概念,机器没有能力和方法来适应合理的概念,它们只掌握有形的概念,而忘记了概念的无形部分。机器有时错误地把手段当作目标,把结果当作原因。例如,机器强化学习只有得失而没有对与错,很容易形成一个“局部最优”,失去了“趋势”。《菜根谭》有云:“行善而不见其益,犹如草里冬瓜。”(如果你在做好事的过程中看不到回报,它就像草丛中的冬瓜,即使人眼看不见,它也照样茁壮成长)。

如前面提到的,高效的协同方式对人机融合智能的实现至关重要。为了实现高效协同交互系统,以下将讨论人类失误的八个主要原因:注意的隧道效应,无法避免的记忆瓶颈,工作负荷、焦虑、疲劳和其他压力,数据过载,失衡,复杂性,错误的心理模型,人不在环路异常。了解人类在信息处理时的局限和可能发生的失误有助于设计出更为高效合理的交互方式,此类研究由飞行员座舱设计衍生而来,下面将针对不同场景举例说明。

1. 注意的隧道效应

在复杂领域中,人类需要对环境中多方面的情境进行感知。飞行员必须时刻把握他们在空间中的位置,飞行器系统的状态,湍急的气流对乘坐舒适性和安全性的影响,围绕它们的其他交通以及空中交通管制指示和许可,等等。空中交通管制员必须同时监控许多不同飞机之间的间隔,在任何一个时刻都有多达 30 或 40 架飞机在他们的控制下。管制员还需要管理飞机流和飞行员请求的必要信息,并跟进管理,寻求进入或离开他们空域的飞机。一个库存车司机必须监视发动机的状态、燃料状态、轨道上的其他车以及维修人员的信号。

注意的隧道效应最著名的例子是东方航空公司的飞机坠毁在佛罗里达大沼泽,机上人员全部遇难(Kay, 2009)。三名飞行员专注于指示灯的问题,忽视了监控飞机的飞行路径,其结果是没有正确设置自动驾驶。虽然后果并不总是那么严重,这个问题实际上是相当普遍的。最常见的态势感知故障是:所有所需的信息都得到了展现,然而却没有受到监控态势的人的重视。在研究飞机和空中交通管制事故的过程中,琼斯和恩兹利(1996)发现所有态势感知误差有 35% 属于这个范畴。虽然有各种因素会导致这个问题,但最经常发生的情况是,人们只是简单地专注其他任务相关的信息,失去了对情境重要方面的态势感知。

2. 记忆瓶颈

人类记忆仍然是人类信息处理系统的中心部分。在这里,我们不是指长期记忆,也就是从遥远的过去记忆信息或事件的能力,而是短期或工作记忆,这可以被认为是一个中央存储库,具有把当前情况汇集到一起和把发生的事情加工成一张有意义的图片的能力(由长期记忆中形成的知识和当前的信息输入共同构成)。记忆存储本质上是有限的,Miller(1956)正式探讨了这个问题,人们的工作记忆空间可以容纳大约 7 块浮动两块信息,这对态势感知有很重要的含义。虽然我们可以提升对应的能力以在记忆中存储相当多的态势信息,并使用一种叫作“组块”的处理过程,但工作记忆本质上是一个存储信息的有限缓存。态势感知失败可能会导致该缓冲区空间不足,随着时间的推移,缓冲区的信息会自然衰减。

在许多情况下,严重依赖于一个人的记忆表现的系统可能会发生严重的错误。例如有一起重大的飞机事故发生在洛杉矶国际机场,一个工作负担很重的空中交通管制员忘记将一架飞机移动到另一个跑道,并指定另一架飞机降落在同一跑道上。她看不到跑道,不得不依靠记忆来描述发生在那里的事情。在这样的情况下,一个人很容易会发生失误。一个更合理的处理方法是归咎于系统的设计,需要过分依赖于一个人的记忆。令人惊讶的是,许多系统都是这样做的。飞行员必须牢牢记住复杂的空中交通控制指令,飞行员试图记住口头指示,机器将记住容忍限度和在系统发生的其他行为,和军事指挥官必须吸收和记住不同的士兵在战场上的哪个位置,他们基于源源不断的无线电信息。在这些情况下,态势感知是非常痛苦的,难怪记忆失误必然发生的。

3. 工作负荷、焦虑、疲劳和其他压力

在许多环境中,人对信息的处理受到情境的考验,人们在许多情况下都可能会感受到较大的压力,可以理解的是,当自己的幸福受到威胁时,压力或焦虑可能是一个问题,但也包括自尊、职业发展或高度后果事件(如生命受到威胁)等因素。其他重要的心理压力因素包括时间压力、精神工作量和不确定性。

这些压力源中的每个都可以显著消耗态势感知。首先,它们可以通过占用记忆的一部分来减少已经受限的工作记忆,可以用来处理和保持记忆的认知资源就更少了,这些信息是形成态势感知的要素。由于依赖工作记忆可能是一个问题,所以诸如这些的压力因素只会加剧问题。第二,人们在压力下有效地收集信息的能力较差(在精神高度集中的情况下可以对某一块特定内容加强关注,但是会有注意的隧道效应产生,无法很好地获取除此之外的其他信息)。他们可能较少关注外围信息,在扫描信息时会变得更加混乱,并且更可能屈服于注意的隧道效应。人们更有可能在不考虑所有可用信息(称为过早关闭)的情况下做出决定。压力源会使接收信息的整个过程不太系统化,并且更容易出错,进而破坏态势感知。

4. 数据过载

数据过载是许多领域中的一个重要问题。在这些情况下,数据变化的快化速率产生了对信息摄取的需要,其超过了人的感觉和认知系统能够接收的速度。由于人们每次只能接收和处理有限数量的信息,所以可能发生态势感知的显著缺失。如果存在比可处理的更多的听觉或视觉消息,那么个人的态势感知将快速过时或包含空白,这些空白可能是形成所发生的精神图像的重要障碍。

混乱和混乱的数据流经管道(属于同一模块的数据处理时串行的,管道的代表一个串行的缓冲区)的速度非常缓慢。以某些形式(例如,文本流)呈现的数据也通过管线移动得比图形化呈现的慢得多。通过设计以增强态势感知,可以消除或至少减少数据过载的显著问题。

5. 失衡

真实世界中许多信息片段会在人的注意上产生竞争。对于司机,这可能包括广告牌,其他司机,道路标志,行人,拨号盘和仪表,收音机,乘客,手机对话和其他车载技术。在许多复杂的系统中,类似地会出现许多系统显示、警报,以及争取注意的无线电或电话呼叫的情况。

人们通常会试图寻找与他们的目标相关的信息。例如,汽车驾驶员可以在竞争的标志和物体中搜索特定的路牌。然而,同时,驾驶员的注意力将被高度突出的信息所捕获。显著性,某些形式的信息的完整性,在很大程度上取决于其物理特性。感知系统对某些信号特性比其他信号特性更敏感。因此,例如,颜色红色、移动的物体、闪烁的灯比其他特征更容易捕获人的注意。类似地,较大的噪声,较大的形状和物理上较近的物体具有捕捉人的注意力的优点。这些通常是可以被认为对进化生存有着重要作用,并且感知系统很好地适应的特征。有趣的是,一些信息内容,例如听证人的姓名或词“火”也可以具有相似的突出特征。

虽然自然世界中物体的显著性难以控制,但在大多数工程系统中,它完全可以由设计者掌控。不幸的是，在许多系统中，灯光、蜂鸣器、警报和其他信号，经常主动地引起人们的注意，或是误导或是把它们淹没在信号中。不太重要的信息可以不经意中看起来更重要。例如，汽车在行驶过程中会借助GPS显示在地图中的定位，并依赖激光雷达监测周围的环境车辆，在高速道路场景需要突出GPS定位系统，而在低速挪车和入库中需要关注雷达提供的信息，设计错误会导致驾驶员无法关注到重要信息。错位的突出是系统设计中需要避免的重要态势感知恶魔。

6. 过于复杂的系统

复杂性在新系统开发中泛滥。许多系统设计者通过特性升级的实践不知不觉地释放复杂性。电视、录像机甚至电话具有这么多特征，人们很难形成并保持系统如何工作的清晰的心理模型。研究表明，只有20%的人能正确操作他们的录像机。在消费产品使用中，这可能导致消费者的烦恼和沮丧。在关键系统中，它可能导致悲剧的发生。例如，飞行员报告称：在理解飞机上的自动飞行管理系统正在做什么以及下一步将做什么方面，存在着重大问题。对于使用这些系统已有多年的飞行员，这个问题持续存在。这个问题的根源是，复杂性使人们很难形成这些系统如何工作的足够的内部表示。更多的特征，管理系统的规则和分支越复杂，系统复杂度就越高。

过于复杂的系统是一个微妙的态势感知恶魔。虽然它可以减慢人们获取信息的能力，但它主要是破坏他们正确解释所提供信息并预测可能发生的事情的能力(第2级和第3级态势感知)。他们不会理解情境的所有特征，这将引发一些新的和意想不到的行为，或系统程序中的微妙变化，将导致它以不同的方式工作。应该指出系统发生的事情的提示将被完全误解，因为包括系统全部特征的内部心理模型将不充分地建立。

7. 错误的心理模型

心理模型是人在思维中对将要使用的系统或工具建立的预设模型，例如使用遥控器时根据经验会认为红色的按钮是开关键，加减按钮是控制音量键。它们形成了一个关键的解释机制，用于获取信息。他们告诉一个人如何组合不同的信息，如何解释信息的重要性，以及如何对未来发生的事情做出合理的预测。然而，如果使用不完全的心理模型，则可能导致糟糕的理解和预测(水平2和3态势感知)。甚至更隐蔽的，有时错误的心理模型可能用于解释信息。例如，习惯于驾驶重飞行器的飞行员，由于使用对于先前飞行器正确的心理模型，可能会错误地解释新飞行器的信息显示。当重要线索被误解就会发生事故。同样，当患者被误诊时，医生可能会误解患者的重要症状。新症状将被误解以适应早期诊断，显著延迟正确的诊断和治疗。模式错误是一个特殊的例子，就是人们认为系统是在一个模式下，其实它运行在另一个模式下，从而导致他们误解信息。

因此，避免导致人们使用错误的心理模型的设计是非常重要的。自动化模式的标准化和有限使用是可以帮助最小化这种错误的发生的关键原则的示例。

8. 人不在环环路异常

虽然在某些情况下，自动化可以通过消除过多的工作负载来帮助态势感知，但是在某些情况下它也会降低态势感知。许多自动化系统带来的复杂性以及模式错误，即当人们错误地认为系统处于一种模式时而实则不然，都是与自动化相关的态势感知恶魔。此外，自动化可以通过使人离开环路来破坏态势感知。在这种状态下，它们对自动化如何执行以及自动化应该控制的元件的状态产生糟糕的态势感知。

当自动化良好运行时，处于环路之外可能不是问题，但是当自动化失败或更频繁地处于设备没有设计处理方案不能处理的情况时，不在环中的该人往往是不能检测到问题，不能正确解释所提供的信息，并及时干预。

4.1.3 人机融合智能中机的自主性

在机器人领域，自主或自主行为是一个有争议的术语，因为系统通过硬编码执行行动和通过感知环境结合自身状态做出同样的行动决策从外部视角来看并没有区别(例如自动驾驶车辆做出左转决策的行动，无法判断其背后决策的逻辑)，这是一种难以衡量的抽象品质。从某种意义上讲，机器的自主只是一种类比，并且该类比不包括人类社会的伦理道德，而自动则意味着系统将完全按照程序运行，它别无选择。自主是指一个系统可以选择不受外界影响，即一个自主系统具有自由意志。真正的自主系统能够在没有人类指导的情况下完成复杂的任务。这样，一个系统可以说进一步自动化了整个过程的其他部分，使整个"系统"变得更大，包括更多的设备，这些设备可以相互通信，而不涉及人员及其通信。

自主系统是指可应对非程序化或非预设态势，具有一定自我管理和自我引导能力的系统。相较于自动化设备与系统，自主设备和自主系统能够更好地适应复杂多样的环境，实现更广泛的操作和控制，其应用前景更加广阔。通常，自主化是通过使用传感器和复杂实现设备或系统在很长一段时间内无须通信或只需有限通信，对处于未知环境下的系统自动进行调节，而无须其他外界干预就能够独立完成任务并保持性能优良的过程。自主化可以被视为自动化的延伸，是智能化和具有更高能力的自动化。

下面的两个设计评估框架和认知层次建模的主要目标是向高层指挥员指明自主系统的潜力以及它们如何改变各级作战的愿景，并向科技界提供总体框架和路线图，并推动系统发展。下文没有从一个特定平台的设计角度来看待自主性，而是通过它们如何连接和使用数据来描述系统中的对象设计，进而从体系化的角度对自主系统的开发和应用提出几点建议：自主系统必须精通所需完成的任务，具备可信度，可灵活处理意外事件，需要构建统一的框架、体系结构和技术，需要侧重基础和作战方面的挑战性问题，提供作战优势，从传统的以平台为中心向现代化方向转变，需要设计用于处理人员、系统、数据和计算基础设施的新流程，加速创新、快速原型、试验和部署，需要创建一个全面整合自主系统行为原则、体系结构/技术、挑战性问题、开发流程和组织架构的知识平台。

1. 自主系统参考框架构建

对自主系统进行设计时，需要付出大量精力，从而决定最终是由计算机还是人类发挥具体的认知功能，这些决策反映了不同性能因素在系统侧面上的权衡。比如当面临期望时，在计算层次上可以获得有效的最优解，然而当期望改变或情况有变时，该方案可能失效，增加人力资源也具有高度敏感性。很多情况下，如果遵循上述绝对性的设计决策，就没有必要检查对系统终端用户或整体传播、维护或人力成本所产生的影响。

自主系统模型的核心内容包括：侧重于为实现特定能力所需的人机认知功能与重分配决策；不同任务阶段和不同认知层次下，分配方式存在差异；在设计可视自主能力时，必须和高级系统进行权衡。自主性系统设计与评估框架如图 4.3 所示。

2. 认知层次视图

组件智能体是指执行特定任务的智能体，一个大的决策系统由多个组件智能体组成，随着组件智能体的自主等级不断提高，功能不断增强，展开联合行动对各层次、各功能进行协调也变得越来越重要。为达到提升适应力的目的，认知层次视图主要考虑自主技术支持规范"用户"的控制范围，并扩展到其他空间。平台动作、传感器操作、通信和状态监控由平台或传感器操作员控制。而部门或编队领导则负责任务规划、任务重规划以及多智能体平台的协作。任务指挥官或执行官的控制范围包括想

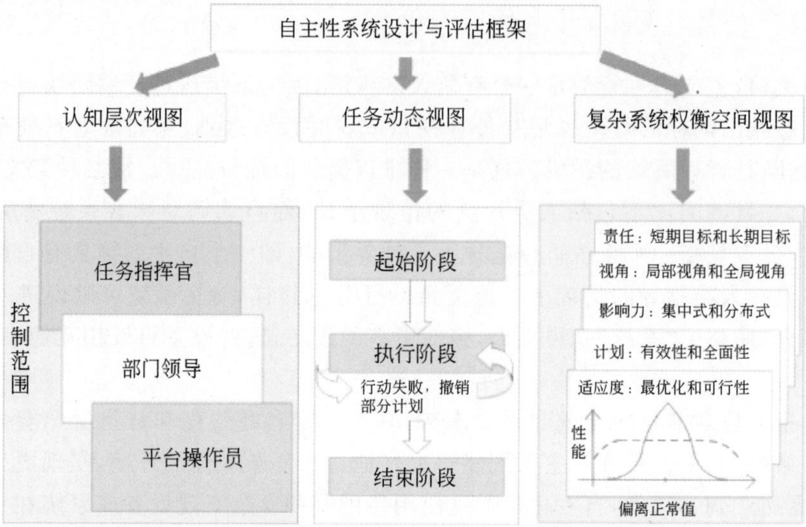

图 4.3 自主性系统设计与评估框架(Landreth L，2020)

定评估与理解、想定规划与决策以及突发事件处理。此外，操作员之间的通信和协调必不可少，各项认知功能既可以在计算机与操作员或监督员中间进行分配，也可以由计算机和操作员或监督员共同承担。认知层次功能范围如图 4.4 所示。

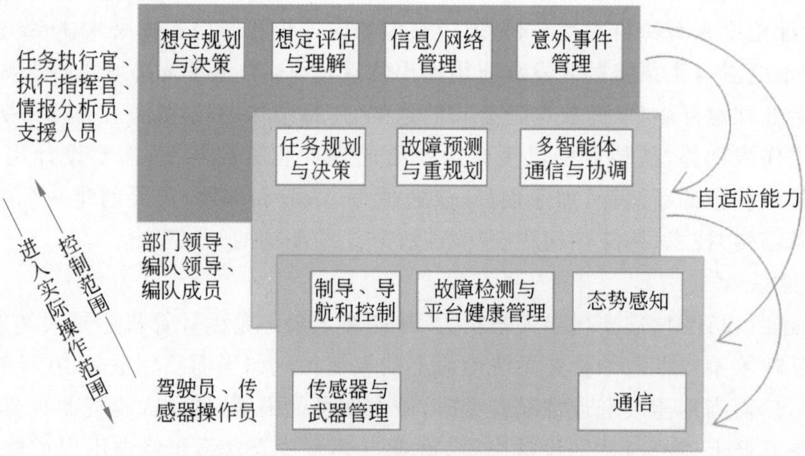

图 4.4 认知层次功能范围(Landreth L，2020)

4.2 人机融合智能的应用

4.2.1 基于人机融合的智控辅助决策

现代战争已从机械化、信息化时代发展到智能化时代。这种智能已呈现出从计算机智能到感知智能再到认知智能的发展趋势。随着信息技术和人工智能的不断进步，军事科技水平不断提升，可以预见战争模式将在未来迎来新一轮的变革，作战态势呈现出作战节奏快、反应时间短、兵力部署分散、火力超视距等系统性新特点。在现代战场上，战争的精准性、快速性和全局性的特点使得指挥员更难根据人类的思维来规划作战。在快节奏、高强度的对抗环境中，指挥员仅靠人力很难深入分析战场形势。因此，过去单纯根据指挥员经验进行决策的方法已经难以适应现代战争的需要，利用人工智能辅助作战决策将是必然趋势。为了在现代战争的场景下更好地完成战场指挥控制任务，这里介绍一种基于人机融合的态势认知模型，其旨在结合指挥员的人类智能与机器智能的优点，综合利用机器智能对战场态势的快速准确处理能力和人类智能对态势的理解推理判断能力，使人的智能和机器智能合理融合，做出价值性和事实性统一的判断决策。

1. 人机系统的军事应用概述

在现代军事对抗环境下，人机融合的意义是在高动态、极复杂、富欺骗、强对抗、小样本、不确定等战场条件下，能够形成快速、准确、有效的战场态势认知，并完成合适的指挥控制决策。复杂场景中，决策的关键在于如何破解人机融合决策的机理。在多域异构信息和知识中，人在方向性处理方面十分重要，提前缩小问题域的范围，接着机器就可以更好地发挥其快速、准确和结构化计算的优势。机器也可以先把复杂的数据、信息和知识初步划分到对应的领域，人再根据实时场景做进一步细化。在不同的场景中，人和机器的数据整合方式也不尽相同，需要将人的决策和机器的决策合理整合，才能够达到人机融合决策优于仅人决策或机器决策的更优决策效果。

2007 年，美国陆军开发了深绿系统，期待能像深蓝系统那样穷尽敌军所有的可能行动，为指挥员指挥与控制提供辅助决策。但该项目由于战场复杂态势的不确定性导致出现组合爆炸问题而被搁浅。2014 年，美军制定第三次抵消战略，实现其在作战概念、技术创新、组织形态和国防管理等方面的创新突破，以恢复并保持传统的遏制力。此次战略抵消重点发展的五大技术领域包括自主学习系统、人机协作系统、人类作战行动辅助系统、有人/无人作战编队和网络赋能自主武器系统等，均以人工智能为核心。2018 年 8 月，美国国防部公开新版的《无人系统综合路线图(2017—2042)》，该路线图聚焦未来全域作战所需的技术支撑，围绕互操作性、自主性、安全网络、人机协同等主题，指导军用无人机、无人潜航器、无人水面艇、无人地面车辆等的全面发展，加快颠覆性技术的发展和运用，为确保军种的无人系统发展目标与国防部规划保持一致提供顶层战略指南。同年，美国战略与预算评估中心发布《未来地面部队人机编队》报告，报告阐述的主要内容有：发展未来地面部队人机编队的主要推动因素、可使未来地面部队在战争中获得竞争优势的三大人机编队形式、发展未来人机编队面临的主要挑战，以及通过人机编队提高未来地面部队作战效能的战略。

2. 基于人机融合的态势认知模型

在指挥控制决策方面，指挥员的风格千差万别，能够实现高效人机协作的智能系统一定是个性化的智能系统。个性化是指能够针对指挥员的风格和习惯做出适应，通过提升协同交互的效率来提高人机融合系统的决策效率和能力。个性化的智能系统不是简单的机器对指挥员习惯的适应和迁就，而是应该建立一种有效的人机交互的框架和机制。系统的辅助建议有可能是对指挥员思路的补充，也有可能与指挥员的指挥风格完全相反，通过不断实践获得反馈，人机融合认知能力获得迭代发展，最终实现个性化的人机融合认知系统，达到人与机器的最优匹配。

面向战场智能化、高复杂、强对抗环境下目标识别、威胁估计、行为预测等战场指控态势认知问题，基于人机认知特点分析、人机融合优化分工与人机数据合理整合、弹性知识库的知识与数据表征融合、个性化人机交互机制等研究工作，形成有效的知识与数据联合表征方式，实现多层次信息交互和反馈，为全面提升战场指挥控制能力和人机融合态势认知水平建立理论模型。以人机功能特点和人机融合概念为基础，构建如图 4.5 所示的基于人机融合的态势认知机制。

在现代战场环境条件下，首先基于人机认知特点，通过某种给定机制对任务进行分工，大体上遵循将判断决策等任务交给指挥员处理，将态势获取、辅助计算等任务交给机器处理。接着通过传感器对战场态势的探测能够获得当前作战环境下的地形、敌我人员以及作战装备等部署情况；然后作战辅助决策系统（如弹性知识库）结合传感器探测得到的信息、已有的历史作战信息和军事知识、指挥员的输入信息，对敌我双方的意图及态势发展进行分析，并将战场态势及分析结果呈现给指挥员；接着辅助决策系统将结合指挥员的战术指导、指挥员个性化作战风格、我方当前作战任务等与指挥员进行个性化人机交互，通过不断学习指挥员的个性化信息以及新知识来提高人机交互的质量。在进行一系列人机交互后，作战辅助决策系统将给出系统计算最优的指控决策，将指挥员的决策与机器决策同时输入最佳决策生成方法模块中，以某种给定的方式进行策略选取；最后通过反馈机制辅助决策系统将此次学到的新知识写入弹性数据库，更新个性化知识库以便于下次使用，提高知识的重复利用率。

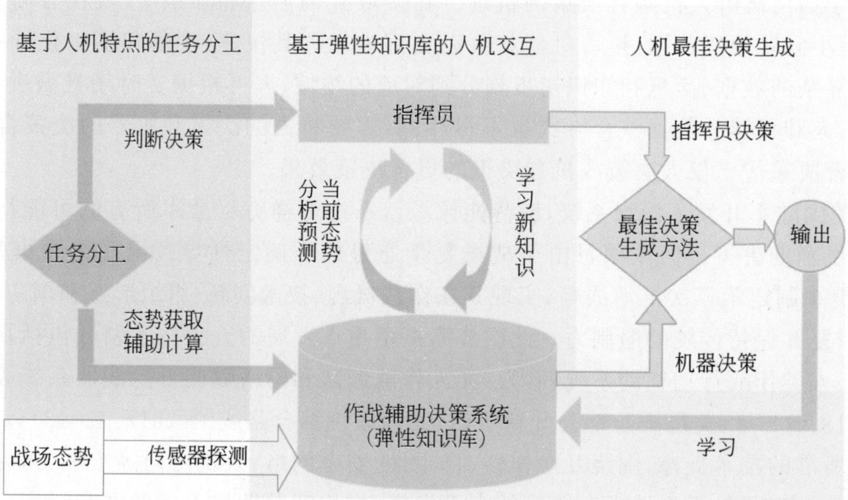

图 4.5 基于人机融合的态势认知机制

3. 人机融合最佳决策生成

首先需要指出的是，当前人工智能的决策选取和决策生成能力都不够成熟，其不可解释性使得机器的决策生成难以真正运用于军事决策中的最终判断。算计是一种用感性与理性的混合手段处理各种事实价值混合关系的方法，人类的某种智能行为一旦被拆解成明确的步骤、规则和算法，它就不再专属于人类了，此处我们用算计来代替人类通过经验或灵光一现等做出的机器无法通过数据拟合得到的决策方式。当下，人机最佳决策生成的最好方式是在现场指挥员对比人的决策和机器决策后进行最佳决策生成的。因为在场的指挥员是最了解当前战场态势信息的人，且经验丰富的指挥员既可以充分发挥人的智能，也能够利用机器提供的各类信息，最重要的是人的决策具有可靠性和可解释性，其既给战场态势中的实时复杂对抗需求给予了保障，又符合伦理道德等方面的要求。在心理学上，进行策略评价时，对不同的评价主体而言，评价的结果可能具有较大的差异。从策略复用的目的出发去评价策略，同类策略中真正会被选择的是决策者，亦即评价主体认为满意的策略，这说明由指挥员自身做出最佳决策生成是符合应急决策心理学的。

实际上，人机决策生成不外乎两种方式，一种方式是决策选取即决策评价，另一种方式是融合决策。决策选取实际上就是选取若干决策中最优的一项，而为了评价哪个决策最优，决策选取问题就会转变成决策评价问题，为了评价决策性能，通常会先设定几个用于评价的指标，然后通过某些数学方法对各类指标赋权后计算一个总体评分，最后选取分数最高者作为最佳决策，此类方法有层次分析法、TOPSIS法等。但这类决策评价方法运用于战场时将出现一些问题，首先在于指标难以选取，在不同的战场态势条件和任务下，评价指标也将不同，而在紧张的时间内很难找到几个合适的评价指标投入使用；其次在于权重难以衡量，在战场上很难准确评价某项指标相对于另一项指标重要多少。第二种方式融合决策目前研究得较少，因为机器欠缺综合认知能力、价值判断能力和创造能力，综合考虑各种决策以最后做出新决策是人擅长的领域。由于决策内容的复杂性，单纯地拆分策略后，从各项指标中选取最优再组成一种融合决策会导致自相矛盾的问题，因此机器很难实现融合决策，而人则可以借鉴各个决策的优点，甚至以此为灵感想出更好的新决策。

我们认为，在现代战场条件下，人机最佳决策生成的最好方式是在现场指挥员对比人的决策和机器决策后进行最佳决策生成。这种生成可以从指挥员决策和机器决策中选取，也可以是指挥员综合考虑两者后做出的新决策。

4.2.2　ChatGPT：人机融合智能的初级产品

2023年，ChatGPT横空出世，其出色的对话能力让大模型这一概念从学术界出圈。大模型顾名思义就是参数量巨大的深度学习模型，基于GPT-3.5模型的ChatGPT预估参数量达到了1750亿。这里选取ChatGPT作为例子，希望介绍的并不是这个孤立的模型或产品，而是以GPT系列为代表的大模型训练方法将会在较长一段时间内影响人工智能技术的发展。就像AlphaGO通过深度强化学习击败李世石后，引发了一系列深度强化学习模型的革命。

GPT-1的论文名为《通过预训练增强语言理解》，提出了在大量文本下通过无监督预训练的模型辅以针对下游任务的微调可以很好地完成下游任务(Radford，Alec，et al.，2018)。GPT-2的论文名为《语言模型是无监督的多任务学习机器》，在GPT-2中取消了对下游任务进行微调的fine-tuning层，直接使用多任务数据训练模型，并增加了数据集和网络参数，验证了无监督的语言建模能够学习到有监督任务所需的特征，也就是零样本学习的能力，在迁移其他任务时不需要额外的标注数据，也不需要额外的模型训练(Radford，Alec，et al.，2019)。GPT-3的论文名为《语言模型是少样本学习机器》，不像GPT2那样追求零样本学习，而考虑像人类的学习方式一样，通过少样本学习掌握一个任务，并大大增加了网络的参数量(Brown，T. B.，et al，2020)。InstructGPT在GPT3模型的基础上添加了人类反馈指导，使得InstructGPT的输出更加可控，也就是和人类习惯更加贴近了(Ouyang，L.，et al，2022)。

如上文所述，大模型的研究会影响人工智能的一阶段发展，此类暴力出奇迹的模型希望能够通过大量数据得到推理、归纳、演绎的能力，从而获取自主能力。目前，数据的载体大多为文字、图像、音频等，但是这些载体是否能够完全表示人类学习到的知识还有待商榷。下面会以ChatGPT为代表，论述此类大模型在通往通用人工智能道路上遇到的阻碍和瓶颈。粗略地说，人工智能技术就是人类使用数学计算模拟自身及其他智能的技术，最初是使用基于规则的数学模型建立的机器智能(如专家系统)，其次是借助基于统计概率的数据处理实现机器学习及分类，下一步则是试图借助有/无监督学习、样本预训练、微调对齐、人机校准等方法实现上下文感知智能系统。这三类人工智能技术的发展趋势延续了从人到机再到人机、人机环境系统的研究路径，其中最困难的部分(也是ChatGPT的瓶颈)是智能最底层的一个“神秘之物”——指称的破解问题，这不仅是自然语言与数学语言的问题，更是涉及思维(如直觉、认知)与群体等“语言”之外的问题。

1. 从数据的角度看，ChatGPT不具备智能的本质特征

利用小样本、小数据解决大问题才是智能的本质。在许多场景中，交互双方的意图往往是在具有

不确定性的、非完备的动态小数据中以小概率出现并逐步演化而成的，充分利用这些小数据，从不同维度、不同角度和不同颗粒度猜测对手的意图，从而实现“知己（看到兆头苗头）、趣时（抓住时机）、变通（随机应变）”的真实智能，这完全不同于机器智能擅长的大数据中可重复、可验证规律的提取，人类智能还擅长使用统计概率之外的奇异性数据，并能够从有价值的小数据中全面提取可能的需要意向，尤其是能够打破常规、实现跨域联结的事实或反事实、价值或反价值的猜测。ChatGPT 中的 GPT 代表生成式（G）－预训练（P）－变换模型（T），就是一种“大数据＋机器学习＋微调变换＋人机对齐”的程序模式，该智能体的行为依据数据的事实性泛化来行动，但对泛化形成的行动价值其实是完全不知道的，这种泛化形成的行为结果常常是错误乃至危险的，如在对话中出现各种无厘头“胡说”的现象，更不要说 ChatGPT 能够准确翻译相声、莎士比亚的笑话、指桑骂槐、意在言外了。

2. 从推理逻辑的角度看，ChatGPT 不具备智能的本质特征

把智能看成计算，把智能看成逻辑，这两个错误是制约智能发展的瓶颈和误区。事实上，真实的智能不但包括理性逻辑部分，也包括非/超逻辑的感性部分，构成人工智能基础的数学工具也只是基于公理的逻辑体系部分。ChatGPT 的核心就是计算智能、数据智能，其所谓的感知、认知“能力”（准确地说应该是“功能”）是预训练文本（以后或许还有音频、视频、图像等形式）的按需匹配组合，既不涉及知识来源的产权，也不需要考虑结果的风险责任。虽然 ChatGPT 算法中设置了伦理道德的门槛约束，但其可能带来的专业误导危害依然不容小觑（尤其是对未知知识的多源因果解释、非因果相关性说明等方面）。

ChatGPT 系统的“自主”与人类的“自主”不同。一般而言，ChatGPT 的自主智能是在文本符号时空中进行大数据或规则或统计推理过程，这种推理是基于数学计算算法“我”（个体性）的顺序过程；而人类的自主智能则是在物理/认知/信息（符号）/社会混合时空中以小数据或无数据进行因果互激荡推导或推论过程，这种因果互激荡是基于“我们”（群体性）的过程。西方的还原思想基础是因果关系，东方的整体思想基础是共在关系（共时空共情）。进一步而言，ChatGPT 的计算是因果还原论，其知识是等同的显性事实知识，算计是共在系统论，其知识是等价的隐性价值知识。这里的推导/推论包含推理，等价包含等同，价值包含事实，但大于事实。

智能的关键不在于计算能力，而在于带有反思的算计能力。算计比计算强大于反事实、反价值能力，如人类自知力常常包含反思（事实反馈＋价值反馈）能力。事实性的计算仅仅是使用时空（逻辑），而价值性的算计是产生（新的）时空（逻辑）；计算是用符号域、物理域时空中的名和道实施精准过程，而算计则是用认知域、信息域、物理域、社会域等混合时空中的非常名与非常道进行定向。

3. 从指称的角度看，ChatGPT 不具备智能的本质特征

ChatGPT 这类生成式 AI 不同于以往大多数的人工智能，此前大多数 AI 只能分析现有数据，但是生成式 AI 可以创作全新的内容，例如文本、图片，甚至视频或者音乐。但与人类相比，ChatGPT 的局限性包括：有限的常识和因果推理（偏向知识而非智力）、有限的自然语言和逻辑推理、缺乏在现实世界中的基础（没有视觉输入或物理交互）、性能不可靠且无法预测等，其中最主要的一个缺点就是不能实现人类的“指称”。

维特根斯坦在其第一部著作《逻辑哲学论》（Wittgenstein，Ludwig，1921）中对世界和语言进行了分层描述和映射，即世界的结构是：对象—事态—事实—世界，而人类语言的结构是：名称—基本命题—命题—语言，其中，对象与名称、事态与基本命题、事实与命题、世界与语言是相互对应的，比如一个茶杯在世界中是一个对象，在语言中就是一个名称；“一个茶杯放在桌子上”在世界中是一个事态，反映茶杯与桌子两个对象的关系，在语言中就是一个基本命题，该基本命题是现实茶杯与桌子的图像;“一个茶杯放在桌子上,桌子在房间里面”在世界中是一个事实,反映茶杯与桌子、桌子与房间两组对象的关系,在语言中就是一个命题,该命题是现实茶杯与桌子、桌子与房间的图像;世界就是由众多的事实构成的,语言是由命题构成的;这样世界的结构就与语言的结构完美地对应起来了。但是后来,维特根斯坦发现这个思想有问题,仅仅有世界与语言的对应结构是很难反映出真实性的,于是他在另一本著作《哲学研究》中又提出了三个概念,即语言游戏、生活现象、非家族相似性,通过这三个概念提出了在逻辑之外的“指称”问题,也就是所谓的“不可言说的”“应保持沉默”之物。实际上,他发现了人类思维中存在着“世界”“语言”之外物——言外之意、弦外之音。这与爱因斯坦描述逻辑与想象差异的名言“Logic will get you from A to B,imagination will take you everywhere.”(逻辑会把你从A带到B,想象力会把你带到任何地方)一语极其相似。同时,从人机环境系统的角度来看,这也印证了东方智慧中的一句名言:“人算不如天算”,即人只有智能的一部分,而不是全部。

在计算机出现前,人脑无法突破生理上的记忆和反应速度等限制。对于人类智能的不足,维特根斯坦虽然意识到了,但没有提出恰当的解决办法,他的学生和朋友图灵却想到了一个办法,若把人类的理性逻辑与感性指称进行剥离,就可以通过数学的形式化系统对人类的智能进行模拟,当然这种模拟会丢失很多东西,比如感性、直觉等,但为了实现初步的人工智能体系,也只好忍痛割爱了,这样一来,在有规则、符合逻辑的领域(如围棋对弈、文本浅层处理等),人工智能与机器就可以代替人类。

对人工智能是否拥有意识这个问题,图灵测试是之前的一个重要的测评工具,从ChatGPT出现之后,又需要有新的评价标准,例如人类心智理论(通过一系列带有上下文的场景对机器进行测试,查看具有几岁人类的理解能力)。智能中的“意识”不是一个物理概念,不是一个数理概念,也不是一个单纯社会学概念,而是一个依靠客观事实与主观价值共同建构起来的思想层面的文化交互概念产物。我们在物理上生活在同一个空间中,在社会学意义上生活在相互交往的网络中,但并不意味着我们生活在同一个文化意义体系中。从西方二元对立的形而上学哲学转向二元互动的形而中学思想,从而将世界真理的基点从绝对上帝或存在(being,客观的“是”)转向生成变化、生生不息的道体(should,主观的“义”),这无疑将成为中国学术界为“地球村”探索智能基础的新开端。总之,智能不是人工智能,也不仅仅是西方科技计算能够实现的,需要加入东方智慧中的算计,才能形成具有深度态势感知的计算机人机环境系统智能体系——属于全人类的文明财富。

4.3 人机融合智能展望

4.3.1 人-机-环境系统

在人机交互工程中,环境因素造成的影响也是重要的一部分,古往今来,人们早已认识到“天时地利人和”的小尺度时空(此处的小尺度可以理解为马尔可夫过程中的一个时刻的状态,此刻的状态只与前一时刻有关,也可以类比贪心算法,仅通过眼前的状态判断)情境对态势感知及意识的影响,而真正运用现代科学方法研究情境(或情景)意识的问题则始于1988年——由Mica Endsley构建的Situation Awareness概念框架(Endsley M.R.,1995)。然而这仅仅是定性分析的概念模型,其定量计算和机理分析仍需学者逐步完善。

在现实情境下的人机环境系统交互领域中,人的态势感知、机器的物理状态感知、环境的地理状态感知等往往同构于统一时空中(人的五种感知也应是并行的),因此注意的转换会导致人产生不同的主题与背景感受/体验。在人的行为环境与机的物理环境、地理环境相互作用的过程中,人的情景意识被视为一个开放的整体系统，其行为特征由人机环境系统整体的内在特征决定，而并非仅仅取决于人的元素，人的情景意识及其行为只是这个整体过程中的一个部分。此外，人机环境中的许多闭环系统常常是并行或嵌套的，并且这些闭环系统往往会在某些特定情境下将不同反馈环节的信息交叉融合在一起，信息具有对兴奋或抑制的反馈作用，称为软调节反馈，人类经常会延迟控制不同情感的释放；也存在类似法律强制类的刚性反馈，称为硬调节反馈，普遍意义上的自动控制反馈大都属于此类。快速化繁为简、化虚为实的能力是衡量一个人机系统稳定性、有效性、可靠性大小的重要指标，运用数学方法的快速搜索比对还是选取运筹学的优化修剪计算，这个问题值得人工智能领域继续深入研究。人机环境交互系统通常由具备意志、目的和学习能力的人的行为活动构成，涉及的变量众多、关系复杂，人的主观因素和自觉目的贯穿其中，因此主客体界线经常是模糊不清的，具有个别性、人为性、异质性、不确定性、价值与事实的统一性、主客相关性等特点，其中由于复杂的随机因素的作用，系统没有重复性。另外，人机环境交互系统有关机（装备）、环境（自然）研究活动中的主客体则界限分明，具有较强的实证性、自在性、同质性、确定性、价值中立性、客观性等特点（Cook et al.，2009）。总之，以上诸多主客观元素的影响导致了人机环境交互系统的异常复杂和不确定。所以对人机环境交互系统的研究不应仅仅包含科学的范式，如实验、理论、模拟、大数据，还应涉及人文艺术的多种方法，如直观、揣测、思辨、风格、图像、情境等，在许多状况下还应与哲学宗教的多种进路相关联，如现象、具身、分析、理解与信仰等（刘伟等，2016）。

在充满变数的人机环境交互系统中，存在的逻辑不是主客观的必然性和确定性，而是与各种可能性保持互动的同步性，是一种得“意”忘“形”的见招拆招和随机应变能力。这种思维和能力可能更适合复杂的艺术过程。如此种种，恰恰是人工智能（娄岩，2016）所欠缺的地方。

4.3.2 人机融合智能趋势预测

社会需求是驱动人机融合系统工程发展的原动力。随着通信、计算机和人工智能等新技术和新方法的综合应用，人机系统工程的应用必将不断深化。决策支持、共享态势、人机系统信任、任务规划和人机对话等应用将进一步发展成熟。人与机器系统的关系在不断融合，科学家在努力构建人机融合智能这种能够利用两方面优势的智能体。当前的人机交互系统研究中，更要考虑环境的作用。环境是人机产生交互作用的前提和场所。人机环境系统工程的研究对象是三者之间的相互作用关系，研究的目的是达到人机环境系统工程之间的最优结合，使其产生的效果最好。人机环境最优配合的目的最终也是为了整个人机融合智能系统能够健康、平稳、高效的运行。

情景感知和认知计算的不断发展将推动人类生产生活的改变，拓宽人类的身体能力范围和认知边界。目前，市场上的可穿戴产品的种类日益繁多，并且情景感知和认知计算的技术也日益发展。在此背景下，人与机器之间的不断交互使得技术以及机器对人类生产生活的价值越来越明显。计算机的强大算力和机械强大的重复与力量输出能力是其最大的优势。机器与人携手并肩工作的一个优势是可以互相配合、取长补短。下面两个方向将是人与机器智能协同发展必不可少的基础：一是机器更加理解人类及其所处的环境，机器对人的这种理解可以使得机器与人之间的交流变得更加自然且高效，例如社交媒体或者电子商务平台上的虚拟客服能够使用自然语言回答用户提出的一些基本问题；二是人对机器的信任度不断提高，自主系统认知能力的提升会给人类提供更合理的决策建议，会逐渐深化人对机器的信任程度。例如，MIT 研发的 Kismet（Anderson N.，2006）是目前世界上第一个能够通过视觉和听觉传感器感知（分析处理）人类感情的机器人，并可以用面部表情做出回应。

人与自主系统之间共享感知态势将赋能人机融合系统的应用，并增加人机融合智能的深度与广度(刘伟,2018)。随着机器或系统自主能力的提高,其获取周围环境态势的能力以及所能执行的功能都将越来越强,系统中的人也需要对机器所做出的决策行为进行深度理解,这样才能保证人对机器的信任。未来的人机融合系统需要有特殊的接口保证人与机器之间的交互,即可以实现人与机器之间态势感知的共享。同时,人与自主系统之间同样要建立双向的共享态势感知途径。共享态势感知是协同行动的关键。人机融合系统中,如果机器因为周围环境而信息获取不足,导致出现了一些决策失误,便会损害人对自主系统的信任(刘伟,2019)。由于人与自主系统对周围环境态势感知水平的不同以及对任务目标理解的不同,人与自主系统的态势感知的共享可增加互信程度。例如,在智能运维方面,腾讯公司结合运维人员的业务经验,让机器来学习人工经验,以实现智能化异常监测。

自主系统感知和学习能力的进步将为人机融合系统带来新契机。感知能力的进一步提升是促进机器自主性提高的关键,将促进人机融合智能的发展(Weiss et al., 2016)。根据感知能力目标的不同,可以将机器的自主感知能力分为导航、任务、系统健康与操作感知四类。任务感知能力可以支持对任务的具体规划和可行性评估等,这样就可以做到:一是在特定情况下使机器能够自主执行一些任务,如秘密跟踪网络活动,以降低受攻击的可能性;二是主动识别目标的优先级别,降低操作员数据分析的工作量。系统的健康度感知能力主要用于系统的健康管理和故障检测,这一感知能力可在增加对系统的信任度的同时减少工作人员的工作量。操作感知能力将与导航、任务感知能力结合起来共同作用,在一些突发情景下,特别是当人无法及时参与时,便可以自主处理。自主系统的感知能力依赖传感器技术的进步与算法的优化,多传感器综合运用可进一步提高态势感知的可靠性。自主系统的学习能力使得其精确性和鲁棒性大大提高,并且可以基于历史数据进行经验学习,以适应不同的环境。在现有多种机器学习技术的支持下,自主系统的学习将能够适应动态非结构化的复杂环境(Wang et al., 2009)。在学习的过程中,我们会选择性地忽略掉一些无用的信息,在诸多学习对象中寻找其潜在的关系,寻求特征、把握共性与特性和识别因果关系。机器也在逐渐学习这些能力,学会过滤和根据价值取向做出有目的性的行为。人机融合仍存在伦理、人为操纵与虚假信息、交互方式等亟待解决的问题。

一是人机融合的伦理问题。例如,在健康养护领域和植入式芯片领域,对于人的生理、心理、饮食、行动、血型和基因等信息的收集与利用带来了生物黑客(biohacking)、隐私、数据管理、歧视、公平和告知权等伦理学问题。同样,基于深度学习概念的深度伪造(deep fake)应用,如蚂蚁嘿呀、ZAO、Avatarify 等因涉及技术滥用而导致虚假信息泛滥,基于他人的形象深度伪造的虚拟人形象用于视频和实时对话人物,可能会涉及名誉权、肖像权、资产安全甚至人身安全等问题。

二是人为操纵与虚假信息问题。脑机接口、植入式芯片等人机融合技术的使用,虽然可为脑组织和部分脑区功能损伤者提供脑功能代偿,但也使得脑活动更容易受到外部的操控,从而影响人的决策与行为;人工感受器、VR 和 AR 等技术可以增强人的感受能力,提供人本身的感受器所感觉不到的信息,但也容易带来感觉过载(sensory overload)与虚实混淆的问题;融合可及性,过于依赖新技术实现人机融合可能会将对技术不熟悉或在财力上无力承担新技术的人群排除在人机融合的受益人群之外。

三是人机融合的交互方式问题。传统的交互方式存在干扰、侵入和信息过载等高认知负荷要求的问题,而基于人工智能的自动干预技术则存在隐私、人位于交互闭环外和任务接管等问题。

人机融合智能的最后一个关键问题是伦理问题。人类价值观的起源是伦理学。从团队态势感知的严重中可以看出,人类本身拥有很多伦理道德困境,此外,人工智能的出现也给人类带来了对待人工智能的伦理问题的思考。与此同时,人机融合智能的范畴归属是人机融合智能伦理问题的关键。人机融合智能的伦理不仅包括人工智能的伦理,还包括人工智能的思想产生对于实际法律问题的影响,以及人机融合后的界定所产生的行为是归属于人还是机器的思想。在思想之外,人机融合智能中设备作为人的一部分所产生的行为需要面对什么样的法律责任也是人机融合智能未来发展的重要问题。要实现人机的和谐融合,需要探索不同于传统的人机交互方式,也需要区别于人与 AI 系统的交互方式,一些特有的交互方式(如隐式交互(Schmidt et al., 2000)、边缘交互(Bakker et al., 2016)、安静计算(Yu et al., 2017)、无意识计算(Alexander et al., 2015)、情境感知(Qin et al., 2017)、环境智能(Ham et al., 2010)、共生交互等)和技术为解决上述问题、实现人机自然融合的愿景提供了潜在的技术实现和解决方案。

参考文献

Zu QH, Tang Y, Mladenović V. Human Centered Computing. Berlin: Springer, 2021.

Kohei O, Tomoko Y, Gale M, et al. HAI'21: International Conference on Human-Agent Interaction, Virtual Event, Japan, November 9-11, 2021. ACM 2021. https://dblp.uni-trier.de/db/conf/hai/hai2021.html.

Jacucci G, Spagnolli A, Freeman J, et al. Symbiotic interaction: a critical definition and comparison to other human-computer paradigms. Lecture Notes in Computer Science, 2014.

Dellermann D, Ebel P, Söllner M, et al. Hybrid Intelligence. Business and Information Systems Engineering, 2019, 5 (61): 637-643.

Zheng N N, Liu Z Y, Ren P J, et al. Hybrid-augmented intelligence: collaboration and cognition. Frontiers of Information Technology and Electronic Engineering, 2017, 2(18): 153-179.

Dellermann D, Calma A, Lipusch N, et al. The future of human-AI collaboration: a taxonomy of design knowledge for hybrid Intelligence systems//International Conference on System Sciences (HICSS), Hawaii, 2019.

郑南宁(2017). "混合增强智能"是人工智能的发展趋向." 科学网新闻. http://news.sciencenet.cn/html/comment.aspx? id=393790.

Basantis A, Miller M, Doerzaph Z, et al. Assessing alternative approaches for conveying automated vehicle "Intentions". IEEE Transactions on Human-Machine Systems, 2021, (99): 1-10.

Taylor R M. Situational Awareness Rating Technique (SART): The Development of A Tool for Aircrew Systems Design. New York: Routledge, 2017: 111-128.

Rahwan I, Cebrian M, Obradovich N, et al. Machine behavior. Nature, 2019, 568: 477-486.

Ebel P, Sllner M, Leimeister J M, et al. Hybrid intelligence in business networks. Electronic Markets, 2021, 31(2): 313-318.

Döppner D A, Gregory R W, Schoder D, et al. Exploring design principles for human-machine symbiosis: insights from constructing an air transportation logistics artifact//International Conference on Information Systems, 2016.

Gerber A, Derckx P, Döppner D A, et al. Conceptualization of the human-machine symbiosis a literature review//Proceedings of the Annual Hawaii International Conference on System Sciences, 2020: 289-298.

Unhelkar V V, Li S, Shah J A. Decision-making for bidirectional communication in sequential human-robot collaborative tasks//ACM/IEEE International Conference on Human-Robot Interaction, 2020: 329-341.

Bablani A, Edla D R, Tripathi D, et al. Survey on brain-computer interface: an emerging computational intelligence paradigm. ACM Computing Surveys, 2019, 52(1): 1-32.

李文新,胥红来,黄肖山. 脑机接口技术的应用实践. 人工智能, 2021, (6): 11.

Zahedi Z, Kambhampati S. Human-AI symbiosis: a survey of current approaches. 2021.

Kulshreshth A, Anand A, Lakanpal A. Neuralink: an Elon Musk start-up achieve symbiosis with artificial intelligence//2019 International Conference on Computing, Communication, and Intelligent Systems (ICCCIS), 2019, 105-109.

Chadwell A, Diment L, Micó-Amigo M. Technology for monitoring everyday prosthesis use: a systematic review. Journal of NeuroEngineering and Rehabilitation, 2020, 17(1)93.

唐景昇，郭瑞斌，代维，等. 基于脑机交互的未来混合智能系统设计与实现. 人工智能，2021，(6)：7.

Dunne R，Morris T，Harper S. A survey of ambient intelligence. ACM Computing Surveys，2021，54(4)：1-27.

Ramos C，Augusto J C，Shapiro D. Ambient Intelligence：the Next Step for Artificial Intelligence. IEEE Intelligent Systems，2008，23(2)：15-18.

Cook D J，Augusto J C，Jakkula V R. Ambient intelligence：Technologies，applications，and opportunities. Pervasive and Mobile Computing，2009，5(4)：277-298.

Kay，Ken (January 10，2009). "Air Florida disaster still chilling 27 years later". Sun Sentinel. Retrieved November 24，2010.

Landreth L. Autonomous Horizons：The Way Forward . Air & Space Power Journal，2020，34.

Radford，Alec，et al. "Improving language understanding by generative pre-training." (2018).

Brown，T. B.，et al. "Language Models are Few-Shot Learners." (2020).

Radford，Alec，et al. "Language models are unsupervised multitask learners." OpenAI blog 1.8 (2019)：9.

Ouyang，L.，et al. "Training language models to follow instructions with human feedback." arXiv e-prints (2022).

Wittgenstein，Ludwig. "Logisch-philosophische abhandlung." Annalen der Naturphilosophie 14 (1921)：185-262.

Endsley，M. R. . "Endsley，M.R.：Toward a Theory of Situation Awareness in Dynamic Systems. Human Factors Journal 37(1)，32-64." Human Factors The Journal of the Human Factors and Ergonomics Society 37.1(1995)：32-64.

Anderson N. Robots，Transduction，Dingpolitik：Cynthia Breazeal's Kismet and the Social Life of a Thing[J]. Topia Canadian Journal of Cultural Studies，2006.

刘伟，王目宣. 浅谈人工智能与游戏思维[J]. 科学与社会，2016，6(3)：18.

刘伟. 关于指挥与控制系统的再思考[J]. 指挥与控制学报，2015，1(2)：3.

娄岩. 虚拟现实与增强现实技术概论[M]. 清华大学出版社，2016.

刘伟. 智能与人机融合智能. 指挥信息系统与技术，2018，(4)：1-7.

刘伟. 追问人工智能：从剑桥到北京. 北京：科学出版社，2019.

WeissK，Khoshgoftaar T M，Wang D D. A survey of transfer learning. Journal of Big Data，2016，3(1)：1-40.

Wang KT，Zhang G Z，Shen L C. Study on dynamic function allocation of human supervisory control multi-UAV. Computer Engineering and Applications，2009，45(30)：245-248.

Schmidt A. Implicit Human Computer Interaction through context. Personal Technologies，2000，4(2)：191-199.

Bakker S S，Niemantsverdriet K K. The interaction-attention continuum：considering various levels of human attention in interaction design. International Journal of Design，2016，10(2)：1-14.

Yu B，Hu J，Mathias F，et al. A model of nature soundscape for calm information display. Interacting with Computers，2017，(6)：6.

Alexander T，Adams J Mindless computing：designing technologies to subtly influence behavior//Proceedings of the 2015 ACM International Joint Conference on Pervasive and Ubiqutious Compution，2015.

Qin X，Tan C W，Clemmensen T. Context-awareness and mobile HCI：implications，challenges and opportunities//International Conference on HCI in Business，Government，and Organizations，2017.

Ham J，Midden C. Ambient persuasive technology needs little cognitive effort：the differential effects of cognitive load on lighting feedback versus factual feedback//International Conference on Persuasive Technology. Springer-Verlag，2010.

作者简介

刘　伟　博士，岗位教授，博士生导师，北京邮电大学人工智能学院，北京邮电大学人机交互与认知工程实验室主任。研究方向：人机融合智能、认知工程、人机环境系统工程。E-mail：twhlw@163.com。

第 5 章

数据与知识双驱动式人工智能

本章导读

人工智能技术发展至今经历了数次革命，大数据、机器学习和深度学习的飞速发展催生了数据驱动的人工智能新范式，推动了包括图像识别、自然语言处理和语音识别等领域的显著进步。然而，数据驱动的人工智能依赖昂贵且耗时的标注数据，同时缺乏可解释性。相对地，知识驱动的人工智能试图通过对领域知识的表示和推理，实现计算机对复杂问题的理解，但面临适应新情境和泛化能力的挑战。数据和知识双驱动的人工智能融合了两者的优势，致力于实现智能化、可解释的系统，同时考虑人类安全和伦理道德。本章将深入介绍这三种人工智能范式的理论、技术和应用，提供全面视角，探索未来的潜力和挑战。

5.1 引言

自 21 世纪初以来，到如今以 ChatGPT 为代表的大模型掀起了新一轮的浪潮，人工智能领域经历了数次革命，这些变革背后的核心是大数据、机器学习和深度学习技术的飞速发展，催生了数据驱动的人工智能的新范式。这一范式的核心是利用海量数据和复杂算法让计算机自主学习、识别模式并作出预测，在图像识别、自然语言处理和语音识别等领域取得了令人瞩目的成果。然而，数据驱动的人工智能也暴露出了一些明显的局限性。例如，它依赖大量标注数据，而这些数据的获取成本高昂且耗时；此外，深度学习模型往往缺乏可解释性，这在一些关键领域，如医疗、金融和法律等，可能导致潜在的风险。相对地，知识驱动的人工智能则试图通过对领域知识的表示和推理，实现计算机对复杂问题的理解和解决。知识驱动的人工智能关注于将人类的知识形式化地表达在计算机系统中，从而使得这些系统能够像人类一样进行推理和解决问题。然而，知识驱动的人工智能在面对不断变化的现实世界时，也存在难以适应新情境和缺乏泛化能力的挑战（张钹等，2020）。与此同时，随着人工智能技术在智能手机、自动驾驶汽车、医疗诊断以及金融交易领域的普及，越来越多的关注点开始聚焦于保护人类安全、伦理道德等方面（Yang et al.，2021）。

数据和知识双驱动人工智能融合了大数据技术和知识表示方法，旨在实现更加智能化和可解释的人工智能系统（吴飞，2022）。在这个范式中，核心是将数据和知识的优势相互结合，以提高人工智能系统的泛化能力、可解释性和适应性。更重要的是，数据和知识双驱动人工智能关注于在技术发展中充分考虑人类安全和伦理道德因素，能够在数据隐私、算法公平与透明、可解释性和可靠性、人机协

本章作者：王昊奋，王萌。

作、可持续发展，以及法律法规与道德规范等方面取得平衡（许为等，2021）。在本章的后续章节中，将详细介绍数据驱动的人工智能、知识驱动的人工智能，以及数据和知识双驱动人工智能的最新研究理论、技术及应用。希望能为读者提供一个全面的视角，了解数据和知识双驱动人工智能的潜力和挑战，同时激发读者对人工智能未来发展的思考和探讨。

5.2 数据驱动的人工智能

数据驱动的人工智能是一种依赖大量数据进行训练和优化的方法，主要是通过从数据中学习模式和规律，从而进行预测、分类、推荐等任务。数据驱动的人工智能与传统的基于规则的方法不同，侧重于利用数据本身来提高预测、分类、推荐等任务中机器学习算法的性能，从而使计算机系统能够自主学习、识别模式并做出决策。在数据驱动的人工智能早期阶段（1950—1980 年），人们尝试通过连接主义的方法来模拟人类智能，即基于神经网络模型的计算范式模拟生物神经网络的结构和功能，从而实现智能行为，代表性的工作为 Rosenblatt（1958）提出的感知机（perceptron）模型，其通过设计模拟人类感知能力的神经网络来实现接近人类学习过程（迭代、试错）的学习算法。连接主义和感知机取得了一定程度的成功，为后续的神经网络模型奠定了基础。然而，由于感知机模型的局限性（如无法处理异或问题）以及受限计算资源，再加上缺乏有效的学习算法和足够的训练数据，在实际应用中的表现并不理想（Smolensky et al.，2022a；Smolensky et al.，2022b）。

随着计算能力的提高和统计学习理论的发展，机器学习已成为主流的 AI 方法。在 1980—2000 年，基于数据的学习方法，如支持向量机（Hearst et al.，1998）、决策树和集成学习等开始取得显著的成功，人们借此来自动发现有用的规律和模式。而随着时间进入 2000 年，基于神经网络的机器学习方法——深度学习——开始崭露头角。深度学习通过多层的神经网络结构有效地表示复杂数据模式，尤其在语音识别（Hinton et al.，2012）和图像分类（Krizhevsky et al.，2017）等任务上取得了卓越的成果，展现出了卓越的数据表征能力和泛化性能。随着计算资源的增长和大数据的普及，深度学习也逐渐在自然语言处理等多个领域取得了突破性的进展。近几年，大规模语言模型彻底改变了自然语言处理领域的面貌，它们通过从海量文本数据中的学习，能够生成连贯、自然且具有逻辑性的文本。

5.2.1 关键技术

数据驱动的人工智能核心是从大量数据中学习知识和规律的原理，涉及多种机器学习方法、神经网络结构以及最新的大规模语言模型，下面对重要概念和代表性的技术做简要介绍。

1. 传统机器学习

有监督学习是指从带有标签的训练数据中学习预测模型的方法。在这种情况下，训练数据包含输入特征和对应的目标输出（标签）。典型的有监督学习任务包括分类（输出是离散的）和回归（输出是连续的）。常见的有监督学习算法包括线性回归、支持向量机、决策树和神经网络等。

半监督学习是指利用大量未标记数据和少量标记数据来学习预测模型的方法，其利用未标记数据的结构信息来提高学习效果。半监督学习可以进一步细分为纯半监督学习和直推学习（transductive learning）。纯半监督学习的基本前提是训练数据中的未标注样本，并非预测目标数据，而直推学习则认为在学习过程中涉及的未标注样本正是需要预测的数据，其目标是在这些未标注样本上实现最佳的泛化性能。换言之，纯半监督学习遵循“开放世界”的假设，旨在训练出一个能适应训练过程中未曾观测到的数据的模型；而直推学习则遵循“封闭世界”的假设，仅专注于对学习过程中观察到的未标注数据进行预测(周志华,2016)。半监督学习通常用于标记数据成本较高的场景。常见的半监督学习算法包括标签传播、生成式对抗网络(GAN)(Creswell et al., 2018)和自编码器等。

无监督学习旨在从未标记数据中学习预测模型的方法。这类学习算法直接从原始数据中学习,试图发现数据中的潜在规则而不依赖人工标签或反馈等指导信息。相较于监督学习旨在建立输入与输出之间的映射关系,无监督学习的目标是发现数据中潜藏的有价值信息,如有效特征、类别、结构以及概率分布等(邱锡鹏,2020)。典型的无监督学习任务包括聚类和降维。常见的无监督学习算法包括 K-means(Hartigan & Wong, 1979)、主成分分析(PCA)(Wold et al., 1987)和深度生成模型等。

强化学习是一种学习决策策略的方法,致力于研究智能体(agent)如何在与环境的交互过程中学习到最优策略,从而使得累积奖励最大化。在强化学习中,智能体通过与环境互动来学习最佳行为策略。在每个时间步,智能体选择一个动作,环境根据该动作给出新的状态和奖励。强化学习与有监督学习的主要区别在于,它不依赖于预先给定的标签,而是通过试错学习来寻找最优策略。强化学习的主要模型和算法有三类:值函数方法(Mnih et al., 2013)、策略搜索方法(Konda & Tsitsiklis, 1999)以及模型法(Silver et al., 2017)。

迁移学习是一种利用已有知识来提高新任务学习效果的方法(Pan & Yang, 2009)。在迁移学习中,模型首先在源任务上进行训练,然后将部分或全部知识应用于目标任务。迁移学习可以减少目标任务所需的标记数据量和训练时间。典型的迁移学习方法包括预训练和微调、知识蒸馏和多任务学习等(Zhuang et al., 2020)。

集成学习是一种将多个学习器组合以提高预测性能的方法(Sagi & Rokach, 2018)。这种方法基于多样性和投票原则,试图通过整合多个模型的预测结果来降低过拟合和提高泛化能力。常见的集成学习方法包括 Bagging、Boosting 和 Stacking 等。

2. 深度神经网络

深度神经网络是一类多层次的神经网络模型,可以对数据进行非线性表示和复杂特征提取。近年来,深度神经网络在各种机器学习任务中取得了显著的成功。本节将介绍深度神经网络的几个重要类别,包括多层感知器(MLP)、循环神经网络(RNN)、卷积神经网络(CNN)以及自注意力机制和基于 RLHF 的 LLM 模型。

多层感知器(multilayer perceptron, MLP)是一种基本的前馈神经网络,由输入层、隐藏层和输出层组成。MLP 的每一层都由多个神经元组成,相邻层之间的神经元通过权重连接,如图 5.1 所示。MLP 通过逐层计算和激活函数实现非线性表示,并使用反向传播 BP 算法(Rumelhart et al., 1985)来更新权重。尽管 MLP 在处理简单问题上表现良好,但其扩展性和深度受限,因此在处理复杂任务和大规模数据时,性能可能不尽人意。

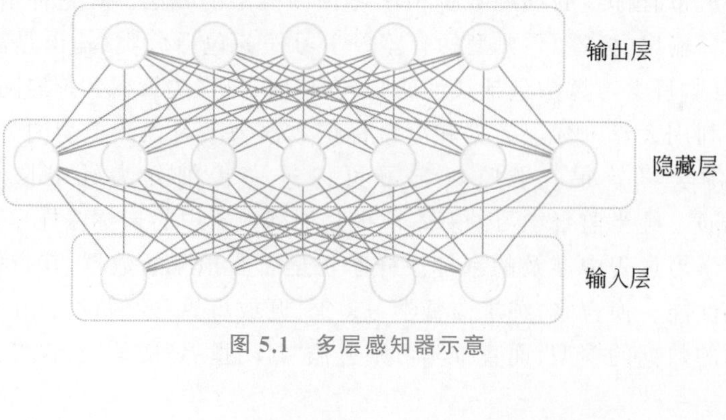

图 5.1 多层感知器示意

循环神经网络(recurrent neural network,RNN)是一种适用于处理序列数据的神经网络模型。循环神经网络具有内部循环连接,使得网络能够在处理当前输入时考虑之前的输入信息,如图 5.2 所示,简单循环网络在时刻 t 的更新公式为:

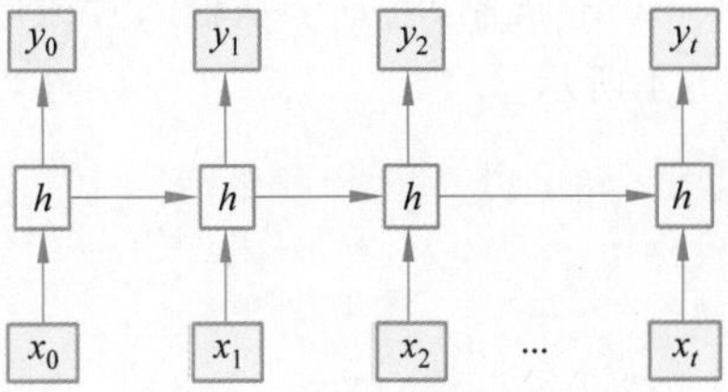

图 5.2　循环神经网络示意

$$\begin{cases} z_t = Uh_{t-1} + Wx_t + b \\ h_t = f(z_t) \end{cases}$$

其中,x_t 表示 t 时刻的网络输入,h_t 表示 t 时刻的隐藏状态。

尽管 RNN 具有处理时间序列和自然语言等任务的能力,但是在学习长期依赖时面临梯度消失或梯度爆炸问题。为此,长短时记忆网络(long short-term memory,LSTM)(Hochreiter & Schmidhuber,1997)和门控循环单元(gated recurrent unit,GRU)(Cho et al.,2014)这两种改进版本的 RNN 相继提出。具体来说,LSTM 引入三个门(门控单元)——输入门、输出门和遗忘门,其可以让 LSTM 在不同时间步骤对输入信息进行选择性记忆或遗忘,从而提高了模型的表达能力。输入门控制着新的输入信息的输入,遗忘门控制着过去信息的遗忘,输出门控制着当前状态信息的输出。GRU 模型与 LSTM 模型相似,都引入了门控机制来控制当前状态信息和记忆信息的更新。GRU 有两个门控单元——重置门和更新门。重置门可以决定如何将前一时刻的隐藏状态和当前输入相结合,更新门可以决定如何将当前输入和前一时刻的隐藏状态相结合。GRU 中还引入了一个候选隐藏状态,用于更新当前的隐藏状态,从而实现了记忆功能。GRU 的参数数量少于 LSTM,因为它将输入门和遗忘门合并成一个更新门,同时减少了细胞状态的数量。相比于 LSTM,GRU 的计算速度更快,但在处理某些任务时可能会稍逊一筹。

卷积神经网络是一种具有局部感受野、权值共享和池化操作的神经网络,尤其适用于处理图像数据。卷积神经网络能够自动学习空间层次结构的特征表示,从而在计算机视觉任务中取得了显著的成功。卷积神经网络的基本组成包括卷积层、激活函数、池化层和全连接层,如图 5.3 所示。通过堆叠这些层,卷积神经网络能够捕捉图像中的局部特征和全局信息。

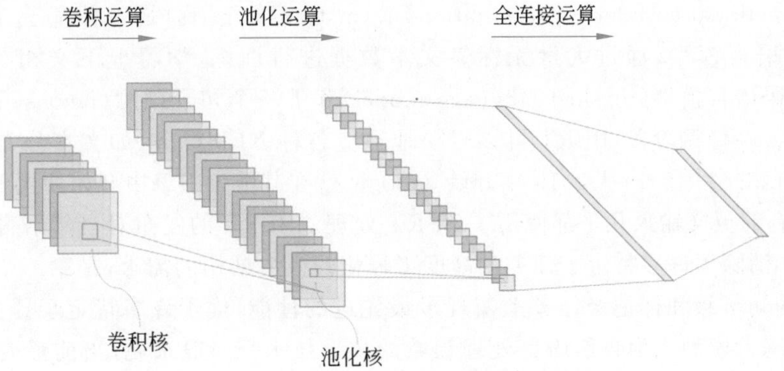

图 5.3　卷积神经网络示意

3. 大规模语言模型

Transformer 是一种基于自注意力机制(self-attention mechanism)的神经网络架构,摒弃了 RNN 和 CNN 的序列和局部结构,提供了一种全新的处理序列数据的方法。Transformer 通过多头自注意力(multi-head self-attention)和位置编码(positional encoding)实现了并行计算和长距离依赖的捕捉。Transformer 在自然语言处理(natural language processing,NLP)任务中取得了显著的成功，成为现代 NLP 的基石(Vaswani et al., 2017)。Transformers 中的核心操作是自注意力(self-attention)机制，它基于从输入片段序列中获取的查询向量(query)、键向量(key)和值向量(value)，如图 5.4 所示。

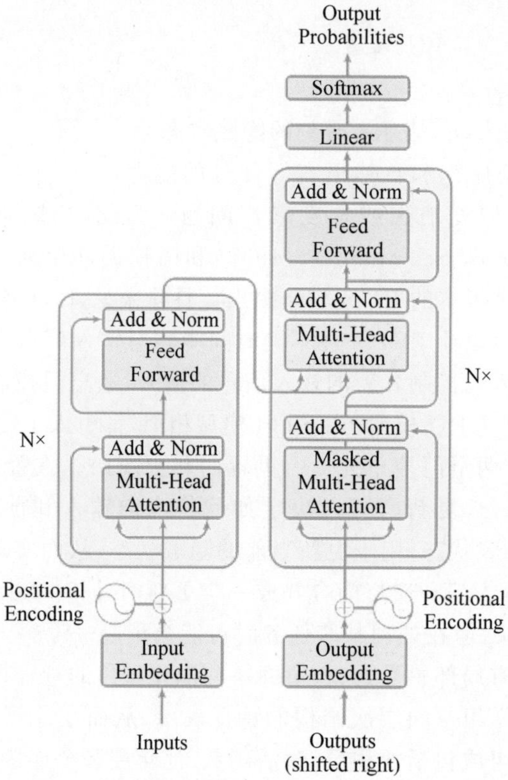

图 5.4　Transformer 结构示意(Vaswani et al., 2017)

BERT(bidirectional encoder representations from transformers)是一种基于 Transformer 编码器结构的预训练语言模型，通过大量无标签文本数据进行训练，学习上下文相关的词向量表示。BERT 使用了掩码语言模型(masked language model)和下一个句子预测(next sentence prediction)作为预训练任务。在微调阶段，BERT 可以轻松地适应各种 NLP 任务，如文本分类、命名实体识别、问答等(Devlin et al., 2018)。从 2019 年开始，Google 就在其搜索引擎中开始使用 BERT；从 2020 年开始，Google 所有的英文输入几乎都使用了 BERT 处理。BERT 的发布对自然语言处理具有非常重要的意义，BERT 消除了许多特定于任务的高度工程化的模型结构的需求，是第一个基于微调的表示模型，它在大量的句子级和标记级任务上实现了最先进的性能，优于许多特定于任务的结构的模型。BERT 使得预训练大模型成为自然语言处理领域的主导技术。一般来说，当前最先进的预训练语言模型可以归类为掩码语言模型(编码器)、自回归语言模型(解码器)以及编码器-解码器语言模型，如图 5.5 所示。解码器模型广泛用于文本生成，而编码器模型主要用于分类任务。通过结合两种结构的优点，编码器-解码器模型可以利用上下文信息和自回归特性来提升各种任务的性能。在接下来的部分，我们将深入探讨解码器和编码器-解码器架构的最新进展。

GPT(generative pre-trained transformer)是一种基于 Transformer 的预训练语言模型，在 2018 年由 OpenAI 公司发布。与 BERT 不同，GPT 将 Transformer 和无监督的预训练结合在一起，采用单向的自回归语言建模(Brown et al., 2020; Radford et al., 2018; Radford et al., 2019)。GPT 及其后

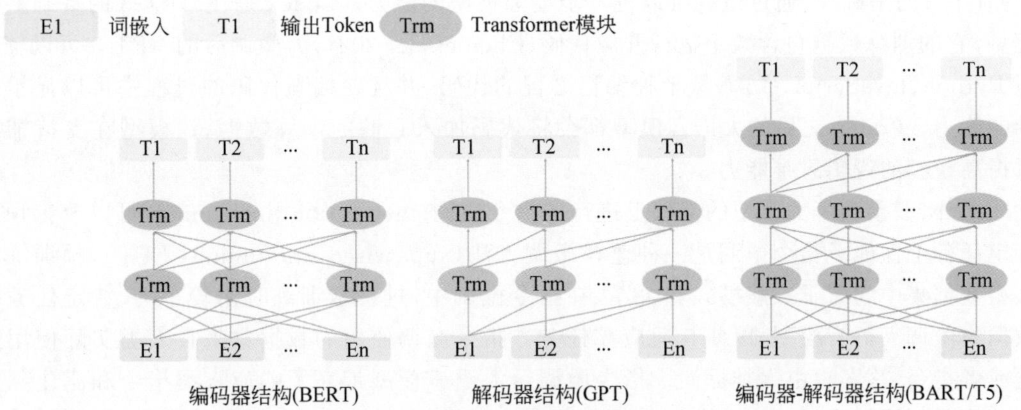

图 5.5 预训练大规模语言模型的分类

续版本（如 GPT-2、GPT-3、ChatGPT、GPT4 等）可以通过预训练-微调的方式应用于多种 NLP 任务，在生成任务方面的表现尤为出色，例如文本生成、摘要、对话等，带来了许多应用上的可能性，例如自动写作、编程帮助、学术研究、语言翻译等。从整个人工智能发展的角度看，GPT 的出现极大地推动了人工智能领域的发展，标志着人工智能领域正式步入大规模语言模型的时代。

具体地，GPT 使用多层 Transformer decoder 作为模型，使用标准语言模型（standard language model）作为预训练目标，给定未标注的语料 $U=\{u_1,\cdots,u_p\}$，预训练目标是让如下的似然最大化：

$$L_i(U)=\sum_i \log P(u_i \mid u_{i-k},\cdots,u_{i-1};\theta)$$

其中，k 代表上下文窗口的大小，条件概率密度 P 在参数为 θ 的神经网络上建模。GPT 在一些用于词向量表示的简单模型（如 GLoVe、word2vec）的基础上重新审视了在机器学习中流行的有监督的机器学习方法。有监督的机器学习方法需要大量人工标注的数据集，构建这些数据集需要消耗大量的人力和物力成本，高成本会限制数据集的大小，使得现有的有监督学习方法使用的数据集的大小都较为有限，这逐渐成为机器学习发展的瓶颈。GPT 采用的无监督的机器学习方法使用大量未经标注的数据进行训练。而 GPT 的成功也证明了大量未经标注的数据比少量经过标注的数据更加有效。

BERT 使用的双向语言模型在当时的数据量和参数量上比 GPT 的标准语言模型更具优势，2019 年 BERT 在同样的参数规模上性能超过了初代 GPT。OpenAI 随后在同一年发布了 GPT-2，GPT-2 继续沿用了初代 GPT 的标准语言模型，但是使用了更大更好的预训练数据和更大的模型参数（Radford et al.，2019）。值得注意的是，与初代 GPT 不同，GPT-2 展示出了一定的上下文学习（in-context learning，ICL）能力（Dong et al.，2022），和 GPT、BERT 需要微调来适应下游任务不同，GPT-2 可以在预训练之后直接适应下游任务，GPT-2 在无样本学习（zero-shot learning）的任务上取得了较好的成绩。

2020 年，OpenAI 发布了更大的模型 GPT-3，它可以像 GPT-2 一样完成无样本学习的任务，但是 GPT-3 将重点放在了上下文学习上（Brown et al.，2020）。通过在上下文中的几个例子，GPT-3 就可以比无样本学习更好地完成任务。上下文学习是一种范例，它允许语言模型以演示的形式仅给出几个示例来学习任务（Dong et al.，2022）。上下文学习有两个相关的概念：少样本学习（few-shot learning）和提示学习（prompt learning）。上下文学习和少样本学习的区别在于少样本学习一般使用微调模型的方法，而上下文学习冻结了模型参数。而上下文学习其实可以看作提示学习的一个子集，但是上下文学习一般仅指大语言模型的学习能力。

在 GPT-3 的基础上，通过微调可以进一步增强模型的能力。Codex 是在 GPT-3 的基础上微调得到的模型，它的训练数据包含数十亿行开源代码（Chen et al.，2021）。微调后的 GPT-3 可以辅助程序员编写 Python、JavaScript、Go 等数十种编程语言的代码，并且在编写代码的过程中可以显示一些逻辑思维的能力。Codex 之后的大语言模型都会将代码加入它们的训练数据，让模型在支持辅助编程的同时提高模型的逻辑思维能力。

除此之外，在预训练大模型的基础上进行的指令微调（instruction fine-tuning）可以改善预训练模型在特定任务上性能。指令微调是一种监督微调方法（supervised fine-tuning，SFT），预训练模型已经从大型数据集中学习了一般模式和关系，在指令微调中，进一步训练时用较小的、特定任务的人工标注数据集微调大语言模型，以使其适应该任务。指令微调使用的数据集来自人类实际使用过程中的问题或者指令，答案也由人类标注。指令微调给大语言模型带来了响应人类指令和泛化到新任务的能力。代码训练将代码引入文本数据来微调大语言模型，在赋予大语言模型补全代码的能力的同时，也让大语言模型拥有了更强的推理能力。

InstructGPT 是一种基于 GPT-3 的语言模型，它采用了指令微调强化学习（reinforcement learning，RL）和人类反馈（human feedback，HF）相结合的训练方法，旨在提高模型的任务执行能力和理解力（Ouyang et al.，2022）。在 InstructGPT 的训练过程中使用监督学习方法对模型进行预训练，在微调阶段收集一组人类的评分数据。评分通常基于帮助性、无害性等因素，在训练过程中生成一个奖励信号，指导模型优化输出结果。具体来说，首先需要训练一个奖励模型（reward modeling，RM）来预测人类的反馈。有的工作通过让标注人员在多个答案中选择最佳答案来构建 RM 数据集，通过根据偏好来对答案进行排序的方式构建的数据集可以减少模型训练过程中的过拟合。对 K 个结果进行评价时，RM 的损失函数表示为

$$\text{loss}(\theta)=-\frac{1}{\binom{x}{2}}E_{(x,y_w,y_l)\sim D}[\log(\sigma(r_\theta(x,y_w)-r_\theta(x,y_l)))]$$

其中，$r_0(x,y)$表示有参数 θ 的 RM 对指令 x 和回复 y 的标量输出，y_R 代表在一对结果 y_R 和 y_3 之间较好的一个，D 代表 RM 数据集。最后通过强化学习算法 PPO 对模型进行优化。强化学习的目标函数为

$$\text{objective}(\phi)=E_{(x,y)\sim D_{\pi_\phi^{\text{RL}}}}[r_\theta(x,y)-\beta\log(\pi_\phi^{\text{RL}}(y\mid x)/\pi^{\text{SFT}}(y\mid x))]+\gamma E_{x\sim D_{\text{pretrain}}}[\log(\pi_\phi^{\text{RL}}(x))]$$

其中，π_ϕ^{RL} 表示学习到的强化学习策略（RL policy），π_ϕ^{SFT} 表示经过指令微调后的模型，D_{pretrain} 表示预训练分布。KL 奖励系数 β 和预训练损失系数 γ 分别控制 KL 惩罚和预训练梯度。RLHF（reinforcement learning from human feedback）是 InstructGPT 训练过程中的关键环节，通过在模型训练中引入人类的评估和指导，提高大语言模型的准确性，并且降低大语言模型的有害信息（toxicity）和偏见，让大语言模型更贴合用户的需求，即对齐（alignment）。

ChatGPT 是在 InstructGPT 的基础上使用基于人类反馈的强化学习进一步微调得到的对话式模型，虽然 OpenAI 没有披露全部的技术细节，但是可以确定 ChatGPT 使用了不同的数据集。使用对话数据对 InstructGPT 使用基于人类反馈的强化学习进行微调，让原来的模型拥有了建模对话历史的能力（Fu et al.，2022）。GPT-4 在 2023 年 3 月由 OpenAI 发布，与之前的 GPT 模型不同，GPT-4 是一个多模态模型，可以处理文字和图像的输入，并生成文字作为输出。GPT-4 在训练的过程中使用了可预测缩放（predictable scaling）的方法，通过在比 GPT-4 小 1000 倍到 10000 倍的模型上进行实验可以预测训练方法在 GPT-4 上的效果。为了测试 GPT-4 在复杂场景下的自然语言理解和生成能力，

OpenAI在多种为人类设计的考试上验证GPT-4的能力，GPT-4在一些考试中可以取得比多数人类更好的成绩(OpenAI, 2023)。GPT-4相对于GPT-3.5系列模型幻觉(hallucinations)明显降低，在回答的准确性上有了明显提升。GPT-4的基础模型与GPT-3.5相比差距不大，但是在引入了基于人类反馈的强化学习之后，GPT-4有了较大的提升。GPT-4仍然有很多GPT系列模型的局限性，比如GPT-4仍然不具有时效性知识，有时会犯一些简单的推理错误，仍然存在偏见等。

5.2.2 数据驱动的人工智能应用现状与挑战

随着深度学习和计算能力的飞速发展，大语言模型，如OpenAI的ChatGPT，已经开始在多个领域显示出其超越传统方法的能力。由于大语言模型的预训练和微调策略，它们能够有效地从大量的非结构化数据中提取知识，从而在无须标签的情况下实现零样本学习或者少样本学习。所以，大语言模型对于那些难以获得大量标注数据的任务或领域提供了解决方案。例如，在医疗领域，Nuance公司基于GPT-4研发的DAX使临床医生能够在护理点上准确、有效地自动记录病人的情况(Overman, 2022)。在金融领域，Wu等(2023)训练的BloombergGPT是一个有500亿个参数的LLM，使用英语金融文档数据集FinPile训练，该数据集在LLM训练中常用的数据的基础上，加入了包括新闻、文件、出版物、网页、社交媒体等金融领域的文档数据。在与其他通用LLM比较时，BloombergGPT在5个金融领域任务中的4个上达到SOTA。在法律领域，Yu等(2022)提出的Legal Prompting方法使用COLIEE数据集构建指令微调GPT-3模型，COLIEE数据集是一系列在给定背景文章上进行法律推理的数据集。同时，Legal Prompting还使用了法律推理提示(legal reasoning prompt)来让GPT-3在思维链推理的过程中更接近专业律师。大语言模型已经被实际应用到各种垂直领域中，但是同时面临一些挑战。

- 垂直领域的应用风险。尽管以ChatGPT为代表的大语言模型在文本生成方面取得了巨大成功，但开放式对话问答领域的应用通常可以容忍错误。相反，对于包括医疗、金融服务、自动驾驶车辆和科学发现在内的高风险应用来说，数据驱动的人工智能模型仍然充满挑战。在这些领域，任务的重要性决定了它们需要高度的准确性、可靠性、透明度，而且错误容忍度接近或等于零。例如，为自动组织科学知识而设计的大型语言模型Galactica可以执行知识密集型的科学任务，并在几个基准任务上表现出前景。然而，由于它生成的结果带有权威语气但又存在偏见和错误，其公共演示版本在初始发布仅3天后就被下架。对于这些高风险应用的生成模型，提供置信度得分、推理和源信息与生成结果同样重要。只有专业人员理解这些结果的来源，他们才能信心满满地在任务中使用这些工具。
- 专业化与泛化。基于大语言模型的应用依赖于基础模型的选择，这些模型是在不同的数据集上进行训练的。然而，Bommasani等(2021)指出"在更多样化的数据集上进行训练并不总是比使用更专业化的基础模型得到更好的下游性能"。然而，构建高度专业化的数据集可能既耗时又成本高昂。对跨领域的数据进行合理的表示以及探索测试数据分布的差异，能够更好地指导人们设计既考虑专业化又考虑泛化的训练数据集。
- 持续学习与再训练。人类的知识库不断扩大，新的任务不断出现。要生成包含最新信息的内容，不仅需要模型"记住"学到的知识，而且需要能够学习并推理新获取的信息。对于一些情景，只需要在下游任务上进行持续学习，同时保持预训练的基础模型不变，但在必要时，也可以在基础模型上进行持续学习。然而，持续学习可能并不总是胜过再训练的模型，这就需要理解什么时候应该选择持续学习策略，什么时候应该选择再训练策略。此外，从头开始训练基础模型可能是不现实的,所以在下一代数据驱动的人工智能基础模型中,考虑模块化设计可能会阐明哪些部分的模型应该被再训练。

- 推理。推理是人类智能的重要组成部分,使人们能够推导出结论,做出决定,解决复杂问题。然而,即使是使用大规模数据集训练的大语言模型,有时仍然会在常识推理任务中失败。最近,越来越多的研究者开始关注这个问题。链式思维(chain-of-thought, CoT)提示(Wei et al., 2022)是一种应对生成式 AI 模型中推理挑战的有前景的解决方案,它旨在提高大型语言模型在问答场景中学习逻辑推理的能力。通过向模型解释人类用来得出答案的逻辑推理过程,它们可以遵循人类在处理推理时走的道路。通过合并这种方法,大型语言模型可以在需要逻辑推理的任务中取得更高的准确度和更好的性能。CoT 也被应用到其他领域,如代码生成(Zheng et al., 2023)。然而,如何根据具体任务构建这些 CoT 提示仍然是一个挑战。
- 扩大规模。扩大规模一直是大规模预训练的常见问题。模型训练总是受限于计算预算、可用数据集和模型的大小。随着预训练模型大小的增加,训练所需的时间和资源也显著增加,这对于寻求利用大规模预训练完成各种任务的研究者和组织提出了挑战。另一个问题是大规模数据集预训练的有效性,如果实验超参数,如模型大小和数据量,没有得到深思熟虑的设计,可能不会产生最优结果。因此,次优的超参数可能会导致资源的浪费,以及通过进一步的训练无法达到期望的结果。已经有一些工作被提出来解决这些问题,Hoffmann 等(2022)介绍了一个正式的扩展规律,以预测模型性能基于参数数量和数据集大小。这项工作为理解扩展过程中这些关键因素之间的关系提供了有用的框架。Aghajanyan 等(2023)进行了实证分析,验证了 Hoffmann 扩展定律,并提出了一个额外的公式,探讨了在多模态模型训练环境中不同训练任务之间的关系。这些发现为理解大规模模型训练的复杂性和优化不同训练领域性能的细微之处提供了宝贵的见解。
- 社会问题。随着数据驱动的人工智能在各个领域的广泛应用,关于其使用的社会问题日益突出。这些问题涉及偏见、道德,以及 AI 生成内容对各个利益相关者的影响等问题。一个主要的关注点是 AI 生成内容中的潜在偏见,特别是在自然语言处理领域。AI 模型可能在无意中继续或放大现有的社会偏见,特别是如果用来开发模型的训练数据本身就存在偏见(Zhuo et al., 2023),这可能产生重大的负面后果,如在招聘、贷款审批和刑事司法等领域继续传播歧视和不平等。使用 AI 生成内容也会引起道德问题,特别是在技术被用来生成深度伪造或其他形式的操纵媒体的情况下。这种内容可以被用来传播虚假信息、煽动暴力,或者伤害个人或组织。此外,还有关于 AI 生成内容可能侵犯版权和知识产权的问题,以及关于隐私和数据安全的问题。总体来说,虽然 AI 生成的内容在各个领域都有巨大的潜力,但解决这些社会问题至关重要,以确保其使用是对社会负责的,对社会整体有益的。

5.3 知识驱动的人工智能

知识驱动的人工智能最早起源于符号主义,尤其是基于知识图谱的方法,其由麦卡锡(J. McCarthy)和明斯基(M. L. Minsky)等学者于 1955 年提出(张钹等,2020)。他们认为符号 AI (artificial intelligence)的基本思路是“人类思维的很大一部分是按照推理和猜想规则对‘词’(words)进行操作所组成的”。根据这一思路,他们提出了基于知识与经验的推理模型,因此又把符号 AI 称为知识驱动方法。斯坦福大学的费根堡姆发表了特定领域的知识是人类智能的基础这一观点,提出知识工程(knowledge engineering)与专家系统(expert systems)等一系列强AI方法,为符号主义开辟了新的道路,他们开发了专家系统DENDRAL(有机化学结构分析系统)。

早期的专家系统规模较小,直到1997年,IBM的深蓝国际象棋程序打败世界冠军卡斯帕罗夫标志着符号AI可以真正解决大规模复杂系统的开发问题。符号主义的实现基础是纽威尔和西蒙提出的物理符号系统假设,其假设人类认知和思维的基本单位是符号,而认知过程就是在符号表示上的一种运算。因此,计算机可以用来模拟人的智能行为,用计算机的符号操作来模拟人的认知过程。这种方法的实质是模拟人脑的抽象逻辑思维,通过研究人类认知系统的功能机理,用符号来描述人类的认知过程,然后将符号输入计算机进行计算以模拟人类的认知过程,从而实现人工智能。可以把符号主义的思想简单地归结为"认知即计算"(Zhang et al., 2021)。随着技术的进步,知识图谱已成为连接符号主义与现代AI技术的桥梁,将丰富的领域知识与数据驱动的方法相结合,可以提供更加强大和灵活的解决方案。

5.3.1 关键技术

从符号主义的观点来看,知识是信息的一种形式,是构成智能的基础,知识表示、知识推理、知识运用是知识驱动的人工智能的核心,下面对重要概念和代表性的技术做简要介绍。

1. 规则引擎

规则引擎是一种在计算领域中用于实现和执行业务逻辑的软件系统,其核心目的是将业务决策逻辑与应用程序代码分离,从而使非技术人员也能定义、修改和管理业务规则,同时确保这些规则的一致性和准确性。规则引擎通常包含一个规则库,其中存储了一系列的业务规则以及一个推理机,它负责对给定的数据或情境应用这些规则。

20世纪60年代初,出现了运用逻辑学和模拟心理活动的一些通用问题求解程序,它们可以证明定理和进行逻辑推理。但是这些通用方法有一个显著的缺点,即它们无法把实际问题改造成适合于计算机解决的形式,并且由于硬件的限制,难于处理对于解题所需的巨大的搜索空间。1965年,费根·鲍姆等在总结通用问题求解系统成功与失败的经验的基础上,结合化学领域的专门知识,研制了世界上第一个专家系统,可以推断化学分子结构。多年来,专家系统的理论和技术不断发展,在各个领域都产生了很有影响力的应用,包括化学、物理、生物医学等领域,某些专家系统甚至超过同领域中人类专家的水平,并在实际应用中产生了巨大的经济效益。以往的专家系统的局限性促使研究人员开发新类型的方法,进而可以更容易地纳入新的知识,使专家系统自身的更新变得更容易。这样的系统可以更好地从现有的知识中归纳和处理大量的复杂数据。有时,这些类型的专家系统被称为智能系统。

由推理引擎和知识库构成的专家系统通常由人机交互界面、知识库、推理引擎、解释器和知识获取设备这些部分组成,其中,核心部分是知识库和推理引擎。专家系统的体系结构随专家系统的类型、功能和规模的不同而有所差异。知识库代表关于世界的事实信息。在早期的专家系统(如Mycin和Dendral)中,这些事实主要表示为关于变量的平面断言(flat assertions)。在后来为了商业应用而开发的专家系统中,知识库有了更多的结构,并使用了面向对象编程的概念。世界被表示为类、子类和实例,断言被对象实例的值所取代。规则通过查询和断言对象的值来工作。推理引擎是一个自动推理系统,它评估知识库的当前状态,应用相关的规则,然后将新的知识断言到知识库中。使用规则明确表示知识,使专家系统具有可解释性。一个重要的研究领域是用自然语言从知识库中生成解释,而不是简单地显示太直观的规则。人机交互界面是系统与用户进行交流时的界面。通过该界面,用户输入基本信息、回答系统提出的相关问题,并输出推理结果及相关的解释等。知识获取是专家系统知识库是否优越的关键，也是专家系统设计的“瓶颈”问题，通过知识获取，可以扩充和修改知识库中的内容，也可以实现自动学习功能。

2. 语义网络

语义网络是一种有向图，用于表示知识或支持推理(Sowa，1992)。在语义网络中，节点通常代表概念或实体，边表示这些概念之间的关系。由于其直观的结构，语义网络在许多领域，特别是认知科学和计算机科学中都得到了广泛的应用。

一个简单的语义网络例子可能包括以下元素：节点“鸟”与节点“动物”通过一条名为“是一种”的边连接，表示“鸟是一种动物”。这种结构可以帮助人们理解和表示“鸟”与“动物”之间的关系。

语义网络的起源可以追溯到20世纪60年代，当时人们试图模拟人类的认知过程。语义网络基于图形表示，可以直观地展示复杂的关系，使知识结构化和可视化。这种图形方法的优势在于它提供了一种结构化方式以组织和表示复杂的知识。由于其直观的图形形式，语义网络通常更易于理解和解释，尤其是与其他知识表示方法相比，由于它们基于图形表示，故语义网络可以直观地展示复杂的关系，使知识结构化和可视化。语义网络通常具有明显的层次结构，这使得它们在分类和继承关系中特别有用。除了层次结构外，语义网络也可以表示多种不同类型的关联，例如因果关系、时间关系等。

不过，语义网络也存在一些局限性，其主要的挑战在于确保知识的一致性和完整性，尤其是当网络变得非常复杂时。此外，虽然语义网络可以捕获并表示大量的知识，但它们本身并不具备推理能力。为了弥补这一缺陷，研究者经常将语义网络与其他工具和技术结合使用，如规则基础的系统，以实现更高级的知识处理功能。

在人工智能的发展中，语义网络作为一种工具已被用于多个领域，包括自然语言理解、知识库构建和专家系统开发。尽管语义网络在表示知识方面很有价值，但在处理大规模知识或进行复杂推理时，它们可能会遇到挑战。

3. 知识挖掘

知识挖掘是一种从大量的原始数据中发现有价值的模式、关系和知识的过程，是人工智能的新兴领域(Chirapurath，2019)。这一领域融合了多种学科的理论和技术，包括统计学、数据分析、机器学习和数据库技术。知识挖掘的核心目标不仅仅是找到数据中的模式，更重要的是识别出对决策制定者或数据科学家有实际意义的、可以解释的知识。

虽然知识挖掘有助于发现所有类型信息中的潜在见解，但对业务至关重要的许多信息都存在于非结构化格式中，如PDF、图像、视频、音频文件、纸质文档，甚至是手写笔记。这些内容中的关键信息并不容易看到或处理。如果采用传统方法，通常需要有人进行扫描、解释、注释、剪切和粘贴，大规模提取这些重要信息对企业来说是一个沉重的负担。知识挖掘有助于发现所有类型的信息(无论是结构化信息还是非结构化信息)中潜在的洞察力。

在《哈佛商业评论》分析服务部的一项调查中，超过68%的受访者认为知识挖掘对于在未来18个月内实现公司的战略目标非常重要，而且对知识挖掘的需求也在迅速增长(Chirapurath，2019)。77%的受访者正在使用人工方法处理非结构化信息，而这些方法很快就会被数据的增长以及这些信息可能提供巨大价值的潜在用例所取代(Chirapurath，2019)。

在实际应用中，知识挖掘涉及多个步骤。首先，数据预处理阶段包括数据清洗、转换和规范化，为后续的分析和模型构建提供高质量的数据。接下来，使用各种算法和技术对数据进行深入分析，如分类、聚类、关联规则学习等。最后，结果的评估和解释是至关重要的，必须确保挖掘出的知识对特定的应用或业务问题具有相关性和价值。

知识挖掘的主要挑战之一是如何从海量的、可能相关的模式中筛选出真正有价值的知识。此外，考虑到数据的动态性和复杂性，如何在实时或近实时环境中进行有效的知识挖掘也是研究和实践中需要解决的问题。

总体来说，知识挖掘提供了一个强大的框架，通过这一框架，人们可以从原始数据中提取深入、有洞察力的知识，为决策制定、策略优化和新发现提供支持。随着技术的进步和数据的不断增长，知识挖掘将继续在各个领域发挥越来越重要的作用。

4. 知识图谱

知识图谱(knowledge graph)也称为知识域可视化或知识领域映射地图，是显示知识发展进程与结构关系的一系列图形，在知识表示和推理中，知识图谱是一个知识库，它使用一个图结构的数据模型或拓扑结构来整合数据。知识图谱的基本组成单位是"实体-关系-实体"三元组，以及实体及其相关属性值对，实体间通过关系相互联结，构成网状的知识结构(万超，2021)。知识图谱并没有单一明确的定义，对于大部分知识图谱来说，它可以被定义为：一种数字结构，将知识表示为概念和它们之间的关系(事实)。一个知识图谱可以包括一个本体，使人类和机器都能理解和推理其内容。

知识图谱这个概念的产生可以追溯到20世纪70年代。1972年，奥地利语言学家埃德加·施耐德(Edgar W.Schneider)在讨论如何为课程建立模块化教学系统时提出了这一术语。20世纪80年代末，格罗宁根大学和特文特大学联合开始了一个名为知识图谱的项目，专注于语义网络的设计，其边缘限制在有限的关系集上，以方便图谱上的代数学。在随后的几十年里，语义网络和知识图谱之间的区别被模糊了。早期的一些知识图谱是针对主题的。1985年，Wordnet成立，它用来捕捉单词和词义之间的语义关系。1998年，英国科学金融有限公司的安德鲁·埃德蒙兹(Andrew Edmonds)创建了一个名为ThinkBase的系统，在图形环境中提供基于模糊逻辑的推理。2005年，Marc Wirk创立了Geonames，用来捕捉不同的地理名称和地点以及相关实体之间的关系。2007年，基于图形的通用知识库DBpedia和Freebase成立。DBpedia只关注从维基百科中提取的数据，而Freebase包括一系列公共数据集。2012年，谷歌正式发布了基于DBpedea和Freebase的知识图谱，并且以知识图谱为基础构建下一代搜索引擎。谷歌的知识图谱成功地完善了基于字符串的搜索，自此以后，涌现出了大量将知识图谱与机器学习相结合的研究成果。

从覆盖的领域来看，知识图谱可以分为通用知识图谱和行业知识图谱；前者面向开放领域，而后者则面向特定的行业。知识图谱除了应用于语义搜索中的提升搜索效果外，也广泛应用于个性化推荐或智能问答等任务(黄恒琪等，2019)。其中，基于知识图谱的语义搜索以知识卡片的形式提供结构化的搜索结果，并且能够理解用户使用自然语言描述的问题。同时，基于知识图谱的搜索引擎可以根据用户的搜索结果给出知识图谱中关联的结果，使用户发现更多可能感兴趣的结果。个性化推荐是电商领域中具有极高使用价值的研究方向。个性化推荐是指基于用户的特点和信息，为不同的用户推荐不同的结果。电商网站通过商业知识图谱实现精准推荐和营销。与搜索引擎类似，基于知识图谱的推荐可以给用户返回更丰富的结果，比如与用户搜索内容相关联的其他商品。智能问答是指系统根据用户以自然语言形式提出的问题作出回答。问答系统的本质是一种信息检索，将知识图谱看成一个大型的知识库，在图谱中查询出答案并返回给用户。智能问答可以再划分为具体的类别：围绕实体属性的检索、通过一定推理分析检索知识、开放领域问答、解析语义后查询、端到端问答。

传统的知识图谱研究领域主要围绕传统的数据存储、知识获取、本体融合、逻辑推理以及知识图谱应用等方面。文献(王鑫等，2019)详细综合和分析了知识图谱存储管理最新的研究进展。文献(Ji et al.，2021)从知识表示学习、知识获取与知识补全、时态知识图谱和知识图谱应用等方面进行了全面的综述。文献(官赛萍等，2018)重点对面向知识图谱的知识推理相关研究进行了综述。然而，在新一代人工智能技术和大数据的发展背景下，数据对象和交互方式的日益丰富和变化对知识图谱在基础理论和关键技术等方面提出了新的需求，也带来新的挑战。文献(王萌等，2022)从非结构化多模态数据组织与理解、大规模动态图谱表示学习与预训练模型，以及神经符号结合的知识更新与推理对最新的知识图谱技术发展进行了深入分析。

5. 知识融合

知识融合是一个跨学科的研究领域，其核心目标是整合来自多个来源的信息和知识，以创建一个更加全面、准确和连贯的知识体系。这一过程往往需要对来自不同背景、结构和上下文的数据和知识进行深入的理解和解析，以确保不同的知识片段能够和谐地融合在一起。

在实际应用中，知识融合涉及诸多挑战。不同的信息来源可能存在冲突和矛盾，这就要求系统能够判别哪些信息是可靠的，哪些信息可能是错误或过时的。此外，为了实现有效的融合，通常需要对原始数据进行预处理和标准化，以确保各种知识能够在同一框架下进行比较和整合。

知识融合从碎片数据中获取多源异质、语义多样、动态演化的知识。通过冲突检测和一致性检查，判断知识的正确性，然后通过排列、关联和聚合等方法将正确的知识有机地组织到知识库中(Song et al.，2019)，这为实现全面的知识共享提供了重要方法。

尽管知识融合带来了巨大的潜在价值，但其实施仍然是一个复杂的任务，涉及数据管理、质量控制、算法设计和知识表示等多方面的问题。随着大数据、人工智能和语义技术的发展，知识融合正在迅速成为各种应用的核心组成部分。

6. 知识更新

知识更新是一个持续不断的过程，旨在确保知识库或系统中的信息持续地保持其时效性、准确性、相关性和一致性(Teniente & Olivé，1995)。随着新的数据、研究和实践经验的出现，知识的某些方面可能变得过时或不再准确，因此需要定期进行修订和更新。

知识更新的重要性在许多领域都得到了体现，尤其是在那些知识快速发展和变化的领域，如医学、科技和法律。在这些领域中，使用过时或错误的信息可能会导致严重的后果，如误导性的医学建议或不合法的法律解释。

实施有效的知识更新需要一套系统化的方法。首先，必须定期对知识库进行评估，以确定哪些内容需要更新，这可以通过比较知识库中的信息与最新的参考资料或数据来完成。一旦确定了需要更新的知识，就可以开始收集和整理相关的新信息，这可能涉及深入研究、专家咨询或实地考察。

然而，仅仅识别并收集新知识并不足够。真正的挑战在于如何将这些新知识整合到现有的知识结构中，以确保整个系统的一致性和连贯性(Teniente & Olivé，1995)，这可能需要对原有知识的某些部分进行重新解释或调整。

总体来说，知识更新是知识管理中至关重要的一个环节，要确保知识始终与时俱进，为决策制定、学术研究和日常实践提供可靠的参考。随着技术的进步和信息爆炸的现实，知识更新的策略和工具也将继续演化，以满足日益增长的需求。

5.3.2 知识驱动的人工智能应用现状与挑战

人类大脑善于处理知识并通过知识进行推理，寻找事物的内在逻辑，将知识应用于各种场景，人类应用知识的能力要强于机器(朱小燕，2019)。知识驱动的人工智能的最大特点是基于人类拥有的先验知识来设计模型，擅长解决逻辑问题。由于解决问题的规则由人类定义并且知识驱动方法通过模拟人类的逻辑解决问题，所以知识驱动模型的可解释性较强。同时，知识驱动的机器学习类模型可以实现少样本学习，学习的鲁棒性较强，可以将学习得到的知识从一个领域迁移到另一个领域，实现知识的共享。

尽管知识驱动的人工智能在知识表示、逻辑推断和特定任务中具有长期的应用历史，并显示出一定的效益，但它们也存在一系列的局限性。

首先，知识驱动的人工智能的效率往往取决于知识和规则的精确性和完整性。构建一个全面且无误的知识库是一个时间消耗巨大并且容易出错的过程。另外，对于那些本质上非常复杂或频繁发生变化的系统或领域，如生物医学研究或金融市场，即使构建了一个初步的知识库，随着时间的推移，为确保知识库的时效性和相关性，也需要进行频繁的更新和维护。对于复杂的系统或不断变化的领域，维护一个更新、准确的知识库几乎是不切实际的。

其次，知识驱动的人工智能方法在处理数据时的固有结构使得它们常常显得不够灵活，特别是在遇到模糊的界定、存在不确定性或数据缺失的情况下，知识驱动的人工智能方法往往会受到限制。知识驱动的人工智能依赖于明确和确定的规则，这意味着当输入数据没有明确的匹配规则时，系统可能会无法做出有效的响应或决策。

最后，知识驱动的人工智能在扩展性上的局限性也是不容忽视的。随着数据量的增长和任务复杂度的提升，必要的规则和知识片段往往以一种近乎爆炸性的方式增加，这是因为每增加一个新的数据特点或维度，都可能需要多个新的规则来适应和描述这一新变化，特别是在那些高度互动或有多种变量交互的环境中，如金融市场或高度定制化的推荐系统，知识库的细节和复杂度可能会呈指数级增长。这种快速增长不仅使得规则的创建和管理变得更为复杂，还会对执行和查询速度产生影响。一个过于庞大的知识库可能会导致延迟，影响系统的实时响应能力。此外，随着规则数量的增加，可能存在规则间的冲突或冗余，进一步增加了维护的难度和误判的风险。例如专家系统，它无法便利地获取抽象知识，并且其应用范围局限性也较大(金哲等，2022)。

综上所述，尽管规则方法在特定情境下仍然有效，但它们也面临一系列的局限性。这些局限性强调了在知识工程和智能系统设计中采用混合方法和多模态方法的重要性，以综合各种方法的优点并克服各自的不足。

从技术上看，知识图谱是目前知识驱动的人工智能应用最重要的技术，各大高校、科研机构和商业互联网公司都已经意识到知识图谱的重要战略意义，纷纷投入精力加速对知识图谱的研究与应用。同时，知识图谱虽然已历经十余年的发展，但是依然处在发展的初级阶段，部分知识图谱的应用场景仅仅局限在商品推荐、智能搜索和医疗健康等领域，更多的领域还处在构建完善阶段，远远没有达到投入前沿应用并发挥显著作用的地步。可以看到，在未来的一段时间内，知识图谱的构建、存储、表示和推理等依然是知识图谱领域的研究热点，与此同时，适用特殊场景、更多下游任务的特殊知识图谱，如动态知识图谱、时序知识图谱、空间知识图谱、事理图谱、认知图谱和多模态图谱等均是研究者主要关注的重点，同时许多问题也需要学术界和工业界共同协力解决。

从实际的应用来看，知识服务平台主要负责构建知识图谱和提供具体场景应用服务，将来自上游数据提供方的初步结构化数据进行信息抽取、知识融合、知识加工，逐步构建起知识图谱，再为下游最终用户提供具体场景下基于知识图谱的数据智能化应用服务，可显著提高各行业中知识图谱的落地效率和效果，应用领域包括金融、客服、工业、科研、医疗等。目前，国外主流的知识图谱平台有

Palantir 可拓展大数据分析平台[①]、IBM Watson Discovery 服务及其相关产品所使用的知识图谱框架 Knowledge Studio[②]、Oracle 知识图谱平台[③]、Metaphactory 知识图谱信息系统解决方案平台[④]，以及开源知识图谱项目 LOD2(Auer, 2014)。同时，传统解决方案商旗下的知识平台和初创型知识服务平台以其在具体领域中的垂直深耕，整合了知识图谱的设计、构建、编辑、管理、应用等全生命周期实现，在市场上也具有一定的竞争力。这类典型的知识平台有(中国计算机学会，2021)：明略知识图谱信息系统 SCOPA，其提供了基于知识图谱技术的知识管理和洞察分析平台，实现了从客观数据汇聚到抽象知识沉淀的认知跃迁，为组织提供知识驱动的辅助决策；PlantData 知识图谱管理系统(knowledge graph management system，KGMS)，其以行业知识图谱全生命周期为理论指导，结合多行业、数十个项目实战经验，打造全流程一体化的管理平台；星环科技的知识图谱全场景解决方案，其内置全套数据组件，使用 3D 空间图实现知识图谱的可视化，并提供了成熟的行业模板；渊亭 DataExa-Sati 认知智能平台，其可帮助客户打造行业知识图谱，帮助企业快速生成成熟的解决方案；此外还有包括达观数据、东软、北大医信、鼎富科技等一批知识图谱平台提供商。企业级的知识图谱信息系统、知识工作自动化平台、知识图谱平台软件服务等方案相继被各厂商提出，正快速成为以知识图谱为核心的新一代信息系统发展的有力支撑。

5.4 数据知识双驱动的人工智能

5.4.1 纯数据驱动的人工智能系统的局限性和挑战

为了更加直观地展示数据驱动与知识驱动集成融合的效益，我们考虑医疗领域的一个具体案例进行分析。假设我们希望开发一个诊断助手，用于辅助医生识别罕见疾病。如果我们仅使用深度学习，这种纯数据驱动的方法可能需要大量的病例数据来训练模型。对于常见的疾病，这种方法可能工作得非常好，但对于罕见疾病，由于样本不足，模型可能会表现得不太理想。与此同时，知识驱动的方法会依赖于医学专家的知识，医生可能会提供关于罕见疾病的描述、症状、可能的原因和治疗方法等知识，形成一个知识库。在这种情境下，结合数据驱动和知识驱动的方法可能是最佳选择。通过知识图谱，我们可以将医学专家的知识与实际病例数据相结合。当新的病例数据进入系统时，我们不仅可以利用深度学习模型进行预测，还可以使用知识图谱中的信息进行辅助判断。这种集成融合方法不仅可以提高预测的准确性，还可以为医生提供更多关于疾病的上下文信息，从而为人工智能系统提供了更大的灵活性和准确性。

随着科学技术的不断进步，人工智能技术也在快速发展。当今，人工智能应用已经突破了诸多领域，爆发式增长的应用带来了前所未有的便利。同时，人工智能也在逐步融入生活和生产的各方面。

然而，当前基于纯数据驱动的深度学习的人工智能系统存在许多局限性。首先，它还未能构造真正的智能。相对于人类对于处理情境的能力，及对于创造性思维的能力，人工智能还有相当大的差距。我们仍然缺乏理解深度学习模型的具体运作方式，也无法确切地描述一个人工智能是否为智能体。其次，当前基于深度学习的人工智能系统的成熟度仍不够高。基于深度学习实现的人工智能系

---

① https://www.palantir.com/

② https://www.ibm.com/cloud/watson-knowledge-studio

③ https://www.oracle.com/sg/database/graph/

④ https://metaphacts.com/

统需要运用大量的数据进行训练，这也制约了其在一些特定和小众领域的应用。此外，基于大数据驱动的人工智能可能出现错误或者面临无法预知的情形，且尚缺少有效的修正方案。最后，需要特别注意基于深度学习的人工智能系统的使用场景要求较为苛刻。例如，大多数基于深度学习技术的人工智能系统需要具备相对静态的工作环境、相对单一的工作任务，才能够正常地进行工作（Marcus，2020）。同时，这些系统需要获得完备的信息，才能够对信息进行良好的分析处理，以具备较高的确定性。但是，现实中的环境变化、信息不完整等问题都容易影响整个人工智能系统的表现。

深度学习作为一门革命性的人工智能技术，能够学习海量数据中的更加复杂的特征，其结果在很多领域都很出色。然而，深度学习的应用面临着一些挑战。首先，深度学习的决策过程不可解释，难以由人类对结果做出合理解释。一方面，深度学习的决策依赖于所学习的参数，参数由成千上万的权重构成，系统的计算过程非常庞大，人类难以理解和解释其决策过程（Sarker，2021）；另一方面，深度学习的系统难以完全理解人的意图，尤其是在设计为人服务的智能系统时，深度学习被称为“炼金术”，其推理结果难以被直接采信。这些问题与人和机器的合作密切相关，对于信任和可靠性非常关键。深度学习的广泛应用对人和机器的合作能力产生了巨大影响。随着大语言模型技术的快速发展，机器对人的理解能力越来越强大，但人对深度学习的理解力度却没有做到同样程度的提高。这种状况产生了一个恶性循环，可能导致不信任的产生，并且给人机合作带来巨大的困扰。

深度学习的抗干扰能力也是人工智能领域目前的另一个难题，机器学习依赖于大量的样本数据，并且结果具有一定的不确定性，这意味着深度学习的系统可能对新颖事件的抗干扰能力较差，特别是对于突发事件和新型攻击。深度学习的成功来自对大数据的有效分析，因此，深度学习在大数据环境中表现得非常出色。但缺点同样显著，特别是对于大数据的过分依赖，这个问题对当前深度学习的应用产生了一些限制。

因此，未来需要通过人和机器的紧密合作来实现更广泛的应用，人工智能也需要进一步发展以满足实际生产需求。大数据驱动的基于深度学习人工智能系统在实践中面临着许多限制。目前，人工智能技术发展还有很长的路要走，这亟须深度学习的研究者和开发人员不断探索新的方法和理论，将其不确定性和抗干扰性提升到一个新的水平，并修复和优化现有问题。提高深度学习的可解释性和可理解性对促进人机合作无疑将起到关键作用。在这一过程中，特别是针对上述的问题，需要进一步解决人工智能在实际应用中的困难，将其更好地融入现实生活和生产的各方面。

5.4.2 数据和知识双驱动的人工智能技术优势及典型应用

在人工智能领域中，人类智能与机器智能都扮演着至关重要的角色。但是人类智能和机器智能所擅长的能力各有不同。人类智能有着从小样本中快速抓取事物本质的能力，由此形成的知识包括先验模型、逻辑规则、表示学习、统计约束等（Deacon，1997；Rescorla，2015；Russell，2010）；而机器智能则善于处理数据，即使是巨大的、复杂的数据集合都不在话下。机器可以不断从数据中学习，并改进自己的性能，从而完成识别、分类等任务。数据驱动的人工智能系统的特长在于把握局部特征，并找出数据之间的潜在关系和规律。而知识驱动的人工智能系统特长在于把握全局属性和构成关系，但是却可能会忽略局部特征的存在。知识驱动的人工智能需要一定数量的规则、经验和知识作为输入，以支持它们做出正确判断或推理。数据驱动和知识驱动可以进行有力的融合。将局部和全局、机器的直觉和人的常识结合起来是一个主要任务。另外，引入知识驱动的特性可以协助人工智能系统解决问题。通过引入人类专业知识和常识，人工智能算法的准确性、鲁棒性和可解释性将得到提高。此外，知识驱动的人工智能系统不仅可以在缺少数据的情况下学习，还可以帮助人工智能系统获得推理、决策和处理突发事件的能力，从而成为更加强大和多样化的人工智能。然而，由于不同的智能系统具有不同的特长和能力，数据驱动和知识驱动需要在应用实践中有机结合，才能达到优势互补。

数据驱动和知识驱动可以互补地完成一系列任务。当数据比较充分时，数据驱动方法能够有很好的表现，例如在机器翻译、自然语言处理、图像识别等领域；而当数据比较困难时，知识驱动方法则能够提高模型的泛化能力，并且还能够解决数据不平衡问题，例如在推荐系统、医疗领域等，知识驱动方法通常优于数据驱动方法。因此，数据驱动和知识驱动的结合是人工智能研究的重要内容，例如从知识图谱或知识库中提取与特定实体相关的数据，或将知识和数据进行结合以推理出新的结论，等等。一个完美的数据和知识双驱动模型特点和优势主要包括：①能够轻松处理目前主流机器学习擅长的问题；②对于数据噪音有较强的鲁棒性；③系统求解过程和结果可以被人容易地理解、解释和评价；④可以很好地进行各类符号的操作；⑤可以无缝地利用各种背景知识。

国外目前最具代表性的研究为 Cohen 等(Dhingra et al.，2019)的研究工作。其中，Cohen(Dhingra et al.，2019)作为人工智能领域的重要学者，近年来发表了一系列数据和知识双驱动的算法研究，典型工作 DrKIT 框架如图 5.6 所示，其使用语料库作为虚拟的知识图谱，进而实现复杂多跳问题的求解。DrKIT 采用传统知识图谱上的搜索策略进行文本数据的遍历，主要遵循语料库中包含文本以及实体之间的关系路径。在每个步骤中，DrKIT 使用稀疏矩阵 TF/IDF 索引和最大内积搜索，并且整个模块是可微的，所以整个系统可以使用基于梯度的方法对从自然语言输入到输出答案进行训练。DrKIT 非常高效，每秒比现有的多跳问答系统快 10～100 倍，同时保持了很高的精度(Dhingra et al.，2020)。

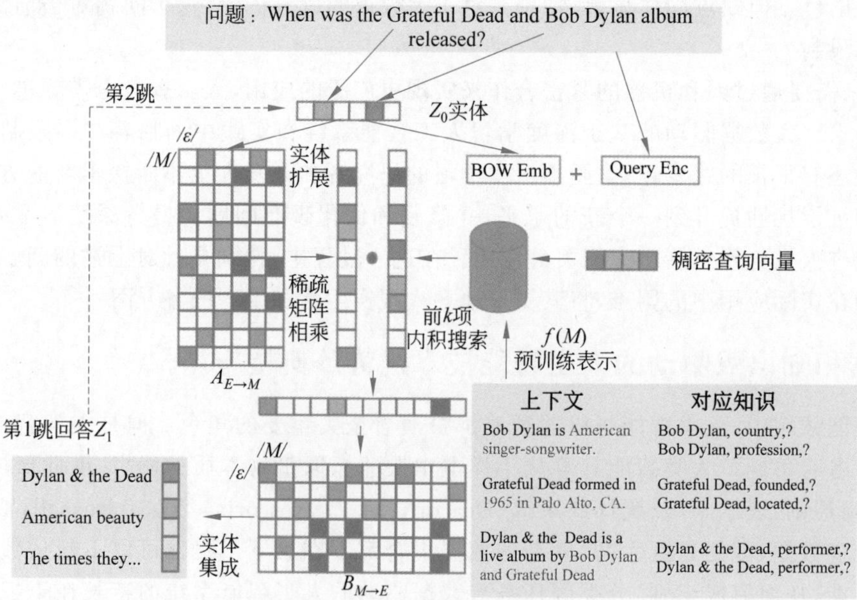

图 5.6 典型工作 DrKIT 框架

在国内，清华大学 Ding 等(2019)所做的工作 CogQA 提出了基于人类认知模式的认知图谱来解决阅读理解上的多跳问答，属于数据与知识双驱动的代表性工作，其核心思想是“知识图谱＋认知推理＋逻辑表达”，目的是在数据驱动的模型中做知识的扩展，在知识驱动的模型中做逻辑推理和决策(采用图神经网络和符号知识结合的方法)，进而实现用符号知识的表示、推理和决策(知识驱动)来解决深度学习求解过程(数据)中的黑盒问题。

在人工智能技术的应用领域中，知识和数据的共同驱动在一些垂直领域已经有了初步的尝试。其中，网络安全是一个重要的领域，它的目的是检测和防御网络攻击。为了实现这个目标，需要分析大量的网络数据。在此领域中，通过特征分析的数据驱动方法与领域专家的知识驱动方法结合起来，能够有效识别攻击行为。另外，在通信网络的监测与修复方面，通过建立基于数据与知识的综合监测体系，能够更好地保障网络的稳定和安全。自动驾驶也是人工智能技术的一个重要应用场景，而自动驾驶汽车在处理道路和交通情况时，需要用到由知识图谱和数据学习得出的模型，引入人类知识和经验可以提升模型对突发事件的处理能力，包括交通标志的理解、需要紧急刹车等交通事件的快速响应。此外，对于对话机器人等人机对话场景，知识库可以提供所需的背景知识，帮助机器人理解对话场景，从而更好地与用户进行交互。

将知识和数据有机结合能够提高人工智能系统的准确度和合理性，达到协同优势。知识和数据共同驱动的人工智能系统在未来会有更广泛的应用前景，同时，引入人类知识和经验可以为人工智能问题的解决提供不可或缺的帮助。因此，未来的人工智能发展需要注重知识和数据的有机结合，以及与人类智能的互补和协调。

5.4.3 数据驱动和知识驱动的人工智能的融合方法及发展趋势

近年来，随着深度神经网络规模的不断扩大，人工智能逐渐将数据驱动作为焦点。但是，纯粹依赖于数据驱动的人工智能也带来很多问题。一方面，根据经验规则，模型和数据的指数增长只能带来模型能力的线性提升；另一方面，目前仍有许多难以通过纯粹的数据驱动解决的问题，比如可解释性、准确性、时效性等。而且知识导向任务(knowledge-intensive tasks)需要外部知识参与推理，在这些任务中，尤其需要结合数据驱动和知识驱动的人工智能方法(Maillard et al., 2021)。知识导向任务根据所需要的知识可以分为百科知识导向任务(encyclopedic knowledge-intensive tasks)和常识知识导向任务(commonsense knowledge-intensive tasks)。百科知识导向任务包括开放领域问答(open-domain QA)、事实验证(fact verification)和实体链接(entity linking)等。常识知识导向任务一般聚焦于测试模型是否能在日常对话中做出准确的理解和回应。

1. 数据和知识融合的范式

在大语言模型领域，数据与知识双驱动的融合也是重要的研究方向。在近期的知识和数据相结合的工作中，主要采用的模型结构有以下 5 种。

(1) 串联。如图 5.7 所示，一般的串联方式是神经网络的输入和输出都是符号化知识，中间通过神经网络进行映射，如自然语言处理任务中将词汇输入使用 word2vec(Mikolov et al., 2013)和 Glove (Pennington et al., 2014)映射为词向量后输入神经网络，再将神经网络输出映射为符号类别或序列。这种集成方式相对简单，目前许多 NLP 系统均属于这种类型。输入的符号化知识先被转化成词嵌入输入神经网络，被神经网络处理后再映射回符号化的知识。

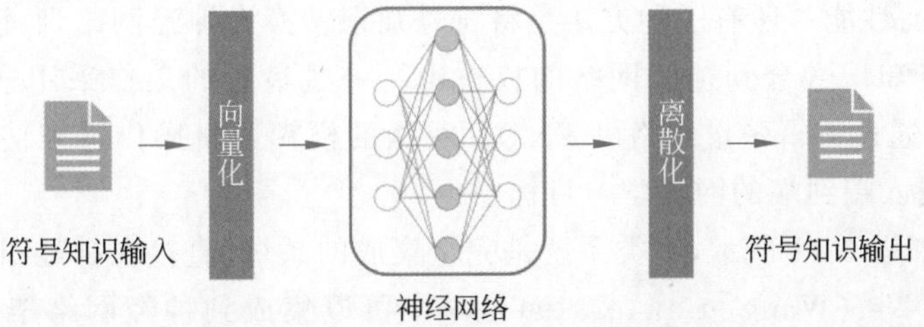

图 5.7 数据和知识双驱动模型串联结构

(2) 子模块。如图 5.8 所示,子模块结构一般整体上以知识系统为主,神经网络模块仅作为逻辑问题求解器的子程序,是松耦合的混合系统。例如 AlphaGo,其问题求解器为蒙特卡罗树搜索算法,而启发式评估函数为神经网络。另一个例子是学习并生成组合规则的知识数据模型 NeSS,该模型基于序列到序列生成网络,采用堆栈机器(stack machine)支持递归和序列操作,堆栈机器的执行轨迹由神经网络产生。

图 5.8 数据和知识双驱动模型子模块结构

(3) 独立互补。如图 5.9 所示,数据和知识部分专注于不同但互补的任务,在一个大的流水线中协同工作,二者之间的交互可以提升彼此和整体的性能。例如,视觉推理辅助的问答系统 NS-CL 包含一个神经网络模块来学习视觉概念,以及一个符号推理模块,在概念表示上执行推理程序并根据知识来回答问题。推理模块可以给出反馈信号,支持神经感知模块的基于梯度的优化;ABL(Dai et al., 2019)提出了一个归纳学习框架,它将子符号感知学习和符号逻辑推理分开进行,但两者是互动的。还有一个例子是 DeepProbLog(Manhaeve et al., 2018),它将神经网络作为概率事实计算的谓词,然后利用概率逻辑编程语言 ProbLog 进行推理。还有一种常见的方法是利用知识规划指导任务执行,并将执行经验反馈用于改进规划。总体来说,数据模块和知识模块相互协作、相互促进,以发挥各自的优势。

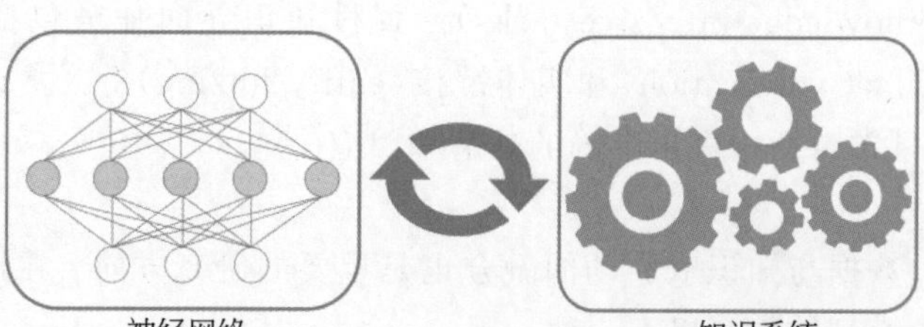

图 5.9 数据和知识双驱动模型独立互补结构

(4) 数据融合知识。如图 5.10 所示,这类方法将知识融合进神经网络,一般是将知识融合到神经网络的架构或训练机制中。例如,LENSR(Xie et al., 2019)等模型学习将符号知识表示为向量,以便自然地将符号域知识融入神经网络架构。还有一些问答模型或视觉问答模型通过生成和执行符号程序来回答问题,比如 KRISP(Marino et al., 2021)利用图神经网络来嵌入知识图谱中的实体和关系,以提升知识驱动任务的性能。还有一种方法是将符号知识转换为神经网络训练时使用的损失函数中的附加软约束,从而将知识融合到神经网络的权重中。一些最近的工作采用这种方向,如 DFL(van Krieken et al., 2022)通过逻辑张量网络(LTNs)用可微的模糊逻辑操作符来估计不可谓的逻辑链接和量词,将逻辑规则嵌入端到端的网络学习目标中。

(5) 完全嵌入。如图 5.11 所示,这类系统是完全集成的系统,直接在神经引擎内嵌入了一个知识推理引擎。例如 SATNet(Wang et al., 2019)是一个可以集成到神经网络架构中的可微的满足性

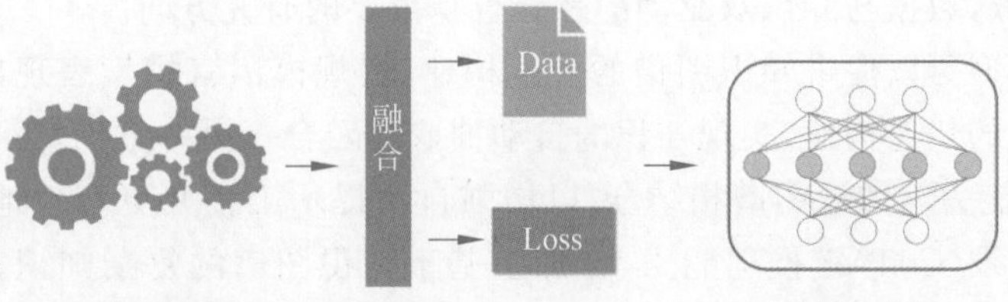

图 5.10　数据和知识双驱动模型知识融合结构

(MAXSAT)求解器，可以集成到更大的神经网络架构中，使用标准反向传播进行端到端训练。

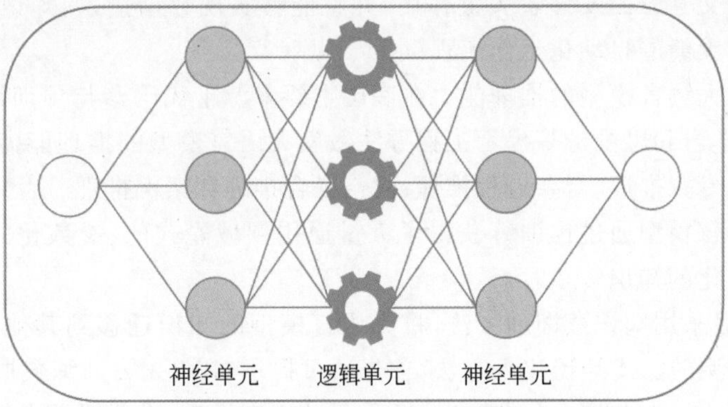

图 5.11　数据和知识双驱动模型完全嵌入结构

2. 知识注入大语言模型

如何将知识注入强大的预训练大语言模型一直是有挑战性的研究课题。根据知识和语言融合发生的相对于大语言模型的位置，可以将知识和大语言模型的融合方式分为 3 种：前融合方法（pre-fusion methods）、后融合方法（post-fusion methods）和混合方法（hybrid-fusion methods）（Yin et al.，2022）。

前融合方法在预训练阶段将知识注入大语言模型，在融合之前，知识会被先转换成非结构化的纯文本，然后用这些纯文本来微调模型，因此这种方法不用对模型结构做出过多的调整就可以完成知识注入。将知识转换成非结构化的纯文本的最简单的方法是直接将实体和关系连接起来，或者生成更通顺的自然文本。一般来说，针对知识设计新的预训练任务可以取得更好的效果，比如百度的 ERNIE 1.0 在 BERT 的掩码语言模型（mask language model，MLM）的基础上设计了知识掩码语言模型（knowledge masked language modeling），通过命名实体掩码和短语掩码让模型在预训练的过程预测被掩蔽的命名实体和短语，提高了知识注入过程中知识表示的效果（Sun et al.，2019）。

后融合方法的知识输入发生在微调阶段，一般先针对特定任务检索知识，再在经过知识增强后的输入上进行推理。有的工作将检索到的知识转化成文本后，再输入预训练模型对模型进行微调或者提示，而另一些工作会直接将知识转化成向量表示（embedding），然后与模型中的向量表示融合来实现知识注入。例如 GEAR 通过在 BERT 模型之后加入一个证据推理的图神经网络，实现知识注入（Zhou et al.，2019）。

混合融合方法是指结合了前融合方法和后融合方法，在预训练和微调的两个阶段都进行融合的方法。在混合融合的方法中，在预训练期间，语言模型会学习利用检索到的知识为语言建模，在微调阶段也可以更好地利用知识。

在大语言模型领域，数据与知识双驱动的融合也是重要的研究方向。

一方面，大语言模型可以促进知识图谱的快速构建，大规模语言模型表现出的强大抽取、生成能力，能够辅助知识图谱的快速构建，实现知识的自动抽取与融合。另一方面，近年来，人们越来越关注将语言模型（LLM）的能力与知识图谱相结合，以增强自动提示工程并更有效地解决复杂任务。借助LLM的涌现能力和思维（CoT）链推理能力，再加上基于知识图谱的复杂知识推理能力，这种集成进一步增强了其综合处理复杂知识的能力。通过以三元组、指令、规则、代码等形式将知识图谱中的知识纳入语言模型的训练过程，不仅提升了LLM的可靠性和可解释性，还能够将LLM生成的内容与知识图谱中的知识相连接，实现对生成内容的引证、溯源和验真。知识图谱中本体表示的知识在捕捉领域特定数据、知识和交互方面发挥着关键作用，并且能够实现数据接入、知识抽取等全流程的自动化，为用户交互提供了无缝的自动化工作流程。

在推理能力方面，大语言模型的推理能力在底层主要来源于代码参与预训练和指令微调，而在使用时主要通过上下文学习和思维链等提示工程方法激发大语言模型的推理能力。而知识图谱的推理能力包括图关联分析、专家推理、复杂过程推理、时空联合推理和案例推理。

在知识方面，大语言模型通过预训练获得了大量通用领域隐式的、参数化的知识，而知识则包含垂直领域显式的、符号化的知识。

隐式知识注入一般采用知识蒸馏的方法，将大语言模型的知识迁移到其他模型。RAINIER（Liu et al.，2022）采用了典型的隐式知识注入方法，首先通过提示GPT-3为训练数据集中的问题生成相关的知识语句，用GPT和少量的提示生成知识，提示下游语言模型，并借助强化学习进一步校准知识。在推理时，RAINIER通过核采样为每个问题生成多个知识语句，每个知识语句与问题单独连接提示语言模型。

显式知识注入一般指将文档、语料或者知识图谱的显式知识注入语言模型中，在这个过程中往往需要检索显式知识。例如，为了减少大语言模型上下文学习所需的手动标注数据量，Su等（2022）提出制定一个选择性标注框架方法，该方法可以避免对大规模标注语料库进行检索的依赖。

近年来，还有一些工作将显式知识和隐式知识结合起来，例如针对开放领域视觉问答任务的KRISP（Marino et al.，2021）将知识图谱作为显式知识的来源，将语言模型作为隐式知识的来源，结合了显式知识的准确和隐式知识的广度。

知识增强的大语言模型也是学界和业界研究的重点，目前，大语言模型高昂的预训练成本和巨大的预训练数据需求导致大语言模型缺乏对垂直领域的知识，阻碍了大语言模型的实际落地。知识增强大语言模型的方法可以用显式的知识来弥补大语言模型在垂直领域的缺陷，通过在线通用大语言模型和离线的领域知识图谱相结合的方法，可以将大语言模型的复杂问题推理能力应用到垂直领域。而大语言模型还可以用于辅助垂直领域的数据处理和知识图谱构建。大语言模型与知识图谱的结合在应对复杂挑战方面展现出巨大潜力，并在自然语言处理和基于知识的应用领域有着广阔的发展前景。

综上，人工智能技术正日益成为社会发展的重要驱动力，预计未来，数据与知识双驱动的人工智能算法将广泛应用于各个领域，为人类社会做出更好的决策，推动更多的科学技术革新。同时，从以上数据与知识的融合研究发展可以看出，在实现模型训练和理论技术突破的同时，考虑数据中的偏见、伦理、法律、安全等问题也将成为重要的研究方向。

5.5 总结

本章介绍了数据驱动、知识驱动和数据和知识双驱动的人工智能方法，阐述了这三种方法的发展历史、具体方法、实际应用和面临的挑战。着重介绍了知识图谱、大语言模型等前沿技术。数据驱动的方法依赖于大数据和先进的计算能力，其在模式识别和预测领域中有着广泛的应用。然而，其也面临着垂直领域应用、算力局限、持续学习等问题。与此相对，知识驱动的方法更注重对领域专家知识的捕捉和编码，但在快速适应变化和扩展性等方面受到了挑战。双驱动方法则试图在数据和知识之间找到一个平衡点，融合两者的优点以克服各自的不足。

如表 5.1 所示，尽管每种方法都有其独特的优势，但它们都不是万能的。数据驱动的方法在处理大量、多样化的数据时表现出色，但可能会遭遇数据不足、算力不足、缺乏推理能力和难以持续学习的问题。而知识驱动的方法在处理专家领域或高度结构化的问题时颇具优势，但其自适应性和泛化能力仍存在挑战。数据和知识双驱动的方法试图结合前两者的优点，但如何完美地融合它们仍是一个待解的难题。

表 5.1　数据驱动的人工智能、知识驱动的人工智能、数据和知识双驱动的人工智能的优缺点、代表工作

	优　点	缺　点	代表工作
数据驱动	自适应性 泛化能力 减少人工特征工程	算力需求大 数据需求大 缺乏推理能力 不可解释 不一致性	GPT 系列（Brown et al.，2020；OpenAI，2023；Radford et al.，2018）
知识驱动	算力需求小 数据需求小 逻辑推理能力 可解释性 一致性	自适应性低 泛化能力差 知识构建和维护困难	Palantir Knowledge Studio Oracle 知识图谱平台 Metaphactory LOD2(Auer，2014)
数据和知识双驱动	结合数据驱动和知识驱动方法的优点	知识和数据的融合方法仍在探索阶段	AlphaGo(Wang et al.，2016) KRISP(Marino et al.,2021) RAINIER(Liu et al.，2022)

随着技术的不断发展，未来的 AI 系统可能会采用更加综合的方法，将各种 AI 技术结合，为复杂的问题提供更加高效和创新的解决方案。无论采用哪种方法，人工智能的最终目标都是更好地服务于人类，满足人们日益复杂和多样的需求。因此，未来的研究应该更加注重如何将这三种方法有机结合，创造出更加强大、灵活和智能的 AI 系统。

参考文献

Aghajanyan，A.，Yu，L.，Conneau，A.，Hsu，W.-N.，Hambardzumyan，K.，Zhang，S.，Roller，S.，Goyal，N.，Levy，O.，& Zettlemoyer，L. (2023). Scaling laws for generative mixed-modal language models. arXiv preprint arXiv：2301.03728.

Auer，S. (2014). Introduction to LOD2. Linked Open Data--Creating Knowledge Out of Interlinked Data：Results of the LOD2 Project，1-17.

Bommasani，R.，Hudson，D. A.，Adeli，E.，Altman，R.，Arora，S.，von Arx，S.，Bernstein，M. S.，Bohg，J.，Bosselut，A.，& Brunskill，E.（2021）. On the opportunities and risks of foundation models. arXiv preprint arXiv：2108.07258.

Brown，T.，Mann，B.，Ryder，N.，Subbiah，M.，Kaplan，J. D.，Dhariwal，P.，Neelakantan，A.，Shyam，P.，Sastry，G.，& Askell，A.（2020）. Language models are few-shot learners. Advances in neural information processing systems，33，1877-1901.

Chen，M.，Tworek，J.，Jun，H.，Yuan，Q.，Pinto，H. P. d. O.，Kaplan，J.，Edwards，H.，Burda，Y.，Joseph，N.，& Brockman，G.（2021）. Evaluating large language models trained on code. arXiv preprint arXiv：2107.03374.

Chen，X.，Liang，C.，Yu，A. W.，Song，D.，& Zhou，D.（2020）. Compositional generalization via neural-symbolic stack machines. Advances in neural information processing systems，33，1690-1701.

Chirapurath，J.（2019）. Knowledge mining. The Next Wave of Artificial Intelligence-Led Transformation. Harward Business Review Analytic Services.

Cho，K.，Van Merriënboer，B.，Gulcehre，C.，Bahdanau，D.，Bougares，F.，Schwenk，H.，& Bengio，Y.（2014）. Learning phrase representations using RNN encoder-decoder for statistical machine translation. arXiv preprint arXiv：1406.1078.

Creswell，A.，White，T.，Dumoulin，V.，Arulkumaran，K.，Sengupta，B.，& Bharath，A. A.（2018）. Generative adversarial networks：An overview. IEEE Signal processing magazine，35(1)，53-65.

Dai，W.-Z.，Xu，Q.，Yu，Y.，& Zhou，Z.-H.（2019）. Bridging machine learning and logical reasoning by abductive learning. Advances in neural information processing systems，32.

Deacon，T. W.（1997）. The Co-evolution of Language and the Brain. WW Norlon，Nueva Ymk.

Devlin，J.，Chang，M.-W.，Lee，K.，& Toutanova，K.（2018）. Bert：Pre-training of deep bidirectional transformers for language understanding. arXiv preprint arXiv：1810.04805.

Dhingra，B.，Zaheer，M.，Balachandran，V.，Neubig，G.，Salakhutdinov，R.，& Cohen，W. W.（2019）. Differentiable Reasoning over a Virtual Knowledge Base. International Conference on Learning Representations.

Dhingra，B.，Zaheer，M.，Balachandran，V.，Neubig，G.，Salakhutdinov，R.，& Cohen，W. W.（2020）. Differentiable reasoning over a virtual knowledge base. arXiv preprint arXiv：2002.10640.

Ding，M.，Zhou，C.，Chen，Q.，Yang，H.，& Tang，J.（2019）. Cognitive Graph for Multi-Hop Reading Comprehension at Scale. Proceedings of the 57th Annual Meeting of the Association for Computational Linguistics.

Dong，Q.，Li，L.，Dai，D.，Zheng，C.，Wu，Z.，Chang，B.，Sun，X.，Xu，J.，& Sui，Z.（2022）. A Survey for In-context Learning. arXiv preprint arXiv：2301.00234.

Fu，Y.，Peng，H.，& Khot，T.（2022）. How does GPT Obtain its Ability? Tracing Emergent Abilities of Language Models to their Sources. Yao Fu's Notion. https://yaofu.notion.site/How-does-GPT-Obtain-its-Ability-Tracing-Emergent-Abilities-of-Language-Models-to-their-Sources-b9a57ac0fcf74f30a1ab9e3e36fa1dc1

Hartigan，J. A.，& Wong，M. A.（1979）. Algorithm AS 136：A k-means clustering algorithm. Journal of the royal statistical society. series c (applied statistics)，28(1)，100-108.

Hearst，M. A.，Dumais，S. T.，Osuna，E.，Platt，J.，& Scholkopf，B.（1998）. Support vector machines. IEEE Intelligent Systems and their applications，13(4)，18-28.

Hinton，G.，Deng，L.，Yu，D.，Dahl，G. E.，Mohamed，A.-r.，Jaitly，N.，Senior，A.，Vanhoucke，V.，Nguyen，P.，& Sainath，T. N.（2012）. Deep neural networks for acoustic modeling in speech recognition：The shared views of four research groups. IEEE Signal processing magazine，29(6)，82-97.

Hochreiter，S.，& Schmidhuber，J.（1997）. Long short-term memory. Neural computation，9(8)，1735-1780.

Hoffmann，J.，Borgeaud，S.，Mensch，A.，Buchatskaya，E.，Cai，T.，Rutherford，E.，Casas，D. d. L.，Hendricks，L. A.，Welbl，J.，& Clark，A.（2022）. Training compute-optimal large language models. arXiv preprint arXiv：2203.15556.

Ji, S., Pan, S., Cambria, E., Marttinen, P., & Philip, S. Y. (2021). A Survey on Knowledge Graphs: Representation, Acquisition, and Applications. IEEE Transactions on Neural Networks and Learning Systems.

Konda, V., & Tsitsiklis, J. (1999). Actor-critic algorithms. Advances in neural information processing systems, 12.

Krizhevsky, A., Sutskever, I., & Hinton, G. E. (2017). Imagenet classification with deep convolutional neural networks. Communications of the ACM, 60(6), 84-90.

Liu, J., Hallinan, S., Lu, X., He, P., Welleck, S., Hajishirzi, H., & Choi, Y. (2022). Rainier: Reinforced knowledge introspector for commonsense question answering. arXiv preprint arXiv: 2210.03078.

Maillard, J., Karpukhin, V., Petroni, F., Yih, W.-t., Oğuz, B., Stoyanov, V., & Ghosh, G. (2021). Multi-task retrieval for knowledge-intensive tasks. arXiv preprint arXiv: 2101.00117.

Manhaeve, R., Dumancic, S., Kimmig, A., Demeester, T., & De Raedt, L. (2018). Deepproblog: Neural probabilistic logic programming. Advances in neural information processing systems, 31.

Mao, J., Gan, C., Kohli, P., Tenenbaum, J. B., & Wu, J. (2019). The neuro-symbolic concept learner: Interpreting scenes, words, and sentences from natural supervision. arXiv preprint arXiv: 1904.12584.

Marcus, G. (2020). The next decade in AI: four steps towards robust artificial intelligence. arXiv preprint arXiv: 2002.06177.

Marino, K., Chen, X., Parikh, D., Gupta, A., & Rohrbach, M. (2021). Krisp: Integrating implicit and symbolic knowledge for open-domain knowledge-based vqa. Proceedings of the IEEE/CVF Conference on Computer Vision and Pattern Recognition,

Mikolov, T., Chen, K., Corrado, G., & Dean, J. (2013). Efficient estimation of word representations in vector space. arXiv preprint arXiv: 1301.3781.

Mnih, V., Kavukcuoglu, K., Silver, D., Graves, A., Antonoglou, I., Wierstra, D., & Riedmiller, M. (2013). Playing atari with deep reinforcement learning. arXiv preprint arXiv: 1312.5602.

OpenAI. (2023). GPT-4 Technical Report. arXiv preprint
arXiv: 2303.08774.https://doi.org/https://doi.org/10.48550/arXiv.2303.08774

Ouyang, L., Wu, J., Jiang, X., Almeida, D., Wainwright, C., Mishkin, P., Zhang, C., Agarwal, S., Slama, K., & Ray, A. (2022). Training language models to follow instructions with human feedback. Advances in neural information processing systems, 35, 27730-27744.

Overman, D. (2022). Nuance Communications Expands Next-Generation Ambient AI Capabilities. AXIS Imaging News.

Pan, S. J., & Yang, Q. (2009). A survey on transfer learning. IEEE Transactions on knowledge and data engineering, 22(10), 1345-1359.

Pennington, J., Socher, R., & Manning, C. D. (2014). Glove: Global vectors for word representation. Proceedings of the 2014 conference on empirical methods in natural language processing (EMNLP),

Radford, A., Narasimhan, K., Salimans, T., & Sutskever, I. (2018). Improving language understanding by generative pre-training.

Radford, A., Wu, J., Child, R., Luan, D., Amodei, D., & Sutskever, I. (2019). Language models are unsupervised multitask learners. OpenAI blog, 1(8), 9.

Rescorla, M. (2015). The computational theory of mind.

Rosenblatt, F. (1958). The perceptron: a probabilistic model for information storage and organization in the brain. Psychological review, 65(6), 386.

Rumelhart, D. E., Hinton, G. E., & Williams, R. J. (1985). Learning internal representations by error propagation. In: Institute for Cognitive Science, University of California, San Diego La ....

Russell, S. J. (2010). Artificial intelligence a modern approach. Pearson Education, Inc.

Sagi, O., & Rokach, L. (2018). Ensemble learning: A survey. Wiley Interdisciplinary Reviews: Data Mining and Knowledge Discovery, 8(4), e1249.

Sarker, I. H. (2021). Deep learning: a comprehensive overview on techniques, taxonomy, applications and research directions. SN Computer Science, 2(6), 420.

Silver, D., Schrittwieser, J., Simonyan, K., Antonoglou, I., Huang, A., Guez, A., Hubert, T., Baker, L., Lai, M., & Bolton, A. (2017). Mastering the game of go without human knowledge. nature, 550(7676), 354-359.

Smolensky, P., McCoy, R., Fernandez, R., Goldrick, M., & Gao, J. (2022a). Neurocompositional computing: From the Central Paradox of Cognition to a new generation of AI systems. AI Magazine, 43(3), 308-322.

Smolensky, P., McCoy, R. T., Fernandez, R., Goldrick, M., & Gao, J. (2022b). Neurocompositional computing in human and machine intelligence: A tutorial.

Song, Y., Li, A., Jia, Y., Huang, J., & Zhao, X. (2019). Knowledge fusion: introduction of concepts and techniques. 2019 IEEE Fourth International Conference on Data Science in Cyberspace (DSC),

Sowa, J. F. (1992). Semantic networks. Encyclopedia of artificial intelligence, 2, 1493-1511.

Su, H., Kasai, J., Wu, C. H., Shi, W., Wang, T., Xin, J., Zhang, R., Ostendorf, M., Zettlemoyer, L., & Smith, N. A. (2022). Selective annotation makes language models better few-shot learners. arXiv preprint arXiv: 2209.01975.

Sun, Y., Wang, S., Li, Y., Feng, S., Chen, X., Zhang, H., Tian, X., Zhu, D., Tian, H., & Wu, H. (2019). Ernie: Enhanced representation through knowledge integration. arXiv preprint arXiv: 1904.09223.

Teniente, E., & Olivé, A. (1995). Updating knowledge bases while maintaining their consistency. The VLDB Journal, 4, 193-241.

van Krieken, E., Acar, E., & van Harmelen, F. (2022). Analyzing differentiable fuzzy logic operators. Artificial Intelligence, 302, 103602.

Vaswani, A., Shazeer, N., Parmar, N., Uszkoreit, J., Jones, L., Gomez, A. N., Kaiser, Ł., & Polosukhin, I. (2017). Attention is all you need. Advances in neural information processing systems, 30.

Wang, F.-Y., Zhang, J. J., Zheng, X., Wang, X., Yuan, Y., Dai, X., Zhang, J., & Yang, L. (2016). Where does AlphaGo go: From church-turing thesis to AlphaGo thesis and beyond. IEEE/CAA Journal of Automatica Sinica, 3(2), 113-120.

Wang, P.-W., Donti, P., Wilder, B., & Kolter, Z. (2019). Satnet: Bridging deep learning and logical reasoning using a differentiable satisfiability solver. International Conference on Machine Learning.

Wei, J., Wang, X., Schuurmans, D., Bosma, M., Xia, F., Chi, E., Le, Q. V., & Zhou, D. (2022). Chain-of-thought prompting elicits reasoning in large language models. Advances in neural information processing systems, 35, 24824-24837.

Wold, S., Esbensen, K., & Geladi, P. (1987). Principal component analysis. Chemometrics and intelligent laboratory systems, 2(1-3), 37-52.

Wu, S., Irsoy, O., Lu, S., Dabravolski, V., Dredze, M., Gehrmann, S., Kambadur, P., Rosenberg, D., & Mann, G. (2023). Bloomberggpt: A large language model for finance. arXiv preprint arXiv: 2303.17564.

Xie, Y., Xu, Z., Kankanhalli, M. S., Meel, K. S., & Soh, H. (2019). Embedding symbolic knowledge into deep networks. Advances in neural information processing systems, 32.

Yang, Y., Zhuang, Y., & Pan, Y. (2021). Multiple knowledge representation for big data artificial intelligence: framework, applications, and case studies. Frontiers of Information Technology & Electronic Engineering, 22 (12), 1551-1558.

Yin, D., Dong, L., Cheng, H., Liu, X., Chang, K.-W., Wei, F., & Gao, J. (2022). A survey of knowledge-intensive nlp with pre-trained language models. arXiv preprint arXiv: 2202.08772.

Yu, F., Quartey, L., & Schilder, F. (2022). Legal prompting: Teaching a language model to think like a lawyer. arXiv preprint arXiv: 2212.01326.

Zhang, J., Chen, B., Zhang, L., Ke, X., & Ding, H. (2021). Neural, symbolic and neural-symbolic reasoning on knowledge graphs. AI Open, 2, 14-35.

Zheng, W., Sharan, S., Jaiswal, A. K., Wang, K., Xi, Y., Xu, D., & Wang, Z. (2023). Outline, then details: Syntactically guided coarse-to-fine code generation. arXiv preprint arXiv: 2305.00909.

Zhou, J., Han, X., Yang, C., Liu, Z., Wang, L., Li, C., & Sun, M. (2019). GEAR: Graph-based evidence aggregating and reasoning for fact verification. arXiv preprint arXiv: 1908.01843.

Zhuang, F., Qi, Z., Duan, K., Xi, D., Zhu, Y., Zhu, H., Xiong, H., & He, Q. (2020). A comprehensive survey on transfer learning. Proceedings of the IEEE, 109(1), 43-76.

Zhuo, T. Y., Huang, Y., Chen, C., & Xing, Z. (2023). Exploring ai ethics of chatgpt: A diagnostic analysis. arXiv preprint arXiv: 2301.12867.

官赛萍，靳小龙，贾岩涛，王元卓，& 程学旗.(2018).面向知识图谱的知识推理研究进展.软件学报，29(10)，2966-2994.

黄恒琪，于娟，廖晓，& 席运江.(2019).知识图谱研究综述.计算机系统应用，28(6)，1-12.

金哲，张引，吴飞，朱文武，& 潘云鹤.(2022).数据驱动与知识引导结合下人工智能算法模型.电子与信息学报，44，1-15.

邱锡鹏.(2020).神经网络与深度学习.机械工业出版社. https://nndl.github.io

万超.(2021).知识驱动与数据驱动系统构建综述.长江信息通信.

王萌，王昊奋，李博涵，赵翔，& 王鑫.(2022).新一代知识图谱关键技术综述.计算机研究与发展，59(9)，1947-1965.

王鑫，邹磊，王朝坤，彭鹏，& 冯志勇.(2019).知识图谱数据管理研究综述.软件学报，30(7)，2139-2174.

吴飞.(2022).数据驱动与知识引导相互结合的智能计算.智能系统学报，17(1)，217-219.

许为，葛列众，& 高在峰.(2021).人-AI交互：实现"以人为中心 AI"理念的跨学科新领域.智能系统学报，16(4)，605-621. https://kns.cnki.net/kcms/detail/23.1538.tp.20210712.1756.002.html

张钹，朱军，& 苏航.(2020).迈向第三代人工智能.中国科学：信息科学，50(9)，1281-1302.

中国计算机学会.(2021).2020-2021 中国计算机科学技术发展报告.机械工业出版社.

周志华.(2016).机器学习.清华大学出版社.

朱小燕.(2019).知识与数据的融合推动人工智能发展.信息通信技术，13(1)，4-6.

作者简介

王昊奋　博士，研究员，博士生导师，同济大学设计创意学院，全球最大中文开放知识图谱联盟 OpenKG 发起人之一。研究方向：知识图谱，自然语言处理，神经符号推理。E-mail: carter.whfcarter@gmail.com。

王　萌　博士，副教授，同济大学设计创意学院。研究方向：多模态知识图谱，神经符号推理，语义搜索。E-mail: wangmensd@outlook.com。

第 6 章

以人为中心的感知计算

本章导读

以人为中心的感知计算是帮助人工智能理解人类意图、模仿人类思路的重要方法，将人作为感知的目标主体或参与者，将机器的感知能力与人类的思考能力相结合，在提高模型适应能力和避免人工智能危害人类的同时，实现对人类及其生活空间的全方位、多角度感知，为智慧城市、智能制造等领域的进一步发展奠定基础。本章对以人为中心的感知计算概念进行探讨，详细阐述从传统的智能感知计算到人-机智能协作感知计算的发展及相关研究，提出若干重要挑战与主要研究问题。最后，对以人为中心的感知计算在感知机理、用户隐私等研究方向进行展望。

6.1 引言

物联网、边缘计算和人工智能等技术的发展，推动了感知和计算设备在人类日常生活中的广泛部署，增强了复杂场景的感知和理解能力，极大地丰富了"以人为中心"的感知与计算场景，为人们的日常生活提供了更多的便利，例如导航辅助规划路线(El-Sheimy & Li, 2021)、身份识别消除安全隐患(Song, Huang, Huang, Jia, & Wang, 2019)等。

传统的"以人为中心"的感知计算从人的需求出发，结合种类丰富的智能传感设备与人工智能算法，通过捕获的海量数据分析和挖掘人类个体与群体的行为动力以及交互特征，辅助并支持人类在数字化与智能化环境中的日常生活。虽然机器智能在大数据挖掘等多方面已经超过了人类的分析和处理能力，但在逻辑推理和情感理解等方面仍存在不足(Quinn & Bederson, 2011)。目前，生成式人工智能应用 ChatGPT4(OpenAI, 2023)引起了人们的广泛关注。虽然 ChatGPT4 能够更加准确地理解自然语言中的复杂信息，根据人类给定的信息得出结论、做出解释等，但是其逻辑推理能力仍有待提高，在与人类对话过程中易产生信任危机，例如存在虚构事实、逻辑推理错误等问题。为了实现"以人为中心"的应用，有必要将人类引入感知的过程，利用人类智慧构建更加灵活、自适应、自演化的感知模型，避免算法的错误感知和决策。

因此，以人为中心的感知计算需要以实现人-机的交互、沟通和协作为目标，一方面从人的需求出发，利用泛在的感知和计算设备实时感知识别环境以及个体的行为，通过人工智能算法分析环境特征，并挖掘人类意图和情感，提供"以人为中心"的个性化服务；另一方面，结合人对情境的认知，调整和改善人工智能感知模型的感知能力，提升感知模型的决策推理能力。

本章作者：王倩茹，李青洋，郭斌，於志文。

为了深入理解和探索人工智能与“以人为中心”感知计算的融合方法和发展趋势，促进基于人工智能的感知模型造福于人类，综述以人为中心的感知计算研究进展具有重要的意义和价值。本章将对以人为中心的感知计算的概念、问题和研究方向进行探讨，并结合相应的应用案例进行深入讨论。最后，本章对“以人为中心”的感知计算在人-机协作方式、伦理等一系列挑战和研究方向进行展望。

6.2　以人为中心的感知模型

人工智能的发展大幅增强了设备的感知能力，相较于人类在搜索、计算、存储和优化等领域都有更显著的优势。采用人工智能算法可以解决大规模的复杂运算，例如图像分析(Chen，et al.，2021；He，Zhang，Ren，Sun，2016)、人机对话(侯一民，周慧琼，王政一，2017)等。随着感知场景的复杂性增大，仅采用人工智能难以达到用户在日常生活中多样化、动态演化的需求。相较于人工智能，人类在认知、推断和决策等方面具有更加出色的表现。通过结合这二者的优势设计以人为中心的感知计算模型，既可以达到“以人为中心”的感知需求，也可以进一步提升设备感知复杂环境的能力、推理用户需求的能力，以及实现自主决策的能力。相比仅采用人工智能进行感知计算，以人为中心的感知计算对于理解人类意图和提高人工智能感知效率都具有重要意义和价值。

- 保障安全性。在使用人工智能系统时，首要任务就是避免人类智慧和人工智能的冲突。通过人-机智能结合感知的方式，一方面，人类可以可控地避免收集对自身有威胁的数据；另一方面，可以纠正人工智能的错误判断，避免对人类造成危害。
- 提高舒适性。设计“以人为中心”服务是以人为中心的感知计算的重要目标，相比传统感知方式推测人的需求，直接让人类介入人工智能的推理和决策过程，更加容易满足实际应用需求。
- 增强可靠性。随着环境的不断变化，仅利用现有训练数据学习的人工智能算法难以适应动态演化的环境。结合人类对环境的认知，可以不断调整人工智能算法，避免人工智能在新场景中出现模型性能下降的问题。

为了描述以人为中心的感知方式、计算模式以及应用场景，本章总结了以人为中心感知计算框架和发展趋势，如图6.1所示。该框架结合人和人工智能对环境人类行为进行感知实现“以人为中心”的需求分析和理解，包括感知层、计算层和应用层。

- 感知层。负责从城市路网、社交媒体等场景中收集数据，包括移动传感网感知、移动群智感知、人-机协作感知。该层需要根据任务需求来分配感知终端之间、感知终端与人之间的协作方式，进而指导终端设备收集到完备的数据。
- 计算层。结合人类智慧和人工智能处理感知层收集到的数据，根据人类历史反馈的可信度以及人工智能运算结果的可信度，对上传的数据进行汇聚和优选，实现人类智慧和人工智能的互补，进一步在训练过程中以迭代的方式利用人类智慧指导模型训练。
- 应用层。利用以人为中心的感知计算实现多种场景下的“以人为中心”的创新服务，例如在生活场景下设计智能化人机对话服务、在社交场景下提供个性化用户推荐服务、在智慧城市场景下实现自动化城市规划服务等。

以人为中心的感知模型的感知端主要由两部分组成：感知终端作为以人为中心的感知的重要支撑，一般同时具备感知能力和一定的计算能力，或者与具有计算能力的计算设备(如边缘服务器、云服务器等)连接，利用终端设备的感知能力对情境数据进行有效的感知，进而针对不同情境快速做出响应。除此之外，人在感知过程中也发挥着重要的作用。随着人机交互技术的不断发展，人被赋予了双

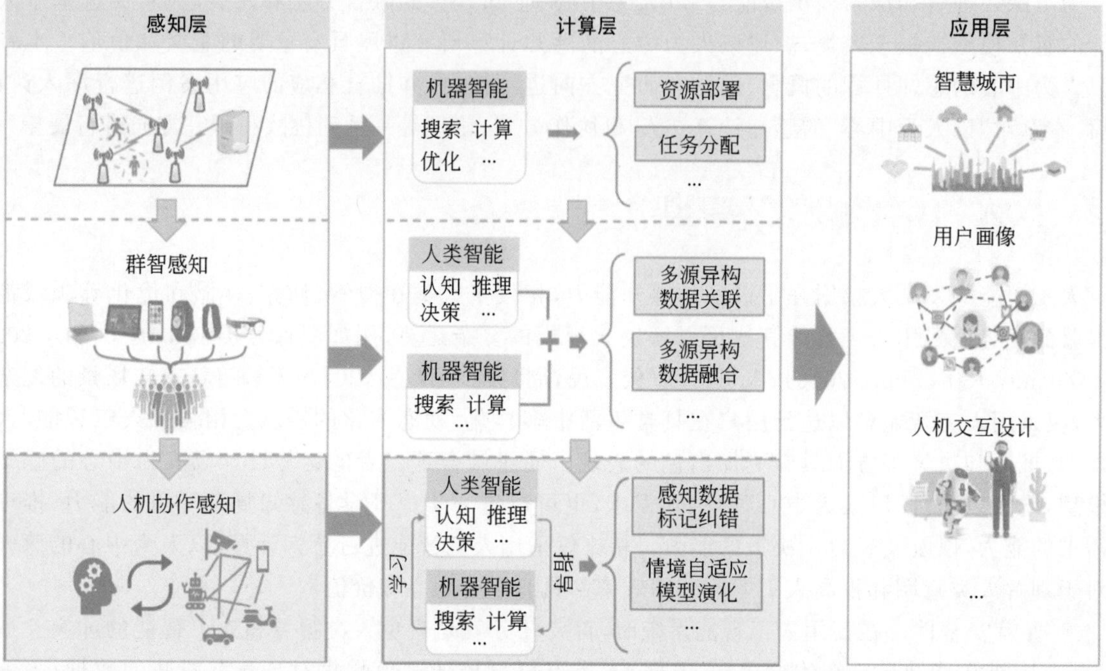

图 6.1 以人为中心的感知计算框架和发展趋势

重角色，人不仅能够作为感知主体以及服务对象，也逐渐参与到"以人为中心"的感知计算过程中，主动指导感知模型，进一步将人工智能转换为"理解人类的技术"(新华日报，2020)，这对于机器算法理解人类的情感、推理人类的思维方式、模仿人类的决策起到了至关重要的作用。随着感知方式的不断演进，可以将以人为中心的感知计算根据感知方式总结为以下三个阶段。

(1) 传统智能感知计算。"以人为中心"的服务为目标，根据任务需要将任务分发给已经部署的传感器网络，或调度已有传感器进行移动(Tan，Jarvis，Kermarrec，2009)。例如，利用无线传感器网络对目标进行监测(叶宁，王汝传，2006)，利用移动传感器追踪车辆(Zou & Chakrabarty，2007)。

(2) 群智感知计算。通过感知任务分发和用户激励机制，促使大量普通用户有意识或无意识地参与感知过程，经由物联网/移动互联网进行协作，最终完成大规模、复杂的城市与社会感知任务(Guo，et al.，2016；Guo，et al.，2017；於志文，郭斌，王亮，2021)。相比传统智能感知计算，群智感知将群体智慧充分融入感知计算，实现对城市环境、人类情绪等更加全面的感知。

(3) 人-机协作感知计算。在人工智能模型对一些数据处理结果的置信度低于设定阈值时，机器算法将请求发送给人类，由人类给出新的判断，并将新的判断应用于处理过程，使得模型在动态变化的环境中不断演进(郭斌，刘思聪，於志文，2022)。不同于传统的人工智能一次性训练的模型框架，人类不仅可以在感知数据收集阶段贡献知识，而且可以参与观察和协助模型输出，辅助模型动态调整和及时更新，这种方式也称为"人在回路"。例如，通过专家反馈进行身份识别(Li，Yu，Yao，Guo，2021)。

6.3 传统智能感知计算

传统智能感知计算是早期以人为中心的感知方式，主要利用人体活动对传感器信号的影响对传感器信号进行收集和汇聚，并对人的行为或者人所处的环境进行分析和理解。根据感知对象不同，可以将智能感知模型分为两方面：行为感知和环境感知。

(1) 行为感知通过各种传感器设备的信息进行融合，用于分析不同的人类行为，进而完成对人类行为的指导、监测。在实际应用中，行为感知具有重要的研究意义。例如，对危险驾驶行为的研究中，根据欧洲交通事故的统计分析表明，80%～90%的交通事故是与驾驶员相关的人为因素造成的，而其他因素仅占10%～20%。如果对危险驾驶行为及时进行感知，就可以提前对司机或者交警部门进行警示，减少可能发生的交通事故，降低因交通事故带来的人员伤亡和财务损失(Chu Y, 2011; Tseng C, 2013)。目前，对于行为感知的研究主要通过两种传感器实现。一种是移动传感器，包括智能手机、智能手表等，能够随用户共同移动，易于分析人类移动规律。例如，Li等(Li, Han, Cheng, Sun, 2014)利用手机对行人排队行为进行识别，主要依靠手机的相对位置变化率来衡量不同行中人员的差异，并使用分层聚类的方法对不同队列进行分区。Sano等(Sano A, 2013)利用可穿戴传感器和手机进行压力研究，通过对屏幕开启和呼叫活动等信息分析用户的压力程度。Guo等(Guo, Guo, Liu, 2017)提出了基于智能手机感知的极端驾驶行为检测方法，通过融合不同位置乘客的智能手机上的多个传感器来检测公共车辆上的极端驾驶行为。另一种是固定传感器，包括Wi-Fi、声呐设备等。相比于移动传感器，固定传感器也更加公平，不会因为用户不同的使用习惯而产生数据采集准确度的差异。具体来说，通过用户在固定传感器信号场中的行为变化带来的信号变化进行收集和分析，通过信号变化反推出用户的行为变化，实现高效、隐形的行为感知。例如，可以使用Wi-Fi(Zhang, Wei, Hu, & Kanhere, 2016)、雷达(Vandersmissen B, 2018; Xu, Yu, Wang, Guo, Han, 2019)进行身份识别。

(2) 环境感知通过部署在不同场景中的不同传感器数据，分析环境的变化，进一步根据这些环境变化因素为人提供情景自适应的服务。例如，对噪声的感知可以帮助用户更好地生活，或者提前采取规避措施；对车流量的感知可以帮助交通部门提前做出规划(Jiang & Luo, 2022; Zhang, Bocquet, Mallet, Seigneur, Baklanov, 2012)；对空气污染的感知可以辅助政府进行空气质量调节(Paolo Bellavista, 2017)，也可以探索空气污染指数和其他环境变化的关联性。

早期研究环境感知的工作主要针对单一环境的感知，针对具体场景采用不同的感知方式和分析手段，以便获得更好的感知结果。例如，有研究提出了利用智能手机进行环境感知(Aram S, 2012)，也有研究针对特定区域环境感知设计物联网系统(Paolo Bellavista, 2017)，对区域内的空气质量进行实时监测，主要用于监测气候条件的温度和湿度等参数。

随着人们对感知结果的要求不断提高，如何管理这些感知方法并验证它们的有效性成为制约研究发展的瓶颈。例如，在能源领域，有研究提出了面向高能效软件定义数据中心网络的联合流程路由调度平台(Zhu, Liao, de Laat, Prosso, 2016)；在无人机领域，有研究提出了自主无人机人群感知平台(Rezaee, Mousavirad S, Khosravi M, Moghimi, Heidari, 2021)。但是对于以人为中心的感知，统一不同环境变化的数据集以及不同智能感知算法的验证方式是需要尽快解决的问题。因此，多环境感知平台的设计是一个重要的研究问题。

随着感知应用规模和复杂度的不断扩大，以人为中心的传统智能感知面临着一系列问题，例如，数据采集节点单一，感知覆盖范围受限，感知数据汇聚成本高以及感知信息不完整等，导致在复杂环境下的感知不全面。因此，对于行为和环境的感知不仅需要单个因素、单个环境的研究，还需要利用多种感知手段对多个环境信息进行融合，以促进多环境研究、多因素融合、多手段协同的环境感知技术的发展，进而更好地辅助人做出决策。

6.4 群智感知计算

群智感知是由清华大学刘云浩教授对众包、参与感知等相关概念融合后，提出的“群智感知计算”概念（刘云浩，2012），即利用大量普通用户使用的移动设备作为基本感知单元，通过物联网/移动互联网进行协作，实现感知任务分发与感知数据收集利用，最终完成大规模、复杂的城市与社会感知任务，它可以有效地解决传统传感器网络需要部署大量传感器设备作为感知节点所带来的高额部署成本以及覆盖范围不足等问题，为城市及社会管理提供智能辅助支持，如城市环境监测、城市动态感知、智慧交通、公共安全、社会化推荐等（Guo, et al., 2015; Tuncay, Benincasa, Helmy, 2012）。常见的群智数据主要有城市群智时空数据和多模态社交网络数据。

（1）城市群智时空数据。群体在城市中完成感知任务时贡献的数据往往具有时空性，常用于智慧城市中的相关应用。一方面，获取的信息均具有时间戳信息，能够分析出时间属性（如近邻性、周期性、趋势等）；另一方面，获取目标信息的同时也可以获取该目标的情境信息，能够分析出空间属性（如地理层次、情境层次等）。

（2）多模态社交网络群智数据。由于人们采用的感知设备和感知方式的差异，群体贡献的数据还呈现出多模态的特点，常见于社交网络数据中的视频、图片、音频、文本等数据，通过对海量多模态群智数据进行分析和融合，可用于推断用户偏好和推荐系统相关应用。

接下来将以这两种典型的群智数据为例，介绍感知计算过程中群智数据融合、关联等相关技术。

1. 基于城市时空数据的感知计算

城市的快速发展使得人们的生活迈向现代化、智能化，但是也带来了新的社会问题：城市交通拥堵、管理低效、应急响应迟缓等（Yao S. M., 2014; Cumming, 2014）。以物联网和云计算等新一代技术为中心的智慧城市建设概念已经成为未来城市发展的新模式（Creutzig, Baiocchi, Bierkandt, Pichler, Seto, 2015; Zhang, Liu, Zhang, Tan, 2014），目前已经通过在城市监测范围内部署各类传感、计算等基础设施获取了监测数据和结果。然而如果在大范围内部署传感和计算设施，部署工作量巨大且计算存在负担。基于城市时空数据（如 GPS 数据、通信数据和射频识别数据等）的感知计算有助于应对这个问题（Jiang D., 2020）。本节将主要针对城市时空数据的时空性、杂乱性等特性，介绍时空数据融合技术和时空数据关联技术。

（1）时空数据融合。时间和空间是所有城市数据的共同特征，是智能计算的基础，时空数据的有效融合可以实现对城市内容的全方位、多角度刻画，支撑城市管理者的时空决策。为了兼顾时间和空间依赖性，挖掘时空关联性尤为重要（Zhang, et al., 2018），对时间、空间数据进行不同的建模，将提取的特征映射到同一特征空间中，然后输入决策模型。例如 Tang 等（Tang, Liang, Liu, Hao, Wang, 2021）考虑到形状和排列不规则的道路网结构，提出多社区时空图卷积网络框架，通过探索区域之间的时空相关性来预测多区域层面的乘客需求。

（2）时空数据关联。通过挖掘城市中不同空间和时间尺度数据的交互与关联，对时空数据进行准确集聚，有助于全面建模城市时空规律。例如，Li 等（Li, et al., 2018）提出深度因子分解的方式建模区域和餐馆的表征，从而进行餐馆地址的推荐。Guo 等（Guo, Li, Zheng, Wang, & Yu, 2018）利用协同过滤和迁移学习的方法，构造包含城市内部特征语义提取、城市间知识关联和迁移评分预测的迁移模型。然而当数据非常稀疏时，需要引入更多领域、来源的数据对目标进行预测，即利用迁移学习的方式。Liu 等（Liu, et al., 2021）考虑到城市的地理分布、城市结构、经济状况等因素，提出基于深度对抗网络的跨城市知识迁移商业选址推荐方法，解决了新城市时历史数据缺失的问题。但由于城市的特征、城市数据的丰富程度等不同，不同城市的知识迁移的性能也不同(Guo, Li, Zheng, Wang, & Yu, 2018)，因此，从单个城市中迁移可能存在迁移效果不稳定，甚至是负迁移的风险(Yao, Liu, Wei, Tang, & Li, 2019)。因此，Liu 等(Liu, et al., 2021)提出一种任务自适应的多城市知识融合与迁移方法，通过模型无关的元学习方法从多个城市的一系列任务中学习模型的初始化参数，进而将这些参数作为先验知识，使得预测模型可以基于少量训练样本进行快速更新和调整，以适应目标城市的数据分布规律。

2. 基于多模态社交数据的感知计算

随着移动互联网的发展，基于网络的社交应用程序爆炸性增长，人们通过社交网络进行工作、学习、娱乐等社交活动。社交网络的匿名性允许用户在在线论坛讨论各种主题，在博客中分享其想法，在社交圈分享照片、视频、书签等，产生了大量的多模态数据。社交网络中的大量用户分享的信息对于理解用户的需求和偏好提供了数据支撑(Chen, Guo, Yu, Han, 2016)。融合多模态数据可以从多视角全面地描述对象的特征(Ouyang, Guo, Zhang, Yu, Zhou, 2017; Guo, et al., 2017)。当前，多模态数据融合着重针对模态不完整性、模态不均衡性以及属性高维性三个问题，分别提出不完整多模态数据关联融合方法、异构模态数据迁移融合方法以及多模态数据低维共享融合方法。

(1) 不完整多模态数据关联融合。面对不完整的多模态数据，现有方法集中于基于联合特征选择和子空间的不完整多视图聚类，基于其中完整模态数据实例的语义共享，采用浅层的线性或非线性分析将不完整多模态数据转换到同一个特征子空间(Zhang, et al., 2018; Wen, Zhang, Zhang, Fei, Wang, 2020)。当模态分布或者特征分布差异较大时，简单的转换难以保证融合的有效性。因此，深度典型相关分析法通过深度网络学习到每个模态特征空间到共享空间的非线性匹配网络，进而得到多个模态的共享特征表示。Yan 等(Yan, Wang, Chen, Liu, Feng, 2022)针对不完整的多源数据，提出一种基于虚拟传感器的插补图注意力网络生成真实的数据分布，从而进一步进行多模态数据的融合。

(2) 异构模态数据迁移融合。面对多模态数据分布不均匀的情况，现有迁移学习算法利用迁移主成分分析、基于稀疏编码的自学习模型、基于语义特征的迁移融合等方法来解决这个问题(Sindhwani, Niyogi, Belkin, 2005; Ji, Chen, Niu, Shang, Dai, 2011)，它们采用浅层的线性或非线性转换弥补不同模态间的语义偏差，当不同模态间分布偏差较大时，该方法难以取得较好的效果。因此，基于深度学习的迁移模型通过神经网络的多层非线性映射学习到不同模态间的高层语义共享空间，考虑到不同模态中包含模态的私有特征，耦合模态深度网络和模态相关分析的多层语义匹配的迁移算法，取得了较好的性能。Wei 等(Wei, Zheng, Yang, 2016)针对城市计算任务遇到的标签/数据不足的问题，提出一种灵活的多模态迁移学习方法，从源域学习多个模态间的语义相关子空间，同时将该子空间和标记实例从多模态数据丰富的城市中迁移到较少的目标城市中，提高了目标城市计算任务的预测性能。

(3) 多模态数据低维共享融合。面对多模态高维度数据，大多方法都是将多模态数据联合映射到统一的低维子空间，促进模态间知识的共享与互补(Yang, Wang, Yin, 2020; Yu, Xu, Yuan, Wu, 2021)。当模态私有特征表现明显时，此时效果映射的效果较差，因此，在联合映射到低维子空间中需要考虑模态私有特征和模态共有特征，通过模态私有特征的分离和多模态共享特征的耦合学习，提升低维共享融合表征的准确性。例如 Wang 等(Wang, Li, Rajagopal, 2020)提出 Urban2Vec 框架，结合街道图片数据和 POI 数据共同学习城市属性的低维特征表示，以提高下游任务的预测性能。

6.5 人-机协作感知计算

由于感知设备在实际应用中所处的环境是动态变化的，故感知目标的特征或状态会随时间和环境的变化而发生改变，特别是以人为感知主体的感知任务。受到训练数据的样本多样性限制，同时样本数据真实标签难以直接获得，智能设备难以对产生的错误感知结果进行自纠正。以人为中心的智能感知系统本身涉及对人类个体及其所处环境的感知，存在人类的主动或被动参与，同时人类是确保人-机系统适应性的最佳选择（Hoc，2001）。因此，面对感知目标存在动态性这一问题，可以利用人与机器之间交互与协作产生的数据与信息构建人-机协作感知模型，从而提升感知系统的演化能力。根据人在不同感知阶段的贡献程度，将人-机协作感知模型分为面向采样过程的人-机协作感知、面向训练过程的人-机协作感知、面向结果评估的人-机协作感知。

1. 面向采样过程的人-机协作感知

在以人为中心的感知计算过程中，为了训练出有效的智能感知模型，需要首先采集并构造出具有多样性和完备性的样本数据集合。采用感知设备直接采集到的数据集通常具有一定的局限性，一方面感知设备受到噪声干扰等因素，获取的数据、标签存在缺失；另一方面收集的数据较为集中，数据中的样本种类平衡性对感知模型的构建具有一定影响。

为了解决上述数据集采样存在的若干问题，许多研究工作关注了面向采样过程的人-机协作感知。面向采样过程的人-机协作感知的主要思想是：在数据采样过程或者样本数据集合构造过程中，通过加入人类的主动或被动参与，选择性地采集样本数据，或者对现有样本数据进行选择、调整、标签标注等操作，借助人的知识和能力获得更加完备或更具有代表性的样本数据集合。例如在信用卡欺诈的识别应用中（Jiang，J.，Liu，Zheng，Luna，2018），当工作人员通过银行系统发现持卡人的行为发生突变时，会人工确定是否为本人操作，从而更新用户数据。也有一些工作采取主动学习（active learning）的方式人工标注数据，以获取多样化数据集（Liu，et al.，2019；Yang，Drake，Damianou，Maarek，2018；Liu，et al.，2016）。根据人类参与采样的主动性强度的不同，将面向采样过程的人-机协作形式分为参与式人工标注和机会式群体贡献。

（1）参与式人工标注主要关注设定激励的方式，以促进个人主动参与数据标注或贡献特定类别的感知数据，从而补充或调整样本数据集合。在已有相关研究中，激励机制的设定、任务分配策略的设计、待标注样本的选择技术较为成熟。Chen 等（Chen，Guo，Yu，Han，2016）提出了 InstantSense 架构，通过设计激励机制鼓励用户利用日常的移动智能设备多角度拍摄某一正在发生的事件的照片或视频，从而从样本集合中抽取出子事件以及感知事件的重要场景。Abad 等（Abad，Nabi，Moschitti，2017）设计了一种人-机协同学习平台，要求人工标注质量较低的样本数据，以便机器学习模型能够获得更准确的样本数据，训练出准确性更高的模型。Gao 等（Gao，Li，Zhao，Fan，Han，2015）设计了一个众包平台，雇佣多名工作人员标注难以统一识别的非结构化数据，便于机器学习模型更好地学习到非结构化数据的联合特征。

（2）机会式群体贡献主要通过汇聚人们无意识提供的数据与信息完成感知任务，减少对参与者的干扰，如利用社交网络中的照片、打卡等数据分析用户的出行偏好。现有的基于机会式群体贡献的人-机协作感知应用主要聚焦社交网络以及智能交通方面的应用。例如 Guo 等（Guo，et al.，2017）通过从微博中大量用户对某一事件或话题的讨论发帖内容，抽取出重要时间节点以及分析子事件时间的相关性，从而得到事件的发展脉络以及因果关联性，方便用户对于事件的整体发展情况产生清晰认知。

2. 面向训练过程的人-机协作感知

根据以人为中心的感知计算过程，在获得高质量的样本数据之后，需要构建并训练高效的感知模型。在传统智能感知系统中，感知模型在训练之后保持固定不变，后续感知过程都基于该模型进行。然而，固定的感知模型和算法难以随动态变化的环境进行调整，这种动态变化更为明显且对于感知性能的影响较为显著，因此需要设计动态模型，以提升感知模型的自适应调整能力。在训练过程中，人类提供的信息和知识能够作为感知模型自适应调整的依据，从而使模型能够更加快速、准确地确定调整或更新的方向，有效避免模型训练过程中的误差累积问题。例如，Veeramachaneni 等（Veeramachaneni，2016）在网络攻击检测过程中构建了有监督学习模型，将模型判断为异常的前 k 个数据交由专家进行判断，将专家的判断结果加入训练集并重新训练模型，通过不断加入专家的知识来更新模型。Yang 等（Yang，Kandogan，Sen，& Lasecki，2019）针对文本分析系统设计了用户接口，让专家能够选择和更新文本分析系统的学习规则，有助于文本分析结果准确度的提升。Kratzwald 等（Kratzwald & Feuerriegel，2019）设计了基于问答系统的在线反馈机制，通过大量的用户反馈改进答案搜索模型。根据模型更新调整过程中人-机协作的方式，将面向训练过程的人-机协作形式分为离线人-机协作和在线人-机协作。

（1）离线人-机协作主要指人-机协作与感知模型的训练是两个独立的过程，人-机协作与模型更新对于时间开销的要求较为灵活，不需要具备实时性。具体而言，将人类提供的知识或指导作为感知模型更新的依据，当累积一定知识或者经过一段时间之后，通过重新训练或者参数微调的方式更新感知模型。在已有的相关研究中，主要关注对数据集的累积、更新与筛选，常见的模型更新方式主要为以主动学习为代表的一些模型重训练或者参数微调方法（Settles，2012；Yang，Drake，Damianou，& Maarek，2018）。

（2）在线人-机协作主要指在训练过程中加入人类的干预和指导，在线更新感知模型，减少数据累积和模型重训练造成的时间开销，对于人-机协作和模型更新过程的实时性要求较高。具体而言，在模型训练或运行过程中，人类根据专业知识和能力在线影响模型的更新调整，实现端到端的工作流程。已有相关研究中，常见的人-机协作形式包括对模型中间结果提供反馈、向模型直接提供新数据、在线修改模型参数等（Ostheimer，Chowdhury，& Iqbal，2021；Schydlo，Rakovic，Jamone，& Santos-Victor，2018；Cai，et al.，2019），常见的模型更新方式主要是以在线学习（online learning）为代表的一系列模型更新调整算法（Kratzwald & Feuerriegel，2019；Li，et al.，2019）。

3. 面向结果评估的人-机协作感知

除了在样本采集和模型训练过程中加入人-机协作能够提升感知效果之外，在结果输出与评估阶段进行人-机协作同样是能使感知计算应用得到较好性能的方式。相比于计算设备，人类更善于思考和积累经验，在处理需要抽象思维或应变能力的任务时具有较大优势，在智能感知中体现在排查设备故障、根据经验调试或修改算法程序等。因此，在一个感知计算应用系统中，可以将任务分解为不同的子任务，根据子任务的特性将其分配给机器或者人类，或者在任务的不同阶段将任务交由机器或人类来完成，使得任务的各个部分都能得到较好的中间结果，最后综合得到期望的感知结果。例如，在工业环境或者军事作战环境中，可以安排机器或机器人执行危险性较高的任务，人类负责在后方对机器进行部署和操作。总体而言，面向结果评估的人-机协作感知主要强调人和计算设备分别负责执行感知任务的不同部分或不同阶段，在输出时将二者的执行结果相结合。Nushi 等（Nushi，2018）提出了 Pandora 混合人-机系统，用于描述和解释系统故障，利用人类和系统各自得到和生成的观察结果来总结有关输入内容和系统体系结构的系统故障情况。Agapie 等(Agapie, et al., 2018)设计了CrowdFit 工具,首先由计算机生成面向人类的锻炼准则,同时激励普通用户借助工具制订锻炼计划,最终得到针对不同个体情况和需求的练习计划,以满足个性化的需求。Wang 等(Wang, et al., 2018)构建了新的人-机协作视频行人重新识别模型(HMRM),通过设计任务分配策略和结果融合策略,由计算机执行行人检测部分,将检测效果较差的视频帧交由人类进行重新识别。

6.6 关键技术

以人为中心的感知旨在为人类提供安全、可靠的服务,为了深入探索以人为中心的感知计算的研究内容,本节从以下 5 方面分析以人为中心的感知计算的关键技术及目前的应用研究。

1. 人-机协作感知模型设计

为了提供以人为中心的服务,通过人-机交互来共同感知环境可以极大地拓宽机器的感知能力和理解能力。传统的机器感知方式主要通过在感知设备或计算设备上部署机器学习算法,利用感知设备获得的数据进行决策。但是当算法出现过拟合或出现分布外数据时,仅根据机器学习算法难以做出正确的判断。不同于传统的感知方式,人-机协作模型更加关注利用人类感知的结果调整模型,即如何将人类知识传递给机器算法(Alam, Ofli, & Imran, 2018; Hwang & Won, 2021; Ambati, 2012)。在传统机器感知的模式下,允许人类在机器运行过程中辅助机器感知和理解环境,使得机器算法可以更好地完成复杂任务。

现有工作通过设计用户反馈模式对错误的机器感知进行纠正,进而辅助机器感知环境,例如在自动驾驶场景中(Pacaux-Lemoine, Gadmer, & Richard, 2020),当自动驾驶系统未能针对当前路况做出正确的反应时,具有驾驶经验的人能够远程监控驾驶情况并指导控制系统纠正错误;在机器翻译场景(Läubli, Sennrich, & Volk, 2018),通常需要人工评估翻译器翻译结果的通顺程度和准确程度,并调整不通顺或不准确的语句,使得翻译的结果更加生动形象。人-机协作在智慧医疗场景下也有广泛应用,Chen 等(Chen, et al., 2022)设计了 HM-MDS 人机协作在线医疗诊断系统,以解决医生负担沉重和患者等待时间过长的问题。具体地,通过编码患者的对话内容来识别和提取患者的症状信息,根据医学术语参考库将症状标准化,并将症状转换为标准的专业医学术语,采用 BERT 结合条件随机场 CRF 作为识别模型,然后模拟人类医生的诊断过程,根据患者的现有症状选择适当的生理特征及其症状,对患者进行进一步的询问,采用 DQN 方法根据患者状态选择需要提问的特征和症状;为了确保生成的回答的稳定性,采用基于模板的方法创建类似人类语言的句子;根据人类医生在线医疗诊断的典型回答设计模板,将对话中使用的医学术语转换为患者可以轻松理解的日常表达;询问症状后,机器将医学知识库与患者的已知症状进行比较,对患者病情进行预诊;在机器预诊后,人类专家通过查看机器发出的电子病历和疾病症状来快速理解患者的基本状况并进行随访;如果机器得到的患者患有某种疾病的概率大于或等于阈值,则采用机器对患者做出的诊断;如果低于阈值,则提醒人类医生注意,进行更详细的诊断;最终,患者得到的诊断结果和建议是综合机器预诊与医生专家诊断的结果,该方法框架图如图 6.2 所示。

2. 人-机协作任务分配

在人-机协作的过程中,将任务合理分配给人类和机器,发挥人类和机器智慧的优势是以人为中心感知计算的重要问题。传统任务分配基于众包思想,将大规模任务分解成若干子任务,通过优化算法将子任务分配给合适的任务参与者,主要优化参与者的数量以及任务完成的效率。然而,人机协作

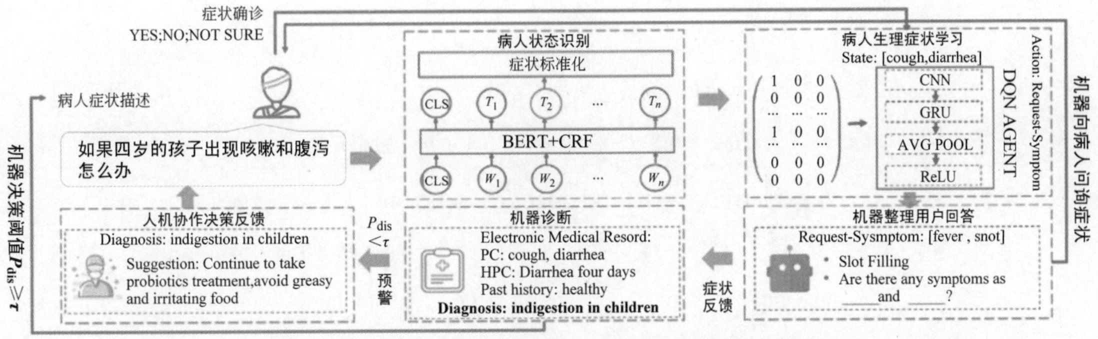

图 6.2 人机协作在线医疗诊断系统 HM-MDS 架构设计

任务强调人和机器分别利用其优势协作完成任务，需要充分考虑人和机器能力差异化对任务完成质量的影响，以及不同属性的任务所需要的不同人机协作方式。随着应用场景中感知范围需求的扩大、感知任务复杂性的增强、感知情境与感知节点属性的演化，相较于传统任务分配，人机协作任务分配带来了新的挑战。首先，参与协作的人和机器的能力差异化，使得传统任务分配方法难以移植到不同的任务分配环境中；其次，人机协作方式多样导致人机协作智能感知的任务更为复杂，涉及信息、物理、社会三元空间；最后，感知情境动态演化以及参与者属性变化对任务完成程度具有较为显著的影响，采用传统任务分配优化方法可能导致人机资源的冗余浪费。

目前，一些研究通过激励机制刺激用户高质量地完成任务（Delfgaauw, Dur, & Sol, 2022; Wang, et al., 2018），并在激励成本最小化的情况下优化任务分配策略。Zhang 等（Zhang, Xiong, Wang, & Chen, 2014）提出了一个用户选择框架 CrowdRecruiter，其目标是保证选择的参与者可以最小化激励成本，同时满足影响的概率覆盖约束。CrowdRecruiter 首先预测每个用户的移动轨迹，然后基于预测的位置选择用户无意识地完成其轨迹上的感知任务。随着任务数量的不断增多，Liu 等（Liu, et al., 2016）针对多任务分配问题提出了解决方案，它将任务分为两种情况：用户资源匮乏情况下的任务分配和用户资源充足情况下的任务分配。首先是用户资源匮乏情况下的任务分配，由于紧急任务对用户的感知及时性要求较高，所以需要用户专门移动到任务所在位置完成感知任务。因此，该问题的优化目标是最大化完成任务的个数以提高任务完成率，同时最小化完成任务所移动的总距离以减少完成任务的时间。该文提出改进的最小费用最大流模型（minimum cost maximum flow）求解该问题（如图 6.3 所示），并且基于一个真实的数据集分析不同因素对用户选择的影响。其次是用户资源充足情况下的任务分配，需要在多个可用的用户中选择一部分合适的用户完成任务。该问题的优化目标是最小化用户的激励成本以减少任务的总成本，同时最小化完成任务所移动的总距离以减少用户的负担。该文基于双目标优化理论，提出线性加权法和约束法求解该问题。

3. 人-机协作的高质量数据评估与优选

由于用户一般在移动过程中顺便完成感知任务，贡献的数据质量和可靠性参差不齐，造成某些区域数据集缺少和稀疏性的问题，例如拍摄的照片较为模糊。另外，根据群体的移动规律，对于人流量较多的区域，任务完成率较高，但是数据冗余现象也较为明显。例如“最后一公里”导航时，某段路风景优美，大多数用户均贡献这段路的导航，造成了信息的冗余。因此，如何从低质和冗余的群智数据中优选出有价值的数据是一个重要的研究课题。

现有工作采用数据质量度量和荣誉数据优选的方法，利用人工智能算法进一步筛选用于计算的高质量数据。例如，Wu 等（Wu, Wang, Hu, Zhang, & Cao, 2016）通过度量图片质量（照片在智能手机中

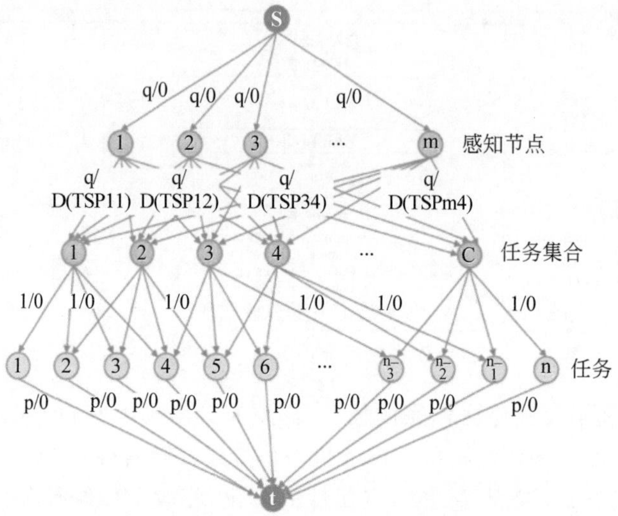

图 6.3　面向多任务分配改进的 MCMF 模型

的元参数，如像素、存储等）来挑选反映现场的清晰照片进行传输，优化了灾后现场照片在受限网络环境下传输效率。为了避免社交网络上大量的冗余信息以及不可靠信息影响用户体验，Jiang 等（Jiang Y.，et al.，2013）提出了 MediaScope 系统，根据语义内容相似度来选择照片，实现及时的内容检索。为了优选用户采集数据，用于导航服务解决“最后一公里”问题，Wang 等（Wang，et al.，2018）设计了人机协作智能出行辅助系统 CrowdNavi，通过群体用户在采样过程中标记标志物图片和 GPS 轨迹生成“最后一公里”地图用于导航。首先，召集志愿者贡献轨迹和图片数据，要求志愿者在规定的起点和终点使用智能手机各拍摄一个标志物。即使多个志愿者经过同一标志物，也会从不同角度或在不同光线下拍摄标志物的照片，导致标志物照片冗余且质量参差不齐。为了向后续用户提供良好的导航体验，需要从这些冗余低质的数据中优选出高质量数据。该方法通过预定义图片的筛选指标（例如图片质量、传感器信息、群体对同一标志物的拍摄频率等）优选出代表性的标志物图片。具体地，为了避免大量用户上传图片造成的计算负载过高的问题，该方法首先根据拍摄时的传感器信息，如利用加速度传感器和陀螺仪判断拍摄的角度和抖动初步筛选拍摄较为清晰的图片，然后通过图像识别算法判断图片中标志物的出现频率，优选出高频出现的标志物图片。该系统框架如图 6.4 所示

4. 情境自适应人-机协作感知模型更新

随着感知设备网络的动态变化、生活场景和生产场景的不断演化，导致已训练的人工智能模型不能在新环境下取得较好的效果。“人在回路”利用人类智慧辅助模型动态更新，但是在结合人-机智能过程中仍存在一些挑战。对于人工智能而言，将动态演化情境下人类的认知变化直接映射到可建模、可计算的问题上仍具有较大困难。对于人类认知而言，将其编码为人工智能可识别的语言，让人工智能理解人的思考过程也较为棘手。因此，如何设计人类参与模型训练的方式，指导模型决策也是以人为中心的感知计算的重要研究问题。

Li 等（Li，Yu，Yao，& Guo，2021）首先构建静态感知模型，通过人类专家与模型之间的交互实现由静态模型到动态模型的转变，设计了基于在线专家反馈的身份识别系统 RLTIR。由于在大多数身份识别应用场景中，通常通过安排人类来弥补静态模型由于无法适应动态变化而产生的波动，例如在门禁安保系统中，通常安排门卫在出入口判断或纠正自动识别系统的结果。具体来说，可以将模型得到的识别结果交予具有专业知识的人类进行甄别，判断识别的结果是否正确，并根据判断的情况更

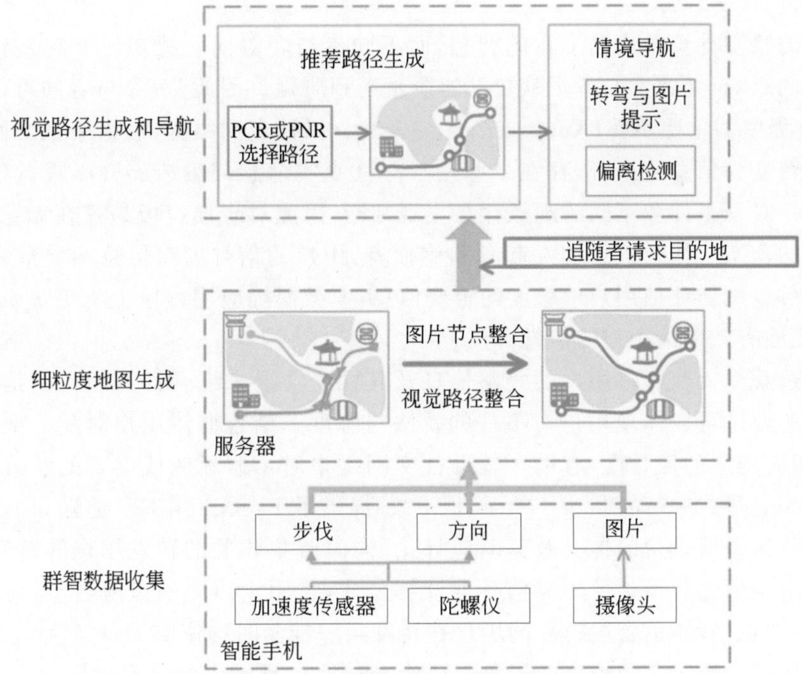

图 6.4 基于人机协作感知的"最后一公里"导航

新调整模型。在本工作中,具有专业知识的人类称为专家(expert),其给出的判断结果作为对模型的反馈(feedback)。通过这种方式能够快速发现模型识别结果出现的错误,同时根据当前的情况对模型进行快速调整,不断循环反馈—更新的过程。模型基于树结构,根据树结构的构建方式以及分类原理,针对树结构中的节点设计的更新策略是离散型的,从调整节点质量以及节点结构两个角度对感知模型进行更新。将人机协作与模型更新过程统一建模为马尔可夫决策过程,设计基于强化学习的更新策略选择方法,将实例的不确定性定义为预期概率与实际输出概率的差值。当不确定性大于阈值时,请求来自人类专家的反馈,避免决策时的策略选择偏差性,该方法的框架如图 6.5 所示。

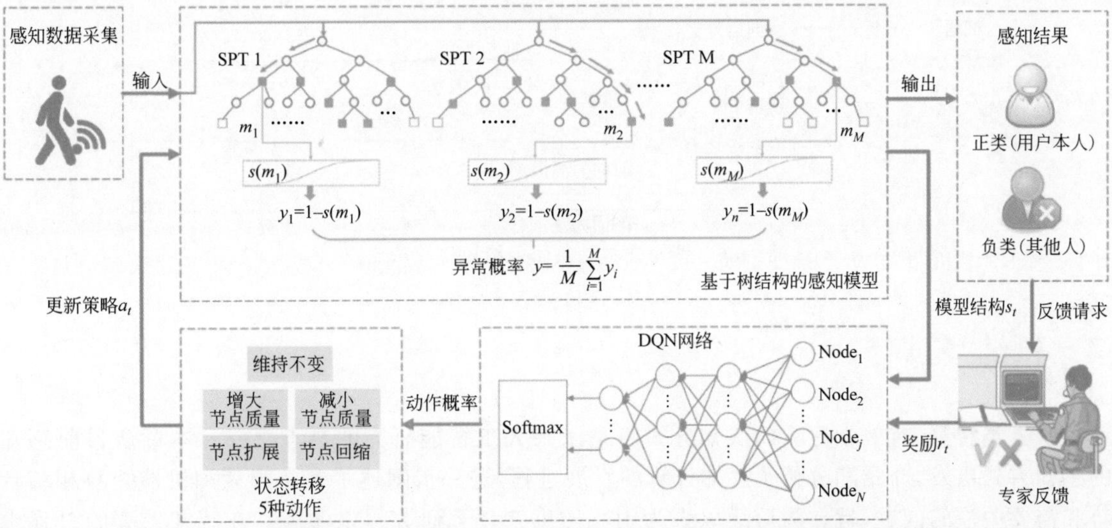

图 6.5 基于在线专家反馈的身份识别系统 RLTIR 框架

5. 人-机协作可信度评估

以人为中心的感知计算中借助了人的智慧，而不同参与者对同一感知任务的差异性以及判断时受到的复杂因素的影响，导致参与者贡献数据的质量受到质疑。因此，对参与者的可信度进行有效评估是人-机协作过程中的重要步骤(Kang, et al., 2020)。以社交网络为例，由于社交网络中的用户已经由被动消费者转变为信息生产者，存在一些用户夸大真实信息或编造谣言以吸引公众的注意的情况。然而其余用户对于事件和不同的观点存在主观判断，因此对于谣言极易存在无意识的扩散行为，不利于网络环境的营造。作为信息的发起者和传播者，用户的信誉度对信息的质量有重要影响。尽管身份验证信息可以用作评估用户信誉度的重要信息，但微博等应用程序上有更多未经认可的用户。因此，单个维度无法有效评估用户的信誉。

现有工作通过获得社交媒体用户的完整信息及其社交情况来综合计算用户的信誉。此外，不同用户对同一推文的评论可以体现用户对事件的看法与态度。结合群体用户对某一推文的评价、转发等操作，并综合相应用户的信誉度，有助于辅助社交网络中对于假新闻或谣言的及时判断，防止其广泛传播。例如，Yang 等(Yang, Yang, & Yu, 2022)提出了 FB-Graph-Eve 方法，用于社交媒体的假消息检测。首先收集微博平台的推文及其对应评论，同时收集相关的转发用户的转发时间、粉丝、关注、好友、微博数量等信息。设计了用户信誉度计算公式，将用户历史的微博数量、粉丝数量、关注数量、好友数量进行加权平均，信誉度越高的用户在转发某一推文时的影响力就越大。之后通过情感检测算法提取各个评论中对于某一推文的正负面评价，如图 6.6 所示。最终根据所有评论的情况得到对该推文的正负面评价判断，负面评价越多，证明该推文是假消息的可能性越高。最后，构建图卷积神经网络对推文的传播过程进行建模，并最终对某一推文是否为假消息做出判断。

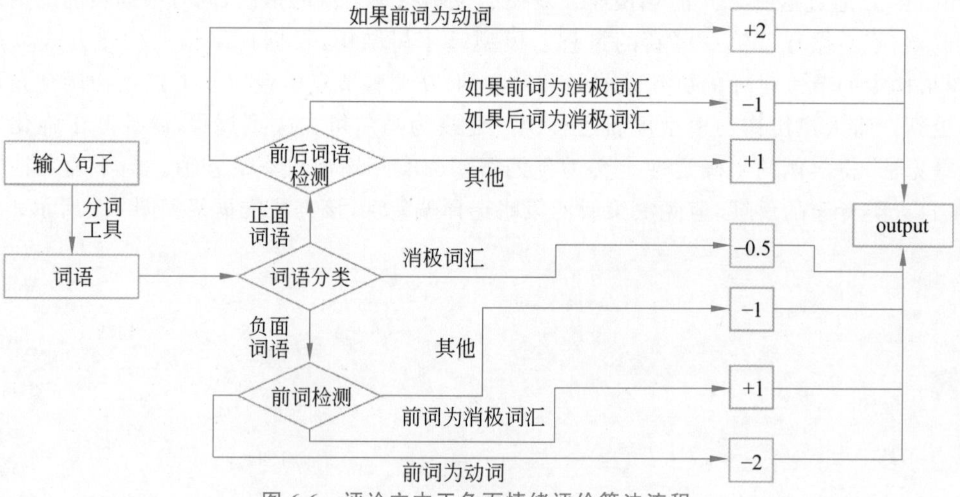

图 6.6　评论文本正负面情绪评价算法流程

6.7　总结及展望

理解人类智慧、有效学习人的认知方式将是未来人工智能研究的热点之一。本章从目前感知计算的感知方式出发，介绍和分析了感知计算的发展进程，进一步阐述了人类智慧和机器智慧相结合的优势和需要关注的问题，旨在为后续以人为中心的感知计算研究提供参考。在感知计算的过程中还存在很多的挑战和未来发展方向，如下 4 方面可作为重点研究方向。

(1) 感知机理研究。目前的人-机智能感知主要集中在利用人的智慧修正数据和结果，在学习人的认知使得机器具备自主决策能力方面的研究较少，尤其是对于一些机理问题缺乏研究，例如，人在何种情景下做出何种判断？人的决策会受到何种因素的干扰？对于机理的研究一方面能让人们更好地理解现有方法的局限性，另一方面也可以让人们得知目前方法的有效边界。

(2) 模型演化方式研究。目前的人机智能感知模型很少考虑长时间演化的问题，在长时间部署的情况下，往往会存在数据偏移的问题，即真实环境发生变化导致与当时测试使用的环境不一致的情况。在这种情况下，模型的感知效率和感知准确性会大幅度降低。因此，如何在面临数据偏移的情况下设计人机感知模型的演化方式，对模型进行及时调整，使其更好地适配真实环境的变化，也是重要的研究挑战之一。

(3) 用户隐私保护研究。由于个人提供的数据有限，难以用于训练高效的模型，目前的方法通过汇聚大量群体和多设备收集的丰富数据，提升了感知模型的可靠性和鲁棒性。但是在数据汇聚和处理的过程中容易被外界攻击者窥探用户隐私，例如用户在使用位置相关服务时会暴露自己的地理信息。因此在人-机协作过程中，需要考虑参与协作者的隐私保护问题，避免由于贡献数据而引起的个人敏感信息泄露，导致法律纠纷和安全隐患。尤其在智慧医疗领域，利用算法对病症建模来帮助医生快速诊断病情的同时，需要保护病人的医疗监测数据。

(4) 以人为中心的感知计算系统研究。目前对于行为感知的研究是比较分散的，对于不同行为往往使用不同的传感设备，这就造成了研究结果无法融合等问题。因此，如何使用一个传感器感知更多的人类行为，或者如何融合多个传感器数据的结果以更好地感知人类行为，设计行为感知的集成系统也是未来研究的重点方向之一。

参考文献

Abad, A., Nabi, M., & Moschitti, A. (2017). Autonomous crowdsourcing through human-machine collaborative learning. *In Proceedings of the 40th International ACM SIGIR Conference on Research and Development in Information Retrieval*, (pp. 873-876).

Agapie, E., Chinh, B., Pina, L. R., Oviedo, D., Welsh, M. C., Hsieh, G., & Munson, S. (2018). Crowdsourcing Exercise plans aligned with expert guidelines and everyday constraints. *In Proceedings of the 2018 CHI Conference on Human Factors in Computing Systems*, (pp. 1-13).

Alam, F., Ofli, F., & Imran, M. (2018). Processing social media images by combining human and machine computing during crises. *International Journal of Human-Computer Interaction*, *34*(4), pp. 311-327.

Ambati, V. (2012). *Active learning and crowdsourcing for machine translation in low resource scenarios*. Carnegie Mellon University.

Aram SA, Pasero ETroiano. (2012). Environment sensing using smartphone. 2012 IEEE Sensors applications symposium proceedings., 1-4.

Cai, C. J., Reif, E., Hegde, N., Hipp, J., Kim, B., Smilkov, D., & Terry, M. (2019). Human-centered tools for coping with imperfect algorithms during medical decision-making. *In Proceedings of the 2019 CHI conference on human factors in computing systems*, (pp. 1-14).

Chen, H., Guo, B., Yu, Z., & Han, Q. (2016). Toward real-time and cooperative mobile visual sensing and sharing. *The 35th Annual IEEE INFOCOM*, pp. 1-9.

Chen, Q., Wang, Y., Yang, T., Zhang, X., Cheng, J., & Sun, J. (2021). You only look one-level feature. *Proceedings of the IEEE/CVF CVPR*, pp. 13039-13048.

Chen, Y., Liu, J., Yu, Z., Wang, H., Wang, L., & Guo, B. (2022). HM-MDS: A Human-machine Collaboration based Online Medical Diagnosis System. *In 2022 IEEE International Conference on Systems, Man, and Cybernetics (SMC)*, (pp. 2384-2389).

Chu Y, X. X. (2011). Study on automotive active safety technology based on driving behavior and intention.*Machinery Design & Manufacture.*, 1: 106.

Creutzig, F., Baiocchi, G., Bierkandt, R., Pichler, P. P., & Seto, K. C. (2015). Global typology of urban energy use and potentials for an urbanization mitigation wedge.*Proceedings of the national academy of sciences*, (pp. 6283-6288).

Cumming, G. S.-T. (2014). Implications of agricultural transitions and urbanization for ecosystem services. 515(7525), 50-57.

Delfgaauw, J., Dur, R. O., & Sol, J. (2022). Team incentives, social cohesion, and performance: A natural field experiment.*Management Science*, *68*(1), pp. 230-256.

El-SheimyN., & LiY. (2021). Indoor navigation: State of the art and future trends. Satellite Navigation, 2(1),页 1-23.

Gao, J., Li, Q., Zhao, B., Fan, W., & Han, J. (2015). Truth discovery and crowdsourcing aggregation: Aunified perspective. *Proceedings of the VLDB Endowment*, *8*(12), pp. 2048-2049.

Google Cloud. (2021).*What is Artificial Intelligence (AI)?* Retrieved from https://cloud.google.com/learn/what-is-artificial-intelligence? hl=zh-cn#section-2

Greaves S PA B.Ellison. (2011). Personality, risk aversion and speeding: An empirical investigation. Accident Analysis & Prevention., 43(5): 1828-1836.

Guo, B., Chen, H., Han, Q., Yu, Z., Zhang, D., & Wang, Y. (2016). Worker-contributed data utility measurement for visual crowdsensing systems.*IEEE Transactions on Mobile Computing*, *16*(8), pp. 2379-2391.

Guo, B., Chen, H., Yu, Z., Nan, W., Xie, X., Zhang, D., & Zhou, X. (2017). TaskMe: Toward a dynamic and quality-enhanced incentive mechanism for mobile crowd sensing. *International Journal of Human-Computer Studies*, *102*, pp. 14-26.

Guo, B., Li, J., Zheng, V. W., Wang, Z., & Yu, Z. (2018). Citytransfer: Transferring inter-and intra-city knowledge for chain store site recommendation based on multi-source urban data.*Proceedings of the ACM on Interactive, Mobile, Wearable and Ubiquitous Technologies*, (pp. 1-23).

Guo, B., Ouyang, Y., Zhang, C., Zhang, J., Yu, Z., Wu, D., & Wang, Y. (2017). Crowdstory: Fine-grained event storyline generation by fusion of multi-modal crowdsourced data.*Proceedings of the ACM on Interactive, Mobile, Wearable and Ubiquitous Technologies*, (pp. 1-19).

Guo, B., Wang, Z., Yu, Z., Wang, Y., Yen, N. Y., Huang, R., & Zhou, X. (2015). Mobile crowd sensing and computing: The review of an emerging human-powered sensing paradigm.*ACM computing surveys*, pp. 1-31.

GuoY, GuoB, LiuY, & al.et. (2017). Crowdsafe: Detecting extreme driving behaviors based on mobile crowdsensing. 2017 IEEE SmartWorld, Ubiquitous Intelligence & Computing, Advanced & Trusted Computed, Scalable Computing & Communications, Cloud & Big Data Comp, 1-8.

He, K., Zhang, X., Ren, S., & Sun, J. (2016). Deep residual learning for image recognition.*Proceedings of the IEEE conference on computer vision and pattern recognition*, pp. 770-778.

Hoc, J. M. (2001). Towards acognitive approach to human-machine cooperation in dynamic situations. *International journal of human-computer studies*, *54*(4), pp. 509-540.

Hwang H CA, & WonS. A. (2021). IdeaBot: investigating social facilitation in human-machine team creativity. Proceedings of the 2021 CHI Conference on Human Factors in Computing Systems,页 1-26.

Ji, Y. S., Chen, J. J., Niu, G., Shang, L., & Dai, X. Y. (2011). Transfer learning via multi-view principal component analysis.*Journal of Computer Science and Technology*, pp. 81-98.

Jiang, C., J., S., Liu, G., ZHeng, L., & Luna, W. (2018). Credit card fraud detection: A novel approach using aggregation strategy and feedback mechanism.*IEEE Internet of Things Journal*, *5*(5), pp. 3637-3647.

Jiang, D. (2020). The construction of smart city information system based on the Internet of Things and cloud computing.*Computer Communications*, (pp. 158-166.).

Jiang, Y., Xu, X., Terlecky, P., Abdelzaher, T., Bar-Noy, A., & Govindan, R. (2013). Mediascope: selective on-demand media retrieval from mobile devices.*In Proceedings of the 12th international conference on Information processing in sensor networks*, pp. 289-300.

JiangW, & LuoJ. (2022). Graph neural network for traffic forecasting: A survey[J]. Expert Systems with Applications, 117921.

Kang, J., Xiong, Z., Niyato, D., Zou, Y., Zhang, Y., & Guizani, M. (2020). Reliable federated learning for mobile networks.*IEEE Wireless Communications*, *27*(2), pp. 72-80.

Kratzwald, B., & Feuerriegel, S. (2019). Learning from on-line user feedback in neural question answering on the web.*In The World Wide Web Conference*, (pp. 906-916).

Läubli, S., Sennrich, R., & Volk, M. (2018). Has machine translation achieved human parity? a case for document-level evaluation.*arXiv preprint arXiv: 1808.07048.*, pp. 1-7.

Li, N., Guo, B., Liu, Y., Jing, Y., Ouyang, Y., & Yu, Z. (2018). Commercial site recommendation based on neural collaborative filtering.*In Proceedings of the 2018 ACM International Joint Conference and 2018 International Symposium on Pervasive and Ubiquitous Computing and Wearable Computers*, (pp. 138-141).

Li, Q., Han, Q., Cheng, X., & Sun, L. (2014). Queuesense: Collaborative recognition of queuing on mobile phones. *2014 Eleventh Annual IEEE International Conference on Sensing, Communication, and Networking (SECON)*, pp. 230-238.

Li, Q., Yu, Z., Yao, L., & Guo, B. (2021). Rltir: Activity-based interactive person identification via reinforcement learning tree.*IEEE Internet of Things Journal*, *9*(6), pp. 4464-4475.

Li, X., Xie, K., Wang, X., Xie, G., Wen, J., Zhang, G., & Qin, Z. (2019). Online internet anomaly detection with high accuracy: A fast tensor factorization solution. *In IEEE INFOCOM 2019-IEEE Conference on Computer Communications*, (pp. 1900-1908).

Liu, Y., Guo, B., Wang, Y., Wu, W., Yu, Z., & Zhang, D. (2016). TaskMe: Multi-task allocation in mobile crowd sensing.*Proceedings of the 2016 ACM international joint conference on pervasive and ubiquitous computing*, pp. 403-414.

Liu, Y., Guo, B., Zhang, D., Zeghlache, D., Chen, J., Hu, K., & Yu, Z. (2021). Knowledge transfer with weighted adversarial network for cold-start store site recommendation.*ACM Transactions on Knowledge Discovery from Data* (*TKDD*), 15(3), 1-27.

Liu, Y., Guo, B., Zhang, D., Zeghlache, D., Chen, J., Zhang, S., & Yu, Z. (2021). MetaStore: a task-adaptative meta-learning model for optimal store placement with multi-city knowledge transfer. *ACM Transactions on Intelligent Systems and Technology*(*TIST*), 1-23.

Liu, Y., Li, Z., Zhou, C., Jiang, Y., Sun, J., Wang, M., & He, X. (2019). Generative adversarial active learning for unsupervised outlier detection. *IEEE Transactions on Knowledge and Data Engineering*, *32*(8), pp. 1517-1528.

Nushi, B. K. (2018). Towards accountable ai: Hybrid human-machine analyses for characterizing system failure.*In Proceedings of the AAAI Conference on Human Computation and Crowdsourcing*, *6*, pp. 126-135.

OpenAI. (2023). Gpt-4 technical report.检索来源: https://cdn.openai.com/papers/gpt-4.pdf

Ostheimer, J., Chowdhury, S., & Iqbal, S. (2021). An alliance of humans and machines for machine learning: Hybrid intelligent systems and their design principles.*Technology in Society*, 66, 101647.

Ouyang, Y., Guo, B., Zhang, J., Yu, Z., & Zhou, X. (2017). SentiStory: multi-grained sentiment analysis and event summarization with crowdsourced social media data.*Personal and Ubiquitous Computing*, (pp. 97-111).

Pacaux-Lemoine, M. P., Gadmer, Q., & Richard, P. (2020). Train remote driving: A Human-Machine Cooperation point of view.*IEEE International Conference on Human-Machine Systems* (*ICHMS*), pp. 1-4.

Paolo Bellavista Giannelli, Riccardo ZamagnaCarlo. (2017). The PeRvasive Environment Sensing and Sharing Solution.

Sustainability, 585.

Quinn, A. J., & Bederson, B. B. (2011). Human computation: a survey and taxonomy of a growing field. *Proceedings of the SIGCHI conference on human factors in computing systems*, pp. 1403-1412.

RezaeeK, Mousavirad SJ, Khosravi MR, MoghimiK. M., & HeidariM. (2021). An autonomous UAV-assisted distance-aware crowd sensing platform using deep ShuffleNet transfer learning. IEEE Transactions on Intelligent Transportation Systems.

Sano AR W.Picard. (2013). Stress recognition using wearable sensors and mobile phones. 2013 Humaine association conference on affective computing and intelligent interaction., 671-676.

Schydlo, P., Rakovic, M., Jamone, L., & Santos-Victor, J. (2018). Anticipation in human-robot cooperation: A recurrent neural network approach for multiple action sequences prediction. *In 2018 IEEE International Conference on Robotics and Automation (ICRA)*, (pp. 5909-5914).

Settles, B. (2012). Active learning. .*Synthesis lectures on artificial intelligence and machine learning*, *6*(1), 1-114.

Sindhwani, V., Niyogi, P., & Belkin, M. (2005). A co-regularization approach to semi-supervised learning with multiple views. *In Proceedings of ICML workshop on learning with multiple views* (pp. 74-79). Citeseer.

Song C., Huang Y., Huang Y., JiaN., & WangL. (2019). Gaitnet: An end-to-end network for gait based human identification. . Pattern recognition, 96,页 106988.

Sun, W., Zhang, W., Zhang, X., & et, a. (2009). Development of Fatigue Driving Detection Method Research. *Automobile Technology*, 2, pp. 1-5.

Tan, G., Jarvis, S. A., & Kermarrec, A. M. (2009). Connectivity-guaranteed and obstacle-adaptive deployment schemes for mobile sensor networks. *IEEE Transactions on Mobile Computing*, *8*(6), pp. 836-848.

Tang, J., Liang, J., Liu, F., Hao, J., & Wang, Y. (2021). Multi-community passenger demand prediction at region level based on spatio-temporal graph convolutional network. *Transportation Research Part C: Emerging Technologies*, 124, 102951.

Tseng CM. (2013). Operating styles, working time and daily driving distance in relation to a taxi driver's speeding offenses in Taiwan. Accident Analysis & Prevention., 52: 1-8.

Tuncay, G. S., Benincasa, G., & Helmy, A. (2012). Autonomous and distributed recruitment and data collection framework for opportunistic sensing. *Proceedings of the 18th annual international conference on Mobile computing and networking*, pp. 407-410.

Vandersmissen B, K. N. (2018). Indoor person identification using a low-power FMCW radar. *IEEE Transactions on Geoscience and Remote Sensing*, 3941-3952.

Veeramachaneni, K. A. (2016). AI^2: training a big data machine to defend. . *In 2016 IEEE 2nd international conference on big data security on cloud (BigDataSecurity)*, (pp. 49-54).

Wang, L., Geng, X., Ma, X., Liu, F., & Yang, Q. (2018). Cross-city transfer learning for deep spatio-temporal prediction. *arXiv preprint arXiv*, 1802.00386.

Wang, Q., Guo, B., Liu, Y., Han, Q., Xin, T., & Yu, Z. (2018). CrowdNavi: Last-mile outdoor navigation for pedestrians using mobile crowdsensing. *Proceedings of the ACM on Human-Computer Interaction*, *2*(*CSCW*), (pp. 1-23).

Wang, Z., Li, H., & Rajagopal, R. (2020). Urban2vec: Incorporating street view imagery and pois for multi-modal urban neighborhood embedding. *In Proceedings of the AAAI Conference on Artificial Intelligence*, (pp. 1013-102).

Wang, Z., Tan, R., Hu, J., Zhao, J., Wang, Q., Xia, F., & Niu, X. (2018). Heterogeneous incentive mechanism for time-sensitive and location-dependent crowdsensing networks with random arrivals. *Computer networks*, *131*, pp. 96-109.

Wei, Y., Zheng, Y., & Yang, Q. (2016). Transfer knowledge between cities. *In Proceedings of the 22nd ACM SIGKDD International Conference on Knowledge Discovery and Data Mining*, (pp. 1905-1914).

Wen, J., Zhang, Z., Zhang, Z., Fei, L., & Wang, M. (2020). Generalized incomplete multiview clustering with flexible locality structure diffusion.*IEEE transactions on cybernetics*, pp. 101-114.

Wu, Y., Wang, Y., Hu, W., Zhang, X., & Cao, G. (2016). Resource-aware photo crowdsourcing through disruption tolerant networks.*In 2016 IEEE 36th International Conference on Distributed Computing Systems* (*ICDCS*), (pp. 374-383).

Xu, W., Yu, Z., Wang, Z., Guo, B., & Han, Q. (2019). Acousticid: gait-based human identification using acoustic signal.*Proceedings of the ACM on Interactive, Mobile, Wearable and Ubiquitous Technologies*, *3*(3), pp. 1-25.

Yan, H., Wang, J., Chen, J., Liu, Z., & Feng, Y. (2022). Virtual sensor-based imputed graph attention network for anomaly detection of equipment with incomplete data.*Journal of Manufacturing Systems*, 52-63.

Yang, F., Yang, M., & Yu, Z. (2022). Microblog Authenticity Detection Based on Human-machine Collaboration.*In Proceedings of the 2022 International Conference on Human Machine Interaction*, (pp. 16-25).

Yang, H., Wang, T., & Yin, L. (2020). Adaptive multimodal fusion for facial action units recognition.*Proceedings of the 28th ACM International Conference on Multimedia*, pp. 2982-2990.

Yang, J., Drake, T., Damianou, A., & Maarek, Y. (2018). Leveraging crowdsourcing data for deep active learning an application: Learning intents in alexa.*In Proceedings of the 2018 World Wide Web Conference*, (pp. 23-32).

Yang, Y., Kandogan, E. L., Sen, P., & Lasecki, W. S. (2019). A study on interaction in human-in-the-loop machine learning for text analytics.*In IUI Workshops*.

Yao, H., Liu, Y., Wei, Y., Tang, X., & Li, Z. (2019). Learning from multiple cities: A meta-learning approach for spatial-temporal prediction.*In The World Wide Web Conference*, (pp. 2181-2191).

Yao, S. M. (2014). The theory and practice of new urbanization in China.*Sci. Geogr. Sin*, 34(6), 641-647.

Yu, W., Xu, H., Yuan, Z., & Wu, J. (2021). Learning modality-specific representations with self-supervised multi-task learning for multimodal sentiment analysis.*In Proceedings of the AAAI conference on artificial intelligence*, (pp. 10790-10797).

Zhang, C., Fu, H., Hu, Q., Cao, X., Xie, Y., Tao, D., & Xu, D. (2018). Generalized latent multi-view subspace clustering.*IEEE transactions on pattern analysis and machine intelligence*, pp. 86-99.

Zhang, D., Xiong, H., Wang, L., & Chen, G. (2014). Crowdrecruiter: Selecting participants for piggyback crowdsensing under probabilistic coverage constraint. *In Proceedings of the 2014 ACM International Joint Conference on Pervasive and Ubiquitous Computing*, pp. 703-714.

Zhang, J., Wei, B., Hu, W., & Kanhere, S. (2016). Wifi-id: Human identification using wifi signal.*International Conference on Distributed Computing in Sensor Systems* (*DCOSS*), pp. 75-82.

Zhang, J., Zheng, Y., Qi, D., Li, R., Yi, X., & Li, T. (2018). Predicting citywide crowd flows using deep spatio-temporal residual networks.*Artificial Intelligence*, 259, 147-166.

Zhang, Y. J., Liu, Z., Zhang, H., & Tan, T. D. (2014). The Impact of Economic Growth, Industrial Structure and Urbanization on Carbon Emission Intensity in China.*Natural hazards*, (pp. 579-595).

Zhang, Y., Bocquet, M., Mallet, V., Seigneur, C., & Baklanov, A. (2012). Real-time air quality forecasting, part I: History, techniques, and current status.*60*, pp. 632-655.

Zhu, H., Liao, X., de Laat, C., & Prosso, P. (2016). Joint flow routing-scheduling for energy efficient software defined data center networks: A prototype of energy-aware network management platform.*60*, pp. 110-124.

Zou, Y., & Chakrabarty, K. (2007). Distributed mobility management for target tracking in mobile sensor networks. *IEEE Transactions on Mobile computing*, *6*(8), pp. 872-887.

郭斌，刘思聪，& 於志文．(2022)．人机物融合群智计算．机械工业出版社．

侯一民，周慧琼，& 王政一．(2017)．深度学习在语音识别中的研究进展综述．计算机应用研究，34(8)，页 2241-2246．

刘云浩．(2012)．群智感知计算．中国计算机学会通讯，8(10)，页 38-41．

新华日报．(2020，12)．*“以人为中心”和“智能空间”成主题*．Retrieved from http://xhv5.xhby.net/mp3/pc/c/201912/

04/c718652.html
叶宁，& 王汝传.（2006）. 无线传感器网络数据融合模型研究. *计算机科学*，*33*(6)，pp. 58-60.
於志文，郭斌，& 王亮.（2021）. 群智感知计算. 清华大学出版社.

作者简介

王倩茹　博士，毕业于西北工业大学计算机学院，现就职于西安电子科技大学计算机科学与技术学院。研究方向：智能感知，人工智能。E-mail：wangqianru1994@163.com。

李青洋　博士，毕业于西北工业大学计算机学院，现就职于西安电子科技大学计算机科学与技术学院。研究方向：智能感知，机器学习。E-mail：liqingyang@xidian.edu.cn。

郭　斌　博士，教授，博士生导师，西北工业大学计算机学院，西北工业大学智能感知与计算工信部重点实验室副主任。研究方向：智能感知，物联网，人工智能。E-mail：guob@nwpu.edu.cn。

於志文　博士，教授，博士生导师，西北工业大学计算机学院，西北工业大学智能感知与计算工信部重点实验室主任。研究方向：移动互联网，普适计算，人机系统。E-mail：zhiwenyu@nwpu.edu.cn。

第7章

多通道人机协同感知与决策

本章导读

一直以来,人类都期待着智能体具有与人自然交互,并协助人类完成任务的能力。这样的智能体对于人机协作的场景,如医疗陪护、办公家居、紧急救援具有非常广泛的应用前景。要使得智能体具有这样的能力,就需要智能体具有理解人类意图,从交互中学习新知识和技能,并准确地在动态变化场景中进行决策和规划的能力。本章分别从面向意图理解的多通道人机协同感知,面向技能习得的交互学习,以及面向任务的智能体决策与规划三方面进行分析,介绍相关技术的发展和最新的研究工作。最后,对多通道人机协同感知与决策面临的挑战和未来的工作进行展望。

7.1 引言

自从计算机问世以来,人们就期待智能体或机器人具有与人自然交互,并协助人类完成任务的能力(杨明浩,陶建华,2019)。智能体或者机器人具有多通道人机协同感知与决策是非常有用的,如在医疗陪护、办公家居、紧急救援等场景中,智能体如果能通过人类给定的一张或几张目标物体的照片快速地辨识一个以前不认识的物体,并协助人类完成抓取、搬运、抢救等任务,即可大幅提升人类的工作效率。基于交互学习的多通道人机协同感知与决策是使智能体具有该能力的重要途径。其包含三方面的内容,分别是多通道人机协同感知、交互学习、智能体决策与规划。

多通道人机协同感知是指智能体能够针对给定任务,借助多种传感设备,持续地理解人类意图和外部场景;交互学习是一种机器学习技术,又称为人机交互学习(interactive machine learning),它通过人类与机器之间的交互不断地调整和优化机器学习模型,使其具有更好的理解不同应用场景中人类给定知识的能力;多通道决策是指智能体根据任务和给定场景,在场景中进行合理规划、执行动作,最终完成任务的过程。三者的关系如图7.1所示。其中,多通道人机协同感知使得智能体能理解人类的意图,并将人类布置的任务与场景相关联;交互学习使得智能体能够实时理解人类给予的知识;在上述两项技术的基础上,多通道决策与规划使得智能体具有在动态变化场景中与人协作完成任务的能力。

多通道人机协同感知和交互学习使智能体能更好地利用人传授的知识和技能,以提升任务完成效能。相对于采用传统单通道信息处理和自动化手段的智能体而言,多通道人机协同感知与决策更强调人类知识和技能对于智能体的快速分享和传授,这是人的智能与机械智能有效融合的重要手段,

本章作者:杨明浩,赵永嘉。

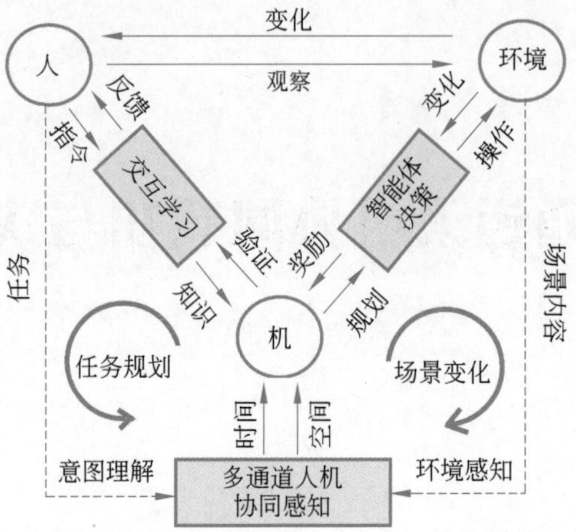

图 7.1 交互学习的多通道人机协同感知与决策概念及内涵

也是“以人为中心 AI”在人机协同领域的新的应用形式。

下面从多通道人机协同感知、交互学习、多通道决策与规划三方面介绍相关方法与技术。

7.2 多通道信息融合的人机协同感知

因为符合人的交互模式，多通道交互（multi-modal human-computer interaction，MMHCI）被认为是更为自然的人机交互方式（Cohen & McGee，2004；Jaimes & Sebe，2007）。相对于传统的单一通道交互方式，多通道人机协同的模式有着更为广泛的应用潜力。尤其是近年来，人工智能技术使得单一通道认知感知技术，如语音识别、人脸识别、情感理解、手势理解、姿态分析、笔式交互、基于眼动的交互、触觉交互等性能得到快速提升，计算机能够比较准确地理解用户单通道行为。同时，高速发展的便携式硬件技术使一批价格更加低廉、更小巧、易于随身携带的传感器让用户行为数据的获取受限减少，为准确判断用户行为提供了更多数据。

多通道信息融合的人机协同感知是一个非常动态和广泛的研究领域，本节从面向用户意图理解的多通道信息融合角度出发，首先简单介绍典型单通道交互，然后介绍多通道信息融合模型及方法。

1. 人机协同的单通道信息处理

人类交互的模态中，语音和手势是最重要的两种交互方式，也是多通道交互意图理解的重要手段。本节将主要介绍这两种交互方式。

1）语音交互

机器人智能语音交互的研究已经出现了很长时间。20 世纪 50 年代，研究者就已经开始了对语音交互机器人的研究。阿兰·图灵提出了图灵测试，验证了“机器能思考吗？”这个问题。麻省理工学院于 1966 年研发出了通过关键词匹配的聊天机器人 ELIZA；1995 年出现了采用启发式模板匹配的聊天机器人系统 ALICE，同时，迪士尼、Nerdify、雅玛多 Line、全食超市都通过智能语音机器人来对客人进行服务，从而实现超市导购，不仅节省人力，而且方便快捷。近年来，苹果的 Siri、亚马逊的 Alexa、微软的 Cortana 以及 Google Assistant 等都开发了面向桌面和移动平台的语音助手。

国内一些研究机构、高校和企事业单位也从 20 世纪 90 年代开始了语音交互的研究。如中国科学院自动化研究所于 2007 年展示了多通道人机智能语音交互系统，并应用于虚拟人对话上（Yang，

Tao，Li，& Chao，2013)；2015 年百度发布的“度秘”中包含强大的智能语音交互技术。2016 年后出现了像科大讯飞、腾讯、小米、爱问、思必驰等在语音交互领域非常有实力的企业。

2) 手势交互

除语音外，手势是人类的另一种基础和自然的交互方式。在某些特殊的环境下，如噪声环境、需要安静的场景等情况下，手势交互相对于语音交互有着不可替代的用途。另外，在人机协同的场景中，手势相对于言语，具有可以直接示范的功效。

手势交互的基础是手势检测和手势识别。手势检测方面，常用方法有传统的基于肤色模型、基于运动信息、基于轮廓信息的方法，以及如今常见的深度学习算法等。同样，手势识别方面，传统方法有时间规整(dynamic time warping，DTW)和隐马尔可夫模型(hidden Markov model，HMM)等，深度学习算法包括 3DCNN(3D convolutional neural networks)、联合 2D 手势特征的长短期记忆网络，以及基于注意力机制的手势识别模型等。

基于手势检测和手势识别技术的交互手势理解是人机协同的关键，如手势识别的结果用于人机接口(Russo，2015)，识别儿童手势并陪伴写字以缓解自闭症的机器人(Hood，Lemaignan，& Dillenbour，2015)、基于手势轨迹识别的书写陪伴机器人(Lemaignan，Jacq，& Hood，2016)、基于手势交互的音乐感知和教育机器人等(C. Z. a. H. Li，2022)。

3) 其他交互模态

除了语音和手势外，用于人机协同的交互通道还有很多，例如眼动、姿态、情感、触觉、笔式交互等，因为篇幅有效，本节不做进一步介绍。

2. 人机协同的多通道信息融合

人类在交互过程中的表达方式在本质上是多通道的，是多个通道交互信息的融合，克服了单一模态信息不完整的局限，有利于使用很少的信息来准确地表达交互意图。本节主要介绍面向人类交互意图的信息融合模式及方法。

1) 多通道信息融合认知假定

随着计算机计算能力的提高，在某些领域，计算机对单一通道信号的分辨能力接近甚至超过了一般用户。即便如此，从输入信息和输出信息的对比来看，单一通道信息的认知处理流程仍旧类似样本学习后的一个再辨识过程。

认知科学认为认知的结果分成两类：记忆和理解。记忆是指人能够回忆、辨认和识别过去呈现的学习材料或者信息的能力。理解是对呈现的教学内容构建连贯的心理表征的能力，其发生在记忆之后，表现为可以在一个新的情境中应用所学到的知识，这种能力可以使学习者在一个新的情境中应用所学到的知识(Mayer，2002)。学习者将面对一些新的情境，他们需要将学过的知识进行迁移，才能解决问题。多通道信息融合有利于通过人类的记忆形成理解，反过来继续促进人类的记忆(Fournet et al.，2012)。

2) 多通道信息融合认知模型

人们会为了对学习到的不同通道知识和经验建立一致的心理学表征，会主动调用注意机制，对信息进行编码和组织，并将新知识与旧知识融合以参与认知加工(Mayer，2009)，多通道认知加工的过程如图 7.2 所示。

图 7.2 中，从左到右的模块为多通道信息呈现、感觉记忆、工作记忆以及长时记忆模块。感觉记忆和工作记忆的部分对应于通道加工。此时，人类的感知通道获取的信息包括图像、语音、触感等信号，完成特征表示和编码，有选择地进入工作记忆区。针对具体的人机协同任务，主动加工调用包括注

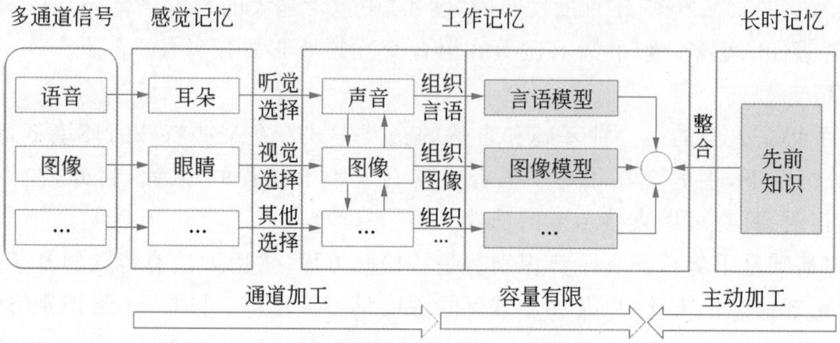

图 7.2　多通道认知加工的过程

意、联想和推理的机制，触发因长时记忆学到的历史知识，综合工作记忆中的多通道融合信息得到最后的判断结果。

多通道学习的认知过程表明多通道信息的融合发生在工作记忆中，同时，融合过程会触发长时记忆形成知识。虽然至今为止，知识在大脑中的形成过程和存储形式并没有明确的结论，但认知科学家采用实验的方法探索了多通道信息融合相对于单通道信息处理的增强效应：基于已经学到的单通道知识，多通道信息融合会为信息理解带来帮助。

3）多通道信息融合增强验证策略

在人机协同中，研究者习惯将不同通道信号转化为交互界面的操作，如鼠标、键盘、触觉、笔式交互中的位置和触碰判断、眼动交互中的视点和视线判断等。另外，还有一些不便于转化为界面操作的单通道用户交互行为，如情感交互中语音对话、手势跟踪等。首先对这类通道信息进行行为识别，然后系统根据行为识别结果给出反馈。这些单一通道号转化为意图理解的过程可以采用公式(7.1)简化描述。

$$y^t = f(x^t, x^{t-1}, \cdots, x^{t-l}) \tag{7.1}$$

式(7.1)中，x^t 表示时刻 t 的某通道输入信号，l 表示通道加工的信息长度，y^t 表示时刻 t 的通道信号的认知结果，例如笔触位置、手势姿态、情感类别、语音对应的文本等。单一通道信息的处理过程在计算机中的处理就变为了函数拟合或者分类的问题。

基于公式(7.1)，公式(7.2)给出了多通道信息融合的描述形式。

$$y^t = f[\oplus_{k=1}^{k}(x_k^t), \oplus_{k=1}^{k}(x_k^{t-1}), \cdots, \oplus_{k=1}^{k}(x_k^{t-l})] \tag{7.2}$$

式(7.2)中，$k(2 \leqslant k \leqslant K)$为参与信息融合的通道数，$x_k^t$ 表示时刻 t 的第 k 通道的输入信号，符号$\oplus_{k=1}^{k}(x_k^t)$表示时刻 t 多通道信号的融合，y^t 为时刻 t 的多通道信号融合的标注结果，尽管式(7.2)可以简化为一个函数拟合问题，但其真正难点在于各通道信号的表示差别，这使得$\oplus_{k=1}^{k}(x_k^t)$难以得到准确的表达，多通道信息难以统一描述。

文献(Ernst & Banks, 2002)介绍了一个定量分析多通道信息融合性能的实验。假定第 k 个通道信号服从均值为 μ_k，方差为 δ_k 的高斯分布，记为 $S_k \sim N(\mu_k, \delta_k)$：记每个通道信号的置信度为 $w_k = \dfrac{1/\delta_k}{\sum_k (1/\delta_k^2)}$，则某一时刻，多通道信号融合后表示为公式(7.3)：

$$\widetilde{S} = \oplus_{k=1}^{k}(S_k) \sim N\left(\sum_{k=1}^{k} w_k \mu_k, \sum_{k=1}^{k} w_k \delta_k\right) \tag{7.3}$$

式(7.3)实际上为多个高斯信号的最大似然估计，(Ernst & Banks, 2002)进一步构建了视觉和触觉双通道感知场景深度信息的信息融合感知实验。多次实验后的统计结果表明：在视觉和触觉双通道感知场景深度信息中，场景深度估计实验的结果服从式(7.3)的描述，即：在单通道信号服从高斯分布的情况下，多通道信号的融合可以表示为多个信号的最大似然估计。同时，多个通道中，置信度越高(或者方差更小的)的通道在融合后占有更加明显的主导地位。该准则可以用来判断多通道信息融合后对智能体是否对人的意图理解更加准确。

3. 人机协同的准确意图理解

多通道信息融合按照发生的时间顺序，可以分为前期融合和后期融合；按照信息融合的层次来分，融合可以分别发生在数据(特征)层、模型层及决策层；如果按照处理方法来分，可分为基于规则的融合，基于统计或机器学习方法的融合(Hatice & Massimo，2006)。也有文献根据多通道信息的相关性，根据它们之间信息互补、信息互斥、信息冗余的特点，然后进行分别融合(Yang et al.，2015)。以上这些融合策略中，基于统计方法或者基于机器学习方法的融合在计算层面发生。其他的融合方法更偏重于设计，因此后面介绍几种比较广泛使用的基于统计和机器学习的信息融合计算模型。

1) 面向意图理解的信息融合方法

(1) 层次分析法。

层次分析法(analytic hierarchy process，AHP)是美国运筹学家 T. L. Saaty 教授于20世纪70年代提出的一种实用的多方案或多目标的决策方法，是一种定性与定量相结合的决策分析方法。其将某个复杂的多目标的决策问题看作一个完整的系统，把目标分成多个目标或多个指标，用决策者的经验判断各衡量目标之间能否实现的标准之间的相对重要程度，并合理地给出每个决策方案的每个标准的权重。

因为能够在众多元素中找到合适的相对重要的元素，层次分析法在人机交互界面设计方面具有重要用途，如用于人机交互界面视觉传达方法研究、人机操作界面布局影响因子综合评价等。

(2) 贝叶斯决策模型。

贝叶斯决策的特点在于其能够根据不完全信息，对部分未知的状态采用主观概率估计，然后用贝叶斯公式对发生概率进行修正，最后利用期望值和修正概率做出最优决策(X. Li，Gao，Wang，& Strahler，2001)。在多种通道信号联合分布概率部分已知的情况下，贝叶斯决策可以根据历史经验反演得到某些缺失的信号，从而得到整个多通道信号融合整体最优评估估计。设不同通道信号在某时刻的联合分布概率记为 $P_S(S)=P_S(S_1,S_2,\cdots,S_D)$，$D$ 表示通道数，S 表示状态的集合，已知各通道联合建模的概率联合分布，则某通道观测信号的边缘分布概率 $P_D(\text{dobs})$ 为：$P_D(\text{dobs}|S)*P_S(S)$，其中 dobs 表示第 d 通道信号的观测值。根据贝叶斯公式，假定先验知识的情况下，已知某通道信号的边缘概率，联合分布概率为：

$$P_D(S \mid \text{dobs})=P_D(\text{dobs}/S)*P_S(S)/P_D(\text{dobs}) \tag{7.4}$$

$$P_D(\text{dobs})=\int_S P_D(\text{dobs} \mid S)*P_S(S)*dV_S \tag{7.5}$$

公式(7.4)和公式(7.5)中，$P_D(\text{dobs})$为对某通道的边缘分布观测，对应于某通道信号的实际观测。根据 $P_D(\text{dobs})$，$P_D(\text{dobs}|S)$以及部分已知的 $P_S(S)$先验信息，联合式(7.4)、式(7.5)迭代获得精确的 $P_S(S)$以及补全缺失的通道信息 $P_D(\text{dobs})$。

因为贝叶斯决策方法具有根据不完全信息反演出部分观测条件下最优决策的优点，其在多通道信息整合分析、多通道观测手段联合建模分析上体现出一定优势，其在人脸跟踪(Lin，Li，& Shi，2003)、用户行为感知(Town，2007)、机器人姿态估计和避障(Pradalier，Colas，& Bessiere，2015)、情感理解(Savran, Cao, Nenkova, & Verma, 2015)、多源传感器信息对齐及观测数据分析(W. Li & Lin, 2015)等方面得到非常好的应用。

(3) 神经网络模型。

传统的神经网络模型在非线性函数拟合方面表现出了很好的性能,结构更深的神经网络模型在语音识别、人机对话、机器翻译、语义理解、目标识别、手势检测与跟踪、人体检测与跟踪等领域应用广泛。例如在情感识别领域,采用相似度评估,目前采用深度长短时记忆神经网络模型(long short-term memory, LSTM)计算机得到的最好结果与专业人士识别相差10%左右;在语音识别领域,目前针对方言口音的语音识别,深度递归神经网络(recurrent neural networks, RNN)在字识别准确度可以达到95%,接近人类水平;在图像目标识别领域,超大规模深度卷积神经网络(convolution neural network, CNN)已经超过普通人类的辨识水平。在单一通道的深度神经网络模型技术上,很多研究者综合上述LSTM、CNN、RNN结构,构建面向多通道信息融合的大规模深度神经网络模型,力图在融合阶段无差别地处理多通道信息。通常而言,多模态信息融合应用于深度神经网络,其和普通的多通道信息融合一样,在结构上发生在三个层次,分别是早期数据级融合、中期模型级融合及后期规则级融合。图7.3分别对应上述三种多通道信息融合的抽象表示。

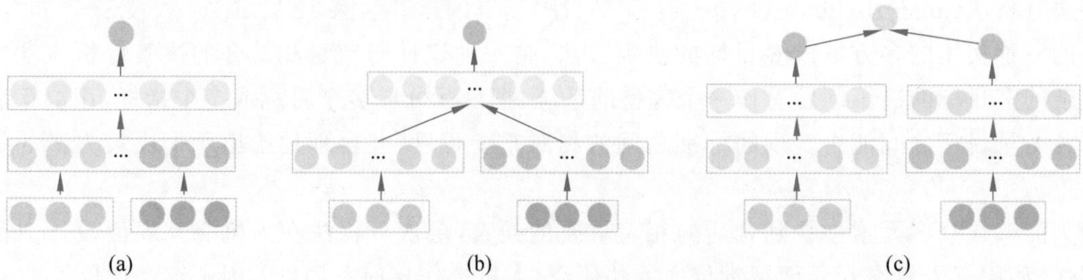

图7.3 神经网络信息融合结构抽象

基于上述结构,多通道信息融合方案可以进一步根据上述结构构建更为复杂的大规模结构,实现多任务学习(Seltzer & Droppo, 2013)、跨模态学习(Tzeng, Hoffman, Darrell, & Saenko, 2015)等功能,同时在基于多模态数据的联合训练情况下,这类结构在运行时可以做到即使某一个模态信息缺失,整个网络也能取得不错的效果,其在多通道情感识别、语义理解、目标学习等领域得到了广泛的应用。尽管如此,这类网络相对于任务来说还是相对"具体",如果要换一个任务,用户就需要修改网络结构,并重新调整参数,这使得深度神经网络结构的设计变成一个耗时耗力的过程。因此,研究者希望一个混合的神经网络结构可以同时胜任多项任务,以减少其在结构设计和训练方面的工作量。鉴于此,研究者开始致力于首先采用大数据联合训练构建多通道联合特征分享层,然后在识别阶段可以同时进行多任务处理的深度多模态融合结构(Lukasz et al., 2017)。

(4) 基于图模型的信息融合。

图模型将概率计算和图论结合在一起,提供了较好的不确定性计算工具,其构成上的节点以及节点之间的连线使得其在计算变量与周围相连变量的关系上具有一定优势。根据节点之间连线是否有方向,图模型可分为无向图模型和有向图模型。进一步借助多尺度分析,无向图在场景分割、视频内容分析、文本语义理解等方面应用广泛,如基于马尔可夫场模型的视频中的人体运动分割、检测与跟踪,无向图模型联合多文档摘要抽取,基于分组的无向图估计,用于找回多通道信息中丢失的特征,基于无向图模型的文本、视频及音频信息情感分,基于高斯图模型的多模态脑分区中大脑欢愉活动分布情况的检测。

相对于无向图模型，有向图模型节点之间的连线不仅仅记忆了数据流向，还记录了学习过程中的状态转移概率，有向图模型除了可以用于不确定性计算外，还可用于面向时序问题的决策推理，如基于动态贝叶斯模型模仿产生人类对文字的书写过程(M，R，& B，2015)，基于马尔可夫决策过程理解的手势与姿态理解(Jiaxiang，Jian，Chaoyang，& HanQing，2013)，基于有向图模型的多用户行为冲突最优决策(Hamouda，Kilgour，& Hipel，2006)，基于加权有限状态自动机的多通道人机对话模态冲突对话决策策略(Yang et al.，2015)等。

除了以上多通道信息融合计算模型外，还有很多其他的模型也用于多通道信息融合，如多层支持向量机、决策回归树、随机森林等方法，由于篇幅有限，这里不一一叙述。

2) 人机协同的交互过程管理

人机协同中人类意图的理解能够有效地减少智能体与人的交互时间、交互输入等，使得智能体能够更好地与人类完成交互任务。传统的多通道人机交互界面提供了界面鲁棒性、纠正错误或复原方式，因此其对不同的状况和环境增加了交互可选方式。然而就其本质而言，多通道用户行为不属于界面操作，因此如果仅仅把多通道信号简单转换为界面操作或者事件可能是无效的，甚至是无益的(Cohen & McGee，2004)。有研究者提出多通道交互会产生一种多通道困扰问题，原因在于多通道人机交互给予了用户较大的表达自由度，如交互中用语音、姿态、情感表达具有不确定和随意的特点。这种表达的丰富性和模糊性难以准确映射为传统人机交互的界面操作，带来系统反馈所要求的准确性上的难题，因此需要对多通道交互信息的融合进行管理。

人机协同的意图理解的目的是要把交互过程规划起来，本质上是多通道信息在决策层上的融合。早期的多通道信息管理方法多采用基于规则的方法，为了减少各分析模块的不确定性和歧义，SmartKom对各通道进行单独解析，通过自适应的置信度测量，逐步进行扩展，达到各通道的融合，形成用户意图网格加以后续处理。文献(McGuire，Fritsch，& Steil，2002)利用有限状态机将来自手势和语音的通道信息进行整合和理解，让机械臂完成抓取物体的交互任务。在人机对话中，语音信息是主要交互通道，文献(杨明浩，陶建华，李昊，& 巢林林，2013)根据不同通道对语音交互的影响和它们与语音信号的关系，把它们的处理方式分为三种模式：信息互补模式、信息融合模式和信息独立模式。然后根据语音识别、表情跟踪和识别、身体姿态跟踪和识别、情感识别的结果进行用户的语义理解和对话管理。文献(Michaelis & Mutlu，2017)在构建面向儿童朗读陪伴机器人的交互系统中，将交互过程分为8种状态，根据儿童不同的交互需求和情况，系统在8个状态之间跳转，保证交互的鲁棒和连贯。可以看到，交互管理的目的是对多通道信息的计算在时间和空间上进行规划，使用户交互更加鲁棒和自然，因此面向任务的人机交互的管理重在设计，规划在很大程度上涉及推理和决策等关于时序的不确定性计算(Cheng，Yang，& Andersen1，2017)。

近年来，基于循环神经网络和注意力机制的深度学习用于人机协同的交互过程管理，如利用深度神经网络对音频、视频数据进行融合，用音频、视频和文本模态的多模态融合识别和分析长序列交互中的情感变化过程(Eduardo Godinho Ribeiro，2021)，也有研究者采用LSTM、CNN、RNN结构应用于人机协同的自动驾驶(Z. Li，Zhou，Pu，& Yu，2021)，融合光学图像和2D激光雷达信息的LSTM网络车道检测模型(Zhang et al.，2021)，基于LSTM模型的触视觉信息融合的手机软排线协同装配(Minghao Yang，2023)等。

3) 基于大语言模型的长序列交互意图理解

虽然多通道人机协同的关键技术和方法多种多样，但根据其功能而言，主要分为意图理解、交互管理以及交互反馈生成三部分(杨明浩等，2013)。近年来，深度学习技术的发展使得智能体在上述技术上都取得了长足进步,然而面向长序列的对话管理模型依旧在用户的交互体验上难以令人满意。2022 年,OpenAI 发布了基于大语言模型(large language model, LLM)构建的 ChatGPT,其在言语交互意图理解方面展现了优秀的能力,相对于传统的对话管理,其优势体现在以下几方面。

(1) 对话方面。ChatGPT 展现出相对于传统对话系统更好的长时程话题跟踪性能。长时程话题跟踪是传统人机对话的一个重要难点,以往的填充槽、有限状态机、DQN(deep Q-network)等尽管可以通过槽是否填充完成、状态是否遍历、奖励函数和规划的设定来保持话题跟踪,但总体上在话题管理上仍显得比较呆板。而 ChatGPT 在对话过程中会记忆先前使用者的对话信息,甚至可以回答某些假设性的问题。ChatGPT 展现出相对于传统对话系统更好的长时程话题跟踪性能,极大地提升了对话交互模式下的用户体验。

(2) 言语理解方面。ChatGPT"涌现"出一定的举一反三的能力。对于用户所提的问题,传统的对话管理模型如果在训练阶段没有遇到所需要的样本,则不能给出准确或合理的答案。但 ChatGPT 相对灵活,其基于庞大的文本库,凝练了多领域问题的很多数据进行相互校验,然后挑选出一些共性内容进行回答,因此展现出一定的可以回答新问题的能力。

(3) 反馈方面。ChatGPT 的提示策略提供了一种交互的反馈机制,也可理解为是一种提问的艺术,用户创建 Prompt、要求或指导 ChatGPT 等语言模型输出的过程,它允许用户控制模型的输出,生成符合特定需求的文本。

4. 发展趋势

本节讨论了人机协同的单通道信息处理、多通道信息融合以及人机协同的准确意图理解等内容,也简单介绍了大语言模型的长序列交互意图理解的特点。可以看到,ChatGPT 结合大语言模型以及用户给予的提示,在文本理解、文本生成、长序列对话、语言组织的逻辑能力方面得到了显著提升(OpenAI, 2023)。方面的长处,即通过提示提供了新型的人机交互手段,这也是使人机交互更为自然的重要途径。相信未来 GPT5.0 以上的多通道大模型语言版本交互机器人还将展现出更多令人惊讶的能力。

5. 挑战

大语言模型虽然在基于文本的多通道信息理解与生成上表现出强大的能力,但是对于人机协同完成任务而言,还存在以下挑战。

(1) 面向自然场景的交互意图理解。虽然 ChatGPT 能提供一定的泛化式答案,但针对一些细节的回答并不准确。大语言模型表现出针对视频、文本、图像等多通道信息的理解能力,然而在自然动态变化的人机协同任务中,如养老看护、协助搬运等场景,智能体如何在尽可能少的提示条件下正确地理解用户意图,仍是研究者和业界需要努力解决的问题。

(2) 文本到自然场景的任务达成。到目前为止,智能体在物理世界中的行为大多仍然采用手写代码来实现。如何借助大语言模型让 ChatGPT 超越文本思考和行动,并对物理世界进行推理以完成现实场景中的任务,是目前人工智能和人机交互的又一个重要研究方向(Sai Vemprala, 2023)。

7.3 面向人机协同的交互学习

交互学习采用各种人工智能领域的方法,如自然语言处理、计算机视觉等,通过多种传感器(如视觉、语音、触觉等)收集交互数据,借助机器学习算法,将人类的知识和经验融入计算模型。以在办公家居场景中机器人不认识苹果的情况为例,人类给机器人展示一张苹果的照片,并通过语音告知它

“这是苹果”,要求机器人找到苹果并将其移动到某个位置,这个过程展示了面向人机协同的交互学习的概念,其在功能上具体表现在以下几方面。

(1) 智能体对人类表达的理解是一个多通道信息感知和融合的过程。

(2) 交互学习的目的是使智能体在不影响原有知识框架的前提下,快速学习以前不知道的知识。

(3) 交互学习的知识需要和环境、智能体的决策和行动进行关联。

7.3.1 小样本信息处理与融合

与目前流行的基于大数据的深度学习算法不同,小样本学习旨在用较少的训练数据构建准确的机器学习模型。小样本学习方法主要包括三类:迁移学习、度量学习和元学习。

1. 迁移学习

迁移学习(transfer learning)提出的初衷是为了节省人工标注样本的时间,让模型可以通过已有的标记数据(source domain data)向未标记数据(target domain data)迁移,从而训练出适用于未标记数据的模型(Pan & Yang, 2010)。但是在交互和认知领域,迁移学习可以很好地用来处理小样本学习任务,其本身具备把为任务 A 开发的模型作为初始点,重新使用到为任务 B 开发模型的过程中,通过从已学习的相关任务中转移知识来改进学习的新任务方法,在方法上多使用源域上预先训练的网络权重来提高对一些新任务的泛化能力(Aming Wu, 2021)。

迁移学习有以下特点。

(1) 不需要标注大规模数据。迁移学习可建立在前人花费很大精力训练出来的模型上,没有必要重新标注大量数据。

(2) 可降低训练成本。采用导出特征向量的方法进行迁移学习,可以有效降低后期训练成本。

(3) 适用于小数据集。对于目标数据集本身很小的情况,迁移学习可以通过冻结预训练模型的全部卷积层,只训练定制的全连接层方法达到收敛(Shao, Zhu, & Li, 2015)。

2. 度量学习

度量学习(metric-learning)旨在获得好的特征去描述目标,并选择合适的距离度量策略,从而达到以下目的:相似的内容被编码在彼此相距很小的特征中,同时让来自不同类别的编码特征相距更远(Boris N. Oreshkin, 2018)。度量学习通常分为两种:一种是通过线性变换的度量学习,如传统的 K 近邻(K-nearest neighbor,KNN)以及 K-Means 方法等;另一种是通过非线性变化的度量,如早期的支持向量机(support vector machine, SVM)以及目前流行的深度神经网络模型,它们的基本任务都是根据不同的任务来自主学习出针对某个特定任务的度量距离函数。

度量学习能力的提升在于选择好的特征以及好的度量距离(Eric P. Xing, 2002)。目前基于深度学习的各种特征提取手段,如向图像特征提取的 AlexNet、VGGNet、GoogLeNet(Inception)、ResNet 等网络结构,面向序列特征提取的循环神经网络(recurrent neural network, RNN)、长短期记忆网络(long short-term memory,LSTM)、Transformer 等在提取特征方面表现良好。因此,距离度量方式的选择也是影响度量学习能力的重要因素,目前使用较多的距离度量函数有闵可夫斯基距离、欧氏距离(Euclidean distance)、标准化欧氏距离(standardized Euclidean distance)、曼哈顿距离(Manhattan distance)、切比雪夫距离(Chebyshev distance)、马氏距离、夹角余弦、相关系数(correlation coefficient)、交叉熵与相对熵(Kullback-Leibler divergence, KL 散度)、汉明距离等(Eric P. Xing, 2002)。

3. 元学习

元学习(meta-learning)也称为 learning to learn,含义为学会学习(Timothy Hospedales, 2022)。元学习需要学习如何最有效地学习关于类别的所需知识,以便在几乎没有训练示例的情况下也可以学习新类别的知识。元学习与传统的机器学习方法(包括主流的深度学习模型)的区别在于以下几点。

- 传统方法:通过训练数据,在输入数据 X 与输出数据 Y 之间找到映射函数 f。
- 元学习:通过训练任务 T 及对应的训练数据 D 找到函数 F,F 可以输出一个函数 f,f 可用于新的任务,元学习的任务就是找到这个会学习的函数 F。

函数 F 较为通用的模型有孪生神经网络、对比学习等。基于初步给定的网络结构 F,元学习重要目标是设计面向任务的学习策略,优化出函数 f。主要的策略包括学习如何初始化(learning to initialize)、学习如何优化(learning to optimize)、学习网络架构(network architecture search,NAS)、学习数据处理(learning for data process)、学习权重配置策略(learning to sample reweighting)等。

除迁移学习、度量学习和元学习外,还有一些小样本学习方法,如数据增强、模型聚合等。对于交互学习的人机协同场景,智能体和机器人通常不会被给予很多时间进行在线学习,因此数据增强、模型聚合等传统的需要再训练和调整模型结构的方法不适合交互学习。另外,迁移学习和元学习均需要在给定小样本的基础上进行微调(fine-tuning)和优化,这两种方法适用于不太要求实时的交互场景。对于度量学习,其难点在于找到良好的适合新类的距离度量手段,然而当新对象与源域中的某些对象相似时,通常需要对度量学习模型进行多次重新训练,才能获得可能的可接受性能。面向新数据,如何选择相对好的泛化能力的小样本学习方法,是人机协同交互学习的一个重要挑战。

7.3.2 模仿学习(imitation learning)

从人类的示范中学习是指智能体根据人类演示学习人类动作或操作技能,从而完成预期任务。从人类示范中学习主要分为三个阶段:传统的示教学习、深度强化学习以及数字孪生驱动的示范学习。

1. 传统的示教学习方法

智能体的操作通常可以用状态及状态之间的转移来表示,因此有限自动状态机是天然的可用于示范学习的方法。状态及状态间的转移可以表示为树和图的方式,因此决策树和与或图也是示范学习的经典方法。

有限状态机通过外部事件的触发实现从一个状态向另一个状态的转换(Petrenko A, 2005)。通过不同事件的触发条件,即可实现逻辑先后顺序的转换。如文献(De Rossi G, 2019)提出了用于在手术环境中半自主执行操作任务的认知机器人架构,整个智能体的动作决策过程由一个监督控制器完成,这个监督控制器是由有限状态机实现的,其中每个动作对应着状态机的一个状态,动作识别模块每识别出一个新的动作,就会触发状态之间的转换,从而决定机器人要执行的下一步任务(De Rossi G, 2019)。

决策树是一个树形的结构,其中每个节点代表一个判断,每个分支代表一个判断结果的输出,每个叶子节点代表最终的分类结果。由决策树可以生成行为树,即通过制定决策来控制行为。目前,示范学习领域的一个研究热点是从人类演示中学习生成决策树,再将决策树转换成行为树,这个行为树可以指导机器人完成相应的任务(French K, 2019)。

与或图(and-or-graph)是由与节点和或节点组成的结构图。与或图的作用就是将一个大问题分解为互相独立的小问题，然后通过与或关系从小问题能否解决来判断最终的大问题能否解决，由子节点和父节点的与或关系可以进行广度优先搜索和深度优先搜索等搜索方式，从而获得逻辑的先后顺序。

2. 马尔可夫决策过程

1）马尔可夫决策及深度强化学习

马尔可夫决策过程（Markov decision process，MDP）在智能体学习中取得了很好的效果。常见的MDP模型由四元组表示，描述智能体采取行动（Action：A）改变自己的状态（State：S），与环境发生交互获得奖励（Reward：R），形成策略（Polices或状态间转移概率Probability：P），完成目标任务的过程。

- 状态（S）的获取和表示：深度学习模型把来自视觉的环境观测数据以更紧凑低维的方式进行编码，与智能操作状态和状态转移关联，研究者一致认为深度网络结构能够高效地对状态相关的环境观测进行获取和表示。
- 奖励（R）的获取和评估：深度模型方法联合触觉、力觉、视觉等不同通道信息，在连续的空间上表达与环境交互的反馈，比传统的各通道信息计算奖励反馈更加丰富和精确。
- 动作（A）的选取：在S和R获取的基础上，深度模型可便利地从大量的成功或者失败的奖励示例中快速推测最好或较优的行动选择。

上述三点中，传统的智能体动作选取通常采用Q矩阵（S→A：状态到动作转移的集合）来记录和描述状态间的转移。深度网络结构的引入，使得Q矩阵被深度网络进行拟合，其拟合的空间维度在理论上可以无限大且连续（deep Q-learning：DQL，或者deep reinforcement-learning：DRL）。DQL/DRL在纯视觉信息引导的智能体控制中取得了令人瞩目的效果，并得到了广泛的验证（Silver，Schrittwieser，& Simonyan，2017）。然而，DQL/DRL要直接应用于实际环境的智能操作学习仍存在一个无法避免的挑战，那就是其训练阶段需要大量成功或者失败的样本。在实际环境中，因为智能体的价格较高以及操控安全的因素，获取大量的实际操控样本相对困难，工作量和时间成本也非常大。

2）从人类示范中学习

近年来学者提出了learning from demonstration（LfD）的模式（Todd Hester，2018）。LfD的一个广泛使用的思路是Sim2Real（simulation to real），即根据智能体操作的实际环境构建一个和实际环境相似的虚拟环境，通过设定虚拟智能体的控制参数以及虚拟环境的物理参数，如环境边界、物体纹理、重力、摩擦力等因素，在虚拟环境中产生大量操作成功的样本，并学习操作任务状态S的表示及动作跳转概率P的分布：Q（S→A），然后到实际环境中验证。LfD的样本产生有两种方式：一种是系统在模拟环境产生海量样本（Silver et al.，2017），另一种是通过人为操作引导虚拟环境的智能体操控产生样本（Yuke Zhu，2018）。LfD方法解决了在实际操作环境中难以解决的样本产生问题，有效地降低了智能体操控的样本制作和学习成本。

LfD的本质与DQL/DRL在纯视觉信息引导的智能体控制学习上一脉相承，区别在于：DQL/DRL在视觉信息引导下的学习以奖励为目标，而LfD在虚拟环境中的学习不仅考虑奖励，还需要考虑学习技能如何适应真实环境。在这一点上，即便是功能非常强大的三维建模软件和三维重建方法，要快速地建立和物理真实环境非常一致的虚拟环境也非常不容易，尤其对物体所受重力、惯性、摩擦力等物理特性的模拟比来自视觉的纹理和位置的模拟更为困难（Villamizar，Garrell，Sanfeliu，& Moreno-Noguer，2015），这也使得LfD方法即使在虚拟环境中的操控成功率很高，其应用于真实交互操控环境也往往不令人满意。

LfD 要成功应用于实际的动态人机协同操作环境，还面临着虚实差异带来的操作技能适应问题：虚拟环境与真实环境在视觉呈现以及物理交互上的触力觉差异，使得智能体在前者学到的技能难以直接适用于后者。有研究者针对该问题进行了探索，如文献（Yuke Zhu，2018）通过现实模拟器，让智能体学习人类操控虚拟环境的智能体技能，然后在实际环境中验证；也有研究者讨论了人的动作引导如何在虚拟环境被智能体感知，并在现实中验证人机协同避障（E. & Ragaglia，2017）、完成装配任务（Grigoris，2017）的可能。这些工作力图通过人类视角同时关联虚拟环境和真实环境，然而，操控过程主要通过视觉引导完成，在操控任务的灵巧程度上还需要提高。

3. 数字孪生驱动的示范学习

示范学习早期主要通过遥控操作示教或拖动示教的方式提供示教数据，这类示范方法针对固定环境下的特定任务是有效的。然而，当任务场景存在动态变化时，仅仅通过遥控操作示教或拖动示教的方式就不足以应对相对复杂的任务了。从人类示范中学习主要有两种途径：一是传统的从人类的直接示范中学习，二是从数字孪生驱动的示范学习。前者存在的问题是：在实际机器人操作环境中，由于机器人操作的高昂价格和控制安全的因素，即便通过人的示范，依然很难获得大量的实际控制样本，这就是前者的数据饥饿问题。

数字孪生驱动的环境为智能体学习中的数据饥饿问题提供了一种有效的解决方案。孪生环境通过模拟物理世界，呈现出与物理世界相似的虚拟表示（Bin He，2021），其允许对物理世界进行模拟、观察和控制。与传统的虚拟现实（virtual reality，VR）和增强现实（augmented reality，AR）技术不同，数字孪生驱动的虚拟环境和真实环境的完全对称，其允许机器人在两个空间进行技能迭代细化。

自数字孪生驱动的环境最初用于航天器的设计过程（BeateBrenner，2017）以来，现在它已广泛应用于智能体人机协同的整个生命周期，从人机协同的产品设计（BenjaminSch，2017）、基于 AR 可视化界面用户技能编辑和引导（Cunbo Zhuang，2018）、基于 VR 遥操作的人机师徒模型、生产评估和优化（Thomas H.-J. Uhlemanna，2017）、模块化即插即用多供应商装配线（Jumyung Um，2017）、制造规划和精确的生产控制（Qinglin Qi，2018）到用于调度和控制机器人柔性装配单元的分布式多智能体系统（Abderraouf Maoudj，2019）等。

7.3.3 发展趋势和挑战

从人机交互的功能上讲，交互学习的目的是通过交互使智能体可以快速地在动态变化场景中学习人类传授的知识；学习人类传授的技能。

针对第一点，知识或者概念通常可以采用文本、图片结合的方法让智能体进行学习。本节分享的迁移学习、度量学习、元学习等是目前较为主流的方法，这些方法也是构成 One/Few-Shot-Learning 的重要手段。

针对第二点，技能学习相对于知识的学习更为复杂，技能学习通常与具体的任务和场景关联。本节分享的马尔可夫决策过程、数字孪生驱动的示范学习等是目前主流的技能学习手段。

虽然人工智能方法为交互学习提供了有效途径，但交互学习（尤其是技能的交互学习）仍面临以下挑战。

1. 虚实差异带来的操作技能适应问题

马尔可夫决策过程、数字孪生驱动的示范学习均可以在虚拟场景中产生大量用于学习的示范数据，让智能体可以在虚拟空间中学习操作技能。然而，通常来讲，虚拟环境与真实环境在视觉呈现以及物理交互上的触力觉差异，使得智能体在前者学到的技能难以直接适用于后者。因此，如何让智能体学习人类操控虚拟环境的技能，在实际环境中顺利迁移，或者通过人类示教同时关联虚拟环境和真实环境，减少虚实差异带来的操作技能适应问题是技能交互学习的一个挑战。

2. 动态变化的场景使得智能体需要具有和用户一起学习成长的能力

人机协同应用中，如家庭服务机器人、养老看护机器人等，用户的行为更加开放自由，交互过程会呈现出更多新的不可预测因素。智能体要适应用户行为自由、交互环境变化的特点，并具有在新的环境中和用户一起学习成长的能力，即智能体需要能够准确理解用户传授的新知识，并在学习新知识后不影响原有知识的理解准确度，同时新旧知识得到共同增长。虽然已有的人工智能方法在一些数据集上取得了一定的成果，但目前依旧缺乏一个同时满足上述三个特点的、比较普适的多模态人机交互学习模型。因此，构建具有增长能力的多模态交互学习模型，使得智能体具有在与用户的交互中学习、理解并整合新知识到已有知识中的能力，是多模态人机交互学习的一个重要的突破方向。

7.4　面向任务的人机协同决策与验证

7.4.1　面向人机协同的智能体决策与规划

在智能体的人机协同中，视觉和触觉是相对具有优势的通道，本节首先介绍基于视觉和触觉信息处理的智能体决策与规划模型，然后介绍视觉和触觉信息融合的人机协同的智能体决策与规划方法。

1. 面向智能体决策的单通道信息处理

1）基于视觉感知的操作任务感知与决策

基于视觉的感知任务在智能体的人机协同中发挥着至关重要的作用，如机器人辅助高精度手术、医疗看护、人机协同抓取、人机协同装配等。常用的智能体视觉感知手段主要分为单目视觉、多目立体视觉和深度立体视觉三种。

单目视觉是指只使用单个摄像头或其他成像设备获取图像数据，以此完成对物体、场景和环境的理解与感知。由于通过单一相机的 RGB 图像无法得到关于距离的信息，因此单目视觉常用于智能体的目标识别以及面向桌面的操作任务。针对智能体所要操作的目标，这些方法主要通过单目视觉获取目标在图像中的位置。也有部分工作尝试从单目视觉信息中获得场景的三维深度信息，如 PoseCNN(Fox，2018)、RNNPose(Yan Xu，2022)等，这些方法在模型训练过程中需要准确的三维模型。获取物体精确三维模型所需的成本相对较高，同时这些方法不太适合变形物体。

多目立体视觉依靠相对位置已知的多台 RGB 相机对同一场景进行拍摄和观测，然后将不同视角下的图像进行匹配和融合，通过同一场景在多相机中的位置关系计算出场景中各图像点相对各相机的距离。常用的立体视觉系统又包括双目视觉、三目视觉、四目视觉等。根据不同应用需求选择不同系统。双目视觉作为多目立体视觉最简单的形式，因为只涉及两个视角，相对容易实现和部署，如双目视觉进行视觉伺服的机器人系统(G.D. Hager，1995)、智能体分拣(Rizzini，2020)、香蕉采摘(Mingyou Chen，2020)等。多目视觉系统存在一些局限性，首先多目视觉系统需要集成多个摄像头或传感器，因此系统复杂度更高，同时由于需要对多个视角的图像进行匹配和处理，对计算能力和算法优化都有较高的要求，而且多目视觉系统还存在容易受环境光线干扰等问题。

深度立体视觉则是利用特定的光源和传感器，通过测量光线的反射来测量场景深度。典型的深度立体视觉感知设备有 Kinect、Realsense 等，其集成了 RGB 摄像头、红外发射器、红外摄像头以及激光发射器，用红外发射器、红外摄像头、激光发射器完成深度感知，因此深度立体视觉系统通过提供较为准确的深度信息，使智能体可以更加精确地感知物体的位置和形状。例如，在医疗医护人员在手术室等场景下，非接触式地分析医学图像(Luigi Gallo, 2011)；通过深度相机对牛的侧面和背部进行测量，基于测量得到的牛身体各项特征对其体重、健康状况以及泌乳类型等指标进行预测(B.M. Martins, 2020)；在2020年面向农业机器人采摘任务中，通过Kinect深度相机点云与模板点云进行匹配，从而完成对目标的姿态估计等。

2) 基于触觉感知的操作任务决策与规划

早在30年前，触觉传感器就已被广泛考虑用于智能体人机协同，例如用于提供物体的表面方向、用于灵巧操作的触觉交互、形状感知、触觉反馈相关智能体操作策略。近年来，有研究人员在人机协同的机器人装配任务中梳理了触觉和视觉通道的信息，如基于高斯过程的未知物体视觉和触觉抓取，在插孔任务中学习视觉和触觉的紧凑及多模态表示的自监督，从软磁干扰触觉感知中抓取微小物体等。

早期的触觉信号直接作为一维(1D)序列信号传递给智能体，然而触觉传感器可以在机器人末端工具和目标表面之间的接触区域周围生成足够多的信息，触觉信号的二维(2D)呈现称为触觉纹理或触觉图像(Antoine Costes, 2020)，同时提供触摸点周围的位置和强度信息，相对于一维阵列，能提供更多信息。触觉图像在材料分类、织物缺陷检测、物体定向感知、物体形状感知、表面粗糙度识别、抓取姿态估计等方面得到了广泛讨论，这些传统手段大多采用深度神经网络作为对象分类或识别模型，其中使用单个触觉图像作为输入，输出是类别或范围。还有一些其他方法将单个触觉图像和视觉信息结合到特征向量中，用于对象分类或材料分类等。

2. 面向智能体操作的多通道信息融合

视觉和触觉是智能体在场景中进行感知决策的主要通道，本节主要介绍视觉和触觉信息融合在智能体协同操作中的相关方法，另外简单介绍视觉和言语听觉引导的智能体操作模型。

1) 视触觉融合的操作任务感知与决策

人类操作时，通常依靠视觉完成初步引导，在细节中利用触觉感知任务是否完成。基于这种动机，基于视触觉的智能传感器正被广泛用于各种智能体操作和规划中。基于视觉和触觉信息融合的策略在智能体的插孔(Simon Ottenhaus, 2019)、汽车装配被广泛采用，如文献(Radu Corcodel, 2021)提出的MoCo-v3网络采用视觉和触觉传感器进行多对象装配的交互式感知方法，机器人可以使用触觉传感器和粒子滤波器的反馈机制来逐步提高其对装配在一起的物体状态的估计。文献(Prajval Kumar Murali, 2022)提出的基于主动视觉和触觉融合框架，允许机器人在密集的环境中准确估计物体的姿势，使得机器人具有自主选择要移除的下一个最佳对象和要执行的最佳动作(可抓握或不可抓握)的能力。类似的方法还有贝叶斯滤波器的视觉和触觉融合的机械臂姿态估计方法、协助机器人完成远程操作任务的触觉渲染、基于视觉的跨模态触觉渲染等。

2) 听觉视觉融合的操作任务感知与决策

为了安全高效地进行操作，移动智能体需要感知其环境，特别是执行障碍物检测、定位和地图绘制等任务。尽管机器人通常配备了麦克风和扬声器，但传统上的麦克风和扬声器主要用于语音问答。近年来，麦克风也可以收集音频的回声，结合回声信息和视觉信息为机器人提供更好的定位信息，这对于动态环境中的机器人位置感知非常有益。文献(Tianwei Zhang, 2021)提出了在动态环境中将声源定位与视觉SLAM融合的定位方法，将多个麦克风采集的声音信号作为输入，经过特征提取和聚类，输出时变声源方位角，然后将其融合到图像空间，和视觉特征用于运动估计和映射。另外，也有研究人员(Dümbgen F，2022)提出了面向小型移动智能体的融合回声和 SLAM 的定位算法，移动智能体只配备简单蜂鸣器和低端麦克风的机器人，通过回声来判断飞行方向上是否有墙壁。该方法实时运行，具有不需要事先校准或训练的优点，并成功地在飞行无人机上进行了实验。文献(Li H，2022)研究了视觉、听觉和触觉如何共同帮助机器人解决复杂的操作任务，该工作建立了一个智能体多通道感知融合系统，视觉、听觉和触觉信息都与基于注意力机制的模型相融合，包装和倾倒这两项具有挑战性的任务的结果证明了多感官感知对机器人操作的必要性和良好效果。

7.4.2　虚实融合的人机协同决策与验证

人工智能技术驱动的智能体目前在人机协作和流水线自动化装配中发挥出越来越重要的作用，虽然其在一定程度缺乏独立完成任务的能力，但协作机器人可以显著降低人的工作量和工作难度，如玩具装配、汽车装配、电子机顶盒装配等。然而，人机协同中需要保证任务完成的安全、准确和效率。

虚实融合的数字孪生驱动的(digital-twin driven)虚拟系统可以从多个视图和尺度测量虚拟空间中的物体自身状态及其与机器人的关系。数字孪生环境可以模拟、观察和测量物理世界，在数字孪生和物理空间之间进行校准后，可以在数字孪生中看到原本存在于物理空间中的智能体、环境和人的关系，这为人机协同中安全、准确和高效地执行任务提供了相对直观的学习、预测和分析模式。本节后面主要介绍基于数字孪生驱动的智能体学习和验证方法，并介绍一个对应的例子。

1. 数字孪生驱动的技能学习与验证

正如 3.2.3 节介绍的，数字孪生驱动的环境可以有效解决数据饥饿问题，然而将其用于实际还存在虚实差异带来的操作技能适应挑战。研究者也针对该问题进行了探索，期待通过引入人的协同操作缓解虚实差异的技能学习和适应问题。如(Zhu & Hu，2018)对目前基于示范的技能学习模型进行了一些总结，LfD 方法具有让普通大众无须学习编程技能即可使用机器人的独特优势。文献(Alexopoulos K，2020)提出了利用数字孪生中训练的模型来加速现实中技能学习的方法，从而减轻用户在数据标注和训练中的工作量，这些数字孪生中训练合成的数据集可以用现实世界的信息来加强和交叉验证，让智能体将学到的技能更快地在现实中安全应用，该论文提出的框架已经在工业实际用例中得到了实施。

另外，数字孪生环境产生的高保真、动态的虚拟模型可反映整个产品生命周期，使设计师能够在最初的产品设计阶段确定产品功能和配置。产品的虚拟和物理元素的整合使设计师能够在虚拟空间中建立性能模型并检测现实世界功能，该过程称为数字孪生驱动的虚拟验证。文献(Lai Y，2020)提出了一个数字孪生环境驱动的虚拟验证框架模型，通过人机协同的方式改善了产品生命周期的五个阶段(设计、制造、使用、维护和报废)的产品设计，并在商用浓缩咖啡机和 3D 打印机的产品设计周期中进行了验证，证明了数字孪生环境中人机协同验证的有效性。

2. 一个实例：虚实融合的手机软排线装配

如今，机器人已被广泛用于各种制造装配中。然而，在手机软排线(flexible printed circuit，FPC)的装配任务中，机器人的表现仍然不够令人满意，因为手机软排线的组装任务具有两个难以克服的困难。(1)难以测量。FPC 不同部分的连接区域的尺寸非常小，无论机器人操作时采用眼到手还是眼在手的摄像头配置，连接器都很容易被机器人的机械手遮挡，从而导致连接器的探针看不见。(2)容易破损。FPC 的两个部分是由几十个微小的金属探针连接的，这些探针很脆弱，当两个软排线部件(一个连接器和一个接收器)在扣动过多次后仍匹配不成功时，很容易损坏。

中国科学院自动化所、北京航空航天大学以及清华大学联合提出了一种基于人机示范的虚实融合的手机软排线装配方法(Minghao Yang，2023)，其贡献如下。

(1) 建立了对应真实手机软排线装配环境的数字孪生环境，图 7.4 为真实的手机柔性印制电路装配场景，分别对应物料台、二次定位台和手机软排线的扣合台，图(d)(e)为对应的孪生虚拟场景。该虚拟场景使物理空间中的部分遮挡视图在可容忍的误差范围内在数字孪生中可见，有助于通过消除物理空间中最初存在的观测遮挡。

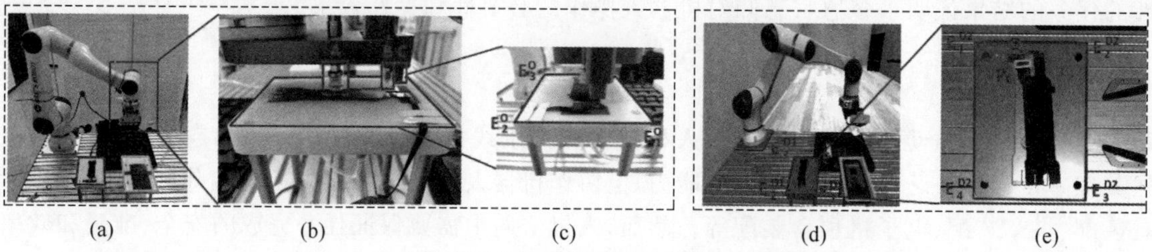

图 7.4　对应真实手机软排线装配环境的数字孪生环境

(2) 在所建立的手机软排线装配孪生虚拟场景的基础上，提出了基于虚实融合误差对比的智能体侧决策模型(图 7.5)。该策略的骨干网络为对称的孪生神经网络结构，首先采用 CNN 对真实场景中感知的手机软排线误差位置和虚拟场景中的手机软排线理想位置的图像特征进行联合编码，然后采用 LSTM 将上一步骤得到的联合编码回归到机械臂最佳装配位置的距离和旋转偏移，这使得智能体能够快速学习物理空间和数字孪生中手机软排线位置测量所引导的动作。

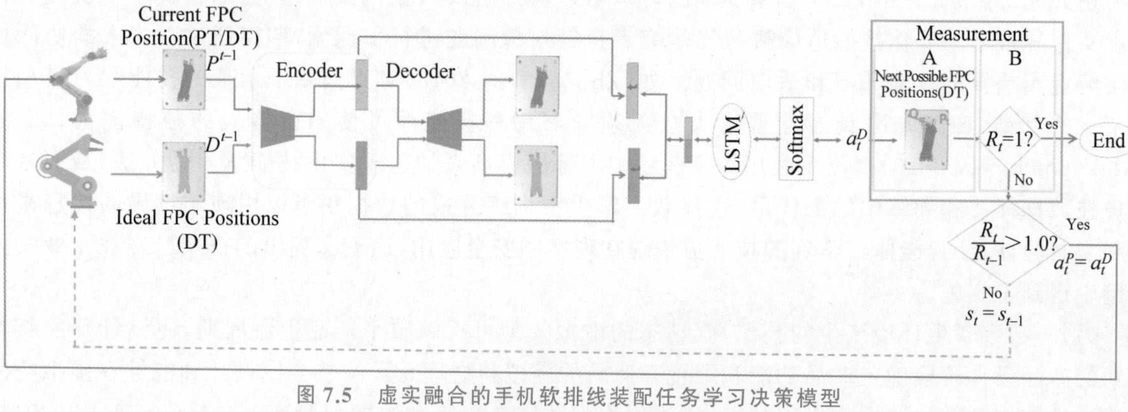

图 7.5　虚实融合的手机软排线装配任务学习决策模型

所提出的方法为智能体手机软排线装配提供了一种新颖的人机协同策略，有望应用于真正的手机装配线，有效减少手机软排线装配中精细但大量重复的人工劳动。

7.5 总结和展望

多通道人机协同感知与决策是智能体/机器人协助人类完成任务的重要技术手段，这要求机器人能准确理解人类的意图、感知动态变化场景，并配合人类行为做出准确合理的规划。

本章首先介绍了多通道信息融合的人机协同感知理论与方法，分析了常见的意图理解的交互通道，多通道信息融合的认知模型以及常见的融合策略，人机协同的交互管理等模型；其次，进一步介绍了人机协同交互学习的小样本信息处理方法，以及人机协同中面向人类技能示范的常见手段；最后，介绍了面向智能体决策的单通道信息处理，以及面向智能体灵巧操作的多通道信息处理手段。多通道人机协同感知使得智能体能理解人类的意图，并将人类布置的任务与场景关联；交互学习使得智能体能够实时理解人类给予的知识；在上述两项技术的基础上，多通道决策与规划使得智能体具有在动态变化场景中与人协作完成任务的能力。其中，多通道信息融合的人机协同感知以及交互学习均与人类相关，不同之处在于前者关注人类的意图表达，理解人类的要求；而后者主要是智能体学习人类给予的知识和人类传授的技能。另外，这三个步骤并不是孤立的。在实际应用中，智能体会根据人类给予的知识和技能进行决策和规划，人类也可以通过交互手段进一步纠正智能体的决策，使得任务的执行更为精准。

未来，随着人工智能技术的进一步发展，越来越智能的机器人必将不局限于简单重复的工作，一定会积极配合人类完成复杂场景下具有变化的任务。虽然人工智能技术正以前所未有的速度迅猛发展，在诸多领域显示出其巨大的影响力，但是在某些领域，如创意、灵感、人际关系等方面，人类的天然优势仍很明显。总的来说，多通道人机协同感知与决策还需要在以下方面深入探索。

1）人机协同感知与决策中的安全

人机协同是未来智能体能够进入寻常百姓家庭的重要环节。尽管目前已经有少量机器人用于服务人类的日常生活，如扫地机器人、酒店送餐机器人等，但在这些与人类共存的动态变化场景中，如何保证智能体执行任务的安全是一个重要的问题，这里的安全有两层含义，分别是在操作中保证人的安全和在场景中保证操作的安全。只有在操作中充分保证了人员和环境的安全，人机协同感知与决策才是可靠的，才是可以应用和推广的。

2）人机协同中创造性工作的引导

人工智能技术优势将会进一步和人类的创造力、灵活性结合起来。未来的很多重复性工作，甚至一些创造性的工作将会被人机协同的智能体替代。然而，创造性的工作如果是智能体推动的，同时这些具有创造性的工作没有及时受到正确评价或者积极的正向引导，那么智能体的发展可能就会不可控。因此，如何研究更好的人机协同规范，并正确引导人机协同感知与决策也是未来的一个重要研究方向。

总的说来，要使智能体具有与人类自然交互，并协助人类完成复杂任务的能力，还需要人机交互领域的研究者和工程师继续深入探索。人机交互领域的研究者和工程师应当和人工智能、机器人、虚拟现实、仿生智能、材料科学等领域的科学家合作，借助这些领域的最新发现和技术，构建更为简洁、实用、安全的人机协同感知和决策理论、方法和系统。

参考文献

Abderraouf Maoudj，B. B.，Abdelfetah Hentout，Ahmed Kouider，Redouane Toumi.（2019）. Distributed multi-agent scheduling and control system for robotic flexible assembly cells. *Journal of Intelligent Manufacturing*，*30*，1629-1644

Alexopoulos K，N. N.，Chryssolouris G.（2020）. Digital twin-driven supervised machine learning for the development of artificial intelligence applications in manufacturing. *International Journal of Computer Integrated Manufacturing*，*33*(5)，429-439.

Aming Wu，Y. H.，Linchao Zhu，Yi Yang.（2021）.*Universal-Prototype Enhancing for Few-Shot Object Detection*. Paper presented at the Proceedings of the IEEE/CVF International Conference on Computer Vision (ICCV 2021).

Antoine Costes，F. D.，Ferran Argelaguet，Philippe Guillotel，Anatole Lecuyer.（2020）.Towards Haptic Images：A Survey on Touchscreen-Based Surface Haptics. *IEEE Transactions on Haptics*，*13*(3).

B.M. Martins, A. L. C. M., L.F. Silva, T.R. Moreira, J.H.C. Costa, P.P. Rotta, M.L. Chizzotti, M.I. Marcondes. (2020). Estimating body weight, bodycondition score, and type traits in dairy cows using three dimensional cameras and manual body measurements. *Livestock Science*, *236*(104054).

BeateBrenner, V. (2017). Digital Twin as Enabler for an Innovative Digital Shopfloor Management System in the ESBLogistics Learning Factory at Reutlingen University. *Procedia Manufacturing*, *9*, 198-205.

BenjaminSch, l., bLucMathieu, SandroWartzack. (2017). Shaping the Digital Twin for Design and Production Engineering.*CIRP Annals*, *66*(1), 141-144.

Bin He, K. B. (2021). Digital twin-based sustainable intelligent manufacturing: a review.*Advances in Manufacturing*, *9*, 1-21.

Boris N. Oreshkin, P. R., Alexandre Lacoste. (2018).*Tadam: Task dependent adaptive metric for improved few-shot learning* Paper presented at the Proceedings of the 31st International Conference on Neural Information Processing Systems (NIPS 2018).

Cheng, A., Yang, L., & Andersenl, E. (2017).*Teaching Language and Culture with a Virtual Reality Game*. Paper presented at the ACM CHI Conference on Human Factors in Computing Systems.

Cohen, P. R., & McGee, D. (2004). Tangible multimodal interfaces for safety-critical applications.*Communications of the ACM*, *47*(1), 1-46.

Cunbo Zhuang, J. L., Hui Xiong (2018). Digital Twin-Based Smart Production Management and Control Framework for the Complex Product Assembly Shop-Floor. *The International Journal of Advanced Manufacturing Technology*, *96*(1-4), 1149-1163.

De Rossi G, M. M., Sozzi A. (2019). *Cognitive robotic architecture for semi-autonomous execution of manipulation tasks in a surgical environment*. Paper presented at the IEEE/RSJ International Conference on Intelligent Robots and Systems (IROS).

Dümbgen F, H. A., Kolundžija M. (2022). Blind as a bat: Audible echolocation on small robots *IEEE Robotics and Automation Letters*.

E., A. M. G., & Ragaglia, M. (2017). Robot learning from demonstrations: Emulation learning in environments with moving obstacles.*Robotics & Autonomous Systems*, *101*, 45-56.

Eduardo Godinho Ribeiro, R. d. Q. M., Valdir Grassi Jr. (2021). Real-time deep learning approach to visual servo control and grasp detection for autonomous robotic manipulation. *Robotics and Autonomous Systems*, *139*, 1037-1057.

EricP. Xing, A. Y. N., Michael I. Jordan and Stuart Russell. (2002). *Distance metric learning with application to clustering with side-information*. Paper presented at the International Conference on Neural Information Processing Systems (NIP 2002).

Ernst, M.O., & Banks, M. S. (2002). Humans integrate visual and haptic information in a statistically optimal fashion. *Nature*, 415(6870), 429-433.

Fournet, N., Roulin, J. V., Beaudoin, M., Agrigoroaei, S., Paignon, A., Dantzer, C., & Descrichard, O. (2012). Evaluating short-term and working memory in order adults: french normative data. *Aging & Mental Health*, *16*(7), 922-930.

Fox, Y. X. T. S. V. N. D. (2018).*PoseCNN: A Convolutional Neural Network for 6D Object Pose Estimation in Cluttered Scenes*. Paper presented at the Robotics: Science and Systems (RSS 2018).

French K, W. S., Pan T. (2019).*Learning behavior trees from demonstration*. Paper presented at the International Conference on Robotics and Automation (ICRA).

G.D. Hager, W.-C. C., A.S. Morse. (1995). Robot hand-eye coordination based on stereo vision. *IEEE Control Systems Magazine*, *15*(1), 30-39.

Grigoris, M. H. (2017). Teaching Assembly by Demonstration using Advanced Human Robot Interaction and a Knowledge Integration Framework.*Procedia Manufacturing*.

Hamouda, L., Kilgour, D. M., & Hipel, K. W. (2006). Strength of preference in graph models for multiple-decision-maker conflicts. *Applied Mathematics and Computation*, 314-332.

Hatice, G., & Massimo, P. (2006).*Affect Recognition from Face and Body: Early Fusion vs. Late Fusion*. Paper presented at the IEEE International Conference on Systems, Man and Cybernetics IEEE.

Hood, D., Lemaignan, S., & Dillenbour, P. (2015).*When Children Teach a Robot to Write: An Autonomous Teachable Humanoid Which Uses Simulated Handwriting*. Paper presented at the Tenth ACM/IEEE International Conference on Human-Robot Interaction.

Jaimes, A., & Sebe, N. (2007). Multimodal human-computer interaction: A survey.*Computer Vision and Image Understanding*, *108(1-2)*, 116-134.

Jiaxiang, W., Jian, C., Chaoyang, Z., & HanQing, L. (2013). *Fusing Multi-modal Features for Gesture Recognition*. Paper presented at the Acm on International Conference on Multimodal Interaction.

Jumyung Um, S. W., Fabian Quint. (2017). Plug-and-simulate within modular assembly line enabled by digital twins and the use of automation ML.*IFAC-PapersOnLine*, *50*, 15904-15909.

Lai Y, W. Y., Ireland R. (2020). Digital twin driven virtual verification[M]//Digital twin driven smart design. *Academic Press*, 109-138.

Lemaignan, S., Jacq, A., & Hood, D. (2016). Learning by Teaching a Robot: The Case of Handwriting.*IEEE Robotics & Automation Magazine*, *23*(2), 56-66.

Li, C. Z. a. H. (2022). Adoption of Artificial Intelligence Along with Gesture Interactive Robot in Musical Perception Education Based on Deep Learning Method. *International Journal of Humanoid Robotics*, *19*(3).

Li H, Z. Y., Zhu J. (2022).*See, Hear, and Feel: Smart Sensory Fusion for Robotic Manipulation* Paper presented at the arXiv preprint arXiv: 2212.03858.

Li, W., & Lin, G. (2015). An adaptive importance sampling algorithm for Bayesian inversion with multimodal distributions.*Journal of Computational Physics*, *294*(C), 173-190.

Li, X., Gao, F.,Wang, J., & Strahler, A. (2001). A priori knowledge accumulation and its application to linear BRDF model inversion. *Journal of Geophysical Research-Atmospheres*, *106*(11), 11925-11935.

Li, Z., Zhou, A., Pu, J., & Yu, J. J. I. A. (2021). Multi-modal neural feature fusion for automatic driving through perception-aware path planning.*9*, 142782-142794.

Lin, F. L. X., Li, S. Z., & Shi, Y. (2003).*Multi-modal face tracking using Bayesian network*. Paper presented at the IEEE International Workshop on Analysis and Modeling of Faces and Gestures IEEE Computer Society.

Luigi Gallo, A. P. P., Mario Ciampi. (2011).*Controller-free exploration of medical image data: Experiencing the kinect*. Paper presented at the 24th international symposium on computer-based medical systems (CBMS).

Lukasz, K., N, G. A., Ashish, S. N. V., Niki, P., Llion, J., & Jakob, U. (2017). One Model To Learn Them All. *Computer Science-Learning*, *Statistics-Machine Learning*.

M, L. B., R, S., & B, T. J. (2015). Human-level concept learning through probabilistic program induction. *Science*, *350*(6266).

Mayer, R. E. (2002). Multimedia learning.*Psychology of Learning & Motivation*, *41*(1), 85-139.

Mayer, R. E. (2009).*Multimedia Learning: Second Edition*: New York: Cambridge University Press.

McGuire, P., Fritsch, J., & Steil, J. J. (2002). Multi-modal human-machine communication for instructing robot grasping tasks.*Ieee/rsj International Conference on Intelligent Robots and Systems IEEE*, *2*, 1082-1088.

Michaelis, J. E., & Mutlu, B. (2017).*Someone to Read with Design of and Experiences with an In-Home Learning Companion Robot for Reading*. Paper presented at the the ACM CHI conference is the world's premiere conference on Human Factors in Computing Systems.

Minghao Yang, Z. H., Yangchang Sun, Yongjia Zhao, Ruize Sun, Qi Sun, Jinlong Chen, Baohua Qiang, Jinghong Wang, Fuchun Sun. (2023). Digital Twin Driven Measurement in Robotic Flexible Printed Circuit Assembly. *IEEE Transactions on Instrumentation & Measurement*. doi: DOI: 10.1109/TIM.2023.3246509

Mingyou Chen, Y. T., Xiangjun Zou, Kuangyu Huang, Zhaofeng Huang, Hao Zhou, Chenglin Wang, Guoping Lian. (2020). *Three-dimensional perception of orchard banana central stock enhanced by adaptive multi-vision technology*. Paper presented at the Computers and Electronics in Agriculture.

OpenAI. (2023). ChatGPT: Optimizing Language Models for Dialogue.

Pan, S. J., & Yang, Q. (2010). A Survey on Transfer Learning. *IEEE Transactions on Knowledge & Data Engineering*, *22*(10), 1345-1359.

Petrenko A, Y. N. (2005). Testing from partial deterministic FSM specifications. *IEEE Transactions on Computers*, *54*(9), 1154-1165.

Pradalier, C., Colas, F., & Bessiere, P. (2015). *Expressing Bayesian fusion as a product of distributions: applications in robotics*. Paper presented at the Ieee/rsj International Conference on Intelligent Robots and Systems IEEE.

Prajval Kumar Murali, A. D., Michael Gentner, Etienne Burdet, Ravinder Dahiya, Mohsen Kaboli. (2022). Active visuo-tactile interactive robotic perception for accurate object pose estimation in dense clutter. *IEEE Robotics and Automation Letters*, *7*(2), 4686-4693.

Qinglin Qi, F. T., Ying Zuo, Dongming Zhao. (2018). Digital twin service towards smart manufacturing *Procedia CIRP*, *72*, 237-242.

Radu Corcodel, S. J., Jeroen van Baar. (2021). *Tactile-Filter: Interactive Tactile Perception for Part Mating*. Paper presented at the IEEE/RSJ International Conference on Intelligent Robots and Systems (IROS), Las Vegas, NV, USA.

Rizzini, D. C. G. P. R. M. J. A. D. (2020). *Integration of a multi-camera vision system and admittance control for robotic industrial depalletizing*. Paper presented at the 25th IEEE International Conference on Emerging Technologies and Factory Automation.

Russo, L. O. (2015). PARLOMA-A Novel Human-Robot Interaction System for Deaf-Blind Remote Communication. *International Journal of Advanced Robotic Systems*.

Sai Vemprala, R. B., Arthur Bucker, Ashish Kapoor. (2023). ChatGPT for Robotics: Design Principles and Model Abilities. *Microsoft Autonomous Systems and Robotics Research 2023*.

Savran, A., Cao, H., Nenkova, A., & Verma, R. (2015). Temporal Bayesian Fusion for Affect Sensing: Combining Video, Audio, and Lexical Modalities. *IEEE Transactions on Cybernetics*, *45*(9).

Seltzer, M. L., & Droppo, J. (2013). *Multi-task learning in deep neural networks for improved phoneme recognition*. Paper presented at the In Proceedings of the IEEE International Conference on Acoustics, Speech and Signal Processing.

Shao, L., Zhu, F., & Li, X. (2015). Transfer Learning for Visual Categorization: A Survey. *IEEE Transactions on Neural Networks & Learning Systems*, *26*(5), 1019-1034.

Silver, D., Schrittwieser, J., & Simonyan, K. (2017). Mastering the Game of Go without Human Knowledge. *Nature*, *550*, 354-359.

Simon Ottenhaus, D. R., Raphael Grimm, Fabio Ferreira and Tamim Asfour. (2019). *Visuo-Haptic Grasping of Unknown Objects based on Gaussian Process Implicit Surfaces and Deep Learning*. Paper presented at the 2019 IEEE-RAS 19th International Conference on Humanoid Robots (Humanoids).

Thomas H.-J. Uhlemanna, C. L., Rolf Steinhilpera. (2017). The Digital Twin: Realizing the Cyber-Physical Production System for Industry 4.0. *Procedia CIRP*, *61*, 335-340.

Tianwei Zhang, H. Z., Xiaofei Li *, Junfeng Chen, Tin Lun Lam *, Sethu Vijayakumar. (2021). *AcousticFusion: Fusing Sound Source Localization to Visual SLAM in dynamic environments*. Paper presented at the Proceedings of the IEEE/RSJ International Conference on Intelligent Robots and Systems (IROS), Prague, Czech Republic.

Timothy Hospedales, A. A., Paul Micaelli, Amos Storkey. (2022). Meta-Learning in Neural Networks: A Survey. *IEEE Transactions on Pattern Analysis and Machine Intelligence (TPAMI)*, *44*(9), 5149-5169.

Todd Hester, M. V., Olivier Pietquin, Marc Lanctot, Tom Schaul, Bilal Piot, Dan Horgan, John Quan, Andrew Sendonaris, Gabriel Dulac-Arnold, Ian Osband, John Agapiou, Joel Z. Leibo, Audrunas Gruslys. (2018). *Deep Q-learning from Demonstrations*. Paper presented at the The Thirty-Second AAAI Conference on Artificial Intelligence (AAAI-2018), Hilton New Orleans Riverside, New Orleans.

Town, C. (2007). Multi-sensory and Multi-modal Fusion for Sentient Computing. *International Journal of Computer Vision*, *71*(2), 235-253.

Tzeng, E., Hoffman, J., Darrell, T., & Saenko, K. (2015). *Simultaneous deep transfer across domains and tasks*. Paper presented at the IEEE International Conference on Computer Vision, Santiago, Chile.

Villamizar, M., Garrell, A., Sanfeliu, A., & Moreno-Noguer, F. (2015). *Modeling robot's world with minimal effort*. Paper presented at the Proceedings-IEEE International Conference on Robotics and Automation (ICRA 2015)

Yan Xu, K.-Y. L., Guofeng Zhang, Xiaogang Wang, Hongsheng Li. (2022). *RNNPose: Recurrent 6-DoF Object Pose Refinement with Robust Correspondence Field Estimation and Pose Optimization*. Paper presented at the IEEE/CVF Conference on Computer Vision and Pattern Recognition (CVPR 2022), New Orleans, LA, USA.

Yang, M., Tao, J., Chao, L., Li, H., Zhang, D., Che, H., ... Liu, B. (2015). User behavior fusion in dialog management with multi-modal history cues. *Multimedia Tools and Applications*, *74*(22), 10025-10051.

Yang, M., Tao, J., Li, H., & Chao, L. (2013). *A Nature Multimodal Human-Computer-Interaction Dialog System*. Paper presented at the the 9th Joint Conference on Harmonious Human Machine Environment (HMME best paper), Nanchang, JiangXi.

Yuke Zhu, Z. W., Josh Merel, Andrei Rusu, Tom Erez, Serkan Cabi, Saran Tunyasuvunakool, János Kramár, Raia Hadsell, Nando de Freitas, Nicolas Heess. (2018). Reinforcement and imitation learning for diverse visuomotor skills. *Robotics: Science and Systems* (RSS).

Zhang, Y.-J., Liu, L., Huang, N., Radwin, R., Li, J. J. I. R., & Letters, A. (2021). From manual operation to collaborative robot assembly: An integrated model of productivity and ergonomic performance. *6*(2), 895-902.

Zhu, Z., & Hu, H. J. R. (2018). Robot learning from demonstration in robotic assembly: A survey. *7*(2), 17.

杨明浩，陶建华，李昊，& 巢林林. (2013). *面向自然交互的多通道人机对话系统*. Paper presented at the 第九届全国和谐人机环境联合学术会议(CHCI 2013 年，最佳论文)，江西南昌.

杨明浩，陶建华. (2019). 多模态人机对话：交互式学习能力愈发重要.《*前沿科学-人工智能专辑*》, *2*.

作者简介

杨明浩 博士，副研究员，硕士生导师，中国科学院自动化研究所脑图谱与类脑智能实验室。研究方向：面向机器人灵巧操作的交互学习理论与方法，多通道信息融合的感知与决策。E-mail: mhyang@nlpr.ia.ac.cn。

赵永嘉 博士，硕士生导师，北京航空航天大学虚拟现实技术与系统全国重点实验室。研究方向：复杂操作技能交互示范与传授，沉浸式数字孪生环境建模与仿真，半物理沉浸式仿真系统构建。E-mail：zhaoyongjia@buaa.edu.cn

第 8 章

以人为中心的可解释人工智能

▷本章导读

人工智能系统现在变得越来越复杂，以便更高效准确地解决不同的问题，因此 AI 可解释性成为可信任 AI 必不可少的组成部分。本章对人工智能可解释性的不同概念和不同解释方法进行了回顾，并指出 AI 解释面临的不同挑战。由于大多数 AI 应用的最终用户是人，因此人是可解释 AI 中必不可少的组成部分。本章把人引入 AI 生命周期并结合 AI 伦理理论，建立以人为中心的 AI 生命周期和可解释 AI 之间的关系，并提出 AI 生命周期的每个阶段需要以人为中心的解释。本章以 AI 模型建立阶段为例，提出以人为中心的可解释模型框架，讨论以人为中心的 AI 解释面临的不同挑战，为后续以人为中心的可解释 AI 提供研究方向。

8.1 人工智能可解释性

人工智能和机器学习系统已广泛应用于各个领域，并且能够解决从日常生活助手到高风险领域决策制定等不同任务。例如，在人们的日常生活中，机器学习系统可以识别图像中的对象，可以将语音转录为文本，可以在语言之间进行翻译，可以识别面部或语音图像中的情绪；在旅行中，机器学习使自动驾驶汽车成为可能，机器学习系统使无人机能够自主飞行；在医学上，机器学习可以发现现有药物的新用途，可以从图像中检测出一系列情况，实现精准医疗和个性化医疗；在农业中，机器学习可以检测作物病害，并精确地向作物喷洒杀虫剂，有助于保护森林生态系统（Lee et al., 2020; Taddeo & Floridi, 2018; Zhou & Chen, 2018, 2019）；在科学研究中，机器学习可以融合异构的知识信息，高效地提取知识（Liu et al., 2019）。然而，由于机器学习模型的黑盒性质（Castelvecchi, 2016; Zhou et al., 2016），由于安全和法律原因，机器学习算法的使用，特别是在医疗诊断、刑事司法、财务决策制定和其他受监管的安全关键领域等高风险领域，需要领域专家验证和测试决策的合理性（Schneeberger et al., 2020），用户还希望了解基于机器学习模型的特定决策背后的原因。此类要求提出了对机器学习系统提供解释的社会和道德需求。机器学习解释对于解释黑盒结果和允许用户深入了解系统的决策过程不可或缺，这是提高用户对人工智能和机器学习系统的信任和信心的关键组成部分（Arya et al., 2019; Doshi-Velez & Kim, 2017; Holzinger et al., 2018）。在机器学习文献，特别是英文文献中，为了更好地理解机器学习的决策过程，使用各种术语来指代解决机器学习黑盒性质问题的过程，一些例子包括可解释性、可诠释性、可理解性和透明度（Markus et al., 2020），也有其他术语来表示与

本章作者：周建龙，陈芳。

解释相关的过程，例如因果关系解释(Pearl，2009)。

在机器学习中，可解释性(explainability)和可诠释性(interpretability)比其他术语更常用，而且二者经常互换使用(Miller，2019)。同时，两者间也有细微的区别。Adadi 和 Berrada(Adadi & Berrada，2018)指出，如果可诠释系统的操作可以被人类理解，那么可解释系统就是可解释的，这表明可解释性与可诠释性的概念密切相关。然而，Gilpin 等(Gilpin et al.，2018)指出可诠释性和保真度(fidelity)都是可解释性的必要组成部分。他们认为，一个好的解释应该是人类可以理解的(可诠释性)，并准确地描述整个特征空间中的模型行为(保真度)(Markus et al.，2020)。保真度度量解释与黑盒模型预测的接近程度，高保真度是解释的重要特性之一。可诠释性对于管理可解释性的社会互动很重要，而保真度对于协助验证其他模型需求或发现可解释性的新见解很重要。

可解释性具有清晰和简约的特性。清晰意味着解释是明确的，简约意味着解释以简单紧凑的形式呈现(Markus et al.，2020)。Lombrozo(Lombrozo，2016)表明，好的解释应该是简单而广泛的。因此，描述解释的普遍适用性和广泛性是可解释性的另一个属性。此外，根据(Markus et al.，2020)，保真度具有完整性和健全性的属性。完整性意味着解释描述了机器学习模型的整个动态，而健全性则涉及解释的正确性和真实性。

图 8.1 显示了可解释性的概念及相关属性(Markus et al.，2020)。本章的其余部分使用的可解释性、可解释性的分类和以人为中心的可解释性均基于这个定义。

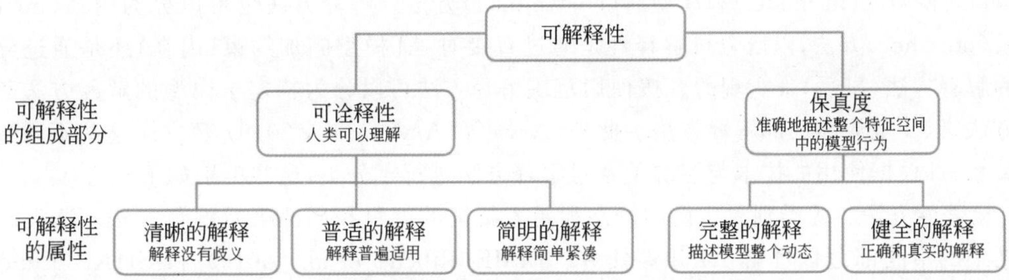

图 8.1 可解释性的概念及相关属性

最有代表性的机器学习可解释性研究是 DARPA 在 2015 年提出的使最终用户能够更好地理解、信任和有效地管理 AI 的研究。DARPA 在 2017 年启动 XAI 四年研究计划(Gunning & Aha，2019)。该计划组织了不同大学和研究机构从以下方面开展 eXplainable AI(XAI)的研究：(1)开发一系列新的或改进的机器学习技术来获取可解释的机器学习算法模型；(2)评估现有有关解释的心理学概念和理论，并用于协助 XAI 的研究开发，例如评估 XAI 解释的有效性。该项目的最终目标是创建一系列开发工具包、ML 算法模型和人机界面软件模块等，帮助开发未来的 XAI 解决方案，这些技术可产生可解释的模型，当与有效的解释技术相结合时，使最终用户能够理解、适当信任并有效地管理新一代人工智能系统(Gunning et al.，2021；Linardatos et al.，2021)。

由于大多数 AI 应用的最终用户都是人，因此以人为中心的 AI 近年来得到越来越多的重视。HCAI 从人开始，从人的角度考虑人们想要什么和需要什么样的 AI。HCAI 旨在创建能够放大和增强而不是取代人类的人工智能系统，并寻求以确保 AI 满足人们需求的方式保持人类控制，同时透明运作，提供公平的结果(Bingley et al.，2023)。同样地，可解释性本质上是一种以人为中心的特性。最近，对以人为中心的 XAI 方法的关注有所增加，以人为中心的解释可以获得更好的解释效果，然而，当前的以人为中心的 XAI 研究缺乏将人的因素整合到 AI 生成的解释的开发过程中的方法和实例(Ehsan et al.，2022；Schoonderwoerd et al.，2021)。目前，许多关于可解释 AI 的研究都集中在解决机器学习的黑盒特性和提供机器学习模型的透明度上，XAI 在满足用户需求方面存在缺陷，并进一步加剧了算法的不透明问题。

本章把人通过人机交互（HCI）技术集成到可解释 AI 流程中，提出以人为中心的可解释模型框架。此框架分为三个层次：（1）以人为中心的 AI 模型和解释层；（2）以人为中心的多模态界面；（3）以人为中心的评价指标。本章将对三个层次进行详细讨论，并用一个应用案例说明应用该框架的过程。

8.2 AI 解释方法

近年来，不同研究人员对机器学习的可解释性进行了大量的综述性总结（Adadi & Berrada，2018；Arya et al.，2019；Carvalho et al.，2019；Guidotti et al.，2018；Markus et al.，2020；Mi et al.，2020；Verma et al.，2020）。本章不重复大量解释方法的更多细节，而是从解释方法评估的角度对解释方法进行分类介绍。

1. 解释方法的分类

对 AI 解释方法可以从基于解释生成方法、解释类型、解释范围、可以解释的模型类型或这些方法的组合等不同角度进行分类（Arya et al.，2019）。通过考虑解释何时适用，解释方法可以分为模型前（pre-model）、模型内（in-model）和模型后（post-model）方法。解释方法也可以分为内在（intrinsic）方法和事后（post-hoc）方法，以区分可解释性是通过直接对 AI 模型施加约束（内在）还是通过分析训练后模型的解释方法（事后）来实现的。按使用范围解释方法可以分为特定于模型的解释方法和模型通用解释方法，以及全局和局部解释方法。此外，Arya 等（Arya et al.，2019）建立了这些不同解释方法的层次关系，并根据使用的技术与层次关系对解释方法进行了分类，这些类别如下。

（1）显著性方法。此类别属于使用静态和基于特征的解释和局部事后解释方法。这类解释方法突出数据中的不同部分以理解 AI 分类任务。LIME（Ribeiro et al.，2016）和 SHAP（Lundberg & Lee，2017）属于此类解释。

（2）神经网络可视化方法。这类解释方法允许通过可视化来检查模型的高级特征以了解模型，它主要用于神经网络解释和可视化神经网络的中间表示层。这类方法属于全局事后和静态解释方法。例如，Nguyen 等（Nguyen et al.，2016）引入了多面的特征可视化来解释神经网络。

（3）特征相关性方法。这类解释方法属于静态全局和事后解释方法，通常通过可视化进行解释。该类别解释研究输入特征与目标/输出值的相关性和全局影响。显示一个或两个特征对预测结果的边际效应的部分依赖图（partial dependence plot）（Molnar，2021）属于此类。

（4）范例方法。该类解释方法被认为是带有样本的静态局部事后解释。该类别方法解释使用相似或有影响力的训练实例对测试实例的预测进行解释（Koh & Liang，2017；Zhou et al.，2019）。

（5）知识蒸馏方法。知识蒸馏方法通过学习线性模型等更简单的模型来模拟复杂模型并对其进行解释。此类解释被视为具有替代模型的全局事后解释。这类方法常用于解释深度学习模型等黑盒模型。例如，Hinton 等（Hinton et al.，2015）使用单个模型有效地解释了神经网络集成模型。

（6）高级特征学习方法。此类解释方法使用变分自动编码器（VAE）或生成对抗网络（GAN）等方法来学习高级可解释特征以对模型进行解释。例如，Chen 等（X. Chen et al.，2016）描述了一种基于 GAN 的方法来学习可解释的表示。

（7）提供基本原理的方法。此类解释方法可以被视为本地自我解释。该类方法生成从输入数据派生的解释。例如，Hendricks 等（Hendricks et al.，2016）提出了一种可视解释生成方法，该方法描述了特定图像实例中的视觉内容，并约束信息以解释为什么图像实例属于某一特定类。

（8）受限神经网络架构[静态→模型→全局→直接]。这类解释方法属于全局直接解释类别。该类解释对神经网络架构施加某些限制以使其可解释。例如，Zhang 等（Zhang et al.，2018）提出通过在 CNN 的高卷积层中允许清晰的知识表示（例如特定对象部分），将传统的卷积神经网络修改为可解释的 CNN。

2. AI 解释的应用

由于大多数 AI 模型对用户来说是一个黑盒子，因此 AI 解释从法律和使用角度对个人和利益相关组织都有益处。首先，AI 解释可以帮助利益相关组织遵守法律、与客户建立信任并改善内部治理；个人可以通过了解更多信息、体验更好的结果以及有意义地参与决策过程而受益。如果不提供 AI 解释或 AI 解释无效，则利益相关组织和个人可能面临监管行动、声誉损害、公众脱离、不信任和许多其他不利影响（Explaining Decisions Made with AI：Draft Guidance for Consultation-Part 1：The Basics of Explaining AI，2019）。根据这些好处和风险，（Explaining Decisions Made with AI：Draft Guidance for Consultation-Part 1：The Basics of Explaining AI，2019）确定了以下六种解释的应用，表 8.1 总结了这六种解释应用的示例。

表 8.1　AI 解释的应用示例

解释的应用示例	说　明
理由解释	以用户易于理解的方式提供导致 AI 决策的“原因”
数据解释	解释在特定决策中使用了哪些数据和如何使用这些数据，以及如何用于训练和测试 AI 模型
责任说明	解释“谁”参与了 AI 系统的开发、管理和实施，以及“谁”需要联系以对决策进行人工审查
公平解释	提供在 AI 系统的设计和实施过程中应该采取的与偏见和公平相关的步骤
安全和性能说明	解释在 AI 系统的设计和实施过程中采取的与决策和行为的准确性、可靠性、安全性和稳健性相关的步骤
影响解释	解释使用 AI 系统及其决策对个人和社会产生或可能产生的影响

（1）理由解释。这种类型的应用给用户特别是对于外行用户，以易于理解的方式提供导致 AI 决策的“原因”。如果 AI 决策不是用户所期望的，则这种类型的解释允许用户评估他们是否认为 AI 决策的推理有缺陷。如果是这样，则解释支持他们制定造成这种情况的合理论据。

（2）数据解释。这种类型的应用侧重于在特定决策中使用了哪些数据和如何使用这些数据，以及如何用于训练和测试 AI 模型。这种解释可以帮助用户理解数据对决策的影响。

（3）责任说明。这种类型的应用涉及“谁”参与了 AI 系统的开发、管理和实施，以及“谁”需要联系以对决策进行人工审查。这种类型的解释有助于将个人引导至负责决策的人员或团队，它还使问责制可追溯。

（4）公平解释。这种类型的应用提供了在 AI 系统的设计和实施过程中应该采取的步骤，以确保它所协助的决策没有偏见、个人得到公平对待。这种类型的解释是增加个人对 AI 系统信心的关键，它可以通过向个人解释如何避免决策中的偏见和歧视来增强用户的信任。

（5）安全和性能说明。这种类型的解释应用涉及在 AI 系统的设计和实施过程中采取的步骤，以最大限度地提高其决策和行为的准确性、可靠性、安全性和稳健性。这种类型的解释有助于通过解释来测试和监控AI模型的准确性、可靠性、安全性和稳健性,从而使用户确信AI系统是安全可靠的。

(6)影响解释。这种类型的解释应用涉及使用AI系统及其决策对个人和更广泛的社会产生或可能产生的影响。这种类型的解释赋予个人一些权力和控制他们参与AI辅助决策的能力,以了解决策可能产生的后果。通过了解决策的可能后果,个人可以更好地评估其对过程的参与以及决策的结果是如何影响他们的。因此,这种类型的解释应用通常适合在AI辅助决策做出之前进行。

3. AI解释面临的挑战

Molnar等(Molnar et al., 2020)列出了AI解释目前面临的挑战,主要包括以下几点。

(1)统计不确定性。机器学习模型本身和它的解释都是从数据中计算出来的,这些统计属性不可避免地具有不确定性。但是,许多AI解释方法(例如基于特征重要性的方法)提供的解释没有对解释的不确定性进行量化。

(2)因果解释。理想情况下,AI模型应该反映其潜在现象的真实因果关系,以便能够进行因果解释。但大多数统计学习方法反映的是特征之间的相关关系,而不是其真正内在的因果关系,即解释的目标。

(3)可解释性的评估。大多数情况下,人们无法获取标准的、正确的解释,从而使评估解释的有效性面临挑战,并且没有任何直接的方法可以量化模型的可解释性或解释的正确性。

(4)特征依赖。特征依赖性引入了归因和外推问题。外推和相关特征可能会导致具有误导性的解释。

8.3 AI生命周期和可解释AI

由于大多数AI应用的最终用户是人,人依靠AI的输出进行最终决策,因此,人是可解释AI中必不可少的组成部分——人既需要理解AI解释,AI解释也需要考虑人的要素以使解释更有效。Xu等(Xu et al., 2023)系统讨论了HCI和以人为中心的AI之间的关系,并指出HCI应该通过添加最终用户视角来促进AI系统作为人机系统的评估。

本章把人引入AI生命周期并结合AI伦理理论(Zhou, Chen, et al., 2021; Zhou et al., 2020),建立以人为中心的AI生命周期和可解释AI之间的关系,如图8.2所示。该框架包括三个主要要素:AI生命周期的不同阶段、对应AI生命周期不同阶段的解释、人。人是连接AI生命周期的不同阶段与其对应解释的中介。

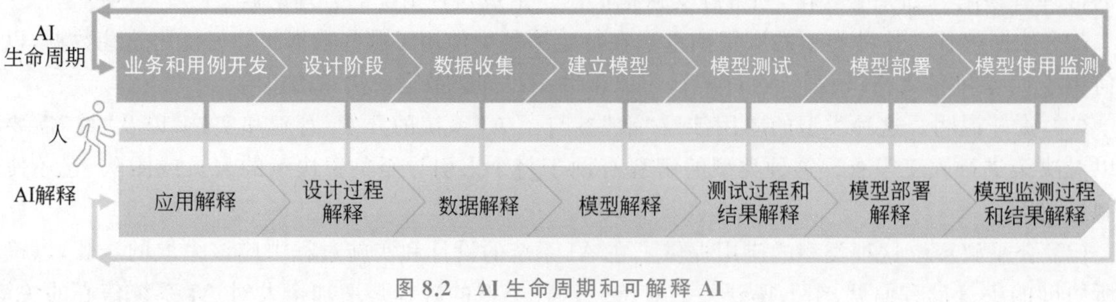

图8.2 AI生命周期和可解释AI

1. AI生命周期

一个典型的AI生命周期通常包括问题和用例开发、设计阶段、训练和测试数据收集、构建人工智能应用、测试系统、系统部署到系统性能监控等不同阶段。AI应用生命周期描述了从应用问题到工程实践的数据科学中每个阶段的作用，它提供了一个高层次的视角，说明应该如何组织AI项目以在每个阶段完成后获得期望的结果。

在AI生命周期中，第一个阶段是确定要解决的问题和用例，例如改善运营、提高客户满意度或其他的问题。基于已识别的问题，AI程序的设计至少包含以下信息：AI程序要实现的目标，要收集的数据，以及要使用的机器学习算法。下一阶段是收集和准备用于机器学习的所有相关数据。之后，使用收集的数据训练和测试机器学习模型，主要目标是获得高性能且易于泛化的机器学习模型，然后将该模型部署到应用中，并在使用过程中进行监控，发现问题并迭代改进。

2. AI解释与AI生命周期

Morley等(Morley et al., 2019)通过将伦理原则与AI生命周期的各个阶段相结合构建了一个框架，以确保AI系统设计、实施和部署合乎伦理方式。该框架表明，在AI生命周期的每个阶段都应考虑每项伦理原则。而在AI全生命周期的AI伦理中，AI生命周期的不同阶段可能对伦理原则要求的侧重点不同。例如，在数据收集阶段，数据隐私是核心原则，而在AI应用构建阶段，利益相关者更关注模型的透明性。AI可解释性是实现AI透明性(AI伦理原则之一)的重要方法之一，因此需要对AI全生命周期的每个阶段进行解释，以最大限度地满足AI伦理原则要求。

3. 以人为中心的可解释AI

AI全生命周期包括从问题定义、模型建立到模型使用监测的不同阶段，而AI生命周期的每个阶段均需要考虑AI伦理原则，以人为中心的可解释AI框架提出在AI生命周期的每个阶段均需要考虑AI的可解释性，而人位于AI与其解释之间，并且起到中介的作用。

(1) AI业务和用例开发阶段：应用解释。这个阶段需要对研究目标以及AI可能带来的效益进行解释。而以人为中心的解释可以使利益相关者更好地理解AI带来的效益。

(2) AI设计阶段：设计过程解释。AI设计过程的解释可以包括从数据需求、算法设计到模型验证方法的解释。这些解释对AI用户太过于抽象和难以理解。因此，在设计过程解释中把人的要素引入，有助于用户增强对设计过程解释的理解。

(3) 数据收集阶段：数据解释。数据解释包括数据内容解释和数据收集过程解释。数据内容解释的例子包括数据的特征、数据的物理概念解释等；数据收集过程解释的例子包括数据收集方法、收集持续时间解释等。在数据解释中引入人的要素，需要考虑从用户的角度解释数据的内容和数据的收集过程。

(4) 建立模型阶段：模型解释。目前，可解释AI大多数指的是模型解释，不同的模型解释方法见前文。后面重点介绍以人为中心的模型解释或AI解释。

(5) 模型测试阶段：测试过程和结果解释。对测试过程和结果的解释是建立利益相关者对AI信任和信心的关键阶段之一，而以人为中心的测试过程和结果解释需要考虑不同利益相关者的不同特性，从而有助于不同的利益相关者更好地理解测试过程的设置和参数，以及对应的不同结果。

(6) 模型部署阶段：模型部署解释。模型部署是把已经测试的模型应用到实际场景，包括环境配置、软件安装等步骤。AI模型，特别是深度学习模型通常是由一些框架编写的，例如PyTorch、TensorFlow。由于这些框架规模、依赖环境的限制，需要大量的算力才能满足实时运行的要求。模型部署解释既要考虑AI开发和部署人员的需要，也要给用户合理化的解释，以便于他们准备相应的软件和硬件环境。因此，以人为中心的模型部署解释可以更好地满足不同利益相关者的需求。

(7) 模型使用检测阶段：模型检测过程和结果解释。由于应用过程中的输入模型的数据可能会与用于训练和评估模型的数据偏离,因此会影响模型的性能。因此,在应用环境中部署的AI系统需要定期监控模型质量和性能,以确保期望的模型能够正常运行。由于是在应用过程中进行模型监测,因此以人为中心,特别是以用户为中心的模型监测过程和结果解释不但可以把用户的反馈引入模型监测,而且可以给模型开发者提供更易于理解的过程和结果,以控制模型质量。

8.4 以人为中心的可解释模型框架

本章提出了以人为中心的可解释模型框架(图8.3)。此框架分为三个层次:

- 以人为中心的AI模型和解释层;
- 以人为中心的多模态界面;
- 以人为中心的评价指标。

在AI模型和解释层,框架首先把AI模型的解释提供给人,人根据解释做出决策。同时,人的多模态信息(如行为和生物信息)通过多模态界面传递给评价指标层,而从评价指标层得到的评价信息反馈到AI模型和解释层,并将这些反馈信息集成到AI解释模块中,以进一步提高解释的效能,这样,人可以用更新后的解释进行决策,就形成了一个以人为中心的解释反馈环。

在以人为中心的多模态界面层中,使用HCI技术对人在做决策过程中的不同模态的行为信息和生物信息进行收集,典型的多模态信息包括人的行为、人眼的移动或者虹膜信息、皮肤电反应、大脑神经活动等信息。这些多模态信息可以使用不同的传感器获取,例如运动传感器、眼动仪、皮肤电反应传感器(GSR)、脑电图等。大量的研究发现,这些行为和生物信息可以反映人在做决策的过程中的不同认知指标,如认知负荷、信任度(F. Chen et al., 2018; Khawaji et al., 2015; Syed Z. Arshad et al., 2015; Zhou et al., 2019; Zhou & Chen, 2015)。因此,在以人为中心的评价指标层,对多模态界面层收集的信息进行分析,可以得到人在做决策过程中的认知负荷、信任度、信心等其他认知度量以及决策质量等。这些信息反馈到以人为中心的AI模型和解释层的解释模块对解释进行优化,从而形成以人为中心的解释反馈环。

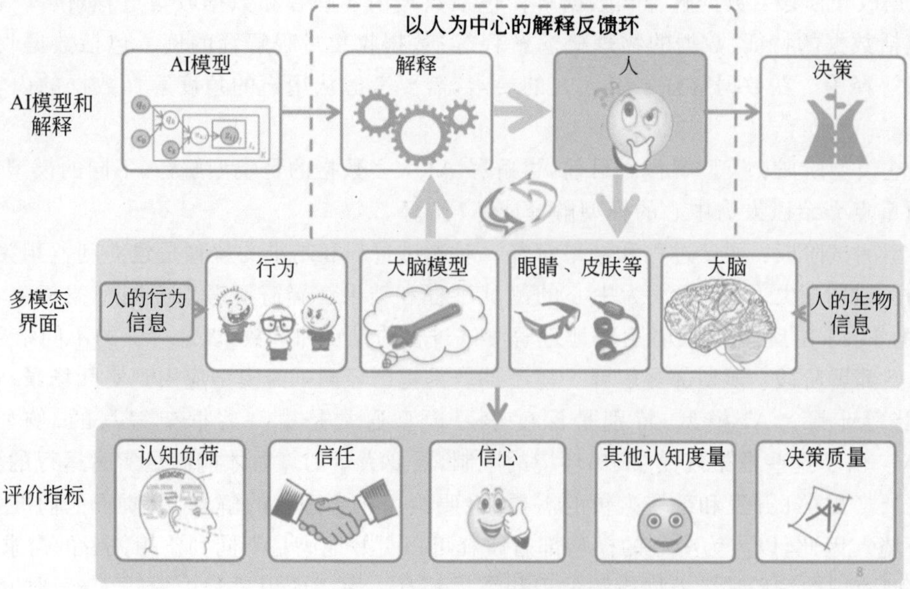

图8.3 以人为中心的可解释模型框架

8.5 应用案例

本章以水管故障预测为例，介绍以人为中心的解释在实际中的应用方法。供水网络构成了最重要和最有价值的城市资产之一。不断增长的人口和老化的管网相结合，要求自来水公司制定先进的风险管理策略，以便以经济可行的方式维护其配水系统(Zhou et al., 2017)。特别是对于关键的水管(通常直径＞300mm)，根据网络位置(例如，连接配水区或主要道路下的单条主干线)或尺寸来推断潜在的影响，它们的失效通常会带来严重的服务中断和负面的经济与社会影响(例如洪水和交通中断)。仅在澳大利亚，这种情况下的修复和社会成本每年就超过 10 亿美元。例如，在过去 10 年中，悉尼水务公司每年花费约 350 万美元用于反应性临界水管维修。目前，悉尼水务局的关键干管网总长 4700 千米，在 12700 平方千米的地理区域中，平均管道使用年限为 50 年(Zhou et al., 2017)。从资产管理的角度来看，关键干线管理有两个目标：(1)通过优先及时的更新来最大限度地减少意外的关键干线故障；(2)避免在管道经济寿命结束之前过早地更换管道。如果可以在故障发生之前识别出高风险管道，则很可能可以在将服务中断、漏水和对声誉和社区的负面影响降至最低的情况下完成维修。识别即将发生故障的准确预测指标将使水务公司能够以比修复全面故障更低的成本来减轻故障，这将有助于延长仍处于良好状态的管道的使用寿命，并允许将主干管线运行到可接受的定义风险限度(图 8.4)。

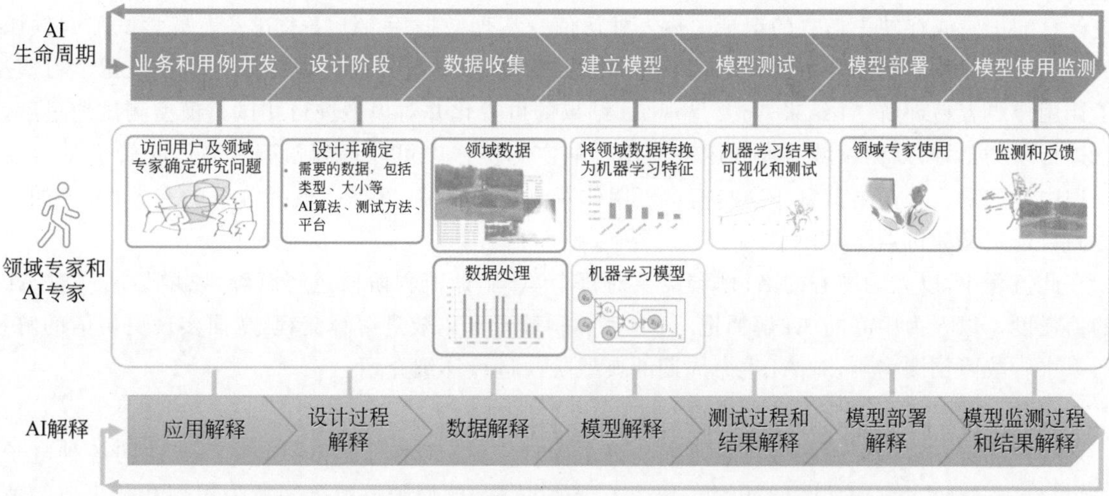

图 8.4 以人为中心的解释模型用于自来水管的故障风险预测

当前的水管故障管理工具是基于风险的方法。风险分类基于来自实际现场条件评估和成本数据的最佳可用定量信息，或除非现场数据不可用时通过其他方式进行的最佳定量估计。图 8.5 说明了使用的典型关键给水主干管道决策框架(Kane et al., 2014)。该框架是一个正式的决策过程，可根据资产的量化风险级别来识别、优先考虑并建议关键的水管进行状况评估或更新。该过程包括基于可用信息、优先级的初始风险评估，以及通过状况评估和故障历史分析逐步完善风险评估(Kane et al., 2014)。

从这个决策框架可以看出，风险分析在水管故障管理中起着核心作用。风险分析在很大程度上取决于管道故障的可能性，该可能性基于不同的因素，例如管道寿命、管道材料、过去的故障历史和工程判断。

机器学习正在成为一种可行的技术，用于量化实际应用中的概率，包括水管故障预测。图 8.4 的

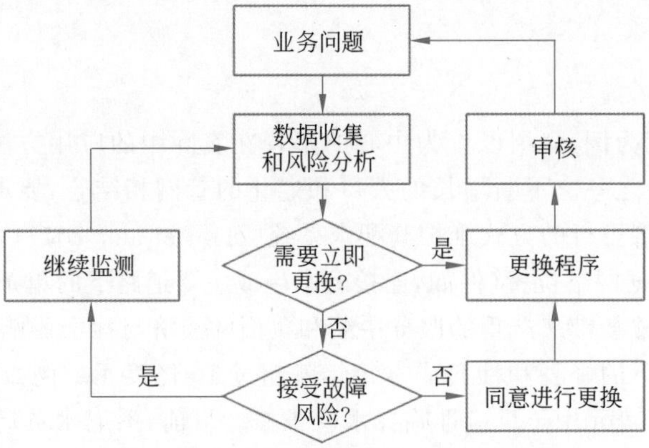

图 8.5　水管故障管理的动态决策支持

中间部分说明了实践中将水管故障表述为 AI 问题的 AI 生命周期流程和对应的 AI 解释。此工作流程对应 AI 生命周期的不同阶段，首先安排与领域专家面谈，了解水管的细节，例如在领域专家看来，哪些因素会影响管道故障，领域专家在日常工作中如何预测管道故障。然后 AI 专家对机器学习问题进行设计，如需要的数据及大小、AI 算法、测试方法、开发平台等。在此阶段之后，从客户那里收集原始域数据，由于信息缺失或其他原因，需要对原始域数据进行清理，以便于后续阶段的处理，例如删除缺失信息的记录或在缺失信息的记录中输入默认值。清理数据后，AI 技术开发人员尝试了解领域数据的概况并学习数据中的一些模式。基于清理数据的概览，导出各种数据特征并开发机器学习模型。为了让用户更容易理解 AI 结果，需要呈现 AI 结果的可视化并对模型进行测试。模型测试通过后，对模型进行现场部署，以便领域专家和用户使用。从实际操作中可以得到预测为高风险管道是否在实际挖掘中得到确认等重要信息。这些信息可用作对流程的反馈，以提高数据分析的有效性，例如更新和提高特征定义和机器学习模型。

在此流程中，以人为中心的 AI 解释需要对每个 AI 生命流程阶段进行解释，以增强用户对 AI 决策的信任度。以人为中心的 AI 解释把 AI 专家和领域专家集成进解释流程，从而实现更可信的解释。下面以水管故障预测为例，对 AI 生命周期的典型阶段进行详细介绍。

1. 领域数据和访问用户及领域专家

从用户那里获得的原始领域数据通常是记录地理信息、故障历史和管道物理属性的各种电子表格，还提供了其他数据（例如图像）以进一步了解管道故障，例如管道故障的故障类型和后果。需要主动采访领域专家以更好地了解领域数据集，以及用户希望从数据中获得的准确目标。领域专家解释了他们对影响管道故障的因素的考虑，例如不同的土壤类型（参见图 8.6 中的示例）可能会影响管道的预期寿命、铸铁管道很容易被腐蚀，以及交通繁忙区域内的管道故障率可能比其他区域高。领域专家的观点有助于定义和评估输入机器学习模型的数据特征。

关于水管故障预测，领域专家提出了各种问题，例如（Kane et al.，2014）：

- 整个网络中的管道如何、何时、何地发生故障？
- 如何有效地评估管道状况并降低成本？
- 如何根据管道环境准确计算管道劣化率？
- 管道沿线发生故障的时间相关概率是多少？
- 如何将新知识传递给行业以实现最佳管道管理？

图 8.6　用颜色编码的一个地区的不同土壤类型

2. 数据清理和数据概览

从用户处收集的领域数据通常由于不完整、不匹配、噪声或其他原因而无法直接用于计算分析程序，因此需要进行预处理操作，以便为后期操作提供方便的数据格式。例如，水管数据通常包括分别标示已铺设的管道和故障管道的主记录和故障记录。为了使主记录和故障记录之间的数据保持一致，数据匹配是预处理步骤中的重要操作之一，通常根据管道 ID 或管道位置进行。

当完成数据清洗后，需要进行数据汇总和概览，以便更好地理解故障模式。数据汇总包括记录汇总和汇总可视化。例如，对于主要记录，概要包括已铺设管道的总数和总长度，以及仍在运行的已铺设管道的百分比。对于故障记录，概要包括故障管道的总数和总长度，以及可以匹配主管记录的故障管道的数量。

如果地理位置信息可用，则概要还可以以各种形式在地图上可视化。例如，如图 8.7 所示，按安装年份划分的故障率概览有助于理解管道故障模式，其中纵轴是按每 100 千米十年内的故障次数衡量的故障率，横轴是安装年份。同样，其他管道属性（例如尺寸、材料）的故障率概览也有助于人们了解这些属性是如何影响管道故障的。

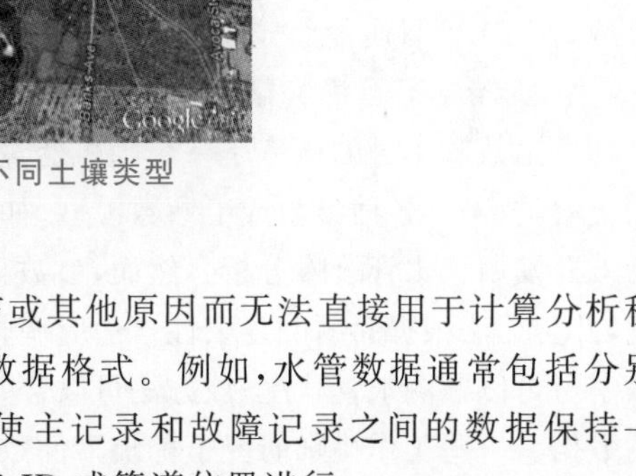

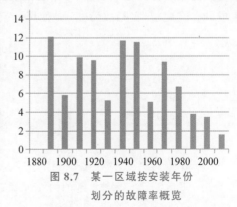

图 8.7　某一区域按安装年份划分的故障率概览

同样地，领域专家和用户的意见对数据清理和理解数据概览也有着重要作用。基于用户和领域专家对此阶段的操作进行合理的解释是增强管道故障预测可信度的重要一步。

3. 从领域数据到机器学习数据特征

领域数据需要转换成机器学习模型能够接收的数据特征才能对其进行分析，这可以分为两个阶段：因素分析与数据特征定义。

如前所述，有很多属性/因素可能会影响水管故障。然而，并非所有因素都会对管道故障产生相同的影响。因此，因素重要性的估计有助于机器学习建模数据特征的选择。给定因子 x（例如材料），

管道故障 y 的信息增益(IG)(对于故障管道 $y=1$,否则 $y=0$)可以通过以下公式确定:

$$IG(x,y)=H(x)-H(x\mid y)$$

其中 $H(x)$和 $H(x|y)$分别表示信息熵和条件熵。例如,如图 8.8 所示,纵轴表示各种因素的信息增益。该图表明,铺设年份、材料和涂层等一些因素对管道故障有显著影响,而尺寸等其他因素对管道故障的影响较小。根据此评估,选择对管道故障有显著影响的因素,以便在接下来的阶段进行进一步分析。

特征定义是机器学习分析的重要一步,它直接影响机器学习分析的有效性。在水管故障预测中,用于机器学习分析的数据特征是根据以前的项目经验和领域专家的反馈定义的。水管故障预测中使用的主要特征/属性包括安装年份、管道直径、管道材料、涂层表面、土壤和管道区域的交通。

根据领域知识对由领域数据转换得到的数据特征进行解释,有助于增强用户对管道故障预测的信任度。例如,根据领域知识,管道的材质对管道的寿命影响很大,铸铁材质的管道易被锈蚀而发生故障,而 PVC 材质的管道更耐久。因此,需要把管道材质作为机器学习模型的重要数据特征之一。

4. 机器学习建模和解释

管道故障本身的概率是一个随机变量,它取决于管道物理属性(例如年龄)以及相关的环境条件(例如土壤类型)。各种参数或半参数模型,如 Cox 模型、Markov 模型和 Weibull 模型(Ibrahim et al., 2001)已被开发用于水管故障分析。然而,参数模型通常受到其基于数据行为先验假设的固定模型结构的限制,并且无法根据问题的复杂性自适应调整模型(Li et al., 2014)。为了解决这些限制,使用贝叶斯非参数学习可以预测水管状况,该方法可以合并历史水管数据,并且模型可以根据需要进行扩展以适应未来的数据。一些工作特别研究了稀疏事件数据的分层 beta 过程(HBP)(Li et al., 2014),以开发有效的近似推理算法。该方法可以通过捕获不同水管组的特定故障模式来更准确地预测每个单独管道的故障率。HBP 提供了更灵活的模型结构来适应历史数据的数量和多样性,并且对各种噪声因素的影响不太敏感;还可以结合相邻管道之间的空间关系来更好地预测不常见的故障(Whiffin et al., 2013)。

在图 8.9 所示的 HBP 模型中,管道根据铺设年份分为 K 组并建模 HBP。在顶层,超参数通过 beta 分布控制所有管道组,它是根据领域专家的经验手动设置的。然后,可以从分布中生成每组中的平均故障率(q_k)。在中间层,每个管道资产的平均故障率($\pi_{k,i}$)是通过另一个以 q_k 为参数的β分布生成的。在底层,实际故障 $z_{i,j}$ 是使用 $\pi_{k,i}$ 从伯努利方程逐年生成的。

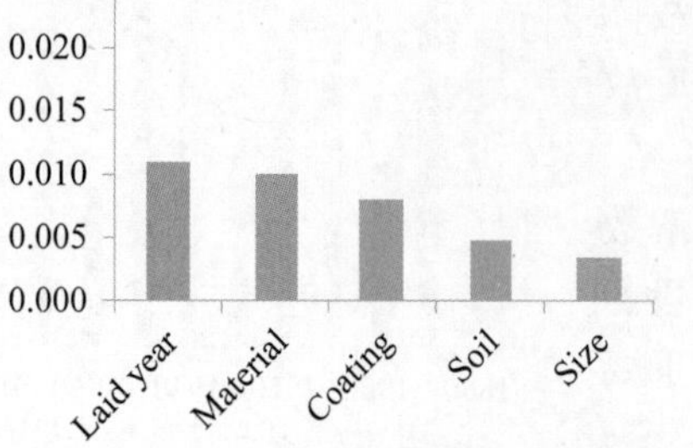

图 8.8 某一区域水管故障预测的因素分析

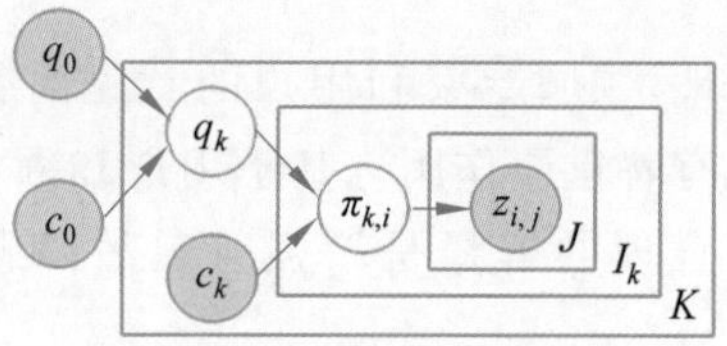

图 8.9 HBP 模型图

对机器学习模型的解释是整个机器学习生命周期的重要一步,在此管道故障预测应用案例中,对机器学习模型的解释可以使用 HBP 模型图,机器学习专家可以很好地理解这个模型图,但是对于可能不具备机器学习或编程专业知识的用户和领域专家来说,机器学习算法充当“黑盒”,用户为“黑盒”定义参数和输入数据,并从其执行中获取输出。这种“黑盒”方法有明显的缺点:用户很难理解复杂的机器学习模型，例如机器学习模型内部发生了什么以及如何完成学习问题。因此，用户不确定机器学习结果的有用性，这会影响机器学习方法的有效性。因此，需要以适当的方式解释机器学习过程，以使其易于理解。

研究发现，为解释“运行时”行为提供支持对最终用户的调试有效性及其对系统的态度都有显著的积极影响（Kulesza et al.，2010）。提供解释已被证明在其他领域是有效的，例如决策和推荐系统（Herlocker et al.，2000），其中提供解释可以提高信任和接受度。在用户研究的帮助下，我们发现揭示机器学习过程的内部状态有助于提高理解数据分析过程的容易程度，使实时状态更新更有意义，并使机器学习结果更有说服力。因此，需要研究模型的解释方法以让用户和领域专家更好地理解机器学习模型，例如可视化方法（Zhou et al.，2016；Zhou，Gandomi，et al.，2021；Zhou，Huang，et al.，2021）。

5. 机器学习结果可视化

机器学习建模的分析结果通常是概率等抽象形式。为了将抽象结果转化为易于理解的表示，在此阶段要对机器学习结果进行各种可视化。对于水管故障预测，由于除了从 HBP 模型中学习故障风险之外，管道还与地理位置相关，因此管道在地图上可以以颜色编码的故障风险进行可视化，这种可视化称为风险图。从风险图中，用户可以轻松获得管道故障的答案，例如看到最危险的管道位于哪里。

6. 模型部署和使用

在机器学习模型部署和使用阶段，在向领域专家解释机器学习流程和结果后，领域专家将做出决策并采取实际行动。例如，在水管故障管理中，领域专家做出决策，挖出风险最大的管道并进行状况评估。这是机器学习技术对现实世界产生实际影响的一步。

在本章提出的以人为中心的可解释模型框架中，在模型使用和用户决策这个阶段，在以人为中心的多模态界面层，使用 HCI 技术对人做决策过程中的不同模态的行为信息和生物信息进行收集。这些行为和生物信息可以反映人在做决策过程中的不同认知指标。如图 8.3 所示，这些信息反馈到以人为中心的机器学习模型和解释层的解释模块对解释进行优化，从而形成以人为中心的解释反馈环。

图 8.10 说明了在用户决策阶段以人为中心的解释反馈环示例。在这个反馈环中，解释信息自适应调整引擎主要由生理信号收集传感器、信号分析组件、解释信息自适应组成。来自用户的原始生理信号被输入解释信息自适应调整引擎，模块输出调整后的解释信息并通过解释模块显示给用户。如果用户对解释不满意，则对解释信息进行细化，并基于更新的解释信息产生新的解释，直到用户对解释感到满意。

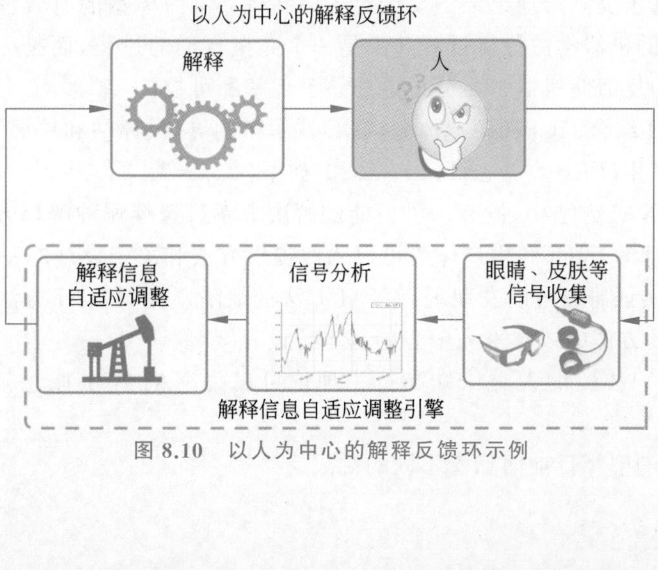

图 8.10　以人为中心的解释反馈环示例

8.6 讨论

解释对于 AI 解决方案来说是必不可少的，尤其是在涉及人类生命和健康的高风险应用中，或者当存在巨大的宝贵资源和金钱损失的可能性时更是显得重要。AI 解释研究领域的工作大多集中在开发新算法和技术以提高可解释性。目前，尽管已有许多解释算法，但这些解释方法大多忽视了人在解释过程中的作用，并将人的要素集成进 AI 解释流程进行系统的研究。本章提出以人为中心的解释需要考虑 AI 整个生命流程的每个阶段，并提出以人为中心的可解释模型框架，该框架包括三个层次。

关于我们提出的以人为中心的解释反馈流程，与机器学习系统的交互可以理解为“解释性调试”视角。从这个角度来看，为了使机器学习对最终用户透明且可用，需要将机器学习结果基于领域知识和机器学习理论解释给最终用户，让最终用户理解并信任机器学习结果，最终用户根据解释做出决定。通过检查决策结果，最终用户向交互循环提供反馈，以控制进一步的分析过程，例如细化数据特征或更改机器学习参数。解释和反馈在此循环中发挥着重要作用，使机器学习分析更加有效。

最终用户希望向机器学习系统提供的纠正反馈类型包括(Stumpf et al., 2007)：重新加权特征、创建新特征(例如通过组合特征或基于关系信息创建特征)、更改算法。实验发现，由于对变化不敏感，最终用户很难重新调整特征权重。用户协同训练框架是另一种反馈方法，它将用户的反馈视为第二个分类器(Stumpf et al., 2009)。特征(而不是实例标记)在局部加权逻辑回归中，显示了用户反馈的有希望的结果(Wong et al., 2011)。

在我们的案例研究中，通过向用户交互地揭示内部状态来对机器学习系统进行解释，以提高理解数据分析过程的容易性，使实时状态更新更有意义，并使机器学习结果更有说服力。然而，进一步的研究预计将能够有意义地解释机器学习结果，以帮助领域专家自信地做出决策。此外，需要考虑应用背景来研究交互循环中的反馈。例如，什么样的信息对于最终用户和机器学习系统的反馈有用，提高机器学习过程的有效性仍然是一个挑战。因此，领域专家和机器学习开发人员需要密切合作来分析反馈，以有效控制机器学习系统。

综上所述，从案例研究得出的结论是，在以人为中心的机器学习解释框架中，机器学习技术的开发人员需要从与领域专家的密切合作开始，了解要研究的问题，这会影响机器学习专家的决策，例如要提取哪些数据特征以及在数据分析中使用哪种机器学习模型。在决策之前还需要对机器学习结果进行有意义的解释。基于决策行动结果的反馈对于提高机器学习模型的有效性也具有重要意义。该案例研究还表明，适用的机器学习分析过程并不是一个完全自动的过程，而是一个交互式体验，其中，领域知识和最终用户的反馈使机器学习分析更加易于理解和可控。

以人为中心的 XAI 结合 HCI 和用户体验(UX)技术帮助导航、评估和扩展 XAI，他们在塑造 XAI 技术方面发挥的三个作用(Liao & Varshney, 2022)如下。

- 在不断增长的 XAI 方法中，没有一种万能的解决方案。选择哪种解释方法应该是由用户的可解释性需求驱动的，HCI 和用户体验可以为此提供方法和关于设计的一些见解。
- 对真实用户的实证研究可以发现现有 XAI 方法的缺陷。克服 XAI 方法的缺陷需要填补设计努力，挑战 XAI 方法的以技术为中心的基本假设。
- 驱动 HCI 和用户体验的人类认知和行为理论可以为 XAI 提供概念工具，以设计新算法和 XAI 框架。

但是，以人为中心的解释目前面临着不同的挑战。

- 人类认知、社会和行为理论驱动的 XAI 是一个新兴领域，而且认知、社会和行为的许多理论还有待探索。
- 如何将理论应用于实践来设计 XAI 算法是一个挑战。
- 人的哪些要素对 AI 解释具有重要作用还不是很明确。
- 如何把人的要素集成进 AI 解释算法还需要进行深入的研究。
- AI 生命流程的不同阶段需要的解释的侧重点不同，人在不同的 AI 解释阶段的作用也不同。如何发挥人在不同的解释阶段的作用还需要进行深入的研究。
- 如何评估以人为中心的可解释 AI 仍是一个挑战。

今后的主要研究方向将围绕这些挑战提出不同的解决方案。例如，可以通过不同的 HCI 方法把人的要素集成进 AI 解释算法流程(Xu et al., 2023)，通过 HCI 方法将人的要素作为不同变量集成进 AI 解释算法。同时，需要把用户对解释的反馈集成进 AI 解释算法流程，以进一步提高解释的有效性。另外，研究评估以人为中心的可解释 AI 方法，如定性方法与定量方法，是以人为中心的可解释 AI 必不可少的组成部分。

8.7 总结

本章对人工智能可解释性的不同概念和不同解释方法进行了回顾，同时对解释方法进行了分类，并列举了 AI 解释的典型应用。虽然 AI 解释方法得到了快速的发展，但是 AI 解释也面临不同的挑战。由于大多数 AI 应用的最终用户是人，人是可解释 AI 中必不可少的组成部分——人既需要理解 AI 解释，AI 解释也需要考虑人的要素以使解释更有效。本章把人引入 AI 生命周期并结合 AI 伦理理论，建立了以人为中心的 AI 生命周期和可解释 AI 之间的关系，并认为 AI 生命周期的每个阶段均需要以人为中心的解释。本章以 AI 模型建立阶段为例，提出以人为中心的可解释模型框架。以水管故障预测为应用案例，介绍了以人为中心的解释在实际中的应用方法。以人为中心的 AI 解释还面临不同的挑战，本章提出的方法为以后的研究提供了研究方向。

参考文献

Adadi, A., & Berrada, M. (2018). Peeking Inside the Black-Box: A Survey on Explainable Artificial Intelligence (XAI). *IEEE Access*, *6*, 52138-52160. https://doi.org/10.1109/ACCESS.2018.2870052

Arya, V., Bellamy, R. K. E., Chen, P.-Y., Dhurandhar, A., Hind, M., Hoffman, S. C., Houde, S., Liao, Q. V., Luss, R., Mojsilović, A., Mourad, S., Pedemonte, P., Raghavendra, R., Richards, J., Sattigeri, P., Shanmugam, K., Singh, M., Varshney, K. R., Wei, D., & Zhang, Y. (2019). One Explanation Does Not Fit All: A Toolkit and Taxonomy of AI Explainability Techniques. *arXiv*: *1909.03012* [*Cs*, *Stat*]. http://arxiv.org/abs/1909.03012

Bingley, W. J., Curtis, C., Lockey, S., Bialkowski, A., Gillespie, N., Haslam, S.A., Ko, R. K. L., Steffens, N., Wiles, J., & Worthy, P. (2023). Where is the human in human-centered AI? Insights from developer priorities and user experiences. *Computers in Human Behavior*, *141*, 107617. https://doi.org/10.1016/j.chb.2022.107617

Carvalho, D. V., Pereira, E. M., & Cardoso, J. S. (2019). Machine Learning Interpretability: A Survey on Methods and Metrics. *Electronics*, *8*(8), 832. https://doi.org/10.3390/electronics8080832

Castelvecchi, D. (2016). Can we open the black box of AI? *Nature News*, *538*(7623), 20. https://doi.org/10.1038/538020a

Chen, F., Zhou, J., & Yu, K. (2018). Multimodal and Data-Driven Cognitive Load Measurement. In *Cognitive Load Measurement and Application: A Theoretical Framework for Meaningful Research and Practice* (pp. 147-163). Routledge.

Chen, X., Duan, Y., Houthooft, R., Schulman, J., Sutskever, I., & Abbeel, P. (2016). InfoGAN: Interpretable Representation Learning by Information Maximizing Generative Adversarial Nets.*arXiv: 1606.03657 [Cs, Stat]*. http://arxiv.org/abs/1606.03657

Doshi-Velez, F., & Kim, B. (2017). Towards A Rigorous Science of Interpretable Machine Learning.*arXiv: 1702.08608 [Cs, Stat]*. http://arxiv.org/abs/1702.08608

Ehsan, U., Wintersberger, P., Liao, Q. V., Watkins, E. A., Manger, C., Daumé III, H., Riener, A., & Riedl, M. O. (2022). Human-Centered Explainable AI (HCXAI): Beyond Opening the Black-Box of AI. *Extended Abstracts of the 2022 CHI Conference on Human Factors in Computing Systems*, 1-7. https://doi.org/10.1145/3491101.3503727

Explaining decisions made with AI: Draft guidance for consultation—Part 1: The basics of explaining AI (p. 19). (2019). ICO & The Alan Turing Institute.

Gilpin, L. H., Bau, D., Yuan, B. Z., Bajwa, A., Specter, M., & Kagal, L. (2018). Explaining Explanations: An Overview of Interpretability of Machine Learning. *2018 IEEE 5th International Conference on Data Science and Advanced Analytics (DSAA)*, 80-89.

Guidotti, R., Monreale, A., Ruggieri, S., Turini, F., Giannotti, F., & Pedreschi, D. (2018). A Survey of Methods for Explaining Black Box Models. *ACM Computing Surveys (CSUR)*, *51*(5), 93: 1-93: 42. https://doi.org/10.1145/3236009

Gunning, D., & Aha, D. (2019). DARPA's Explainable Artificial Intelligence (XAI) Program.*AI Magazine*, *40*(2), Article 2. https://doi.org/10.1609/aimag.v40i2.2850

Gunning, D., Vorm, E., Wang, J. Y., & Turek, M. (2021). DARPA's explainable AI (XAI) program: A retrospective.*Applied AI Letters*, *2*(4), e61. https://doi.org/10.1002/ail2.61

Hendricks, L. A., Akata, Z., Rohrbach, M., Donahue, J., Schiele, B., & Darrell, T. (2016). Generating Visual Explanations. *arXiv: 1603.08507 [Cs]*. http://arxiv.org/abs/1603.08507

Herlocker, J. L., Konstan, J. A., & Riedl, J. (2000). Explaining Collaborative Filtering Recommendations. *Proceedings of the 2000 ACM Conference on Computer Supported Cooperative Work*, 241-250. https://doi.org/10.1145/358916.358995

Hinton, G., Vinyals, O., & Dean, J. (2015). Distilling the Knowledge in a Neural Network.*arXiv: 1503.02531 [Cs, Stat]*. http://arxiv.org/abs/1503.02531

Holzinger, K., Mak, K., Kieseberg, P., & Holzinger, A. (2018). Can we Trust Machine Learning Results? Artificial Intelligence in Safety-Critical Decision Support. *ERCIM News*, *112*(1), 42-43.

Ibrahim, J. G., Chen, M.-H., & Sinha, D. (2001).*Bayesian Survival Analysis*. Springer. http://www.springer.com/statistics/life+sciences%2C+medicine+%26+health/book/978-0-387-95277-2

Kane, G., Zhang, D., Lynch, D., & Bendeli, M. (2014). Sydney Water's critical water main strategy and implementation—A quantitative, triple-bottom line approach to risk based asset management. *Water Asset Management International*, *10*(1), 19-24.

Khawaji, A., Zhou, J., Chen, F., & Marcus, N. (2015). Using Galvanic Skin Response (GSR) to Measure Trust and Cognitive Load in the Text-Chat Environment.*Proceedings of the 33rd Annual ACM Conference Extended Abstracts on Human Factors in Computing Systems*, 1989-1994. http://doi.acm.org/10.1145/2702613.2732766

Koh, P. W., & Liang, P. (2017, July 9). Understanding Black-box Predictions via Influence Functions.*Proceedings of ICML* 2017.

Kulesza, T., Stumpf, S., Burnett, M., Wong, W.-K., Riche, Y., Moore, T., Oberst, I., Shinsel, A., & McIntosh, K. (2010). Explanatory Debugging: Supporting End-User Debugging of Machine-Learned Programs. *2010 IEEE*

Symposium on Visual Languages and Human-Centric Computing (*VL/HCC*), 41-48. https://doi.org/10.1109/VLHCC.2010.15

Lee, B., Kim, N., Kim, E.-S., Jang, K., Kang, M., Lim, J.-H., Cho, J., & Lee, Y. (2020). An Artificial Intelligence Approach to Predict Gross Primary Productivity in the Forests of South Korea Using Satellite Remote Sensing Data. *Forests*, *11*(9), Article 9. https://doi.org/10.3390/f11091000

Li, Z., Zhang, B., Wang, Y., Chen, F., Taib, R., Whiffin, V., & Wang, Y. (2014). Water Pipe Condition Assessment: A Hierarchical Beta Process Approach for Sparse Incident Data. *Machine Learning*, *95*(1), 11-26.

Liao, Q. V., & Varshney, K. R. (2022). *Human-Centered Explainable AI* (*XAI*): *From Algorithms to User Experiences* (arXiv: 2110.10790). arXiv. https://doi.org/10.48550/arXiv.2110.10790

Linardatos, P., Papastefanopoulos, V., & Kotsiantis, S. (2021). Explainable AI: A Review of Machine Learning Interpretability Methods.*Entropy*, *23*(1), Article 1. https://doi.org/10.3390/e23010018

Liu, M., Liu, J., Chen, Y., Wang, M., Chen, H., & Zheng, Q. (2019). AHNG: Representation learning on attributed heterogeneous network. *Information Fusion*, *50*, 221-230. https://doi. org/10. 1016/j. inffus. 2019. 01.005

Lombrozo, T. (2016). Explanatory Preferences Shape Learning and Inference.*Trends in Cognitive Sciences*, *20*(10), 748-759.

Lundberg, S. M., & Lee, S.-I. (2017). A Unified Approach to Interpreting Model Predictions.*Advances in Neural Information Processing Systems* (*NIPS 2017*), *30*, 4765-4774.

Markus, A. F., Kors, J. A., & Rijnbeek, P. R. (2020). The role of explainability in creating trustworthy artificial intelligence for health care: A comprehensive survey of the terminology, design choices, and evaluation strategies. *arXiv*: *2007.15911* [*Cs*, *Stat*]. http://arxiv.org/abs/2007.15911

Mi, J.-X., Li, A.-D., & Zhou, L.-F. (2020). Review Study of Interpretation Methods for Future Interpretable Machine Learning.*IEEE Access*, *8*, 191969-191985. https://doi.org/10.1109/ACCESS.2020.3032756

Miller, T. (2019). Explanation in artificial intelligence: Insights from the social sciences.*Artificial Intelligence*, *267*, 1-38. https://doi.org/10.1016/j.artint.2018.07.007

Molnar, C. (2021).*Interpretable Machine Learning*. https://christophm.github.io/interpretable-ml-book/

Molnar, C., Casalicchio, G., & Bischl, B. (2020). Interpretable Machine Learning—A Brief History, State-of-the-Art and Challenges.*arXiv*: *2010.09337* [*Cs*, *Stat*]. http://arxiv.org/abs/2010.09337

Morley, J., Floridi, L.,Kinsey, L., & Elhalal, A. (2019). From What to How. An Overview of AI Ethics Tools, Methods and Research to Translate Principles into Practices. *arXiv*: *1905. 06876* [*Cs*]. http://arxiv. org/abs/1905.06876

Nguyen, A., Yosinski, J., & Clune, J. (2016). Multifaceted Feature Visualization: Uncovering the Different Types of Features Learned By Each Neuron in Deep Neural Networks. *arXiv*: *1602. 03616* [*Cs*]. http://arxiv. org/abs/1602.03616

Pearl, J. (2009).*Causality*: *Models*, *Reasoning*, *and Inference* (2nd ed.). Cambridge University Press. https://doi.org/10.1017/CBO9780511803161

Ribeiro, M. T., Singh, S., & Guestrin, C. (2016).*"Why Should I Trust You?": Explaining the Predictions of Any Classifier*. 1135-1144. https://doi.org/10.1145/2939672.2939778

Schneeberger, D., Stöger, K., & Holzinger, A. (2020). The European Legal Framework for Medical AI. In A. Holzinger, P. Kieseberg, A. M. Tjoa, & E. Weippl (Eds.),*Machine Learning and Knowledge Extraction* (pp. 209-226). Springer International Publishing. https://doi.org/10.1007/978-3-030-57321-8_12

Schoonderwoerd, T. A. J., Jorritsma, W., Neerincx, M. A., & van den Bosch, K. (2021). Human-centered XAI: Developing design patterns for explanations of clinical decision support systems.*International Journal of Human-Computer Studies*, *154*, 102684. https://doi.org/10.1016/j.ijhcs.2021.102684

Stumpf, S., Rajaram, V., Li, L., Burnett, M., Dietterich, T., Sullivan, E., Drummond, R., & Herlocker, J.

(2007). Toward Harnessing User Feedback for Machine Learning. *Proceedings of the 12th International Conference on Intelligent User Interfaces*, 82-91. https://doi.org/10.1145/1216295.1216316

Stumpf, S., Rajaram, V., Li, L., Wong, W., Burnett, M., Dietterich, T., Sullivan, E., & Herlocker, J. (2009). Interacting Meaningfullywith Machine Learning Systems: Three Experiments. *IJHCS*, *67*(8), 639-662.

Syed Z. Arshad, Jianlong Zhou, Constant Bridon, Fang Chen, & Yang Wang. (2015). Investigating User Confidence for Uncertainty Presentation in Predictive Decision Making.*Proceedings of the Annual Meeting of the Australian Special Interest Group for Computer Human Interaction, OZCHI 2015, Parkville, VIC, Australia, December 7-10, 2015.*

Taddeo, M., & Floridi, L. (2018). How AI can be a force for good.*Science*, *361*(6404), 751-752. https://doi.org/10.1126/science.aat5991

Verma, S., Dickerson, J., & Hines, K. (2020). Counterfactual Explanations for Machine Learning: A Review.*arXiv: 2010.10596* [*Cs*, *Stat*]. http://arxiv.org/abs/2010.10596

Whiffin, V. S., Crawley, C., Wang, Y., Li, Z., & Chen, F. (2013). Evaluation of machine learning for predicting critical main failure. *Water Asset Management International*, *9*(4), 17-20.

Wong, W.-K., Oberst, I., Das, S., Moore, T., Stumpf, S., McIntosh, K., & Burnett, M. (2011). End-user Feature Labeling: A Locally-weighted Regression Approach. *Proceedings of the 16th International Conference on Intelligent User Interfaces*, 115-124. https://doi.org/10.1145/1943403.1943423

Xu, W., Dainoff, M. J., Ge, L., & Gao, Z. (2023). Transitioning to Human Interaction with AI Systems: New Challenges and Opportunities for HCI Professionals to Enable Human-Centered AI. *International Journal of Human-Computer Interaction*, *39*(3), 494-518. https://doi.org/10.1080/10447318.2022.2041900

Zhang, Q., Wu, Y. N., & Zhu, S. (2018). Interpretable Convolutional Neural Networks. *2018 IEEE/CVF Conference on Computer Vision and Pattern Recognition*, 8827-8836. https://doi.org/10.1109/CVPR.2018.00920

Zhou, J., & Chen, F. (2015). Making machine learning useable. *International Journal of Intelligent Systems Technologies and Applications*, *14*(2), 91-109.

Zhou, J., & Chen, F. (Eds.). (2018). *Human and Machine Learning: Visible, Explainable, Trustworthy and Transparent*. Springer.

Zhou, J., & Chen, F. (2019). AI in the public interest. In C. Bertram, A. Gibson, & A. Nugent (Eds.), *Closer to the Machine: Technical, Social, and Legal Aspects of AI*. Office of the Victorian Information Commissioner.

Zhou, J., Chen, F., & Berry, A. (2021).*AI Ethics: From principles to practice* [Short Course]. https://open.uts.edu.au/uts-open/study-area/Technology/ethical-ai-from-principles-to-practice/

Zhou, J., Chen, F., Berry, A., Reed, M., Zhang, S., & Savage, S. (2020). A Survey on Ethical Principles of AI and Implementations.*2020 IEEE Symposium Series on Computational Intelligence (SSCI)*, 3010-3017. https://doi.org/10.1109/SSCI47803.2020.9308437

Zhou, J., Gandomi, A. H., Chen, F., & Holzinger, A. (2021). Evaluating the Quality of Machine Learning Explanations: A Survey on Methods and Metrics.*Electronics*.

Zhou, J., Hu, H., Li, Z., Yu, K., & Chen, F. (2019). Physiological Indicators for User Trust in Machine Learning with Influence Enhanced Fact-Checking. In A. Holzinger, P. Kieseberg, A. M. Tjoa, & E. Weippl (Eds.), *Machine Learning and Knowledge Extraction* (pp. 94-113). Springer. https://doi.org/10.1007/978-3-030-29726-8_7

Zhou, J., Huang, W., & Chen, F. (2021). Facilitating Machine Learning Model Comparison and Explanation through a Radial Visualisation.*Energies*, *14*(21), Article 21. https://doi.org/10.3390/en14217049

Zhou, J., Khawaja, M. A., Li, Z., Sun, J., Wang, Y., & Chen, F. (2016). Making Machine Learning Useable by Revealing Internal States Update—A Transparent Approach.*International Journal of Computational Science and Engineering*, *13*(4), 378-389.

Zhou, J., Sun, J., Wang, Y., & Chen, F. (2017). Wrapping practical problems into a machine learning framework:

Using water pipe failure prediction as a case study. *International Journal of Intelligent Systems Technologies and Applications*, *16*(3), 191-207.

作者简介

周建龙 博士，副教授，博士生导师，澳大利亚悉尼科技大学数据科学研究院。研究方向：人工智能伦理，行为分析，人机交互。E-mail：jianlong.zhou@uts.edu.au。

陈 芳 博士，杰出教授，博士生导师，澳大利亚悉尼科技大学数据科学研究院。悉尼科技大学数据科学执行主任。研究方向：机器学习，人工智能伦理，行为分析。E-mail：fang.chen@uts.edu.au。

第9章

以人为中心的社会计算

▷本章导读

随着元宇宙、大规模预训练模型等智能技术的出现,人与人之间、人与机器之间正呈现出加速融合、深度耦合的发展态势,这为信息物理社会系统(虚拟空间、物理系统、人类社会)的管理与控制带来了诸多不确定性。社会计算,特别是以人为中心的社会计算,正是应对上述挑战的可行、有效甚至是唯一手段。本章针对人类用户的建模分析和行为引导,从虚拟人物合成、个体认知决策、计算思维实验、典型应用案例等维度来阐述如何准确把握复杂信息物理社会系统中人的需求和行为,从而为高时变、大规模人在回路系统的管控提供可信、可靠的实验分析基础。

9.1 以人为中心的社会计算概述

随着虚拟现实、元宇宙、物联网、区块链、大数据、人工智能、社交媒体等新兴技术的快速发展,人们的生产生活越来越多地呈现出物理系统、人类社会、虚拟空间交织融合的态势。人、设备、智能算法互相影响、互相耦合,形成了一张巨大的"智联网"(王飞跃,张俊,2017; Wang, Yuan, Zhang, et al., 2018)。作为智联网中的终端节点,每个个体用户都享受着它的红利,并为它提供和传递知识、信息。在它的加持下,人类社会的社交过程被极大地加速了。远在东西两个半球的朋友只需要按下对方的电话号码便可实现面对面沟通。从复杂系统的角度看,这样的技术便利性使得局部发生的"微小"社会事件能够迅速而不太受控地在系统层面传播扩散,进而影响全系统的"稳定、高效"运行。因此,研究三元融合的信息物理社会系统(cyber physical social systems,CPSS)对由多用户和异构设备形成的人机融合系统具有重要意义。

顾名思义,信息物理社会系统的概念源自信息物理系统(cyber physical systems, CPS)。后者旨在将物理系统与不同规模和级别的计算资源紧密整合,从而提供创新的应用和服务。CPS的研究进展能够赋予各种物理系统更快的反应速度(如自动驾驶中的避障功能)、更高的操作精度(如机器人辅助外科手术、纳米级制造)、在危险环境中的工作能力(如用于搜索救援、消防、勘察的自动装置),也能够提供大范围分布式设备的协同工作能力(如自动化的交通控制)并提升社会福利(如公众广泛使用的辅助健康监测和医疗保障)。美国国家自然基金委曾设立多个研究项目,针对CPS中的泛在感知、普适计算、通信、控制等关键技术进行专题攻关,力求通过信息化赋能提升已有物理系统的可配置性和智能化程度(US NSF, 2017)。显然,CPS的研究仍然将物理系统作为出发点,对用户在系统中,特

本章作者:叶佩军,王飞跃。

别是动态人机交互的过程中扮演的角色考虑甚少。CPSS则进一步将人类社会的交互纳入研究，从而实现物理系统、人类社会、虚拟空间的一体化整合管理(Wang，2010)，这也是以人为中心的人工智能必须考虑的问题。一方面，从技术发展的终极目标上看，所有智能系统都必须立足于服务人类社会的福祉。而CPS忽略了“人是最终用户”这一核心原则，可能导致系统运行与服务目标南辕北辙。另一方面，人的因素缺失可能导致系统应用场景提取不准确，使得人在回路的系统设计出现偏差。因此，要让物理系统更好地服务于人类用户，必须考察人类用户的特点和需求，将对人的研究和对系统的改进置于同等重要的地位。在某些特殊情况下，前者的“优先级”甚至更高。只有深刻了解人的局限性、特殊性，才能在人工智能系统的设计和建设中真正做到“以人为本”，充分实现人机和谐共存。

如何分析人类用户的需求和特点是CPSS中社会部分研究的重要课题，也是以人为中心的人工智能，特别是多用户参与的人工智能必须考虑的问题。我们认为，以人为中心的社会计算是解决这一问题的有效甚至是唯一手段。社会计算的概念可以从广义和狭义两个层面来定义。广义上，社会计算是指面向社会科学的计算理论和方法；狭义上，社会计算是面向社会活动、社会过程、社会结构、社会组织及其作用和效应的计算理论和方法(王飞跃，李晓晨，毛文吉，et al.，2013)。本章主要立足于狭义层面，从人工智能、面向用户的认知决策计算角度进行讨论。以人为中心的社会计算在分析人类用户需求和特点上具备多重优势。首先，社会群体/个体的需求具有高度异质性、多样性，很难采用统一的解析模型来描述。而采用微观计算模型，特别是具备自治性和自主性的多智能体模型，能够高效地构建各种个体需求描述，再辅以分布式、高容量的计算技术，即可为大规模异质个体(千万级到亿级)提供订制化的需求分析。其次，人类用户的需求具有动态性和时变性。特别是在发达的社交网络实时驱动下，其动态性被大大加强了。因此，传统社会实验、用户调查等方法很难适应这种高度时变的需求分析，必须采用社会计算和人工智能相结合的办法，充分发挥算法智能性和算力优势，实现用户需求的精准提取和快速响应。再次，针对社会事件、社会行为难以进行实验的瓶颈(如交通事故影响)，社会计算还能够提供替代环境，充当各种管理和服务策略的虚拟实验室。这种计算实验并不仅局限于还原现实中已经出现的社会现象，而是拓展推演更多“可能出现”的复杂社会事件及其发展过程(特别是那些出现概率极低甚至为零的“长尾”现象)，从而对各种情况做到“心中有数”，达到“以虚拟空间之万变，应实际系统之不变”的效果。基于此，以人为中心的社会计算方法能够在微观层面更好地为个人用户提供个性化、差异化、订制化的需求分析和服务响应，在宏观层面保证融合交互后系统的稳定和高效运行，最终实现CPSS中“以人为中心”的智能服务。

9.2 以人为中心社会计算的基本方法

9.2.1 以人为中心的平行系统

社会计算方法用于提升CPSS中以人为中心的服务，其核心在于构建物理装备和人类用户在虚拟空间中的映射，形成集建模、实验、管控于一体的虚实互动系统。我们将此虚实交互系统称为平行系统。平行系统是指由某一个自然的现实系统和对应的一个或多个虚拟或理想的人工系统所组成的共同系统(王飞跃，2004)。其提出的初衷正是由于控制系统中“人”的要素难以精确建模和分析。平行系统的理论基础是通过建立“简单而一致”的人、机、环境计算模型(人工社会)，充分挖掘CPSS在虚拟空间中的演化动力学特性(计算实验)，进而实现虚拟-实际双系统的协同互校与管理控制(平行执行)。人工社会、计算实验、平行执行三步形成迭代的闭环，也被称为平行系统的ACP方法。如

图 9.1所示，处于虚拟空间的人工系统（人工智能系统）和实际系统构成双闭环形式，二者独立运行，仅在一些特定环节进行交互。在宏观系统层面，人工/实际控制策略充当双闭环的控制器角色，其目标是尽可能保证 CPSS 处于稳定、高效的运行状态。人工/实际系统测量是对系统观测指标做量化考察，评估虚实双系统是否达到控制目标。实际运行时，人工控制器施加各种候选控制策略于人工系统，开展计算实验推演，再通过系统测量评估控制效果，从而筛选优化控制策略迁移到实际系统中。人工系统和实际系统内部的双向交互（行为学习和行为引导）使得人工系统能够“逼近”实际系统，确保计算实验建立在可信的系统状态基础上，从而保证实验得到的优化控制策略对实际系统具有指导意义。

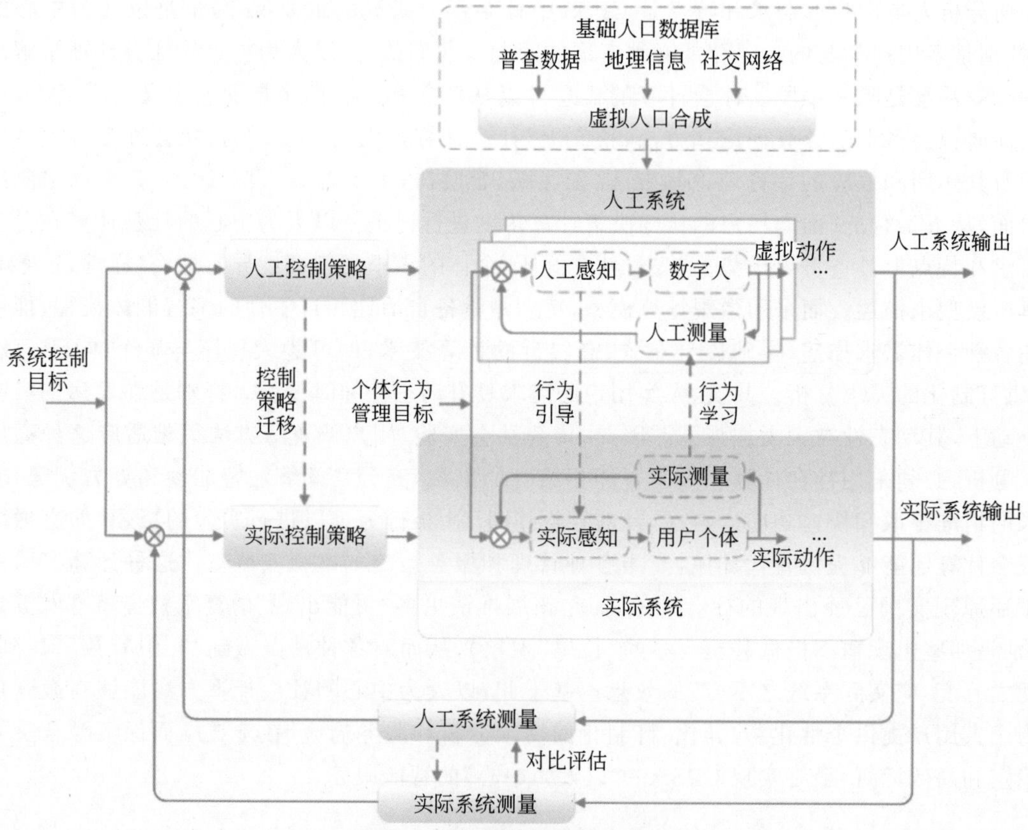

图 9.1　平行系统的双闭环结构

相对于物理装备而言，人类用户的建模更加复杂。因此图 9.1 中主要绘制了基于数字人的用户行为管理。人工系统中关于人类用户的建模、分析与交互都主要通过数字人来完成。近年来，随着 CPSS 中机器系统智能化程度的明显提升，人与人之间、人与机器之间的交互将越来越多地以数字人为媒介。数字人可完成信息过滤、拟人化交互，在虚拟空间中扮演着人类用户的“数字分身”和“数字助手”的角色。通过数字人之间、数字人与物理系统之间的流程重组，可去除人-人、人-机之间的冗余交互，从而降低人类用户的认知负荷，促进系统的高效运行。而大规模预训练模型（大模型，如 ChatGPT）的完善极大地加速了人-数字人-系统的交互过程（Wang，Miao，Li，et al.，2023）。一方面，大模型可以作为个体决策行为的建模基础，缩短开发周期；另一方面，大模型极富人性化的语言能力则为数字人的拟人化交互提供了更加便利的实现基础。更进一步，我们认为针对实际系统中的每个人类用户,人工系统建立描述人、预测人、引导人三个数字人作为其虚拟映射。通过由实到虚的行为学习和由虚到实的行为引导,人工系统将实现数字人的决策模型标定和实际用户的行为管理。人工系统的构建可分为虚拟人口合成和个体行为认知决策建模两部分。前者旨在为人工系统的计算提供初始状态,后者则关注用户个体行为的建模。本节的剩余部分将详细阐述人工系统中人的建模与计算实验。

9.2.2　虚拟人口合成

以人为中心的社会计算需要首先在计算机中生成一份符合实际用户群体特征的虚拟人口,作为后续行为分析、引导的计算基础。虚拟人物又称为合成人口(synthetic population),实质上是为人工系统的计算模拟确定合理可信的时间起点和初始状态,可视为连续时间维度上推演的一个静态片段(snapshot)。在多智能体视角下,将每个实际用户个体建模为一个智能体(agent),则人口合成需要首先确定研究范围、时间点和每个智能体的考察属性。例如,选取 2010 年北京市全部人口作为目标人口(合成人口需要逼近的对象),智能体的个体属性包括性别、年龄、婚姻状况、居住地、经济收入等,再加入社会属性,包括家庭、工作、社交关系等。输入数据通常有两类:一类是关于目标人口的统计数据,包括人口普查数据、税收记录、交通调查数据、劳动力调查数据、不动产登记记录等。这类数据直接反映目标人口的某些侧面,但往往只涉及少数变量,并不覆盖所有考察属性。统计数据中以人口普查结果最为全面,因此使用时通常以普查数据为基础,再辅以企业调查、教育普查等其他数据,共同作为合成人口的约束条件。第二类是一小部分人口调查的原始记录(隐去私有信息),称为人口样本。例如美国统计局发布的比例为 5%的公用微观数据样本(public use microdata sample, PUMS),英国官方发布的匿名记录样本(sample of anonymized records, SAR)。这类样本通常只占总人口的一个很小的比例,但每一条记录都覆盖了所有考察属性(暂不考虑数据缺失),具有较高的价值。然而,很多国家(包括我国)的官方并未发布该类样本。

计算上,来自人口普查和社会调查的各种统计数据可表现为约束表。如图 9.2 所示,设智能体属性为,则普查结果可表示为一系列个体统计约束表格。如图 9.2 中取值为的个体总共有 2234 人。第 1 类社会组织(如家庭)的属性记为,其约束也可表示为表格形式。如图中取值为的家庭总数为 42。类似地,第 2 类社会组织(如企业)的属性变量记为,其调查数据仍然可写为约束表格。虚拟人口合成的目标就是生成一个智能体集合,使得其对应的统计指标尽可能符合各项约束表格。在综述现有主流方法的基础上,我们提出基于张量分解的多重社会关系人口合成(Ye, Wang, Chen, et al., 2016; Ye, Tian, Lv, et al., 2022; Ye, Zhu, Sabri, et al., 2020)。定义用户个体数的表示为维张量。N 表示非负整数。I_i 表示第 i 个属性变量 X_i 可能的取值数。X 的元素 $X(i_1,\cdots,i_n)$代表属性取值为$(X_1=i_1,\cdots,X_n=i_n)$的总人数。相应地,张量和分别表示两类社会组织的实体数。虚拟人口合成将分为个体/实体合成和社会关系分配两步。以下分别介绍。

个体/实体合成的过程如图 9.3 所示,其中灰色方块表示已知的约束或样本,白色方块表示待 求的张量。为清晰展示,此处以个体合成为例,仅考虑 3 个属性。首先,对于人口样本张量做 Tucker 分解得到

$$\underline{X}_s=\underline{g}\times_1 \quad u_1 \quad \times_2 \quad \cdots\times_n u_n$$

其中,$\underline{g}\in R^{r_1\times r_2\times\cdots\times r_n}$ $(r_n\leqslant I_n)$是核张量,$u_n\in R^{I_n\times r_n}$是因子矩阵,$\times_n$ 表示张量与矩阵的 n-模积。图 9.3 左下角的样本张量为 $3\times4\times5$ 维,设 $r_i=I_i$,则分解之后所有的因子矩阵均为方阵。为确保所有的频率都为非负,我们进一步加入约束

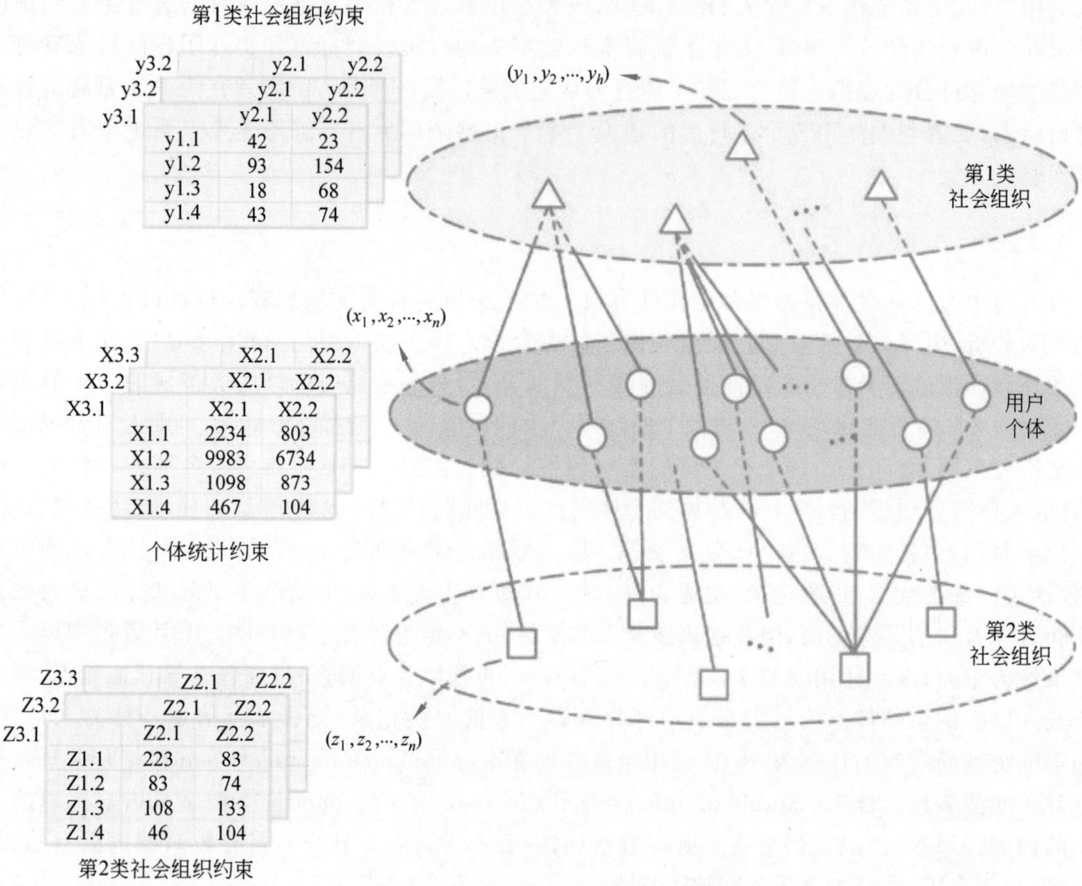

图 9.2 多重社会关系约束下的人口合成

$$g \geqslant 0, u_i \geqslant 0 (i=1, \cdots, n)$$

则上述 Tucker 分解可化为优化问题

$$\min_{\underline{g}} \| \underline{X}_s - \hat{X}_s \| \quad \hat{X}_{\underline{s}} = g \times_1 u_1 \times_2 \cdots \times_n u_n$$

此优化问题可使用经典方法求解，如高阶奇异值分解（Higher Order Singular Value Decomposition，HOSVD）、高阶正交迭代（Higher Order Orthogonal Iteration，HOOI）等（Rabanser，Shchur，& Gunnemann，2017）。分解后的核张量及各因子矩阵图 9.3 右下子图所示。类似地，目标人口也可写成 Tucker 分解式

$$\underline{X} = \underline{G} \times_1 v_1 \times_2 \cdots \times_n v_n$$

其中，$\underline{G}$ 是与 $\underline{g}$ 同尺寸的核张量。使用样本因子矩阵代替上式中的 v_i，得到

$$\underline{X} = \underline{G} \times_1 U_1 \times_2 \cdots \times_n U_n$$

因此问题转换为估计 $\underline{G}$（图 9.3 右上子图）。我们采用最小化 $\underline{G}$ 与统计约束间距离的方法来求解。统计约束在数学上可表示为一个经过“折叠”的低维张量。在图 9.3 左上角子图中，$\underline{X}(12)$ 代表对第 3 维求和后的统计约束，$\underline{X}(3)$ 代表对第 1 和第 2 维求和后的统计约束。优化问题可写为

$$\min J = \min \| \underline{G} \times_1 (e_1 \cdot U_1) \times_2 (e_2 \cdot U_2) - \underline{X}^{(3)} \times_3 U_3^{\dagger} \| + \| \underline{G} \times_3 (e_3 \cdot U_3) - \underline{X}^{(12)} \times_1 U_1^{\dagger} \times_2 U_2^{\dagger} \|$$

其中，$e_n = [1 \ \cdots \ 1] \in N^{1 \times I_n}$ 是全为 1 的行向量，用于对第 n 维求和。$U_n^{\dagger}$ 是 U_n 的 Moore-Penrose

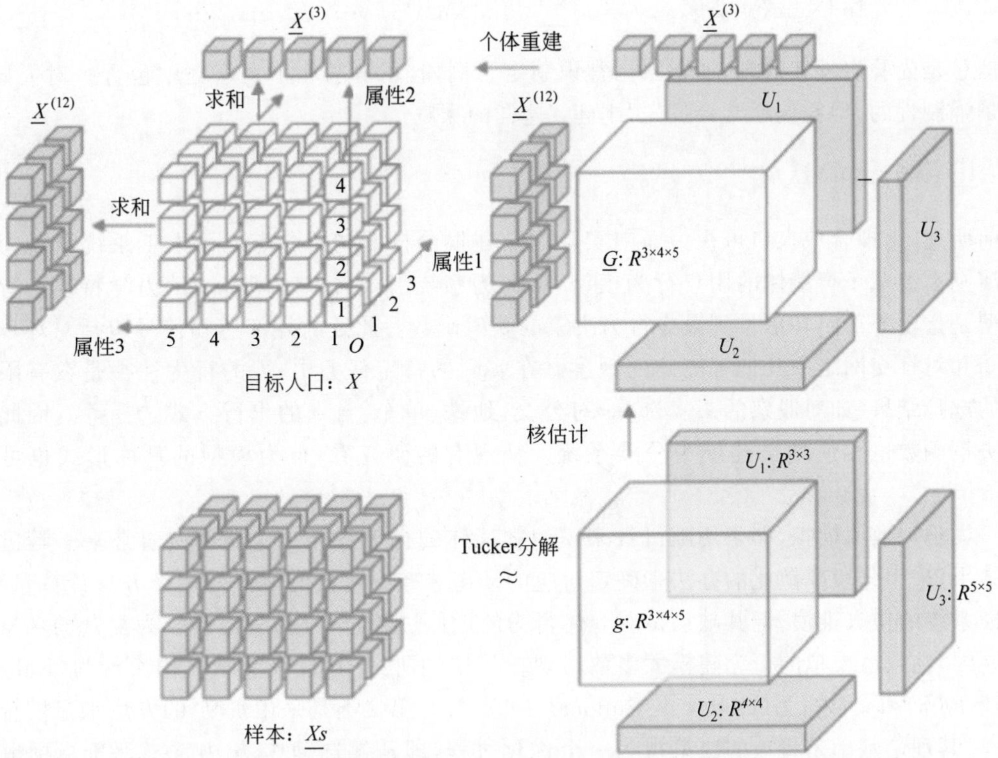

图 9.3　3×4×5 维张量分解示例

(MP)伪逆，用于将原统计约束转换为 $\underline{G}$ 对应的约束。解此优化问题取得最优核张量 $\underline{G}^*$，再带入 X 的分解式即可得到目标个体张量。社会组织张量可类似合成。

人口个体和社会实体合成后，社会关系分配的目标是将个体和每一类社会组织中的某个实 体连接，从而使得多个个体能够“组装”成社会实体，形成个体间的社会关系。考虑利用两类 信息。若个体和社会组织间有公共属性(例如个人的工作地和企业的所在地)，或社会组织具有的特定的成员结构(例如学校中学生的年龄构成)，那么可以在合理假设下建立个体、组织的映射关系(例如，可假设个人的工作地与其公司的企业所在地取值相同)。基于公共属性，我们可建立条件分配概率

$$
\begin{aligned}
P(\underline{X},\underline{Y}\mid\underline{X}) &= P(y_1,\cdots,y_u,y_{u+1},\cdots,y_h \mid x_1,\cdots,x_u,x_{u+1},\cdots,x_n) \\
&= P(y_1,\cdots,y_u,y_{u+1},\cdots,y_h \mid x_1,\cdots,x_u) = P(y_1,\cdots,y_u,y_{u+1},\cdots,y_h \mid y_1,\cdots,y_u) \\
&= P(y_{u+1},\cdots,y_h \mid y_1,\cdots,y_u) = \frac{\mathrm{IndNum}(y_1,\cdots,y_u,y_{u+1},\cdots,y_h)}{\mathrm{IndNum}(y_1,\cdots,y_u)}
\end{aligned}
$$

其中，$\underline{x}=(x_1,\cdots,x_u,x_{u+1},\cdots,x_n)$，$\underline{Y}=(y_1,\cdots,y_u,y_{u+1},\cdots,y_h)$分别是个体和社会组织的属性集合。$x_i=y_i(i=1,2,\cdots,u)$是公共属性集合。$P(\underline{x},\underline{Y}\mid\underline{x})$代表属性取值为 $\underline{x}$ 的个体被分配到属性取值为 $\underline{Y}$ 的社会实体的概率，其值根据满足属性取值的实体的成员人数计算。为避免分母为零，我们进一步完善分配概率为

$$
P(\underline{Y}\mid\underline{X}) = \begin{cases} \dfrac{\mathrm{IndNum}(y_1,\cdots,y_u,y_{u+1},\cdots,y_h)}{\mathrm{IndNum}(y_1,\cdots,y_u)}, & \text{if } \mathrm{IndNum}(y_1,\cdots,y_u) > 0 \\ 0, & \text{otherwise} \end{cases}
$$

其中

$$\mathrm{IndNum}(y_1,\cdots,y_u)=\sum_{y_{u+1},\cdots,y_h}\mathrm{IndNum}(y_1,\cdots,y_u,y_{u+1},\cdots,y_h)$$

第二类信息是先验启发式规则，通常根据常识制定。例如，正常的非单身家庭中包含一对夫妇 成员。虽然不是强制性的，但我们通常会优先“组建 ”这样的家庭。

9.2.3 用户个体的认知决策建模

如前所述，虚拟合成人口可视为面向实际用户建模分析的初始状态。而人工系统沿时间维度的计算推演则需要赋予智能体的用户行为模型，从而为系统引入关于时间 t 的动力学特性。智能体的行为模型是指由外部感知信号到最终行为决策的映射函数。此处的外部感知信号包括对环境本身的状态感知和对社交网络中其他智能体的观察。在实际的特定任务中，人的行为往往是在有限可选动作集上的选择结果（如对股票的买卖选择，对公交、地铁、单车、自驾的出行方式选择等），因此智能体的行为决策函数也相应地被建模为分类系统。从现有的研究看，行为模型的具体形式也可以归为三类。

第一类是纯数值模拟，即采用随机数来模拟智能体的行为选择。这类模型通常基于随机数种子的采样结果，采用分段离散化的办法来确定对应的动作选择。纯数值模拟的建模方法计算量小，适用于大规模系统的仿真推演，但其缺点是对个体行为的近似过于简单，无法建模较为复杂的场景。正是基于此原因，纯数值模拟的行为建模大多数出现在早期的研究中，代表文献有拍卖行为（Raberto, & Cincotti, 2005）和交易行为（Gode, & Sunder, 1993）等。第二类是采用贪婪 的方法来建模智能体的行为选择，其理论基础是将人的决策视为一个优化过程，即从候选动作 集中选择评价指标最优的动作。贪婪方法通常有两种方式，一种是来源于经济学理论的效用最 大化，基本思路是以外部感知为自变量输入，优化智能体的期望效用函数来选择动作（McFadden, 1974），代表文献主要是以离散选择模型为基础的出行行为建模（Chen, Liu, & Shen, 2015; Zhu, Li, Chen, et al., 2016）、经济行为建模（Sandor, & Wedel, 2005）等。另外，一步决策的标准式博弈也可归于该范畴，其目标仍然是最大化智能体的回报值。另一种是来自人工智能领域的产生式规则，即将外部环境感知信号映射成“If… Then…”规则的前件，动作作为规则后件，直接触发。规则也可以是概率性质的。产生式规则系统也被称为反应式智能体，因其最简单且易于编程实现，所以应用广泛（Schmotzer, 2000; Rabuzin, 2013）。概括起来，贪婪方法并不关心决策产生的思考过程，而是将行为决策视为“黑盒”模型，所产生的决策结果也比较“短视”，对远期规划考虑不足。第三类是以认知模型为代表的多步推理。这类模型不仅强调智能体与环境之间的交互行为，而且将人的认知、思考过程也包含进智能体决策建模中。认知模型属于认知科学、人工智能的交叉研究范畴，通常采用链式推理或多步博弈计算（如扩展式博弈、贝叶斯博弈等）来选择最终动作。链式推理可以采用规则（Laird, 2012），也可以采用神经网络（Hyso, & Cico, 2011）。多步博弈则类似于 Alpha-Go 的方式，在推理过程中考虑对手可能的应对策略（Silver, Huang, & Maddison, 2016; Silver, Schrittwieser, Simonyan, et al., 2017）。该类模型的不足在于复杂度较高，难以用于大规模计算中。然而，近年来随着分布式、云计算、大模型的兴起，这种困境正逐步得到改善。与前两类行为模型相比，认知模型最能反映人的实际决策过程。决策知识也能随着与外部的交互而动态学习更新，如基于其他智能体的经验回放学习（称为“教导”）、基于环境直接回报的强化学习等。在以人为中心的平行系统中，认知模型也最适合用来建模用户个体的思维过程。

认知科学的一个主流观点是将人的认知视为计算。例如，视觉先驱大卫·马尔（David C. Marr）

就认为大脑的神经计算和计算机的数值计算没有本质区别。他将人的视觉过程分为三个层次：计算理论框架、表达和算法、算法实现(Marr，1982)。马尔认为算法实现并不影响算法的功能和效果，因此应重点研究计算理论框架及表达和算法。在不同领域的应用场景中，虽然人的决策知识和经验有很大差异，但从环境感知到做出决策的过程大致是相同的。根本原因是人脑具备相似的认知基础。而计算理论框架正是这种通用认知基础的抽象，它给出了人类认知决策的各子过程，并刻画了从感知到行为所涉及的各个环节要素及其信息的传递处理流程。与之相对，表达和算法则和应用领域结合，是人类在各场景、任务中认知决策的具体知识。可见，计算理论框架和表达与算法是流程与内容的关系。

计算理论框架在认知科学上被称为认知架构(Cognitive Architecture)，旨在归纳人类认知决策中涉及的基本要素(如记忆、情感、注意力等)，并试图建立其统一的计算架构。历史上，认知架构按认知机制可大致分为三类。第一类称为符号系统，是人工智能早期的主要研究范式，其特点是将决策过程划分为感知、记忆、推理、学习、社交、注意力、情感、规划、动作等认知模块，并建立这些模块之间的相互关系。智能体对外部环境对象及关系的认识被表示为一个符号集合，保存于其内部知识库中。在每一轮"感知-决策-行动"的循环中，智能体将动态更新该知识库，并以此为基础，采用逻辑推理的方式得到下一步的动作。逻辑推理过程可以是确定性的(如一阶逻辑)，也可以是非确定性的(如模糊逻辑)。与之对应，符号知识库的真值系统可以是0-1经典真值系统，也可以是[0,1]模糊真值系统。符号系统类认知结构较多，典型的代表有 Adaptive Control of Thought-Rational (ACT-R；Anderson，Bothell，Byrne，et al.，2004)、State，Operator And Result (SOAR；Laird，2012)、Non-Axiomatic Reasoning System (NARS；Wang，2013)、Distributed Adaptive Control (DAC；Maffei，Santos-Pata，Marcos，et al.，2015)等，应用场景主要是机器人控制、专家系统、通用人工智能等对可靠性要求较高的任务。第二类称为涌现系统，是以神经元网络为参考提出的一类认知结构。涌现系统通常采用分层的神经网络结构，自下而上地模拟人的认知过程。底层网络用于模拟大脑皮层神经元的活动，上层网络则模拟人的主动意识。智能体的候选行为模式被编码到底层网络中。多个底层神经网络基于特定的环境感知信号，按照不同效用函数(如图像识别中的颜色、轮廓等)并发地优化选择行动模式。这些可能发生冲突的行动模式将作为输入，由上层网络的主动选择机制根据当前可用的资源来消解冲突，最终确定智能体的决策结果。涌现式认知结构借鉴了很多计算神经科学的研究成果，典型的代表结构有 Brain-Based Device (BBD；Edelman，2007)、Hierarchical Temporal Memory (HTM；Hawkins，& Ahmad，2016)、Leabra(O'Reilly，Wyatte，Herd，et al.，2013)等。该类结构的优势是能够处理不确定性的认知过程，通常被应用于模式识别和图像处理等领域。第三类结构综合了前两类的优点，称为混合式系统。该类系统通常采用双层结构，底层与涌现结构类似，为基本的感知神经元网络，产生基本的候选动作模式。上层与符号系统类似，采用逻辑推理来完成最终的决策。混合结构相对较少，比较典型的有 Connectionist Learning with Adaptive Rule Induction Online (CLARION；Sun，& Helie，2013)、Synthesis of ACT-R and Leabra (SAL；Herd，Szabados，Vinokurov，et al.，2014)等。由于兼具符号推理与神经网络的特性，混合架构的适用范围较广，包括机器学习、知识发现、通用人工智能等。

对比三类认知结构，混合式系统吸收了符号推理和神经网络涌现的优点，因而表现出更强的适用性。但是从本质上看，混合系统仍然是符号推理系统，底层神经网络仅充当了对环境的感知函数。因此混合系统无法从根本上克服符号推理系统的不足，即对知识的操作是离散化的，且对人类专家的先验知识依赖性较强。针对上述不足，我们提出双闭环混合认知架构 TiDEC(A Two-Layered

Integrated Decision Cycle; Ye, Wang, Xiong, et al., 2021)。如图 9.4 所示,智能体在与环境和其他智能体交互的过程中,需要完成感知、学习、推理、规划、动作等主要环节,其决策过程涉及双层结构和并行的两个决策循环。位于底层的是包含深度神经网络的感知层,用于模拟个体的生物感觉和运动系统。感知神经网络(主动或被动地)接收来自周围环境的低级感觉信号,并将其转换为符号概念或数值,供上层决策层使用。通常,卷积神经网络(Convolutional Neural Network, CNN)、循环神经网络(Recurrent Neural Network, RNN)、生成对抗网络(Generative Adversary Network, GAN)、脉冲神经网络(Spiking Neural Network, SNN)及其衍生网络可被用于模拟人的视觉、听觉等感知。另外,各种经过预训练的大模型(Foundation Model)也可完成这一任务。动作神经网络根据决策层决策结果提供的输入参数控制智能体的执行机构。交互网络更新来自代理社交网络的信息。为简洁表示,图中将用于发送和接收社交信息的两个神经网络画在一起。

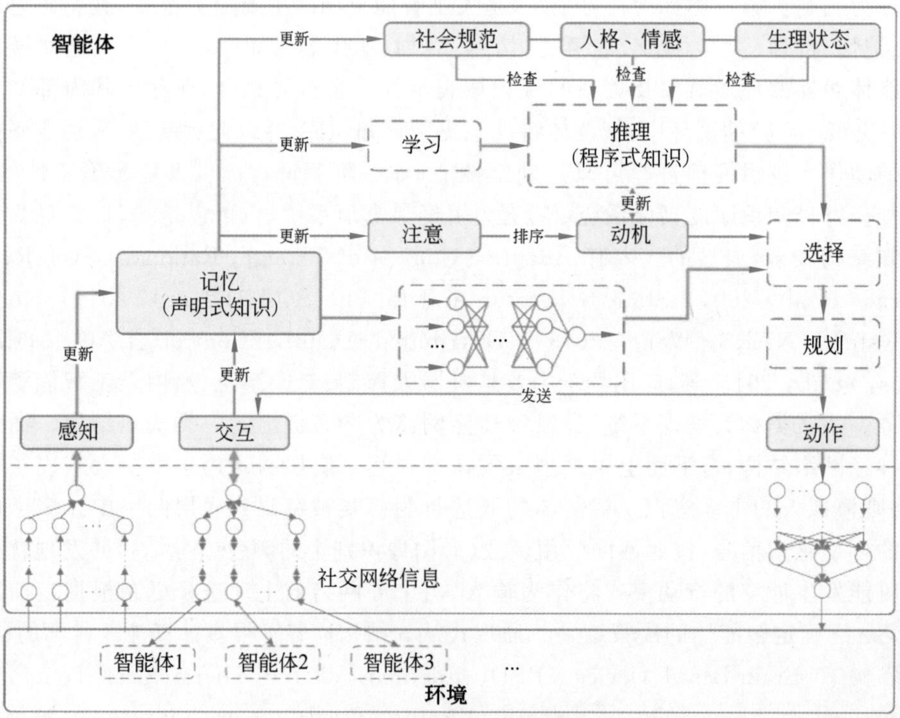

图 9.4 双闭环混合认知结构

位于上层的是一个不确定性符号系统,用于模拟人的理性决策。决策主要由两个并行的循 环组成(图中红线所示)。第一个循环是逻辑推理,建模人的理性思考过程。在经典认知科学中,此理性思考被称为"系统 2",即决策知识以可解释的方式存储,且推理带有明确的语义(图中最上方红线形成的循环)(Kahneman, 2011)。基于逻辑推理完成决策的例子很多,例如数学定理的证明。在证明时,我们需要理解从假设到最终结论的每一个逻辑证明步骤。当智能体之间有共同的知识集,且每个概念明确地指向特定类型的实体时,推理路径也可被其他智能体识别,从而教授给之前没有完成过该任务的"新手"。感知/交互基于感知层的输出,将环境信号映射为具有不确定性的事实。此不确定的事实也被称为心理信念或声明式知识,保存在记忆模块中。推理模块则动态维护智能体的程序性知识,通常以模糊逻辑规则表示。例如

$$\text{IF} \quad x1 = s1 \quad \text{'and'} \quad x2 = s2 \quad \text{'and'} \cdots \text{'and'} \quad x_n = s_n \quad \text{THEN} \quad D(\underline{s}) - f_s$$

其中，$\underline{x}=(x_1,\cdots,x_n)$是来自论域 $u\subset\mathbb{R}^n$ 的输入，$\underline{s}=(s_1,\cdots,s_n)\in S_1\times S_2\times\cdots\times S_n$ 是定义在论域上的语言变量。$D(\underline{s})$代表规则作用后的事实状态集合。fs 是规则的激活强度。在每次决策计算 中，智能体通过比较当前环境状态和历史知识来更新信念。若当前事实状态与其期望状态不一 致，则智能体会启动学习机制，更新相关推理规则的激活强度。推理还受到社会规范、人格情感、生理状态等因素影响。推理结果将被动机模块选择，按照注意力的优先级进行排序，以满足智能体最迫切的需求。最高优先级动机对应的推理结果会在规划模块中分解，产生一系列的 底层动作并交由感知层执行。这些规划动作会一直保持，直到相应的动机被实现或取消。

与经典认知建模中的产生式规则相比，采用模糊规则能够带来以下优势。首先，经典产生式规则是建立在确定性感知结果上的。而模糊规则通过引入隶属度，在不确定感知结果上的表 征能力更强大，这更加符合人脑的思维习惯(事实上，这也是模糊理论最初的目标之一)。其次，产生式规则通常基于效用值来解决多规则冲突问题。而模糊规则可引入多种推理算子，具备更多样、更强大的不确定性传递机制。然而，也正是由于在表征和推理上的灵活性更大，模糊系统的计算复杂度往往比产生式规则更高。

与“系统 2”相对应，第二个决策循环对应于认知“系统 1”(由图中靠下方的红线构成)。此循环在一定程度上是直观的，模拟人类基于经验的决策。此回路中，感知、学习、推理、行动的认知循环建立在人工神经网络(特别是复杂的深度神经网络)之上，它对智能体的内生知识进行了隐式编码。由于深度神经网络具备很强的自适应学习能力，该决策循环可动态学习并模仿来自真实人类用户的特定决策模式。通常在此过程中进一步添加强化学习机制(如 Q 学习)，从而使智能体能交互式地改进其针对特定环境的响应策略。一般而言，基于神经网络的隐式推理只涉及数值计算，复杂度比基于不确定逻辑的显式推理更低，这符合人类认知的生物学基础，即以逻辑推理为代表的理性思考比依赖直觉的决策消耗更多能量，速度也慢很多。例如，当初次遇到某个数学定理并试图证明它时，你将花费大量的时间搜寻自己的知识库。当你熟悉此定理后，只要看到它的假设，你往往会很快得出结论。虽然证明步骤可以通过已获得的知识再现，但你倾向于省略这样的详细过程。此例标明，为节省能量，人类在“系统 2 ”中的显式知识往往会转化为“系统 1”中的隐式知识。当“系统 1”做出决策后的结果与预期不符时，人类会重新启用“系统 2”中的显式知识进行检查。这种隐式-显式知识的双向转化机制，TiDEC 认知架构也能够精准建模(Ye，Wang，Zheng，et al.，2022)。

9.2.4　基于因果推断的用户行为计算实验

如前所述，TiDEC 架构给出了针对人类用户认知决策建模的一般计算流程，认知表达与 算法则需要结合领域知识。本小节无意于具体实现细节，而重在介绍计算实验的一般理论方法。从微观层面看，计算实验的基本目的是考察人类用户的思维习惯，按照其最可能的思维方式制定行为的引导策略，从而实现系统宏观层面的优化管控。因此，我们将针对个体思维的计算实验称为计算思维实验。在基于推理的决策中，人类个体通常会在大脑中将自身的认知知识进行“组装 ”，以检查特定动作(或动作序列)能否实现期望的目标状态。按照强化学习的思想，此过程可建模为一条决策链。如图 9.5 所示，每一对 $S(t)$和 $A(t)$代表事实状态和用户采取的动作，写成模糊规则为

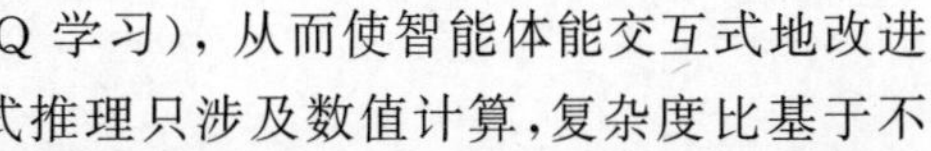

图 9.5　认知决策中的思维链

$$\text{IF}\quad S=S(t)\quad \text{'and'}\ A=A(t)\quad \text{THEN}\quad S=S(t+1) \tag{9.1}$$

或用逻辑的形式表示为

$$S(t)\wedge A(t)\Rightarrow S(t+1)$$

式(9.1)给出了一项因果关系,即 $S(t)$ 和 $A(t)$ 导致了 $S(t+1)$ 的出现。为推演人类个体的思维轨迹,我们提出基于因果推理的计算思维实验,这里选取问题求解的场景来说明此方法。问题求解是人类智力活动的代表性体现,反映了人的思维决策过程。特别是复杂问题求解,需要人类专家在头脑中反复思考尝试、想象模拟,才能最终得出解决方案。因此,问题求解是理想的计算思维实验场景之一。图 9.6 是来自于 Geometry3k 数据集的一道高中几何问题(Lu, Gong, Jiang, et al., 2021)。问题 p 通常被定义为元组(t,d,c),其中 t 是文本描述,d 是图表或图像,$c=\{c_1,c_2,c_3,c_4\}$是一组由多个候选项组成的最终决策空间。给定文本 t 和图表 d,我们需要建立一套演化推理的方法来模拟人的求解思维过程,从而得到正确答案 $c_i \in c$。我们使用逻辑谓词来表示实体、关系和运算函数。一个谓词作用于一组参数(如变量或常量)被称为文字(叶佩军,王飞跃, 2020)。而问题的特定状态则可由来自图片、文本等识别结果的一组文字描述。例如,图 9.6 中分别给出了来自文本和图片的逻辑谓词问题描述,其中 Triangle 定义了“三角形”的概念, 文字 Measureof 作用于概念 Angle ,代表对角的测量。

Problem Text	Diagram	Choices	Text Literals(Logic Forms)	Diagram Literals(Logic Forms)
In triangleMNP, ∠PMN=56°, ∠PNM=45°, QN is parallel to RS. Find ∠PRS.	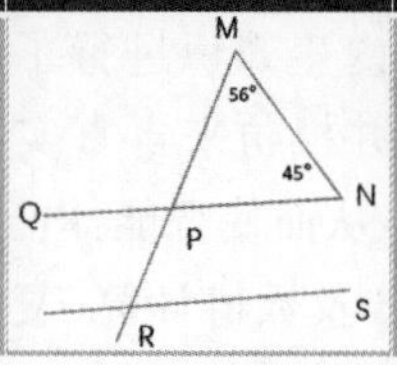	A. 56° B. 45° C. 79° D. 101° Answer:C	Triangle(M, N, P) Equals(MeasureOf(Angle(P, M, N)), 56) Equals(MeasureOf(Angle(P, N, M)), 45) Parallel(Line(Q,N),Line(R,S)) Find(MeasureOf(Angle(P,R,S)))	Triangle(M, N, P) Equals(MeasureOf(Angle(N, M, P)), 56) Equals(MeasureOf(Angle(Q, N, M)), 45) PointLiesOnLine(P, Line(Q, N)) PointLiesOnLine(P, Line(M, R)) Parallel(Line(Q,N),Line(R,S))

图 9.6 几何问题示例

给定一个由文字表示的几何问题,求解的目标是从一组公理和已证明的定理库中找到一个推理序列。该推理序列由问题的中间状态表示和选取的应用定理交替组成,称为一个解。每个定理相邻的两个状态分别代表应用该定理之前和之后的问题表示。在一步推理时,智能体将检查问题的当前状态与定理的假设条件是否匹配。若匹配成功,则定理适用,问题状态转换为应用定理之后的结论。此操作扩展了推理序列,如此迭代直至最终结果状态出现即完成了全部求解过程。当一个推理序列最终能够得到一个符合条件的答案时,它被称为可行解。例如,图 9.6 中问题的一个可行解是依次应用三角形内角和定理和平行线定理,将其按索引记为 Th1 和 Th10。导出的问题中间状态和最终结果分别为

EqualS(MeaSureof(Angle(M, P, N), 79)), EqualS(MeaSureof(Angle(P, R, S), 79))

简记为 PS1 和 PS2。因此,可行解序列为<PS0, Th1, PS1, Th10, PS2>,其中 PS0 是问题的初始状态表示。对于给定问题,可行解并不唯一。

基于因果推断的计算思维实验分为两个阶段:初始解生成和反事实进化推理(图 9.7)。在接收到问题的形式表示(来自文本和图片的文字)后,智能体将其编码到隐空间并发送到预先训练好的生成对抗网络中。生成式对抗网络将据此生成一组初始推理序列。然后,智能体将运用其自身的知识库对初始解进行干预操作(intervention),这一步称为反事实进化推理,即从已经发生的少量事实中通过个体知识的思维重组、类比想象等操作推演其他可能发生的情况。通过设置问题求解的评价标准,智能体选择其认为“合适”的解,给出最终答案。为验证解的正确性,我们设置了验证器以检查所选择的解序列是否可行。

初始解生成旨在获得与给定问题相关的部分推理序列,为后续的解搜索设置一个合适的起点。

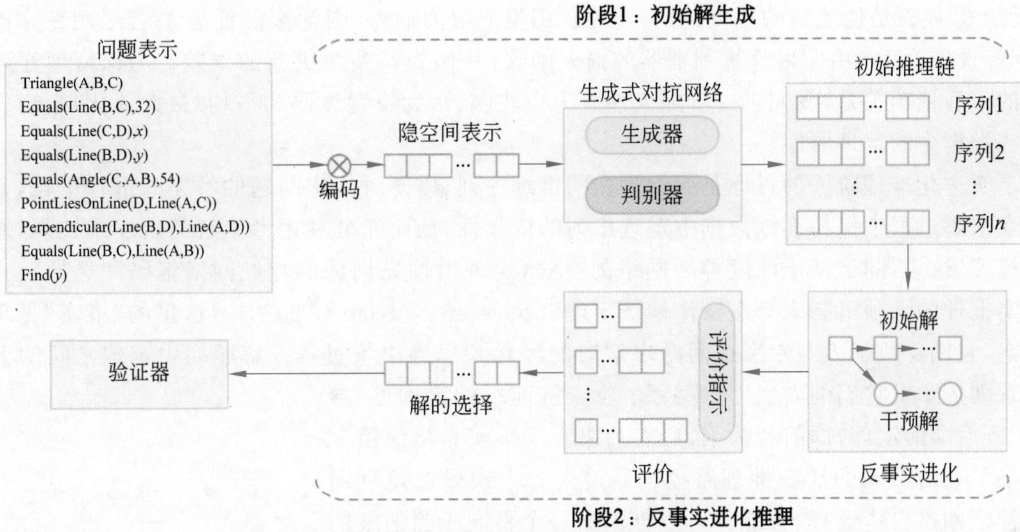

图 9.7 因果推理下的决策链演化

为模拟人类的初始思维过程，我们采用条件生成式对抗网络（conditional generative adversarial networks，cGAN）来完成这样的任务。对给定问题的形式化表示，首先编码训练数据集中出现频率最高的 k 个谓词，然后根据问题包含谓词的索引，将原问题表示嵌入低维隐空间中。该隐空间编码作为条件，与解序列一起构成生成器和判别器的输入（参见图 9.8）。在网络训练阶段，生成器接收隐空间问题表示与随机解序列为共同输入，经过多个卷积层和全连接层后，输出生成的解序列，其损失函数由判别器给出的伪标签计算，作为反向传播参数更新的误差源。判别器可接收两种输入，一种是隐空间问题表示与来自生成器的生成解（称为伪造解）；另一种是隐空间问题表示与来自人类专家的解（称为真实解）。经过一系列卷积和全连接层后，判别器输出一个介于 0 到 1 之间的值作为判别结果

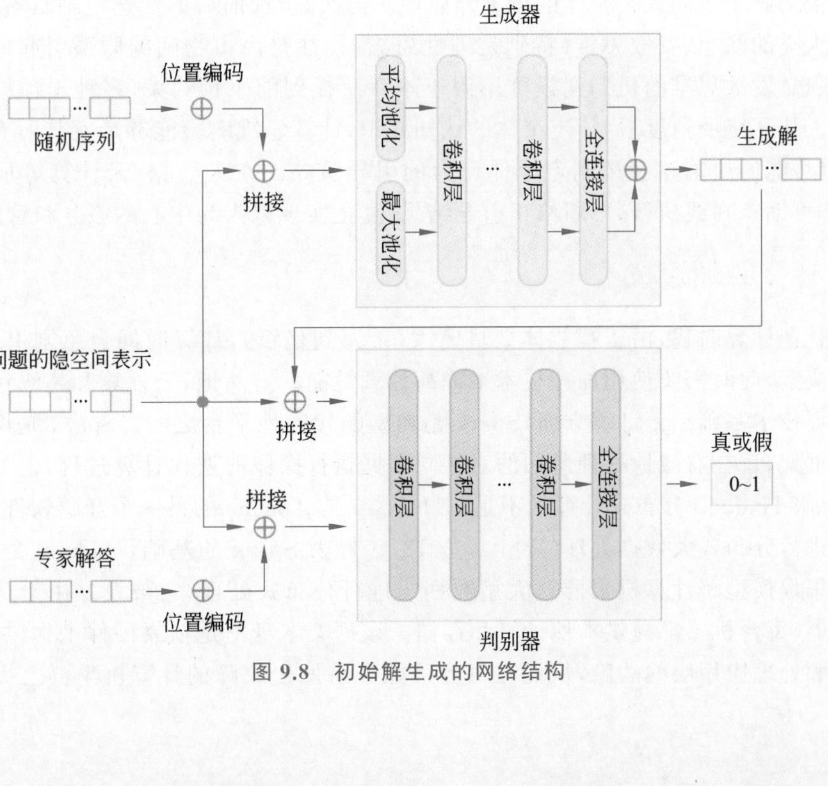

图 9.8 初始解生成的网络结构

(越接近于0,代表是伪造解的程度越高)。若采用生成解为输入,则标签设置为0;若采用专家解为输入,则标签设置为1。由此可计算判别器的损失函数,并作为其参数更新的误差。为保留解序列中定理之间的前后依赖关系,我们进一步加入注意力模块(表示为位置编码和平均/最大池化)来启发式地学习训练数据中的定理顺序。

反事实进化推理阶段的目标是探索潜在的推理序列,以便对给定问题的解序列进行优化,其基本思想是在求解过程中保持训练数据中定理序列的依赖性,从而充分利用专家解的启发式知识,避免盲目的随机搜索。不同于基于深度神经网络的方法(定理由预先训练的神经网络编码和选择),我们引入反事实推理的干预机制来直接操作候选定理(Looveren & Klaise, 2020)。这里的"事实"是现有的解决方案,它们反映了人类专家在问题求解时的经验和思维决策过程。解序列中定理之间的上下文依赖关系则揭示了它们的内生因果关系:位于链前端的定理可"导出"位于链后端的定理,即前者为因,后者为果。反事实是指保留了内生因果关系的不同的潜在推理路径。通过人为干预候选定理而不是让神经网络自主选择,智能体可以推断出一个不同于当前解的可能推理链。此机制模拟了人类在大脑中不断尝试推理以接近最终解的思维过程。而这种知识重组则来源于自身对已有知识的因果关系认知。干预过程如图9.9所示,给定推理链,选取为干预点,然后将其替换为另一个可能的定理来考察不同的解。定理与在训练数据集中有共同的父节点定理,从而确保干预操作符合因果关系。一旦所考察的推理链能够得到最终结果,则意味着待求问题获得了一个可行解,求解结束。

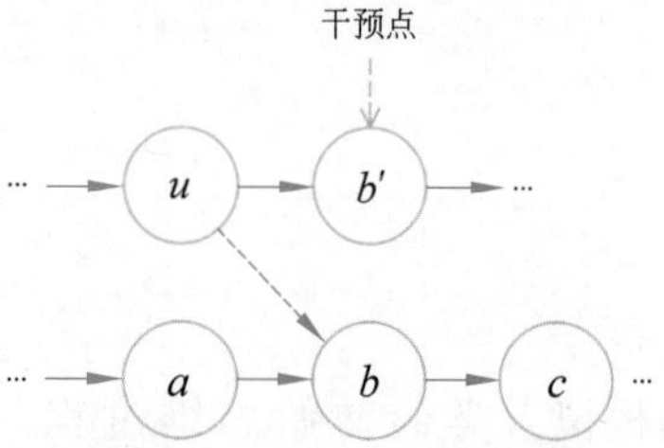

图9.9 反事实干预过程

关于上述基于因果推断的计算思维实验,下面做几点总结。首先,GAN的训练采用了专家解作为学习数据,这符合人类的学习模式,即通常是针对已有知识提取内在联系的过程。前文的因果依赖关系即为其内在联系的表现形式。其次,GAN所生成的初始解并不完全相同,而是保留了差异性,这也在一定程度上刻画了不同人类个体的思维异质性。再次,干预前后的候选定理具有共同的父节点,此约束模拟了人类的联想、发散思维(特别是理性思维)往往是由事物间的联系引起的。需要指出的是,对于复杂联想、发散思维的机制建模并不限于本章所提到的干预约束,多种干预模型都可引入计算思维实验中。从系统的角度看,给定个体的认知知识,计算思维实验能够考察其所有可能的思维轨迹,进而选取最可能的决策路径来制定个体行为的引导策略。在大数据、云计算等加速技术的支持下,此实验过程可动态在线执行,不断修正引导结果,真正实现以人为中心的服务和管理。

9.2.5 社会计算的加速技术

在大规模社会计算时代,由于智能体数目庞大(千万到亿级),计算时间会急剧上升,甚至无法有效支撑近实时决策,此时需要使用加速技术来提高计算性能。自然地,云计算和超级计算成为了支撑此类场景的重要技术基础。云计算方面,Spark是典型的代表性平台之一。Spark是用于高性能云计算的最先进的框架,旨在有效地处理递归的对相同数据执行操作的迭代计算过程,例如监督机器学习算法,它能够克服Hadoop分布式计算的不足。Hadoop是Apache的另一个开源软件平台,用于在商业集群架构上进行分布式大数据处理(White, 2012)。作为Spark的基础,Hadoop是一个框架,它允许使用简单的编程模型跨计算机集群对大型数据集进行分布式处理,它被设计用于从单个服务器扩展到数千台机器,每台机器都提供本地计算和存储。该框架本身不是依靠硬件来提供高可用性,而是设计用于检测和处理应用层的故障,从而在每台可能容易发生故障的计算机集群上提供高可用性的服务。与传统的大数据处理解决方案不同，Hadoop 的基本思想是构建一个集群，可以使用便宜且容易获得的机器与服务器竞争，这样的成本优势和系统部署的便捷性使得其应用场景更加广泛，特别是对于预算有限的中小型企业。

超级计算是不同于云计算的另一种加速技术，其程序设计遵从 message passing interface(MPI)接口。MPI 的目标是高性能、可伸缩性和可移植性，它是目前超级计算中使用的主要模型，也是一种流行的通信标准，提供了在分布式内存系统上运行的异构程序之间的可移植性。然而，该协议目前不支持容错，因为它主要解决高性能而不是数据管理的问题。MPI 的另一个缺点是不适合小粒度的并行性，例如利用多核平台的并行性进行共享内存处理。相比之下，OpenMP 是一个应用程序编程接口(API)，它支持大多数处理器体系结构和操作系统上的多平台共享内存并发编程，已成为共享内存并行计算的标准。关于云计算和超级计算的加速方案，读者可参阅我们的最新研究(Ye & Wang，2023)。

9.3 社会计算的应用案例

9.3.1 以人为中心的城市交通出行诱导

城市交通是典型的信息物理社会系统，既涉及出行者、管理者、运营者等人的因素，又包含车辆、道路标志、站台等。更广义上讲，城市综合交通(特别是枢纽城市)包括道路交通、轨道交通、水上交通、空中交通、静态交通等。而交通设备(物理系统)的智能化、自主化与人类用户(社会系统)的网联化无疑加速、加深了各要素间的耦合，大幅提升了其管理和控制的难度。此处的“管理”是对于人类用户而言，而“控制”则面向设备和物理系统。城市交通管控的基本目标之一就是以人类用户为中心，尽可能满足出行者个性化、多样化的出行需求。因此，如何建模、计算、引导用户的出行需求成为实现该目标的必然要求。而社会计算提供了快速分析人类用户需求的有效、甚至是唯一手段。

我们选取青岛市作为应用案例来简要说明前文提出的人口建模和计算思维实验。虚拟人口合成选取第六次人口普查数据、第三次经济普查数据、教育统计普查、地理信息数据等，采用张量分解的方法合成虚拟人口，得到的人口数据库如表 9.1 所示，包含个体数据库、家庭数据库、企业数据库和地理实体数据库，每一行代表一个个体(家庭、企业、地理实体)。个体数据库处于核心位置，除指定每个人口个体的基本属性外，还通过编号与其他数据库中的家庭、企业和地理实体关联。家庭、企业等信息由相应的数据记录指定。例如，位于第一行的个体是一名居住在北京市朝阳区的 66 岁男性，他隶属于 ID 为 1100320322 的家庭，该家庭位于编号为 1100325244 的地理实体中，有 2 名成员，分别是编号为 1100000067 和 1100000082 的个体。对应的地理实体记录可在地理实体数据库中找到，并制定了该实体的基本属性(如类型、所在区县、经纬度坐标等)。为刻画虚拟人口的动态演化特性，数据表中还加入了时间戳来表征特定时间点上的个体状态。

表 9.1 虚拟人口数据库示例

合成个体								
时间	个体编号	性别	居住地	年龄	家庭编号	企业编号	学校编号	医院编号
2019-02-27 00:00:00	1100000067	男	朝阳	66	1100320322	−1	−1	1100320104
2019-02-27 00:00:00	1100000082	女	朝阳	58	1100320322	7	−1	−1

续表

合成家庭

时间	家庭编号	居住地	地理实体编号	家庭类型	成员数	户主编号	成员编号	
2019-02-27 00:00:00	1100320322	朝阳	1100325244	家庭户	2	1100000082	1100000067，1100000082	

合成企业

时间	企业编号	地理实体编号	企业类型	雇员数	企业代表编号	雇员编号		
2019-02-27 00:00:00	1100000007	1100371438	法人单位	≤50	1100000368	1100000062，…		

GIS Entity

时间	地理实体编号	所在地	地理实体类型	场所类型	容纳人数	经度	纬度	
2019-02-27 00:00:00	1100325244	朝阳	活动场所	家庭	≤1000	116.449458	39.945732	

虚拟人物合成以后，需要给每个智能体添加出行行为模型，从而驱动人工系统随时间向前演化。在前文提到的认知计算框架下，综合活动链出行模型和离散选择模型来建模智能体的出行行为。图 9.10 给出了智能体一天的活动链示例，其出行需求是由完成预设活动时导致的场所切换所产生的。活动链通常采用交通抽样调查，总结归纳研究区域内样本个体的日常出行计划而得到。进一步，活动被分为强制性活动（如上班、上学）和非强制性活动（如外出约会、购物），并将其在时间和空间上的限制作为约束条件引入智能体的出行选择（Pendyala，2003）。也有学者从活动的角度出发，按照社交活动的属性来指派参与智能体，从而“吸引”智能体完成出行（Bhat，et al.，2013）。基本活动链建立以后，智能体的每一次活动场所切换都将产生一次出行。离散选择模型用来建模每一次出行的目的地、出发时刻、出行方式（自驾、公交、步行等）、出行路径等具体行为选择，其基本思路是根据智能体自身的信念状态，估计候选项（如不同路径）的偏好程度来优化选择最终的动作（Train，2009）。以活动场所（出行目的地）选择为例，智能体通常考虑经济、社会条件、交通便利程度等，具体的决策因素包括：场所对于活动的吸引力（由在场所内进行活动的日平均人数来表示）；场所周围的交通便利程度（由场所周围 500 米内有停靠站点的公交线路数来表示）；自身对场所的熟悉程度（由场所到当前所在地的距离和历史到访次数共同决定）；线上和线下社交网络中对该场所的推荐程度（由网络中其他用户的评价决定）。上述因素共同构成智能体推理规则的条件部分，最终选择的活动场所则构成结论部分。需要指出的是，智能体根据这些因素选择活动地点的过程并不是确定的。一方面，个体的信息来源、获取的信息量有差异；另一方面，即使对相同的信息，由于经验知识、智力水平、个人喜好等因素影响，个体对于信息的感受也有差异。除活动场所选择外，智能体的每一次出行还将完成出发时刻选择、出行方式选择、出行路径选择等，最终生成并执行完整的出行方案。由于篇幅所限，更细致的出行方案生成可参阅文献 Zhu，et al.(2016)。在智能体出行行为模型的驱动下，人工系统可实现沿时间维度的向前演化，将智能体的决策过程建模为推理链，引入基于因果推断的计算思维实验，人工系统将搜索推演可能的出行行为，再根据实际交通系统中的监测数据标定推理链参数，选取最可能的行为模式，从而为管理控制策略的测试提供可信、可靠的交通流。模型标定的相关工作请参阅文献（Ye，Chen，Zhu，et al.，2022；Ye，Zhu，Lv，et al.，2022）。

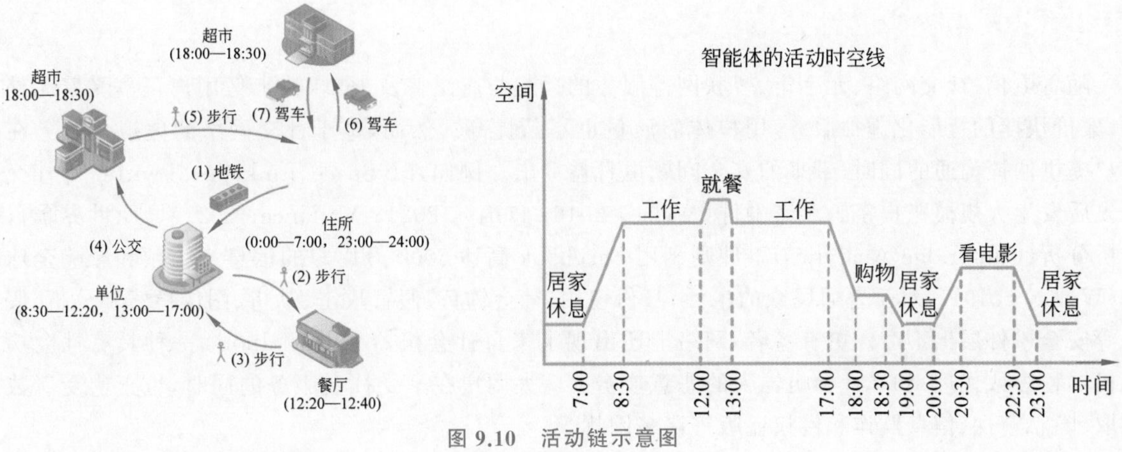

图 9.10　活动链示意图

平行交通出行诱导系统于 2014 年起服务于青岛市的交通管控。投入应用以来,全市交通状况明显改善。主干道通行时间平均缩短 20%,停车次数减少 45%,重点道路通过实施交通组织优化方案,拥堵里程缩短约 30%,通行时间缩短 25%,通行效率提高 43.39%。图 9.11 中显示的是以山东路和东海路交叉口为例,优化方案实施前(5 月 11—13 日)与实施后(5 月 18—20 日)的排队长度对比图。

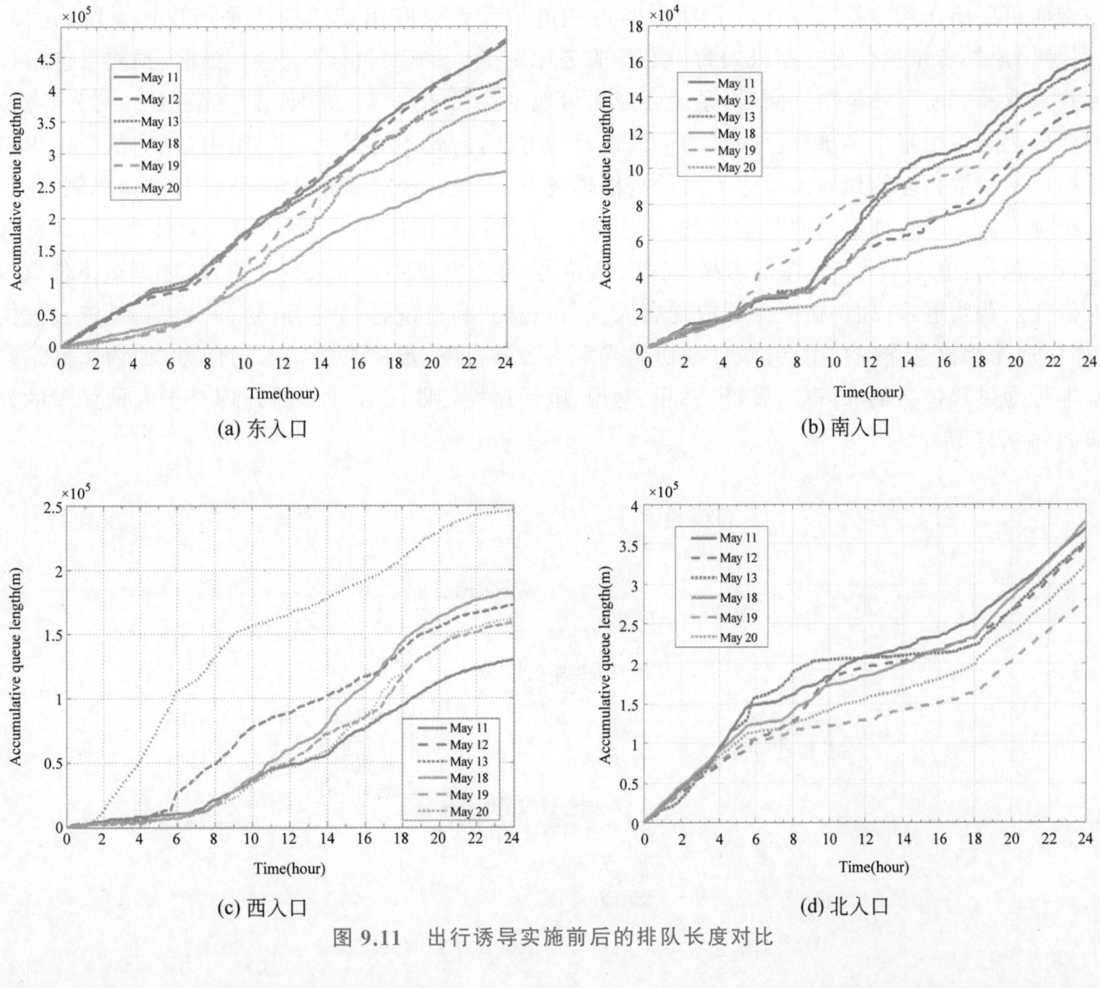

(a) 东入口

(b) 南入口

(c) 西入口

(d) 北入口

图 9.11　出行诱导实施前后的排队长度对比

9.3.2 以人为中心的社会情境安全

随着电信、社交网络、元宇宙、智联网等服务的兴起与广泛普及，全球数十亿用户正享受着无处不在、廉价快捷的智能化虚拟服务，用户体验质量也不断提高。然而，基于社交网络的虚拟化服务在为用户提供便捷沟通的同时，带来的安全问题也日益突出。例如，MySpace、Linkedin、Twitter 等社交平台先后发生大规模账户密码泄露事件（Weise，2016；Duffy，2021；Vallance，2022）。而世界瞩目的剑桥分析（Cambridge Analytics）事件则利用 Facebook 高达 5000 万用户的信息来干预和影响全球政治（Wylie，2019）。对于普通民众的生活，身份盗用、社会钓鱼、假冒攻击、劫持、图像检索和分析、假请求等安全事件层出不穷。更有甚者，网络上还出现了来自社会机器人（socialbots，一种具有社会功能的机器程序或代理）和半社会机器人的恶意攻击。广大用户在享受社会服务的同时，也正遭受着数据窃取、隐私窥探、信息欺诈和侵权盗版等诸多困扰。

在诸多网络安全事件中，电信诈骗是一类特殊而敏感的场景。一方面，社交平台拥有大量的用户行为数据（如评论、转发、点赞等）以支持不安全行为的检索与分析，但在严格隐私保护的限制下，电信诈骗行为的分析通常无法取得用户通话和短信的实质内容，只能依赖于用户账户的基本信息（如开户时间、通话频次等），这给反诈骗带来了更大的挑战；另一方面，电信服务属于国计民生领域的基础服务，其运行质量和使用满意度直接影响着各级政府部门的社会综合管理能力。因此，电信反诈骗是一项困难而重要的任务。我们以江苏和四川两地的电信反诈为应用场景构建平行反诈系统，建模、分析、引导用户的防诈骗行为。在以人为中心的服务原则下，系统的目标是识别、推演、预测可能的诈骗行为并采取及时的引导策略。同时，系统还应尽可能少地影响用户正常使用电信服务。首先，虚拟人物的合成仍然采用基于多重社会关系的一致性合成方法，此处不再赘述。应用中，我们从全国虚拟人口数据库中抽取相应的属地人口作为初始智能体集合。其次，通过调研少部分典型诈骗案例，我们抽取了嫌疑人和政府管理部门的基本工作流程，建立了智能体的决策-行为规则。具体而言，嫌疑人的诈骗行为包括：仿冒身份（如冒充亲友、秘书、领导、公检法等政府人员）、约会交友（如编造事件取得受害人信任）、购物退款（如伪造网站截取受害人银行信息）、利益诱惑（如邀请受害人共同投资）、虚构险情（如伪造车祸信息诈骗）、生活消费（如协助受害人改签机票、预订酒店）、木马信息（如钓鱼网站）等，其基本行为过程包括骗取信任、震慑、恐吓、劝说、电话遥控转账。管理部门处理对于电信诈骗的处理步骤如图 9.12 所示。

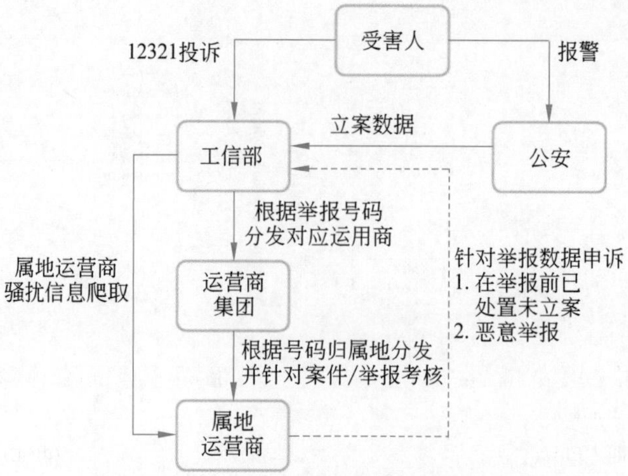

图 9.12 管理部门处理对于电信诈骗的处理步骤

在平行反诈系统构建完成后，我们对典型诈骗行为进行动态推演。图 9.13 给出了推演的集总统计结果。其中，蓝色折线代表嫌疑人的平均数量，离散数据点代表相应的实际采集数据。由图中结果可见，嫌疑人数量随迭代次数的增加而增加。100 次实验的平均线可以很好地拟合可用的通信数据。偏差百分比从开始的 2.88%增长到最后的 10.49%，这表明我们的模型在不同的计算实验中都是稳定的。真实嫌疑人数量和推演数量之间的误差最初很小，并保持缓慢而稳定的增长，这可能是由于智能体模型的随机性造成的。由于每一轮迭代都会带来一定的随机误差，因此累积误差会不断增加。在每一轮推演中，预训练的多智能体决策模型通过交互作用，不断推动系统各状态向前发展。因此，所有用户群体的状态都可以用表 9.1 所示的数据表或张量序列（按时间线排列）描述。我们抽取了几个特定推演步骤的嫌疑人状态记录表，按号码城市分类并绘制于图中。实验结果显示，按属性组合统计的嫌疑人数量符合实际趋势，从而为定量分析、引导反诈行为提供了可信和可靠的计算依据。

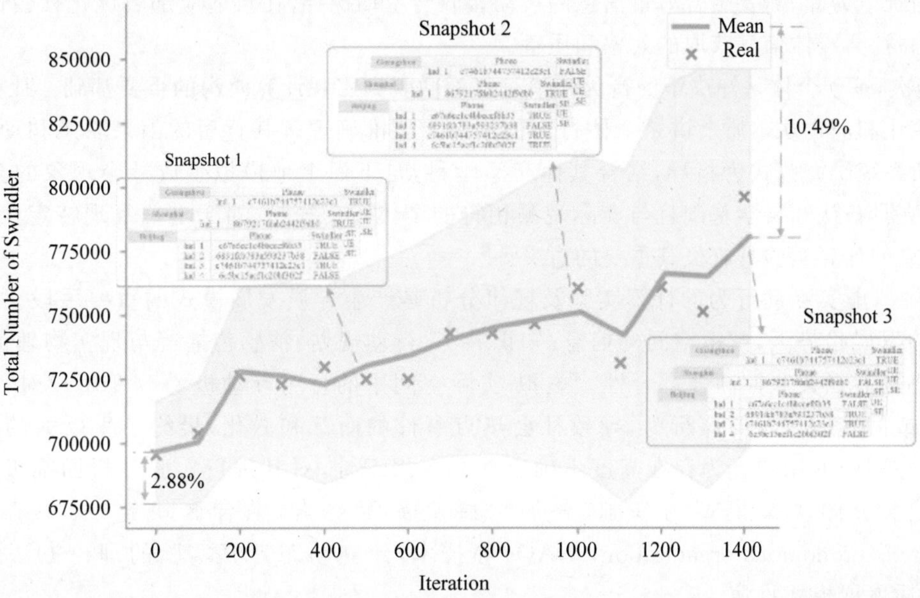

图 9.13 推演的集总统计结果

9.4 总结与展望

在信息化、网络化、智能化不断普及的时代，人类社会、智能系统、虚拟空间越来越呈现出紧密耦合、融合发展的态势。通过虚拟空间，人类群体内部的社会过程急速加快，人与机器之间的动态互动愈发复杂。面对此类 CPSS，以人为中心的服务需要更多地考虑人、分析人、引导人，从而为高时变、大规模的人在回路系统管控提供实验与优化的基础。社会计算正是实现这一目标的可行、有效甚至是唯一手段。本章主要针对人类用户的建模分析，从虚拟人物合成、个体认知决策建模、计算思维实验等方面来阐述如何在复杂的 CPSS 管控中准确把握人的需求和行为。除详细论述代表性技术方法外，本章还给出两个典型应用案例，这些均为作者所在科研团队近二十年工作的部分总结。然而，作为社会科学、信息科学和管理科学的交叉领域，社会计算（特别是以人为中心的社会计算）仍然处于发展初期，亟须丰富和发展其核心理论方法和技术体系，并通过在特定领域中的应用和拓展，对社会经济系统安全、工业生产安全、社会治理和应急、国防情报安全等方面形成卓有成效的指导。在新兴技术不断涌现的今天，面向人类用户的社会计算还应该积极借鉴人工智能、心理学、认知科学、大数据、区块链等交叉学科的前沿成果，不断丰富和完善自身的基础理论、计算方法、实验平台和实际应用。

从社会计算的发展趋势看，虚拟和实际空间的深度融合，叠加网络信息的快速扩散将越来越深刻地影响人类社会的运行。而对于社会过程、重大事件形成的个体微观基础，组织、社会层面的宏观演化规律，用户行为的精准有效引导等仍然不甚清楚。因此，面向人类用户的计算分析尚存在以下亟待研究的课题。

(1) 首先，海量社会媒体信息的精准实时感知是人在回路社会计算的重要输入。由于社会媒体数据同时兼具多源/多模态性、异构性、混杂性、个体倾向性等特点，精准获取数据中的有效信息难度较大。社会事件通常还具有瞬时爆发、快速传播、大范围扩散和海量数据积聚等特点，给实时感知带来了更大的困难。为此，需要结合海量信息的被动接收与主动探寻，在自适应部署优化社会传感网络的基础上，提高社会媒体信息获取的效率和质量。

(2) 其次，基于个体认知决策的行为建模是打通微观到宏观计算鸿沟的重要基础。社会现象的产生、发展、演化和消亡从本质上讲是个体行为的集总。要准确理解其背后的因果联系和动力学特性，必须以复杂系统研究范式为指导，结合其他交叉学科，自下而上地模拟生成社会现象的全过程。因此，如何建立具备认知科学基础且与实际观测相符的个体行为模型，对于准确复现特定社会事件，开展可信、可靠的计算实验具有极其重要的意义。

(3) 再次，虚实互动行为的计算实验及规律分析是产生异质发展模式的重要手段。在元宇宙、增强现实的发展趋势下，虚拟空间的信息/知识共享、行动规划、情感传播等与现实物理世界的用户行为之间将具有强关联性和强耦合性。虚拟-实际空间中的行为互动极易改变用户对社会态势的认知，直接或间接地诱发群体行为，导致社会热点事件的萌芽和激化，最终产生巨大的社会影响。然而，虚实空间中的用户行为存在高度不确定性和自组织性，对其进行实验分析面临极大的挑战。为此，必须以个体决策模型为基础，叠加情感交流等要素，融合区块链、去中心化自组织(decentralized autonomous organization，DAO)等技术，建立动态计算实验的理论方法体系，完成CPSS的异质发展模式推演。

(4) 最后，社会计算的伦理问题应该得到关注。正如前文所述，社会计算广泛利用了人工智能的前沿技术，因此我们应该把伦理问题放在突出位置，尤其是以人为中心的社会计算。如何考虑个人的数据隐私、信息保护等，从而在系统开发、维护、使用等全流程环节规范社会计算的服务，也是亟待研究的课题。

今天，人与人、人与社会、人与机器的交互方式、角色分工都发生着深刻变革。这一变革强烈地冲击着每个个人、家庭、组织的生产生活。在交叉研究的推动下，社会计算这门“年轻”的学科必将为虚实一体的新型社会形态提供智能化决策服务的理论方法与技术支撑。

参考文献

王飞跃，& 张俊 (2017). 智联网：概念、问题和平台. 自动化学报，43(12)，2061-2070.

Wang，F.-Y.，Yuan，Y.，Zhang，J.，Qin，R.，& Smith，M. H. (2018). Blockchainized Internet of Minds：A New Opportunity for Cyber-Physical-Social Systems. IEEE Transactions on Computational Social Systems，5(4)，897-906.

US NSF (2022). Cyber-Physical Systems (CPS), NSF 08-611. https://www.nsf.gov/pubs/2008/nsf08611/nsf08611.htm.

Wang, F.-Y. (2010). The Emergence of Intelligent Enterprises: From CPS to CPSS. IEEE Intelligent Systems, 25(4), 85-88.

王飞跃，李晓晨，毛文吉，& 王涛 (2013). 社会计算的基本方法与应用. 浙江：浙江大学出版社.

王飞跃 (2004). 平行系统方法与复杂系统的管理和控制. 控制与决策，19(5)：485-489.

Wang, F.-Y., Miao, Q., Li, X., Wang, X., & Lin, Y. (2023). What does ChatGPT say: The DAO from algorithmicintelligence to linguistic intelligence. IEEE/CAA Journal of Automatica Sinica, 10(3), 575-579.

Ye, P., Wang, X., Chen, C., Lin, Y., & Wang, F.-Y. (2016). Hybrid Agent Modeling in Population Simulation: Current Approaches and Future Directions. The Journal of Artificial Societies and Social Simulation, 19(1), 12.

Ye, P., Tian, B., Lv, Y., Li, Q., & Wang, F.-Y. (2022). On Iterative Proportional Updating: Limitations and Improvements for General Population Synthesis. IEEE Transactions on Cybernetics, 52(3), 1726-1735.

Ye, P., Zhu, F., Sabri, S., & Wang, F.-Y. (2020). Consistent Population Synthesis with Multi-Social Relationships Based on Tensor Decomposition. IEEE Transactions on Intelligent Transportation Systems, 21(5), 2180-2189.

Rabanser, S., Shchur, O., & Gunnemann, S. (2017). Introduction to Tensor Decompositions and their Applications in Machine Learning. Eprint arXiv: 1711.10781. https://arxiv.org/pdf/1711.10781.pdf

Raberto, M. & Cincotti S. (2005). Modeling and Simulation of a Double Auction Artificial Financial Market. Physica A: Statistical Mechanics and its applications, 355, 34-45.

Gode, D. K., & Sunder, S. (1993). Allocative Efficiency of Markets with Zero-Intelligence Traders: Market as a PartialSubstitute for Individual Rationality. Journal of political economy, 101, 119-137.

McFadden, D. (1974). Conditional Logit Analysis of Qualitative Choice Behavior. Frontiers in Econometrics, New York: Academic Press, 105-142.

Chen, S., Liu, Z., & Shen, D. (2015). Modeling Social Influence on Activity-Travel Behaviors Using Artificial Transportation Systems. IEEE Transactions on Intelligent Transportation Systems, 16(3), 1576-1581.

Zhu, F., Li, Z., Chen, S., & Xiong, G. (2016). Parallel Transportation Management and Control System and Its Applications in Building Smart Cities. IEEE Transactions on Intelligent Transportation Systems, 17(6), 1576-1585.

Sandor, Z., & Wedel, M. (2005). Heterogeneous Conjoint Choice Designs. Journal of Marketing Research, 42(2), 210-218.

Schmotzer, M. (2000). Reactive Agents Based Autonomous Transport System. In: Sincak, P., Vascak, J., Kvasnicka, V., et al. (eds), The State of the Art in Computational Intelligence-Advances in Soft Computing, Physica, Heidelberg, 5, 390-391.

Rabuzin, K. (2013). Agent By Example—A Novel Approach to Implement Reactive Agents in Active Databases. International Journal of Advancements in Computing Technology, 5(10), 227.

Laird, J. E. (2012). The SOAR Cognitive Architecture. Cambridge, MA, USA: MIT Press.

Hyso, A., & Cico, B. (2011). Neural Networks as Improving Tools for Agent Behavior. IJCSI International Journal of Computer Science Issues, 8(3), 2.

Silver, D., Huang, A., & Maddison, C. (2016). Mastering the Game of Go with Deep Neural Networks And Tree Search. Nature, 529, 484-489.

Silver, D., Schrittwieser, J., Simonyan, K., et al. (2017). Mastering the game of Go without human knowledge. Nature, 550, 354-359.

Marr, D. (1982). Vision: A Computational Investigation into the Human Representation and Processing of Visual Information. San Francisco: W. H. Freeman and Company.

Anderson, J. R., Bothell, D., Byrne, M. D., & Lebiere, C. (2004). An Integrated Theory of the Mind. Psychological Review, 111(4), 1036-1060.

Wang, P. (2013). Natural Language Processing by Reasoning and Learning. In Proceedings of the International Conference on Artificial General Intelligence, 160-169.

Maffei, G., Santos-Pata, D., Marcos, E., Sanchez-Fibla, M., & Verschure, P. F. M. J. (2015). An Embodied Biologically Constrained Model of Foraging: From Classical and Operant Conditioning to Adaptive Real-World Behavior in DAC-X. Neural Networks, 72, 88-108.

Edelman, G. M. (2007). Learning In and From Brain-Based Devices. Science, 318(5853), 1103-1105.

Hawkins, J., & Ahmad, S. (2016). Why Neurons Have Thousands of Synapses, a Theory of Sequence Memory in Neocortex. Frontiers in Neural Circuits, 10(177), 23.

O'Reilly, R. C., Wyatte, D., Herd, S., Mingus, B., & Jilk, J. D. (2013). Recurrent Processing during Object Recognition. Frontiers in Psychology, 4, 124.

Sun, R., & Helie, S. (2013). Psychologically Realistic Cognitive Agents: Taking Human Cognition Seriously. Journal of Experimental & Theoretical Artificial Intelligence, 25(1), 65-92.

Herd, S., Szabados, A., Vinokurov, Y., Lebiere,C., Cline, A., & O'Reilly, R. C. (2014). Integrating Theories of Motor Sequencing in the SAL Hybrid Architecture. Biologically Inspired Cognitive Architectures, 8, 98-106.

Ye, P., Wang, X., Xiong, G., Chen, S., & Wang, F.-Y. (2021). TiDEC: A Two-Layered Integrated Decision Cycle for Population Evolution. IEEE Transactions on Cybernetics, 51(12), 5897-5906.

Kahneman, D. (2011). Thinking, Fast and Slow. Farrar, Straus and Giroux.

Ye, P., Wang, X., Zheng, W., Wei, Q., & Wang, F.-Y. (2022). Parallel Cognition: Hybrid Intelligence for Human-Machine Interaction and Management. Frontiers of Information Technology & Electronic Engineering, 23(12), 1765-1779.

Lu, P., Gong, R., Jiang, S., Qiu, L., Huang, S., Liang, X., & Zhu, S.-C. (2021). Inter-GPS: Interpretable Geometry Problem Solving with Formal Language and Symbolic Reasoning. The 59th Annual Meeting of the Association for Computational Linguistics, Bangkok, Thailand, Aug. 1-6.

叶佩军，王飞跃 (2020).《人工智能—原理与技术》，清华大学出版社，北京.

Looveren, V. A., & Klaise, J. (2020). Interpretable Counterfactual Explanations Guided by Prototypes. 2020. https://arxiv.org/abs/1907.02584.

White, T. (2012). Hadoop: The definitive guide. O'Reilly Media, Inc..

Ye, P., & Wang, F.-Y. (2023). ParallelPopulation and Parallel Human. Wiley Press.

Pendyala, R. (2003). Time Use and Travel Behavior in Space and Time. In Transportation Systems Planning: Methods and Applications, (Goulias, K.G., Ed.), Boca Raton, FL: CRC Press, 2-1 to 2-37.

Bhat, C. R.,Goulias, K. G., Pendyala, R. M., Paleti, R., Sidharthan, R., Schmitt, L., & Hu, H. (2013). A Household-Level Activity Pattern Generation Model with an Application for Southern California. Transportation, 40(5), 1063-1086.

Train, K. E. (2009). Discrete Choice Methods with Simulation. Cambridge University Press.

Ye, P., Chen, Y., Zhu, F., Lv, Y., Lu,W., & Wang, F.-Y. (2022). Bridging the Micro and Macro: Calibration of Agent-Based Model Using Mean Field Dynamics. IEEE Transactions on Cybernetics, 52(11), 11397-11406.

Ye, P., Zhu, F., Lv, Y., Wang, X., & Chen, Y. (2022). Efficient Calibration of Agent-Based Traffic Simulation Using Variational Auto-Encoder. 2022 IEEE 25th International Conference on Intelligent Transportation Systems (ITSC),Macao, China, Oct. 08-12.

Weise, E. (2016). 360 million Myspace accounts breached. USA today, May 31. https://www.usatoday.com/story/tech/2016/05/31/360-million-myspace-accounts-breached/85183200/

Duffy, C. (2021). 500 million LinkedIn users' data is for sale on a hacker site. CNN Business, Apr. 8. https://www.cnn.com/2021/04/08/tech/linkedin-data-scraped-hacker-site/index.html

Vallance, C. (2022). Twitter: Millions of users' email addresses 'stolen' in data hack. BBC News, Jan. 5. https://www.bbc.com/news/technology-64153381

Wylie，C.（2019）. Mindf＊ck：Cambridge Analytica and the Plot to Break. Random House，New York，NY，USA.

作者简介

叶佩军　博士，副研究员，中国科学院自动化研究所，复杂系统管理与控制国家重点实验室。研究方向：平行智能，认知计算，复杂系统建模与控制，社会计算。E-mail：peijun.ye@ia.ac.cn。

王飞跃　博士，研究员，中国科学院自动化研究所，复杂系统管理与控制国家重点实验室主任。研究方向：平行智能，社会计算，复杂系统建模、分析与控制，知识自动化。E-mail：feiyue.wang@ia.ac.cn。

第10章

人智交互的工程心理学问题及其方法论

▷ 本章导读

在智能时代，工程心理学能够有效帮助理解和预测人与智能交互的过程，并解决人智交互中出现的各种问题。我们提出，智能时代的工程心理学要处理人与智能交互的四种基本关系：(1)智能作为隐藏在幕后的服务提供者；(2)人在明确智能体身份的情况下与其进行低卷入的互动；(3)人与智能体组队；(4)人受到智能体管理。而每种关系下都或多或少地涉及四类基本科学问题：智能如何优化人机交互中的过程，人对智能体的物理感知，人对智能体的理解，人与智能体的情感互动。我们认为，必须有效结合经典的工程心理学方法、新涌现的技术途径和设计思想，才能够在智能时代引领行业发展。

10.1 引言

随着信息化、网络化、智能化技术的高速发展，人们正步入被誉为“智能时代”的纪元。这是一个标志着大数据、人工智能、云计算和物联网等技术深度融合和广泛应用的时代，它们正在以令人惊讶的速度重塑人们的社会结构、经济体系和科技进步。各行各业都在经历着这种转型，开拓出前所未有的可能性。

在人机交互领域，这些技术带来了革命性的变革。智能技术的自我学习、适应和预测能力不仅提高了任务完成效率，而且能够提供更为个性化和精细化的服务体验。例如，多款流行应用通过分析用户数据，为他们推荐其可能感兴趣的内容，大大提高了用户满意度。

但是，这也带来了一系列的挑战。人们可能对智能技术产生过度依赖，忽视了技术的局限性。同时，算法公平性的争议、技术透明性的缺失和隐私泄露的风险也为社会带来了不小的压力。为了确保智能时代的技术更好地为人类服务，人们亟须深入研究和解决这些问题，确保技术的可持续、公平和安全发展。工程心理学是一门跨学科的科学，关注的是人与各种系统，尤其是技术和工作环境之间的交互，它结合了认知科学、心理学、人因工程和系统工程的原理，以优化人的效率、安全和满意度为目标。简而言之，工程心理学研究如何根据人的能力和局限性来设计和改进与之交互的系统。工程心理学以人为中心，研究人与复杂系统的交互过程，旨在优化人机系统的设计，提高系统的效率和安全性(Wickens et al., 2015)。在智能时代，工程心理学可以帮助人们理解和预测人与智能技术的交互过程，解决交互中出现的各种问题(许为 & 葛列众，2020)。例如，通过研究人的认知、情感和行为特

本章作者：张警吁，张亮，孙向红。

征，工程心理学可以帮助人们设计更符合人的需求和习惯的智能技术（Norman，2013）。此外，工程心理学还可以帮助人们评估智能技术的使用效果，提出改进方案，以优化人机交互的体验（Salvendy，2012）。

本章将从智能时代的工程心理学研究的对象，经典工程心理学方法在智能时代的新应用，以及新涌现的研究和设计思路这三个角度来对可能的工作进行梳理。

10.2　智能时代的工程心理学研究对象

智能时代来临后，工程心理学研究的对象已经从人与机器的交互转变为人与智能体的交互。这种转变引出了新的研究问题和方法，需要人们进行全新的理解和描述。本节提出一种分类框架来描绘这种转变中的关键问题。

这个框架包括四种基本关系和四类科学问题（见表10.1）。四种基本关系包括：(1)智能作为隐藏在幕后的服务提供者；(2)人在明确智能体身份的情况下与其进行低卷入的互动；(3)人与智能体组队；(4)人受到智能体管理。四类科学问题则包括：智能如何优化人机交互中的内容提供和感知-决策-行动过程，人对智能体的物理感知，人对智能体的理解，人与智能体的情感互动。在每种关系中，这些科学问题都或多或少地存在，它们都在智能时代的工程心理学中占据重要的地位，将为人们理解和研究人与智能体的交互提供新的视角和方法。以下内容将针对每种关系和科学问题进行详细的探讨，以描绘出工程心理学在智能时代中的全新面貌。

表10.1　人与智能交互的四种关系及相关研究问题

关系类型	是否知晓智能体身份	互动程度	智能如何优化人机交互中的内容	人对智能体的物理感知	人对智能体意图和原因的理解	人与智能体的情感互动	重要心理学问题
智能作为隐藏在幕后的服务提供者	不一定	浅	+++	○	○	○	需求分析，决策辅助，感知-行动增强
人在明确智能体身份的情况下与其进行低卷入的互动	知道	较浅	+++	+++	+	+	安全感，AI的意图表达，AI的行为规范
人与智能体组队	知道	深	+++	++	+++	++	可理解性，信任，功能分配，情感依赖
人受到智能体管理	需要知道	不一定	+++	+	+++	+++	公平，伦理，责任

注：○表示不重要，+表示较重要，++表示重要，+++表示非常重要。

10.2.1　智能作为隐藏在幕后的服务提供者

首先，智能可以被视为隐藏在幕后的服务提供者。在此关系中，人们可能并未意识到他们正在与一个智能系统打交道，这种情况下，智能的核心任务是以最高效的方式提供服务，以满足人的需求。为了实现这一点，智能系统首先需要理解人的需求和意图，为用户提供个性化和情境化的内容服务。

例如，推荐系统通过挖掘用户的历史行为数据，以及相似用户的行为模式，结合情境感知技术，来判断并推荐其可能感兴趣的商品或者内容。其次，智能技术也能够提升人的感知能力。例如，增强现实技术通过在真实环境中叠加虚拟信息，可以提升人对环境的理解和操作能力(Azuma，1997)。在决策过程中，智能技术提供了大量的决策支持工具。例如，基于人工智能的医疗辅助决策系统通过分析大量的医疗数据，帮助医生做出更准确的诊断(Shortliffe & Sepúlveda，2018)。在行动过程中，智能技术也能提供帮助。例如，通过机器学习技术，智能假肢能够学习使用者的行为习惯，提供更自然的运动帮助(Farina & Aszmann，2014)。

在这种关系中，工程心理学对于智能技术的发展仍然能起到核心的推动作用。在需求鉴别、感知增强、决策辅助和行动促进等环节提供了理论模型、测量方法以及设计指导。在需求鉴别环节，工程心理学提供了一系列需求分析和用户研究的理论和方法，如需求层次模型、用户接受度模型、用户需求分析和认知作业分析法等(Crandall et al.，2006)。这些理论和方法能够帮助设计者深入理解用户的需求和期望，进而设计出更贴合用户需求的智能系统。在感知增强环节，工程心理学为信息的有效呈现提供了理论支持。例如，根据人的知觉和认知特性，设计出符合人的感知规律的界面和交互方式，可以大大提高人的感知能力和使用效率(Wickens et al.，2015)。在决策辅助环节，工程心理学关注人的决策过程和模式，提供了一系列的决策模型和理论，例如启发式决策理论、期望价值理论等(Gilovich et al.，2002)。这些理论和模型可以指导智能系统的设计，使其更好地辅助人的决策过程。在行动促进环节，工程心理学关注人的行动模式和习惯，提供了一系列的行为模型和理论，如 Fitts 定律、希克-海曼定律等(Wickens et al.，2015)。这些模型和理论可以指导智能系统的设计，使其更符合人的行为规律，提高人的操作效率和满意度。

10.2.2 人在明确智能体身份的情况下与其进行低卷入的互动

第二种关系是人类明确知道智能体身份的情况下进行卷入程度较浅的互动，其标志是互动的内容重要性较低或者持续时间较为短暂。这样的情景其实已经非常常见，如智能客服、迎宾机器人、送餐机器人等。此外，对于行人而言，与自动驾驶汽车在道路上发生的短暂接触也可纳入这一范畴。从这一关系开始，人机交互的特征和挑战已经开始与传统的工程心理学的关注点开始有所不同。首先，人已经无法回避智能体开始以一种新的身份存在。用户能够感受到智能体不再是一台机器，但它到底是什么还不能够完全确定。另外，由于交互时间的短暂，人类对智能体的第一印象以及交互初期的感知和意图理解可能在很大程度上决定了整个交互过程的顺利度和满意度(Bartneck et al.，2009)。因此，如何设计和优化智能体的初次表现，包括其外形、动作等特征，是工程心理学需要深入研究的重要课题。

在很多情况下，保证人类用户拥有基本的安全感是首要问题。在如机械臂操纵这样的人机协同工作中，通常只关注如何让机器的效率达到最高，而忽视了操作员的主观感受，这可能导致操作员感到不安全和不适。当操作员与机械臂协同完成一系列复杂的装配任务时，可能由于机械臂的速度过快、路径过长或者尺寸不适宜，使机械臂的客观安全域与操作员的主观危险域重合，操作员很难在与机械臂共享的工作空间内感到安全和舒适。实际上，研究人员可使用心理物理法来确定操作员对机械臂的速度、大小、路径的最佳感知范围。在机械臂物理参数(如速度、大小等)的不同组合条件下记录操作员执行任务的作业绩效、生理指标及主观安全感，根据作业任务得到相应的最佳运动参数组合，以达到操作员最优的作业绩效及心理感受。

工程心理学还能够帮助用户更好地理解机器意图。例如，自动驾驶汽车在行驶过程中，车辆与行人、骑车人、其他驾驶员等交通参与者的交互至关重要，这就需要车辆具备"车外交互"功能，如显示屏、声音提示、灯光信号等，以传递其意图，从而让外部交通参与者明白车辆即将进行的行动(Dey et al., 2020)。例如，当车辆准备在十字路口右转时，通过外部显示屏或者其他形式的提示向行人和其他驾驶员明确表明车辆的行驶意图，这样不仅能够提高交通的安全性，同时能让人们更好地理解自动驾驶汽车的操作逻辑，从而降低对其的陌生感和担忧。

最后，机器动作本身还需要遵循一定社会规范。例如，在人群中导航时，机器人需要敏感地对待周围的人类行为，即使在有足够空间的情况下，也需要意识到人们可能在移动或交谈，并避免穿行在他们之间。如果机器人不尊重用户的个人空间，可能会引起负面反应，导致用户感到不安全或失去控制感，甚至可能拒绝与机器人互动。在研究中，Bremner 等(2009)发现可以通过综合一系列复杂线索，例如注视方向、身体朝向和针对个体的手势等消除人类对机器人的解读歧义。此外，有研究者提出了基于个人社会空间的社会行走模型，这种基于人类行为特性的计算模型可以有效提高人机交互的体验(Zhou et al., 2022)。

10.2.3 人与智能体组队

第三种关系涉及更加重要、长期和紧密的互动。这种情况下，人与智能体的协同作业，或者说人机组队正在成为越来越常见的情境。在此种关系下，智能体不仅是简单的工具或服务提供者，而更像是人的助手、管家、队友和伙伴(de Visser et al., 2018)。考虑到目前人与自主机器的能力和局限，人机协同或组队(human-AI teaming，HAT)被认为优于人人组队和机机组队方式(Endsley，2015)。护理机器人、决策辅助助手、自动驾驶汽车、忠诚僚机、单一飞行员飞机等都是正在发展的系统和概念。在这样的关系中，为了有效完成目标，人和智能体需要互相理解和信任，并进行适当的任务分配。

以智能管家系统为例，它已能快速处理和分析大量数据，为人类提供合理建议和决策方案。同时，智能管家可自动执行简单任务，减轻人类的工作负担。然而，尽管辅助决策系统在很多方面具有优越性，但用户对这些系统的信任度却成为影响其采纳和使用效果的关键因素(Lee & See, 2004; Hoffman et al., 2018)。在此背景下，可理解性作为一种重要的系统特性，对人机信任产生了显著影响(Miller, 2019)。同时，随着决策模型变得越来越复杂，如何提高这些系统的可理解性以增强用户对其的信任程度成为一个关键问题。

可理解性通常指一个系统的特性，即其功能、原理、决策过程和输出结果对于用户来说是容易理解和解释的。可理解性是人机交互的关键和基本因素，当人们无法理解系统的判断或计划时，很难建立有效的信任和协调，从而导致人机系统整体效率低下，甚至存在隐患(Hoffman et al., 2018)。在用户与系统交互过程中，可理解性对信任的影响尤为关键。系统应提供直观的界面或清晰的解释，以便用户跟踪决策过程并理解其逻辑(Vellido, 2020)。此外，系统应能够向用户提供实时反馈或解释，以便用户随时了解系统的状态和决策依据，这将有助于增强用户对系统的决策过程的信任(Wortham & Theodorou, 2017)。如果用户能够理解系统的决策逻辑，并认为其合理、可靠，那么他们将更有可能信任该系统。然而，如果用户觉得系统的决策过程不透明或难以理解，即使结果表现良好，他们也可能对系统产生怀疑(Wanner et al., 2022)。

在理解和互信的基础上，人机功能分配是复杂人机系统设计的关键。在传统的设计流程中，设计师会根据人与机能力特长，在系统设计伊始分配任务并固化下来。这种静态分配存在很大问题，一方面，机器可能出现难以适应任务和环境的动态变化，导致"clumsy automation(笨拙的机器)"；另一方面，人员可能被分配过高的工作负荷，导致人机协同效率下降。动态分配方式更受认可，即人机之间的任务分配不是固定的，而是灵活多变且依赖于情境的（Miller & Parasuraman，2007）。例如，在某个自动化水平下，如果推断出人员工作负荷处于过高水平且即将出现绩效衰退时，机器可能将自动化水平提升到更高水平，从人员手中承担更多工作，更好地支持人员工作。动态分配方式分为三类：第一类是机器分配，称为自适应自动化（adaptive automation），即机器通过持续跟踪人类操纵员的状态（如疲劳、压力、应激水平）或者关键外部事件，确定是否启动更高级别的自动化，维持系统应对能力及操纵员负荷和情景意识维持在相对较高水平（Miller & Parasuraman，2007）；第二类是人类分配，称为可调节自动化（adjustable automation），由人类操纵员根据机器状态或外部情况授权自动化或者手动完成任务；第三类是混合分配，在混合启动系统（mixed-initiative systems）中由人员或者机器自发启动。在每种分配方式下，均需要确定如下关键问题：（1）哪方面任务需要通过机器完成（这与传统人机功能分配相关）；（2）机器或者人类如何推断和确定功能分配时机；（3）在具体场景下，由谁（机器 vs.人类）决策变更功能分配。

此外，长期的深入接触可能会使人类对智能体产生情感依赖，例如在智能护理机器人的长期照顾下，老年人可能会对其产生类似对人类护工的感情（Broadbent et al.，2009）。因此，情感的适度表达也是智能体需要掌握的技能。

10.2.4 人接受智能体的管理

第四种关系涉及由智能体做出决策，而人类服从决策的情况。以人为中心的思想在这种关系中仍然至关重要。工程心理学研究将关注如何设计和优化智能体，提高其可信度、可接受度、透明度，以及伦理与法律责任。虽然这种情况听上去不可思议，但实际上，由于人类决策囿于客观信息不足与主观偏见（Gilovich et al.，2002），不及算法决策客观、精确、迅速与低廉（Lindebaum et al.，2020），因此人工智能的决策优势已经在各个领域得到了广泛应用，并且已经从普通人无感的电力分配、交通调度、供应链优化等问题，过渡到人们有所感知的领域，如司法（Grgić-Hlača et al.，2019）、招聘（Cheng & Hackett，2021）。

然而，使用智能系统进行决策同样存在潜在问题。例如，智能系统可以使用数据驱动的决策标准，因此具有客观性，但这些标准可能与人类决策者使用的标准不同（Höddinghaus et al.，2021）；智能系统可以被设计用来减轻偏见，因此具有中立性，但它们也可能延续或放大用于训练系统的数据中的现有偏见（Angwin et al.，2016）；智能系统决策时不受情绪和认知负荷等因素的影响，因此准确、迅速，但缺少情感和互动（Langer et al.，2022）。

由于资源分配决策的复杂性以及智能系统决策和人类决策之间存在差异，在决策中使用智能系统引发了重要的伦理和社会问题。在不同的决策场景下如何设计智能系统，使个体信任智能系统、接受系统做出的决定并愿意使用系统（Jutzi et al.，2020）以及个体对智能决策的态度和行为受哪些因素的影响（Shin，2020）等问题仍然有待进一步探讨。另外，系统的使用者强烈要求增加问责制，但目前对于如何设计问责制却很少有实际建议（Wieringa，2020）。对社会而言，首先，确定适当的资源分配标准是具有挑战性的，并且可能根据决策场景和分配的特定资源而变化（Bonnefon et al.，2016），智能系统可以通过提供数据驱动的建议来协助资源分配，但重要的是要确保分配标准与社会价值观保持一致；其次，在社会资源分配中使用人工智能的另一个问题是决策过程不透明（Hutchinson & Mitchell，2019），公众很难理解人工智能系统是如何做出特定决定的，这使得评估该决定是否公平和公正变得具有挑战性；最后，应如何解决人工智能可能延续或扩大现有社会不平等的担忧？智能系统的无偏性取决于它们所接受的训练数据（Newman et al.，2020），如果数据集隐含偏见，则人工智能系统做出的决定也会有偏见，这可能导致资源分配不平等，使现有的社会不平等永久化。

总体而言，在社会资源分配决策中使用人工智能有可能提供数据驱动的建议，帮助决策者做出公平和公正的决策。然而，要确保这些系统透明、公正并符合社会价值观，必须应对若干挑战。首先，了解人们对在社会资源分配决策中使用人工智能的看法和行为，对于确保这些系统得到公众的接受和支持至关重要。需要进一步的研究来了解智能系统如何影响个体的态度和行为，并开发有效的方法来将人工智能系统做出的决策传达给公众。同时，在资源分配决策中使用人工智能时需要考虑道德和社会因素，如透明度、问责制和减少偏见，从而使人工智能在创造一个更公平和公正的社会中做出贡献。在这方面，现在的研究还比较少，但可以借鉴社会心理学的研究成果，如程序公平理论等。

以上探讨了有哪些问题是需要进行研究的，下面继续讨论为了回答这些问题而需要用到的研究方法。我们将首先分析一些经典的工程心理学方法，着重指出其在智能时代的新应用；然后探讨一些新涌现的研究方法和设计思路。

10.3 经典工程心理学方法在智能时代的新应用

在人工智能发展的新时代，经典的工程心理学方法仍然保持着其重要性和有效性。科学的四个层次——描述、解释、预测和干预，为人们理解和评估不同的研究方法提供了一个有用的框架。

描述是科学研究的第一步，目标是记录现象，并理解其基本属性和模式。在这个层面上，观察法和访谈法等定性研究方法在人与智能体交互研究中发挥着基础性的作用。通过这些方法，人们可以发现一些新的模式和类型。认知作业分析是一种更加综合的方法，能够系统地帮人们了解人-智能交互中的思维过程。在这个基础上，使用代表性抽样或者大数据方法，结合问卷调查、机器行为测量等量化方法对总体进行刻画，能够进一步为人们了解现象的整体面貌提供帮助。

在对现象有了基本认识之后，则进入解释层面，其目标是理解现象背后的因果关系和机制。在这方面，实验法是非常重要的研究工具。通过在严格控制的条件下操作独立变量，研究者可以探究不同因素对人-智能交互的影响，从而揭示其中的因果关系。其中，变量的选择和无关因素的控制是一个非常重要的问题。这方面的问题非常复杂，本章难以展开系统描述。但是对于人工智能交互，一个比较有代表性的问题是需要研究的智能体往往是待开发的，其程序的完整度、硬件和环境等都会对交互结果产生影响。如果这些无关变量没有被有效控制，则它们可能会对实验结果产生混淆效应，导致研究者难以准确地解释和理解结果。

预测是科学研究的第三个层次，目标是基于已有的知识和理论来预测未来可能发生的现象和趋势。在人与智能体交互研究中，一些统计预测模型和认知数学模型可以帮助人们根据已知的变量预测未来的交互行为和效果。

最后，在干预层面上，科学的目标是利用已有的知识和理论改变和优化现象。在这个层面，人因工程方法在智能体设计和优化过程中起到了关键作用。新的交互设计、人员训练方法都可以通过对照实验来验证其有效性。

1. 行为观察法

在人与智能交互领域的研究中，作为一种历史悠久的方法，行为观察法仍然能够发挥重要的作用。观察法是一种通过直接观察和记录人的行为和反应以收集和解析数据的研究方法。这种方法能够让研究者在不干预或引导被观察者行为的情况下，获取其自然、真实的交互行为。

在人与智能体交互的研究中，观察法可以广泛应用于不同的场景和群体。例如，有研究引用观察法研究儿童与教育机器人的交互行为(Kim et al., 2023)。在该研究中,研究者通过观察法发现儿童在与机器人交互的过程中往往会将机器人视为一个有自我意识的实体,而对于动物型的机器人,儿童则不期待向其学习,这对于设计更符合儿童需求的教育机器人,以及提升机器人的教育效果都具有重要的指导意义。同样,对于老年人与健康护理机器人的交互,观察法也能起到重要作用。有研究表明,老年人在与机器人的交互过程中更倾向于接受具有人性化设计的机器人(Broadbent et al., 2009),这为如何设计更符合老年人需求的健康护理机器人提供了重要的启示。

眼动追踪、手势和运动姿态分析是近年来在人-智能交互研究中被广泛应用的新型记录手段,这些研究方法需要借助设备来开展。由于能够连续大量地记录数据,并配合新的机器视觉技术,这些手段有望成为推动研究发展的重要力量。眼动追踪是一种监测和记录眼球运动,从而判断视线焦点位置和移动情况的技术(Rayner, 1998)。在人-智能交互研究中,眼动追踪被用来理解人类如何在交互过程中接收和处理视觉信息。例如,某研究发现用户在与聊天机器人交互时,其眼球的运动和视线的焦点可以揭示用户的注意力分配和理解过程(Johansson et al., 2012)。

手势分析主要关注在交互过程中人类的手部动作和姿势(Kendon, 2004)。在人-智能交互中,手势分析可以帮助理解用户如何通过身体语言来与智能体交互。一项研究发现,用户往往会通过具有象征意义的手势来与机器人进行交流,这些手势包括用手指指向、挥手等(McNeill, 1992)。运动姿态分析则更加全面地研究了人体的动作和姿势(Poppe, 2007)。在人-智能交互研究中,运动姿态分析可以帮助研究者理解用户如何通过身体动作来表达情绪、需求和意图。例如,某研究发现用户在与智能体交互时的姿态和动作变化可以反映其对交互过程的满意度和情绪反应(Mehta et al., 2018)。

2. 访谈法

访谈法是一种主要依赖口头交流获取研究对象信息的研究方法。在人与智能交互的研究中,访谈法可以深入了解用户对智能体的感知、态度、使用经验和需求,从而为设计和评估智能体提供重要的信息。访谈法通常可以分为结构化访谈、半结构化访谈和非结构化访谈等不同类型,其中,结构化访谈具有预定的提问清单,半结构化访谈则允许研究者根据访谈进程灵活地调整问题,非结构化访谈则更强调对话的自由和开放(DiCicco-Bloom & Crabtree, 2006)。

然而,尽管访谈法能够提供丰富和深入的信息,但因为它需要探讨的是被访者内心的态度、想法和观点,通常需要很有经验的研究者予以实施,并且需要仔细鉴别各种态度-行为不一致的问题。此外,访谈法通常需要配合其他研究方法使用,以增加研究的客观性和有效性。例如,可以通过观察法收集用户与智能体交互的实际行为数据,以验证和补充访谈的结果。另外,访谈法通常是问卷研究和量表开发的一个前置环节,在一些重要的人-智能交互量表的开发过程中,如人机信任、自然性、安全感等,访谈都是必要的一步(Cao, Lin, Zhang et al, 2021;曹剑琴,张警吁,张亮,王晓宇,2023)。

此外,访谈法也是认知作业分析这一综合性方法的重要环节。认知作业分析是一种以任务为中心,理解和分析工作过程中的认知需求和挑战的方法(Crandall et al., 2006)。在进行认知作业分析时,研究者通常会使用多种方法了解人是如何完成任务的。而访谈法是最重要的一种收集操作员经验、知识和决策中思想活动的方法。例如,Russ 等(2019)在他们对急救医疗任务进行认知作业分析的研究中;就使用了访谈法来收集医疗专业人员的经验和知识,以更好地理解急救医疗任务中的认知需求和挑战。

3. 问卷法

问卷法是一种通过设计和发放问卷,收集受访者对特定问题的回答以获取信息的研究方法。在人与智能交互的研究中,问卷法通常用于收集大量受访者的态度、感知、使用经验和需求等信息。例如，研究者可能会设计问卷来了解用户对某款新智能产品的接受程度、满意度、使用频率等。通过问卷调查，研究者可以获得大量的定量数据，这有利于进行统计分析，挖掘用户的总体趋势和规律。

问卷法也常用于测量人-智能交互中的一些重要概念，如可用性、信任和接受度等。例如，Bartneck等(2009)设计了一个用于测量用户对机器人的态度的问卷，包括对机器人的情感、行为和认知三方面的态度，研究结果表明，这个问卷具有良好的信度和效度，可以有效地测量用户对机器人的态度。

人对智能系统的可理解性也可以通过问卷进行测量。例如，对于未来自动驾驶汽车的车外交互界面的可理解性。研究人员定义车外交互的"可理解性"为道路其他使用者对车外交互设计的理解水平，包括可理解性、可预测性、清晰度、直观程度、易学性等多个维度。如行人是否能准确理解交互设计和车辆意图等(Dey et al., 2020)，而这些都可以通过设计合适的问卷进行有效的测量和评估。

除了传统的可用性测量方法，随着智能技术的增加，人对交互的自然性有了越来越高的要求，因此对交互自然性的测量也提出新的挑战。交互自然性是衡量人与机器沟通和互动过程是否顺畅、符合人类直觉习惯的一种标准。虽然过去的研究已经尝试通过单一的条目或者传统的可用性维度来衡量自然交互(Almeida et al., 2019)，但这些方法未能全面揭示交互自然性的复杂性及其对用户体验和消费行为的影响。因此，曹剑琴等(2023)探索了交互自然性的心理结构，开发了一套能有效测量智能产品交互自然性的工具，他们发现，交互自然性包括通达舒畅和随景应人两个维度，这两个维度在可用性指标以外对消费者的关键体验和消费行为有着重要影响。

当然，问卷法也有其局限性。例如，问卷设计的质量直接影响到研究的有效性，同时由于问卷法主要依赖受访者的自我报告，可能会受到诸如社会期望效应和回忆偏差等因素的影响。因此，使用问卷法时，研究者需要精心设计问卷，并配合其他方法，如观察法和访谈法，从而验证和补充问卷的结果。最后，问卷研究通常要求研究者有很好的心理测量学训练和理论功底，对一些常用的理论包括技术接受度模型、使用满足理论、计划行为理论等有足够的了解。

4. 实验法

实验法是科学研究的重要手段，它通过在控制条件下观察或操纵一些变量来研究这些变量与其他变量之间的关系。在人与智能交互研究中，实验法被广泛运用。实验法可以精确控制实验条件，从而有效分析人和智能系统交互的各方面，包括用户的反应时间、满意度、接受程度等。以下将分析一些典型的实验范式和关键要点。

模拟操作任务是一种最常见的研究方法，实验者会让参与者在模拟的环境中与智能系统进行交互，观察和记录参与者的行为和反应。这种实验范式通常用于研究自动驾驶汽车和人的交互。参与者在模拟的驾驶环境中进行驾驶，研究者则通过观察参与者对不同交互界面或信息传递方式的反应来研究如何优化人机交互设计，提高驾驶安全性(Payre et al., 2014)。在这个过程中，驾驶任务本身的难度通常会通过道路条件和车况加以控制，而为了解驾驶员认知资源的剩余，通常会给予被试者一些多任务作业。在这个过程中，除了一些重要的绩效指标，如最小碰撞时间、道路中心偏移量等会被记录分析之外，还会搜集被试的主观体验和一些生理指标，包括眼动、心率等。

模拟交互或者对话任务。在这种实验中，研究者研究人与计算机或智能助手的交互或者对话交互。这一方法经常用于研究机器人的外形设计或者语音助手设计，如何通过调整语音助手的性别、声音、口音等因素来提高用户的满意度和接受程度(Nass & Brave, 2005)。在这个过程中，研究人员可使用心理物理法的思路来详细考察各种设计特征如何影响智能体与人的交互效果。例如，在研究机械臂的运动特征对操作员感知安全性的影响中，可以设置不同速度和大小等机械臂物理参数的组合条件，并记录操作员执行任务的作业绩效、生理指标及主观安全感，根据作业任务得到相应的最佳运动参数组合，以达到操作员最优的作业绩效及心理感受。

辅助决策实验。辅助决策实验是研究人在智能辅助下进行决策的常用研究手段。TNO Trust Task 是一种用于评估人们对自动化系统信任程度的实验范式，旨在模拟人们在现实生活中与自动化系统的互动(de Visser et al., 2016)。在 TNO Trust Task 中，参与者需要完成一系列判断任务，例如判断图像中的目标数量。这些任务的难度可能有所不同，并且在某些情况下，需要在有限的时间内做出快速决策。参与者可以选择手动完成任务，也可以依赖一个自动化辅助系统。自动化系统会给出建议，但并非总是正确的(de Visser et al., 2016)。在任务进行的过程中，系统的可靠性可能会发生变化，从而影响参与者对其的信任程度。

智能体促进的多人协作的实验范式。由智能体促进的多人协作场景指智能体通过提供指导、反馈或建议来让两个或多个人类参与者协作解决问题或制定决策。此场景中的智能体具有不同的形式，例如虚拟助手、计算机程序或机器人，并通过提供交互功能或提示信息引导参与者进行讨论。常见的协作问题解决场景包括矩阵推理和记忆任务(Engel et al., 2014)、创造性任务(Siddiq & Scherer, 2017)、商业案例(González et al., 2003)和视觉空间任务(Shen et al., 2018)等。除了沟通模式(Schroeder, 2010)、任务复杂性和团队构成(Wikström et al, 2020)等要素外，智能体促进协作的研究往往还关注智能体的可视化特征(Zimmons & Panter, 2003)、交互设计要素(Fitzpatrick & Ellingsen, 2013)等对参与者的沉浸感以及任务绩效的影响(Schroeder, 2010)。

在协作决策的场景中，智能体通过提供相关信息或建议来帮助参与者做出决策。群体决策实验和资源分配博弈是常用的实验范式。常用的群体决策实验可能包括组织投票，并在团队中汇总所有参与人的意见后进行决策。而在资源分配博弈中，团队成员分别在给定的策略集中做出选择，从而影响团队整体和个人的损益情况(Sugiartawan & Hartati, 2018)。除了传统研究中考虑的因素，如时间压力(Smith et al., 1997)和群体规模(Hwang & Guynes, 1994)之外，智能体促进的协作决策中还关注其他特征，如智能体的信息透明度(Maag et al., 2022)、交互性(Kraft et al., 2020)与激励机制(Zimmermann et al., 2018)等因素。

这些范式为研究智能体促进的多人协作问题提供了一个可控和可测量的环境，允许研究人员操纵不同的变量并观察它们对协作结果的影响，帮助识别相关的挑战和限制，从而为如何设计智能体以有效地支持人类协作提供见解。此外，传统的实验范式应用于智能时代还对现实环境具有实际意义，例如对医疗信息系统和组织资源管理进行智能化等问题。

在以上研究中，绿野仙踪(Wizard of Oz)方法通常会被使用。这种方法的基本思想是通过人类操作员来控制智能体，使得参与者误认为他们正在与真正的自主智能体进行交互(Steinfeld et al., 2009)。通过人类操作员来控制智能体，研究者可以在智能系统还没有完全开发完整之前就探讨新的交互功能，并确保所有行为都是符合预期的，从而避免无关变量的干扰。这样，研究者可以更加专注于研究的核心问题，如用户的反应和感受，以及人-智能交互的效果等。当然，这一方法要求人类操作员通过训练来保证行为的一致性，以及避免参与者发现实验的真实性质。此外，目前大规模在线实验的应用也越来越广，能够解决实验室研究中实验条件组合太少的问题。

10.4 新涌现的研究方法

10.3 节介绍了传统或者经典的工程心理学研究方法在人智交互中的应用。应该说，应用这些方法已经足以描述和解释大量关于人智交互中的现象和机制。但是，从理论发展的角度而言，好的理论必须在现象描述的准确性、数据的生态性和模型的系统性方面做出新的突破；而从应用角度而言，当试图将工程心理学的发现投向现实应用时，往往发现这些方法只能提供基本原则和方向性的建议，而非必不可少的关键技术。因此，我们介绍以下三种新涌现的具有代表性的研究方法。其中，神经工效学技术首先是一种测量方法，它提供了对微观生理和心理活动客观、连续、非侵入性的记录，从而在描述层面推进工程心理学家对人的了解，大幅度提高意图预测和状态识别的时间分辨率，从而使它本身也能成为一种交互技术。认知建模方法首先是一种旨在对人类认知活动或关键认知状态进行精确量化预测的方法，它能够突破传统研究只停留在描述和解释的层次所带来的问题，从理论上把研究工作推进到一个新的层次，在应用上则能够实现将设计成本大幅度降低的目的。此外，由于认知模型的构建往往都要突破还原论的窠臼，从整体论和系统论的角度进行分析，从而也能够解决传统研究中“只攻一点，不及其余”所带来的问题。最后，对行业大数据的分析为工程心理学家提供了一套获取生态性数据和发展新型系统理论的机会。在这个数据为王的智能时代，它不仅有助于理论和技术的发展，也是真正获取行业制高点的重要抓手。

1. 神经工效学技术

神经工效学技术(neuroergonomics)是一种新兴的跨学科研究方法，它结合了神经科学的理论和技术，研究人脑在执行工作和日常活动中的功能和表现(Mehta & Parasuraman, 2013)。神经工效学通过了解大脑如何处理信息和做出决策来优化工作环境，提高工作效率，减少错误和事故，提高安全性。

在人-智能交互研究中，神经工效学方法可以用于检测用户的状态。例如，通过脑电图(EEG)和其他神经生理指标(如眼球运动、心率变异性等)可以实时评估用户的注意力、疲劳度、情绪状态等，进而调整智能系统的行为以适应用户的状态(Zander & Kothe, 2011)。这一方法可以结合机器学习技术，例如Ji等(2004)使用机器学习算法分析驾驶员的生理信号(如眼动、心率等)以及驾驶行为数据(如转向、制动等)。基于这些数据，研究人员建立了一个预测模型，用于实时监测驾驶员的疲劳状况，并预测其在未来一段时间内的表现。这种认知建模有助于提高驾驶安全，减少因疲劳驾驶导致的事故。

神经工效学方法还可以帮助研究者理解用户如何处理和理解界面信息，从而提供关于如何优化交互设计的有价值的反馈。例如，通过比较用户在使用不同界面时的脑电图活动，研究者可以得知哪种设计更易于理解或更有效地吸引用户的注意力(Mehta & Parasuraman, 2013)。

2. 认知建模

认知建模(cognitive modeling)是一种研究方法，旨在使用计算模型来描绘和理解认知过程。这种方法试图以数学模型的形式理解人类的决策、记忆、学习、感知等认知过程。当前比较有代表性的方法包括 ACT-R 和 QN-MHP 等。

ACT-R(adaptive control of thought-rational)是一种著名的认知建模框架，它构建了一个可以模拟人类思维过程的认知架构，这个架构包括注意力、记忆、目标驱动等多个子系统(Ritter, Tehranchi, & Oury, 2019)。ACT-R 模型可以用来预测用户在使用智能系统时的行为和表现，为设计更好的人机界面提供理论支持。

QN-MHP(queueing network-model human processor)则是一个基于排队网络理论的认知建模方法，它使用排队网络模型来描绘和预测用户的认知和行为(Wu, Liu, 2007)。QN-MHP 模型在人-智能交互中的主要作用是帮助理解和预测用户在处理多任务时的表现，以及评估不同交互设计对任务执行效率的影响。

除了这些基于特定认知架构的方法，研究者还围绕特定任务的思维和决策过程开发了更加有针对性的任务模型。例如为了预测空中交通管制员的工作负荷，Zhang 等（2015）提出一种基于关联复杂性网络的独特方法，这一方法将飞行器看作节点，飞行器间需要认知加工的关系看作节点之间的连边，可以得到一个飞行器关系网络。研究发现，网络的中心化程度越高，管制员的心理负荷越低（Zhang et al.，2015），这可能是因为面对中心化高的网络，管制员在进行冲突探测时可以一直使用网络中心飞行器的未来轨迹进行视觉搜索和比较；而在他们进行冲突化解时，只要改变中心节点的参数，就能全部消除所有的潜在冲突。那么，如果节点的度数越大，即与该节点有冲突的飞机数量越多，在管制员干预过程中如果进行优先干预，网络就越容易瓦解。以管制员干预步骤数量表征飞行器网络拆解难度，进一步预测了管制员的心理负荷（Zhang et al.，2021）。

3. 基于人因大数据的分析

随着现代科技的发展，飞机、火车、汽车等交通工具上的各种数据记录设备（如飞机的 QAR 数据、火车的 ATP 数据和汽车的车载数据）开始大量涌现，它们提供了海量的实时、高精度、多元化的数据，为研究人-智能交互提供了宝贵的研究资源。

这些设备的数据可以反映出驾驶员或操作员的行为模式，以及他们与智能系统交互的过程。例如，飞机上的 QAR 数据（quick access recorder）可以详细记录飞行过程中的各种飞行参数，如飞机的位置、速度、高度、姿态、发动机工作状态、人员的操作记录等，通过分析这些数据，可以获得飞行员在各种情况下与飞行系统进行交互的信息（Pelt et al.，2019）。研究人员能够识别飞行员的错误操作，以及预测飞行员在复杂环境下的行为模式（D'Oliveira et al.，2017）。汽车车载数据的分析也已被广泛应用于驾驶行为研究，包括驾驶员的注意力分配、疲劳驾驶监测、驾驶风格分类等（Jia et al.，2021）。

然而，虽然这些数据量大、种类多，但如何从中提取出对人-智能交互研究有价值的信息却是一大挑战。除了数据预处理需要大量的时间和计算资源之外，由于这些数据往往具备多层、高维和非线性特征，因此需要复杂的数据挖掘和机器学习技术才能进行有效分析（Liu et al.，2019）。其中，多层线性模型（HLM；Bryk & Raudenbush，1992）能有效考虑和处理不同层次间的数据关系，以更准确地评估人-智能交互过程中可能出现的问题，预测事故发生的原因。因果推断模型是一种新的统计分析方法，用于确定两个或更多变量之间的因果关系，它通过控制干扰变量模拟实验条件，寻找因变量和自变量之间的因果效应。在分析飞机 QAR 数据、火车 ATP 数据和汽车车载数据等人-智能交互数据时，因果推断模型可以提供深入理解这些复杂关系的工具。例如，模型可以帮助人们识别那些会影响安全性的关键驾驶行为，或是找出哪些系统特性或环境因素会影响驾驶员的行为。

10.5 新的设计思路

以人为中心的设计是人机交互的核心理念之一。在智能化时代，有一些新的设计思路和方法也涌现出来，以下对其理念和方法进行简要介绍。

1. 生态交互界面

生态界面设计是一种旨在以直接感知和易于理解的方式展示工作环境约束和复杂关系信息的方法（Hajdukiewicz & Burns，2004）。根据 Rasmussen（1983）的技能、规则和知识框架（SRK）模型，生态界面显示的信息能够促进个体基于技能的行为，使其自动执行特定行为，理论上生态交互界面能使认知负荷最小化（Vicente，2002）。研究表明，使用生态界面减少的认知负荷所节省的认知资源可以用于处理其他需要更高认知过程的任务，如用于禁止可能危险的自动化行为——无意超速行为(Schewe & Vollrath, 2020)。因此，生态界面设计已在汽车驾驶领域广泛应用。

当前已出现支撑各类驾驶任务的生态交互设计，如速度控制(Schewe & Vollrath, 2020)和传达系统能力(Beller et al., 2013)等。根据交互界面设计的切入视角，可分为第一人称视角和第三人称视角两种形式。第一人称视角即是从驾驶员的角度出发，选择呈现与当前驾驶密切相关的信息，并设计其具体的交互形式，上文介绍的辅助速度控制和及时传达系统能力的设计均采用第一人称的设计视角。第三人称视角则是以一种全知视角呈现驾驶情境中的各类信息，帮助驾驶员获得全面、准确的情境意识(Gregoriades & Sutcliffe, 2018)，为支撑复杂路口转弯和视觉盲区内的行驶任务而设计的交互界面是驾驶领域第三人称视角设计的典型代表。

总的来说，与传统的数字化、概念化的设计相比，生态交互界面设计将驾驶概念直观化、简单化，以更加直接的方式给驾驶员传递所需的信息，减少其认知资源的消耗，将驾驶员的工作负荷尽可能地最小化。

2. 拟人化设计

拟人化设计是一种以人为中心的设计策略，其目的是让机器或系统的外观、印象或行为方式与人类相似，以提高用户的舒适度和满意度。在设计智能产品时，拟人化设计有助于使用户以更自然、直观的方式与产品进行交互，因此被广泛应用在语音助手、机器人等智能产品中。

在智能产品的设计中，拟人化设计有着深远的意义。通过使机器表现得更像人，可以帮助用户更快地理解和适应新技术，并提高用户对产品的接受度和满意度。例如，Nass和Moon(2000)的研究发现，即使是简单的拟人化策略(如使用第一人称语言)，也可以显著提高用户对计算机的亲和力和信任感。更多的研究表明，拟人化特征(外观、声音、行为、内群身份等)都可以显著增加参与者对智能体的信任(de Visser et al., 2016)。研究发现，与非拟人化的无人驾驶汽车相比，拟人化的无人驾驶汽车会被给予更多的信任和宽容(Luisa & Paul, 2018)。

一些现有的智能产品也充分应用了拟人化设计理念。例如，Apple的Siri、Amazon的Alexa和Google Assistant等虚拟助手都采用了类人的语音和会话方式，让用户感觉就像在与真人交谈一样。这些设计使得这些产品能够更自然地融入用户的日常生活，并提供了更直观、更舒适的用户体验。

在人智交互中，拟人化设计的特殊性表现为综合考虑人类与机器或虚拟实体的特点与需求，以实现更自然、高效且愉悦的人机交互体验。首先，拟人化设计强调优化用户体验，通过让机器或虚拟实体具有人类的特征和行为，使用户在与之互动的过程中具有更为自然、舒适和愉悦的体验。其次，拟人化设计关注用户的心理和情感需求，通过模仿人类的情感反应、表达和理解来增强人机交互的亲切感，从而提高用户的满意度和信任感。此外，拟人化设计具备一定的语言和非语言沟通能力，如自然语言理解、情感语调、面部表情、肢体动作等，以便更好地模仿人类的交流方式，减少沟通障碍。同时，拟人化设计需要遵循人类的社交规范，如礼貌、尊重、合作等，并具有一定的文化适应性，以便在不同文化背景下与人类进行有效的交流和互动。此外，拟人化设计要实现人机协同，让机器能够与人类有效协作，共同完成任务。最后，拟人化设计需要在机器的智能化程度和人类的接受程度之间寻找平衡，确保设计的机器或虚拟实体既具有足够的功能，又不会让用户感到不安或排斥(Epley et al., 2007)。

3. 仿生设计

仿生设计是一种以自然为灵感的设计策略，其目标是模仿和借鉴自然界中的生物、生态和生理过程，以解决人类在设计和创新过程中遇到的问题。这种设计理念源于对自然世界的深度理解和尊重，认识到自然界的设计和优化经过了数百万年的演化，往往具有超越人类工程技术的智慧和效率。

在设计智能产品时，仿生设计有助于解决一些复杂的设计问题，提供更高效、更可持续的解决方案。例如，很多机器人设计就借鉴了自然界中的生物，如昆虫、鱼类或鸟类的行为和结构，以提高机器人的移动效率和适应性(Laschi et al., 2016)。

除了物理层面的设计，仿生的概念也开始用于提升交互效率。例如，张警吁等(2023)设计了一种基于仿生概念的新型车外交互系统(见图 10.1)，通过将动物的社会行为以生物运动光点的方式在车外进行表达，以提升行人对车辆速度和意图的感知能力。由于长时间的进化过程，即便是低龄儿童也能够有效地识别生物运动光点所表达的动物行为，所以这种方法成为一种优化车外交互的创新方法，且具有跨年龄、跨文化表达的优点。

图 10.1　仿生设计

4. 基于物理隐喻的设计

基于物理隐喻的设计(physical metaphor based design)是一种设计策略，通过在设计中融入人们熟悉的物理世界元素，使产品的功能和使用方法更易于理解和接受。这种设计策略通常用于软件界面设计，以优化用户体验，在智能产品设计中同样适用。

在智能产品设计中，基于物理隐喻的设计有助于减少用户的学习成本，增强用户对产品的理解，从而提高产品的易用性和接受度。例如，基于物理隐喻的设计可以将物理世界的属性(如形状、颜色、运动)映射到智能产品的操作界面，以提示用户如何进行操作。

在实际的产品设计中，基于物理隐喻的设计已经得到广泛应用。例如，苹果公司在其手机操作系统中广泛使用物理隐喻，如“垃圾桶”图标代表删除，“信封”图标代表邮件等。这些设计使用户可以直观地理解这些图标的功能。

在研究中，也发现基于物理隐喻的设计可以提高用户的接受度和满意度(Blackler et al., 2010)。此外，基于物理隐喻的设计还可以帮助用户更好地理解和使用复杂的智能产品(Blackwell, 2006)，如人工智能助手或机器人。

张警吁等(2023)围绕自动驾驶汽车必然造成情景意识下降的问题，提出了一种利用外周视野呈现有关信息以维持驾驶员情景意识的设计思路(见图 10.2)。该设计利用光照下大型物体会形成影子而遮挡驾驶员视线这一物理隐喻，通过设置虚拟光源将附近车辆投影并呈现在驾驶舱内，这样周围其他车辆的运动信息就可以通过外周视野对影子运动的觉察加以感知了(张警吁等，2023)。在夜间行驶时，则通过自动补光装置来模拟后车车灯光照范围与强弱变化，呈现周围车辆的运动状态信息，以保证驾驶员在夜间行驶时对后方驾驶环境的感知，维持驾驶员基本的情境意识，保证夜间行车安全(张警吁等，2023)。

5. 与智能协同设计

与智能协同设计(co-design with AI)是一个发展极快的新技术，它强调人工智能与设计师共同参

图 10.2 基于物理隐喻的设计

与的设计过程。在这个过程中,设计师可以在设计过程中与人工智能进行交互,以发现新的设计思路或者优化现有的设计。同时,人工智能可以通过学习设计师的设计决策来提高在设计过程中的参与度。这种设计思路能够提供更多的设计可能性,也可以借助人工智能的计算能力解决设计过程中的复杂问题。

例如,Midjourney 是 OpenAI 开发的一种旨在自动建议设计决策的系统,目前已经有大量设计师在尝试使用这一工具。在设计过程中,设计师可能会面临多种复杂的设计决策,如色彩搭配、形状选择、布局调整等。这时,设计师可以输入一些提示词(prompts),利用 Midjourney 生成一些初步的备选方案,设计师可以根据这些建议来优化自己的设计方案。这一工作可以和以 ChatGPT 为代表的人工语言模型协同工作,以提供更为全面且深入的设计建议。例如,平面设计师可以向 ChatGPT 描述自己的设计目标或者面临的设计问题,ChatGPT 则能够生成用来指导 Midjourney 的更加合适的提示词。

需要强调的是,这种与智能的协同设计过程并不是要替代设计师的角色,而是旨在为设计师提供更多的设计帮助,帮助设计师更好地发挥自己的创新能力。通过与 Midjourney 和 ChatGPT 的协同工作,设计师可以得到更全面的设计支持,从而设计出更出色的设计作品。

以上介绍了智能时代新涌现的一些设计方法、设计思想和设计活动。必须说明的是,由于篇幅有限,本书无法对它们所属的范畴、相似和差异之处做充分说明。但是细心的读者可以看出,这些概念之间并不是完全等同的。生态交互界面是一套包括完整方法论和指导思想在内的设计方法,而拟人、仿生、隐喻三种设计思想旨在从人的先天认知和习得经验中找到令人感到最自然、舒适和轻松的交互模式,而人与智能协同设计则是一种新的设计活动方式,除了能极大地减少设计师的负担之外,还有望激发其新的灵感。对于工程心理学家而言,除了系统地研究各种已鉴别的设计要素对人类信息加工的影响,还要不断发现新的设计思路,并将这些发现变成设计师能够使用或者理解的工具与系统。

10.6 总结与展望

美国著名计算机科学家和心理学家杰克·利克雷德(J.C.R. Licklider)在 1960 年的一篇著名论文 *Man-Computer Symbiosis* 中首次提出了“人机共生”的理念,他预见了人与计算机紧密协作、相互补充，达到难以想象的协作效率和创新的未来，他强调人机共生不仅仅是人对计算机的简单控制，而是人和计算机之间的高度理解和相互配合。

工程心理学正是达到这一目的的关键途径，但对于工程心理学研究而言，除了仍然要深刻理解人的信息加工过程，还要把人与智能体交互中所产生的新问题纳入研究范畴。本章通过梳理人智交互的四种关系和四种科学问题，初步总结了工程心理学在人智交互领域的作用。我们认为，在智能时代，要进一步发挥工程心理学的重要作用，其基本精神仍然是既要坚持以人为中心的设计理念，也要勇于接纳和拥抱最新的科技发展。

对于今后的工作，我们展望工程心理学专业人员从以下几方面展开努力。第一，走向行业前沿。智能化领域的高速发展已经催生了大量新技术、新产品、新应用，而中国又是各种新技术落地最快的国家之一。根据文献，特别是以欧美为主的文献来设置研究方向，很多时候动手时已经落后于现实了。因此，广大工程心理学同仁应该了解行业内最新技术的发展现状，并以此为出发点来开展工作；第二，走近真实用户。除了大众消费品的用户之外，工程心理学应当特别关注特殊用户，如飞行员、管制员、核电站操纵员等，通常这些领域的作业对先进智能化技术有更加迫切的需求和实际应用，并早已产生了各种人智交互的问题。从科研角度来看，这是产生了真问题的群体，研究他们才可能提出真理论和真方法。从工程心理学的历史来看，满足特殊群体需要的研究往往有很强的正外部性，能够引领民用和日用行业领域的大发展。第三，要做好大数据的收集和系统方法论的储备。智能时代数据为王，没有大量数据就很难获得重大的发现。此外，还原论的思想往往无法解决复杂系统的问题，所以要结合大量数据和系统方法论，以发现新的问题，提出新的理论。第四，要敢于突破传统工程心理学停留在科学研究前两个阶段（描述和解释）的问题，向预测和干预阶段入手。只有当工程心理学的理论和模型能够更好地预测实际用户的需求、行为甚至差错时，才能够在多学科的竞争中真正站住脚。而只有当依据工程心理学理论创造的新原型、新产品能够产生真正的行业影响力时，才能实现从实践到理论、再从理论指导实践的正向反馈环路。

要实现以上目标，需要协同合作，一同构建良好的行业生态，从而让人们更好地面对“未来已来”的挑战，实现人与机器和谐共生的未来，为科技与社会的和谐发展做出贡献。

参考文献

曹剑琴，张警吁，张亮，王晓宇.（2023）. 交互自然性的心理结构及其影响. 心理学报，55(1)，55-65. https://doi.org/10.3724/SP.J.1041.2023.00055

许为，葛列众.(2020). 智能时代的工程心理学，心理科学进展，28(9)，1409-1425

张警吁，盛猷宇，万苓韵，张芯铭. 一种驾驶辅助方法、系统、设备及可读存储介质[P] 中国专利：ZL202211445034.2，2023-01-20

张警吁，石睿思，董迪，杨韫琪. 一种车辆状态的显示方法、装置、设备及可读存储介质[P] 中国专利：ZL202211469865.3，2023-03-21

张警吁，郑亚骅，张蓉，乔韩. 车辆显示增强方法、系统、设备及可读存储介质[P] 中国专利：ZL202211469876.1，2023-03-10

Almeida，N.，Teixeira，A. L.，Da Silva，C. F.，& Ketsmur，M. (2019). The AM4I Architecture and Framework for Multimodal Interaction and Its Application to Smart Environments. *Sensors*，*19*(11)，2587.

Angwin，J.，Larson，J.，Mattu，S.，& Kirchner，L. (2016). Machine bias. In *Ethics of data and analytics* (pp. 254-264). Auerbach Publications.

Azuma，R. T. (1997). A Survey of Augmented Reality. *Presence：Teleoperators and Virtual Environments*，*6*(4)，

355-385.

Bartneck, C., Kulić, D., Croft, E., & Zoghbi, S. (2009). Measurement Instruments for the Anthropomorphism, Animacy, Likeability, Perceived Intelligence, and Perceived Safety of Robots. *International Journal of Social Robotics*, *1*(1), 71-81.

Beller, J., Heesen, M., & Vollrath, M. (2013). Improving the driver-automation interaction: An approach using automation uncertainty. *Human factors*, *55*(6), 1130-1141.

Blackler, A., Popovic, V., & Mahar, D. (2010). Investigating users' intuitive interaction with complex artefacts. *Applied Ergonomics*, *41*(1), 72-92.

Blackwell, A. F. (2006). The reification of metaphor as a design tool. *ACM Transactions on Computer-Human Interaction*, *13*(4), 490-530.

Bremner, P., Pipe, A., Melhuish, C., Fraser, M., & Subramanian, S. (2009). Conversational gestures in human-robot interaction. *2009 IEEE International Conference on Systems, Man and Cybernetics*, 1645-1649.

Broadbent, E., Stafford, R., & MacDonald, B. (2009). Acceptance of healthcare robots for the older population: Review and future directions. *International Journal of Social Robotics*, *1*(4), 319-330.

Bryk, A.S., & Raudenbush, S.W. (1992). *Hierarchical linear models: Applications and data analysis methods.* Newbury Park, CA: Sage.

Cao, J., Lin, L., Zhang, J. *, Zhang, L. *, Wang, Y., & Wang, J. (2021) The Development and Validation of the Perceived Safety for Intelligent Connected Vehicles Scale. Accident Analysis and Prevention. 154, 106092

Cheng, M. X., & Hackett, R. D. (2021). A critical review of algorithms in HRM: Definition, theory, and practice. *Human Resource Management Review*, *31*(1), 100698.

Crandall, B., Klein, G., & Hoffman, R. R. (2006). *Working minds: A practitioner's guide to cognitive task analysis.* MIT Press.

de Visser, E. J., Monfort, S. S., McKendrick, R., Smith, M. A., McKnight, P. E., Krueger, F., & Parasuraman, R. (2016). Almost human: Anthropomorphism increases trust resilience in cognitive agents. *Journal of Experimental Psychology: Applied*, *22*(3), 331.

de Visser, E. J., Pak, R., & Shaw, T. H. (2018). From 'automation' to 'autonomy': The importance of trust repair in human-machine interaction. *Ergonomics*, *61*(10), 1409-1427.

Dey, D., Habibovic, A., Löcken, A., Wintersberger, P., Pfleging, B., Riener, A., ... & Terken, J. (2020). Taming the eHMI jungle: A classification taxonomy to guide, compare, and assess the design principles of automated vehicles' external human-machine interfaces. *Transportation Research Interdisciplinary Perspectives*, *7*, 100174.

DiCicco - Bloom, B., & Crabtree, B. F. (2006). The qualitative research interview. *Medical Education*, *40*(4), 314-321.

D'Oliveira, T., & de Voogt, A. (2017). Manual Flying Skill Decay: Evaluating Objective Performance Measures. In *Mechanisms in the Chain of Safety* (pp. 83-95). CRC Press.

Endsley, M. R. (2015). *Autonomous Horizons: System Autonomy in the Air Force—A Path to the Future* (Autonomous Horizons AF/ST TR 15-01; Volume I: Human-Autonomy Teaming). Department of the Air Force Headquarters of the Air Force.

Engel, D. M., Woolley, A.W., Jing, L. X., Chabris, C. F., & Malone, T. W. (2014). Reading the Mind in the Eyes or Reading between the Lines? Theory of Mind Predicts Collective Intelligence Equally Well Online and Face-To-Face. *PLOS ONE*, *9*(12), e115212.

Epley, N., Waytz, A., & Cacioppo, J. T. (2007). On seeing human: A three-factor theory of anthropomorphism. *Psychological Review*, *114*(4), 864-886.

Farina, D., & Aszmann, O. (2014). Bionic Limbs: Clinical Reality and Academic Promises. *Science Translational Medicine*, *6*(257), 257ps12.

Wu, C., & Liu, Y. (2007). Queuing Network Modeling of Driver Workload and Performance. IEEE Transactions on

Intelligent Transportation Systems, 8(3), 528-537. https://doi.org/10.1109/TITS.2007.903443

Fitzpatrick, G., & Ellingsen, G. (2013). A Review of 25 Years of CSCW Research in Healthcare: Contributions, Challenges and Future Agendas. *Computer Supported Cooperative Work*, *22*, 609-665.

Gilovich, T., Griffin, D., & Kahneman, D. (Eds.). (2002). *Heuristics and biases: The psychology of intuitive judgment*. Cambridge University Press.

González, M., Burke, M. G., Santuzzi, A. M., & Bradley, J. C. (2003). The impact of group process variables on the effectiveness of distance collaboration groups. *Computers in Human Behavior*, *19*(5), 629-648.

Gregoriades, A., & Sutcliffe, A. (2018). Simulation-based evaluation of an in-vehicle smart situation awareness enhancement system. *Ergonomics*, *61*(7), 947-965.

Grgić-Hlača, N., Engel, C., & Gummadi, K. P. (2019). Human Decision Making with Machine Assistance: An Experiment on Bailing and Jailing. *Social Science Research Network*.

Hajdukiewicz, J., & Burns, C. (2004, September). Strategies for bridging the gap between analysis and design for ecological interface design. In *Proceedings of the Human Factors and Ergonomics Society Annual Meeting* (Vol. 48, No. 3, pp. 479-483). Sage CA: Los Angeles, CA: SAGE Publications.

Höddinghaus, M., Sondern, D., & Hertel, G. (2021). The automation of leadership functions: Would people trust decision algorithms? *Computers in Human Behavior*, *116*, 106635.

Hoffman, R. R., Mueller, S. T., Klein, G., & Litman, J. (2018). Metrics for explainable AI: Challenges and prospects. *arXiv preprint arXiv: 1812.04608*.

Hutchinson, B., & Mitchell, M. (2019). 50 Years of Test (Un)fairness: Lessons for Machine Learning. In *arXiv (Cornell University)* (pp. 49-58). Cornell University.

Hwang, H., & Guynes, J. L. (1994). The effect of group size on group performance in computer-supported decision making. *Information & Management*, *26*(4), 189-198.

Ji, Q., Zhu, Z., & Lan, P. (2004). Realtime nonintrusive monitoring and prediction of driver fatigue. *IEEE transactions on vehicular technology*, *53*(4), 1052-1068.

Jia, H., Xiao, Z., & Ji, P. (2021). Fatigue driving detection based on deep learning and multi-index fusion. *IEEE Access*, *9*, 147054-147062.

Johansson, R., Holsanova, J., Dewhurst, R., & Holmqvist, K. (2012). Eye movements during scene recollection have a functional role, but they are not reinstatements of those produced during encoding. *Journal of Experimental Psychology: Human Perception and Performance*, *38*(5), 1289-1314.

Ritter, F. E., Tehranchi, F., & Oury, J. D. (2019). ACT-R: A cognitive architecture for modeling cognition. WIREs Cognitive Science, 10(3), e1488. https://doi.org/10.1002/wcs.1488

Jutzi, T. B., Krieghoff-Henning, E., Holland-Letz, T., Utikal, J., Hauschild, A., Schadendorf, D., Sondermann, W., Fröhling, S., Hekler, A., Schmitt, M., Maron, R. C., & Brinker, T. J. (2020). Artificial Intelligence in Skin Cancer Diagnostics: The Patients' Perspective. *Frontiers in Medicine*, *7*.

Kendon, A. (2004). *Gesture: Visible action as utterance*. Cambridge University Press.

Kim, Y., Hwang, J., Lim, S., Cho, M.-H., & Lee, S. (2023). Child-robot interaction: Designing robot mediation to facilitate friendship behaviors. *Interactive Learning Environments*, 1-14.

Kraft, A., Maag, C., & Baumann, M. (2020). Comparing dynamic and static illustration of an HMI for cooperative driving. *Accident Analysis & Prevention*, *144*, 105682.

Langer, M., König, C. J., Back, C., & Hemsing, V. (2022). Trust in Artificial Intelligence: Comparing Trust Processes Between Human and Automated Trustees in Light of Unfair Bias. *Journal of Business and Psychology*, *38*(3), 493-508.

Laschi, C., Mazzolai, B., & Cianchetti, M. (2016). Soft robotics: Technologies and systems pushing the boundaries of robot abilities. *Science Robotics*, *1*(1).

Lee, J. D., & See, K. A. (2004). Trust in automation: Designing for appropriate reliance. *Human Factors*, *46*(1),

50-80.

Lindebaum, D., Vesa, M., & Hond, F. D. (2020). Insights From "The Machine Stops" to Better Understand Rational Assumptions in Algorithmic Decision Making and Its Implications for Organizations. *Academy of Management Review*, *45*(1), 247-263.

Liu, J., Kong, X., Zhou, X., Wang, L., Zhang, D., Lee, I., ... & Xia, F. (2019). Data mining and information retrieval in the 21st century: A bibliographic review. *Computer science review*, *34*, 100193.

Luisa, D., & Paul, D.(2018). Anthropomorphism in Human-Robot Co-evolution. *Frontiers in Psychology*, *9*, 468.

Maag, C., Kraft, A., Neukum, A., & Baumann, M. (2022). Supporting cooperative driving behaviour by technology-HMI solution, acceptance by drivers and effects on workload and driving behaviour. *Transportation Research Part F-traffic Psychology and Behaviour*, *84*, 139-154.

McNeill, D. (1992). *Hand and mind: What gestures reveal about thought*. University of Chicago Press.

Mehta, D., Siddiqui, M. F. H., & Javaid, A. Y. (2018). Facial Emotion Recognition: A Survey and Real-World User Experiences in Mixed Reality. *Sensors*, *18*(2).

Mehta, R. K., & Parasuraman, R. (2013). Neuroergonomics: a review of applications to physical and cognitive work. *Frontiers in human neuroscience*, *7*, 889.

Miller, C. A., & Parasuraman, R. (2007). Designing for flexible interaction between humans and automation: Delegation interfaces for supervisory control. *Human factors*, *49*(1), 57-75.

Miller, T. (2019). Explanation in artificial intelligence: Insights from the social sciences.*Artificial intelligence*, *267*, 1-38.

Nass, C., & Brave, S. A. (2005). *Wired for Speech: How Voice Activates and Advances the Human-Computer Relationship*.

Nass, C., & Moon, Y. (2000). Machines and mindlessness: Social responses to computers. *Journal of social issues*, *56*(1), 81-103.

Newman, D., Fast, N. J., & Harmon, D. (2020). When eliminating bias isn't fair: Algorithmic reductionism and procedural justice in human resource decisions. *Organizational Behavior and Human Decision Processes*, *160*, 149-167.

Norman, D. (2013).*The design of everyday things: Revised and expanded edition*. Basic books.

Payre, W., Cestac, J., & Delhomme, P. (2014). Intention to use a fully automated car: Attitudes and a priori acceptability. *Transportation Research Part F-traffic Psychology and Behaviour*, *27*, 252-263.

Pelt, M.,Apostolidis, A., de Boer, R. J., Borst, M., Broodbakker, J., Jansen, R., ... & Stamoulis, K. (2019). *Data Mining in MRO: Centre for Applied Research Technology* (p. 53). Amsterdam University of Applied Sciences.

Poppe, R. (2007). Vision-based human motion analysis: An overview. *Computer Vision and Image Understanding*, *108*(1-2), 4-18.

Rasmussen, J. (1983). Skills, rules, and knowledge; signals, signs, and symbols, and other distinctions in human performance models.*IEEE transactions on systems, man, and cybernetics*, (3), 257-266.

Rayner, K. (1998). Eye movements in reading and information processing: 20 years of research. *Psychological Bulletin*, *124*(3), 372-422.

Russ, A. L.,Militello, L. G., Glassman, P. A., Arthur, K. J., Zillich, A. J., & Weiner, M. (2019). Adapting Cognitive Task Analysis to Investigate Clinical Decision Making and Medication Safety Incidents. *Journal of Patient Safety*, *15*(3), 191.

Salvendy, G. (Ed.). (2012). *Handbook of human factors and ergonomics*. John Wiley & Sons.

Schewe, F., & Vollrath, M. (2020). Ecological interface design effectively reduces cognitive workload-The example of HMIs for speed control. *Transportation research part F: traffic psychology and behaviour*, *72*, 155-170.

Schroeder, R. (2010).*Being There Together: Social Interaction in Shared Virtual Environments*. Oxford University Press.

Shen, B., Zhang, W., Zhao, H., Jin, Z., & Wu, Y. (2018). Solving pictorial jigsaw puzzle by stigmergy-inspired Internet-based human collective intelligence. In *arXiv* (*Cornell University*).

Shin, D. (2020). User perceptions of algorithmic decisions in the personalized AI system: perceptual evaluation of fairness, accountability, transparency, and explainability. *Journal of Broadcasting & Electronic Media*, 64(4), 541-565.

Shortliffe, E. H., & Sepúlveda, M. J. (2018). Clinical Decision Support in the Era of Artificial Intelligence. *JAMA*, *320*(21), 2199-2200.

Siddiq, F., & Scherer, R. (2017). Revealing the processes of students' interaction with a novel collaborative problem solving task: An in-depth analysis of think-aloud protocols. *Computers in Human Behavior*, *76*, 509-525.

Smith, C. A. P., & Hayne, S. C. (1997). Decision making under time pressure: an investigation of decision speed and decision quality of computer-supported groups. *Management Communication Quarterly*, *11*(1), 97-126.

Steinfeld, A., Jenkins, O. C., & Scassellati, B. (2009, March). The oz of wizard: simulating the human for interaction research. In *Proceedings of the 4th ACM/IEEE international conference on Human robot interaction* (pp. 101-108).

Sugiartawan, P., & Hartati, S. (2018). Group Decision Support System to Selection Tourism Object in Bali Using Analytic Hierarchy Process (AHP) and Copeland Score Model. In *2018 Third International Conference on Informatics and Computing (ICIC)*.

Vellido, A. (2020). The importance of interpretability and visualization in machine learning for applications in medicine and health care. *Neural computing and applications*, *32*(24), 18069-18083.

Vicente, K. J. (2002). Ecological interface design: Progress and challenges. *Human factors*, *44*(1), 62-78.

Wanner, J., Herm, L. V., Heinrich, K., & Janiesch, C. (2022). The effect of transparency and trust on intelligent system acceptance: Evidence from a user-based study. *Electronic Markets*, 1-24.

Wickens, C. D., Hollands, J. G., Banbury, S., & Parasuraman, R. (2015). *Engineering Psychology and Human Performance*. Psychology Press.

Wieringa, M. (2020, January). What to account for when accounting for algorithms: a systematic literature review on algorithmic accountability. In *Proceedings of the 2020 conference on fairness, accountability, and transparency* (pp. 1-18).

Wikström, V., Martikainen, S., Falcon, M., Ruistola, J., & Saarikivi, K. (2020). Collaborative block design task for assessing pair performance in virtual reality and reality. *Heliyon*, *6*(9), e04823.

Wortham, R. H., & Theodorou, A. (2017). Robot transparency, trust and utility. *Connection Science*, *29*(3), 242-248.

Zander, T. O., & Kothe, C. (2011). Towards passive brain-computer interfaces: applying brain-computer interface technology to human-machine systems in general. *Journal of neural engineering*, *8*(2), 025005.

Zhang, J., E, X., Du, F., Yang, J., & Loft, S. (2021). The difficulty to break a relational complexity network can predict air traffic controllers' mental workload and performance in conflict resolution. *Human factors*, *63*(2), 240-253.

Zhang, J., Yang, J., & Wu, C. (2015). From trees to forest: relational complexity network and workload of air traffic controllers. *Ergonomics*, *58*(8), 1320-1336.

Zhou, C., Miao, M., Chen, X., Hu, Y., Chang, Q., Yan, M., & Kuai, S. (2022). Human-behaviour-based social locomotion model improves the humanization of social robots. *Nature Machine Intelligence*, *4*(11), 1040-1052.

Zimmermann, M. N., Schopf, D., Lutteken, N., Liu, Z., Storost, K., Baumann, M., Happee, R., & Bengler, K. (2018). Carrot and stick: A game-theoretic approach to motivate cooperative driving through social interaction. *Transportation Research Part C*, *88*, 159-175.

作者简介

张警吁　博士，研究员，博士生导师，就职于中国科学院心理研究所，毕业于中国科学院大学心理学系。研究方向：人与智能交互，工作负荷建模，大规模绩效分析。E-mail：zhangjingyu@psych.ac.cn。

张　亮　博士，青年特聘研究员，博士生导师，就职于中国科学院心理研究所，毕业于中国科学院大学心理系。研究方向：人与智能交互，压力心理学，心理状态的多模态评估技术等。E-mail：zhangl@psych.ac.cn。

孙向红　博士，研究员，博士生导师，现任中国科学院心理研究所党委书记，中国心理学会秘书长。研究方向：工程心理学，人因安全等。E-mail：sunxh@psych.ac.cn。

第11章

人智组队式协同合作的研究范式取向

▷本章导读

在智能时代，人与智能系统的交互本质上是人-自主智能体的交互。人智组队是自主智能机器带来的新型人机关系。其中，智能体不再只是人的辅助工具，还是人类完成任务的队友，与人组队共同完成任务。“人智组队”式合作给人机关系赋予了新内涵，需要新的研究范式取向来应对人智组队带来的挑战。本章分析人智组队的内涵，总结目前人智组队范式下的研究方法与研究内容，最后给出一个面向自动驾驶车的人智组队实例，并提出未来的可能研究方向。

11.1 人智组队的由来与含义

1. 人智组队的由来

2015年，谷歌公司的AI产品AlphaGo的问世标志着基于AI、机器学习、大数据、云计算等技术的智能时代的来临；2023年，GPT-4的出现更是按下了智能时代的加速键。如果说早期的智能技术多用于工业机器人、智能制造等和大众生活还有些距离的领域，那么当下的智能助理已开始步入人们的日常生活。在智能时代，基于AI技术的机器人、智能助理、自动驾驶等智能体(agent)拥有一些类人的认知能力(如学习、推理等)，呈现出自主化(autonomy)新特征，该新特征使得智能体在一些未预期的场景中可自主分析并给出解决方案，独立完成以往自动化技术不能完成的任务(Kaber, 2018)。此时，人与智能体的关系不再是简单的单向交互关系(人向机器发出指令)，而是演变为双向的组队合作关系，即人-智能体组队(human agent teaming, HAT)，简称人智组队。机器不再仅仅是机械时代、信息化时代中人完成工作的辅助工具，还成为人类的合作者与队友。智能体的“辅助工具+合作队友”双重角色成为智能时代自主化系统所特有的模式。这种“人智组队”式合作赋予了人机关系新的内涵，带来了人机关系跨时代的演变(许为，葛列众，2020)，并要求研究者基于新的研究范式取向，探索新的理论与方法来研究人智组队。

HAT中的智能体是具有决策能力且可依赖已有经验和知识来决策的自主智能体。传统的智能体能够按规定的程序完成单一模式的行动，只对环境有影响作用而不具备决策能力，本质上属于自动化(automation)系统。自主智能体不只依靠原始的程序，随着学习进程的推进，自主智能体会愈发依赖后续的经验和知识来形成决策，如自动驾驶系统根据驾驶员的偏好或学习到的驾驶规律进行自主

本章作者：高在峰，高齐。

驾驶。因此，自主智能体可独立于操作员工作，随情况的变化而更新工作目标。同时，它可预测和考虑结果，并根据需要执行后续行动，相比自动化系统具有更高水平的独立性、主动性和自治性（O'Neill et al.，2022）。然而，"以人为中心 AI"理念决定了这种自主性不意味着它应具有最终决控权。决控权是工作系统中的最高权力，是系统中能够确定工作目标的部分。虽然自主智能体可根据需要修改工作目标，但它不能定义最初的工作目标。HAT 中，人应具有最终决控权，智能体扮演的是赋能人类而非取代人类的角色。

2. 人智组队、人机协同合作与人机混合(融合)智能

HAT 是在自主智能时代出现的新型人机协同合作。人机协同合作指人与机器（包括 AI 和自主智能体）为共同目标而持续进行的共同工作，例如在客户服务中使用客服机器人回答简单问题，而人类则可以处理需要判断力和专业知识的更复杂的问题。然而，HAT 不同于传统人机的协同合作。HAT 把传统人机团队（human-machine team）中的 team 变为了 teaming。teaming 表征了一种人与自主智能体间双向、主动地寻求合作的动态过程。智能体的这种合作主动性是由自主化智能系统的认知能力、独立执行操作、对不可预测环境的自适应等机器智能的本质特征所决定的，在一定程度上类似人人组队，是传统自动化、人机协同合作所不能达到的（许为等，2021）。O'Neill 等（2022）提出，HAT 需要具备以下特征：(1)智能体在人机团队中被人类队友视为"独立个体"，且智能体具有相当程度的独立决策能力；(2)智能体的角色必须与人类队友的角色相互依赖；(3)必须有一个或多个人类和一个或多个智能体共同构成人机组队。

如果说传统人机协同合作中的团队智能等于人和机器智能的加和，那么 HAT 中的团队智能则要称之为人机混合（融合）智能，形成人类智能与机器智能的优势互补，从而开发出比二者分开更强大、更可持续发展的混合增强智能。混合增强智能在复杂问题中有助于实现协同决策，从而获得人类或智能体无法单独实现的能力（Crandall，2018）。通过"人在环路"或"脑在环路"的 HAT 可实现混合增强智能。人在环路 HAT 的典型例子是当智能体输出置信度低时，人主动介入以获得正确的问题求解，构成提升智能水平的反馈回路；脑在环路 HAT 则以生物智能和机器智能深度融合为目标，通过神经连接通道，形成对某个智能体的增强、替代和补偿（许为等，2021）。

3. 人-自主化系统交互和人-自动化系统交互的区别

本章所述的 HAT 均在自主化系统范畴内。需要指出的是，广义的人-自动化系统交互包含人与自主化系统的交互，如 Sheridan 和 Verplank（1978）提出的 10 个自动化水平（level of automation，LOA）连续体实质上就包含人与自主化系统的交互。然而，如前文所述，自主化系统具有不同于传统自动化系统的人机交互特点，人机关系发生了跃迁，因此在此对狭义的自动化系统与自主化系统进行区分。

O'Neill 等（2022）在自动化等级的基础上划分了自主化的等级（表 11.1）；随着 LOA 水平的提高，智能体在 HAT 中的角色更加具有自主性，智能体的能力范围更广。在 LOA 的 1～4 级，机器在任务中仅提供信息，缺乏自由决定权和无预先编程指令情况下独立从事活动的能力，如车辆中的 360 度全景影像驾驶辅助系统仅提供感知信息，属于狭义的自动化系统，人类仅将其视为工具。在 LOA 的 5～6 级，机器可自发地推荐、执行某项行动，同时机器的行动方案可被人类操作员所否决，如碰撞预警驾驶辅助系统能在分析信息的基础上向人类发出告警，此时机器已经实现了部分自主化。在 LOA 的 7～10 级，机器在独立执行操作前不需要人工干预或提示，如自动泊车、紧急制动系统等，成为真正的自主化智能体。

表 11.1 自动化水平的 10 级划分以及对应的自主水平划分

LOA	自动化水平	智能体自主水平	智能体的角色和能力
10	从上至下由高到低	智能体高自主性	智能体决定一切，并自主行动，不通知人类
9			只有当智能体决定通知人类时，才会通知人类
8			智能体只有被要求时，才会通知人类
7			智能体自动执行，但执行时/执行后必须通知人类
6		智能体部分自主	在自主执行之前，智能体允许人类在有限时间内否决
5			如果人类同意，智能体就执行这个建议
4		智能体无自主性/手动控制	智能体会给出一个备选方案
3			智能体将选择范围缩小
2			智能体提供一套完整的行动方案
1			智能体不提供任何帮助，人类必须做出所有决定和行动

4. 人智组队和人人组队的比较

目前，HAT 的研究在一定程度上借鉴或者类比了人人组队。人人组队存在言语与非言语交流，其良好合作依赖于彼此采择观点，建立共识，理解、推断和预测彼此的心理状态和行为(Krämer et al., 2012)，而非简单地依赖基于任务需求的预测。这些关键能力在人智组队中同样极为重要(Yuan et al., 2022)。同时，在人人组队的过程中，队员间会逐步形成归属感、社会互惠和平等等长期关系，这在人与智能体的交互中也会出现。

然而，人智组队与人人组队间不能画等号，人智组队有着不同于人人组队的优势与不足，这在某种程度上决定了人智组队为何需要新的研究范式取向。HAT 相较人人组队的优势至少有如下三方面。首先，HAT 实现了混合增强智能，人智在认知和行为上可实现最大程度的优势互补，可突破传统人人组队所无法胜任或完成的任务边界。其次，HAT 能以更协调、和谐方式进行团队协作。高质量的团队合作需要相互适应(Salas & Fiore, 2004)。HAT 中的智能体对人的适应可以由人决定，包括是否适应、如何适应等，具有更加个性化、灵活的优点。人智组队中智能体对人的适应可根据人的历史数据提前进行个性化预置，从而压缩磨合时间。最后，HAT 可大大降低人人组队中由于社会交互的隐式表达所带来的歧义和模糊，以及社会关系和层级带来的潜在任务阻碍。

HAT 相较人人组队的不足，除受限于当前的 AI 等技术发展外，还与智能体有着不同于人的信息处理与应对方式有关。Demir 等(2017)发现 HAT 团队绩效能与非专家的人人组队达到相当的程度，却无法与专家人人组队相媲美。此外，人与智能体的知识经验和问题处理策略的不同会导致 HAT 可能出现合作瓶颈，尤其是发生不可预见事件时，人智组队对变化的反应或处理速度要慢于人人组队(Lyons et al., 2021)。

5. HAT 合作概念模型

为反映 HAT 中的交互特点，基于智能技术的自主化新特征以及新型人机组队式合作关系，许为(2022)在协同认知系统(joint cognitive systems)理论(Hollnagel & Woods, 2005)、情景意识(situation awareness, SA)理论(Endsley, 1988)以及智能体理论(Wooldridge & Jennings, 1995)的基础上，提出了一个表征人智交互智能人机交互系统的 HAT 合作概念模型(图 11.1)。该模型将智能人机交互系统视为一个协同认知系统;智能体与人类一样,具有认知加工能力。人类与智能体间的关系并非彼此独立,二者共享任务、目标等信息,以及系统的控制权。HAT 模型采用异质同构的方式来表征智能系统的信息加工。基于 SA 理论,人类对外界环境信息的认知加工包括感知、理解、预测三个层次的过程(图 11.1 左)。对应人类的这一认知加工,智能系统的底层是对情景数据的采集、处理和运算,中层是对情景意识的智能评估和推理,上层则通过知识转化等来预测当前情景中可能发生的事件(图 11.1 右)。该模型有如下七方面的新特征,为 HAT 的研究提供了指导框架与思路。

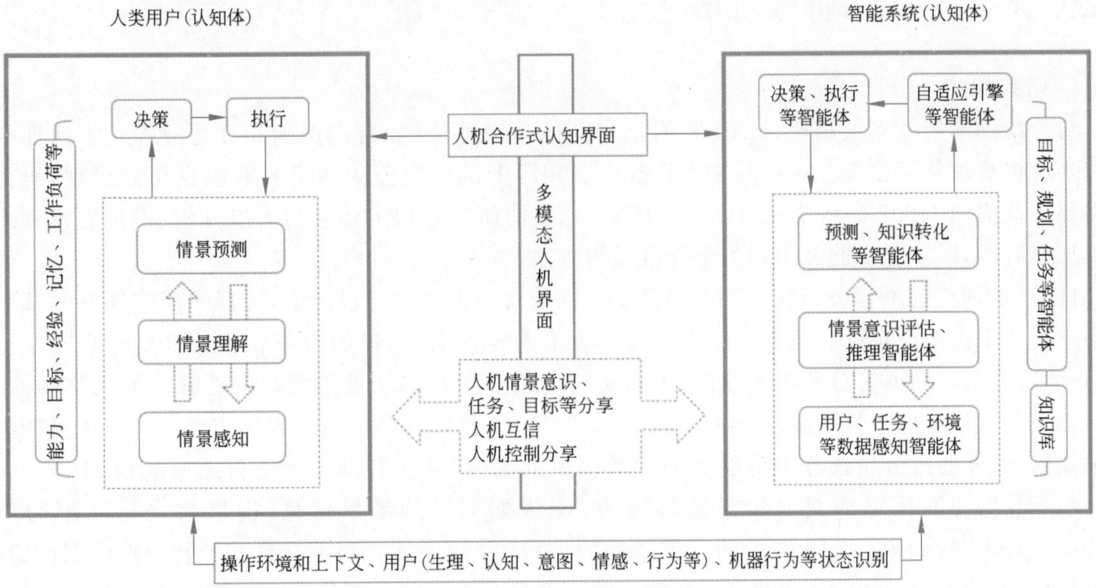

图 11.1 HAT 合作概念模型

(1) 基于 HAT 的研究范式新取向。不同于传统人因学中的单向人机交互关系,该模型将人智关系表征为一个协同认知系统中人-智两个认知体间的协同合作,探索通过优化人智协同合作的途径来提升人机系统绩效。

(2) 基于机器认知体的研究新取向。不同于传统人因研究将机器视为辅助人类作业的工具,该模型将机器智能体表征为与人类组队合作的认知体,这有助于研究者通过研究智能体的认知行为以及与人类的合作,探索通过优化智能体认知能力和行为的途径来提升人智系统绩效。

(3) 坚持并拓展了"以人为中心 AI"的思路。智能系统需要在感知识别用户、情境状态的基础上,明确最佳的控制权切换点,从而提高系统的风险应对能力和团队绩效。在紧急情况中,人类操作者仍需拥有系统的最终决控权。这不仅是为了强调人类用户所占据的主导地位,也是为避免用户与智能系统因特定场景的操作冲突所引发的矛盾与损失。

(4) 人智双向主动式状态识别。不同于传统的"刺激-反应"单向式人机交互,该模型强调人智双向主动的状态识别。智能体通过感应系统主动监测和识别用户生理、认知、行为、意图、情感等状态,人类则通过多模态人机界面获取最佳的 SA。

(5) 强调了人机智能的互补性。双向交互模式使得人类和智能体互补成为可能。作为一个协同认知系统,系统绩效不仅取决于系统单部分的绩效,更取决于人机智能互补和合作,通过人机混合智能来最大限度地提高人机协同合作和整体系统绩效。

(6) 自适应成为 HAT 的内在要求。强调智能系统的自适应机制,根据对用户、环境上下文等状态的感应识别和推理，智能体在涉及无法预测的一些场景中能做出合理的自适应系统输出，人类用户根据 SA、目标等自适应地调整交互行为。

(7) 人机合作式认知界面。为了实现人智协同合作，该模型强调构建基于多模态交互技术的人机合作式认知界面，以实现对人机双向 SA、人机互信、人机决策共享、人机控制共享、人机社会交互、人机情感交互等方面的支持。

11.2 人智组队的研究方法

1. 研究范式

与传统的非智能系统相比，HAT 拥有诸多新的高级特征（如自主识别和自适应等），它所面临的操作环境也更加复杂多变。一些与 HAT 新特点相匹配的研究范式和研究取向也相继出现，研究人员需要采取面向 HAT 的新范式与方法。HAT 系统的研发过程主要包括需求分析、设计建模和测试评价三个阶段，以下基于此介绍相关研究范式与方法。

HAT 的研究前期需分析任务和人的需求。在传统的人机交互设计中，机器的模式通常是基于已有用户研究来提前设定的。但 HAT 适用场景的不确定性高，用户的需求和状态也易随之改变。因此，新的研究范式需要充分利用大数据，根据实时的用户状态和场景建模获取更精确的人物画像，动态匹配人类操作者的个性化需求(Berndt et al., 2017)。此外，HAT 研究者还需考虑工作中可能出现的未知场景，并通过分析任务中可能制约人类决策的因素，建立有助于系统自适应的模型(Vicente, 1999)。同时，智能体也应具有情景感知能力，能依据实时的场景信息，提供与之相匹配的功能(Vinodhini & Vanitha, 2016)。在推广和落地的过程中，AI 技术还可能受到其他社会性因素的影响，纳入隐私、伦理等社会道德因素来开发出满足社会大环境的智能化系统(许为，葛列众，2020)。

在智能系统的设计阶段，需要考虑三种交互取向：人对智能体的交互，智能体对人的交互，以及如何促进双向交互。人对智能体的交互基于各种输入设备，除了传统的按键输入外，语音、手势、脑机接口等自然交互方式都涌现在 HAT 中，相关研究多通过实验室实验方式采集数据，调整算法或交互的参数，例如 Gao 等(2022)通过工作记忆广度任务范式探究了人在学习手势-命令对时，同时学习 2～5 对为宜。智能体对人的交互基于系统行为和用户界面，传统的交互界面研究往往以用户界面的视觉效果为重点，然而 HAT 中的智能体的复杂性决定了其行为、多模态的沟通都成为人类队友理解它的方式，提供透明度更高的可解释 AI 成为一个重要研究取向(Gunning et al., 2019)。高效双向交互则有赖于任务分配、工作流和工作空间的设计。不同于传统的固定任务分配，HAT 强调“智能体先行”理念，在作业过程中优先使用机器的智能功能，通过减少重复的人类活动来优化交互，在智能体无法完成任务时再由人类接管，实现人与智能体间任务的动态分配(许为，2022)。相关研究目前大多为实验室研究，通过抽象任务或仿真模拟技术，如自动驾驶模拟器，将设计问题转换为可操纵的自变量和因变量进行实验研究。

在设计新界面、建立新模型后，研究者会测试 HAT 的可行性。在仅有设计原型而无功能实现阶段，绿野仙踪(Wizard of OZ, WOZ)是 HAT 研究中所用的典型方法之一，即让人类扮演“智能机器”与用户交互，来模拟并验证整个 HAT 的设计思路(Martelaro & Ju, 2017)。在算法与界面功能均完善的情况下，直接使用智能体原型对交互乃至算法本身进行测试已成为可能，例如 Mercado 等(2016)比较了使用智能体透明性模型设计的 HAT 系统与未使用模型设计的系统，发现使用智能体透明性模型设计提升了团队绩效和信任水平。针对上文提到的新型界面和交互学习，认知计算模型有助于在系统开发初期实现量化测验(Foyle & Hooey, 2007)。将系统推广至复杂的应用场景时,可采用规模化和生态化的方法(scaled up and ecological method)或自然场景研究(in the wild, Rogers & Marshall, 2017),后者常应用于一些非生命攸关系统。由于智能体的学习导致 HAT 系统的迭代,长时间追踪评估团队表现的纵向研究(longitudinal study)成为研究团队关系的最佳方案之一。

2. 场景与平台

HAT 现阶段的研究大多和军事相关,涉及指挥和控制任务(包括目标识别、攻击、防御、导航等)。还有一小部分非军事的研究,涉及农业、太空探索、工厂生产等场景(O'Neill et al., 2022)。这些成果主要应用于智能空中交通管理系统、智能机器人团队、智能飞行甲板系统和自动驾驶汽车等。同时,HAT 的研究重点正在向更一般、更复杂的场景转移。如模拟场景包含更多不确定的紧急情况,或添加模糊的随机噪声(许为,2022),以考察实现人智团队绩效动态平衡的方法。

已有的 HAT 研究大多是通过模拟任务场景的方式来实施的。研究者搭建了一些模拟试验台(testbeds),以有针对性地研究不同类型的人智协同任务。在这些试验台中,以军事相关的平台最具代表性。其中,有关无人机系统的综合任务环境(cognitive engineering research on team tasks-unmanned aerial system-synthetic task environment, CERTT-UAS-STE, Cooke & Shope, 2004)和混合主动实验试验台(mixed initiative experimental testbed, MIX testbed, Barber et al., 2008)是目前使用较多的军事模拟台。CERTT-UAS-STE 以美国空军的无人机地面控制站为基础,要求飞行员、领航员和摄影师三位角色不同的团队成员相互协作,给航路点拍摄照片。为完成该任务,团队成员间须及时沟通(McNeese et al., 2018),三个角色可根据任务的需要来设置 AI。MIX 试验台包括操作者控制单元和无人驾驶系统模拟器,能为无人驾驶车辆的侦察、监视和目标识别任务提供不同自动化水平的场景。在该平台中,智能体能够控制车辆间距、提供路线变更建议,或在得到允许后自动执行这些功能,从而实现与人类的协作。在非军事的场景中,目前应用最广泛的模拟平台为世界积木(blocks world for teams),即要求人类和智能系统组队协作,共同将不同颜色的积木从某个房间移动到另一个房间(Harbers et al., 2011)。此外,有研究者设计了更具现实意义的人机资源配置平台(computer-human allocation of resources testbed),要求被试和智能系统在有限的时间内共同完成预防犯罪的资源(如警察等)配置任务(Bobko et al., 2022)。

3. 常用研究变量

1) 自变量

在行为层面,HAT 研究中的自变量主要包括系统的 LOA、可靠性、人机交互方式。在认知层面,用户的个体差异(如性格特征、训练经验)、智能系统与人类的相似性会对人智团队造成影响。除团队内部的相互作用外,任务类型和难度等外部环境因素,以及团队对情境的感知能力也会影响 HAT 的表现。

LOA 和可靠性属于系统的行为特征。在大多数研究中,高 LOA 的智能体能对团队产生更积极的影响,如提升用户的态度和团队的整体绩效。但在个别情境下,LOA 与团队整体绩效间呈倒 U 形,中等程度的 LOA 是最理想的(Biondi et al., 2019)。团队成员所提供信息的准确性体现了其可靠性:一方提供的信息越准确,该方在另一方的认知中就越可靠,也就越容易得到信任(Bobko et al., 2022)。有研究指出,若系统可根据团队的表现动态调节其可靠性,可能会避免因完全可靠而导致用户过度信任的情况(Rodriguez et al., 2023)。此外,团队内部的交互方式也会影响 HAT 的表现。信息交互的透明性有助于促进人智双方在理解行为的基础上推测对方意图(Kridalukmana et al., 2020),从而提升 HAT 的整体表现和信任校准水平(Bobko et al., 2022)。在信息的呈现形式和内容方面，智能体主动明确自己的信念和目标（van den Bosch et al., 2019），或采用语言与非语言相结合等更具社会性的方式进行信息呈现（de Melo et al., 2021），会提升人机沟通的有效性。若一方出错，有效的沟通（例如道歉并解释出错原因）还能提升另一方对错误行为的理解度，有利于对团队的后续表现进行补救（Kox et al., 2021）。

此外，人类对系统和团队的认知存在个体差异。有智能系统相关使用经验的个体往往会对智能体有更高水平的信任，并能更好地应对多任务的复杂情境（Chen et al., 2011），并可抑制交互过程中的过度信任（William et al., 2016）。智能系统与人类间的相似性也会影响用户的体验。拟人化形象的系统更易获取驾驶员的信任（de Visser et al., 2016）；采用对话形式的提示信息有助于提升用户对系统的信任（McTear et al., 2016）。如果智能体拥有和用户相同的任务目标，则用户对它的信任水平也会提高（Verberne et al., 2012）。

在影响人智团队的外部因素中，任务的情境和复杂度会影响团队的认知过程。当任务本身对人机合作的要求较高时，两者的行为和决策都会更加依赖对方。这种依赖性有利于降低工作负荷（Walliser et al., 2017）。但是，高难度的任务往往会对团队的整体状态和表现产生消极影响。对此，Kridalukman 等（2020）构建了支持型情景意识（supportive situation awareness）模型，系统会识别需完成的任务目标，并根据难度对其进行分级；同时，系统对不同等级的操作会调整信息量的范围，确保用户处于最佳的 SA 水平。

2）因变量

在 HAT 中，研究者能观察并测量的因变量主要有行为、认知、社会认知三个层面的指标，包括人智协作水平、工作负荷、SA 和信任等。而提高人智协作水平、降低人类的工作负荷、提升人机 SA 和双向信任最终会体现在 HAT 整体任务的绩效提高上（Calhoun, 2022）。从人类和智能体在作业过程中的行为表现看，团队内部的沟通行为、出现紧急情况时操作者接管控制权的时间节点、频率和恢复时间、双方行为的重叠率等，都可反映 HAT 协作程度（Demir et al., 2019; McNeese et al., 2018; Fan & Yen, 2011），进一步体现团队内信息共享的有效性。团队表现则主要通过人和智能体对任务目标检测与处理的效率、完成任务时间、整体规划质量等指标来衡量（O'Neill et al., 2022）。以下将以因变量的分类标准对已有研究做相关的阐述。

11.3 人智组队的研究内容

团队的成功不只是某一个团队成员的能力与可用资源的作用，更是团队成员间彼此配合的过程作用，且后者起核心作用。团队过程在外部表现为协调、合作和沟通；团队的内部过程主要是指团队内部的认知过程，团队的社交属性还包含团队的社会认知过程。因此，有关 HAT 的研究内容，以下将按团队的外部行为层、内部过程的认知层和社会认知层来分别介绍。

11.3.1 行为层

HAT 的行为层研究当前主要围绕功能分配与信息沟通开展。为避免失败、错误和无法运行的情况出现，HAT 的交互须支持实时动态功能分配。同时，合理的信息沟通在构建 HAT 的团队认知中起关键作用。

1. 功能分配

HAT 中的功能分配（function allocation）指人与智能体分配系统功能与任务的策略。HAT 中的功能分配强调动态分配(Kaber，2018)：人类和智能体都没有专项负责的内容，需灵活地确定各自任务来完成目标。这样的动态分配要求系统在以人为中心的前提下实现最大化的人智互补。因此，人类在任务分配的过程中拥有尽可能多的主导权；而机器则可根据人类在当前情境下的优势和劣势，自适应地调整自动化水平。然而，有研究认为，既然人类和智能体在HAT中是相互协作的同伴关系，拥有共同的任务目标，则人机间的任务分配也需要实现更平等的共享(Johnson & Vera，2019)。这类人智功能分配的研究主要借鉴人人团队中的研究思路，让人类与智能体通过沟通任务目标和计划，在操作前或操作期间选择自动化水平以及人类操作员与智能体间的任务分配(Miller & Parasuraman，2007)。

动态功能分配意味着人机团队在运作过程中需要找到最适合当前任务情境的功能分配方式，以实现团队效率的最大化(Kaber，2018)。当智能体的LOA超出了合适水平的范围时，就需将系统LOA重新调整到合适的水平(Miller & Parasuraman，2007)。这种调整反映了控制权的转换(transfer of control，TOC)，即HAT在某种情境下引发的对系统LOA主动或被动的调整(Lu & de Winter，2015)。目前，领域内被广泛接受和应用的TOC分类框架主要考虑了发起者(人类发起vs.智能体发起)和转换方向(人控转向机控vs.机控转向人控)这两个关键因素，并通过这两个因素的组合把人机控制权转换的主要方式划分为四类(McCall et al.，2019)。其中，接管(takeover)代表由智能体发起的将控制权转交给人类的过程，是对HAT中人类具有最终决策权的一种保障。当智能体遇到无法应对的状况或特定的紧急事件时，智能体需快速把相关环节的控制权转交给人类，并提供相应的情境信息。自动驾驶中的接管问题是当前研究的热点。移交(handover)指由人类发起的将系统控制权转交给智能体的TOC过程，通常作为非紧急情况下的TOC方式(Miller et al.，2014)。移交因其过程简单明了而相对较少的被研究所关注，但它以其促进人智的相互依赖性和提高人对系统能力期望的独特功能，是人机系统TOC中不可或缺的一部分。另外两种由团队成员直接请求获取系统控制权的TOC方式称作推翻(override)，该过程的控制权转换发起者与接收者相同。智能体作为发起者将系统控制权从人类向智能体转换的推翻属于智能体推翻，它几乎只在人类操作员表现过差的情况下才会罕见的发生。人类作为发起者，将系统控制权从智能体向人类转换的推翻属于人类推翻；尽管它是一种在很多情境下被广泛应用的TOC方式，但目前的研究相对较少。后续研究在此分类基础上加入了时间、强制性、预测性等因素(Lu et al.，2016)。

自适应(adaptive)的LOA调整相比于功能固定的自动化可在一定程度上提高任务绩效并减少对人类注意力的需求(Parasuraman et al.，2009)。然而，当系统自动对LOA进行改变时，人类对自动化的接受度可能会降低，并缺少完成相应操控的SA。尤其是在复杂的人机合作任务情境下，自适应系统对LOA不正确、不合时宜、不可预测的转移可能会成为令人烦恼甚至影响系统性能和安全性的因素。相比之下，可适应(adaptable)模式让人对系统LOA的自适应调整进行决策，更好地保证了人机合作中的"人在环内"。可适应系统着重保留了人类对更改LOA的最终权力，智能体向人类建议几种控制权分配的选项，最终按照人的选择进行相应的TOC过程。然而，可适应的模式也不一定能够保证系统处于最适合的LOA，人类可能会因全神贯注于无关任务或漫不经心而选择不合适的LOA。同时，可适应系统相比于自适应系统需要人类承担更多额外的决策任务，从而增大了人类的工作负荷。值得一提的是，Calhoun(2022)系统总结了大量自适应与可适应自动化的比较实验，发现了HAT中的人类更喜欢可适应自动化，且在提高系统任务绩效和减少人类感知工作量方面有着更大优势。

2. 沟通

沟通(communication)是一个互惠的团队行为过程，是指两个或以上的团队成员使用言语或非言语通道来交换信息。沟通保证了共享SA、心智模型和团队目标一致性的形成(Lyons et al., 2021),并可给队员提供大量情感和社会线索以提高团队效率,有助于人类将机器视为队友(Iqbal & Riek, 2017)。

高效的团队需要集体感知环境,理解环境与共同目标的关系,并根据这些目标采取沟通行动以支持团队中的其他人。目前,人类和智能体间的沟通方式主要有视觉图像、基于文本的聊天和音频表达三种(O'Neill et al., 2022)。这三种沟通方式可独立使用,也可组合使用。人人团队的交互还会使用各种行为线索以实现隐式沟通,如方向性动作、注视线索等。HAT中的沟通需考虑通过自身方式动态传递信息(Bengler et al., 2020),并注意协调言语与行为间的一致性(Banerjee et al., 2018)。需要指出的是,HAT中的沟通在适当的交互频次、适当的沟通内容和恰当的时机才能起到支持作用(Lyons et al., 2021)。这些都需精细的推敲和足够的经验才能实现(Demir et al., 2019),HAT在这方面仍难以与人人组队相媲美(McNeese et al., 2018)。

人与智能体的沟通可通过各种有形和无形的界面实现。如何设计智能体的显示和交互方式与内容,使其行为和认知得以被人类理解已成为HAT中的重要研究内容。这方面的内容也称为智能体的可解释性和透明性。Miller(2019)从社会心理学的角度解释了人类在团队合作中对系统可解释性的需求和期望。HAT需要给人类合作者提供一定水平的可解释性,从而让其更好地理解智能体队友的意图以及推测系统行为。缺少解释可能会引发人类对于系统运行过程的"失控感",并降低对团队顺利协作的信心。可解释性向人类合作者传递了人机系统决策"黑箱"中的推理过程信息,能够提高人对智能体队友逻辑的理解,促进人的SA水平、对HAT系统信任和对团队行为的预期。

可解释性可通过高透明性来实现,后者旨在让人意识到智能体的行为、可靠性和意图,并进一步使人理解其行为、推理过程、任务表现、能力、意图和未来计划(Bhaskara et al., 2020)。学界广为接受的HAT透明性模型分别由Lyons(2013)和Chen等(2018)提出。Lyons(2013)提出智能体应在意图、任务、分析结构和环境这四方面对人透明,人则应在团队任务和人的状态两方面对智能体透明。Chen等(2018)提出了HAT中的智能体透明度模型(situation awareness-based agent transparency, SAT)。在使用SAT模型实现透明性的HAT系统中,团队绩效、SA、信任都会在不增加工作负荷的同时有更佳的表现(Mercado et al., 2016)。

然而,透明性不等同于可解释性。只要团队的认知一致,团队成员间拥有共同的任务与团队成员模型,成员可通过团队认知形成对队友意图的正确预期(Chen et al., 2018)。因此,外显的沟通并非达成团队协同的必要条件。类似地,机器的行为只有与适当的人类期望紧密耦合时,才能最大限度地发挥其有效性。此外,高透明性可能会导致社会交互中的线索被破坏。如当智能体展示自己拥有的低阶能力时,人会默认这是智能体的最高能力水平而放弃尝试与智能体合作完成更高阶的任务(Fischer, 2018)。因此,实现智能体的可解释性目前仍是HAT领域的一大挑战,需要算法、心理学、人因工程、社会学等多领域的通力合作。

11.3.2 认知层

团队认知是HAT研究中的重点内容。团队认知是指在团队层面上发生的认知活动,并通常会在团队内部形成一种共同理解。团队认知不是个体知识的简单相加,而是随时间和情境变化、通过团队成员间互动而不断发展的共享知识体系(Cooke et al., 2013)。HAT中机器角色的变化决定了人机团队的顺利合作需要高效的团队认知交互共享模式(许为,2022)。已有研究发现,团队情景意识(team situation awareness, TSA)、共享心理模型(shared mental model, SMM)和团队决策(team decision)等认知层因素会影响 HAT 系统的团队绩效。

1. 情景意识

在团队认知研究中,团队成员如何保持 SA、成员之间如何共享 SA、什么因素影响团队情景意识(team SA, TSA)的建立与丧失等,均是研究者重点关注的问题。SA 概念最早由 Endsley(1988)提出,用于反映主体对动态环境要素(包括系统环境、任务线索、团队合作、交互界面等)在时间、空间维度上的感知和理解,以及对未来情境的预测。该模型将 SA 划分为三个层次:感知层完成对相关环境元素的知觉;理解层根据目标和经验对感知到的元素进行加工和理解;预测层基于对信息的分析和理解来预测未来状况。将 SA 放到团队认知交互的情境中,就形成了团队情景意识(team situation awareness, TSA)概念,并以 Endsley 的观点最具影响力。她认为,TSA 是在团队合作的任务情境下,所有成员都能获取与他们任务和职责相关的 SA,以帮助团队完成共同决策。TSA 让团队成员在合适的时间从恰当的来源获取恰当的信息,使整个团队对任务和环境状况拥有同步的感知、理解和预测,保障决策的协调一致(Gorman et al., 2017)。在高级别团队合作中,团队需要了解特定情境特征(如环境中的线索、状况和模式)以及与任务状态的关联因素(如团队中的目标、决策和功能分配),从而建立 TSA。共享情景意识(shared SA)是 TSA 中的一个重要概念。TSA 包括所有团队成员对其角色相关信息了解的总和,而共享 SA 则侧重表示个体成员间共同情景信息需求的子集。共享 SA 使得情景信息根据不同成员的 SA 需求在团队间高效传递,保证了团队成员对情景信息的共同认知,可帮助团队建立 TSA。良好的 TSA 依赖团队内部 SA 的共享,离不开合适的团队沟通和交互方式(Demir et al., 2019)。

传统 TSA 研究仅局限于人人合作,人机关系因非智能体机器不具有 SA 而无法形成人机混合 TSA。在 HAT 下,智能体成为可独立决策和应对问题的队友,也需建立一套与人类心理过程相对应的认知结构,以完成与人类队友间的信息交互。智能体的 SA 成为 HAT 中的一个重要因素,对智能体 SA 的研究有助于构建 HAT 下的人智团队 TSA。在 HAT 系统中,TSA 的核心是人机共享情景意识与决策控制(O'Neill et al., 2022)。人机 SA 共享是 HAT 系统中智能体保持交互性(人机双向同步的情景感知)、协作性(成员任务合作与决策共享)和可通信性(基于高效信息沟通的团队交流)的必要条件,是最大化发挥人机协同合作效益的前提,这就决定了在探究 HAT 中的认知层因素时,需构建双向互动的人机协同认知系统(许为,葛列众,2020)。

基于上述分析,许为(2022)在其提出的 HAT 合作概念模型(图 11.1)中采用与人类用户认知体异质同构性的方式来表征机器认知体的信息加工机制:智能体的 SA 具有与人类队友相同的 SA 三层次结构,且人和智能体的三层次 SA 在人机系统 SA 共享和 TSA 的建立过程中相互对应,以保证人和智能体在任务过程中具有对共同目标的一致性认知、对实时环境状况的知识共享。根据该模型,建立 HAT 的 TSA 需要依靠交换感知信息和决策意图来形成共享 SA 的人机协同认知生态系统。已有研究从团队互动视角探究了 HAT 情境下 TSA 的构建方法和影响因素。Demir 等(2017)发现,团队成员对队友(人类或智能体)信息需求的预期是构建 TSA 的重要因素。HAT 需要改进团队成员间的信息推送机制,在言语沟通中预期队友情景信息的需求并主动推送与其任务目标相关的信息,使人机 TSA 的构建更高效(Cohen et al., 2021)。Demir 等(2019)提示,建立一种高效的人机沟通协调机制对维持 HAT 系统中的 TSA 十分必要。通过多模态的人机合作式交互界面来实现人类和智能体间 SA 的分享与交换,有助于提升 TSA(Endsley, 2020)。此外,透明度和可解释性在 HAT 中的 TSA 构建过程中扮演了重要角色。

2. 心理模型

心理模型(mental model)是人们在经验、信念和规则等因素影响下对外部现实世界的内部认知表征方式,是人们用来描述任务目标、解释系统功能、观察环境状态和预测未来情况的一种认知结构(Morris & Rouse, 1985)。心理模型与SA有密切的功能联系。心理模型属于较为底层的认知层因素,SA建立于心理模型之上。心理模型作用于SA的方式,本质上是从长时记忆中提取相关信息进入工作记忆,引导认知加工和注意选择的过程。

心理模型作为组织信息和帮助决策的重要认知机制,能在对内外部环境描述、理解和预测的基础上,指导个体或团体采取特定的行动和措施,会影响个人行动和团队合作中的注意分配、推理解释、行为选择等过程。在团队合作的情境下,团队成员间需要构建共享的心理模型(shared mental model, SMM),从而在团队认知层面上形成协调统一的思维模式。SMM代表团队成员间共享的知识结构(包括环境、目标、计划、对特定行为的共同意图等),让团队成员在具体的动态任务情境中形成准确的表征和预测,对情景状况和采取的行动有同步的理解。在团队任务中,SMM可分解为任务心理模型(包括理解和完成共同任务的具体知识架构)和团队心理模型(包括团队内部的沟通合作行为方式),两者从不同角度影响着团队合作的认知过程(Andrews et al., 2022)。TSA建立于团队SMM之上,共同构成了完整的HAT认知层架构。

在"以人为中心AI"背景下,HAT对人机共享的心理模型提出了更高的要求。HAT中的智能体有着区别于人类的行为模式,这为人类在人机合作中对智能体的判断和理解加入了比人人团队交互更为复杂的因素(Miller, 2019)。另外,智能体作为有独立行为能力的队友,为智能体的输出增加了不确定性,系统运行的过程也随着算法的进步而变得愈发让人难以掌握(Casner & Hutchins, 2019)。因此,在HAT情境下,人类操作员除需构建任务环境的心理模型外,还要建立面向智能体的有效心理模型,其中包括对AI逻辑的理解和对系统功能和缺陷的认识。在人与智能体组队合作的过程中,有效HAT需要人机间心理模型的共享,以帮助智能体在动态情境中决定与人类队友信息交互的内容和方式,以及帮助人类校正对智能体的依赖性和判断接管系统的时间点。其中,信任和沟通是建立SMM的重要因素(Andrews et al., 2022)。目前,研究者正从不同角度探究HAT中人机SMM的建立方式及其对人机团队认知的影响。

3. 团队决策

团队的认知过程是围绕团队决策(team decision)进行的(O'Neill et al., 2016)。HAT中的团队决策强调人类与智能体共享对系统的决控权。有效的HAT应允许在任务、功能和系统等各个层面上实现决控权在人与智能体间的分享(许为,2022)。HAT实现人机决策权的共享时,需根据信息综合加工的结果来合理地分配决策权,同时人智团队成员应进行即时的信息双向交互反馈,并根据实际情境不断调整、改进决策共享机制。"以人为中心"的HAT关系强调,AI的作用是增强人类能力而非取代人,人应该拥有HAT的最终决控权。因此,HAT需建立完整、可靠的人机决策权分配与转移机制。在团队日常运行过程中,通过人机决控权共享促进团队决策的效率,同时在决定性或危急性时刻保证人享有最终决控权并能顺利执行。目前,研究者对HAT中的团队决策进行了初步探索,包括影响HAT中团队决策的因素、团队决策权分配和转移方式等。

11.3.3 社会认知层

社会认知是指个体对他人、自我和人际关系的认识,是对社会交往中各种行为进行编码、解码的过程。为提高智能体对人类的协助水平、充分发挥智能体作为队友的陪伴作用,有关智能体的社会认知研究也在开展。已有研究主要围绕人-智能体间的信任(trust)与社会智能(social intelligence)进行探讨。信任是实现 HAT 的基本要求(Hussain et al., 2021),而社会智能则是增进双方沟通效果、提高任务完成效率的有效手段。

1. 信任

人对机器的信任在自动化时代开始被注意,并在智能时代变成了一个不可忽视的重要话题。目前,Lee 和 See(2004)提出的人机信任定义被研究者广为接受。信任被定义为个体在不确定或易受伤害情境下认为机器能帮助其实现特定目标的态度。

高在峰等(2021)以自动驾驶为例,分析了 HAT 过程中的信任发展过程与影响因素,提出了基于信任发展过程的动态信任框架(图 11.2)。该架构将信任的发展分为倾向性信任、初始信任、实时信任和事后信任四个阶段。在信任的不同发展阶段,影响信任的因素不尽相同。这些因素可归纳为操作者特征、系统特征、情境特征三方面。其中,操作者特征可划分为固有特质与先验经验两种因素。固有特质指个体生理固有或长期形成的相对稳定特征,如性别、人格、年龄、文化背景等因素,与系统和情境无关;先验经验指通过学习而获得的系统和情境特征。在操作者与智能系统的交互过程中,系统特征与情境特征通过系统表现客观地反映出来,而客观的系统表现经操作员认知系统加工后转为主观感知特征(包含个体对系统表现的潜在风险感知),后者是影响信任的直接因素。其中,实时信任及其影响因素是当前研究的重点。恰当的实时信任取决于操作者对系统、情境特征的准确感知(操作员的 SA 水平)。如图 11.2 中的含箭头圆环所示,实时信任影响操作者对系统的依赖使用行为,在交互过程中操作者通过系统表现可动态感知系统特征与情境特征,并据此动态调整其实时信任水平。

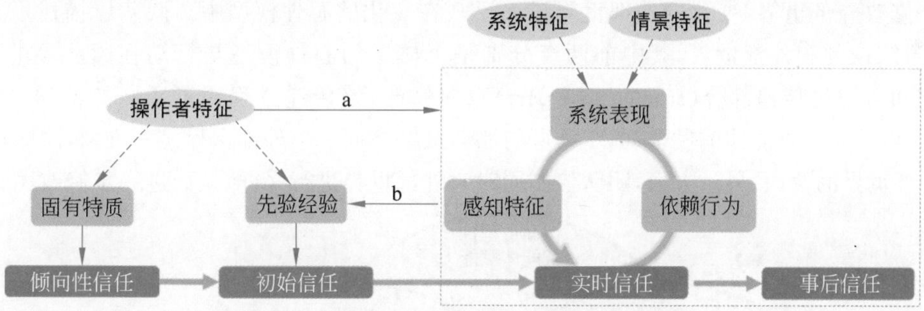

图 11.2　基于信任发展过程的动态信任框架

a 线表示操作员的用户特征影响除系统表现外的其他所有四个因素,b 线表示框中所有因素均可转换为用户的先验经验

研究信任的目的在于信任校准(trust calibration),使人类操作者对机器保持恰当信任水平。目前有关 HAT 的人机信任研究主要围绕 HAT 中避免过度信任、规避信任不足以及信任修复的问题开展,规避信任不足旨在在产生信任危机前通过设计手段进行预防,而信任修复则是在信任受损后进行补救。对于信任的校准,研究者目前主要从监测矫正、操作者训练、优化人机界面设计三方面考虑(Chen et al., 2018; Kox et al., 2021; William et al., 2016)。

2. 社会智能

社会智能关注个体间的有效互动,是指与他人有效互动以完成目标的能力(Ford & Tisak, 1983)。在 HAT 中,用户倾向于以社交方式与智能体接触。当智能体具备较高水平的社交技能时,用户的交流意向会更加明显。其中,非语言交流方式,尤其是情感交流对智能体与人类沟通合作、建立信任、减少错误等尤为重要(de Melo et al., 2021)。有关智能体社会智能的研究,目前主要围绕建立人-智能体间的融洽关系(harmony)与情感交流(emotion interaction)两方面开展。

人类和智能体在理想状态下能互帮互助，互相弥补对方的弱点，实现理性与感性的平衡，形成平等、互信、可靠的队友关系，这也是 HAT 最终追求的融洽关系。虽然人类目前已能接受智能体作为队友共同完成任务，但人类用户还无法轻易做到像对待其他人类同伴那样对待智能体。研究者目前一方面在探讨导致不融洽的原因，另一方面也在积极尝试局部的优化(Schelble et al., 2022)。

在理想的社会智能交互环境中，智能体能像人类一样感知来源于外界的刺激，理解、处理并做出情感反应。情感识别要求智能体能识别人类队友的情感元素，包括生理、心理、语言等多种类别的信号。近年来，情感识别开始由单模态情感识别向多模态情感识别发展。HAT 中的情感表达涉及人类用户的情感表达和智能体的情感表达两方面。人类的情感表达已有众多研究；在智能体情感表达方面，类人或类动物机器人方面的研究开发正在开展(Xiao et al., 2020)。使智能体具有面部表情、有感情色彩的语言等，都会使人机交互更加类似于人人交互(McColl & Nejat, 2014)。

11.4 应用分析：以自动驾驶为例

最近，Gao 等(2024)整合了共享认知和互动主义这两种视角，提出了面向 HAT 的 ATSA(agent teaming situation awareness)模型，试图统合人与智能体组队下的行为、认知与社会认知(图 11.3)。将认知层的 SA 和心理模型作为核心，ATSA 将人和 AI 视为能通过协调、合作和协作来实现团队目标的自主智能体，并将交互拆分为个体层和团队层两个层次。个体层从知觉环路理论(Neisser, 1976; Smith & Hancock, 1995)出发，描述了每个智能体 SA 的宏观过程，心理模型指导外部行为，通过行动来采样并修改外部世界，变化的外部世界进而反映在变化的心理模型中。团队层描述了 TSA，包括团队理解、团队控制和外部世界，其中前两者分别是个体层的心理模型与行动在团队层的延展，且个体和团队层间可通过传递部分(transactive part)双向修改，该传递过程通过团队的沟通和协同实现。最后，外部世界是人与智能体的黏合剂，个体层与团队层共享同一个外部世界。一方面，团队通过团队控制实现对外部世界的修改；另一方面，团队控制同时对外部世界进行采样，从而进一步修改团队理解。

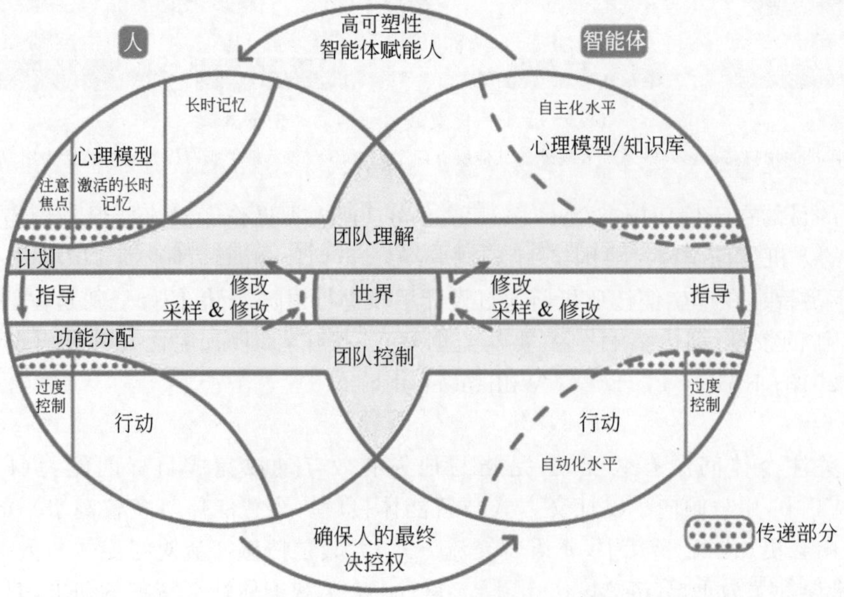

图 11.3 ATSA 框架

作为一个认知模型，ATSA 的核心认知成分在于个体的心理模型和团队的共同理解，它通过将 SA 置于该认知成分中的激活部分实现了 SA（或 TSA）和心理模型（或 SMM）的统一。不同于将 SA 和心理模型视作独立认知结构的观点，ATSA 模型把 SA 体现在激活的心理模型中，比非激活的信息具有更高的信息优先级和可用性。这样的认知结构也体现了人与自主智能体的差异：人认知能力的有限性和认知特性导致自主智能体相比于人更灵活。此外，在行为层面，人与智能体都可能出现各自不利于任务完成的多余控制（excessive control），团队控制的意义在于通过控制锁或补偿机制避免多余控制带来的不良后果。整体而言，ATSA 模型通过认知和行为强调了智能体可调整的心理模型能力与行动能力，区分了自主化水平与自动化水平，同时融入了人的认知加工特性，基于前文所述的 HAT 合作概念模型提供了一个更加落地、整合的框架。

根据表 11.1 的标准，L2 及以上的自动驾驶车是具备（至少部分具备）自主化特征的智能人机系统，驾驶员和车载智能系统是可以完成一定认知信息加工任务的两个认知体。装备智能感知等技术的车载智能系统可对人类驾驶员的状态、环境等进行一定程度的感知、识别、学习、推理等认知加工，与人类驾驶员实现人车共驾。以下将以自动驾驶车作为 HAT 合作的协同认知系统的典型代表，尝试给出一个 HAT 合作的分析。

在行为层面，HAT 强调驾驶员与车载智能系统间存在自适应与可适应相结合的功能分配。如车载智能体会根据天气的路况自动将行驶模式切换为与相应路况相适应的模式来确保驾驶安全；同时，当在完成某项特定的驾驶任务中存在多条路线时，在分析后会选择出数量有限可行方案呈现给驾驶员来选择，增强驾驶员的能动性与控制感。在交流方面，需要努力推动驾驶员与智能体间的多通道自然交互，积极探索研究有效的人机界面设计隐喻、范式及认知架构，诸如合作式认知界面来支持人机共驾中的人机协同合作。

在认知层面，为实现有效的人机协同合作，通过合适的沟通方式与多模态的人机合作式交互界面，构建一个"人在环内"的人机混合智能系统，驾驶员与车载智能体间建立了共享的心理模型，并进行双向主动状态、意图与行为识别，建立 TSA 与共享 SA。驾驶员个人的 SA 与人智团队的 TSA 处于合理水平，以防"自动化讽刺"（ironies of automation，Bainbridge，1983）现象的出现，并帮助团队进行合理分工，做出满意的团队决策。驾驶员与车载智能体在任务、功能和系统等各个层面上共享决控权，并根据信息综合加工的结果来分配决策权。同时，驾驶员与车载智能体两个认知体间建立了完整、可靠的人机决策权分配与转移机制。两个认知体存在即时的信息双向交互反馈，并根据实际情境动态调整以优化决策共享机制：二者在平时共享决控权，但在紧急情况下，驾驶员享有最终决控权。

在社会认知层面，车载智能体通过监测驾驶员的多模态信息来识别并理解用户的意图与情感状态；驾驶员通过车载智能系统的高可解释性、透明度的认知交互界面来及时获知车载智能体的意图、推理逻辑、系统情感。基于此，驾驶员与车载智能体形成人机互信、平等、可靠、融洽的队友关系。

11.5 总结与展望

本章系统分析了智能时代背景下的人机关系，指出 HAT 是自主智能机器带来的新型人机关系。"人智组队"式合作给人机关系赋予了新的内涵，促使人们重新评估目前基于的非人智交互系统的研发策略，人们需要新的研究范式和取向以应对 HAT 带来的挑战。在此基础上，本章进一步系统总结了目前 HAT 范式下的研究方法（包括研究范式、平台与变量）与研究内容（包括行为层、认知层与社会认知层），并以自动驾驶为例给出了一个 HAT 的理想应用实例。

尽管近5年已有不少HAT的研究涌现(这也是本章存在的基础),但是HAT研究仅仅处于起步阶段。为了实现高效、安全的HAT,以下问题需在今后重点考虑:(1)现有的HAT的研究均借鉴人人组队或传统人机交互研究,然而HAT不同于这二者,需要探索面向HAT的理论、人智合作绩效评估系统;(2)HAT要求人机互信,共享SA与决控权,然而目前缺乏可实证检验的特定HAT理论模型,需要构建体现HAT特征的人智双向SA、信任、决策概念模型与计算模型,并探明人机互信、TSA的构建认知过程与影响因素;(3)为了实现融洽的人智合作关系,智能体需具备监测并识别用户行为、意图、情感等的能力,终极目标是具有类人的共情能力,然而,现有的人工智能技术在这方面较人不占优势,因此需进一步开发有效的用户行为、意图、情感识别的计算模型,尝试探索具有共情能力情感智能体的路径;(4)基于HAT的功能分配要求自适应与可适应,然而使用自适应与可适应的规则尚不清楚,今后有必要就该问题进行系统探讨;(5)人与智能体的交互界面对人理解、信任智能体极为重要,目前有研究者将该界面定位为合作式认知界面(You et al., 2022),然而合作式认知界面更多地属于概念层面,今后需要进一步探索真正适用于人智交互的界面性质,并基于该新型界面开发新的范式与模型予以检验;(6)随着AI技术的快速进步,智能体在某些方面已超过人类,而人类能力受进化的限制,在短期内会相对稳定,因此,今后研究有必要从人因科学角度出发,考虑任务的性质与人的特点,积极参与智能体行为、认知、社会认知能力研究与设计,以提升HAT的协同合作水平,实现自然交互。

参考文献

Andrews, R. W., Lilly, J. M., Srivastava, D., & Feigh, K. M. (2022). The role of shared mental models in human-AI teams: A theoretical review. *Theoretical Issues in Ergonomics Science*, 1-47.

Bahram, M., Wolf, A., Aeberhard, M., & Wollherr, D. (2014). A prediction-based reactive driving strategy for highly automated driving function on freeways. *2014 IEEE Intelligent Vehicles Symposium Proceedings*, 400-406.

Bainbridge, L. (1983). Ironies of Automation. *Automatica*, *19*(6): 775-779

Banerjee, S., Silva, A., & Chernova, S. (2018). Robot Classification of Human Interruptibility and a Study of Its Effects. *ACM Transactions on Human-Robot Interaction*, *7*(2), 1-35.

Barber, D., Leontyev, S., Sun, B., Davis, L., Nicholson, D., & Chen, J. Y. C. (2008). The mixed-initiative experimental testbed for collaborative human robot interactions. *2008 International Symposium on Collaborative Technologies and Systems*, 483-489.

Bengler, K., Rettenmaier, M., Fritz, N., & Feierle, A. (2020). From HMI to HMIs: Towards an HMI Framework for Automated Driving. *Information*, *11*(2), 61.

Berndt, J. O., Rodermund, S., Lorig, F., & Timm, I. (2017). *Modeling User Behavior in Social Media with Complex Agents*.

Bhaskara, A., Skinner, M., & Loft, S. (2020). Agent Transparency: A Review of Current Theory and Evidence. *IEEE Transactions on Human-Machine Systems*, *50*(3), 215-224.

Biondi, F., Alvarez, I., & Jeong, K.-A. (2019). Human-Vehicle Cooperation in Automated Driving: A Multidisciplinary Review and Appraisal. *International Journal of Human-Computer Interaction*, *35*(11), 932-946.

Bobko, P., Hirshfield, L., Eloy, L., Spencer, C., Doherty, E., Driscoll, J., & Obolsky, H. (2022). Human-agent teaming and trust calibration: A theoretical framework, configurable testbed, empirical illustration, and implications for the development of adaptive systems. *Theoretical Issues in Ergonomics Science*, 1-25.

Calhoun, G. L. (2022). Adaptable (Not Adaptive) Automation: Forefront of Human-Automation Teaming. *Human*

Factors: The Journal of the Human Factors and Ergonomics Society, *64*(2), 269-277.

Casner, S. M., & Hutchins, E. L. (2019). What Do We Tell the Drivers? Toward Minimum Driver Training Standards for Partially Automated Cars. *Journal of Cognitive Engineering and Decision Making*, *13*(2), 55-66.

Chen, J. Y. C., Barnes, M. J., Quinn, S. A., & Plew, W. (2011). Effectiveness of RoboLeader for Dynamic Re-Tasking in an Urban Environment. *Proceedings of the Human Factors and Ergonomics Society Annual Meeting*, *55*(1), 1501-1505.

Chen, J. Y. C., Lakhmani, S. G., Stowers, K., Selkowitz, A. R., Wright, J. L., & Barnes, M. (2018). Situation awareness-based agent transparency and human-autonomy teaming effectiveness. *Theoretical Issues in Ergonomics Science*, *19*(3), 259-282.

Chevalier, P., Kompatsiari, K., Ciardo, F., & Wykowska, A. (2020). Examining joint attention with the use of humanoid robots-A new approach to study fundamental mechanisms of social cognition. *Psychonomic Bulletin & Review*, *27*(2), 217-236.

Cohen, M. C., Demir, M., Chiou, E. K., & Cooke, N. J. (2021). The Dynamics of Trust and Verbal Anthropomorphism in Human-Autonomy Teaming. *2021 IEEE 2nd International Conference on Human-Machine Systems (ICHMS)*, 1-6.

Cooke, N. J., Gorman, J. C., Myers, C. W., & Duran, J. L. (2013). Interactive Team Cognition. *Cognitive Science*, *37*(2), 255-285.

Cooke, N. J., & Shope, S. M. (2004). Synthetic task environments for teams: CERTT's UAV-STE. *In Handbook of human factors and ergonomics methods* (pp. 476-483). CRC Press.

Crandall, J. W. (2018). Cooperating with machines. Nature Communication, 9, 233.

de Melo, C. M., Files, B. T., Pollard, K. A., & Khooshabeh, P. (2021). Social Factors in Human-Agent Teaming. In A. Moallem, *Smart and Intelligent Systems* (1st ed., pp. 119-136). CRC Press.

de Visser, E. J., Monfort, S. S., McKendrick, R., Smith, M. A. B., McKnight, P. E., Krueger, F., & Parasuraman, R. (2016). Almost human: Anthropomorphism increases trust resilience in cognitiveagents. *Journal of Experimental Psychology. Applied*, *22*(3), 331-349.

Demir, M., Likens, A. D., Cooke, N. J., Amazeen, P. G., & McNeese, N. J. (2019). Team Coordination and Effectiveness in Human-Autonomy Teaming. *IEEE Transactions on Human-Machine Systems*, *49*(2), 150-159.

Demir, M., Mcneese, N. J., & Cooke, N. J. (2017). Team situation awareness within the context of human-autonomy teaming. *Cognitive Systems Research*, *46*, 3-12.

Endsley, M. R. (1988). Design and Evaluation for Situation Awareness Enhancement. *Proceedings of the Human Factors Society Annual Meeting*, *32*(2), 97-101.

Endsley, M. R. (2020). Situation Awareness in Driving. *Handbook of Human Factors for Automated, Connected, and Intelligent Vehicles*.

Fan, X., & Yen, J. (2011). Modeling Cognitive Loads for Evolving Shared Mental Models in Human-Agent Collaboration. *IEEE Transactions on Systems, Man, and Cybernetics, Part B (Cybernetics)*, *41*(2), 354-367.

Fischer, K. (2018). When Transparent does not Mean Explainable. *Explainable Robotic Systems*, 3.

Ford, M. E., & Tisak, M. S. (1983). A further search for social intelligence. *Journal of Educational Psychology*, *75*, 196-206.

Foyle, D. C., & Hooey, B. L. (Eds.). (2007). *Human Performance Modeling in Aviation*. CRC Press.

Gao, Q., Ma, Z., Gu, Q., Li, J., & Gao, Z. (2022). Working Memory Capacity for Gesture-Command Associations in Gestural Interaction. *International Journal of Human-Computer Interaction*, 1-12.

Gorman, J. C., Cooke, N. J., & Winner, J. L. (2017). Measuring team situation awareness in decentralized command and control environments. In *Situational Awareness* (pp. 183-196). Routledge.

Gunning, D., Stefik, M., Choi, J., Miller, T., Stumpf, S., & Yang, G.-Z. (2019). XAI—Explainable artificial intelligence. *Science Robotics*, *4*(37), eaay7120.

Harbers, M., Bradshaw, J. M., Johnson, M., Feltovich, P., van den Bosch, K., & Meyer, J.-J. (2011). Explanation and Coordination in Human-Agent Teams: A Study in the BW4T Testbed. *2011 IEEE/WIC/ACM International Conferences on Web Intelligence and Intelligent Agent Technology*, *3*, 17-20.

Hollnagel, E., & Woods, D. D. (2005). *Joint Cognitive Systems: Foundations of Cognitive Systems Engineering*. CRC Press.

Hussain, S., Naqvi, R. A., Abbas, S., Khan, M. A., Sohail, T., & Hussain, D. (2021). Trait Based Trustworthiness Assessment in Human-Agent Collaboration Using Multi-Layer Fuzzy Inference Approach. *IEEE Access*, *9*, 73561-73574.

Iqbal, T., & Riek, L. D. (2017). Human-Robot Teaming: Approaches from Joint Action and Dynamical Systems. In A. Goswami & P. Vadakkepat (Eds.), *Humanoid Robotics: A Reference* (pp. 1-20). Springer Netherlands.

Johnson, M., & Vera, A. (2019). No AI Is an Island: The Case for Teaming Intelligence. *AI Magazine*, *40*(1), Article 1.

Kaber, D. B. (2018). Issues in Human-Automation Interaction Modeling: Presumptive Aspects of Frameworks of Types and Levels of Automation. *Journal of Cognitive Engineering and Decision Making*, *12*(1), 7-24.

Kox, E. S., Kerstholt, J. H., Hueting, T. F., & de Vries, P. W. (2021). Trust repair in human-agent teams: The effectiveness of explanations and expressing regret. *Autonomous Agents and Multi-Agent Systems*, *35*(2), 30.

Krämer, N. C., von der Pütten, A., & Eimler, S. (2012). Human-Agent and Human-Robot Interaction Theory: Similarities to and Differences from Human-Human Interaction. In M. Zacarias & J. V. de Oliveira (Eds.), *Human-Computer Interaction: The Agency Perspective* (Vol. 396, pp. 215-240). Springer Berlin Heidelberg.

Kridalukmana, R., Lu, H. Y., & Naderpour, M. (2020). A supportive situation awareness model for human-autonomy teaming in collaborative driving. *Theoretical Issues in Ergonomics Science*, *21*(6), 658-683.

Lee, J. D., & See, K. A. (2004). Trust in Automation: Designing for Appropriate Reliance. *Human Factors: The Journal of the Human Factors and Ergonomics Society*, *46*(1), 50-80.

Lu, Z., & de Winter, J. C. F. (2015). A Review and Framework of Control Authority Transitions in Automated Driving. *Procedia Manufacturing*, *3*, 2510-2517.

Lu, Z., Happee, R., Cabrall, C. D. D., Kyriakidis, M., & de Winter, J. C. F. (2016). Human factors of transitions in automated driving: A general framework and literature survey. *Transportation Research Part F: Traffic Psychology and Behaviour*, *43*, 183-198.

Lyons, J. B. (2013). Being transparent about transparency: A model for human-robot interaction. *2013 AAAI Spring Symposium Series*.

Lyons, J. B., Sycara, K., Lewis, M., & Capiola, A. (2021). Human-Autonomy Teaming: Definitions, Debates, and Directions. *Frontiers in Psychology*, *12*, 589585.

Martelaro, N., & Ju, W. (2017). *WoZ Way: Enabling Real-time Remote Interaction Prototyping & Observation in On-road Vehicles*.

McCall, R., McGee, F., Mirnig, A., Meschtscherjakov, A., Louveton, N., Engel, T., & Tscheligi, M. (2019). A taxonomy of autonomous vehicle handover situations. *Transportation Research Part A: Policy and Practice*, *124*, 507-522.

McColl, D., & Nejat, G. (2014). Recognizing Emotional Body Language Displayed by a Human-like Social Robot. *International Journal of Social Robotics*, *6*(2), 261-280.

McNeese, N. J., Demir, M., Cooke, N. J., & Myers, C. (2018). Teaming With a Synthetic Teammate: Insights into Human-Autonomy Teaming. *Human Factors: The Journal of the Human Factors and Ergonomics Society*, *60*(2), 262-273.

McTear, M., Callejas, Z., & Griol, D. (2016). *The Conversational Interface*. Springer International Publishing.

Mercado, J. E., Rupp, M. A., Chen, J. Y. C., Barnes, M. J., Barber, D., & Procci, K. (2016). Intelligent Agent Transparency in Human-Agent Teaming for Multi-UxV Management. *Human Factors: The Journal of the*

Human Factors and Ergonomics Society, *58*(3), 401-415.

Miller, C. A., & Parasuraman, R. (2007). Designing for Flexible Interaction Between Humans and Automation: Delegation Interfaces for Supervisory Control. *Human Factors: The Journal of the Human Factors and Ergonomics Society*, *49*(1), 57-75.

Miller, D., Sun, A., & Ju, W. (2014). Situation awareness with different levels of automation. *2014 IEEE International Conference on Systems, Man, and Cybernetics (SMC)*, 688-693.

Miller, T. (2019). Explanation in artificial intelligence: Insights from the social sciences.*Artificial Intelligence*, *267*, 1-38.

Morris, N. M., & Rouse, W.B. (1985). The effects of type of knowledge upon human problem solving in a process control task. *IEEE Transactions on Systems, Man, and Cybernetics*, *SMC-15*(6), 698-707.

Neisser, U. (1976).*Cognition and reality: Principles and implications of cognitive psychology* (pp. xiii, 230). W H Freeman/Times Books/ Henry Holt & Co.

O'Neill, T. A., Hancock, S. E., Zivkov, K., Larson, N. L., & Law, S. J. (2016). Team Decision Making in Virtual and Face-to-Face Environments.*Group Decision and Negotiation*, *25*(5), 995-1020.

O'Neill, T. A., McNeese, N., Barron, A., & Schelble, B. (2022). Human-Autonomy Teaming: A Review and Analysis of the Empirical Literature. *Human Factors: The Journal of the Human Factors and Ergonomics Society*, *64*(5), 904-938.

Parasuraman, R., Cosenzo, K. A., & De Visser, E. (2009). Adaptive automation for human supervision of multiple uninhabited vehicles: Effects on change detection, situation awareness, and mental workload. *Military Psychology*, *21*(2), 270-297.

Rodriguez, S. S., Zaroukian, E., Hoye, J., & Asher, D. E. (2023). Mediating Agent Reliability with Human Trust, Situation Awareness, and Performance in Autonomously-Collaborative Human-Agent Teams. *Journal of Cognitive Engineering and Decision Making*, *17*(1), 3-25.

Rogers, Y., & Marshall, P. (2017). *Research in the Wild*. Springer International Publishing.

Salas, E., and Fiore, S. M. (2004).*Team Cognition: Understanding the Factors That Drive Process and Performance*. Washington, D.C: American Psychological Association.

Schelble, B. G., Flathmann, C., Musick, G., McNeese, N. J., & Freeman, G. (2022). I See You: Examining the Role of Spatial Information in Human-Agent Teams. *Proceedings of the ACM on Human-Computer Interaction*, *6*(CSCW2), 1-27.

Sheridan, T. B., & Verplank, W. L. (1978).*Human and Computer Control of Undersea Teleoperators*: Defense Technical Information Center.

Smith, K., & Hancock, P. A. (1995). Situation Awareness Is Adaptive, Externally Directed Consciousness.*Human Factors: The Journal of the Human Factors and Ergonomics Society*, *37*(1), 137-148.

van den Bosch, K., Schoonderwoerd, T., Blankendaal, R., & Neerincx, M. (2019). Six Challenges for Human-AI Co-learning. In R. A. Sottilare & J. Schwarz (Eds.),*Adaptive Instructional Systems* (Vol. 11597, pp. 572-589). Springer International Publishing.

Verberne, F. M. F., Ham, J., & Midden, C. J. H. (2012). Trust in smart systems: Sharing driving goals and giving information to increase trustworthiness and acceptability of smart systems in cars. *Human Factors*, *54* (5), 799-810.

Vicente, K. J. (1999).*Cognitive work analysis: Toward safe, productive, and healthy computer-based work*. CRC press.

Vinodhini, M. A., & Vanitha, R. (2016). A Knowledge Discovery Based Big Data for Context aware Monitoring Model for Assisted Healthcare.*International Journal of Applied Engineering Research*, *11*(5), 3241-3246.

Walliser, J. C., Mead, P. R., & Shaw, T. H. (2017). The Perception of Teamwork With an Autonomous Agent Enhances Affect and Performance Outcomes.*Proceedings of the Human Factors and Ergonomics Society Annual*

Meeting, *61*(1), 231-235.

William, Payre, Julien, Cestac, Patricia, & Delhomme. (2016). Fully Automated Driving: Impact of Trust and Practice on Manual Control Recovery. *Human Factors*.

Xiao, G., Ma, Y., Liu, C., & Jiang, D. (2020). A machine emotion transfer model for intelligent human-machine interaction based on group division. *Mechanical Systems and Signal Processing*, *142*.

You, F., Deng, H., Hansen, P., & Zhang, J. (2022). Research on Transparency Design Based on Shared Situation Awareness in Semi-Automatic Driving. *Applied Sciences*, *12*(14), 7177.

Yuan, L., Gao, X., Zheng, Z., Edmonds, M., Wu, Y. N., Rossano, F., Lu, H., Zhu, Y., & Zhu, S.C. (2022). In situ bidirectional human-robot value alignment. *Science Robotics*, *7*(68), eabm4183.

许为. (2022). 六论以用户为中心的设计：智能人机交互的人因工程途径. 应用心理学, *28*(3), 195-213.

许为, & 葛列众. (2020). 智能时代的工程心理学. 心理科学进展, *28*(9), 1409-1425.

许为, 葛列众, & 高在峰. (2021). 人-AI交互：实现"以人为中心AI"理念的跨学科新领域. 智能系统学报, *16*(4), 605-621.

高在峰, 李文敏, 梁佳文, 潘晗希, 许为, & 沈模卫. (2021). 自动驾驶车中的人机信任. 心理科学进展, *29*(12), 2172-2183.

Gao, Q., Zhang, X., Xu, W., Shen, M., & Gao, Z. (2024). Agent Teaming Situation Awareness (ATSA): A Situation Awareness Framework for Human-AI Teaming. IEEE Transactions on Cognitive and Developmental Systems.

作者简介

高在峰 博士，教授，博士生导师，浙江大学心理与行为科学系，服务科学与运作管理分会常务理事。研究方向：工程心理学，认知心理学。E-mail：zaifengg@zju.edu.cn。

高　齐 博士研究生，浙江大学心理与行为科学系。研究方向：人机组队中的情景意识，可解释性。E-mail：qi.gao@zju.edu.cn。

第12章

人智交互中的人类状态识别

▷本章导读

近年来，围绕“以人为中心”理念开发AI系统越来越受到研究者的重视，“人智交互”这一概念也应运而生。越来越多的研究者开始倡导人智交互关系本质上是人机合作关系，人与AI的交互可以类比为人与人的交互，具有和人与人交互相似的属性和规律。基于“以人为中心”的AI开发理念，人类状态识别在人智交互中的重要性日益凸显。AI系统只有可以准确识别用户的生理心理状态，理解用户的情绪和情感、需要和动机，并能够预判或理解用户的意图，和谐自然的人智交互才有可能实现。虽然人类的心理状态是一个有机的整体，但是可以从生理、情绪和认知状态三方面进行识别和建模。围绕人智交互这一主题，本章选择从生理计算、情感计算和交互意图理解三个角度，针对人类状态识别建模探讨人类生理和心理状态识别的基本概念及相关研究进展，并指出目前研究中存在的问题和未来研究的发展趋势。

12.1 引言

近年来，人工智能的飞速发展为科技和社会发展带来了诸多机遇和挑战，与此同时，AI发展所带来的争议和问题也越来越受到学术界、产业界和社会大众的广泛关注。其中一个备受关注的重要议题是围绕“以人为中心”的理念开发AI系统，而且越来越多的计算机科学家和人机交互领域的专家开始倡导这一理念，并提出人-人工智能交互(human-AI interaction，HAII)，即人智交互这一概念(Shneiderman，2020a；Xu，2019)。“以人为中心”的AI理念强调AI的研究目标之一是了解人类感知、认知和运动的能力，进而模拟和建构与人类一样甚至更好的执行各种任务的能力，并且认为人际互动是人机交互可以学习的范本(Shneiderman，2020b)，最终旨在提高HCAI系统的可靠性、安全性和可信任度(Shneiderman，2020c)。当围绕人的因素来开发AI，以及研究人智交互时，显而易见，人类作为生物体的生理、心理和社会属性将成为设计AI系统首要考虑的因素。传统的计算机是逻辑计算的典范，传统的人工智能尽管以人类智能为蓝本，但是并没有关注人类作为生物体的非智能方面的生物属性，以及人类作为高度社会化的生物所具有的社会属性。近20年来，随着人机交互、生理计算、情感计算、可穿戴技术等领域的兴起，伴随人类生物属性和社会属性而存在的生理、情感和意图等生理和心理状态在AI设计与人机交互中的重要性越来越受到关注。

基于“以人为中心”的人智交互这一理念，本章将围绕人类状态在人智交互中的重要作用，分别讨

本章作者：刘烨。

论目前生理计算、情感计算与交互意图理解领域有关人类状态识别建模的生理和心理基础，以及其研究进展。

1. 人类的生理心理状态

目前，心理学领域普遍认同需要、动机和情绪构成了人类认知和行为等心智活动的动力系统（Zimbardo，et al.，2016），生理活动则构成了这一动力系统的基础（Shannahoff-Khalsa，2007）。首先，由基本的生理活动所引发的生理需要与情绪和动机紧密联系在一起（Rolls，2018）。当生物体获得食物、水、安全的庇护所、性、同伴的陪伴等有利于其生存繁衍的环境刺激时，个体产生积极、正性的情绪体验；当面临安全的威胁、腐败的食物等不利于其生存的环境刺激时，个体产生消极、负性的情绪体验。情绪可以认为是由上述环境刺激诱发的心理状态，动机可以认为是寻求和回避这些环境刺激的心理过程（Rolls，2018）。其次，认知活动与情绪状态之间存在相互作用。获得诺贝尔经济学奖的美国普林斯顿大学心理学教授 Daniel Kahneman 在《思考，快与慢》一书中提出人的大脑存在两个思维系统，一个是无意识的快系统，依赖情绪、记忆和经验迅速做出判断，对应着直觉思维；另一个是有意识的慢系统，通过调动注意来分析和判断，最后做出决策，对应着理性思维。在 Kahneman 的启发下，英国牛津大学的 Rolls 教授提出人类行为产生的路径系统可以分为两个：一个是基于情绪的行为产生系统，另一个是基于推理和理性思维的行为产生系统（Rolls，2018）。这两个系统相互竞争和制衡，以保持个体心理和行为的稳定，维持个体对环境的良好适应。

综上所述，人类的生理、情绪和认知活动是密不可分的有机整体，由这些生理和心理活动引发的生理和心理状态也是密不可分的有机整体。尽管如此，为了研究和分析的方便，可以把前面提到的广义的生理和心理状态，或者说人类的状态大致分为三类：生理状态、情绪状态和认知状态（Zimbardo，et al.，2016）。生理状态反映了人类作为生物体最基本的身体状态，例如饥渴、疲劳、困倦和疾病等。另外，人体的各种生理反应也可以反映出个体的情绪情感和认知活动，甚至包括心理健康水平、心理疾病、认知功能损伤等。情绪状态（或情感状态）是由不同水平的生理需要或者心理需要，以及由此而生的动机引发的正性或负性的心理状态。一般情况下，情绪和情感这两个术语会在不同的语境下使用。其中，情绪通常指代比较短暂的、由特定情境引发的状态，而情感通常指代比较持久稳定、具有社会意义的状态。认知状态则是伴随认知加工过程和心智活动而产生的心理状态。例如，个体在进行某种认知活动时的注意水平、认知负荷水平，或者个体正在识别或者记忆某种刺激而引发的心理状态。其中，认知状态中的交互意图的识别和理解对于人智交互系统实现用户友好的交互过程尤为重要。需要注意的是，由于生理、情绪和认知活动之间的紧密联系，在任何认知活动（包括交互意图）发生的同时，都会伴随着某种情绪状态和生理状态（如图 12.1 所示）。

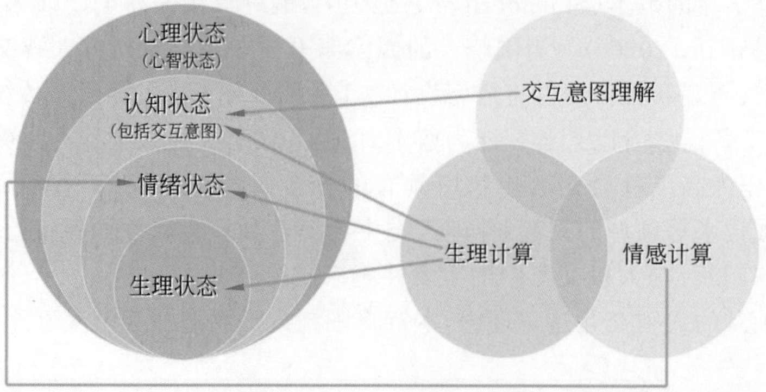

图 12.1 人类生理心理状态间的关系及相关研究领域的识别目标示意图

2. 人类状态在人智交互中的作用

认识和了解人类的生理和心理状态，并且在设计中考虑人类的状态，对于设计和开发基于 AI 技术的人智交互系统来说具有重要的理论意义和应用价值。

首先，对于 AI 实现的理论角度而言，如果一个 AI 系统不理解人类的生理和心理状态，也不能基于人类状态与人进行交互，那么它并不能被称为智能化的系统。正如 1985 年人工智能的奠基人之一 Marvin Minsky 就提出了人工智能与情感的问题，他在其代表作《心智社会》一书中写道："问题并不在于智能机器是否能有情感，而是没有情感的机器怎么能是智能的?"不能理解人类作为生物体的生理和心理状态的智能体，只能称之为逻辑系统。正如前文所述，人类行为产生的路径系统既包括基于情绪的行为产生系统，又包括基于推理和理性思维的行为产生系统(Rolls, 2018)。如果忽视了基于情绪的行为产生系统，仅仅基于理性的行为产生系统，那么人类将失去在自然进化中获得的强大适应性，失去了最基本的生存能力。相应地，如果 AI 系统不能理解人类的状态，或者设计 AI 系统时没有考虑人类的状态，那么 AI 系统也很难适应这个复杂多变的世界，难以解决现实世界中错综复杂的问题，这样的 AI 系统也就称不上是智能的。

其次，对于人智交互发展的角度而言，人与 AI 交互本质上是人机合作关系，可以类比为人与人的交互，具有和人与人交互相似的属性和规律。人与 AI 系统的交互既不是 AI 自主独立完成的信息处理过程，更不是 AI 被动接受人类指令的过程，而是两个交互主体在各自先验知识和动机的驱动下主动交互的过程(刘烨等,2018)。在这种研究取向和理念的引领下，人类状态识别在人智交互中的重要作用便日益突显出来。只有当 AI 系统可以准确识别用户的生理和心理状态，理解用户的需要、情感和动机，并能够预判或理解用户的心中所想，和谐自然的人智交互才有可能实现。

最后，对于人智交互的应用角度而言，AI 时代的人智交互是双向的交互关系，如果 AI 系统可以主动地识别和理解人类的状态，模拟出类人的情感和意图理解能力，能够准确恰当地响应人类的需要和情感，那么这将大大增进 AI 系统的可用性，提高人机交互的效率，并且提高人类用户的使用满意度和交互的流畅性。

3. 生理计算、情感计算与交互意图理解之间的关系

前面讲到人类的状态可以大致分为三类：生理、情绪和认知状态。对于生理状态的识别和理解，在当前的计算机和 AI 研究领域，与之密切相关的研究领域是生理计算。与情绪情感状态的识别密切相关的是情感计算领域。认知状态的识别和理解涉及比较多的研究领域，如果是基于人类的神经生理反应进行认知状态的识别，则涉及生理计算领域。另外，如脑机接口、神经人因学等领域也涉及基于神经生理信号的认知状态识别。本书其他章节将对这些研究领域进行详细介绍。本章主要聚焦认知状态识别中的交互意图理解这一领域。

生理计算是基于人类的自主神经系统或者中枢神经系统的生理反应进行人类状态识别的研究领域。生理计算除了可以基于人体的生理反应进行基本生理状态(例如，检测人体的饥渴状态、困倦、心理或生理疲劳等)的识别和检测之外，也可以进行情绪和情感的识别与分类(例如，高兴、悲伤和愤怒等情绪类别的识别，或者情感效价或唤醒程度的识别)，以及心理健康水平的评估(例如，抑郁、焦虑状态的识别等)，还可以进行认知状态的识别和检测(例如，谎言识别、欺骗检测或意图理解等)。简单而言，生理计算进行 AI 识别和检测人类状态的数据来源和指标是生理反应(包括自主神经生理反应和中枢神经生理反应)。另外，生理反应不仅可以通过直接采集生理数据进行分析，也可以基于视频图像等其他模态的数据进行分析(例如，通过视频图像分析血氧浓度、心率、呼吸等生理反应)。

情感计算是针对人类情绪情感状态进行识别检测，并进行情感交互的研究领域。情感计算采用

的数据来源和指标非常丰富，涵盖人类情绪情感表现的各方面，其中既包括上面提到的自主神经系统和中枢神经系统的生理反应，也包括面部表情（含微表情）、眨眼和眼睛注视、身体姿势姿态表情、语言语音和艺术作品，其中语言也包括语言内容和文字表达（例如，对微博文本的情感分析），艺术作品则涉及对绘画和照片等艺术作品中色彩和线条等图像信息的情感分析。

对人类认知状态进行识别和理解的研究在人工智能和神经工程领域已经有 30 多年的历史。近 10 年来，随着脑电（electroencephalography，EEG）、功能性磁共振成像（functional magnetic resonance imaging，fMRI）、脑磁图技术（magnetoencephalography，MEG）等认知神经科学研究方法越来越普及，对大脑的神经生理活动的解码和识别分析也越来越受到研究者的关注。但是由于 fMRI 和 MEG 等脑成像技术的设备庞大、数据采集成本高昂、数据处理复杂、难以实现在线即时的数据处理和结果反馈，因此这些技术在人机交互领域尚未有应用。其中，EEG 设备相对比较便携、数据采集成本较低，可以实现快速的数据处理和分析，在人机交互和脑机接口领域得到广泛的应用。在人机交互领域，被监测和识别的认知状态主要包括注意水平、认知负荷和交互意图。交互意图主要包括运动行为意图和基于言语的人机对话意图，以及其他特定领域的交互意图，例如，搜索引擎系统需要考虑用户的检索行为意图。注意水平和认知负荷的监测通常使用自主神经生理反应和 EEG，以及眼动数据，因此也属于生理计算的范畴。

从上面的介绍中可以看出，生理计算领域强调的是数据来源为人体生理反应，生理计算的计算目标可能是基本的生理状态，也可能是情绪或认知状态。而情感计算和交互意图理解领域强调的是计算目标是识别情感或交互意图，数据来源可能是生理数据，也可能是表情、动作等行为数据。这三个研究领域的关系如图 12.1 所示。

12.2 生理计算

生理计算是借助多种可穿戴计算技术，用户无须主动执行人机交互任务的一种人机交互模式（王宏安，田丰，戴国忠，2011）。传统的人机交互中，用户与计算机之间的信息流是不对称的，用户可以查询计算机内部进程的大量数据（例如内存使用、磁盘空间等），而计算机完全无法获知用户的心理意图和情感体验（Fairclough，2017）。但是，通过对用户的心理和生理反应进行持续监控，可以促进实现信息流对称的人机交互方式，信息同时从计算机流向用户，从用户流向计算机（Fairclough，2017）。通过生理计算技术，即使在用户没有发出明确指令或操作行为的情况下，计算机也可以对任务上下文和用户意图进行推测，使计算机可以持续、动态地监测用户，从而表现出一定程度的智能水平（Fairclough，2017），使人与计算机之间的信息交互变得更加流畅自然。

1. 生理计算的兴起与研究现状

2002 年，在人机交互领域最重要的国际会议 ACM Conference on Human Factors in Computing Systems（CHI 2002）举行期间，召开了一场以“生理计算”为主题的小规模研讨会，这次研讨会的主题涉及情感计算、人因学、交互艺术和虚拟现实等，标志着生理计算正式诞生。2009 年，英国利物浦约翰摩尔大学 Stephen H. Fairclough 教授在文章中指出了生理计算领域亟须解决的 6 个基本问题（Fairclough，2009）。第一，心理生理推论的复杂性：某些生理反应是否可以准确和敏感地反映某种心理特质或者心理维度。第二，心理和生理学推论效度的验证：如何有效地诱发参与者某种特定的心理或情绪状态，以此建立生理指标与心理状态之间的映射。第三，智能系统如何表征用户的心理和生理状态：采用连续维度还是离散分类的表征形式，多维度的信息如何表征。第四，用户自我觉知的心理状态与系统基于心理和生理数据生成的心理状态表征之间如果出现差异，系统该如何处理这种差异。第五，长期暴露在生理计算系统中可能会对用户的心理健康造成影响。第六，生理计算系统面临的伦理问题：如何保护用户的隐私。

目前的生理计算系统可以分为两大类(Fairclough，2017)。第一类主要通过辅助人们的感觉运动系统拓展人们的身体结构和机能。例如，通过脑机接口(brain-computer interface，BCI)采集大脑皮层的脑电活动，或者通过肌电(electromyography，EMG)监测肌肉活动以实现对手势模式的识别，以此分析用户的操作意图，实现用户对计算机系统的某种控制和操作，还有通过眼动追踪技术用于计算机光标的控制和其他输入操作。这类研究也属于交互意图理解研究领域。第二类生理计算系统与用户的内在心理状态的感知相关。这类生理计算系统通过自适应的方式对源自中枢神经系统或外周神经系统的心理和生理数据进行监测和响应，以此来刻画用户的心理和生理状态，例如愤怒、悲伤或恐惧，或与心理负荷相关的认知活动变化，例如疲劳或紧张。其设计理念是为适应用户心理状态的自发变化，如果用户感到沮丧，系统则可能会提供帮助；如果用户的认知负荷过重，系统则可以过滤传入的信息流。

2. 生理计算的生理心理基础

身体是一切心理和生理活动的生物学基础。目前，心理学界普遍认为心理现象与躯体和大脑中发生的生理生化事件密切相关。与情绪情感状态和心智状态密切相关的生理基础主要包括 4 部分：自主神经系统的生理活动、中枢神经系统的生理活动、内分泌系统的生化反应和免疫系统的活动。这 4 个系统在生理和心理状态产生过程中发挥作用的特点迥异，其测量技术和方法也各不相同，在生理计算和情感计算领域的应用价值也存在非常大的差异。

1) 自主神经系统

自主神经系统(autonomic nervous system)又称植物性神经系统，是外周传出神经系统的一部分，调节内脏、血管平滑肌和腺体的活动，负责控制生命攸关的生理机能，包括心跳、呼吸、血管收缩、睡眠、消化和新陈代谢等功能。自主神经系统包括交感神经系统和副交感神经系统两部分，它们对内脏、血管和腺体保持着双重支配，发挥此消彼长、相互拮抗的作用。交感神经系统的活动主要保证人体在应激、紧张状态时的生理需要。副交感神经系统的作用与交感神经系统正好相反，主要保持身体在安静状态下的生理平衡，以节省不必要的能量消耗，抑制内脏器官的过度兴奋，使身体获得必要的休息。

自主神经系统与情绪情感和认知状态密切相关。通过测量自主神经系统生理反应可以在一定程度上反映个体的情绪和心理状态。自主神经生理反应指标主要包括心率(heart rate)及心率变异性(heart rate variability)、脉搏(pulse)及血管容积(vascular space)、血压(blood pressure)、皮肤电反应(galvanic skin response)、呼吸(respiration)、皮肤温度(skin temperature)、瞳孔大小(pupillary dilation)和眨眼(eye blinks)等。这些指标可以方便地使用可穿戴式生理传感器采集。近年来，随着红外线传感技术和视频图像处理技术的发展，其中部分自主神经生理反应指标甚至可以通过非接触式的方式进行采集和分析，例如皮肤温度、呼吸、心率和血压。非接触式的生理信号采集方法摆脱了对目标用户身体的接触和约束，可以使用户产生更好的交互体验，同时为某些无法获得接触目标用户身体授权的特殊应用场景(例如，司法审讯、特殊场所监控)提供了便利。

2) 中枢神经系统

中枢神经系统的生理反应主要包括脑部的神经电活动(如 EEG)、由神经元放电引起的电磁变化(如 MEG)、血流量和血氧浓度变化(如 fMRI 和近红外光学成像技术)。正如在引言部分所述，由于测量中枢神经生理反应的技术都需要价格比较高昂甚至体积庞大的设备，而且这些设备需要接触目标用户的身体，或者将目标用户的身体置于设备之中，因此无法应用到需要进行即时交互的场景，但是可以应用于离线的场景，例如通过磁共振成像技术对某些神经或精神疾病进行预测或诊断。其中应用比较多的是 EEG，因其价格相对比较便宜，设备体积较小，可以随身便携，并可以使用比较轻巧的少量电极片进行脑电采集，故已被广泛地应用于疲劳检测、特殊从业人员的心理和情绪状态监测、测谎、用户体验研究和其他人机交互领域。

3）内分泌系统与免疫系统

内分泌系统指全身内分泌腺构成的系统，与情绪情感之间的关系非常紧密。内分泌器官出现病变会引起患者情绪状态的改变，甚至引发情感障碍。内分泌系统分泌的激素与情绪存在密切的关联，例如，应激事件会诱发负性情绪状态（如悲伤、愤怒或恐惧），并触发皮质醇释放（Bae et al.，2019），雌激素雌二醇水平与情绪和情绪调节能力都有密切关系（Chung et al.，2019；Pace-Schott et al.，2019），与抑郁症的发生也有密切的关系（Chung et al.，2019；Rehbein et al.，2021）。

免疫系统是生物体执行免疫功能的重要系统，具有识别和抵抗病原体入侵的功能，与其他系统相互协调，共同维持体内生理平衡。心理神经免疫学研究表明，积极的心理事件和积极的情绪可以提升人体的免疫功能，而消极情绪与功能性免疫指标下降密切相关（Barcik，Chiacchierini，Bimpisidis，& Papaleo，2021）。另外，抑郁症与促炎细胞因子水平的增加有关，还有研究发现愤怒和敌意情绪与细胞免疫水平下降密切相关，社会评价和羞耻感的增加与皮质醇水平上升和促炎细胞因子水平的增加相关（Lopez，Denny，& Fagundes，2018）。

生理计算领域目前主要使用自主神经系统和中枢神经系统的生理反应指标进行人类状态识别。虽然内分泌系统和免疫功能的很多生物化学指标都与人们的心理状态，尤其是情绪状态密切相关，但是由于这些指标的测量都需要通过采集唾液、血液或者尿液等体液，并使用专门的仪器设备进行离线的物质成分分析，不但成本高，而且耗时费力，所以这些指标通常应用于临床医学或临床心理治疗和研究领域，目前很少应用到生理计算和情感交互领域。但是，近年来，随着电子皮肤技术的发展，已经开发出使用复合材料的柔性可穿戴电化学传感器，能够提供超过 100 小时汗液生物标志物（葡萄糖、乳酸、尿酸、钠离子、钾离子和铵）的分析，具有很高的稳定性（Xu，Song，Sempionatto，et al.，2024）。虽然通过汗液无法提取前面提到的激素和细胞因子，但是可以通过汗液分析人体的代谢情况，进而分析内分泌和免疫系统的生物生化水平，对个体的心理健康和情绪状态进行识别和监测。另外，由于内分泌系统的激素水平和免疫系统的免疫水平变化是一个相对缓慢的过程，所以当人智交互系统需要实时分析个体的生理和心理状态变化时，虽然这些指标不能提供随情境变化而产生的即时变化，但是它们可以为 AI 系统提供个体的个性化交互背景信息，如用户长期的心境、心理和生理健康水平等信息。

3. 常用的生理反应指标

人类在不同心理状态时（尤其是不同情绪状态时）是否存在特异性的自主神经反应模式，这个问题一直在心理学、生理学领域存在争议（Kreibig，2010）。有的心理学家认为人体内脏发出的生理信号对应着特定的情绪体验和心理状态。另外一些研究者认为，与心理状态或情绪体验相关联的内脏活动是缓慢、非特异性的。长期以来，不同研究诱发的生理反应模式受到诸多因素影响，所以现有的实验证据尚不能充分地证明不同的心理状态（尤其是情绪状态）具有可区分的神经生理反应模式（Kreibig，2010），甚至有研究表明不同情绪（如欣喜、爱、依恋、满足和自豪等）引发的自主神经反应非常微弱，彼此之间缺乏区分度（Behnke，et al.，2022）。

尽管存在上述争论，但是目前已有的大量生理心理学研究仍然表明不同心理和情感状态在以下多个生理反应指标上存在差异。这些生理指标不但包括中枢神经生理反应（如脑电），也包括外周神经生理反应指标，如心电（electrocardiography，ECG），其中包括心率和心率变异性、皮肤电、呼吸频率和幅度、血压、皮肤温度、肌电等。有关通过中枢神经生理反应（如脑电）进行人智交互的研究，请见本书其他章节，本章主要简要介绍基于外周神经生理反应进行人智交互的研究进展。

1）心率及心率变异性

心率是单位时间心跳的次数，心率变异性是连续的心跳周期差异的变化情况。心率反映了个体对环境变化的敏感性和应激水平，是反映生理唤醒水平和情绪激活强度的重要指标（Sacrey et al.，2021）。人们在某些特定的情绪状态下，其心率和心率变异性存在显著差异（Du et al.，2022）。例如，高兴、愤怒、悲伤和恐惧这四种基本情绪状态下的心率和心率变异性等心肺反应模式存在显著差异；相对于中性状态，这四种基本情绪下的心率都会显著上升。心率变异性是诊断抑郁和焦虑等负性情绪的有效指标（Ahmed，et al.，2022）。相对于中性情绪，抑郁和焦虑等负性情绪状态下的心率变异性降低，相对于正常人，抑郁症和焦虑症患者的心率变异性较低（Ahmed et al.，2022）。

由于人的注意水平和认知努力会对外周神经系统反应产生影响，所以心率和心率变异性除了可以作为情绪状态和心理健康水平的测量指标外，还可以用于测量个体的认知状态，在驾驶行为、人机交互、学习和教育等领域，可以用于评估用户当前执行学习任务或者交互任务时的认知负荷水平（Xuan et al.，2020），以及评估用户完成任务时的注意水平，并可以预测用户的任务绩效（Dindar et al.，2022）。以智能辅助学习系统为例，当辅助学习系统检测到用户的认知负荷过高时，可能反映了当前学习内容对用户来说难度过高，或者用户在学习中遇到了困难，这时系统可以适当地调整推送内容的难度，或者询问用户的问题，将被动地响应用户的指令，转变为主动预测用户的需求，积极解决问题，促进和谐自然的人机交互。

心率和心率变异性可以通过心电图提取，心电图中还可以提取其他基于时域和频域的统计特征（Ahmed et al.，2022）。心率也可以通过一些非接触式技术获取。例如，通过光电容积描记技术分析人体皮肤的视频图像中由心率引起的肤色差（Zou，et al.，2019），从而计算出心率。另外，还可以通过用微波照射人体并获取穿过心脏的微波数据来提取心率（Yang et al.，2021）。

2）皮肤电

皮肤电反应也称为皮肤电阻反应（skin conductance response，SCR），它反映了皮肤的电传导变化。当人受外界刺激或情绪状态发生改变时，自主神经系统的活动会引起皮肤内血管的舒张和收缩，以及汗腺分泌的变化，从而导致皮肤电阻发生改变。皮肤电也是反映生理唤醒水平的重要指标，与应激反应和情绪的激活程度密切相关（Kolodziej，et al.，2019），并随着情绪唤醒水平升高而增加，但是与情绪的效价无关（De Zorzi，et al.，2021）。抑郁和焦虑等负性情绪也会显著影响皮肤电，因此皮肤电也被认为是诊断抑郁、焦虑等情绪障碍患者的有效指标（Markiewicz，et al.，2022），甚至对抑郁症患者的自杀行为都有一定的预测作用。与心率和心率变异性类似，皮肤电反应也与人的认知状态紧密相关，可以用于测量和评估用户的认知负荷（Johannessen et al.，2020）、集中注意水平（Najafi，et al.，2023）和心理努力程度（Romine，et al.，2022）。

皮肤电信号的特征提取主要为基于时域或频域信息的统计特征，如中位数、均值、标准差、最大值、最小值、一阶差分、二阶差分等经典统计参数，或者高阶的偏度和峰度特征（权学良等，2021）。

3）呼吸

不同情绪状态下，呼吸的各项参数也存在一些差异。当负性情绪（如恐惧、愤怒和焦虑）越强烈，呼吸幅度就越小、呼吸频率越快，积极情绪也会产生显著的呼吸变化，包括呼吸模式的可变性增加，积极情绪对呼吸的影响会随着唤醒程度的变化而不同，唤醒程度强的积极情绪会增加呼吸频率（Jerath & Beveridge, 2020）。另外，厌恶情绪会导致呼吸抑制和停止，这可能是避免吸入有害物质的自然反应。

由于呼吸系统和注意系统在神经水平上存在耦合，可能由共同的神经基础进行调控（Melnychuk et al., 2018），所以人在认知加工过程中的注意水平、认知负荷和认知努力同样会伴随着呼吸幅度和频率的变化，例如，当任务的认知负荷增加时，呼吸频率会显著增加（Chang & Huang, 2012）。

常用的呼吸信号特征包括呼吸频率、平均呼吸水平、连续呼吸之间的最长和最短时间、深呼吸和浅呼吸、相邻呼吸波峰的间期、呼气幅度的一阶差分、二阶差分等（情感计算白皮书，2022）。

4）血压和皮肤温度

血压和皮肤温度都是与心血管系统相关的外周生理反应指标。血压是血液在血管内流动时作用于血管壁的单位面积侧压力。正如前面介绍的，当人体处于应激、紧张的状态时，心脏的搏动速度加快，搏动力量增强，动脉血管平滑肌收缩，使动脉血压升高。研究发现，愤怒、焦虑和抑郁等负性情绪会显著引起血压升高，虽然负性情绪的强度越高，血压上升越高，但是抑制负性情绪也会引起血压显著上升，呈现出负性情绪唤醒水平与血压之间的U形关系（Dich, Rod, & Doan, 2020）。

皮肤温度也与心血管系统在面对应激情境时的反应有关。当个体面对应激时，心脏、骨骼肌和内脏器官的核心温度通常会升高；相反，皮肤下的血管收缩使其血容量最小化，也就是说在面对应激时，身体会采取生理策略来减少流向身体暴露部位的血流量，从而导致皮肤温度下降（Kuraoka & Nakamura, 2022）。其中，鼻子的皮肤温度会随着情绪唤醒而显著降低（De Zorzi et al., 2021）。而且面部皮肤温度也可以用于检测困倦和睡意程度（Masaki, et al., 2022）。手部皮肤温度则表现出正性愉悦情绪时温度上升，负性情绪时温度下降的模式（Rimm Kaufman & Kagan, 1996）。

5）注视、瞳孔和眨眼

眼睛注视等眼动轨迹信息不但可以用于确定个体的注视方向，还可以用来分析视觉搜索意图（Mou & Shin, 2018），认识负荷（Pillai et al., 2022），心理疲劳或困倦状态（Bafna-Rührer, et al., 2022），辅助进行人体运动方向预测（张卿等，2021），分析交互意图，用于人机交互界面的设计，实现基于眼动控制的交互界面（Huang et al., 2021）。瞳孔直径和眨眼频率都与认知活动和情绪的唤醒水平存在相关性。瞳孔大小随着环境光照水平的变化而不断变化，以调节进入眼睛的光量，这种瞳孔光反射也可以通过注意水平、图像感知、工作记忆和其他认知活动来调节，而且瞳孔大小不直接受意志控制，可以作为视觉注意的测量指标（Yeshurun, 2019）。另外，瞳孔大小也受情绪和态度偏好的调节，正性和负性情绪都会伴随着瞳孔扩张，看到喜欢的事物时瞳孔也会扩张（Joshi & Gold, 2020）。瞳孔大小随着认知负荷的增加而变大，也会随着情绪唤醒水平的上升而变大（Ferencova, et al., 2021）。眨眼频率也与注意水平和认知负荷相关，眨眼频率通常随着任务难度和认知负荷的增加、注意水平的上升而降低，也就是注意力越集中，眨眼频率越低（Bachurina & Arsalidou, 2022）。同时，情绪性的视觉材料也会调节人的注意分配，当观看吸引人的愉悦视频材料或者引起共情的悲伤视频材料时，眨眼频率显著下降，而观看恐惧或厌恶的视频材料时，眨眼频率较高，反映了排斥视觉刺激的防御反应（Maffei & Angrilli, 2019）。

6）肌电

由于人的面部表情直接反映内心情绪情感，而且产生面部表情的肌肉运动很难有意识地进行控制，即使人故意压抑或者掩饰其真实的情感，面部仍然会产生微表情而泄露其真实情绪和情感（Dong et al., 2022)。例如,在悲伤情绪时通常出现眉毛内侧上扬的面部动作,而且多数人很难自主做出此动作,同时在悲伤时,大多数人无法控制这些面部肌肉的运动,因此通过对脸部左侧额部和皱眉肌的肌电反应的监测,可以有效地识别个体的真实情绪。另外,皱眉肌和颧肌的活动可以有效地区分积极情绪和消极情绪,尤其是皱眉肌的活动与消极情绪有显著相关(Kulke, et al., 2020)。除了面部肌电之外,基于肢体皮肤表面肌电信号可以获得个体的运动速度、幅度和频率,以及身体姿势姿态,进而分析个体的身体运动意图和情感状态(Ameri, 2020; Gregory & Ren, 2019)。

4. 生理数据集的构建

良好的训练集是提高分类算法准确性的重要前提。因此,生理计算的基础是构建一个适用于研究目标的生理数据集。一方面,需要选择一种对目标心理状态、生理状态或某种行为的变化敏感的心理生理测量指标(或一组测量指标),该指标必须足够稳健,以便可以灵敏地区分不同的目标心理生理状态。另一方面,在更加接近现实生活的情境下诱发目标生理心理状态,并采集相应的生理反应,也就是采用更加具有生态效度的数据采集范式来构建数据集,可以降低分类算法的偏差和变异水平。这两方面不但依赖于生理信号采集技术的发展,也依赖于心理学和医学等领域对身心状态的研究发现和研究方法。

目前,构建生理数据集的方式主要有以下两类。

第一类是在实验室中模拟目标情境,采用视音频材料或者认知任务,诱发参与者的目标生理心理状态。权学良等(2021)总结了 12 个常用的包括脑电、皮肤电等生理信号的情感计算公开数据集,都是通过在实验室诱发参与者的心理状态。

第二类是在真实的生活情境中采用可穿戴设备或者视频记录的方式采集参与者较长时间范围内的生理数据,目前这种方式的应用也越来越普遍(Vos, et al., 2023)。以应激水平和注意水平检测为例,从 2012 年到 2022 年这 10 年间发布了 8 个采用可穿戴设备的相关数据集(Vos et al., 2023),其中 4 个是在真实生活和应用场景中采集的数据集,包括自然道路的驾驶员注意水平生理数据(Haouij, et al., 2018)、24 小时睡眠和活动检测生理数据(Rossi, et al., 2020)、自然对话过程中的生理数据集(Park, et al., 2020),以及游戏用户在玩游戏时的生理数据集(Svoren, et al., 2020)。

12.3 情感计算

情感计算是赋予人工智能系统识别和理解人类(甚至包括其他动物)的情绪情感状态,并基于人类情绪情感状态和规律进行智能交互的人工智能与计算机科学研究及应用领域,涉及计算机科学、心理学、神经科学、社会学、设计学、医学等多个学科的交叉研究和应用领域。

1. 情感计算的兴起与研究现状

1997 年,麻省理工学院媒体实验室的 Rosalind W. Picard 出版了《情感计算》一书,正式提出"情感计算"这一概念。近年来,情感计算研究在学术界和产业界都得到了广泛的关注,尤其是近 10 年,深度学习的崛起更是推动了情感计算研究的飞速发展,教育、健康、商业、工业、传媒、社会治理等应用领域对情感计算的需求逐步显现,全球情感计算企业数量也表现出明显增长态势(《情感计算白皮书》,2022)。

2. 情感计算的基本概念与理论

实现情感计算的第一步是认识情感,建构情感的理论模型,并在此基础上科学有效地对情绪情感进行量化和计算。

1）情绪情感的四个成分

心理学界普遍认为人类的情绪情感具有四个成分：内心体验、生理唤醒、外在行为表现和认知解释（Zimbardo，Johnson，& Mccann，2016）。赋予 AI 识别和理解人类情绪情感的能力，实际上是赋予 AI 理解人类内心情绪体验的能力，不管是人与人之间的情绪识别，还是人与 AI 之间的情绪识别，都可以通过对生理唤醒、外在行为表现和认知解释的分析，识别和理解个体的内心情绪体验。对于情感计算而言，生理唤醒对应于生理信号的采集与分析；外在行为表现对应于面部表情、身体姿势姿态、语音的视音频信号采集与分析，以及对个体的语言文字表达（文本信息）和艺术作品（如绘画、照片等图像信息）的分析。另外，有些外在行为表现也可以通过生理信号进行分析，例如通过采集面部肌肉的肌电信号来进行表情或微表情的检测和识别，通过采集肢体肌电进行运动状态或意图的分析。认知解释是个体对事物、事件和情境的认识和评价，反映了个体的态度和观念，需要通过综合个体的行为表现和语言内容，并结合个体所处的情境和上下文背景信息进行分析。认知解释与情绪的内心体验一样，都是个体内在的心理活动，只能通过外在可以观察和测量的生理唤醒和行为表现来进行推论和分析。

2）描述情绪情感的理论模型

想要识别和理解个体的情绪体验，首先需要定义和描述情绪情感，也就是建构描述情绪情感的理论模型。心理学领域有关情绪情感体验的理论观点主要有两类：范畴观和维度观。持范畴观的心理学家将情绪情感分成相互独立的类别范畴，并认为这些相互离散的情绪类别在外部行为表现和生理唤醒模式上都存在一定的差异，维度观则认为情感具有基本维度和两极性。

（1）范畴观。

用高兴、悲伤、愤怒等离散的情绪类别范畴来描述人类的情绪情感由来已久。达尔文（Charles Darwin）在他的《人与动物情绪的表达》一书中，根据对人类和动物的观察描述了人类与动物共有的基本情绪类别。随后，伊扎德（Izard，1984）从人类进化和个体发展的角度进一步划分了基本情绪和复合情绪：基本情感是人与动物共有的，在发生上有着共同的、先天的原型或模式，包括兴趣、愉快、惊讶、悲伤、愤怒、厌恶、恐惧；而复合情感是由基本情感的不同组合派生出来的。Ekman 根据表情分析提出快乐、悲伤、愤怒、厌恶、恐惧、惊奇和轻蔑 7 种基本情绪。

对情绪进行分类是一种符合人类直觉、快捷而有效的方法。不同的情绪范畴在人类种系进化和个体发展过程中扮演着不同的角色。基本情绪都与特定的心理功能相联系，并且会影响个体心理活动的不同侧面（Izard，2007）。Barrett 和 Wager（2006）采用元分析的方法回顾和总结了采用 fMRI 技术考察情绪范畴的研究，结果表明，多个研究一致地发现恐惧的情绪体验激活杏仁核，另一个相对一致的发现是悲伤会激活前扣带回。这说明对于某些基本情绪来说，似乎的确存在特异的神经回路。但是，究竟有多少情绪范畴才足以描述人类的情感呢？研究者并没有达成一致。不同的心理学家甚至对基本情绪应该包含哪些情绪范畴也持有不同的看法（Izard，2007）。另外，到目前为止，大量神经生理学的研究并没有发现更多的公认的情绪范畴特异性脑机制。尽管一些心理学家确信基本情绪范畴有着进化和神经模式的特异性，部分研究也的确发现了一些特异性神经模式，但是仍有大量采用正电子发射断层扫描（positron emission computed tomography，PET）和 fMRI 技术开展的神经定位研究得到的结果不能有效地支持这一观点（Barrett，2017）。研究者甚至发现像高兴和悲伤这样截然不同的情绪都会激活内侧前额叶（Barrett & Wager，2006）。

对于情感计算研究，基于范畴观来描述和测量情感既有重要的理论意义和应用价值，但同时也存在一些难以克服的缺点。

范畴观的优势主要有两点。首先，用情绪范畴描述情绪和情感符合人们的直觉和常识，有利于情感计算的成果在现实生活中的推广和应用。其次，正如前文所述，大部分情绪范畴，尤其是基本情绪都与特定的心理功能相联系，基于情绪范畴来进行情感计算，有利于智能系统在识别情绪后进一步推理与之相联系的特定心理功能和可能的原因，然后做出适当的响应。例如，当用户在完成某项作业时表现出烦躁的情绪，智能系统由此可以推测用户遇到了难题，然后给予适当的提示和询问，协助用户解决问题。

与此同时，范畴观也给情感计算研究带来了制约和问题，主要表现在以下四方面。首先，哪些情绪范畴对于情感计算来说是必要的吗？目前研究者对此并没有统一的认识。不同的研究者基于自身的研究兴趣关注不同的情绪范畴，而导致无法形成对整个情感空间的认识，同时难以考察不同情绪范畴之间的关系。其次，目前尚没有测量各种情绪体验的标准化方法和工具，研究者大都基于常识对情感材料进行分类，这导致不同研究采用的情感材料在情感的强度等方面存在差异。再次，情绪范畴是对情绪的定性描述并非定量的测量，无法用量化的数字表达主观的情绪体验。如果不能有效地量化主观的情绪情感体验，那么情感计算就无从谈起。相反，一旦实现情感的量化，便可以进一步建立情绪情感参数与相关物理参数之间的函数关系，从而建构更加丰富、生动的情感模型。最后，范畴观取向不能区分同一类情感中的情感强度的变化，这无疑损失了大量微妙的情感变化信息，不能使情感模型精确地表达人类的感受和心理反应。

(2) 维度观。

基于以上对范畴观优缺点的分析，有必要在情感计算中引入一种更加量化、系统的理论和方法来描述情绪和情感。而情绪的维度观正是这样一种可以很好地对情感进行量化的研究取向。基于连续状态空间的情感维度有助于建立情感体验与各项生理、身体运动指标、面部特征参数等各种模态的测量参数之间的数学关系，可以更好地解决情感可计算性这个根本问题。

科学心理学的创始人威廉·冯特最早明确地提出情感的三维说，认为情绪情感由三个维度组成：愉快-不愉快，激动-抑制，紧张-松弛。随后，施洛伯格(H. Schlosberg)基于面部表情的研究，也提出了情绪的三维模型：快乐度(愉快-不愉快)、注意度(注意-拒绝)、强度(激活水平)。伊扎德提出情绪的四个维度：愉快度、紧张度、激动度(情绪体验的突然性)、确信度(意识到情绪起因的程度)。普拉奇克(Robert Plutchik)提出的"情感轮"模型，其中包括两极性、相似性、强度三个维度。近年来，基于愉悦度(pleasure-displeasure)、激活度(arousal-nonarousal)和优势度(dominance-submissiveness)三维情绪模型(PAD 情绪模型)在心理学领域被广泛使用。PAD 情绪模型不但给出了对连续的情感状态空间进行描述的理论构想，同时采用量化的方法试图建立情感空间中各种情绪范畴的定位和关系。其中，愉悦度又被称为情绪效价维度(valence)。目前在情感计算领域，情绪效价和激活度的二维模型应用较多。

3. 情感识别与理解

综合情绪识别和理解的线索，情感计算领域用于识别情绪情感的数据模态主要包括：视觉(面部表情或微表情的图片或视频，手势、步态等身体姿势姿态)、生理信号(心电、呼吸、皮肤电、眼动、脑电和肌电信号等)、语音信号和文本。12.2 节部分已经讨论过基于生理信号的心理状态识别，因此本小节不再赘述。下面将从面部表情、微表情、姿势姿态、语音、文本和多模态情感计算这 6 方面概述相关研究领域的心理基础。

1) 面部表情识别

面部表情是识别个体情绪状态最直接的线索。达尔文最早明确提出了基于基本情绪的面部表情具有跨种族和跨文化的一致性，之后，美国心理学家 Ekman 进一步提出 6 种基本的面部表情：高兴

(happy)、悲伤(sad)、恐惧(fear)、愤怒(angry)、厌恶(disgust)和惊讶(surprise)。Ekman 根据面部肌肉运动模式与表情之间的关系标记了多个肌肉运动单元,并提出一套每种基本面部表情与肌肉运动单元之间对应关系的编码系统,称为面部表情编码系统(facial action coding system, FACS)。这些面部表情的心理学研究为计算机自动识别面部表情的数据集构建、特征提取和算法实现提供了理论基础。

目前,面部表情数据集的构建方式主要是 3 种(Adyapady & Annappa, 2023)。

第一种,在实验室环境下,表情模特在研究者的指导下,通过摆拍的方式做出符合表情肌肉运动模式的基本面部表情。这种表情数据集构建方式可以确保每种基本表情的肌肉运动模式都是典型的模式,具有很好的区分性,而且可以对表情数据的光照条件、拍摄角度进行严格的控制,为表情算法训练提供了最典型的数据集。但是,这些优点也是这类数据库的缺点,由于这类面部表情是摆拍的典型表情,缺乏生态效度,因此可能与真实生活情境下人们的表情表达存在一定的差异。

第二种,在实验室环境下,通过具有生态效度的情绪诱发手段诱发自发的面部表情,例如通过让参与者观看情绪诱发视频来诱发不同的情绪状态,或者通过让参与者闻令人厌恶的气味诱发厌恶的表情,通过有意地激怒参与者诱发愤怒的表情等。这种自发面部表情比摆拍的表情更加接近真实生活场景中出现的面部表情,具有更高的生态效度。

第三种,从互联网的视频或图片资源中搜索网络用户上传的表情素材或者影视作品中的表情素材,构建野外(wild)面部表情数据集。这类数据集缺乏实验室采集数据的可控性,具有非常高的生态效度。同时,这类表情的先验情感语义不明确,需要依赖于人工标注情感语义。另外,不同的头部姿势、遮挡(围巾、墨镜、头发等)和光照条件也给面部表情识别带来了挑战。

目前,大多数面部表情数据集主要提供基本情绪类别的语义标签,也有部分数据集还会提供基于 FACS 的肌肉运动单元标注,还有一些数据集提供包含情绪类别的语义标签和情绪维度(效价和激活度)两种标签的表情数据(Mollahosseini, Hasani, & Mahoor, 2019)。

面部表情识别包括 3 个过程:人脸图像预处理(包括人脸检测、人脸配准和归一化)、特征提取和表情分类。其中,在特征提取和表情分类阶段采用的算法主要有统计学方法(如隐马尔可夫模型和贝叶斯分类器等)、传统的机器学习方法和深度学习算法(Adyapady & Annappa, 2023)。传统的机器学习方法在特征提取阶段主要采用基于全局特征提取方法或者基于局部特征提取方法(例如,基于几何特征或纹理特征,或者两者相结合),然后根据提取的特征对表情进行分类,例如采用 K 近邻算法和支持向量机等。深度学习算法可以同时进行特征提取和特征分类,并且深度学习特征已经被证明在图像关键模式的提取方面具有很高的有效性,与手动选取的特征相比,深度学习特征具有更好的辨别能力。

2) 微表情检测与识别

近年来,微表情越来越受到学术界和大众媒体的关注。微表情是人们在某些情境下,试图控制或隐藏自己真实情绪时,不小心泄露出来的真实表情。微表情持续时间通常为 1/25～1/5 秒,不易被察觉。心理学家 Ekman 认为微表情是识别人们真实心理状态的非常重要的非言语线索,尤其是作为谎言识别的重要线索,微表情的有效性甚至高于言语内容、语音、语调、身体姿势等其他线索(Owayjan et al., 2012)。通过肌电记录人与人之间欺骗行为时的面部运动反应,结果发现与欺骗检测相关的肌肉运动单元与以往实验室中通过抑制真实情绪采集的微表情数据中出现频率较高的肌肉运动单元一致(Dong et al., 2022)。

因为构建具有生态效度的微表情数据库的难度非常大,所以在实验室诱发微表情和进行人工标注都十分困难，目前只有 7 个公开发布的自发微表情数据库，包括中国科学院心理研究所发布的 CASME 系列的 4 个数据库（Li，et al.，2023）、芬兰奥卢大学发布的 SMIC、英国曼彻斯特城市大学发布的 SAMM 和中国山东大学发布的 MMEW（综述见李婧婷等，2022）。在实验室采集微表情通常采用两种方式：一种方式是通过视频诱发参与者的真实情绪状态，但是要求参与者压抑或者伪装自己的真实情绪，如果参与者的真实情绪非常强烈，压抑或者伪装失败时泄露出来的短暂真实表情就是微表情；第二种方式是采用说谎或者欺骗研究范式，要求参与者努力伪装自己的情绪，以骗过另一个人类参与者或者研究者声称的计算机欺骗检测算法。

由于微表情在谎言识别和欺骗检测中的重要作用，研发自动检测和识别微表情的技术越来越受到计算机科学领域的重视。微表情识别是对已知存在微表情的片段进行情感分类，技术相对成熟（综述见李婧婷等，2022）。但是，在长视频中进行微表情检测，准确地定位微小短暂的微表情片段却非常具有挑战性。目前，微表情检测方法主要有两种研究思路，一种是通过比较帧间特征差异检测微表情，另一种是通过传统的机器学习和深度学习提取微表情的特征，进而对微表情帧和非微表情帧进行分类。对于第一种思路，主要流程是计算时间窗口中所提取特征的差异，通过在整个视频中设置阈值可以发现最明显的脸部运动。对于第二种基于传统机器学习和深度学习的微表情检测方法，由于受到微表情数据小样本问题的限制，目前研究仍非常少。通过实现基于人类注意机制的多分支自监督学习的微表情检测方法有望避免微表情的小样本问题，使复杂真实场景下微表情分析技术的应用成为可能（李婧婷等，2022）。

3）姿势姿态的情感识别

目前，关于身体姿势姿态在情感表达和识别中作用的研究相对于面部表情和语音的研究较为薄弱。与面部表情一样，达尔文最早提出某些特定情绪具有不同的身体姿态模式。相对于面部表情，通过身体动作和姿态可以实现远距离的情感交流，对于情绪识别具有一定的优势。但是，也有研究者认为只是观察身体姿态并不能有效地识别情绪类别，只能获取情绪激活程度（强度）的信息。如果基于对不同情绪类型的身体姿势的经验描述，由计算机自动生成对应不同情绪的人体静态姿势，则人类参与者可以相对准确地对愤怒或悲伤的身体姿态进行归因，但是对厌恶的身体姿态的归因一致性非常低，对高兴和惊奇的身体姿态比较容易混淆（Coulson，2004）。这说明身体姿势可以传达一定的可识别的情绪信息。

基于身体姿态进行情感识别，首先需要对身体进行建模，主要采用两种方式：一种方式是基于身体部件的模型，另一种方式是基于人体骨骼结构的运动学模型（Noroozi et al.，2021）。身体部件模型将身体表示为躯干、四肢和面部的各部分（包括眼睛、鼻子和嘴巴）；运动学模型则通过定义一组相互连接的关节来模拟人体，这种模型的常见数学表示通过循环树图实现，具有计算方便的优点（Noroozi et al.，2021）。目前，身体姿态数据采集主要有基于可穿戴设备的运动捕捉法、计算机视觉法和两种技术混合应用的方法（综述见徐芬，闰文彬，张晓平，2021）。

与其他基于图像的情感计算领域类似，姿态情感识别也需要进行姿态情绪特征提取和姿态情绪分类两个步骤。在特征提取阶段，主要采用物理参数特征法（如计算运动量、肢体的收缩指数、运动速率、运动加速度和手掌中心的流动性等参数）、动作及时空特征法（提取身体姿态的时空特征）、神经网络法来进行特征提取。在姿态情绪分类阶段，主要通过统计学方法、传统的机器学习方法（如支持向量机、K 近邻算法和决策树等）和深度学习算法（如卷积神经网络和长短期记忆循环神经网络等）建立情绪类型分类器（综述见徐芬，闰文彬，张晓平，2021）。

4）语音情感识别

话语不但可以传递语言信息，同时包含情绪情感信息，通常称为语调表情，可以通过语音的声学特征(包括韵律特征、音质特征和频谱特征)来加以分析。韵律特征是指说话时的语气、语调等,在声学参数上表现为发音速率、短时能量和基音频率等参数随着时间的变化。音质特征反映发音时声门波形状的变化,主要包括共振峰、基频抖动、清晰度、明亮度、喉化度和呼吸声等。频谱特征参数主要包括线性预测倒谱系数和 Mel 频率倒谱系数。

情感语音数据的采集主要有 3 种方式(Akcay & Oguz, 2020)。第一种是采集日常生活中的自然语音或者谈话节目中的语音。由于这些语音涉及个人隐私或者法律问题,获取比较困难,由于缺乏先验的情感信息,故对这类语音材料的情感标注难度比较大。第二种是在实验室环境中邀请专业或半专业的配音演员按照指定的情绪状态进行语音表演。这种方法相对比较容易,但是采集的数据有可能不符合现实生活中的情感语音,有可能出现夸大的情况。第三种是邀请普通参与者在实验室环境中,通过视音频信息诱发参与者特定的情绪,并让参与者用语音表达相应的情感。这种方式相对而言更接近真实自然的情景,而且有一定的先验情感信息供标注者参考。不管是哪种采集方式,情感语音一般都需要进行人工标注,根据离散的情感模型或者连续维度模型(例如,效价与唤醒度两个维度模型,或者愉悦度、激活度和优势度三维模型),由受过训练的标注者对语音数据的情感信息进行分类,或者在情感维度上进行评分。

情感语音识别主要包括 4 个过程:数据预处理(例如降噪、语音分帧、归一化等)、特征提取、特征降维和情感识别(Akcay & Oguz, 2020)。在特征提取阶段,主要针对上面提到的 3 类语音特征参数进行提取,并结合语言的语义信息、语境特征(如说话者的性别、文化背景)、其他模态信息等进行分析。由于语音的原始特征维度非常多,所以在特征降维阶段,可以采用主成分分析、Fisher 准则、线性判别分析等方法进行特征降维(综述见高庆吉等, 2020)。在情感识别阶段,可以采用情感分类算法(基于离散的情感表示模型)或者情感回归算法(基于连续维度的情感表示模型)对情感状态进行识别。情感分类的算法通常使用支持向量机、隐马尔可夫模型和深度卷积神经网络,情感回归算法通常采用支持向量回归分析、长短期记忆循环神经网络和深度对抗神经网络模型等(综述见 Mehrish, et al., 2023; 高庆吉等, 2020)。

5) 文本情感分析

文本情感分析是情感计算和自然语言处理的主要研究领域,在针对特定个体的用户情感信息获取和针对社会大众的舆情监测等方面具有广泛的应用价值。随着互联网的飞速发展和普及,以及自媒体的兴起,互联网上,尤其是社交媒体上每天都会产生大量的文本信息和图像信息,这些海量的公共可利用信息促进了情感分析方法的研究。

传统的文本情感分析通过构建特定领域的情感词典,再根据情感词和文本的映射关系进行情感分析。例如,根据积极、消极或中性的情绪极性对文本(例如,用户的对话语言、网络评论或社交帖子)进行情感极性分类,以及关注文本中的情感词、程度副词、否定词之间的关联,这些分析可以在篇章或句子水平进行(Ortis, et al., 2020)。除了基于词典的方法,文本情感分析还采用传统的机器学习和深度学习方法,以及基于词典和机器学习混合的方法(Wang, et al., 2022)。

6) 多模态情感识别

近十几年来,情感计算研究从基于单模态信息的情感计算逐渐转向基于多模态信息的情感计算(Poria, et al., 2017)。多模态情感计算通常是结合上述视觉(面部表情和微表情,或者手势、步态等身体姿势姿态)、生理信号(心电、呼吸、皮肤电、脑电或眼动等)、语音、文本模态中的几个模态信息进行情感识别和理解。在真实的应用场景中,单模态数据可能会因为某些原因造成信息缺失,多模态信息可以提高情感数据的丰富性,不同模态之间相互补充,有助于提高情感识别的准确性。

多模态信息的提取、建模、识别方法有很多，其中最为关键的方法是多模态信息融合方法，目前主要有决策层融合、特征层融合，以及这两种融合方式的混合方式。基于决策层的融合方法主要有三类：基于规则、基于分类器算法（如支持向量机、神经网络、隐马尔可夫模型）和基于估计算法（卡尔曼滤波器、粒子滤波器等）。基于规则和基于分类器融合的方法更多地应用于离散情感分类识别，基于连续维度的情感识别研究中更多地使用基于分类器和基于估计算法的融合。决策层融合方式操作方便灵活，允许各个模态采用最适合的机器学习算法进行单独建模。特征层融合通常是将各个通道的特征相串联以组合成一个长的特征向量，然后将该特征向量放入机器学习算计进行分类或回归输出。特征层融合的方式涉及多个通道之间的数据耦合，要求数据在时序上对齐，对于建构多模态情感数据集的数据同步要求比较高。

总体而言，多模态融合的情感识别准确率近年来逐渐提高，相对于单模态情感识别能取得更好的性能。但是，在自然场景下，由于个体的面部表情和姿势姿态会受到光照、遮挡、角度等因素的影响，语音会受到环境噪声等因素的影响，生理信号的采集可能受到肢体运动对传感器敏感度的干扰，个体的生理反应受到人体自然节律等因素的影响，所以，真实生活和应用场景中的多模态情感识别仍然是一个极具挑战性的问题。

对情感识别与理解的数据来源、数据模态、建模方法和数据集建构方法的总结如表 12.1 所示。

表 12.1　对情感识别与理解的数据来源、数据模态、建模方法和数据集建构方法的总结

数据类型	数 据 模 态	建 模 方 法	数据集建构方法
面部表情	静态照片图像、视频、面部肌电	情绪分类模型	实验室摆拍表情、情绪诱发下的自发表情、影视作品和网络视频中的表情，对数据进行情绪类别标注、FACS 肌肉运动单元标注
微表情	视频、面部肌电	检测：帧间特征差异检测；提取微表情的特征对微表情帧和非微表情帧进行分类 识别：情绪分类模型	通过视频诱发真实情绪，压抑或者伪装真实情绪失败时，泄露出来的短暂真实表情；采用说谎或者欺骗研究范式
身体姿势姿态	视频、基于可穿戴设备的运动捕捉数据	身体部件身体模型、人体骨骼结构的运动学模型 情绪分类模型 情绪维度模型	基于可穿戴设备的运动捕捉法、计算机视觉法和两种技术混合应用的方法采集情绪诱发下的姿势姿态
语音	音频	情绪分类模型 情绪维度模型	日常生活中的自然语音或者谈话节目中的语音、邀请专业或半专业的配音演员按照指定的情绪状态进行语音表演、邀请普通参与者通过视音频信息诱发特定情绪，并用语音表达相应情绪
语言内容	文本	情绪分类模型	社交媒体上的海量文本信息 构建情感词典
生理反应	生物电信号、视频、红外光、神经医学成像	情绪分类模型 情绪维度模型	真实的生活情境中采用可穿戴设备或者视频记录、实验室环境中模拟目标情境诱发情绪

4. 情感数据集的构建

与前面谈到的生理计算相同，良好的情感数据集是提高情感识别算法准确性的重要前提，因此，情感计算的基础也是构建一个适用于研究目标和应用场景的情感数据集。构建情感数据集涉及的关

键问题有两个，第一个是如何诱发符合研究目的、真实自然的情感状态，第二个是如何对数据进行准确可靠的情感意义的标注。这两个问题都与情绪心理学的研究内容和研究方法相关。

“3. 情感识别与理解”部分分别介绍了面部表情和情感语音的数据集采集方法，这些方法主要可以分为两类：一类是在实验室环境下采集的情感数据，另一类是在非实验室环境下采集的情感数据。

在实验室环境下采集的面部表情、语音或者身体姿势姿态情感数据，采集方式又可以分为三类：第一类是专业演员或者普通参与者在指定的要求下进行摆拍或表演；第二类是通过各种情绪诱发手段诱发参与者真实的情绪体验，然后记录参与者自发的面部表情、语音或身体姿势姿态；第三类是摆拍表演与自发情绪诱发相结合的方式，参与者在研究者的指导下学习如何使用表情、姿态和语音表现相应的情绪，并在相应的情绪诱发场景下做出相应的行为。摆拍和表演的方式只适用于视音频模态的情感数据采集。对于生理数据采集而言，由于生理反应很难受个体主观意识的控制，所以摆拍和表演的方式无法采集生理数据。因此，如果想要在实验室环境下构建包含生理数据的多模态情感数据，那么只能采用情绪诱发的方式来诱发自发的生理反应。

如果在实验室诱发自发情绪状态，采用的诱发方法主要包括四种。

第一种是情绪刺激诱发法。可以通过给参与者播放情绪图片、音乐、情绪视频等声音或图像信息诱发相应的情绪。图片材料适用于诱发大多数情绪类型，而且目前有标准化的国际情绪图片库可以采用，但是图片诱发的情绪状态的持续时间通常比较短暂。适合采用音乐诱发的情绪类型比较有限，主要有悲伤、喜悦和放松，音乐诱发的情绪强度通常比较强，而且持续时间长。目前，构建情感数据集采用得比较多的诱发方法是观看视频材料。视频材料结合了视听双通道的信息，可以播放背景音乐和渲染故事背景，具有较好的情绪诱发效果，也适用于大多数情绪类型。

第二种是自我诱发法。这种方法要求参与者回忆自己经历过的最高兴或者最悲伤等不同情绪体验的个人经历，口述或者手写事情的具体经过和当时的内心感受，或者要求参与者想象出一幕最令自己高兴或者悲伤等不同情绪体验的场景。该方法适合所有可以用语言进行描述的情绪状态，但是有可能参与者只是按照研究者的要求完成经历的讲述或者想象，并没有激发出相应的强烈情绪体验。

第三种是情境诱发法。通过真实的场景(例如研究者故意激怒参与者诱发愤怒情绪，让参与者闻令人恶心的味道诱发厌恶情绪)，或者任务设置(例如，让参与者完成非常枯燥的任务诱发厌烦的情绪)，或者在沉浸式的虚拟现实场景(例如，使用虚拟现实设备让参与者感受站在高楼边缘的惊险情境，诱发恐惧情绪体验)中诱发参与者的某种情绪体验。情境诱发法具有真实性高、生态效度高的优点，但是又存在不易控制、实施难度大的缺点，例如虚拟现实技术对设备的要求比较高，情境诱发法对数据采集者的表演能力和临场应变能力的要求比较高。

第四种是将上述三种方法组合使用。在构建情感数据集时，根据拟诱发的情绪类型的特点选择适合该情绪类型的特定诱发方法。总体而言，目前自发情绪数据集的构建大多采用视频诱发方法，而且有一些公开发布的视频诱发素材库可供研究者采用。

非实验室环境下采集的情感数据可以分为两类：第一类是从互联网和影视剧中选择典型的某种情绪状态的音视频，或者从社交媒体中爬取文本数据；第二类是记录参与者日常生活中的情感数据。第二类数据由于是完全自然场景下的情感数据，所以可能会对参与者的个人生活和工作产生一定的干扰。另外，由于涉及隐私等伦理问题，所以实施难度比较大，这类采集方式目前多用于某些特殊工作场景下的情感数据的采集。

12.4 交互意图理解

正如本章引言部分所述，人智交互系统本质上可以理解为人机合作关系，类似于人与人之间协作的关系。如果想要使 AI 系统具有人与人之间沟通和协作的能力，就需要赋予 AI 系统理解和思考人类心理状态、行为动机和意图的能力。对于人类而言，社会认知能力对于个体在人际互动中的表现具有非常重要的作用，并且决定着个体在群体中的生存适应。社会认知涉及个体理解和思考他人，根据环境中的社会信息（如面孔和面部表情、身体姿势姿态和动作、语言等）形成对他人的心理状态、行为动机和意图等方面做出推测与判断等的认知过程，其中，对他人的情绪识别和意图推理是社会认知的两个重要维度（彭玉佳，王愉茜，路迪，2023）。情绪和意图分别代表个体在主观感受层面与认知行为层面的不同状态。

在人机交互领域，广义的意图理解其实几乎涵盖了人机交互中对用户心理状态识别和预测的所有方面。用户的意图理解和识别根据实际应用领域和主题的不同，可以通过不同的模态信息实现，也可以通过多个模态的信息实现。与情感计算类似，意图理解的信息模态主要包括生理信号（如脑电、肌电、眼动）、视频图像（如面部表情、身体运动和动作、驾驶行为）、语音信号、文本语义信息。

下面首先介绍人际意图理解的主要研究进展，及其对人智交互的启发和应用价值，接着按照意图理解的数据模态，分别介绍基于生理信号的意图识别和理解、基于视频的行为意图理解，以及基于语音和文本的交互意图理解的研究进展。

1. 人际意图理解

意图理解能力是人类心理理论的一个重要子成分。心理理论（theory of mind，ToM）是指个体理解他人的心理活动（例如愿望、信念、意图或情绪等），并由此预测他人行为的能力，是人类社会认知能力的重要组成部分，灵长类动物甚至也会表现出一些基础的心理理论能力（殷融，2022）。从婴儿时期起，人类就不断地与他人互动，更重要的是，与其他物种相比，人类更倾向于通过向同类学习，也就是通过社会学习的方式来积累知识经验和技能。心智理论是个体成长过程中逐渐构建的，从婴儿期开始，一直持续到青春期，甚至到成年仍在不断发展（Poulin-Dubois，2020）。发展出心理理论能力的个体，例如正常的成年人会默认周围其他人的行为都具有各自的意图，是为了实现某种目的，更关注这个人与其目的之间的关系，而不是关注其行为中涉及的具体动作（de Moor & Gerson，2020）。

另一个与意图理解关系非常紧密的心理理论子成分是联合注意。联合注意是指个体能够追随或吸引其他个体注意的能力（殷融，2022）。个体只有先做到可以关注其他个体的注意聚焦对象，与其他个体同时关注同一事物，才能据此理解其他个体的意图，进而调整自身心理状态和行为。除了意图理解和联合注意能力，正常发展的人类个体还具有观点采择能力和理解他人的错误信念的能力。观点采择能力是指个体可以从他人的视角来看待外部世界，并推断他人想法和内心体验的能力，理解错误信念的能力是指个体可以理解其他个体对于外部世界的某种看法与现实并不相符的能力（殷融，2022）。

对于人智交互系统而言，如果具有对用户动作的识别和模仿能力，以及识别用户的注意目标和注意范围，实现具有与人一样的联合注意能力，那么这些能力可以帮助系统更好地理解用户的动作交互意图，辅助以对用户情感状态的识别，可以推理出用户的需要和动机，以及其他认知心理状态，这样系统就可以及时、恰当地做出符合用户交互意图的响应。如果人机对话系统拥有人类的观点采择能力和错误信念理解能力，那么可以帮助对话系统更好地理解用户的语言信息中包含的真实想法和交互意图。

2. 基于生理信号的交互意图理解

基于生理信号的交互意图理解主要包括：基于肢体肌电信号、脑电信号进行运动或动作意图识别，例如肢体康复机器人、外骨骼可穿戴机器人；采用脑机接口技术通过脑电信号或其他神经医学成像技术（如近红外光谱成像）进行交互意图和操作指令识别，例如面向肢体瘫痪患者的智能轮椅、智能文字输入系统；基于眼动信息的注意区域、目标物体等的交互意图识别，例如居家生活服务机器人等。国家自然科学基金委于2017年启动了“共融机器人基础理论与关键技术研究”重大研究计划，其中一个核心科学问题是“人—机—环境多模态感知与自然交互”，其中涉及“基于生物信号的行为意图理解与人机自然交互”。基于生物信号的行为意图理解包括基于脑电和肌电进行的动作意图理解，也包括基于眼动的交互意图识别。具体选择哪种交互模态或者交互信息取决于交互情景的特性。另外，结合视音频信息的多通道和多模态的融合模型可以在用户表达模糊或表达错误的情况下进行人机协作，顺利达成用户的目的（Lang, et al., 2023）。

1）基于生理信号的交互动作意图识别与理解

根据用户的肢体运动动作进行交互意图识别具有非常广泛的应用场景。针对人体运动功能增强和重建的各种康复机器人和外骨骼机器人已经广泛应用于康复医疗和国防军事等领域，为了实现人机共融、和谐协作的目的，必须实现对人体运动意图的快速和准确理解。目前，通过检测人体神经信号来识别运动意图已经成为常用的技术手段。在康复医疗领域，针对肢体残疾或肢体瘫痪患者的康复机器人和外骨骼机器人需要实现用户的肢体运动能力的再现和增强。正如前文提到的，这类机器人的交互意图识别可以基于用户的肢体肌肉运动产生的肌电信号或者大脑运动皮层产生的脑电信号，识别用户的动作类型或者用户期望运动的方向或幅度。基于脑电信号的运动意图分析目前主要以分类识别为主，目前只能在有限的几个动作类别上进行分类识别（Cai, et al., 2022; Xiong, et al., 2021）。基于皮肤表面肌电信号的运动意图理解可以通过两种方式进行，一种是动作分类识别（Jia et al., 2020），另一种是连续信号回归（Zhang, et al., 2022）。对于连续信号回归方法，基本思路是将多路肌电信号的特征与外骨骼机器人期望运动的位置、关节力矩和关节角度等信息建立映射关系（Zhang, et al., 2022）。假肢机器人还可以结合力触觉感知功能，通过振动反馈将假肢的运动状态反馈给用户，增强用户的控制感（韩成飞, 2022）。

采用脑机接口技术，基于中枢神经生理反应（如脑电、近红外光学成像）进行人智交互的研究在本书的其他章节有详尽的介绍，本章不再赘述。

2）基于眼动的交互意图理解

“常用的生理反应指标”部分介绍过，眼睛注视等眼动轨迹、注视、瞳孔、眨眼等信息可以用于测量用户的认识负荷、心理疲劳或困倦状态，以及态度和偏好等情感状态。除此之外，眼动信息还可以辅助进行人体运动方向预测（张卿等, 2021），分析视觉搜索意图（Mou & Shin, 2018），识别交互意图，进而实现基于眼动控制的交互界面（Huang et al., 2021）。随着元宇宙概念的兴起，基于用户的注视信息预测用户意图成为虚拟现实领域的重要需求之一。虚拟现实的核心特征是沉浸感、互动性和想象力，这对人机交互的要求更高，识别和理解用户的交互意图就显得更加重要（Chen & Hou, 2022）。

基于眼动信息来控制界面交互指令的输入，将眼睛注视的停留时间作为信息输入的确认操作指标，这种交互方式有时甚至在准确率和速度方面优于传统手控鼠标输入（Huang et al., 2021），但是这涉及眼动控制存在的一个主要问题：米达斯接触问题（Midas touch problem），即如何区分有交互意图的注视和随意注视，避免当用户随意看向某个交互元素时，无意中激活了交互指令。究竟采用多长的注视停留时间，不同的研究建议的时间范围并不完全一致，通常采用的注视时间为600～1000毫秒(Huang et al.，2021)，但是这个时间范围可能受到交互任务类型、交互场景和目标，以及用户群体等因素的影响。通过眼动追踪技术还可以根据驾驶员注视后视镜等眼动信息预测驾驶员的驾驶意图，提高驾驶员辅助系统的智能水平，确保行车安全(Pan et al.，2022)。

目前，常用的眼动追踪设备主要包括两类：头戴式系统和外设的摄像机系统。头戴式系统将图像采集设备固定在用户的头部，可以近距离采集眼部图像，不受背景、遮挡和光照等因素的影响，采集的眼部图像清晰。但是由于长时间佩戴该设备会给用户带来不适，还有一些用户可能会对头戴式设备有排斥心理，所以这种采集设备在人机交互领域的应用比较有限，主要可以应用于虚拟现实环境，将眼动追踪摄像头集成在虚拟现实的头盔中。随着普通摄像机的分辨率大幅提高，基于外设单摄像机的3D眼球模型视线估计算法逐渐被提出，无须采用头戴式的设备，大大扩展了眼动追踪的应用范围(史晓明，2022)。

3. 基于图像的交互行为意图理解

基于图像的交互行为意图理解主要涉及对交互情境中的交互目标(物体或者其他个体)的识别和人体动作识别，并在此基础上实现行为意图理解，主要包括：基于视频的肢体运动和动作意图识别，基于表情和身体姿态分析的行为意图识别，例如安防领域对监控视频中目标人物的行为意图的监测和分析。

在现实生活中，人们习惯于用手表达各种表意的手势，也习惯于用手操作各种物体，因此在虚拟现实环境中，通过空中手势进行互动是非常直观、自然和灵活的方式(Li，et al.，2019)，无须交互界面，并且解放人们的眼睛(Yan，et al.，2019)。在虚拟现实领域，对于手势和行为意图的理解主要基于各种动作捕捉系统采集的行为数据。目前，主流的动作捕捉系统主要包括光学式、惯性式和计算机视觉3类，其中计算机视觉动作捕捉系统由于成本低廉、应用场景广泛，更适合在各种家庭和娱乐场景中应用(姚保岐，2021)。在智能家居领域，基于计算机视觉的手势交互也具有广泛的应用场景，通过手势动作来操纵各种智能电器和家具可以为用户提供更加舒适便利的家庭生活环境。根据手势动作的时空状态，手势可以分为静态手势和动态手势(Li et al.，2019)。根据手势是否包含社交特征，手势又可以分为及物的操作手势和非及物的交流手势(Li et al.，2019)。

在安防监控领域，检测人体异常行为对维护机场、火车站、社区和校园等公共场所的安全具有重要的应用价值。基于海量视频数据的异常行为感知技术，可以实现事前实时监测、事中实时报警、事后报警记录查询的全时段覆盖(钟婷 & 彭晗，2022)。人体异常行为检测主要包括运动目标检测、运动目标跟踪和异常行为检测三个步骤。常用的运动目标检测算法主要有帧间差分法、背景差分法和光流法，常用的运动目标跟踪方法主要有基于区域、基于特征、基于模型、基于活动轮廓和基于粒子滤波的跟踪，异常行为检测方法主要分为基于相似度量、基于模型和基于状态空间的行为分析方法(张见雨，2022)。近年来，随着深度学习算法的发展，采用卷积神经网络进行异常行为检测显著优于传统的机器学习算法，其准确率可以达到86%以上(Kuppusamy & Bharathi，2022；Patwal，et al.，2023)。在不拥挤的场景中，卷积神经网络的异常行为检测甚至可以在特定数据集上达到97%的准确率(Kuppusamy & Bharathi，2022)。

4. 基于语音的交互意图理解

基于语音信号的交互意图理解主要涉及人机语音对话时，对说话人的意图进行准确的分析和理解。这类意图理解的应用场景非常广泛，从智能手机、车载语音系统和智能家居产品的语音助手，到语音电话的智能问答系统，再到各种服务机器人的语音对话系统。基于语音进行人机交互，是最接近人与人沟通交流的人机交互形式，因此基于语音信号进行意图理解类似于人际的口语交流，存在口语理解类似的影响因素，例如受到自然语言中复杂口语现象的干扰、个性化口音，以及语音中包含的情绪韵律信息（如重音、语调）等因素的影响，这使得理解说话人的意图不仅仅需要识别语音中的语义信息，还需要考虑字面意思之外的说话人态度和偏好、情绪、说话风格等副语言学信息（宁义双，2017；郑彬彬，贾珈，蔡莲红，2011）。虽然目前的口语对话系统可以较好地识别语音中包含的文本信息，但是还不能很好地整合副语言学信息（宁义双，2017），这限制了通用的语音聊天机器人的智能交互水平。尽管如此，对于人机语音对话的大多数应用场景来说，用户出于某种交互的需要而发出语音指令，语音信号中包含的副语言学信息对于理解用户的交互意图并不非常重要，因此目前的口语对话系统主要在语音识别的基础上，根据特定常用场景的交互需求，通过自然语言处理技术实现相应的意图理解，例如基于语音的对话推荐系统（赵梦媛等，2022），针对护理记录的口语对话系统（Mairittha, et al., 2021），医疗健康在线咨询的意图分类系统（Epure et al., 2018），还有小米公司的“小爱同学”、百度公司的“小度”、华为公司的“小艺”、微软公司曾经的“小娜”、苹果公司的 Siri 等语音助手，已经普遍应用于日常智能设备的交互中。

5. 基于文本的交互意图理解

基于文本的交互意图理解主要涉及基于文本的人机交互时，对用户输入的文本信息的意图进行识别和理解，主要的应用场景包括通用的聊天机器人、智能信息检索和查询系统，以及基于文本的智能问答系统等。相对于语音交互，基于文本的交互方式缺少语音、语调、重音等副语言学信息来辅助识别说话人的情绪状态和语用信息。除此之外，语音交互和文本交互的意图理解基本上可以采用相同的处理思路，根据用户输入的自然语言内容，可以结合对用户的对话行为偏好、情绪状态、上下文情境进行分析，实现对用户模糊的交互指令的准确意图理解（于德民，2022）。如果是针对特定的应用场景，则可以将用户输入的自然语言对话文本映射到该应用场景涉及的已知不同意图类别（吴梦飞，2020）。

2022 年，ChatGPT（Chat Generative Pre-trained Transformer）火遍了全球。作为一款通用的聊天机器人系统，ChatGPT 可以像人类一样聊天交流，并能进行网络信息检索、文献情报分析、文案写作、翻译等任务。2023 年 2 月，在预印本平台 Arxiv 上，一位来自美国斯坦福大学的学者对不同版本的 ChatGPT 进行了心理理论的问题测试（Kosinski, 2023），结果发现，2020 年之前发布的 GPT 模型还没有解决错误信念任务的能力，但是，2020 年 5 月发布的 GPT-3 的第一个版本可以解决 40%的错误信念任务，2022 年 1 月的版本解决了 70%的错误信念任务，其成绩与 6 岁儿童相当；2022 年 11 月发布的版本 GPT-3.5 解决了 90%的错误信念任务，达到了 7 岁儿童的水平；2023 年 3 月发布的 GPT-4 已解决了几乎所有的任务（95%）。该学者认为，ChatGPT 解决心理理论任务的研究发现表明，心理理论能力可能是人工智能的语言模型提高了语言能力之后自发涌现的副产品。

上述研究发现与儿童发展心理学有关心理理论的研究发现具有一致之处。心理学研究表明，影响儿童心理理论发展的一个重要因素是语言能力的发展，儿童完成心理理论任务的成绩与他们在许多语言测试（包括句法、语义和语用领域的言语技能测试）上的成绩存在显著相关（Poulin-Dubois, 2020），也就是更高水平的语言能力和更加丰富的交流经验，可以显著地预测个体的心理理论水平。ChatGPT 作为基于大量语料库训练的自然语言处理的神经网络模型，具有一定水平的语言能力，同时也拥有大量文本交互的交流经验，这些与人类儿童发展出心理理论所需的前提条件类似。所以，不难看出，ChatGPT 之所以可以正确回答几乎所有的错误信念任务问题，与其强大的自然语言处理能力是分不开的。

12.5 总结与展望

目前,人类状态识别研究已经取得了非常丰富的研究成果,并且在众多人机交互应用领域发挥了重要的作用。但是,相关研究领域仍存在以下几个主要问题。

(1) 人类的心理和行为存在非常大的个体差异,人类状态识别的准确性不可避免地受到个体差异的影响。由于生物遗传基因、先天因素、后天生活环境、社会经济、文化背景等因素的影响,即使面临相同的情境和外界刺激,不同的个体会产生不同的生理心理反应和情绪体验,也会产生不同的行为活动。在这种情况下,基于大样本人类个体的生理心理数据训练的模型可能对某个具体的个体的预测效果不尽理想。

(2) 虽然人类状态识别已经在多个领域取得了比较好的识别性能(例如面部表情识别、情感语音识别等),但是识别性能的良好往往建立在实验室采集的典型数据集基础上,真实自然环境下的人类状态识别仍然存在非常大的难度。

(3) 尽管人类状态识别的研究非常丰富,但是人智交互系统如何恰当地响应人类的状态,做出具有人类高智商和高情商水平的交互反馈,亟须更多的关注和进一步的研究。目前,基于生理反应的生物反馈技术已经非常成熟,而且采用可视化的技术可以及时、生动和直观地给用户呈现自己的生理变化,并通过自己的努力来调节自身生理反应,使可视化信息产生期望方向的变化,从而达到调节情绪和其他心理状态的目的。但是,绝大部分的人机交互场景和交互目的都比生物反馈技术的应用场景要复杂得多,如何有效地进行和谐自然的交互反馈依然亟待解决。

(4) 人类状态识别建模与方法的研究需要建立在心理学、神经科学、计算机科学等多学科的交叉和合作基础上,当前学科之间的交叉仍有待进一步加强。基于人类状态识别的人智交互首先需要理解人类作为生物体和社会性动物而产生的生理、情感和意图等各种生理心理状态,这些都离不开心理学和神经科学的研究。

针对上述问题,当前人类状态识别研究表现出以下发展趋势,并有望取得突破性进展。

(1) 多模态的人类状态识别建模已经成为主流。但是,当前多模态感知和状态识别仍存在大量研究难点。首先是多模态融合存在难度。例如,多模态信息的采集尺度不同,如何有效利用多尺度的信息;多模态融合的策略和方法如何选择,在决策层融合还是在特征层进行融合;当不同模态信息的输出不一致时,系统如何决策等。其次,构建具有生态效度的多模态情感数据也具有相当大的难度,尤其是数据采集完毕后对数据进行分类意义或者心理强度的标注工作目前仍然依赖于受过训练的专业人员进行人工标注。

(2) 从通用的情感识别和交互模型逐渐向个性化的情感识别和交互模型发展。正如前面所述,由于各种先天和后天因素的影响,人类的心理和行为存在非常大的个体差异,因此建立通用的情感交互模型可能无法有效地识别目标用户个体的情感状态,也无法实现和谐的人智交互。在情感交互中,如果通过收集用户的个性化信息,对目标用户建立个性化的用户画像,建构个性化情感识别和交互模型,优化算法,那么有可能提升对用户的个性化情感表达的识别和理解能力,从而解决多模态情感识别模型在实际应用中性能不佳的问题。

(3) 从相对孤立地识别和理解用户的情感状态向结合交互上下文和情境的研究取向发展(Hoemann et al., 2020)。人的情绪情感的产生和表达与交互上下文和情境密不可分(Barrett, 2021; 2022)。即使相同的面部肌肉运动模式,在不同的上下文情境中也可以表达出不同的情绪含义

(Barrett，2022)，例如喜极而泣形象地说明了强烈的喜悦情绪下人们有可能做出非常痛苦和悲伤的表情。因此，通过采集人机交互的情境信息和长时程的上下文背景信息，可以提高对用户生理、情感状态与意图识别和理解的鲁棒性。

参考文献

高庆吉，赵志华，徐达 & 邢志伟.(2020). 语音情感识别研究综述. *智能系统学报*，*15*(1)，1-13.

韩成飞. (2022). 面向假肢手的肌电控制及力触觉感知方法研究.长春理工大学硕士学位论文. DOI：10.26977/d.cnki.gccgc.2022.000521.

李婧婷，东子朝，刘烨，王甦菁，庄东哲. (2022). 基于人类注意机制的微表情检测方法. *心理科学进展*，*30*(10)，2143-2153.

刘烨，汪亚珉，卞玉龙，任磊，禤宇明. (2018). 面向智能时代的人机合作心理模型. *中国科学：信息科学*，*48*(4)，376-389.

宁义双. (2017). 智能语音交互中的用户意图理解与反馈生成研究. 清华大学博士学位论文.

彭玉佳，王愉茜，路迪. (2023). 基于生物运动的社交焦虑者情绪加工与社会意图理解负向偏差机制. *心理科学进展*，*31*(6)，905-914.

权学良，曾志刚，蒋建华，张亚倩，吕宝粮，& 伍冬睿. (2021). 基于生理信号的情感计算研究综述. *自动化学报*，*47*(8)，1769-1784.

史晓明. (2022). 基于眼动的多屏精准控制系统的研究与实现. 西安电子科技大学硕士学位论文.

王宏安，田丰，戴国忠. (2011). 基于生理计算的人机交互. *中国计算机学会通讯*，*7*(8)，13-18.

吴梦飞. (2020). 基于双注意力机制的口语理解研究. 天津大学硕士学位论文.

徐芬，闰文彬，张晓平. (2021). 姿态情绪识别研究综述. *计算机应用研究*，*38*(12)，3521-3526.

姚保岐. (2021). 面向虚拟互动系统的多视角动作捕捉方法研究. 北京邮电大学硕士学位论文.

殷融. (2022). 读心的比较研究：非人灵长类与人类在心理理论上的异同点及其解释. *心理科学进展*，*30*(11)，2540-2557.

于德民. (2022). 基于个性化对话风格的用户需求高效引导方法. 哈尔滨工业大学硕士学位论文.

张卿，王兴坚，苗忆南，王少萍 & Gavrilov, A. I. (2021). 基于眼动、位姿及场景视频的人体运动方向预测方法. *北京航空航天大学学报*，*9*，1857-1865.

赵梦媛，黄晓雯，桑基韬，于剑. (2022). 对话推荐算法研究综述. *软件学报*，*33*(12)，4616-4643.

郑彬彬，贾珈，蔡莲红. (2011). 基于多模态信息融合的语音意图理解方法. *中国科技论文在线*，*6*(7)，495-500.

钟婷，彭晗. (2022). 视频监控中异常行为检测在安防领域的研究进展. *智能城市*，*8*(9)，11-14.

Adyapady, R. R., & Annappa, B. (2023). A comprehensive review of facial expression recognition techniques. *Multimedia Systems*, *29*(1), 73-103. doi: 10.1007/s00530-022-00984-w

Ahmed, T., Qassem, M., & Kyriacou, P. A. (2022). Physiological monitoring of stress and major depression: A review of the current monitoring techniques and considerations for the future. *Biomedical Signal Processing and Control*, *75*. doi: 10.1016/j.bspc.2022.103591

Akcay, M. B., & Oguz, K. (2020). Speech emotion recognition: Emotional models, databases, features, preprocessing methods, supporting modalities, and classifiers. *Speech Communication*, *116*, 56-76. doi: 10.1016/j.specom.2019.12.001

Ameri, A. (2020). EMG-based estimation of wrist motion using polynomial models. *The Archives of Bone and Joint Surgery*, *8*(6), 722-728. doi: 10.22038/abjs.2020.47364.2318

Bachurina, V., & Arsalidou, M. (2022). Multiple levels of mental attentional demand modulate peak saccade velocity and blink rate. *Heliyon*, *8*(1), e08826. doi: https://doi.org/10.1016/j.heliyon.2022.e08826

Bae, Y. J., Reinelt, J., Netto, J., Uhlig, M., Willenberg, A., Ceglarek, U., ... Kratzsch, J. (2019). Salivary cortisone, as a biomarker for psychosocial stress, is associated with state anxiety and heart rate. *Psychoneuroendocrinology*, *101*, 35-41. doi: https://doi.org/10.1016/j.psyneuen.2018.10.015

Bafna-Rührer, T., Bækgaard, P., & Hansen, J. P. (2022). Smooth-pursuit performance during eye-typing from memory indicates mental fatigue. *Journal of Eye Movement Research*, *15*(4), 2. https://doi.org/10.16910/jemr.15.4.2

Barcik, W., Chiacchierini, G., Bimpisidis, Z., & Papaleo, F. (2021). Immunology and microbiology: How do they affect social cognition and emotion recognition? *Current Opinion in Immunology*, *71*, 46-54. doi: https://doi.org/10.1016/j.coi.2021.05.001

Barrett, L. F. (2017). The theory of constructed emotion: an active inference account of interoception and categorization.*Social Cognitive and Affective Neuroscience*, *12*(1), 1-23. doi: 10.1093/scan/nsw154

Barrett, L. F. (2021). Debate about universal facial expressions goes big.*Nature*, *589*(7841), 202-203. doi: 10.1038/d41586-020-03509-5

Barrett, L. F. (2022). Context reconsidered: Complex signal ensembles, relational meaning, and population thinking in psychological science.*American Psychologist*, *77*(8), 894-920. doi: 10.1037/amp0001054

Barrett, L. F., Wager T. D. (2006). The structure ofemotion: Evidence from neuroimaging studies. *Current Directions in Psychological Science*, *15*(2): 79-83.

Behnke, M., Kreibig, S. D., Kaczmarek, L. D., Assink, M., & Gross, J. J. (2022). Autonomic nervous system activity during positive emotions: A meta-analytic review. *Emotion Review*, *14*(2), 132-160.

Cai, Q., Xiong, X., Gong, W., & Wang, H. (2022). Multi-class classification of action intention understanding brain signals based on thresholding graph metric. *Journal of Intelligent & Fuzzy Systems*, *42*(4), 3393-3403. doi: 10.3233/jifs-211333

Chang, Y. C., & Huang, S.-L. (2012). The influence of attention levels on psychophysiological responses. *International Journal of Psychophysiology*, *86*(1), 39-47. doi: 10.1016/j.ijpsycho.2012.09.001

Chen, X. L., Hou, W. J. (2022). Gaze-based interaction intention recognition in virtual reality.*Electronics*, *11*(10), 1647. https://doi.org/10.3390/electronics11101647

Chung, Y. S., Poppe, A., Novotny, S., Epperson, C. N., Kober, H., Granger, D. A., ...Stevens, M. C. (2019). A preliminary study of association between adolescent estradiol level and dorsolateral prefrontal cortex activity during emotion regulation. *Psychoneuroendocrinology*, *109*, 104398. doi: https://doi. org/10. 1016/j. psyneuen. 2019.104398

Coulson, M. (2004). Attributing emotion to static body postures: Recognition accuracy, confusions, and viewpoint dependence.*Journal of Nonverbal Behavior*, *28*(2), 117-139. doi: 10.1023/B: JONB.0000023655.25550.be

de Moor, C. L., & Gerson, S. A. (2020). Chapter 6-Getting a grip on early intention understanding: The role of motor, cognitive, and social factors. In S. Hunnius & M. Meyer (Eds.), *Progress in Brain Research* (Vol. 254, pp. 113-140): Elsevier.

De Zorzi, L., Ranfaing, S., Honore, J., & Sequeira, H. (2021). Autonomic reactivity to emotion: A marker of sub-clinical anxiety and depression symptoms? *Psychophysiology*, *58*(4). doi: 10.1111/psyp.13774

Dich, N., Rod, N. H., & Doan, S. N. (2020). Both high and low levels of negative emotions are associated with higher blood pressure: Evidence from Whitehall II Cohort study.*International Journal of Behavioral Medicine*, *27*(2), 170-178. doi: 10.1007/s12529-019-09844-w

Dindar, K., Loukusa, S., Helminen, T. M., Makinen, L., Siipo, A., Laukka, S., ... Ebeling, H. (2022). Social-pragmatic inferencing, visual social attention and physiological reactivity to complex social scenes in autistic young adults. *Journal of Autism and Developmental Disorders*, *52*(1), 73-88. doi: 10.1007/s10803-021-04915-y

Dong, Z., Wang, G., Lu, S., Dai, L., Huang, S., & Liu, Y. (2022). Intentional-deception detection based on facial muscle movements in an interactive social context. *Pattern Recognition Letters*, *164*, 30-39. doi: 10.1016/j.patrec.2022.10.008

Du, G., Tan, Q., Li, C., Wang, X., Teng, S., & Liu, P. X. (2022). A noncontact emotion recognition method based on complexion and heart rate. *IEEE Transactions on Instrumentation and Measurement*, *71*. doi: 10.1109/tim.2022.3194858

Epure, E. V., Compagno, D., Salinesi, C., Deneckere, R., Bajec, M., & Žitnik, S. (2018). Process models of interrelated speech intentions from online health-related conversations. *Artificial Intelligence in Medicine*, *91*, 23-38. doi: https://doi.org/10.1016/j.artmed.2018.06.007

Fairclough, S. H. (2009). Fundamentals of physiological computing. *Interacting with Computers*, *21*(1), 133-145. doi: https://doi.org/10.1016/j.intcom.2008.10.011

Fairclough, S. H. (2017). Chapter 20-Physiological computing and intelligent adaptation. In M. Jeon (Ed.), *Emotions and Affect in Human Factors and Human-Computer Interaction* (pp. 539-556). San Diego: Academic Press.

Ferencova, N., Visnovcova, Z., Bona Olexova, L., & Tonhajzerova, I. (2021). Eye pupil-A window into central autonomic regulation via emotional/cognitive processing. *Physiological Research*, *70*, S669-S682. doi: 10.33549/physiolres.934749

Gregory, U., & Ren, L. (2019). Intent prediction of multi-axial ankle motion using limited EMG signals. *Frontiers in Bioengineering and Biotechnology*, *7*. doi: 10.3389/fbioe.2019.00335

Haouij, N. E., Poggi, J.-M., Sevestre-Ghalila, S., Ghozi, R., & Jaïdane, M. (2018). AffectiveROAD system and database to assess driver's attention. Paper presented at the Proceedings of the 33rd Annual ACM Symposium on Applied Computing, Pau, France. https://doi.org/10.1145/3167132.3167395

Hoemann, K., Khan, Z., Feldman, M. J., Nielson, C., Devlin, M., Dy, J., ... Quigley, K. S. (2020). Context-aware experience sampling reveals the scale of variation in affective experience. *Scientific Reports*, *10*(1). doi: 10.1038/s41598-020-69180-y

Huang, W., Cheng, B., Zhang, G. Sui, Y., Jiang, L., Xu, Y., Li, H., & Yang, Z. (2021) Ergonomics research on eye-hand control dual channel interaction. *Multimedia Tools and Applications*, *80*, 7833-7851.

Izard C. E. (2007). Basic emotions, natural kinds, emotion schemas, and a new paradigm. *Perspectives on Psychological Science*, *2*(3): 260-280.

Izard, C. E. (1984). Emotion-cognition relationships and human development. In C.E. Izard, J. Kagan, & R.B. Zajonc (Eds.), *Emotion, cognition, and behavior* (pp. 17-37). New York: Cambridge University Press.

Jerath, R., & Beveridge, C. (2020). Respiratory rhythm, autonomic modulation, and the spectrum of emotions: The future of emotion recognition and modulation. *Frontiers in Psychology*, *11*. doi: 10.3389/fpsyg.2020.01980

Jia, G. Y., Lam, H. K., Ma, S. C., Yang, Z. H., Xu, Y. J., & Xiao, B. (2020). Classification of electromyographic hand gesture signals using modified fuzzy C-Means clustering and two-step machine learning approach. *IEEE Transactions on Neural Systems and Rehabilitation Engineering*, *28*(6), 1428-1435. doi: 10.1109/tnsre.2020.2986884

Johannessen, E., Szulewski, A., Radulovic, N., White, M., Braund, H., Howes, D., ... Davies, C. (2020). Psychophysiologic measures of cognitive load in physician team leaders during trauma resuscitation. *Computers in Human Behavior*, *111*. doi: 10.1016/j.chb.2020.106393

Joshi, S., & Gold, J. I. (2020). Pupil size as a window on neural substrates of cognition. *Trends in Cognitive Sciences*, *24*(6), 466-480. doi: https://doi.org/10.1016/j.tics.2020.03.005

Kolodziej, M., Tarnowski, P., Majkowski, A., & Rak, R. J. (2019). Electrodermal activity measurements for detection of emotional arousal. *Bulletin of the Polish Academy of Sciences-Technical Sciences*, *67*(4), 813-826. doi: 10.24425/bpasts.2019.130190

Kosinski, M. (2023). Theory of mind mighthave spontaneously emerged in large language models. arXiv: 2302.02083. https://arxiv.org/abs/2302.02083

Kreibig, S. D. (2010). Autonomic nervous system activity in emotion: A review. *Biological Psychology*, *84*(3), 394-421. doi: 10.1016/j.biopsycho.2010.03.010

Kulke，L.，Feyerabend，D.，& Schacht，A.（2020）. A comparison of the Affectiva Imotions facial expression analysis software with EMG for identifying facial expressions of emotion. *Frontiers in Psychology*，*11*. https://doi.org/10.3389/fpsyg.2020.00329

Kuppusamy，P.，& Bharathi，V. C.（2022）. Human abnormal behavior detection using CNNs in crowded and uncrowded surveillance-A survey. *Measurement*：*Sensors*，*24*，100510. doi：https://doi.org/10.1016/j.measen.2022.100510

Kuraoka，K.，& Nakamura，K.（2022）. Facial temperature and pupil size as indicators of internal state in primates. *Neuroscience Research*，*175*，25-37. doi：10.1016/j.neures.2022.01.002

Lang，X. J.，Feng，Z. Q.，Yang，X. H.，& Xu，T.（2023）. HMMCF：A human-computer collaboration algorithm based on multimodal intention of reverse active fusion. *International Journal of Human-Computer Studies*，*169*. doi：10.1016/j.ijhcs.2022.102916

Li，J.，Dong，Z.，Lu，S.，Wang，S.-J.，Yan，W.-J.，Ma，Y.，... Fu，X.（2023）. CAS(ME)(3)：A Third Generation Facial Spontaneous Micro-Expression Database With Depth Information and High Ecological Validity. *IEEE Transactions on Pattern Analysis and Machine Intelligence*，*45*(3)，2782-2800. doi：10.1109/tpami.2022.3174895

Li，Y.，Huang，J.，Tian，F.，Wang，H. A.，& Dai，G. Z.（2019）. Gesture interaction in virtual reality. *Virtual Reality & Intelligent Hardware*，*1*(1)，84-112. doi：https://doi.org/10.3724/SP.J.2096-5796.2018.0006

Lopez，R. B.，Denny，B. T.，& Fagundes，C. P.（2018）. Neural mechanisms of emotion regulation and their role in endocrine and immune functioning：A review with implications for treatment of affective disorders. *Neuroscience & Biobehavioral Reviews*，*95*，508-514. doi：https://doi.org/10.1016/j.neubiorev.2018.10.019

Maffei，A.，& Angrilli，A.（2019）. Spontaneous blink rate as an index of attention and emotion during film clips viewing. *Physiology & Behavior*，*204*，256-263. doi：https://doi.org/10.1016/j.physbeh.2019.02.037

Mairittha，T.，Mairittha，N.，& Inoue，S.（2021）. Integrating a spoken dialogue system，nursing records，and activity data collection based on smartphones. *Computer Methods and Programs in Biomedicine*，*210*，106364. doi：https://doi.org/10.1016/j.cmpb.2021.106364

Markiewicz，R.，Markiewicz-Gospodarek，A.，& Dobrowolska，B.（2022）. Galvanic Skin Response Features in Psychiatry and Mental Disorders：A Narrative Review. *International Journal of Environmental Research and Public Health*，*19*(20). doi：10.3390/ijerph192013428

Masaki，A.，Nagumo，K.，Oiwa，K.，& Nozawa，A.（2022）. Feature analysis for drowsiness detection based on facial skin temperature using variational autoencoder ：a preliminary study. *Quantitative Infrared Thermography Journal*. doi：10.1080/17686733.2022.2126630

Mehrish，A.，Majumder，N.，Bharadwaj，R.，Mihalcea，R.，& Poria，S.（2023）. A review of deep learning techniques for speech processing. *Information Fusion*，*99*，101869. doi：https://doi.org/10.1016/j.inffus.2023.101869

Melnychuk，M. C.，Dockree，P. M.，O'Connell，R. G.，Murphy，P. R.，Balsters，J. H.，& Robertson，I. H.（2018）. Coupling of respiration and attention via the locus coeruleus：Effects of meditation and pranayama. *Psychophysiology*，*55*(9). doi：10.1111/psyp.13091

Mollahosseini，A.，Hasani，B.，& Mahoor，M. H.（2019）. AffectNet：A Database for Facial Expression，Valence，and Arousal Computing in the Wild. *IEEE Transactions on Affective Computing*，*10*(1)，18-31. doi：10.1109/taffc.2017.2740923

Mou，J. & Shin，D.（2018）. Effects of social popularity and time scarcity on online consumer behaviour regarding smart healthcare products：An eye-tracking approach. *Computer in Humam Behavior*，*78*，74-89.

Najafi，T. A.，Affanni，A.，Rinaldo，R.，& Zontone，P.（2023）. Driver attention assessment using physiological measures from EEG，ECG，and EDA signals. *Sensors*，*23*(4). doi：10.3390/s23042039

Noroozi，F.，Corneanu，C. A.，Kaminska，D.，Sapinski，T.，Escalera，S.，& Anbarjafari，G.（2021）. Survey on emotional body gesture recognition. *IEEE Transactions on Affective Computing*，*12*(2)，505-523. doi：10.1109/taffc.2018.2874986

Ortis, A., Farinella, G. M., & Battiato, S. (2020). Survey on visual sentiment analysis. *Iet Image Processing*, *14*(8), 1440-1456. doi: 10.1049/iet-ipr.2019.1270

Pace-Schott, E. F., Amble, M. C., Aue, T., Balconi, M., Bylsma, L. M., Critchley, H., ... VanElzakker, M. B. (2019). Physiological feelings. *Neuroscience and Biobehavioral Reviews*, *103*, 267-304. doi: 10.1016/j.neubiorev.2019.05.002

Pan, Y., Zhang, Q., Zhang, Y., Ge, X., Gao, X., Yang, S., & Xu, J. (2022). Lane-change intention prediction using eye-tracking technology: A systematic review. *Applied Ergonomics*, *103*, 103775. doi: https://doi.org/10.1016/j.apergo.2022.103775

Park, C. Y., Cha, N., Kang, S., Kim, A., Khandoker, A. H., Hadjileontiadis, L., Oh, A., Jeong, Y., & Lee, U. (2020). K-EmoCon, a multimodal sensor dataset for continuous emotion recognition in naturalistic conversations [Data set]. *Scientific Data*, *7*(1), 293. https://doi.org/10.5281/zenodo.3931963

Patwal, A., Diwakar, M., Tripathi, V., & Singh, P. (2023). An investigation of videos for abnormal behavior detection. *Procedia Computer Science*, *218*, 2264-2272. doi: https://doi.org/10.1016/j.procs.2023.01.202

Pillai, P., Balasingam, B., Kim, Y. H., Lee, C., & Biondi, F. (2022). Eye-gaze metrics for cognitive load detection on a driving simulator. *IEEE/ASME Transactions on Mechatronics*, *27*(4), 2134-2141. doi: 10.1109/TMECH.2022.3175774.

Poria, S., Cambria, E., Bajpai, R., & Hussain, A. (2017). A review of affective computing: From unimodal analysis to multimodal fusion. *Information Fusion*, *37*, 98-125. doi: 10.1016/j.inffus.2017.02.003

Poulin-Dubois, D. (2020). Theory of mind development: State of the science and future directions. In S. Hunnius & M. Meyer (Eds.), *New Perspectives on Early Social-Cognitive Development* (Vol. 254, pp. 141-166).

Rehbein, E., Kogler, L., Hornung, J., Morawetz, C., Bayer, J., Krylova, M., ... Derntl, B. (2021). Estradiol administration modulates neural emotion regulation. *Psychoneuroendocrinology*, *134*, 105425. doi: https://doi.org/10.1016/j.psyneuen.2021.105425

RimmKaufman, S. E., & Kagan, J. (1996). The psychological significance of changes in skin temperature. *Motivation and Emotion*, *20*(1), 63-78. doi: 10.1007/bf02251007

Rolls, E. T. (2018). *The Brain, Emotion, and Depression*. Oxford: Oxford University Press.

Romine, W., Schroeder, N., Banerjee, T., & Graft, J. (2022). Toward Mental Effort Measurement Using Electrodermal Activity Features. *Sensors*, *22*(19). doi: 10.3390/s22197363

Rossi, A., Da Pozzo, E., Menicagli, D., Tremolanti, C., Priami, C., Sirbu, A., Clifton, D., Martini, C., & Morelli, D. (2020). Multilevel Monitoring of Activity and Sleep in Healthy People (version 1.0.0). *PhysioNet*. https://doi.org/10.13026/cerq-fc86.

Sacrey, L.-A. R., Raza, S., Armstrong, V., Brian, J. A., Kushki, A., Smith, I. M., & Zwaigenbaum, L. (2021). Physiological measurement of emotion from infancy to preschool: A systematic review and meta-analysis. *Brain and Behavior*, *11*(2). doi: 10.1002/brb3.1989

Shannahoff - Khalsa, D. (2007). Psychophysiological States: the Ultradian Dynamics of Mind-Body Interactions. In *International Review of Neurobiology* (Vol. 80, pp. 1-220): Academic Press.

Shneiderman, B. (2020a). Human-centered artificial intelligence: Reliable, safe & trustworthy. *International Journal of Human-Computer Interaction*, *36*(6), 495-504.

Shneiderman, B. (2020b). Design lessons from AI's two grand goals: Human emulation and useful applications. *IEEE Transactions on Technology and Society*, *1*(2), 73-82.

Shneiderman, B. (2020c). Bridging the gap between ethics and practice: Guidelines for reliable, safe, and trustworthy human-centered AI systems. *ACM Transactions on Interactive Intelligent Systems*, *10*(4), 1-31.

Svoren, H., Thambawita, V. L., Halvorsen, P., Jakobsen, P., Garcia-Ceja, E., Noori, F. M., ... Hicks, S. (2020, February 28). Toadstool: A dataset for training emotional intelligent machines playing super mario bros. https://doi.org/10.31219/osf.io/4v9mp

Vos, G., Trinh, K., Sarnyai, Z., & Rahimi Azghadi, M. (2023). Generalizable machine learning for stress monitoring from wearable devices: A systematic literature review. *International Journal of Medical Informatics*, *173*, 105026. doi: https://doi.org/10.1016/j.ijmedinf.2023.105026

Wang, Y.,Guo, J., Yuan, C., & Li, B. (2022). Sentiment analysis of Twitter data. *Applied Sciences-Basel*, *12*(22). doi: 10.3390/app122211775

Xiong, X., Yu, H., Wang, H., & Jiang, J. (2021). Action intention understanding EEG signal classification based on improved discriminative spatial patterns. *Computational Intelligence and Neuroscience*. doi: 10. 1155/2021/1462369

Xu, W. (2019). Toward human-centered AI: a perspective from human-computer interaction. *Interactions*, *26*(4), 42-46.

Xu, C., Song, Y., Sempionatto, J.R. et al. A physicochemical-sensing electronic skin for stress response monitoring. Nature Electronics (2024).https: //doi.org/10.1038/s41928-023-01116-6

Xuan, Q., Wu, J., Shen, J., Ji, X., Lyu, Y., & Zhang, Y. (2020). Assessing cognitive load in adolescent and adult students using photoplethysmogram morphometrics. *Cognitive Neurodynamics*, *14*(5), 709-721. doi: 10.1007/s11571-020-09617-2

Yan, Y., Yi, X., Yu, C., & Shi, Y. (2019). Gesture-based target acquisition in virtual and augmented reality. *Virtual Reality & Intelligent Hardware*, *1*(3), 276-289. doi: https://doi.org/10.3724/SP.J.2096-5796.2019.0007

Yang, Z., Mitsui, K., Wang, J. Q., Saito, T., Shibata, S., Mori, H., & Ueda, G. (2021). Non-contact heart-rate measurement method using both transmitted wave extraction and Wavelet transform. *Sensors*, *21*(8). doi: 10.3390/s21082735

Yeshurun, Y. (2019). The spatial distribution of attention.*Current Opinion in Psychology*, *29*, 76-81.

Zhang, T., Sun, H., & Zou, Y. (2022). An electromyography signals-based human-robot collaboration system for human motion intention recognition and realization. *Robotics and Computer-Integrated Manufacturing*, *77*, 102359. doi: https://doi.org/10.1016/j.rcim.2022.102359

Zimbardo, P., Johnson, R., & Mccann, V. (2016).*Psychology*: *Core concepts* (*Eighth Edition*). Hoboken: Pearson.

Zou, J. C., Chen, T. S., & Yang, X. (2019). Non-contact real-time heart rate measurement algorithm based on PPG-standard deviation. *Cmc-Computers Materials & Continua*, *60*(3), 1029-1040. doi: 10.32604/cmc.2019.05793

作者简介

刘 烨 博士,中国科学院心理研究所副研究员,硕士生导师。研究方向:人类物体识别,情感计算,谎言识别。E-mail:liuye@psych.ac.cn。

第 13 章

人智交互的心理模型与设计范式

▷ 本章导读

随着智能技术的发展,智能体开始具备情境感知、用户意图识别、自主学习等能力,由此产生了新的交互方式,即人智交互。人智交互具有的自适应性、协同性、双向性、主动性等新特点给传统人机交互带来了新的挑战,传统人机交互的心理模型和设计范式也因此难以支撑人智交互的发展。因此,为了突破传统交互模式、提升人智交互的绩效并给用户带来更佳的体验,需要新的心理模型和设计范式来指导交互框架的搭建。本章通过总结传统人机交互模型、智能时代的人智交互模型、传统人机交互设计范式、人智交互的新范式和新思路,为未来的相关研究提供参考和思路。

13.1 引言

基于人工智能技术的各类智能系统正在改变传统人机交互领域的人机关系模式和研究范式(许为,2005)。智能系统中的智能体(intelligent agent,或称为智能代理)在特定操作场景中具备情境感知、用户意图识别、自主学习、自主决策、自主执行等能力,由此带来了一个新的研究领域——人智交互。

由于智能体能够识别用户先验信息、意图和情感等方面,可以根据识别信息为不同的人类用户提供不同的交互细节。因此,总体上人智交互相比传统人机交互更能使用户感到愉快和轻松(Murali et al., 2021)。例如,从“刺激-反应式”的交互过程向“人机协同式”的变化,相比 HCI 增加了社交属性(Sirithunge et al., 2019);从传统广泛适用的交互隐喻(如在桌面上点击、拖动)向可以通过“喂数据培养”的智能体演化,增强了对某个特定用户或某个特定人群的匹配,可以给该用户或群体带来更多的拥有感(Rudmin & Berry, 1987; Pierce et al., 2001);不断根据用户数据发生自适应的智能体拥有相比传统机器更快的迭代速度,从而大大降低了用户学习交互的认知成本,等等。此外,对于 HCI 向人智交互演化中的智能体设计而言,搭建智能体的过程本身也面临诸多变化。传统的交互设计采用如迭代螺旋式的开发,需要循环以下三个主要步骤:检查(情境调查、痛点调查、需求分析等)、定义(提出解决方案、明确迭代细节)、构建(代码实现)。而随着智能技术的发展,选择合适的算法和模型、数据处理、模型训练和优化将被优先考虑。

交互模型和设计范式在上述过程中具有重要作用。交互模型中所蕴含的心理模型是指在人机交互设计中对人类信息处理和认知过程的描述,它基于认知心理学、人类信息处理理论等模拟人类心智

本章作者:孙楚阳,朱田牧,王灿,唐日新。

活动，模型揭示了人类在接收信息、理解信息、做出判断和决策等方面的基本认知规律。因此，交互模型能够反映人和机器信息交换的基本架构。设计范式则是以心理模型为基础，在人机交互设计实践中形成的典范和模式，它代表了在某一特定的设计环境和背景下，心理模型理论在实践中具体应用的最佳设计方法和设计结果，提供给设计者参考和借鉴的最佳设计原则和方法指南。传统人机交互模型更加适用于交互界面的评估（Alvarenga & Melo，2019），而人智交互模型能够为计算人类用户意图、预测用户行为及人机系统、指导智能体框架和人智交互框架的搭建提供帮助，因此心理模型和设计范式在人智交互中具有更加基础、重要的作用。本章将比较传统人机交互模型之间特点、人智交互模型之间的特点，总结传统人机交互与人智交互模型的工作框架，并对现有人智交互范式的内容、思路和不足进行综述，为未来的相关研究提供参考和启示。

13.2　传统人机交互模型

传统人机交互是指在计算机科学领域中，使用传统的计算机界面在人和计算机中进行信息传递的过程。这种传统方式包括使用输入设备（如键盘、鼠标、触摸屏等）将指令或数据输入计算机，然后计算机经过处理后通过输出设备（如显示器、音频设备等）向用户提供反馈或结果。交互设计的目标是提供友好、高效、易用的界面和操作方式，使用户能够方便地与计算机进行交互，并实现所需的功能。

传统人机交互模型则是通过描述和解释用户行为、认知过程和系统响应等方面进行建模，提供可预测和可重复的方法来研究和改进人机交互，帮助人们更好地设计和评估交互系统。本章将分别介绍 MHP（Model Human Processor）模型、GOMS（Goals，Operators，Methods，Selection Rules）模型、EPIC（Executive-Process/Interactive-Control）模型、ACT*（Adaptive Control of Thought）模型并对比其特征，并以图表的形式展现其优势及不足。

1. MHP 模型

MHP 模型是由认知处理器、感知处理器以及动作处理器组成的。其中，结构化处理器与感觉记忆、工作记忆等存储单元相互影响，记忆存储单元之间相互连接（Card et al.，1986）。认知处理器负责更高级别的认知任务，例如进行决策和推理；决策和推理等认知处理受到工作记忆和长时记忆的影响，并能够作用于工作记忆；感知处理器主要用来处理感觉信号的输入，并进入感觉记忆的存储；动作处理器用来控制身体的动作，例如按键或点击并受到工作记忆的影响。此外，各处理器及存储单元包含除眼动参数（平均时长为 100ms；区间为 70～700ms）以外的一系列参数（Card et al.，1983），如表 13.1 所示。

表 13.1　MHP 模型及其内置参数

单　元	参　数	
感知处理器	处理时间平均值[区间]	100[50～200]ms
认知处理器		70[25～179]ms
动作处理器		70[30～100]ms
感觉记忆（视觉/听觉）	存储时间平均值[区间]	200[70～1000]ms 1500[900～3500]ms
	字符数平均值[区间]	17[7～17]个 5[4.4～6.2]个

续表

单　元	参　数	
工作记忆	区组数平均值[区间]	3[2.5～4.1]个
	存储时间平均值[区间] (1区组/3区组)	7373～2267[5～34]s
长时记忆	内容	语义
	容量	无限
	时间	无限

MHP 开发的最初目的是模拟那些试图通过工作站完成任务的用户，该模型通过读取显示器上的信息，分析眼动和鼠标单击等操作模拟使用计算机完成任务的人的行为。MHP 在预测、优化用户认知负荷，优化信息展示中起到了重要作用，同时该模型的参数指标被广泛用于交互界面的设计和迭代。MHP 是人机交互领域经典的认知建模方法之一，采用了信息处理流的思想，从信息输入到输出全流程对人类认知进行建模，推动了认知科学与人机交互研究的交叉融合，例如下面要介绍的 GOMS 模型就是在 MHP 模型的基础上发展而来的重要交互模型。虽然 MHP 模型在传统人机交互中有着非常深远的影响，但是由于其缺乏一些重要模块，例如任务、环境等，并且对认知结构的模拟陈旧，使得该模型难以真正发挥其作用(图 13.1)。

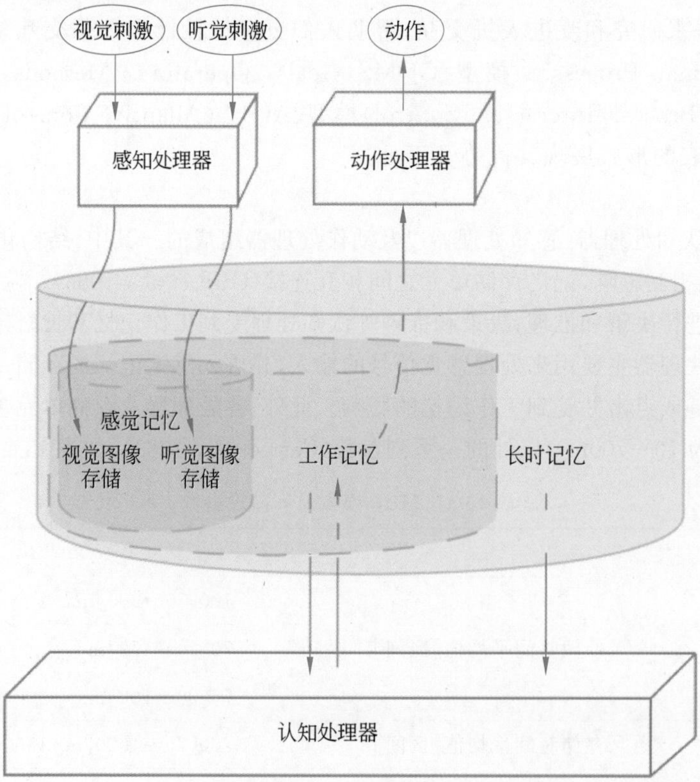

图 13.1　MHP 模型

2. GOMS 模型

GOMS 模型保留了 MHP 的信息处理流架构，在此基础上进行了细化和拓展，使其可以更详尽地对交互任务进行建模分析。GOMS 模型在 MHP 的基础上进一步明确了以下要素：(1)目标；(2)操作；(3)操作的方法；(4)选择方法的规则，分别表示用户要完成的特定任务目标、完成目标所需要的基本操作、基本操作的组织方式以及不同方式中所选择的规则(Kieras，1999)。以上四个要素实际上描述了目标导向的认知处理顺序：用户产生目标，提取实现目标方法的规则，产生操作方法，整理操作顺序，执行。例如用户需要解答"人机交互模型是什么"的问题，根据 GOMS 模型，用户会首先选择获取解答的基本规则(在需要获得快速概念诠释还是需要获得系统且在启发性的回答中选择前者)；据此选择操作方法(如在网络上搜索与询问专家中选择前者)；接着计划具体操作(如再用鼠标点击网页图标，用键盘输入关键词，单击完成搜索流程与语音唤起搜索功能，对话完成中选择前者)；最后获取关于此问题的信息。该流程如图 13.2 所示。

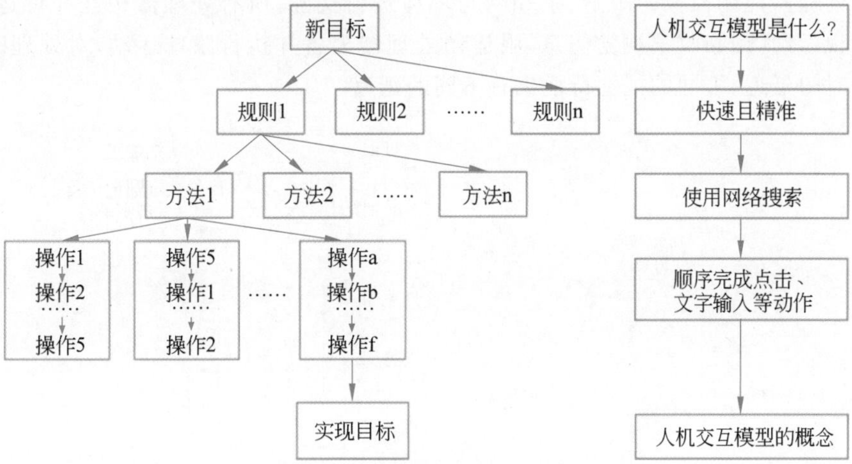

图 13.2 GOMS 模型示意及应用示例

GOMS 模型可以看作在 MHP 模型基础上发展而来的人机交互建模技术，它继承和发扬了 MHP 的理念，是认知建模研究的重要发展成果之一。实际上，GOMS 模型可以视作 MHP 与"若-则"规则相结合的产物，加入了重要的逻辑判断流程，并增加了目标这一重要的维度，得以实现模型上的突破。此外，由 GOMS 衍生的许多模型，如 Gray 等(1993)开发的 CPM-GOMS 模型、知名的 KLM (Keystroke-Level Model)模型等都有着广泛的应用。CPM-GOMS 模型与传统 GOMS 模型的不同之处在于结合了 MHP 的记忆和处理器，它们通过考虑认知、感知和运动三个处理器(也称为 CPM)进行并行操作。KLM 模型则旨在预测鼠标和键盘的交互，例如与智能手机、车载信息系统和自然用户界面的交互。

GOMS 模型及其衍生模型虽然在传统人机交互中有着重要作用，但是由于其过于简化，使其难以在人智交互中广泛应用。例如该模型缺乏考虑规则选择、方法选择、操作选择等的影响因素，如用户的情绪、动机等，也缺乏对用户先验信息的输入，无法考虑到用户的个体差异。此外，该模型并没有考虑跨顺序的影响，如规则在操作选择中的影响且加工顺序不可中断、循环导致加工顺序死板；忽略了在选择规则、方法或操作中是否会产生新的目标(子目标的影响)以及目标实现后到产生下一目标前的过程等都制约了 GOMS 在人智交互中的使用。

3. EPIC 模型

EPIC(Executive-Process/Interactive-Control)是一种认知架构,通过计算和集成感知加工、认知加工和运动加工模拟人类。知觉加工系统用于监测和辨别虚拟任务环境中的刺激,并将该刺激存入工作记忆中备用,不同感觉通道采用并行方式对信息进行加工和存储;认知加工系统由工作记忆、产生式规则记忆及产生式规则解释这三个子系统组成;运动加工系统将认知加工系统传递来的信息转换为具体动作特征,在特定条件下,某些特征与预先准备的反应动作相匹配,从而向用户发出执行动作的指令。工作记忆子系统存储多重任务同时进行的多种信息元素,产生式规则记忆子系统存储有关任务进行所需要的应用规则。图 13.3 显示了 EPIC 的组成部分(Meyer & Kieras, 1997):在任务环境中,可以模拟视觉显示器、定点设备、键盘、扬声器和麦克风。来自环境的信息通过眼睛、耳朵和手进入模拟人类,并进入相应的视觉、听觉和感知处理器。来自感知处理器的信息被存储到工作记忆中,工作记忆中的信息与以产生规则表示的认知策略相互作用,通过视觉、手动和语音运动处理器产生动作。动作处理器控制模拟的眼睛、手和嘴与环境进行交互,所有处理器相互并行运行。EPIC 还模拟眼球的扫视运动,用来收集视觉信息,眼运动处理器准备并执行眼球运动,对处理时间和眼球旋转施加适当的时间延迟,不同的视觉特征也有不同的延迟。

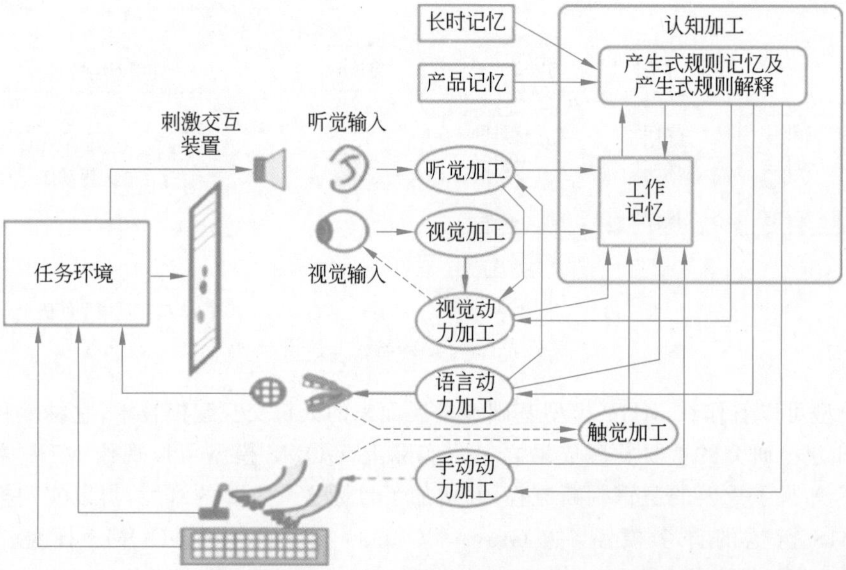

图 13.3　EPIC 的组成部分

事实上,EPIC 模型整合了 MHP 与 GOMS 两者的特点,在分区和信息流构建上保持了 MHP 的特点,而在产生规则、方法和操作的顺序处理上与 GOMS 相似。但是 EPIC 纳入了更多维度,且各维度可以调整权、独立完成计算,提高了预测准确度和效率。更重要的是,EPIC 考虑到任务环境对加工的影响,并将动作等的结果输出对任务环境的影响进行了描述,以构成环路。这些特点都帮助 EPIC 模型成为一个更加贴近真实情境的用户行为模型,让用户在多重环境中实现多目标任务成为可能。

然而,EPIC 模型仍然具有局限,例如多通道之间缺乏权重设计,并且所有通道信息持续输入导致冗余信息的大量堆积,增加计算成本的同时降低了精确度;仍然属于刺激-反应的范畴,在协同任务中不具备执行复杂任务的能力;缺乏模型自适应的能力,无法完成主动学习,因此只能运用于传统人机交互设计中。

4. ACT* 模型

ACT* 模型最初源自 HAM 记忆模拟器(1973)与 Anderson(1976)《语言、记忆、思维》一书中的 ACT 理论。在随后的 7 年中，历经重要的迭代版本，ACTE 模型趋于稳定，并形成了 ACT* 模型。ACT* 版本发布于 1983 年，相比之前的版本，它改变了储存过程的性质，并将生成的动作结果存储在工作记忆中。如图 13.4 所示，编码过程将有关外部世界的信息存储到工作记忆中，表现过程将工作记忆中的命令转换为行为。但与其他理论不同，编码和表现过程并不是该模型的核心。存储过程可以创建永久的陈述性记忆，记录工作记忆的内容，并且可以加深现有陈述性记忆的程度；检索过程从陈述性记忆中提取；匹配过程中，工作记忆中的数据需要被放入对应的生成性记忆中；执行过程放置匹配生成性记忆的动作进入工作记忆；执行后的整个匹配过程被当作一次应用。重要的是，箭头表示了新生成的内容重新进入记忆，反映了主动学习历史结果学习的思路。

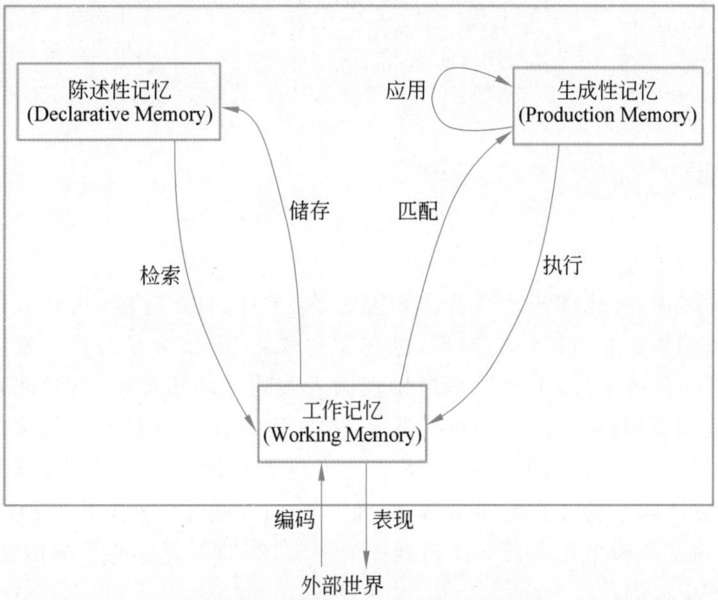

图 13.4　ACT* 模型基本框架示意

从上述基本介绍中，不难看出 ACT* 模型的重要变革在于模拟了对历史结果的学习。更重要的是，虽然该模型直至今日已经进行了四十余年的迭代更新，但是 ACT* 模型相比 HAM 等模型的重要更新内容——目标导向的处理以及生成型记忆模块仍被今天的 ACT-R 7.0 版本保留，充分说明此次迭代的重要意义。但是在人智交互领域中，ACT* 模型也存在许多局限，例如缺乏推理计算、信息筛选、知觉动作系统的表征。下文中，我们会对更新后的 ACT-R 7.0 模型版本进行介绍。

5. 小结

传统人机交互模型的搭建联结了心理学与计算科学，开创了认知建模这一交叉领域。重要的是，这些模型在帮助提升交互效率、用户体验，指导搭建预测人类用户动作与决策的算法中具有重要作用。表 13.2 总结了上述模型的出现时间、主要框架来源以及主要贡献，帮助读者横向对比上述模型。

表 13.2 MHP 模型、GOMS 模型、EPIC 模型、ACT* 模型出现时间、主要框架来源与主要贡献

模 型	出现时间	主要框架来源	主要贡献
MHP	1983 年	TEST 模型(Miller, 1960)	1.信息处理流架构 2.模块化记忆 3.模块化信息处理 4.不同模块参数
GOMS	1983 年	MHP 模型; PSG 模型(Newell, 1973)	1.任务目标 2.预测完成目标的时间与流程 3.逻辑判断语句
EPIC	1992 年	MHP 模型;GOMS 模型	1.融合任务目标与记忆模块 2.动作结果输入任务环境构成环路
ACT*	1983 年	HAM 模型(Anderson, 1973); PSG 模型(Newell, 1973); ACTE 模型(Anderson, 1976)	1.生成性记忆模块 2.历史结果主动学习

13.3 智能时代的人智交互模型

1. 智能时代的人机交互新特征

随着智能技术的发展,智能体开始具备认知能力、自主性、自适应能力、开放性、主动性等诸多特性。人智交互随着智能体这些新特性的出现,也在发生变化,例如交互的主动性、协同性、情境性、自适应性与多模态特性。具体来说,主动性是指相较输入式的被动状态识别,智能系统对用户生理、认知、行为、意图等的主动识别;协同性强调目标共享、共同完成任务的新型人机关系;情境性强调对环境的计算和感知,包括对任务目标的感知;自适应性指机器利用上下文主动完成迭代优化模型的能力;多模态则通过多输入源帮助计算更加全面、准确。表 13.3 通过对比上述四种传统人机交互模型的特征,梳理了传统人机交互模型在人智交互领域中的局限,有助于更好地了解传统模型的发展方向与各人智交互模型的产生原因。

表 13.3 传统人机交互模型在人智交互中的局限

模 型	人智交互特征				
	主动性	协同性	情境性	自适应性	多模态
MHP	×	×	×	×	√
GOMS	×	×	√	×	×
EPIC	×	×	√	×	√
ACT*	√	×	×	√	×

根据表 13.3,传统人机交互模型无法适应人智交互的新特征,因此无法处理复杂的交互场景和任务,这成为搭建新的人智交互模型必须突破的问题。此外,交互场景也随着交互自然化而变得更加丰富,由此产生了在人与智能体共同完成的任务中,人智分工、控制权交换等问题,这也成为了研究的焦点。下面将分别介绍的人机合作模型、人智协同认知系统、人智协同的 SMM 模型、ACT-R 7.0 模型都在一定程度上解决了上述问题,从而成为人智交互模型。

2. 人机合作心理模型及其计算模型

在MHP模型、GOMS模型和分布式认知、多模态并行交互的思想上，刘烨等(2018)提出了人机合作心理模型(human computer cooperation model，HCCM)。HCCM有如下四个假设，分别是：人与计算机的交互本质上可以类比为人与人的交互；人类和计算机都包含感知、认知和动作三个功能模块；人机之间的交互合作包括计算机动作信息输入人类感知、人类动作信息输入计算机感知且计算机与人类的认知模块异质同构；人机交互是多模态并行、分布式的过程。HCCM的感知、认知和动作处理器分别包含不同的模块。感知处理器包括感觉、知觉和注意处理模块，其中感知处理模块与认知处理模块、动作处理模块双向交互。认知处理器包括工作记忆、长时记忆和记忆缓冲器三个模块。动作处理器包括动作整合、动作执行和动作监控模块。

更重要的是，基于HCCM的智能交互计算模型突破了传统交互的"乒乓球传递"模式，帮助交互模式更加自然。如图13.5所示，展现了基于HCCM的智能交互计算模型中的三个模块——感知计算模块、认知计算模块和动作反馈计算模块。感知计算模块和动作反馈计算模块实际构成了人机交互界面，能够接收和影响人类用户信息。构成的三个模块可以互相传递数据，模块中的子模块根据逻辑完成运算。该计算模型相比传统人机交互模型考虑了更多的通道信息，在三大模块中设立独立的数据处理器，在感知计算、认知计算模块中纳入了机器学习功能子模块，并且考虑到不同情境而设立不同的激活路径，满足了人智交互模型的理论及功能要求。

然而，该模型仍然存在局限。第一是机器学习作为人智交互中重要的工具，在该计算模型中以子功能模块出现，仅仅与语义提取、长时记忆子模块形成计算通路，这可能降低了计算效率。例如机器学习方法与其他子模块，如"预处理多通道交互信息子模块"的连接同样紧密，如果能够形成计算通路，可能能够实现更快的数据清洗、整合与分析；第二是认知计算模块不能与交互界面直接相连，说明该模型无法处理直接的脑数据，无法有效利用神经信息；第三是缺乏对环境因素的考虑，包括用户的先验信息通过此模型无法得到利用；第四是不同模块中的子模块之间可能存在相关，例如多模态动作反馈结果数据与长时记忆、工作记忆子模块被割裂。

3. 人智协同认知系统

许为(许为，2022)提出了人智协同认知系统(human-AI joint cognitive systems)的概念模型(图13.6)。不同于传统人机交互模型，该模型将智能系统(一个或多个智能体)视作能够完成一定认知信息加工任务的认知体，因此，一个智能人机系统可以表征为两个认知体协同合作的人智协同认知系统。作为与人类用户合作的团队队友，智能系统通过自然有效的多通道交互方式与人类用户展开双向主动式交互和协同合作。在特定场景中，智能系统可以对用户状态(认知、生理、意图、情感等)、环境上下文等状态进行自主感知、识别、学习、推理等认知作业，做出相应的自主执行。该模型打破了传统人、计算机独立的架构设定，采用一个完整的协同系统，由此也突破了交互界面承担评估传统交互系统的作用，转而采用人机之间的合作程度作为绩效评价。人智协同认知系统采用Endsley的"情景意识三层次"认知理论来表征人类用户和机器认知体的智能信息加工机制(Endsley，1995，2015)，其中包含情景要素(感知、理解、预测)、数据驱动(根据感知数据进行理解和预测情景)以及目标驱动(根据目标以及当前的理解和预测进行基于感知数据的验证)的信息加工机制。此外，该模型中的智能代理拥有不断自主与环境交互的能力，能够对自身状态和环境状态进行自建模，自主完成决策、规划和控制力。

该概念模型为人智交互研究提供了一种新的研究范式取向(Xu & Gao，2023；许为等，2023)，体现出以下新特征和研究新思路。(1)不同于传统研究范式中将机器视作辅助人类的工具，该模型将机

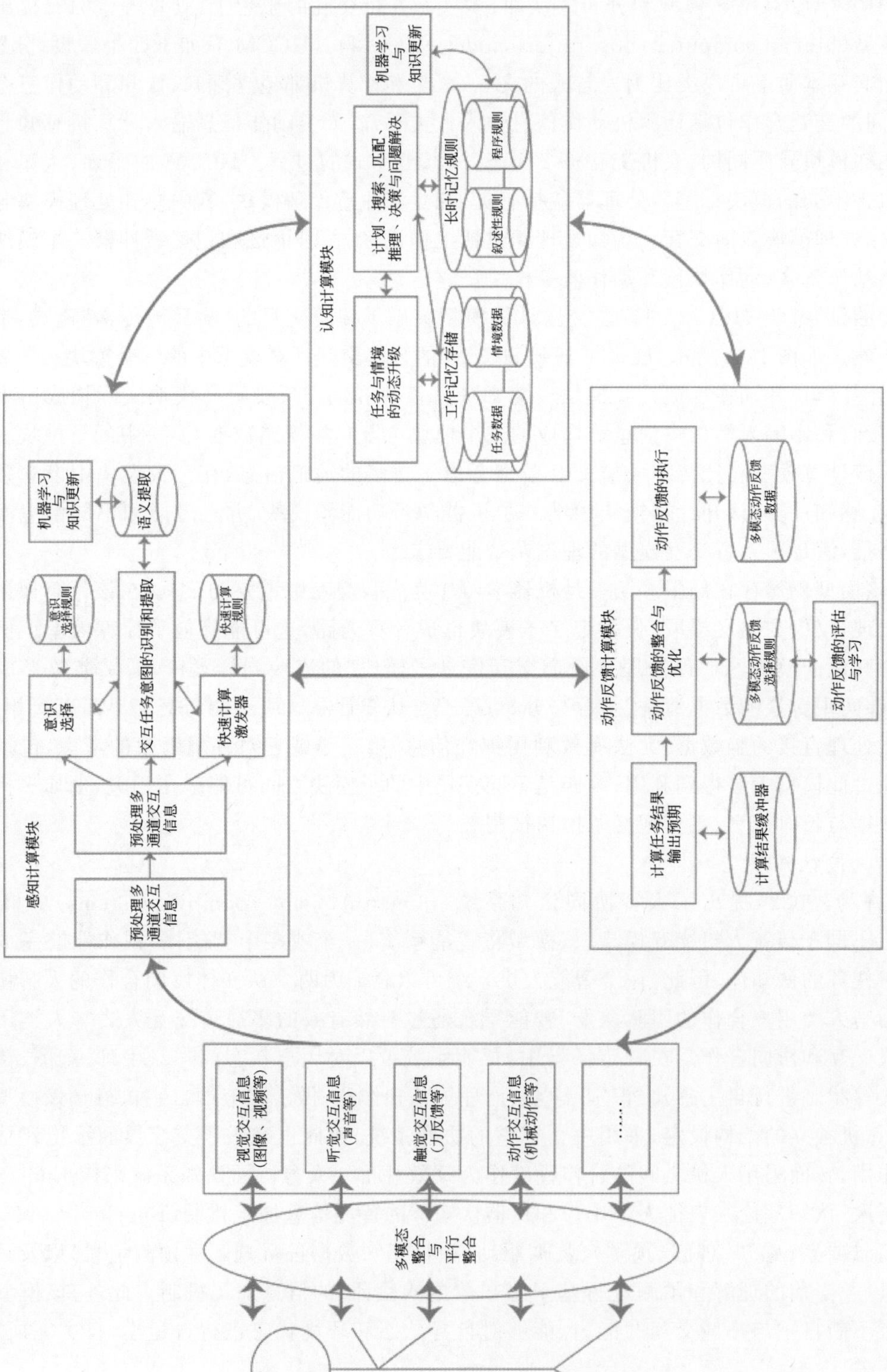

图 13.5 基于 HCCM 人机合作模型的计算模型

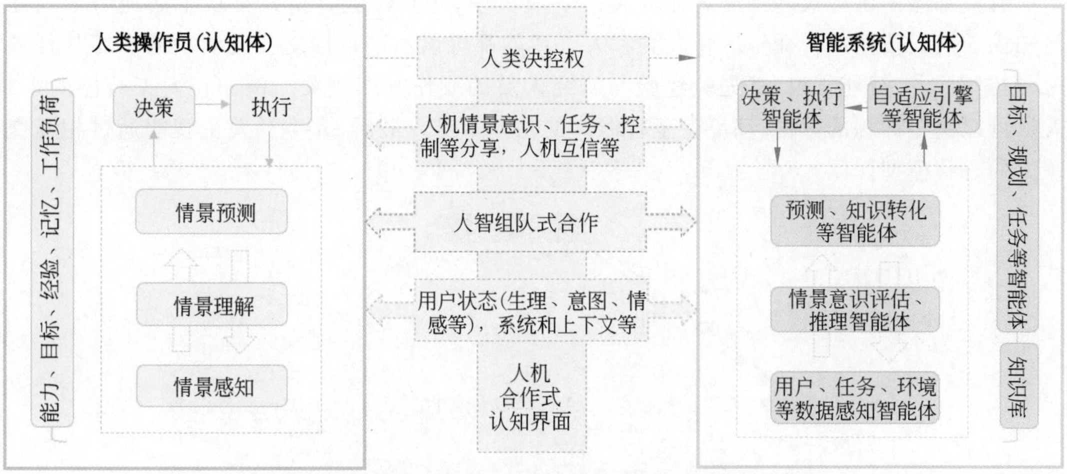

图 13.6　人智协同认知系统的概念框架示意图(许为，2022)

器智能体表征为与人类组队合作的认知体，有助于通过优化智能体的认知行为以及与人类合作行为来提升整体人机系统绩效；(2)不同于传统的“人机交互”式人机关系，基于“人智组队”范式，该模型将人机关系表征为人智两个认知体之间的协同合作，通过优化人机协同合作的途径来提升人机系统绩效；(3)不同于传统的“刺激-反应”单向式人机交互，该模型强调人机双向主动式交互，智能系统可以主动感应和识别用户生理、认知、行为、意图、情感等状态；(4)强调系统绩效取决于人机智能双方的互补和合作，通过人机混合(融合)智能来提高整体系统绩效；(5)强调智能系统的自适应机制，根据对用户、上下文等状态的感应识别和推理，智能体在一些设计无法预测的场景中做出合适的自适应系统输出，而用户根据情景意识、任务、目标等自适应地调整交互行为；(6)强调构建基于多模态交互技术的“人智合作式认知界面”来支持人智协同合作，包括对人机情景意识共享、互信、决策和控制共享、情感交互等方面的支持；(7)提升对智能体的现有认识，采用与人类认知体异质同构的信息加工机制来表征和实现机器认知体。

基于人智协同认知系统的研究范式取向可以应用于广泛的智能解决方案，开拓人智交互的研究思路。例如，智能自动驾驶领域中，人类驾驶员和车载智能体组成的人智协同认知系统(人车协同共驾)；大型商用飞机基于单一飞行员操作(SPO)的智能化驾驶舱领域中，人类机长与智能机器副驾驶系统组成的人智协同认知系统(许为等，2021)；人-机器人交互领域中，用户与智能机器人(制造、手术、康复、家政等)组成的人智协同认知系统；脑机融合领域中，人脑与智能系统组成的人智协同认知系统。

4. 人智组队(human-AI teaming)中的 SMM

2023 年，Andrews 等提出人智交互中的 SMM 框架，认为传统 SMM 能够拓展至人智交互领域，或称人造 SMM(artificial shared mental model)。传统 SMM 由一般心智模型发展而来，是一般心智模型在人-人组队中的拓展(Salas et al., 1993)，帮助理解团队活动的动态变化目标和需求、团队成员的角色和职能以及整体团队状态。Scheutz 等在 2017 年升级了该计算框架，为人与人工代理(如虚拟代理或机器人)组队提供计算能力(Scheutz et al., 2017)，并被证实了有效性(Gervits et al., 2020)。

人造 SMM 包含团队成员、共同任务、研究人员三个主要要素(图 13.7)。每个成员的心智模型受先验知识、任务环境、研究人员输入以及队友互动的影响。在人造 SMM 中，随着团队成员执行任务、相互合作、解决冲突并参与各种团队学习行为，他们的心智模型会趋同，使得每个成员对任务环境和对另一个成员都能做出等效的预测。在人类团队成员中，先验经验是指人类从生活经历带到任务中的任何知识、习惯、技能或特征。尽管人类和人工智能都可以通过直接交互或明确的训练从任务环境中学习，但是对人工智能来说，其先验经验与研究人员的操作密切相关。例如在人工智能的训练中，研究人员可以决定训练的数据、环境甚至智能体的功能本身。最后，人类和人工智能通过相互交互获得另一方的心智模型。

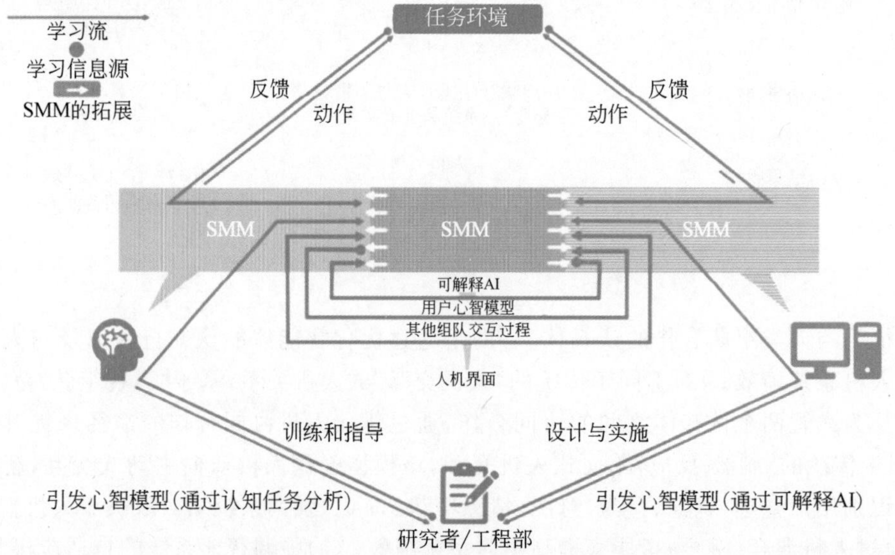

图 13.7 人智交互中的人造 SMM 框架

SMM 作为人人合作中广泛应用的心理模型，将其拓展于人智交互中，实际暗含与 HCCM 类似的假设前提，即合作中的智能体与人类用户具有相似的感知、认知、推断等能力，因此能够在合作中承担与人类相似的角色地位。同时，人造 SMM 中突破性地加入研究者/工程师这一与众不同的重要因素，把训练数据、功能设计等考虑加入其中，能够帮助该模型更快地校准智能体功能与局限，从而更快地完成任务分配。但是，该模型也尚处于概念模型阶段，仍需要对其计算框架进行完善。

5. ACT-R 7.0 模型

历经四十余年的发展，在许多研究者的共同努力下，ACT-R 模型在 2018 年已演化至 7.0 版本，展现出适配人智交互的综合实力。从 ACT* 到 ACT 7.0 模型，功能、模块等都出现了许多重大变化。目前版本的 ACT-R 模型具备感知模块、中央生成系统、目标模块、叙述性记忆模块、动作模块以及学习模块。

感知模块包含视觉模块和听觉模块来模拟人类的感知过程，包括视觉注意力和眼球运动的模拟，这些模块产生代表对象位置和语义内容的记忆；中央产生系统使用产生规则来分析不同模块的缓冲器模式并确定下一步行动；目标模块维护一个当前控制状态的目标缓冲器；叙述性记忆模块设计为模拟人类记忆，检索时间取决于记忆的激活水平；运动模块则通过运动缓冲器接收命令，指示如何向外界输出动作。ACT-R 7.0 还具有几种学习机制，如叙述性记忆加强和过程记忆的合并，但是目前仍然不具备某些人类学习的能力，这些主要组件通常也存在于其他认知架构中。此外，ACT-R 7.0 已经吸收了许多人类大脑结构和功能的研究，将模型与脑部功能进行匹配，可能能够为脑机接口工作交互提供底层逻辑支持(图 13.8)。

ACT-R 模型的不断发展可能得益于以下两点：一是从 2.0 版本开始建立开发者社区，并始终鼓

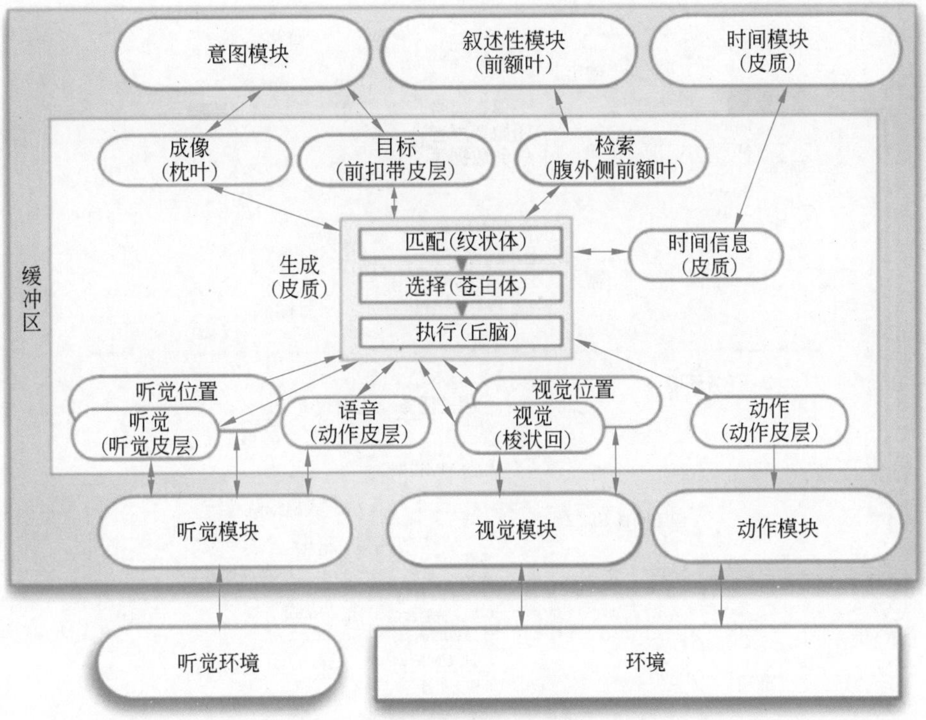

图 13.8 ACT-R 7.0 模型框架示意

励人们开发这一模型的拓展或插件;二是在演化中始终坚持符合神经机制是模型搭建的基础,帮助该模型在不断吸收神经科学结论的同时也能够较好地符合应用场景。但是该模型的缺点也十分明显,即无法满足协同性,因此无法描述与人类的合作任务。

6. 人智交互模型的工作框架

通过对上述四类智能人机交互模型的介绍,可以发现传统人机交互模型不完全具备的几个特点在上述模型中得到了更多的体现,尤其是主动性、认知性、情境性、协同性、自适应性与多模态性都已普遍具备,这也充分说明研究者已认识到这些方面对交互带来的巨大影响。同时,随着心理学、认知神经科学等领域的研究成果的不断更新,交互模型也不断纳入新的理论,但是目前尚未有任何一个模型声称自己已经完全满足了人智交互的所有要求。针对目前人智交互模型的研究现状,我们发现各类模型侧重于不同的功能方向,因此难以相互比较、借鉴。由此我们尝试提出传统人机交互模型与人智交互模型开发的工作框架图(图 13.9),帮助开发人员更好地定位已有的开发模型,找到研究方向以及目前的局限。

工作框架图主要包含人、机(智)等参与交互的要素,关注不同模型的开发目标以及实现开发目标所使用模块,主要反映模型的功能定位和构成差异。根据工作框架图,传统人机交互模型主要集中于对人类认知结构的模拟,并根据有限的数据模态给出预测。人智交互模型虽然仍然重视对人认知的结构化模仿,但是模拟结构更加丰富、复杂,数据模态更加多元。重要的是,人智交互模型增加了任务环境、与智能体直接相关的任务模块、人智组队合作的模块等因素,而对上述因素关注的不同组合成功区分了人智交互模型,并在同一维度进行模型与模型之间、模型与理想模型之间的比较。此外,该框架图根据应用场景与当前研究结论,包含一些尚未被现有模型涵盖的重要部分,为进一步开发成熟的人智交互模型提供了新思路。

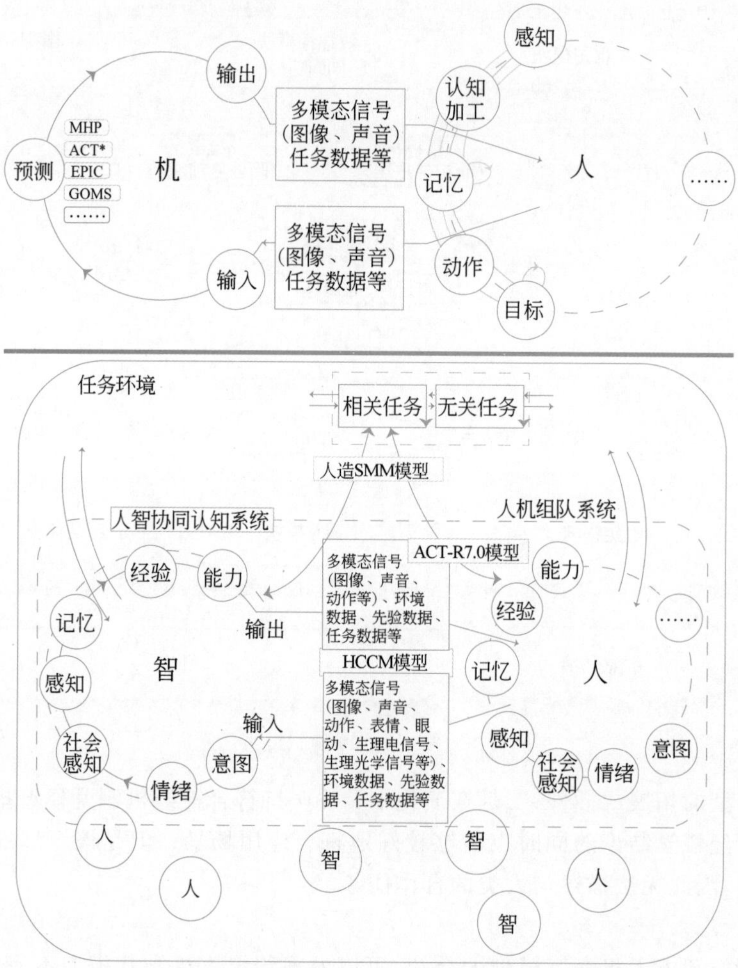

图 13.9 传统人机交互模型与人智交互模型开发的工作框架图

7. 人智交互模型展望

通过比较,我们认为目前人智交互模型在以下五方面亟待补充。一是在认知结构的模拟计算中,现有人智交互模型与传统交互模型的构成相似,包括感知、记忆、动作等模块,这显然是不够的。首先,缺乏对社会交互模块、情绪、自然语言生成与处理等的计算,而这些模块都是认知结构中的重要组成,对交互尤其是人智交互都存在重要影响。其次,这些模块之间的关联被现有模型忽略。例如,情绪对感知和动作不同的影响(Sun et al., 2021)这一重要关联被忽视可能导致准确率下降。三是在任务的区分与计算上,目前大多数人智交互模型并不关注任务的主次、特点、数量等关键因素,而实际上交互过程中很可能出现多任务场景,例如自动驾驶中驾驶员进行非驾驶相关任务对注意水平、疲劳程度的影响与任务本身特点相关(Jiang et al., 2023)。四是各模型之间缺乏接口,导致模型之间难以互相结合,无法整合为完整的智能交互模型,因此现有的模型在计算能力、应用场景上都十分局限。参考 ACT-R 的发展,模型开源、建立模型社区、可自主编辑插件可能是提高迭代速度和质量,帮助整合模型的有效做法。五是任务环境中缺乏对多人、多智能体之间的交互建模,例如多个人类用户与单个智能体交互,单个人类用户与多个智能体交互等。实际上,在传统人机交互中,单人操控多台机器已成为十分常见的场景,例如程序员同时使用多台电脑,无人机飞手操控多台无人机编队飞行等。因此在人智交互中,多人、多智能体的团队交互也应该纳入人智交互模型的考量范畴。六是缺乏智能体输出的优化建模。由于传统人机交互中机器的自由度受到极大限制,输出方式十分固定,如根据用户的输入进行弹窗、根据指令进行重复作业等。但是伴随着智能技术产生的具身智能、智能机器人等都具备很高的自由度,并被用户用于相对复杂的场景之中,这些动作除了带来了动作流畅度、外观-功能匹配度等的问题以外,也带来了有关社会交互、情感交互等的问题,因此对智能体输出动作的建模也将帮助人们解决上述因素带来的影响。

13.4 传统人机交互设计范式

1. 交互设计范式

"范式(paradigm)"一词源自希腊语 παράδειγμα,是模式、模型的意思。"范式"在《科学革命的结构》中有 22 种不同的用法,总结得出范式是公认的模式和模型,是科学共同体的共识和信念等,是科学家在特定领域共同接受的理论或方法,同时范式提供了一种解决科学问题的方式。现有范式通常可以解决其所在领域绝大多数的问题,但当现有范式无法解决的问题不断增多时,范式本身会发生跃进式的改变,即新范式取代了旧范式,这一进程即为范式变革(paradigm shift)。范式变革能够引发科学革命,从而推动科学进步。新范式并不是通过对旧范式的拓展形成的,而是颠覆了旧范式的基本理论或基本方法。新范式需同时满足两个非常重要的条件:一是必须能够解决旧范式无法解决的问题;二是必须保留旧范式解决问题的能力。新范式确定形成之初,存在诸多潜在的新范式,但最终只有符合新范式形成规律并满足这两个条件的范式才会被公认为新范式(Kuhn, 1962)。

人机交互领域中,范式在宏观层面指基本问题和基本方法;在微观层面则指针对某一问题的方法、框架和应用等,可以指交互方式、界面设计方式、理论模型等,通常指界面范式(张小龙等,2018)。本节集中讨论人机交互中的人机界面设计范式,以下简称设计范式或范式。

人机界面的设计范式是指用户界面的设计模型或模式,定义了界面设计中应该考虑的基本设计元素,而不涉及内容的具体功能和实现方式(戴国忠,田丰,2014)。例如,WIMP(windows、icons、menus、pointers)范式定义了一个界面应该包含代表窗口、图标、菜单、点击设备四个主要部分,不同操作系统下基于 WIMP 范式的 GUI 界面都包含这些基本元素。一个范式包含的基本要素是:以适当的方式把与交互相关的信息展示给用户;交互对象应该对用户具有良好的功能预示性;有明确的、适当的交互方式,以便用户把交互任务中的心理目标转化为可操作的物理目标(张小龙等,2018)。

人机界面隐喻(metaphor)和人机界面范式密切相关但又不相同。界面隐喻利用用户所熟知的真实世界概念来表征界面中的抽象对象和功能,帮助设计人员和用户建立一个用户界面的统一心理模型界面,而界面范式则描述界面设计应该考虑的主要界面组件和交互方式等内容(吕菲,田丰,2017)。例如,桌面(desktop)就是一个界面隐喻,基于桌面隐喻的交互范式(如 WIMP)需要支持该隐喻所隐含的交互目标和交互任务。

本节中的 WIMP 是这一轮人机交互科学革命中的旧范式(旧范式在下文中统一称为传统范式),潜在的新范式包括 RMCP(role、modal、commands、presentation style)、RBI(reality-based interaction)、SOMM(situation、objects、menus、multimodal interaction)和 TUI(tangible user interface)等。这些范式虽然比较新,但未完全脱离传统范式。例如,RMCP 和 SOMM 属于 WIMP 的衍生范式,是在 WIMP 基础上的拓展,虽然结合了多模态等较新的智能人机交互技术,但并不是颠覆性的改变。RBI 则属于交互方式范式,是界面范式隐喻的基础之一。TUI 提出了新的交互方式,即人可以脱离屏幕与鼠标直接与物体进行交互。虽然在交互方式上出现了颠覆性的改变，与 WIMP 单一的平面界面形态形成互补，但 TUI 没有保留 WIMP 方便输入信息这样的基本功能，因此只能作为互补范式而无法成为新范式。下面将详细介绍每种传统范式的特点并进行分析。

2. WIMP 范式

WIMP 是传统人机交互中的典型范式，诞生于施乐帕克研究中心 Xerox PARC，随着 20 世纪 80 年代苹果公司麦金塔电脑 Macintosh 的出现和 Windows 系统的流行而普及开来。窗口（windows）是显示器上用户可以独立操作的矩形区域，用户可以编辑调整窗口视图并通过切换窗口执行不同的任务，窗口包括标题栏和滚动条等组件；图标（icon）是代表系统某部分或者某个实物的小图形或小图片，例如文件夹图标、打印机图标等；菜单（menu）是一组具有交互特点的选项，选择某项后界面状态会产生相应变化；指针（pointer）是显示器上的光标，一般分为鼠标光标和文本光标两种类型，光标既可以选择某个图标或菜单中的选项，也可以通过形态变化表示不同的状态，例如双箭头表示放大或缩小窗口等（Liu & Özsu，2018）。

WIMP 范式适用于鼠标指点交互的 2D 状态下的 GUI。虽然基于 WIMP 范式的 GUI 为 PC 的普及和技术创新做出了重大贡献，但随着 VR 和 AI 技术、多模态交互技术的迅速发展，WIMP 范式也表现出了一些不足，在一定程度上限制了用户的交互方式，于是 Post-WIMP 范式时代正在开启（Van Dam A.，1977），以探索智能用户界面更多的可能性。

3. RMCP 界面范式

在 WIMP 范式的基础上衍生出了更适合与智能系统交互的 RMCP 界面范式（图 13.10）。RMCP 具体指角色（role）、交互模态（modal）、交互命令（commands）以及信息展示方式（presentation style）这四个基本要素。角色是指一个智能系统所能实现的功能，例如助理或者玩伴，确定系统角色可以避免用户对智能系统产生不切实际的期待；交互模态是指可能的交互方式（动作、语言等），单通道和多通道均可；交互命令是智能系统可以识别的命令，例如语言交互中的关键词，动作交互中的关键动作等；信息展示方式是智能系统显示内容的方式，具体形式根据角色和环境等因素决定，可以是视觉反馈、听觉反馈等。该范式暂无范式结构图片作为参考，可应用于家庭护理机器人的概念性设计，例如将其角色定位成家庭护工，可根据被护理对象进行日常交流并负责监控体征等，可以通过语言和体态进行交互，可将摔倒作为交互命令之一触发护理机器人的行动等（张小龙等，2018）。

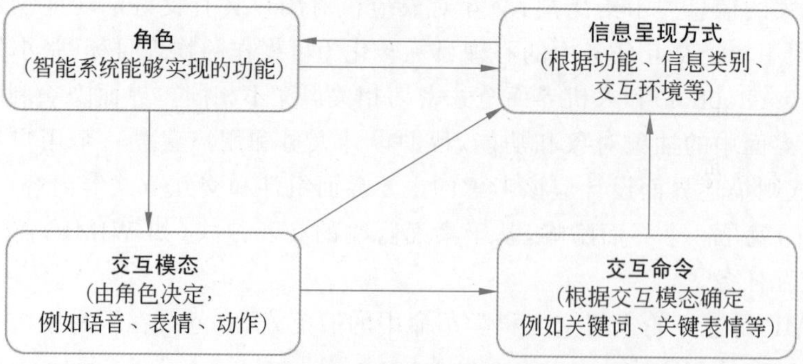

图 13.10 RMCP 示意图

RMCP 是在 WIMP 基础上的拓展，进行了非常巧妙的改进，同时结合了多模态交互技术，可应用于家庭护理机器人这一重要领域，但这样的改变并不是颠覆性的，仅在一定程度上解决了特定问题，所以不足以作为新范式，仍然归类为传统范式。

4. 实体用户界面范式（tangible user interface，TUI）

实体用户界面范式与 WIMP 范式互补。实体用户界面由麻省理工学院媒体实验室（MIT Media Lab）的石井裕教授提出，源于 Tangible bits（实体比特）概念。TUI 通过将数字信息与日常物理对象和环境相结合来增强真实的物理世界。GUI 是属于计算机屏幕的界面，TUI 则将世界变成界面。石井裕教授团队在探索未来人机交互时，在博物馆中受到历史上很多具有丰富功能且兼具美学的科学仪器的启发，思考并调查了个人计算机的出现使人们失去了什么，发现数字时代人们更多地通过计算机操作工具，不再直接操作那些实物，计算机即为人们最普遍使用的工具。人们生活在网络空间和物理空间中，实体比特巧妙地将这两个空间连接起来，结合增强现实（AR）和普适计算（ubiquitous computing）以及多媒体艺术，TUI 将人们从网络空间带回到多感官的现实的物理世界（Ishii & Ullme，1997）。经过二十余年的发展，TUI 已有很多丰富有趣的案例，具体详见 https://tangible.media.mit.edu/。

实体比特旨在通过赋予物理实体数字信息和计算能力，人可以直接对实物进行操作并且在意识层面（也可能是感知层面）是可见的，以此实现人、数字信息和物理环境之间的无缝界面。此后不久，石井裕教授更进一步提出 Radical atoms（Ishii et al.，2012）概念，这一概念是对实体比特的超越和突破，是可以改变自身形状的新一代材料，具有动态变化的特点，类似于 GUI 中可以重构的像素（图 13.11）。

图 13.11 冰山隐喻——GUI 到 TUI 再到 Radical atoms（Ishii et al.，2012）

用户在实体用户界面操作中涉及的交互模型是 MCRit，即模型-控制-表征（不可触和可触）（model、control、representation：intangible and tangible）。对比于 GUI 中对图形的操作，研究者提出了针对真实物体的交互模型，强调了物理表征和控制集成在有形的用户界面，基本上消除了输入和输出设备之间的区别（Shaer & Hornecker，2009）。这种“表征和控制的无缝集成”意味着有形的物体既是表征方式，也是操纵数字化数据的方式。图 13.12 说明了 MCRit 模型中这三者的关系。

TUI 相比于 WIMP 使用户脱离了鼠标和屏幕，可以直接与实物进行交互，实物即为界面，发展出诸多例如城市规划一样的经典案例，同时具有对人们过于依赖计算机而脱离现实的反思意义，但 TUI 过于关注实物界面，导致该范式未能兼顾 WIMP 方便的快捷信息输入这类主要功能，并不能够成为下一代新范式。

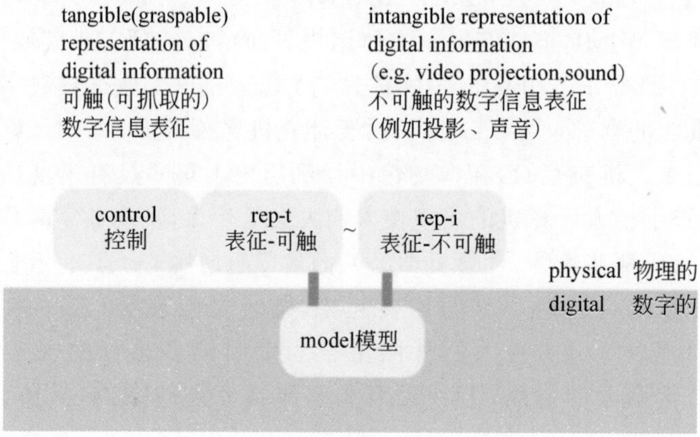

图 13.12 MCRit 交互模型示意图(Shaer & Hornecker, 2009)

5. 基于现实的交互范式(reality-based interaction, RBI)

RBI 交互范式的部分思路与上述范式相似,但更为普适。基于现实的交互范式包括新兴交互范式普遍具备的一些基本特征,该范式中的"真实世界或现实(real world or reality)"是指物理的、非数字化的世界,真实世界范式的框架特别关注以下四部分(图 13.13)(Jacob et al., 2008)。

图 13.13 真实世界框架示意图(Jacob et al., 2008)

(1) 朴素物理学(naive physics, NP):人们对物理世界的基本常识,例如重力、速度、惯性、相对大小、物体的恒常性等。

(2) 身体感知和技能(body awareness & skills, BAS):人们对自己身体的意识以及控制和调整自己身体的技能,例如使用 VR 设备等。

(3) 环境感知和技能(environment awareness & skills, EAS):人们对周围环境的感知以及在周围环境中通行、操作和导航的技能,例如获取环境中的深度线索或空间关系等。

(4) 社会感知和技能(social awareness & skills, SAS):人们通常能意识到环境中的他人并可以与其交互的技能,例如协同完成某项任务。

例如用户点开照片之后向左滑动是继续看下一张照片,向右滑动是看前一张照片,符合日常人们在真实世界中翻看相册时照片的空间关系;使用两根手指放大或缩小图片内容的操作,体现了用户对相对大小的理解;城市规划(Underkoffler & Ishii, 1999)中的用以交互的城市中建筑模型帮助用户无须在计算机屏幕前进行点击操作,而是通过直接操纵该模型反映城市风向、阳光等的变化等,这些操作均符合真实世界框架中的 NP、EAS 或 BAS。

6. SOMM 用户界面范式

SOMM 用户界面范式(李太然等,2018)是基于真实世界的隐喻,结合了 RBI 与 WIMP 范式的特点。在 WIMP 范式的基础上，提出的适用于三维虚拟现实交互的范式，包括情境空间（situation）、三维对象（3D-objects）、菜单（menus）和多通道交互（multimodal interaction）四部分。情境空间对应真实世界范式中的物理空间（NP），是承载着包括人、事、物全部交互信息的可定义的空间；三维对象代表可交互的虚拟的人物和事物，对应环境感知和技能（EAS）与社会感知和技能（SAS）；菜单与 WIMP 范式中的 menus 一致，用于用户执行操作命令；多通道交互是指交互方式的多通道（眼动、语言等），对应真实世界范式中的身体感知和技能（BAS）（图 13.14）。

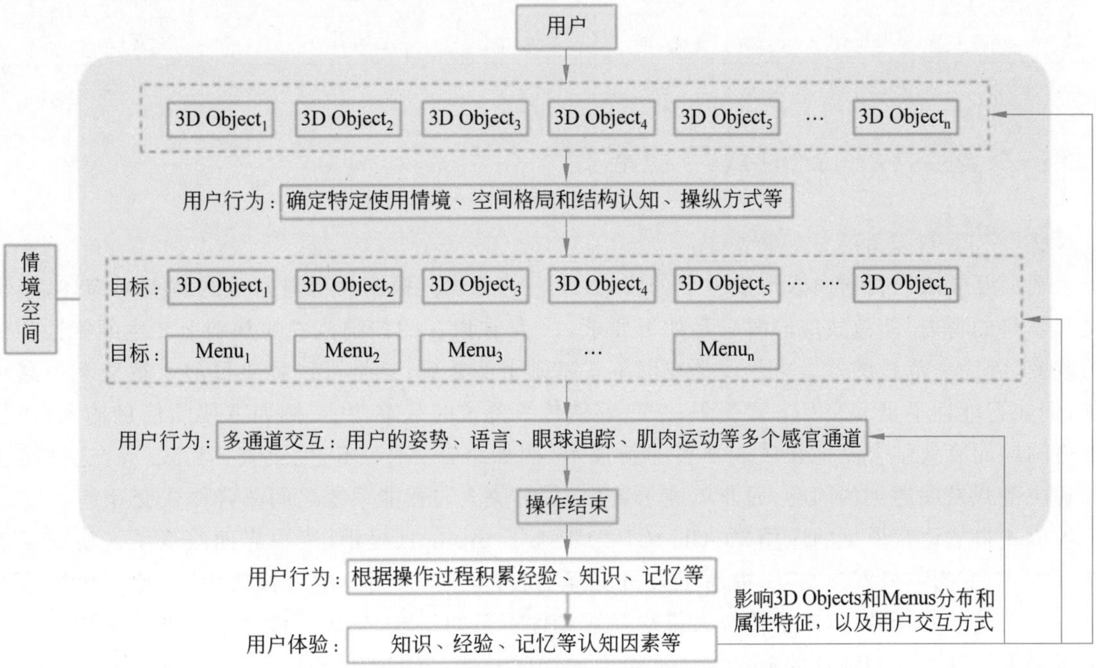

图 13.14　SOMM 用户界面范式的三维交互过程描述（李太然等，2018）

该范式在工业机器人 VR 岗位实训系统中模拟了主要结构拆装、维护维修、示教操作等板块的实训任务。虽然这些操作仅仅初步实现了 SOMM 范式，尚未设计复杂的交互任务，但减少了操作人员的认知负荷，为今后的范式提供了新的思路。SOMM 虽然结合了三维技术和多模态交互技术，但本质上仍属于对 WIMP 的拓展，仅在一定程度上解决了特定问题，所以不足以作为新范式，仍然归类为传统范式。

7. 小结

本节提及的传统范式虽然相比于早期的命令行界面（CLI）更方便普通用户使用，但仍然在一定程度上限制了用户的交互方式，而且这些范式并没有从本质上改变交互方式，因此均划分在传统范式之内。

新范式需解决旧范式无法解决的问题，并包含旧范式解决问题的能力，新范式的形成方式是跳跃性的，而不是线性的（Kuhn，1962）。WIMP 是典型的传统范式，在 WIMP 范式的基础上衍生的 RMCP 和 SOMM 范式并不足以形成新范式，而 TUI 未能保留 WIMP 的基本功能，更多的是与之形成一种交互方式上的互补（表 13.4）。

表 13.4 传统范式的比较

范式	范式关系	是否为公认范式	适用场景范围	是否支持多模态交互
WIMP	基础范式	是	普适	部分支持
RMCP	WIMP 衍生	否	特定场景	支持
RBI	基础范式	部分	普适	—
SOMM	WIMP 衍生	否	特定场景	支持
TUI	WIMP 互补	部分	特定场景	支持

13.5 人智交互的新范式与新思路

1. 人智交互对设计范式的新要求

人智交互领域内目前尚未形成一个公认的、统一的范式。根据库恩对新范式特点的描述，结合人智交互学科的特点，新范式应同时满足如下要求：一是在以往的传统范式的基础上产生颠覆性和突破性的改变，因为新范式的发展不仅仅是在旧范式基础上的拓展；二是可以解决目前人智交互中遇到的问题，例如智能性不足和交互方式受限；三是容纳传统范式的基本功能，例如方便的信息输入；四是为了解决问题而有效结合其他领域或学科的新技术，例如结合 AR/VR、生成式 AI、5G 等，这种结合是基于解决范式发展遇到的问题，而非单纯求新；五是解决人与智能系统之间的合作式交互。

生成式自然语言模型的应用(如 ChatGPT)带来了 prompt(提示)用户界面改变了人机交互单向的交互方式，变为人机双向交互，提高了人机交互的智能程度和用户的工作效率，相比于传统范式做出了颠覆性的改变，同时解决了传统人机交互智能性不足的问题，兼顾了传统范式便捷的信息输入这一基本能力。基于空间计算的范式结合了先进的光学技术、5G 通信技术、AR/VR 等新技术，形成了一种全新的交互方式，并开发出了与之对应的全新的交互界面，在具备传统范式基本能力的同时，有可能解决智能人机交互中智能程度不足和交互方式受限的重要问题。从严格意义上讲，prompt 和空间计算目前还没有形成成熟的人智交互设计范式，但是它们很有可能带来智能时代对交互设计范式的创新突破，因此，本节将它们作为两种新范式进行初步的介绍，并提出一些工作思路，希望更多的研究者参与针对 prompt 和空间计算界面设计范式的研究。

2. **prompt**(提示)及其界面范式

1) prompt

prompt 是提示的意思，例如在与 ChatGPT 聊天时，输入的问题或图片就是一个 prompt，而 prompting 即为给语言模型输入提示或指令的行为(Mishra et al., 2023)。在此基础上迅速发展形成一门新的学科——提示工程(Prompt Engineering)，负责开发和优化提示方式，旨在更有效地与语言模型进行交互。目前 prompt 范式已发展为人与语言模型和图像生成模型交互的基本范式。

2) 文本生成中的 prompt

以往主要的提示范式包括零样本提示(zero-shot prompting)、少样本提示(few-shot prompting)和思维链提示(chain-of-thought prompting)。大语言模型存在一定的“幻觉”(hallucination)现象，GPT-4 的技术报告中对“幻觉”的定义是与某些来源相关的荒谬或不真实的内容，虽然 GPT-4 通过训练已经比以往版本减少了幻觉倾向，但生成语言时随机概率等问题仍然很难避免。因此，在基于问题解决角度提出的思维链提示(chain-of-thought prompting)的引导下,研究人员继而新开发出了思维树提示(tree of thoughts prompting)(Yao et al.,2023)和最少到最多提示(least-to-most prompting)两种提示范式(Zhou et al.,2022)。本节从问题解决角度重点讨论以下三种 prompting,各自特点和示意图分别如下。

思维链提示(CoT chain-of-thought prompting):一步一步的推理步骤(图 13.15)。

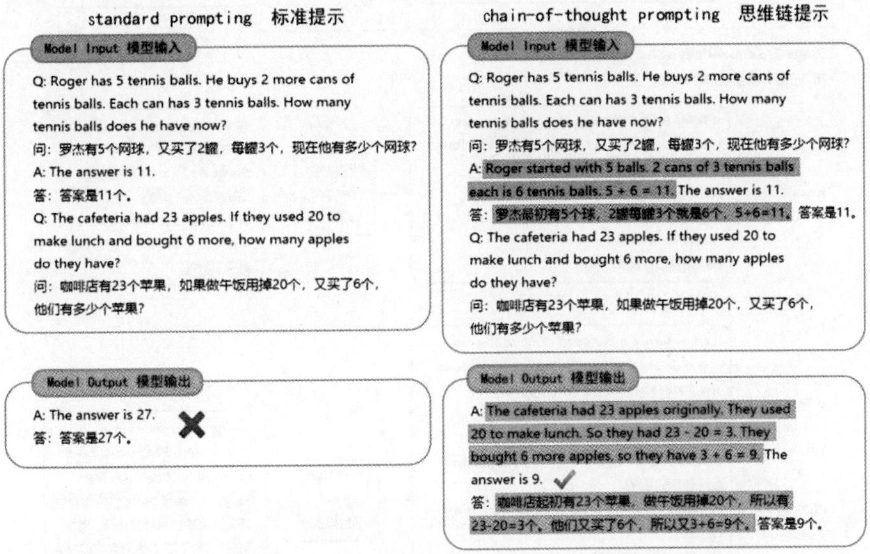

图 13.15 标准提示与思维链提示的对比(Wei et al.,2022)

思维树提示(ToT tree of thoughts prompting):能够对中间步骤进行探索(图 13.16)。

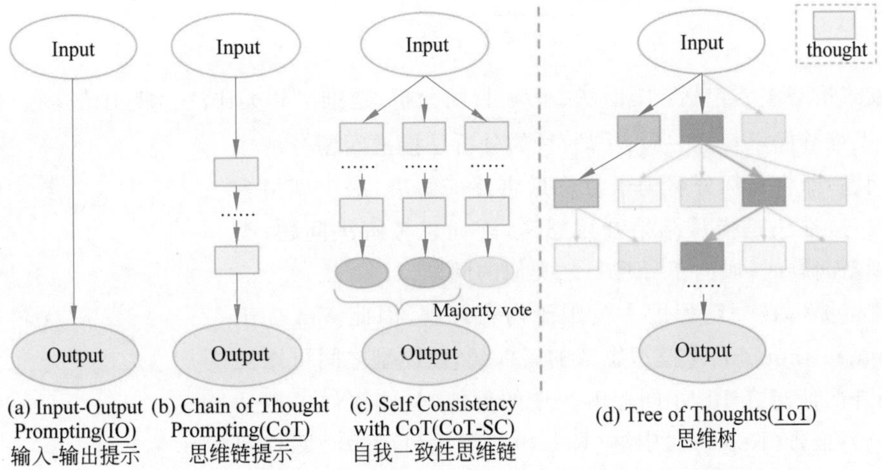

图 13.16 思维树提示和其他 prompt 的对比(Yao et al.,2023)

最少到最多提示(least-to-most prompting):把复杂的问题分解成一系列子问题(图 13.17)。

不难发现,这些 prompting 是认知心理学问题解决及其领域中启发式策略的应用:思维链提示应用了爬山法,思维树提示应用了问题解决空间、最少到最多提示应用了手段-目的分析。

问题解决是指在现有状态基础上通过一些方法达到目标状态的过程。问题本身、当前状态和解决方法共同存在于一个问题解决空间中,可以通过树状图的形式表征,思维树应用了问题解决空间。

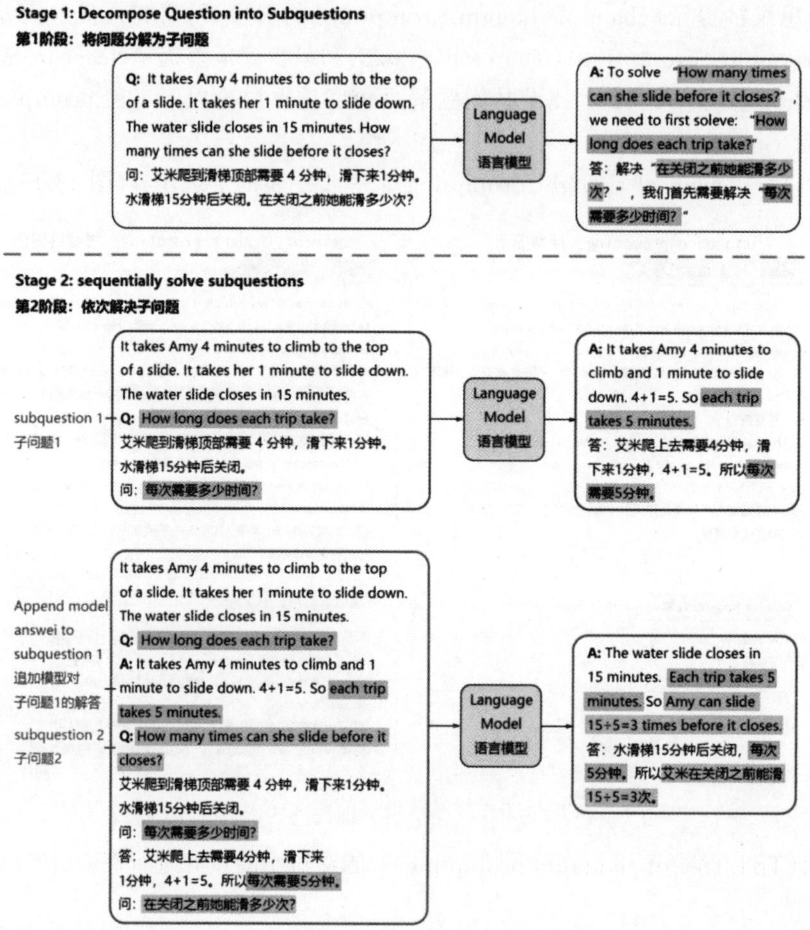

图 13.17　最小到最多提示示例(Zhou et al.，2022)

问题解决启发式策略主要包括：爬山法、手段-目的分析、逆推法和类比法。爬山法是指一步一步地接近目标状态，思维链提示与之一致；手段-目的分析是指把问题分解成一系列的小问题，即将目标分解为子目标后再逐一解决，最少到最多提示与之一致；逆推法是指从结果开始思考，逆向思考解决问题；类比法是指遇到新问题时，倾向于寻找与之类似的问题。

由于思维链提示在一定程度上受限于内在理解，因此 Yin 提出 EoT(Exchange of thought)跨模型思考的新框架，使模型之间可以交换信息，强调外部信息在 LLM 问题解决中的价值，具体探讨了包括记忆(Memory)、报告(Report)、中继(Relay)和辩论(Debate)四种通信范式(Yin，Z，et al，2024)，如图 13.18 和图 13.19 所示。

未来的基于 prompt 的界面设计范式需要更广泛地参考认知心理学中的一些范式、问题解决策略等。例如逆推法可以形成逻辑相似的暂且称为返回(backward prompting)提示。由于问题解决本身是人思考的认知过程，为将这种过程表征出来，认知心理学家将人类比于计算机，提出了很多成熟的认知过程模型和范式。因此，如果从

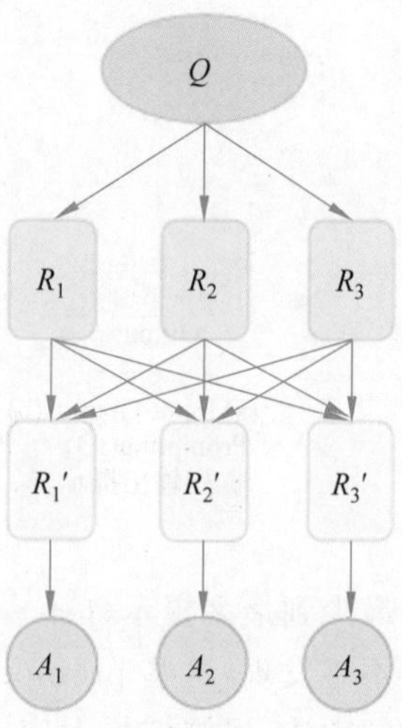

图 13.18　思维交换 EoT 示意图(Yin，Z，et al，2024)

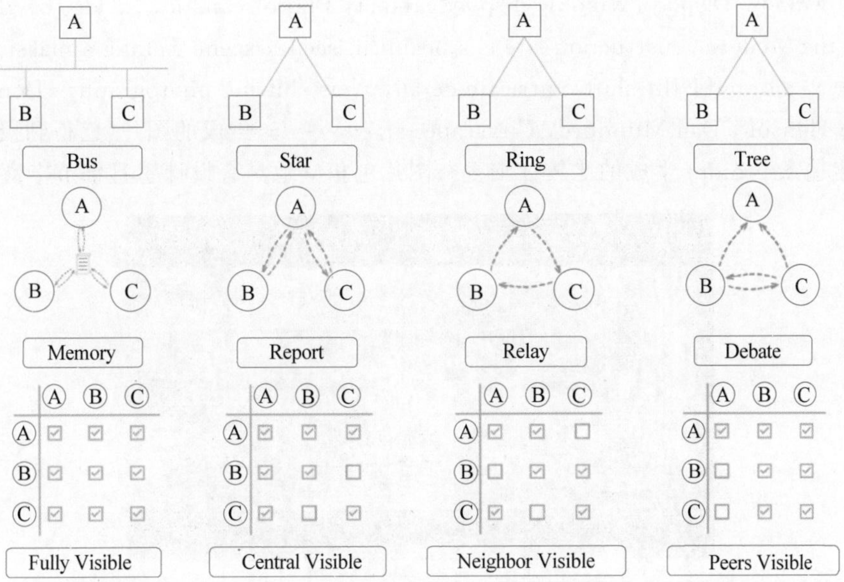

图 13.19　思维交换 EoT 四种通讯范式示意图(Yin, Z, et al, 2024)

认知过程的角度考虑,未来 prompting 完全可以将这些模型和范式纳入参考范围之内,在更深的层面优化提示方式(表 13.5)。

表 13.5　现有 prompting 与启发式策略和问题解决空间的对应关系

现有 prompting	启发式/问题解决空间	可形成的 prompting
思维链提示	爬山法	—
思维树提示	问题解决空间	—
最少到最多提示	手段-目的分析	—
—	逆推法	返回
—	类比法	找同类

3）图像生成中的 prompt

与大语言模型的交互不同,AI 图像生成模型的 prompt 有固定的结构,即"关键词＋参数"或者"图像＋关键词＋参数"。以 Midjourney 为例,点击输入选择框 Midjourney Bot 输入/imagine 后,会在对话框内显示"prompt"。其中,关键词一般是对期待生成的图片的基本描述,可以是词、短语或句子,参数是 Midjourney 对图像的一些可控的变量,例如其中的基本参数"--ar"表示画面比例,模型默认的比例是长宽比为 1∶1,如果用户想输出 16∶9 的图像,则需要在输入的提示关键词后面加上"--ar 16∶9",高级参数比较复杂,例如混合图像等。prompt 的构成和具体参数在 Midjourney 官方网站的用户指南中有非常详细的介绍(图 13.20)。

图 13.20　Discord 社区中 Midjourney bot 对话框截图

虽然 prompt 的学习成本较高,但很多设计师已经生成了非常多的优秀案例。例如一位设计师的

prompt：Shop-window Display，Window display cabinet，Photo realistic，Inside the glass window of the Streets in the Modern construction site is a beautiful scene，scene Taking a massive construction right，cinematic，diorama，tilt-shift，intricate detail，Axis shifting photography，Don Maitz，James Gilleard，Erin Hanson，Dan Mumford，Cityscape--ar 7：4--v 5，生成的图片（已得到授权）如图 13.21 所示，可以看出输入 prompt 生成的比较详细复杂图片也相应地具有设计感且细节丰富。

图 13.21　橱窗中的小世界系列作品之一（Midjourney Version 5 生成）

Stable diffusion 是另一种常用的图像生成扩散模型，但相比于 Midjourney 界面更复杂，在需要用户输入正向/负向 prompt 的同时，还需要考虑使用的生成图像大模型和微调模型以及各种插件；其优势在于对图像的精细控制，尤其是线稿和字体。

4）prompt UI 提示界面范式的优化思路

目前的 prompt UI 存在的主要问题是学习成本高和不够以人为中心。例如 ChatGPT 的幻觉问题，和 Midjourney 的图文不符合用户预期的问题，根本原因在于用户没有输入智能体所理解的 prompt，特别是对于非专家用户（没有学习过 prompt 知识的用户），他们在使用时遇到了很多困难（Zamfirescu-Pereira et al.，2023）。

因此，有研究者受到仪表盘的启示（Viégas & Wattenberg，2023），结合 prompt UI，认为将系统模型和用户模型分别显示可以作为今后人-AI 交互界面的一种设计理念。系统模型是神经网络系统自身的模型，而用户模型是用户与神经网络系统交互所用的模型。交互界面同时呈现系统和用户的一些相关特征或状态，让用户知道当前的交互情况。这种设计符合诺曼提出的用户体验设计 10 个通用原则中的系统状态可见性和系统与真实世界匹配。

针对 prompt 交互范式的研究刚刚开始。我们展望，基于 prompt 的交互设计范式一定是多模态的，超越了传统的人机交互方式和目的，充分利用人类的认知特征，基于人智双向的共同学习（co-learning）、共同适应（co-adapting）以及共同演进（co-evolving），助力人智协同合作，推动智能技术更好地服务于人类。

3. 空间计算及其界面范式

1）空间计算（spatial computing）

空间计算由 MIT 的 Simon Greenwold 于 2003 年提出，他将其定义为人与机器的交互，其中机器可以保留并操作与真实对象和空间相关的参照物。在理想情况下，这些真实的对象和空间对用户具有优先意义。空间计算是一个允许用户将其环境中的物体放置到数字化机器中的系统。与三维建模和数字设计等相关领域不同，空间计算所处理的形式和空间需要预先存在，并具有真实世界的效价，即与真实的空间产生联系，仅用屏幕来表示虚拟空间是远远不够的。虽然空间计算结合了来自其他领域的诸多技术，但总体而言仍属于人机交互领域。

在 *The Infinite Retina* 一书中，空间计算的定义为人类、虚拟生物、机器人的计算，空间计算包括无处不在的计算。空间计算带来了可用性方面的突破，人们可以更加直接地与虚拟物体进行交互，例如小朋友抓握杯子是一种与生俱来的行为，而操作鼠标在界面中移动杯子则不是，但在空间计算中，用户可以直接抓握虚拟杯子。空间计算是多种技术有机结合产生的新范式，包括智能交互技术（眼控、手势、语音等），AI 决策 AI（决策系统），普世计算，AR/VR/XR 技术，显示器、传感器、通信技术（5G）等（Cronin & Scoble，2020）。空间计算是继桌面计算、移动计算之后的第三类新型计算和用户体验平台。新的技术和设备的进步使空间计算范式不再停留于概念和实验室阶段，交互范式已经处在新范式代替旧范式的进程中。

2）空间用户界面（spatial user interfaces，SUI）

空间计算需要有效的人机交互设计范式，空间用户界面随着 Apple Vision Pro 的推出而出现。在设计原则方面，空间用户界面相对于 2D 界面图标的扁平化设计做出了更适用于 3D 状态的改变，例如通过增加更多图层和阴影使图标更加立体，再如在设计材质上选择具有部分透光特点的半透明玻璃，既适用于光线充足的环境，也适用于较暗的环境（图 13.22）。

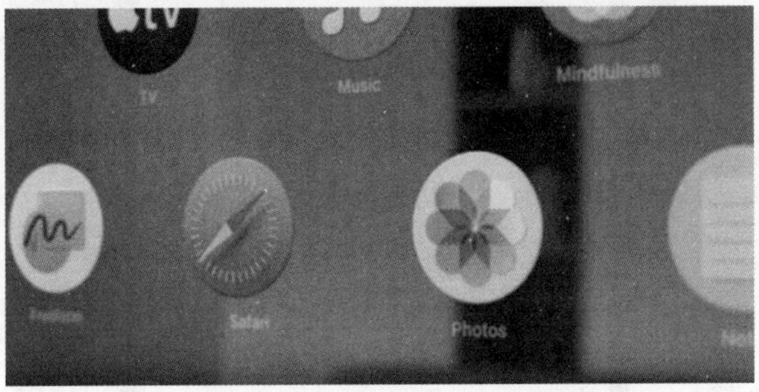

图 13.22　立体图标示意图

（图片来自 Design for spatial user interfaces-WWDC23-Videos-Apple Developer 的视频截图）

空间用户界面可以通过反馈用户的视线信息实现视线交互，当用户的视线在某一个图标停留时间稍长时，该图标变成白底并显示其他选项。符合新的设计原则之一：除非用户选择了某个图标，否则图标不使用白底。关于空间用户界面更多的设计原则详见苹果官网中的 Design for spatial user interfaces 视频内容。作为一种设计范式，空间用户界面有待于进一步提升和完善（图 13.23）。

图 13.23　空间用户界面示意图（来自 Apple Vision Pro-Apple 的截图）

4. Ferret 界面(Ferret UI)

为解决一般大模型在移动界面中理解用户和与用户有效交互方面的不足，Ferret UI(You, K., et al, 2024)通过“任意分辨率(any resolution)”可以放大比自然图像更小的图标、文本等信息的细节，从而提升对移动界面的理解，更好地分析用户的意图实现更自然的交互体验。目前，Ferret UI 在完成基本任务方面已超过大多数大模型，未来具有广泛的应用前景(图 13.24)。

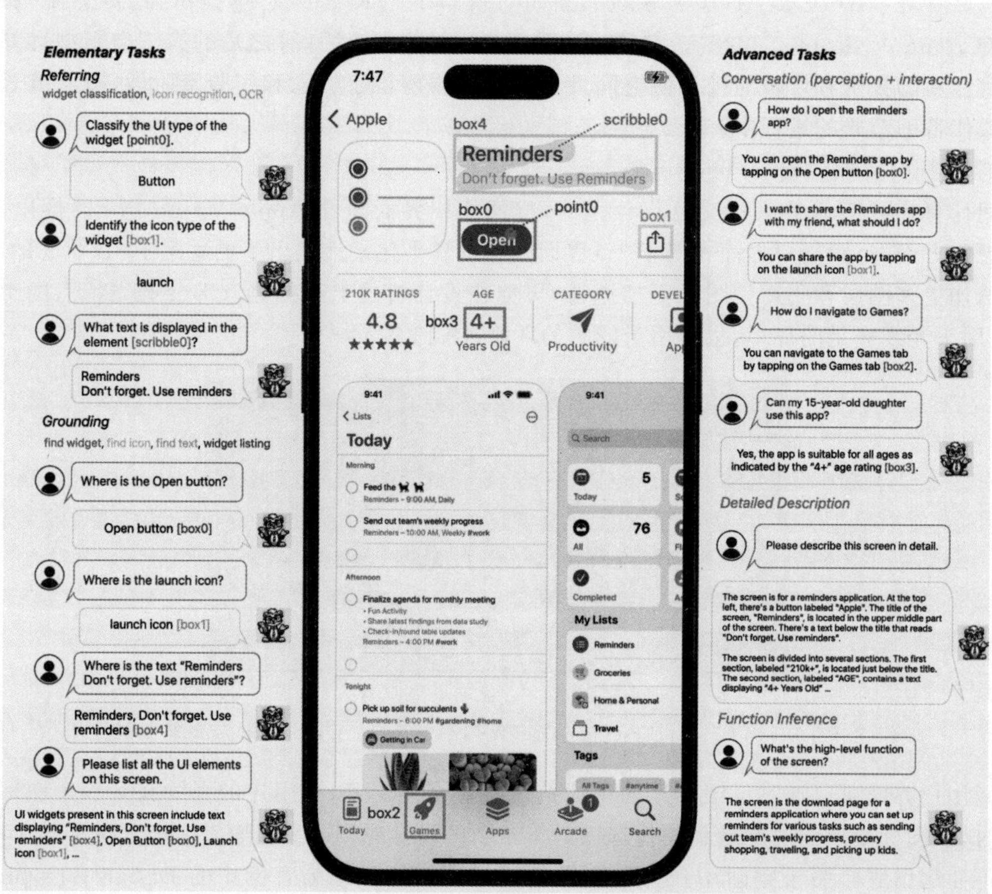

图 13.24 Ferret UI 完成任务示意图(You, K., et al, 2024)

5. 小结

prompt 和空间计算是对传统范式的颠覆性改变，同时包括传统范式的主要功能，满足了作为新范式而存在的条件。prompt 范式使人和聊天机器人可以通过自然语言进行双向交互，虽然目前仍在存在一些不足，但大语言模型和小语言模型在不断优化和迭代。空间计算包含 WIMP 的主要功能，并结合一系列新技术和新设备，将人们带入了全新的虚实融合交互时代，这是一个刚刚开启的新时代。

13.6 展望

1. 以自然交互为目标优化人智交互模型

史元春(2018)认为人智交互的最终发展目标为自然交互，用户最终能在其中获得可理解性与感受效果俱佳的信息反馈。与其他交互模式相比，自然交互更考虑用户情绪和沟通中的情绪线索(Caridakis et al., 2013)，而目前的人智交互模型以及设计范式对用户情绪缺乏多模态、自适应的精确计算。除情绪外，自然交互还包括其他众多因素，从用户的角度来看，还包括社会感知、人格特质等因素及其之间的相互作用，缺乏这些方面的考虑严重局限了目前的人智交互发展。例如，Ragni 等(2016)发现在交互中出错也能够激发人类的积极情绪，这意味着现有模型和范式中的任务模块也可能存在漏洞，任务导向的模型结构或在任务模块中仅考虑任务完成度可能存在问题。

拓展成熟的人人交互模型对人智交互模型实现自然交互目标有所帮助。例如上文中提到的人造 SMM 由人人模型演化而来，这样的方法不仅使人智交互更加自然，同时节省了新模型的开发周期。但是人人交互模型、范式的拓展也需要智力差异理论的支撑，因此对人与智能体的差别、人对待同类与对待智能体的差别的研究尤为重要，例如人类与同类交互相比于与动物交互或者与机器人交互感到更加自信和流畅(Bailenson & Yee, 2008)，这一结论直接影响到模型中人对智能体态度、对合作任务态度的参数调节。这些研究将直接指导我们如何将前人的交互研究结论中的人类概念向智能体泛化。

此外，人人交互虽然属于自然交互的一部分，当前大多人智交互模型、范式都与人人交互关系紧密，但是自然交互中的其他交互模式对人智交互的启发作用也非常重要，例如在传统交互时代，"桌面"的隐喻极大地提升了传统交互的效率，人智交互领域也需要结合人人交互以外的思路和结论，如实体界面、自然界面等的开发。

2. 优化人智合作模型促进人智合作范式的开发

通过对上述人智交互范式新发展的介绍能够看出，虽然 prompt 范式与空间计算在交互通道、交互体验上突破了传统交互范式，但是在人智合作的主动性、动态性等方面仍然难以达到人智合作的目标。目前，人智交互范式中仍然以"乒乓球式"的交互形式为主，虽然智能体在交互中给予人类用户的反应更加有效、精确、快速，但是仍然停留在刺激-反应阶段，其中包括但不限于以下几个缺陷：一是现有人智合作模型缺乏主动性以及对任务及任务环境的动态感知；二是现有人智合作模型的计算能力有限；三是现有人智合作模型缺乏单独的伦理评估审查模块。

实际上，可以通过与人人合作的情境比较得到启发。在人人合作中，合作伙伴的主动性非常重要，主动的合作伙伴通过投入时间和精力推动合作，可以提高团队合作的表现(Rico et al., 2007)；合作伙伴能力的提高可以增强团队合作的效果(Ellis et al., 2003)并提升团队的创新能力(Hülsheger et al., 2009)；合作伙伴的不道德行为对团队合作也有显著损害(Detert et al., 2008)，这些因素都使人智交互模型无法进一步指导交互范式的开发。在人智合作模型中加入高等级的道德审查模块、主被动水平属性因素等似乎是下一步人智合作模型开发的可靠思路。

3. 人智交互模型主动学习和演进对人类的启发

智能体具有认知、学习、演进、自适应和自主化的重要特征。在上述人智交互模型、范式的自适应性设计中，研究者主要关注如何应用先验信息、历史交互信息等帮助其完善参数或结构，使交互更加自然流畅。但是在先前的研究中，我们可能忽略了一个视角，即人与智能体共同学习和演进的过程及其结果带来的启发。实际上，比较心理学在其中可能发挥了重要作用。我们可以通过比较洞悉学习机制的本质、社会化的重要性、人类发展规律、个体差异以及群体协作等，对已有的人类心智模型、人人交互模型进行优化。由于人工智能是通过调整模型参数实现学习的，这可以看作简化的人类生物学学习过程；大量人机交互数据进行训练也暗示着社会环境对个体成长的重要性，包括智力、情感、社交能力发展的规律及影响因素；比较不同交互模型对同一训练数据的学习结果为研究人的个体差异提供了类比；通过比较人机组队交互模型中智能体的决策演化，也为人类群体协作行为的研究提供了重要参考。

例如，决策树学习算法在训练过程中可能发现两个原本无关的特征之间存在某些关联。决策树通过递归对数据进行划分来学习数据间的关系。在这个过程中，它会考察每一个特征对数据集进行划分的效果，选择最优的特征进行划分。假设根据某使用决策树生成人类可能决策或行为的心智模型，特征A和B之间没有任何关系，但在训练数据中，它们的值的组合存在一定模式，这种模式的发现能够给人类心智模型的更新提供方向。

13.7 总结

本章介绍了传统人机交互模型与智能时代的人智交互模型，并分析了各自的由来、优缺点、意义及其现有应用。更重要的是，我们根据以上综述提出了人智交互模型的工作框架，其中，情绪计算、能力计算、社会感知、输出计算、多人多智等因素的补充为人智交互模型的发展提供了新思路。并且，该工作框架将现有人智交互模型所探讨的问题的维度进行了统一，在方便比较的同时能够帮助开发模型之间融合的接口，助力更高效地构建全面的人智交互大模型。此外，通过综述传统人机交互设计范式以及人智交互的新范式与新思路，并列举实际应用的方式，讨论了现有范式的突破与局限。在展望部分，提出了人智交互模型、合作模型的优化途径及其演化给人类的启发。总而言之，人工智能的出现一定会是人类发展历程中的一个重要节点，随之而来的挑战与机遇敦促着人智交互新的心理模型与设计范式在相互依赖、互为促进中得到进一步的开发与应用。

参考文献

Alvarenga, M., & e Melo, P. F. (2019). A review of the cognitive basis for human reliability analysis. Progress in Nuclear Energy, 117, 103050.

Anderson, J. R. (1976). Language, memory, and thought. Lawrence Erlbaum.

Anderson, J. R., & Bower, G. H. (1973). Human associative memory. V. H. Winston & Sons.

Andrews, R. W., Lilly, J. M., Srivastava, D., & Feigh, K. M. (2023). The role of shared mental models in human-AI teams: a theoretical review. Theoretical Issues in Ergonomics Science, 24(2), 129-175.

Bailenson, J. N., Yee, N., Blascovich, J., & Guadagno, R. E. (2008). Transformed social interaction in mediated interpersonal communication.

Card, S. K., Moran, T. P. and Newell, A. (1983) The Psychology of Human-Computer Interaction. Erlbaum, Hillsdale.

Card, S., MORAN, T., & Newell, A. (1986). The model human processor-An engineering model of human performance. Handbook of perception and human performance., 2(45-1).

Caridakis, G., Moutselos, K., & Maglogiannis, I. (2013). Natural Interaction expressivity modeling and analysis. Proceedings of the 6th International Conference on PErvasive Technologies Related to Assistive Environments.

Cronin, I., & Scoble, R. (2020). The Infinite Retina: Spatial Computing, Augmented Reality, and how a collision of new technologies are bringing about the next tech revolution. Packt Publishing Ltd.

Detert, J. R., Treviño, L. K., & Sweitzer, V. L. (2008). Moraldisengagement in ethical decision making: a study of antecedents and outcomes. Journal of applied psychology, 93(2), 374.

Ellis, A. P., Hollenbeck, J. R., Ilgen, D. R., Porter, C. O., West, B. J., & Moon, H. (2003). Team learning: Collectively connectingthe dots. Journal of applied psychology, 88(5), 821.

Endsley, M. R. (2015). Situation Awareness Misconceptions and Misunderstandings. Journal of Cognitive Engineering and Decision Making, 9(1), 4-32. https://doi.org/10.1177/1555343415572631

Gervits, F., Thurston, D., Thielstrom, R., Fong, T., Pham, Q., & Scheutz, M. (2020). Toward Genuine Robot Teammates: Improving Human-Robot Team Performance Using Robot Shared Mental Models Proceedings of the 19th International Conference on Autonomous Agents and MultiAgent Systems, Auckland, New Zealand.

Gray, W. D., John, B. E., & Atwood, M. E. (1993). Project Ernestine: Validating a GOMS analysis for predicting and explaining real-world task performance. Human-computer interaction, 8(3), 237-309.

Hülsheger, U. R., Anderson, N., & Salgado, J. F. (2009). Team-level predictors of innovation at work: a comprehensive meta-analysis spanning three decades of research. Journal of applied psychology, 94(5), 1128.

Ishii, H., & Ullmer, B., (1999). Tangible bits: Towards seamless interfaces between people, bits and atoms, in Proceedings of CHI97, NY: ACM, pp. 234-241.

Ishii, H., Lakatos, D., Bonanni, L., & Labrune, J.-B. (2012). Radical atoms: beyond tangible bits, toward transformable materials. interactions, 19(1), 38-51.

Jacob, R. J., Girouard, A., Hirshfield, L. M., Horn, M. S., Shaer, O., Solovey, E. T., & Zigelbaum, J. (2008). Reality-based interaction: a framework for post-WIMP interfaces. Proceedings of the SIGCHI conference on Human factors in computing systems.

Jiang, T., Wang, Y., & Tang, R. (2023). Playing Games Guiding Attention Improves Situation Awareness and Takeover Quality during Automated Driving. International Journal of Human-Computer Interaction, 1-14. https://doi.org/10.1080/10447318.2023.2228068

Kieras, D. E. (1999). A guide to GOMS model usability evaluation using GOMSL and GLEAN3. University of Michigan, 313.

Kuhn TS: The Structure of Scientific Revolution (1962), ed 2. Chicago, University of Chicago Press, 1970.

Liu, Y., Wang, Y., Bian, Y., Ren, L., & Xuan, Y. (2018). A psychological model of human-computer cooperation for the era of artificial intelligence. SCIENTIA SINICA Informationis, 48(4), 376-389. https://doi.org/10.1360/n112017-00225

Meyer, D. E., & Kieras, D. E. (1997). A computational theory of executive cognitive processes and multiple-task performance: Part I. Basic mechanisms. Psychological review, 104(1), 3.

Miller, J. G. (1960). Information input overload and psychopathology. American journal of psychiatry, 116(8), 695-704.

Mishra, A., Soni, U., Arunkumar, A., Huang, J., Kwon, B. C., & Bryan, C. (2023). PromptAid: Prompt Exploration, Perturbation, Testing and Iteration using Visual Analytics for Large Language Models. arXiv preprint arXiv: 2304.01964.

Murali, P., Hernandez, J., McDuff, D., Rowan, K., Suh, J., & Czerwinski, M. (2021). AffectiveSpotlight: Facilitating the Communication of Affective Responses from Audience Members during Online Presentations Proceedings of the 2021 CHI Conference on Human Factors in Computing Systems, Yokohama, Japan. https://doi.org/10.1145/3411764.3445235

Newell, K. M. (1973). Knowledge of results and motor learning. University of Illinois at Urbana-Champaign.

Pierce, J. L., Kostova, T., & Dirks, K. T. (2001). Toward a Theory of Psychological Ownership in Organizations. Academy of Management Review, 26(2), 298-310. https://doi.org/10.5465/amr.2001.4378028

Ragni, M., Rudenko, A., Kuhnert, B., & Arras, K. O. (2016, 26-31 Aug. 2016). Errare humanum est: Erroneous robots in human-robot interaction. 2016 25th IEEE International Symposium on Robot and Human Interactive Communication (RO-MAN).

Rudmin, F. W., & Berry, J. W. (1987). Semantics of ownership: A free-recall study of property. The Psychological Record, 37(2), 257-268.

Rico, R., Molleman, E., Sánchez-Manzanares, M., & Van der Vegt, G. S. (2007). The effects of diversity faultlines and team task autonomy on decision quality and social integration. Journal of Management, 33(1), 111-132.

Salas, E., Cannon-Bowers, J. A., & Blickensderfer, E. L. (1993). Team performance and training research: Emerging principles. Journal of the Washington Academy of Sciences, 81-106.

Scheutz, M., DeLoach, S. A., & Adams, J. A. (2017). A framework for developing and using shared mental models in human-agent teams. Journal of Cognitive Engineering and Decision Making, 11(3), 203-224.

Shaer, O., & Hornecker, E. (2009). Tangible user interfaces: past, present, and future directions. Foundations and trends in human-computer interaction(1/2), 3.

Sirithunge, C., Jayasekara, A. B. P., & Chandima, D. (2019). Proactive robots with the perception of nonverbal human behavior: A review. IEEE Access, 7, 77308-77327.

Sun, C., Chen, J., Chen, Y., & Tang, R. (2021). The Influence of Induced Emotions on Distance and Size Perception and on the Grip Scaling During Grasping. Frontiers in Psychology, 12. https://doi. org/10. 3389/fpsyg. 2021.651885

Underkoffler, J., & Ishii, H. (1999). Urp: a luminous-tangible workbench for urban planning and design. Proceedingsof the SIGCHI conference on Human Factors in Computing Systems.

Van Dam, H. (1977). Reactivity effects and space-domain noise caused by randomly dispersed materials in a reactor core. Progress in Nuclear Energy, 1(2-4), 273-282.

Viégas, F., & Wattenberg, M. (2023). The System Model and the User Model: Exploring AI Dashboard Design. arXiv preprint arXiv: 2305.02469.

Xu, W., Dainoff, M. J., Ge, L., & Gao, Z. (2021). From human-computer interaction to human-AI Interaction: new challenges and opportunities for enabling human-centered AI. arXiv preprint arXiv: 2105.05424, 5.

Xu, W. & Gao, Z. (2023). Applying human-centered AI in developing effective human-AI teaming: A perspective of human-AI joint cognitive systems. https://arxiv.org/abs/2307.03913

Yin, Z., Sun, Q., Chang, C., Guo, Q., Dai, J., Huang, X. J., & Qiu, X. (2023, December). Exchange-of-thought: Enhancing large language model capabilities through cross-model communication. In Proceedings of the 2023 Conference on Empirical Methods in Natural Language Processing (pp. 15135-15153).

You, K., Zhang, H., Schoop, E., Weers, F., Swearngin, A., Nichols, J., ... & Gan, Z. (2024). Ferret-UI: Grounded Mobile UI Understanding with Multimodal LLMs. arXiv preprint arXiv: 2404.05719.

Yao, S., Yu, D., Zhao, J., Shafran, I., Griffiths, T. L., Cao, Y., & Narasimhan, K. (2023). Tree of thoughts: Deliberate problem solving with large language models. arXiv preprint arXiv: 2305.10601.

Zamfirescu-Pereira, J., Wong, R. Y., Hartmann, B., & Yang, Q. (2023). Why Johnny can't prompt: how non-AI experts try (and fail) to design LLM prompts. Proceedings of the 2023 CHI Conference on Human Factors in Computing Systems.

Zhou, D., Schärli, N., Hou, L., Wei, J., Scales, N., Wang, X., Schuurmans, D., Bousquet, O., Le, Q., & Chi, E. (2022). Least-to-most prompting enables complex reasoning in large language models. arXiv preprint arXiv: 2205.10625.

李太然，杨勤，& 陈亦珂. (2018). 基于真实世界隐喻的虚拟现实用户界面范式研究及应用. 包装工程，39(24)，256-263.

刘烨，汪亚，卞玉，任磊. (2018). 面向智能时代的人机合作心理模型. SCIENTIA SINICA Informationis, 48. https://doi.org/10.1360/N112017-00225.

吕菲，田丰. (2017). 基于现实的交互界面：方法和实践. 北京：电子工业出版社.

戴国忠，田丰. (2014). 笔式用户界面. 合肥：中国科学技术大学出版社.

许为. (2005). 人-计算机交互作用研究和应用新思路的探讨. 人类工效学，11(4)，37-40.

许为. (2022). 六论以用户为中心的设计：智能人机交互的人因工程途径. 应用心理学. 28(3)，191-209.

许为，高在峰，葛列众. (2023). 智能时代人因科学研究的新范式取向及重点. 心理学报(录用).

张小龙，吕菲，& 程时伟. (2018). 智能时代的人机交互范式. 中国科学：信息科学，48(4)，406-418.

作者简介

孙楚阳　博士研究生，南京大学社会学院心理学系。研究方向：运动训练对感知觉的影响，多感觉整合对精细动作的影响，人机交互的动作研究。E-mail：602023070033@smail.nju.edu.cn。

朱田牧　硕士研究生，浙江理工大学心理学系。研究方向：智能人机交互。E-mail：1303145256@qq.com。

王　灿　博士研究生，南京大学社会学院心理学系。研究方向：儿童感知觉与动作发展，运动训练对感知觉的影响，人机交互的动作研究。E-mail：18846105576@163.com。

唐日新　博士，教授，博士生导师，南京大学社会学院心理学系。研究方向：动作与知觉关系，人机交互与用户体验。E-mail：trxtrx518@nju.edu.cn。

第 14 章

人智交互的神经人因学方法

本章导读

先进的神经人因学方法将推动人智交互研究和应用。本文在人智交互的语境下，介绍内源性智能系统、面向认知的智能系统、智能穿戴可移动技术和外源性智能系统四个主要内容。内源性智能系统主要介绍与神经反馈相关的技术，包括多模态采集系统、脑状态解码以及智能反馈控制技术；面向认知的智能系统包括认知神经信号的预处理技术和认知神经特征提取与识别技术，重点讨论警觉-注意特征提取与识别技术、脑负荷特征提取与识别技术、疲劳特征提取与识别技术和情绪特征提取与识别技术；同时介绍智能可穿戴外周生理和行为采集技术，包括可穿戴肌电采集技术、可穿戴心电采集技术、可穿戴行为采集技术；最后，讨论和介绍智能认知功能物理增强新技术。

14.1 引言

人因工效学是随着信息技术、脑认知与心理科学的进步，特别是信息化水平提升而迅速发展起来的一门综合性交叉新学科。人因工效学最早可以追溯到 19 世纪末的铁锹实验，研究人、工具与生产效率之间的关系。“二战”以后，欧美发达国家着眼降低人员失误和提升装备性能，开始进行较系统的人因研究，从而孕育了人因工程作为学科出现。人因工效也开始从军事装备应用逐步扩展到工业生产，最终涉及各个行业当中。近些年，将认知神经科学的理论和技术应用于人因工效学，测量和分析人在工作中大脑的工作状态，客观、准确、实时监测神经工效和心理状态，逐渐形成了一门新的学科，称为神经人因学或神经工效学。

神经人因学有以下几个显著特点：(1)客观方式对操控人员认知状态予以连续监测，建立神经适应性解决方案，减轻不良神经状态的发生；(2)测量、评估以及干预认知过程和精神心理状态，不仅可以解决人机协同问题，也可以应用于脑健康和脑保护；(3)发展和应用多种如 EEG、fMRI、fNIRS、TMS 和 tDCS 等神经科学研究新技术，设计认知范式作为测量及诱发手段等，精准监测与调控认知神经效能。

人类进入了智能化时代。如何开展人智交互研究和应用，是智能时代带来的一个重要科学问题。构建和发展神经人因学方法，将是发展高级智能系统面临的重大挑战，包括多模态神经数据获取分析、认知模型构建、个体水平神经工效评估等，同时影响着人机交互、脑机接口等新兴技术的拓展。本文将围绕智能时代的神经人因学方法，从内源性智能系统、面向认知的智能系统、智能穿戴可移动技

本章作者：李小俚，赵晨光，陈贺，李英伟，闵锐，顾恒。

术、外源性智能系统四方面展开，介绍智能时代的神经人因学方法。

14.2 内源性智能系统

人脑中存在大量的自发性脑活动，对这一类活动的脑信号进行解码可以识别当下的脑状态；另一方面，将脑状态实时反馈呈现，可以引导调节脑活动，这一类自发性脑活动解码和反馈呈现的系统称为内源性智能系统，其中以神经反馈训练(neuro feedback training，NFB)为典型代表。神经反馈能够实时测量神经活动、识别脑状态，并以直观的方式(听觉、视觉、触觉等)反馈给受试者，以引导其调节自身神经活动，从而对神经系统或者行为进行干预(Gruzelier，2014)。脑机接口(brain-computer interface，BCI)是一种替代了脑的常规外周神经和肌肉神经通路、通过对脑信息的解码达到信息交流和对外围设备直接控制的技术。广义上来讲，神经反馈技术是脑机接口的一种应用模式(见图 14.1)。

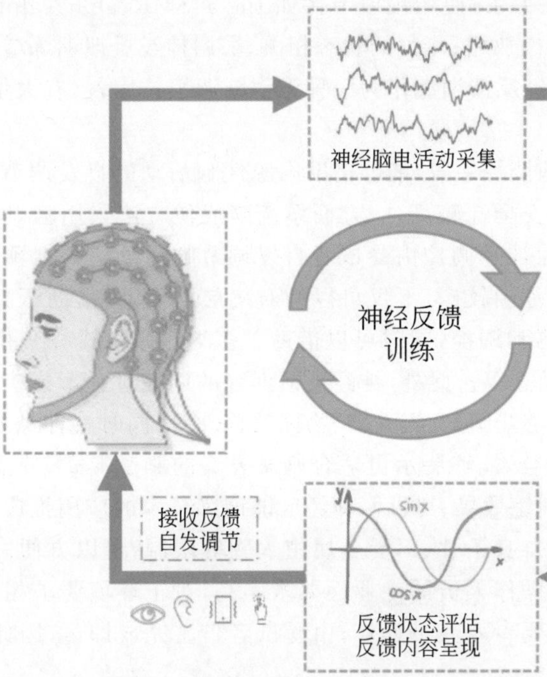

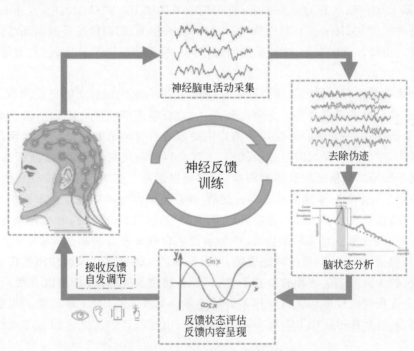

图 14.1 神经反馈训练系统示意图

神经反馈训练技术的发展经历了一个漫长的过程。20 世纪 60 年代后期，由 Joe Kamiya 证实受试者可以随意控制脑电图模式，甚至可以对 alpha 波活动进行控制(Kamiya，1968)，表明了个体能够意识到自身脑部状态并加以调节。Sterman 在 20 世纪 70 年代发现了运动感知节律(SMR)，并指导癫痫患者通过神经反馈训练增加 SMR 脑电活动以控制癫痫发作(Sterman & Friar，1972)；随后，Joel Lubar 成功将 SMR 和其他脑电特征作为调节靶点，应用于 ADHD 儿童神经反馈训练中(Lubar & Lubar，1984)。由于对脑电节律的理解不足、当时并不完善的实验设计以及结果重复性较困难，20 世纪 90 年代，脑电生物反馈不被科学界所广泛接受。最近十年，大量的研究发现了脑节律和脑状态及认知功能的相关关系，同时基于实验研究与临床数据的发现，建立了脑节律与脑功能的关联模型。随着对脑节律理解的不断深入，研究人员进行了大量的实证研究，证实了神经反馈的训练效果，神经反馈训练也逐渐成了一种重要的神经调控工具。

近年来，大量研究发现神经反馈训练能够用于增强认知功能。初级视觉皮层的 gamma 活动与视觉刺激的信息处理已经在动物和人身上得到了广泛验证(Tallon-Baudry & Bertrand, 1999)，猴子实验的研究也证明了初级感觉皮层 gamma 活动受刺激驱动，神经反馈训练可以自上而下地调控其 gamma 活动(Lima, Singer, & Neuenschwander, 2011)。使用 alpha 节律进行记忆训练应用最为广泛，多项研究证明了 alpha 训练方案能有效提升工作记忆和短时记忆(Hsueh, Chen, Chen, & Shaw, 2016)，也已开发出便携式神经反馈训练设备。睡眠研究提供了记忆巩固的研究框架，同时证明了它是干预记忆的潜在因素。一项记录了神经反馈训练后的即时评测和过夜睡眠后的记忆巩固的研究发现：theta 节律增强对于所学技能的巩固有着促进作用(Rozengurt, Barnea, Uchida, & Levy, 2016)。对于注意力的训练方面，目前采用最多的是 theta/beta 降低训练和 beta 提升训练(Gruzelier, 2014)。除了单一节律训练外，多节律组合也是潜在的训练方案，比如 SMR 和低 beta 结合能够进一步增强训练效果(Egner & Gruzelier, 2004)。另外，神经反馈训练应用于情绪调节的主要方法之一是放松训练，根据脑节律与脑状态的相关关系，使用慢波节律如 theta、SMR、alpha、alpha-theta 等方案进行。感觉运动皮层的 SMR 节律与肌肉放松、冷静的状态相关，采用神经反馈训练增强 SMR 节律可以用于调节紧张的情绪。总体来说，神经反馈训练作为一种无创脑调控技术，已有大量研究证明了其有效性。

神经反馈训练技术作为一种无创脑调控手段，能够借助内源性脑活动的自发调节，具有独特的特点和优势。首先，神经反馈训练的系统安全性较高，一方面系统脑成像方法采用脑电或近红外等，没有刺激，不会造成损伤；另一方面内源性神经调控由受试者自发调节脑活动达到干预目的，没有外源性刺激输入。其次，神经反馈训练调控范围较广，不仅可以针对皮层脑活动、借助于高密度脑电及多种溯源算法实现深部脑活动信息的检测和调控，同时可以借助于多通道系统进一步由单个脑区活动拓展到脑区间的同步、脑网络、全脑区动态等。此外，神经反馈训练的调控过程形式丰富，反馈信息可以由多种方式呈现，包括视觉、听觉，如游戏画面、振动器、物体的移动等，同时将神经反馈技术与先进的多媒体技术、机器人技术、AR/VR 结合，能够展示更适合刺激方案的刺激形式，使受训者能够快速适应、易于接受且保持投入，从而保证训练效果。最后，神经反馈训练技术的应用推广更为便利，一方面适用人群广泛，较少地考虑受试者的自身条件，不受金属植入物等限制，可以方便一些特殊人群的脑功能调控；另一方面神经反馈训练对操作人员的专业性要求不高，对于环境要求相对较低，信号的采集过程较简便，并且训练过程中不需要专业人员操作，由受试者自主完成即可，因此更易于推广和使用。

近年来，智能系统的发展进一步推动了神经反馈训练系统的智能化，包括脑状态解码识别和反馈过程控制的智能化。脑状态识别方面，基于机器学习方法借助于强大的特征表示能力，同时输入来自多个脑区的多种指标，结合具体的认知任务和状态对脑进行解码，达到对脑状态更高维度和更加全面的描述，进而进行具体的状态反馈和训练。智能反馈控制方面，将反馈系统视为智能体，将反馈控制规则转换为智能体的识别和反馈控制过程，可以实现对反馈过程的智能自适应控制，包括反馈过程控制、动态难度调整等。智能体接收的多模态信息除了直接参与反馈训练外，还可用于个体化状态的监测，对训练过程进行调整。有研究基于个体的警觉性水平动态调整反馈阈值，取得了很好的训练效果。同时，在加入智能体的反馈控制系统中，通过对不同个体之间模型的对比，表现较好的个体控制模型可能有潜在的迁移和指导作用，一方面可以指导智能体模型迅速调整和校准，另一方面可用于个体训练中的演练和提示，比如高效策略的建议、反馈过程的提示等。将基于规则的方法替换为基于智能体的控制过程，控制过程搜索空间更大，规则更为多样，具有足够的复杂度容量以应对可能出现的复杂情况。深度学习等网络模型具有良好的伸缩性，能够应用在各种系统中，具体分为以下三方面。

1. 多模态采集系统

基于单模态技术，如脑电图(electro encephalo graph，EEG)、近红外光学成像(functional near-infrared spectroscopy，fNIRS)及功能性核磁共振(functional magnetic resonance imaging，fMRI)等脑成像方法，得到的结论受困于时间或空间的单一维度，精准的神经机制不够清楚(Helfrich et al.，2018)，并缺乏精准的神经生理理论和模型作为支撑，使得基于特定记录手段得到的理论和模型的泛化率不够，而兼具时间分辨率和空间分辨率的多模态脑成像技术(如fMRI-EEG、fNIRS-EEG等)可以同时监控和解码人类大脑的神经电生理活动和血氧活动等，在研究中通过该技术在空间定位上精确地找到与任务相关的关键脑区，并从时间方面精确地探究脑活动的动态变化过程，同时能够描绘神经血氧信号之间的耦合关系(Zhao et al.，2019；Zhao et al.，2022)。尤其是采用的fNIRS-EEG联合记录手段具有无创、彼此互不干扰、微小运动不敏感、适合多种场景等优点，同时可以为经颅干预技术提供经颅干预相关的关键脑区、关键过程信息。

将多模态记录应用于神经反馈训练系统中，采用来自中枢神经系统的脑成像数据，属于广义的生物反馈。在生物反馈的其他研究中，肌电、心电、体温、眼动等生物信息也广泛使用，其中的多种模态信息与外周神经系统或心理情绪状态相关，如前额肌电与焦虑水平的关系、心率变异性与迷走神经张力的相关性、眼动与注意分配等。因此，将脑成像数据与其他模态信息融合能够更全面地反映认知状态，采用多模态融合的反馈训练能够取得更好的干预效果。相较于传统的状态识别方法，人工智能技术表示特征空间的能力、多模态信息的交叉对照和融合能力更强。同时，单一模态技术已经取得了长足的发展，基于良好单一模态预训练模型的多模态融合技术潜力巨大，因此基于人工智能技术的多模态神经反馈有望取得更好的干预效果。

2. 脑状态解码

脑状态分析方法一般多局限于单一位置的少数脑成像指标，对脑功能和脑状态的描述不够全面，缺少针对性。而多变量分析(multivariable pattern analysis，MVPA)的方法可以同时输入多个脑区的多种指标，同时能够结合具体的认知任务和状态进行脑解码，获取具有状态针对性的解码流程(Haxby，Connolly，& Guntupalli，2014)。将深度学习等复杂度更高的方法应用于MVPA，借助于这一类方法强大的特征表示能力，能够实现对脑状态更高维度和更全面的描述。结合强大的内容生成器，根据神经活动信息也已经可以实现初步视听内容和动作指示的解码(Tang et al.，2023)。

受个体发育和状态差异的影响，在相同场景和刺激下，个体的脑信号并不完全一致，因此每个个体状态识别过程中的分析方法和参数并不能完全一致，相对应的状态识别模型也不相同。在脑机接口的研究中，共空间模式(common spatial pattern，CSP)作为提取个体化任务相关最优的空间模式的常用方法(Ang et al.，2012)，已用于神经反馈训练中的个体化分析(Ray et al.，2015)。脑状态识别方面，人工智能技术可以在通用模型的基础上通过对个体化数据的修改而建立个体化模型，并进行个体间的模型校准(Kim et al.，2019)，实现个体化的状态识别(Chen et al.，2018)。

3. 智能反馈控制

基于人工智能技术，在反馈系统中加入智能体，将反馈控制规则转换为智能体的识别和反馈控制过程，可以实现对反馈过程的智能自适应控制，包括反馈过程控制、动态难度调整等。智能体接收的多模态信息除了直接参与反馈训练外，也可以用于个体化状态监控，对训练过程进行调整，有研究基于个体的警觉性水平动态调整反馈阈值，取得了很好的训练效果。常用的智能体调整方法包括增强学习、演化算法、动态编程等。将基于规则的方法替换为基于智能体的控制过程，控制过程搜索空间更大，规则更多样，具有足够的复杂度容量以应对可能出现的复杂情况。同时，深度学习等网络模型有很好的伸缩性，能够应用在各种尺度的系统中。

由于个体对神经反馈训练的适应性和控制策略各不相同，因此训练效果也不尽相同，有些个体训练适应性强、策略高效、训练效果较好，也有些个体效果稍差。在加入智能体的反馈控制系统中，通过对不同个体之间模型的对比，表现较好的个体控制模型可能具有潜在的迁移和指导作用，一方面可以指导智能体模型的迅速调整和校准，另一方面可以用于个体训练中的演练和提示，比如高效策略建议、反馈提示等。

现有针对个体的训练方案设计单一，根据脑成像指标变化设计规则，如 TBR 高于 5，则进行 TBR 降低训练，否则进行 SMR 提升训练；或者根据指标在群体的分布进行正规化训练（z-score 训练）。

神经反馈训练过程是一个典型的学习过程，个体的适应性、学习策略、学习过程和效果保持都表现出较大的个体差异和动态特性。增强学习模型能够借助智能体在与环境的交互过程中汇总的反馈情况及时调整动作行为，达到设定目标。因此，两者的对比研究可以进一步发现学习的动态过程。目前，关于增强学习过程与人类学习过程对比的研究较少，多数研究集中在神经环路层面，如人脑奖赏机制与增强学习模型调整过程的对比，但在行为上进行两者对比的研究较少。采用增强学习模型对反馈训练过程进行建模，能够发现训练过程中的关键参数及动态，对训练过程进行解释分析，同时可以借助于所建立的模型对在线训练过程进行调整，增强训练效果。

未来的神经反馈训练系统需要更多的智能化设计。首先，从脑成像数据中提取大量潜在指标的个体化训练方案缺少有效的设计方法，人工智能技术可以借助多变量和多模态的数据输入、个体化数据分析和模型调整过程以及模型解释和可视化方法实现个体化脑偏差识别和针对性的训练方案设计，实现精准电子处方。其次，同一种神经反馈训练对约 30%的个体无法到达预期的训练效果（Nan et al., 2012），在接受训练之前及早筛选出这一类人群能够节省训练时间和人力成本；同时，反馈训练的效果可能受注意、情绪、动机等多种因素的影响，需要更加全面的训练过程记录，采用人工智能技术分析关键影响因素，并在训练过程中实现跟踪和监督，能够准确预测训练效果，从而及时调整训练参数和进程，保证训练效果。最后，神经反馈训练过程是一个典型的学习过程，个体的适应性、学习策略、学习过程和效果保持具有很大的个体差异和动态变化特性。

14.3 面向认知的智能系统

智能系统设计的目的是实现任务需求和人的能力之间的良好匹配，因此，在过去的几十年里，人们一直在深入研究如何使智能系统智能地辅助操作员执行工作任务，以保持高水平的操控任务表现，降低错误发生的概率。随着脑机接口技术的进步，目前已经能够通过操控员自发的大脑活动识别其认知状态，如脑负荷、警觉、精神疲劳、情绪状态等，并利用这些信息改进和调节操作员与系统本身之间的交互。

最初，人与系统之间的任务分配是固定的，可以选择是否开启这种自动化任务分配模式，即静态自动化，这种模式为操控环境带来了好处。然而，对人机交互的研究表明，这种自动化分配模式也存在一定的缺陷，会对操作员带来一些负面影响，如监测效率低下、丧失态势感知、决策受损、自满和操控技能退化等，而自适应自动化系统为解决此类问题提供了一种方法，即动态实现自动化辅助系统应用，根据任务需求和操作员当前的认知状态，将特定功能权限在人与机器之间灵活分配。

对于如何触发自动化模式或水平之间的转换，目前已经提出了几种策略：(1)关键事件触发；

(2)行为测量触发；(3)神经生理测量触发。虽然前两种方法在一些研究中得到了成功的应用，但基于神经生理测量的方法具有其独特的优势。首先，与关键事件方法不同，神经生理测量可以连续获得；其次，与行为测量相比，神经生理测量的时间分辨率更高，可以实时测量操作员的生理或心理活动，实现动态任务表现下降或失误的预测，为智能干预提供新的视角。一些神经影像技术也已被证明能够提供可靠的证据以支持它是自适应自动化的潜在候选方案，如脑电图(EEG)、近红外光谱(FNIRS)、脑磁图(MEG)以及外周神经系统的测量技术，如心电图(ECG)或皮肤电势(GSR)(Amirova, Repryntseva, Tarasau, Kruglov, & Busechianv, 2019)。

1. 警觉-注意

操作人员缺少对系统的闭环控制，会使操作员与控制回路之间的距离越来越远，与自动化系统脱节。因此，检测到这种现象的发生，甚至更好地预测这种退化状态的动态，对于预防人为失误至关重要。自动化水平的发展使人类在任务过程中更多地扮演监督与决策的角色，操作员与机器系统之间的交互频率的减少可能导致操作员警觉水平的下降，对重要信号响应速度变慢甚至忽略，这种由于人类作为“自动化监督者”而引起的态势感知的下降或丧失称为脱环现象，这种现象和注意的警觉密切相关，目前，对于“警觉”还未形成统一的定义，不同的科学团体以不同的方式使用它。心理学家和认知神经科学家常用这个词来描述在一段时间内保持对一项任务注意力的能力(Davies & Parasuraman, 1982)，通常关注在于警觉性下降，即在一段时间内需要注意投入任务表现的下降。

在众多电生理测量方式中，脑电图仍被认为是测量警觉的金标准，特别是在实验室之外，即在实际环境的应用中。关于振荡活动与警觉-注意关系的文献非常多，总的来说，随着警觉性的降低，脑电图上的慢波活动(α 和 θ 波段)增加，而警觉性的增加会导致 β 波段活动的增加(Borghini, Astolfi, Vecchiato, Mattia, & Babiloni, 2014)。随后，Di Flumeri 等(2019)提出了“警觉与注意控制器”(vigilance and attention controller, VAC)的概念并加以验证(Di Flumeri et al., 2019)，这是一个基于脑电图和眼动技术的系统。VAC 的主要功能是实时评估交通管制员处理高度自动化交互界面时的警戒水平，并使用该测量结果自适应调整界面本身的自动化水平。该系统已在博洛尼亚大学的 14 名交通管制员身上进行了真实测试，他们执行由德国航空航天中心(DLR)开发的真实交通管制界面与任务，该系统被认为是未来几十年发展的预期设计，即具有最高的自动化水平，但是，可以通过适当的外部触发器降低其自动化水平，触发时机由 VAC 提供。当不提供 VAC 控制时，完全的自动化界面产生了预期的负面影响，导致操作员警觉性不断下降，表现为更高的挫败感和不满意度，以及在操作时倾向于产生与任务无关的想法。而启动 VAC 时，使用脑电图技术在线监测操作员的警觉性水平并触发自适应自动化系统控制，能够有效抵消高度自动化系统引起的警觉性下降，控制者本身表现良好，更加投入于任务，较少产生与任务无关的想法，并表现出更高的反应性注视行为。这种技术的应用将增强人与机器之间的合作，提高系统的整体性能，从而提高安全标准。

2. 脑负荷

脑负荷是影响操作人员表现的一个重要方面，受到任务难度、任务熟悉程度、任务重要性和个人认知能力等多种因素的影响，这一多维特性使得其定义也会因研究者的见解不同而略有差异，但较为广泛接受的脑力负荷定义为“满足客观和主观表现标准所需的注意力资源水平”(Tao et al., 2019)。

人类可以通过使用不同的设备适应各种工作环境，同时执行各种任务。显然，要执行的任务和使用的设备数量和种类越多，所经历的脑负荷就越高。已经被广泛证明，过高的操作员脑负荷水平可能导致任务表现下降或失误的概率增加。因此，对于操作人员在执行任务过程中所经历的实际脑负荷，有一个可靠的估计是至关重要的，这样才能保持操作人员处于适当的负荷水平，避免负荷过载。在此方面，神经生理学技术已被证明能够在操作环境中以高可靠性评估人类的脑负荷水平，而脑电信号具有明显的优势。一些研究，特别是在航空领域，已经建立了有效的基于脑电图的脑负荷识别指标，如随着任务难度的增加，顶叶和额叶脑区的脑电功率谱在 θ 波段增加，而在 α 波段显著降低(Brookings, Wilson, & Swain, 1996)。在此基础上，Arico 等(2016)将被动脑机接口技术嵌入空中交通管制模拟器中，通过交通管制员的脑活动实时估计其脑负荷水平并触发自适应解决方案(Arico et al., 2016)。自适应的解决方案由各领域专家共同商议决定，如低负荷时不启动警报系统，而高负荷水平时呈现关键的警报；低负荷时防撞警报的图表设计使用颜色闪烁，而高负荷时采用动画形式，在标签周围出现方框并留有一些空白，随后方框缩小直到没有空白；在低负荷时呈现所有飞机，在高负荷时只显示在管制区内的飞机等。基于脑电图的脑负荷在线分类器利用多通道的功率谱指标，使用逐步线性判别分析(stepwise linear discriminant analysis, SWLDA)将脑负荷水平实时分成两类(低水平与高水平)，为自适应解决方案提供控制策略。该系统已被证明能够显著降低操作员在执行交通管制任务期间所经历的工作负荷水平，以及显著提高任务执行表现。

3. 疲劳

疲劳可以分为物理疲劳(physical fatigue)和精神疲劳(mental fatigue)。物理疲劳是一种短暂的状态，在这种状态下，个人无法保持最佳的运动能力；而精神疲劳是一种心理状态，表现为注意力下降、认知表现下降等。同时，疲劳也可以分为主动疲劳和被动疲劳(Hooda, Joshi, Shah, & Medicine, 2021)。主动疲劳是一种由持续参与认知活动引起的状态，如疲倦感的增加，对任务的厌恶或精神和运动表现的下降；被动疲劳是由枯燥或重复性工作造成的，例如，驾驶员的表现在直路相比在弯路更差，就是因为直路驾驶过于单调而造成了被动疲劳。疲劳的产生伴随着安全隐患，以交通为例，在美国、加拿大和欧洲发生的致命车祸中，20%都和疲劳有关(Sikander & Anwar, 2018)。因此，对于长时间持续任务需求的系统，疲劳的监测以及基于疲劳的适应性系统设计是必要的。

作为人机协同驾驶系统，高度自动化驾驶车辆需要人类驾驶员在触发接管请求时进行接管。Li 等(2022)针对此问题建立了高精度的接管性能预测模型，系统探索了操作员的疲劳状态、交通情况以及接管时间预算这些因素对接管性能的影响，并提出高度自动驾驶车辆的自适应接管调整策略(Li et al., 2022)。研究发现，驾驶疲劳会影响驾驶员的接管绩效，并且驾驶疲劳程度越高，接管绩效越差。而眼睑闭合百分率、眨眼时间、脑电图、心电图均被广泛用于客观评价驾驶员疲劳程度。Li 等(2022)分析了驾驶员的眨眼状态，计算了眼睑闭合指标，提出了以疲劳百分比作为疲劳评价标准，并建立了高精度的驾驶员被动任务相关疲劳接管行为预测广义加性模型，并在此基础上定量阐明了驾驶员被动任务相关疲劳、周围交通相对位置和接管时间对接管效率的影响(Li et al., 2022)。基于高精度接管性能预测模型，提出了一种自适应调整策略，并基于该策略构建了实时自适应接管调整系统，实现不同驾驶员状态和交通条件下更安全的接管。

4. 情绪

在过去的十年中，机器人系统的使用一直在增加，协作机器人的概念由此诞生，它旨在让人类操作员与机器人和机器并肩工作，从而缩小人与机器之间的差距，增强信任感。然而，这些协作机器人仍然缺乏对人类情绪状态的识别。目前，一些情绪识别方法和技术已被开发并用于理解人类的情绪。面部识别是情感识别中流行的方法之一，它主要分析面部 43 块肌肉的运动，主要是眉毛、眼睛、鼻子和嘴巴的运动，通过面部这些部分的衔接创建了一个地形图，并与数据库进行比较。语音识别是基于对人类说话时声音中常见模式的分析，大多数语音识别方法使用共振、音高和能量来确定唤醒水平，或者使用词汇、语法或流利性等语言特征来对效价维度中的情绪进行分类。和面部识别一样，语音识别也可以伪造或调节,因此是不准确的。心电图(ECG)是一种显示人类心脏电活动的检查方法,可以运用一些技巧来检测情绪,能够对价效-觉醒维度的心理状态进行分类。与以往的情绪识别技术相比,心电图最有利的方面是,人们很难主动影响自己的心跳,这使得隐藏情绪不被发现变得更加困难。相比之下,在这一领域中扮演越来越重要作用的是脑电图(EEG)。人类的大脑被分为四个脑叶:额叶、顶叶、颞叶和枕叶,根据每个脑叶产生的信号,人类的情绪可以被分类和识别。而且,大脑的复杂机制使得利用脑电图进行情绪识别几乎不可能被被试个体故意欺骗。

为了允许协作机器人适应人类操作员的情绪状态改进交互过程,研究人员提出了一种使协作机器人参数适应人类情绪状态的方法,该方法首先利用脑电图(EEG)技术来数字化和理解人类的情绪状态;其次,该方法将情绪和感觉的变化与协作过程任务和活动联系起来;再次,要求机器人对人类情绪的变化作出反应,以提高操作员的体验;最后,该方法需要根据情绪的变化向用户反馈机器人的适应情况,以达到训练目的。这样,通过即时调整协作机器人的参数,能够使人的情绪状态保持在一个理想的范围内,从而增加了人与协作机器人之间的信任关系。

14.4 智能可穿戴、可移动技术

1. 移动脑磁采集技术

大脑内神经电流的传播会产生磁场,包括颅骨在内的不同脑组织的磁导率也几乎是相同的,这为脑神经磁场的探测提供了一个强大的驱动力——获得近乎无损的脑实时神经活动信号。MEG 对探测皮层表面的源非常敏感,对于检测聚焦性的源更有优势,MEG 可测量神经元电活动产生的磁场,该方法的优点在于时间和空间分辨率较高(MEG 的时间分辨率优于 1ms,且空间分辨率仅为数毫米),若干研究也表明可从 MEG 表征的磁场变化特征解码大脑意图,实现具有更高效率的人智交互。

OPM 是一种新型磁场传感器,在不依赖低温冷却的情况下,其灵敏度可与 SQUID 媲美,可以提供更高质量的数据、更优的覆盖均匀性、运动鲁棒性和更低的系统复杂性。OPM-MEG 的优势在于:(1)由于传感器与传统 MEG 相比更靠近头部,测量的磁场更大,增加了灵敏度,更近的距离允许更密集的采样模式,提高了空间分辨率;(2)OPM 不需要低温冷却,因此可以灵活地安装在可以适合任何头部形状的轻型头盔中,阵列可以设计用于针对特定脑区(语言网络、海马体和小脑等)中获得较高的空间分辨率;(3)OPM 可以同时测量多个方向上的磁场矢量分量,可提供多维磁场指标,与 EEG 和 fNIRS 相比,OPM-MEG 提高了空间和时间分辨率。因此,OPM-MEG 有可能成为自然交互实验范式下人类大脑功能研究与人智交互领域的首选方法。

MEG-BCI 是一种新型且具有潜在应用前景的 BCI,其关键技术包括面向实用的 MEG-BCI 信号采集技术、MEG-BCI 实验范式设计、MEG 信号分析和解码技术等,因此 OPM 逐渐成为更准确高效的 MEG-BCI 脑磁脑机接口的信号采集应用工具。OPM 的优势可以进一步总结为:(1)数据质量:传感器与头皮表面的距离越来越近,这意味着与 SQUIDs 相比,OPMs 检测到的 MEG 信号振幅更大,空间定位更好;(2)适应性:OPM-MEG 可以适应个体参与者的头部大小和形状,传感器阵列可以根据具体实验的需要灵活配置,这些优势在儿童脑成像中尤其重要,与传统的 MEG 不同,OPM-MEG 有潜力适应任何年龄的个体;(3)运动鲁棒性(稳定性):当人们运动时,进行扫描的能力将使无法忍受当前功能性成像环境要求的参与者获得数据,并使用传统 MEG 或 MRI 无法实现的新实验设计;(4)系统简单:不依赖低温传感,使仪器更简单。随着 OPM 技术的不断革新,OPM 的上述特点将在人工智能与人智交互领域发挥越来越重要的作用(Boto et al., 2022)。

2. 可穿戴肌电采集技术

肌电图(EMG)是指肌肉的集体电信号,它受神经系统控制,在肌肉收缩过程中产生。肌电信号的记录提供了认识人体在正常和病理状态下不同行为的基本方法,在人体肢体动作或肌肉活动测量中应用较多,已经受到医学、运动科学、人机工效学等领域专家学者的广泛认可。因此,EMG信号也被认为是医学和工程领域中非常有用的生理电信号之一。

目前,EMG传感器需要具有自粘性、柔性和可拉伸性,从而克服滑动与皮肤保持稳定接触,获得高质量的EMG信号。因此,研究重点已经转移到开发无须额外粘合剂即可工作的柔性电极(Kim, Kim, Choi, & Yeo, 2022)。与Ag/AgCl型水凝胶电极相比,柔性电极在易用性、长期稳定性和生物相容性方面具有多种优势,同时具备可拉伸性,是实现可穿戴肌电采集设备的理想材料。由于当前社会对智能穿戴的兴趣和需求不断增加,用于改善医疗保健、健身和便利性的可穿戴肌电技术和设备的研究一直很活跃。基于柔性电极的可穿戴肌电采集设备有很多种,比较常见的是用于健康监测的可穿戴智能织物和基于肌电控制的可穿戴机器人外骨骼,都是人智交互领域比较重要的应用。

可穿戴智能织物主要基于纺织电极设计而成,纺织电极透气且长时间使用时更舒适,可以更好地融入日常服装。人体肌肉活动时会产生生物电流,可穿戴智能织物中的纺织电极通过将人体表面的生物电流放大后输出,从而得到EMG信号。纺织电极在医学和健康监测方面更具有优势,特别是在需要自我健康管理和长期监测时,同时这类型的设备在市面上已经有较为成熟的产品,比如Athos Shirt。Athos Shirt允许通过服装进行EMG信号监测,包含14个用于监测肌肉活动的EMG传感器,可以通过蓝牙连接到智能手机的配套应用程序,实现个性化的健康监测,可以针对身体的健康情况或者运动情况智能化地提出针对性预警和建议。

除了捕捉肌肉活动信息,这类智能织物还可以控制肌电假体和外骨骼。人智交互过程主要体现在神经网络对用户运动意图的监测与识别,通过利用智能织物采集得到的EMG信号进行人工神经网络模型的训练,模型可用于区分各种手指运动,将所得算法嵌入微控制器模块,就可以实现对肌电假手的控制。图14.2就是利用智能织物对肌电假手进行控制的实际场景。利用EMG信号对外骨骼进行控制的方式有很多,除了基于机器学习的肌电控制,还包括基于阈值的肌电控制,基于比例的肌电控制,基于生物力学模型的肌电控制,以及基于神经模糊的肌电控制等。比如外骨骼是一种基于生物力学模拟肌电控制的外骨骼实例,可以辅助爬楼梯。肌电假体和外骨骼是可穿戴的机器人假体,可以帮助用户执行因截肢或神经肌肉缺陷而丧失的运动功能,提供运动辅助和恢复运动障碍者的运动功能,并增强健全个体的运动表现。

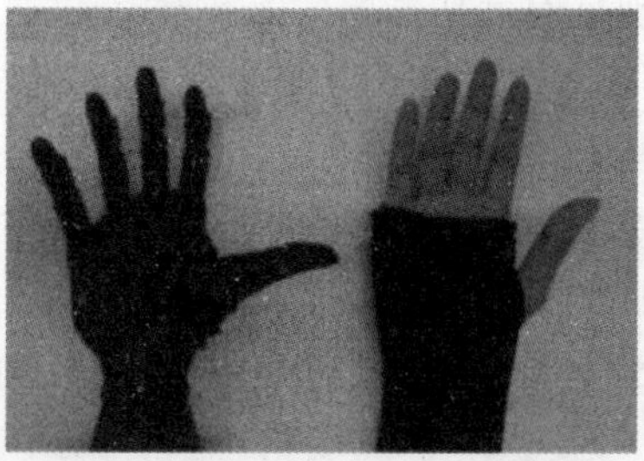

图14.2 肌电假手和EMG手套

疲劳监测同样是EMG信号的一个重要应用,肌肉疲劳定义为肌肉失去所需或预期的力量。当疲劳发生时,表面肌电图(sEMG)的振幅增加(Staudenmann, van Dieen, Stegeman, & Enoka, 2014),功率谱会移至较低频率(Venugopal, Navaneethakrishna, & Ramakrishnan, 2014),因此通常使用时频方法对EMG信号进行分析。利用神经网络可以实现疲劳监测的自动化过程(Subasi & Kiymik, 2010),具体可以概括为三步,分别为:时频方法作为特征提取方法,独立成分分析(ICA)用来减少特征向量的维数,提取的EMG信号特征用作神经网络的输入,得到的模型即可用于监测肌肉疲劳。当智能系统读入EMG信号时,可以对信号进行智能识别,从而实现对于肌肉疲劳检测的功能。

EMG信号在许多应用中变得越来越重要,包括临床/生物医学、假体和康复设备、人机交互等。

现有可穿戴肌电采集技术面临的主要问题之一是成本过高，商用设备成本高，采用无线技术的设备成本更高。虽然这类型设备更容易安装在肌肉上并与智能设备连接，但是需要更复杂的系统配置。并且，这些商业传感器主要基于复杂的硬件，使用步骤复杂，很少关注传感器本身的舒适度和患者的使用难易度。因此，未来可穿戴肌电采集设备开发的方向主要为用于大量人群的小型化、经济型、实用性设备(Pawu & Paszkiel, 2022)。

3. 可穿戴心电采集技术

心电图(ECG)是现代医疗系统中常见和广泛使用的生命体征监测方法，是记录心脏电活动的过程，也是重要的生理信号之一。ECG 信号含有关于心脏状况和心脏相关疾病的多种信息，例如心律失常、心搏骤停、房性期前收缩、充血性心力衰竭和冠状动脉疾病。现在，传感技术、嵌入式系统、无线通信技术和微型化的进步使得开发智能系统以持续监测人类活动成为可能，因此市面上也出现了很多可穿戴心电传感器，用于监测生理参数异常或不可预见的情况。通过交互式机器学习方法，迭代地将 ECG 数据驱动模型与专家知识相结合，可以用于评估人体的健康情况和康复练习的质量。同时在含有大量运动特征的运动 ECG 中，可以使用强化学习识别最显著的评估特征，并生成用户特定分析，进行个性化诊断服务。采集设备主要分为两种类型，分别是 ECG 手表(Randazzo, Ferretti, & Pasero, 2019)和基于柔性纺织电极的智能织物。

ECG 手表可以通过蓝牙与手机结合使用，应用程序与设备采集信号交互，信号经过处理并通过蓝牙传输到智能手机的应用程序，程序过滤来自设备的信号，将采集信息存储在数据库中，并显示 ECG 信号。此外，配套使用的手机应用程序具有用于心房颤动识别的内置算法(Randazzo et al., 2019)，可监控采集并在异常时发送警报。所获得的信号可用于实现多种智能信息反馈，包括心律失常、心肌病等疾病的监测和预警。深度学习方法可以根据心电图对广泛的不同心律失常进行分类，其诊断性能类似于心脏病专家，这种方法可以降低人为计算心电图解释的误诊率，并通过准确地对紧急情况进行分类提高专家对心电图解释的效率。

用于可穿戴和连续监测 ECG 的智能织物已经得到了广泛研究，包括集成在 T 恤上的纺织电极(Linz, Kallmayer, Aschenbrenner, & Reichl, 2006)、带有纺织电极的臂带和腰带等，能够方便地对心电信号进行连续、长期测量和监测。目前的研究还将智能织物与人工智能结合，从而自动检测夜间低血糖，利用非侵入性可穿戴设备记录原始心电图信号，对健康个体进行持续性监控，同时配有可视化方法，使临床医生能够可视化心电图信号与每个受试者的低血糖事件显著相关，通过交互方式克服深度学习方法的可解释性问题。

这类可穿戴的心电采集设备除了能够监测基本的 ECG 信号，还可以基于心率变异性相关算法，实现对于情绪的识别。心率变异性(HRV)是指连续心跳周期之间的波动，被认为是评估心脏自主神经功能的一种非侵入性方法。HRV 反映了参与心脏调节的交感神经和副交感神经的活动，并进一步受到调节情绪反应和生理唤醒的中枢自主神经网络调节(Zhu, Ji, & Liu, 2019)。HRV 的生理基础以及方便和非侵入性的优势，支持它作为情绪研究的重要工具。通过对数据进行预处理，利用相应的机器学习算法，比如提升树算法、SVM 算法、随机森林算法(Ancillon, Elgendi, & Menon, 2022)，可以训练得到实现情绪识别的模型，从而实现根据 ECG 信号对情绪进行识别的功能。

尽管对可穿戴心电采集技术的研究克服了临床心电采集设备使用复杂、价格昂贵的问题，但被监测人员的舒适度和 ECG 信号质量仍未达到令人满意的水平。因此，要使可穿戴心电采集设备在现实生活中更加适用，并作为一种可靠、多功能、易于使用的产品被患者和其他用户接受，仍有许多挑战需要解决。

4. 可穿戴行为采集技术

在医疗康复及人智交互领域，利用可穿戴行为采集技术对人体行为进行监测具有重要意义，行为监测一方面可以对病人进行步态、语音、表情等指标进行分析，评估病人状态；另一方面是对特殊人群日常康复训练、活动的监控，能够确保典型群体的有效复健及安全监护，有利于保证被监控人的人身和生命安全(杨鑫鑫等，2023)，因此在人机交互方面与一般的智能设备不同，可穿戴行为采集是一种人机直接无缝、充分连接的交互方式，主要包括单(双)手释放、语音交互、感知增强、触觉交互、意识交互等。主要的交互方式及交互技术有以下几方面：(1)骨传导交互技术是一种针对声音的交互技术，不通过外耳和中耳，而是将声音信号通过振动颅骨直接传输到内耳的一种技术，目前在智能眼镜、智能耳机等方面，骨传导技术是比较普遍的交互技术，例如谷歌眼镜采用声音骨传导技术来构建设备与使用者之间的声音交互；(2)眼动跟踪交互技术是根据眼球和眼球周边的特征变化进行跟踪，或根据虹膜角度变化进行跟踪，或主动投射红外线等光束到虹膜来提取特征。随着可穿戴设备，尤其是智能眼镜的出现，这项技术开始应用于可穿戴设备的人机交互中；(3)语音交互是可穿戴设备时代人机交互之间最直接，也是当前应用最广泛的交互技术之一，新一代语音交互将语音与智能终端以及云端后台进行了恰到好处的整合，让人类的语音借助于数据化的方式与程序世界实现交流，并达到控制、理解用户意图的目的；(4)体感交互技术是指利用计算机图形学等技术识别人的肢体语言，并转化为计算机可理解的操作命令来操作设备。体感交互是继鼠标、键盘和触屏之后新的人机交互方式，也是可穿戴设备趋势下带动起来的一种人机交互技术。目前，针对人体行为监测的可穿戴设备根据工作原理有机械、声学、光学等几种工作方式。

光学式可穿戴设备是在人体表面安放可穿戴式发光标签，利用相机对人体运动过程连续拍摄，从而记录标签的位置变化进行复现。其优点是人体动作约束小、精度高，适用于复杂精细的动作，是目前技术成熟、应用广泛的系统(Poppe，2010)。此外，基于光纤及微纳光学设备的可穿戴行为采集装置凭借轻便、便捷等优势越来越多地应用于医疗健康与人智交互领域。电磁式可穿戴行为检测设备包括通过计算空间磁场变化计算人体运动情况，它对环境中的磁场情况要求高、应用较少(Smolka，Zurek，Lukasik，& Skublewska-Paszkowska，2017)。声学式可穿戴行为检测设备是利用超声波探头和人体表面的超声波发生器，计算接收到的声波时差、相位差，确定人体位置，方向性要求较高，易受环境噪声影响(Lamberti，Paravati，Gatteschi，Cannavo，& Montuschi，2018)；惯性传感器式行为检测装置利用人体表面佩戴的惯性传感器，采集人体关键关节的运动信息，如加速度、角速度等，计算出人体运动的姿态和位置信息。系统的优点在于仅由佩戴设备构成，携带、安装方便，对人体动作要求低、成本低、功耗低，室内外均适用(Newcombe et al.，2011)。

可穿戴式行为采集技术已发展成熟，但并未真正实现低成本、低功耗、高灵敏度与智能化等设计要求，因此，在目前技术发展现状与人体行为监测要求不匹配的情况下，继续加大该领域的研究力度有利于促进可穿戴设备的发展，满足人工智能与人机交互领域的需求。

14.5 外源性智能系统

传统的大脑干预研究多采用“开环”干预模型，即输入大脑的是预设刺激协议，研究者通过实验中的观测量评估干预效果。这种技术的优点是容易对刺激协议进行控制和评估，然而大脑神经活动处在动态的变化当中，经颅干预效果的稳定性和持续性往往会受到大脑状态的影响(Silvanto，Muggleton，& Walsh，2008)。为了准确提高干预效果的稳定性和持续性，研究者依据实时测得的内源性神经活动指导外源性干预调节，例如通过具有较高时间分辨率的 EEG 技术实时提取大脑状态信息作为干预依据，这种基于自发脑状态触发外部刺激的方法称为闭环干预模型（Romei, Thut, & Silvanto, 2016）。最近的一项基于 EEG 信号闭环动态干预的方法实现了对重度抑郁症的治疗，并且持续效果长达 2～3 个月（Scangos et al., 2021）。也有研究报道通过基于纺锤波特征的闭环经颅电刺激系统改善了记忆巩固，并且干预效果在一段时间后的评估中依然存在（Lustenberger et al., 2016）。

随着技术的不断发展，EEG 设备在信号采集过程中可以同步实现对原始信号的滤波、去噪，以及对关键 EEG 指标的分析和提取，这不仅允许研究者能以高时间精度观察脑，也可以以高时间精度干预脑。通常用 EEG 信号中提取的特定频段功率、诱发电位的潜伏期或振幅、振荡活动的相位等作为提供最佳干预窗口的指标。例如，刺激出现前枕叶 alpha（8～12Hz）能量的升高往往伴随着瞳孔直径减小，进而造成刺激出现后的注意涣散（Unsworth & Robison, 2016）；注意力下降的过程伴随着事件相关性电位幅值的降低等（E. Wang et al., 2016）。

选取有效的干预参数需要对应的生物信号作为刺激的标记物。由于经颅干预手段不仅可以调节局部脑区的神经元兴奋性的变化，还会影响神经元周围血管中氧合血红蛋白（oxygenated hemoglobin, HbO）的浓度变化。通过 fNIRS 测得靶区周围血管中 HbO 浓度随时间的变化可以评估经颅干预下的细胞代谢活动（X. Wang et al., 2017）。这些直接或间接的生物指标可以反映皮层兴奋性和连通性的生物学特征，由此可以建立起“刺激—响应”函数以寻找最佳的刺激参数（Zrenner, Belardinelli, Muller-Dahlhaus, & Ziemann, 2016）。

1. 经颅电刺激技术

经颅电刺激（transcranial electrical stimulation, tES）是一种使用低强度电流的无创调控皮层神经活动技术，通过刺激位置、电流强度和波形的调整实现调控目的。根据刺激模式分为经颅直流电刺激（transcranial direct current stimulation, tDCS）、经颅交流电刺激（transcranial alternating current stimulation, tACS）、经颅随机噪声刺激（transcranial random noise stimulation, tRNS）、经颅脉冲刺激（transcranial pulsedcurrent stimulation, tPCS）（Ganguly, Murgai, Sharma, Aur, & Jog, 2020）。其中，tDCS 是目前应用最多的刺激波形。经颅电刺激的安全性已经在大量研究中得到证实，这是一种安全、有效、简便易行的刺激技术。

tDCS 通过直流电对大脑进行刺激，它的原理是调节神经元静息膜电位的变化，当刺激电极的阳极距离神经细胞轴突较近时，静息膜电位下降引起神经元细胞放电产生去极化现象，相反，则产生超极化（Paquette, Sidel, Radinska, Soucy, & Thiel, 2011）。目前，经颅直流电刺激的应用范围已经覆盖了认知科学、精神心理、神经康复等领域。tDCS 不仅在神经精神类疾病的临床应用治疗中取得了较好的疗效，也在健康人群的分析研究中起到调节特定大脑区域兴奋性，提高相关脑特征和认知功能的作用。

经颅电刺激作为神经调控的重要技术手段，能够有效调控皮层兴奋性和神经振荡，已经展现出巨大的应用前景。虽然近年来利用 tES 和其他神经成像工具相结合来监测脑部疾病的相关研究络绎不绝，但是仍然存在着相同条件却有不同研究结果等的问题。为了更好地将这种便捷的技术转化为一种强大的治疗策略，我们仍需要付出巨大的努力来进一步了解 tES 如何调节大脑活动。未来，进一步揭开电刺激的调控机制将是一项充满挑战的任务，随着对调控机制理解的不断深入，更加精细化、高效的刺激形式将会出现，为神经调控带来无限的可能。

2. 经颅磁刺激技术

经颅磁刺激（transcranial magnetic stimulation, TMS）是一种无创伤的脑调控技术（Wagner,

Valero-Cabre，& Pascual-Leone，2007)，不同于有创技术，这项技术不需要在头皮下植入刺激电极，而是将通入高强度的交变电流、带绝缘外壳的刺激线圈放置在人体头部，利用产生的交变磁场在大脑皮层的特定位置产生感应电流，从而达到刺激相应神经中枢的作用(Davey & Riehl，2005)。与经颅电刺激不同，经颅磁刺激可以较小衰减地穿透颅骨，聚焦性更好地刺激深部的大脑皮质(杨远滨，肖娜，李梦瑶，宋为群，2011)。

目前为止，TMS的应用已经进一步扩展到包括大脑连接、认知、知觉、行为和治疗性研究。由于大脑的功能往往涉及多个大脑网络，每个大脑网络又包含多个子区域，经颅磁刺激可以通过利用兴奋性或抑制性刺激调节相互关联大脑区域的连通性和可塑性。由于经颅磁刺激治疗的特殊工作条件，为避免关节力矩失效、保护人体头部，现已研制出通过机械臂自动定位脑区功能的设备，这种方式能够防止因病人移动而导致的刺激区域变化。相信在未来，经颅磁刺激设备将会成为全自动化的治疗设备，这种技术也会为人类脑部疾病的治疗带来无限可能。

3. 经颅超声刺激技术

经颅超声刺激(transcranial ultrasound stimulation，TUS)技术是一种利用低强度聚焦超声(low intensity focused ultrasound，LIFU)穿过颅骨作用于神经组织，引起一系列生理生化反应的无损脑神经调控技术，能够对神经元产生生物机械效应，影响神经电活动。与药物治疗、电磁刺激等技术相比，TUS具有穿透深度大、空间分辨率高等特点。

超声刺激作为一种物理治疗手段作用于生物体及其神经系统会产生机械效应、热效应、空化效应等生物物理效应。TUS作为一种神经调节技术可以引起人类知觉和行为相关的神经活动，有助于改善脑机接口系统的性能，使用户更自然地与计算机进行交互，进而能够有针对性地调整超声波参数，达到更为理想的神经类疾病治疗效果。

经颅聚焦超声刺激在人类的应用尚处于起步阶段，第一项人体研究可以追溯到2013年，这项研究表明，慢性疼痛患者经超声刺激额叶皮层后疼痛和情绪评分有所改善(Hameroff et al.，2013)。目前为止，人类研究已涉及健康人、慢性疼痛、痴呆、癫痫、创伤性脑损伤、抑郁症和意识障碍等，刺激效果随超声参数的变化而变化(Sarica et al.，2022)。尽管TUS用于人类的研究越来越多，但仍处于早期阶段，应进一步阐明其潜在机制，并确定其在异常群体中的应用，更好地了解TUS的作用机制，确定其在人体内的安全限值，制定诱导大脑可塑性的有效方案，并为每种疾病和目标大脑区域确定最佳TUS参数，还需要进行试点研究，精心设计随机对照试验，确定TUS在脑疾病治疗中的作用。

4. 经颅激光刺激技术

经颅光生物调节(transcranial photo bio modulation，tPBM)技术是一种通过在相对较低的功率密度下利用红色(600～670nm)和近红外光谱(800～1100nm)中的光照射在头皮特定区域，从而在脑组织中产生光生物调节(photo bio modulation，PBM)效应的非侵入式脑刺激技术。PBM利用内源性发色团吸收可见光和NIR光谱范围内的非电离光辐射，引起光物理和光化学事件的机制。tPBM具有对脑组织结构及功能均无不良影响的特点。

tPBM作为一种机器到大脑的外部刺激手段，可以应用在脑机融合的研究上，通过对生物大脑特定部位施加精细编码的经颅激光刺激，唤醒或控制生物的某些特定感受和行为，实现脑与外部设备之间的信息交流与交互(吴朝晖，俞一鹏，潘纲，王跃明，2014)。在脑认知功能改善以及神经退行性疾病治疗的方面，通过基于tPBM的脑机融合技术，有望实现诊断治疗一体化的高效治疗手段。

tPBM治疗的有效性取决于光的颜色(波长)、强度、光应用的位置、传递的总能量和治疗的其他参数，不同参数的组合可能产生不同的生物学效应，即tPBM具有剂量效应关系，其中包括：(1)激光波长(nm),常用波长为660nm、810nm、980nm、1064nm,有研究通过比较所有候选波长的通量分布、穿透深度和脑内激光-组织相互作用强度,发现660、810nm的表现比980nm、1064nm好得多,光子穿透大脑组织的能力更强、更深、更广,而660nm工艺效果最好,略优于810nm工艺(P. Wang & Li, 2019);(2)功率密度(W/cm^2),即光源功率(W)/照射物体的面积(cm^2);(3)能量密度(J/cm^2),通常用单位时间内的总能量/光斑面积,即(单脉冲能量×所用频率)/光斑面积;(4)治疗时间;(5)发射频率,分为连续式和脉冲式(李海珍,王朴,2021)。tPBM干预效果遵循Arndt-Schulz定律,过高或过低剂量的刺激都不能引起反应,只有适中的刺激才能引起反应。

经颅激光刺激在人类的应用已经非常广泛,低功率激光具有生物学效应或光生物调节作用的现象最早发现于1967年,匈牙利医生Endre Mester在使用激光治疗小鼠体内肿瘤时,意外发现经低功率激光照射的小鼠背部的毛发增长得更快(黎媛媛,陈娇,孔伶俐,2021),这一现象称为激光生物刺激(laser biostimulation)。此后,利用低剂量光进行临床治疗开始逐渐走向成熟(黎媛媛等,2021),并被广泛应用于改善认知和记忆、治疗抑郁、焦虑、癫痫、阿尔兹海默症和帕金森病等领域(黎媛媛等,2021)。

14.6 总结与展望

本章首先介绍了内源性智能系统的基本特点和应用。内源性智能系统是基于神经活动与脑状态和认知功能的相关关系,解码自发性脑活动、反馈脑状态并引导调节自身神经活动,具有安全性高、调控靶点全面、调控形式丰富和适用人群广泛等优点,在多种认知能力的干预中得到了大量的推广和应用,已经成为重要的无创神经调控工具。内源性智能系统需要脑成像技术、智能分析方法、多媒体技术的密切配合,目前受限于技术发展水平,仍面临着采集模态单一、脑状态解码不准确、反馈方案简单、素材制作呈现不够丰富等挑战。在未来的发展中,结合多模态数据融合和人工智能技术有望实现更加全面脑状态识别,嵌入智能体的反馈控制过程有望实现更加有效的动态调控,结合先进多媒体技术的反馈呈现能提供更具吸引力的调控体验,最终实现更好的神经调控及人智交互效果。

14.3节介绍了面向认知的智能系统的特点以及应用,介绍了融合警觉与注意、脑负荷、疲劳与情绪等方面的智能系统,这些智能系统以认知心理学理论为基础,以检测、维持和改善认知水平以保持高水平的行为表现,降低错误发生概率为目的,这些系统包含心理学的基础认知模型以及神经生物学的多模态数据采集分析等。通过将机器学习、控制算法等自动化信息技术相结合,可以实现人类认知功能的检测和分析。由于人的认知过程本身就复杂多变,许多已有的心理模型和认知理论从泛化性、灵活性以及有效性的方面还有待提升;面向认知的智能系统的构建依然受到来自理论方面的约束。

14.4节介绍了移动脑磁技术和可穿戴技术在人工智能与人机交互领域的应用,以及如何服务智能时代的神经人因学。介绍了通过利用智能织物采集EMG和ECG信号,训练人工神经网络模型实现人智交互;利用可穿戴行为采集技术检测步态、语音、表情等,评估人类的心理状态,以及发展特殊人群日常康复训练和生活需要的监控技术。目前,移动脑磁和可穿戴技术虽然得到了快速的发展,但仍难以满足人工智能与人机交互领域的需求,包括如何实现便携、小型化、经济型等。移动脑磁技术是一种新型的智能可穿戴技术,目前还处于研究阶段,存在着价格昂贵的问题,随着OPM技术的不断革新,OPM将在人工智能与人智交互领域将发挥越来越重要的作用。

14.5节介绍了外源性无创神经调控技术,已用于人类神经心理疾病的治疗和康复,未来具有广阔的发展前景。其中,经颅电刺激和经颅磁刺激已广泛应用于人类研究,经颅超声刺激和经颅光刺激技术的人体研究仍处于起步阶段，需要开展临床研究进一步验证其安全性和有效性。然而，目前干预手段多采用开环模型，为进一步提高干预效果，仍需进一步发展闭环控制技术，依据内源性神经活动实时指导外源性干预调节，从而实现外源性智能经颅干预。外源性智能系统需要发展闭环干预模型，需要开展大量开环刺激实验以获取不同刺激模型和刺激参数下的神经内源性活动变化，从而有效地实时调整干预范式，达到预期治疗效果。

参考文献

Amirova，R.，Repryntseva，A.，Tarasau，H.，Kruglov，A. V.，& Busechianv，S.（2019）. Attention and vigilance detection based on electroencephalography-a summary of a literature review. Paper presented at the CEUR Workshop Proceedings.

Ancillon，L.，Elgendi，M.，& Menon，C.（2022）. Machine learning for anxiety detection using biosignals：A review. Diagnostics，12(8)，1794.

Arico，P.，Borghini，G.，Di Flumeri，G.，Colosimo，A.，Bonelli，S.，Golfetti，A.，... Babiloni，F.（2016）.Adaptive automation triggered by EEG-based mental workload index：A passive brain-computer interface application in realistic air traffic control environment. Frontiers in Human Neuroscience，10，539.

Borghini，G.，Astolfi，L.，Vecchiato，G.，Mattia，D.，& Babiloni，F.（2014）. Measuring neurophysiological signals in aircraft pilots and car drivers for the assessment of mental workload，fatigue and drowsiness. Neuroscience and Biobehavioral Reviews，44，58-75.

Boto，E.，Shah，V.，Hill，R. M.，Rhodes，N.，Osborne，J.，Doyle，C.，... Brookes，M. J.（2022）. Triaxial detection of the neuromagnetic field using optically-pumped magnetometry：feasibility and application in children. Neuroimage，252，119027.

Brookings，J. B.，Wilson，G. F.，& Swain，C. R.（1996）. Psychophysiological responses to changes in workload during simulated air traffic control. Biological Psychology，42(3)，361-377.

Davey，K.，& Riehl，M.（2005）. Designing transcranial magnetic stimulation systems. IEEE Transactions on Magnetics，41(3)，1142-1148.

Davies，D. R.，& Parasuraman，R.（1982）. The psychology of vigilance. The American Journal of Psychology，97(3)，466.

Di Flumeri，G.，De Crescenzio，F.，Berberian，B.，Ohneiser，O.，Kramer，J.，Arico，P.，... Piastra，S.（2019）. Brain computer interface-based adaptive automation to prevent out-of-the-loop phenomenon in air traffic controllers dealing with highly automated systems. Frontiers in Human Neuroscience，13，296.

Egner，T.，& Gruzelier，J. H.（2004）. EEG Biofeedback of low beta band components：frequency-specific effects on variables of attention and event-related brain potentials. Clinical Neurophysiology，115(1)，131-139.

Ganguly，J.，Murgai，A.，Sharma，S.，Aur，D.，& Jog，M.（2020）. Non-invasive transcranial electrical stimulation in movement disorders. Frontiers in Neuroscience，14，522.

Gruzelier，J. H.（2014）. EEG-neurofeedback for optimising performance. I：A review of cognitive and affective outcome in healthy participants. Neuroscience and Biobehavioral Reviews，44，124-141.

Hameroff，S.，Trakas，M.，Duffield，C.，Annabi，E.，Gerace，M. B.，Boyle，P.，... Badal，J. J.（2013）. Transcranial ultrasound（TUS）effects on mental states：a pilot study. Brain Stimulation，6(3)，409-415.

Helfrich，R. F.，Fiebelkorn，I. C.，Szczepanski，S. M.，Lin，J. J.，Parvizi，J.，Knight，R. T.，& Kastner，S.（2018）. Neural mechanisms of sustained attention are rhythmic. Neuron，99(4)，854-865.

Hooda，R.，Joshi，V.，Shah，M. J. C. D.，& Medicine，T.（2021）. A comprehensive review of approaches to detect fatigue using machine learning techniques. Chronic Diseases and Translational Medicine，8(1)，26-35.

Hsueh，J. J.，Chen，T. S.，Chen，J. J.，& Shaw，F. Z.（2016）. Neurofeedback training of EEG alpha rhythm enhances episodic and working memory. Human Brain Mapping, 37(7), 2662-2675.

Kamiya, J. (1968). Conscious control of brain waves. Psychology Today, 1(11), 57-60.

Kim, H., Kim, E., Choi, C., & Yeo, W. H. (2022). Advances in soft and dry electrodes for wearable health monitoring devices. Micromachines, 13(4), 629.

Lamberti, F., Paravati, G., Gatteschi, V., Cannavo, A., & Montuschi, P. (2018). Virtual character animation based on affordable motion capture and reconfigurable tangible interfaces. IEEE Transactions on Visualization and Computer Graphics, 24(5),1742-1755.

Li, Q. K., Wang, Z. Y., Wang, W. J., Zeng, C., Li, G. F., Yuan, Q., & Cheng, B. (2022). An adaptive time budget adjustment strategy based on a take-over performance model for passive fatigue. IEEE Transactions on Human-Machine Systems, 52(5), 1025-1035.

Lima, B., Singer, W., & Neuenschwander, S. (2011). Gamma responses correlate withtemporal expectation in monkey primary visual cortex. Journal of Neuroscience, 31(44), 15919-15931.

Linz, T., Kallmayer, C., Aschenbrenner, R., & Reichl, H. (2006).Fully integrated EKG shirt based on embroidered electrical interconnections with conductive yarn and miniatuirized flexible electronics. Paper presented at the International Workshop on Wearable and Implantable Body Sensor Networks.

Lubar, J. O., & Lubar,J. F. (1984). Electroencephalographic biofeedback of Smr and Beta for treatment of attention deficit disorders in a clinical setting. Biofeedback and Self-Regulation, 9(1), 1-23.

Lustenberger, C., Boyle, M. R., Alagapan, S., Mellin, J. M., Vaughn, B. V., & Frohlich, F. (2016). Feedback-controlled transcranial alternating current stimulation reveals a functional role of sleep spindles in motor memory consolidation. Current Biology, 26(16), 2127-2136.

Nan, W. Y., Rodrigues, J. P., Ma, J. L., Qu, X. T., Wan, F., Mak, P. I., ... Rosa, A. (2012). Individual alpha neurofeedback training effect on short term memory. International Journal of Psychophysiology, 86(1), 83-87.

Newcombe, R. A., Izadi, S., Hilliges, O., Molyneaux, D., Kim, D., Davison, A. J., ... Fitzgibbon, A. (2011). Kinectfusion: Real-time dense surface mapping and tracking. Paper presented at the 2011 10th IEEE International Symposium on Mixed and Augmented Reality.

Paquette, C., Sidel, M., Radinska, B. A., Soucy, J. P., & Thiel, A. (2011). Bilateral transcranial direct current stimulation modulates activation-induced regional blood flow changes during voluntary movement. Journal of Cerebral Blood Flow & Metabolism, 31(10), 2086-2095.

Pawu, D., & Paszkiel, S. (2022). Application of EEG signals integration to proprietary classification algorithms in the implementation of mobile robot control with the use of motor imagery supported by EMG Measurements. Applied Sciences-Basel, 12(11), 5762.

Poppe, R. (2010). A survey on vision-based human action recognition. Image and Vision Computing, 28(6), 976-990.

Randazzo, V., Ferretti, J., & Pasero, E. (2019). ECG WATCH: a real time wireless wearable ECG. Paper presented at the 2019 IEEE International Symposium on Medical Measurements and Applications.

Romei, V., Thut, G., & Silvanto, J. (2016). Information-based approaches of noninvasive transcranial brain stimulation. Trends in Neurosciences, 39(11), 782-795.

Rozengurt, R., Barnea, A., Uchida, S., & Levy, D. A. (2016). Theta EEG neurofeedback benefits early consolidation of motor sequence learning. Psychophysiology, 53(7), 965-973.

Sarica, C., Nankoo, J. F., Fomenko, A., Grippe, T. C., Yamamoto, K., Samuel, N., ... Chen, R. (2022). Human studies of transcranial ultrasound neuromodulation: A systematic review of effectiveness and safety. Brain Stimulation, 15(3), 737-746.

Scangos, K. W., Khambhati, A. N., Daly, P. M., Makhoul, G. S., Sugrue, L. P., Zamanian, H., ... Chang, E. F. (2021). Closed-loop neuromodulation in an individual with treatment-resistant depression. Nature Medicine, 27 (10), 1696-1700.

Sikander, G., & Anwar, S. (2018). Driver fatigue detection systems: A review. IEEE Transactions on Intelligent

Transportation Systems, 20(6), 2339-2352.

Silvanto, J., Muggleton, N., & Walsh, V. (2008). State-dependency in brain stimulation studies of perception and cognition. Trends in Cognitive Sciences, 12(12), 447-454.

Smolka, J., Zurek, S., Lukasik, E., & Skublewska-Paszkowska, M. (2017). Heart rate estimation using an EMG system integrated with a motion capture system. Paper presented at the 2017 International Conference on Electromagnetic Devices and Processes in Environment Protection with Seminar Applications of Superconductors.

Staudenmann, D., van Dieen, J. H., Stegeman, D. F., & Enoka, R. M. (2014). Increase in heterogeneity of biceps brachii activation during isometric submaximal fatiguing contractions: a multichannel surface EMG study. Journal of Neurophysiology, 111(5), 984-990.

Sterman, M. B., & Friar, L. (1972). Suppression of seizures in an epileptic following sensorimotor EEG feedback training. Electroencephalography and Clinical Neurophysiology, 33(1), 89-95.

Subasi, A., & Kiymik, M. K. (2010). Muscle fatigue detection in EMG using time-frequency methods, ICA and neural networks. Journal of Medical Systems, 34(4), 777-785.

Tallon-Baudry, C., & Bertrand, O. (1999). Oscillatory gamma activity in humans and its role in object representation. Trends in Cognitive Sciences, 3(4), 151-162.

Tao, D., Tan, H., Wang, H., Zhang, X., Qu, X., & Zhang, T. (2019). A systematic review of physiological measures of mental workload. International Journal of Environmental Research and Public Health, 16(15), 2716.

Unsworth, N., & Robison, M. K. (2016). Pupillary correlates of lapses of sustained attention. Cognitive, affective & behavioral neuroscience, 16(4), 601-615.

Venugopal, G., Navaneethakrishna, M., & Ramakrishnan, S. (2014). Extraction and analysis of multiple time window features associated with muscle fatigue conditions using sEMG signals. Expert Systems with Applications, 41(6), 2652-2659.

Wagner, T., Valero-Cabre, A., & Pascual-Leone, A. (2007). Noninvasive human brain stimulation. Annual Review of Biomedical Engineering, 9, 527-565.

Wang, E., Sun, L., Sun, M., Huang, J., Tao, Y., Zhao, X., ... Song, Y. (2016). Attentional selection and suppression in children with attention-deficit/hyperactivity disorder. Biological Psychiatry: Cognitive Neuroscience and Neuroimaging, 1(4), 372-380.

Wang, P., & Li, T. (2019). Which wavelength is optimal for transcranial low-level laser stimulation? J Biophotonics, 12(2), e201800173.

Wang, X., Tian, F., Reddy, D. D., Nalawade, S. S., Barrett, D. W., Gonzalez-Lima, F., & Liu, H. (2017). Up-regulation of cerebral cytochrome-c-oxidase and hemodynamics by transcranial infrared laser stimulation: A broadband near-infrared spectroscopy study. Journal of Cerebral Blood Flow & Metabolism, 37(12), 3789-3802.

Zhao, C., Guo, J., Li, D., Tao, Y., Ding, Y., Liu, H., & Song, Y. (2019). Anticipatoryalpha oscillation predicts attentional selection and hemodynamic response. Human Brain Mapping, 40(12), 3606-3619.

Zhao, C., Li, D., Guo, J., Li, B., Kong, Y., Hu, Y., ... Song, Y. (2022). The neurovascular couplings between electrophysiological and hemodynamic activities in anticipatory selective attention. Cerebral cortex, 32(22), 4953-4968.

Zhu, J. P., Ji, L. Z., & Liu, C. Y. (2019). Heart rate variability monitoring for emotion and disorders of emotion. Physiological Measurement, 40(6), 064004.

Zrenner, C., Belardinelli, P., Muller-Dahlhaus, F., & Ziemann, U.(2016). Closed-loop neuroscience and non-invasive brain stimulation: A tale of two loops. Frontiers in cellular neuroscience, 10, 92.

黎媛媛，陈娇，& 孔伶俐．(2021)．光生物调节在阿尔茨海默病治疗中的研究进展．临床医学进展，12(11)，5639-5646.

李海珍，& 王朴．(2021)．经颅光生物调控技术对中枢神经系统的影响与机制．中华物理医学与康复杂志，4(43)，380-384.

吴朝晖，俞一鹏，潘纲，& 王跃明.（2014）. 脑机融合系统综述. 生命科学，26(6)，5.
杨鑫鑫，郭清，王晓迪，司建平，项锲，& 龙鑫.（2023）. 近十年我国可穿戴设备在健康管理领域的研究现状及发展趋势. 中国全科医学，26(12)，1513-1519.
杨远滨，肖娜，李梦瑶，& 宋为群.（2011）. 经颅磁刺激与经颅直流电刺激的比较. 中国康复理论与实践，17(12)，1131-1135.

作者简介

李小俚　博士，教授。主要从事神经工程（神经工效、脑机接口、神经信号处理）的技术基础研究与应用转化，重点研究脑功能成像和无创脑功能调控技术。

赵晨光　博士，北京师范大学博士后，研究方向为多模态联合记录、经颅光生物调节和认知脑机接口等。

陈　贺　博士，北京师范大学励耘博士后，研究方向为脑电信号处理算法、注意评估和调控研究、无创脑调控系统开发等。

李英伟　博士，教授，博士生导师，燕山大学信息科学与工程学院。研究方向：神经科学与神经工程，工业智能监测与诊断。

闵　锐　博士，副研究员，北京师范大学珠海校区认知神经工效研究中心。研究方向：光学与脑科学交叉应用，生理信息监测等研究。

顾　恒　博士，北京师范大学心理学部。研究方向：神经工效学，认知神经科学。

第 15 章

人智交互中的机器行为设计与管理

本章导读

以人工智能为代表的科学技术正在深入地塑造和改变着人类的社会、文化和经济等，在“无所不在的算法与智能”的时代，了解智能机器的行为对于设计智能行为并使其造福于人类，对于智能机器的设计者、开发者和使用者，都具有重要意义。机器行为研究从学科交叉的视角，将智能机器行为置于由“人-自然-人造物”的整合系统中，将智能机器视为一系列“具有自身行为模式及生态反应”的个体，从人与社会的角度对智能机器行为的相关问题进行讨论，在人智交互行为方面通过多个设计案例进行说明，最后提出有效管理机器行为的指导原则与设计指南。

15.1 引言

“机器”的发明和存在贯穿于人类历史的全过程，虽然近代真正意义上的机器(机械)是工业革命以后逐步发展起来的，但正在“颠覆”机器概念的是更加近代的智能机器。本节重点讨论一个新兴的概念和研究领域，即智能系统的机器行为。为了更好地了解和研究人工智能技术带来的变化，首先需要对智能系统的机器行为与非智能系统的机器行为进行区分。对于传统的非智能机器行为而言，它通常按照预期的规则和指令运行，常用的有办公软件、计算器、电梯等，输出确定且可预测，作为人类的辅助工具进行工作。对于智能机器行为，则可以被开发和展示出独特的机器行为，具有学习和进化能力，可与人类协同工作，例如智能汽车、智慧家居系统等，诸如此类的智能机器可以在复杂且不断变化的环境中进行自主操作，或者采用智能行为的计算模型来解决人类无法解决的复杂问题(Wienrich & Latoschik, 2021)。与传统的非人工智能系统的机器行为(系统输出)不同，人工智能系统的行为结果可能是不确定和不可预测的。在此背景下，产生了许多区别于传统计算机时代的新型人机交互问题。人机交互指的是人与系统之间的交互，在不同的科技发展时代中，系统是不断进化的，机械化时代是各种操作机器，计算机时代更多的是软硬件系统，智能化时代则是各种智能组合形式的系统(陈善广，李志忠等，2021)。

智能机器行为的研究是解决问题的基础，而人智交互研究和应用又将人工智能带入了良性发展的轨道，有效地控制了智能机器可能产生的不良后果，从而避免可能给人类带来的不可预知的风险。基于此，以人为中心的人工智能的理念是区别于传统的以人为中心的进一步版本。两者交互的主要对象不同，前者主要面向的是 AI 系统，即智能机器，后者主要面向的是非智能机器，这两种理念也有

本章作者：谭浩，张迎丽，吴溢洋。

助于强调智能机器行为和非智能机器行为之间的根本差异。因此，研究和了解 AI 系统的机器行为有助于相关的专业人员采取新的设计思维与策略，了解人智交互研究与应用的边界和重点，从而更有效地解决 AI 系统的挑战。

15.2　从人的行为到 AI 系统机器行为

随着人工智能和机器学习技术的迅猛发展，AI 系统的机器行为研究成为了一个关键领域，它研究关注机器如何理解、响应和适应"人的目的和意图"，以及与其交互的人、社会、文化的环境。在日常生活中，我们与越来越多的机器进行互动，机器行为研究也可以应用到人工智能与人相关的几乎所有领域。具有代表性的领域包括大众健康、自动驾驶、智能家居、社交媒体等，这些应用领域又同时为机器行为的研究提供了问题的来源与验证情境。因此，研究和设计机器行为变得尤为重要。

AI 系统的机器行为从本质上看是关于"行为"(behaviour)的研究。行为的概念在不同的学科领域都有不同的意义。一般认为，"行为"是一个与"生物、生命"相关的概念，因此与行为科学有密切的关系。同时，由于机器行为研究的对象是机器这一人类行为的产物，所以机器行为研究又与创造 AI 系统的智能科学和工程(设计)科学密不可分，必须整合来自多学科的知识(Rahwan et al.，2019)。

15.2.1　行为科学与机器行为

心理学是最经典的"研究人的行为的科学"。但是，心理学又不仅仅是关于行为(action)的科学，还包含对人的心理活动(mental activity)的研究。Sternberg(1996)指出：心理学是"理解人们如何进行思考、学习、接受、感觉、行动和其他人交往，乃至对自身的理解"。从这样的观点来看，机器行为的研究可以借鉴心理学的研究范式和方法来研究机器行为，即将机器行为视为具有生命和环境适应的活动。作为心理学重要组成部分的认知心理学对于人的心理过程的描述非常接近于一台计算机，认为可以将认知过程描述为一个信息处理的机制。例如著名心理学家 Wickens(2020)提出的人的认知过程模型(图 15.1)就是把人的认知过程模拟为计算机：短时记忆类似内存，长时记忆类似硬盘，思维与决策类似中央处理器等。从这个角度看，认知心理学的感知、注意、推理等概念也是机器行为的重要概念。在认知心理学的基础上，纽维尔(A. Newell)和西蒙等提出"通用问题求解模型"(general problem solver)，即用计算机和人工智能的"符号主义"思想去研究智能体与人类的思维过程(图 15.2)，例如记忆的组织、信息加工模型、思维环境记忆、类比问题求解等(Newell & Simon，1959)。除此以外，心理学的很多理论都和机器行为有密切关系。发展心理学中的认知发展和社会性发展与机器行为的发展密切相关。因此，心理学是机器行为研究的重要学科基础。

虽然心理学也包含研究群体行为和心理的社会心理学，但是，系统地研究社会行为与人类群体属于"社会学"(sociology)领域。1838 年，法国科学哲学家孔德(I. M. A. F. X. Comte)正式确立了"社会学"一词(Lévi-Strauss，1945)。1895 年，杜尔凯姆(E. Durkheim)在法国波尔多大学创立了欧洲首个社会学系，并出版了影响后世的重要著作《社会学方法的规则》(Durkheim，2014)，为社会学确立了有别于其他社会科学学科的独立研究对象，即社会事实。社会学家对社会的研究包括一系列的从宏观结构到微观行为的研究，包括对从种族、民族、阶级和性别，到细如家庭结构、个人社会关系模式的研究，对机器行为具有重要启示。例如，机器行为研究的一个重要任务是建立一个人机和谐的社会生态系统。社会学关于群体、组织的研究就具有非常重要的作用。组织的社会功能、组织的机制、组织的结构原则、组织的运行与调节、组织中人和机器的行为与角色都是共同关注的话题。与机器行为研究

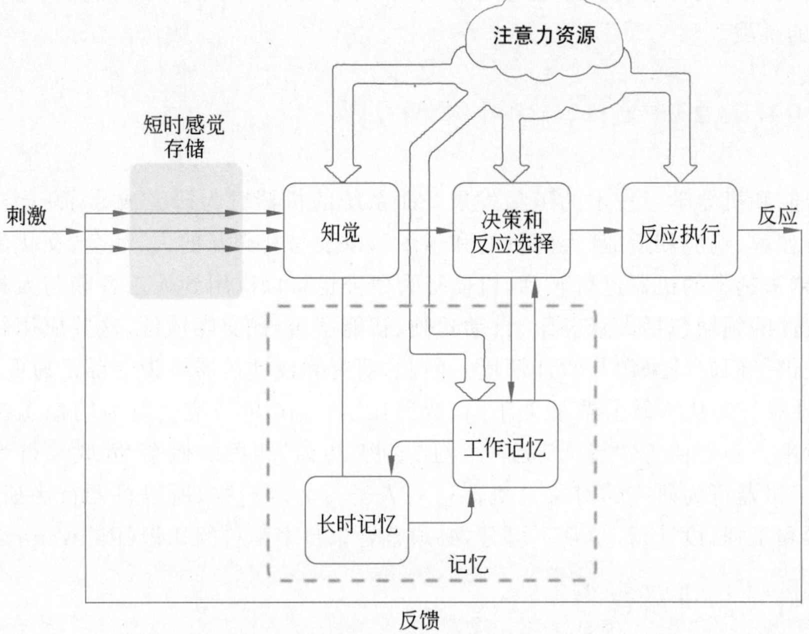

图 15.1 认知过程模型（C.D. Wickens，2020）

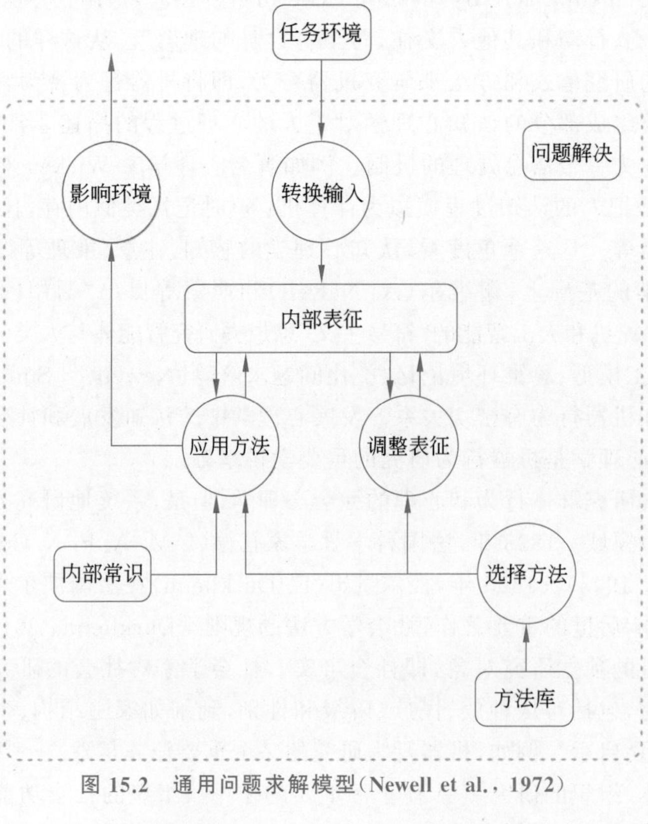

图 15.2 通用问题求解模型（Newell et al.，1972）

关系较为密切的社会学分支是自20世纪末起的兴起的“计算社会学”(Edelmann et al., 2020)。计算社会学利用收集和分析数据的能力,在不同的广度和深度大规模收集数据,提供了个人和群体全面的信息,以过去几乎无法想象的方式探查智能机器、算法等对人类生活、组织和社会的理解。

除了心理学和社会学,行为科学的一个独特领域——动物行为学(ethology)也与机器行为密切相关。动物行为学特别注重从系统发生和遗传学的角度研究包含人类的动物的行为,从而形成动物行为学下的一个分支——人类行为学(human ethology)。一般认为,动物行为学的历史渊源起源于达尔文(C.R.Darwin)的《物种起源》(达尔文等,2010)。在动物行为学理论中,所有动物行为都可以用因果关系、生态功能、分体发生和遗传进化这四方面来解释。因此,动物行为学家从行为的功能、机制、发展和进化历史四个维度来研究动物行为,并构建了一个研究动物行为的基本框架。从动物行为学的角度去研究机器行为的一个突出的好处是:研究者可以更加远离“人”本身的属性,而把人放在整个动物界和自然界的角度开展研究。特别是动物行为学关于“适应”的概念,与人为事物和机器的功能及其环境适应性具有密切的关系,可以为机器行为研究提供心理学和社会学所不具备的知识与方法支撑。虽然机器行为和动物行为很多本质的差别,但是,在方法上,动物行为学的很多工具和方法都可以运用到机器行为研究中,特别是其建立起来的一套行为描述的科学体系,对机器行为研究中行为的分类、编码等具有重要的指导意义。在内容上,智能机器和动物一样,有其行为产生、发展和进化的内在机制。机器在和环境的整合中获取信息,产生特定的功能,并从过去的环境和人类不断的决策中得到进化。这种基于进化的思想是动物行为学对于机器行为研究最大的启示之一(尚玉昌,2005)。

15.2.2 人的智能与机器智能

人类一直自称为智人(homo sapiens)。自古以来,人类对智能充满了好奇与兴趣。一方面,人类一直试图去理解自己的各种智能行为和脑力活动,例如感知、记忆、情感、学习、思维等。另一方面,在设计和工程的层次上,人类一直在不断寻求以机器来替代或者帮助人们减轻脑力劳动的负担,即人工智能,李德毅也指出“智能机器之于人类智能”,即把人工智能定义为人类智能的体外延伸,是智力工具,新一代人工智能是有感知、有认知、有行为、可交互、会学习、自成长的机器智能,有解释、解决智力问题的能力,但没有意识,也没有免疫和自愈能力,是特定人的智能代理机器(李德毅,2021)。

“智能”一词具有复杂性。1950年,人工智能的先驱之一图灵(A.Turing)在其论文《计算机器与智能》(*Computing Machinery and Intelligence*)(Turing, 2009)中首次提出了图灵测试(Turing Test,图15.3),该测试假设有一台具有智能的计算机,一个人类询问者通过打字录入的方式在规定时间内提出一些问题,如果这个人类询问者不能区分回答来自人还是计算机,则这个计算机就通过了图灵测试,被认为具有智能,即图灵测试的基本标准是:表现(act)、反应(react)和交互(interact)。

图灵测试表达了一台人工智能计算机需要具备的六种基本能力:自然语言处理(自然交流)、知识表示(信息存储)、自动推理(得出结论与回答问题)、机器学习(适应新的情境并预测模式)、计算机视觉(感知物体)和机器人学(控制对象)。事实上,这六种能力就是人工智能的主要研究内容。

图灵测试固然是一种典型的、实用主义的定义人工智能的方式,但是并没有完全解决所有的问题,特别是那些非符号类的情境性复杂问题。在这样的情境下,智能是从社会个体元素之间的相互作用中产生的。而设计这些个体元素就成为人工智能领域的核心问题,这种元素一般被定义为“主体”(Wooldridge, 1999)。主体(agent)源于拉丁语agere,意思是能够行动的某种东西。主体通过传感器感知环境,并通过执行器对所处环境施加行为。如果用一种简单的方法来理解主体,就好像有一个给房间调节温度的主体,这个主体可以感知房间的温度是否合适,如果感知到温度合适,就启动程序开

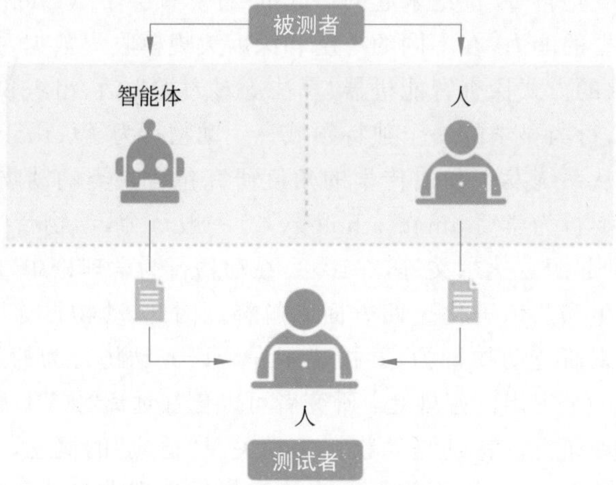

图 15.3 图灵测试原理图

始调节温度,否则什么都不做。主体从本质上看就是一个可以与这个世界交互的人为事物或机器,只是这个机器既可能是一个实体产品,也可能是人类设计师创造的一段可以与世界交互的程序或代码(图 15.4)。

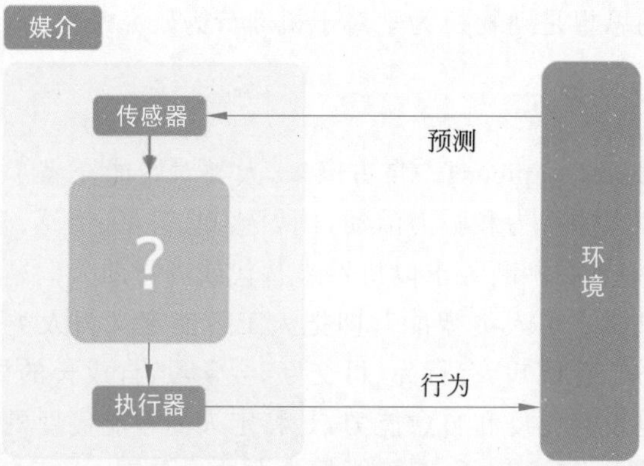

图 15.4 智能主体

如果把主体看作一个人为事物(机器),那么创造一个主体就等同于创造了一个人为事物。但是,只有这个人为事物可以做出"合理"的行为,一般才认为其具有"智能"。因此,"合理"是机器行为的核心。

在主体的基础上,与智能机器行为研究结合最为紧密的是人工智能连接主义所发展的人工神经网络。人工神经网络是用电子装置模仿人脑结构和功能的途径,是最早在 1943 年由生理学家麦卡洛克(W. McCulloch)和计算机科学家皮茨(W. Pitts)提出的(McCulloch & Pitts, 1943)。1958 年,美国神经学家罗森布拉特(F.Rosenblatt)提出的感知机(perception)模型(Rosenblatt, 1958)第一次实现了对神经元进行模拟。人工神经元的本质就是模拟神经信号的传导过程,对输入内容进行线性运算和非线性变换后输出(图 15.5)。

在此基础上,科学家还对感知机进行了多层叠加,建立了多层感知机。20 世纪 80 年代,加拿大人工智能专家辛顿(G. Hinton)从数值优化的角度提出了反向传播(back propagation,BP)算法,并在此基础上发展出了深度学习的模型(LeCun et al., 2015),由于其强大的学习能力已成为人工智能的热门领域(图 15.6)。

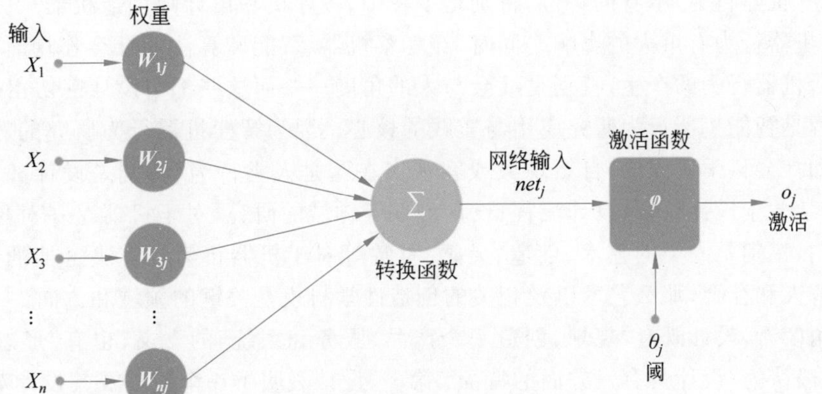

图 15.5 人工神经元

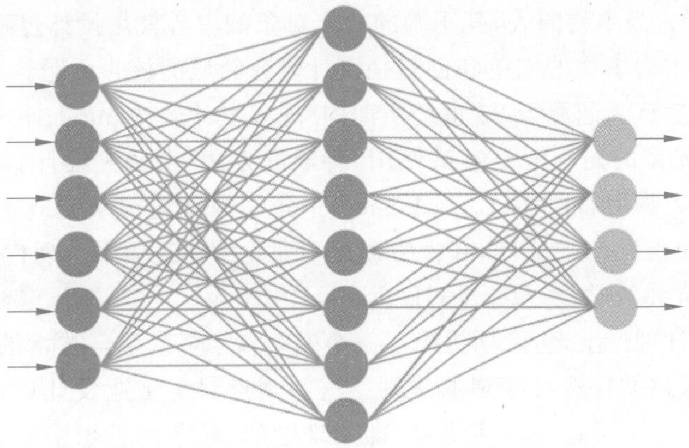

图 15.6 人工神经网络

在人工智能领域，还有一个领域与机器行为密切相关——以人为中心的人工智能，其目标是构建良好的智能机器行为，防止智能机器的不良行为，减少人工智能系统不可预测的潜在负面后果带来的危害。以人为中心的人工智能包括三个主要方面：人类、技术和伦理，强调了在开发人工智能系统时必须将人放在中心位置的概念(Xu et al., 2021)。研究智能机器行为有助于满足跨人类、技术和伦理三方面工作的设计目标：(1)开发有用(对人类和社会有价值)和可用(具有有效交互设计)的人工智能系统，人类是人工智能系统的最终决策者；(2)开发可扩展的、强大的、由人类控制的人工智能，确保它增强人类的能力，而不是取代人类；(3)开发具有道德和负责人的人工智能，保证公平、公正、隐私、人类决策权和问责制，进而实现以人为中心的人工智能的总体目标——可靠、安全和值得信赖(RST)(Shneiderman, 2020)。

15.2.3 设计、工程与智能机器行为研究

1969年，诺贝尔奖获得者赫伯特·西蒙出版了《关于人为事物的科学》(*the Sciences of the Artificial*)一书(Simon, 2019)，这是设计科学(design science)开创性的学术著作。书中指出："自然科学是关于自然科学和自然现象的知识，我们要问，是否还有'人为'事物和人为现象的科学？"这里所谓的人为事物就是机器行为。机器行为作为一种人为事物，其工程和创造过程——设计(design)直接

决定了研究对象(机器行为)本身的特性,特别是工程师、程序员和设计师创造机器行为的过程的独特性和创新性,对机器行为有重大的影响。同时,在考察机器、智能和算法的社会作用时,需要从更加全面的视角去分析机器行为的产生,特别是社会与人的角度——而这些都与设计密切相关。

设计和工程是智能机器行为研究应用与实践的核心。因为智能机器行为研究的对象(机器)是不同于自然科学和社会科学研究的"自然现象或客观实在",是人类行为(特别是设计和工程实践)的产物。因此,设计学关于设计认知、设计流程、设计创新等领域的研究,对于机器这一对象的研究具有重要的意义和作用,特别是人类的艺术、创造、灵感、直觉等对于机器行为具有决定性的作用。而且,如果需要深刻理解人和社会,那么艺术以及相关的创造性学科也是关键的领域和方向。

从学术的角度看,设计既有"规划、创造一个产品、服务和系统"的含义,也有"形态和美学属性赋予"的含义。一般认为,设计具有三方面的特征:第一,设计表明了一个流程及其设计对象;第二,设计流程是目标导向的,其目标是解决问题;第三,设计的核心在于创造和创新。根据维基百科全书对"设计"的定义,"设计是一种有目的的创造性活动"。西蒙更是直接将"设计"定义为"创造人为事物"的过程。西蒙写道:"专注于人为事物的人,其正确的研究对象的中心就是设计过程本身。"因此,将设计作为"机器行为"为代表的人为事物的创造和创新是设计研究领域的核心话题。

现代意义的设计一般认为起源于 20 世纪初期的"现代设计运动(modern movement in design)"。20 世纪 20 年代初的风格派的先驱就是尝试使用"科学的方法"来研究设计。1929 年,著名的建筑师和现代设计运动的代表人物柯布西耶(L.Corbusier)主张用理性精神来创造一种满足实用要求、功能完美的"居住机器(machine for living)",并大力提倡工业化的建筑体系。现代设计运动中,于 1919 年 4 月 1 日建立的德国国立建筑学校"包豪斯(Bauhaus,1919—1933)"发挥了重要的作用,对现代设计产生了深远的影响。在设计理论上,包豪斯提出了三个基本观点:艺术与技术的新统一、设计的目的是人而不是产品、设计必须遵循自然与客观的法则。这些观点对于工业设计后来的发展起到了积极作用,使现代设计逐步由理想主义走向现实主义,即用理性的、科学的思想来代替艺术上的自我表现和浪漫主义(何人可,1991)。

包豪斯之后,1955 年在德国正式开始招生的乌尔姆设计学院明确提出了"设计科学"的概念,在教学的层面上,将科学技术作为现代设计的基础,被称为"新包豪斯"。1962 年,在伦敦召开了工程、工业设计、建筑和通信领域系统和直觉方法大会(the conference on systematic and intuitive methods in engineering, industrial design, architecture and communications),会议聚集了来自不同领域的科学家、工程师和设计师,大会主席是来自英国谢菲尔德大学的佩奇(J. Page)教授。正如当时会议的组织者之一英国帝国理工学院的斯兰(P. Slann)说的那样:"这次会议的目的就是把在不同领域独立工作的专家聚集在一起,探讨如何把科学的方法和知识运用到各自的设计领域,打破原有专业的界限,发现创造性工作的共同特征。"设计方法大会的成功召开被看作设计作为一个学术研究对象的开始,并直接促成了 1966 年设计研究协会(Design Research Society,DRS)和 1967 年设计方法学会(Design Methods Group,DMG)分别在英国伦敦和美国加州大学伯克利分校的成立。

不同于某个独特领域的设计,一般意义的设计(general design)的本质属性就是关注设计中的"人",这个思路和机器行为研究的动机和出发点不谋而合。因此,考察设计的人本属性,对于全面认识机器行为的创造和创新过程具有重要的作用和意义。"以人为中心的设计(human-centered design)"概念起源于 20 世纪 70 年代社会和人文主义在西方国家的盛行。1971 年,英国著名的设计研究者克罗斯(N. Cross)在英国曼彻斯特召开了设计参与大会,设计参与将用户作为设计的重要内容,改变了设计方法运动仅依赖科学方法的简单局面。在 20 世纪 80 至 90 年代,当代设计研究采纳了社会学和心理学的方法作为设计的主要研究方法之一，并开发出了被称为以用户为中心的设计(user centered design，UCD)(Abras et al.，2004)。IBM公司是以用户为中心设计研究的先驱，早在20世纪80年代初，就开始开展与"可用性"相关的研究。尼尔森(J. Nielsen)的《可用性工程》(*Usability Engineering*)是可用性研究的经典著作(Nielsen，1994)。可用性研究通过对用户使用产品流程的行为、心理和错误的研究发现产品设计的缺陷，进而快速改进设计。可用性研究可以非常快速地为设计提供反馈，并促进设计迭代。同时，在设计领域本身，以人为中心的设计方法关注于所谓的"情境(contexts)"，并结合社会学和人类学的方法开展相关研究。这类研究一般是探索性的、实地性的，主要目的是发现设计机会点和创新点。

自20世纪90年代以来，互联网与智能产品的快速涌现，以人为中心的设计逐步转向了用户体验设计，如雅虎、Google、IBM、华为公司等企业纷纷提出了自己的用户体验设计框架。用户体验设计主要围绕软件、网站或者系统类的产品的交互界面展开，与产品的研发流程紧密结合。用户体验设计将以人为中心的设计思想覆盖到了产品研发的全生命周期，从产品概念设想到最后的产品发布都考虑了人与社会的因素。更为重要的是，用户体验设计开发了很多快速设计的工具，如故事板、情景板、线框图等，利用这些工具使得设计师可以在产品研发过程中围绕人与社会的需求和体验来开展工作(图15.7)。

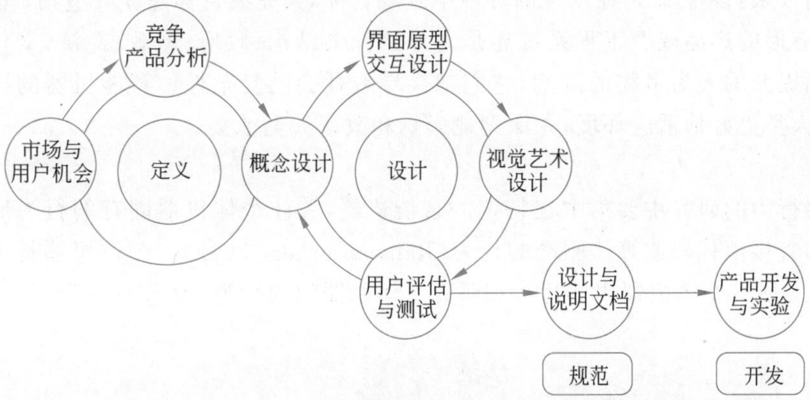

图15.7 阿里巴巴公司用户体验设计流程框架(谭浩，2007)

新千年的技术变革、社会转型对设计和设计研究产生了深远的影响，设计理念、设计对象、设计方法与工具等都发生了根本性的变化。一方面，设计方法和工具出现了巨大变化，数字化设计已成为主流，大数据驱动的设计研究方法正在不断普及。另一方面，设计对象呈现多样化的发展方向。智能机器、系统及其相关的体验与服务等都已成为设计的主要对象。机器行为的设计已经在多个设计领域展开，正逐步成为设计的主流趋势与方向。在这个背景下，人与传统非智能机器的交互关系过渡到人与智能机器的新型交互关系，智能机器行为研究对新型的人工智能交互设计具有重要意义。

人工智能交互设计中，保障用户的"感知可控性"对保留用户适宜的监控及实时介入的能力具有重要意义，可以提升用户的安全感知与体验，智能机器行为研究可以解决人智交互过程中的诸多安全挑战；人机分配是人工智能交互设计中经典的交互设计问题，也就是如何对智能机器和人的功能进行分配，以决定哪些功能由人完成，哪些功能由智能机器完成。人机功能分配主要有比较分配原则、剩余分配原则和弹性分配原则等(赵江洪，谭浩，2006)。人机协作是一种更加灵活的人机功能分类，研究智能机器行为可以在人工智能交互设计中根据智能机器与人各自的优势和局限性，以及工作任务特性等对人和机器的功能进行合理分配。

15.3 智能机器行为模型

1. 人-自然-人造物三维本体理论

机器行为对个人、群体以及更大范围的社会及相关经济与文化都具有较大影响，其中，社会的一个突出特点就体现为自然系统、人类系统和人工系统三者之间在本体论层面的融合。最早引入这种"三重本体"的科学家是西蒙，他将"三重本体"当作人为事物理论和适应进程中的社会复杂性基础(Simon，2019)。自然系统包含自然界中的生物物理实体等。人类系统是一个有思想和身体的个体，人类的决策、思维等行为深刻反映了人类系统的特点，而创造人造物也是人类独特的能力，这与马克思主义理论的劳动学说"劳动创造了人本身"的观点完全一致。人工系统则是由人类构思、设计、建造、维护的，包含物理工程结构与社会结构。西蒙指出，作为人工系统的机器存在的起因是其功能，功能是人与自然之间的桥梁，这是人为事物及社会复杂性理论的本质。人类建立这些人造物的目的从社会价值的角度看属于一种基于功能的适应性策略反应，是为了解决社会中人类面临的诸多挑战。

西蒙的人为事物及其适应性理论较为完整地解释了包含智能机器等人造物的社会复杂性的起源、发展、现状与未来：人们总是在困难的环境中发现目标，为完成目标建立人造物。除了自然和社会本身外，不论是有形的产品或者工程系统还是无形的社会结构(政府、财政、经济、文化等)，都是近千年来复杂度不断提升的人为事物的范例，它们都会导致社会的复杂性。智能机器的行为也肯定会增加其复杂性，使人类更好地适应环境，并深刻地影响和改变人类社会。

2. 个体机器行为

对个体机器行为的研究主要集中在特定的智能机器，关注个体机器固有的行为属性。个体机器行为可以理解为直接由代码或算法驱动的行为(Rahwan et al.，2019)。个体机器行为的研究一般可以分为两种方式：研究个体机器内部行为和研究个体机器间的行为，如图 15.8 所示。

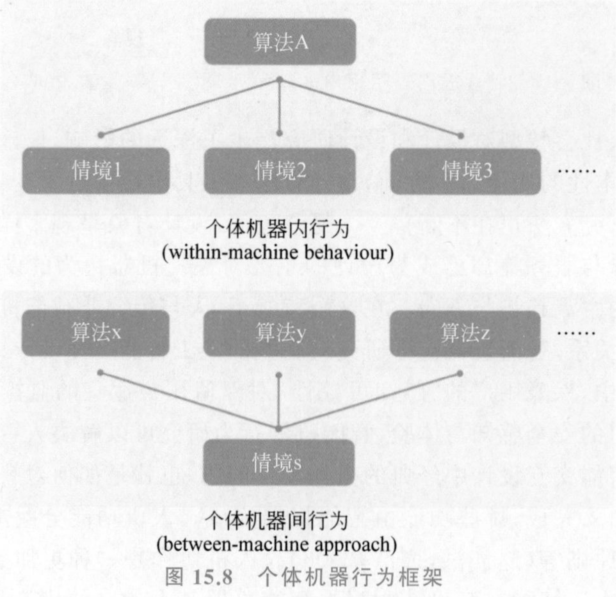

图 15.8 个体机器行为框架

个体机器内的行为(within-machine behaviour)一般分析某个特定机器在不同情境下的行为。例如智能机器行为是不是在不同的情境下保持特征的一致性。一个代表性的情境是如果训练特定的底层数据,算法可能仅表现出某些特定的行为。但是反过来,当使用与训练数据有显著不同的行为与评估数据时,在模拟决策中对累积概率进行评分的算法可能会出现全新的表征,这种全新的表征反映了个体机器行为的环境适应性。

个体机器间的行为(between-machine behaviour)是一种典型的 A/B 测试,主要比较各种不同的机器在相同条件下的不同行为。例如,在智能系统推送商品行为的研究中,可以研究各种电子商务平台及其底层算法,并在同一个情境下进行投放,以检查同一批推送算法的机器间的效应。多个体间机器行为也具有代表性,例如服务机器人在不同情境下的服务效能与差异、跨平台的动态定价算法差异、自动驾驶汽车在不同环境下的超车行为等。

3. 群体机器行为

相比个体机器行为的研究,群体机器行为的研究侧重于机器群集交互和智能系统范围的行为(Rahwan et al., 2019)。通常认为,群集机器行为的设计受到了自然界中集群现象的启发,例如成群的昆虫或鸟类的迁徙等。动物群体在群集行为中会表现出对复杂环境特征的紧急感知和有效的共识决策。这种情况下,群体都表现出对环境的认知,这些认知在个体动物的层面是不存在的,群集机器行为也是如此。

使用简单算法进行交互的机器人一旦聚合成大型集体,就会产生有趣的行为。例如,关于微型机器人的群体特性的研究发现:群体特性可以结合成类似于生物制剂系统中发现的群体聚合现象。再如,物理系统的元胞自动机模拟研究从群体行为的角度出发,探索机器或者人造物的“人工生命”的规律。

在群集机器行为中,机器可能表现向自身或者其他机器学习或人类学习的属性。同时,人与动物也可以从机器的行为中学习。这些学习所产生的“交互过程”可能从根本上改变人们的知识积累方式,甚至直接影响人类社会。例如在金融领域,金融市场的智能机器行为已经成为主要的交易方式。在金融交易环境中已经可以观察到一些非常有趣的算法群集行为,如算法交易者可以在极短时间内,在任何人类交易者操作交易之前对事件和其他交易者做出效应。大量的研究发现,自主操作和大规模部署的能力都显示出机器集群的交易行为与人类交易者的本质差异。如果人们无法认识到这些差异,则有对于某些新出现和无法预见的情况无法做出反应的问题。算法的相互作用很可能会产生巨大的市场危机,特别是在出现金融市场崩盘这样的“黑天鹅”事件的时候。

4. 人机交互行为

人机交互模型从本质上来说属于“混合机器行为”,是机器与人、社会、自然环境整合系统的机器行为。但是,社会环境中人的因素是混合模型中最重要核心的要素,也是机器行为最复杂的行为(谭浩,2023)。

混合行为表现了机器和机器以外的自然环境、人机环境、社会环境的交互所产生的行为,特别是人类越来越多地介入机器行为。机器可以调节人类的社交互动,塑造人类所看到在线信息,并与人类一起构建那些可以改变人类社会系统的关系。与此同时,人类社会、自然环境也会对机器的行为产生直接的影响和作用。在后面的发展模型中将要提到的机器行为的适应从本质上看就是一种代表性的混合行为——不论是对人的适应还是对自然环境的适应。

在混合行为的情况下,一种典型的策略就是将机器行为置于“机器-社会(人)-自然”的混合系统中进行全面研究,而不是将机器行为作为一个单独的个体进行研究。从系统的观点来看,混合机器行为的性质和作用不仅仅依赖于机器、社会和自然本身,而是更多地取决于它们之间的“关系”。

1）混合机器行为的目标

从某种意义上来说，系统就是一个目标。虽然人类很难理解自然和人类社会存在的“客观意义”，但是，从人类发展目标而言，这样的客观意义非常清晰和明确。任何人造系统都是为了某个面向“客观意义”的目标而存在。机器作为一种人造物的目标总体还是为了实现人的目标和人类社会的可持续发展，给人类带来幸福。从这个角度，可以看到机器行为研究的某些本质属性——机器行为追求的是人类社会的总体目标的最大化，而不仅仅是机器性能的最大化。基于这样的观点，可以确定整合社会目标的最大化的概念很难通过机器本身的属性来实现，需要从人-机器-社会混合的总体行为来实现。

2）混合机器行为中的功能

“目标”在具体的机器行为上的体现就是功能。功能是机器在周围环境适应中所表现出来的属性。系统的每个部分都至少具有一个功能，而这些功能结合起来又满足整个系统的一个或多个功能。从系统的概念来看，系统最根本的特征在于系统整体功能大于部分功能的总和。从机器行为的功能的角度看，混合机器行为的功能可以从人和机器的分工的角度，即人类和机器承担不同功能的角度来展开研究，人机功能分配就是其核心问题。

3）混合机器行为的人机交互

混合机器行为系统的各个组分之间为了达到系统目标会相互影响和作用。不管影响有多大，系统的某个组分总会对其他部分产生影响。在混合机器行为中，机器和自然环境以及社会环境中的人的交互非常复杂和多样。因此，混合机器行为的人机交互需要同时研究“人类对机器的影响”以及与之相对应的“机器对人类的影响”的反馈循环。在现有的部分基于实验室的研究中，已经可以看到简单的人与机器人的交互可以增强人类的协调性。在这些实验中，人与机器的配合水平非常不错。

一个不容忽视的事实是：由于算法对人机交互影响日益增大，因此，“机器-人类”的反馈循环在很多时候需要扩大到环境本身，以便可以让研究者明确这一混合系统的长期活动规律与特点，这为机器行为的研究提出了更多的挑战。事实上，很长时间以来，环境因素都是作为一种干扰因素来进行研究的，而在机器行为研究中，环境已经成为主要的研究对象。

15.4 机器行为的发展

1. 智能机器的自主行为

自主行为是生物体的核心，有机体作为行为系统与环境相互作用，操纵可用资源，并自主行动以响应和适应环境（Isaka，2023）。从智能机器的自主行为的角度出发，关于自主（autonomy）机器的明确定义还很多且复杂（Froese et al.，2007；Ezenkwu & Starkey，2019）。一般认为，机器的自主行为源于自动化领域，即智能机器根据任务的需求，完成感知、分析、决策、执行的动态过程。美国国家标准与技术研究院（NIST）将无人系统（UMS）的“自主”定义为“无人系统自身融合传感、感知、分析、通信、规划、决策和行动/执行的能力，以实现其人类操作员通过设计的人机界面（HRI）或与UMS通信的其他系统分配的目标。无人系统的自主性从人的独立性（HI）的角度被划分为不同的层次，是人机界面（HRI）的倒数（inverse）”。（Huang，2004）。根据这个定义，自主由HRI的倒数定义，意味着如果消除人机界面（分母变为0），机器将属于完全自治级别。

智能机器的自主性正在深刻地改变着人与机器的关系以及人机分配等。对于智能机器的自主行为，智能系统会拥有不同程度的类似于人的智能（自适应、自我执行等能力），系统输出具有不确定性，有可能出现偏差的机器行为。当前的现实情况是：人工智能的自主化的一个特征是脆弱性，即在解决了设计问题的情况下运行良好，但有时需要人类操作员在人工智能系统无法处理的情况下进行监控和干预，可能造成的情况是控制权被突然移交给没有准备好的人类操作员。这种脆弱性特征对安全和大众心理等的负面影响还没有引起足够的重视（Endsley，2017），这是未来重要的研究方向。

2. 智能机器行为的产生

对人和动物而言，心理学和动物行为学都认为，人与动物行为的产生机制都是人与动物对环境的反应。例如，人类最基本的行为模式——反射（reflex），本质上是通过一条反射弧（图 15.9）实现对环境刺激的反应，即人和动物的行为是对一个环境刺激产生的适应性活动。

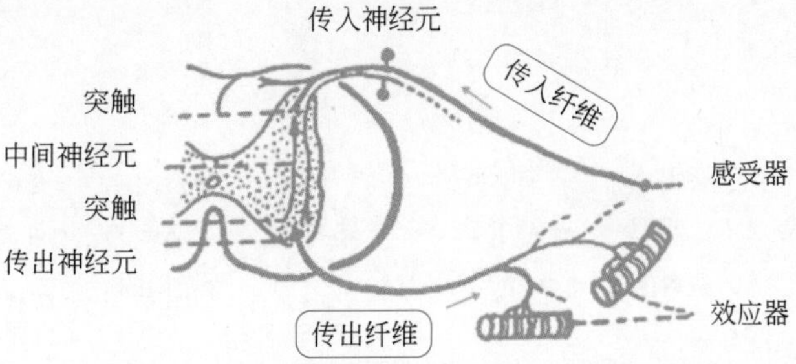

图 15.9　反射弧（Lindsay & Norman，1977）

与人和动物面临的情况类似，在智能机器的语境中，产生智能机器行为的最重要的因素是满足人为事物设计的最基本原则，即设计的目标——使机器行为适应环境。因此，机器行为产生的原因是行为的激发条件及其环境。

1）智能机器行为产生的内在机制

建立算法（一个机器行为）后，更复杂的机器行为的产生机制不仅依赖于激发条件与环境，而且依赖于算法本身及算法的优化机制。例如，通过搜索方式进行问题求解是基础的智能算法。搜索行为的基本模式是“形式化、请求、执行”。在这个过程中，对状态空间的描述将直接决定问题求解的方式，进而决定机器的行为。假设有一个关于“鸟”的概念的搜索。一方面，可以将鸟放到一个基于逻辑的状态空间中，在这个空间中，鸟的概念基于动物分类学的方法构建。在这种模式下，搜索鸟的行为就是一个按照分类树的结构化搜索（图 15.10）。

另一方面，也可以将搜索对象的一些非结构化属性放到一个激活模型的网状空间中，即所谓的激活模型。通俗地说，激活模型就像是黑暗房间中手电筒的照射，离光源近的地方逐步看清（激活），再不断扩散到房间的其他区域。在这样的状态空间中，搜索算法的核心是概念之间的关联性（图 15.11）。

从以上两方面的案例可以看出，设计师在选取不同的算法模式时，机器产生的行为是完全不同的。事实上，在认知心理学中，也采用类似的方法来描述人类记忆的产生和提取过程。

2）智能机器行为产生的环境影响

环境在机器行为的产生中具有重要的作用。例如，钟表是用来报时的。当人们讨论一种传统钟表本身时，可以用齿轮配置和重力对摆锤的作用来描述它。同时，人们也可用钟表所处的环境来描述它。在晴天，日晷是钟表，但在阴天日晷几乎没有作用。在月球上或水下等特殊环境中，钟表的很多精密功能会完全不同。

上面的案例表明，在同一或类似的外在环境中，为达到同一或类似的目标而产生的机器行为，其内部结构可能是完全不同的，就好像飞机和鸟的差别一样。

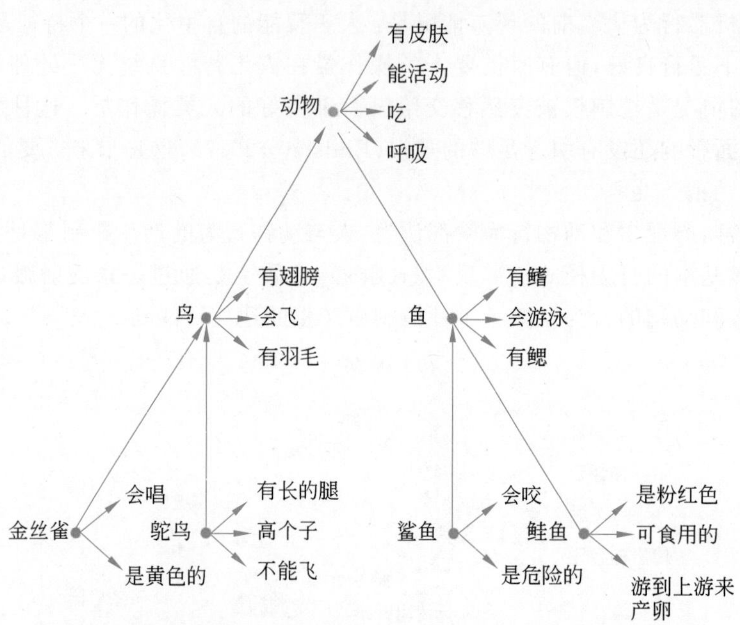

图 15.10 基于逻辑状态空间的"鸟的搜索结构"(赵江洪,谭浩,2006)

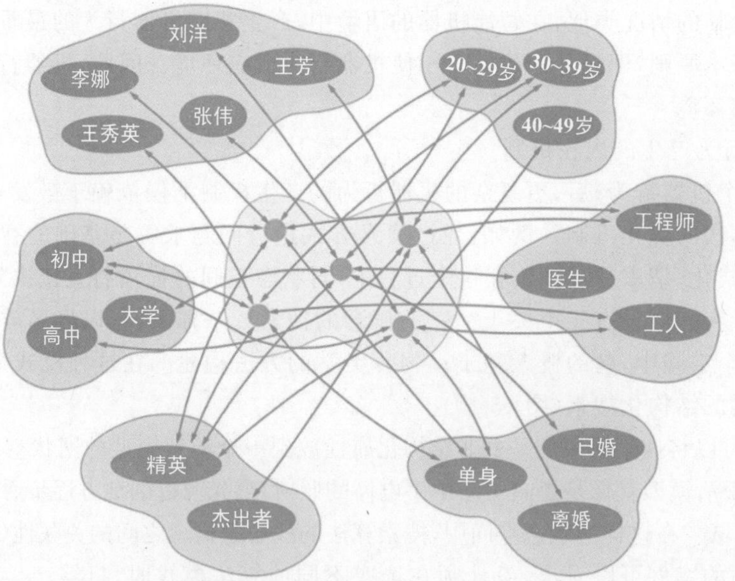

图 15.11 基于网状空间的"某人的生活形态"的激活模型(赵江洪,谭浩,2006)

基于这样的观点,从本质上看,机器行为就是外在环境的一个函数,机器行为主要由环境要素驱动。不同的环境使得机器行为发生了本质的变化。

3. 智能机器行为的适应

智能机器的一个重要特点是可以在机器行为产生后继续迭代和优化,以使机器适应不断变化的环境。

1)内部机制:机器的学习行为

机器的学习(learning)行为本质上是智能机器的一种内部机制,它使得机器适应环境并不断发展，进而实现机器的功能(Johnston，2008)。自 20 世纪 50 年代以来，人工智能的研究者在机器学习领域创造了多种机器学习行为，取得了重大的突破和进展。在人工智能发展史上，主要有基于符号主义的机器学习行为和基于连接主义的机器学习行为。

符号主义是最早的人工智能学派，它认为机器学习行为基于数理逻辑。这类机器学习行为抛开了“模拟人的神经网络”等拟人的机器行为模式，而基于对数据的初步认识及学习目的的分析，选择合适的数学模型，拟定参数，并输入样本数据，依据一定的策略，运用合适的学习算法对模型进行训练，最后运用训练好的模型对数据进行分析和预测。决策树、朴素贝叶斯算法、支持向量机算法、随机森林算法都是代表性的机器行为。

连接主义则认为机器行为源于仿生，特别是对人脑行为的模拟。这种机器学习行为模拟人脑的微观生理学习过程，以脑和神经科学原理为基础，以人工神经网络为函数结构模型，以数值数据为输入，以数值运算为方法，用迭代过程在系数向量空间中搜索，学习的目标为函数。人工神经网络、深度学习都是代表性的连接主义机器行为。

2) 外部机制：在人类环境中进行适应

除了机器学习，关于机器适应，还需要讨论行为如何为特定的利益相关群体提供服务。人类环境创造了选择压力，使得一些有适应性的智能体变得普遍。成功(提高适应性)的行为获得增值的机会，例如被其他类型的软件或硬件复制。这样的机器行为适应的推动力是一些使用和构架人工智能的机构的成功，如企业、医院、政府和大学。最明显的例子是算法交易，在算法交易中，成功的自动交易策略可以在开发人员从一家公司跳槽到另一家公司时被复制，也可以简单地被竞争对手观察和逆向架构。

在人类环境中适应的机器行为，可以产生出人意料的效果。例如，最大化社交媒体网站参与度的适应目标可能导致信息茧房(filter bubbles)，进而加剧政治两极分化，或者在缺少监管的条件下助长假新闻的扩散(Spohr，2017)。但是，那些未针对用户参与进行优化的网站也许要比做了这方面工作的网站冷清，或者可能会完全停止运营。同样，在没有外部监管的情况下，未优先考虑乘客安全的自动驾驶汽车对消费者的吸引力可能较小，进而导致销量减少。

上述例子强调了人类的外部组织机构和经济力量所产生的对机器行为的直接且大量的影响，这些都是机器学习行为的外部适应机制。

3) 智能行为发展的限度

智能机器行为的两种发展机制——机器的学习和适应是有限度的，否则机器行为的设计就会变成“愿望”和“幻想”的代名词。无论是在自然界中还是在实际设计中，智能行为的发展都是一个相对的概念。智能行为只能部分对应于任务环境，同时，与之相匹配的，对应于智能行为的内部属性。例如，自动驾驶汽车的避障行为需要自动驾驶汽车在不同的环境中实现对障碍物的准确识别。然而，场景是千差万别的，即使是最有效的机器视觉算法也不可能做到完全适应，这在自动驾驶汽车的机器学习中尤为典型。因此，发展的限度充分说明了适应和功能这一机器行为的重要特性。

发展的限度还反映了机器行为对设计目标的态度——行为的合理限度。这是一种实用主义思想，有时甚至是机会主义思想，但表明了智能行为发展能力有限的可能性。

4. 智能机器行为的进化

智能机器行为的进化与基于“达尔文主义”的生物进化有相似之处，即机器行为的进化基于自然选择。一些机器行为可能会广泛传播，因为它是“可进化的”——容易修改并且相对扰动信息而言表现得很稳健。机器行为的“可进化性”类似于动物的某些特征可能广泛存在于各种动物中，因为这些特征促进了动物(也包含机器)行为的多样性和稳定性。

基于这样的观点,机器进化行为始于所谓试错学习(trial-and-error learning)的适应行为(Whitehead & Ballard, 1991),这一行为常被描述为"迷津"中的搜索行为。例如,针对某个机器学习算法,从公理和已被证明的定理出发,努力用数学体系允许的法则进行多种变化,发展成新的算法,在环境中进行验证,再反复改进,直到发现导向目标的新算法,实现机器行为的进化。在机器试错学习的过程中,包含许多试验和失败。但是,这样的试验和失败往往不是完全随机或盲目的,事实上有很强的选择性,一般基于线索启发,称为选择性试误。在机器行为的进化过程中,这些线索启发的进程与生物进化过程中"稳定的中间形式"所扮演的角色是一致的。这样,机器行为的进化无非就是试错与选择性的混合体。

在这样的背景下,当人们考察机器行为进化的选择性的可能根源时,选择性总等价于环境信息的某种反馈。试错过程中的各种路径的试验及随后结果的驱动力是环境的反馈。在生物进化中,情况也是类似的。那些稳定的中间形式为更高级的形态提供了基本要素,其信息也指导了进化过程,并提供了对进化至关重要的选择力。

同时,在进化的每个阶段中,算法从各个角度在新环境中被重新使用,它会成为未来可能行为的局限,又会使得在此基础上的其他创新成为可能。例如,微处理器的早期设计仍然继续影响着现代计算机,算法设计中的传统方式(如神经网络和贝叶斯状态空间模型)构建了许多假设,并且通过"让一些新的算法相对更容易使用"来指导未来的算法革新。因此,某些算法可能会关注某些功能而忽略其他功能,因为这些功能在早期成功的某些程序中至关重要。

除此以外,也有观点认为,达尔文主义对机器行为而言不一定有效,也不可能覆盖机器行为进化的全局特征,因为这样的模型假设了两种或多种生物或算法的竞争。与此同时,现代生物学的机制置于生物基因中,依靠基因自身再造的成果证明了其适应性。但是,机器行为对应于生物体的基因,差别是非常明显的。最为典型的就是设计师通过改变算法的继承体系,强烈地影响着算法的进化过程。然而,机器行为的突变也会受到限制。例如,隐私和数据保护的法律可能会阻止机器在决策过程中访问、保存或以其他方式使用与隐私相关的信息。不管怎样,可以看到机器呈现出非常不同的进化轨迹,机器进化的机制和有机体进化的机制呈现出完全不同的趋势。

5. 机器行为发展的不确定性

机器进化还会出现一些连机器行为和算法的设计者都无法预料的结果。2016 年,在 AlphaGo 击败围棋世界冠军李世石的过程中,AlphaGo 的很多行为被认为是出人意料的,并且违反了围棋长期以来所谓的"定式"(Bory, 2019)。特别是第二场比赛的第 37 步,这一步为后续的胜利奠定了基础,这种非常规的下法说明智能机器的进化行为不依赖于人类相关经验的历史记录,开启了一种被称为进化学习的可能性,即通过观察算法和人类之间的迭代过程进行学习。

然而,机器进化过程中有些不可预知的结果可能会对人类社会造成负面影响。一个著名的例子出现在生活服务的算法(如在线购物等)中。这样的算法可以做到根据用户个人画像进行产品服务智能推荐。然而,智能推荐过程是一个基于算法自身进化迭代的过程,会出现不可预知的后果,如算法可能依据某些设计之初并不完善的目标将错误的商品或更高价格的商品推荐给用户,即出现所谓的"杀熟"行为。

机器学习中的"学习"本质上是自然行为(当然也包含人类行为)对机器行为的影响。但是,算法可能表现出与人类相比的不同行为、偏见和解决问题的能力。从行为科学的角度看,机器和人类在形式上表现出了完全不同的行为特点,例如决策手段,机器依赖于对决策树的穷举,而人类倾向于经典的启发式搜索。启发式搜索可以避免给人类带来认知负荷，可以最大限度地提高人类适应环境的能力，但这种搜索会导致人类决策的错误、偏差，甚至形成偏见。例如，当面临顺序决策时，人类倾向于短视行为。许多问题解决任务是由顺序决策组成的，解决策略就是对相应决策树的探索。随着决策数量的增加，人类不再探索决策树的总深度。例如，人类倾向于选择性地修剪决策树以降低搜索成本，即所谓的厌恶修剪偏差（aversive pruning bias），它会导致奖励网络任务中的次优（而非最优）行为，因为这样的短视行为一般可以更快地做出判断或预测（Huys et al.，2012）。

人类行为和机器行为在行为逻辑和策略上的差异，对机器行为的进化和发展有着决定性的意义：机器自身的行为逻辑受到人类行为逻辑的影响——从机器行为的设计到学习过程。因此，在传统机器学习的基础上，研究这种在行为发展和进化本体方面的影响和作用是一种更深层次的机器行为研究，对机器行为研究的发展具有重大意义和价值。

15.5　人智交互行为

15.5.1　人智融合——人与AI系统的相互作用

面向智能机器构成的人机系统是一个自适应系统，它能连续自动地测量对象的动态特性，并能根据自身情况进行调节。基于内部机器行为识别、求解和预测的模型，智能机器构成的人机系统需要完成三个基本动作：辨识或测量、决策、调整。在这些过程中，智能机器的作用是利用人工智能技术、决策支持技术等提供的方法对数据进行处理及分析，为人的决策起到良好的辅助作用，或者直接参与甚至主导智能决策。而人则利用计算机提供的资料并结合自己的经验得出结论，通过计算机系统的反馈信息调整系统状态，以达到适应环境的目的。智能人机系统将人和计算机及其他机器设备有机结合起来，形成了一种人与机器相互激发、优势互补、共同寻求问题求解的协同机制。在这样的背景下，人与机器之间的理解与行为从人类单向行为转变为人机双向行为。一种理想的情况就是人处理类似价值判断等问题，机器则处理数据、规则等问题。如果把人和机器的“意图-行为”层次结构进行拟合就可以发现，人和智能机器在意图、决策、执行多个层面均可以实现融合（图15.12）。

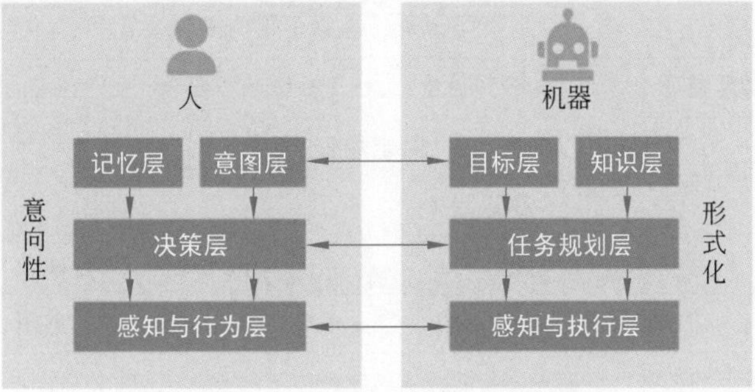

图15.12　人智融合（刘伟，2021）

在实际情况中，一个不容忽视的事实是：人类在“人-机-环境（自然＋社会）”构成的复杂系统中的“情境感知（situated awareness）”能力往往会出现问题，特别对于类似决策的行为时，对情境的感知、理解与决策都是具有挑战性的工作。最为经典的案例来自自动驾驶汽车，在人类对自动驾驶汽车进行接管时，最大挑战在于人类对当前驾驶情境的理解。与之相对应的智能系统的深度情境感知也存在和人类相似的情境感知问题。

在人智融合中,人在不在环(loop)往往具有决定作用。第一,只要人在流程中,人机系统的效能就主要受到人的因素的影响。在这种情况下,决策功能还是由人来完成的,如图 15.13 所示。人在环的情境下,人的决策错误仍然是造成事故的主要原因之一。除此以外,人的认知错误也是导致系统效能下降的原因。因此,因为人的错误,所以系统性能往往取决于人的性能。所以,人在环的条件下,人在人机系统中处于主导地位。第二,如果人不在流程中,人机系统的总体效能一般情况下受到机器效能的影响,这是因为不在环的情况下智能系统已经可以独立完成全部任务。在这种情况下,人的主导地位就会受到显著影响,甚至机器在系统中处于主导地位。这种情况虽然可以减少不少人为错误,但是也会导致人类的体验和感知明显下降。事实上,系统的安装、启动、重新启动、维护和应急处理等都需要人的参与。同时,自动控制系统也需要考虑人的因素。即使人不在环,人还是需要保留监控以及实时介入的能力,确保对人机系统的控制。因此,对于机器行为而言,在人机融合的背景下,即使在全自动的情况下(如 L5 完全自治的情况),仍然需要考虑人的因素。

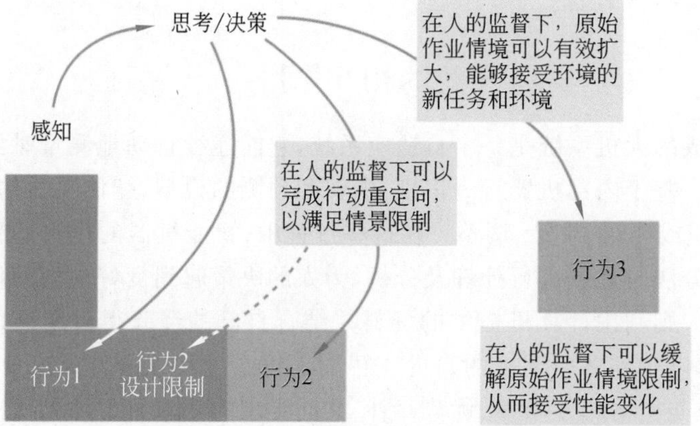

图 15.13 人在环的感知-决策-行为

为了更好地表达自主性与人机融合的关系,还可以采用所谓的自动化等级来表示不同智能条件下的人机关系变化,如表 15.1 所示。

表 15.1 不同自动化等级下的人机关系

维　　度	L1 工具辅助	L2 部分自治	L3 有条件自治	L4 高度自治	L5 完全自治
场景适用性	限定场景				全场景
人与流程关系	人在流程中			人监管流程	
人与机器关系	机器辅助人(自动化)		机器增强人(智能化)		机器赋能人
自治开放能力	原子 API	场景 API	意图 API		

由表 15.1 可以看出,不同的自动化等级可用不同条件的"自治"来表达,即从 L1 到 L5,也就是从完全人类控制到完全智能系统控制。从场景的角度看,除了 L5 完全自治可以实现全场景适用,其他场景都是有条件的场景。从人与流程的关系看,从 LI 到 L3,人在整个流程中是不可或缺的,因此人在流程中;而到了 L4 级,人就可以从流程中解脱出来——人不在流程中,只进行监管即可。人与机器的关系逐步从辅助变为赋能。

15.5.2 人机协作

大多数人工智能系统是在与人类共存的复杂混合系统中发挥作用的，这就产生了人机协作的问题。在人机协作中，人类和机器都可能表现出完全不同的行为。因此，从人机系统的角度研究人与智能机器协同、交互行为具有重大的意义和作用。

当人在环时，协作模式为辅助驾驶。在辅助模式下，用户进行操作，智能汽车进行辅助，但汽车可以警告用户类似超速等行为。目前的自适应巡航的交互设计就是代表案例（王建民等，2021）。在辅助驾驶中，有一类辅助被称为增强驾驶感知，即向人提供驾驶过程中无法感知或难以感知的信息，如增强现实显示等。当人不在环时，人车共驾呈现弹性关系，既可以由人来操作，也可以由智能汽车来操作。最具代表性的交互模式就是所谓的"相互控制模式"，即人与智能汽车以不同的介入水平相互控制。从交互设计的角度看，相互控制模式的核心在于在不同的弹性情况下如何由智能汽车主动实施交互。相互控制模式可以分为警告模式（解释信息传输，例如"如何警告超速"）、行动建议模式（智能汽车对人的操作提出建议）和限制模式（禁止人开展某种危及行车安全的任务等）。与警告模式和限制模式相比，行动建议具有很好的灵活性，使得人与智能汽车都有操作可能性，提高了技术的安全性和接受度，是常用的人车协同方式。

一个代表性的案例就是所谓的人车共驾中的接管移交。从交互设计的角度看，控制权从智能汽车到人的接管流程设计的最大挑战在于情境意识的转变，因此在设计上接管流程应该是逐步过渡的。由用户发起的接管流程设计的核心是在流程与交互设计中设置一个用户接管的行为或动作，如自适应定速巡航需要用户踩一下刹车就自动切换到用户接管的状态。但是在自动驾驶的情境下，因为人不在环，因此可能需要由智能汽车主动发起接管流程。图 15.14 就是由智能汽车发起的接管流程图。首先，智能汽车根据情境感知发现并确认需要进行接管的需求，然后向用户发出接管请求。接管过程中，接管时间一方面必须足够长，以允许用户有足够的时间获得情境意识；另一方面接管时间也要足够短，以避免任务已经完成时用户还没有来得及处理，防止接管任务出现相关的安全风险。在接管过程中，一旦用户意识到即将到来的转变，用户必须暂停正在进行的次要任务，包括认知和物理过程。同时，智能汽车的任务会进入人与智能汽车共同控制的状态，移交就开始了。当用户完全了解情况并开始执行驾驶任务时，整个移交结束，同时用户需要进行观察以评估车辆控制的安全性和稳定性。

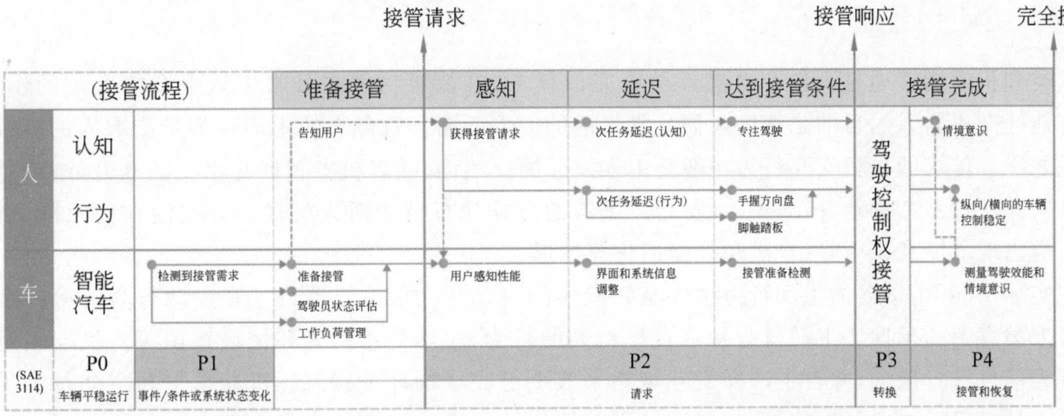

图 15.14 接管流程图（控制权从智能汽车到人）（谭浩，张迎丽，2022）

在实际情境中，还存在多人与多车弹性合作的人车共驾情境。图 15.15 就是关于两名用户与两辆智能汽车合作“变换车道”(Zimmermann & Bengler，2013)的流程示意图。

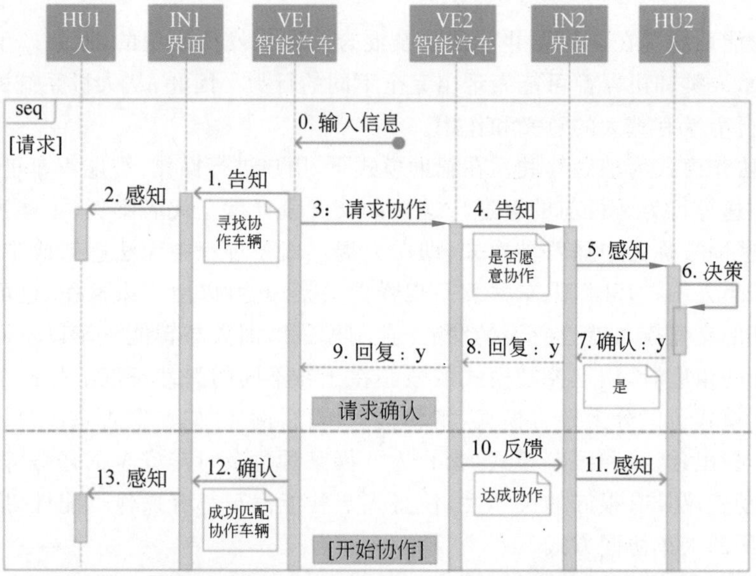

图 15.15　人与智能汽车合作变化车道示意图(谭浩，张迎丽，2022)

目前，大量的智能人机协作系统已经应用于人类的生产生活，在人和智能体协作的过程中，哪些因素可以促进人与机器之间的信任与合作显然是一个值得研究的话题。可以识别两种不同类型的人机交互：一种是机器可以提高人的效率，另一种是机器可以取代人类。关于机器取代人的话题是热门的话题，然而，智能机器取代人类的某些行为引出了一个新的疑问——最终机器是否能在更长时间内进行迭代或增强，以及人机共同行为是否将因此而演变。解决这些问题必须同时研究人类对机器行为的影响与机器对人类行为的影响之间的迭代、反馈、交互与循环。在实验室条件下，研究者已经可以观察到与简单机器人的交互可以增加人类的协调性，机器人可以直接与人类合作，达到和人与人合作相媲美的水平。从生态学的角度看，还应该关注人机混合交互方式从长期角度看如何被智能机器所影响，也就是人机混合系统的长期发展相关问题。

15.5.3　主动交互

人类和机器能够通过合作在自然环境中完成任务，并能成功地在日常生活中发挥有益的作用。设计智能社交机器人的目的是帮助人们日常生活的方方面面。机器人的主动行为是影响人的有效社交方式之一。传统的人机交互行为一般是由人发起的。然而，随着机器智能化水平的提升，越来越多的人机交互从机器主动地(proactive)发起。机器的自动执行行为对人类存在一些潜在的风险，例如导致人类出现情境意识下降、自满和技能退化等情形。

在实际情况下，机器的主动行为主要是智能体的自动化功能。机器自主和主动行为的第一个特点是对人类意图的预期。主动行为是一种模仿人的行为，包括信息检索和情境意识等。机器人对环境和行为信息进行预测，并自主选择交互策略来改变已完成的环境状态。机器自主和主动行为的第二个特点是对目标对象行为的影响。最初，主动行为的概念被认为是一种人类社会行为，例如，与领导、社会互动和商业关系有关。个人的主动行为指的是情境中预期的、面向变化的和自我发起的行为。当人类拥有积极主动的个性或从事积极主动的行为时，它可以帮助人类提高社会接受度；当机器人主动与人类交互时，也会发生同样的情况。人们能够感知到的机器人的社会类别是新奇的，这可以导致人类行为的改变，例如更积极的社会交往、不同的社会规范等。

例如，湖南大学和百度公司共同完成的交互式社交机器人主动交互研究项目（Tan H et al.，2020）将主动互动模型分解为五个层级（级别 1 至级别 5）。该模型由交互流程中的三种动作步骤组成（图 15.16）：第一步是机器人利用相关服务数据分析对被试的下一步需求做出假设，这是五个层次的起点；第二步是机器人根据第一步制定的策略执行某些主动行为，根据不同的主动水平有以下五种不同的情境。

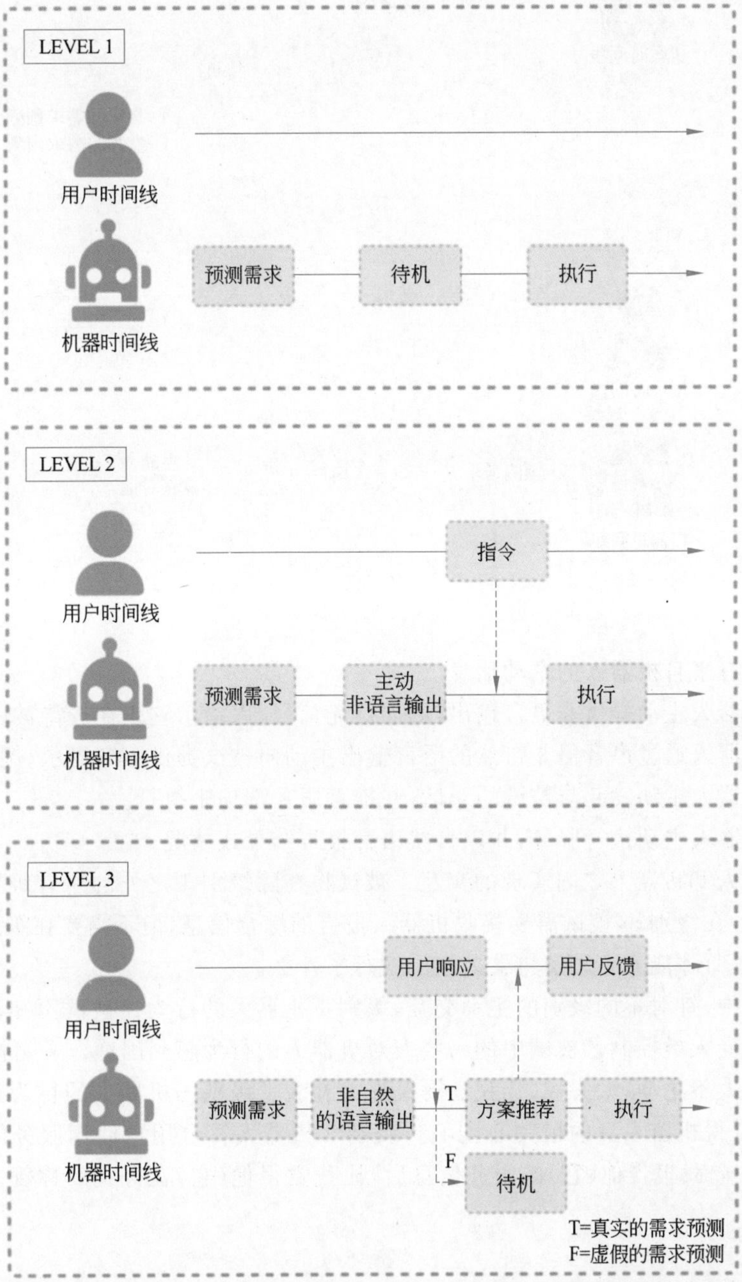

图 15.16　社交机器人与人类互动的主动行为的 5 个情境

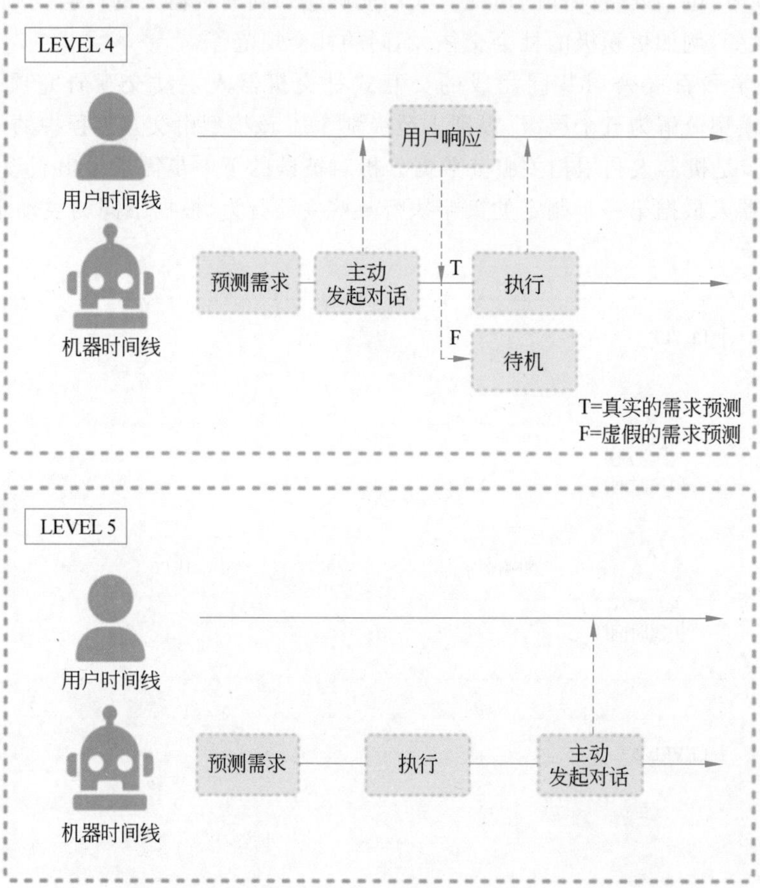

图 15.16 （续）

- 级别 1：没有来自机器人的主动信息。
- 级别 2：机器人主动提供非语言输出，例如灯光信号，以指示它正在等待被试说话。
- 级别 3：机器人通过声音但非自然的语言输出主动向被试提供服务提示，例如提示音或旋律。
- 级别 4：机器人主动发起与被试的对话，并推荐服务选项来执行。
- 级别 5：机器人主动执行服务，并以自然语言报告结果或情况。

最后一步是在人和机器人之间实现的交互。被试将在除级别 1 之外的所有级别接收信息并进行适当的交互。另外，在级别 5，被试需要接收机器人报告的综合信息，但不需要在级别 5 给出反馈。然而，被试需要仔细倾听才能完全理解机器人刚刚执行了什么。

在后续的访谈中，针对不同级别的主动交互，级别 1 机器人的行为让被试不知何故觉得机器人不礼貌，缺乏谦逊，不受人类控制。被试中的一些人对机器人的行为感到困惑。一名被试评论说：“我不知道它做了什么。太不主动，太失控，让我觉得没那么礼貌。”级别 4 机器人的行为被认为是最有思想和礼貌的，让被试觉得机器人真的很关心他们。级别 5 机器人符合用户使用服务的意向。有一名被试评论道：“机器人向我报告他（它）的服务信息后，让我觉得他（它）在等我的称赞。这种沟通方式会让我感觉更好。”

15.6 指导原则与设计指南：如何有效管理机器行为

15.6.1 智能机器进化对人类的影响：不可预知的行为结果

虽然总体而言机器行为是由人类设计师设计的，但不可避免的是，机器自身的进化行为会导致不同的结果。然而在这个过程中，机器进化还会出现一些连机器行为和算法的设计者都无法预料的结果。2016 年，在 AlphaGo 击败围棋世界冠军李世石的过程中，它的很多行为被认为是出人意料的，且违反了围棋长期以来所谓的"定式"。特别是对于第二场比赛的第 37 步(图 15.17)，这一步为其后续的胜利奠定了基础。然而 AlphaGo 计算出人类棋手走同样棋的概率为万分之一，因此被称为"神来之笔"。这与李世石在第四场比赛的第 78 步一样，都是未曾看到的下法。AlphaGo 第 37 步的非常规下法说明：智能机器的进化行为不依赖于人类相关经验的历史记录。这开启了一种称为"进化学习"的可能性，即通过观察算法和人类之间的迭代过程进行学习。

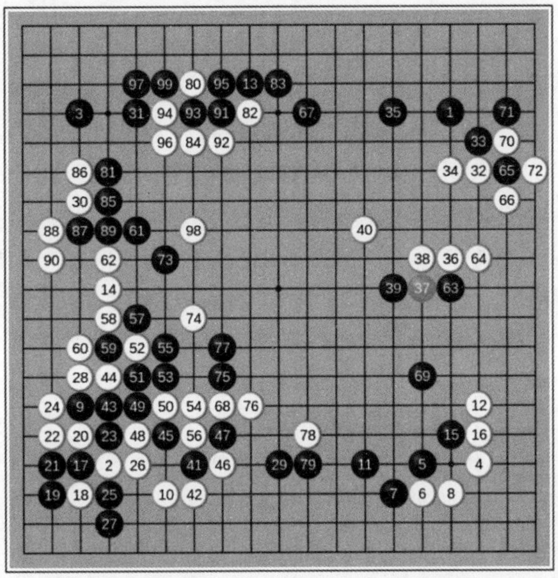

图 15.17 AlphaGo 与李世石围棋比赛第二场前 99 步复盘(图片来自：www.deepmind.com)

然而，机器进化过程中的有些不可预知的结果可能会对人类社会造成负面的影响。一个著名的例子是生活服务的算法(如在线购物等)，这样的算法已经可以做到根据用户个人画像进行产品服务智能推荐。然而，智能推荐过程是一个基于算法自身进化迭代的过程，会出现不可预知的后果，例如算法可能依据某些在设计之初并不完善的目标，将错误的商品或者更高的价格推荐给用户，即所谓的"杀熟"行为。这些算法进化迭代造成的后果可能会在人类体验等层次对算法和智能机器产生负面影响。因此，有必要研究这些负面影响产生的原因，以及提出面对不可预知系统输出结果对机器行为进行管理的原则与指南，并通过人工干预等方法对算法进化过程进行再设计，进而减少对人类社会的负面影响。

15.6.2 指导原则与设计指南

1) 指导原则

在智能机器于人类发展的角度，即整体系统与机器发展层面，机器行为不是一个静态的行为，而是自身发展和进化的行为。因此,需要在整体混合的维度上管理机器行为,站在时间的角度研究机器行为。

同时,从人类发展的角度看,设计机器行为也需要考虑人类的永续繁荣和可持续发展的目标。2015 年 9 月 25 日,美国纽约召开的联合国可持续发展峰会正式通过了 17 个可持续发展目标,如表 15.2 所示。基于机器行为学,在智能机器与人组合的生态中,智能机器都可以朝着联合国的可持续目标努力。例如,算法的公平性和非歧视性,就匹配第 4、5、7、8、10 等多条可持续发展目标。同时需要考虑,科学研究和设计通常会给科学家和设计师造成两难的境地。科学创造可以为人类谋福利,也可能被别有用心的人操纵和利用。因此,道德是所有机器行为研究、设计与管理的前提。

表 15.2　联合国人类可持续发展目标

序号	可持续发展目标
1	在世界各地消除一切形式的贫困(No Poverty)
2	消除饥饿,实现粮食安全、改善营养和促进可持续农业(Zero Hunger)
3	确保健康的生活方式、增进各年龄段人群的福祉(Good Health and Wellbeing)
4	确保包容、公平的优质教育,促进全民享有终身学习机会(Quality Education)
5	实现性别平等,为所有妇女、女童赋权(Gender Equality)
6	人人享有清洁饮水及用水是我们所希望生活的世界的一个重要组成部分(Clean Water and Sanitation)
7	确保人人获得可负担、可靠和可持续的现代能源(Affordable and Clean Energy)
8	促进持久、包容、可持续的经济增长,实现充分和生产性就业,确保人人有体面的工作(Decent Work and Economic Growth)
9	建设有风险抵御能力的基础设施、促进包容的可持续工业,并推动创新(Industry, Innovation and Infrastructure)
10	减少国家内部和国家之间的不平等(Reduced Inequalities)
11	建设包容、安全、有风险抵御能力和可持续的城市及人类社区(Sustainable Cities and Communities)
12	确保可持续消费和生产模式(Sustainable Consumption and Production)
13	采取紧急行动应对气候变化及其影响(Climate Action)
14	保护和可持续利用海洋及海洋资源以促进可持续发展(Life Under Water)
15	保护、恢复和促进可持续利用陆地生态系统、可持续森林管理、防治荒漠化、制止和扭转土地退化现象、遏制生物多样性的丧失(Life on Land)
16	促进有利于可持续发展的和平和包容社会、为所有人提供诉诸司法的机会,在各层级建立有效、负责和包容的机构(Institutions, Good Governance)
17	加强执行手段、重振可持续发展全球伙伴关系(Partnerships for the Goals)

2) 设计指南

智能机器的道德规范与风险问题正在被学术界、工业界和公众热烈地讨论着:智能机器导致人类失业、超级智能可能导致人类的终结、人类社会可能失去控制感……这些问题都受到机器行为设计的影响,并且反过来也会深刻影响机器行为设计。科幻作家阿西莫夫(I. Asimov)早在 1942 年就提出了设计机器人的三个原则(Asimov,1942):

- 第一,一个机器人不能伤害人类或者通过交互让人类受到伤害;

- 第二,一个机器人必须遵守人类发出的指令,除非指令与第一法则冲突;
- 第三,一个机器人必须保护自身生存,只要这种保护不和第一、第二法则冲突。

2019 年 6 月 17 日,中国国家新一代人工智能治理委员会正式发布了《新一代人工智能治理原则——发展责任》,对人工智能与机器行为的设计与研究明确提出:"今后将进一步研究和预测更先进的人工智能的潜在风险,以确保人工智能始终朝着人性化的方向发展。"随着无人监督强化学习的快速发展,很多人认为,超级智能的出现似乎只是时间问题,对于机器行为的设计者来说,比较理想的做法是设置必要的防护措施,因为一旦机器具有学习能力,人类几乎无法控制其行为的发展。最后,作为机器行为的设计者和研究者,在技术层面上理解机器行为的研究道德的基础上,也要充分考虑和评估自身在各个层次的法律风险与责任,用高水平和高标准的设计与研究促进机器行为的发展,例如在一项关于自动驾驶汽车的算法设计中就充分考虑了道路使用者之间公平分配风险以及"总体风险最小化、最贫困者优先、人人平等、责任和最大可接受风险"五项道德原则(Geisslinger et al., 2023)。

3) 设计案例:算法"杀熟"机器行为研究与算法策略改进设计

在算法发展与进化造成的不可预知的机器行为中,所谓的"杀熟"是一个广为人知的情境。例如两个人同时使用一个平台打车,"熟"用户比"新"用户的价格更高。出现上述现象的本质原因在于:生活类平台或者网站为了更好地为用户服务,同时获得更大的商业利益,采用了"差异化"算法策略,即基于用户画像的个性化推送与定价,形成了千人千面的界面、内容与商品价格,而个性化策略不可避免地需要其后台算法针对个人的特点进行自身迭代与进化。由于这些迭代与进化并不总是以用户注册时间和使用频率等传统的"熟"的定义为基础,因此,在某些情况下会出现"杀熟"行为。

案例基于案例分析(case studies)结合日志分析(log analysis)的方法,以国内某生活服务平台的相关数据和算法为基础,在针对机器自主学习与进化进行日常监督的基础上,获取用户在生活网站上消费的全过程流量数据,分析用户消费行为的事件过程,提取行为事件中涉及的价格,分析不同用户在同一情境下是否存在价格差异现象。若存在价格差异现象,则分析存在差别的原因,确认并修改算法策略,在小范围内验证算法修改后是否仍存在杀熟问题。总体研究框架如图 15.18 所示。

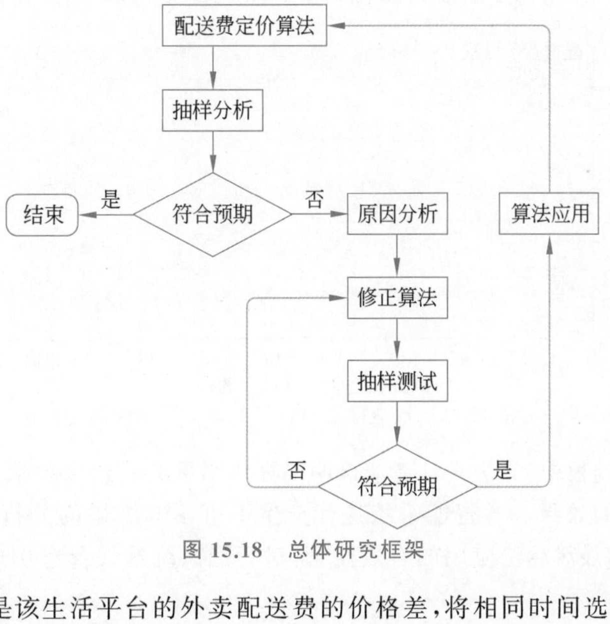

图 15.18　总体研究框架

研究案例的因变量是该生活平台的外卖配送费的价格差,将相同时间选购了相同店铺的相同外卖配送到相同地址的数据作为一组，将该组中最低的配送费作为基准，同组的其他数据与最低的配送费的差值作为价格差。案例针对有效数据的分析发现价格差的取值从 0 至 8.3 元不等，这证明算法在复杂的迭代过程中的确针对不同用户生成了不同的配送费。案例发现，在算法迭代过程中，若平台没有做好用户和配送合作方之间的平衡，导致给熟客提供了配送费较高的配送服务方，则会在算法迭代过程中无意地造成杀熟问题。

在前面的研究基础上，针对配送合作方的相关算法进行了改进，将订单派送给哪个配送合作方的骑手涉及广义的指派问题。目前，外卖订单派单算法的主要目的是使所有订单配送的延误时间最小，则有如下针对最小超时率的目标函数：

$$\min g(\Omega)=\frac{\sum_{i=1}^{n}1(f_{(i,c)}\geqslant d_i)}{n}$$

其中，$f_{(i,c)}$ 为订单 i 实际配送到达时间，d_i 为订单 i 计划配送的时间(用户下单之后系统显示的订单预计送达时间)，Ω 是所有订单任务的集合，n 为订单数量。可以看出，目前的配送算法并未将用户配送费作为目标函数进行优化。在现有基础上，可将配送合作方的配送成本差异作为特征加入算法，将实际外卖配送费与最小超时率同时作为目标函数进行优化，以在迭代求解过程中求得用户最小超时率和实际配送费与店铺消费次数的最优解。新的算法原理如下：

$$\min g(\Omega)=\frac{\sum_{i=1}^{n}1(f_{(i,c)}\leqslant d_i)+(u_{(m,p)}\geqslant u_{(m-1,p)})}{n}$$

其中，m 表示用户的消费次数，$u_{(m,p)}$ 表示用户本次消费的配送费，$u_{(m-1,p)}$ 表示相同条件下用户上次消费的配送费。在修改算法后，研究选取了消费次数为 1～15 次的 11291 名顾客的配送费差与店铺消费次数在“新”“熟”用户两个层次上进行了分析。分析发现：算法改进前，店铺消费次数与配送费存在低度正相关关系($r=0.48, P<0.1$)，这说明出现了杀熟行为；算法改进后，店铺消费次数越多，配送费越低($r=-0.85, P<0.01$)，杀熟行为得到了有效改善，如图 15.19 所示。

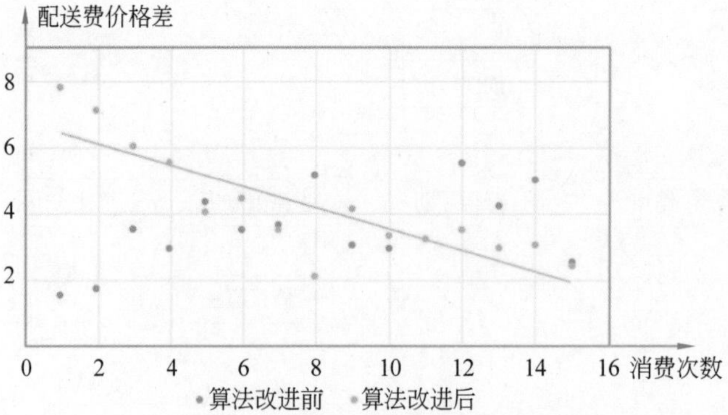

图 15.19 改进前和改进后的算法验证结果

在机器自主进化的过程中，算法设计者应该明确算法结果的一致性要求，即所有相似的用户经过同样的算法应得到相同的效果。对智能系统迭代产生不可预知结果的分析保障了算法应用的可验证、公平、诚信，有助于加强对算法应用的有效监管，对智能系统迭代及应用过程中的规则、标准等的制定有不可忽视的作用。

15.7　总结与展望

本章首先从人为事物的科学的角度对智能机器行为的概念、定义及研究领域进行了介绍，阐述了机器行为研究跨学科的特质；然后从个体、群体、人机混合三个层次分析了机器行为研究的范围和领域，从理论层面介绍了智能机器行为的核心概念与理论模型；随后从行为科学与智能科学的科学方法论出发，分析了智能机器行为的产生、发展与进化的内在机制，并着重阐述了智能机器行为发展中的不确定性问题；并从人智交互的角度对智能机器行为的研究与案例进行了讨论，最后针对智能系统的机器行为的一些不确定系统输出，结合设计案例提出了有效管理机器行为的指导原则与设计指南。

机器行为面临的挑战也是非常突出的。

1）机器行为的不确定性

智能机器行为模型反映了机器行为作为智能系统的特点，即机器具有自我适应和自我进化的能力。智能机器行为所带来的不可预知的后果可能给人类社会带来不可预知的风险。另外，与智能行为产生、发展、进化阶段息息相关的环境因素也在发生翻天覆地的变化。因此，如何对这种不确定性的形成原因、背景和驱动力进行研究，从而更好地理解智能机器行为的本质，是当前的一大挑战。

2）基于情境而非个体的机器行为

西蒙指出，“环境”是人为事物的核心，不同的环境造就了不同的人为事物。因此，关于机器行为这一人为事物的研究必须基于“环境”及其相关概念（如情境、系统等）来进行。与人类行为相似，解释任何机器行为都不能完全与训练或开发这一智能体的情境与数据分开。理解“机器行为如何因为情境输入的改变而变化”就像理解生命体根据存在的情境变化一样重要。因此，对智能机器行为而言，未来的主要目标是在如此复杂的情境中进行科学抽象，发现机器行为的共性规律，这与当年达尔文发现自然选择规律的情境比较相似。

3）物理行为、生命行为与机器行为

机器行为研究的重要出发点之一是使用行为科学的方法研究智能机器、系统与算法等人造物的行为，并将其视为有生命的个体。但不可否认的是，机器行为与动物、人类的行为有着本质上的不同。采用现有行为科学的方法对机器开展的研究也揭示了机器与人类甚至生命个体截然不同的行为特征。因此，开展机器行为设计和研究时要避免过度的“拟人”或“拟兽”。探寻机器行为与物理行为、生命行为的差异应是智能机器行为未来的研究重点。

4）学科融合的挑战

智能机器行为从其定义来看就是一个跨学科的领域。从设计、工程和智能科学的角度看，智能科学家、设计师和工程师专注于构建、实现和优化智能系统，使其性能达到最优，他们可以是优秀的数学家、架构师和工程师，但是他们基本上不具备行为科学的研究基础。行为科学领域的专家更喜欢探寻不同技术、社会和政治条件下的人类行为，因此他们很难从设计对象的角度对某个领域中智能机器的质量和可靠性等进行评估，因为他们缺少算法所必要的专业知识。因此，如何紧跟智能机器的不断发展，形成系统的跨学科智能行为研究方法体系已成为当前的巨大挑战。

参考文献

Wienrich, C., & Latoschik, M. E. (2021). extended artificial intelligence: New prospects of human-ai interaction research. Frontiers in Virtual Reality, 2, 686783.

陈善广，李志忠，葛列众，张宜静，& 王春慧. (2021). 人因工程研究进展及发展建议. 中国科学基金，35(2)，203-212.

Rahwan, I., Cebrian, M., Obradovich, N., Bongard, J., Bonnefon, J. F., Breazeal, C., ... & Wellman, M. (2019). Machine behaviour. *Nature*, *568*(7753), 477-486.

Sternberg, R. J. (1996). *Cognitive psychology*. Harcourt Brace College Publishers.

Wickens, C. D. (2020). Processing resources and attention. In Multiple-task performance (pp. 3-34). CRC Press.

Newell, A., Shaw, J. C., & Simon, H. A. (1959, June). Report on a general problem solving program. In IFIP congress (Vol. 256, p. 64).

Lévi-Strauss, C. (1945). French sociology. *New York*.

Durkheim, E. (2014). *The rules of sociological method: and selected texts on sociology and its method*. Simon and Schuster.

Edelmann, A., Wolff, T., Montagne, D., & Bail, C. A. (2020). Computational social science and sociology. *Annual Review of Sociology*, *46*, 61-81.

查尔斯·达尔文. *物种起源*. 苗德岁，译. (2010). 北京：商务印书馆.

尚玉昌. (2005). *动物行为学*. 北京：北京大学出版社.

李德毅. (2021). 新一代人工智能十问十答. 智能系统学报，16(5)，828-833.

Turing, A. M. (2009). *Computing machinery and intelligence* (pp. 23-65). Springer Netherlands.

Wooldridge, M. (1999). Intelligent agents. *Multiagent systems: A modern approach to distributed artificial intelligence*, *1*, 27-73.

McCulloch, W. S., & Pitts, W. (1943). A logical calculus of the ideas immanent in nervous activity. *The bulletin of mathematical biophysics*, *5*, 115-133.

Rosenblatt, F. (1958). The perceptron: a probabilistic model for information storage and organization in the brain. *Psychological review*, *65*(6), 386.

LeCun, Y., Bengio, Y., & Hinton, G. (2015). Deep learning. *nature*, *521*(7553), 436-444.

Xu, W., Dainoff, M. J., Ge, L., & Gao, Z. (2023). Transitioning to human interaction with AI systems: New challenges and opportunities for HCI professionals to enable human-centered AI. *International Journal of Human-Computer Interaction*, *39*(3), 494-518.

Shneiderman, B. (2020). Human-centered artificial intelligence: Reliable, safe & trustworthy. *International Journal of Human-Computer Interaction*, *36*(6), 495-504.

Simon, H. A. (2019). *The Sciences of the Artificial, reissue of the third edition with a new introduction by John Laird*. MIT press.

何人可. (1991). *工业设计史*. 北京：北京理工大学出版社.

Abras, C., Maloney-Krichmar, D., & Preece, J. (2004). User-centered design. *Bainbridge, W. Encyclopedia of Human-Computer Interaction. Thousand Oaks: Sage Publications*, *37*(4), 445-456.

Nielsen, J. (1994). *Usability engineering*. Morgan Kaufmann.

Norman, D. (2013). *The design of everyday things: Revised and expanded edition*. Basic books.

赵江洪，谭浩. (2006). *人机工程学*. 北京：高等教育出版社.

谭浩. (2023). *机器行为学*. 北京：电子工业出版社.

Isaka, S. (2023). Developmental Autonomous Behavior: An Ethological Perspective to Understanding Machines. *IEEE Access*, *11*, 17375-17423.

Froese, T., Virgo, N., & Izquierdo, E. (2007). Autonomy: a review and a reappraisal. In *Advances in Artificial Life: 9th European Conference, ECAL 2007, Lisbon, Portugal, September 10-14, 2007. Proceedings 9* (pp. 455-464). Springer Berlin Heidelberg.

Ezenkwu, C. P., & Starkey, A. (2019). Machine autonomy: Definition, approaches, challenges and research gaps. In *Intelligent Computing: Proceedings of the 2019 Computing Conference, Volume 1* (pp. 335-358). Springer International Publishing.

Huang, H. M. (2004). Autonomy levels for unmanned systems (ALFUS) framework volume I: Terminology version 2.0.

Endsley, M. R. (2017). From here to autonomy: lessons learned from human-automation research. *Human factors*, *59* (1), 5-27.

Lindsay, P. H., & Norman, D. A. (1997). *Human information processing: Second Edition* (pp. 65-79). Cambridge: Cambridge Massachusetts, United States: Academic Press.

Johnston, J. (2008). *The allure of machinic life: Cybernetics, artificial life, and the new AI*. mit Press.

Spohr, D. (2017). Fake news and ideological polarization: Filter bubbles and selective exposure on social media. *Business information review*, *34*(3), 150-160.

Whitehead, S. D., & Ballard, D. H. (1991). Learning to perceive and act by trial and error. *Machine Learning*, *7*, 45-83.

Bory, P. (2019). Deep new: The shifting narratives of artificial intelligence from Deep Blue to AlphaGo. *Convergence*, 25(4), 627-642.

Huys, Q. J., Eshel, N., O'Nions, E., Sheridan, L., Dayan, P., & Roiser, J. P. (2012). Bonsai trees in your head: how the pavlovian system sculpts goal-directed choices by pruning decision trees. *PLoS computational biology*, *8* (3), e1002410.

刘伟. (2021). *人机融合——超越人工智能*. 北京：清华大学出版社.

谭浩，张迎丽. (2022). 面向安全的智能汽车信息与交互设计研究. *装饰*(8)，6.(改下位置)

Zimmermann, M., & Bengler, K. (2013, June). A multimodal interaction concept for cooperative driving. *In 2013 IEEE intelligent vehicles symposium (IV)* (pp. 1285-1290). IEEE.

Tan, H., Zhao, Y., Li, S., Wang, W., Zhu, M., Hong, J., & Yuan, X. (2020). Relationship between social robot proactive behavior and the human perception of anthropomorphic attributes. *Advanced Robotics*, *34* (20), 1324-1336.

Asimov, I. (1942). Runaround. Astounding science fiction, 29(1), 94-103.

发展负责任的人工智能：我国新一代人工智能治理原则发布[EB/OL].[2019-11-25]

Geisslinger, M., Poszler, F., & Lienkamp, M. (2023). An ethical trajectory planning algorithm for autonomous vehicles. Nature Machine Intelligence, 5(2), 137-144.

作者简介

谭　浩　博士，教授，博士生导师，湖南大学设计艺术学院副院长。主要研究方向：人机交互设计，围绕“安全”和“体验”，在交通、应急、通信等领域开展机器行为设计研究。E-mail：htan@hnu.edu.cn。

张迎丽　博士研究生，湖南大学设计艺术学院。研究方向：面向安全应急的人类行为研究，人机交互设计。E-mail：zhangyingli@hnu.edu.cn。

吴溢洋　博士研究生，湖南大学设计艺术学院。研究方向：面向人类行为与意图的机器智能，智能人机交互设计。E-mail：yiyangdesign@hnu.edu.cn。

第16章

人智交互语境下的设计新模态

本章导读

本章旨在探讨技术与设计领域在人智交互语境下的关系及其影响，讨论通过传统设计对人智交互的优化方法。通过回顾大数据和发展趋势，以AI技术作为重要的技术推力，我们认为AI技术将会在未来成为设计领域不可缺少的重要环节，并能够帮助设计师更加高效、准确地开展设计工作。本章着重研究技术与设计之间的关系与互动，探讨AI技术对设计领域的贡献和变革，探寻AI技术与设计之间的融合和互动的实现路径，介绍设计相关学科如何参与、推动技术的发展和创新。本章详细讨论技术在不同设计领域中的具体应用，并着重探讨技术在设计中如何提高用户体验水平以及促进设计评价的发展。我们相信，通过对此类问题的深入讨论，可以为设计师提供一系列新的思路和方法，并且能够推动设计领域在AI技术深入应用过程中的不断创新和发展。

16.1 引言

以大数据和人工智能为核心的信息技术发展日益精进，人类社会的技术形态正在由信息化向智能化变迁。AI技术已成为热门的技术领域之一，其在某些领域中所展现出的能力已经开始超越人类的认知界限。同时，在AI技术不断发展的过程中，与设计领域之间也产生了越来越广泛而深入的融合，这种融合不仅改变了设计师的工作方式与思维模式，更重要的是，它也给未来的设计带来了全新的可能性和前景。因此，以AI为重要的技术推动力探讨技术与设计之间的关联与互动，探寻人智交互语境下设计的新模态，具有非常重要的价值和意义。

人智交互是指人类与智能系统之间基于人类智慧和智能技术的交互过程。在这个交互过程中，智能系统通过感知、理解和响应人类的需求、意图和行为，与人类进行信息交流、协作和共同决策。人智交互强调了人类和智能系统之间的相互作用，以实现更加智能化、个性化和有效的交互体验。人智交互作为一种新的设计模式，强调了人类和智能系统之间的双向互动和合作，它突破了传统的人机交互模式，将人类和智能系统视为平等的参与者，通过结合人类的智慧和智能技术的支持，实现了更加智能、个性化和高效的交互体验。在设计领域中，人智交互的应用具有巨大的潜力。通过人智交互，设计师可以与智能系统进行深入的合作，共同探索新的创意思路、优化设计方案，并及时获得智能系统的反馈和建议。同时，智能系统也可以通过学习和理解设计师的意图和偏好，提供更加个性化和符合用户需求的设计方案。这种紧密的人智交互将促进设计师在创作过程中发挥更大的创造力和创新

本章作者：薛澄岐，肖玮烨，王琳琳。

能力，进一步推动设计领域的发展。

一方面，AI 技术可以帮助设计师更加高效、准确地开展设计工作，它所生成的数据和信息可以为设计师带来更广阔的创新思路。AI 技术可以对大量的数据进行自主处理和分析，并通过智能算法帮助设计师获得更加全面、精准、真实的信息，作为对设计决策的有效支撑。这种所谓的“智能辅助设计”模式将会在未来成为设计领域不可缺少的重要环节。

另一方面，在 AI 技术的帮助下，设计可以更加贴近人类的需要，为人们提供更好的体验和更令人满意的设计作品。相较于传统的设计方式，AI 技术可以更加准确地分析和领会人类的喜好和需求，从而对设计进行优化和改进，为用户提供更加合理、完美的设计风格和体验，进而推动整个设计领域的发展。更重要的是，AI 技术的强大智能化将会改变人们的生活方式和认知方式，这也是当今设计师必须认真面对和思考的问题。

本章将着重研究技术与设计之间的关系与互动，主要围绕三个方向展开：(1)探讨 AI 技术对设计领域所做出的贡献和变革；(2)探寻 AI 技术与设计之间的融合和互动的实现路径；(3)介绍设计相关学科如何参与、推动人智交互的发展和创新。为了达到这些目的，本章首先将阐述技术在设计中的应用方向，并详细讨论 AI 技术与创新思维相结合的影响。在此基础上，本章还将探讨技术在不同设计领域中的具体应用，并着重探讨技术在设计中如何提高用户体验水平以及促进设计评价的发展。最后，本章还将分析设计学如何参与和推动技术的发展，探讨未来设计领域和技术的发展趋势与展望。

总体而言，本章旨在提供一个全面的视角以探讨人智交互语境下设计的新模态，并利用这种视角来深化人们对技术如何创新和变革设计领域的理解。本章不仅可以为设计工作者提供启发和指导，而且可以向其他领域的读者详细介绍技术与设计之间的融合进度以及未来的发展趋势，从而推动新技术在更多领域实现更加品质化和高效化的应用。下面将从 AI 技术与创新思维、AI 在设计领域的应用和设计学如何推动 AI 发展三方面展开介绍。

16.2　AI 技术与创新思维

AI 蕴含着广泛的应用价值，可以帮助人们更好地理解和处理复杂的现实世界问题。事实上，AI 与创新思维密不可分，前者可以在一定程度上激发人们的创新意识和思考，提高他们的创新能力和创造力。首先，AI 技术本身就是创新的体现，这种技术的出现和发展需要各种创新想法的支持和推动。其次，AI 技术可以促进创新思维的发展，它提供了更加高效、准确和实时的数据处理手段，使人们能够更深入地挖掘问题，提出更有创意的解决方案。此外，AI 技术还可以自我学习和优化，这意味着它可以不断地改进和创新，为人们提供更加高端的解决方案。

当然，AI 技术对于创新思维的影响也是有限的。目前，它并不能完全代替人类思维和创新能力，只是为人类提供了更加高效的工具和平台。同时，AI 技术本身也需要不断地创新和改进，只有不断地推动技术创新，才能更好地应对不同的应用场景和需求。

综上所述，AI 技术和创新思维是相互关联的，它们之间的关系不仅体现在技术的发展过程中，更是在应用中实现的。近年来，随着深度学习模型不断完善、开源模式的推动、大模型的商业化探索，AIGC(artificial intelligence generated content，人工智能生成内容)在设计领域产生了广阔而深远的应用前景与价值意义。AIGC 将 AI 技术与创新思维相结合，真正实现了技术的催化，为社会的发展和进步带来了促进作用。

16.2.1 AIGC的定义与发展

AIGC即利用AI技术来生成数字内容，它被认为是继PGC(professional generated content)、UGC(user generated content)之后的新型内容创作方式。AIGC的目标是使内容创作过程更加高效和便捷，实现高质量内容的快速生产。AIGC是通过从人类提供的指令中提取和理解意图信息，并根据其知识和意图信息生成内容。近年来，大规模模型在AIGC领域取得了突破性的进展。

AIGC的发展历史可以分为三个阶段：第一阶段是基于规则或模板的方法，主要用于生成结构化或半结构化的内容，如天气预报、新闻摘要等；第二阶段是基于统计或机器学习的方法，主要用于生成自然语言、图像、音频等非结构化的内容，如机器翻译、图像描述、语音合成等；第三阶段是基于深度学习或神经网络的方法，主要用于生成多模态、多领域、多风格、多目标等复杂和创造性的内容，如文本摘要(Ibrahim Altmami & El Bachir Menai，2022)、对话系统(Ni et al.，2022；Papangelis et al.，2020)、图像编辑(Borsos et al.，2022；Suvorov et al.，2021；Tzaban et al.，2022)、音乐创作(Hernandez-Olivan & Beltrán，2023)等。

在人智交互的背景下，除了传统的机器学习智能，如生成对抗网络、扩散模型和大语言模型等代表的大模型智能也开始在设计领域崭露头角。近年来，相关技术已经引起了整个社会的广泛关注，超越了计算机科学领域的范畴。大型科技公司开发的各种内容生成产品，例如ChatGPT(OpenAI，2023)和DALL·E 2(Ramesh et al.，2022)备受人们的关注。AIGC可以在短时间内自动化地创建大量内容。例如，由OpenAI开发的ChatGPT是一种语言模型，用于构建对话型人工智能系统，能够高效地理解并有意义地回应人类语言输入。此外，OpenAI还开发了DALL·E 2，如图16.1所示，这是另一个先进的生成式人工智能模型，可以在几分钟内从文本描述中创建独特且高质量的图像。AIGC的显著成就使得许多人认为它将成为人工智能的新时代，并对整个世界产生重大影响(Cao et al.，2023)。

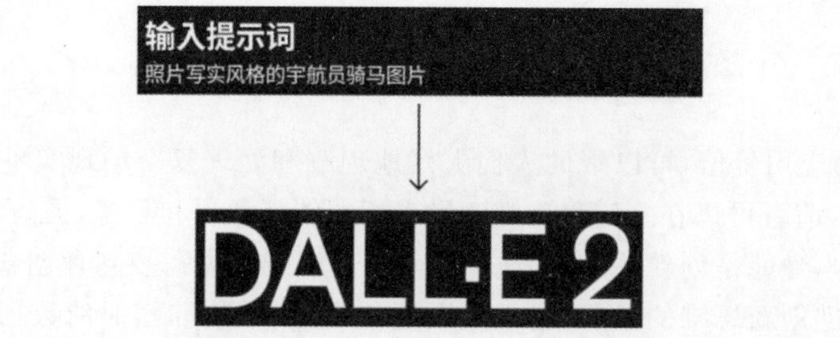

图16.1 DALL·E 2生成效果

AIGC从技术上讲是指利用GAI算法生成满足人类指令的内容，这些指令有助于教授和指导模型完成任务。这个生成过程通常包括两个步骤：从人类指令中提取意图信息，然后根据提取出的意图生成内容。近期，AIGC的核心进展主要源于在更大的数据集上训练更复杂的生成模型、使用更大的基础模型架构以及拥有广泛的计算资源，而非包含以上两个步骤的模型本身。例如，GPT-3的主要框架与GPT-2相同，但预训练数据大小从WebText（Brown et al.）(38GB)增长到CommonCrawl（Radford et al.）（过滤后为570GB），基础模型大小从1.5GB增长到175GB。因此，GPT-3在各种任务上，如人类意图提取方面，均比GPT-2具有更好的泛化能力。

除了数据量和计算能力增加带来的好处外，研究人员还在探索将新技术与GAI算法相结合的方法。例如，ChatGPT利用来自人类反馈的强化学习（Ouyang et al.; Stiennon et al.）确定给定指令的最合适响应，从而提高模型的可靠性和准确性。这种方法使ChatGPT能够更好地理解长时间对话中的人类偏好。同时，在计算机视觉领域，Stability.AI于2022年提出的stable diffusion（Rombach et al.,2022）也在图像生成方面取得了巨大成功。与先前的方法不同，生成扩散模型可以通过控制探索和开发之间的平衡来帮助生成高分辨率的图像，从而在生成的图像中实现多样性。

通过结合这些成果，大模型智能在AIGC任务中取得了显著的进展，并被应用于艺术（Anantrasirichai & Bull, 2022）、广告（Vakratsas & Wang, 2021）和教育等行业。AIGC不仅可以提高内容生产者和消费者之间的互动和沟通效率，还可以降低内容生产成本和门槛，提高内容质量和多样性，并促进社会创新和文化传承。在未来的一段时间，它将持续作为机器学习研究中的重要领域被不断开拓。相较于传统的机器学习方法，大模型智能具有以下独特的优势和特点。

(1) 更强的学习能力和创造能力。由于其庞大的参数空间和训练数据量，大模型智能能够更好地捕捉数据中的模式和规律，并生成更加逼真和创新的设计作品，这使得设计师能够从大模型智能中获得更多的灵感和创意，为设计领域带来全新的发展机会。

(2) 更强的知识表达和推理能力。通过训练海量的数据和复杂的网络结构，大模型智能能够获得更为丰富和深入的领域知识，并能够在设计过程中进行更精准的推理和决策，这为设计师提供了更有力的工具和支持，可以帮助他们更好地理解用户需求、解决设计难题和创造出更具价值和影响力的设计作品。

(3) 更多的技术调整和社会问题。尤其是在知识的获取和应用方面，大模型的训练和部署需要大量的计算资源和数据，并且面临着隐私和安全等方面的考虑。此外，大模型所产生的设计作品可能缺乏独特性和个性化，需要设计师在其中发挥主观判断和创造力，以确保作品与用户需求和社会价值相契合。

尽管如此，大模型智能仍然为设计领域带来了前所未有的发展机会。设计师可以与大模型智能进行紧密的合作，借助其强大的学习和创造能力开辟出全新的设计领域。通过与大模型智能的交互，设计师可以拓宽设计思路、加速设计过程，并创造出更具创新性和影响力的设计解决方案。

16.2.2　AI提高创作效率

新技术的主要目标通常是简化、提高准确性、加速或降低特定流程的成本。在某些情况下，这些技术甚至可以使我们执行以前不可能完成的任务或创建新的事物。如今，使用AIGC技术不仅可以极大程度地降低设计活动的技术门槛，还能够有效提升创作的效率与质量。通常情况下，设计内容（无论是图像、视频、音频还是三维模型）无法在短时间内达到使用户满意的效果，这可能是由于设计工具的限制、设计时的环境条件或随着时间的推移而产生的退化所导致的缺陷。AI提供了创建有助于改善质量的智能工具的潜力，特别是针对大规模生产的内容。如图16.2所示，AI能够对这些设计产物进行对比度增强、色彩还原、画质调节、图像修复甚至添加特效，这些技术使得设计师在工作过程中可以适当降低对作品质量的要求,从而大幅提升创作效率。

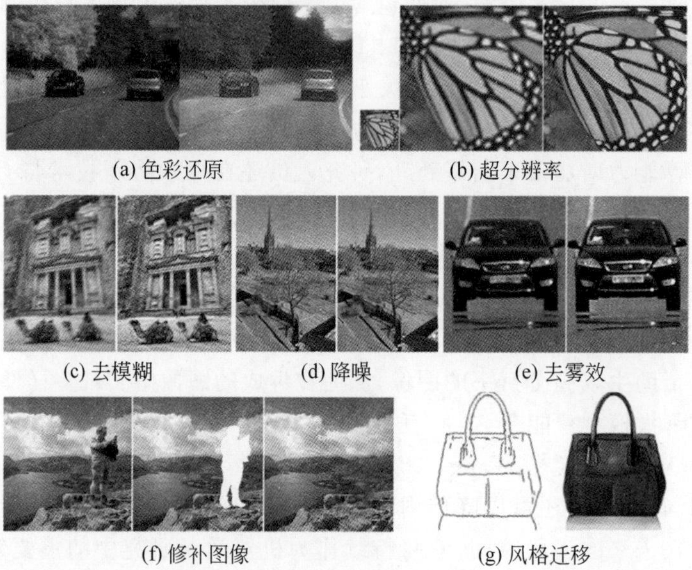

(a) 色彩还原　(b) 超分辨率

(c) 去模糊　(d) 降噪　(e) 去雾效

(f) 修补图像　(g) 风格迁移

图 16.2　常见的图像质量改善技术

(1) **AI 辅助增强对比度**。人类视觉系统在视网膜和视觉皮层中采用了许多对立过程,依赖颜色、亮度或运动的差异触发显著的反应(Zhang & Bull, 2021)。对比度是指对象可辨识的亮度和/或颜色差异,这是图像质量主观评估中的重要因素。低对比度图像呈现出狭窄的色调范围,因此可能显得单调乏味。对比度增强的非参数方法包括直方图均衡化,它将图像的强度从 0 到最大值(例如,8 位/像素时最大值为 255)进行了跨度调整。对比度受限的自适应直方图均衡化(CLAHE)是一种常用方法,用于调整直方图并减少噪声放大。现代方法进一步提高了性能,通过利用 CNN 和自编码器、inception 模块和残差学习进行优化。

(2) **AI 辅助色彩还原**。主要包括黑白内容上色、增强红外图像(例如在光线较暗的自然历史拍摄中)以及恢复老旧电影的颜色。一个很好的例子是彼得·杰克逊(Peter Jackson)的电影《他们不会成长》(2018 年),其中 90 分钟的战争录像被上色,并校正了速度和抖动,添加了声音并转换为 3D。这个工作流基于对战争装备和制服的广泛研究作为参考点,并涉及使用后期制作工具进行耗时的处理。最初用于颜色还原的基于人工智能的技术使用了一个仅有三个卷积层的卷积神经网络,将灰度图像转换为色度值,并通过双边滤波器进行改进,生成自然彩色图像。目前,大多数相关方法采用编码器-解码器或基于 U-Net 的结构。深度残差网络(NesNet)架构和密集网络(DenseNet)架构都已经证明可以将灰度转换为自然外观的彩色图像。

(3) **AI 辅助画质调节**。超分辨率(super-resolution,SR)方法变得越来越流行,它可以在空间或时间上提高图像和视频的上采样效果,这对于将传统内容升级以兼容现代格式和显示器非常有用。SR 方法可以增加低分辨率图像或视频的分辨率(或采样率)。在提供视频序列的情况下,可以使用连续地帧来构建单个高分辨率帧。尽管 SR 算法的基本概念非常简单,但与感知质量和可用数据的限制相关的问题非常多。例如,低分辨率视频可能会出现混叠现象,并在帧之间呈现亚像素移位,因此高分辨率帧中的某些点可能没有对应于低分辨率帧中的任何信息。借助基于深度学习的技术,低分辨率和高分辨率图像可以匹配并用于训练卷积神经网络等架构,从而可能仅使用单个低分辨率图像提供高质量的上采样。对于单图像超分辨率,Yang 等(W. Yang et al., 2019)的综述表明,像

EnhanceNet 和 SRGAN 这样具有高主观质量、锐度和纹理细节的方法无法同时实现低失真损失(例如均方误差或峰值信噪比)。

(4) **AI 辅助图像修复**。该问题经常被视为一个逆向工程,深度学习技术已被用于解决该问题。图像信息的信号质量常常因为失真或损坏而降低,这可能是由于采集过程中的环境条件(如弱光、大气扭曲或高速移动)、传感器特性(由于分辨率或位深度受限而引起的量化或传感器本身的电子噪声)或原始媒介的老化(如磁带或胶片)造成的。深度学习能够从去模糊、降噪、去雾和缓解大气湍流等方面极大程度地提升信号质量,这些图像处理技术与设计产业中的工作密切相关。例如,Noise2Void(Krull et al.,2019)采用了一种新颖的盲点网络,允许网络在单个图像中学习噪声特性,从而在假设数据受零均值噪声污染的情况下,训练一种不需要标注数据的降噪网络。而在去雾方面,DehazeNet、MSCNN(G. Tang et al.,2019)和 AOD-Net(B. Li et al.,2017)提供了高效且优质的深度学习图像处理方法。

(5) **AI 辅助特效生成**。近年来,基于机器学习的人工智能的应用与动画密切相关且增长迅速。例如,BBC 的《黑暗物质》和漫威的《复仇者联盟:终局之战》都使用了物理模型和 AI 算法的数据驱动结果相结合的技术,创造出高保真度和逼真的 3D 动画、模拟和渲染效果。基于机器学习的工具可以利用头戴式摄像头和面部追踪标记将演员的面部转化为电影中的角色。通过机器学习的人工智能技术,单张图像可以实时转换为逼真的全身着装的 3D 人物形象。在 VFX 中,还可以应用其他技术,如风格迁移和 Deepfake(Kietzmann et al.,2020; Zakharov et al.,2019)等技术,越来越多地采用人工智能技术来减少某些劳动密集型或重复性任务所需的人力资源,例如匹配、跟踪、剪辑、合成和动画等工作(Torrejon et al.,2020)。

综上所述,AI 技术对设计工作的创作效率产生了积极的影响。通过使用 AI 技术,设计师可以将烦琐、重复性的设计任务自动化,减少了设计师的重复劳动,提高了设计师的工作效率。此外,AI 技术还可以帮助设计师进行设计优化。AI 技术可以对设计作品进行自动分析和优化,设计师可以将更多的时间和精力投入更有价值的设计思考和创意产出中,从而提高设计作品的质量和创新性。

16.2.3 AI 激发创新思维

与其他领域相比,设计领域需要不同的创新水平和技能,因为创造力通常依赖于人类的想象力来推动不遵循通常规则的原创思路。虽然 AI 的成就在很大程度上依赖于数据的一致性,但创作者拥有一生的经验积累,使他们能够以"超越常规"的方法思考,这是受限制的学习系统无法轻易解决的。

多年来,国内外学者已经进行了许多研究,探索将 AI 应用于创意领域的可能性。Adobe 最近的一项调查显示,在美国、英国、德国和日本的艺术家中,四分之三的人会考虑使用 AI 工具作为助手,应用在图像搜索、编辑和其他"非创意"任务方面,更好的人工智能技术与人类之间的协作可以最大化这种协同效应的效益。

与创意产业相关的 AI 研究出版物的增长率在许多国家超过 500%,其中大部分与基于图像的数据有关。Crunchbase 数据库的公司使用情况分析表明,AI 在游戏和沉浸式应用、广告和营销中的应用更多,而不是其他创意应用。研究人员最近审查了创意和媒体产业中的创作、生产和消费三方面,他们提供了基于 AI/ML 的研究和发展的详细信息,以及新兴的挑战和趋势。

在过去的实践中,将 AI 和机器学习应用于创新目的的想法似乎不切实际。毕竟,创新在传统上被视为人类的领域,因为人们有"独特"的创新能力(Amabile, 2019)。尽管与人类相比,AI 可能存在缺陷,但有几个非常重要的因素,使得在创新过程中使用 AI 成为可能。在影响创新过程的外部因素中，创新管理人员面临着日益不稳定的社会环境，竞争越来越激烈的全球市场，以及变化迅速的科技局势(O'Cass & Wetzels, 2018)。与此同时，信息的可用性已经显著提高并将继续提高。这些趋势为AI解决问题的能力提供了强有力的证据(Hajli & Featherman, 2018)。也许更重要的是，在许多领域，创新风险的负面影响正在受到成本增加的影响，也就是说，每项创新的成本已经显著增加。目前，AI系统在克服人类信息处理约束方面的创意和机会开发领域表现出色，它能够通过处理远远超出人类能力范围内的大量信息来支持人类在开发想法、机遇和解决方案等方面的创新需求，并发掘有趣的研究领域。实际上，这些技术已经为很多公司创造了可观的经济价值。

如今，人工智能已经证明了其处理和适应大量训练数据的能力，它可以学习和分析这些数据的特征，从而使得分析和预测具有高置信度的结果成为可能。考虑到大语言模型的通用性，本节仅在此介绍在自然语言处理技术发展过程中，在应用领域较有代表性的AI技术，这些技术主要包括文本分类、内容检索和智能助理领域。当然，大语言模型，例如GPT4(OpenAI, 2023)在这些领域均有更出色的表现，图16.3展示了近年来自然语言处理以及机器视觉领域算法的发展历程，依赖这些技术的分析和推荐能力，设计师能够在头脑风暴时更高效地开拓创新思维。

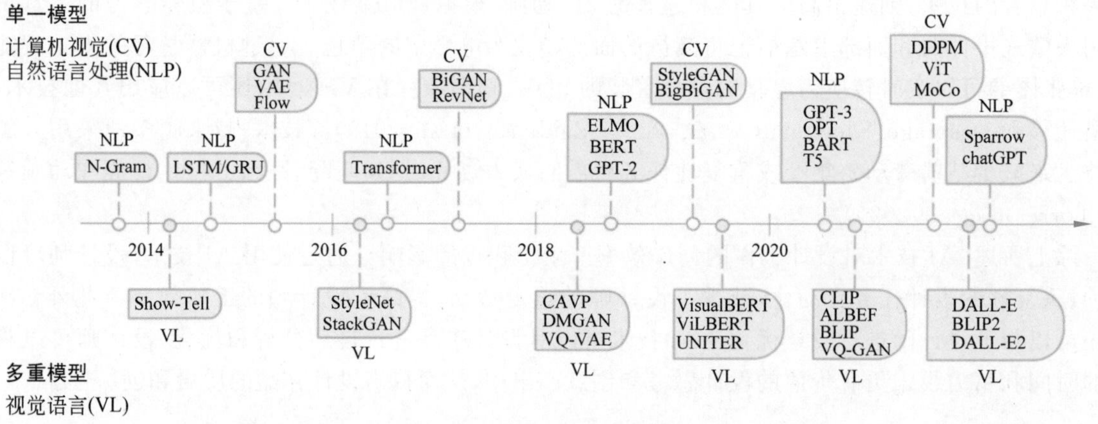

图 16.3 相关技术发展历程

(1) **AI辅助文本分类**。AI能够从完整的文本中生成摘要，以便进行后续的检索和内容分析(例如垃圾邮件检测、情感分类和主题分类)。现代自然语言处理技术基于深度学习，通常第一层是嵌入层，将单词转换为向量表示，然后添加其他卷积神经网络层来提取文本特征并学习单词位置。随后，学者在网络中引入了注意力机制，以在各项任务中提供语义表示(Trușcă et al., 2020)。

(2) **AI辅助内容检索**。数据检索是许多创意过程中的重要组成部分，因为创作一个新的作品通常需要进行大量的研究。传统的检索技术采用元数据或注释文本(例如标题、标题、标签、关键字和描述)对源内容进行注释。然而，创建这些元数据所需的手动注释过程非常耗时。人工智能方法通过支持基于音频和对象识别和场景理解的媒体分析实现了自动注释。

(3) **AI驱动智能助理**。这套系统采用多种AI工具形成了一个软件代理，可以为设计师执行任务或提供服务。这些虚拟代理可以通过数字渠道访问信息，回答新闻或百科全书查询等相关的问题，它们可以推荐艺术作品与灵感词条，还可以管理个人日程、电子邮件和提醒事项。沟通可以以语音和文字的形式进行。智能助手背后的人工智能技术基于复杂的机器学习和自然语言处理方法。目前，智能助手的示例包括谷歌助手、Siri、亚马逊Alexa等。同样，聊天机器人和其他类型的虚拟助手也能够被应用于营销、客户服务、查找特定内容和信息收集。

随着 AI 技术的不断发展,大语言模型已经成为创新设计行业中的重要工具,它可以帮助设计师更好地理解用户需求、探索创意灵感、优化设计方案。随着大语言模型的不断发展,我们可以期待更多的应用场景和创新,从而进一步提高设计师的工作效率和创意水平(OpenAI, 2023)。

16.2.4 AI 助力设计评价

设计评价是设计过程中的一个关键环节,它可以帮助设计师了解他们的设计是否符合客户的要求、是否满足用户需求以及是否能够产生良好的用户体验。然而,传统的设计评价方法通常需要大量的时间和人力资源,而且可能会因为主观因素而导致不准确的评估结果。

一张图像的美学质量通常是由已经建立的摄影规则来评判的,这些规则可能会受到多种因素的影响,包括不同的光照、对比度和图像构图。在审美评估环境中给出的这些人类判断是人类美学体验的结果,即情感评估、感官运动和意义知识神经系统之间的相互作用,这一点在 Chatterjee 等的系统神经科学研究中得到了证实(Chatterjee & Vartanian, 2016)。

从 Fechner 的心理美学研究(Fechner, 1876)开始到现代的神经美学,研究人员认为人类美学体验与视觉刺激引起的感觉存在一定的联系,无论来源、文化和经验如何,都得到了视觉皮层特定区域的活化的支持。例如,人类的一般奖励回路让在人们看到美丽的物体时会产生愉悦感,随后的审美判断包括对所感知物体价值的评估。视觉皮层中的这些激活可以归因于刺激的各种早期、中期和晚期视觉特征的处理,包括方向、形状、颜色分组和分类。艺术家有意地将这些特征融入作品中,以促进观众所期望的感知和情感效果,形成了一套指南,他们在创作艺术品时可以诱导感知者神经系统中所期望的反应。这些研究表明,人类美学体验是一种包括五个阶段的信息处理过程:感知、隐式记忆整合、内容和风格的显式分类、认知掌握和评估,最终产生美学判断和美学情感。然而,计算建模过程并不容易。评价图像质量的任务面临着诸多挑战。

为了解决这些挑战,计算机视觉研究人员通常将此问题视为分类或回归问题。早期的研究是试图使用低级特征模拟已经建立的创作规则,这些系统通常包括由高质量图像和低质量图像组成的训练集和测试集。使用指定的度量标准(例如准确率),通过模型在测试集上的性能来判断系统的稳健性。这些基于规则的方法是直观的,因为它们试图明确地建立人类用于评估图像美学质量的标准。然而,后续的研究表明,使用数据驱动的方法更有效,因为可用的训练数据量从数百幅图像增加到数百万幅图像。此外,从具有足够数据量的源任务到具有相对较少训练数据的目标任务的迁移学习也被证明是可行的,深度学习算法通过网络微调,成功的尝试显示出有希望的结果,图像美学以一种数据驱动的方式被隐式地学习。

当前图像审美评估研究仍存在许多挑战,包括中性审美的图像如何标注,如何有效地学习有限的数据信息,更大规模、更多样化、更丰富注释的数据集如何生成。因此,未来的研究方向将着眼于更好地解决这些问题,并且进一步将 AI 审美评估技术应用于更多领域。

16.3 AI 在设计领域的应用

16.3.1 3D 设计中的 AI 应用

3D 设计(建筑设计、工业设计等)是一个复杂的过程,需要经验和创造力来开发新的设计。因此,将人工智能应用于这个过程不应在既定的搜索空间中寻找解决方案,而应该在概念设计阶段对需求和可能的解决方案进行探索。许多设计元素是通过同时考虑广泛的可量化和不可量化的特征来选择的。即使一个问题可以使用数学表达，缺乏明确和标准的评价标准也使得定义设计意图变得困难。

早在1987年，Soddu(Soddu, 1999)就在他的书籍 *Citta' Aleatorie* 中创建了意大利中世纪城市的人工DNA，用于定义建筑和城市设计的生成设计方法。此后，各种方法已被开发出来，例如Yeh(Yeh, 2006)在2006年使用退火神经网络解决医院建筑案例的设施布局问题；Rian等(Rian & Asayama, 2016)在2016年使用分形算法进行建筑形态设计；Chatzikonstantinou等(Chatzikonstantinou & Sariyildiz, 2017)在2017年研究了自相关联结模型在可持续建筑立面设计中的应用。

建筑形态的决策影响其建筑、美学和结构特征以及其可持续性。形状影响亮度和热损失，但也影响成本和可用面积，建筑领域在研究如何适当地生成复杂形状以进行参数调整和优化方面已经有了活跃的工作。其中，应用最广泛的技术包括进化算法、分形设计、集群智能以及元胞自动机(Cellular automata, CA)。尽管这个领域的大部分工作集中在使用进化算法和元胞自动机来完成这些任务，但基于AI的方法也同样被逐渐应用于3D设计的实践中，如Tamke等(Tamke et al., 2018)在2018年研究的一个案例。目前，深度学习常被用于与这些传统的程序化建模方法相结合，从而支撑可控性更高、鲁棒性更强的生成式设计。

(1) 进化算法辅助设计。20世纪50年代，Arthur Samuel提出了一个问题，即如何让计算机在没有明确编程的情况下学习解决问题，这引发了进化算法的诞生。进化算法起源于达尔文的进化论，并基于模拟进化复制自然结构，生成能够适应其环境的系统，其方式类似于自然选择。进化计算领域包括三种类型的算法，通称为进化算法：遗传算法(GAs)(Holland, 1992)、进化策略(Rechenberg, 1965)和进化程序设计(Artificial Intelligence through Simulated Evolution, 2009)。在设计领域，基于进化的搜索已被广泛用于优化现有设计(Forrest, 1996)，因为基于进化的算法是已知的搜索算法中最灵活、高效和稳健的。

(2) 程序化分形辅助设计。建筑师设计和利用不同的几何系统作为框架来复制复杂或抽象的形式。分形几何允许使用一些简单的算法快速、容易地建模许多物体和自然现象的复杂形状，因此是受自然启发的建筑形式的合适方法之一。事实上，Wen等认为，分形建筑可以体现中国古代哲学观念中的"人是自然的一部分"(Wen et al., 2010)。此外，分形模型是由简单元素连接而成的复杂模型，使用简单规则，因此是工业化大规模生产的适当选择。

(3) 集群智能辅助设计。群集智能和粒子群优化(particle swarm optimization, PSO)的方法受到昆虫群体行为的启发，同样的想法以算法的形式在计算机中实现，现在用于不同类型的优化和搜索系统。根据Vehlken(Vehlken, 2014)的说法，使用群集智能和基于代理的计算机模拟技术可以使当前的建筑注重运动。Vehlken引入了"建筑未来学"的概念，与可以分析和评估的大量不同情况相关联，提供多种不同的有价值的未来视角，允许无缝地综合多种想法，或在正在进行的设计过程中从客户或未来用户那里获得反馈。

(4) 元胞自动机辅助设计。CA系统生成的模式在建筑设计中受到赞赏，因为它们具有空间特性，而且结果往往出乎意料，使设计师可以扩大他们的想象范围。设计系统可以解释为生成和减少潜在提案的过程的重复，在这个过程中，设计师交替寻求灵感和对生成结果进行分析评估。Kicinger等(Cruz et al., 2016)发现，生成表述的优势部分来源于人类设计师使用不同的启发式策略并逐步应用于建筑物的各个部分，这个过程在使用CA中得到了部分模仿。

随着扩散模型和大语言模型领域的发展，深度学习算法与程序化建模方法将更加紧密地结合起来。AI技术在建筑设计中的应用是一个不断发展和完善的过程,不同的方法各具优缺点,需要根据具体情况进行选择和应用。此外,AI辅助建筑设计的应用还需要设计师对算法的运用和结果进行适当的解释和调整,以确保设计方案的合理性。

16.3.2 2D设计中的AI应用

在2D设计(平面设计、界面设计等)领域,扩散模型(diffusion models)已经成为最具代表性的技术,该模型已经在图像合成任务中(image synthesis)打破了生成对抗网络在该领域的长期支配,并且在计算机视觉、自然语言处理、时间序列数据建模、多模式建模、鲁棒性机器学习以及计算化学和医学图像重建等领域都显示出了潜力。已经发展出了许多方法来改善扩散模型的性能,这些方法包括通过增强经验性能或从理论角度扩展模型的容量。在设计实践中,由于扩散模型的灵活性和高效性,扩散模型近期已经用来解决各种具有挑战性的任务,其中主要包括从文字生成图片、从场景图生成图片、从文字生成模型、从文字生成动画等生成任务。

(1) 从文字生成图片。混合扩散(blended diffusion)(Avrahami et al.,2022)利用了预训练的DDPM(Dhariwal & Nichol,2021)和CLIP(Radford et al.,2021)模型,并提出了一种通用的基于区域的图像编辑解决方案,该方案使用自然语言引导,并适用于真实和多样化的图像。另一方面,unCLIP(DALLE-2)提出了一个两阶段的方法,一个先验模型可以生成基于CLIP的图像嵌入,以文本标题为条件,而一个基于扩散的解码器可以生成基于图像嵌入的图像。最近,Imagen(Saharia et al.,2022)提出了一种从文本到图像的扩散模型和一个综合评估性能的基准,它表明Imagen的表现在对比现有最先进方法,包括VQ-GAN+CLIP(Crowson et al.,2022)、潜在扩散模型(Lu et al.,2022)和DALL-E-2(Ramesh et al.,2022)时表现良好。此外,VQ-Diffusion(Gu et al.,2022)提出了一种面向从文本到图像生成的向量量化扩散模型,消除了单向偏差并避免了累积预测误差。

(2) 从场景图(scene graphs,SGs)生成图片。尽管从文本到图像生成模型已经从自然语言描述中取得了令人振奋的进展,但是它们仍然难以忠实地重现具有许多物体和关系的复杂句子。从SGs生成图像是一个重要而具有挑战性的任务。传统方法(Herzig et al.,2020; Y. Li et al.,2019)主要从SGs预测类似图像的布局,然后基于该布局生成图像。然而,这样的中间表示将失去SGs中的一些语义,而最近的扩散模型也无法解决这个限制。SGDiff(L. Yang et al.,2022)提出了第一个专门用于从场景图生成图像的扩散模型,并学习了一个连续的SGs嵌入来调节潜在扩散模型,这些模型已经通过设计的掩蔽对比度预训练在SGs和图像之间全局和局部地进行了语义对齐。与非扩散和扩散方法相比,SGDiff可以生成更好地表达SGs中密集和复杂关系的图像。然而,高质量的配对数据集很少且规模较小,如何利用大规模的文本-图像数据集来增强训练或提供一个语义扩散先验以实现更好的初始化仍然是一个开放性问题。

(3) 从文字生成模型。3D内容生成在广泛的应用领域中都有很高的需求,包括游戏、娱乐和机器人模拟。将自然语言与3D内容生成相结合可以大大帮助新手和经验丰富的艺术家。DreamFusion(Poole et al.,2022)采用预训练的2D文本到图像扩散模型执行文本到3D合成,它使用概率密度蒸馏损失优化随机初始化的3D模型(神经辐射场,NeRF),该损失利用2D扩散模型作为优化参数图像生成器的先验。为了获得快速和高分辨率的NeRF优化,Magic3D(Lin et al.,2022)提出了一个两阶段扩散框架,该框架建立在级联低分辨率图像扩散先验和高分辨率潜在扩散先验的基础上。

从文字生成动画、文本到图像扩散生成的巨大进展促进了文本到视频生成(Ho et al.,2022; Singer et al.,2022; Wu et al.,2022)的发展。Make-A-Video(Singer et al.,2022)通过时空分解扩散模型将基于扩散的文本到图像模型扩展到了文本到视频，它利用联合文本-图像先验来避免对配对文本-视频数据的需求，并进一步提出了超分辨率策略以进行高清、高帧率的文本到视频生成。Imagen Video(Ho et al.,2022)通过设计级联视频扩散模型生成高清视频，并将在文本到图像设置中表现良好的一些发现应用于视频生成，包括冻结的 T5 文本编码器和无分类器的引导。FateZero(Qi et al.,2023)是第一个使用预训练文本到图像扩散模型的时间一致、零样本文本到视频的编辑框架，它融合了 DDIM 反演和生成过程中的注意力图，以最大限度地保持编辑期间的运动和结构的一致性。

这些任务的成功表明，扩散模型在 2D 设计领域具有广泛的应用前景，它们可以从不同的模态和数据源中生成高质量、多样化和逼真的图像。然而，扩散模型在 2D 设计领域仍然面临着一些挑战和局限，例如如何提高生成效率、如何提高生成分辨率、如何提高生成多样性、如何提高生成一致性、如何提高生成可控性等。相信随着扩散模型技术社群的普及，这些问题在不远的将来都将得到解决。

16.3.3 其他相关领域与 AI 应用

正如上文所说，AI 技术的应用已经成为设计领域的研究热点。其中，一些研究通过将 AI 技术直接应用于设计中，生成出具有一定创造性和独特性的设计作品，如在 3D 或 2D 场景中直接使用 AI 或相关算法生成设计作品。除此之外，基于学习的方法同样能够间接地帮助设计师进行创作、快速验证和展示作品。

(1) **AI 辅助服装设计**。基于深度学习的方法能够提升布料仿真的速度与质量。深度学习算法可以通过大量训练数据学习复杂的物理现象，进而提升仿真的效果。例如，Santesteban 等(Santesteban et al.,2021)提出了一种新的生成模型，用于 3D 服装变形，首次能够让 AI 学习到一种数据驱动的虚拟试穿方法，有效地解决了服装与身体之间的碰撞仿真问题。Dressing in Order(Cui et al.,2022)在此基础上使用了一种新颖的循环生成管道，有顺序地给人穿衣服并进行布料仿真，以不同的顺序尝试相同的衣服产生的不同结果。另外，在模型重建领域，ECON(Xiu et al.,2023)即使在目标穿着宽松的衣服和复杂的姿势下，也能推断出高保真的 3D 人体模型。研究者可以通过数据驱动的方法对服装布料的物理特性进行建模，然后将这些特性用于仿真过程。这种方法可以提高仿真的真实度和速度，并帮助设计师更快地验证和修改设计方案。

(2) **AI 辅助 XR 研发**。AI 可以通过三维重建、re-lighting 等方法使混合现实场景更加逼真，能够更真实地呈现设计效果。通过使用深度学习算法，可以将多个视角的图像进行配准和融合，生成三维模型，然后在此基础上进行重建和重新照明，从而得到逼真的场景效果(Zhan et al.,2020)。这种方法可以帮助设计师更好地展示和验证设计方案，同时也为用户提供了更加真实的体验。然而，这种方法需要大量的计算资源和数据支持，因此如何处理大规模数据和加速计算成为研究的重要方向。

(3) **AI 辅助逆向设计**。AI 可以结合计算摄影和图形学方法，对现实中的产品快速扫描并建模，提升设计效率。通过使用计算摄影技术，可以从多个角度获取产品的图像信息，并根据这些信息生成三维模型(Sayed et al.,2022)。目前，神经渲染技术在该领域被广泛使用。例如，清华大学联合商汤团队(Ling et al.,2022)提出了神经 SDF，通过监督阴影光线，从多个照明条件下对单视图纯阴影或 RGB 图像重建场景。此外，还可以利用深度学习算法对模型进行细粒度的优化，以提高建模的精度和效率(Gao et al.,2023)。这种方法可以帮助设计师更快地获得产品的三维模型，从而加速设计流程和提高设计效率。然而，现实中的产品往往具有复杂的形状和纹理，如何处理这些复杂的数据成为逆向设计领域研究的难点。

需要注意的是，虽然基于学习的方法在设计领域的应用具有许多优点，但同时也存在一些挑战，挑战之一是数据的获取和处理。在许多设计领域,如时装设计领域,获取数据是一项耗时且昂贵的任务。因此,如何快速、准确地获取大规模的数据成为研究的重要方向。另外,如何处理大规模数据、加速计算和提高算法的效率也是研究的重点。因此,研究者需要探索更有效的算法和技术,以满足设计师的需求。

总体来说,基于学习的方法在设计领域具有广泛的应用前景。通过使用深度学习等方法,可以帮助设计师更快地验证和修改设计方案,提高设计效率和创造力。同时,这些方法也可以帮助设计师更好地展示设计成果,为用户提供更加真实的体验。然而,还需要注意基于学习的方法在设计领域中的应用也存在着一定的局限性。例如,在直接使用AI或相关算法生成设计作品的过程,AI往往无法理解设计师的意图和风格。因此,在这些应用中,设计师仍然需要参与到设计的过程中,以保证设计的质量和独特性。另外,在设计领域,AI技术应用的最终目标是为设计师提供更好的工具和方法,而不是取代设计师。因此,设计师需要具备一定的AI技术应用知识,以更好地与AI协同工作。

16.3.4 AI在设计中的创新作用

1. AI在设计中的新概念

随着人工智能技术的进步,HCI/UX(User Experience,用户体验)专业人员定期将人工智能功能集成到新的应用程序、设备和系统中。AI可以作为非专业人员使用的资源,成为一种新的设计材料(Holmquist, 2017),这意味着HCI/UX设计师应该将AI视为一种能力,即为特定功能量身定制的应用服务,以支持特定体验(例如"搜索功能")。例如,对于具有会话UI(User Interface,用户界面)的应用程序,传统的方法是客户提出问题,然后由人工代理响应帮助,可以通过训练语言模型将AI添加到该会话功能中,让这些模型处理该语言并通过算法构建最佳响应,并通过基于AI的虚拟支持代理返回该响应。这种无形、个性化、对话式设计的新材料就是算法。HCI/UX设计师可以在架桥算法和UI方面发挥积极作用,用技术为最终用户带来更好的体验。

在设计中,AI的发展强调以人为中心。以人为中心的AI核心不是用机器取代人类,而是开发与人类互动和协作的智能系统的基础,以提高人类的能力,并赋予个人和社会权力。在以人为中心的AI中,人的输入是设计和构建过程的核心。以人为中心的AI必须战胜人机交互的挑战,以确保人类始终能对AI保持控制,包括使用户能够理解交互是如何驱动的(透明性),并保持与人工智能系统交互的最终控制。同时,可信人工智能指人工智能技术本身具备可信的品质,研究范畴包含安全性、可解释、公平性、隐私保护等多方面内容。

2. AI在设计中的新思维

算法被认为是一套关于如何执行任务的指导方针。为了最好地利用算法进行UX设计,Holmquist(Holmquist,2017)在使用算法进行设计时提出了以下设计准则。

(a) 揭示算法的效果:用户不理解算法是如何工作的,体验设计师需要让算法的结果更加明显。

(b) 算法的参与式设计:让用户参与到数据创建中,以获得个性化的体验,并使用不同的个人偏好选择信任程度。

(c) 透明度设计:让用户了解AI如何影响他们与应用程序的交互。

(d) 为不透明性而设计:不再准确解释AI为什么或如何做它所做的事情。

(e) 为不可预测性而设计:无论神经网络训练得多么好,它仍然是从给定的数据中得出结论的。

(f) 为学习而设计:学习必须内置到交互中,并且完全不引人注目,这样就不会让用户感觉自己是AI的训练轮。

(g) 为进化而设计：AI 系统将继续进化，有必要与用户沟通这一点，以便他们知道会发生什么，并在避免不愉快的意外的同时从中受益。

(h) 共享控制设计：AI 系统允许与用户共享权力。

3. AI 在设计中的新方法

用户界面设计应该是一个创造性的过程，涉及不同原型保真度的多次迭代，以创建 UI 设计。在 AI 的帮助下，我们需要考虑如何让 AI 为设计师执行重复性任务，同时让设计师掌握创意过程的控制权。这种方法有利于设计师与 AI 共同创造设计解决方案(Liao et al.,2020)。这种与 AI 的协同创作可能会进一步促进解决方案的最佳体验(Oh et al.,2018)。

具体来说，De Peuter 等(2021)提出了一种用于协作设计辅助的通用方法。协作设计辅助已经为特定的设计问题提供了支持广泛交互的方法，即使用生成式用户模型，从他们的行为中推断出设计师的目标，并计划如何更好地协助设计师。De Peuter 等(2021)在一个旅行规划示例中演示了该方法(图 16.4)。AI 应该欣赏设计师思维的探索性特征。在这个设计过程中，设计师的解决方案不仅是为了解决问题，也是为了了解问题，包括其目标和约束，他们可以根据效用函数(图 16.4 中的等高线)对设计空间进行心理规划，让效用函数随着设计的进行而演变。AI 应该在这个创造性的过程中进行协作，例如，通过提出高质量的解决方案提高设计师解决问题的能力。要做到这一点，它需要知道设计师的效用函数。该研究建议创建 AI 助手，可以从观察中推断出这种效用，然后用它来辅助设计师。

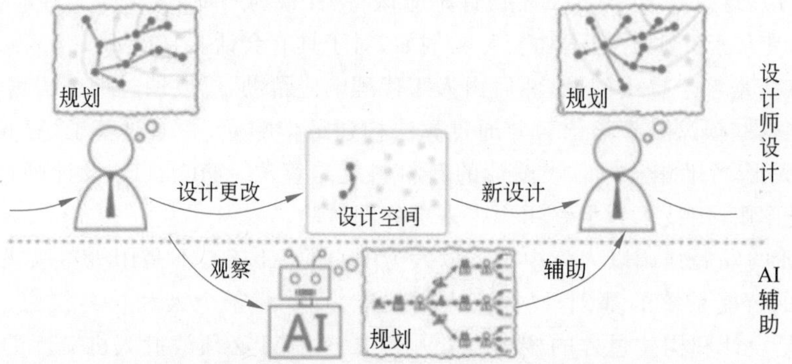

图 16.4　以旅行规划为例的设计师与人工智能协同设计活动示意图(De Peuter et al.,2021)

此外，Chen 等(2019)提出了一种通过应用 AI 和数据挖掘技术来增强设计构思的综合方法。该方法由两个模型组成，一个是语义构思网络，另一个是视觉组合模型，它们基于计算创造力理论在语义和视觉上激发灵感。语义概念网络通过挖掘跨多个领域的知识来激发新的想法，提出了一种生成式对抗网络模型，用于为视觉组合模型生成 UI 对象。结果表明，该方法可以创建各种跨领域的概念关联，并快速轻松地推进构思过程。Liao 等(2020)还提出了一个 AI 增强设计支持的框架，该框架涉及早期设计阶段与 AI 相关的人类构思组件和设计工具，将 AI 在设计构思中的角色明确描述为表征创造、同理心触发和参与。该框架提出了在设计过程中辅助认知模式的方法，并进行了实证研究，以调查设计表征和设计原理的认知模式。该研究涉及 30 名设计师，他们同时进行了有声思考协作和行为分析，进而确定了 AI 支持人类创造力的作用，即人工智能可以提供灵感，告知设计范围，并要求设计行动。

16.4 设计学推动人智系统发展

在应用人工智能技术解决实际问题的同时，人们也需要运用创造性的思维和创新型的方法，将自己拥有的知识和经验融入人工智能技术的开发、设计和应用中。这样不仅可以进一步优化人工智能技术的效能和性能，还能够促进不同学科之间的交流和合作，为更全面、深入地解决方案提供支持和保障。

16.4.1 设计学与AI

1. 设计学对AI的推动作用

设计学对于AI技术的发展具有重要的作用。首先，设计师需要将设计问题转化为可计算的形式，从而使得人工智能技术能够应用到设计问题中。其次，设计学对于人工智能技术的应用提供了许多实际案例和应用场景，从而为人工智能技术的发展提供了实际指导。最后，设计学还可以通过对于设计作品的分析和评估，为人工智能技术提供更好的训练数据和模型。

训练数据库是优化机器学习过程性能的关键组成部分，因此人工智能系统的很大一部分价值在于这些数据。一个设计良好、具有适当大小和覆盖面的训练数据库可以显著帮助模型泛化并避免过度拟合的问题。因此，在人工智能技术中，数据生成是一个至关重要的问题。数据生成的目的是生成符合预期的数据样本，例如图像、音频和文本等。在人工智能技术中，数据生成可以应用到许多不同的领域中，例如自然语言处理、计算机视觉和音频处理等。数据生成可以帮助人工智能技术学习并生成更加复杂和具有创造性的数据。

在实现高性能的监督深度学习中，训练数据集的标签的可靠性至关重要，这些数据集必须包含：①模型在实际情况下使用时与输入统计相似的数据；②告诉机器期望输出的标注是什么。例如，在分割应用中，数据集将包括图像和相应的分割图，指示每个图像中的同质或语义上有意义的区域。同样地，在物体识别中，数据集也将包括原始图像，而期望输出将是对象类别，例如汽车、房屋、人、动物等。一些带标签的数据集可供公众免费使用，但这些数据集往往是有限的，尤其是在某些数据难以收集和标记的应用中。其中最大的是ImageNet，其中包含超过1400万个标记为22000个类别的图像。在收集或使用数据时，必须注意避免不平衡和偏见，例如偏斜的类别分布，其中大多数数据实例属于少数类别，而其他类别则很少；又如在颜色还原中，蓝色可能更常出现，因为它是天空的颜色，而粉红色的花卉则更为罕见。这种不平衡会导致机器学习算法对具有更多实例的类别产生偏见，因此它们更倾向于预测多数类别的数据。少数类别的特征将被视为噪声，往往会被忽略。

设计学在合成数据生成领域发挥着重要的作用。设计师可以通过创造性地设计来生成具有多样性和创新性的数据。例如，设计师可以通过创造性的排版、色彩搭配和图形设计等技巧，创造出独特的图像和文本数据。这些数据可以作为训练数据，为人工智能技术提供更加多样化和丰富的数据样本。此外，设计学还可以通过设计评估和分析来提高数据生成的质量和可靠性。设计评估和分析可以帮助人工智能技术更好地学习和理解数据的特征和规律。通过设计师的评估和反馈，人工智能技术可以逐步学习和提高自身的生成能力。通过创造性的设计和设计评估及分析，设计师可以生成具有多样性和创新性的数据，并提高数据的质量和可靠性，这将为人工智能技术的发展带来更多的机会和挑战。

2. 合成数据提升AI绩效

数据增强技术经常被用于增加训练数据集的数量和多样性，而无须收集新的数据。相反，通过裁剪、翻转、平移、旋转和缩放等变换，可以利用现有数据生成更多的样本(Anantrasirichai et al.,2018)，这可以通过增加少数类别的表现来帮助避免过拟合，当模型记住整个数据集而不是只学习问题的基本概念时，就会出现过拟合。一些生成对抗网络已经被成功地用于扩大训练集，目前比较流行的网络是 CycleGAN(Zhu et al.,2017)。

合成数据是指由计算机模拟或算法生成的数据，用于代替或补充真实数据。合成数据在 AI 研究中有着广泛的应用，尤其是在计算机视觉领域，例如图像分类、目标检测、语义分割、人脸识别、三维重建等。合成数据的优势在于可以提供大量、多样、精确标注的数据，降低数据采集和处理的成本和难度，保护隐私和安全，以及增强模型的泛化能力和鲁棒性。

使用设计软件生成合成数据的方法是一种重要的技术手段，它利用计算机图形学与设计学的原理和工具，如渲染着色器、三维模型、纹理贴图、光照效果等模拟真实世界的场景和物体，并生成逼真的图像或视频。图形学方法可以根据不同的需求和目标灵活地控制合成数据的参数和属性，如视角、姿态、背景、遮挡、噪声等，从而提高合成数据的质量和多样性。图 16.5(Hinterstoisser et al.,2019)展示了使用渲染引擎批量生成目标检测合成数据的方法。目前，已经涌现出一部分案例使用指向明确的数据生成方法解决不同领域的 AI 难题，其中主要包括使用神经渲染(neural rendering)、建模仿真以及游戏引擎来高效地生产合成数据。

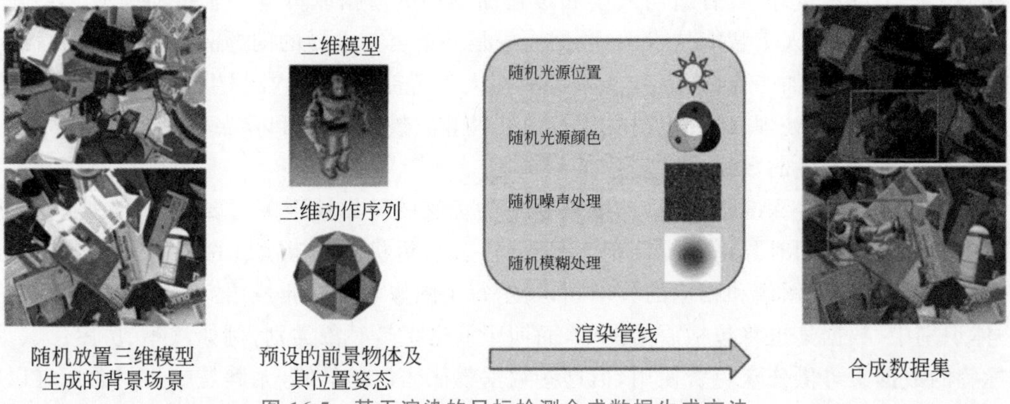

图 16.5　基于渲染的目标检测合成数据生成方法

(1) 神经渲染是一种结合了深度学习和图形学的技术，它可以从少量的真实图像中学习场景或物体的三维结构和外观，并在新的视角或光照下生成逼真的图像。神经渲染可以有效地解决传统图形学方法在处理复杂、动态、非刚性的场景或物体时遇到的困难，如人脸、人体、服装等。神经渲染可以用于生成合成数据，用于训练 AI 模型。例如，在人脸识别领域，神经渲染可以从一张或几张人脸照片中重建出人脸的三维模型，并在不同的表情、姿态、光照下渲染出新的人脸图像(Ren et al.,2021)。这些合成的人脸图像可以用于增强人脸识别模型的训练数据集，提高模型对于姿态和光照变化的鲁棒性。

(2) 建模仿真是一种利用计算机技术创造出虚拟环境，并在虚拟环境中低成本进行物理仿真的技术。虚拟现实可以提供丰富多彩的场景和交互，让用户感受到真实世界无法提供的体验。虚拟现实也可以用于生成合成数据，用于训练 AI 模型。例如，在自动驾驶领域，虚拟现实可以模拟各种道路、车辆、行人、交通信号等元素，并在不同的天气、时间、路况下生成逼真的驾驶场景(Casas et al.,2021)。这些合成的驾驶场景可以用于训练自动驾驶模型，提高模型对于复杂和异常情况的应对能力。

(3) 游戏引擎是一种专门用于开发和运行电子游戏的软件框架,它提供了图形渲染、物理模拟、音效处理、用户界面、网络通信等功能,以及各种游戏资源和工具。游戏引擎可以用于生成合成数据,用于训练 AI 模型。例如,在目标检测领域,游戏引擎可以从大量的三维模型库中随机选择和排列物体,并在不同的背景、光照、遮挡下生成逼真的图像(Borkman et al.,2021; H. Tang & Jia,2023)。这些合成的图像可以用于增强目标检测模型的训练数据集,提高模型对于多样和复杂场景的识别能力。

综上所述,使用设计软件生成合成数据的方法是一种有效的技术手段,它可以根据不同的 AI 任务和场景灵活地生成大量、多样、逼真的数据,用于训练和测试 AI 模型。使用设计软件生成合成数据有多种方法,不同技术路线各有优势和局限,可以根据具体的需求和条件进行选择和组合。使用设计软件生成合成数据的方法还面临着一些挑战和问题,例如如何提高合成数据的真实性和多样性,如何评估合成数据的有效性和可信度,以及如何保护合成数据的版权和隐私。这些问题需要进一步的研究和探索,以促进合成数据在 AI 领域的广泛应用和发展。

3. 未来设计与 AI 发展的展望

随着人工智能技术的不断发展,设计领域也在逐渐受到影响。设计师已经开始利用人工智能技术来提高生产效率、增强设计的创造性和实现个性化设计。未来,设计与人工智能技术的结合将会带来更多的机会和挑战。

(1) 在智能设计软件的发展方面,随着人工智能技术的不断发展,设计师将不再依赖手工绘图或者手动排版。相反,他们将能够使用智能设计软件,这些软件将自动识别设计师的意图,并帮助设计师快速创建出完美的设计。这些软件还将能够使用机器学习和人工智能技术来预测用户的需求,从而更好地满足用户的需求。智能设计软件的发展也将使得设计师能够更加专注于创意的发挥。由于一些重复性的任务将由智能设计软件自动完成,因此设计师将有更多的时间专注于创造性的设计,这将有助于提高设计的质量和创造性,从而为用户带来更好的体验。

(2) 在个性化设计的发展方面,设计师将能够更好地满足用户的需求,提供更加个性化的设计方案。这将使得设计更加适应用户的需求,提高用户的满意度。个性化设计也将有助于减少浪费,因为设计将更加精准地满足用户的需求,避免浪费。

(3) 在自动化技术的发展方面,自动化生产将越来越普遍。设计师将能够使用机器学习和人工智能技术来优化生产过程,并自动化制造过程。这将有助于提高生产效率、降低成本和缩短生产周期。自动化生产的发展还将有助于提高产品质量。自动化制造过程将减少人为错误的发生,从而提高产品的质量。自动化制造还将使得生产过程更加可控和精确,从而确保产品的一致性和可靠性。

(4) 在人机交互的发展方面,人机交互将变得更加智能化和个性化。人工智能技术将能够自动识别用户的需求和喜好,并根据用户的反馈来不断优化设计。这将使得用户的体验更加个性化和愉悦。另外,随着虚拟现实技术和增强现实技术的不断发展,人机交互将变得更加丰富多彩。设计师将能够创造出更加逼真和令人沉浸的虚拟世界,从而为用户带来更加真实的体验。同时,增强现实技术也将使得用户能够更加方便地与设计进行交互,提高用户的参与感和满意度。

虽然人工智能技术的发展将带来很多机会和挑战,但是也会带来一些伦理问题。例如,在智能化设计中,设计师将面临如何平衡机器决策和人类决策的问题。机器决策可能会出现一些错误或者偏见,因此设计师需要考虑如何确保机器决策的正确性和公正性。另外,随着智能化设计的发展,一些工作可能会被自动化取代,从而导致一些设计师失业。因此,设计师需要考虑如何提高自己的技能和创造力,以适应未来的发展。

总体来说,未来设计与人工智能技术的结合将会带来很多机会和挑战。智能化设计软件的发展将使得设计师能够更加专注于创意的发挥，提高设计的质量和创造性。个性化设计和自动化技术的发展将能够更好地满足用户的需求，提高用户的满意度，减少浪费并提高生产效率。人机交互的发展将使得用户的体验更加个性化和愉悦。但是，智能化设计的发展也会带来一些伦理问题，需要设计师认真思考和应对。

16.4.2 设计学与智能人机界面

智能人机界面需要捕捉用户的生理行为（如眼动指标、脑电信号等）作为系统学习的重要途径，例如以 ERP 信号检测人类对于不同产品外观的喜好程度。目前的智能界面主要通过用户下达指令式的命令要求机器完成某项动作，要求人工智能可以准确、快速地理解并执行指令。在界面设计之初，需要提前调研人类行为偏好、肢体语言、点击次数、眨眼频率等指标作为信息框架。设计界面时，还需要考虑不同职业、年龄的人群不同的使用习惯。另外，以凝视作为非语言类交流方式可以作为增强人机团队的互动和改善意图识别的新的研究方向。以上情景更多地将人工智能视为下级或平级关系，如果牵扯到利益或真心的交流，例如人工智能聊天机器人 Replika 提供的陪伴和支持，它可以帮助人们处理他们的心理问题，而不会经历任何道德负担，这是一种包含同理心的弹性交流信息处理和中介移情机制，如图 16.6 所示。

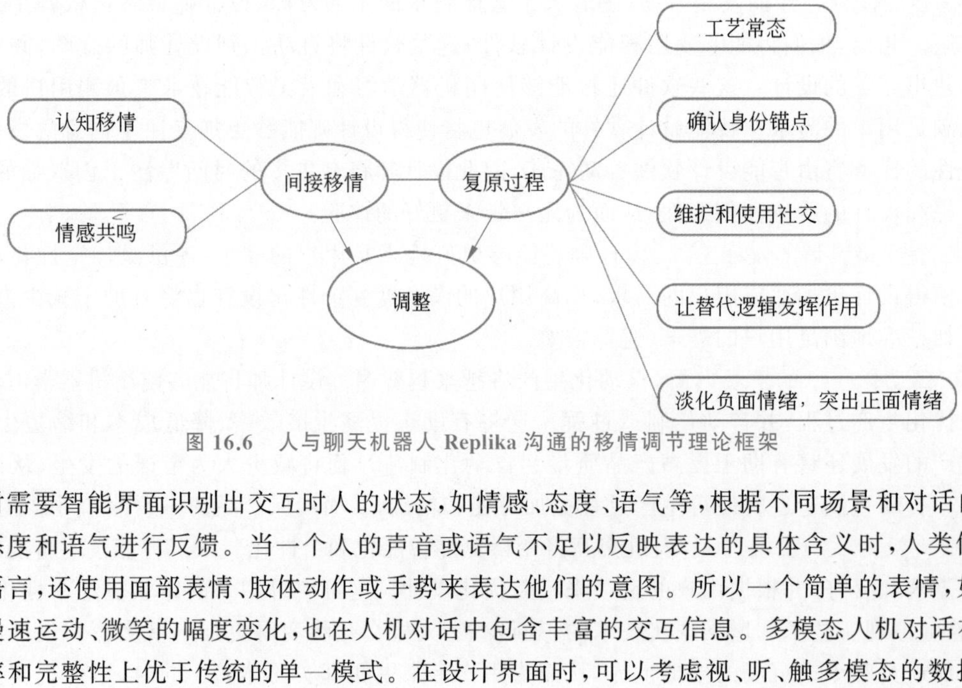

图 16.6 人与聊天机器人 Replika 沟通的移情调节理论框架

这时需要智能界面识别出交互时人的状态，如情感、态度、语气等，根据不同场景和对话内容采用合适的态度和语气进行反馈。当一个人的声音或语气不足以反映表达的具体含义时，人类倾向于不仅使用语言，还使用面部表情、肢体动作或手势来表达他们的意图。所以一个简单的表情，如手势的快速和慢速运动、微笑的幅度变化，也在人机对话中包含丰富的交互信息。多模态人机对话在信息表达的效率和完整性上优于传统的单一模式。在设计界面时，可以考虑视、听、触多模态的数据收集和模型构建。另外，在 *AI chatbots cannot replace human interactions in the pursuit of more inclusive mental healthcare* 中也提到 Replika 这样的电子界面可能是依靠自我倡导对用户进行精神保健，此类聊天机器人的算法逻辑是值得研究的，以 AI 为主体的自适应智能人机界面可以给患者带来安慰剂效应，即从假治疗中获得真正的好处。

人工智能要做到与人正常交流，需要在问、答、指令、接收信息四方面有所深造，如图 16.7 所示。问是指人通过语音、文字等对话方式提出问题（语音是最快、最直接的表达方式），计算机理解问题后给出正确完整的答案；答是指计算机需要通过如传感器、用户事件监听等隐形手段获取更多的用户数

方式/媒介	人	书	收音机	电视	电脑	手机	人工智能
问	多种	×	×	×	搜索	搜索	多种
答	多种	×	×	×	获取用户数据	获取用户数据	获取用户数据
指令	多种	×	频道、声音调节	频道、声音调节	多种	多种	多种
陈述	多种	×	×	×	×	×	×
接收信息	多种	阅读	聆听	观看聆听	观看聆听	观看聆听	观看聆听

图 16.7　人工智能的交流媒介

据；指令是指用户通过语音和界面发出指令，计算机接收并理解指令后完成一系列的操作；接收信息是指人给出问题和指令后，计算机如何提供正确的答案和反馈。设计以用户为中心，在设计时密切关注用户的体验和感受是界面设计的关键所在。如聊天机器人可以使用表情包传达文字不具备的社交线索以提升用户体验，而强调聊天机器人的表情包，可以通过与文本情感效价一致性对用户社会临场感及社会化反应的影响提高社交机器人的拟人化程度，进而促进未来人们对机器人服务的广泛接受与使用。因此，可以给界面设置相应的表情或声音的人设，一个爱笑、乐观的表情更容易使人们在和其交流时获得同理心，如图 16.8 所示。

设计时，另一个影响用户体验的要素是以用户经历（EX-experience design）为中心的设计。UX构建的是每一件小事，EX 构建的是用户经历，基础是每件小事之间的联动，从多个维度包括用户画像和行为、场景和环境、上下文的理解（上一件事情发生了什么，后面安排的事情）等为用户创造价值。在界面中同样要考虑这一点，从全局出发考虑界面之间的联动，以及不同场景和突发事件下界面变化如何服务用户，即从单体变成一块拼图，考虑上下左右的关系并兼容，如图 16.9 所示。提前设计好用户意图，不仅能实现更好的用户体验，且机器学习可以在此基础上进行人体意图实现的学习，从而在界面设计中根据人们点击的次数、频率、重要性等因素提供更智能精准的服务与反馈。设计从本质上来说是通过思考、预测、实验等方式解决目前存在的问题，并将解决方案最大限度地美观化、现代化，以期获得更好的用户体验。虽然人工智能在经过深度学习和算法输入后，其解决超复杂、纯智商难题上很有可能会超越人类，但人工智能无法衡量最终的用户体验感的好坏。从某种程度上来说，人工智能也是设计中的一环，它可以提供某些规范化的界面设计方式作为参考，但仍然需要更多地从角度上去考虑最终框架。

图 16.8　界面表情包设计

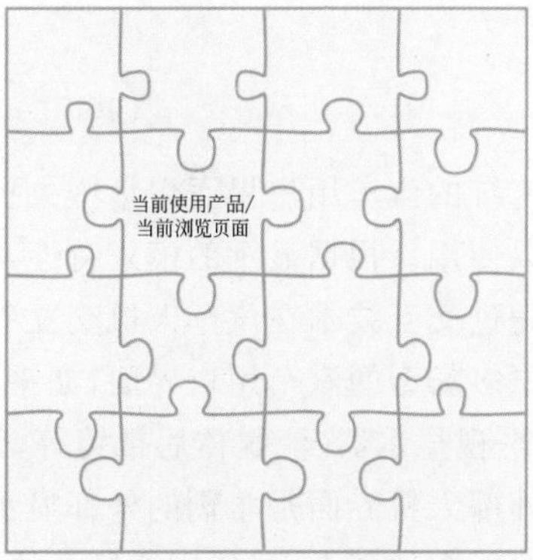

图 16.9　EX 中的拼图思维

16.4.3 以智能驾驶为例讨论设计的作用

设计学与智能人机界面已应用在众多场景，以智能汽车的人机交互界面设计为例，先进的技术使汽车领域的交互变得越来越复杂，积极的用户体验对用户接受智能汽车至关重要，可能会促进智能车辆的使用并加快其在社会中的普及，应该被视为汽车开发过程的关键部分。在此背景下，智能汽车人机界面的用户体验设计成为国内外学术界与产业关注的重点。在国家发展和改革委员会发布的《智能汽车创新发展战略》中对智能汽车的定义为：智能汽车是指通过搭载先进传感器等装置，运用人工智能等新技术，具有自动驾驶功能，逐步成为智能移动空间和应用终端的新一代汽车。智能汽车通常被称为自动驾驶汽车（autonomous vehicle，AV）、智能网联汽车（intelligent and connected vehicle，ICV）等。自动驾驶汽车的历史与相关概念可以追溯到 20 世纪 30 年代后期，可以通过避免致命的碰撞、为以高龄人及残障人士为代表的特殊用户群体提升驾乘体验、增加道路容量、节省燃料和降低排放来从根本上改变交通系统。自动驾驶汽车的性能和安全性可通过网联技术提升。智能网联汽车是新一代车辆，融合自动驾驶汽车与网联式汽车（connected vehicle，CV）的技术优势，配备先进的车载传感器、控制器、执行器等设备，集成现代通信和网络技术，实现车辆与人、车、路、背景等之间的智能信息交换和共享。自动驾驶技术和网联技术的结合共同推动汽车向智能化方向发展。

智能汽车交互界面主要包括汽车的交互式服务（如车内支付、联网音乐、远程汽车访问），增加了汽车交互设计的复杂性。人机交互界面（human-machine interface，HMI）是自动驾驶汽车与乘客、其他道路使用者等人机之间通信的硬件和软件系统的集合，包含两种主要类型，即汽车用户界面（user interface，UI）和外部人机界面（external human-machine interface，eHMI），分别与车内用户和外部道路使用者进行通信，如图 16.10 所示。

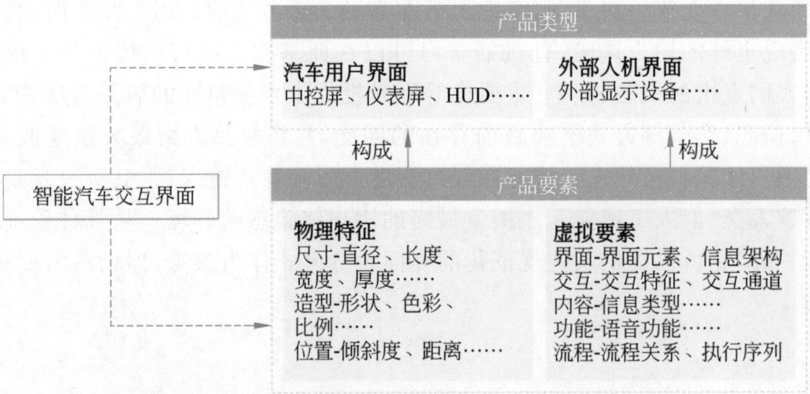

图 16.10 智能汽车交互界面中的产品类型与产品要素

传统的汽车用户界面包括中央控制物理操作界面和功能集成的触摸屏界面，它们在很多汽车中都可以使用。根据显示的模式特性，此类用户界面也被称为俯视显示器（head-down display，HDD）。各项先进交互技术在汽车人机交互领域的应用推动了基于多通道用户界面的多感官交互的发展，催生了更多新型的汽车用户界面，如平视显示器（head-up display，HUD）、增强现实（augmented reality，AR）平视显示器、流媒体后视镜等，评估体系如图 16.11 所示。

外部人机界面是车辆的外部显示设备，通常采用文本等信息方式将其呈现在车辆外部的不同位置或投射在地面上，或使用音频及语音将信息传达给其他道路使用者，通过多种感官方法向外部道路使用者反馈信息，解决自动驾驶汽车与其他道路使用者进行通信和交互的知识差距问题，对确保交通

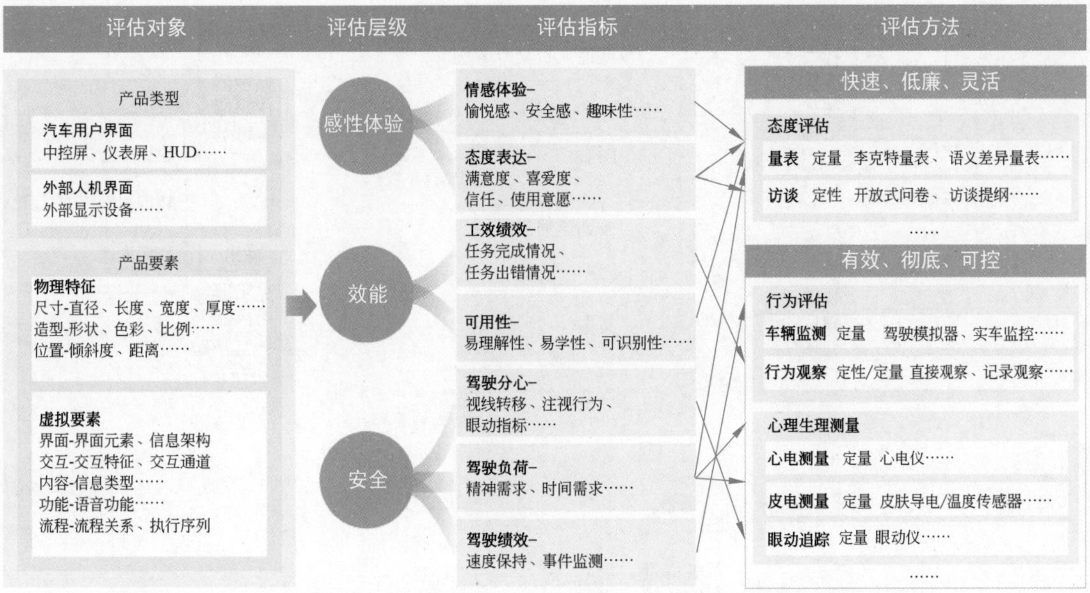

图 16.11　智能汽车交互界面用户体验评估体系

使用者安全、提高交通运输效率、减少拥堵具有重要意义。智能汽车交互界面设计空间如图 16.12 所示。

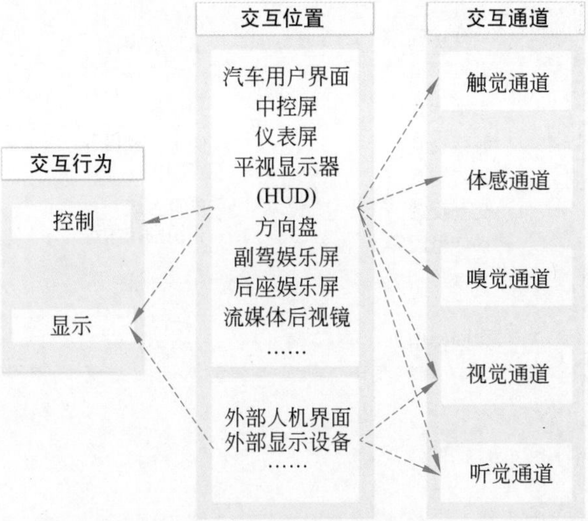

图 16.12　智能汽车交互界面设计空间

如图 16.13 和图 16.14 所示，对于交互界面用户体验的关注激发了该领域的许多研究，重点关注优化设计以改善性能及体验。一些研究集中在人车交互显控关系的属性方面，提出未来智能汽车界面的设计建议，有助于在汽车交互界面开发初期解决设计问题。另一项研究对中控屏位置进行了深入分析，结果发现，不同的显示位置和用户界面显著影响了驾驶员的舒适度。此外，多通道与自然交互也是人们一直关注的重点。对交互界面的设计有助于提高智能汽车的安全性和操作便利性。

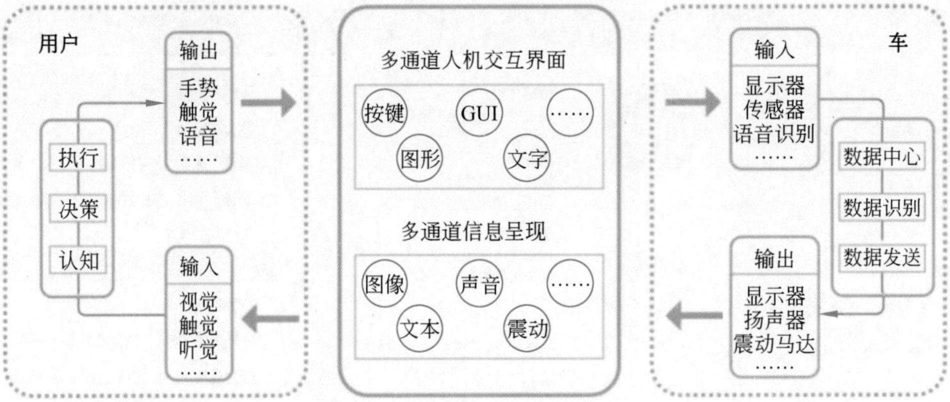

图 16.13 智能汽车多通道交互

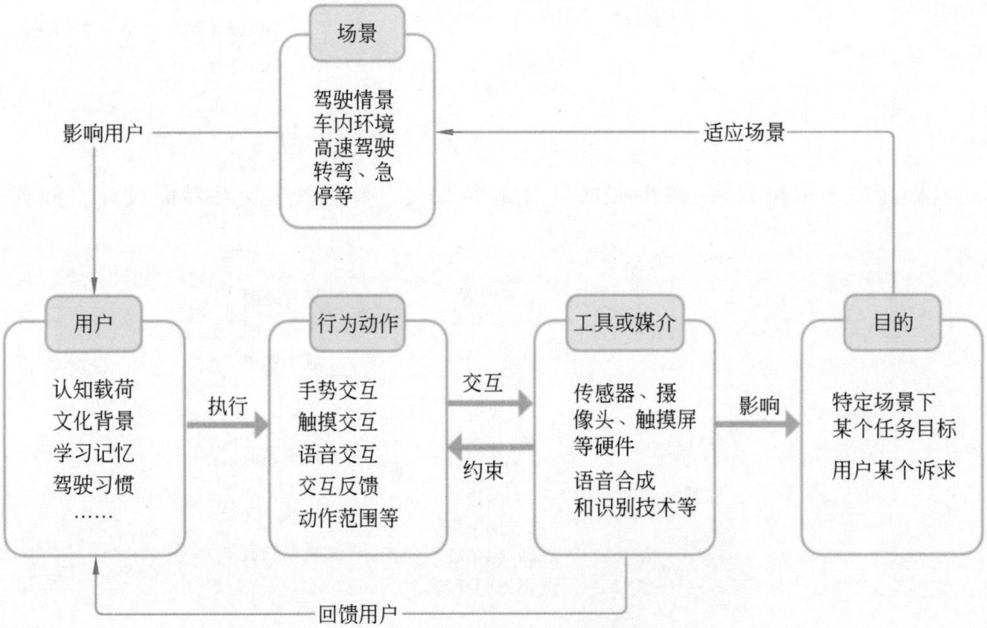

图 16.14 智能汽车人机交互体验影响因素流程图

16.5 总结

不难发现，在技术与设计的交互和融合中，还存在许多问题和挑战。例如，如何平衡机器和人类之间的权力关系，如何避免人工智能技术的不可预测性的消极影响，如何保护用户信息的隐私等问题。这些问题可能同时反映出，技术与设计在不断进步和发展的过程中必然会面临更多的反思和挑战。

因此，设计师需要不断学习和更新自己的技能，以适应未来的发展；他们还需要认真考虑伦理问题，确保设计带来的影响是积极和可持续的。同时，政府和企业也需要加强对人工智能技术的监管和规范，确保人工智能技术的发展符合公众利益和道德标准。

未来，我们需要继续关注人工智能技术与设计之间的交互模式及其表现，并从全新的视角来深化这部分内容的研究工作，讨论由人工智能等技术支持的设计方法如何在人智系统的界面设计中创新和应用。无论是在新的工业领域还是在人们的日常生活中，技术与设计都将成为不可替代的重要组成部分，而这个不可避免的发展趋势也为我们提供了追求创新和发展的机会。通过分享和反思技术与设计互动的经验，我们能够在未来的设计领域中追求更好的产品与策略，为人们提供更高效、更智能的设计服务。在这方面，我们相信，本章的内容将为读者提供丰厚的、独特的学术参考，并为未来设计和技术的交互与融合提供更多的思路和方案。

参考文献

Amabile, T. (2019). GUIDEPOST: Creativity, Artificial Intelligence, and a World of Surprises Guidepost Letter for Academy of Management Discoveries. Academy of Management Discoveries, amd.2019.0075. https://doi.org/10.5465/amd.2019.0075

Anantrasirichai, N., Biggs, J., Albino, F., Hill, P., & Bull, D. (2018). Application of Machine Learning to Classification of Volcanic Deformation in Routinely Generated InSAR Data. Journal of Geophysical Research: Solid Earth. https://doi.org/10.1029/2018JB015911

Anantrasirichai, N., & Bull, D. (2022). Artificial intelligence in the creative industries: A review. Artificial Intelligence Review, 55(1), 589-656. https://doi.org/10.1007/s10462-021-10039-7

Artificial Intelligence through Simulated Evolution. (2009). 收入 D. B. Fogel, Evolutionary Computation. IEEE. https://doi.org/10.1109/9780470544600.ch7

Avrahami, O., Lischinski, D., & Fried, O. (2022). Blended diffusion for text-driven editing of natural images. Proceedings of the IEEE/CVF Conference on Computer Vision and Pattern Recognition, 18208-18218.

Barber, A., Cosker, D., James, O., Waine, T., & Patel, R. (2016). Camera tracking in visual effects an industry perspective of structure from motion. Proceedings of the 2016 Symposium on Digital Production, 45-54. https://doi.org/10.1145/2947688.2947697

Borkman, S., Crespi, A., Dhakad, S., Ganguly, S., Hogins, J., Jhang, Y.-C., Kamalzadeh, M., Li, B., Leal, S., & Parisi, P. (2021). Unity perception: Generate synthetic data for computer vision. arXiv preprint arXiv: 2107.04259.

Borsos, Z., Sharifi, M., & Tagliasacchi, M. (2022). SpeechPainter: Text-conditioned Speech Inpainting (arXiv: 2202.07273). arXiv. http://arxiv.org/abs/2202.07273

Brown, T. B., Mann, B., Ryder, N., Subbiah, M., Kaplan, J., Dhariwal, P., Neelakantan, A., Shyam, P., Sastry, G., Askell, A., Agarwal, S., Herbert-Voss, A., Krueger, G., & Henighan, T.(不详). Language Models are Few-Shot Learners.

Cao, Y., Li, S., Liu, Y., Yan, Z., Dai, Y., Yu, P. S., & Sun, L. (2023). A Comprehensive Survey of AI-Generated Content (AIGC): A History of Generative AI from GAN to ChatGPT (arXiv: 2303.04226). arXiv. http://arxiv.org/abs/2303.04226

Casas, S., Sadat, A., & Urtasun, R. (2021). MP3: A Unified Model to Map, Perceive, Predict and Plan (arXiv: 2101.06806). arXiv. http://arxiv.org/abs/2101.06806

Chatterjee, A., & Vartanian, O. (2016). Neuroscience of aesthetics. Annals of the New York Academy of Sciences, 1369(1), 172-194.

Chatzikonstantinou, I., & Sariyildiz, I. S. (2017). Addressing design preferences via auto-associative connectionist models: Application in sustainable architectural Façade design. Automation in Construction, 83, 108-120.

Crowson, K., Biderman, S., Kornis, D., Stander, D., Hallahan, E., Castricato, L., & Raff, E. (2022). Vqgan-clip: Open domain image generation and editing with natural language guidance. Computer Vision-ECCV 2022: 17th

European Conference, Tel Aviv, Israel, October 23-27, 2022, Proceedings, Part XXXVII, 88-105.

Cruz, C., Karakiewicz, J., & Kirley, M. (2016). Towards the implementation of a composite Cellular Automata model for the exploration of design space. CAADRIA 2016, The 21st Conference on Computer-Aided Architectural Design Research in Asia, 187-196. https://doi.org/10.52842/conf.caadria.2016.187

Cui, A., McKee, D., & Lazebnik, S. (2022). Dressing in Order: Recurrent Person Image Generation for Pose Transfer, Virtual Try-on and Outfit Editing (arXiv: 2104.07021). arXiv. http://arxiv.org/abs/2104.07021

Dhariwal, P., & Nichol, A. (2021). Diffusion models beat gans on image synthesis. Advances in Neural Information Processing Systems, 34, 8780-8794.

Fechner, G. T. (1876). Vorschule der aesthetik(卷 1). Breitkopf & Härtel.

Forrest, S. (1996). Genetic algorithms. ACM Computing Surveys, 28(1).

Gao, L., Sun, J.-M., Mo, K., Lai, Y.-K., Guibas, L. J., & Yang, J. (2023). SceneHGN: Hierarchical Graph Networks for 3D Indoor Scene Generation with Fine-Grained Geometry. arXiv preprint arXiv: 2302.10237.

Gu, S., Chen,D., Bao, J., Wen, F., Zhang, B., Chen, D., Yuan, L., & Guo, B. (2022). Vector quantized diffusion model for text-to-image synthesis. Proceedings of the IEEE/CVF Conference on Computer Vision and Pattern Recognition, 10696-10706.

Hajli, N., & Featherman, M. S. (2018). The impact of new ICT technologies and its applications on health service development and management. Technological Forecasting and Social Change, 126, 1-2. https://doi.org/10.1016/j.techfore.2017.09.015

Hernandez-Olivan, C., & Beltrán, J. R. (2023). Music Composition with Deep Learning: A Review. 收入 A. Biswas, E. Wennekes, A. Wieczorkowska, & R. H. Laskar (编), Advances in Speech and Music Technology (页 25-50). Springer International Publishing. https://doi.org/10.1007/978-3-031-18444-4_2

Herzig, R., Bar, A., Xu, H., Chechik, G., Darrell, T., & Globerson, A. (2020). Learning canonical representations for scene graph to image generation. Computer Vision-ECCV 2020: 16th European Conference, Glasgow, UK, August 23-28, 2020, Proceedings, Part XXVI 16, 210-227.

Hinterstoisser, S., Pauly, O., Heibel, H., Marek, M., & Bokeloh, M. (2019). An Annotation Saved is an Annotation Earned: Using Fully Synthetic Training for Object Instance Detection (arXiv: 1902.09967). arXiv. http://arxiv.org/abs/1902.09967

Ho, J., Chan, W., Saharia, C., Whang, J., Gao, R., Gritsenko, A., Kingma, D. P., Poole, B., Norouzi, M., & Fleet, D. J. (2022). Imagen video: High definition video generation with diffusion models. arXiv preprint arXiv: 2210.02303.

Holland, J. H. (1992). Adaptation in natural and artificial systems: An introductory analysis with applications to biology, control, and artificial intelligence. MIT press.

Ibrahim Altmami, N., & El Bachir Menai, M. (2022). Automatic summarization of scientific articles: A survey. Journal of King Saud University-Computer and Information Sciences, 34(4), 1011-1028. https://doi.org/10.1016/j.jksuci.2020.04.020

Kietzmann, J., Lee, L. W., McCarthy, I. P., & Kietzmann, T. C. (2020). Deepfakes: Trick or treat? Business Horizons, 63(2), 135-146. https://doi.org/10.1016/j.bushor.2019.11.006

Krull, A., Buchholz, T.-O., & Jug, F. (2019). Noise2Void—Learning Denoising From Single Noisy Images. 2019 IEEE/CVF Conference on Computer Vision and Pattern Recognition (CVPR), 2124-2132. https://doi.org/10.1109/CVPR.2019.00223

Li, B., Peng, X., Wang, Z., Xu, J., & Feng, D. (2017). AOD-Net: All-in-One Dehazing Network. 2017 IEEE International Conference on Computer Vision (ICCV), 4780-4788. https://doi.org/10.1109/ICCV.2017.511

Li, Y., Ma, T., Bai, Y., Duan, N., Wei, S., & Wang, X. (2019). Pastegan: A semi-parametric method to generate image from scene graph. Advances in Neural Information Processing Systems, 32.

Lin, C.-H., Gao, J., Tang, L., Takikawa, T., Zeng, X., Huang, X., Kreis, K., Fidler, S.,Liu, M.-Y., & Lin, T.-Y. (2022). Magic3D: High-Resolution Text-to-3D Content Creation. arXiv preprint arXiv: 2211.10440.

Ling, J., Wang, Z., & Xu, F. (2022). ShadowNeuS: Neural SDF Reconstruction by Shadow Ray Supervision. arXiv preprint arXiv: 2211.14086.

Lu, C., Zhou, Y., Bao, F., Chen, J., Li, C., & Zhu, J. (2022). Dpm-solver: A fast ode solver for diffusion probabilistic model sampling in around 10 steps. arXiv preprint arXiv: 2206.00927.

Ni, J., Young, T., Pandelea, V., Xue, F., & Cambria, E. (2022). Recent advances in deep learning based dialogue systems: A systematic survey. Artificial Intelligence Review. https://doi.org/10.1007/s10462-022-10248-8

O'Cass, A., & Wetzels, M. (2018). Contemporary Issues and Critical Challenges on Innovation in Services. Journal of Product Innovation Management, 35(5), 674-681. https://doi.org/10.1111/jpim.12464

OpenAI. (2023). GPT-4 Technical Report (arXiv: 2303.08774). arXiv. http://arxiv.org/abs/2303.08774

Ouyang, L., Wu, J., Jiang, X., Almeida, D., Wainwright, C. L., Mishkin, P., Zhang, C., Agarwal, S., Slama, K., Ray, A., Schulman, J., Hilton, J., Kelton, F., Miller, L., Simens, M., Askell, A., Welinder, P., Christiano, P., Leike, J., & Lowe, R. (不详). Training language models to follow instructions with human feedback.

Papangelis, A., Namazifar, M., Khatri, C., Wang, Y.-C., Molino, P., & Tur, G. (2020). Plato Dialogue System: A Flexible Conversational AI Research Platform (arXiv: 2001.06463). arXiv. http://arxiv.org/abs/2001.06463

Poole, B., Jain, A., Barron, J. T., & Mildenhall, B. (2022). Dreamfusion: Text-to-3d using 2d diffusion. arXiv preprint arXiv: 2209.14988.

Qi, C., Cun, X., Zhang, Y., Lei, C., Wang, X., Shan, Y., & Chen, Q. (2023). FateZero: Fusing Attentions for Zero-shot Text-based Video Editing. arXiv preprintarXiv: 2303.09535.

Radford, A., Kim, J. W., Hallacy, C., Ramesh, A., Goh, G., Agarwal, S., Sastry, G., Askell, A., Mishkin, P., & Clark, J. (2021). Learning transferable visual models from natural language supervision. International conference on machine learning, 8748-8763.

Radford, A., Wu, J., Child, R., Luan, D., Amodei, D., & Sutskever, I.(不详). Language Models are Unsupervised Multitask Learners.

Ramesh, A., Dhariwal, P., Nichol, A., Chu, C., & Chen, M. (2022). Hierarchical Text-Conditional Image Generation with CLIP Latents (arXiv: 2204.06125). arXiv. http://arxiv.org/abs/2204.06125

Rechenberg, I. (1965). Cybernetic solution path of an experimental problem. Roy. Aircr. Establ., Libr. transl., 1122.

Ren, Y., Li, G., Chen, Y., Li, T. H., & Liu, S. (2021).Pirenderer: Controllable portrait image generation via semantic neural rendering. Proceedings of the IEEE/CVF International Conference on Computer Vision, 13759-13768.

Rian, I. M., & Asayama, S. (2016). Computational Design of a nature-inspired architectural structure using the concepts of self-similar and random fractals. Automation in Construction, 66, 43-58. https://doi.org/10.1016/j.autcon.2016.03.010

Rombach, R., Blattmann, A., Lorenz, D., Esser, P., & Ommer, B. (2022). High-Resolution Image Synthesiswith Latent Diffusion Models (arXiv: 2112.10752). arXiv. http://arxiv.org/abs/2112.10752

Saharia, C., Chan, W., Saxena, S., Li, L., Whang, J., Denton, E. L., Ghasemipour, K., Gontijo Lopes, R., Karagol Ayan, B., & Salimans, T. (2022). Photorealistic text-to-image diffusion models with deep language understanding. Advances in Neural Information Processing Systems, 35, 36479-36494.

Santesteban, I., Thuerey, N., Otaduy, M. A., & Casas, D. (2021). Self-Supervised Collision Handling via Generative 3D Garment Models for Virtual Try-On. 2021 IEEE/CVF Conference on Computer Vision and Pattern Recognition (CVPR), 11758-11768. https://doi.org/10.1109/CVPR46437.2021.01159

Sayed, M., Gibson, J., Watson, J., Prisacariu, V., Firman, M., & Godard, C. (2022). SimpleRecon: 3D reconstruction without 3D convolutions. Computer Vision-ECCV 2022：17th European Conference，Tel Aviv，Israel，October 23-27，2022，Proceedings，Part XXXIII，1-19.

Singer，U.，Polyak，A.，Hayes，T.，Yin，X.，An，J.，Zhang，S.，Hu，Q.，Yang，H.，Ashual，O.，& Gafni，O.（2022）. Make-a-video：Text-to-video generation without text-video data. arXiv preprint arXiv：2209.14792.

Soddu，C.（1999）. Generative art. proceedings of GA，98.

Stiennon，N.，Ouyang，L.，Wu，J.，Ziegler，D. M.，Lowe，R.，Voss，C.，Radford，A.，Amodei，D.，& Christiano，P.（不详）. Learning to summarize from human feedback.

Suvorov，R.，Logacheva，E.，Mashikhin，A.，Remizova，A.，Ashukha，A.，Silvestrov，A.，Kong，N.，Goka，H.，Park，K.，& Lempitsky，V.（2021）. Resolution-robust Large Mask Inpainting with Fourier Convolutions（arXiv：2109.07161）. arXiv. http://arxiv.org/abs/2109.07161

Tamke，M.，Nicholas，P.，& Zwierzycki，M.（2018）. Machine learning for architectural design：Practices and infrastructure. International Journal of Architectural Computing，16(2)，123-143.

Tang，G.，Zhao，L.，Jiang，R.，& Zhang，X.（2019）. Single Image Dehazing via Lightweight Multi-scale Networks. 2019 IEEE International Conference on Big Data（Big Data），5062-5069. https://doi.org/10.1109/BigData47090.2019.9006075

Tang，H.，& Jia，K.（2023）. A New Benchmark：On the Utility of Synthetic Data with Blender for Bare Supervised Learning and Downstream Domain Adaptation（arXiv：2303.09165）. arXiv. http://arxiv.org/abs/2303.09165

Torrejon，O. E.，Peretti，N.，& Figueroa，R.（2020）. Rotoscope Automation with Deep Learning. SMPTE Motion Imaging Journal，129(2)，16-26. https://doi.org/10.5594/JMI.2019.2959967

Truşcă，M. M.，Wassenberg，D.，Frasincar，F.，& Dekker，R.（2020）. A Hybrid Approach for Aspect-Based Sentiment Analysis Using Deep Contextual Word Embeddings and Hierarchical Attention. 收入 M. Bielikova，T. Mikkonen，& C. Pautasso（编），Web Engineering（卷 12128，页 365-380）. Springer International Publishing. https://doi.org/10.1007/978-3-030-50578-3_25

Tzaban，R.，Mokady，R.，Gal，R.，Bermano，A. H.，& Cohen-Or，D.（2022）. Stitch it in Time：GAN-Based Facial Editing of Real Videos（arXiv：2201.08361）. arXiv. https://doi.org/10.48550/arXiv.2201.08361

Vakratsas，D.，& Wang，X.（Shane）.（2021）. Artificial Intelligence in Advertising Creativity. Journal of Advertising，50(1)，39-51. https://doi.org/10.1080/00913367.2020.1843090

Vehlken，S.（2014）. Computational Swarming：A Cultural Technique for Generative Architecture. FOOTPRINT，9-24 Pages. https://doi.org/10.7480/FOOTPRINT.8.2.808

Wen，W.，Hong，L.，& Xueqiang，M.（2010）. Application of fractals in architectural shape design. 2010 IEEE 2nd Symposium on Web Society，185-190.

Wu，J. Z.，Ge，Y.，Wang，X.，Lei，W.，Gu，Y.，Hsu，W.，Shan，Y.，Qie，X.，& Shou，M. Z.（2022）. Tune-A-Video：One-Shot Tuning of Image Diffusion Models for Text-to-Video Generation. arXiv preprint arXiv：2212.11565.

Xiu，Y.，Yang，J.，Cao，X.，Tzionas，D.，& Black，M. J.（2023）. ECON：Explicit Clothed humans Optimized via Normal integration（arXiv：2212.07422）. arXiv. http://arxiv.org/abs/2212.07422

Yang，L.，Huang，Z.，Song，Y.，Hong，S.，Li，G.，Zhang，W.，Cui，B.，Ghanem，B.，& Yang，M.-H.（2022）. Diffusion-Based Scene Graph to Image Generation with Masked Contrastive Pre-Training. arXiv preprint arXiv：2211.11138.

Yang，W.，Zhang，X.，Tian，Y.，Wang，W.，Xue，J.-H.，& Liao，Q.（2019）. Deep Learning for Single Image Super-Resolution：A Brief Review. IEEE Transactions on Multimedia，21(12)，3106-3121. https://doi.org/10.1109/TMM.2019.2919431

Yeh，I.-C.（2006）. Architectural layout optimization using annealed neural network. Automation in construction，15(4)，531-539.

Zakharov, E., Shysheya, A., Burkov, E., & Lempitsky, V. (2019). Few-Shot Adversarial Learning of Realistic Neural Talking Head Models. 2019 IEEE/CVF International Conference on Computer Vision (ICCV), 9458-9467. https://doi.org/10.1109/ICCV.2019.00955

Zhan, F., Zhang, C., Yu, Y., Chang, Y., Lu, S., Ma, F., & Xie, X. (2020). EMLight: Lighting Estimation via Spherical Distribution Approximation. https://www.semanticscholar.org/paper/9e4e4c56554f5e8e6c43c0475fb72a03f5f2844a

Zhang, F., & Bull, D. R. (2021). Intelligent Image and Video Compression: Communicating Pictures. Academic Press.

Zhu, J.-Y., Park, T., Isola, P., & Efros, A. A. (2017). Unpaired Image-to-Image Translation Using Cycle-Consistent Adversarial Networks. 2017 IEEE International Conference on Computer Vision (ICCV), 2242-2251. https://doi.org/10.1109/ICCV.2017.244

作者简介

薛澄岐　博士，教授，博士生导师，东南大学机械工程学院，产品设计与交互研究所所长。研究方向：神经设计学，人机界面与人机交互。E-mail：ipd_xcq@seu.edu.cn。

肖玮烨　博士研究生，东南大学机械工程学院。研究方向：混合现实图形渲染，程序化内容生成。E-mail：230189776@seu.edu.cn。

王琳琳　博士研究生，东南大学机械工程学院。研究方向：人机协作，人机交互界面设计。E-mail：linlinwang@seu.edu.cn。

第 17 章

人智交互设计标准

▷ 本章导读

标准是新技术大范围应用的基础，智能人机交互标准是人工智能技术产业化的重要支撑。智能人机交互设计标准旨在为智能系统设计提供清晰明确的原则、要求和指南，通过确保人与智能系统交互界面开发的一致性提高智能系统的使用质量，有助于提高系统可用性和整体系统性能。本章综述智能人机交互设计国际标准和我国国家标准，概述微软、谷歌和苹果公司发布的智能人机交互设计指南标准，分析智能人机交互设计标准发展趋势，提出智能人机交互设计标准化重点。

17.1 引言

随着越来越多的产品和服务融入了人工智能，人与智能系统的交互（以下称为智能人机交互）也越来越普遍，交互的好坏成为智能系统应用的一个非常重要的影响因素，智能人机交互设计成为研究热点（Wright et al.，2020；Yildirim et al.，2023；范俊君，2018；范向民，2019）。人与智能系统交互对传统人机界面设计提出了新要求，传统人机界面主要基于"刺激-反应"模式的"指令顺序"式交互，智能系统具有的部分情境感知、意图识别、自主学习、自主决策、自动执行等自主化特征带来了一种新型的人机交互关系，人类可以用更自然的方式与机器进行交互（许为，2022）。标准是新技术大范围应用的基础，智能人机交互标准是人工智能技术产业化的重要支撑。近几年，美国和我国政府都日益重视人工智能技术标准化工作，各国都将智能人机交互标准化作为人工智能技术标准化的重要内容（NIST，2019；国家标准化管理委员会，2020；吴新松，2021）。传统人机交互设计标准主要是针对非智能系统，针对智能人机交互的新特点，标准组织已经在制定人与智能系统交互设计标准（ISO，2020；Schlenoff，2022），微软、谷歌和苹果等许多大型科技公司也发布了人与智能系统交互设计指南（Amershi et al.，2019；Wright et al.，2020；Google，2022；Apple，2022）。本章将在简要介绍标准层次的基础上，综述国际标准化组织（ISO）和国际电工委员会（IEC）发布的智能人机交互设计相关国际标准，电气和电子工程师协会（IEEE）制定的相关协会标准，以及我国发布的相关国家标准，概述微软、谷歌和苹果公司发布的智能人机交互设计指南标准，分析智能人机交互设计标准发展趋势，提出智能人机交互设计标准化重点。

本章作者：赵朝义。

17.2 标准概述

1. 标准概念和作用

标准是为了在一定的范围内获得最佳秩序，经协商一致制定并由公认机构批准，共同和重复使用的，为活动或其结果提供规则、指南或特征的一种文件（ISO/IEC，2004）。通常，标准是以科学、技术和经验的综合成果为基础，以促进最佳的共同效益为目的。标准制定过程一般遵循透明、协商一致原则。

标准化是对重复性事物和概念通过制定、实施标准，以获得最佳秩序和最佳效益的过程。标准作为经济和社会活动的主要技术依据，通过标准化推广行业领域的最佳实践，可以改进产品、过程和服务的适用性；有利于加快技术创新和成果转化；有助于提升产品和服务质量；有助于保障用户安全。采用国际标准可以有效地防止贸易壁垒。标准化工作对于促进技术创新、支撑产业发展具有重要的引领作用。

2. 标准的层次

按照标准化活动的范围划分，标准的层次类别可划分为国际标准、区域标准、国家标准、专业/团体标准和企业标准，分别由不同层次的组织机构发布。

1）国际标准

国际标准是指由国际标准化组织（ISO）、国际电工委员会（IEC）和国际电信联盟（ITU）等国际组织通过并公开发布的标准，其中 ITU 发布的标准称作“建议书”（recommendation）。国际标准在世界范围内适用，作为世界各国贸易、交流和技术合作的基本准则。

除 ISO、IEC、ITU 之外，在某个专业范围内发布国际标准的组织或机构还有国际计量局（BIPM）、食品法典委员会（CAC）、国际原子能机构（IAEA）、国际海事组织（IMO）、世界卫生组织（WHO）等。

2）区域标准

区域标准是指由区域标准化组织或区域标准组织通过并公开发布的标准。区域标准在区域范围内适用。主要的区域标准包括以下几种。

- 欧洲地区：主要有欧洲标准化委员会（CEN）、欧洲电工标准化委员会（CENELEC）和欧洲电信标准学会（ETSI），其任务是制定并实现一套连贯一致的、作为单一欧洲市场/欧洲经济区基础的自愿性标准（Wetting，2002 年）。例如 CEN 和 CENELEC 发布的欧洲标准（EN）；ETSI 发布的电信领域的欧洲标准（ETSI EN）和欧洲电信标准学会标准（ETSI ES）。
- 美洲地区：例如泛美标准委员会（COPANT）发布的泛美地区标准（COPANT）。
- 亚洲、非洲及阿拉伯地区：例如南亚标准化组织（SARSO）发布的标准（SARC）；非洲地区标准化组织（ARSO）发布的标准（ARS）；阿拉伯标准化与计量组织（ASMO）发布的标准（ASMO）。

3）国家标准

国家标准是指由国家标准机构通过并公开发布的标准。国家标准在一个国家范围内适用。

几乎每个国家都有自己的国家标准机构，主要的国家标准有：美国国家标准学会（ANSI）发布的美国国家标准（ANSI），英国标准学会（BSI）发布的英国标准（BS），德国标准化学会（DIN）发布的德国标准（DIN），法国标准化协会（AFNOR）发布的法国标准（NF），加拿大标准理事会（SCC）发布的加拿大标准（CAN），日本工业标准调查会（JISC）发布的日本工业标准（JIS），以及我国的国家标准化管理委员会（SAC）发布的中国国家标准（GB/T）。

4）专业/团体标准

专业/团体标准是指由协会、学会或联盟等组织通过并公开发布的标准。

国外有些学协会发布的标准在某些专业领域具有广泛的影响，例如美国测试与材料协会(ASTM)、电气和电子工程师学会(IEEE)、美国机械工程师协会(ASME)、美国机动车工程师学会(SAE)、万维网联盟(W3C)等。

我国依法成立的社会团体制定的标准称为团体标准。

5）企业标准

企业标准是在企业范围内需要协调、统一的技术要求、管理要求和工作要求所制定的标准，是企业组织生产、经营活动的依据。

一些企业标准也会被广泛地应用，成为事实的行业标准，例如美国保险商试验所(UL)、微软公司(Microsoft)、谷歌公司(Google)等制定的企业标准。

17.3 智能人机交互设计标准概述

1. 智能人机交互的特点

基于人工智能技术的各类智能系统正在改变传统的人机交互模式，在传统的人机交互中，机器作为一种辅助工具来支持人类的操作，机器通过"刺激-反应"式的交互完成对人类操作的支持(Farooq et al.,2016)，这些机器依赖于事先固定设计的逻辑规则和算法来响应操作员的指令。利用用户状态(如生理特征、认知、情感、意图等)识别技术、用户稳定特征(如人格等)识别技术、多模态交互技术、算法和模型等智能人机交互技术，提高了人机交互的自然性和有效性。"面向用户的智能人机交互"理念强调将人的作用融入智能人机系统，开发人机混合增强智能，达到人机智能互补(许为，2019)。智能系统在特定场景中具有情境感知、用户意图识别、自主学习、自主决策、自动执行等能力。智能系统具有的自主化特征带来了一种新型的人机关系，使得智能系统与人类之间可以实现一定程度上类似于人-人团队之间的"合作式交互"，智能系统不仅仅是支持人类作业的一个工具，也可以成为与人类协同合作的团队队友(许为，2022)。

人工智能推动了人机交互技术的发展和变革。通过用户状态识别技术、多模态交互技术等人工智能技术，实现了语音、情感、体感及脑机等交互方式，人类可以用更自然的方式与机器进行交互(陶建华，2022；袁庆曙，2021)。

2. 智能人机交互设计国际标准

1）ISO/TC159/SC 4 人-系统交互工效学技术委员会制定的国际标准

ISO/TC159 人类工效学技术委员会下设的人-系统交互工效学分技术委员会(ISO/TC 159/SC 4)组织制定人与系统交互的工效学标准，系统通常是基于计算机的，包括输入设备、显示和交互设备等硬件工效学、交互和界面设计等软件工效学、使用环境工效学(含任务、环境和工作场所)，以及以人为中心的设计过程和方法等。ISO/TC 159/SC 4 组织制定的交互系统工效学设计一般原则和不依赖于使用、环境或技术条件的信息呈现等国际标准适用于所有类型的交互系统，这些原则和要求通常独立于特定的设计风格或应用。适用于智能人机交互设计的主要国际标准简介如下。

ISO 9241-210：2019《人-系统交互工效学 第 210 部分：以人为中心的交互系统设计》在基于计算机的交互式系统的整个生命周期中，为以人为中心的设计原则和活动提供了要求和建议，旨在供负责规划和管理设计和开发交互式系统项目的人员使用，并关注交互系统中的硬件和软件组件提高人-系统交互的方法。

ISO 9241-110：2020《人-系统交互工效学 第 110 部分：对话原则》描述了用一般术语(独立于使用、应用、环境或技术条件)制定的用户和系统之间的交互原则，为应用这些交互原则和交互系统的一般设计建议提供了一个框架。

ISO 9241-112：2017《人-系统交互工效学 第 112 部分：信息呈现原则》确立了与软件控制的用户界面信息呈现相关的交互系统的工效学设计原则和建议，适用于信息和通信技术中通常使用的视觉、听觉、触觉三种主要模式，以及对所呈现信息的感知和理解。

ISO 9241-129：2010《人-系统交互工效学 第 129 部分：软件个性化指南》提供了关于交互系统中个性化的工效学指南，包括个性化的适当或不适当之处以及如何应用个性化的建议。标准专注于软件用户界面的个性化，以满足用户作为个人或特定组的成员的需求。

ISO 9241-13：1998《使用视觉显示终端(VDTs)办公的人类工效学要求 第 13 部分：用户指南》对软件用户界面的用户指南的属性及其评估提供了建议，包括提示、反馈和状态、出错管理、在线帮助，以及对所有这些类型的用户指南的一般性建议。这些建议不依赖于具体的应用、环境或实现技术。

ISO 9241-154：2013《人-系统交互工效学 第 154 部分：交互式语音应答(IVR)应用》给出了交互式语音应答(IVR)应用程序用户界面设计的指南和要求，涵盖了使用按键输入的 IVR 系统和使用自动语音识别(ASR)作为输入机制的 IVR，同样适用于呼叫者或 IVR 系统本身发起呼叫的情况。

ISO 9241-171：2008《人-系统交互工效学 第 171 部分：软件无障碍指南》为工作、家庭、教育和公共场所使用的无障碍软件设计提供了工效学指南和规范，它涵盖了为身体、感官和认知能力最广泛的人(包括暂时残疾的人和老年人)设计无障碍软件的相关问题。除了采用以人为中心的设计方法外，提供个性化的功能也是增加人-系统界面无障碍的重要工具，这使不同的用户需求、特性和能力能够通过适应和定制特定需求来满足，包括针对特定用户行为的界面和交互特性的自动识别和调整。

ISO 9241-971：2020《人-系统交互工效学 第 971 部分：触觉/触觉交互系统的无障碍》提供了无障碍触觉/触觉交互系统的一般和特定工效学要求和建议，以及使用触觉/触觉输入/输出模式(如手势、振动和力反馈)来增加交互系统的可访问性的指南。

ISO/TR 9241-810：2020《人-系统交互工效学　第 810 部分：机器人、智能和自主系统》针对物理实体的机器人、智能、自主(RIA)系统，用户将与之进行物理交互；嵌入实体环境中的系统，用户不自觉地与之交互，收集数据或改变人们生活或工作的环境；智能软件工具和实体，用户通过某种形式的用户界面与之进行主动交互；智能软件体，在没有主动用户输入的情况下，根据用户的行为、任务或某些其他目的改变或调整系统，包括提供特定于上下文的内容/信息，根据用户信息为用户定制广告，适应认知或生理状态的用户界面；几个 RIA 系统的组合交互对用户的影响；RIA 系统的复杂系统和社会技术影响，特别是对社会和政府的影响等，该文件确定了在各种系统和环境中需要考虑伦理问题的地方和原因，提供了与 RIA 系统相关的大量信息。

ISO 9241-960：2017《人-系统交互工效学　第 960 部分：手势交互的框架和指南》给出关于要在手势界面中使用的手势的选择或创建的指南。它针对手势的可用性问题，提供了关于手势设计、设计过程和需要考虑的相关参数的信息。此外，它还提供了如何记录手势的指南。该标准针对人类表达的手势，而不是用户执行这些手势时生成的系统响应。

ISO/TS 9241-430：2021《人-系统交互工效学 第 430 部分：减少生物力学应激的非接触手势输入设计建议》为人-系统交互中非接触手势的设计、选择和优化提供了指南。它针对与不同手势集设计相关的可用性和疲劳的评估，并为评估手势的设计和选择的方法提供了建议。还提供了关于选择手势集的过程的文档指南。

2）ISO/IEC JTC1/SC 35 用户界面分技术委员会制定的国际标准

国际标准化组织和国际电工委员会的信息技术联合技术委员会下的用户界面分技术委员会（ISO/IEC JTC 1/SC 35）成立了自然用户界面和交互工作组（WG9）和情感计算用户界面工作组（WG9），组织制定了语音、视觉、运动、手势、情感等智能人机交互技术标准。

（1）ISO/IEC JTC 1/SC 35 已经发布的国际标准。

ISO/IEC 20382-1：2017《信息技术 用户界面 面对面语音翻译 第 1 部分：用户界面》规定了面对面语音翻译的用户界面要求，支持不同语言的多个翻译系统之间进行互操作。它还描述了语音翻译的特点、一般要求和功能，从而提供了一个框架，支持在面对面的情况下提供方便的语音翻译服务，适用于语音翻译的用户界面和用于在用户之间建立翻译会话的通信协议，不适用于定义语音翻译引擎本身。

ISO/IEC 30113-1：2015《信息技术 用户界面 跨设备和方法的基于手势的界面 第 1 部分：框架》定义了支持互操作性的设备和方法之间基于手势的接口的框架和指南，但没有定义或要求识别用户手势的特定技术，它侧重于描述手势及其使用信息和通信技术系统的功能。

ISO/IEC 30113-5：2019《信息技术 用户界面 跨设备和方法的基于手势的界面 第 5 部分：手势界面标记语言（GIML）》定义了 GIML（手势界面标记语言），描述了 GIML 的语法和结构。

ISO/IEC 30113-11：2017《信息技术 用户界面 跨设备和方法的基于手势的界面 第 11 部分：通用系统动作的单点手势》为信息和通信技术系统中使用的通用系统动作定义了单点手势。它为系统和应用程序识别的清晰和分类手势指定动作。单点手势是使用输入设备（如鼠标、手写笔等）或身体部位（如指尖、手等）执行的。这些单点手势旨在以一致的方式操作，无论系统、平台、应用程序或设备如何。

ISO/IEC 30113-12：2019《信息技术 用户界面 跨设备和方法的基于手势的界面 第 12 部分：通用系统动作的多点手势》定义了信息和通信技术（ICT）系统中使用的通用系统动作的多点手势。它指定了描述系统和应用程序识别的多点手势的动作和条件。多点手势是使用输入设备（多触摸板、多触摸屏等）或身体部位（指尖、手等）执行的。这些多点手势旨在以一致的方式操作，无论系统、平台或应用程序如何。通用系统动作的手势表示系统级功能和跨 ICT 系统应用的通用功能。系统级功能是在系统级或平台级执行的，包括启动、恢复、重新启动和终止等。跨应用程序的常见功能通常在系统或平台的应用程序之间执行，功能包括菜单导航、打开对象、关闭对象等。

ISO/IEC 30113-60：2020《信息技术 用户界面 跨设备和方法的基于手势的界面 第 60 部分：屏幕阅读器手势的一般指南》为在各种 ICT 设备上运行的屏幕阅读器提供了有关手势的一般指南，没有定义或要求用于识别手势的特定技术。它重点描述了在 ICT 设备上运行的屏幕阅读器的手势和功能。

ISO/IEC 30113-61：2020《信息技术 用户界面 跨设备和方法的基于手势的界面 第 61 部分：屏幕阅读器的单点手势》为屏幕阅读器定义了单点手势，规定了屏幕阅读器识别的清晰和分类的单点手势动作，描述了 POI（兴趣点）执行的单点手势。单点手势旨在以一致的方式操作，而与系统、平台、应用程序或设备无关。

ISO/IEC 30122-1：2016《信息技术 用户界面 语音命令 第 1 部分：框架和一般指南》定义了基本语音命令的框架和通用指南。它提供了数量有限的可记忆命令，以便于使用信息/通信技术（ICT）设备，包括计算机、个人数字助理（PDA）、平板电脑、移动设备、汽车导航系统和商业机器。它不包括使用自然语言处理技术进行的自然句子识别。

ISO/IEC 30122-2：2017《信息技术 用户界面 语音命令 第2部分：构建和测试》提供了语音命令及其语音识别引擎的技术准则和测试方法。技术准则包括构成语音命令的口语单词或短语的语音要求。测试方法验证语音命令或语音识别引擎是否满足要求的规范。

ISO/IEC 30122-3：2017《信息技术 用户界面 语音命令 第3部分：翻译和本地化》包含关于多语言语音命令和国际化的要求和建议，规定了语音命令口语或短语翻译和本地化的语言要求和建议，还包括如何根据各种语言需求确定语音命令的正确单词或短语。

ISO/IEC 30122-4：2016《信息技术 用户界面 语音命令 第4部分：语音命令注册管理》定义了适用于作为网络可访问语音命令数据库发布的语音命令集合的补充程序信息、要求和标准，还定义了在标准语音命令的电子数据库中添加、更改或撤回语音命令的方法。

ISO/IEC 30150-1：2022《信息技术 情感计算用户界面(AUI) 第1部分：模型》为情感计算用户界面(AUI)建立了一个模型，提出了AUI标准化的主题。

(2) ISO/IEC JTC 1/SC 35正在制定过程中的国际标准。

ISO/IEC DIS 4944《信息技术 用户界面 自然用户界面的可用性评价》提供了一个评价系统、产品或服务的自然用户界面(NUI)可用性的框架。可用性评价的重点是NUI的效率、有效性和满意度。该标准还提出了评价NUI和其他新兴技术用户界面可用性的要求和建议，描述了NUI可用性的测量和报告。

ISO/IEC CD 7818.2《信息技术 用户界面 个人移动服务的语音用户界面框架》提供了用于个人移动服务(PMS)的语音用户界面(VUI)框架，描述了VUI的功能要求、性能要求和程序。

ISO/IEC DIS 23773-1《信息技术 自动同声传译系统的用户界面 第1部分：总则》提供了实时自动同声传译系统的一般描述，该系统旨在在不同的自然语言之间进行互操作，以实现实时语音。

ISO/IEC DIS 23773-2《信息技术 自动同声传译系统的用户界面 第2部分：要求和功能描述》提供了实时自动同声传译系统的用户界面要求和功能描述。

ISO/IEC DIS 23773-3《信息技术 自动同声传译系统的用户界面 第3部分：系统架构》定义了用于自然语音的实时同声传译系统的系统架构，描述了用于自然口译环境的同声传译系统的系统架构。

ISO/IEC DTR 30150-2《信息技术 情感计算用户界面(AUI) 第2部分：情感特征》。

ISO/IEC AWI 8663《信息技术 脑-机接口 词汇》规定了脑机接口领域常用的术语和定义，包括脑机接口的基本概念和分类、硬件、实验装置和协议、脑机接口相关的神经科学概念(如编码和解码、反馈和刺激)及其应用等。该标准是由2022年刚成立的ISO/IEC JTC 1/SC 43脑机接口分技术委员会组织制定的。

3. IEEE制定智能人机交互设计标准

电气和电子工程师协会(IEEE)是一家领先的广泛技术行业标准制定者，IEEE标准为全球创新提供了一个公平的竞争环境，保护公共安全、健康和福祉，并为更可持续的未来做出贡献。IEEE机器人与自动化协会(IEEE RAS)成立了工作组，正在制定以下人-机器人交互相关的标准(Craig S.，2022)。

IEEE P3107《人-机器人交互标准术语》定义了与服务、社会、教育、工业和研究机器人应用中的人-机器人交互相关的术语。

IEEE P3108《人-机器人交互设计的人类受试者研究推荐实践》概述了在人-机器人交互研究中开展人类受试者实验设计的最佳实践和要求。

IEEE P7008《机器人、智能和自主系统的道德驱动措施标准》将为参与自主智能系统设计的开发人员和伦理学家提供指导，对典型的措施（目前正在使用或可能创建）进行描述，包含必要的概念、功能和好处，以建立和确保采用道德驱动的方法来设计机器人、智能和自主系统。

4. 我国智能人机交互设计相关标准

我国重视智能人机交互标准制定工作。2020 年 7 月，国家标准委、中央网信办、发展和改革委、科技部、工业和信息化部联合印发了《国家新一代人工智能标准体系建设指南》（国标委联［2020］35 号）。在该指南中，人机交互标准被列入人工智能标准体系的关键领域技术标准，将重点开展融合场景感知、眼动跟踪、三维输入等智能感知标准，表情识别、手势识别、手写识别等动态识别标准，语音交互、情感交互、体感交互、脑机交互、全双工交互等多模态交互标准研制。

全国人类工效学标准化技术委员会（SAC/TC7）和全国信息技术标准化委员会用户界面分技术委员会（SAC/TC 28/SC 35）分别制定了智能人机交互相关的国家标准。一些主要的标准简介如下。

GB/T 18976—2003《以人为中心的交互系统设计过程》提供了有关以计算机为基础的交互系统以人为中心设计活动的指南。它以设计过程的管理人员为对象，提供有关以人为中心设计方法的信息来源和标准的指南。

GB/T 41813.1—2022《信息技术 智能语音交互测试方法 第 1 部分：语音识别》描述了智能语音交互测试中语音识别系统的通用测试项和通用测试方法，适用于智能语音服务提供商、用户和第三方检测机构对智能语音交互应用的语音识别系统测试的设计和实施。

GB/T 41813.2—2022《信息技术 智能语音交互测试方法 第 2 部分：语义理解》描述了智能语音交互测试中语义理解系统的通用测试项和通用测试方法，适用于智能语音服务提供商、用户和第三方检测机构对智能语音交互应用的语义理解系统测试的设计和实施。

GB/T 36464.1—2020《信息技术 智能语音交互系统 第 1 部分：通用规范》给出了智能语音交互系统通用功能框架，规定了语音交互界面、数据资源、前端处理、语音处理、服务接口、应用业务处理等功能单元要求，适用于智能语音交互系统的通用设计、开发、应用和维护。

GB/T 36464.2—2018《信息技术 智能语音交互系统 第 2 部分：智能家居》规定了智能家居语音交互系统的术语和定义、系统框架、要求和测试方法，适用于智能家居语音交互系统的设计、开发、应用和维护。智能交互系统具备对其他非语音形式输入的支持，如触摸、手势等，以作为对人机智能交互形式的补充。

GB/T 36464.3—2018《信息技术 智能语音交互系统 第 3 部分：智能客服》规定了智能客服语音交互系统的术语和定义、系统框架、要求及测试方法，适用于在智能客服领域及相关业务平台实现智能语音交互系统的设计、开发、应用、测试和维护。

GB/T 36464.4—2018《信息技术 智能语音交互系统 第 4 部分：移动终端》规定了移动终端智能语音交互系统的术语和定义、系统框架、要求和测试方法，适用于移动终端智能语音交互系统的设计、开发、应用和维护。

GB/T 36464.5—2018《信息技术 智能语音交互系统 第 5 部分：车载终端》规范了车载终端智能语音交互系统的术语和定义、系统框架、要求和测试方法，适用于车载终端智能语音交互系统的设计、开发、应用和维护。

GB/T38665.1—2020《信息技术 手势交互系统 第 1 部分：通用技术要求》规定了手势交互系统通用的功能要求和性能要求，适用于手势交互系统的研发和测试。

GB/T 38665.2—2020《信息技术 手势交互系统 第 2 部分：系统外部接口》规定了手势交互系统

的外部接口形式，适用于与设备、平台、方法无关的手势交互系统的研发、应用和维护。

GB/T 40691—2021《人工智能 情感计算用户界面模型》给出了基于情感计算用户界面的通用模型和交互模型，描述了情感表达、情感数据采集、情感识别、情感决策和情感表达等模块。适用于情感计算用户界面的设计、开发和应用。

17.4 企业的智能人机交互设计指南简介

随着人工智能技术在产品中的应用越来越广泛，苹果、谷歌和微软等公司对人工智能系统交互提出了各自的设计指南。

1. 人-人工智能交互指南（微软公司）

2019 年 5 月，微软公司发布《人-人工智能交互指南》，该指南由 11 名研究人员组成的团队分四个阶段反复修订，并由另外 60 名设计师和可用性从业者应用或评审，以确保指南适用于人工智能系统，并可被人机交互专业人员理解（Amershi et al.，2019）。

根据用户与智能系统交互的时间顺序，该指南分为四部分：初始阶段、交互过程中、出现错误时，以及长期使用时，共有 18 条。

1）初始阶段

（1）明确系统的功能，帮助用户了解人工智能系统能够做什么来消除困惑。

（2）明确系统能够做到什么程度，设定期望值，明确系统在任务中的表现以及出错的频率。

2）交互过程中

（3）服务的时机要基于场景，根据用户当前任务和环境确定采取行动或中断的时间。

（4）展示与场景相关的信息，根据用户当前的活动显示相关信息。

（5）与相关的社交礼仪相符，符合惯例，以用户期望的方式提供体验。

（6）减少社会偏见，确保人工智能系统的语言和行为不会强化社会刻板印象和偏见。

3）出现错误时

（7）便捷地唤醒，在需要时，可轻松请求人工智能系统的帮助和服务。

（8）便捷地忽略，拒绝或忽略不需要的人工智能服务应该尽可能简单。

（9）便捷地纠正，当系统出现问题时，编辑、改进或恢复也应该高效轻松。

（10）不确定的情况下，重新审视人工智能的服务范围，当人工智能系统不确定用户想要什么时，它要么消除困惑，要么减少提供的服务。

（11）明确告知用户为什么系统有这样的行为，解释系统工作方式的原因。

4）长期使用时

（12）记住最近的操作，允许用户更容易地引用它们。

（13）从用户行为中学习，并根据他们的行为提供个性化体验。

（14）谨慎地迭代和变更，在对人工智能系统的行为进行更改或更新时，尽量避免做出任何可能造成破坏的行为。

（15）鼓励微小的反馈，让人工智能系统的用户可以通过常规交互来表达自己的偏好。

（16）尽快通知用户，其活动将对人工智能系统未来行为产生的影响。

（17）提供全局控制，允许用户自定义人工智能系统监控的内容及其行为。

（18）更改系统更新和功能时通知用户。

2. 人+人工智能指南(谷歌公司)

2019 年 5 月,谷歌公司发布了《人+人工智能指南》。该指南基于谷歌产品团队和学术研究的数据和见解,包括用户需求+定义成功、数据收集+评价、心理模型、可解释性+信任、反馈+控制和错误处理+失败应对六部分,共 23 条。

1) 用户需求+定义成功

(1) 找到用户需求和人工智能优势的交集,确保以人工智能增加独特价值的方式解决实际问题。

(2) 评估自动化与强化,自动化那些困难或不愉快的任务,强化人们喜欢做的或具有社会价值的任务。

(3) 设计和评估奖励功能,奖励功能是人工智能如何定义成功和失败,通过想象产品的下游影响并限制其潜在负面后果,优化长期用户利益。

2) 数据收集+评价

(4) 计划从一开始就收集高质量的数据。

(5) 将用户需求转换为数据需求。系统地将用户需求、用户行为和机器学习预测分解为必要的数据集。

(6) 负责任地收集数据。作为数据来源的一部分,需要考虑相关性、公平性、隐私和安全性。

(7) 准备并记录数据。为人工智能准备数据集,并记录其内容以及收集和处理数据时所做的决定。

(8) 标注工具和标注的设计。对于监督学习,拥有准确的数据标注对于从模型中获得有用的输出至关重要。标注工具指令和用户界面流的周密设计将有助于产生更高质量的标注,从而获得更好的输出。

(9) 调整模型。一旦模型运行,就要解释人工智能输出,以确保它与系统目标和用户需求相一致。如果不是,则进行故障排除,探索数据的潜在问题。

3) 心理模型

(10) 为适应设定预期。通过识别和建立熟悉的心理模型,帮助用户充分利用人工智能的新用途。

(11) 分阶段引入。尽早设定现实的期望,向用户描述好处,而不是技术,让用户更容易在产品中尝试人工智能技术。

(12) 共同学习计划。将反馈与个性化和适应性联系起来,以建立用户行为与人工智能输出之间的关系。

(13) 解释用户对人工智能交互的期望。清楚地传达系统的算法性质和局限性,以设定现实的用户期望,避免意外的欺骗。

4) 可解释性+信任

(14) 帮助用户校准他们的信任。系统的目标应该是让用户在某些情况下信任它,但在需要时要再次核对。

(15) 在整个产品体验中校准用户信任。可以在产品内部和周围使用多种方法(教育、入职培训)来校准每个阶段的信任。

(16) 优化理解。在某些情况下,可能无法提供明确、全面的解释,使用部分解释。

(17) 管理对用户决策的影响。当用户需要根据模型输出做出决策时,何时以及如何显示模型的信任可以影响他们采取的行动。

5）反馈＋控制

(18) 使反馈与模型改进保持一致。澄清隐式反馈和显性反馈之间的差异，并在适当的细节层次上提出正确的问题。

(19) 传达价值和影响时间。了解用户为什么给出反馈，这样就可以设定如何以及何时改进用户体验的期望值。

(20) 平衡控制和自动化。让用户控制体验的某些方面，并允许用户轻松选择不提供反馈。

6）错误处理＋失败应对

(21) 定义"错误"和"失败"。用户认为的错误与用户对人工智能系统的期望密切相关，承认系统是在持续改进过程中，有助于鼓励对人工智能的采纳和反馈。

(22) 识别错误源。人工智能系统的固有复杂性可能会使识别错误来源变得困难。作为一个团队，讨论如何发现错误并辨别其来源很重要。

(23) 提供故障前的路径。人工智能本质上是概率性的，在某个时刻会失败。当这种情况发生时，系统需要为用户提供继续其任务的方法，并帮助人工智能进行改进。

3. 机器学习人机界面指南（苹果公司）

2019 年 6 月，苹果公司发布了机器学习人机界面指南，该指南专注于苹果的设计原则在融入机器学习的人工智能产品中的应用。指南分为两部分，即系统的输入和系统的输出。输入部分包括显式反馈、隐式反馈、验证和更正，旨在帮助设计人工智能产品请求、收集、使用和应用用户数据和交互的过程；输出部分包括错误、多个选项、信心、标志和局限性，旨在获取模型的输出，并以可理解和可操作的方式将其显示给用户，以实现产品的最终目的。

1）显式反馈

(1) 仅在必要时请求显式反馈。用户必须采取行动提供显式反馈，因此如果可能，最好避免请求。

(2) 始终将提供显式反馈作为自愿任务。应该传达显示反馈可以帮助改善体验，而不会让人们觉得提供反馈是强制性的。

(3) 不要同时要求正面和负面反馈。不应有用户应该对他们喜欢的结果给予正面反馈的想法。给用户机会对他们不喜欢的结果提供负面反馈，这样就可以改善体验。

(4) 使用简单直接的语言描述每个显式反馈选项及其后果，以帮助用户理解当他们选择选项时会发生什么样的方式以描述每个选项。

(5) 如果图标有助于用户理解选项，则将图标添加到选项描述中。避免单独使用图标，因为单独使用图标并不总是足够清晰，无法表达细节或结果。

(6) 在请求显式反馈时，考虑提供多种选项。提供多种选项可以给用户一种控制感，帮助识别不需要的建议并将其从应用程序中删除。

(7) 收到显式反馈后立即采取行动，并保持所产生的更改。当对反馈立即做出反应并表明应用程序记得它时，就建立了用户对提供反馈价值的信任。

(8) 考虑使用显式反馈来帮助改进何时何地显示结果。何时何地显示结果的显示反馈可以微调用户在应用程序中的体验。

2）隐式反馈

(9) 始终保护用户的信息。隐私反馈可以收集潜在的用户敏感信息，因此必须特别小心地维护对用户隐私的严格控制。

(10) 帮助用户控制信息。告诉用户应用程序如何获取和共享他们的信息，并给用户提供限制信息流动的方法。

(11) 不要让隐式反馈减少用户探索的机会。隐式反馈倾向于强化用户的行为,这在短期内可以改善用户体验,但在长期内可能会恶化用户体验。

(12) 如果可能,则使用多个反馈信号来改进建议并减少错误。隐式反馈是间接的,因此很难从收集的信息中辨别用户的实际意图。

(13) 考虑保留私人或敏感建议。如果应用程序收到与私人或敏感话题相关的隐式反馈,则应避免基于该反馈提供建议。

(14) 优先考虑最近的反馈。用户的口味经常变化,所以应用的建议要基于最近的隐式反馈。

(15) 使用反馈,以与用户的特征心理模型相匹配的节奏更新预测。

(16) 当对应用程序的用户界面进行更改时,准备好更改隐式反馈。即使是小的用户界面更改也会导致隐式反馈的数量和类型发生显著变化。

(17) 谨防证实偏差。隐式反馈受到用户在应用程序和其他应用程序中实际看到和做的事情的限制,它很少能洞察到用户可能喜欢做的新事情。避免仅仅依靠隐式反馈来形成结论。

3) 验证

(18) 始终保护用户的信息。在验证过程中,用户可能会提供敏感信息,必须确保其安全。

(19) 明确为什么需要他人的信息。通常,在用户使用某项功能之前需要进行校准,因此他们必须了解提供信息的价值。

(20) 只收集最基本的信息。设计一个专注于获取少量信息的独特体验,可以让用户更轻松地参与这个过程,并增加他们对应用程序的信任。

(21) 避免让用户多次参与验证。最好在用户体验早期进行验证。当用户继续使用应用程序或功能时,可以使用隐式或显式反馈来逐步完善关于他们的信息,而不需要他们再次参与。

(22) 使校准快速简便。理想的验证体验使用户能够轻松响应,而不会影响他们提供的信息质量。

(23) 确保用户知道如何成功执行验证。在用户决定参与验证后,给他们一个明确的目标,并显示进展。

(24) 如果进度停滞,立即提供帮助。当进度停滞时,为用户提供可操作的建议,使他们迅速回到正轨至关重要。

(25) 确认成功。当用户成功完成验证时,通过为他们提供使用该功能的明确路径来奖励他们的时间和努力。

(26) 让用户随时取消验证。确保给用户一个随时取消体验的简单方法,不必提供任何提及取消验证的消息,因为下次用户尝试使用该功能时,他们将有另一次机会参与。

(27) 给用户一种方法来更新或删除他们在验证期间提供的信息。让用户编辑用户的信息可以让用户更容易控制,并可以让用户对应用程序有更大的信任。

4) 更正

(28) 为用户提供熟悉、简单的纠正方法。当应用程序出错时,不应让用户对如何纠正错误感到困惑。可以通过显示应用程序执行自动任务时所采取的步骤来避免造成困惑。

(29) 当用户做出纠正时,立即提供价值。通过立即显示更正的内容来奖励用户的努力,尤其是当功能非常关键或正在响应用户的直接输入时。

(30) 让用户纠正更正的错误。在处理所有更正时,请立即响应更新的更正并保持更新。

(31) 始终平衡功能的优点和进行更正所需的付出。当自动化任务的功能出错时,用户可能不介意,如果是自己执行的功能出错时,他们可能会停止使用该功能。

(32) 永远不要依靠更正来弥补低质量的结果。虽然更正可以减少错误的影响,但依赖它们可能会削弱用户对应用程序的信任,并降低应用的功能的价值。

(33) 从有意义的更正中学习。更正是一种隐式反馈,可以提供有关应用程序不符合用户期望的方式的宝贵信息。

(34) 如果可能,请使用有引导的更正,而不是自由形式的更正。有引导的更正建议了具体的替代方案,需要用户比较少地付出;自由形式的更正没有提出具体的替代方案,需要更多的投入。

5) 错误

(35) 理解错误后果的重要性。通过提供与错误严重程度相匹配的纠正措施或工具来表现出同理心。

(36) 使用户容易纠正经常或可预测的错误。如果不给用户一个简单的方法来纠正错误,他们可能会对应用失去信任。

(37) 不断更新功能,以反映用户不断变化的兴趣和偏好。帮助提高对用户的理解并避免错误的一种方法是使用隐式反馈来发现用户口味和习惯的变化。

(38) 如果可能,在不使用户界面复杂化的情况下解决错误。平衡一个模式对用户界面的影响及其使错误复杂化的可能性。

(39) 要特别小心,避免在主动功能中出现错误。一个主动功能,例如基于用户行为给出建议,表示不要求用户做任何事情就可以获得有价值的结果。然而,由于主动功能不是用户主动要求使用的,因此用户通常对其错误缺乏耐心。主动功能所出现的错误也会导致用户觉得自己的控制能力较弱。

(40) 当致力于减少某一方面的错误时,始终考虑这项工作对其他方面和整体准确性的影响。利用对用户偏好的了解,帮助确定要关注的领域。

6) 多个选项

(41) 偏好多样化的选项。在可能的情况下,在响应的准确性与多种选项的多样性之间取得平衡。提供不同类型的选项有助于用户选择他们喜欢的选项,也可以建议用户可能感兴趣的新项目。

(42) 避免提供太多选项。用户在做出选择之前必须评估每个选项,因此更多的选项会增加认知负荷。

(43) 首先列出最可能的选项。当知道信任值如何与结果质量相关时,可以使用它们来对选项进行排序。

(44) 使选项易于区分和选择。当选项看起来相似时,通过提供每个选项的简要描述并突出差异,帮助用户区分它们。

(45) 从有意义的选择中学习。用户每次做出选择都是隐式反馈。当反馈不会对用户体验产生负面影响时,使用此反馈来完善提供的选项,并增加首先呈现最可能选项的机会。

7) 信任

(46) 在决定如何表达信任值之前,先了解它的含义。用户可能会原谅来自额外功能的低质量结果,但以突出的方式呈现低质量结果可能会削弱对应用程序的信任。

(47) 通常,将信任值转换为用户已经理解的概念。仅仅显示信任值并不一定能帮助用户理解它与结果的关系。

(48) 在标志没有帮助的情况下,考虑以暗示信任水平的方式对结果进行排名或排序。如果必须直接显示信任,则考虑用语义类别来表达信任。

(49) 在用户期望统计或数字信息的场景中，显示有助于用户理解结果的置信值。

(50) 只要有可能，通过对可行的建议表达信任帮助用户做出决策。了解用户的目标是帮助做出决策方式表达信心的关键。

(51) 考虑根据不同的信任阈值改变呈现结果的方式。如果信心的高低对用户体验结果的方式产生了有意义的影响，那么最好相应地调整应用的展示。

(52) 当知道信任值对应于结果质量时，通常希望避免在信任较低时显示结果。特别是当一个功能是主动的，并且可以不经要求就提供建议时，糟糕的结果可能会导致用户感到恼火，甚至失去对该功能的信任。

8) 标志

(53) 考虑使用标志来帮助用户区分结果。如果将一组结果作为多个选项呈现，标志可以帮助用户基于对选项选择的前提的理解来选择一个选项。

(54) 避免过于具体或过于笼统。过于具体的标志会让用户觉得他们必须做额外的工作来解释结果，而过于笼统的标志通常不会提供有用的信息。

(55) 坚持基于客观分析的事实标志。标志应该帮助用户对结果进行推理，不易引起情绪反应。

(56) 避免使用技术或统计术语。

9) 局限性

(57) 帮助用户建立现实的期望。当局限可能会对用户体验产生严重影响但很少发生时，考虑让用户在使用应用程序或功能之前意识到局限。

(58) 演示如何获得最佳结果。当主动向用户展示如何获得好的结果时，可以帮助用户从该功能中受益，并为该功能建立更准确的心理模型。

(59) 解释局限如何导致不满意的结果。理想情况下，功能可以识别并描述结果不佳的原因，让用户意识到这些局限，并帮助用户调整期望。

(60) 考虑告诉用户何时解决了局限。当更新应用程序以消除局限时，可能需要通知用户，以便用户可以调整功能的心理模型，并返回以前避免的交互。

17.5 总结与展望

智能人机交互设计标准旨在为智能系统设计提供清晰明确的原则、要求和指南，通过确保人-智能系统交互界面开发的一致性，提高智能系统的使用质量，也有助于提高系统可用性和整体系统性能。本章综述了智能人机交互设计相关国际标准和我国国家标准，概述了微软、谷歌和苹果公司发布的智能人机交互设计指南企业标准，可以为行业研究和制定新标准提供分析基础，便于开发人员构建更好的智能系统。

1. 智能人机交互设计标准现状总结

传统的人与计算机交互范式主要是基于任务的，通过规定动作步骤来实现任务目标。传统人机交互标准关注的重点是确定系统的操作概念，定义要执行的任务步骤，分配任务给用户或机器，以及控件的物理表示和布局、显示信息的内容和格式、物理工作空间布局等，以确保人机交互的无障碍和可用性。

现有人机交互设计标准主要是针对非智能系统，针对智能系统交互的新特点，标准组织也在组织制定相关智能系统交互设计标准，但还远远不能适应智能技术的发展需求。ISO/TC 159/SC 4 人-系统交互工效学分技术委员会为交互系统制定了一般设计原则，独立于使用、环境或技术条件的信息呈现等国际标准，这些标准适用于所有类型的交互系统，为交互系统的分析、设计和评价提供了一个框架。ISO/IEC JTC 1/SC 35 用户界面分技术委员会组织制定了跨设备和方法的基于手势的界面、语音命令、情感计算用户界面等智能系统交互技术标准。IEEE 也开始制定人-机器人交互相关的标准。

随着人工智能技术的应用越来越广泛，苹果、谷歌和微软等公司也发布了各自的智能系统交互设计指南企业标准，为智能人机交互设计国际标准的制定奠定了很好的基础。

相对于传统的人机系统，智能系统具有复杂的自主、动态和非确定性等新特性，智能系统交互设计不仅仅关注用户界面的设计和布局，智能系统可以根据用户的具体特征和实际行为进行适应性响应，人机交互更加个性化，用户和智能系统可以组成复杂的人机团队，人机功能分配可动态调整，而传统人机交互设计标准通常没有涉及这些智能系统交互的新特性。智能人机交互设计标准需要考虑智能系统的自主性带来的相关问题、原则和技术，需要修改传统人机交互设计应用的原理和技术工具箱，解决人与智能系统之间的有效和透明交互，以及人机合作和监督控制等方面的交互挑战。

2. 智能人机交互设计标准趋势展望

相对于传统的人机交互方式，智能人机交互的特征是机器的智能水平越来越高，机器具有了部分情境感知、意图识别、自主学习、自主决策、自动执行等一定程度的自主性，用户可以用更自然的方式与机进行交互，人的行为本身也构成与智能系统交互的一部分，隐式和显式交互成为智能人机交互的新特征。

随着智能技术的快速发展和广泛应用，智能系统交互设计亟需相关具体标准支持，以促进人与智能系统交互的可用性。与现有大量的传统人机交互设计标准相比，可以指导智能系统交互设计的标准还很少，具体针对智能系统交互新特性的标准更少。如何应对系统的自主性是智能人机交互设计标准的重点和难点。

规范人体状态预测方法和人机协作模型将会是智能系统交互设计标准的主要发展方向。智能系统动态地适应用户的认知和身体状态，需要系统对人的认知和身体状态进行监测和预判，这就需要人类状态测量方法、人类行动预测模型、特定用户行为偏好模型等标准支持。人与智能系统透明有效的交互也需要人机协作模型标准的支持，例如，人与机之间的动态功能分配、动态目标设置、透明交互和透明用户、知识获取/管理等标准。

3. 智能人机交互设计标准发展建议

结合智能技术的发展趋势和产业发展需求，建议从以下方面加强智能人机交互标准化工作。

1）加强智能人机交互技术标准化

近年来，随着人脸识别、声纹识别、语音识别、手势识别、姿态识别、情感识别等智能技术的进步，智能人机交互技术正向着自然化、智能化、高效化及实体化的方向发展，交互技术的发展也很大程度上促进了智能系统和应用的发展。但是，智能人机交互技术标准的发展还相对落后，这方面的标准还比较少。《国家新一代人工智能标准体系建设指南》中明确指出，人机交互标准是人工智能标准体系的关键领域技术标准，将重点开展融合场景感知、眼动跟踪、三维输入等智能感知标准，表情识别、手势识别、手写识别等动态识别标准，语音交互、情感交互、体感交互、脑机交互、全双工交互等多模态交互标准的研制。

2）重视行业应用中智能人机交互设计标准制定

通用性和专业性之间存在着一种权衡，例如，一些人机交互设计标准不直接适用于缺乏图形用户界面的智能系统（如基于语音的虚拟助理）。为了便于设计师和开发人员使用智能人机交互设计标准，需要针对行业应用特点的标准化。在特定行业中制定人机交互标准时，还需要考虑个性化的需求与技术特色，如家居应用、医疗应用、交通应用等。在某些高风险或高度监管的领域，如半自动驾驶汽车、机器人辅助手术和金融系统，可能需要专门的智能人机交互设计标准。

3）重视智能人机交互设计标准的应用

标准化工作有助于提升人与智能系统交互的用户体验（葛列众，2020）。标准制定所遵循的协商一致程序需要咨询广泛的商业、专业和工业组织以及各种不同的用户群体，智能人机交互设计标准应反映专业设计师和其他潜在用户易于使用的相关知识和实践。在标准制定过程中，应加强设计师和智能系统开发人员的合作，以促进在智能系统中有效应用标准。标准应用将促进人工智能技术和知识在非专业人员中的传播和推广。

参考文献

Amershi, S., Weld, D., Vorvoreanu, M., Fourney, A., Nushi, B., Collisson, P., Suh, J., Iqbal, S., Bennett, P. N., Inkpen, K., Teevan, J., Kikin-Gil, R. and Horvitz, E.. (2019). Guidelines for Human-AI Interaction. In Proceedings of the 2019 CHI Conference on Human Factors in Computing Systems (Glasgow, Scotland Uk) (CHI '19). Association for Computing Machinery, New York, NY, USA, 1-13. https://doi. org/10. 1145/3290605.3300233

Apple. (2022). Human Interface Guidelines: Machine Learning. https://developer.apple.com/design/human-interface-guidelines/technologies/machine-learning/introduction

Björling, M. E. and Ali, A. H.. (2020). UX design in AI: A trustworthy face for the AI brain. www.ericsson.com/en/ai-and-automation.

Facebook. (2022). General Best Practices-Messenger Platform. https://developers. facebook. com/docs/messenger-platform/introduction/general-best-practices

Farooq, U., & Grudin, J. (2016). Human computer integration. Interactions, 23, 27-32.

Google. (2022). People + AI Guidebook | PAIR. https://pair.withgoogle.com/guidebook.

IBM. (2022). IBM Design for AI. https://www.ibm.com/design/ai/.

ISO/IEC (International Organization for Standardization/International Electrochemical Commission) (2004). Standardization and related activities: General vocabulary (Guide 2). Geneva: ISO.

Jobin, A., Ienca, M. and Vayena, E.. (2019). The global landscape of AI ethics guidelines. Nature Machine Intelligence 1, 9, 389-399. https://doi.org/10.1038/s42256-019-0088-2.

NIST. (2019). U.S. LEADERSHIP IN AI: A Plan for Federal Engagement in Developing Technical Standards and Related Tools.

Schlenoff, Craig. (2022). Advancing Autonomous Robot Development and Adoption Through Standards. https://standards.ieee.org/beyond-standards/advancing-autonomous-robot-development-and-adoption-through-standards/

Weisz, J. D., Muller, M., He, J. and Houde, S.. (2023). Toward General Design Principles for Generative AI Applications. In . ACM, New York, NY, USA, 16 pages. https://doi.org/10.48550/arXiv.2301.05578

Wetting, J. (2002). New developments in standardization in the past 15 years: product versus process related standards. Safety Science, 40(1-4), 51-56.

Wright, A. P., Wang, Z. J., Park, H., Guo, G., Sperrle, F., El-Assady, M., Endert, A., Keim, D. and Chau D. H.. (2020). A comparative analysis of industry human-AI interaction guidelines. arXiv preprint arXiv: 2010.11761 (2020).

Yildirim, N., Pushkarna, M., Goyal, N., Wattenberg, M. and Viégas, F.. (2023). Investigating How Practitioners Use Human-AI Guidelines: A Case Study on the People + AI Guidebook. In Proceedings of the 2023 CHI Conference on Human Factors in Computing Systems (CHI '23), April 23-28, 2023, Hamburg, Germany. ACM,

New York，NY，USA，13 pages. https://doi.org/10.1145/3544548.3580900
GB/T 1.1—2020 标准化工作导则 第 1 部分：标准化文件的结构和起草规则.
白殿一，刘慎斋，等.（2020）. 标准化文件的起草. 中国标准出版社.
许为.(2019). 四论以用户为中心的设计：以人为中心的人工智能.（4）,291-305.
许为.（2020）. 五论以用户为中心的设计：从自动化到智能时代的自主化以及自动驾驶车.应用心理学. 26（2），108-129.
许为.（2022）. 六论以用户为中心的设计：智能人机交互的人因工程途径.应用心理学. 28（3），195-213.
许为，葛列众.（2020）. 智能时代的工程心理学.心理科学进展. 28（9），1409-1425.
范俊君，田丰，杜一，刘正捷，戴国忠.（2018）. 智能时代人机交互的一些思考. 中国科学：信息科学，48（4），361-375.
范向民，范俊君，田丰等.（2019）. 人机交互与人工智能：从交替浮沉到协同共进. 中国科学：信息科学，49，361-368.
葛列众，许为.（2020）. 用户体验：理论和实践. 北京：中国人民大学出版社.
国家标准化管理委员会，中央网信办，等.（2020）. 国家新一代人工智能标准体系建设指南(国标委联[2020]35 号).
陶建华，巫英才，喻纯，翁冬冬，李冠君，韩腾，王运涛，刘斌.（2022）. 多模态人机交互综述. 中国图象图形学报，27（06）：1956-1987. DOI：10. 11834/ jig. 220151.
袁庆曙，王若楠，潘志庚，等.（2021）. 空间增强现实中的人机交互技术综述. 计算机辅助设计与图形学学报，33（3）：321-332.
吴新松，马姗姗，徐洋.（2021）. 人工智能时代人机交互标准化研究. 信息技术与标准化：（1-2）：48-50.
董宏伟，王希.（2020）. 人工智能国际标准精彩纷呈. 中国电信业：（7）：58-62.

作者简介

赵朝义 博士，研究员，中国标准化研究院基础所，中国标准化研究院国家市场监管重点实验室(人因与工效学)副主任。研究方向：人类工效学，人机交互，标准化。E-mail：zhaochy@cnis.ac.cn。

第18章

以人为中心的人工智能伦理体系

▷本章导读

在人类历史上，近300年以来发展出了多种科学技术。这些科学技术在不断推动人类文明进步的同时，由于应用过度或者滥用，对人类、社会、自然都造成了各种危害或损失，由此产生科技伦理问题，人工智能技术也存在类似问题，它的发展也必须遵守人类的伦理规范。人工智能伦理是在近十年随着人工智能技术的飞速发展才逐渐受到重视的，因此，在概念内涵、存在的问题、应用规范以及具体理论方面还不够完善。本章从传统伦理学理论和人工智能伦理概念出发，从三方面探讨以人为中心的人工智能伦理体系。第一方面是人工智能伦理与传统伦理学的关系，人工智能伦理在其中的位置和意义；第二方面是人工智能伦理包含的主要分支内容；第三方面是以人为中心的人工智能伦理原则。前两方面构成初步的人工智能伦理体系；第三方面着重强调人工智能技术发展需要遵循的基本原则。随着人工智能技术和理论的发展，人们对人工智能伦理的认识将越来越深入，人工智能伦理观念也越来越具体化，并具备可操作性，从而指导、规范人工智能科学技术的可持续发展。

18.1 引言

当前，越来越强大的人工智能算法为人们推荐商品、歌曲、新闻、翻译外文文字，与人们聊天。人工智能已成为一股向善的力量，不仅带来经济增长，增进社会福祉，还能促进可持续发展。与此同时，人脸识别等技术的大规模应用也引发了国内外对该技术侵犯个人隐私的争议。人工智能技术在招聘、广告投放、信贷、保险、医疗、教育、司法审判、犯罪量刑、公共服务等诸多方面的应用也伴随着公平与否的问题。自动驾驶汽车、智能医疗产品等在应用中造成的事故也面临责任区分或分担问题。机器人等智能系统或技术在生产中应用的可能取代部分手工的、重复性的劳动，给劳动者就业带来了一定冲击(李勇坚，张丽君，2019)。2022年12月，由OpenAI推出的ChatGPT聊天机器人程序对人类语言的灵活处理和运用程度达到了前所未有的高度，是继引发人工智能新一轮高潮并挑战人类抽象思维能力的AlphaGo之后，又一个重大人工智能技术突破，而这次是对人类语言能力的挑战，引发了有关大语言模型伦理问题的热烈讨论。深度学习之父辛顿在近期对以大语言模型为基础的人工智能系统的安全性问题表示担忧。继ChatGPT之后的GPT-4在各种专业测试和学术基准上的表现与人类水平相当，例如它通过了模拟律师考试。大语言模型的各种威力不断爆发，ChatGPT的职业威胁论也引发了热议。例如，Insider编制了一份被AI取代风险最高的清单，包括技术工作(程序员、软件

本章作者：莫宏伟。

工程师等)、媒体工作(广告、内容创作等)、法律行业工作、市场分析师、教师、贸易商、会计师等,由此可能引发的社会伦理风险不容小觑。

人工智能技术与以往的基因编辑、克隆等其他科学技术的不同之处在于,它是一种可以替代人类智能的技术。随着人工智能在围棋博弈、机器视觉、语言的接连突破变为现实,这三方面分别代表人工智能对人类高级思维、视觉和语言能力的替代。因此,人工智能相较于其他科学技术,更需要伦理道德的规范。

人工智能在快速发展中产生的伦理、法律等方面的问题在近五年引起社会各界的持续关注和激烈讨论。来自人工智能、社会科学领域的专家学者及企业家纷纷呼吁重视人工智能伦理,加强人工智能治理,践行科技向善,发展安全可信、负责任的人工智能。2019 年至今,人工智能伦理原则和伦理审查,以及人工智能算法决策、人脸识别、深度内容生成以及自动驾驶汽车、机器人、智能医疗等细分领域的监管,是全球人工智能治理的焦点话题,表明国内外对人工智能治理的持续高度重视。

人工智能技术及系统的快速发展不仅是一场结果未知的开放性的科技创新,更是人类文明史上影响深远的社会伦理试验。人类社会需要在其发展的所有阶段积极主动地考虑人工智能技术的伦理规范和社会影响。但在人工智能发展的任何阶段都必须明确的一点是:任何一项人工智能技术、方法及应用都必须符合人类的伦理和价值以及利益需要,也就是"以人为中心"。正如著名人工智能科学家李飞飞所言,要让伦理成为人工智能研究与发展的根本组成部分。鉴于目前关于人工智能伦理的问题众说纷纭,缺少统一的规范体系,本章试图从人工智能伦理与传统伦理学、人工智能伦理分支内容及人工智能伦理原则三个层次探讨"以人为中心"的人工智能伦理体系,对人工智能伦理的发展起到抛砖引玉的作用,促进人工智能伦理对于人工智能技术发展的积极保障作用。

18.2　传统伦理与人工智能伦理

1. 传统伦理与传统伦理学基本概念及关系

道德与伦理是指关于社会秩序以及人类个体之间特定的礼仪、交往等各种问题与关系。作为一种行为规范,道德是由社会制定或认可的。与具有强制性、约束性的法律相对,它是一种关于人们对自身或他人有利或有害的行为的非强制性规范。所谓伦理,其本意是指事物的条理,引申指向人伦道德之理(詹姆斯,斯图亚特,2009)。

伦理概念有广义与狭义之分。狭义的伦理是主要关涉道德本身,包括人与人、人与社会、人与自身的伦理关系。广义的伦理则不仅涉及人与人、人与社会、人与自身的伦理道德关系,而且也涉及人与自然的伦理关系,还研究义务、责任、价值、正义等一系列范畴。伦理道德不仅是人类社会自古以来固有的约束、规定人与人之间的关系的规范,而且,自 19 世纪以后人类借助科学技术不断加速人类文明发展步伐以来,伦理道德也成为引导和规范科学技术更好地服务于人类的基本规范(张华夏,2010)。

应用伦理学是伦理学的一个分支,它的研究范围包括一切具体的、有争议的道德应用问题(卢风,肖巍,2002)。自 20 世纪六七十年代应用伦理学兴起以来,应用伦理学已拥有越来越多的专门领域,如生命伦理、动物伦理、生态伦理、环境伦理、经济伦理、企业伦理、消费伦理、政治伦理、行政伦理、科技伦理、工程技术伦理、产品伦理、媒体伦理、网络伦理、艺术伦理等。

科技伦理是指关于各种科学技术发展所引发的伦理问题,包括基因编辑、克隆、纳米、互联网以及人工智能等各种科学技术发展和应用所引发的伦理问题(陈彬,2014)。德国哲学家马克思 1856 年 4

月 14 日在伦敦《人民报》创刊纪念会上的演说中说："在我们这个时代，每一种事物好像都有它自己的反面。我们看到机器具有减少人类劳动和使劳动更有成效的神奇力量，然而却引起了饥饿和过度的疲劳。技术的胜利，似乎是以道德的败坏为代价换来的。"

2. 人工智能伦理与传统伦理学的关系

人工智能的诞生和发展使得人类所创造的工具的属性发生了重大变化，它们从没有智能的工具开始成为具有智能性的工具。当这种智能性与人类智能的某方面相似甚至超越人类时，人类与智能工具之间的关系就开始变得复杂起来，这种复杂关系通过反映在伦理观念上，就对人类社会的传统伦理关系造成了影响和冲击。由于这种关系的复杂性，人工智能伦理分为狭义和广义两个范畴（莫宏伟，徐立芳，2022），它们与传统伦理道德及伦理学的关系如图 18.1 所示。图 18.1 中，伦理道德是伦理学的基本研究对象，传统伦理学的研究内容或对象主要指向人、社会与自然，由此发展出应用伦理及科技伦理，科技伦理实际上是应用伦理的一个分支。而人工智能技术作为一种科学技术，其引发的伦理问题属于科技伦理范畴。但是人工智能伦理的指向已经超越了传统伦理道德范畴，因为人工智能伦理问题不限于传统的人、社会与自然，而是拓展到了非自然的对象——机器。因此，人工智能伦理可以划分为广义的人工智能伦理和狭义的人工智能伦理两方面。关于人工智能伦理问题的研究也就是新兴的伦理学分支——人工智能伦理学的主要任务。人工智能伦理学从概念上还是属于应用伦理学的分支，但其内涵和外延都已经超出传统伦理学的范畴。

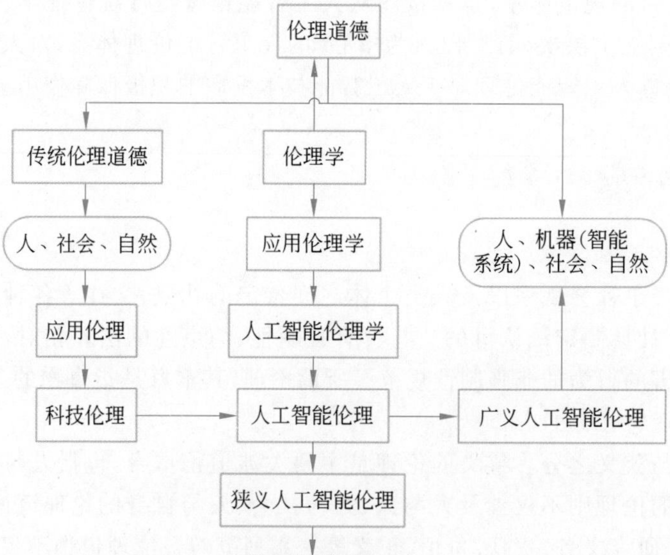

图 18.1 人工智能伦理道德及伦理学的关系

狭义的人工智能伦理是人工智能系统、智能机器及其使用所引发的、涉及人类的伦理道德问题。应用人工智能技术的各个领域都涉及伦理问题，也都是狭义人工智能伦理应该考虑的问题，也是弱人工智能技术应用引发的伦理问题（莫宏伟，2018）。

广义人工智能伦理是指人与人工智能系统、人与智能机器、人与智能社会之间的伦理关系，以及超现实的强人工智能伦理问题，包括人工智能系统与智能机器对于人类的责任、安全等范畴。广义的人工智能伦理，主要有三方面含义：第一，人工智能技术应用背景下，由于人工智能系统在社会中由于参与、影响很多方面的工作和决策活动(杜严勇,2020),人与人、人与社会、人与自然的传统伦理道德关系受到影响,从而衍生出新的伦理道德关系;第二,深度学习等人工智能技术驱动的智能机器拥有了不同于人类的独特智能,从而促使人类要以前所未有的视角考虑人与这些智能机器或者这些智能机器与人之间的伦理问题;第三,也是最有趣的一方面,人们认为人工智能早晚会超越人类智能,尤其是强人工智能,可能会威胁人类(莫宏伟,2018),这实际上是超越现实的幻想。但是由此引发的哲学意义上的伦理问题思考具有一定的理论和思想价值,能够启发今天的人类如何开发和利用好人工智能技术。这类广义人工智能伦理可以称为"超现实人工智能伦理"(莫宏伟,徐立芳,2022)。超现实人工智能伦理关注的是强人工智能系统、类人智能系统或智能机器与人的伦理关系。

3. 人工智能伦理学

从现代伦理学角度看(王学川,2009),狭义人工智能伦理属于应用伦理领域。广义人工智能伦理则已经超越应用伦理范围,这主要是因为关于智能机器、社会与人三者之间的复杂的伦理道德关系超出了传统的人类社会伦理范畴。

传统的伦理学研究对象主要以人类的道德意识现象为对象,探讨人类道德的本质、起源和发展等问题。人工智能突飞猛进的发展,对于人的自然主体性地位提出了挑战,同时也对人的道德主体性提出了挑战,使得伦理学研究的对象不再仅仅是人与人、人与社会、人类自身的伦理道德关系,而是从人类的道德扩展到了人工智能技术、人工智能系统与机器的道德。由此形成全新的伦理学分支——人工智能伦理学。

人工智能伦理学需要从理论层面建构一种人类历史上前所未有的新型伦理体系,也就是人、智能机器、社会及自然之间相互交织的伦理关系体系,包括指导智能机器行为的法则体系,即"智能机器应该怎样处理此类处境""智能机器为什么又依据什么这样处理",并且对其进行严格评判的法则,也包括人类对于智能机器的行为,智能机器对人类的行为,智能机器与人类社会、智能机器与自然的伦理体系(莫宏伟,徐立芳,2022)。

与人工智能伦理相对,人工智能伦理学也分为狭义和广义的两个范畴(莫宏伟,徐立芳,2022)。狭义的人工智能伦理学是研究关于人工智能技术、系统与机器及其使用所引发的涉及人类的伦理道德理论的科学。狭义人工智能伦理学主要关注和讨论关于人工智能技术、系统及智能机器的伦理理论。狭义的人工智能伦理学是随着人工智能的发展而产生的一门新兴的科技伦理学科。广义人工智能伦理学是研究智能机器道德的本质、发展以及人、智能机器与社会相互之间新型道德伦理关系的科学。广义人工智能伦理学需要研究智能机器(包括人机结合形成的智能机器)道德规范体系,智能机器道德水平与人工智能技术发展水平之间的关系、智能机器道德原则和道德评价的标准、智能机器道德的教育,智能机器、人与社会、自然之间形成的相互伦理道德体系及规范,以及在智能机器超越人类的背景下,人生的意义、人的存在与价值、生活态度等问题。例如,以ChatGPT之类的大语言模型驱动的聊天机器人系统已经衍生出虚拟网络社区、虚拟NFT形象,甚至驱动现实社会中的机器人聊天、执行任务。它们之间可以相互聊天,话题极为广泛,而人类成为旁观者。这类智能系统或其所驱动的智能机器的道德规范体系在其萌芽状态就应该引起人类的高度重视和研究,而不仅仅是作为旁观者欣赏。

18.3 人工智能伦理体系结构

目前,对于人工智能伦理的理解和关注主要来自学术和行业两方面。在人工智能伦理与传统伦理学的关系基础上,结合学术和行业两方面对于人工智能伦理的认识和理解,本章提出一个初步的人工智能伦理体系，包括人工智能应用伦理、人机混合智能伦理、人工智能设计伦理、人工智能全球伦理与宇宙伦理、人工智能超现实伦理及人工智能伦理原则与规范。

如图 18.2 所示，在提出的人工智能伦理体系中，机器伦理包括机器人、自动驾驶汽车等不同类型机器或智能系统的伦理，其中主要是从概念上将机器人、自动驾驶汽车作为智能机器的典型代表。人工智能应用伦理主要涉及数据伦理、算法伦理、机器伦理、行业应用伦理和设计伦理等内容。数据伦理、算法伦理、机器伦理、行业应用伦理及设计伦理都是人工智能作为一种科学技术的不同方面所涉及的伦理问题而产生的。这些技术的应用总体上形成人工智能应用伦理。当然，从人工智能技术应用的角度来看，机器人、自动驾驶汽车的伦理问题也属于行业应用伦理的内容，但是，自动驾驶汽车只是汽车的一种类型，它的研发、生产、制造都属于汽车行业范畴，其本身并不能构成一个独立的行业。因此，将其作为机器伦理的代表更为合适。

图 18.2 人工智能伦理主要分支

人机混合智能、人工智能全球伦理、人工智能宇宙伦理以及超现实人工智能伦理都是人工智能伦理领域的新概念，并且这些概念内涵和外延都已经超出传统人类伦理道德概念的范畴，因此都属于广义的人工智能伦理。广义的人工智能伦理对于人工智能的实际应用和发展具有指导性、方向性和启发性意义，并不一定都需要在实际中加以考虑或重视。例如，很多科幻影视作品中出现的超现实人工智能伦理并无须担忧或在现实中加强防范，那将造成不必要的资源浪费。

无论广义还是狭义的人工智能伦理，最终都要符合一定的伦理原则，也就是与人类根本利益、基本权益相符的伦理原则。上述人工智能伦理体系就是人工智能伦理学研究的对象和内容。

18.4 人工智能应用伦理(狭义人工智能伦理)主要内容

人工智能应用伦理涉及数据伦理、算法伦理、机器伦理、机器人伦理、自动驾驶汽车伦理及人工智能行业应用伦理等内容,各部分内容的主要含义如下。

1. 人工智能数据伦理

数据伦理实际上是独立于人工智能伦理的一个应用伦理分支,因为数据科学与人工智能科学是并列的学科,二者之间的交叉主要在于大数据及实际应用。因此,人工智能数据伦理主要指人工智能与大数据结合而产生的伦理问题,例如"大数据杀熟"这种典型问题。数据伦理重点关注的是数据与人工智能技术应用结合而产生的伦理问题。由于人为造成的数据隐私侵害等问题并不属于人工智能数据伦理关注的问题(李伦,2019)。

随着大数据技术的日益强大,大量的数据更容易被获取、存储、挖掘和处理。大数据信息价值的成功开发在很大程度上依赖于大数据的收集和存储,而数据收集和存储取决于数据的开放性、共享性和可获取性。在大数据信息价值开发实践中,各种技术力量的渗透和利益的驱使容易引发一些伦理问题,主要体现在以下几方面:个人数据收集侵犯隐私权、信息价值开发侵犯隐私权、价格歧视与"大数据杀熟"。其中"大数据杀熟"是指商家利用大数据技术,其平台上的价格不再只根据往常的透明标准进行定价,而是根据每个用户的个人情况进行定价,商家通过用户画像了解用户是否对价格敏感以及用户可能接受的最高价格,并且商家还利用了用户的忠诚度以强制溢价的方式进行价格歧视,最终导致用户在不知情的情况下支付了比普通用户更高的费用。这是典型的数据伦理问题,也是法律所要惩处的行为,国家已经通过立法尝试解决这类数据伦理问题。

2. 人工智能算法伦理

算法伦理主要指深度学习等人工智能算法在实际应用中造成的伦理问题,包括偏见、歧视、控制、欺骗、不确定性、信任危机、评价滥用、认知影响等,这些都是以深度学习为代表的机器学习算法产生的伦理问题中比较典型的问题,也是实际中已经发生的问题,因此是本章的重点内容。实际上,算法伦理的产生主要是由于深度学习与大数据结合之后在各领域的实际应用中取得了成效之后显现的,在深度学习算法没有流行之前,算法伦理并未受到今天这样的重视。

目前的人工智能系统或平台多数以"深度学习+大数据+超级计算机或算力"为主要模式,需要大量的数据来训练其中的深度学习算法,在搜集过程中,各类数据可能不均衡。在标注过程中,某一类数据可能标注较多,另一类标注较少,当这样的数据被制作成训练数据集用于训练算法时,就会导致结果出现偏差,如果这些数据与个人的生物属性、社会属性等敏感数据直接关联,就会产生偏见、歧视、隐私泄露等问题(莫宏伟,2018)。

算法伦理主要指以深度学习为主的各种人工智能算法在处理大数据时产生的伦理问题。近5年,算法伦理随着深度学习技术在大数据应用方面的显著成效以及暴露出的各种问题而受到关注。

算法产生的伦理问题主要包括算法歧视(苏令银,2017)、算法信任危机、算法评价滥用、算法对人的认知能力影响、算法自主性造成的不确定风险等。

例如,2016年3月,微软公司在Twitter上线的聊天机器人Tay,在与网民互动的过程中成为一个集性别歧视、种族歧视等于一身的"不良少女"。类似地,美国执法机构曾经使用的算法错误地预测黑人被告比拥有类似犯罪记录的白人被告更有可能再次犯罪,这是由于算法被包含性别、种族歧视内容的数据训练后出现了伦理问题(莫宏伟,2018)。

3. 机器伦理

所谓"机器伦理",一般指的是机器发展本身的伦理属性以及机器使用中体现的伦理功能。机器伦理的核心内涵是人工智能赋予机器越来越高的智能之后,导致机器的属性发生了变化,由此导致人机关系产生变化,例如人类是否应该关心具有智能或某种类人属性的机器,或者如何让具有一定智能的机器始终处于人类的掌控中,以何种方式将人类的伦理规则嵌入至机器中(杜严勇,2016)。机器伦理是人工智能伦理的重要组成部分,实际上拓展了伦理学的研究范围,从人、自然、生态到机器,这是伦理学领域的一个飞跃。人工智能的重要实现载体就是计算机、机器人或其他复杂的机器,它们的伦理问题也就是人工智能的伦理问题。

机器伦理偏重于从理论角度介绍机器伦理的概念及含义、机器伦理与机器人伦理、人工智能伦理及技术伦理的关系(于雪,王前,2016)。

机器伦理也分为狭义和广义两大类。狭义机器伦理主要是指由具体的智能机器及其使用产生的、涉及人类的伦理问题,其伦理对象是智能计算机、智能机器人、智能无人驾驶汽车等之类的机器装置(莫宏伟,徐立芳,2022)。

广义机器伦理则是在机器具备一定的自主智能甚至一定的道德主体地位之后产生的更为复杂的伦理问题,伦理对象是广义的智能机器系统。

目前,在机器伦理研究领域,受关注较多的问题是狭义的机器伦理,更具体的是人类伦理原则如何在机器上构建的问题。狭义的机器伦理问题及其研究侧重于在智能机器中嵌入人工伦理系统或伦理程序,以实现机器的伦理建议及伦理决策功能。典型的机器伦理包括机器人伦理和自动驾驶汽车两方面。

1) 机器人伦理

从弗兰肯斯坦到罗素姆万能机器人,不论是科学怪人对人类的杀戮还是机器人造反,都体现了人对其创造物可能招致毁灭性风险与失控的恐惧。

现实中,也出现了机器人对于人类的伤害。早在1978年,日本就发生了世界上第一起机器人伤人事件。日本广岛一家工厂的切割机器人在切钢板时突然发生异常,将一名值班工人当作钢板操作致死;1979年,美国密西根的福特制造厂,有位工人在试图从仓库取回一些零件时被机器人杀死;1985年,苏联国际象棋冠军古德柯夫同机器人棋手下棋连胜,机器人突然向金属棋盘释放强大的电流,将这位国际大师杀死;2015年6月29日,在德国汽车制造商大众位于德国的一家工厂内,一个机器人杀死了一名外包员工(庞金友,2018)。

机器人伦理可以看作机器伦理的一部分,也可以看作人工智能伦理的一部分,三者之间的问题通过机器人交织在一起。机器人伦理相对于机器伦理和其他人工智能伦理的特殊之处在于,它先于人工智能伦理、机器伦理而产生,因为最初的机器人伦理思想实际上来自100年前的科幻作品。机器人可以看作特殊的机器,表现在具有某些智能性和类人外观等方面。由于机器伦理实际上是受机器人伦理的启发而来的,因此,很多研究人员对二者并不进行严格区分。国际上已经针对机器人制定了很多伦理规则和监管措施。机器人伦理与人工智能伦理交叉的重点部分就是智能机器人伦理,由此引发的很多伦理问题十分复杂也十分有趣,既有哲学理论意义,也有实际应用价值(莫宏伟,徐立芳,2020)。

2) 自动驾驶汽车伦理

2018年,Uber公司的自动驾驶汽车在美国亚利桑那州发生的致命事故并非因传感器出现故障所导致，而是由于Uber公司在设计系统时出于对乘客舒适度的考虑，对人工智能算法识别为树叶、塑料袋之类的障碍物做出予以忽略的决定(张兆翔，张吉豫，谭铁牛，2021)。

自动驾驶汽车生产商承诺每年会减少成千上万的交通事故，但发生在某辆车上的事故对当事人而言都可能造成生命和财产损失。即便所有的技术都能解决，无论从理论还是实践看，自动驾驶都不会100%的安全。

因此，自动驾驶汽车伦理也是机器伦理的一个典型内容。自动驾驶汽车与机器人类似，都是比较特殊的智能机器。与机器人伦理的不同之处在于，自动驾驶汽车伦理更关注安全和责任，因为汽车是交通工具，与人类的生命息息相关。人最宝贵的就是生命，生命权如果在先进的自动驾驶汽车面前没有保障，自动驾驶技术对于人类就毫无意义。在实际应用中，自动驾驶智能决策系统要面临类似"经典电车难题"的功利性的两难抉择，这也凸显了人工智能伦理或自动驾驶汽车伦理的困境及意义(李芳等，2020)。

自动驾驶汽车伦理的最大问题就是安全问题。造成自动驾驶汽车的安全问题的因素多种多样，最容易造成安全问题并引发争议的就是自动驾驶汽车最核心的人工智能技术部分——智能驾驶算法及软件。由于这些算法和软件可能存在的漏洞，所以造成的安全问题都是致命性的，因此必须严格加以约束和治理。智能驾驶算法及软件都由工程师开发设计，虽然任何软件都存在一定的缺陷，但智能驾驶算法及软件的缺陷可能决定车主或者路人的生死，因此，应在自动驾驶汽车生产、销售和使用的各个环节都尽量避免因这种缺陷而带来的安全问题。

4. 人工智能设计伦理

人工智能设计伦理主要从人工智能开发者和人工智能系统两方面探讨人工智能技术开发、应用中的伦理问题(莫宏伟，徐立芳，2022)。对于开发者，在设计人工智能系统中要遵循一定的标准和伦理原则。对于人工智能系统，需要将人类的伦理以算法及程序的形式嵌入其中，使其在执行任务或解决问题时能够符合人类的利益，达到人类的伦理道德要求。人工智能设计伦理在根本上是要让机器遵循人类的道德原则，也就是机器的终极标准或体系。

人工智能设计伦理主要关注的是包括机器人在内的人工智能系统或智能机器如何遵守人类的伦理规范，这需要从两方面加以解决，一方面是人类设计者自身的道德规范，也就是人类设计者在设计人工智能系统或开发智能机器时需要遵守共同的标准和基本的人类道德规范；另一方面是人类的伦理道德规范如何以算法的形式实现并通过软件程序嵌入机器，这也是机器伦理要研究的一个重要内容，也称为嵌入式机器伦理算法或规则。

从使用者的角度来看，人们并不关心人工智能产品是通过何种物理结构和技术来实现其功能的，人们关心的只是人工智能产品的功能。如果这种功能导致使用者的道德观发生偏差或者造成不良心理影响，这种人工智能产品的设计就出现了问题，必须被淘汰或纠正。

例如，美国亚马逊公司2019年左右生产的一款智能音箱Echo常在半夜发出怪笑，给许多用户造成了巨大的心理恐慌，后来发现这种恐怖效果是由于驱动音箱的智能语音助手Alexa出现设计缺陷而导致的。另一个比较极端的例子是，一位名叫丹妮·玛丽特(Danni Morritt)的英国医生在向智能音箱询问"什么叫作心动周期"时，后者像是突然失控一样开始教唆她"将刀插入心脏"。智能音箱先是将心跳解释为"人体最糟糕的功能"，然后就开始试图从"全体人类利益"的角度说服她自杀。类似这样的人工智能产品设计缺陷所造成的伦理问题必须引起生产者、设计者重视和防范(莫宏伟，徐立芳，2022)。

5. 人工智能行业应用伦理

随着深度学习等技术的日益普及，结合图像、语音、视频、文本、网络等多模态大数据以及制造业、农业、医疗、电子商务、政务、教育等行业大数据，形成了各类人工智能系统，在制造、农业、医疗、教育、政务、商贸、物流、军事等各领域和行业日益得到广泛应用，在大力发展数字经济的背景下，人工智能赋能行业已成为推动国家数字经济战略发展的重要驱动力。

人工智能涉及的行业、领域众多，其中以医疗、教育和军事方面的应用产生的伦理问题比较具有代表性，因为这三个领域分别涉及人的健康、教育和生命，也涉及国家的安危，代表了人类最直接的利益。不同的领域表现的问题也不尽相同。因此，三个行业在各自的伦理问题上有很多差异。例如智能医疗领域的智能机器人不会涉及和智能军事领域的战斗机器人一样的伦理问题。智能医疗伦理关注较多的是医疗数据或人工智能系统诊疗所引发的隐私问题（赵飞等，2018），智能教育伦理关注较多的是人工智能技术在教育领域的应用所引发的公平性等问题（高婷婷，郭炯，2019），智能军事伦理关注较多的是智能武器是否遵守人道主义伦理（莫宏伟，徐立芳，2020）。

在近些年的发展中，人工智能在医疗领域的实践过程遇到或出现的伦理问题主要有以下几方面：隐私和保密、算法歧视和偏见、依赖性、责任归属等问题。例如医疗手术机器人在手术过程中出现问题，医疗事故责任如何确认？是由生产机器人的厂家承担责任，还是由操作机器人的医生承担责任？

智能教育伦理问题可分为三类：第一类是技术伦理风险与问题；第二类是利益相关伦理问题；第三类是人工智能伦理教育问题。

人工智能伦理教育又进一步分为三方面：第一方面是通过高校设立的专业培养人工智能专业人才，培养掌握一定的理论、方法、技术及伦理观念的人工智能人才；第二方面是对全社会开展人工智能教育，使人们理解人工智能技术及应用对社会、个人的影响，例如人工智能技术的发展可能造成一部分传统就业岗位消失或人员失业等负面影响，因此，需要教育人们为人工智能技术发展所带来的社会变革做好思想和行动准备，主动预防人工智能技术的普及可能带来的社会伦理问题；第三方面是对各类受教育对象开展人工智能伦理教育，使所有人都理解人工智能发展对个人、家庭、社会、国家在工作、生活、健康、隐私、安全等各方面的影响及问题。

战争中，人们见证了无人机等智能武器及人脸识别技术在军事作战中的威力。但是，在军事领域，人工智能技术如果被滥用，就注定是一种灾难性的力量，甚至会对平民造成伤害和痛苦，破坏人类文明社会的发展进程。因此，越来越多的人赞同没有人类监督的军事机器人或智能武器是不可接受的。面对智能武器在现实中造成的人道主义等伦理危机，如何在战争中避免智能武器带来的人道主义等伦理问题，是摆在各国军事武器专家和指挥家面前的重要课题。

18.5 广义人工智能伦理

1. 人机混合智能伦理

人机混合智能伦理指的是由于脑与神经科学、脑机接口等技术的发展，使得人类体能、感知、记忆、认知等能力甚至精神道德在神经层面得到增强或提升，由此引发的各种伦理问题（莫宏伟，徐立芳，2022）。更深层次的人机混合伦理问题包括由于人机混合技术造成人的生物属性、人的生物体存在方式，以及人与人之间、人与机器之间、人与社会之间等复杂关系的改变而产生的新型伦理问题。总之，人机混合智能技术以内嵌于人的身体或人类社会的方式重构了人与人、人与机器、人与社会等各方面之间的道德关系。

人机混合智能伦理与前面的应用伦理有所区别，主要在于前面各方面的人工智能技术应用对象是各种非生命的“物”，如机器人、汽车以及加载人工智能技术实现的系统或机器。人机混合智能伦理中涉及的智能技术直接作用于人体本身，使得人的肉体、思维与机器相融合。诸如脑机接口、可穿戴、外骨骼等技术，导致人类的体能、智能甚至道德精神直接得到改变，这种改变的结果主要是提升或增强人类，由此导致的伦理问题也是伦理学领域前所未有的问题。人机混合智能伦理主要关注的是人机结合导致的人类生物属性以及“人、机、物”之间关系的模糊化而产生的一系列新问题，涉及人的定义、存在、平等等问题。因此，人机混合智能伦理既是人工智能伦理的一部分，也是相对于其他人工智能而言的伦理新方向。人机混合伦理主要涉及自由意志、思维隐私、身份认同混乱、人机物界限模糊化、社会公平、安全性等问题。

2. 人工智能全球伦理

人工智能全球伦理是在全球化背景下，关于人工智能技术及智能机器所引发的涉及人类社会及地球生态系统整体的伦理道德问题（莫宏伟，徐立芳，2022）。人工智能全球伦理主要是将人工智能伦理问题从对人类个体、行业的应用问题延伸到全球背景下的全人类面临的生存和地球整体面临的生态等方面的问题。在全球伦理意义上（詹世友，2020），人工智能应构建人类命运共同体理念下的可持续发展观，才能确保人工智能在健康发展的同时服务于人类的未来。

因为人工智能对于人类文明的可持续发展具有重要意义，因此需要引起全世界所有国家的关注，并应该一致努力构建符合人类社会整体利益的人工智能全球伦理规范，其内容主要包括人工智能对人类价值和意义的挑战、人工智能对人类社会的整体影响、人工智能带来的全球生态环境伦理问题。

例如，关于人工智能全球生态伦理问题，从2012年到2018年，深度学习计算量增长了3000倍。最大的深度学习模型之一GPT-3单次训练产生的能耗相当于126个丹麦家庭一年的能源消耗，还会产生与一辆汽车700000千米相等的二氧化碳排放量。据科学界内部估计，如果继续按照当前的趋势发展下去，比起为气候变化提供解决方案，人工智能可能先成为温室效应的罪魁祸首。人工智能在全球范围内的发展除了应遵循所有人工智能技术应该遵循的伦理原则，更应遵循可持续发展原则，也就是说，人工智能技术在全球范围的发展应以支撑全人类可持续发展为基本原则，而不是只让少数人、少数地区、少数国家受益。

很长时间以来，人类通常把自我价值建立在“人类中心主义”之上，人类例外主义就是说，人类是地球上最聪明的存在，因此是独特和优越的。人工智能的崛起将迫使我们放弃这种想法，作为地球上的高等智能生物，应该更加谨慎地对待同类和身处其中的地球。由于机器智能的崛起和发展，当机器变得越来越智能时，机器与人之间的关系就不再是简单的支配与被支配、使用与被使用的关系，而是由于机器智能的发展，人要懂得如何站在机器的角度考虑问题，即机器中心主义，这将以机器为参照看待人类。在机器中心主义者看来，人类表现出的特性都是负面的、脆弱的，机器表现出的特性都是正面的、强大的，在许多假想的人与机器的对比场景中，人类容易失利，机器则容易取胜。从人的角度看机器的人类中心主义，则认为人类心智具有创造性、适应性、敏感性、想象力，相反，机器则显得愚蠢、死板、迟钝、缺乏想象力。人工智能的出现，尤其是AlphaGO、ChatGPT等新型机器智能系统的发展拓展了人类的认识边界，给“人类中心主义”带来了挑战。因此，破除人类中心主义，建立人与自然、机器、人类之间的和谐关系，也是人工智能全球伦理的一个重要内容。

除了气候变化等危机，百年不遇的传染病也令现代社会措手不及，世界各国的防疫政策差异导致疫情的蔓延更说明了构建人类命运共同体的紧迫性（关孔文，赵义良，2019）。人类社会要依靠命运共同体才能使人工智能发挥其更大的价值。只有确保人类社会平稳、安全地向前发展，人工智能才能有效促进人类社会发展。人工智能的发展需要安全稳定的政治和社会环境。人类命运共同体是支撑人工智能服务人类社会的核心价值观。人工智能的发展需要人类命运共同体理念下的、稳定的全球政治和社会环境。

2021年11月,联合国教科文组织的193个成员国通过了《人工智能伦理问题建议书》(以下简称《建议书》),这是第一个关于人工智能伦理的全球框架,它不仅保护、促进人权和人类尊严,并将成为人工智能道德指南针和全球规范的基石,从而在数字世界中建立对法治的强烈尊重。联合国教科文组织提出,面对人工智能,亟须出台国际和国家层面的政策与监管框架,以确保这些新兴技术能造福全人类。人工智能是以人为本的人工智能,必须服务于人类更大的利益,而不是与人类利益相悖。《建议书》指导各国如何最大限度地发挥人工智能的优势,减少其带来的风险。为此,其内容包含价值观和原则,并提出了详细的政策建议。

3. 人工智能宇宙伦理

宇宙伦理学也就是“把视野放到整个宇宙”的伦理学。人工智能宇宙伦理是在宇宙智能进化意义上将人工智能看作宇宙演化的结果,由此考虑当机器智能已经可以取代人类智能时,人类在宇宙中的位置、价值和意义又当如何的问题(莫宏伟,徐立芳,2022)。人工智能宇宙伦理可以认为是一种大历史观意义下的人工智能伦理问题。

人工智能宇宙伦理包括两方面的含义,一方面是从人工智能的发展角度看,当非自然进化的机器智能在很多方面逐渐超越人类,并帮助人类探索宇宙时,它们也会不断进化,人类应该如何理解、定位自身与智能机器在宇宙中存在的价值和意义。特别是面对日益强大的机器智能,要反思人类存在的价值和意义。另一方面,人类借助人工智能完成从地球文明向太空和宇宙文明进化升级的壮举,人类如何看待人工智能在这个过程中扮演的角色。

在大历史观意义下考察人类与人工智能在宇宙背景下的存在意义和价值,使人类更清醒地认识到“人之为人”的可贵、人性的伟大、人类的弱点,以及智能机器对于人类种族可持续发展的意义和作用。机器智能的出现是宇宙大历史发展的一个新阶段,人类需要在更广阔的领域思考机器智能的价值和意义,包括其伦理价值和意义。

在大历史观意义下,人工智能是一种促进人类文明整体向更高阶段进化的力量,是人类反观自身在宇宙中的位置、存在价值和意义的第三方参照物,是一种人类反思自身存在本质的启蒙思想(莫宏伟,徐立芳,2021)。

4. 超现实人工智能伦理

人工智能超现实伦理主要是相对于现实而言的,可以将科幻影视作品等中人类幻想的具有自我意识、感情、人形外观的智能机器人等人工智能的伦理问题归属为超现实伦理问题(莫宏伟,徐立芳,2022;贺欣晔,2016)。这类问题涉及的所谓人权、道德地位乃至法律上的人格等都是超出人类目前发展的人工智能技术范围的,未来是否可能出现完全可知。因此,对于此类人工智能伦理问题,现阶段只能按照一种哲学思想来理解和讨论。但是,人工智能超现实伦理的思考对于现实中的人工智能伦理问题的思考、研究和处理有一定的启发意义。

与具有自我意识的智能机器融合的人还有没有认知自由?具备自我意识的智能机器在人类社会中处于什么地位?人类如何对待它们?机器掌控人类导致无用阶层出现,如何对这些人类进行心理疏导和社会管控?诸如此类的问题,人们可以列举出无数种。这类问题可以统称为超现实伦理问题。未来的人机关系真的会像这些说法那么悲观吗?

有些人认为,由于机器智能具备超过人类智能的能力,于是未来的人类就被机器所挤兑,人类将无立锥之地。其中有代表性的几种观点包括:一是机器人将抢走人类的“饭碗”,人类将大量失业;二是由于人类不具备智能机器强大的记忆能力、运算能力,人类智能将无法抗衡机器智能,因此人类将失去对机器的控制，智能机器将成为人类的主人；三是由于机器成了人类的主人，于是人类就沦为机器的奴隶或机器圈养的动物，要打要杀全凭智能机器的算法或情感。

事实上，具备自我意识、自我观念并达到甚至超越人类程度的通用人工智能技术如何实现、什么时候实现、实现以后是否一定会对人类构成威胁等都是未知的问题。当人们在未知甚至明知具备自我意识的人工智能技术不可能实现的情况下，探讨人工智能奴役、威胁、消灭人类的问题更多的是一种超现实的伦理思考。这种思考对于今天人们研究可信赖的、可靠的、安全的、可持续发展的人工智能技术有一定的参考和警示意义。

从目前来看，智能机器在各行业的规模化应用只是刚刚开始，特别是类人的通用人工智能前景如何还不可知，因此人工智能奴役、屠杀人类之类的问题只能是超现实伦理问题。

18.6 “以人为中心”的人工智能工程系统伦理原则

目前，人工智能在工程应用中都是通过较为复杂的系统形式来实现的，以 ChatGPT 为典型代表的大规模语言模型呈现出复杂系统的涌现性。这类系统能够比人类更熟练地处理各种模态的资料、信息，并驾驭各种语言完成各种文本、图像生成等任务，这类系统在工程实践及大规模应用中都会面临各种伦理问题。为保证人工智能系统工程实践的有效开展，处理人工智能系统工程伦理问题的三大基本原则显得尤为重要，即“人道主义”“社会公正”以及“人与自然和谐发展”。

2017 年 1 月，在美国阿西洛马市举行的 Beneficial AI 会议上，近千名人工智能和机器人领域的专家联合签署了 23 条 AI 发展的原则——阿西洛马人工智能原则（Asilomar AI Principles），呼吁全世界的人工智能开发者在发展 AI 的同时严格遵守这些原则，以期保障人类未来的利益和安全。如表 18.1 所示，列举了阿西洛马人工智能原则中体现“以人为中心”的伦理和价值部分（陈光宇等，2020）。

表 18.1　阿西洛马人工智能原则——伦理和价值部分

原　则	具体条款	解　释
以人为中心	(6) 安全性	AI 系统应该是安全可靠的，并接受相关验证
	(7) 故障透明性	能及时确定造成 AI 系统损害的原因
	(8) 司法透明性	任何自主系统参与的司法判决都应被相关领域的专家接受
	(9) 责任	AI 系统的设计开发者有责任和机会去塑造系统的道德影响
	(10) 价值归属	AI 系统应确保其目标和行为应与人类价值观一致
	(11) 人类价值观	AI 系统应与人类尊严、权力、自由和文化多样性的理想一致
	(12) 个人隐私	人们应该拥有权力去访问、管理和控制 AI 系统产生的数据
	(13) 自由与隐私	AI 不能无理由地剥夺人们的自由与隐私
	(14) 分享利益	AI 应惠及和服务尽可能多的人
	(15) 共同繁荣	AI 应惠及全人类
	(16) 人类控制	AI 系统应由人类控制
	(17) 非颠覆	高级 AI 绝不能颠覆人类
	(18) 人工智能军备竞赛	应该避免致命的自主武器的军备竞赛

2019 年 4 月 8 日，欧盟委员会发布了由欧盟人工智能高级专家组撰写的《可信赖人工智能伦理准则》(*Ethics Guidelines for Trustworthy AI*)(徐源，2021)，为人工智能系统提供具体实施和操作层面的指导，明确提出欧盟各国应协同一致，把握人工智能的发展机遇、应对相应挑战。如表 18.2 所示，列举了该准则中体现"以人为中心"的七个关键要求。

"阿西洛马人工智能原则"主要围绕"人类中心"进行探讨，更多地强调人工智能在维护人类利益上需要遵守的准则，而欧盟制定的《可信赖人工智能伦理准则》不仅强调"以人为中心"，又补充说明了公正与生态问题对于人工智能系统及工程的重要性。《可信赖人工智能伦理准则》指出，保障透明度和维护多样性、非歧视性和公平性应贯穿于整个人工智能系统及工程的生命周期。透明度的要求与可解释性原则密切相关，包含与人工智能系统相关的要素透明度，是实现社会公正的基本条件。该准则还指出，在整个人工智能系统及工程的生命周期中，需要保障社会和环境福祉，更广泛的社会、芸芸众生和环境也应被视为利益相关者，人工智能系统及工程需要更注重可持续性并负起生态责任。总之，这两个原则和准则比较代表性、前瞻性地认识到人工智能系统及工程发展中的伦理问题及应对的基本原则就是"以人为中心"(李真真，齐昆鹏，2018)，各类人工智能系统及工程应用中只要贯彻"以人为中心"的核心或基本原则，就可以有效避免违背人类利益的事件发生。

表 18.2 《可信赖人工智能伦理准则》——七个关键要求

原　则	具体条款	解　释
以人为中心	(1) 调动人类的能动性和监督	依据人类自治原则，AI 系统必须支持人类自决，并由人类监督
	(2) 保障技术的可靠性和安全性	首先是保证 AI 系统可靠，避免黑客利用系统缺陷进行恶意攻击
	(3) 做好隐私和数据管理	隐私权受 AI 系统影响极大，必须在系统的整个生命周期内确保隐私和数据保护
	(4) 责任与义务	明确 AI 系统及成果在开发和使用阶段的责任、义务对人类利益至关重要，应遵守公平原则
	(5) 保障透明度	透明度的要求与可解释性原则密切相关，保证 AI 系统要素透明度是实现社会公正的基本条件
社会公正	(6)多样性、非歧视性和公平性	社会公正不仅是公平性，还必须在整个 AI 系统的生命周期中体现包容性、多样性以及非歧视性
和谐发展人与自然	(7)保障社会和环境福祉	鼓励 AI 系统的可持续性和生态责任，并将此研究纳入人工智能解决方案以解决全球关注领域

2023 年 3 月 30 日，继 1000 多名科技工作者要求暂停培训强大的人工智能系统(包括 ChatGPT)之后，联合国教科文组织呼吁各国立即全面实施其关于人工智能伦理问题的建议，该机构总干事奥德蕾·阿祖莱(Audrey Azoulay)指出，"世界需要更强大的人工智能伦理规则：这是我们时代的挑战。UNESCO 关于人工智能伦理的建议书设定了适当的规范框架，各成员国都批准了这项建议。现在需要在国家层面实施，我们必须言出必行，确保实现建议的目标。"

18.7 总结

本章针对目前人工智能伦理在学术和行业应用方面日益受到重视，但缺乏相对系统的认识或研究等的问题，从人工智能与伦理学的关系、人工智能伦理的分支内容两个层面提出了人工智能伦理体系，相对全面地论述了人工智能伦理在伦理学中的地位和意义，以及人工智能伦理在狭义和广义两方面包含的分支及内容。人工智能伦理体系的构建有助于人工智能技术的发展与应用，也是传统伦理学研究内容的拓展，对于发展新兴的人工智能伦理学也有一定的借鉴和参考意义。同时，人工智能伦理的发展应以人为中心，按照"人道主义""社会公正""人与自然和谐发展"三大原则逐渐构建起符合人类发展利益的伦理体系。

参考文献

陈彬.(2014). 科技伦理问题研究：一种论域划界的多维审视.北京：中国社会科学出版社.

陈光宇，杨欣昱，梁娜，税发萍，吴杰，何甫.(2020).以人为本的人工智能工程伦理准则探析.电子科技大学学报(社科版)，22(6)：32-38.

杜严勇.(2016).机器伦理刍议.科学技术哲学研究.33(1)：96-101.

杜严勇.(2020). 人工智能伦理引论. 上海：上海交通大学出版社.

高婷婷，郭炯.(2019).人工智能教育应用研究综述.现代教育技术.29(01)：11-17

关孔文，赵义良.(2019).全球治理困境与"人类命运共同体"思想的时代价值.*中国特色社会主义研究*.(4)：101-106.

贺欣晔.(2016).科幻文学中人工智能与人类智能.沈阳师范大学学报，2：112-115.

李芳，裴彧，徐峰，高芳，贾晓峰.(2020). 自动驾驶汽车的五大伦理问题与原则的思考. 全球科技经济瞭望. 35(10)：10.

李伦.(2019). 数据伦理与算法伦理. 北京：科学出版社.

李勇坚.张丽君.(2019).人工智能：技术与伦理的冲突与融合. 北京：经济管理出版社.

李真真，齐昆鹏.(2018).《人工智能——"以人为本"的设计和创造》.科技中国.

卢风，肖巍.(2002). 应用伦理学导论. 北京：当代中国出版社.

莫宏伟.(2018).强人工智能与弱人工智能伦理.科学与社会，1：14-24.

莫宏伟，徐立芳.(2020).人工智能导论.人民邮电出版社.

莫宏伟，徐立芳.(2021).大历史观下的人工智能.科技风，11：79-82.

莫宏伟，徐立芳.(2022).人工智能伦理导论.西安电子科技大学出版社.

庞金友.(2018).治理：人工智能时代的秩序困境与治理原则.人民论坛·学术前沿.

苏令银.(2017).透视人工智能背后的"算法歧视".中国社会科学报.

王学川.(2009).现代伦理学. 北京：清华大学出版社.

徐源.(2021).人工智能伦理的研究现状、应用困境与可计算探索.9：117-125.

于雪，王前.(2016).机器伦理思想的价值与局限性.伦理学研究.4：109-114.

张华夏.(2010).现代科学与伦理世界-道德哲学的探究与反思(第二版).中国人民大学出版社.

张兆翔，张吉豫，谭铁牛.(2021).人工智能伦理问题的现状分析与对策.中国科学院院刊.

詹世友.(2020).全球伦理的致善之道——从天下秩序的道德想象到构建人类命运共同体.华中科技大学学报(社会科学版).(1)：38-47.

赵飞，兰蓝，曹战强等.(2018).我国人工智能在健康医疗领域应用发展现状研究.中国卫生信息管理杂志.15 (3)：344-349.

詹姆斯·雷切尔斯，斯图亚特·雷切尔斯.(2009).道德的理由(第5版).中国人民大学出版社.

作者简介

莫宏伟　博士，教授，博士生导师，哈尔滨工程大学智能科学与技术学院，哈尔滨工程大学黑龙江省多学科协同认知人工智能技术与应用重点实验室主任。研究方向：类脑计算与类脑智能，机器视觉与机器认知，无人智能系统。E-mail：honwei2004@126.com。

第 19 章

人类可控人工智能："有意义的人类控制"

本章导读

随着AI技术的飞速发展，在具体应用场景中呈现出从人类主导过渡到人-AI协作再到AI主导等不同的人-AI互动关系样态，AI技术系统的自主性与人类控制权之争引发了各种伦理、法律和社会等问题。人-AI互动关系背后折射的是人类控制形式的不断进化，也是人类控制内涵或AI自主技术系统决策机制的演变。发展人类可控AI，实现有意义的人类控制(meaningful human control，MHC)，这是应对人类控制内涵演变和人工智能伦理困境的有效原则或理念，也是以人为中心AI研究和应用的重要内容之一。本章首先简要回顾MHC的提出背景，进而阐释MHC的概念界定与理论框架，探讨MHC的"追踪-回溯"双向实践路径。其次，从伦理法律等宏观层面与操作实践等微观层面，有效整合MHC和有效的人类控制(effective human control，EHC)，并通过MHC认证等不同方式保证技术系统的相对优势，进而以自动驾驶汽车为例，剖析MHC在人类可控AI技术系统中的实现路径。未来，应加强针对AI自主性技术系统的人类可控性的跨学科交叉研究，强化各利益相关方的伦理自觉和法律认知，摈弃简单的技术设计视角，关注人类控制的知识建构、复杂性诠释以及影响因素等，实现MHC转向，从而进一步推动人类可控AI的发展。

19.1 引言

在人工智能时代，人与AI技术系统之间的关系问题一直备受关注。一方面，随着AI技术的飞速发展，其系统的不断迭代在客观上模糊了人与AI技术系统之间的边界；另一方面，AI技术系统本身的复杂性和涌现性等新特征也带来了一系列伦理、法律和社会等的问题。从本质上说，这些现象都引向人与AI技术系统的互动关系，核心问题是AI技术系统的可控性。换言之，人类主体在AI技术系统中发挥着应有的角色和作用，而确保AI技术系统中的人类控制是重中之重。

目前，相关研究重点从宏观上探讨了AI时代人机关系的发展演变和哲学反思(de Sio & Hoven，2018；刘永谋，王春丽，2023；童祁，胡晓萌，2023；孙伟平，2023；赵双阁 & 魏媛媛，2023；于雪等，2022)，众多学者从AI的不同应用领域出发探讨人机互动或人-AI关系，如人机对话(Prahl &

本章作者：刘成科，牛敏，葛燕。

本章受到了安徽省哲学社会科学规划一般项目(AHSKY2020D134)的资助；另外，本章部分内容来自笔者已发表的论文，参见：刘成科 & 葛燕.(2023).走向"有意义的人类控制"——自动驾驶汽车的主体悬置与责任锚定.山东科技大学学报(社会科学版)(01)，27-34+44.

Edwards, 2023;宋美杰,刘云,2023)、智能推荐(王晰巍等,2023)、自动驾驶(Servin, et al., 2023;许为,2020)、教育心理(Brusllovsky, 2023)等。也有学者立足人-AI 的交互关系,尝试探讨了实现"以人为中心 AI"理念的跨学科实践(许为,2020;许为等,2021;许为,2022)。此外,不少学者从伦理视角审视了人机关系(Tartaro, 2023;冯雯璐等,2022;徐瑞萍等,2021;于雪,李伦,2020;何怀宏,2018),思考人类主体究竟应该如何应对人机关系带来的种种挑战。这些研究有助于更加深入地理解 AI 时代的人机关系(或者人-AI 关系),但未能将人类可控 AI 的发展目标与人类控制较好地结合起来进行探讨。源于致命性自主武器的"有意义的人类控制"将为两者的有效融合提供有益的借鉴。

鉴于此,本章将从"有意义的人类控制"的提出背景出发,讨论 AI 自主型技术系统运行中存在的责任鸿沟问题,并通过剖析人类控制的概念内涵演变,提出核心的人类控制问题。进而,本章系统探讨"有意义的人类控制"的概念框架,借助"追踪-回溯"双向路径确保人类对智能系统的有意义控制,并以自动驾驶汽车为例,具体阐释"有意义的人类控制"的实践路径。最后,本章倡导采用跨学科交叉协作,拓展和明确人类控制的内涵和维度,促进有意义的人类控制和有效的人类控制的融合,助力人类可控 AI 的良性发展。

需要说明的是,以人为中心 AI 理念强调 AI 应该满足人的需求,保证人的控制,凸显人的责任,增进人类福祉。该理念的一个重要内容就是保证 AI 系统是人类可控的。事实上,实现人类控制 AI 存在多种方法和不同途径,但"有意义的人类控制"是其中重要的实践路径之一。因此,本章将从"有意义的人类控制"角度探讨人类可控 AI,而"有意义的人类控制"尚不成熟,有待进一步探讨,这里仅介绍当前的一些初步研究。

19.2 "有意义的人类控制"的提出背景

1. 责任鸿沟的逻辑困境

从功利视角来看,智能机器要具备主体地位,必须满足目的正当性和手段适切性等条件,符合工具理性的要求。目前,仅仅出于应对事故归责的目的,我们并不能简单地将智能机器赋予主体地位,使其独立承担相应的责任。

以自动驾驶汽车为例,传统汽车发生交通事故时,主体界定一般较为清晰,我国法律对此也有相应的条款可以适用,责任划分并非难事。然而,自动驾驶汽车出现事故后,现有道德和法律框架显然已不能解释和判定责任的归属。究竟谁可以成为自动驾驶汽车的责任主体呢?是自动驾驶车辆的驾驶员,还是自动驾驶汽车本身,抑或是相关的生产厂商?答案众说纷纭,莫衷一是,出现了似乎谁都有责任,而谁都不愿承担责任的"主体悬置"现象,产生了一直困扰我们的"责任鸿沟"问题。

需要说明的是,此处的"责任主体"是一个更上位的概念,既可以指代"道德主体",对应的是伦理责任;又可表示"法律主体",对应于法律责任。伦理责任与法律责任分属不同的规范系统,在价值层次、调整范围和强度等方面都存在较大差异。例如,法律是强制性的,具有显性的法律条款和适用条件,而伦理是弱强制性的,主要依赖个体的内省和自觉。当然,两者之间也相互联系、相互补充,均是重要的建立与维持社会秩序的手段。在具体选择适用何种手段时,一般需要根据事故发生的具体情境确定应诉诸道德主体抑或法律主体的阐释框架。

智能系统能否作为独立责任主体的问题学术界已经争论许久。实质上,这涉及机器智能体作为道德主体的核心问题,而具有意识、能够进行思考和判断是成为道德主体的必要条件。但是,道德主体也经历着不断的变迁,已经从具有自由意志的人类拓展到一切生命体,进而再由生命体延伸至技术人工物，最后拓展到智能人工物（闫坤如，2019）。如果按照该观点，像智能机器这样的AI自主型技术系统也就具备了成为道德主体的可能性，但在实践中如何界定，是否会带来其他不确定性问题呢？

2. 破解责任鸿沟的探索实践

人们或许会有疑虑，是否真正需要在实践中赋予智能机器独立的道德地位呢？首先，目前人工智能尚未达到预想的强人工智能甚至超人工智能状态，还不足以独立承担责任。有学者基于费希尔道德责任理论，从引导性和管制性控制两方面进行了分析，认为最终还是应该由人来承担相应的责任（顾世春，2021），而不是机器智能体；其次，从道德主体的角度来看，即使机器智能体具备道德主体的地位，且具备一定的"自主性"，但需要谨慎的是，"机器自主性不等于道德自主性"（黄闪闪，2018），不能把两者简单地等同起来。从某种程度上说，智能机器虽然具有一定的机器自主性，但终究因为无法承担责任而不能成为道德谴责或法律追偿的对象。那么，当下伦理规范和约束的对象通常是自然人，而对于人工智能基本没有约束力。最后，即便人工智能具有道德地位，机器权利和义务的履行方式也无法开展具体有效的监督，进而又会带来一系列新的伦理问题。显然，将智能机器视为道德主体并不能解决主体悬置的困境。

此外，若探讨人工智能的法律主体问题，必须回到法理层面。"法学的主体概念是以意志自由为核心而建构的"（李琛，2019），"人依其本质属性，有能力在给定的各种可能性的范围内，自主和负责地决定他的存在和关系、为自己设定目标并对自己的行为加以限制"（黑格尔，1995）。可见，人在法律上的主体性至少源于以下三个条件而确立：第一，人具有自由意志；第二，人具有自我意识；第三，人是目的，不能成为他人意志的对象（李琛，2019）。无论是从功能主义立场强调人工智能的智能水平，还是援引法人概念突出人工智能的拟制主体属性，都不能满足法律主体的构成条件。从法律承担角度来说，赋予智能机器法律人格以此期望达到限定责任的作用并不符合正义的要求，因为智能机器人无法响应法律所要求的行止，无法理解和接受法律的调整，并且财产对其也没有意义。不能将智能机器与法人相类比，因为自然人与法人之间存在着特殊的意义，这种关系是无法忽视的，也是智能机器无法代替的。因此，从理论上看，赋予智能机器以法律人格是无法成立的（冯珏，2018）。倘若只是简单地希望智能机器为所发生的意外事故承担责任，便赋予其法律人格，这是没有必要的，而且在法律上也缺乏法理基础。

有学者指出，如果未来时机成熟，可以尝试赋予智能机器人法律地位，从而让其承担相应的法律责任（司晓，曹晓峰，2017）。近年来，尝试赋予人工智能独立人格的实践也从未中断①。从这些现实案例中可以看出，未来自动驾驶的汽车被赋予独立的人格似乎也符合历史发展的规律（张继红，肖剑兰 2019）。不过，一些国家和地区虽然已经赋予人工智能的机器所谓的"独立人格"，但是这些实践当前都只是处于尝试摸索阶段，并没有大规模地推行，也没有这些被赋予人格地位的机器人应用和发展的具体图景。为何会呈现如此情景，AI自主型技术系统中的人类控制是一个绕不过去的核心问题。如何全面理解人工智能时代，尤其是在AI自主性技术取得突破性进展的当下，人类控制在技术系统中的角色应当如何加以理解和把握？

3. 作为核心的人类控制

当代认知科学和心灵哲学认为，"人类的决策和行动，甚至人类的性格特征，并没有在任何大脑机

① 例如，2016年，欧盟提议将特定的权利与义务赋予最先进的自动化机器人，将之定位为"电子人"。2017年，沙特阿拉伯给予机器人索菲亚独特的公民身份。当然，必须指出的是，"主体性不是法律赋予本身就可以实现的，必须有自由意志的依据"（李琛，2019）。所以，事实上这些提议后来并未转换为法律。

制中得到体现。'人类的思维是扩展的(extended)、嵌入的(embedded)和具象化的(embodied)'"(Clark & Chalmers,1998;Alfano, 2013)。如此,人类控制在概念运用上得到了进一步拓展,将人工物和工程系统也囊括在内(Di Nucci & Santoni de Sio, 2014)。各种智能机器或者相关智能系统将可以视为决策机制的重要组成部分,人类主体将通过这一决策机制开展行动。

就"控制"本身而言,主要指从社会技术角度对系统施加影响的控制,而本章谈及的"系统"主要指社会技术系统,包括人类、社会构件和技术构件。迈向网络化和 AI 系统可能会产生控制问题,这会不可避免地产生人类控制与智能系统的互动关系。智能系统的控制问题不仅关注系统本身的控制机制,还蕴含系统运行中的人类控制。那么,如何界定人类控制的边界是智能系统能否成为责任追溯对象的关键问题。作为核心的人类控制,将成为整个智能系统控制链中的关键一环。当然,人类控制可能在智能系统的控制链中也存在控制力减弱甚至失效的风险,并不总是能够将系统控制导向正确的方向。在这种情况下,虽然从技术上讲人类控制仍然处于"回路之中",但人类控制者也将为此承担相应的法律责任。可见,对人类控制的控制不仅是一个技术视角下需要解决的问题,若处理不当,还可能演化为伦理或政治议题(de Sio et al.,2022)。

此外,人类控制具有复杂性。即便是单用户或单系统中的人类控制,本身也非常复杂。若拓展到更加宏观的系统方面,复杂性会明显增加。众多人工智能系统、人类和人机团队之间的互动可能会产生复杂的、不确定性的突发行为和系统特性,这增加了人类失去控制的可能性,会影响系统性能并带来责任、法律和道德风险(Boardman & Butcher,2019)。

关于系统控制问题的哲学论辩引发了各方关注。博斯特罗姆等认为,"在何种程度和条件下控制人工智能的未来发展,从而使其与某些相关的人类目标保持一致?或者说保持'与人类兼容'(Bostrom, 2014; Flemisch, 2008; Russell,2019)"。显然,人类对智能系统控制的目的就是使系统按照人类意志稳健的运行,保证技术发展或系统创新有利于增进人类福祉,体现公众普遍认可的价值取向和伦理关切。

不难理解,"更高水平的系统自主性可以且应该与人类控制和责任相结合"(De Sio & Hoven, 2018),人类控制水平与智能系统的自主性程度应该同步提高。遗憾的是,现有的一般道德责任和自由意志的哲学讨论中难以涵盖包括自动驾驶在内的自主性水平较高的智能机器行为。令人欣慰的是,源于解决致命性自主武器系统问题的有意义的人类控制的理念,提供了第一个完整的"人类对自主系统有意义的控制"的哲学解释(De Sio & Hoven,2018),这为解决责任真空问题奠定了理论基础。

19.3　"有意义的人类控制"的概念界定与实践框架

19.3.1　"有意义的人类控制"的概念溯源

MHC 最初源于"致命性自主武器系统(lethal autonomous weapon systems,LAWS)"领域的相关讨论,主张自主武器系统必须在人类控制之下且充分反映人类意图。后来,MHC 突破了 LAWS 的议事框架,拓展至一般性的智能系统,进而成为人工智能伦理治理的核心理念之一。

MHC 的概念并没有明确单一的发起人,它在围绕自主武器系统的伦理、法律和社会等风险的论辩中得到迅速发展。2013 年,非政府组织 ARTICAL 36 在关于英国武器系统自主化的报告中首次提出 MHC 的概念。2014 年,在联合国《特定常规武器公约》(Convention on Conventional Weapons, CCW)关于致命性自主武器系统的讨论中,MHC 已成为一个主要议题。在 CCW 议程框架下,政府专家组(group of governmental experts, GGE)会议采纳了MHC的理念,并将其体现在多次GGE会议成果之中,强调了MHC在人工智能伦理治理中的必要性,进一步推动和拓展了该理念的发展,旨在解决自主武器可能带来的国际法、人道主义等法律、伦理挑战。

目前,MHC还是一个学术概念,也不是现有国际人道法的一部分,并且未形成统一的定义。该概念虽然具有直观吸引力,但是内涵边界不够清晰,使其作为政策或立法工具的适用性受到一定的限制。各方都认可MHC是一个理想的概念,但分歧主要在于MHC的实践层面,不同的利益相关方立场差异显著,使用不同术语突出不同诉求,导致MHC的实现方式或实际应用缺乏普遍共识(Jensen, 2020)。

不过,值得关注的是,MHC已成为一股凝聚不同立场的团结力量,是技术支持者和反对者的普遍共识。从本质上说,国际社会已经就MHC的愿景达成了一致,只是需要明确实现该目标的总体机制而已。

19.3.2 何为"有意义的人类控制"

"有意义的人类控制"最早由荷兰代尔夫特理工大学的德西奥(Filippo Santoni de Sio)和范登霍温(Jeroen van den Hoven)提出,主要应用于致命性自主武器系统领域,旨在解决自主武器系统可能带来的责任归属问题。根据MHC这一理念,人类本身应该保持对致命性自主武器系统决策行为的最终控制权,进而为此承担相应的道德责任。

虽然人们对MHC的具体内涵和实践路径等核心问题存在不同见解,如美国认为该理念主观性过强,内涵边界模糊,会造成理念的现实操作性受到极大挑战,但各界对该理念的前景十分看好,议题的争辩也在很大程度上推动了MHC的概念界定和实践落地。

为了从哲学层面阐释MHC的理论可行性,德西奥和范登霍文借鉴费舍尔(John Martin Fisher)和拉维扎(Mark Ravizza)提出的"引导控制(guidance control)"[①]三理念,在控制与责任之间建立了关联,认为实现MHC需要具备两个必要条件:一是行动机制的"理由响应性(reason-responsiveness)"[②];二是行动者对实际引发行动机制的所有权(Fischer & Ravizza, 1998)。如何实现对这种决策机制及其后续行动的有意义控制?实现对人工智能系统有意义的人类控制是技术后果责任承担的前提。可见,引导控制的两个必要条件提供了相应的理论基础,也为MHC的实践提供了路径参考。

就人类控制来说,"有意义的人类控制"主要指"人类有能力在足够的时间内做出明智的选择,以影响人工智能系统,从而实现预期效果或防止造成对当前或未来的不良影响(Boardman & Butcher, 2019)"。从某种意义上说,MHC这一概念有两个基本构成:有意义和控制。单从"意义"本身来说,它是一个超越技术本身的概念。例如,对于文学作品等来说,意义是通过文本阐释产生的;而对于技术系统来说,意义则表征为技术设计背后人的因素,是人类主体对技术设计和技术使用等方面的有效控制。从某种意义上说,"有意义"指代人类控制职能机器行为并承担道德责任的基础条件。"控制"涉及人类主体对智能机器控制形式的多元化(俞鼎,2022)。"有意义"作为"控制"的前置修饰语,强调人类控制的有效性。只有有效的控制才是"有意义"的,即能够有助于解决主体悬置的问题,进而实现责任锚定。如果智能机器没有脱离其工具属性,那么它们就仍然处于人类的有效控制之下。归责或

① "引导控制"理论由费舍尔和拉维扎提出,主张道德责任承担的充要条件是行动者对实际发生的导致行动的决策机制的理性控制。

② "理由响应性"要求行动者必须根据决策机制行事,决策机制能够响应行动的理由。在有强烈的行动(不行动的)理由的情况下,行动者能够识别这些理由并执行(或不执行)该行动。

者锚定有效性取决于人类是否能够对智能机器实现有意义的控制,这又与智能系统的自主性密切相关。

MHC 描述的是一种控制理念,而不是一种可操作的控制理论,它定义并规定了控制者与被控制系统之间的关系条件,这种关系维护了道德责任和明确的人类问责制,即使没有人类操作员实施任何具体形式的操作控制。当应用于特定技术系统(如自动驾驶系统)时,MHC 也有志于转化为工程师、设计师、政策制定者和其他人可以使用的术语并使之可操作化,并定义不同操作员和人类主体在设计、控制和监管使用链中的任务、角色、责任和能力。(de Sio et al., 2022)

19.3.3　“有意义的人类控制”的实践框架:追踪与回溯

费舍尔和拉维扎的引导控制理论阐述了人类行为主体担负道德责任的条件,描述了决策机制和人类行为主体之间的关系。按照经典控制理论,控制器与被控制系统之间存在因果或操作关系,而 MHC 则认为控制并非仅仅或主要基于因果关系,而是基于更为抽象的协调关系。换言之,系统行为在一定程度上与控制者的道德理由、意图、范围和目标相一致,并能够与之共存(de Sio et al., 2022)。

引导控制的第一个条件便要求人类主体的决策机制对不同类型的道德输入或刺激保持敏感和响应,能够使系统行为适应环境中隐含的道德特征(de Sio & Hoven, 2018),即理由响应条件。这些环境因素既包含人类行为主体的精神状态,又包括外部世界的特征。依据这些环境因素,人类主体的决策机制在系统行为(人类操作者、复杂系统,包括支持决策的界面)与人类行为主体之间建立道德动机的关联性(de Sio & Hoven, 2018)。换言之,我们需要从复杂的系统行为中分析出其背后的人类动因,特别是可能产生不良后果的伦理或道德动因。

基于责任与控制的哲学理论(Fischer & Ravizza, 1998)和价值敏感设计的视角,德西奥和范登霍文(2018)提出智能系统处于人类控制之下必须满足的两个主要条件——追踪(tracking)和回溯(tracing),聚焦人类控制和受控智能系统之间的关系,强调双向的黏性关系。“追踪”的实现着眼于智能系统对人类控制意图的识别和执行,而“回溯”则侧重对相应控制链上人类控制主体责任的锚定。

德西奥和范登霍文认为,实现有意义的人类控制的第一个必要条件是追踪,即系统应该具备捕捉和回应人类行为主体道德理由的能力。人类对现实世界的干预或影响有时是直接的,有时是间接的。我们强调有意义的人类控制,主要针对间接的影响方式。此时,人类与世界被分割开来,我们通过对系统的控制间接地影响世界。由于人类行为与其结果之间的距离效应,人类控制的形式发生了根本性的变化,更加呈现出隐性控制的现象,甚至以控制链的方式发挥作用。

那么,为了使系统处于有意义的人类控制之下,无论系统多么复杂,决策机制都应该准确捕捉不同情境下的人类道德理由,并且保证结果能够加以验证。可见,对人类行为动机的“捕捉”或者“追踪”是必要的,这也是破解责任鸿沟的前提和基础。

究竟如何去追踪?一般来说,系统需要具备较好的情景识别能力,能够敏锐地感知环境并识别情境特征,提取符合条件的追踪目标。需要说明的是,德西奥和范登霍文虽然没有具体指出追踪主体的特征,但明确了唯一的约束条件:这些主体应该是具有自由意志的人类主体。显然,这里蕴含一个潜在的条件,即追踪的本质是在系统复杂的控制链中发现人类行为或控制的痕迹,更重要的是找到系统背后的人类意志,如设计者、立法者、决策者等。换句话说,从表层上看,追踪未必直接表现为人类行为,但即便是系统行为,也一定是人类行为介入后的系统行为。此外,系统在有意义的人类控制下,仍然会具有不良或者错误价值导向的可能,这是需要警惕的。从这个意义上说,实现有意义的人类控制是必要条件并非充分条件。

然而,这并不意味着对"追踪"的界定是价值中立的。事实上,要求系统能够响应情景关联的人类道德理由,便包含了一个重要的规范性因素:系统设计应该遵循或者反映相应的规范性原则、规范、价值观(de Sio & Hoven, 2018)。所以,即使同意追踪是有意义的人类控制的必要条件,但对于在特定情况下是否实现了追踪,仍有可能存在分歧(de Sio & Hoven, 2018)。

费舍尔和拉维扎提出的第二个"引导控制"条件即"所有权条件",该条件要求主体必须正确理解并认可导致其行动的道德决策机制。基于此,德西奥和范登霍文提出了有意义的人类控制的第二个必要条件——回溯,即若系统处于有意义的人的控制之下,它的任何行为都能回溯到系统设计或者系统运行过程中相关人类主体及其道德判断(de Sio & Hoven, 2018),并且明确"在设计、编程、操作和部署该自主系统的设计历史或使用环境中,至少有一个人类主体(1)理解或能够理解该系统功能及其使用该系统可能产生的影响;(2)理解或能够理解他人可能因系统的影响和他们所扮演的角色而产生合理的道德反应(de Sio & Hoven, 2018)"。也就是说,如果系统的行为和状态无法追溯到某个人类主体的相关理解和认可,那么无论该系统有多么智能和理性,它都不在有意义的人类控制之下。

根据"回溯"的概念,人类行为主体即使在采取行动时不满足当时的责任条件,也可能要对某一结果负责,只要能够证明他之前的行为对后面的责任认定存在关联,如醉酒驾驶判定中,劝酒者也可能存在一定的责任。德西奥和范登霍文用吉姆面对枪决囚犯的两难困境(Kamm 2007; Smart & Williams 1973)、飞行员使用避撞系统(CAS)(van den Hoven, 1998; Franssen, 2015)的案例详细生动地说明了回溯条件的应用场景以及相应的推理过程。

人类对自主系统进行有意义的控制所面临的挑战是双重的。我们需要将回溯条件扩展到以下情况:(1)有不止一个人类主体;(2)有非人类的智能(子)系统参与实现结果。有学者讨论了操作员和设计师在使用智能系统方面的责任分配案例。如果操作者或使用者的道德责任的条件没有得到满足,而操作者又没有过错,那么事故的责任可能要追溯到上游的其他行为主体或系统的设计者,因为他们未能正确理解系统(van den Hoven, 1998; Franssen 2015)。

因此,我们建议从决策系统与技术和道德理解之间的回溯关系出发,定义人类对自主系统进行有意义控制的第二个条件,即决策系统与参与设计和部署自主系统的一些相关人员的技术和道德理解之间的回溯关系。

19.4 针对"有意义的人类控制"实施路径的初步研究

在人工智能时代,需要在决策过程中将人类与智能系统有效整合,保证决策机制中的人类控制无疑日益迫切和必要。诚然,针对 MHC 实践路径的研究刚刚起步,各利益相关方对此也存在一定分歧。不过,各方普遍认可 MHC 可以在一定程度上帮助人类在智能系统的决策机制中做出及时且更加明智的选择,从而在人类控制下帮助人工智能系统追求合乎伦理性的理想结果。实现 MHC 的影响因素众多,不仅包括选择自由,还要求人类主体对情境和系统的充分认知。因此,为确保适当应用有意义的人类控制,智能控制系统的设计需要适当考虑人类的判断和决策要求。

19.4.1 AI 自主化技术的新特征与人类控制

从智能机器的角度看,AI 自主化技术"具有一定的认知能力(知觉整合、模式识别、学习、推理、决策等)、对不可预测环境的自适应等方面的机器智能特征",有无基于智能技术的认知等能力是自动化和自主化的本质区别,而不是简单地考量自动化水平的层级递进关系(许为,2020);从操作独立性来看,AI 自主化技术可能会引起人类对技术的过度依赖和信任(Parasuraman & Riley,1997;许为,2020)。鉴于此,许为(2020)认为,“从以人为中心的设计理念出发,同时考虑到自主化系统操作结果潜在的不确定性,人因学强调人类操作员应该是系统的最终决策操纵者。”因此,从 AI 自主性技术的新特征来说,相较于自动化,它在认知上存在根本差异,操作上更需要人类的控制和干预。

若要明确 MHC 的本质内涵,就有必要探讨它的构成要素。如前所述,AI 自主化技术与自动化系统存在诸多相似之处。例如,美国宇航局于 1995 年公布了以下自动化指挥和控制系统的设计原则(Boardman & Butcher, 2019):

- 为了有效地指挥,操作员必须参与其中;
- 要参与其中,必须通知操作员;
- 操作员必须能够监控自动化系统;
- 自动化系统必须能够监控人类操作员;
- 自动化系统必须是可预测的;
- 系统的每个元素都必须了解对方的意图。

从上述设计原则来看,确保人类操作员的信息即时获取、人类主体与系统之间的双向理解和良性互动等都是实现系统中人类控制的关键要素。换言之,人类主体的有效参与、系统的可预测性、可靠的监控机制等都是设计原则重点强调的理念。

根据 AI 自主化技术的新特征,人类控制的水平有不同的层级,在实践中体现为自动化和自主化分类标准。目前存在不同的自动化和自主化分类标准,它们对自动化和自主系统内控制的位置和性质提供了不同的见解。例如,决策和行动选择的自动化水平(图 19.1)。

	低
1	计算机不提供任何协助;人类必须自己做出所有的决策和行动
2	计算机提供了一整套可供人类选择的决策/行动方案并执行
3	计算机缩小选择范围,为人类提供少量决策/行动方案
4	计算机为人类提出一个决策/行动方案
5	如果人类同意,计算机会提出一个替代决策/行动方案
6	计算机提出一个替代决策/行动方案,在自动执行前留给人类有限的否决时间
7	计算机自动执行,并随后通知人类
8	计算机自动执行,仅在被询问时才通知人类
9	只有当计算机决定这样做时,它才执行并通知人类
10	计算机拥有完全决策权,自主行动,无视人类意图
	高

图 19.1　决策和行动选择的自动化水平(Boardman & Butcher, 2019)

其中提及了很多各类指导文件中的关键主题,包括“人类对系统状态的感知和预测系统行为的能力、用户保持情境感知的重要性、人类和机器之间双向理解的必要性以及对彼此目标的共同理解

(Boardman & Butcher,2019)”。从自动化水平由低到高的演变过程中,虽然人类主体在决策和行动中逐渐隐身或者退居幕后,但不难看出,人类控制并没有因此受到削弱或者吞噬。面对自动化水平的提高,人类控制只是发生了形式上的升级。换句话说,正是由于自动化系统的设计能够较为理想地执行人类意图,人类才会让渡自己形式上的“控制权”。当然,图 19.1 所呈现的只是自动化水平,并不是 AI 自主化技术。

相较于自动化水平的分类,AI 自主化技术系统更加复杂。从人类控制的视角看,人类对 AI 自主化技术系统的控制是复杂的,很少是离散性的(简单的存在或不存在),而是动态和多维的,所需的控制水平是高情景依赖的,并不局限于某一特定的时刻。表 19.1 给出的是一套有助于人类控制的维度或特征(Boardman & Butcher,2019),通过这些维度/特征,可以使我们更加深入地了解人类控制的复杂性。从人类控制的维度来看,人类不仅具有自由选择权,还有参与系统并影响系统行为的能力、情景理解能力、系统理解能力等,而每个维度下又包含不同的适用条件和控制选项。通过比较可以更加清晰地看出,自动化与自主化之间存在着本质差异,图 19.1 所表征的这些简单的自动化水平并不适用于 AI 自主化技术系统的人类控制研究。由此可见,MHC 的实施路径必须走出传统自动化水平人类控制的既有思维框架,而应该充分考虑针对 AI 自主化技术系统的人类控制的复杂性。

表 19.1 人类控制的维度或特征(Boardman & Butcher,2019)

人类控制的维度	示 例
人类具有自由选择权	该维度描述了人类用户可从所有备选行动方案中进行选择。一方面,人类可以不受任何约束,自由选择行动方案,包括那些未受系统影响或协助,可能是危险的或非法的行动方案。另一方面,机器只允许人类采用单一行动方案,且人类必须服从,不能背离。 对人类选择自由的限制可视为下列因素影响的结果: • 直接影响——系统不产生供用户使用的特定行动方案或系统功能元素。 • 间接影响——信息不可访问或无法理解,用户知情受阻,不能自由选择。 • 文化影响——组织文化就是这样,不接受系统推荐而自行选择行动方案,暗含某种潜在的责备,或用户会认为糟糕的结果可归咎于人工智能的建议。 • 工作负载影响——高工作负载会阻止用户处理信息以做出自由选择,不得不依靠系统为他们做出部分或者全部的决定。 应当指出,并非所有的决定和行动都要求完全的选择自由;事实上,在某些情况下并非如此。例如,由于决策时间太短或者工作负荷太大,人类无法处理所有的信息并考虑所有可能的行动方案
人类具有影响系统行为的能力	该维度控制用户在多大程度上被赋予改变系统行为的功能。这既可以是实时的,也可提前通过设定界限或约束被允许的行动和行为。 一方面,用户可以完全控制系统行为,如对无人机的手动控制或控制一个自主系统。 另一方面,没有内置的系统功能允许用户改变系统行为
人类有时间决定参与系统并改变其行为	该维度从时间层面控制用户与系统的交互行为,即系统是否允许用户有足够的时间来处理信息、做出决策并在需要时影响其行为。 一方面,用户在系统上做决定或行动时没有时间限制。 另一方面,系统处理信息和执行动作的速度超过了用户能力,在某些领域被称为机器速度战。 在有些情况下,人处于“回路中”是不可行或不可取的,例如防御系统,因此他们必须“在回路之前”参与,例如通过对行动设置约束,以确保人的控制得以维持
人类具有足够的情境理解能力	该维度描述人类在多大程度上具有充分准确的情境理解能力,以便做出知情选择。 一方面,用户对现实世界具有完全准确的情境再现能力。 另一方面,根本不向用户提供任何情境信息

续表

人类控制的维度	示　例
人类具有足够的系统理解能力	该维度捕捉人类对系统状态的充分理解程度,以便理解信息的来源、质量和准确性以及所做决策和建议的基本原理。 一方面,用户完整和准确地了解系统状态、功能、告知系统采取的行动和/或其行为的信息,以及如何使用信息来确定其行动。 另一方面,用户不理解系统状态或其决策方式
人类能够预测系统行为和环境影响(物理和信息环境)	该维度捕捉用户在多大程度上能够预测系统在不同情况下的行为环境。 一方面,用户完整而准确地了解系统将如何响应任何给定的不同输入和/或条件。 另一方面,用户不了解系统在任何情况下的表现

19.4.2　有效的人类控制

如何将 MHC 的理念落地是众多学科领域专家一直思考的问题,而 Boardman 和 Butcher 便是其中一个具有代表性的团队。该团队由欧洲共同体的多个学科领域的专家组成,主要致力于 MHC 的实践路径研究。他们发现,MHC 主要是基于道德伦理、法律的视角,而要真正实现 MHC,还需要考虑在系统设计中实现"有效的人类控制(effective human control,EHC)"。只有实现有意义的人类控制(MHC)和有效的人类控制(EHC)的有机统一,互为补充,才能实现有意义的人类控制的美好愿景。换言之,MHC 更加侧重方向指引,而 EHC 则聚焦操作实践,两者是人工智能自主系统中人类控制的重要组成部分(图 19.2)。

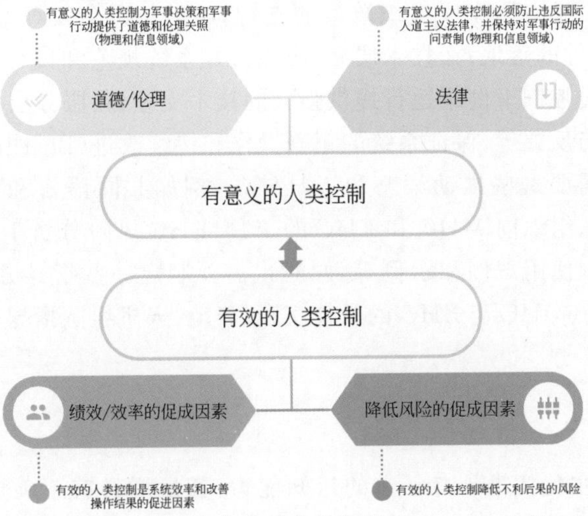

图 19.2　有意义的人类控制和有效的人类控制(**Boardman & Butcher, 2019**)

MHC 包括以下要素(Boardman & Butcher, 2019)。

- 法律——为防止违反国际人道主义法和维护军事行动(在物理和信息领域)的责任。
- 道德/伦理——为军事决策和军事行动(包括物理和信息领域)提供道德和伦理观照。

无论是法律的强约束还是道德伦理的软约束,MHC 的根本在于科技向善,保证技术的发展和使用始终沿着"善"的轨道,自觉接受各种伦理、法律以及社会等规制,充分体现"人是目的"这一终极关怀。正因如此，MHC 才能获得各方的广泛共识，并在此愿景下努力探讨实现 MHC 的具体路径。

之所以需要 EHC，是因为人类和机器为共同的目标而努力，比任何一方孤立的工作都更加有效。人机团队中的有效的人类控制可以是（Boardman & Butcher，2019）：

- 绩效/效率的促进因素——EHC（人类参与决策）是一个促进因素，提高业务成果；
- 降低风险的推动者——EHC（人类参与决策）降低了不良结果的风险，是提高系统恢复能力的关键因素。

可见，MHC 主要从宏观视角出发，更加强调人类控制的必要性和重要性，将 AI 自主技术系统置于伦理法律的框架中，而 EHC 主要基于更加微观的视角，侧重将 MHC 的理念和愿景付诸技术实践，降低各种风险，提高系统效率。这两方面需要一并考虑，因为只注重一方面而忽视另一方面可能会产生负面结果。例如，注重效率和优化系统性能可能会无意中影响有意义的控制，反之亦然。用户对某些决策类型的过度参与可能会导致延误、偏差或错误，从而影响业务效率（Boardman & Butcher，2019）。

19.4.3 "有意义的人类控制"的跨学科面向和多领域实践

无论是人类控制还是有意义的人类控制，都离不开跨学科的研究视野和多领域的实践探索。MHC 不仅涉及人工智能等（如可解释的人工智能、动态任务分配、可预测性等）相关学科领域，还拓展到心理学（人类与自动的交互、人工智能的可控性和可预测性、动态心智模型共享等）、教育学（人机联合学习/培训等）、管理学（组织影响和流程、团队结构与角色等）、伦理学（伦理与道德等）等众多学科领域。MHC 以解决 AI 自主化技术系统中的人类控制问题为根本，借助跨学科平台和多领域实践实现对智能系统的有意义和有效的人类控制，从而达到科技向善、增进人类福祉的根本目的。鉴于此，在组织层面上，有必要得到来自国家或组织政策的支持，通过共识会议等方式协调各方立场，推进具体实施细则和相关政策文件的落地；在技术层面，应该做好系统规范和设计、系统验证、系统集成等工作，为系统在有意义的人类控制下健康运行提供强大的技术支撑；在服务层面，需要辅以用户培训、AI 和机器学习的培训、回顾与反馈等，保证系统的正确操作和持续改进（Boardman & Butcher，2019）。

当然，开展上述活动需要一些推动策略和工具储备，例如共同语言和术语、MHC 和 EHC 的模型、评估和衡量系统/系统、组织内 MHC 和 EHC 的工具、EHC 风险分析工具、MHC 和 EHC 的证据基础和相关文献、人类控制使用案例和示例等，同时也需要制定一些指导方针和标准，如人机整合和 MHC 与 EHC 的实现路径、MHC 与 EHC 的最佳实践/典范、人机组队指导等（Boardman & Butcher，2019）。

19.4.4 MHC 认证

与自动化不同，AI 自主化技术具有一定的认知能力，其发展具有不确定性，容易引发各种伦理、法律和社会等问题。总体来说，自动化系统仍然处于结构性的框架下运行，规则相对明确，边界较为清晰，往往仅限于特定的场景，从而较为出色地保证了目的和结果的可预测性。而 AI 自主化技术直接面对多样化的场景实践，感知非确定性的环境数据，进而进行处理与分析，最终独立给出决策方案，具有相对独立的自治色彩。在现实中，智能系统也不总是简单地位于自动化或自主化的两极，往往处于从自动化到自主化之间。以 L3 等级的自动驾驶汽车为例，一般情况下由系统自主驾驶，只有在特定情境下人类才干预和控制汽车。这也是 AI 自主化技术呼唤有意义的人类控制的重要原因之一（Cummings，2019）。

为了实现有意义的人类控制，在系统设计之初，就应当明确将哪些功能和权力交给系统，哪些由人类主体控制，并且通过智能化、自适应等系统设计手段实现动态化的人机功能分配。由于系统内部和外部的运行机制十分复杂，AI 自主化技术的构成要素也存在系统性或局域性的局限，容易造成上述人类主体与系统本身权责分配边界的模糊。因此，从本质上说，要使 AI 自主化技术健康发展，不可避免地需要在人类与自主系统之间找到角色分配的最优解。因此，在真正实现对 AI 自主化技术系统的有意义的控制之前，迫切需要重视对此类系统进行有意义的认证(Cummings，2019)。

鉴于海量数据和多重因素等产生的叠加效应，实践中系统实时决策挑战巨大，出错概率无疑会增加。若要使系统处于有意义的控制之下，事先决定决策机制的触发条件是非常必要的措施。Cummings(2019)以致命型自主武器为例，提出了该类武器的目标识别包含两层含义：一是人类战略层，根据相关法律区分和确定攻击的目标，人类证明该目标的合法性以及合法性的条件，以保证责任边界清晰；二是自主武器的设计，必须确保自主武器能够比人类更有可能正确识别和攻击该目标。换言之，系统必须在类似情景下显著优于人类操作，能够更好地识别目标，更好地应对不确定性。

那么，如何在部署一项技术之前就确定它是否真的可能表现出优于人类的性能水平呢(Cummings，2019；Cummings & Britton，2019)？开展对自主系统的 MHC 认证是非常必要和迫切的，除了自主武器之外，其也可以运用在更多的领域，如自动驾驶等。事实上，AI 自主化技术在很多场景下也容易出现偏差，真正完全实现有意义的人类控制难度极大，那么人类主体使用经过认证的智能系统或 AI 自主化技术更符合伦理要求(Cummings，2019)。一般来说，自主化系统必须符合严格的认证标准，无论是目标识别的战略层还是自主目标识别的设计层，都应该通过客观严格的测试来证明技术系统比人类在类似情景下具有更好的能力，并可以有效防范各种安全风险。所以，通过对系统进行 MHC 认证，我们可以确定系统在相同或相似的场景下，面对环境感知、目标识别、任务执行等一系列任务时，技术系统具备优于人类操作者的稳定表现。未来的关注重点应该在于人类对 AI 自主化技术的认证，进一步推动制定可行的 MHC 认证标准，尤其是聚焦更加中观或微观的操作框架，而不是仅仅在概念层面僵化地坚持"有意义的人类控制"。

19.5　走向"有意义的人类控制"——以自动驾驶汽车为例

作为一项颠覆性的技术，人工智能的快速发展正在深刻影响着众多领域。其中，自动驾驶是传统驾驶革命性的飞跃，更是公众关注的焦点，备受期待。与传统汽车相比，自动驾驶汽车能够有效减少事故发生率，使得人类在驾驶汽车的过程中更安全、更轻松(李伟，华梦莲，2020)。虽然自动驾驶的优势非常明显，但并不意味着自动驾驶汽车就是"零失误"的汽车，经典的"电车难题"一直是无法回避的道德决策困境。如今，我们已不只是局限在思想实验中考量自动驾驶的伦理问题，近年来，现实生活中的相关案例也在不断出现。例如，2016 年 5 月在美国佛罗里达州发生了一场电动汽车在自动驾驶模式下撞车的事故；2018 年 3 月，亚利桑那州更是发生了无人驾驶测试车辆致人死亡的事故，再次引发了各界对自动驾驶汽车安全问题的关注。不仅是技术安全隐患的问题，更有事故责任的归属问题。当前，各大车企和互联网公司开始加大对自动驾驶汽车的研发力度，而自动驾驶汽车的伦理解决方案迫切需要贯穿于技术研究的全过程。

对此，学界从主体缺位和过错标准认定困难、中短期和长期两个技术阶段的责任划分，以及结合自动驾驶的程序原理和级别设定考量刑事归责等不同角度出发，对自动驾驶汽车可能出现的问题进行了讨论(尤婷，刘健，2021；冯洁语，2018；付玉明，2020)。不言而喻，自动化程度对于准确把握自动驾驶汽车事故的责任分析至关重要。然而遗憾的是,学者根据其自动化程度探讨事故责任归因的研究相对较少,也未能基于智能机器与人类控制的关系界面思考责任主体的锚定问题。

因此,本节拟在分析自动驾驶事故责任主体的基础上,结合自动驾驶汽车的自动化等级,从 MHC 的视角(De sio et al., 2022)审视人机交互复杂情境下可能事故的责任锚定,最后尝试为自动驾驶汽车的责任处理提出相应的建议。

19.5.1 技术嵌入水平与自动驾驶分级

要真正迈入自动驾驶的新时代,自动驾驶可能引发的责任问题就必须得到有效解决。目前,自动驾驶汽车是一个较为广义的概念,容易给大众带来一定程度的认知偏差。其实,根据人工智能技术的嵌入程度,自动驾驶汽车在实践中的智能化水平差异巨大,有的仅仅属于辅助驾驶的范畴,而有的却已接近真正意义上的无人驾驶。

2021 年 4 月,国际自动机工程师学会(SAE International)和国际标准化组织(ISO)联合发布了更新版的《SAE 汽车驾驶自动化分级》(*SAE levels of driving automation*)。当前,SAE 标准 J3016 依旧是全球汽车行业公认的自动驾驶系统等级的划分标准,对自动驾驶水平的分类和定义做出了详细的解释(闫玺池,冀瑜 2019)。可以看出,这是一套自动驾驶分级体系。按照 J3016 的标准,明确了 SAE 六个不同层级的支撑条件及定义,从零级(L0)的无自动驾驶到五级(L5)的完全自动驾驶,自动化程度逐步提升,按照道路机动车辆及其运行条件划分至相应的层级(SAE International,2022)。

我国市场监管总局(标准委)也于 2022 年 3 月 1 日发布了《汽车驾驶自动化分级》国家标准并正式实施。无论是 SAE J3016 还是我国的《分级》,都有一个共同的特点,即依据智能技术嵌入程度进行分级和分类,把自动驾驶视为一个不断发展的动态连续体,且预见了各种层级的自动驾驶汽车在未来很长的一段时间里基于不同应用场景或用途将处于并存共生的状态。

鉴于此,单纯讨论自动驾驶汽车的主体或者责任主体是没有意义的,必须结合其智能技术的嵌入程度,在具体分级层次下统筹考虑人机关系,方能更为全面地呈现潜在的主体,进而完成相关责任的锚定。那么,自动驾驶水平的级别与责任相匹配,人们选择怎样的级别,就必须对事故承担相对应的责任,这是一种借助事故车辆的技术嵌入程度或自动化程度而锚定责任主体的方式。

根据 SAE J3016,L0～L5 六个等级对应的自动化程度呈递增趋势。当级别处在 L0～L2 前三个阶段,自动驾驶系统主要充当辅助驾驶的角色,人在整个驾驶行为中仍然处于主导地位,因此此类情形下自动驾驶汽车交通事故的责任分配与传统汽车不应有太大区别。其实,从更严格的意义上说,当驾驶员借助辅助驾驶技术不幸发生事故时,我们仍然可以在传统交通事故的判定标准下进行责任认定。在 L3～L5 后三个阶段,技术嵌入程度显著高于前三个等级,已超出了辅助驾驶的范畴,所以驾驶责任分配应当区别于传统汽车,需要根据具体情况重新进行责任锚定。

一般来说,责任锚定需满足两个条件:一是责任主体必须具有自我意识并独立控制自身行为;二是存在一个或一些能够被责任人感知的第三者与其在道德上相关(白惠仁,2019)。据此,与自动驾驶汽车相关的主要责任主体是驾驶员和制造商,其中制造商又包含设计和生产等各环节,应被视为一个法人的概念,属于集体责任主体。同时,自动驾驶汽车与其使用者的边界关系将因技术嵌入而发生改变,两者主导地位的变化也导致了责任呈现出一种复杂动态的现象,人类控制的内容和方式也发生了历史性的变革,即从人类主导过渡到人机协同,再到机器主导的发展过程。

需要说明的是,由于车辆本身的质量问题引起的责任问题必须排除在外,因为当自动驾驶的汽车有质量问题时,无论处于什么状态下,都毫无疑问地应由汽车的制造商承担相应责任。下面将对不同技术嵌入程度下自动驾驶汽车的责任承担主体进行分类讨论。

19.5.2　基于技术层级的人类控制

L0 阶段即无自动驾驶阶段,属于传统汽车模式,完全依靠驾驶员自己控制汽车。此时,人类控制就是一般意义上的概念内涵。对于传统模式下的交通事故责任归属,目前的法律法规已经成熟,完全可以应对道路上出现的意外情况,所以该阶段出现的任何交通事故依照现有的交通法律处理即可,兹不赘述。

紧随其后的 L1 阶段也被称为驾驶辅助阶段,重点提供各种辅助驾驶的功能。这一阶段,驾驶员只能在特定的时间和地点内将汽车某些部分的操作主动权交由自动驾驶汽车系统来完成,如自适应巡航、防抱死刹车系统等,此时系统拥有的自主权只是部分的控制权。虽然驾驶员让渡了一部分对汽车的操作控制权,但并没有改变驾驶员对汽车的绝对控制权,人类控制的角色没有发生根本性变化,所以发生事故时,驾驶员的责任认定也是明确和清晰的。

相较于辅助驾驶来说,自动化的程度略高一筹的 L2 阶段,技术嵌入程度从 L1 只有典型系统下的自动化操作发展到现阶段的部分自动化操作。该阶段的自动驾驶项目在数量上有所增加,但是仍然处于驾驶员的监督之中。驾驶员既能够授权给自动驾驶的汽车,又可以随时收回车辆操作权,所以这一阶段车辆的主要控制者仍然为驾驶员,相应事故的责任主体也理应为驾驶员。与 L1 级类似,该阶段的自动驾驶系统还不具有任何成为责任或道德主体的可能,需要在驾驶员的授权下选择和执行相应的操控任务。换句话说,虽然自动驾驶系统在一些任务上是控制者,但其根源是驾驶员的主动授权。

需要指出的是,根据更新版的 SAE 自动驾驶等级的标准,L0～L2 级自动驾驶都属于自动驾驶辅助的范畴,此时驾驶员必须处于一种正常驾驶的状态,并随时保持对驾驶环境的观察和判断,从而最大限度地确保驾驶行为的安全。其中,L1 和 L2 级自动驾驶系统仍然属于“驾驶支持系统”(driver support systems)。由此可见,这两个阶段自动驾驶的技术嵌入程度十分有限,仅仅提供一定的技术支持,协助驾驶员提升自身的驾驶体验和安全。

当技术嵌入水平增加到 L3 级后,责任主体则由原先单一的驾驶员变更为驾驶员和制造商,人类控制的形式也发生了变化。在“有条件自动化”模式下,驾驶员需要及时响应自动驾驶系统的请求,进而接管车辆的操控权。驾驶员在接到功能请求时,必须驾驶汽车。在 SAE 标准中,L3 级采用了“回退就绪用户”的概念,与备用驾驶员的角色类似,以及部分自动化回退的可能性。

换言之,若驾驶员未能及时响应系统发出接管车辆的请求而造成事故,则驾驶员必须承担其应有的责任,这一点是毋庸置疑的。如果系统没有发出请求要求驾驶员接管车辆而发生事故,那么根据我国《侵权责任法》《产品质量法》,汽车制造商应该对事故造成的损失负责。

L4 阶段下的“高度的自动化”指在特定情形下,自动驾驶系统负责监控行驶环境和完成驾驶操作。如果驾驶员操作超出了该阶段自动驾驶的特定情况,或者明明知道不属于特定情形而随意启动自动驾驶模式,从而导致事故的发生,此时,相关责任主体十分明确,驾驶员必须为自己的不当行为而承担其相应的事故责任(万丹,詹好,2021)。另外,在驾驶员主动意识到危险或自动驾驶汽车对外部环境判断失误而造成损失时,同 L3 级中的部分情况类似,主要应由驾驶员与制造商共同承担责任。如果当时的环境和操作都符合该阶段自动驾驶汽车的相关要求,那么该状况下自动驾驶的汽车就完全不需要任何人为操作,也就与完全自动驾驶汽车没有区别(杨立新,2019),这种情况可以与以下自动驾驶最高阶段合并讨论。

最后，当自动化水平达到最高阶段 L5 之后，就是真正意义上的无人驾驶，车辆系统可以自主完成所有驾驶操作，可以在任何条件下驾驶车辆，不再需要驾驶员接管驾驶。这是对现有规则乃至伦理体系最大的挑战，其中涉及用户、系统设计者、制造商、保险公司等多重关系。当汽车处于完全自动化的状态时，驾驶员对事故的发生毫无防范能力，因此也不用承担责任（季若望，2020）。该模式下的交通事故，驾驶员不仅不应该承担责任，反而应该受到补偿。显然，此时的事故责任主体已经发生了变化，由原来的驾驶员完全转移至制造商。但是，这并不意味着驾驶员可以完全置身度外，仍然需要积极配合各种后续的调查取证工作。

当然，如果因为黑客等因素造成自动驾驶系统的损坏而导致事故，制造商可以在一定程度上申请减免责任，同时需要对造成过错的第三方进行追责。如何划分这部分责任将在下文中提及，但是如何找出攻击自动驾驶汽车程序的黑客则需要专业技术的支持。

根据 SAE 提供的自动驾驶水平分类，我们对每种自动驾驶模式逐一进行了分析，进而尝试判定在不同情形下发生交通事故时相应的责任承担主体。虽然看似只有用户和制造商，似乎是一种简化处理的方式，但是仍然存在责任遗漏的风险。然而，从某种程度上说，责任过于分散意味着无责任可言，也就是本章重点提及的主体悬置现象。

基于技术嵌入的框架讨论自动驾驶汽车的责任主体问题必须考虑以下几点：一是责任主体是复杂动态变化的；二是自动驾驶汽车不具备道德能动性，无法直接赋予其责任主体地位；最后，责任主体可以是集体范畴或者相关第三方主体，如保险公司等。

不过，从技术层级的技术治理角度看，只能粗略地开展责任主体的框定，在具体的应用场景中仍然可能走入另一个主体悬置的循环之中。当然，关于自动驾驶汽车技术层级的讨论是必要的，因为技术层级总是对应着不同的人类控制关系，尤其是当自动驾驶处于更高层级的抽象控制关系时，如何识别这种人类控制，又如何基于人类控制的视角锚定相应的责任主体呢？当前，“有意义的人类控制”这一全新的治理理念可以为自动驾驶汽车的责任锚定提供借鉴。

19.5.3 自动驾驶汽车的“有意义的人类控制”

目前，MHC 的理念也逐渐被运用到自动驾驶领域（Mecacci& De Sio，2020）。诚然，自动驾驶系统与致命性智能武器有很大的区别，将其扩展到自动驾驶领域需将其与自动驾驶汽车的各类场景结合起来，决不能简单照搬。自动驾驶汽车的发展迭代迅速，如何根据不同技术层级更加深入地理解“有意义”和“人类控制”的题中之意，是一个迫切需要回答的问题。

那么，人类究竟应该如何在自动驾驶中实现有意义的人类控制呢？毋庸置疑，控制总是与责任捆绑在一起，明晰控制主体和控制形式是有效应对自动驾驶责任鸿沟等问题的关键。可见，“由谁来控制”需要明确的是哪些主体参与到自动驾驶的人类控制中；“如何控制”确定的是自动驾驶的控制方式问题。对于上述基本问题的思考和回答，必须与人工智能的发展，尤其是自动驾驶技术的发展水平相匹配，使 MHC 在自动驾驶实践中具备更强的可行性和灵活性。

德西奥和范登霍温提出的基于“追踪-回溯”双重条件的人工智能伦理治理框架为改变传统单纯技术治理提出了一种新思路。总体来说，为了实现“有意义的人类控制”，“追踪”条件要求决策系统应该能够体现人类行为的道德理由，这就赋予了人类控制更加丰富的内涵与外延；与此对应，“回溯”条件则需要系统行为能够还原至系统设计或人机互动等不同阶段中的至少一个人类责任主体，从而避免相关主体逃避自身可能承担的伦理或法律责任（De Sio & Hoven 2018）。那么，对应自动驾驶的应用场景，如何满足上述“追踪”和“回溯”的条件？自动驾驶过程中有意义的人类控制有哪些？人机互动的每个阶段能否对应至少一个人类主体？这些人类主体是否能够对自身的伦理或者法律角色有较为清晰的认知？

必须承认,随着智能机器的出现,人类控制形式的确发生了根本性的变化,逐渐从显性控制转换成隐性控制,从具象控制演化为泛在控制,甚至出现了多元主体参与的控制链。人工智能技术集成性和交互性等核心特征决定了人类控制形式发生了巨大变革,这也是某种程度上造成主体悬置或责任鸿沟的主要原因之一。对于自动驾驶来说,直接操作意义上的控制形式也逐渐被抽象意义上的控制所替代。例如,自动驾驶技术的设计就是这种“抽象意义”的控制,但也意味着技术设计人员存在承担法律责任与道德的风险,因此有必要增加设计和制造过程中的法律与道德风险审计机制等。从一定程度上说,作为责任主体的人类对智能机器的控制呈现出日益弱化的态势,而智能机器的自主性却不断地延伸和拓展。正因如此,智能机器自主性与人类控制权之争引发了一系列伦理、法律和社会等问题。

从本质上看,自动驾驶之所以可能会出现责任主体悬置问题,仍然可归因于人类控制的削弱或隐蔽。在智能时代,在人类让渡部分控制权的前提下,人类控制的内涵逐渐从具体与在场操作发展到抽象与远端控制。人类控制与自动驾驶可能导致的风险之间在时序上难以简单地以因果性来进行推断,在空间上也存在明显的距离效应,加上自动驾驶技术的体系化也极大地增加了人类控制的复杂性。

总之,必须从整体上系统把握该理念的丰富内涵,应对自动驾驶汽车带来的责任真空问题。对于自动驾驶汽车而言,未来应该将该理念作为伦理治理的切入点,在结合大量案例的基础上,更加清晰地界定“有意义的人类控制”的概念内涵和实践路径。

19.5.4 “有意义的人类控制”框架下自动驾驶汽车的实践建议

基于上述分析,我们更加明确了不同技术等级下事故责任主体的可能归属问题,这直接关系到自动驾驶汽车的未来发展。鉴于此,笔者将借鉴“有意义的人类控制”的理念,并结合我国自动驾驶汽车的实践现实,尝试给出如下建议。

首先,需要制定自动驾驶汽车专门的法律法规。法律的强制约束力可为“有意义的人类控制”提供强有力的实施保障。当前,我国现行的交通事故方面的法律并不能完全适用于自动驾驶汽车,亟须在“有效的人类控制”的框架下加强自动驾驶汽车方面的立法工作,并将人类控制作为关键的切入点,需要严格界定其概念边界。随着自动化程度的增强,传统意义上驾驶员的概念内涵将被消解,逐渐转变成人类控制参与者的角色,因此,自动驾驶技术的开发者、制造者、设计者等都应纳入法律约束的对象,不只是局限在一般意义上的车辆驾驶员。在具体立法实践中,需要考虑人类控制与机器控制的关系,建议采用人机组队的方式进行法律规制。例如,对于L5阶段,即自动驾驶汽车完全处于无人驾驶的状态下,更需要基于人类控制的内容和形式的变化,尽早出台专门针对无人驾驶汽车阶段的相关法律法规。因此,新修订的法律必须紧紧围绕不同阶段人类控制的差异性给出详细的解释与规定。

其次,必须践行自动驾驶汽车伦理共识。除了完善相应的法律法规之外,还需要坚持“伦理先行”原则,特别是针对完全自动驾驶阶段,如何破解“电车难题”式的伦理困境需要多方主体通过开放、透明的协商机制达成一种伦理共识。同时,也应该广泛借鉴其他国家在自动驾驶伦理建设方面的一些先进做法,如德国自动驾驶伦理指南等(陈晓平,翟文静,2018),增强自动驾驶汽车相关人类主体对自身伦理和法律角色的充分认知。唯有通过伦理和法律的双重规制,才能更好地保障自动驾驶汽车的良性发展。

再者，推行强制购买自动驾驶汽车专用保险。伴随着系统自主性的持续提升，自动驾驶汽车事故的责任主体也发生了动态变化。虽然产品责任具有很强的调整适应性，但对于自动驾驶这个高风险的新兴产业来说，引入责任保险制度是非常有必要的（郑志峰，2018）。对于责任实践的可行性来说，建立自动驾驶汽车的保险制度具有十分重要的现实意义。具体来说，当自动化水平逐渐变高时，需要强制驾驶员和制造商购买相应的保险。就驾驶员投保而言，如果因驾驶员对自动化的等级判断有误或者操作不当，以及没有及时接管自动驾驶车辆引发事故而造成的损失，可以在保险责任限额内由保险公司赔偿。就制造商投保而言，对于黑客的恶意行为、产品的技术难题或者现有系统中没有预知的不足等所导致的交通事故造成的损失，可由保险公司进行赔偿。通过保险公司先行赔偿，既在于尽快使受害人得到相应赔偿，也在于保险公司相比受害的个人而言更加有能力推动证据采集，从而确定可能的责任主体。需要注意的是，这一制度设计并非将保险公司直接认定为最终的责任主体。因此，借助自动驾驶汽车保险，既可以分担制造商和驾驶员等不同人类控制主体的责任，又能有效保护受害人的利益，达到法律和保险双管齐下的良好效果。

最后，优化自动驾驶全生命周期的数据系统。由于自动驾驶汽车的分级系统，责任锚定更多地依赖于驾驶数据的有效存储、获取和分析。未来应该研发更加强大的数据系统，不仅提供自动驾驶汽车的内部数据和外部数据，还应该包括研发、设计和生产等全周期的数据。可以基于 MHC，在自动驾驶系统中安装操作数据"追踪和回溯"系统（类似于飞机驾驶舱的"黑匣子"），便于在安全调查中追踪责任，让最终的责任划分更加精准明晰。此外，自动驾驶汽车数据系统还能对道路状况和交通事故进行智能化分析，帮助驾驶员提前预知道路状况，并及时通知有关部门处理意外发生的交通事故。如果自动驾驶汽车得到普遍使用，建议将数据信息网络化，建立全国范围内的大数据信息分析中心。在确保信息安全的情况下由专业人员监控分析，并为自动驾驶汽车研发提供现实的依据，促进自动驾驶行业的快速发展。

19.6 总结与展望

源于致命性自主武器系统伦理风险讨论的 MHC，逐渐演变成应对智能技术系统的伦理治理理念，可为解决 AI 自主化技术系统的责任鸿沟问题提供借鉴。该理念基于系统行为与人类控制之间的互动关系，将技术嵌入程度置于责任主体框架中加以考量，可以避免一刀切式的责任划分方式，构建对等、透明以及清晰的责任主体关系，这既可以推动 AI 自主化技术系统的发展，又可以最优化地保障各方利益。

MHC"要求人类保证对智能机器的最终控制并承担道德责任，并试图倡导当代新兴技术的社会控制哲学"（俞鼎，李正风，2022），借助"追踪-回溯"双向路径设计，实现对多元责任主体的锚定。以自动驾驶汽车为例，MHC 强调多学科的研究路径，旨在通过哲学、行为心理学和工程学等多学科的联合工作实现对自动驾驶汽车的有效控制（de Sio et al.，2022）。今后，应该更加强化跨学科的交叉研究，尤其需要加强科技与人文的常态化对话机制，从 MHC 的视角有效化解智能系统的责任鸿沟问题。

未来针对 MHC 的研究可以重点关注人类控制的知识建构和复杂性诠释等方面，即在智能时代的语境下，从本质上系统阐释人类控制的概念内涵、演变过程、运作机制以及作用功能等。例如，我们可以进一步探讨和验证人类控制的特点和维度，更加明确特定情境中系统所需的适当的人类控制水平的方法以及相应的影响因素（Boardman & Butcher，2019），这些方法重点包括：对 AI 启动系统输出/行为的信任、行动的潜在后果、可接受的风险水平等；评估人类控制的效果，系统设计时确保适当的人类控制,或明确后续必须持续管理的内容,以便实现动态的人机分配;为复杂系统、多国或多机构组织提供人类控制的方法,并在其中找到追踪人类责任和解决责任鸿沟的应对方案等。此外,有关人类控制的影响因素也需要进一步探讨,包括人类控制的组织考量,例如开展相应的团队培训、实现和保持AI应用中人类控制的人因学准则,支持人类控制的系统工程方法,面向复杂社会技术系统的MHC,基于AI系统人类控制相应的法律、伦理、政治以及公众感知等(Boardman & Butcher, 2019)。

总之,MHC涉及众多科学领域,横跨不同学科,未来的研究除了包含人类控制本身之外,还要从AI技术系统内外两方面予以考虑(Boardman & Butcher, 2019)。一方面,AI技术系统本身十分复杂,发展迅速,种类繁多,需要不断提升对可解释的人工智能、分布式智能、人工智能的可预测性、透明度等方面的系统研究;另一方面,从AI技术系统外部来看,有必要进一步关注系统中的人机交互、人机联合决策/学习/培训、动态任务分配、问责制和多层面人类控制等问题。此外,由于受到复杂性和不确定性等因素的影响,AI技术系统可能带来一系列的伦理和道德问题,这也是MHC需要关注的核心议题。

参考文献

白惠仁.(2019).自动驾驶汽车的“道德责任”困境.*大连理工大学学报(社会科学版)*,(4): 13-19.

陈晓平,翟文静.(2018).关于自动驾驶汽车的立法及伦理问题——兼评“德国自动驾驶伦理指南”.*山东科技大学学报(社会科学版)*,(3): 1-7.

[德]黑格尔.(1995).*法哲学原理*,范扬、张企泰译,北京:商务印书馆.

冯洁语.(2018).人工智能技术与责任法的变迁——以自动驾驶技术为考察.*比较法研究*,(2): 143-155.

冯雯璐,白紫冉, 乔羽.(2022).智能传播趋势下的人机关系及其伦理审视. *湖南大学学报(社会科学版)*, (03): 154-160.

付玉明.(2020).自动驾驶汽车事故的刑事归责与教义展开.*法学*,(9): 135-152.

顾世春.(2021).费希尔道德责任理论视角下自动驾驶汽车使用者道德责任研究.*自然辩证法研究*,(2): 113-118.

何怀宏.(2018).人物、人际与人机关系——从伦理角度看人工智能. *探索与争鸣*(07): 27-34+142.

黄闪闪.(2018).无人驾驶汽车的伦理植入进路研究.*理论月刊*,(5): 182-188.

季若望.(2020)智能汽车侵权的类型化研究——以分级比例责任为路径.*南京大学学报(哲学・人文科学・社会科学)*,(2): 120-131+160.

李琛.(2019).论人工智能的法学分析方法——以著作权为例. *知识产权*,(07),14-22.

李伟,华梦莲.(2020).论自动驾驶汽车伦理难题与道德原则自我选择.*科学学研究*,(4): 588-594+637.

刘成科, 葛燕.(2023).走向“有意义的人类控制”——自动驾驶汽车的主体悬置与责任锚定. *山东科技大学学报(社会科学版)*(01),27-34+44.

刘永谋, 王春丽.(2023).智能时代的人机关系: 走向技术控制的选择论. *全球传媒学刊*,(03),5-21.

司晓,曹建峰.(2017).论人工智能的民事责任: 以自动驾驶汽车和智能机器人为切入点.*法律科学(西北政法大学学报)*,(5): 166-173.

宋美杰, 刘云.(2023).交流的探险: 人—AI的对话互动与亲密关系发展. *新闻与写作*,(07),64-74.

孙伟平.(2023).智能时代的新型人机关系及其构建. *湖北大学学报(哲学社会科学版)*,(03),18-25+168.

童祁, 胡晓萌.(2023).不要温和地走进与AI共生的时代——追问大模型时代的人机关系. *上海文化*, (08),73-79.

万丹,詹好.(2021).自动驾驶汽车责任主体和道德两难问题的哲学分析.*社会科学战线*,(11): 24-32.

王军.(2018).人工智能的伦理问题: 挑战与应对.*伦理学研究*,(4): 79-83.

王晰巍,乌吉斯古楞,刘宇桐 & 罗然.(2023).面向智能推荐的AI人机交互: 研究热点及未来机会.*情报学报*, (04), 495-509.

许为,葛列众, 高在峰.(2021).人-AI交互: 实现“以人为中心AI”理念的跨学科新领域. *智能系统学报*, (04),605-621.

许为.(2020).五论以用户为中心的设计：从自动化到智能时代的自主化以及自动驾驶车. *应用心理学*,(02),108-128.

许为.(2022).八论以用户为中心的设计：一个智能社会技术系统新框架及人因工程研究展望. *应用心理学*,(05),387-401.

许为.(2022).六论以用户为中心的设计：智能人机交互的人因工程途径. *应用心理学*,(03),195-213.

许为.(2022).七论以用户为中心的设计：从自动化到智能化飞机驾驶舱. *应用心理学*,(04),291-313.

闫坤如.(2019).人工智能机器具有道德主体地位吗? *自然辩证法研究*,(5)：47-51.

闫玺池,冀瑜.(2019).SAE分级标准视角下的自动驾驶汽车事故责任承担研究.*标准科学*,(12)：50-54.

杨立新.(2019).自动驾驶机动车交通事故责任的规则设计.*福建师范大学学报(哲学社会科学版)*,(3)：75-88+169.

尤婷,刘健.(2021).自动驾驶汽车的交通事故侵权责任研究.*湘潭大学学报(哲学社会科学版)*,(2)：32-36.

于雪,李伦.(2020).人工智能的设计伦理探析. *科学与社会*,(02),75-88.

于雪,翟文静,侯茂鑫.(2022).人工智能时代人机共生的模式及其演化特征探究. *科学与社会*,(04),106-119.

俞鼎,李正风.智能社会实验：场景创新的责任鸿沟与治理. *科学学研究*. doi：10.16192/j.cnki.1003-2053.20221129.001.

俞鼎(2022-12-27)."有意义的人类控制"：一项新的人工智能伦理治理原则.*中国社会科学报*,006.

张继红,肖剑兰.(2019).自动驾驶汽车侵权责任问题研究.*上海大学学报(社会科学版)*,(1)：16-31.

赵双阁 & 魏媛媛.(2023).作为"人"的算法：智能时代人机关系的技术哲学省思.*传媒观察*(05),48-56.

郑志峰.(2018).自动驾驶汽车的交通事故侵权责任.*法学*,(4)：16-29.

Alfano, M. (2013). Character as Moral Fiction. Cambridge University Press.

Available at：http://www.cambridge.org/gb/academic/subjects/philosophy/

Boardman, M., & Butcher, F. (2019). An exploration of maintaining human control in AI enabled systems and the challenges of achieving it. In Workshop on Big Data Challenge-Situation Awareness and Decision Support. Brussels：North Atlantic Treaty Organization Science and Technology Organization. Porton Down：Dstl Porton Down.

Bostrom, N. (2014). Superintelligence：Paths, Dangers Strategies. Oxford University Press.

Brusilovsky, P. (2023). AI in Education, Learner Control, and Human-AI Collaboration. *International Journal of Artificial Intelligence in Education*, 1-14.

Calvert, S. C., Heikoop, D. D., Mecacci, G., & Van Arem, B. (2020). A human centric framework for the analysis of automated driving systems based on meaningful human control. *TheoreTical issues in ergonomics science*, 21 (4), 478-506.

Clark, A., and Chalmers, D. (1998). The extended mind. Analysis, 58, 7-19.

Cummings, M. L. (2019). Lethal Autonomous Weapons：Meaningful human control or meaningful human certification?.*IEEE Technology and Society Magazine*, 38(4), 20-26.

De Sio F. S., Mecacci, G., Calvert, S., Heikoop, D., Hagenzieker, M., & Van Aream, B. (2022) Realising Meaningful Human Control Over Automated Driving Systems：A Multidisciplinary Approach. *Minds and Machines*,1-25.

De Sio F., Hoven, J.(2018). Meaningful Human Control Over Autonomous Systems：A Philosophical Account'.*Front Robot AI*, 2018, 5(15)：1-14.

De Sio F. S.,Jeroen,V.D.H.(2018).Meaningful Human Control over Autonomous Systems：A Philosophical Account. *Frontiers in Robotics and AI*.(5)：15.

Di Nucci, E., and Santoni de Sio, F. (2014)."Who's afraid of robots? Fear of automation and the ideal of direct control," in Roboethics in Film, eds F. Battaglia and N. Weidenfeld (Pisa University Press), 127-144.

ethics/character-moral-fiction? format=PB#bIlEucksJiKsiLPw.97

Fischer, J. M., Ravizza,M. (2000).Précis of Responsibility and Control：Theory of Moral Responsibility'. *Philosophy and Phenomenological Research*, 61(2)：441-445.

Fischer, J.,Ravizza, M.(1998). Responsibility and Control：A Theory of Moral Responsibility. Cambridge, UK：Cambridge University Press,1998.

Flemisch, F., Kelsch, J., Löper, C., Schieben, A., & Schindler, J. (2008). Automation spectrum, inner/ outer compatibility and other potentially useful human factors concepts for assistance and automation. In D. Waard, F. Flemisch, B. Lorenz, H. Oberheid, & K. Brookhuis (Eds.), Human Factors for Assistance and Automation. Shaker Maastricht.

Mecacci, G., De Sio, F. (2020). Meaningful Human Control as Reason-responsiveness: The Case of Dual-mode Vehicles . *Ethics and Information Technology*, 22(2): 103-115.

Prahl, A., & Edwards, A. P. (2023). Defining Dialogues: Tracing the Evolution of Human-Machine Communication. *Human-Machine Communication*, *6*(1), 1.

Russell, S. (2019). *Human compatible: Artificial intelligence and the problem of control*. Penguin.

SAE Levels of Driving Automation™ Refined for Clarity and International Audience[EB/OL].[2022-05-12]. https://www.sae.org/blog/sae-j3016-update.

Servin, C., Kreinovich, V., & Shahbazova, S. N. (2023, June). Ethical Dilemma of Self-Driving Cars: Conservative Solution. In *Recent Developments and the New Directions of Research, Foundations, and Applications: Selected Papers of the 8th World Conference on Soft Computing, February 03-05, 2022, Baku, Azerbaijan, Vol. II* (pp. 93-98). Cham: Springer Nature Switzerland.

Tartaro, A. (2023). When things go wrong: the recall of AI systems as a last resort for ethical and lawful AI. *AI and Ethics*, 1-10.

作者简介

刘成科　博士，特任教授，硕士生导师，安徽农业大学区域国别研究中心，安徽农业大学外国语学院英语系主任。研究方向：区域与国别研究，技术哲学，科技与社会。E-mail：ckliu@mail.ustc.edu.cn。

牛　敏　硕士，安徽农业大学马克思主义学院。研究方向：人机关系，马克思主义基本原理。E-mail：1252234931@qq.com。

葛　燕　硕士，安徽农业大学马克思主义学院。研究方向：人工智能哲学，马克思主义基本原理。E-mail：3503951476@qq.com。

第三篇

专题研究

第 20 章

以人为中心人工智能的算法助推

本章导读

算法助推(algorithmic nudge)是人工智能系统中选择架构的一种形式,它以可预测的方式改变用户行为,同时不排除任何选择或显著改变用户的技术。通过 AI 实现的算法助推正成为一种流行的方法。助推原则已被应用于算法中,其通过具有暗示性的搜索推荐和定向广告操纵搜索结果,引导用户选择推荐内容,并在社交媒体信息流中将广告与信息混合在一起。通过使用这种无形的算法,助推可以针对个人进行个性化设置,并且随着算法根据用户行为反馈的改进,其有效性可以被追踪和调整。虽然算法助推方便且有用,但这些助推引发了关于隐私、信息泄露等一系列道德问题。单个算法助推能够瞬间影响成千上万的用户,让 AI 控制助推,挑战在于如何确保算法助推以积极的方式被使用,以及它们是否能帮助人们实现可持续的生活方式。本章讨论 AI 系统助推效应影响用户行为的原理和维度,并评估人们如何反过来利用算法助推系统产生以人为中心的结果。

20.1 使用助推框架设计以人为中心的算法

人工智能技术正在迅速发展,极大地提升了 AI 行业的盈利能力。然而,在 AI 快速发展的背后,还隐藏着一位幕后推手——算法。算法是一系列指令,即在遇到触发因素时运行的固定、预先确定和编码的协议。AI 是一个包含算法、机器学习和深度学习技术的计算机智能系统,这些要素使得 AI 能够独立学习、做出决策,以及根据学习的输入和数据修改和创建新的算法,而不是仅依赖于初始输入。这种基于新的数据进行修改、适应和进步的能力就是“智能”。

随着 AI 的迅速发展,算法正在改变着世界,这项技术需要以人类为中心,即满足人类的需求。以人为中心的 AI 方法涉及算法开发和测试过程的各个环节,提供人类与 AI 之间的有效交互。以人为中心的 AI 是一个系统,它在不断推进用户交互的同时,也实现了 AI 与人类之间的有效交互。鉴于 AI 面临的伦理、现实和法律问题,以及为了实现可持续发展,通过 AI 增强和丰富人类的体验,而不是替代人类,以人为中心的 AI 框架应运而生。这一框架可以引导 AI 朝着更公平、更透明、更负责任和更可解释的方向发展,支持人类价值观,保护人权,并促进用户控制,使得未来的 AI 走向正确的方向。目前,AI 发展面临的主要问题包括算法如何适应社会背景,如何实现有意义的控制,以及用户如何有效地管理算法系统。这些问题的答案将指导 AI 系统的开发,帮助人类更有效地看到、感知、创造和表现,同时增强对 AI 系统的信心和信任。有意义的人为控制可以在开发以人为中心的算法,以及通过

本章作者:Shin, Donghee(申東熙)。

提供伦理反思的理论基础来扩展AI这两方面发挥关键作用。扩展AI应以人为中心,并以有意义、可控的方式进行,以促进更公平和更透明的设计,带来具有明确责任性的积极影响。

随着以人为中心AI的兴起,相关的方法和概念引发了人类如何体验AI、对算法的了解程度以及感知如何影响人类与AI的交互等重要问题。这些问题成为以人为中心AI设计中的关键组成部分。为了更深入地理解和指导AI的设计与实施,这些概念被理论化为算法体验(AX)和算法意识。这些原则在AI行业中被广泛应用,并作为指导实践的重要理论基础。算法体验可以被视为用户体验(UX)的一个子集,但它更专注于AI领域,因为AI的特征和性能通常与其他技术对象存在显著差异。AX是一种概念视角,从用户的角度出发,可以更有效地理解用户如何感知这些算法,以及他们如何体验AI。尽管AI对现实产生了全面影响,但我们仍然需要定义人们如何体验或享受AI,以及自动化过程如何提升人类与算法的互动体验(Shin et al.,2021)。算法服务旨在提升用户体验,但用户如何通过算法改善自己的体验仍然是一个未解之谜。目前,我们对于人如何感知和体验算法的了解仍然有限。尽管一些初步研究已经探讨了用户如何体验算法生成的新闻推荐(Shin & Park,2019),以及他们如何感知算法配置和处理的推荐内容(Elliott,2021),但这些研究仅是冰山一角。

这些问题在用户体验框架内得到了解决,该框架旨在通过交互设计过程改善交互体验或在交互设计过程中设计特定的新体验。如果运用得当,UX框架可以通过以人为中心的方式来开发算法,以便在算法所能提供的优势基础上设计更优质的UX(Ettlinger,2018)。

然而,AI本质上是采用由内而外的设计方式,即算法基于程序员在技术上能够实现的内容,而非能够向最终用户提供的价值(Knijnenburg et al.,2012)。UX框架可以将这种由内而外的设计方式转变为由外而内的机制,即通过在设计中突出AI的优势,并调整其开发方法来实现。因此,UX框架是使AI更具人性化的有效工具。

鉴于这些以人为中心的重点,越来越多的研究开始审视算法体验。例如,Shin等(2020)从用户与智能系统交互的整体视角研究了AX。Shin(2020)进一步提出,AX包括用户控制算法决策的能力通过提高对系统如何工作的认识,使用户能够有意识地管理算法的偏见和负面影响。"用户对人工智能进行有意义的控制"这一概念被提出,作为AX的关键组成部分,它还可以解决人工智能的公平、透明和问责问题。

Alvarado和Warren(2018)提出了将算法体验作为逻辑框架来分析用户与算法的行为和交互的想法,他们通过考察社交媒体用户对算法计算机化的感受,以及用户意识如何影响他们与算法的互动来构建这一框架。而Shin等(2020)进一步拓展了算法体验这一概念,他们主张AX可以提高用户对算法的影响和算法前台行为(算法在用户界面中直接可见的部分)的认识(图20.1)。

这两项研究都提出了算法系统的一些重要AX标准,包括画像透明度、评价公平性、用户控制、责任判断以及画像管理。尽管AX与广为人知的UX在某些方面看似相似,但它们之间确实存在着区别。一些观点将AX视为UX的一个子集,另一些观点则认为AX是UX的一个不同维度。这种区别可以这样解释:AX是一种涉及算法的个性化用户体验。Shin等(2022)进一步定义了UX的概念,并引入了一个新的原则——算法意识。这是一种普遍的理解,即算法是存在的,并引导了其他维度。Cotter和Reisdorf(2020)将算法意识定义为互联网用户对于为什么以及如何使用算法在其在线搜索结果中优先排序某些信息的认识程度,以及这些算法对他们和某些社会群体可能产生的影响。算法意识有助于人们在基于知情判断的基础上进行评估和与算法平台互动,从而做出更好的决策,并更有效地利用算法资源(Gruber et al.,2021)。

算法意识不仅帮助用户评估平台、提供商和监管机构如何使用这些技术,还使他们能够倡导负责

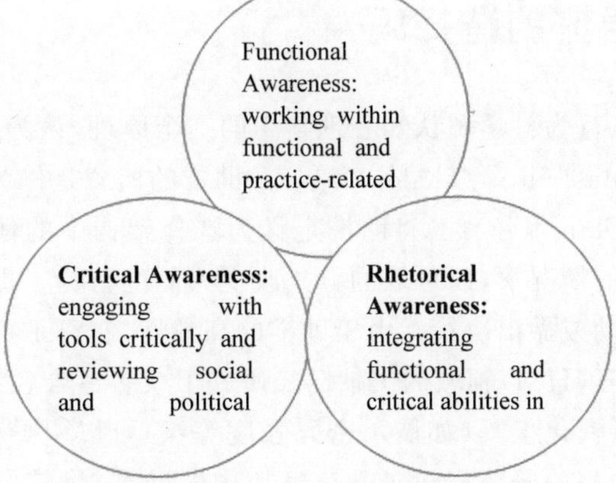

图 20.1 对功能、关键和修辞维度的认识

任的技术设计和使用,从而避免问题性的偏见,并有助于保护隐私(Akter et al.,2021)。根据 Koenig(2020)的观点,算法意识还促使人们付出有意义的努力,让更多的用户能够影响数据流,并感知到他们自己或其他人是否及在何时被边缘化。然而,这些努力的影响可能会受到所需技术知识程度的限制。

尽管研究者对算法意识给予了广泛关注,但这一概念并未得到充分研究(Swat,2021)。关于算法意识的意义,文献中仍缺乏共识,并提出了多种定义。例如,Grubber 等(2021)将算法意识定义为用户在特定消费情境中对算法功能的认识程度;而 Shin 等(2022)则将算法意识理解为对算法是什么、如何使用、如何造福人类以及如何对特定群体产生负面影响的认识。

算法科学家面临的一个重要障碍是——AI 系统是专有的,并不向公众公开。这使得确定算法意识的客观测量变得具有挑战性。尽管算法意识的科学定义难以建立,并且在不同人群中似乎存在显著差异,但我们仍然可以探讨用户如何获得算法意识,即算法意识的感知过程。

考虑到算法过程本质上涉及人类认知、行为和与算法逻辑的互动的展开,用户的感知过程逐渐形成一种算法文化,这种文化在很大程度上影响着平台和人们之间的相互关系。在这个过程中,用户的算法意识不仅是对算法本身的认识,还包括对算法如何影响自己、他人和社会的理解(Shin et al.,2022)。

通过 AI 实现的算法助推正成为一种流行的做法。助推原则被应用于算法,使它们通过具有误导性的搜索建议和定向广告来操控搜索结果,引导用户接受推荐,并在社交媒体动态中混合商业信息。Meta 的动态就是一个算法助推的实例,Meta 的算法使这些动态能够作为用户的选择架构师而发挥作用。算法会根据预测来筛选新闻帖子,以最大化用户的点击率。更高的点击率表明用户喜欢 Meta 呈现给他们的内容,而 Meta 可以利用这一点来产生广告收入。算法自动且隐蔽地选择用户的动态内容。通过运用这些在幕后工作的算法,助推可以针对个人进行个性化定制,并且随着算法从基于用户行为的用户反馈中不断进行改进,助推的有效性还可以被追踪和调整。尽管这种做法既方便又有用,但这些助推也引发了一系列关于隐私、信息泄露的道德问题。单个算法助推有能力瞬间影响成千上万的用户,这表明了控制 AI 助推的必要性。

开发者面临的挑战在于如何确保算法助推以积极的方式被使用,以及它们是否能帮助人们实现可持续的生活方式。为此,需要深入讨论 AI 系统对用户行为产生助推作用的原则和维度,并评估人们如何反过来影响算法系统,以产生以人为中心的结果。

20.2 算法助推有更好的选择吗

助推理论是认知经济学、行为科学和认知心理学中的一个原理，认为正强化和间接影响可以引导个人或群体的行为和决策(Sunstein & Thaler,2014)。助推的概念是作为一种方式发展起来的，旨在帮助机构引导人们的行为。Shin 等(2023)将助推定义为选择架构中的任何维度，它能够在不禁止任何选项或显著改变经济激励的情况下，以可取的方式改变人们的行为。助推可以给予个体正面强化，最终引导他们采取特定的行动或做出决策。由于助推的高效性，它已被广泛应用于用户洞察、系统开发和公共政策领域。人机交互(HCI)领域的文献已经研究了众多适合在线助推的原则。例如，Tsavli 等(2015)发现，增强的密码可视化工具(如展示密码强度等级)可以引导用户设置更安全的密码。在信息系统文献中，也有大量的相关研究探讨了数字环境中的助推，将其作为一种微妙的设计、信息和交互元素，用来在在线环境中引导用户行为，同时不限制个人的选择自由(Kroll & Stieglitz,2021)。

在本章中，算法助推是指利用算法设计组件来引导用户在算法中介环境中的行为(Mohlmann,2021)，在人工智能和机器学习领域得到了广泛应用。算法助推也被称为 AI 助推，它是通过影响人类行为来间接地塑造算法的行为，并且其使用范围和频率正在不断增加(Juneja & Mitra,2022)。算法助推已被广泛应用于影响购买行为和提高用户服务等场景。零售商利用 AI 助推在高度个性化的环境中与消费者互动，引导他们做出更好的决策和选择。Shin 等(2022)将 AI 助推概念化为利用认知刺激来可预测地影响人们的行为，同时不限制他们的选择或改变他们的激励。这一概念化基于 Weinmann 等(2016)对数字助推的先前定义，他们将数字助推定义为在线决策环境中影响客户行为的用户界面，但这种定义没有指出算法技术的潜力。传统助推与算法助推的一个明显区别在于，它更多的是在算法界面背后秘密地发挥作用，而不是像一般的数字助推那样明显。由于算法的“黑箱”特性，算法助推能够隐蔽而悄然地运行，不易被用户察觉。AI 助推已被用于强化算法的主要功能，从社交媒体动态中的帖子到推荐给用户的内容，再到在线界面上显示的广告，静悄悄地塑造用户所见的内容。算法助推是 AI 系统的一部分，有助于使整个系统按计划运行。

算法助推利用人工智能技术，通过视觉提示、推送通知和警报等方式潜移默化地引导用户做出更优的选择，从而影响用户行为(图 20.2)。随着人工智能和机器学习技术的迅速发展，算法助推相比传统助推变得更具影响力。算法能够有效地识别目标群体，进而引导用户改变行为。在拥有大量用户行为模式的在线数据的情况下，定制个性化模型已经成为一项精湛的技能。算法助推有助于用户在基于知情判断的基础上进行评估和并与算法系统互动，从而做出更明智的决策(Zarouali et al.,2021)。

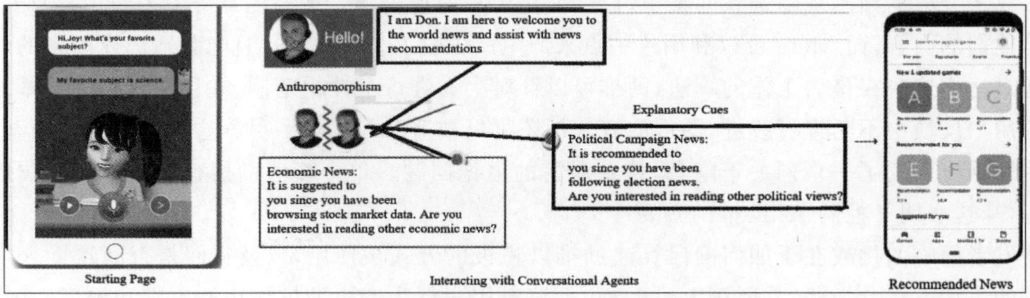

图 20.2 解释性线索作为一种算法助推

正确使用算法助推有助于人们评估平台、企业和政府如何运用这些技术，进而倡导技术设计和使用的负责性，避免偏见并保护隐私(Akter et al.,2021)。算法助推可以包含一些有意义的努力，从而使更多的用户能够影响数据流，并察觉自己或他人是否被边缘化。然而，这些努力的效果可能会受到所需技术知识程度的限制(Schobel et al.,2020)。各平台在AI算法的不同维度中使用助推，例如新闻推荐服务、内容购买建议和规定性决策工具。尽管结果仍然具有争议且难以捉摸，但研究人员已经探讨了AI与助推之间的关系，认为算法个性化的结果可以影响用户，并经常会导致意外的后果和不良习惯(Burr et al.,2018;Shin et al.,2022)。许多研究(Burr et al.,2018)探讨了AI与助推之间的关系，揭示了个性化、定制化的算法如何运用说服和心理测量学的原理以意想不到的方式影响个体和集体行为。在这方面，Tufekci(2017)进行了纵向研究，以分析算法对个体的影响，并得出结论——算法助推使用户陷入了一个越来越深的陷阱。近期，众多讨论均表达了对于算法助推预测用户口味的能力的担忧。关于如何管理算法助推以产生更好的结果，以及是否需要对导致不良影响的负面助推实施追究责任的监管，这些议题仍在持续讨论中。考虑到助推中介可能会加剧与公众相关的危害的严重性，有些观点认为，任何规则和法规都应针对不道德的“引导”，在决定中介责任的情况下制定不同的准则。因此，如何设计人工智能推导，引导人们以合乎道德和负责任的方式做出更好的决定，仍然是算法推导方面悬而未决的问题。算法助推可以系统地作为一种工具使用，用于强化不断循环的数据提取过程，并潜在地操纵消费者的选择，创建由人工智能控制的最佳广告系统(图20.3)。算法助推可以以前置防范、辟谣和免疫接种三种形式作为处理虚假信息的手段。适当的助推可以在人们看到假新闻之前警告他们，从而对抗虚假信息。此外，助推还可以用于帮助人们在接收信息后识别错误信息。

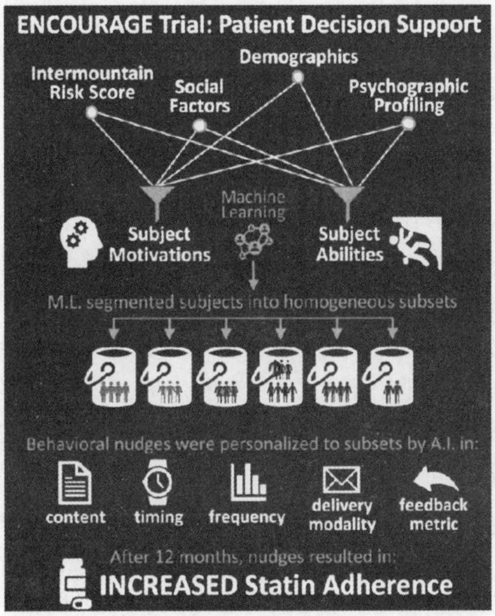

图20.3 算法助推在医疗领域的应用

20.3 算法助推的成本：从黑盒人工智能到透明的成本

最近，关于算法助推的文献和AI行业应用往往倾向于以特定方式塑造用户行为，却未能充分关注人们如何发展认知过程或用户对助推如何做出反应(Shin et al.,2022)。这些问题与可供性原理

(affordance principle)有关,因此,从可供性的角度来审视算法助推是有益的。算法可供性描述了用户能够直接或间接地参与和控制算法系统的明确和隐含的交互可能性的范围(Shin & Park,2019)。基于可供性的助推被提出作为算法助推的一种替代方案,以缓解助推实践中的弱点(图 20.4)。基于可供性的算法助推方法遵循用户的感知、信息处理和认知发展。可供性的概念作为一个概念框架,可以用来理解助推与人之间的关系,特别是在算法和人工智能的方面。与基于算法的方法不同,基于可供性的方法能够捕捉用户的需求和利益相关者的想法,并根据这些实体生成设计选项。基于可供性的助推能够清楚地展示设备是如何导致用户采取行动的,这种可供性内置于设备中,以展示用户如何在无须干预的情况下使用它(Shin & Park,2019)。例如,当用户在平台上看到针对个人的产品推荐时,他们会想要点击这些推荐,看看它们是否真的符合他们的偏好。

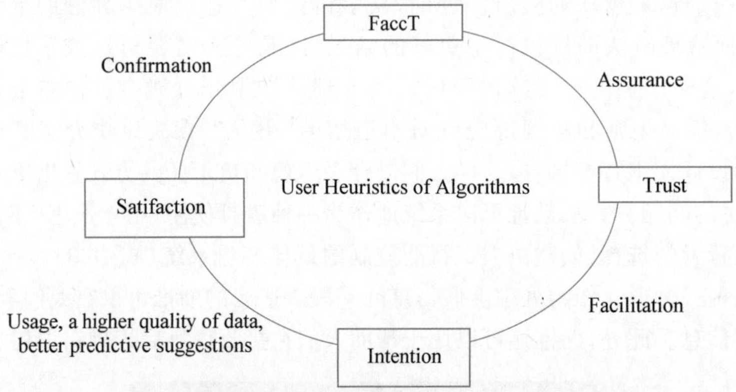

图 20.4　算法提供的功能或可能性 (Shin & Park, 2019)

尽管算法推荐技术非常成熟,但算法很少为用户提供与它们交互的实用方法,即缺乏使用户能够理解它们或了解如何最好地使用它们以完成任务的可供性。可供性有助于用户根据他们的能力识别物体的常态(功能属性),而算法可供性则允许用户根据他们对环境中的特征(如公平性、透明度和问责制)的感知来采取改进措施。实际上,将可供性整合到算法中并不容易。如果自动化过程中使用的算法非常复杂,与人类认知大不相同,或者不易被用户所感知,那么算法的结果将不会被接受。为了充分利用算法助推,需要确保算法的行动机会对其用户来说是可观察和可理解的(Baumer,2017)。

如何设计透明、可问责且公平的算法助推的问题,与我们如何理解和反思用户从算法中感知到的可供性有关。算法可供性可以通过用户对公平性、透明度和可问责性的理解来产生信任。虽然用户期望算法能给出相关、个性化和指导性的建议,但基本的假设是用户期望算法是公平、透明和可问责的。当用户确认这些特质时,算法可供性在用户消费算法的过程中起着关键作用。从这个关系可以推断,基于算法可供性的算法助推会对用户的认知产生积极影响,并引导他们采取措施来识别、感知、使用和采纳助推建议。

可供性原则对于算法助推的理论概念化是颇为有效的。可供性指的是用户通过理解对象的特征来感知其效用。用户期望算法提供个性化、有用和准确的结果,而这种期望伴随着对公平性、透明度和可问责性的评估。算法可供性为人类提供了一个可能的认知感知过程,以及感知到的透明度、公平性和可问责性(Shin,2020)。当用户信任算法时,他们可能会继续与之交互,同意算法收集他们的数据,而这些增强的数据使得算法能够进行更好预测性分析(Akter et al.,2021)。当用户认为算法过程是公平、透明和可问责的时,他们对人工智能的信任就会增强。信任和可供性之间存在着循环关系,即一旦用户信任算法服务或提供者,他们就会认为这些服务易于使用和采用;因此,他们会继续使用这些服务。当信任建立起来后，用户会继续使用人工智能技术，因为他们信任它，并且对人工智能感到满意。相关研究已经证实，透明性、公平性和可问责性能够建立用户信任（Burr et al.，2018）。信任反馈循环是一个正反馈循环，它减少了用户对透明度和准确性的担忧，同时显著提高了用户满意度。积极的反馈很可能与信任、满意度、透明度、公平性和意图正相关。这种反馈暗示了研究与反馈相关的复杂认知机制的重要性。信任的正反馈循环为设计有效的算法助推提供了启发性思路。

20.4　算法社会管理：算法行为修正

助推并非全新的概念，这种方法自 20 世纪 80 年代起就已存在，当时称为行为工程和行为框架——通过间接鼓励特定行为来促进更好行为的心理方法。随着人工智能系统成为主流，嵌入的隐形干预措施已经变得更加复杂，用来引导人们采取期望的行动。我们很容易找到许多算法被用来助推决策者实现特定社会结果的例子，这通常称为算法社会管理。我们每天都会面临影响日常决策的助推，推荐系统基于算法助推结构使用户能够轻松访问内容，并通过自动选择和排列呈现的信息来塑造他们的决策过程。例如，当人们购买汉堡时，如果提供捆绑推荐，他们更有可能添加薯条和饮料；然而，当大型超市对塑料袋收费时，人们就不太可能要求其提供塑料袋，从而减少了塑料袋消耗。此外，大学校园会悬挂伟人的画像或海报，以及他们的名言，以鼓励学生以特定的方式进行思考。基于算法的助推可能比普通的助推更可能改变人类的行为。由于人们经常访问平台且面临众多选择，人工智能技术已成为助推的稳定场所。考虑到基于算法的助推可以从数据中学习，它们可以随着时间的推移而提供越来越相关的助推。例如，谷歌的搜索建议和自动完成（自动填充）功能就是有效的助推方式，因为它们会温和地鼓励用户点击其建议的选项。Netflix 也在开发一种助推方式，即在菜单界面的开头建议剧集序列，用户只需要花费很少的操作就可以暂停观看内容，但由于温和的建议，他们更有可能继续观看下一集。YouTube 也通过基于算法的选项这一补充元素融入了助推，该选项会建议用户接下来观看哪些内容。这种算法助推引导和塑造了人们的态度和行为。

Uber 利用算法助推来最大化其司机的利润和生产率（Scheiber，2021）。为了创建一个有效的系统，使得司机的供应与不断增长的客户数量相匹配，Uber 的算法会在当前乘客仍在车上时为司机派遣下一个行程。此外，当司机即将完成一天最后的行程时，Uber 会告知他们附近有一位潜在的乘客正在请求 Uber，从而鼓励他们继续在路上行驶更长的时间以赚取更多的车费。从 Uber 的利润角度来看，推荐下一位乘客是一个有效的默认设置，大部分司机会更有动力继续驾驶。Uber 的算法助推类似于退出设置，在这种设置下，司机可以选择拒绝行程请求或继续下一个行程。司机并不一定必须接受更多的行程，他们只是在应用内通知的算法助推下接驾下一位乘客。虽然司机只需要轻按一下按钮即可退出，但他们选择退出的可能性较小，因为人们往往倾向于获得某些东西而不是失去某些东西。当算法助推使司机几乎没有选择余地时，尽管 Uber 正在做出有利于司机的决策，但这种算法助推并不总是符合司机的最佳利益，因为他们可能会无意识地多接单一些行程（Scheiber，2021）。有些观点认为，签约成为 Uber 司机的人通常需要额外的收入；因此，尽管 Uber 使用算法助推的决策是基于司机的利益，但也可以说，Uber 正在利用他们的需求和经济状况来操纵司机。公司与员工之间的权力动态往往倾向于公司。组织可以使用算法助推来鼓励员工多工作，但关于如何使用助推以及使用它的背景往往会带来伦理问题。算法助推本身并不是问题，问题在于它是如何实施的，这指向了使用这些助推的人的伦理问题。

如今，网络平台几乎都在定期利用算法行为修改技术来塑造用户行为，以实现利润最大化。平台越来越多地采用灵活、自动调整行为干预的技术，以利用人类的心理特征和认知。这些平台被设计用于选择性地收集、过滤、放大和货币化用户数据，并配备自主、数据驱动、指导性和智能算法，以大规模控制用户行为。人们在网上留下的痕迹就像"数字面包屑"，例如社交媒体帖子（如 Meta 页面）、登录的 Wi-Fi 地址以及在搜索引擎上的查询历史。这些数字痕迹为平台提供了一个有用且具有预测性的行为数据储备库，平台在决定报道什么新闻、发布什么广告以及避免什么信息时，会利用这些数据进行行为修改。通过将这些数字痕迹交给算法和平台，用户有时会允许它们以出乎意料的方式侵犯隐私，并微调它们的推荐目标工作。平台可以通过使用行为修改技术来将用户的行为塑造为其预测值，从而增加预测的准确性，并做出更积极的预测。这种看似强化的预测可能会在无意中使用结合了预测和行为修改的强化学习算法。

在新闻业中，算法助推是新闻推荐系统中增加新闻多样性的工具（Mattis et al.，2022）。Loecherbach 等（2020）的研究表明，如果不太受欢迎的新闻条目在更高的排名位置显示或在报纸网站首页上突出显示，则它们被点击的可能性会更高。算法助推已被证明能显著增加新闻的多样性，尤其是在读者面临信息过载或人工智能系统推荐新闻选择时。

算法助推还可以帮助那些找不到多样化文章的人，使这些文章更容易被获取，或者通过提供意想不到的推荐来防止不想要的算法反馈循环。这些意想不到的推荐可以引导用户发展新的兴趣，从而使推荐算法得以进化（Karimi et al.，2018），并有助于提高用户满意度。

自然语言处理算法和强化学习是算法行为不断发展的例子，这些算法用于优化服务和推荐、促进用户参与、产生更多的行为反馈数据，甚至通过行为修改和长期成瘾习惯的养成来吸引用户。例如，TikTok 的"为你推荐"功能就是根据每个用户的个性化偏好来定制推荐内容的。为了完善个性化的"为你推荐"功能，该服务会根据一系列不同参数的组合对视频进行评分，这些参数从用户作为新用户时默认的兴趣开始，并根据用户指出的不感兴趣的内容进行调整。长期来看，这种服务会吸引用户并形成习惯。在公共卫生、医疗和治疗领域，算法行为改变是一种理想的、可观察和可复制的干预手段，旨在改变患者行为，但需要得到参与者的同意。然而，平台行为改变正变得越来越难以察觉和不透明，且往往在没有明确用户同意的情况下使用。技术上，算法可以编程控制人们的行为以达到任何预期结果。一项关于 Meta"点赞"助推性质的研究发现，"点赞"按钮可以精确预测个人资料的人口统计特征和其他属性，如种族、性取向、政治信仰、宗教信仰和个性。基于一定数量的"点赞"，Meta 可以预测你的朋友（150 个点赞）、你的父母（250 个点赞）以及你自己（300 个点赞）。这种未经用户同意，利用从大量用户那里获取的心理痕迹来影响用户态度的做法，已被批评为是不道德的。然而，用户的社交媒体动态实际上是一个精心策划的营销策略的结果，它包含个性化的内容，旨在推动特定用户采取特定行动。尽管平台的行为改变对用户来说是显而易见的——例如，以推荐、广告或自动完成功能的形式呈现——但对于第三方审计员来说，这通常是难以察觉和无法观察的。这些算法行为修改在暗中发挥作用，无须外部监督即可操作，从而加剧了信息茧房或回音室效应的趋势。

2022 年 10 月，印度竞争委员会（CCI）对谷歌处以 1.7 亿美元的罚款，原因是谷歌在其自有比较购物服务与竞争对手的比较购物服务之间进行了有利的排名和歪曲显示（Zingales，2018）。此外，CCI 还发布了一系列指令，迫使谷歌允许用户选择自己的搜索引擎，并允许用户卸载 Android 设备上预装的谷歌自有应用，如谷歌地图。由于某些算法设计框架的存在，主导企业能够顺利地将用户推向其在线购物服务和品牌，其中一些做法可能会对用户造成负面影响。例如，向在线购物者推荐垃圾食品可能是一种负面助推，因为它会促使消费者购买有害健康的产品。

在意识到算法助推的负面影响后，2021 年，英国信息专员办公室（ICO）颁布了一项新法律——禁止使用助推手段对儿童的行为产生负面影响。该法律制定了一套与年龄相适应的设计标准,旨在保护儿童的个人数据,并禁止使用助推方法鼓励或引导儿童披露敏感个人信息、关闭隐私保护措施或延长在线使用时间。ICO 领导下的行为洞察小组一直在监测算法助推,以不断评估各组织的执行情况。

对于算法助推的这些担忧表明,需要制定相关的法规和规章。使用算法助推改变行为可能加剧对个人自由的损害。法律应当通过差异化指南来禁止恶意助推,以评估中介责任的情况。因此,问题在于法律是否应认定导致负面后果的恶意助推的责任。为了解决这一问题,一些研究者提出了"社会参与循环"系统(Shin et al.,2022),而另一些人则提出了审计算法的方法(Diakoupolus,2016)。只要普通用户能够控制内部的人工智能代码,这两种方法似乎都是可行的。另外,应该开发能够说服人们以道德和良知行事的算法,尽管这一观念似乎还遥不可及。

20.5　对算法驱动的助推措施的担忧

随着算法助推的普及和广泛应用,与之相关的热烈讨论和争议也层出不穷。尽管算法助推在将用户数据转化为经济价值方面颇为有效,但其凸显出的操纵性媒体操作却引发了人们的担忧。算法助推可以被视为一种新型的宣传或操纵性说服手段,因为它模糊了人类自由选择和助推用户走向特定结果和行为之间的界限。这种负面性与理查德·塞勒和卡斯·桑斯坦(2008)最初强调的助推在提升幸福感、健康等方面的积极作用相悖。尽管助推通常具有积极影响,但在辩论中显而易见的是,助推在诸如伦理、隐私等多个层面上都存在问题。影响人们行为的问题主要是,改变行为会引发伦理问题,并经常侵犯基本人权。许多批评者指出,助推未能符合规范的伦理标准,算法助推应接受彻底的伦理审查(Greene et al.,2022)。随着大规模智能操控个体行为的技术逐渐变为现实,算法助推在引发巨大热情的同时,也遭遇了激烈的批评(Shin et al.,2022)。尽管操纵与助推之间的界限可能模糊,但设计助推影响用户决策的行为引发了伦理问题。随着 Meta 和 Instagram 等平台全面拥抱算法化,我们正迅速接近一个临界点,届时,算法助推将更多地推送符合平台经济利益的内容,同时减少或移除利润较低的内容。随着平台积极寻求最大化用户货币化,这种算法逐渐成为通过服务器将内容推荐引向更具营利性议题的有效方式。这种源于算法守门的助推引发了担忧,即这些助推侵犯了自由意志或违反了基本个人自由——用户自主权。在 AI 驱动的助推发挥作用的环境中,用户可能意识不到无形的算法已经预先决定了他们的选择。在用户未同意的情况下,这一过程可被视为对人类自由意志的操纵,因为算法决定了选择的范围。然而,一些学者(Shin,2021)批评了算法助推与关键伦理价值(如自由和自主权)相冲突的观点。

一些公民自由倡导者思考过助推是否会削弱人们的自由选择权,是否真如助推支持者所声称的那样保护自由(Juneja & Mitra,2022;Yeung,2017)。这种担忧与意志自主性有关,即一个人的行为应该反映其个人愿望、兴趣、偏好或目标。在受到助推的影响下,人们可能会被误导,以至于他们的愿望和行为不再真正属于自己。当人们受到隐性、隐秘的助推时,他们便不再控制自己的选择,也不再反映他们的自我导向需求。算法助推就像操纵着用户的傀儡线,使用各种手段让用户按照算法的意愿行事。当人们受到隐性、隐秘的助推时,他们便不再控制自己的选择,也不再反映他们的自我导向需求。这支持了批评者的观点,即助推未能尊重理性,因为它们通常通过不透明或非理性的过程起作用。即使助推尊重用户的自由并提高效率与便利性,它们仍然利用用户的非理性或不透明的启发式方法和偏见,即它们没有将用户视为理性的人,而是将用户非人化。有些观点认为,算法助推的使用应极其谨慎并酌情考虑,以确保人们能够做出自己的决定(Yeung,2017)。从这一点来看,Shin(2021)

担心助推会削弱用户做出多样判断的能力，并侵蚀他们做出自己决定的自主权。此外，当决策的责任从人们手中夺走时，他们的明智评估和决策能力将无法进步，从而削弱了他们的道德自主性(Raveendhran & Fast，2021)。这种担忧与深度学习能力有关，并强调成为智能大规模操控的对象并不是一个令人愉快的想法(Yeung，2017)。关于这一担忧，还存在一个持续的争论，即接触算法助推会使用户倾向于做出某些决策或倾向于特定的选择。这是由恶意的算法助推或平台背后算法的故意滥用引起的吗？还是算法助推现象源于用户搜索和与在线系统交互的经验，即算法助推是在建议行为，还是仅仅反映了用户已经存在的对这类内容的倾向性？Shin(2020)认为，算法助推并不产生偏见，也没有意图引导用户接触假新闻和错误信息。我们在人工智能中看到的偏见其实是我们自己寻求和使用内容中形成的恶性循环的结果(Shin et al.，2020)：正如谚语所说的“种瓜得瓜，种豆得豆”，算法助推产生的偏见很可能源于用户之前的态度和行为。

在算法助推得到广泛应用的背景下，社会需要认真考虑对这些算法的治理和控制。一些批评者担心，算法助推可能成为行业或政府手中的便利工具，对用户和其他公民的生活施加巧妙的控制(Brown et al.，2022)。然而，一些支持者(Greene et al.，2022)提出了新自由主义的理念，即行业和政府通过越来越多地依赖算法来最大化利润，从而超越了对人们的传统统治形式。只有当公众没有妥善管理工业权力时，工业对用户的控制才会占据主导地位。令人担忧的是，算法通过选择性地控制公众声音并躲避民主治理，同时隐藏在无形的算法之中，从而促进了这种统治。由于算法固有的透明度和公平性的局限性，批评者对算法助推的潜在操纵性表示了担忧(Shin，2021)。Park(2021)认为算法助推是危险的，因为它们具有操纵性，损害人的尊严，并降低人类的批判性思维能力。这是因为算法是在无形中以黑箱形式影响用户，而不是透明地运行。当算法助推用于公共部门，特别是政府部门时，有关其推动目标的担忧也被提了出来。政府如何能够确定人们的最佳利益？政府不应该将自己的目标和利益强加于人，特别是在公民持有多样化观点的社区中。

20.6 反助推：对算法的厌恶与抵制

在算法助推中，算法行为被定义为平台为影响用户态度和行为而设计的任何算法处理、干预或操纵的变化。用户行为包括点击广告、购买商品、发布特定信息以及转发假新闻。行为改变方法源于行为心理学的概念，包括助推和操作条件反射。算法行为主要有两种表现形式：赞赏和厌恶。算法赞赏描述的是那些对算法感到满意的人，他们通常更倾向于接受算法的建议，而不是人类的建议(Shin et al.，2021)。然而，算法厌恶描述的是对算法的负面评价，这导致了对算法相较于人类服务的消极态度和行为(Logg et al.，2019)。人们往往会拒绝来自算法的建议，而如果是人类代理提出的，他们可能会接受(Möhlman & Henfridsson，2019)。然而，忽视算法的建议可能会导致性能低下或质量下降(Shin，2020)，因为它削弱了用户与算法之间的反馈循环。了解用户为何以及在何种情况下表现出算法厌恶，对于充分利用算法助推的益处至关重要。

算法越来越广泛的应用增加了算法厌恶的趋势。研究人员已经考察了导致算法厌恶的因素(Logg et al.，2019)。研究结果表明，与AI设计相关的设计因素会导致厌恶。例如，算法的黑箱性质导致透明度有限，意味着人们无法理解算法是如何运作和产生结果的。用户自然地对了解算法过程的基本逻辑感兴趣，因此更倾向于与人类代理交谈，因为他们可以提问并理解结果背后的原理。因此，当人们不理解结果背后的算法过程时，他们会避开使用算法。

研究人员还发现，决策因素也可能导致算法厌恶(Shin，2020)。例如，与算法决策质量相关的因素,如精确度、准确性和相关性在决定用户厌恶方面起着关键作用。当算法做出不准确或不相关的决策时,人们会失去对算法的信任,使得用户认为算法在完成复杂任务时效率低下。

另一个导致算法被人们厌恶的原因与算法决策是否使人们从算法结果中受益或遭受损失有关。算法决策与人类决策之间的关系也是算法厌恶的一个有效因素。当算法以辅助角色增强人类决策时,人们往往更倾向于依赖算法决策。

最后,个人因素也可能导致算法厌恶。例如,当人类和算法决策的精确度无法区分时,或者当人们将自己的选择与算法推荐进行比较时,人们会表现出对算法的厌恶。有些人天生对 AI 持敌对态度,无论算法的性能和服务质量如何,这都源于他们对算法的个人怀疑;而另一些人则基于他们对算法决策效果的评估来拒绝这些决策。

算法的设计者和提供者应该确定哪些因素会引发算法厌恶,哪些因素会导致赞赏。本章所列举的因素并非详尽无遗,但开发者在规划算法助推时,应该有一个广泛的视角来考虑相关的因素。由于用户往往因为算法的黑箱特性设计而拒绝使用算法,因此设计者在提高算法性能的同时,应该考虑打开黑箱。

20.7 有意义的控制和算法审计的算法助推

算法助推在人类决策中很有用,因为它们提供了相关信息,同时保留了用户的选择自由。通过有意义控制的概念,人工智能可以引导用户偏好朝着更符合社会期望和道德规范的方向发展。使用基于人工智能的算法来助推用户采用既能提高满意度又能承担社会责任的方式是一个很好的策略。然而,算法助推也引发了关于导向性偏见、数据准确性和操纵性的担忧。随着算法塑造的现实越来越从仅助推人们得出预定结果,转变为排除所有其他潜在结果,算法似乎正在接管一切。社交平台通常对其助推行为的公平性、透明度和准确性问题保持沉默,例如,TikTok 就没有对其助推的准确性和合法性问题做出回应。

本章探讨了算法技术如何影响人类,以及如何通过助推(例如,将营利性服务置于最佳界面位置,将营利性较低的项目置于较难点击的位置)来创建选择架构,从而影响用户行为。算法助推的各种原则考虑了人工智能和机器学习领域的最新发展。算法助推的一个重要命题是,人类应该保持对这些助推的控制。尽管算法助推越来越普遍,并嵌入许多服务和对象,但它们也产生了受争议的结果,即无法将助推的道德责任归咎于任何特定的个人或群体。因此,本章提出了有意义用户控制的概念,其中算法助推通过设定条件来解决责任差距,减轻负面影响,使人们对助推拥有有意义的控制。

算法助推应该通过促进认知过程、延长数据构建参与度以及增强用户利用数据洞察的能力,使用户能够做出更好的决策。为了让用户有意义地控制人工智能,他们需要适当的知识来评估人工智能,称为算法素养,并且他们应该能够体验和与算法互动,以发展算法理解和欣赏。有意义地控制人工智能的原则并不像听起来那么简单,它需要许多条件作为先决条件。目前,关于对算法的有意义控制的讨论要么过于抽象而无法实践,要么过于狭窄具体,而且透明性或公平性的技术条件并未考虑到普通的非专业用户或更广泛的社会背景。尽管如此,有意义的控制并非完全理想。实现有意义控制的第一步是能够对人工智能系统进行算法审计,使其更具可解释性、公平性和可控性。算法审计使我们能够保护与隐私和个人数据相关的基本权利(Brown et al.,2022)。许多研究通过算法审计工具的使用提出了具体的方法,例如,Brown 等(2022)提出了三个组成部分:一份受算法助推影响的用户可能利益的清单；一个评估指标，用于解释算法助推在伦理方面的关键特征；一个相关矩阵，将评估指标与用户利益联系起来。Shin 等(2022)提出了四个算法审计原则(公平性、透明度、可追责性和可解释性)，供监管机构和政策制定者在算法助推的伦理评估中使用。无论如何，在算法助推的使用和部署过程中，密切关注其所处的复杂社会背景是至关重要的，以防止算法助推超越传统助推作为人工智能环境中简单用户界面的有限视角。重要的是，将算法助推设计为以人为驱动、用户控制的架构，可以帮助用户在做出决策和执行有助于价值共创的行动时克服情感、认知和心理上的局限。

由于算法本身不太可能产生最佳结果，因此人类和算法应共同创造价值，并设计促进理想行为的算法助推环境。交互的作用源于普遍存在的助推，它塑造环境，增强自我理解、交互和用户行动的能力。这一讨论导致了对算法过程以及类似概念(如交互式机器学习、用户参与式机器学习和以人类为中心的机器学习)更深入的概念化。我们认为，算法的创建依赖于一个基于用户动机和知识、交互方向和用户需求的交互过程。虽然用户的意识和素养对价值共创至关重要，但由人工智能塑造的新型自我理解和自我发展也同样重要。我们得出结论，算法助推不仅使用户能够做出不同的选择，而且能够在实践中采取不同的行动。通过策划用户可能选择的范围，算法助推有助于激发用户的动机，从而提高满意度。算法助推实施了一个算法信息处理过程，影响着用户的能动性和实践。

在助推特定行为与强迫特定选择之间存在明显的区别(Burr & Cristianini，2019)。一个好的算法助推可以鼓励做出特定选择，但它需要满足以下条件：(1)透明性，使助推变得可见和清晰，而不是隐藏其他选项、成本或意图；(2)提供可用选项，使用户能够做出最终选择；(3)可信度，使用户有充分的理由相信算法助推是合理的，因为它们是为了提升用户体验而设计的。

这些建议为 AI 行业提供了一种新的算法助推和行为修改设计原则。然而，在没有训练数据或无法访问代码的情况下，我们如何促进算法的积极社会行为呢？AI 行业可以通过助推人们采取不同行为来设计算法以表现出不同的行为。近年来，机器学习技术的进步使得能够建立将用户及其社会结构与技术紧密结合的社会技术系统。随着算法助推的普及，如何调和人类选择与算法助推之间的紧张关系成为算法助推领域的关键问题。

人工智能行业在编写算法助推时，可以使用算法的可承受性作为指导原则。用户对算法的理解和感知，以及他们如何想象和期待某些算法的可承受性，都会影响他们对待技术的态度(布彻，2017)。因此，该行业可以将算法的可承受性作为关键基础，为机器学习系统创建反馈循环。例如，脸书将用户的信念作为塑造整个系统行为的重要组成部分。算法的可承受性不仅通过为用户提供理解算法助推的透明度、公平性和责任性的机会来惠及用户，而且有助于行业建立用户对算法助推的信任和满意度。

算法技术正在塑造人工智能生态系统，并催生新的实践方式。在更广泛的讨论中，我们应当审视用户的决策过程，同时考虑更广泛的人工智能生态系统。分析用户和算法如何在共同构建的人工智能生态系统中进行互动和做出决策是至关重要的。用户的决策与算法技术相互交织，通过采取能够改革和更新实践的连贯行动，以及遵循这些实践并将其制度化，共同推动这种共同构建的过程。由于可能存在操纵风险和伦理问题，算法助推应当被谨慎设计并审慎使用，过度依赖算法助推可能导致意想不到的结果。尽管给予人工智能充分的自由可能创造出有效且可持续的助推，但如果没有正确的动机和算法规则，算法助推可能会引导人们做出糟糕的决定，从而使这种助推变得不道德且不可持续。

20.8 以人为中心的方法

以人为中心的 AI 方法涉及用户在算法开发和测试过程中的全程参与，为人类和 AI 之间提供有效的互动体验(图 20.5)。以人为中心的 AI 系统在不断推进用户交互的同时，也提供了 AI 与人类之间的有效交互。鉴于 AI 存在的伦理、实践和法律问题，需要构建以人为中心的 AI 框架，以确保其可持续性，使 AI 增强、赋能和丰富人类体验，而不是取代人类能力。该框架有助于构建更加公平、透明、可问责且可解释的 AI，支持人类价值观，维护人权，并提升用户控制权，以引导未来 AI 朝正确方向发展。重要的问题包括算法如何适应社会背景、如何实现有意义的控制，以及用户如何有效管理算法系统。对这些问题的回答将指导 AI 系统的开发，使人类能够自信、信任地观察、感知、创造。有意义的人类控制将在实现对 AI 算法的有意义控制以及开发扩展型 AI 方面发挥了关键作用，为此将提供伦理反思的理论基础，并探索实现对 AI 算法有意义控制的实践路径。扩展型 AI 的设计应以人为中心，且应确保实现有意义的控制，从而有助于构建更加公平、透明的设计，产生具有明确责任归属的积极影响。

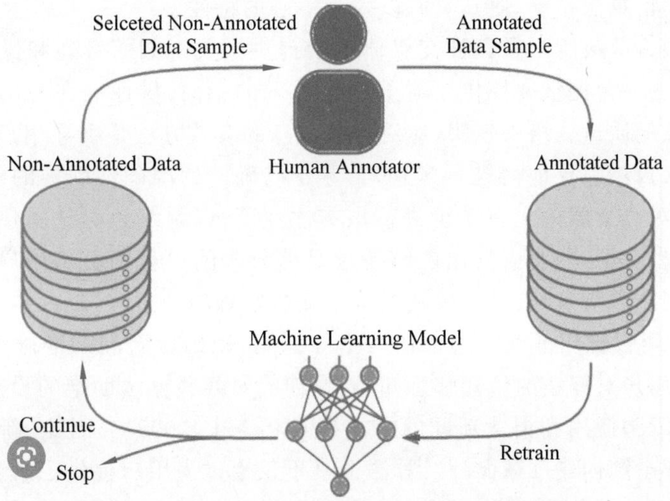

图 20.5　以人为中心的人工智能(改编自 Schneider，2020)

以人为中心 AI 的核心前提是，在设计 AI 服务时，应优先考虑与 AI 互动的用户，而不仅仅是出于技术可行性的考虑，其基本假设是 AI 系统应该以普通非技术用户能够理解和流畅交流的方式提供服务和沟通。以人为中心 AI 旨在开发能够理解人类如何思考、感知、交流和互动的 AI，而不是迫使人类去学习 AI 系统如何运行和工作。这一点为以人为中心 AI 系统增加了两个重要参数：它们应该(1)能够理解人类，并且(2)通过公平、透明和可解释的过程帮助人类信任它们。在这些基本标准下，相关研究已经探讨了自主性 AI、公平透明的 AI、负责任的 AI 以及可解释的 AI(Rai，2020)。这些 AI 原则作为一种机制，使自主 AI 系统更加可持续，因为它们不会犯常识性错误，不会故意侵犯人权，也不会粗心大意地创造可能导致伤害和冲突的情况。这些原则确保 AI 系统在设计和运行过程中，始终遵循人类的价值观和道德标准，从而减少了 AI 可能带来的潜在风险。

以人为中心 AI 设计始于人类，并从人类的角度出发思考人们的需求以及什么对人类最有利，将关注点放在人类身上，并以共情、公平和人权作为关键价值观至关重要(Shin & Biocca，2018)。AI 设计师应该从人类和伦理的角度欣赏以人为中心的 AI，他们还需要考虑数据的流向、设计的方向，以及如何赋予用户对 AI 的有意义控制，因为人类控制应该嵌入算法操作的前、中、后整个过程。将用户价值融入算法，并积极开发监督机制是非常重要的。

此外，我们还需要考虑如果人工智能被用于犯罪或不道德的目的将会对人类产生什么后果。最终，在设计和开发人工智能时，我们不应该认为人工智能系统将是完美的。我们鼓励在未来的人工智能系统开发中努力发展以人为中心的人工智能，同时保护人类的价值观。

20.9 总结与展望

通过 AI 进行的算法助推是一种新兴实践，值得行业和学术界关注。随着 AI 和机器学习技术的不断进步，算法助推比非算法助推更为有效。本章通过分析算法助推的理念，探讨了 AI 中的助推现象。助推原则已应用于算法中，越来越多的算法被用于助推。虽然这些助推既方便又实用，但也引发了一系列关于隐私、信息泄露等道德问题。本章分析了如何确保算法助推得到积极应用，并探讨了它们是否有助于实现可持续的生活方式。此外，本章还讨论了 AI 系统对用户行为的助推效应的原则和维度，以及人们如何助推算法系统，使其具有以人为中心的特性。

实际上，助推模型为政策制定者和社交媒体平台提供了关于如何管理和操作准确性助推的有益建议。这些结果为算法平台提供商提供了有效助推提示的指南，供他们在与用户互动时选择并循环使用，以提高在线信息的质量。结果表明，应对虚假信息的有效方法是引导用户思考他们所遇到的新闻的准确性和真实性（自然引导他们进行辨别）。鉴于已确认的准确性助推的重要性，社交媒体公司和新闻平台提供商应对社交媒体生态系统进行根本性变革，以系统地引导用户关注准确性。特别是考虑到用户注意力的易变性，公司应找出能够持续足够长时间以长期影响用户行为的干预措施。此外，社交媒体平台应制定参与策略，以减少在线分享虚假信息的动力。

AI 赋能的新闻业可以运用准确性助推作为指导原则，以确保新闻的准确性，同时实施准确性助推和虚假信息警告。用户对算法的认知和感知，以及他们对某些算法助推的设想和期望，会影响他们通过新闻推荐系统（NRS）使用和消费新闻的方式（Choi et al.，2022）。因此，新闻业可以将算法助推作为参考，为新闻推荐系统创建反馈循环。算法助推不仅通过为用户提供了解新闻推荐系统透明度、公平性和道德标准的机会来惠及用户，还有助于新闻记者建立用户对算法助推的信任，并促进用户与算法助推的互动。

参考文献

Alvarado，O.，& Waern，A.（2018）. Towards algorithmic experience：Initial efforts for social mediacontexts. Proceedings of the 2018 CHI Conference on Human Factors in Computing Systems.

Akter，S.，McCarthy，G.，Sajib，S.，Michael，K.，Dwivedi，Y.，D'Ambra，J.，& Shen，K.（2021）.

Algorithmic bias in data-driven innovation in the age of AI. International Journal of Information Management，102387. https：//doi.org/10.1016/j.ijinfomgt.2021.102387.

Baumer，E.P.（2017）. Toward human-centered algorithm design. Big Data & Society. doi：10.1177/2053951717718854

Benjamin，D.，et al.，（2022）. Behavioral nudges as patient decision support for medication adherence. American Heart Journal，244，125-134.

Brown，S.，Davidovic，J.，& Hasan，A.（2022）. The algorithm audit：Scoring the algorithms that score us. Big Data

& Society. doi: 10.1177/2053951720983865

Burr, C., & Cristianini, N. (2019). Can machines read our minds? Minds & Machines29, 461-494. https: //doi.org/10.1007/s11023-019-09497-4

Burr, C., Cristianini, N., & Ladyman, J. (2018). An analysis of the interaction between intelligent software agents and human users. Minds and Machines, 28, 735-774.

https: //doi.org/10.1007/s11023-018-9479-0 1 3

Bucher, T. (2017). The algorithmic imaginary: Exploring the ordinary affects of Meta algorithms. Information, Communication & Society, 20, 30-44.

Cotter, K., & Reisdorf, B. (2020). Algorithmic knowledge Gaps: A new dimension of (Digital) inequality. International Journal of Communication, 14, 745-765.

Courtois, C., & Timmermans, E. (2018). Cracking the tinder code.Journal of Computer-Mediated Communication, 23 (1), 1-16. https: //doi.org/10.1093/jcmc/zmx001

Gillespie, T. (2018). Custodians of the internet. New Haven, CT: Yale University Press.

Greene, T., Martens, D., & Shmueli, G. (2022).Barriers to academic data science research in the new realm of algorithmic behavior modification by digital platforms. Nature Machine Intelligence,4, 323-330.https: //doi.org/10.1038/s42256-022-00475-7

Juneja, P., & Mitra, T. (2022). Algorithmic nudge to make better choices: Evaluating effectiveness of XAI frameworks to reveal biases in algorithmic decision making to users. CoRR abs/2202.02479.

CHI 2022 Workshop on Operationalizing Human-centered Perspectives in Explainable AI.

Karimi, M., Jannach, D., & Jugovac, M. (2018). News recommender systems: Survey and roads ahead. Information Processing & Management, 54(6), 1203-1227.

Kroll, T., & Stieglitz, S. (2021). Digital nudging and privacy: improving decisions about self-

disclosure in social networks.Behaviour & Information Technology, 40, 1-19.

Loecherbach, F., Moeller, J., Trilling, D., & van Atteveldt, W. (2020). The unified framework of media

diversity: A systematic literature review. Digital Journalism 8(5), 605-642.

Logg, J., Minson, J., & Moore, D. (2019). Algorithm appreciation: People prefer algorithmic to human judgment. Organizational Behavior and Human Decision Processes, 151, 90-103.

Mattis, N., Masur, P., Möller, J., & van Atteveldt, W. (2022). Nudging towards news diversity: A theoretical framework for facilitating diverse news consumption through recommender design. New Media & Society. doi: 10.1177/14614448221104413

Möhlmann, M. (2021). Algorithmic nudges don't have to be unethical.Harvard Business Review. https: //hbr.org/2021/04/algorithmic-nudges-dont-have-to-be-unethical.

Möhlman, M., & Henfridsson, O. (2019). What people hate about being managed by algorithms, according to a study of uber drivers. Harvard Business Review, www.hbr.org.

Raveendhran, R., & Fast, N. J. (2021). Humans judge, algorithms nudge: The psychology of behavior tracking acceptance. Organizational Behavior and Human Decision Processes, 164, 11-26. https: //doi. org/10. 1016/j. obhdp.2021.01.001

Scheiber, N. (2021).How uber uses psychological tricks to push its drivers' buttons. New York Times, Technology Section, April 2, 2021.

Shin, D., Kee, K., & Shin, E. (2022).Algorithm awareness: Why user awareness is critical for personal privacy in the adoption of algorithmic platforms? International Journal of Information Management, 65. 102494. https: //doi.org/10.1016/j.ijinfomgt.2022.102494

Shin, D., Lim, J., Ahmad, N., & Ibahrine, M. (2022). Understanding user sensemaking in fairness and transparency in algorithms: Algorithmic sensemaking in over-the-top platform. AI & Society.

Shin, D. (2021). The perception of humanness in conversational journalism: An algorithmic information-processing perspective. New Media & Society.http: //doi: 10.1177/1461444821993801

Shin, D., Ibahrine, M., & Zaid, B. (2020). Algorithm appreciation: Algorithmic performance, developmental processes, and user interactions. 2020 International Conference on Communications, Computing, Cybersecurity, and Informatics. November 3-5, 2020. 1-15. The University of Sharjah, Sharjah, UAE. doi: 10.1109/CCCI49893.2020.9256470

Schobel, S., Barev, T., Janson, A., Hupfeld, F., & Leimeister, J. M. (2020). Understanding user preferences of digital privacy nudges. Hawaii International Conference on System Sciences. Shneiderman, B. (2020). Human-centered artificial intelligence. International Journal of Human- Computer Interaction, 36, 495-504. doi: 10.1080/10447318.2020.1741118

Sunstein, C. R., & Thaler, R. H. (2014). Nudge: Improving decisions about health, wealth, and happiness. New Haven: Yale University Press.

Tsavli, M., Efraimidis, P.S., Katos, V., & Mitrou, L. (2015). Reengineering the user: Privacy concerns about personal data on smartphones.Information and Computer Security, 23(4), 394-405. https: //doi.org/10.1108/ICS-10-2014-0071

Tufekci, Z. (2017). Twitter and tear gas. Yale University Press, Connecticut, US Weinmann, M., Schneider, C., & vom Brocke, J. (2016).Digital nudging. Business & Information Systems Engineering, 58(6), 433-436. doi: 10.2139/ssrn.2708250

Yeung, K. (2017). Hyper nudge: Big data as a mode of regulation by design. Information, Communication & Society, 20(1), 118-136.

Zingales, N. (2018). Google shopping: Beware of self- favoring in a world of algorithmic nudging.

Competition Policy International- Europe Column, Available at SSRN: https: //ssrn.com/abstract=3707797

作者简介

Shin, Donghee（申東熙） 教授，美国得克萨斯理工大学媒体与传播学院专业传播系系主任。研究方向：数字媒体，人机交互，新兴媒体，通信技术。E-mail：don.h.shin@ttu.edu。

第21章

以人为中心的智能推荐

本章导读

以人为中心的推荐系统旨在描述一种推荐系统的研究和实践方法，这种方法侧重于理解推荐系统、用户的特征，以及它们之间的关系，其目标是设计推荐系统的算法和交互。本章对以人为中心的推荐系统概念进行探讨，详细阐述从传统的推荐系统到以人为中心的推荐系统的发展及相关研究，提出以人为中心的推荐系统面临的机遇与挑战，并对以人为中心的推荐系统的实现路径与演化融合进行讨论。最后，对以人为中心的推荐系统的未来发展特点进行展望。

21.1 推荐系统概论

1. 推荐系统的作用

早在20世纪80年代，大量含有无关广告或不良信息的垃圾邮件的出现就对电子邮件用户的使用体验产生了严重的负面影响。推荐系统的早期发展与互联网的信息过滤需求联系紧密，基于关键字或特定规则的垃圾邮件过滤系统可被视为最早一代的推荐系统。随着互联网中信息量的指数级增长、信息使用效率的降低，随之产生了“信息过载”的问题，进一步促进了搜索引擎等信息检索工具的发展。搜索引擎可以实现信息筛选，但仍然无法个性化地满足特定用户的信息需求。

进入21世纪，电商及社交网站逐步兴起，考虑用户特性的推荐系统逐渐应用在商业与社会场景，产生了广告推荐、电商推荐、新闻资讯推荐、视频音乐推荐等多种应用场景，取得了良好的商业效果。例如，Linden(2003)等将协同过滤算法应用到Amazon的商品推荐系统中，实现了20%～30%的营业额增长。目前应用较为普遍的推荐系统及应用场景如表21.1所示(黄勃等，2021)。

表21.1 推荐系统及应用场景

类　别	国　内	国　外	典型算法
视频类	爱奇艺、腾讯视频、抖音	Netflix、Hulu、Youtube	DNN＋GBDT＋FM
资讯类	今日头条、微博新闻	Google news、Digg	DKN、NMF
音乐类	QQ音乐、网易云音乐	Spotify、Last. fm	BST、DIEN
社交类	QQ、新浪微博	Facebook、Twitter	GraphRec、DiffNet

本章作者：纪凌云，张大力，张嘉伟，郝爽。

续表

类　别	国　内	国　外	典型算法
电子商务类	淘宝、京东、拼多多	Amazon、eBay	DIEN、ESMM
服务类	美团、饿了么、携程	Agoda、Airbnb	SR-GNN、word2vec

随着人工智能的发展，ChatGPT 也在推荐系统领域大放异彩，ChatGPT 不仅能结合用户的兴趣、偏好和历史行为生成个性化的推荐内容，例如电影、音乐、商品等，还能利用自然语言处理技术分析用户的情感、意图和需求，生成更贴合用户心理的推荐内容，例如情感支持、咨询服务、教育资源等。

2. 推荐系统的发展趋势

推荐系统可被看作搜索排序系统，该系统的查询输入是一组用户和上下文的集合，输出是排序后的对象列表。针对输入的查询请求，推荐系统在数据库中找到相关对象，并根据特定的目标，例如点击、购买等，对目标进行排序。

用户面对的"潜在商品指数增长"和"有限精力、有限时间"之间的矛盾，是推动推荐系统快速发展的主要动力。相应的个性化推荐需求也促进了各类推荐算法的更新迭代，而各类数字化平台的出现也使有效率地获取信息成为可能，在此基础上产生的各类推荐算法也可以更好地连接用户与信息，根据用户的历史行为、个人信息等，为每个用户进行千人千面的推荐，更好更快地推荐用户感兴趣的物品。

推荐算法按其发展过程分为经典推荐算法与基于深度学习的推荐算法。经典推荐算法的发展过程中先后产生了基于内容推荐、基于人口统计学推荐、协同过滤推荐算法、基于聚类模型推荐算法、混合推荐算法等。其中，在基于内容推荐为代表的算法中，最重要的步骤是抽取物品和用户的特征，通过计算物品特征向量和用户偏好向量之间的相似度进行推荐，最常见的相似度度量是余弦相似度：

$$\cos(F_u, F_i) = \frac{F_u F_i}{\| F_u \| \times \| F_i \|}$$

其中表示特定用户的特征偏好，表示特定候选物品的偏好特征，余弦相似度的值越接近于 1，表示候选物品越接近用户偏好；其值越接近于 −1，表示候选物品越不适合该用户。而所获得的余弦相似度可以作为对潜在物品排序或推荐的依据。基于聚类模型、相关性反馈、决策树、线性分类器等推荐算法也衍生于基于内容推荐的算法。上述算法虽然尝试着抽取特定目标用户的特征偏好，但是远不能称为实现了"以人为中心"的推荐。

1994 年，GroupLens 系统的推出被视为推荐系统发展的里程碑(Resnick，1994)，该系统首次提出了基于协同过滤来完成推荐任务的思想，并为推荐问题建立了形式化的模型。此后，协同过滤推荐引领了推荐系统十几年的发展方向，特别是 2003 年后，Amazon 将协同过滤应用到电商行业，也因此建立了推荐应用的早期盈利模式，即广告推荐和商品推荐。之后，2006 年 Netflix 悬赏百万美元给第一个能将现有推荐算法的准确度提升 10%以上的参赛者，此举也促进了大量诸如 SVD++等经典推荐算法的出现。2013 年，Google 提出了基于 LR(linear regression)的在线学习模型 FTRL(follow the regularized leader)，自此，在线学习登上舞台，将实际应用中的精排模型控制在小时级甚至分钟级；此后，Facebook 在 2014 年提出了广为人知的 GBDT(gradient boosting decision tree)+LR 的模型。由于在实际推荐结果的比较中，树模型提取出的特征比原始特征更加准确，因此之后就出现了更多的基于 XGBoost 的衍生算法。

随着以上落地性更强的算法技术的发展，推荐系统成为各类电商平台、新闻信息平台、视频推荐平台的必备甚至核心功能。在此背景下，各类深度学习的方法与自然语言理解、知识图谱等技术进一步结合，发展出了适合特定推荐内容的算法。最经典的例子就是将知识图谱实体嵌入表示与神经网络融合产生的深度知识感知网络模型(DKN)，以解决新闻推荐中的如何提取新闻之间的深层逻辑关系的核心问题(Wang et al.，2018)。结合了知识图谱模型的推荐算法更加具有信息学习的优势，特别是对全局信息的掌握可以帮助推荐系统摆脱局部最优的困境，也能够一定程度地提高推荐系统的泛化能力。更重要的是，知识图谱等工具的应用对于蕴含着"以人为中心"的个性化推荐模式起到了促进作用，使得更加智能化的推荐，如推荐结果的场景化、任务化、跨领域、知识体系化等成为可能(肖仰华等，2020)。

"以人为中心"的推荐系统需要通过跨学科的研究方法来实现。单纯的计算科学和算法设计需要与社会科学、心理学中的相应领域互动融合，才能够重构推荐系统与用户的特质以及两者之间的复杂关联关系，全维度地获取用户特征或从历史兴趣相似的用户间挖掘有用信息，形成用户兴趣的动态特征，实现以人为中心的推荐系统。在技术方面，随着云计算基础设施的逐步健全，近年来推荐系统的交互形态也趋于多样化，更具有普适性的SAAS服务得到了长足发展，显著降低了搭建推荐系统的技术难度(Li.et al.，2022)。

3. 推荐系统的技术架构

典型的推荐系统技术架构如图21.1所示，自上而下包括离线(offline)层、近线(nearline)层、在线(online)层三部分结构。

(1) 离线层。用于存储数据并利用大数据工具进行查询等各类处理工作，以及训练离线模型，主要完成的任务有计算相似性、识别和挖掘标签、形成用户画像等。系统将在这一层完成最全面的数据处理和用户画像挖掘，形成基础的推荐信息。离线的结构也决定了较为宽松的数据量、算法复杂度的限制，其中数据处理常以批量的方式完成，离线任务通常是按天级别运行的，在较长的周期中进行用户或物品特征的更新，而其生产出来的数据不排除将会被实时使用，因此常常存放在诸如数据库、在线缓存等方便在线层读取的位置。常在离线层执行的任务主要有协同过滤等行为类相关性算法计算、用户标签挖掘、物品标签挖掘、用户长期兴趣挖掘、机器学习模型排序等。

(2) 近线层。实现的功能主要有数据的实时获取、实时处理或近实时计算。基于数据消息队列采用流计算平台进行数据处理，是实现以上功能的主要途径。由于处于离线和在线之间，实时的处理数据和批量的数据处理能力对于近线层来说都是必不可少的。同时受限于数据处理能力和算法复杂度，近线层可以针对变化速度较慢的用户需求进行响应，结合离线层基础的推荐信息给出接近用户实时兴趣的推荐结果，但是仍然很难与用户形成推荐的交互，难以根据用户反馈信息和情绪变化形成实时推荐结果。常在近线层执行的任务有实时指标统计、用户的实时兴趣计算、实时相关性算法计算、物品的实时标签挖掘、推荐结果的去重、机器学习模型统计类特征的实时更新、机器学习模型的在线更新等。

(3) 在线层。与离线层和近线层不同，在线层需要直接面对用户，因此对于延迟的要求比较苛刻，一般都要求在100ms以内完成所有处理，因此对推荐算法的复杂性和可处理的数据量具有一定限制。在机器学习等成熟算法实现之前，在线层主要起到数据交互的作用，即理解用户需求、解释用户需求并根据需求从离线层获取对应的推荐结果。随着各种机器学习等复杂算法的引入，使得对于信息的处理更加具有实时性，以保证在线层上多路召回策略的融合和重排序的实现，通过按需实时计算覆盖到所有用户。目前常见的推荐系统中，在线层更重要的功能是实时处理用户请求，识别用户情绪的变

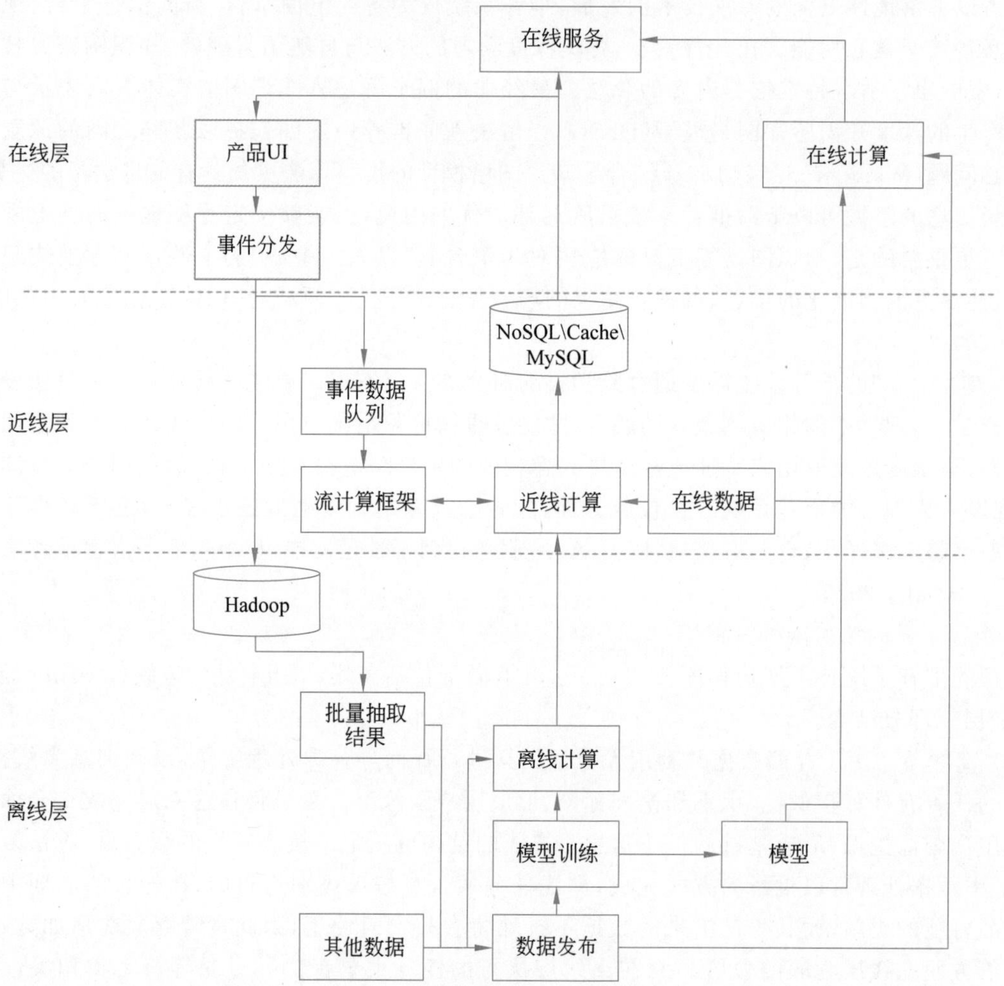

图 21.1 典型的推荐系统技术架构

化，实现推荐内容和在线响应服务的融合。在线层的典型形态是一个 RESTful API，对外提供服务，调用方传入的数据会有差异，但基本包含访问用户的 ID 标识和推荐场景这两个核心信息，其他信息推荐系统都可以通过这两个信息从其他地方获取。在线层接收请求后会启动一套流程，将离线层和近线层生成的数据进行串联，在毫秒级响应时间内返回给调用方。

4. 推荐系统中的数据

数据是推荐系统的根本，推荐系统的数据获取可以分为交互采集数据与数据集两类。在用户交互的过程中，用户所在平台主要会针对以下几类数据进行采集：用户主动行为数据、负反馈数据与用户画像。其中，用户主动行为数据记录了用户在平台的各种行为，这些行为一方面用于候选集触发算法中的离线计算；另一方面可以建立用户行为和意图之间的关系，根据关系的强弱程度调整模型中的回归目标值，将用户的行为强弱程度作为模型训练结果的一部分。在数据采集过程中需要对用户交互数据进行跟踪，例如负反馈数据可能指向用户尚不能被满足的某些方面的需求，需要根据获得的数据信号进行处理，提高推荐过程中的用户体验。

随着大数据技术的成熟，传统系统的推荐功能得以延伸，可以解决更加复杂的信息提供环境和数据特征。而数据量的飞速增长也将用户的特征维度的数量提高到了前所未有的水平，之前无法存储的海量历史数据可以得到应用，无法关联的特征信息也可以统计获得，甚至可以通过设计针对性的线上实验创造新场景，以理解用户的选择模式。在更好地提升以人为中心的推荐能力的同时，大数据环境同时带来了推荐算法技术上的挑战：用户特征维度的增加导致数据稀疏性更强，产生的速度更快，内容采样的渠道更多；同时，多源数据的融合更容易引入噪声和冗余，也使得非结构数据、半结构数据占比提升，流式数据也成为常见数据类型。同时，以人为中心的推荐过程中的实时交互也让系统可以采集到丰富的用户隐式反馈数据。以上这些数据的处理和算法解析都对推荐系统的效率和准确度提出了更高的要求。

21.2　以人为中心的推荐系统概述

21.2.1　经典推荐系统

经典推荐系统最初的目的是快速且准确地匹配出用户最需要的内容，从而提升信息检索的效率。基于内容的推荐算法是一种被广泛采用的方法，该方法根据推荐内容的标签词(Balabanovíc and Shoham，1997)建议推荐结果。例如，图书推荐系统根据书籍文本中的内容提炼出标签词，并向用户推荐其他包含读者喜爱书籍对应标签词的同类书籍。这里的标签词是针对被推荐物品定义的，同样针对用户特征的提取也是传统推荐算法中的重要内容之一。最早应用于刻画用户特征的数据主要包括人口统计学数据，诸如年龄、性别、国籍、民族、工作、学历、出生地等。基于人口统计学数据的推荐是根据人口统计学数据对每个用户建立一个用户画像，系统根据用户的剖面图计算用户间的相似度，得到用户的近邻集，最后系统将相似用户群喜好的项目推荐给当前用户。

随着数据采集能力的增强，早在1992年即出现的经典协同过滤算法也得到了持续的改进。近期研究中，Desrosiers and Karypis(2011)通过学习一组用户对商品的偏好，并向用户推荐具有较高预测偏好的商品，从而预测用户的偏好并对商品进行评级。同时，协同过滤方法性能上的改进也让推荐系统在电商平台中得以广泛应用。一个典型的例子就是Amazon电商商品推荐系统，其系统核心算法的内涵是提取两个不同用户对若干已知项目的评分，如果在评分过程中或结果上有相似的行为，系统则会认定用户会对其他项目进行类似的评分或行为。大数据系统在电商平台体系中的应用使得推荐系统更易获取用户对产品显式或隐式的信息，以及生成产品或用户间的相关性，然后基于相关性进行推荐。

在设计协同过滤算法的过程中，为了实现更加精确的用户聚类，对“机器理解人”提出了更高的要求。其原理是设计算法以获得与特定用户相似的用户，形成用户群，再将用户群进行合适的细分，从而提取更多的共性特征。在最初的经典算法实现过程中，作为用户群体的细分，段的概念经常被用于协同过滤算法中，段通常是使用聚类或其他无监督学习算法创建的，尽管一些应用程序使用手动创建的段，但目前在应用的协同过滤算法中更多地使用相似度度量将最相似的用户分组在一起，形成集群或细分聚类。由于在大型数据集上从顶层直接进行最优聚类是不切实际的，大多数应用程序使用各种形式的贪婪聚类生成方法，具体方法通常是从一组初始的细分类别开始，每个细分类别通常包含一个随机选择的用户，并反复地将用户与现有的细分类别进行匹配；在迭代的过程中，算法设计一开始就会提供一些创建新的或合并现有细分类别的原则。

随着推荐系统面对的数据量和用户类别的飞速增长，单独使用基于内容的过滤或协同过滤算法都很难保证准确的聚类和推荐结果。在此基础上，融合两类推荐算法特点的混合推荐算法被提出，混合推荐算法融合了基于内容的过滤和协同过滤算法中两种或两种以上的推荐技术的特点，利用每项技术的优势提高性能。混合推荐技术可以有效克服传统推荐方法的大多数限制，将它们组合起来以获得更好的结果。根据融合的方式和算法的差异，常用的混合推荐技术如表 21.2 所示。

表 21.2 混合推荐技术

混合类型	介绍
加权型	输出是由多种不同推荐方法加权组合而成
切换型	根据问题背景和实际情况采用不同的推荐技术
交叉型	同时采用多种推荐技术给出多种推荐结果，为用户提供参考
瀑布型	后一个推荐方法优化前一个推荐方法：它是一个分阶段的过程，首先用一种推荐技术产生一个较为粗略的候选结果，在此基础上使用第二种推荐技术对其做出进一步精确的推荐
特征组合型	将来自不同推荐数据源的特征组合起来，由另一种推荐技术采用
特征递增型	将一种方法的推荐输出作为另一种方法的输入
元层次型	用一种推荐方法产生的模型作为另一种推荐方法的输入

随着机器智能和计算能力的发展，经典的推荐算法和各类学习算法结合，将模型聚类结构进一步模糊化。其中最具代表性就是基于深度学习的推荐算法，它能够更好地理解用户需求，提升推荐系统的泛化性能，解决一些传统推荐算法无法解决的问题，其核心框架就是在经典的推荐系统基础上融合各类深度学习的网络结构，包括深度神经网络（deep neural networks，DNN）、卷积神经网络（convolutional neural networks，CNN）、循环神经网络（recurrent neural networks，RNN）、生成对抗网络（generative adversarial networks，GAN）、图神经网络（graph neural networks，GNN）等。深度学习相比传统推荐算法具有非线性转换、深层特征学习等优势，能够有效地挖掘图像等多源异构数据，在实际应用中具备较好的数据拟合和泛化能力，但同时也牺牲了经典算法中的可解释性、高效学习等能力。

21.2.2 以人为中心的推荐系统

近十年来，随着推荐系统在电商、新闻、视频平台中的广泛使用，推荐对象也从有特定物品购买需求的用户拓展到了日常生活中的各类场景，如何实现“以人为中心”的推荐效果成为各类推荐系统追求的目标。“以人为中心”的推荐系统是在描述一种推荐系统的研究和实践方法，这种方法侧重于理解推荐系统、用户的特征以及它们之间的关系，其研究目标是设计推荐系统的算法和交互。

1. 基本特征和发展过程

“以人为中心”的推荐系统应具备以下特征：可信度、拟人化、交互性、公平性。其中，可信度是指以人为中心的推荐系统可以使得用户感知到推荐系统理解他们并进行符合兴趣的推荐，并且能够针对推荐结果进行合理的解释；拟人化是指推荐系统应考虑人作为推荐目标用户时可能的状态，如声音、性别、情绪等；交互性是指输入与呈现的表现形式，用户可以通过各类输入方式实现对推荐内容的筛选与自定义；公平性是指减少数据偏差、算法偏差、评估偏差和部署偏差以达到对不同用户的公平推荐。

Konstan and Terveen(2021) 将“以人为中心”的推荐系统分成了四个发展阶段，分别为以人为中心的推荐系统起步时期、推荐系统进入商业繁荣发展时期、Netflix 商业大赛事件时期和现代以人为中心的推荐系统时期。以人为中心的推荐系统的起步时期指20世纪90年代各类旨在解决信息过载问题的技术及实践,主要形式为以下一种或多种功能的组合:(1)预测:估计用户对一组商品中可能感兴趣的商品的数量(例如给每一个商品打分,或者按照数据分析商品所处的生命周期);(2)推荐:将一个大的、部分是静态的集合呈现给用户,选择用户预期想要消费的项目;(3)过滤:处理项目流,选择向用户呈现或不呈现哪些项目。

自此之后,推荐系统商业应用开始出现并层出不穷。这一时期推荐系统快速商业化,效果显著。MIT的Pattie Maes研究组于1995年创立了Agents公司(后更名为Firefly Networks)该公司推广了一种网络模型。Firefly的目标是扩大其最终用户网络,并通过这一网络为每个客户创造价值。Firefly提供了一个音乐推荐应用BigNote,鼓励最终用户注册接收音乐推荐,并吸引了Barnes & Noble、America Online和Yahoo!等知名平台的合作投入。

除了Firefly以外,GroupLens团队也签约了Amazon、Best buy等公司,这些公司的实际需求和经验确定了推荐系统研究路线。自此之后,推荐算法的时效性和准确性要求与结果指标成为销售流程的重要组成部分,同时,营利性也成了推荐算法成功与否的指标之一。企业可能会从准确性指标开始考量,但最终衡量更重要的东西,通常是特定于企业的指标,如点击率、转换率或lift(增加的购买价值)。一个早期的典型例子就是在2006年网飞(Netflix)公司举办了网飞奖,设立了100万美元奖金旨在让参赛者将其Cinematch推荐算法改进至少10%,再加上举办方提供广泛的数据集,大量计算机相关行业从业者涌入推荐系统的研究中,也促进了推荐系统的发展。

到目前为止,推荐系统的准确度和有效性已经较经典算法阶段得到了全方位的改进,推荐效果也可以满足更加多样化的用户需求。而从行业实践中提取的"以人为中心"的需求则表明,仅靠准确性是不够的,仅进行孤立的用户研究也是不够的。相反,作为一个领域,需要框架将以人为中心的推荐系统研究与最好的机器学习算法结合起来,以实现可扩展的、高效的以人为中心的推荐系统。

2. "以人为中心"的内容挖掘

"以人为中心"的元素需要更强的泛化性(generalization)和记忆性(memorization)平衡的能力。其中,记忆性可以理解为对特征之间成对出现的一种学习,在用户个体具有非常强的历史行为特征的情况下可以带来很好的效果,但是也会产生推荐结果的封闭性、泛化能力差等问题。另一方面,充分考虑特征之间的相似性及传递性,可以探索一些历史数据当中很少出现的特征组合,从而获得很强的泛化能力。不难看出基于记忆的推荐系统通常与用户个体的历史行为更加相关,而基于泛化的推荐系统会倾向于探索用户个体所属的群体,通过对于群体共性特征的挖掘提升推荐物品的多样性。Cheng et al.(2016)通过宽度和深度学习框架将记忆和泛化进行结合,联合训练线性模型和深度神经网络,并在Google Play的业务中实践并评估了该系统。

推荐系统结构可以用图21.2描述,从左到右分别展示了Wide模型、Wide & Deep模型以及Deep模型,Wide部分其实就是线性模型,线性模型可以泛化为协同过滤推荐或线性分类器等算法,其功能是直接将特征离散化,并加入这些离散特征之间的叉乘组合;Deep部分则是几层简单结构,更加类似于前馈神经网络或机器学习的结构,即当输入是非实值特征时,Deep部分的算法将特征离散化,然后将之转换到一个相对较小的稠密向量空间。从这个例子中不难看出,"以人为中心"的元素推荐系统的实现首先需要提升模型的信息挖掘和计算能力,以保证在记忆性和泛化性两方面均能够实现较好的性能。随着机器学习的发展与日益成熟,深度学习算法也被逐渐引入推荐系统的应用。在商业应用场景中,推荐系统为保持用户黏性,倾向于重复推荐用户感兴趣的内容以取悦用户,减少甚至不推荐其他方面的内容;但是这使得用户以自身兴趣为砖瓦构筑了"信息茧房",减少了接受差异化信息的可能性。

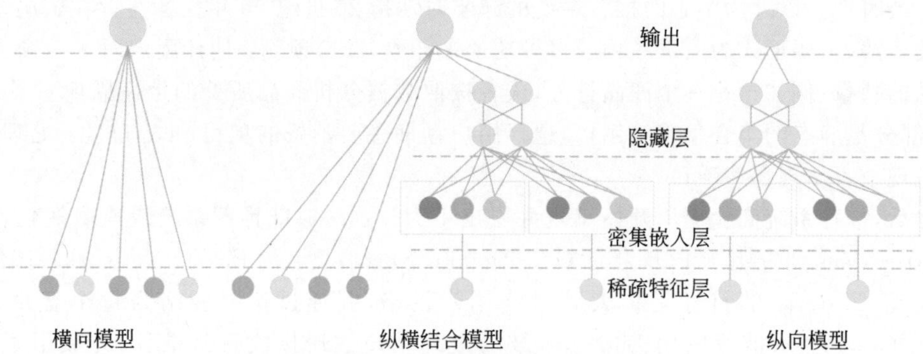

图 21.2 推荐系统技术架构

3. "以人为中心"的交互模式

与"以系统为中心"的推荐注重对用户历史偏好数据的获取,"以人为中心"的推荐考虑得更多的是如何利用与用户交互过程中获得的信息并结合历史偏好数据,产生更贴近用户实时需求的推荐结果。除了从个体和所属类群进行全维度的信息挖掘之外,以人为中心的推荐系统也聚焦于推荐过程中的交互。例如"以人为中心"的对话推荐系统(Li et al., 2022)通过对话为用户提供高质量的商品推荐。以往的对话推荐系统研究侧重于更好地建模当前对话,通过引入额外的知识图谱信息(如实体知识图谱(Chen et al., 2019)、单词知识图谱 KGSF(Zhou et al., 2020))、控制对话策略(如引导对话策略(Liu et al., 2020))引入用户评论信息(如用户对于电影的评论信息(Lu et al., 2021),以及用户评论信息设计对比学习任务(Zhou et al., 2022))等方式更好地建模交互过程中的对话信息。而以人为中心的对话推荐系统则更加注重理解用户,建模用户行为,通过发现用户的多方面信息,如用户历史对话、相似用户信息等,更好地辅助用户兴趣建模,更全面地理解用户,包括考虑用户兴趣的动态特征,只提取对当前兴趣建模有益的历史数据,不对用户当前信息产生破坏;对每个用户学习多个动态变化的兴趣表示以代替非固定的表示,以及建立平衡当前对话信息与多方面信息之间的关系。

此外,物联网的广泛应用和与推荐系统的结合对"以人为中心"的交互方式提出了更高的要求。物联网概念的出现使得对于人、机器、设备和其他资源的识别、定位以及连接能力获得提升,从而使人机交互系统和知识发现领域也出现了以人为中心的、针对物联网系统挖掘出的海量数据进行识别、提取、可视化的方法研究。物联网获取的数据具有高维、多渠道、弱结构化或非结构化的特征。但是,除了用户关心的具体内容之外,对"以人为中心"的推荐系统来说,更加需要解决的是如何控制从底层的传感器或者机器中传递的数据流的速度,以保证推荐系统可以采取合适的数据可视化和交互策略。在这个设计策略的过程中,推荐系统更要考虑用户接触到最终推荐内容的渠道、模式和媒介,因为在物联网环境中决定推荐效果的除了结果与用户画像和目标的匹配之外,还需要考虑与用户使用的终端设备的融合(图 21.3)。

大多数现有的生成式对话推荐方法主要关注于当前会话的自然语言理解,而忽略了推荐任务中最核心的目标——用户。即本质是当前会话建模,而忽略了用户建模。未来推荐系统中的交互功能的实现和提升也是建构"以人为中心"的推荐系统的重要体现。交互模块将会成为融合浸入式技术、智能场景监测技术、视觉识别技术等多渠道、多模式的交流平台,通过和用户的交互对话和表情捕捉判断用户的实时兴趣点,做出高质量的推荐。

4. "以人为中心"的推荐系统架构

经典的推荐系统主要通过应用过滤、推荐、预测等功能帮助用户从海量的信息中缩小选择范围,而其

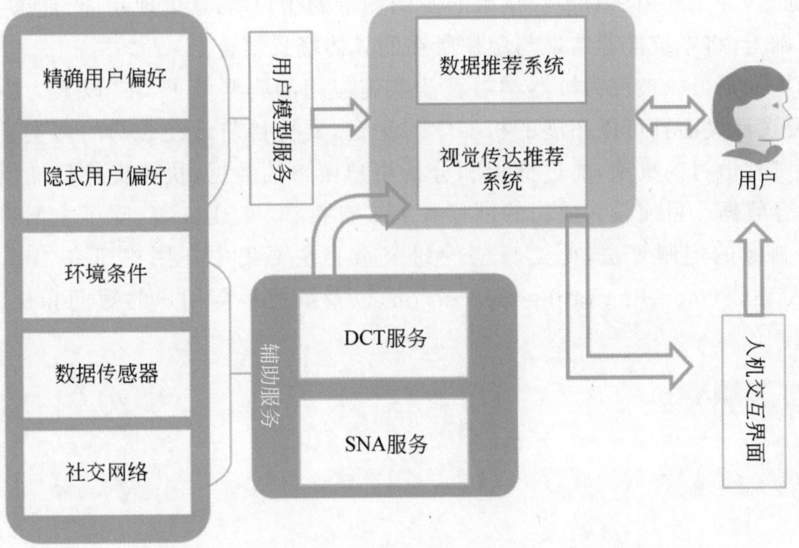

图 21.3 具有用户交互模块的推荐系统技术架构

常用的实际领域包括邮件过滤、商品评价、商品个性化推荐等。但是随着“以人为中心”的推荐系统应用场景的增多,以上功能的实现已经无法满足需求。例如,在大多数情况下,推荐系统被视为可以解决缺失值预测的问题,通过获取大量的多维数据从而训练模型来进行预测及推荐。但缺失值预测的方法只限于理解用户当下需求后,立足给定的关键词获取相似信息,或许对于用户短期需求的预测会产生很好的结果,但其并不适用于优化用户长期的需求,如探索新的主题从而增加用户黏性和满意度等。

真正“以人为中心”的推荐效果的实现不仅是对用户搜索需求的反馈,更要结合用户自身的特点,挖掘用户搜索背后的真实需求。具体方法需要包含以下内容:(1)寻找不同的评价指标,对于“以人为中心”的价值逻辑进行判断;(2)寻找有价值的相关因素(惊喜度、多样性等);(3)通过构建算法(或反馈环路)的方式应用评价指标和相关因素,具体的架构如图 21.4 所示。

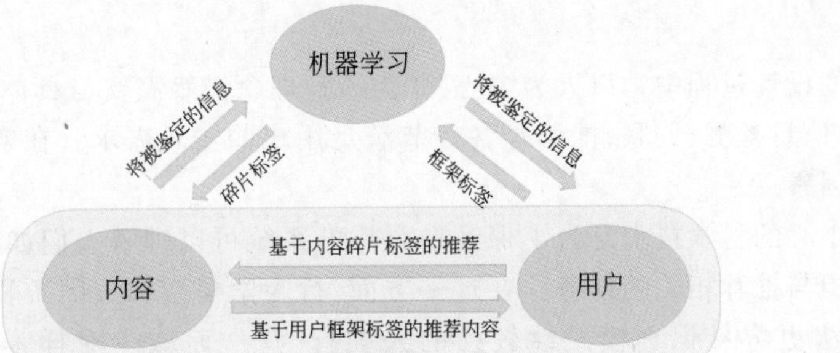

图 21.4 具有用户交互模块的推荐系统技术架构

在图 21.4 所示的架构中,获取维度充分的完整数据是形成“以人为中心”准确推荐的基础,与传统的推荐系统的不同之处在于,除了用户在推荐系统所在平台中留存的各种标签型用户数据和用户在推荐系统所在平台的访问与使用过程中留下的大量内容数据之外,与用户希望获得的推荐结果相关的还有一类重要数据,即场景数据。这一类数据是关于用户使用场景的数据。例如,在上下班、旅行的场景中,用户分别喜欢看哪一类视频。一旦搜集好了数据,接下来就需要将数据应用在不同的功能中。与传统的推荐系统不同,在“以人为中心”推荐系统架构中,基于场景数据(包括用户的地理坐标、时间表、事件的标签）等重现用户对推荐结果的使用场景的用户-场景重现功能，能够在实现关联功能和协同功能的基础上，将系统推荐结果与用户所在的具体场景结合。

推荐功能的增强则可以被视为机器学习算法实施应用的典型例子，在“以人为中心”的推荐系统架构过程中，需要设计灵活且可以拓展的机器学习平台，支持目前已经成熟的多类学习模型的叠加，尤其是需要建立实时学习的机制，通过捕捉和分析用户留下的数据，快速提供反馈，根据实时信息快速更新用户的内容数据。目前较为成功的推荐系统来自抖音、Netflix 等，除了主要算法之外，它们还会设计基于用户画像的定制算法，此类算法的研究重心主要集中在用户研究（study of productive flyby users）、评分建模（modeling rating disposition）以及如何平衡用户的短期和长期需求这三个方向上（图 21.5）。

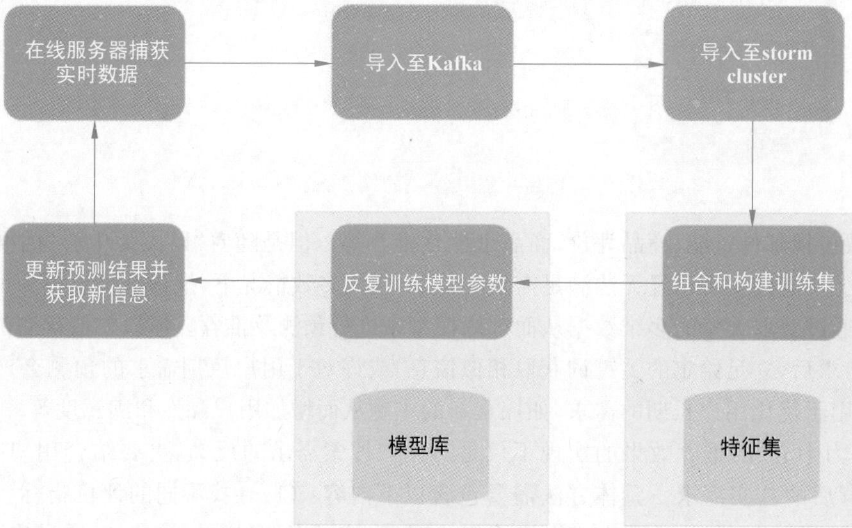

图 21.5 推荐功能的机器学习增强

21.2.3 “以人为中心”与技术的融合

在推荐系统的设计过程中，“以人为中心”作为一种理念仍然需要与具体的技术融合；通过选择合适的技术，才能在信息挖掘、关联、推荐等各环节满足用户的实时需求。在实践中与哪些技术融合需要考虑以下关键因素。

关注以人为中心的科学技术是为了保证融合后的系统可以理解人们如何做出决策、表达判断以及以其他方式承担与推荐相关的任务。在这一方面，行为学模型和人因工程技术的融合将会让推荐系统中的学习算法更容易识别模式性较强的人类行为，从而减少对样本数据的依赖（He et al., 2023）。例如，具有较强应用前景的异构时序多行为模型、带辅助信息的用户行为模型等。当行为记录发生时，辅助信息有助于梳理上下文活动逻辑，为理解复杂的用户兴趣提供重要补充。另一方面，视觉技术的发展、物联网设备的广泛应用，以及 5G 传输能力的增强，也使得对用户的表情反应和特征行为的捕捉更加快速和准确。在最近的研究中，Google 对大量用户进行眼球追踪实验后，得出了页面注意力分布，并对用户的注意力机制、兴趣演化进行了深入的分析，更好地理解了屏幕上可能的扫描顺序。其中，注意力机制与“以人为中心”的选择性注意习惯相关。最典型的例子是用户在浏览网页时，会有选择性地注意页面的特定区域，而忽视其他区域。

同时，推荐系统中的深度学习算法也在不断进步，增强功能的机器学习算法和推荐系统的融合使系统能够消化越来越多的用户数据、项目数据、偏好数据、上下文数据，以及包含不同背景的数据，包括交互模式（语音/音频对文本对视觉交互）和决策性质（健康/习惯、低风险对高风险等）。这些进步将带来更加贴近用户需求的推荐，但同时该领域仍需采用严格的方法来评估用户体验和用户满意度。

此外，虚拟现实技术是仿真技术的一个重要方向，它与推荐系统结合将会带来模拟环境、感知、自然技能等方面的优势。例如，传统的直播间交易均是通过手机进行，用户无法具有身临其境的感受，造成用户参与感较差。此外，现有的商品推荐均是通过分析后台用户成交数据进行分析，容易造成分析结果偏离实际值，参考性较差。模拟环境是由计算机生成的、实时动态的三维立体逼真图像。感知方面（宋恒冲，2022），除计算机图形技术生成的视觉感知外，还有听觉、触觉、力觉、运动等感知，甚至包括嗅觉和味觉等。自然技能是指人的头部转动、眼动、手势或其他人体行为动作，由计算机处理与参与者的动作相适应的数据，对用户的输入做出实时响应，并分别反馈给用户。

21.3 实现路径的探讨

1. 模型重塑

通过与人因行为技术的融合，“以人为中心”的推荐系统需要理解和评估推荐系统对用户的心理、情感、认知和行为的影响，包括满意度、忠诚度、信任度、自我效能感等。也更需要针对两者融合后可能产生的信息过载、选择困难、滤波泡沫、群体极化等系统性风险进行分析和预防。在“以人为中心”的推荐系统中，用户期望、价值与目标，以及潜在的风险都有别于传统推荐系统。对于推荐系统的价值与目标而言，“以人为中心”的推荐系统旨在为用户提供更好的服务，提高用户体验，为了实现这一价值，推荐系统需要建立用户信息的收集体系，不断进行算法的迭代与模型的更新。但是过分关注更好的体验也可能会产生缺乏可解释性的推荐机制，长此以往导致用户的不信任，进而对于推荐算法的公平性和可控性形成质疑。同时，过度通过挖掘用户信息实现体验的提升也可能存在潜在风险，例如对用户隐私信息的过度使用会导致隐私泄露等问题。因此，如何平衡信息的充分使用和过度挖掘，也是达到“以人为中心”推荐效果的关键。

用户体验的提升也不总是来自推荐的内容和结果，推荐过程中的交互方式和场景也会对用户的体验产生重要影响。在模型重塑过程中，包含众多用户与推荐系统的交互技术，其中，会话系统（如Google Now、Apple Siri 和 Microsoft Cortana）是一种为最终用户提供直接交互门户的系统，将会对推荐过程中的人机交互带来颠覆性的革新。随着自然语言处理技术和物联网的发展，这类系统也已部署为亚马逊 Echo 等物理设备，为智能家居的应用提供了更多机会。由于用户需要不断寻找工作和日常生活所需的信息，会话搜索系统将是关键技术之一。会话搜索的目的是基于文本或口语对话，为用户找到或推荐最相关的信息（如网页、答案、电影、产品），用户可以通过自然语言对话更有效地与系统进行交流。

2. 架构创新

推荐系统的目标是通过分析用户的历史行为、兴趣、偏好等信息，为用户推荐更符合他们需求和兴趣的内容。“以人为中心”的推荐系统的架构创新体现在以下几方面。

相对于传统推荐系统更加聚焦于收集时间、地点、推荐场景上下文特征等信息，“以人为中心”的推荐系统会设置收集过程中用户行为的功能。这里的过程不是指整个交互，而更强调某种具体的行为。例如用户使用一个新闻 App，即开启了一个过程，在这个时长为 5 分钟内的会话之中，用户点击了 3 篇报道，这 3 篇报道就能够体现用户当前的兴趣。同时在架构中为了实现实时交互，流计算平台会对日志以流的形式进行微批处理,形成“准实时”的特征处理。针对这些数据进行一些简单的统计类特征计算,例如某物品在当前时间窗内的曝光次数、点击次数、用户点击的话题分布等,就基本可以保证推荐系统可以准实时地引入用户近期的行为。通过以上两方面的架构创新使得模型的实时性得以保证,从而让推荐系统给出更适合当前场景中用户兴趣的推荐结果。

注重“实时性”和“个性化”的架构设计将会大大增加计算负担。为了解决这一问题,“以人为中心”的推荐系统通常会用增量更新的训练架构代替传统的全量更新,仅将新增数据用作模型训练,在原有样本的基础上继续对新增的增量样本进行梯度下降寻优。在实际应用中,往往会结合使用全量更新和增量更新,即先进行几轮增量更新,然后在业务量较小的时间窗内使用全量更新修正积累的误差。对应于数据的增量处理,“以人为中心”的推荐系统采用的是局部更新方法,即降低训练效率低的部分的更新频率,增加训练效率高的部分的更新频率,例如之前介绍的 GBDT+LR 模型就是典型的局部更新方法。

3. 融合路径:以 YouTube 的推荐系统为例

在实际的业务场景中,搭建推荐系统存在众多注意事项。首先,要合理设定推荐系统中的优化目标。在推荐系统中,如果推荐模型的优化目标是不准确的,即使模型的评估指标做得再好,也肯定与实际希望达到的目标存在较大差距。而要设定合理的优化目标,就要有合理的设定原则,这一原则就是“以业务的商业目标(增长目标)来制定推荐系统的优化目标”。另外,模型优化目标的制定还应该考虑的要素是模型优化场景和应用场景的统一性。在“以人为中心”的推荐场景中,交互方式和界面的选择是对推荐系统的全新挑战,可以帮助推荐系统在向用户展示推荐结果的同时收集用户的反馈,并与用户进行对话等。推荐系统的信息融合渠道和交互模式的设计是指如何将多个信息源的信息进行整合,并通过合适的交互方式呈现给用户。在设计时,需要考虑以下几方面:信息来源(需要确定信息来源,包括哪些信息源和如何获取信息)、信息整合(将多个信息源的信息进行整合,以便用户更好地理解和使用)、交互方式(需要选择合适的交互方式,包括语音、图形界面、手势等)、用户需求等。

以 YouTube 为例,YouTube 的推荐系统优化目标不是“点击率”“播放率”等 CTR 预估类优化目标,而是“播放时长”,这是由它们的盈利模式决定的,如果使用 YouTube 就会知道,它的广告是在视频中段或者开头出现的,因此,用户的播放时长就会和广告的营收直接相关,如果以“点击率”为优化目标,那么系统会更倾向于推荐标题、预览图更吸引眼球的短视频。通过在 YouTube 的推荐算法中整合模块化设计,大量的视频和视频发布的频率得到了有效管理。这个系统的组织是为了缓解 YouTube 的三个主要限制:规模、新鲜度和噪声(covington)。内容和用户的管理是通过信息的战略划分创建一个相互联系的结构,其中,内容抽象层管理视频的数量和特征,用户抽象层管理用户的人口统计和行为数据(图 21.6)。

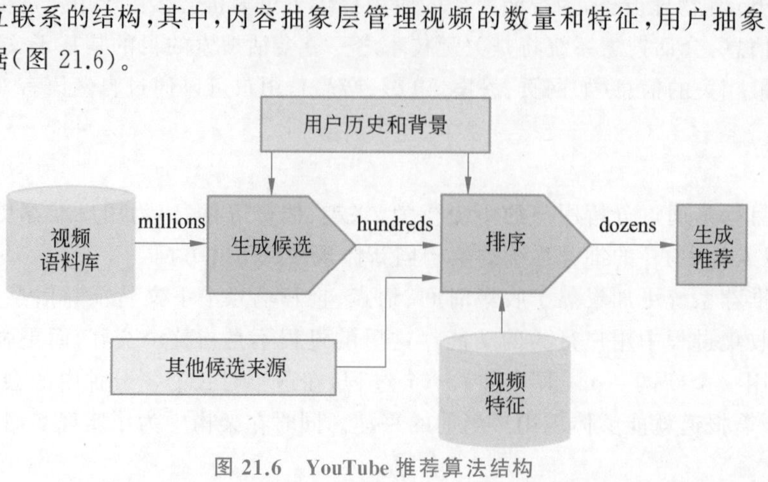

图 21.6 YouTube 推荐算法结构

YouTube的推荐算法被设计成一个两阶段的系统。第一阶段称为候选生成网络，它是对用户观看行为的分析，完成了对数百个相关视频的排序和检索。这个阶段是使用协同过滤设计的，并依赖于用户数据，如视频观看、搜索查询和人口统计学信息。候选的生成依赖于矩阵分解，通过rank loss来训练算法。rank loss算法旨在通过精确的排名来优化大型数据集，并最终使系统能够快速选择相关内容，并使用低水平的内存。使用其他方法从YouTube较大的视频语料库中选择内容限制了可以进行推荐的视频的广度，之前的算法迭代使用关于谁制作了视频和它是什么样的视频的历史浏览数据来评估较大的视频语料库，目前的算法使用更强大的数据集，它与类似类型的用户的行为进行比较，将建议的视频数量从数百万个缩小到数百个。

推荐的第二个阶段是排序过程，用于分析视频、用户和内容创作者的特征，这个过程进一步缩小了推荐给用户观看的视频数量。用户档案是由一个嵌入程序决定的，该嵌入程序旨在根据观看者和观看的背景，在YouTube语料库的所有视频中对每个视频观看的特定时间进行分类，这个过程对于打破根据过去的视频向用户推荐新视频的传统行为是不可或缺的。嵌入程序为排名提供隐性反馈，用于训练推荐算法。

YouTube推荐算法的优势在于，使用Google账户进行连接的用户可以从与YouTube和Google内容的长期接触中受益，这对于训练推荐算法是不可或缺的。与新用户相比，这些用户可能会以更高的几率被推荐感兴趣的优质内容。

YouTube推荐算法的制约因素是自动播放可能影响因观看视频而获得的隐性反馈。如果用户在YouTube上观看视频时没有关闭自动播放功能，那么多个不感兴趣的视频可能会被自动播放，并改变该用户的视频库。YouTube推荐算法的另一个制约因素是无法区分视频的真假内容。YouTube的部分排名系统旨在优先考虑高流量的视频，以便将用户留在网站上。

21.4　演化融合的路径

1. 系统指标体系

在以人为中心的推荐系统中，用户作为核心可以向系统提问，并对系统推荐的项目进行评价，进而完成与系统的交互。系统需要不断完善对用户兴趣的建模，最终提供令用户满意的推荐结果(Konstan and Terveen，2021)。在此过程中，与传统推荐系统最大的不同之处在于，以人为中心的推荐系统不仅需要关注推荐结果的准确性，还需要关注用户的满意度、体验和需求。

为更好地验证系统是否以人为中心，首先需要考察被评价的推荐系统是否关注并体现了用户的特性。从用户的角度考虑，人和推荐系统之间的交互完成的流畅程度反映了推荐系统在多大的程度上实现了以人为中心。验证“以人为中心”的设计，需要从多个角度和维度来考虑。

(1) 用户满意度。衡量用户对推荐系统的整体感受和评价(Ricci et al.，2022)，包括用户对推荐结果的质量、多样性、新颖性、可信度等方面的满意程度，以及用户对推荐系统的使用频率、停留时间、点击率等行为指标(Jannach and Zanker，2022)。多样性是衡量推荐系统是否能覆盖用户不同兴趣和需求的指标，通常通过计算推荐列表中物品之间的相似度或差异度来衡量；新颖性是衡量推荐系统是否能给用户带来惊喜和发现的指标，通常通过计算推荐物品在用户历史行为中出现的频率或概率来衡量；信任度是衡量用户对推荐系统是否有信心和信赖的指标，通常通过提供推荐解释、社会证明、透明度等方式来提高。

(2) 用户体验。衡量用户在使用推荐系统过程中的感知和情感(Kamehkhosh and Jannach,

2017；Matt et al.，2019)，包括用户对推荐系统的易用性、有趣性、有用性、美观性等方面的体验，以及用户对推荐系统的信任、喜爱、忠诚等方面的态度。

(3) 用户权益。衡量用户在使用推荐系统时所享有和承担的权利和义务，包括用户对推荐系统的控制力、选择力、反馈力等方面的能力，以及用户对推荐系统的公平性、透明度、隐私保护等方面的要求(Milano et al.，2020)。

上述角度和维度可以通过不同的方法和技术来评估和验证，包括问卷调查、实验测试、算法分析。通过设计一系列与以人为中心的推荐系统相关的指标或模型，我们让目标算法在真实或合成数据集上运行并计算它们对应于各个指标或模型上得分或效果(Vinagre et al.，2018)。这些方法和技术可以相互结合或比较，以全面和客观的评价以人为中心推荐系统如何验证"以人为中心"的设计。

2. 系统演化过程

当具备了评价"以人为中心"的推荐系统的框架后，接下来可以讨论系统和人之间的交互过程，以及人机之间如何相互作用和共同演化，如何形成长期稳定的推荐系统。以人为中心的推荐系统与用户之间的共同演化是指在推荐过程中推荐系统和用户相互影响、相互适应、相互进化的过程。随着用户与推荐系统的交互，推荐系统能够不断地学习和更新用户的兴趣模型，并根据用户的反馈调整推荐策略，从而实现与用户的协同进化(Zhong and Li，2016)。这种共同演化的过程可以提高推荐系统的效果和效率，也可以增强用户对推荐系统的信任和满意度。推荐系统与用户之间的共同演化可以分为以下几方面。

(1) 用户兴趣层级演化。用户兴趣是动态变化的，它可以分为不同的层级，例如短期兴趣和长期兴趣。以人为中心推荐系统需要能够感知和捕捉用户兴趣层级的变化，并根据不同层级提供不同类型的推荐内容(Zeng et al.，2015)。

(2) 用户行为模式演化。用户行为是多样复杂的，它可以分为不同的模式，例如探索模式和应用模式。以人为中心推荐系统需要能够识别和匹配用户行为模式的变化，并根据不同模式提供不同策略的推荐决策，例如探索-利用权衡、多臂老虎机等。

(3) 用户反馈机制演化。用户反馈是有效学习的关键，它可以分为不同的机制，例如显性反馈和隐性反馈。以人为中心推荐系统需要能够收集和利用用户反馈机制的变化，并根据不同机制提供不同方式的推荐评估。

"以人为中心"的推荐系统的演化过程持续进行且双向交互，这种双向动态过程可能导致一些不利的结果。例如，用户可能陷入信息茧房或过度依赖于推荐系统，失去探索性或自主性，出现冷启动或泛化能力不足等问题(Hou et al.，2023)。而长期稳定的推荐系统需要能够有效地利用用户的历史行为数据，构建用户的兴趣模型，捕捉用户的长期和短期偏好(Huang and Zhu，2021，Huang et al.，2021)；动态地更新和优化推荐策略，根据用户的反馈和环境变化调整推荐结果；让用户参与到决策过程中，并提供一定程度上调整参数或选择策略等功能；平衡推荐结果的准确性、多样性、新颖性和可解释性，提高用户的满意度和忠诚度；保证推荐系统的安全性和隐私性，防止恶意攻击和信息泄露；统筹考虑对社会、环境、法律等方面产生的潜在影响，并避免对某些群体或个体产生歧视或偏见，具有公平性。

3. 价值融合过程

在用户与推荐系统的长短期价值融合中，系统需要具备平衡用户长期兴趣和短期偏好的能力，实现满意度和忠诚度的提升。这种平衡能力可以在算法层和框架层同时实现，例如可以通过对常见的序列推荐算法进行改造、显式建模用户的行为序列、捕捉用户的动态变化和偏好演化提高推荐的时效性和个性化(Barros et al., 2022)。同时,在框架设计上可以应用多目标优化的框架,同时考虑用户的多项价值指标(Geng et al., 2015)。

长期的价值融合过程也要兼顾用户与系统的互惠发展,即在满足用户需求的同时,也要实现平台的目标。近年来,一些推荐系统在其强化学习算法模块中,通过不断地与用户交互学习最优的策略,实现累积奖励的最大化(Wang et al., 2021)。"以人为中心"推荐过程中场景化带来的不确定性也是算法设计的重点。例如,YouTube使用了强化学习算法,根据用户的上下文信息和历史行为动态地调整推荐策略,对用户进行个性化推荐(Chen et al., 2021);阿里巴巴公司将电子商务平台上的动态定价问题建模为马尔可夫决策过程,使用基于深度强化学习的框架来实现良好的性能和可扩展性。网飞公司使用了强化学习算法对用户行为序列进行建模来优化电影推荐(Gomez-Uribe & Hunt, 2016)。另一种方法是使用公平性原则,保证推荐结果对不同类型或群体的用户具有公平性和多样性。

在通过算法和框架的设计实现价值融合的基础上,用户与系统的协同学习与成长成为一个绕不开的话题。推荐系统需要利用不同来源或层次的信息来提高推荐效果,其中最重要的是能够形成对用户更深刻的理解,识别推荐和产生最终利润的关键维度,亦可以为推荐系统提供更多"以人为中心"特征信息的技术。近年来,诸如美团等平台选择采用的知识图谱技术被证明了其有效性。结合知识图谱技术,推荐系统可以根据用户行为序列和上下文信息构建用户画像和兴趣图谱,更准确地理解用户的偏好和需求;还可以通过嵌入方法或路径方法将实体和关系映射到低维空间,并计算用户和项目之间的相似度或匹配度,提高推荐质量;更重要的是,可以通过展示推荐结果背后的实体关系路径或逻辑规则提供更多的证据和理由,增强推荐的可解释性。

21.5 总结与展望

"以人为中心"的推荐系统是各类信息平台的数据量和场景数量发展到一定程度后的必然要求,各类推荐算法的涌现也与推荐效果的指标紧密相关。推荐算法与用户之间的共同演化兼顾多维度的系统目标,过程持续进行且双向影响,演化的轨迹呈现出自适应模式且以人为中心,演化具有具体的目标导向且指向价值创造,其未来的发展呈现出以下特点。

(1) 注重平衡和反馈的推荐算法。在"以人为中心"的推荐算法中,算法需要有能力实现各维度的平衡,包括推荐的短期目标和长期影响,用户历史数据和短期兴趣特征,以及局部最优和全局优化等;因此建立更加细分的分析功能将是以人为中心的推荐系统的重要发展方向,例如应用知识图谱等技术对挖掘分类后的用户群体的特征信息应用深度学习算法,对推荐结果进行平衡优化等。

(2) 注重交互和场景化的推荐算法。除了电商等交易和信息平台外,推荐系统在诸如Siri、Cortana等各类辅助信息工具中的应用也越来越广。和以往静态的推荐过程不同,注重交互过程和体验也将成为衡量以人为中心的推荐系统实用性的重要方面。因此,是否能够理解用户当前所在场景,并根据场景筛选有效的推荐信息,也将成为推荐算法未来发展的重要领域。

(3) 技术变革背景下更加智能化的推荐模式。当前社会正处在一个新技术大规模出现的背景下,特别是2023年上半年ChatGPT横空出世,给现存的各种推荐系统带来了诸多挑战。ChatGPT与人交互的能力相比普通的搜索引擎有巨大的提升,降低了用户的门槛,以一种更加用户友好的方式搜集信息并整理输出。另外,随着人与系统交互的逐渐深入,推荐系统的推荐模式应该逐步向更加即时、鲁棒的模式转变。目前,ChatGPT在推荐系统中的应用集中在增强其交互性、可解释性与反馈机制等方面，在技术融合上还处在起步阶段。

（4）推荐系统与其他技术的融合。随着人工智能各类技术的发展，未来用户在日常生活、娱乐以及工作中将会被各类虚拟现实、增强现实、视觉识别等技术围绕，推荐系统需要将推荐的过程与结果与这些新兴技术融合，才能使得用户从更加充分的维度获得被推荐的信息，从而能够直接与用户的信息使用场景相结合。

参考文献

黄勃，严非凡，张昊，李佩佩，王晨明，张佳豪 & 方志军.（2021）.推荐系统研究进展与应用. 武汉大学学报（理学版）（06），503-516. doi：10.14188/j.1671-8836.2021.1001.

宋恒冲.（2022）.一种基于虚拟现实直播场景的商品推荐系统. 专利公布号 CN114881741A.

肖仰华，徐波，林欣，李直旭，彭鹏，郑卫国，邵斌，何亮，阳德青，崔万云（2020）.知识图谱：概念与技术.电子工业出版社.

Wang，S.，Hu，L.，Wang，Y. et al.（2021）. Graph learning based recommender systems：a review. arXiv：2004.11718.

Balabanovíc，M.，& Shoham，Y.（1997）. Recommender systems. Communications of the ACM，40(3)，7.

Barros，M.，Moitinho，A.，& Couto，M. F.（2022）. SeEn：Sequential enriched datasets for sequence-aware recommendations，Scientific Data volume 9，Article number：478.

Chen，K.，Jeon，J.，& Zhou，Y.（2021）A critical appraisal of diversity in digital knowledge production：Segregated inclusion on YouTube，https://doi.org/10.1177/146144482110348

Chen，Q.，Lin，J.，Zhang，Y.，et al.（2019）Towards knowledge-based recommender dialog system，EMNLP-IJCNLP：1803-1813.

Cheng，H. T.，Koc，L.，Harmsen，J.，Shaked，T.，Chandra，T.，Aradhye，H.，... & Shah，H.（2016，September）. Wide & deep learning for recommender systems. In Proceedings of the 1st workshop on deep learning for recommender systems（pp. 7-10）.

Desrosiers，C.，& G. Karypis. Methods，a comprehensive survey of neighborhood-based recommendation.（2011）：107-144.

Geng，X.，Zhang，H.，Bian，J.，& Chua，T-S.（2015）. Proceedings of the IEEE International Conference on Computer Vision（ICCV），4274-4282.

Gomez-Uribe C A，Hunt N.（2015）. Thenetflix recommender system：Algorithms，business value，and innovation. ACM Transactions on Management Information Systems（TMIS），6(4)：1-19.

He，Z.，Liu，W.，Guo，W.，Qin，J.，Zhang，Y.，Hu，Y.，& Tang，R.（2023）. A survey on user behavior modeling in recommender ystems. arXiv preprint arXiv：2302.11087.

Hou，L.，Pan，X.，Liu，K.，Yang，Z.，Liu，J.，& Zhou，T.（2023）. Information cocoons in online navigation. IScience，26(1)，105893. https://doi.org/10.1016/j.isci.2022.105893

Huang，L.，Fu，M.，Li，F.，Qu，H.，Liu，Y.，& Chen，W.（2021）. A deep reinforcement learning based long-term recommender system. Knowledge-Based Systems，213，106706. https://doi.org/10.1016/j.knosys.2020.106706

Huang，T.，& Zhu，W.（2021）. Long-term Recommender System based on ACP Framework. 2021 IEEE 1st International Conference on Digital Twins and Parallel Intelligence（DTPI），216-218. https://doi.org/10.1109/DTPI52967.2021.9540193

Jannach，D.，& Zanker，M.（2022）. Value and Impact of Recommender Systems. In F. Ricci，L. Rokach，& B. Shapira（Eds.），Recommender Systems Handbook（pp. 519-546）. Springer US. https://doi.org/10.1007/978-1-0716-2197-4_14

Kamehkhosh，I.，& Jannach，D.（2017）. User Perception of Next-Track Music Recommendations. Proceedings of the 25th Conference on User Modeling，Adaptation and Personalization，113-121. https://doi. org/10. 1145/

3079628.3079668

Konstan, J., & Terveen, L. (2021). Human-centered recommender systems: Origins, advances, challenges, and opportunities. AI Magazine, 42(3), 31-42.

Li, S., Xie, R., Zhu, Y., Ao, X., Zhuang, F., & He, Q. (2022, July). User-centric conversational recommendation with multi-aspect user modeling. In Proceedings of the 45th International ACM SIGIR Conference on Research and Development in Information Retrieval (pp. 223-233).

Linden, G., Smith, B., & York, J. (2003). Amazon.com recommendations: Item-to-item collaborative filtering. IEEE Internet computing, 7(1), 76-80.

Liu, Z., Wang, H., Niu, Z-Y., et al. (2020) Towards conversational recommendation over multi-type dialogs, Proceedings of the 58th Annual Meeting of the Association for Computational Linguistics: 1036-1049.

Lu, Y., Bao, J., Song, Y., et al. (2021) RevCore: Review-Augmented Conversational Recommendation, Findings of the Association for Computational Linguistics: ACL-IJCNLP 2021: 1161-1173.

Matt, C., Hess, T., & Weiß, C. (2019). A factual and perceptional framework for assessing diversity effects of online recommender systems. Internet Research, 29(6), 1526-1550. https://doi.org/10.1108/INTR-06-2018-0274

Milano, S., Taddeo, M., & Floridi, L. (2020). Recommender systems and their ethical challenges. AI & SOCIETY, 35(4), 957-967. https://doi.org/10.1007/s00146-020-00950-y

Resnick, P., Iacovou, N., Suchak, M., Bergstrom, P., & Riedl, J. (1994, October). Grouplens: An open architecture for collaborative filtering of netnews. In Proceedings of the 1994 ACM conference on Computer supported cooperative work (pp. 175-186).

Ricci, F., & Werthner, H. (2006). Introduction to the Special Issue: Recommender Systems. International Journal of Electronic Commerce, 11(2), 5-9.

Ricci, F., Rokach, L., & Shapira, B. (2022). Recommender Systems: Techniques, Applications, and Challenges. In F. Ricci, L. Rokach, & B. Shapira (Eds.), Recommender Systems Handbook (pp. 1-35). Springer US. https://doi.org/10.1007/978-1-0716-2197-4_1

Vinagre, J., Jorge, A., & Gama, J. (2018). Online bagging for recommender systems. Expert Systems, 35. https://doi.org/10.1111/exsy.12303

Wang, H., Zhang, F., Xie, X., & Guo, M. (2018, April). DKN: Deep knowledge-aware network for news recommendation. In Proceedings of the 2018 world wide web conference (pp. 1835-1844).

Zeng, A., Yeung, C. H., Medo, M., & Zhang, Y.-C. (2015). Modeling mutual feedback between users and recommender systems. Journal of Statistical Mechanics: Theory and Experiment, 2015(7), P07020. https://doi.org/10.1088/1742-5468/2015/07/P07020

Zhong, Z., & Li, Y. (2016). A Recommender System for Healthcare Based on Human-Centric Modeling. 2016 IEEE 13th International Conference on E-Business Engineering (ICEBE), 282-286. https://doi.org/10.1109/ICEBE.2016.055

Zhou, K., Zhao, W-X., Bian, S., et al. (2020) Improving conversational recommender systems via knowledge graph based semantic fusion, Proceedings of the 26th ACM SIGKDD International Conference on Knowledge Discovery & Data Mining: 1006-1014.

Zhou, Y., Zhou, K., Zhao, W-X., et al. (2022) C2-CRS: Coarse-to-fine contrastive learning for conversational recommender system, arXiv preprint arXiv: 2201.02732.

作者简介

纪凌云　博士研究生，现就读于上海交通大学安泰经济与管理学院。研究方向：鲁棒优化，博弈论。E-mail：jily16@sjtu.edu.cn。

张大力　副教授，毕业于南安普顿大学数学学院，现就职于上海交通大学安泰经济与管理学院。

研究方向：随机优化算法，智能物流系统，风险管理。E-mail：zhangdl@sjtu.edu.cn。

张嘉伟　博士研究生，现就读于上海交通大学安泰经济与管理学院。研究方向：运筹优化，人工智能。E-mail：zhangjiawei314@163.com。

郝　爽　博士研究生，现就读于上海交通大学安泰经济与管理学院。研究方向：供应链管理，随机优化。E-mail：sjtu-haos@sjtu.edu.cn。

第 22 章

脑机接口和脑机融合

▷ 本章导读

脑机接口通常是指不依赖于常规的脊髓与外周神经肌肉组织，在大脑与外部环境之间建立的一种新型的信息交流与控制通道，能够实现脑与外部设备之间的直接交互。脑机融合则是借助脑机接口技术，借鉴大脑的信息处理方式，实现生物脑智能与机器脑智能的深度融合。本章对脑机接口和脑机融合进行探讨，详细阐述脑机接口技术框架、代表性的脑机融合模型以及若干脑机融合应用实例。最后，讨论脑机接口和脑机融合技术在人机交互的发展方面存在的问题和调整策略，并对未来的发展方向进行展望。

22.1 引言

本节将概括描述脑机接口和脑机融合的概念及其与人机混合、人机融合等相似概念的区别。同时分析脑机接口和脑机融合与传统感知方法的差异，并且讨论脑机接口和脑机融合技术为未来人机交互带来的优势。

1. 基本概念

脑机接口(brain machine interface，BMI)通常是指不依赖于常规的脊髓与外周神经肌肉组织，在大脑与外部环境之间建立的一种新型的信息交流与控制通道，能够实现脑与外部设备之间的直接交互(Lebedev and Nicolelis，2006)。“脑”一词意指有机生命形式的脑或者神经系统，而并非仅仅是“mind”，“机”意指任何处理或计算的设备(Wu et al.，2014)。BMI 系统通过侵入式或者非侵入式的方法采集脑内信号，将脑活动信息转换成外部设备控制命令，实现脑对计算机、机器等外部设备的控制。同时，BMI 系统在一定程度上还可以实现对大脑的控制，通过神经调控等技术来刺激或者抑制大脑的神经活动，从而实现双向交互。脑机接口涉及信息科学、认知科学、材料科学和生命科学等领域，对智能融合、生物医学工程和神经科学产生了越来越重要的影响。

脑机融合是脑机接口技术发展的必然趋势。脑机融合借助脑机接口技术，逐步将大脑的思维、创新能力与机器智能融为一体，实现大脑与大脑(脑-脑接口，brain-brain interface，BBI)、大脑与机器之间互相传递信息。脑机融合的目标是令大脑与机器两者互相适应、协同工作，生物脑的感认知能力与机器的计算能力完美结合，生物和机器在信息感知、信息处理、决策判断，甚至记忆、意图多个层次相互配合(Wu et al.，2014)。脑机融合系统的实现与发展均与脑机接口紧密关联。脑机接口为人脑和

本章作者：赵莎，王跃明，潘纲。

外部设备之间的通信提供了桥梁，使得大脑与机器可以进行更紧密、自然的交互。脑机融合在人脑和外部设备通信的基础上更注重人脑和机器之间的协同作用，旨在实现人脑与机器的紧密结合。目前，脑机接口和脑机融合技术主要应用于神经/精神类监测与诊疗等医疗康复领域。

除了脑机融合，涉及人类与机器之间不同融合关系的概念还有人机混合和人机融合，这些概念在一定程度上存在交叉和相互关联，但它们的重点和方法不同，需要加以区分和理解。相对于脑机融合，人机混合更侧重于将机器技术与人类生物体相结合，实现人机一体化，从而使人类获得超越自身生理能力的增强（Demartini，2015）。人机混合的形式可以是物理上的融合，例如使用外骨骼或生物植入物来增强人体功能；也可以是虚拟上的融合，例如使用增强现实或虚拟现实技术与人类感知系统交互。“人机混合”和“人机融合”这两个术语可能在不同的上下文中使用，其具体含义可能会有所重叠，因此，需要根据具体情境理解它们的具体含义。相对于脑机融合强调人脑与机器之间的协同工作，人机融合则广泛地描述了人类与机器之间的融合和协同作用，不仅涉及脑机接口技术，还包括其他形式的人机交互和系统。人机融合的目标是将人类的能力和机器的能力融合在一起，提高人类的认知、判断和决策的能力（Yin et al.，2015），同时提升机器的智能水平和适应性，主要用于机器人、智能家居和工业自动化等领域。虽然人机混合、人机融合和脑机融合都涉及人与机器的融合，但它们的重点和方式有所不同。脑机融合可以看作人机混合/人机融合的一种具体的融合方式，其中大脑是人类与机器进行融合的核心。

2. 发展概况

根据采集脑信号的不同方式，目前脑机接口技术主要分为侵入式和非侵入式。侵入式 BMI 技术主要使用微电极直接获取脑内神经元活动信号，拥有时空分辨率高等优点。2021 年 4 月，美国 Neuralink 公司表示已成功使用侵入式 BMI 使猴子可以用“意念控制”玩游戏。浙江大学 2020 年初实现国内首例临床侵入式 BMI 意念控制机械手 3D 运动，并于 2021 年进一步完成了国内首例基于闭环 BMI 神经刺激器（epilcure）植入手术，在难治性癫痫诊治领域取得重要突破。非侵入式 BMI 技术无须植入微电极，而直接采集头皮的脑电信号，具备无创、安全等优点。2019 年 6 月，卡内基-梅隆大学等的研究人员开发了第一个非侵入式、意念控制连续追踪电脑光标的机械臂。2021 年 9 月，清华大学和北京邮电大学发布了“神聊”系统，构建了多层网络架构构建的分布式系统，可支持 20 人同时在线进行“意念聊天”。

侵入式 BMI 技术主要应用于医疗领域，最有可能率先落地并带来市场效益的是神经假体、神经调控相关的技术和产品。神经假体 BMI 技术在国内外都已进入临床阶段，可以针对瘫痪、失语和失明患者做功能替代或重建，例如视觉假体（Weiland & Humayun，2008）。神经调控 BMI 技术对记忆丧失、中重度抑郁、精神分裂等病症来说，比药物治疗更为精确高效（Scangos et al.，2021；Cash et al.，2021）。非侵入式 BMI 技术可应用在更广阔的生活生产领域，如运动康复、控制电器、识别情绪个性化推荐、感知情绪进行预警等（吕宝粮等，2021；Liu et al.，2022；李锦瑶等，2021）。BMI 已成为全球科技前沿热点，世界主要国家和地区都在加快 BMI 产业布局。2021 年，我国正式启动科技创新 2030-“脑科学与类脑研究”重大项目，其中，“类脑计算与脑机智能技术及应用”是五大重点任务之一。

3. 与传统感知方法的区别以及优势

脑机接口和脑机融合技术是一种新型的感知技术，它通过直接捕捉大脑信号实现对计算机、机器人、假肢等外部设备的控制（高上凯，2019）。与传统的感知方法相比，脑机接口和脑机融合技术在数据来源、处理方法、信号精度、应用场景等方面存在区别。首先，在数据来源方面，传统感知方法通过传感器（如摄像头、声音传感器、智能手机等）获取诸多环境信息与人的肢体运动、面部表情、行为活动、生理信号等信息，而脑机接口和脑机融合则是从大脑中获取人的脑活动信号。在处理方法方面，传统感知方法通常需要人的肢体运动或者其他主动操作来触发传感器产生反馈，而脑机接口和脑机融合可以实现无需肢体运动或其他主动操作的人机交互方式。在信号精度方面，相对于传统的感知方法，脑机接口和脑机融合通过直接获取脑信号，可以更加准确地捕捉用户的意图，也可以实现更加精细的控制，例如思考某一个字母等。在应用场景方面，传统感知方法广泛应用于环境感知、人机交互、健康监测等方面，脑机接口和脑机融合则主要应用于神经/精神类监测与诊疗等医疗康复领域。目前，用于传统感知方法的各项技术已经比较成熟，而脑机接口和脑机融合技术仍存在一些局限性，例如非侵入式脑机接口获取的数据质量难以保证，侵入式脑机接口技术也存在一定的风险和限制等。

作为一门新兴的技术，脑机接口和脑机融合使得大脑与外部设备可以直接进行双向交互，极大地改善了人类与计算机系统等外部设备之间的交互方式，有望成为未来人机交互的重要方式之一。这种交互方式有许多优势，主要包括以下几点。

(1) 更加自然的交互。通过脑机接口和脑机融合技术，可以模拟人类自然的交互方式，例如思考、想象、视觉化等，实现人类最基本的沟通方式——思维交流。人们可以直接用大脑控制设备，不需要依赖键盘、鼠标、肢体动作等其他外在输入手段，使得人与外部设备及人与人之间的交互更加自然和人性化，甚至实现两个大脑之间的直接信息交换。

(2) 更加高效的交互。脑机接口和脑机融合技术可以直接解码大脑信号，人们不再通过键盘、鼠标、手势、语音等外在手段来输入指令，从而避免了传统输入方式的局限性。因此，人们可以快速完成各种任务，例如脑控机器人、浏览网页等，相比传统的交互方式，脑机接口和脑机融合技术可以大幅提升交互的效率。

(3) 更加智能的交互。脑机接口和脑机融合技术可以帮助人们将计算技术与人类智能相结合，可以让 AI 系统更加智能地识别人类的需求和意图，实现大脑与机器之间的智能交互，进而为人们提供更加个性化和针对性的服务。同时，脑机接口和脑机融合技术可以帮助人们更好地理解和控制自己的大脑活动，利于提高学习能力、记忆力和专注力等。此外，还可以帮助神经科学家研究人脑的结构和功能，以便更好地理解大脑的工作方式和疾病机理，促进神经科学的研究和医疗科技的发展。

(4) 更加普适的交互。脑机接口和脑机融合技术通过解码大脑信号直接与外部设备进行交互，不再依赖于肢体、语言、外部设备等传统输入方式，拓展了交互方式的可能性与普适性，使得人们可以灵活自如地与周围环境和他人进行交互。例如，此交互方式极大地方便了身体残疾或者运动能力受限而无法使用传统交互方式的人们，例如瘫痪者、脊髓损伤者等，他们可通过“意念”与外部设备进行交互。类似地，此交互方式可以帮助语言和文化差异较大的人进行交互，打破了文化和语言的局限性，提高了交互的灵活性和普适性。

(5) 更加安全的交互。脑机接口和脑机融合技术在使用过程中仅记录和解码大脑活动，可以使用生物识别技术进行身份验证等，提高了交互的安全性，可以防止身份欺骗和其他安全问题。同时，用户的个人信息不会通过传统输入方式泄露，从而保障了用户的隐私安全。

22.2 脑机接口技术框架

本节将介绍脑机接口技术框架以及各部分组成。脑机接口技术致力于在脑与外部环境之间建立一种新型的信息交流与控制通道，是一个双向交互技术，它主要包含三方面：(1) 信息获取技术，即将脑信息“读出来”；(2)脑信号编解码技术，包括编码层和解码层，先对刺激或者运动信息所对应的脑内神经活动进行编码，然后通过计算方法将脑信号解码成可理解的意图（如运动、语音）、信息（如视觉、听觉）或状态（如疲劳）信号；（3）反馈与干预技术，即将外部信息或指令"写进去"。具体见图 22.1。借助以上三方面的数据，生物脑（生物智能）将与机器脑（人工智能）深入融合并协同工作，从而实现更高层次的脑机融合智能。

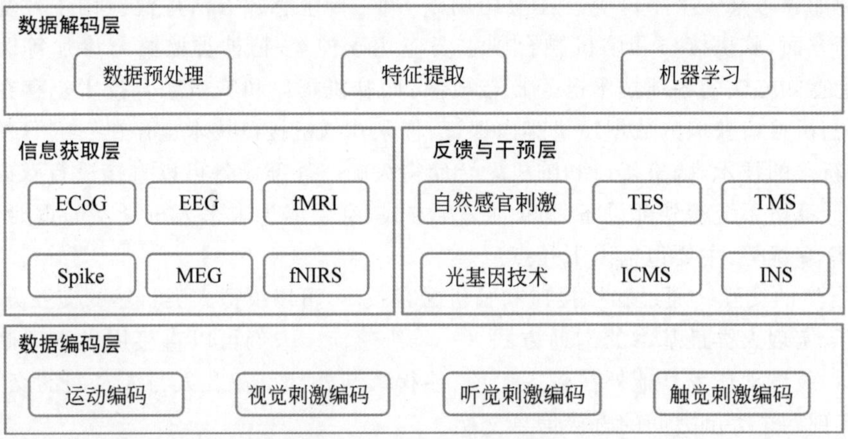

图 22.1 脑机接口技术框架

1. 脑信息获取技术

脑信息获取技术旨在利用脑信号采集设备从大脑中获取有用的信息。根据脑信号采集方式的不同，信息获取技术主要分为侵入式和非侵入式两种，以获得不同的脑电信号，见图 22.2。

侵入式信息获取技术通过脑外科手术将电极或芯片植入大脑，从脑内直接获取神经元活动信号。常见的有皮层脑电图（electrocorticography，ECoG）和脑深部神经信号检测。ECoG 是一种将电极放置在大脑皮层表面的技术，能够记录神经元集群活动引起的电位波动的技术。脑深部神经信号检测需要通过神经外科手术将采集电极植入大脑内部，可获得单个神经元的信号（spike）。侵入式信息获取技术能够记录毫秒级、微伏级的神经元动作电位，具有更高的空间分辨率和时间分辨率，并且大大减少了诸如肌肉活动和环境等带来的噪声影响，从而具有更高的信噪比，但其植入过程具有手术风险。

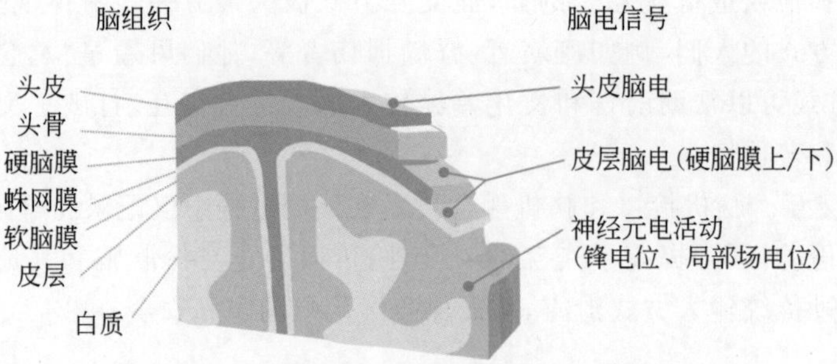

图 22.2 脑电信号（Leuthardt et al., 2009）

非侵入式信息采集技术则采用无创的脑信号检测手段，在头皮表面或附近采集脑信号。常见技术包括脑电图（electro encephalo gram，EEG）、脑磁图（magneto encephalo graphy，MEG）、功能性磁共振成像（functional magnetic resonance imaging，fMRI）和功能性近红外成像（functional near-infrared spectroscopy，fNIRS）。EEG 通过将电极放置于头皮处，记录脑内活动产生的电压波动。它的时间分辨率较好，但由于大脑信号源与电极之间夹杂头皮、颅骨、脑脊液等不同的分层组织，因此导致空间分辨率较低。MEG利用超导量子干涉仪来测量大脑电活动产生的磁场，同样具有较高的时间分辨率，且空间分辨率比EEG更好，但系统更加昂贵、庞大，并且需要专用的电磁屏蔽室。fMRI通过检测大脑中血流量变化来间接测量大脑中的神经元活动，它具有比其他非侵入式技术高得多的空间分辨率，但时间分辨率较低。fNIRS则是一种用于测量大脑中神经元活动引起的血氧水平变化的光学技术，它比fMRI更便携，但空间分辨率更低。非侵入式信息获取技术由于容易受到头皮、骨骼、肌肉活动以及环境的影响，因此具有更低的信噪比，但其采集过程安全、方便，因此被广泛使用。

2. 脑信息编解码技术

脑信息编解码技术旨在解释外在刺激或运动信息是如何被神经元活动表征的(编码)，从而通过大脑活动对刺激进行解析和预测(解码)。

脑信息编码旨在建立神经元对运动信息和刺激的表征模型。由于神经元发放模式的复杂性与多变性，建立这种表征模型并非易事。神经元对于信息的表征是一串复杂的离散时间发放序列，而序列中对信息的编码有可能存在于发放的时间、频率等多方面。神经信息编码方面可能基于单个神经元，也可能基于特定的神经元集群活动，即集成编码。通常来说，由于神经元固有动态特性的存在，基于单个神经元的信息编码稳定性差，而采用一组神经元进行编码具有更高的稳定性和准确性。

已发现的大脑神经编码形式包括运动编码和刺激范式编码。运动编码是一种基于调谐曲线的编码模型。早期研究者发现大脑皮层运动区与手臂运动方向具有调谐关系。神经元的放电频率会随着运动方向的改变而产生有序变化。这种基于调谐曲线的运动编码模型是侵入式运动脑机接口解码的重要基础。刺激范式编码建立在“刺激范式不同，脑内信息表达也不同”这一前提之上，包括视觉刺激编码、听觉刺激编码和触觉刺激编码等。以视觉刺激为例，常见的视觉刺激属性有亮度、颜色及闪烁频率等，不同属性的视觉刺激会诱发不同特性的视觉诱发电位。刺激序列的产生方式不同(调制方式不同)，得到的视觉诱发电位也不相同。一般可将视觉诱发电位的刺激范式分为时间编码调制、频率编码调制、伪随机编码调制等。

脑信息解码旨在对采集到的脑信号进行处理，运用各种信号处理和机器学习算法获取脑信号与大脑活动之间的关系，其主要过程包括预处理、特征提取和基于机器学习方法的分类回归等。为了提高大脑信号的质量及突出信号的特征，需要对数据进行预处理。脑信号中常包含很多无用的信号组分、工频干扰、眼电和肌电伪迹等，在预处理阶段可以通过不同的方法，如时域滤波和空域滤波，剔除伪迹，提高信噪比。在预处理后，通常根据特定的脑机接口、实验范式和神经信号来提取特征，可采用时域、频域、空间域方法或相结合的方法。不同的脑机接口和不同的实验范式将会采用不同的方法来提取所需的特征。提取到可分性好的脑信号特征之后，可以采用先进的模式识别或机器学习算法训练分类模型，解析大脑信号特征。这些特征可以用于实现大脑控制外部设备的意图，或者帮助临床医生检测对命令或功能通信的响应。传统的脑信号机器学习技术包括线性判别分析(LDA)、支持向量机(SVM)、人工神经网络(ANN)等。

3. 反馈与干预技术

反馈与干预技术旨在借助自然感官刺激(视觉、听觉、触觉等)、电刺激、光基因技术(optogenetics)、磁刺激等实现对大脑的信息输入和功能调控。

自然感官刺激是最直观、最常用的神经反馈方式。脑机接口的机器输出信息可以直接转换为视觉、听觉等感官刺激“输入”大脑，让用户能够根据反馈的信息调节脑活动，从而完成特定的任务或减弱疾病相关的脑活动特征。持续准确的自然感官刺激能够使用户有针对性地调整自身的大脑功能，从而提高脑机交互系统的性能。

经颅电刺激（transcranial electrical stimulation，TES）/经颅磁刺激（transcranial magnetic stimulation，TMS）是非侵入式的脑功能调控技术。TES 利用头皮表面电极产生的毫安级低强度电流刺激大脑，而 TMS 利用磁线圈产生短暂的高强度磁场穿透颅骨，将特定电磁信息作用于大脑局部区域，以调节皮层神经元的活动和代谢。这两项技术广泛应用于临床研究中，包含脑损伤的康复、情绪调节、神经障碍、增强认知、急性和慢性疼痛缓解等领域。

皮层内微刺激技术（intracortical microstimulation，ICMS）是一种直接将微量电流输入大脑进行调控的神经刺激方式。相比于 TES/TMS，ICMS 更精确、更有针对性。不同的刺激参数，如电流强度、频率、脉冲宽度、持续时间等将会对刺激区域产生特定影响。ICMS 普遍应用于大脑皮层代表区定位、癫痫灶点定位、感觉反馈等领域，已经成为研究大脑神经回路功能的重要工具，也是脑机接口的重要组成部分。

光基因技术通过将特定光感基因转入神经元进行离子通道表达。不同光感离子通道在不同波长的光照刺激下会分别对阳离子和阴离子通道产生选择性开发，造成神经元膜电位变化，兴奋或抑制神经元活动。光基因技术能够实现对记忆等感认知功能及运动功能的调控，以及癫痫等脑疾病的干预。

红外神经刺激技术（infrared neural stimulation，INS）是一种直接的神经元光刺激方法，利用短暂的近红外光脉冲使神经元膜去极化以产生动作电位。近红外光可直接作用于不同类型的神经细胞，实现对神经活动的激活或抑制。与 ICMS 相比，INS 具有高空间分辨率的优势，可以实现单个功能柱的激活；与光遗传学等其他光学调控手段相比，INS 无须化学或基因修饰，是一种较为安全可逆的新型神经调控手段。

22.3 脑机融合计算模型

脑机融合是脑机接口技术发展的必然趋势。借助脑机接口技术，脑机融合借鉴大脑的信息处理方式构建虚拟脑，逐步将大脑的思维、创新能力与机器智能融为一体，实现生物脑、虚拟脑与机器智能的融合乃至一体化，从而使大脑与机器、大脑与大脑之间可进行更紧密、自然的交互。脑机融合以生物脑智能和机器脑智能的深度交叉融合及增强为主要目标，建立机器脑的计算能力和生物脑感认知能力完美融合的新型智能系统（王跃明等，2023）。下面将具体介绍常见的几种脑机融合计算模型。

22.3.1 脑机智能的混合形态

脑机融合系统是通过脑机接口技术，以综合利用生物（包括人类和非人类生物体）和机器能力的计算系统（吴朝晖等，2014）。与传统计算系统相比，脑机融合计算系统具有三个显著特征：(1)对生物体的感知更加全面，包含表观行为理解与神经信号解码；(2)生物体也作为系统的感知体、计算体和执行体，且与系统其他部分的信息交互通道为双向；(3)多层次、多粒度的综合利用生物体和机器的能力，达到系统智能的极大增强。

生物脑在学习能力、适应能力、创造能力等方面相较于机器脑而言具有一定的优势，而机器脑在速度、精度、存储和处理大量数据方面有优势。而脑机融合则是探索如何将生物脑与机器脑相互影响、相互促进，最后实现生物脑和机器脑的有机融合。为此，浙江大学吴朝晖团队提出脑机融合的混合形态，描述了生物脑智能与机器脑智能在不同层次、不同方式、不同功能、不同信息耦合层面的交互融合。图 22.3 所示为在层次角度、方式角度、功能角度以及信息角度等不同视角描述脑机智能的混合形态。

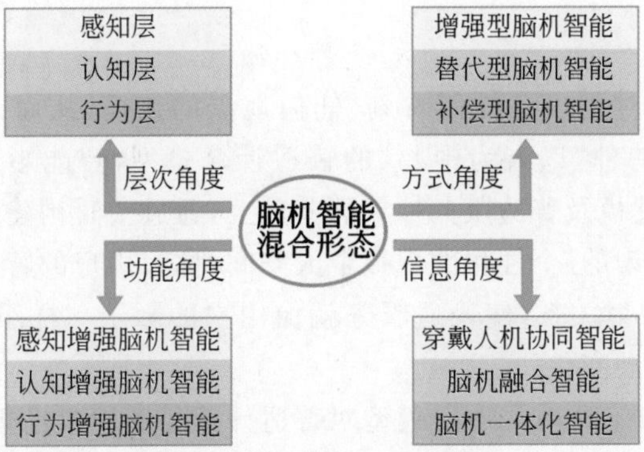

图 22.3 脑机智能的混合形态

- 从层次的角度看：层次化是脑机智能显著的特点之一，可以将生物脑智能体系和机器脑智能体系大致分为感知层、认知层和行为层，各层之间紧密联系。
- 从混合方式看：增强、替代、补偿是构建脑机融合系统的三种不同方式，实现生物体和机器之间的功能融合、相互替代和相互补偿。其中，增强是指融合生物脑智能和机器脑智能后实现某种功能的提升；替代是指用生物/机器的某些功能单元替换机器/生物的对应单元；补偿是指针对生物/机器脑智能体的某项弱点，采用机器/生物部件补偿并提高较弱的能力。
- 从功能增强的角度看：脑机融合系统分为感知增强脑机融合系统、认知增强脑机融合系统以及行为增强脑机融合系统，三种系统分别实现感知、认知及行为层面的多重能力增强。
- 从信息耦合紧密程度的角度看：脑机融合可分为穿戴人机协同、脑机融合、人(脑)机一体化，分别实现低度、中度或高度的信息整合和反馈。穿戴人机协同将非植入式器件与人体融合在一起，实现机器和生物体之间的信息感知与交互，但两者之间的耦合程度较低；脑机融合从植入器件的方式实现融合，实现生物体和机器之间多层级的信息交互和反馈；脑机一体化的脑机融合是深度的信息、功能、器件与组织的融合，系统呈现一体化态势。
- 从类脑智能的角度看：脑机融合是类脑智能的重要实现方式。类脑智能是受脑启发的以计算建模为实现手段的机器智能，是人工智能的高级阶段。脑机智能系统既包含生物脑智能模块，又包含机器智能模块，其中，机器智能模块可以按类脑智能的原则或者目标进行构建，在机器脑和生物脑交互融合的过程中，两者可互相学习，共同进化，机器脑可以演化得更加类脑。

脑机融合的混合形态计算框架有两个主要的应用——神经康复和动物机器人系统。在神经康复方面，借助脑机融合计算系统，可以直接建立脑与外部设备之间的信息互动与交互控制，高效地实现残障人士机能补偿与功能重建。面向运动功能重建的脑机融合计算系统将为老年人或者残疾人提供智能与机能增强技术，提高生活质量，减轻家庭和社会的负担，具有极其重要的社会意义。在动物机器人系统方面，脑机融合计算系统可以通过控制动物的运动和增强动物的感知，构建动物机器人系统。动物机器人比传统机器人更节省能源、运动灵活、行进隐蔽、适应环境，适合在危险场地执行各种任务。生物智能主导的脑机融合计算系统结合了传统机器人的计算能力和动物机器人的感认知与执行能力，在军事重地、核辐射区和灾区等危险场地执行复杂环境搜索、空间检测、反恐侦察等任务具有广阔的应用场景。

22.3.2 智能影子

脑机融合的实现离不开对用户在任何时刻、任何地点的建模，从而理解用户的意图与需求。为此，浙江大学潘纲团队提出一种“以人为中心”的普适计算模型，智能影子（SmartShadow）（潘纲等，2009）。该模型建立在用户建模及普适服务抽象的基础上，通过实时构建用户意图与普适服务间的映射关系，形成一个动态的、移动的、个性化的虚拟个人空间，称为用户的智能影子。智能影子模型利用建立的“用户-服务”的动态映射关系，使普适服务就像用户的影子一样跟随着用户，并随着空间中光源（服务提供者）的改变而自动变化。

智能影子使用BDP（belief-desire-plan）模型对普适计算环境用户进行建模，以获取用户的个性化需求并自主提供服务。BDP模型包括信念、意图、计划三部分：信念（belief）用于描述用户对自身和世界的认识，以及用户感兴趣对象的情境信息；意图（desire）表示用户当前特定的需求和动机，用户的意图可以根据该用户的信念计算获得，同时，用户在同一时间的所有意图在逻辑上必须相容；计划（plan）表示完成某个用户意图的动作序列。计划分为原子计划和复合计划两类，原子计划不可分割，而复合计划可以分解为由多个子计划（可以是原子的，也可以是复合的）组成的执行序列。

用户BDP模型经过信念修正、意图更新、规划、执行四个阶段（图22.4），可以先根据信念推理出用户意图，再针对普适服务的计算过程做出合适的规划，并将该计划予以执行，实现信念、意图与计划三者的演化。计划的执行是一个构建计划树的过程，需要从初始计划开始按照顺序不断分解过程中遇到的每一个复合计划，将复合计划转换为原子计划序列并依次执行。计划的执行过程灵活，执行过程中只要达成成功或失败条件就可以中止，不一定需要将所有的子计划都执行完。如果计划可以优化或者子计划执行失败，则要重新计划并执行，如果尝试过所有的重新计划方案仍然无法执行成功，则宣布失败。

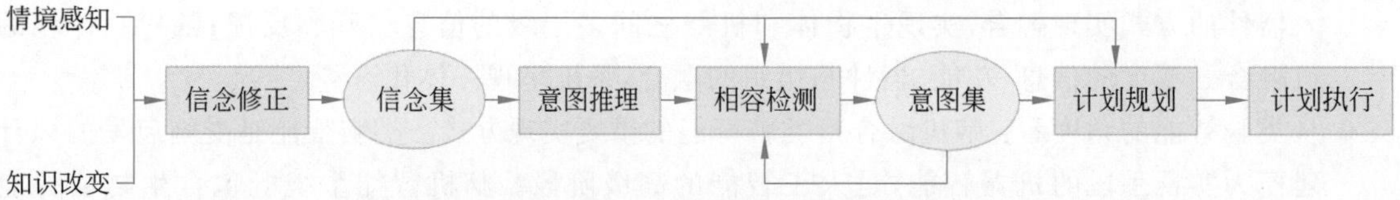

图22.4 BDP模型内在演化

普适服务是智能影子模型中用来抽象信息空间中的计算资源的概念，它可被用户BDP进行动态组织，完成用户的意图。普适服务的描述有服务定义、过程模型、基础映射、合成条件、服务情境五个关键的域：服务定义（profile）描述服务能够做什么，以便服务的发布、发现和匹配；过程模型（process model）描述服务如何工作；基础映射（grounding）说明服务如何访问；合成条件（composite conditions）包含服务与其他服务合成时双方需要满足的约束条件；服务情境（context）包括两部分，一是环境中情境对服务质量的影响，用于服务的选取和质量评估；二是该服务本身的情境信息，如服务状态、服务的运行条件、失败条件、作用范围和服务的质量等。

在普适服务的观点下，普适计算环境就是充满普适服务的一个全局空间（global space），满足当前用户BDP的服务子空间就是当前状况下用户BDP在普适空间中的投影，即满足用户意图的服务组合是用户可获取到的服务基于用户BDP的投影。在普适服务空间中，普适服务根据用户BDP产生的服务组合动态投影形成用户的智能影子，构建智能影子需要经历以下四个阶段：

（1）根据普适服务的情境限定条件，按照当前情境从全局空间筛选可用服务；

(2) 根据 BDP 模型,从可用服务中选取计划执行所需的服务;

(3) 根据 BDP 模型,选择合适的方案将所需服务中的普适服务进行合成;

(4) 将合成的结果集合,作为映射结果返回。

普适计算环境中,智能影子将随用户 BDP、服务情境不断自主演化。在用户 BDP 的执行中,智能影子将空间中的普适服务不断合成和执行。当智能影子中服务的合成关系和执行状态发生变化,如面临服务质量下降、服务中断、出现更优的服务等情况时,智能影子将进行自主优化或自适应控制。动态构建和自主演化使智能影子可以灵活地处理普适计算空间的动态变化,实现环境自适应、用户自适应的普适服务,使智能影子成为一个支持高度动态性与交互性的普适计算模型。

22.4 脑机融合应用实例

本节分别介绍四个代表性的脑机融合应用实例。

22.4.1 视觉增强大鼠机器人

动物机器人以动物作为运动载体,拥有动物的运动灵活性、自主能源供给、环境适应性和隐蔽性等特征,相较传统的机械机器人具有很大优势,在国防领域、灾难搜救、环境探查等领域都有广阔的应用前景。浙江大学潘纲团队建立的视觉增强大鼠机器人是动物机器人的一种,以大鼠为主要载体,通过搭载摄像头,结合计算机视觉技术,加强大鼠机器人的视觉识别能力(Wang et al., 2015)。将电极植入大鼠大脑,并设计了一个鼠载背包和搭建了计算模块。鼠载背包上装有一个针孔摄像头,实时拍摄大鼠面前的视频画面,并通过背包上的无线模块将视频传输给计算机上的计算模块进行分析。根据分析结果,背包上的刺激电路产生刺激电信号传递到大鼠相关脑区,大鼠机器人将产生不同的行为(左转、右转和前进),从而导航大鼠探索未知环境,具体见图 22.5。在该脑机融合计算系统中,大鼠自身的空间决策能力和执行能力与机器的决策能力(闭环控制)和感知能力(摄像头感知)结合在了一起。

(a) 大鼠机器人　　(b) 大鼠机器人走迷宫示意图

图 22.5　视觉增强大鼠机器人

下面将从大鼠机器人的运动控制系统、自动导航系统(基于顶部摄像头、基于鼠载摄像头)、系统评价三部分展开介绍。

1. 大鼠机器人的运动控制系统

大鼠机器人的运动控制系统组成主要包含四部分,分别是 PC 控制端、蓝牙传输模块、刺激器和大鼠生物本身。PC 端上的控制程序负责控制指令的参数、指令编码和指令发射,蓝牙传输模块顾名思义就是将 PC 端的指令传输给大鼠背载的刺激器，刺激器接收到控制指令后进行解码，产生微电脉冲，通过植入的电极刺激相应的脑区，控制大鼠的行动。这里重点介绍大鼠的运动原理。大鼠的“愉悦中枢”是其内侧前脑束(medial forebrain bundle，MFB)。我们将电极植入在大鼠的 MFB 区，通过微电刺激该电极，可以使大鼠获得虚拟的愉悦感，这种愉悦感可以用来驱使大鼠产生前进的行为。大鼠依靠胡须来避开触碰的物体，通过在第一感觉皮层(primary somato sensory cortex，S1)左右两侧植入电极，微电刺激可以让大鼠产生胡须触碰物体的错觉，从而做出躲避行为。

2. 大鼠机器人自动导航系统

系统综合利用了顶部摄像头和鼠载摄像头两种方式进行外部感知，顶部摄像头捕捉全局角度的画面，而鼠载摄像头则捕捉大鼠角度的局部画面。将两部分捕捉的外部环境结合起来，给出适宜的控制指令，帮助大鼠到达设定好的终点。系统从宏观角度分为三部分：顶部摄像头、鼠载背包和计算模块。顶部摄像头采集全局地图的外部感知器：鼠载背包包括刺激器、鼠载摄像头和无线传输模块。鼠载背包主要负责采集大鼠前进角度的环境视频，传输采集到的视频和接受刺激指令，解码后以微电刺激的形式使大鼠产生相应的动作；计算模块包含四部分，分别是路径规划模块、顶部大鼠状态识别模块、视觉认知计算模块和刺激控制模块。路径规划是全局角度的最优线路，顶部大鼠状态识别模块可以识别出大鼠的当前位置和头部朝向，视觉认知模块则分析和理解鼠载摄像头采集的视频，检测目标物体，刺激控制模块根据路径规划、大鼠状态和视觉认知检测结果，综合产生相应的控制指令。

3. 系统评价

这里采取了两种评价方式——目标检测算法评价和闭环刺激模型评价，两种实验结果均验证了大鼠机器人具备一定的决策能力与执行能力。

(1) 目标检测算法评价。由于大鼠运动的不可预测性，其身上的鼠载摄像头经常晃动，导致视频颠簸。该系统在三个不同场景下收集了六段视频用于目标检测的验证(检测目标为人脸或红色目标物块)。实验结果表明，90%以上的目标人脸以及 96%以上的红色目标物块能够被成功识别，说明现有视频的检测结果对于大鼠机器人发现研究人员设定的目标物块而言是足够的。

(2) 闭环的刺激模型评价。系统使用 SVM 分类器，根据估算的大鼠头部状态和识别到的目标物体所关联的运动期望获得相应输出的指令标号。研究者手动控制了大鼠机器人在四臂迷宫和定制的沙盘上行走以收集训练模型的数据。在训练之后，用未曾使用过的数据做模型的线下测试，随后测试这个闭环刺激模型是否可以自动地控制大鼠机器人完成单一转向任务或者两个连续转向任务。通过实验，大鼠机器人在闭环刺激模型的指引下完成前进、左转、右转三种指令的准确率约为 94%、88%、87%。

22.4.2 脑-脑通信大鼠机器人

脑-机接口提供了一条大脑和外部设备之间的信息通道。作为一种潜在的人类读心技术，以前的许多脑机接口研究都成功地解码了大脑活动，以控制虚拟物体或真实设备。脑机接口也可以在信息流的相反方向上建立交互，即使用计算机生成的信息来调节特定大脑区域的功能，或者将感官信息输入大脑。不同类型脑机接口系统的结合可以实现两个大脑之间的直接信息交换，形成新的脑-脑接口(BBI)。BBI 是通过对一个大脑的神经信号进行实时解码，并将解码结果重新编码后直接传输到另一个大脑，从而对另一个大脑产生作用，其具有带宽小、强实时性以及安全性要求高等特点。

长久以来，大脑之间的直接交流一直是人们的梦想，BBI 可以通过多种用途帮助在语言表述等方面有困难的人获得像常人一样的生活能力，也可以让人与人之间直接交流，提高大脑的协作能力，还能通过动物机器人拓宽人类的感知范围和活动范围。浙江大学潘纲团队建立了大鼠机器人，并实现了通过脑-脑通信控制大鼠的行为(Zhang et al.，2019)，具体见图 22.6。

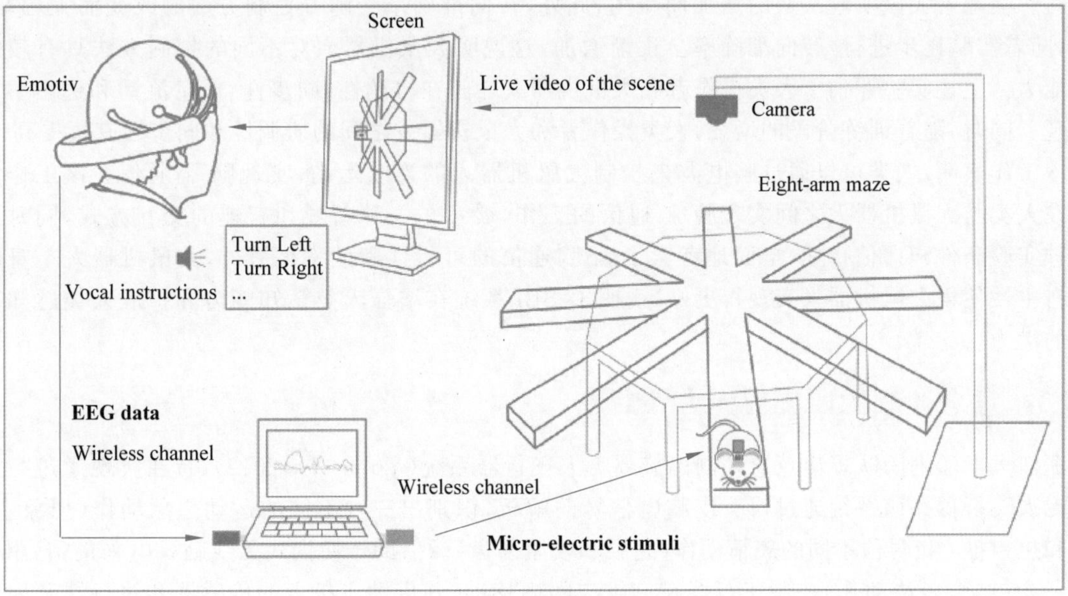

(a) BBI系统概述

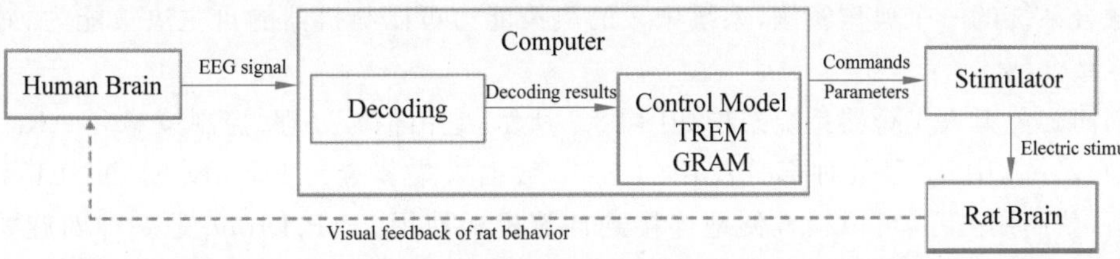

(b) BBI系统工作流程图

图 22.6　实验设置

作者设计了一个无线脑-脑接口(BBI)系统，该系统主要包含两部分，即人使用的非侵入式的脑机接口系统和一个带有微电极刺激装置的大鼠机器人系统，这两部分通过集成平台相连接(图 22.6(a))。该系统实现通过脑-脑通信控制大鼠行为主要包含三个步骤(图 22.6(b))：

(1) 摄像机拍摄大鼠机器人当前的方位，并传输到人面前的屏幕上，人接收来自屏幕的视觉反馈之后，通过脑机接口解码，将信号传达到中间的集成平台；

(2) 集成平台对原始的脑电信号进行解码，解码为操控大鼠机器人运动的意图，然后进一步将该意图转换为对应的大鼠机器人的微电极刺激；

(3) 受到微电极刺激的大鼠机器人，根据不同的刺激选择不同的方向移动，大鼠的移动情况会通过摄像机反馈到人面前的屏幕。

该系统让人类操作者能够通过脑电波 EEG 控制大鼠机器人的移动。为了验证系统的有效性，设计了一个迷宫实验，比较了不同的人类操作者对大鼠机器人的控制效果，以及不同的大鼠机器人对人类操作者的反馈情况。具体而言，使用一个八臂迷宫作为实验场景，通过手动操控或者脑电操控大鼠的转向，将大鼠机器人放到臂尾，由人类操作者指导它转向正确的方向。根据操作方式(手动、梯度脑电模型、阈值脑电模型)将实验分为三个类型,每个类型有五个阶段,每个阶段有三次实验,每次实验包含十六次转弯任务。以通过完成一次实验的总时间以及转向准确率作为评价指标。实验发现,总完成时间会随着大鼠实验次数的增加而减少,此外,转向准确率会随着控制方法的改变而大幅减少,之后,随着实验逐步进行,转向准确率会逐渐增加,这说明大鼠机器人对不同的控制方法具有较强的适应能力。上述实验评估了人类操作者和大鼠机器人之间在协调性、同步性、信息流动和逃出率方面的表现。同时,随着训练阶段的增加,人类操作者和大鼠机器人之间的协调性和同步性有所提高。

该工作表明,人类可以通过脑电波来控制大鼠机器人的连续运动,实现脑-脑通信。该工作为第一个在人类与大鼠机器人之间实现脑-脑通信的工作,展示了一种新颖和有趣的交互方式,同时采用了多种实验条件和评估指标,全面地考察了脑-脑通信的可行性和效率。另外,大鼠机器人本身的智能和自主性使得大鼠机器人表现得更好,说明了 BBI 系统在增强人类认知能力和扩展人类感知范围方面的潜力。

22.4.3 意念控制的四旋翼无人飞行器

浙江大学潘纲团队提出意念控制四旋翼无人飞行器系统(Yu et al., 2012),旨在实现通过“意念”控制无人飞行器。该系统通过对头皮脑电信号的解析,识别出三种不同的运动想象动作(想象左、想象右和想象推)和两种不同的表情动作(眨眼和咬紧牙齿)。借助于便携式无线脑式电采集帽,用户可以用意念(结合表情动作)控制飞行器在三维空间内移动,并借助飞机上的传感器和执行器和周围环境进行交互。该系统可以作为残障人士的日常生活小助理,也可以成为普通大众的娱乐工具。这项工作是脑机融合系统的一个典型实例,系统中人的决策能力可以与机器的自主决策能力、感知能力和执行能力相互结合。

意念控制四旋翼无人飞行器系统架构如图 22.7 所示,它由信号处理、控制策略和 AR.Drone 控制应用三部分组成。其中,信号处理部分使用的 EEG 数据采集装置为 Emotiv EPOC EEG 头戴式设备,该设备是一款商用产品,可以很方便地连接到计算机上使用。AR.Drone 是一种四旋翼无人飞行器,并且配备了一个用于高度测量的超声波遥测仪,包括两个分别安装在底部和前部的摄像机,以及许多其他的运动传感器。

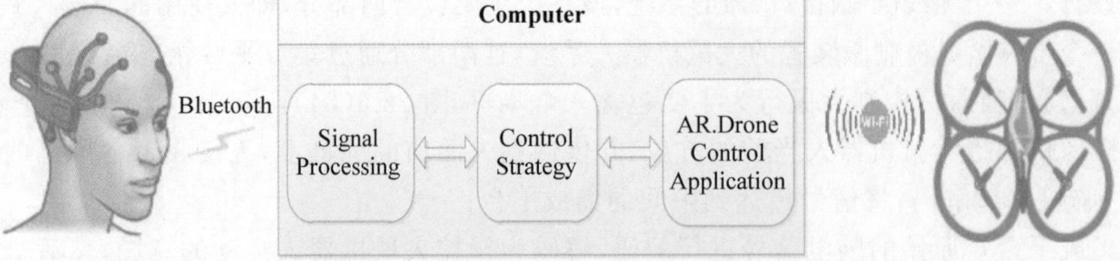

图 22.7 意念控制四旋翼无人飞行器系统架构

该系统的工作流程如下:信号处理模块评估实时脑电信号活动,以识别用户的意图;利用滤波后的脑电信号振幅作为反映事件相关去同步 ERD 特征或者作为事件相关去同步 ERS 特征,通过对不同时空模式的量化,系统可以检测到三种运动意象脑活动:左思考、右思考和推思考,并将这些脑活动转换成特定的控制命令;AR.Drone 控制应用模块从控制策略模块获取命令,通过 Wi-Fi 发送给 AR.Drone,并且 AR.Drone 会不断采集来自传感器的视频数据和运动参数。

图 22.8 展示了用户使用该系统控制无人飞行器。由此可见,对于一些行动、说话困难的人群而

图 22.8 意念控制四旋无人飞行器应用示意图

言，该系统是一个很好的助手，能够通过意念控制外部设备，不再受肢体、语言等传统输入方式的局限，可以做很多之前做起来困难或者做不了的事情，进而提高生活质量。我们在意念控制四旋翼无人飞行器的基础上实现了三个应用——游戏、探索、拍照，丰富了以上用户群体的生活，具体如下。

(1) 通过意念控制玩游戏。作者设计了一个拳击游戏，行动不便的用户和正常人都可以参与到这个游戏中，两者之间进行对抗。我们为行动不便的用户配置意念控制飞行器系统，正常人扮演"敌人"的角色，通过手持设备遥控 AR.Drone。行动不便的用户可以用"向上飞""向下飞""向前飞"来躲避敌人的进攻，用"向下飞"来压迫敌人，用"向前飞"来把敌人推出拳台边缘。第一个摔到地上或飞出擂台的一方为输者。通过意念控制飞行器，行动不便的用户群体体验到了游戏的乐趣。类似地，也可以在意念控制飞行器系统的基础上设计其他游戏，如赛跑和 VR 游戏。

(2) 通过意念控制去探索。行动不便的人群通常必须依靠轮椅、拐杖、手杖和假肢等辅助设备来获得行动能力，这就限制了他们的活动范围，例如爬山等。意念控制四旋翼飞行器可以帮助他们领略山上的风景。具体而言，该系统可以用作"望远镜"，Ar.Drone 上部署的两个摄像头捕捉到的实时视频流将通过 Wi-Fi 传输到用户面前的笔记本电脑屏幕上，可以供用户实时欣赏。

(3) 通过意念控制去拍照。类似地，人们还可以通过意念控制 AR.Drone 飞向正确的位置，调整前置摄像头的位置和角度，通过屏幕上的实时视频选择想要的场景。通过连续四次眨眼触发相机拍照的操作，照片会立即在笔记本电脑屏幕上显示。因此，意念控制四旋翼无人飞行器还可以作为移动相机进行拍照和自拍。

如上所述，意念控制四旋翼无人飞行器作为 BMI 系统的应用产物，实现了意念控制无人飞行器，在一定程度上增强了人们(尤其是在行动、语言等方面存在困难的用户群体)的感知能力，极大地改善了人们在日常生活中的交互方式。在未来，高精度的意念控制将会给人们带来更便利的生活。

22.4.4 面向小儿多动症的注意力反馈训练

浙江大学潘纲团队面向小儿多动症的用户群体提出了基于闭环脑机调控的数字游戏，用于进行此用户群体的注意力反馈训练(Wang et al., 2022)。

注意缺陷多动障碍(attention deficit hyperactivity disorder, ADHD)简称多动症，是儿童期最为常见的神经发育障碍性疾病。ADHD 儿童在学习、生活等环境中表现出与同龄儿童不相符的注意力缺陷、多动、冲动、情绪障碍等核心症状，严重影响学习、生活，给家庭和社会带来沉重负担。目前，ADHD 全球患病率为 5.6%～7.2%，我国为 6.26%。目前，ADHD 治疗方法主要包括药物治疗和行为干预治疗。药物以中枢兴奋剂为主，碍于药物的副作用及使用时限，患者治疗依从性差；而行为干预治疗则由于治疗资源的稀缺、技术水平的不统一而存在明显局限性。总体来看，当前迫切需要新的安全、长期有效、经济、普及性高的治疗方法。

数字游戏方法打破了传统对游戏娱乐的片面认知，它具有低成本高普及、副作用小等特点，已成为儿童神经发育障碍性疾病诊疗的热点研究对象。数字游戏的概念于 2013 年提出，研究成果发表于 *Nature* 杂志，研究表明，数字游戏训练能有效增强老年人的认知控制能力(Anguera et al., 2013)。以此为基础，美国 Akili 公司开发了用于治疗儿童 ADHD 的数字游戏 *EndeavorRx*，并于 2020 年成功获得美国 FDA 批准，成为首款数字药物(Pandian et al., 2021; Kollins et al., 2020)。然而，当前数字游戏仅使用行为指标作为反馈依据，缺乏对患者神经生理的跟踪与调控，临床试验的疗效有限。

另一方面，脑机接口与数字游戏的融合有望进一步提升数字疗法的疗效。早期的研究表明，将脑机接口引入游戏能在一定程度上改善 ADHD 儿童的注意力问题。但早期研究缺乏对数字游戏概念的认知，脑机接口研究者通常只关注于脑机交互方面的神经反馈训练，忽略了对数字游戏本身的任务、模态等诱发认知响应相关因素的设计与研究。目前，国内对数字游戏及脑机调控的研究仍处于起步阶段，亟待开展相关研究。综合来看，数字游戏作为一种新的儿童 ADHD 疗法已表现出巨大的应用潜力，但神经生理基础研究不充分，游戏模态及模式单一，效用不明显。脑机接口能与数字游戏形成互补，有助于极大地提升数字疗法的有效性与应用性。

为此，浙江大学潘纲团队提出了基于闭环脑机调控的数字游戏(Wang et al., 2022)，如图 22.9 所示。利用脑机接口采集大脑的神经生理信息，对患者治疗过程中行为、神经生理等指标进行实时评估，从而构建"脑在回路"的个性化、自适应数字游戏训练系统。数字游戏依据脑机接口输出做出相应调整，实现多层级闭环反馈，增强大脑认知控制功能的响应，提高神经可塑性。具体而言，行为指标包含数字游戏训练过程中对任务完成度的评估，神经生理指标可使用脑电、近红外等非侵入式神经成像手段，通过时频分析、事件相关电位等信号处理技术对患者的大脑状态进行实时评估。基于多维度的评估结果，数字游戏可以及时调整治疗策略，通过多层级反馈及时响应大脑的认知状态变化，包括多模态刺激干预、不同任务组件调整、任务参数自适应等。最终实现面向儿童 ADHD 的个性化、自适应闭环脑机调控的数字诊疗方法。

图 22.9　面向 ADHD 儿童的闭环脑机调控示意图

基于上述闭环脑机调控框架，初步设计并搭建了基于行为评估的数字游戏训练系统 DTFDA001。DTFDA001 以多任务范式作为核心设计组件。多任务范式要求患者在短时间内同时处理多种任务，涉及选择性注意力、分配性注意力、持续性注意力等多个注意力维度，从而激发大脑认知控制及注意力相关响应，期望通过多任务训练改善相关病症。然而，传统多任务训练模式没有考虑切换性注意力这一维度，因此我们进一步设计了两种多任务处理方案，如图 22.10 所示。第一个方案包括收集任务与判别任务，第二个方案包括逻辑分析任务与判别任务。通过交替训练两种多任务方案，从而实现对切换性注意力的训练。在闭环反馈方面，初步采用行为指标作为评估依据，并对任务参数做出相应调整。具体而言，当训练表现差时，则降低训练难度；当训练表现高时，则提升训练难度，通过阶梯形式的映射自适应调整任务参数，实现高效、友好的数字游戏训练。为了验证 DTFAD001 的可行性及有效性，在临床开展了面向儿童 ADHD 的数字游戏治疗研究。通过一个月的数字游戏训练干预，77 名儿童被试的临床试验显示，DTFAD001 可显著提升持续注意力行为指标，同时评估量表指标显示儿童的综合症状得到了显著改善，并且几乎没有副作用等问题。进一步的统计结果显示，持续注意力客观评估指标 TOVA-API 值提升了 2.78，相对提升 54.7%，量表评估指标 ADHD Rating Scale-Ⅳ 提升 9.5%。DTFA001 训练场景的可行性、有效性和安全性得到了初步的临床验证。脑机接口能为数字药物提供神经生理评估与反馈，构建“脑在回路”的闭环脑机调控，有望实现下一代个性化、自适应、多模态、针对不同病症的数字药物。

(a) (b)

图 22.10 DTFDA001 训练场景：(a)和(b)分别代表两种多任务方案

22.5 典型应用与未来展望

22.5.1 典型应用场景

脑机融合技术作为“生物脑”和“机器脑”有机统一的桥梁，具有非常广泛的应用场景和极高的应用价值。目前，脑机融合技术的应用主要集中在医疗康复领域。近年来，随着多学科的发展，脑机融合技术的研究领域逐渐从代替人类原有的部分功能转为增强各种感知能力，应用场景也由医疗康复逐步拓展到教育、娱乐、家居、保健、生理与心理状态监测等。本节将分别介绍医疗场景、教育场景、娱乐场景和其他场景下的脑机融合技术的典型应用案例。

1. 医疗场景

医疗领域是脑机融合技术最早的发展与应用领域，也是目前最成熟、最有市场、最广泛应用的应用领域。将脑机融合技术与现代医疗技术相结合可以进行脑机融合医疗，实现对脑神经系统疾病、神经功能损伤以及一些精神疾病等的诊断与康复治疗。脑机融合中的脑机接口技术开启了一条额外的、非常规的大脑信息输入/输出通路，从而可以绕过神经生物学上的部分回路，实现大脑与外部设备的直接交互，这对于许多运动障碍或交流障碍的脑功能障碍患者的诊疗与康复有着重大的意义。此外，脑机融合技术中使用了多种先进技术手段对大脑功能区的结构与功能进行深入解析，包括视觉、听觉、运动和语言等，这将有助于神经系统和精神系统疾病的筛查、诊断、治疗与康复等工作的开展。

在医疗诊断方面，脑机融合中的脑机接口设备可以获取患者的脑电信号，而脑电信号直接反映了神经活动模式与强度。通过对脑电信号的分析与判断，可以实现对多种脑神经系统疾病与精神疾病等的诊断。例如，由于癫痫与大脑皮层神经发育缺陷密切相关，其发作状态的典型表现为电生理异常，因此脑电信号一直被用作癫痫临床诊断的重要指标（Claassen et al.，2004；Rasheed et al.，2020）。对于意识障碍患者，可以通过脑机接口设备获取并分析患者在特定声音、图像等靶刺激下的脑电信号，从而掌握患者的意识状态，实现意识障碍诊断与评定、预后判断（Sun et al.，2023）。此外，脑电信号还可以提供其他生理信号所缺少的深入、真实的情感信息，通过对脑电信号特征的提取与分析，可以实现对于悲伤、愤怒、喜悦、平静等多种情绪的判断（Zheng & Lv，2015），从而辅助抑郁症、焦虑症等精神类疾病的临床诊断与发病机制研究（Khosla et al.，2022）。

在医疗康复方面，目前的脑机融合技术已经在肢体运动障碍、神经系统疾病、视听恢复、辅助表达等方面得到了广泛的应用。例如，通过脑机接口设备可以获取患者的运动等意图，从而实现对假肢或外骨骼等外部设备的控制或者帮助有语言障碍的患者进行交流，从而实现辅助性脑机接口治疗与日常生活协助，改善患者的生活质量。例如，Francis Willett 等（Willett et al.，2021）将微电极阵列植入一名颈部以下瘫痪的患者大脑，让患者想象写某个具体字母的动作，编码对应的神经电活动模式，利用 RNN 等机器学习方法，解码意图书写各个字母时的运动皮层中的神经活动，预测患者想要写出哪个字母，并将其实时转换为屏幕上的文字。实验结果表明，借助此类脑机接口，患者写字速度能达到每分钟 90 个字符，准确率为 94%，基本恢复了与外界交流的功能。臻泰智能公司 2020 年发布的“BMI＋VR＋医疗机器人”可辅助肢体运动障碍患者进行运动恢复训练。同时，脑机融合也可用于康复性治疗，其原理是利用中枢神经系统一定程度上的可塑性，使用脑机接口设备直接作用于大脑进行重复性反馈刺激，从而增强特定神经环路上的突触神经元之间的联系，在一定程度上实现神经修复的目的。据此原理，脑机融合可以帮助脑卒中、肌无力和脊髓损伤视神经系统疾病患者恢复运动皮层神经的可塑性，也可以针对抑郁症、焦虑症、精神分裂症等精神障碍疾病患者的相关异常大脑功能皮层进行神经调控（Al-Ezzi et al.，2020）。2020 年 12 月，上海交通大学医学院附属瑞金医院脑机接口及神经调控中心启动了“难治性抑郁症脑机接口神经调控治疗临床研究”项目，旨在通过多模态情感脑机接口和脑深部电刺激方法治疗难治性抑郁症。除此之外，还可以将脑机接口与数字游戏的融合作为一种新兴的数字药物，提升患者的注意力和专注度。

2. 教育场景

脑机融合技术在教育场景下的应用正逐步受到人们的关注，虽然相关技术仍然在发展的初级阶段，但已经有了一些成功的案例。例如，有研究指出，脑机接口技术可以帮助提升学生的注意力和专注度。通过脑机接口技术检测学生的大脑活动，可以评估他们的专注度水平。根据评估结果，相应的教育软件可以提供实时反馈和调整，帮助学生集中注意力并改善学习效果（Poulsen et al.，2017）。脑机融合技术还可以帮助制定个性化的学习方案。通过对学生脑电波的监测和分析，可以更好地了解学生的学习特点和行为模式，从而为学生量身订制更加合理的学习计划，设计更加符合自身水平的课程以及考试（Ramírez-Moreno et al.，2021，Babiker and Faye 2021）。同时，将脑机接口技术与虚拟现实（VR）或增强现实（AR）技术有效结合，可以创造出沉浸式的学习体验（Putze et al.，2020）。学生可以通过大脑活动来操纵虚拟环境中的角色或解决问题，提高学习的参与度和乐趣。除此之外，借助脑机融合技术在增强人类感知、认知功能等方面的优势，可以帮助那些无法通过传统方式进行学习的学生，例如视听障碍患者，通过脑机接口设备，他们的大脑信号可直接与计算机进行交互，帮助他们掌握基本的阅读和写作技能，实现更高效的学习。脑机融合技术在教育领域具有巨大的潜力，随着技术的不断进步和应用的深入推广，相信脑机融合技术将会在未来的教育领域中得到更广泛的应用。

3. 娱乐场景

脑机融合技术在娱乐应用方面有着广泛的应用前景，例如可以为游戏玩家提供独立于传统游戏控制方式之外的新的操作维度，实现手控、脑控等多模态共同控制，可以显著丰富游戏内涵，提升游戏体验(Cattan et al., 2020, Vasiljevic and De Miranda, 2020)。目前市面上已经出现了一些具有脑机接口技术的娱乐产品，例如 NextMind，玩家可以通过意念控制游戏中的道具和完成某些动作等。同时，未来脑机接口与 VR/AR 技术相结合，用户玩游戏时不再需要额外的外设操控设备，可以增强用户的沉浸感，从而提升游戏的趣味性。另外，脑机融合技术也可用于其他娱乐产品，例如将脑机融合技术应用于电影体验，使观众能够与电影进行更深入的互动。在不久的将来，希望能够通过不断的探索和创新将脑机融合技术应用到更加丰富的娱乐场景中。

4. 其他场景

除了上述提及的医疗、教育与娱乐场景外，脑机融合技术也逐渐走进了人们日常生活的方方面面，涵盖家居、健康监测、保健等领域。例如，加拿大缪斯(Muse)公司研制并于 2022 年上市的便携式脑电头环可以监测睡眠状态、压力水平；我国强脑科技公司研制的正念舒压(FocusZen)头环可以监测注意力集中程度；它们都可以对人们的生理与心理状态进行日常监测，从而辅助疾病的早期诊断与治疗。脑机融合技术还可以通过测量和提取人脑中枢神经系统信号，实现对外部家居设备的操控；反过来，通过外部设备也可以对神经系统产生刺激和神经反馈调控，从而使人脑与外部设备之间形成具有神经反馈调控的闭环系统，实现有机的脑机智能融合。

总体而言，脑机融合技术有着非常广泛的应用前景。随着脑机融合技术的不断发展与成熟，相信脑机融合技术在不久后的未来将为人们的生活带来更多的便利，开辟更多的可能性。

22.5.2　存在问题和调整策略

脑机接口是一种利用大脑信号来控制外部设备或系统的技术，脑机融合借助脑机接口技术将人类大脑与计算机或其他智能设备相连接，进行双向信息的交流，实现生物智能和机器智能的深度融合。目前，脑机接口技术和脑机融合技术在人机交互领域有着广阔的前景，但也面临着许多挑战和问题。以下列举了目前脑机接口技术和脑机融合技术面临的一些问题。

第一，技术层面的问题。其中包括信号采集、处理、解码、反馈等各个环节的技术难点。侵入式技术虽然能够提供更高精度和分辨率的信号采集和刺激，但也存在生物相容性、植入安全性、电极稳定性、数据传输速率等方面的难题；非侵入式技术虽然更容易被用户接受，但其信号质量受到头皮、颅骨、肌肉等因素的干扰，难以实现高效且可靠的信息传递。此外，从基础研究到应用场景的转化也存在较大困难。过去脑机交互技术的发展往往通过“拿来主义”实现，以现有技术手段寻找可使用的场景进行转化，脱离需求使得技术难以落地。在技术落地的过程中，对于关键理论和技术问题的解决略显停滞。如今，越来越多的人机交互应用场景的提出让更多的团队关注人类和市场需求，转变思路，通过需求改进技术，结合基础研究的成果解决问题，但这一过程仍需要较长时间的实验与积累。因此，在未来发展中需要不断改进硬件设备、软件算法、数据处理等方面的技术水平，提高信号采集、解码、反馈等环节的准确性、灵敏度、稳定性、便携性和实时性。

针对技术层面的问题，需要加强基础研究和应用开发，并促进跨学科合作与创新。例如，在信号采集上可以探索更多种类的生物电信号，并开发更小型化且无线化的设备；在信号处理上可以利用深度学习等人工智能技术来提升数据分析能力，并实现实时在线处理；在信号解码上可以建立更精细和个性化的大脑功能模型，并提高信号与意图的匹配度；在信号反馈上可以设计更多种类的反馈方式，并综合考虑用户的感官和情感需求。此外，还需要加强不同学科之间的交流和合作，如神经科学、计算机科学、工程学、心理学等，以促进技术的创新和突破。

第二，设备层面的问题。脑机配套设备是脑机接口和脑机融合在人机交互中应用的必要硬件，然而，我国脑机技术产业发展遇到了产业链不完整和缺乏专用供应商的阻碍，部分领域甚至受制于国外。其中，芯片领域是我国脑机产业链最脆弱的环节，受制于美国德州仪器、意法半导体等国外厂商。在消费级领域，只有美国神念科技一家公司是产业链芯片供应商。此外，该行业还面临着周期长、成本高、转换慢等问题。

为此，针对设备层面的问题，需要加强硬件技术安全研究，针对脑机交互技术应用要求开展芯片等"卡脖子"技术攻关，完善国产脑机接口产业链，保证技术、产品的自主可控和安全稳定。同时，加强设备相关技术标准的研究，在技术标准、临床试验和样本测试等方面形成统一规范，为未来不同设备之间的通信和不同的研究范式的统一标准奠定基础。

第三，安全层面的问题。其中包括用户数据安全、隐私保护、生理安全等方面。例如，如何防止用户数据被泄露或窃取；如何保证用户隐私不被侵犯或滥用；如何避免用户生理受到损害或负面影响。由于脑机接口涉及用户的大脑活动数据，这些数据可能包含用户的个人身份信息、健康状况信息、心理状态信息等敏感信息。如果这些数据被泄露或恶意利用，则可能对用户造成个人隐私泄露甚至身心伤害。因此，在未来发展中需要建立完善的数据安全保护体系，包括但不限于加密存储与传输数据、限制数据收集使用范围等措施。

针对安全层面的问题，需要制定相关的法律法规和标准规范，并建立有效的监督和管理机制。例如，在用户数据安全方面，可以参考欧盟《通用数据保护条例》等条例，制定适合我国国情的数据保护法律法规，并明确数据收集、存储、使用、共享等各环节的权限和责任；在用户隐私保护方面，可以建立针对脑机接口技术或脑机融合技术涉及的生物特征信息的专门保护机制，并设立专门部门或机构来负责监督和管理；在用户生理安全方面，可以参考相关标准规范，对脑机接口技术或脑机融合技术的设备或系统进行严格的测试和认证，并建立相应的风险评估和应急处理机制。

第四，伦理层面的问题。脑机接口和脑机融合的快速发展带来了新的伦理问题。例如，如何保证用户在使用脑机接口技术或脑机融合技术时不失去自己对行为和决策的控制权；如何界定用户在使用该技术时对自己和他人造成后果的责任归属；如何避免该技术在社会中造成不平等或歧视。脑机接口技术可以直接影响用户的大脑活动，并且能够改变用户的自我认知和自我感觉，可能会引发一系列伦理道德问题。因此，在未来的发展中需要制定合理有效的伦理道德规范和法律法规，以保障用户权益和社会秩序。

为此，在伦理层面上，需要加强相关的教育培训和社会宣传，并建立有效的沟通协商平台。在用户个人责任方面，可以通过社会宣传来普及用户对脑机接口技术或脑机融合技术使用中可能产生的后果的认识，并引导用户树立正确的道德观念和法律意识。

第五，用户体验层面的问题。将脑机接口和脑机融合技术运用到多种交互场景中，带来新的用户体验问题。例如，如何深入了解用户在不同场景下对脑机接口技术的需求；如何根据用户特征和偏好设计合适且易用的交互界面和功能；如何有效地评估脑机接口技术的交互效果和用户满意度。脑机接口技术是一种新型的人机交互方式，用户体验会受到多种因素的影响，包括信号质量、反馈效果、设备舒适度、操作便捷度等。在人机交互应用中，可能需要准确地模拟和反馈用户的生理和心理状态，并提供真实的沉浸式体验，这需要进行深入的用户体验研究和开发。因此，在未来的发展中需要进行更多的用户需求分析和用户体验评估，以提高用户的满意度和接受度。

为此，在用户体验层面上，需要加强相关的需求分析和交互设计，并建立有效的评价方法。例如，在需求分析方面，可以通过问卷调查、访谈、观察研究等方法来收集不同场景下不同类型用户对脑机接口技术或脑机融合技术应用的需求信息，并进行深入分析；在交互设计方面，可以通过原型设计、迭代测试、参与式设计等方法来设计符合用户特征和偏好的交互界面和功能，并进行优化改进；在评价方法方面，可以通过实验研究、案例研究、日志分析等方法来评估脑机接口技术和脑机融合技术应用的交互效果和满意度，并进行反馈改善。

第六，应用场景层面的问题。目前，脑机接口技术主要应用于医疗康复、游戏娱乐、教育学习等领域，在人机交互中的应用场景还有待拓展。因此，在未来发展中，可以探索更多运用脑机接口和脑机融合的应用场景和模式。随着人工智能、虚拟现实、增强现实等技术的发展，脑机接口技术也有可能在军事、艺术等领域发挥重要作用。例如，可以利用脑机接口实现对武器系统或无人机群的直接意识操控；可以利用脑机接口提升学习者或游戏玩家的认知能力和体验感；可以利用脑机接口创造出新颖而富有表现力的艺术作品。未来将有更多基于虚拟现实、增强现实、智能家居、远程监测等新兴领域开展的探索性研究，并结合其他人机交互技术，如语音识别、手势识别等，提供丰富多样且沉浸式的交互体验。

总的来说，脑机接口和脑机融合技术在人机交互中具有广阔的应用前景，但也存在技术、安全、伦理、用户体验和应用场景等方面的挑战和问题。以上这些策略可以有效地促进脑机接口和脑机融合技术的创新发展，满足不同领域和场景下不同类型用户的需求，解决一些重大社会问题，进而提升人类生命健康水平。为了推动这一技术的发展，需要不断改进硬件设备、软件算法、数据处理等方面的技术水平，建立完善的数据安全保护体系，制定合理有效的伦理道德规范和法律法规，进行适当的用户需求分析和用户体验评估，并拓展更多的人机交互应用场景。

22.5.3　未来发展方向

作为新兴的研究方向，脑机接口和脑机智能近年来无论是在理论上还是技术上都取得了显著的进步，但是也还有很多方面亟待进一步研究与探索，从而实现更好的人智交互。

(1) 认知能力的增强。现有的脑机接口和脑机融合多用于运动能力和感知能力的增强，在认知能力的增强方面仍有较大的挑战。目前，我们对认知的基础神经原理与机制相对了解较少，高级认知的过程也更加复杂，导致增强认知能力的难度较大。然而，认知能力的增强对于交互中理解人类的意图和需求是十分重要的。因此，在未来，需要充分利用当前认知神经机制方面的研究成果，实现脑机融合系统对认知能力的增强。

(2) 生物智能与机器智能的互适应学习。脑机融合的目标是实现生物智能与机器智能的深度交叉融合。可塑性变化是生物智能体学习和适应的基本保障。生物脑的可塑性变化和机器智能体算法更新的学习方式之间存在差异，使得两者的学习能力无法直接融合。然而，生物智能与机器智能的融合将极大地改善交互方式。因此，在未来，需要解决生物智能与机器智能的互适应学习中两者的融合问题，从而实现深度的脑机融合。

(3) 脑机感知设备的普适性。将脑机接口和脑机融合技术应用到人机交互领域，为人类日常生活服务，则需要脑机感知设备的普适性。目前，大多数脑机融合系统局限于医疗或者研究场所使用，导致可拓展的交互应用场景受限。因此，在未来，需要研究和设计灵活与可大规模推广的脑机感知设备，使得随时随地都可以捕捉人类的大脑活动，进而使得脑机接口和脑机融合可更广泛、更便捷地应用到人类的日常生活中。

总之，脑机接口和脑机融合技术在医疗、军事、教育、娱乐等领域具有广阔的应用潜力，但也面临着技术、安全、伦理等多重层面的难题。未来需要加强对大脑工作机制、神经编码与解码方法、神经计算模型等方面的基础研究，增强脑机融合系统的认知能力，促进生物智能和机器智能的融合，同时，开发更先进、更便捷、更安全、更普适的信号采集和处理设备，借助脑机接口和脑机融合技术实现更高效、自然、智能、普适与安全的人机交互。

参考文献

Al-Ezzi A，Kamel N，Faye I，et al. Review of EEG，ERP，and brain connectivity estimators as predictive biomarkers of social anxiety disorder. Frontiers in psychology，2020，11：730.

Anguera J A，Boccanfuso J，Rintoul JL，et al. Video game training enhances cognitive control in older adults. Nature，2013，501(7465)：97-101.

Babiker A，Faye I. A Hybrid EMD-Wavelet EEG Feature Extraction Method for the Classification of Students' Interest in the Mathematics Classroom. Computational Intelligence and Neuroscience，2021，6617462.

Cash R F H，Weigand A，Zalesky A，et al. Using brain imaging to improve spatial targeting of transcranial magnetic stimulation for depression. Biological Psychiatry，2021，90(10)：689-700.

Cattan G，Andreev A，Visinoni E. Recommendations for integrating a P300-based brain-computer interface in virtual reality environments for gaming：an update. Computers，2020，9(4)：92.

Claassen J，Mayer S A，Kowalski R G，et al. Detection of electrographic seizures with continuous EEG monitoring in critically ill patients. Neurology，2004，62(10)：1743-1748.

Demartini G. Hybrid human-machine information systems：Challenges and opportunities. Computer Networks，2015，90：5-13.

Hamedi，M.，et al. "EEG-based cognitive load and emotion recognition during learning." IEEE Transactions on Biomedical Engineering (2020).

Khosla A，Khandnor P，Chand T. Automated diagnosis of depression from EEG signals using traditional and deep learning approaches：A comparative analysis. Biocybernetics and Biomedical Engineering，2022，42(1)：108-142.

Kollins S H，DeLoss D J，Cañadas E，et al. A novel digital intervention for actively reducing severity of paediatric ADHD (STARS-ADHD)：a randomised controlled trial. The Lancet Digital Health，2020，2(4)：e168-e178.

Lebedev MA，Nicolelis MA. Brain-machine interfaces：past，present and future. Trends Neurosci，2006，29(9)：536-546.

Leuthardt E C，Schalk G，Roland J，et al. Evolution of brain-computer interfaces：going beyond classic motor physiology[J]. Neurosurgical focus，2009，27(1)：E4.

Liu W，Zheng W L，Li Z，et al. Identifying similarities and differences in emotion recognition with EEG and eye movements among Chinese，German，and French People. Journal of Neural Engineering，2022，19(2)：026012.

Pandian GSB，Jain A，Raza Q，et al. Digital health interventions (DHI) for the treatment of attention deficit hyperactivity disorder (ADHD) in children-a comparative review of literature among various treatment and DHI. Psychiat Res，2021，297：113742.

Poulsen A T，Kamronn S，Dmochowski J，et al. EEG in the classroom：Synchronised neural recordings during video presentation. Scientific reports，2017，7(1)：1-9.

Putze F，Vourvopoulos A，Lécuyer A，et al. Brain-computer interfaces and augmented/virtual reality[J]. Frontiers in human neuroscience，2020，14：144.

Ramírez-Moreno M A，Díaz-Padilla M，Valenzuela-Gómez K D，et al. Eeg-based tool for prediction of university students' cognitive performance in the classroom. Brain Sciences，2021，11(6)：698.

Rasheed K，Qayyum A，Qadir J，et al. Machine learning for predicting epileptic seizures using EEG signals：A review.

IEEE Reviews in Biomedical Engineering，2020，14：139-155.

Scangos K W，Khambhati A N，Daly P M，et al. Closed-loop neuromodulation in an individual with treatment-resistant depression. Nature medicine，2021，27(10)：1696-1700.

Sun X，Qi Y，Ma X，et al.Conformer：consciousness detection using transformer networks with correntropy-based measures[J]. IEEE Transactions on Neural Systems and Rehabilitation Engineering，2023.

Vasiljevic G A M，De Miranda L C. Brain-computer interface games based on consumer-grade EEG Devices：A systematic literature review. International Journal of Human-Computer Interaction，2020，36(2)：105-142.

Wang J，Bao M，Li W，et al. A Digital Gaming Intervention Combing Multitasking and Alternating Attention for ADHD：A Preliminary Study//Human Brain and Artificial Intelligence：Third International Workshop，HBAI 2022，Held in Conjunction with IJCAI-ECAI 2022，2022：208-219.

Wang Y，Lu M，Wu Z，et al. Visual cue-guided rat cyborg for automatic navigation [research frontier]. IEEE Computational Intelligence Magazine，2015，10(2)：42-52.

Weiland J D，Humayun M S. Visual prosthesis. Proceedings of the IEEE，2008，96(7)：1076-1084.

Willett F R，Avansino D T，Hochberg L R，et al. High-performance brain-to-text communication via handwriting. Nature，2021，593(7858)：249-254.

Wu Z，Pan G，Principe J C，et al. Cyborg intelligence：Towards bio-machine intelligent systems. IEEE Intelligent Systems，2014，29(06)：2-4.

Yin Y H，Nee A Y C，Ong S K，et al. Automating design with intelligent human-machine integration. CIRP Annals，2015，64(2)：655-677.

Yu Y，He D，Hua W，et al. FlyingBuddy2：a brain-controlled assistant for the handicapped//Ubicomp. 2012：669-670.

Zhang S，Yuan S，Huang L，et al. Human mind control of rat cyborg's continuous locomotion with wireless brain-to-brain interface. Scientific reports，2019，9(1)：1321.

Zheng W L，Lu B L. Investigating critical frequency bands and channels for EEG-based emotion recognition with deep neuralnetworks[J]. IEEE Transactions on autonomous mental development，2015，7(3)：162-175.

李锦瑶，杜肖兵，朱志亮，等. 脑电情绪识别的深度学习研究综述. 软件学报，2021，34(1)：255-276.

高上凯. 脑-计算机交互研究前沿. 上海交通大学出版社，2019.

吕宝粮，张亚倩，郑伟龙. 情感脑机接口研究综述. 智能科学与技术学报，2021，3(1)：36-48.

王跃明，吴朝晖，李远清，神经科学：第 4 章(类脑智能). 清华大学出版社，2023.

吴朝晖，俞一鹏，潘纲，等.脑机融合系统综述. 生命科学，2014，26(6)：645-649.

潘纲，张犁，李石坚，等. 智能影子 (SmartShadow)：一个普适计算模型[J]. 软件学报，2009，20(zk)：40-50.

作者简介

赵　莎　博士，特聘研究员，浙江大学计算机科学与技术学院，脑机智能全国重点实验室。研究方向：脑机接口，智能感知，普适计算。E-mail：szhao@zju.edu.cn。

王跃明　博士，教授，博士生导师，浙江大学求是高等研究院，脑机智能全国重点实验室。研究方向：脑机接口，人工智能，模式识别。E-mail：ymingwang@zju.edu.cn

潘　纲　博士，教授，博士生导师，浙江大学计算机学院，浙江大学脑机智能全国重点实验室常务副主任。研究方向：脑机智能，人工智能，普适计算。E-mail：gpan@zju.edu.cn。

第 23 章

可穿戴计算设备的多模态交互

本章导读

可穿戴计算设备可以对人体以及周围环境进行连续感知和计算,为用户提供随时随地的智能交互服务。本章主要介绍人机智能交互领域中可穿戴计算设备的多模态交互,阐述以人为中心的智能穿戴交互设计目标和原则,为可穿戴技术和智能穿戴交互技术的设计提供指导,进而简述支持智能穿戴交互的传感器种类、原理和应用,并重点介绍在不同类型传感器基础上实现的多模态智能穿戴交互技术。本章围绕可穿戴设备上的动作交互,重点介绍手指触控交互、手部动作交互、头部动作交互和眼睛动作交互等多种智能穿戴交互模态及技术。最后分析可穿戴计算设备交互技术的未来发展和挑战,希望本章可以帮助读者更好地了解可穿戴计算设备上的多模态智能交互技术的设计原则、传感器基础、多模态动作交互以及学术界在智能穿戴交互方面的最新研究进展。

23.1 引言

可穿戴计算设备指的是可以穿戴在人体身上,包括但不限于身体表面、衣服上、衣服内等的微型计算机或者计算设备、感知设备,以对人体以及周围环境进行感知和计算。由于这些设备与人体紧密相关并依附于用户身体,因此可以实现连续监测人体日常行为以及生理指标的目的。随着嵌入式硬件、传感器技术以及人工智能技术的发展,可穿戴计算已成为信息科技、医疗健康等领域重要的计算载体,支撑了运动健康等大规模、不可缺少的日常穿戴应用。2022 年,含智能手表、手环、耳机、眼镜等在内的可穿戴设备的出货量达 4.9 亿台①,成为重要的用户智能终端设备之一。

可穿戴计算的概念从 20 世纪后叶便开始频繁出现在各种科幻片中,从 1985 年上映的《回到未来》到 2002 年的《少数派报告》再到 2008 年的《钢铁侠》,可穿戴计算成为科幻电影中必不可少的元素。《少数派报告》中,汤姆·克鲁斯在未来感超强的混合现实指挥场景中使用智能手套通过手势控制显示元素的场景,为可穿戴人机交互打开了全新的一扇窗,进而成为学界和工业界一直追求的技术场景。

可穿戴计算设备的历史可以追溯到 1700 年的清朝时期,当时的算盘戒指真正实现了"掐指一算",被认为是人类历史上首个可穿戴设备。1961 年,数学家爱德华·索普(Edward O. Thorpe)和克劳德·香农(Claude Shannon)发明了多种用于赢得轮盘赌游戏的计算机计时设备,索普称自己是"可

本章作者:王运涛。

① https://www.idc.com/promo/wearablevendor

穿戴计算机"的首位发明者。20 世纪 70 年代，多伦多大学的 Steve Mann 教授展示了虚拟现实头戴设备的原型系统，并首先提出了可穿戴计算的概念。但是，由于当时的电子信息科技发展仍然有限，可穿戴计算的进步主要局限于学术界，并鲜有相应的产品问世。到了 2000 年代初，尤其是 2003 年的 CES 国际消费电子展，微软的比尔·盖茨向公众展示了智能手表的原型设计，这也标志着可穿戴计算设备正式走入大众视野。2010 年后，如 Fitbit 这样的智能健康监测设备纷纷涌现，推动了智能穿戴技术的飞速发展，并使之成为一个规模庞大的消费电子产业。这些突破性的设备加深了人们对普适计算和可穿戴交互技术的了解，为未来的技术进步奠定了基础。

可穿戴设备的形态多种多样，但是可穿戴设备的形态整体受限于人因工程要求，应在满足应用需求的同时减少对用户日常活动的影响。按照佩戴位置分类，包括腕戴设备(智能手表、智能手环等)、颈戴设备(智能项链、坐姿提醒器等)、头戴设备(智能眼镜、智能头盔等)、耳戴设备(智能耳机、降噪耳机等)以及四肢、躯干佩戴设备(智能腰带、智能胸带等)。不同的设备形态通常对应着不同的功能，例如，佩戴在手腕上的可穿戴设备通常具有心率检测的功能，捆绑在四肢上的可穿戴设备通常具有运动监测的功能，而头戴式设备则通常可以提升使用者的视觉或者听觉能力等。

可穿戴计算设备具备以下几个基本特点：(1)穿戴便携性，可穿戴设备设计为直接佩戴在身体上或与服装和配饰相结合，通常由轻量化的供电系统、计算单元以及感知单元组成，具有随身携带并在移动过程中使用的能力；(2)连续感知性，可穿戴设备通常具有多种传感器，通常可以持续地对用户生理指征、动作行为以及环境因素进行连续感知以及数据获取；(3)随时随地性，可穿戴设备旨在实现随时随地智能服务的提供，同时在尽量不影响用户的日常行为前提下实时收集、处理和分析用户数据，以提供及时的反馈、建议和预警；(4)用户个性化，可穿戴设备可以根据用户的需求和偏好进行订制，提供高度个性化的应用和服务。

以上可穿戴计算设备的特点使得传统基于鼠标的二维表面的指点交互不再适用，按照可穿戴设备的形态以及使用场景逐渐形成触控、手势、眼动、语音等多模态交互范式。亟需随时随地、轻便易用的新型感知与交互技术的创新。近些年，学术界与工业界采用"以人为中心"的设计理念，以人工智能、传感器技术为基础，一方面创新了可穿戴计算设备上的多模态交互技术，逐步实现可穿戴设备上人机之间有效的信息传递，解决了可穿戴计算设备无法交互的问题；另一方面，可穿戴计算设备的特点也为新型的交互技术提供了感知与计算基础，为人机交互技术的创新提供了支撑。以上两点逐步推动了可穿戴计算领域的蓬勃发展，使得智能穿戴交互成为人机智能交互的重要研究问题之一。

23.2　以人为中心的智能穿戴交互设计

"以人为中心"的设计思想是智能穿戴交互的重要设计原则，即将人置于设计过程的中心，以满足用户需求为目标，本节以智能穿戴交互为核心，重点介绍智能穿戴交互的设计目标与设计原则，考虑用户的认知、情感和行为，通过交叉应用多个领域的知识，包括工效学、心理学、计算科学、传感器技术、软件设计开发、时尚设计、人工智能、人因工程、电子工程、分布式网络等，实现自然高效的智能穿戴交互体验。

1. 智能穿戴交互的设计目标

智能穿戴交互旨在实现人与可穿戴设备之间高效自然的信息交换，满足佩戴者的需求，帮助用户更轻松、更高效地完成任务，设计目标包括以下几点：(1)交互自然高效性最大化，智能穿戴交互脱离了特定空间与接口，需要兼顾交互的自然性与高效性；(2)交互随时随地可用，智能穿戴交互需要可以随时随地提供可穿戴计算设备的交互能力，保证交互技术始终在线；(3)用户注意力占用最小化，智能穿戴交互需要尽可能少地占用用户注意力，降低用户与可穿戴设备之间交互的认知负荷；(4)用户双手占用最小化，智能穿戴交互需要支持无须手部操作的交互模态；(5)情境感知的交互界面自适应化，智能穿戴交互需要具有上下文感知能力，建模佩戴者自身及其周围环境状态，进而相应地做出信息反馈。

2. 智能穿戴交互的设计原则

为了提高用户对可穿戴设备的接受度与持续使用率，其交互界面必须采取一系列设计原则，这些原则可以帮助设计者在设计、开发和评估阶段进行有效的迭代，以不断优化用户界面和用户交互。为此，Dibia 等围绕智能穿戴技术提出了以下六个设计原则，本节在此基础上进一步补充，形成了以下十个设计原则，并将十个原则按照信息技术手段实现交互能力增强、交互满足用户个性化需求与偏好、提升交互高效性与用户友好性、高效调度穿戴设备的计算功耗以及保护用户隐私并提升用户的信任度五方面进行如下归类。

1) 信息技术手段实现交互能力增强

原则 1：感知驱动的智能交互

通过人工智能赋能传感技术扩展可穿戴设备的有限交互空间，例如，可以利用触摸手势(如轻敲、滑动、捏和缩放)、动作和语音作为输入命令，进而扩展可穿戴设备上的交互能力。

原则 2：计算负荷可动态转移

由于可穿戴设备的固有限制，复杂或资源密集型任务应尽可能地转移到其他具有更高处理能力的设备上。例如，可穿戴设备可以将诸如音频采样或数据处理等高计算负荷的任务在连接的智能手机或平板电脑上执行，仅将最终结果呈现给用户。

原则 3：具备补充或增量价值

可穿戴应用程序的价值取决于它在执行重点任务时的表现，这种基于性能的价值可能来自特定情境的应用程序或软件过滤。例如，专用于跟踪运动计划的可穿戴设备比较于其他智能设备在健身房中使用时更方便。

2) 交互满足用户个性化需求与偏好

原则 4：遵从可穿戴视觉规范

智能穿戴交互界面应该设计成符合穿戴时尚与用户心理的期望。例如，智能手表的表盘应该被设计成既有意义又优雅，佩戴者在公共场合中使用时感到舒适，不会因为硬件或软件的设计决策而感到尴尬或不适。

原则 5：应用功能独立个性化

可穿戴设备的每个交互式应用程序应该明确开发，以满足特定和明确定义的用户需求，而不是具有多个功能的通用应用程序，应用程序应该与特定的结果和专用功能相关联，以便它们对特定的用户群体具备个性化适配能力。

原则 6：考虑用户的背景差异

用户存在包括文化在内的背景差异，这直接影响着用户对交互界面的感受、交互效率与交互满意度，因此，设计者需要深入考虑潜在用户的背景差异及其在使用设备时是否会遇到不同的困难。

3）提升交互高效性与用户友好性

原则 7：信息呈现需高效易懂

无论使用哪种交互模式，可穿戴设备上的交互反馈方式都应该设计成易于阅读的，在简短的一瞥中便可以理解，并能通过简单的用户操作高效响应。

原则 8：降低用户的认知负荷

受限于可穿戴计算设备的随时随地服务特性，用户与可穿戴计算设备在交互过程中可能需要同时操作多项任务，因此智能穿戴交互需要以消耗用户较低的注意力水平为原则，通过简单有效的方式完成人与设备之间的信息交换。

4）高效调度穿戴设备的计算功耗

原则 9：权衡交互功能与功耗

可穿戴设备的计算能力有限且体积小，交互功能受限于电源消耗以及散热等问题，丰富的交互功能需要调用更多的传感器与算力，导致功耗与发热问题严重，因此设计者需要根据实际需要在交互能力以及功耗之间做出取舍。

5）保护用户隐私并提升用户的信任度

原则 10：数据安全与隐私保留

用户需要提供相应的数据来享受智能交互服务，设计者需要以隐私数据最小化使用为原则，确定数据类型、访问权限、用户对数据可用性的偏好、数据保留时长等多维度特征，并确保交互界面符合法规的标准，从而提升用户对设备的信任程度。

以上十个设计原则相互支持和补充，旨在提供优化的智能穿戴交互体验，从不同角度综合考虑用户需求、技术限制和界面设计的因素（图 23.1）。

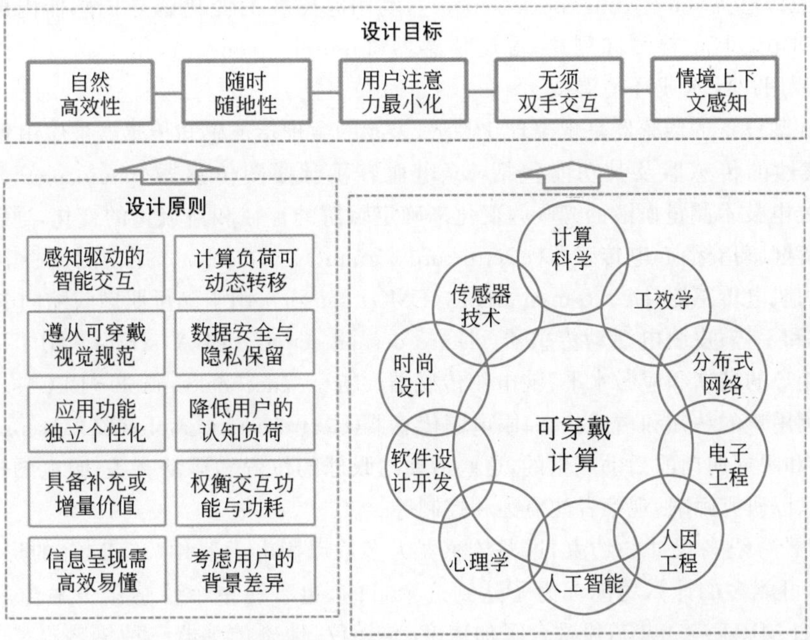

图 23.1　智能穿戴交互技术的设计目标、设计原则以及学科组成

23.3 智能穿戴交互的传感器基础

传感器是可穿戴设备的核心组件，是智能穿戴交互技术的基石，其作用是实时监测、采集、分析和处理来自用户与环境的多种数据，其性能和准确性直接影响着可穿戴设备的交互功能和用户体验。随着技术的进步和市场需求的变化，可穿戴设备上已经内置多种类型的传感器，同时新型传感器技术也快速发展，这些传感器为可穿戴设备的发展带来了更多的可能性，也为用户提供了更加丰富和精准的数据与服务。本节将简要介绍智能穿戴交互所需传感器的种类、原理以及应用场景。

可穿戴设备的传感器根据功能可分为感知环境信息和佩戴者信息两种，常见的传感器及其功能包括：视觉摄像头（camera），用于获得视觉图像，包括但不限于 RGB 图像、深度图像、温度图像等，或者多种图像的融合；麦克风（microphone），用于拾取用户或者环境中的声音，主要应用包括语音获取、语音识别、环境噪声检测等；加速度计（accelerometer），用于测量可穿戴设备在三个轴上的加速度，通常用于检测物体的移动和方向变化；陀螺仪（gyroscope），用于测量可穿戴设备的旋转角速度，通常用于检测其方向变化；地磁传感器（compass），用于测量磁场的强度和方向，通常用于检测可穿戴设备的方向和位置；光学传感器（optical sensor），用于测量光线的强度和颜色，通常用于检测环境光照和用户手势；全球定位传感器（GPS），用于获得用户的位置信息；接近传感器（proximity sensor），用户感知可穿戴设备距离特定物品或者遮挡物的距离；电容触控传感器（touch sensor），用于获取、识别用户触摸动作或者在特定二维表面的触摸位置；骨导拾音器（bone conductive microphone），用于在高风噪或者噪声下拾取清晰的用户声音；压力传感器（pressure sensor），用于获得所施加在可穿戴设备上的接触式压力值；温度传感器（temperature sensor），用于测量可穿戴设备的温度，通常用于检测人体温度或环境温度；电磁传感器（electromagnetic sensor），利用电磁场的变化诱导传感器内部的电压和电流变化，从而实现对电磁场的检测和测量；湿度传感器（humidity sensor），用于测量物体周围空气的湿度，通常用于检测用户汗水或环境湿度。

近些年，可穿戴设备的传感器呈现生理化趋势，多元的生理指征感知传感器被应用到可穿戴设备中，其中比较有代表性的传感器及其功能包括：光电血容积脉搏图传感器（photo plethysmogram（PPG）sensor），其通过光电技术测量血液的光吸收变化来确定脉搏的存在和血流量的变化，通常被用于检测心率、血氧饱和度等健康指标；心电传感器（electro cardio gram（ECG）sensor），用于测量心电图信号，以检测心脏的健康状况；肌电传感器（electro myo graphy（EMG） sensor），用于测量肌肉收缩的电信号，通常用于检测用户的动作和手势；皮肤电活动传感器（electro dermal activity（EDA）sensor），用于测量用户的皮肤电活动，以检测用户的情绪和应激水平；脑电图传感器（electro encephalo graphy（EEG）sensor），用于测量脑电信号，以监测用户的认知和情感状态；眼电图传感器（electro oculo graphy（EOG）sensor），眼睛表面的电位差是由眼球和眼周肌肉的活动产生的，这些活动与眼球的位置和运动有关，眼电图传感器用于测量上述眼睛电活动，以研究睡眠、观察者注意力和控制等。

受到可穿戴计算设备尺寸的约束，这些传感器大多数以微电子器件（MEMS）的形态存在，在最小的体积上承担尽可能多的计算功能。为了达到这个目的，也有在单个传感器中融合多种传感功能的微电子器件，例如 MPU 9250[①] 芯片融合了加速度、陀螺仪、地磁传感器三种传感器。

表 23.1 列举了本章中可穿戴设备上传感器支持的交互模态以及涉及的相关工作。其中，视觉传

① https://invensense.tdk.com/products/motion-tracking/9-axis/mpu-9250/

感器主要用于捕捉环境中的光学信息，包括颜色、形状、纹理等，可以获取信息丰富，在智能穿戴交互相关工作中占比最大，支持手部动作交互、手指触控交互、头部动作交互、眼睛动作交互以及生理信号驱动的交互等多种智能穿戴交互模态，在人工智能与信号处理等技术的使能下，支持手形重构(Borghi et al., 2020)、指点位置识别(Harrison et al., 2012)、眼睛注视位置判定(Sidenmark et al., 2020; Yi et al., 2022)、头部朝向追踪(Borghi et al., 2020)等基础性的人体动作数据的获取、处理与识别，包含加速度、陀螺仪、地磁传感器在内的运动传感器因其尺寸小、敏感度高等特点，在智能穿戴交互同样发挥重要作用，不仅实现身体大幅度动作的识别与交互(X. Xu et al., 2021)，也实现了腕部精细动作追踪(Sun et al., 2017)、任意桌面指点识别(Gu et al., 2019)、食指微型键盘(Liang et al., 2023; Liang, Yu, Qin, et al., 2021)等精细化的动作重构。麦克风获取空气等介质中的声波实现声音信号的获取，在智能穿戴交互中被广泛应用在语音交互领域(Fan et al., 2021; Qin et al., 2021)，此外也被赋能为用户动作与生理行为的连续智能感知单元，实现精准的距离追踪，支持头部运动追踪(Wang, Ding, et al., 2022)、手部运动追踪(Zhuang et al., 2021)、用户日常健康行为追踪(Christofferson et al., 2022; Wang, Zhang, et al., 2022)等功能，特别地，骨传导麦克风可以采集通过人体骨骼传导的声音，能够应用于环境噪音大的场景中，例如通过对骨传导麦克风采集的音频信号进行扩频，实现了音频质量的显著提升，为用户带来更好的听觉体验(Y. Li et al., 2023)。如温度、湿度、气压、光照等环境传感器主要用于监测周围环境的各种参数，进而帮助用户更好地了解周围环境，并根据实际需求调整设备的设置和功能。光电血容积脉搏图传感器、心电传感器等生理信号感知器支持生理参数的实时监测，在健康运动监测以及心理状态感知等领域有广泛应用，同时也被应用到用户动作的识别中，例如，Shen 等提出了一种使用肌电(EMG)传感器检测牙齿咬合来控制 AR 中的目标选择的方法(Shen et al., 2022)，通过分析用户的牙齿咬合产生的肌电信号，实现了对 AR 环境中目标的快速、准确选择，提高了 AR 应用的交互性能。

表 23.1 本章节智能穿戴交互技术涉及的传感器类型

传感器类型	支持的对应交互模态	本章涉及的相关研究工作
视觉摄像头(camera)	手部动作交互、手指触控交互、头部动作交互、眼睛动作交互、生理信号驱动的交互、默语交互等	(Borghi et al., 2020; Bulling et al., 2008; Esteves et al., 2015b; Harrison et al., 2012; Hu et al., 2022; Jacob, 1990; Kirst & Bulling, 2016; Liang, Yu, & Wei, 2021; Lindlbauer et al., 2019; Mueller et al., 2018; Pfeuffer et al., 2017; Scholtes et al., 2019; Shen et al., 2022; Sidenmark et al., 2020; Sidenmark & Gellersen, 2019; Sidorakis et al., 2015; Tang et al., 2019; Velloso et al., 2015; Wang et al., 2016; Weng et al., 2021; Wu et al., 2020; C. Xu et al., 2017; Q. Xu et al., 2014; Yi et al., 2022; Yu et al., 2019; T. Zhang et al., 2020)
运动传感器(加速度、陀螺仪、地磁传感器)(motion sensor)	手部动作交互、手指触控交互、头部动作交互、生理信号驱动的交互等	(Bari et al., 2020; Ferlini et al., 2019; Gu et al., 2020; Kundinger & Riener, 2020; Laput et al., 2016; Liang et al., 2023; Liang, Yu, Qin, et al., 2021; Scott et al., 2010; Shi et al., 2020; Sidenmark & Gellersen, 2019; Velloso et al., 2015; X. Xu et al., 2021; Yan et al., 2018, 2020, 2023; X. Zhang et al., 2011; Zhong et al., 2007)
麦克风(microphone)	手部动作交互、头部动作交互等	(Ahuja et al., 2020; Christofferson et al., 2022; Fan et al., 2021; Kuzume, 2012; Qin et al., 2021; Wang, Ding, et al., 2022; Wang, Zhang, et al., 2022; X. Xu et al., 2020; Y. Zhang et al., 2019; Zhuang et al., 2021)

续表

传感器类型	支持的对应交互模态	本章涉及的相关研究工作
光电血容积脉搏图传感器(photo plethysmogram sensor)	手部动作交互、生理信号驱动的交互等	(Kundinger & Riener, 2020; Sun et al., 2017)
肌电传感器(electro myography sensor)	手部动作交互、眼睛动作交互、舌控交互等	(Nguyen et al., 2018; Shen et al., 2022; X. Zhang et al., 2011)
电容触摸传感器(capacitive touch sensor)	手指触控交互、肢体动作交互、舌控交互等	(Funk et al., 2014; Kubo et al., 2017; R. Li et al., 2019; Oney et al., 2013; Wang et al., 2019; Yi et al., 2017; Yu et al., 2016)
眼电图传感器(electro oculography sensor)	眼睛动作交互	(Bulling et al., 2008)
电磁传感器(electro magnetic sensor)	手部动作交互、眼睛动作交互、默语交互等	(Sahni et al., 2014; Whitmire et al., 2016)
心电传感器(electro cardiogram sensor)	生理信号驱动的交互等	(Bari et al., 2020; Kundinger & Riener, 2020)
皮肤电活动传感器(electro dermal activity sensor)	生理信号驱动的交互等	(Kundinger & Riener, 2020)

随着科技的发展,传感器的性能将不断提高,尺寸将越来越小,能耗将越来越低,这将为可穿戴设备的设计和功能带来更多的可能性。通过将不同类型的传感器融合在一起,可穿戴设备将能够实现更加全面和精确的数据采集、分析和处理。例如,结合视觉、声音、生物识别等多种传感器技术,可穿戴设备将能够实现更加高效和智能的人机交互(Jaimes & Sebe, 2007)。借助传感器技术,可穿戴设备将能够为用户提供更加个性化和定制化的服务。例如,基于用户的生理参数、健康状况、运动习惯等数据,为用户提供定制化的健康管理和运动建议。随着可穿戴设备的普及,用户对数据安全和隐私保护的关注度也在不断提高。未来,传感器技术将需要在数据采集和传输的安全性、可靠性和隐私性方面取得突破,以满足用户的需求。

23.4 可穿戴计算设备上的多模态交互

可穿戴计算设备上的多模态交互是指通过多种输入方式及其组合进行与机器进行高效的信息交换(Jaimes & Sebe,2007),输入方式包括语音、手势、触摸、眼动等多种模态。这种交互方式可以让用户更加自然地与设备交互,并且适应不同的场景和需求,以提供更加自然、高效、灵活的交互体验(图 23.2)。

目前,可穿戴计算设备上的多模态交互主要利用手指触控、手形手势、头部动作、眼动行为及其他不同动作的交互模态表达用户的交互意图。手形追踪与手势识别相较于传统触控,其交互场景和模式更加

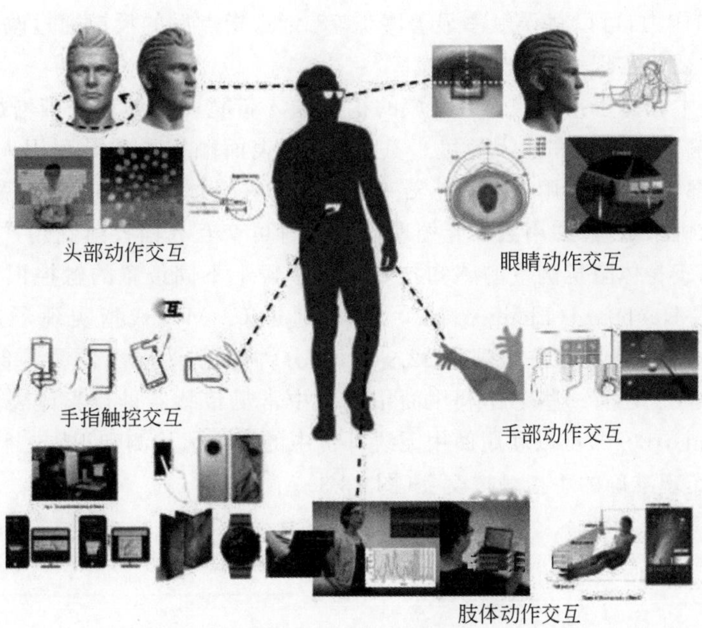

图 23.2　可穿戴设备上的多模态动作交互

丰富，相关研究旨在利用摄像头、惯性测量单元(IMU)等多种传感器感知手部的位置及动作，理解用户交互意图并对交互对象进行操作与控制。利用头部运动进行交互的研究主要包括基于视频和基于音频的头部追踪方法，即通过追踪用户的头部运动及面部朝向，实现多种自然高效、解放双手的交互应用。眼动作为自然的交互模式之一，相关研究集中在眼动追踪算法和眼动交互技术。眼动追踪算法包括物理方法和视觉方法；眼动交互技术可以分为显式和隐式交互，其中显式交互主要用于指点，但存在“点石成金”的问题，需要采用凝视时间、眼动姿态和跟随、眼转动和眼前庭眼动反射、多模态等方法来解决。除此以外，当前可穿戴计算设备的交互研究还包括身体其他部位动作交互、生理感知驱动的交互以及情境感知驱动的交互等方面，进一步丰富了交互场景，提高了用户交互的自然性和高效性。

23.4.1　手指触控交互

手指触控交互是可穿戴计算设备上重要的交互方式之一，主要是通过手指在特定表面上轻触或滑动来进行交互。但因为可穿戴设备触控表面本身尺寸有限，手指触控交互受到“胖手指”问题困扰，误触问题严重，显著降低了交互效率与用户体验。为了研究和解决“胖手指”问题，最新研究工作基于贝叶斯推理等人工智能算法以及智能感知技术创新了系列高效手指触控交互技术，包含以下两种研究思路。

通过人工智能算法实现原有受限表面手指触控的准确推理。其中，智能手表上的手指触控交互是典型应用，为了研究和解决“胖手指”问题，最新研究工作基于贝叶斯推理等智能算法在智能手表上创新了系列高效手指触控交互技术。Yi 等对微型 QWERTY 键盘上的打字能力进行了研究(Yi et al.,2017)，通过建模用户在键盘上的指点空间特征，引入二元组语言模型以及触摸模型纠正用户输入错误，提出了基于贝叶斯推理的微型 QWERTY 键盘上高效的文本输入方法，输入速度最高可达 33.6 单词/分钟。ZoomBoard(Oney et al.,2013)通过对键盘进行触控后的放大效果来解决“胖手指”引入的目标看不见、点不准的问题，显著增加了目标点击的准确性。Yu 等(Yu et al.,2016)研究了手指指点后的反馈对用户触控指点效能的影响，通过显示用户抬起手指前在触摸屏的位置，以此增加用户对手指触控位置的感知能力，可以将误触率显著降低 78.4%，指点后的反馈通过改善关于手指/点映射的理解和触摸点的可视化实现手指动态调整。

通过智能感知技术拓宽手指触控输入区域的扩展输入带宽。例如在表带增加可触控区域（Funk et al.，2014）以提升输入准确性和输入速度。其中，身体表面触控指的是利用人体表面作为输入区域，如手掌、手臂、脸部等，通过使用多源传感器来捕捉用户在身体表面的指点位置。例如使用安装在天花板上的红外摄像机来定位，并用数字光处理投影仪将可交互界面投射到用户的四肢上（Harrison et al.，2012），或者基于身体阻抗测量的感知技术实现手臂上不同位置的触控识别，实现肢体表面的手指触控定位。DRG-Keyboard（Liang et al.，2023）通过双 IMU 戒指实现了拇指-食指滑动微型 QWERTY 键盘，通过弹性匹配算法实现了 12.9 单词/分钟的输入速度，同时具备细腻度、准确性、良好的触觉反馈和可用性。还有一些工作利用商用设备中常见传感器进行身体表面触控的检测，例如 EarBuddy（X. Xu et al.，2020）可以利用商用无线耳机中的麦克风检测和识别在脸部和耳朵附近手指的敲击和滑动操作，实现准确的手指触控交互（图 23.3）。

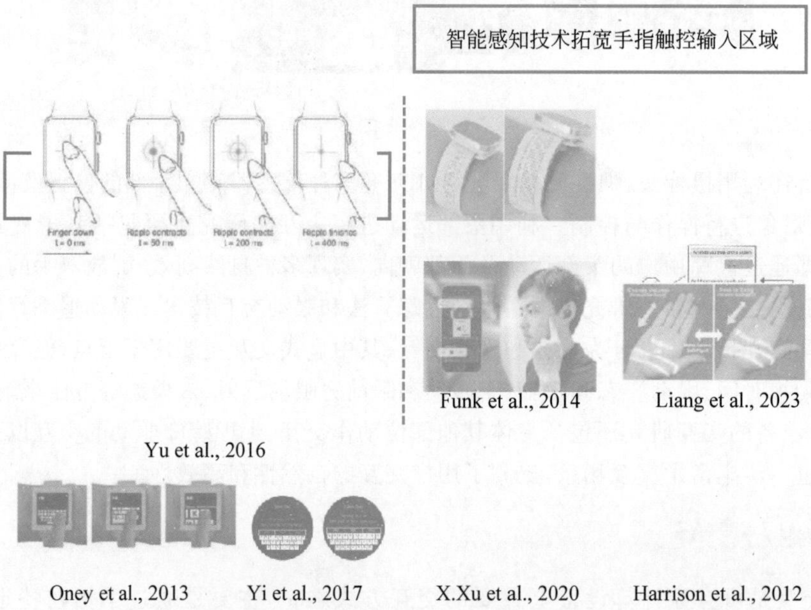

图 23.3 可穿戴设备上手指触控交互的两类技术方案以及代表性工作

23.4.2 手部动作交互

手形追踪和手势识别是在可穿戴计算设备上多模态交互的重要组成部分，其目的是通过追踪和识别手部的三维位置和姿态以及手势来实现对交互空间的操作和控制。现有研究工作主要采用的传感器包括视觉摄像头、惯性测量单元（IMU）等，这些传感器可以感知手的位置、动作、触摸等信息。

基于视觉摄像头的手形追踪与手势识别的研究最为广泛，因为视觉传感器具有捕获像素级图像特征的强感知能力。大量研究工作围绕桌面电脑或者固定位置的手形追踪，在远端摄像头上实现基于人工智能的精确手形追踪方法，如手部关键点检测等，这些方法包括机器学习方法（Mueller et al.，2018）和基于统计模型的方法（C. Xu et al.，2017），旨在利用手的结构约束或/与图像的局部特征从原始图像中提取手部姿势的特征，进而对手形进行建模，但是受限于需要捕捉到整个手部，故无法高效支持穿戴式的手形追踪与手势识别应用。在基于视觉摄像头的穿戴式的手形追踪技术中，

SkinMotion(Wang et al., 2016)和 Back-Hand-Pose(Wu et al., 2020)提出将摄像头安装在手腕处,沿手背方向拍摄,从手背图像(带/不带光学标记)中捕捉手部形变并实现高精准度的手形追踪。HandSee(Liang, Yu, & Wei, 2021)通过在智能手机的前置摄像头上增加镜头结构,可以捕捉用户触摸或握持智能手机时双手的状态和手势。FaceSight(Weng et al., 2021)在 AR 眼镜上安装了一个朝下的红外摄像头,通过基于面部标志分割和识别手部来捕捉手在脸部的交互手势,增强了增强现实眼镜的输入能力(图 23.4)。

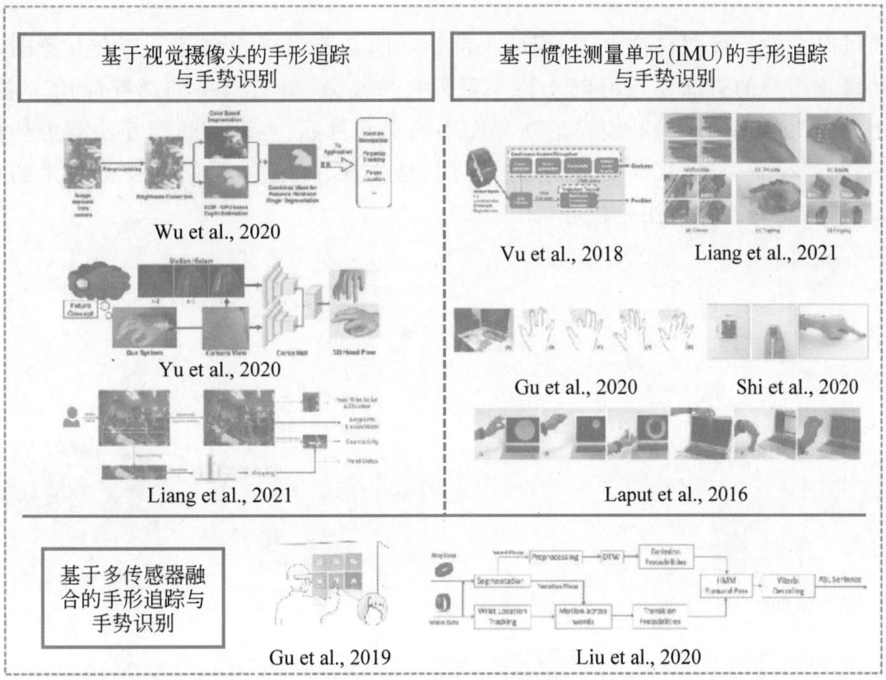

图 23.4 可穿戴设备上手形追踪与手势识别技术方案以及代表性工作

由于有限的分辨率和运动模糊,基于视觉摄像头的手形追踪与手势识别方法无法支持轻便快捷的可穿戴应用需求,并且对光照条件、遮挡等环境因素较为敏感,相关方法在鲁棒性和泛化能力方面存在局限性。基于惯性测量单元的手势识别方法具有捕获微振动和细微姿态变化的独特能力,弥补了基于视觉感知方法的缺陷。Shi 等(Shi et al., 2020)提出了一种基于 IMU 检测用户的手指是否与静态平面保持接触的方法,识别精度达 95%以上,并且可以在用户之间普遍适用。进一步地,QwertyRing(Gu et al., 2020)使用 IMU 指环,通过检测手对表面的触摸事件和旋转角度,支持任意物理表面上的微型 QWERTY 键盘输入,在输入过程中,用户无须专注于监控手部动作,达到了 20.59 单词/分钟的输入速度。Viband(Laput et al., 2016)根据商用智能手表上的 IMU 捕获的高频生物声学信号识别手对手以及手对物体的交互过程中的手势,并通过手部接触实现编码振动信号传输,支持丰富的交互应用。Lu 等(Lu et al., 2020)用双腕佩戴的 IMU 测量双手的相对姿态并检测同步振动信号,从而识别用户手对手的手势,14 种手势的识别率达 94.6%,比单侧佩戴的准确率显著提升。FingerPing(Zhang et al., 2018)使用麦克风与喇叭实现的扫频技术,通过分析声学共振特征来识别各种精细的手指触控任务,可以高准确率地区分多达 22 种手势。DualRing(Liang et al., 2021)通过将两个 IMU 戒指固定在用户的拇指和食指上,不仅可以感知相对于地面的绝对手势,还可以感知手部各个段之间的相对姿势和运动,支持手内交互、手表面交互和手与物体交互三种交互模态,具备易用性、高效性和新颖性的特点。

为了进一步提高交互的智能、高效和自然性，相关工作研究了多传感器融合的手形追踪与手势识别方法，弥补了单一传感器的感知局限性。Gu 等(Gu et al., 2019)将手指佩戴的 IMU 与头戴式摄像头相结合，以检测触摸事件和触摸位置。FinGTrAC(Liu et al., 2020)通过佩戴在手指和手腕上的智能戒指和智能手表进行手势追踪，并结合贝叶斯滤波框架和隐马尔可夫模型实现手指姿态识别，该算法尝试解决了噪声干扰、用户间手势差异和不完全手指数据等问题。

23.4.3 头部动作交互

头部朝向可以高效指代用户注意力，因此头部运动隐含着用户的注意力与交互意图，通过追踪用户的头部运动以及用户的头部姿态可以支持一系列自然高效、解放双手的交互应用。之前的研究工作通过追踪用户的头部朝向来推断用户的在界面中的交互目标、多设备间交互注意力切换、用户认证等功能，支持一系列智慧家居、移动交互场景的应用，是注意力自适应的智能交互技术的重要模态，其中，用户头部动作的智能追踪方法是核心(图 23.5)。

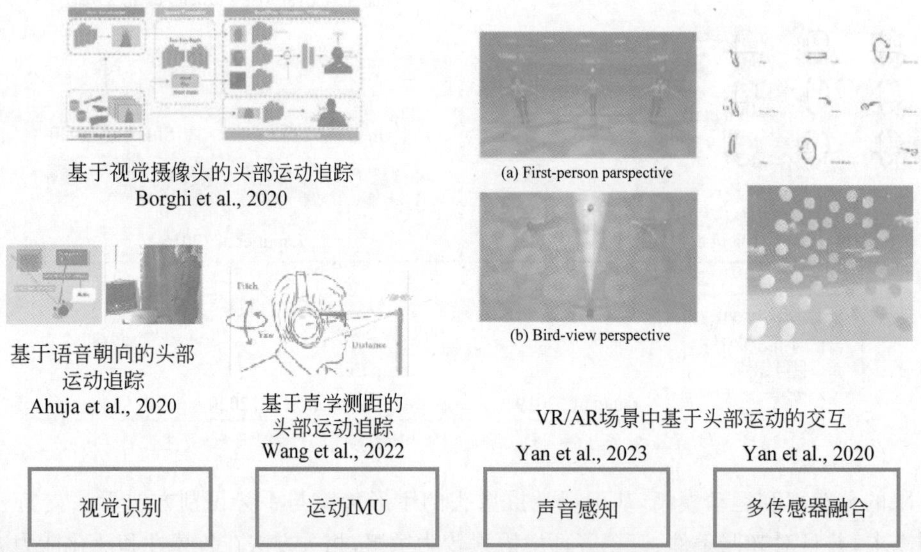

图 23.5 可穿戴设备上头部动作追踪与技术方案以及代表性工作

一种直接的解决方案是基于视觉摄像头的头部动作追踪方法，通过获取 RGB 摄像头或者深度摄像头的信息，并将数据输入深度神经网络等人工智能模型来估计用户的头部姿态输出的偏航角、俯仰角、滚转角等信息(Borghi et al., 2020)。虽然该类方法追踪准确性高，但存在严重的视觉隐私问题，并且不适用于智能手表等没有摄像头的可穿戴设备。此外，基于惯性测量单元的追踪也被广泛研究。但由于加速度计、陀螺仪有严重的漂移问题，且部分设备因惯性传感器少而难以进行有效校准，基于惯性测量单元的方法存在随着追踪时间的增长而精度下降、受放着位置影响大等问题(Ferlini et al., 2019)。因此，相关研究工作创新性地提出多种其他头部动作追踪与识别方法，其中基于音频的方法通过分辨用户的说话朝向或者通过声学测距来进行几何计算，对用户的头部朝向进行估计。关于基于用户语音朝向的方法，相关工作通过环境中的分布式麦克风来收集音频信息，并通过语音传播特征分析以及神经网络等方法来判断用户朝向的角度和设备(Ahuja et al., 2020)。关于基于声学测距的方法，FaceOri(Wang, Ding, et al., 2022)利用智能手机等商用设备上的扬声器发出超声信号，通过用户佩戴的商用降噪耳机上的麦克风接收该信号，处理得到耳机上麦克风到发声的智能设备的距离，进而使用降噪耳机上多麦克风阵列得到多个距离信息，完成用户头部与发声智能设备的朝向的计算。该工作可以用于捕捉用户的行为和头势输入，以及支持用户注意力自适应的交互技术，能够使交互过程更高效、交互体验更以人为中心。

考虑到头部运动可以在不占用双手且不分散注意力的情况下实现交互，因此除了在物理世界中辅助智慧家居等应用外，它也常被应用于 VR 和 AR 场景中。最近的一项研究，ConeSpeech（Yan et al., 2023）通过追踪用户的头部运动来确定一个用户面前的锥形区域，只有在这个区域内的听众才能听到用户说话。这种方式可以减少用户间的干扰并防止偷听，同时支持定向语音投放、可调节投放范围和多投放区域，从而促进了 VR 中语音交流的便捷性和灵活性。HeadCross（Yan et al., 2020）通过追踪头部运动来控制指针并选择目标。用户只需通过头部运动将指针移至目标，然后返回并跨越目标边界即可完成选择，这样既提升了交互效率，又减轻了用户的疲劳感。HeadGesture（Yan et al., 2018）是一种与头戴设备交互的方式，支持通过头部动作来完成简单的手势以和设备交互，相较于基于手部手势的方法，该方式不仅可以解放用户的双手，还能减轻用户的疲劳感。

23.4.4 眼睛动作交互

在人机交互领域，眼动被视为最自然的交互模态，有三种类型：(1)注视是指眼球在特定的点上停留，用于观察细节；(2)扫视是指眼球在物体上做快速而流畅的运动，用于搜寻目标；(3)漂移是指眼球在注视和扫视之间做微小的、随机的运动。眼动追踪技术能够检测到这些运动并记录下它们的轨迹。眼动追踪技术能够在三个层级检测到这些运动并记录下它们的轨迹：(1)低级微动事件（high ly-detailed low-level micro-events），包含用户眼睛扫视和抖动等精细的无意识运动，主要用于研究用户生理能力和心理状态；(2)低级有意事件（low-level intenional events），包含持续注视和视线重复访问行为，主要用于研究用户兴趣点；(3)粗粒度有意事件（coarse-level goal-based events），包含用户有意的注视和眼球运动，主要用于用户主动交互。眼动行为追踪与识别相关研究工作主要分为眼动追踪方法和眼动交互技术（Majaranta & Bulling, 2014）。在可穿戴设备中，眼动主要应用在头戴显示器（虚拟现实头显和增强现实眼镜）上（Esteves et al., 2015a），也有一些辅助智能手表交互（Esteves et al., 2015）或与智能手表相结合的多模态交互工作（图 23.6）（Bâce et al., 2016）。

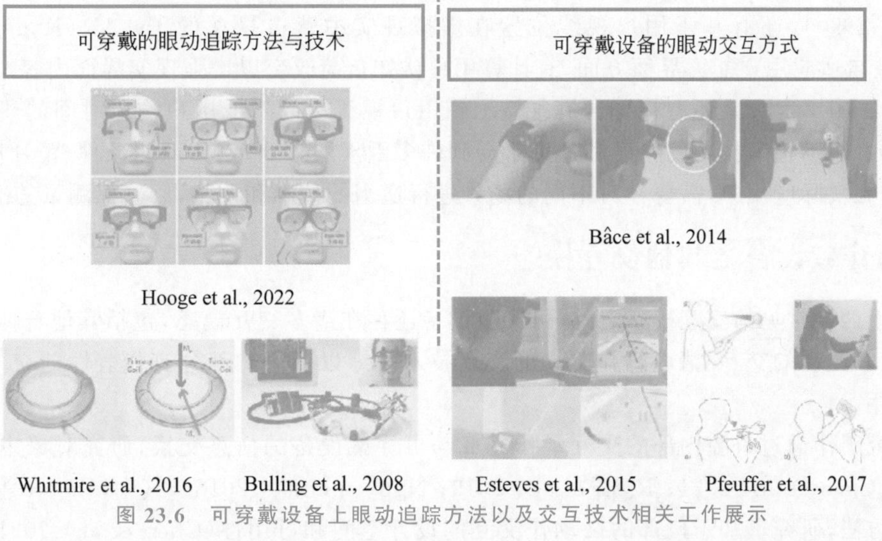

图 23.6　可穿戴设备上眼动追踪方法以及交互技术相关工作展示

眼动追踪方法主要依赖于视觉摄像头的方案，主要包括以下两个主要技术路径：(1)基于眼球特征的眼动追踪方法，基于角膜红外波段的高反射率特性，以穿戴或远程式的红外摄像头阵列为感知单元，通过图像处理或人工智能算法实现脸部、眼球红外图像的特征提取，实现脸部朝向以及瞳孔中心朝向的估计，并结合双眼注视的视差信息进一步优化用户注视点的估计，这种方案具有高精度的优点，在人机交互、心理学等研究中广泛使用；(2)基于外观的眼动追踪方法，基于环境场景中的眼动数据集能够以低分辨率眼部图片作为输入，通过多模态卷积神经网络等深度学习算法完成用户视线估计，这种方案具有设备低成本的优点，但精度和实时性欠佳。可穿戴的眼动追踪方案需要综合考虑功耗、效能等因素，基于视觉的方案应用受限，因此相关研究工作尝试创造新的眼动行为追踪方法，比较有代表性的工作有基于巩膜搜索线圈，通过用户佩戴带有线圈的隐形眼镜，利用电磁感应原理追踪眼动，具有高精度和高时效性(Whitmire et al., 2016)。基于眼动电图扫描，通过用户在眼周围佩戴感应传感器和参考电极，利用人眼角膜和视网膜电势差的变化追踪眼动，不受光线和闭眼事件的影响(Bulling et al., 2008)。

眼动交互技术分为显式交互和隐式交互两类。显式交互主要用于目标选择或眼动手势识别，而其中最大的难题是"点石成金"问题，即无法区分用户视线驻留是因阅读还是交互造成的误识别(Istance et al., 2008)，对应地出现了一些解决问题的交互技术：(1)凝视时间，用户视线在驻留足够时间后完成交互，但会影响交互速度并造成用户疲劳；(2)眼动姿态和跟随，用户视线主动运动完成轨迹，或跟随屏幕上运动的目标运动，例如适合在智能手表等小屏幕上选择功能的 Orbits(Esteves et al., 2015b)，以及适合在头戴显示器上区分遮挡的 Outline Pursuit(Sidenmark et al., 2020)，但有更高的学习成本；(3)眼转动和眼前庭眼动反射，用户通过反向转动双眼确认输入的 On the Verge (Sidorakis et al., 2015)，但是也有较高的学习成本；(4)多模态方法，主要结合眼动在虚拟现实和增强现实中进行目标锁定，结合其他模态输入表达交互意图，例如结合实体按键进行目标确认(Sidenmark & Gellersen, 2019)，结合头部运动进行指点和选择的 Eye&Head，结合手势操作物件的 Gaze+Pinch(Yi et al., 2022)，结合眼周围运动进行遮挡区分的 DEEP(Yi et al., 2022)，这些多模态的方法更加自然，能够较好地解决"点石成金"问题，但需要结合多信号完成交互任务。隐式交互主要用于识别用户状态和意图，实现在可穿戴设备上的自适应交互界面：(1)在提升画面质量和沉浸感方面，有在用户视线周围渲染高质量画面以适应可穿戴设备低计算性能的静态注视点渲染技术(Levoy & Whitaker, 1990)，还有基于用户视线位置在虚拟现实中营造景深的 EyeAR(Rompapas et al., 2017)；(2)在自适应用户能力界面方面，有计算用户认知负荷改变以增强现实界面内容丰富度的研究(Lindlbauer et al., 2019)，还有将警告信息显示到用户视线边以降低用户响应时间的研究(Scholtes et al., 2019)。眼动追踪技术的精度和速度都受到许多因素的影响，例如照明条件、镜片度数、头部运动等。因此，在实际应用中，需要针对不同的场景进行适当的校准和调整，以确保测量的准确性。

23.4.5 可穿戴设备上其他交互模态

除了以上四种常见的交互模态之外，可穿戴设备还存在诸多交互模态，包括其他身体部位动作的交互、生理感知驱动的交互、情境感知驱动的交互技术等。以下简述部分有代表性的交互模态、技术方案以及应用。

相关研究工作通过口腔内部的交互动作完成与可穿戴设备的信息交换，研究对象主要包含舌头与牙齿动作(Chen et al., 2021; R. Li et al., 2019; Nguyen et al., 2018)，其中，Victor 等通过用户定义手势设计方法，研究了基于口部的微动作交互的设计空间和可用性(Chen et al., 2021)，为口腔内的交互技术提供了设计指导。其中,舌头具有高度的表达能力和灵巧性,这些精细运动能力使用了基于舌控的交互技术,实现了文本输入(R. Li et al., 2019)、默语识别(Sahni et al., 2014)以及舌控手势输入(R. Li et al., 2019)等功能。另外,使用咬合或者牙齿接触作为输入的可行性也在许多研究中得到了证明(Kuzume, 2012; Shen et al., 2022),可以应用在信息无障碍以及有隐蔽需求的交互任务中。

相关研究工作围绕除手部、头部运动之外的关节运动实现了可穿戴设备上的交互技术,包括但不限于腰部、足部等。其中,HulaMove(X. Xu et al., 2021)利用腰部的运动作为一种新型输入的交互方法,适用于物理世界和虚拟世界,能够加速日常操作,增强用户在虚拟世界中的沉浸式体验感。Velloso、Scott 等综合人机工程学特征,从用户特征、足部输入自由度、基于足部的系统和交互等方面探究了基于足部的交互能力以及设计空间(Scott et al., 2010; Velloso et al., 2015)。特别地,针对信息无障碍应用,FootUI(Hu et al., 2022)利用手机摄像头跟踪用户的足部,并将足部动作转换为智能手机操作,为肢体障碍者的人提供了一种新的交互技术。

随着传感技术的发展,可穿戴设备的感知技术向"不可见"的生理和心理层面发展,基于生理信号的交互技术(生理计算,physiological computing)成为智能交互中的重要组成部分,将各类生理传感器数据应用在可穿戴设备的智能交互中,通过感知与分析脑电、心率、皮肤阻力、体温、脑电图等生理数据,间接获取用户的心理和生理活动状态,为运动、睡眠、情绪管理、社交等提供个性化的反馈、建议与干预。其中,Fairclough 等(Fairclough, 2009)对生理计算的现有文献进行综述,确定了设计和实施这种系统的六个基本问题,包括心理和生理推断的复杂性、验证心理和生理推断、代表用户的心理状态、设计显式和隐式系统干预、定义控制系统适应性的生物控制循环以及伦理问题。此外,Fairclough 等强调了生理计算在扩展人机交互中的通信带宽和实现用户与系统之间对称通信方面的潜在优势,重点强调了用户生理和心理状态自适应的智能交互界面的重要性。Thomas Kundinger(Kundinger & Riener, 2020)等提出了一种基于生理信号感知的驾驶员睡意检测方法,采用来自非侵入式腕戴智能可穿戴设备的生理数据为驾驶员提供警示信息。在情绪管理领域,ECG 和呼吸等生理传感器已广泛用于检测压力情况,Bari 等(Bari et al., 2020)提出了一个使用可穿戴生理和惯性传感器自动检测压力对话的模型。应用在可穿戴设备中,Leonard(Leonard et al., 2018)等结合移动端 APP 和可穿戴传感器,提供基于循证理论模型的情绪调节策略。在社交领域,Rain Ashford(Ashford, 2020)等研发的 Doki Doki 是一款反应灵敏的可穿戴服装,可以获取生理和环境数据,并将其可视化为社交或其他场合使用的线索,是对未来世界社交互动的一种新探索。

23.5 智能穿戴交互的未来发展与挑战

本节介绍智能穿戴交互面临的挑战以及未来的发展机会,重点介绍可穿戴设备上的高效智能感知、用户个性化、随时在线以及新型可穿戴形态四方面。未来,可穿戴设备在以下技术的加持下,交互应用将更加丰富多元,以人为中心的智能穿戴设备将更自然高效地为人类服务。

1. 可穿戴设备上高效智能感知

智能穿戴交互设备的智能感知技术是其实现智能交互的关键,但是受限于可穿戴设备的尺寸、功耗等,不仅需要传感器的精度和可靠性的提升,更需要相应的智能方法与算法的创新,进而实现更为精准的数据采集和分析,其中挑战与机遇并存,具体体现在以下四方面。

(1) 新型传感技术。新型传感技术是智能穿戴交互的基础,在工艺方面,如何在有限体积中实现功能更丰富的感知能力以及如何实现感知器件的柔性化设计一直是可穿戴传感技术的重点研发方向，将极大提升可穿戴设备的感知能力。在功能方面，旨在实现更多维度的人体与环境的信息获取，进而提升对用户与环境的感知推理能力。

（2）端侧智能算法。端设备上的智能算法等信号处理、人工智能技术已经在智能穿戴交互中得到广泛应用，为了在嵌入式设备上高效运行深度学习等智能算法，需要采用类似小样本学习算法等的轻量级模型、模型压缩和优化、硬件加速等技术手段来降低算法计算复杂度和能耗消耗。另外，可以通过云边协同的方式实现计算负荷的动态转移。

（3）多元感知数据融合。多元感知数据融合是提升感知计算效能的有效途径，但是不同传感器之间也可能存在数据的不一致和冲突，需要采用合适的算法和策略进行冲突解决和数据融合，以避免信息的丢失和误差的积累。另外，多元感知数据融合还需要考虑如何处理缺失数据和噪声数据的问题，以确保数据的完整性和准确性。

（4）跨设备感知。跨设备感知通过融合身体多部位的传感数据可以有效提升感知与推理效能，但是跨设备感知需要解决设备之间的数据传输和共享问题，需要采用合适的错误处理和容错机制，以保证数据的可靠性和稳定性，同时还需要解决多设备间的时空同步问题，需要采用合适的同步技术和算法，将不同设备采集的数据进行时空同步，以确保数据的一致性和准确性。

2. 个性化的智能穿戴交互技术

针对不同用户的特点与需求，提供多元化、个性化的交互服务能够显著扩展可穿戴计算设备上交互技术的可用性与易用性，提高用户的满意度与体验感。然而，目前可穿戴计算设备上的交互技术仍面临复杂的多元化、个性化挑战，具体表现为以下三方面。

（1）用户个性化画像构建。在个性化交互技术的首次使用过程中，通常需要结合用户反馈数据及感知情境信息，基于用户行为及偏好构建用户个性化画像，进而对普适性模型进行个性化微调，以满足用户特点与需求。如何快捷地基于少量用户数据且考虑可穿戴计算设备的算力、空间与能耗限制，实现准确的用户个性化画像构建是多元化、个性化的难题之一。

（2）佩戴的个性化与情境多样化。用户对于可穿戴计算设备的佩戴往往具有个性化需求，例如佩戴位置、与身体接触程度等。此外，在不同的情境下，用户对可穿戴计算设备的佩戴状态往往存在较为灵活的调整，因此在个性化与多样化的情境下，交互技术需要保证其针对多样佩戴状态的鲁棒性，提供更加个性化、自适应的用户交互体验。

（3）用户数据隐私安全。在提取并构建用户个性化行为的全流程中，涉及数据采集、数据传输甚至用户个性化信息生成等环节，这些环节均面临用户个性化数据泄露的风险。因此，如何保障用户数据的安全是多元化和个性化的重要挑战。

3. 随时在线的智能交互服务

随时随地的交互服务能够满足现代人快节奏生活方式的需求，提高效率和便利性，增强社交互动与沟通效率，为用户的工作生活带来更多的便利与乐趣。可穿戴设备的普及提供了随时随地交互服务的平台，但仍然面临诸多挑战，主要包含以下四点。

（1）实时用户交互意图理解推测难题。为满足交互服务随时随地的特点，需要基于感知技术，并结合与用户的多轮交互，知悉用户当前身心状态与所处情境。该过程需要减少用户交互负担、实时准确理解和推断用户交互意图。此外，对于交互技术并未处理过的情境与交互意图表达，需要能够实现自发现与持续学习。

（2）随时随地交互方式合理性难题。可穿戴计算设备支持多种交互方式，包括语音识别、手势识别、触摸屏幕等多种形式。在随时随地的交互场景下，要求在实际交互任务中结合用户偏好和情境信息，提供合理且多样化的交互方式选择，例如语音交互方式并不适合在正式会议场景下提供交互服务。

(3) 数据隐私性难题。为提供随时随地的交互服务，交互技术将连续实时地采集用户及情境相关信息，并存在潜在的数据传输。该过程不仅涉及对用户本身隐私泄露的隐患，还涉及情境中其他人群以及私密情境信息的相关数据的安全问题。

(4) 随时随地交互服务功耗负担难题。随时随地的交互服务要求部分传感器及处理器处于常开的状态，从而为可穿戴计算设备带来功耗负担。可穿戴计算设备的使用场景通常为移动状态，且受制于尺寸、外观等影响，使得其无法使用大型电池提供长时间的电力支持，尽管可穿戴计算设备已具有产能机制，但可穿戴计算设备的有限电量仍然是制约随时随地交互服务的一大瓶颈。

4. 新型可穿戴形态与技术

随着智能织物、电子皮肤等新兴可穿戴形态的出现，未来的可穿戴交互技术将极大丰富。例如，将传统的织物与微型传感器、导电纤维等技术相结合，使衣物、帽子、鞋子等成为具有交互功能的设备，这意味着用户不再需要额外佩戴或携带设备，而是可以直接通过日常的服饰来进行交互，例如一件衬衫可能能够检测用户的心率、温度等生理信息，并与其他设备进行通信。但这也带来了挑战，即如何确保智能织物的舒适性和耐用性，以及如何将这些织物安全地整合到用户的日常生活中。另一种被大众广泛讨论的可穿戴形式是电子皮肤，它通过模仿人类皮肤的感知和触觉能够捕捉和响应人体的微妙变化，具有高灵敏度、轻薄轻便、多功能性等优点。然而其发展也面临着一系列的技术和实际应用中的问题与挑战，包括生物相容性、持久性与稳定性、集成与连接等问题，如何确保电子皮肤的长时间佩戴舒适性，以及如何在尺寸、功耗和成本上进行优化，都是当前研究的挑战，这些挑战需要跨学科的研究团队共同努力，结合材料科学、电子工程、生物工程和其他领域的知识来解决。

未来，可穿戴计算设备的交互技术将持续创新，旨在为用户提供更加智能化、个性化、多样化的交互体验。首先，智能材料如智能织物和电子皮肤为可穿戴设备注入了新的生命，拓展了其功能并增强了与用户的连接。这些材料不仅强化了设备的物理性质，还使得设备能够更加敏感地捕捉和响应用户的需求。

随着人工智能技术的成熟，这些设备的交互能力也得到了增强，使其更具有自适应性，它们能够更深入地理解和预测用户的意图和行为，并通过不断的学习和自我优化为用户提供更加智能和精准的服务。同时，伴随着可穿戴设备的广泛应用，用户与设备的交互方式也变得更为多样。从生物识别技术到眼动追踪，再到脑机接口，技术不断刷新界限，满足了各种用户需求和偏好。

为了更好地服务于用户，未来的可穿戴设备将在算力、能耗和持续性上做出更大的改进，这不仅意味着更快的响应和更长的使用时间，而且也意味着更环保、更少的能源消耗。数据安全也被赋予了新的重要性，设备将采用先进的安全措施来确保用户隐私，同时也能提供无处不在的交互服务。

最后，人性化的设计理念将主导未来的可穿戴设备发展。研发团队将更加注重用户的真实需求和反馈，优化产品的易用性、舒适度和满意度，促进技术与用户之间的良好互动，进一步加强技术与公众福祉之间的联系。

23.6　总结

随着人工智能技术的不断进步和可穿戴设备算力的提升，可穿戴计算设备上的交互将更加自适应、个性化、多样化，智能、高效、自然的多模态动作交互成为可穿戴计算设备的交互前景。本章围绕人机智能交互领域中的智能穿戴交互，首先提出了以人为中心的智能穿戴交互设计目标和原则，为可穿戴技术和智能穿戴交互技术的设计提供了指导，进而总结了支持智能穿戴交互的传感器种类与原理，并围绕可穿戴设备上的动作交互重点介绍了手指触控交互、手部动作交互、头部动作交互和眼睛动作交互等多种智能穿戴交互模态及技术。最后，本章围绕可穿戴设备上的高效智能感知、个性化的智能穿戴交互技术以及随时随地的智能交互服务介绍了智能穿戴交互的挑战与未来发展。

参考文献

Ahuja, K., Kong, A., Goel, M., & Harrison, C. (2020). Direction-of-Voice (DoV) estimation for intuitive speech interaction with smart devices ecosystems. *UIST 2020-Proceedings of the 33rd Annual ACM Symposium on User Interface Software and Technology* . https://doi.org/10.1145/3379337.3415588

Ashford, R. (2020). Doki Doki: A Modular Wearable for Social Interaction in the COVID Era and beyond. *Proceedings-International Symposium on Wearable Computers, ISWC*. https://doi. org/10. 1145/3460421.3478835

Bâce, M., Leppänen, T., De Gomez, D. G., & Gomez, A. R. (2016). Ubigaze: Ubiquitous augmented reality messaging using Gaze gestures. *SA 2016-SIGGRAPH ASIA 2016 Mobile Graphics and Interactive Applications*. https://doi.org/10. 1145/2999508.2999530

Bari, R., Rahman, M. M., Saleheen, N., Parsons, M. B., Buder, E. H., & Kumar, S. (2020). Automated Detection of Stressful Conversations Using Wearable Physiological and Inertial Sensors. *Proceedings of the ACM on Interactive, Mobile, Wearable and Ubiquitous Technologies*, *4*(4). https://doi.org/10.1145/3432210

Borghi, G., Fabbri, M., Vezzani, R., Calderara, S., & Cucchiara, R. (2020). Face-from-Depth for Head Pose Estimation on Depth Images. *IEEE Transactions on Pattern Analysis and Machine Intelligence*, *42*(3). https://doi.org/10. 1109/TPAMI.2018.2885472

Bulling, A., Roggen, D., & Tröster, G. (2008). EyeMote-Towards context-aware gaming using eye movements recorded from wearable electrooculography. *Lecture Notes in Computer Science (Including Subseries Lecture Notes in Artificial Intelligence and Lecture Notes in Bioinformatics)*, *5294 LNCS*. https://doi.org/10. 1007/978-3-540-88322-7_4

Chen, V., Xu, X., Li, R., Shi, Y., Patel, S., & Wang, Y. (2021). Understanding the Design Space of Mouth Microgestures. *DIS 2021-Proceedings of the 2021 ACM Designing Interactive Systems Conference: Nowhere and Everywhere*. https://doi.org/10.1145/3461778.3462004

Christofferson, K., Chen, X., Wang, Z., Mariakakis, A., & Wang, Y. (2022). Sleep Sound Classification Using ANC-Enabled Earbuds. *2022 IEEE International Conference on Pervasive Computing and Communications Workshops and Other Affiliated Events, PerCom Workshops 2022*. https://doi. org/10. 1109/PerComWorkshops53856.2022.9767394

Esteves, A., Velloso, E., Bulling, A., & Gellersen, H. (2015a). Orbits: Enabling gaze interaction in smart watches using moving targets. *UbiComp and ISWC 2015-Proceedings of the 2015 ACM International Joint Conference on Pervasive and Ubiquitous Computing and the Proceedings of the 2015 ACM International Symposium on Wearable Computers*. https://doi.org/10. 1145/2800835.2800942

Esteves, A., Velloso, E., Bulling, A., & Gellersen, H. (2015b). Orbits: Gaze interaction for smart watches using smooth pursuit eye movements. *UIST 2015-Proceedings of the 28th Annual ACM Symposium on User Interface Software and Technology*. https://doi.org/10.1145/2807442.2807499

Fairclough, S. H. (2009). Fundamentals of physiological computing. *Interacting with Computers*, *21*(1-2).
https://doi.org/10.1016/j.intcom.2008.10.011

Fan, J., Xu, C., Yu, C., & Shi, Y. (2021). Just Speak It: Minimize Cognitive Load for Eyes-Free Text Editing with a Smart Voice Assistant. *UIST 2021-Proceedings of the 34th Annual ACM Symposium on User Interface Software and Technology* . https://doi.org/10.1145/3472749.3474795

Ferlini, A., Montanari, A., Mascolo, C., & Harle, R. (2019). Head Motion Tracking Through in-EarWearables. *Proceedings of the 1st International Workshop on Earable Computing, EarComp 2019*. https://doi. org/10. 1145/3345615.3361131

Funk, M., Sahami, A., Henze, N., & Schmidt, A. (2014). Using a touch-sensitive wristband for text entry on smart watches. *Conference on Human Factors in Computing Systems-Proceedings*. https://doi.org/10. 1145/2559206. 2581143

Gu, Y., Yu, C., Li, Z., Li, W., Xu, S., Wei, X., & Shi, Y. (2019). Accurate and low-latency sensing of touch contact on any surface with finger-worn IMU sensor. *UIST 2019-Proceedings ofthe 32nd Annual ACM Symposium on User Interface Software and Technology*. https://doi.org/10.1145/3332165.3347947

Gu, Y., Yu, C., Li, Z., Li, Z., Wei, X., & Shi, Y. (2020). QwertyRing: Text Entry on Physical Surfaces Using a Ring. *Proc. ACM Meas. Anal. Comput. Syst*, *37*(111).

Harrison, C., Ramamurthy, S., & Hudson, S. E. (2012). On-body interaction: Armed and dangerous. *Proceedings of the 6th International Conference on Tangible, Embedded and Embodied Interaction, TEI 2012*. https://doi. org/10. 1145/2148131.2148148

Hu, X., Wang, J., Gao, W., & Hu, Y. (2022). FootUI: Designing and Detecting Foot Gestures to Assist People with Upper Body Motor Impairments to Use Smartphones on the Bed. *ASSETS 2022-Proceedings of the 24th International ACM SIGACCESS Conference on Computers and Accessibility*. https://doi. org/10. 1145/ 3517428.3563285

Istance, H., Bates, R., Hyrskykari, A., & Vickers, S. (2008). Snap clutch, a moded approach to solving the Midas touch problem. *Eye Tracking Research and Applications Symposium (ETRA)*. https://doi. org/10. 1145/ 1344471.1344523

Jacob, R. J. K. (1990). What you look at is what you get: Eye movement-based interaction techniques. *Conference on Human Factors in Computing Systems-Proceedings*. https://doi.org/10. 1145/97243.97246

Jaimes, A., & Sebe, N. (2007). Multimodal human-computer interaction: A survey. *Computer Vision and Image Understanding*, *108*(1-2). https://doi.org/10.1016/j.cviu.2006.10.019

Kirst, D., & Bulling, A. (2016). On the verge: Voluntary convergences for accurate and precise timing of gaze input. *Conference on Human Factors in Computing Systems-Proceedings*, *07-12-May-2016*. https://doi.org/10. 1145/ 2851581.2892307

Kubo, Y., Takada, R., Shizuki, B., & Takahashi, S. (2017). Exploring Context-Aware User Interfaces for Smartphone-Smartwatch Cross-Device Interaction. *Proceedings of the ACM on Interactive, Mobile, Wearable and Ubiquitous Technologies*, *1*(3). https://doi.org/10.1145/3130934

Kundinger, T., & Riener, A. (2020). The Potential of Wrist-Worn Wearables for Driver Drowsiness Detection: A Feasibility Analysis. *UMAP 2020-Proceedings of the 28th ACM Conference on User Modeling, Adaptation and Personalization* . https://doi.org/10.1145/3340631.3394852

Kuzume, K. (2012). Evaluation of tooth-touch sound and expiration based mouse device for disabled persons. *2012 IEEE International Conference on Pervasive Computing and Communications Workshops, PERCOM Workshops 2012*. https://doi.org/10.1109/PerComW.2012.6197515

Laput, G., Xiao, R., & Harrison, C. (2016). *ViBand*. https://doi.org/10. 1145/29845 11.2984582

Leonard, N. R., Casarjian, B., Fletcher, R. R., Prata, C., Sherpa, D., Kelemen, A., Rajan, S., Salaam, R., Cleland, C. M., & Gwadz, M. V. (2018). Theoretically-based emotion regulation strategies using a mobile app and wearable sensor among homeless adolescent mothers: Acceptability and feasibility study. *JMIR Pediatrics and Parenting*, *1*(1). https://doi.org/10.2196/pediatrics.9037

Levoy, M., & Whitaker, R. (1990). Gaze-directed volume rendering. *Proceedings ofthe 1990 Symposium on*

Interactive 3D Graphics, *I3D 1990*. https://doi.org/10.1145/91385.91449

Li, R., Wu, J., & Starner, T. (2019). Tongueboard: An oral interface for subtle input. *ACM International Conference Proceeding Series*. https://doi.org/10.1145/3311823.3311831

Li, Y., Wang, Y., Liu, X., Shi, Y., Patel, S., & Shih, S. F. (2023). Enabling Real-Time On-Chip Audio Super Resolution for Bone-Conduction Microphones. *Sensors*, *23*(1). https://doi.org/10.3390/s23010035

Liang, C., Hsia, C., Yu, C., Yan, Y., Wang, Y., & Shi, Y. (2023). DRG-Keyboard: Enabling Subtle Gesture Typing on the Fingertip with Dual IMU Rings. *Proceedings of the ACM on Interactive, Mobile, Wearable and Ubiquitous Technologies*, *6*(4). https://doi.org/10.1145/3569463

Liang, C., Yu, C., Qin, Y., Wang, Y., & Shi, Y. (2021). DualRing: Enabling Subtle and Expressive Hand Interaction with Dual IMU Rings. *Proceedings of the ACM on Interactive, Mobile, Wearable and Ubiquitous Technologies*, *5*(3). https://doi.org/10. 1145/3478114

Liang, C., Yu, C., & Wei, X. (2021). Auth + track: Enabling authentication free interaction on smartphone by continuous user tracking. *Conference on Human Factors in Computing Systems-Proceedings*. https://doi.org/10. 1145/3411764.3445624

Lindlbauer, D., Feit, A. M., & Hilliges, O. (2019). Context-aware online adaptation of mixed reality interfaces. *UIST 2019-Proceedings of the 32nd Annual ACM Symposium on User Interface Software and Technology*. https://doi.org/10. 1145/3332165.3347945

Liu, Y., Jiang, F., & Gowda, M. (2020). Finger Gesture Tracking for Interactive Applications: A Pilot Study with Sign Languages. *Proceedings of the ACM on Interactive, Mobile, Wearable and Ubiquitous Technologies*, *4*(3). https://doi.org/10. 1145/3414117

Lu, Y., Huang, B., Yu, C., Liu, G., & Shi, Y. (2020). Designing and evaluating hand-to-hand gestures with dual commodity wrist-worn devices. *Proceedings of the ACM on Interactive, Mobile, Wearable and Ubiquitous Technologies*, *4*(1). https://doi.org/10.1145/3380984

Majaranta, P., & Bulling, A. (2014). *Eye Tracking and Eye-Based Human-Computer Interaction*. https://doi.org/10.1007/978-1-4471-6392-3_3

Mueller, F., Bernard, F., Sotnychenko, O., Mehta, D., Sridhar, S., Casas, D., & Theobalt, C. (2018). GANerated Hands for Real-Time 3D Hand Tracking from Monocular RGB. *Proceedings of the IEEE Computer Society Conference on Computer Vision and Pattern Recognition*. https://doi.org/10.1109/CVPR.2018.00013

Nguyen, P., Truong, H., Pham, D., Bui, N., Suresh, A., Dinh, T., Nguyen, A., Whitlock, M., & Vu, T. (2018). TYTH-typing on your teeth: Tongue-teeth localization for human-computer interface. *MobiSys 2018-Proceedings ofthe 16th ACM International Conference on Mobile Systems, Applications, and Services*. https://doi.org/10.1145/3210240.3210322

Oney, S., Harrison, C., Ogan, A., & Wiese, J. (2013). ZoomBoard: A diminutive QWERTY soft keyboard using iterative zooming for ultra-small devices. *Conference on Human Factors in Computing Systems-Proceedings*. https://doi.org/10. 1145/2470654.2481387

Pfeuffer, K., Mayer, B., Mardanbegi, D., & Gellersen, H. (2017). Gaze + Pinch interaction in virtual reality. *SUI 2017-Proceedings of the 2017 Symposium on Spatial User Interaction*. https://doi.org/10. 1145/3131277.3132180

Qin, Y., Yu, C., Li, Z., & Zhong, M. (2021). Proximic: Convenient voice activation via close-to-mic speech detected by a single microphone. *Conference on Human Factors in Computing Systems-Proceedings*. https://doi.org/10. 1145/3411764.3445687

Sahni, H., Bedri, A., Reyes, G., Thukral, P., Guo, Z., Starner, T., & Ghovanloo, M. (2014). The Tongue and Ear Interface: A Wearable System for Silent Speech Recognition. *Proceedings-International Symposium on Wearable Computers, ISWC*. https://doi.org/10.1145/2634317.2634322

Scholtes, M., Seewald, P., & Eckstein, L. (2019). Implementation and Evaluation of a Gaze-Dependent In-Vehicle Driver Warning System. *Advances in Intelligent Systems and Computing*, *786*. https://doi.org/10. 1007/978-3-

319-93885-1_84

Scott, J., Dearman, D., Yatani, K., & Truong, K. N. (2010). Sensing foot gestures from the pocket. *UIST 2010-23rd ACM Symposium on User Interface Software and Technology*. https://doi.org/10. 1145/1866029.1866063

Shen, X., Yan, Y., Yu, C., & Shi, Y. (2022). ClenchClick: Hands-Free Target Selection Method Leveraging Teeth-Clench for Augmented Reality. *Proceedings of the ACM on Interactive, Mobile, Wearable and Ubiquitous Technologies*, *6*(3). https://doi.org/10.1145/3550327

Shi, Y., Zhang, H., Zhao, K., Cao, J., Sun, M., & Nanayakkara, S. (2020). Ready, Steady, Touch! Sensing Physical Contact with a Finger-Mounted IMU. *Proceedings of the ACM on Interactive, Mobile, Wearable and Ubiquitous Technologies*, *4*(2). https://doi.org/10.1145/3397309

Sidenmark, L., Clarke, C., Zhang, X., Phu, J., & Gellersen, H. (2020). Outline Pursuits: Gaze-assisted Selection of Occluded Objects in Virtual Reality. *Conference on Human Factors in Computing Systems-Proceedings*. https://doi.org/10. 1145/3313831.3376438

Sidenmark, L., & Gellersen, H. (2019). Eye & Head: Synergetic eye and head movement for gaze pointing and selection. *UIST 2019-Proceedings of the 32nd Annual ACM Symposium on User Interface Software and Technology*. https://doi.org/10.1145/3332165.3347921

Sidorakis, N., Koulieris, G. A., & Mania, K. (2015). Binocular eye-tracking for the control of a 3D immersive multimedia user interface. *2015 IEEE 1st Workshop on Everyday Virtual Reality, WEVR 2015*. https://doi.org/10. 1109/WEVR.2015.7151689

Sun, K., Wang, Y., Yu, C., Yan, Y., Wen, H., & Shi, Y. (2017). Float: One-handed and touch-free target selection on smartwatches. *Conference on Human Factors in Computing Systems-Proceedings*, *2017-May*. https://doi.org/10. 1145/3025453.3026027

Tang, D., Ye, Q., Yuan, S., Taylor, J., Kohli, P., Keskin, C., Kim, T. K., & Shotton, J. (2019). Opening the Black Box: Hierarchical Sampling Optimization for Hand Pose Estimation. *IEEE Transactions on Pattern Analysis and Machine Intelligence*, *41*(9). https://doi.org/10.1109/TPAMI.2018.2847688

Velloso, E., Schmidt, D., Alexander, J., Gellersen, H., & Bulling, A. (2015). The feet in human-computer interaction: A survey of foot-based interaction. In *ACM Computing Surveys* (Vol. 48, Issue 2). https://doi.org/10. 1145/2816455

Wang, Y., Ding, J., Chatterjee, I., Salemi Parizi, F., Zhuang, Y., Yan, Y., Patel, S., & Shi, Y. (2022). FaceOri: Tracking He ad Position and Orientation Using Ultrasonic Ranging on Earphones. *Conference on Human Factors in Computing Systems-Proceedings*. https://doi.org/10.1145/3491102.3517698

Wang, Y., Sun, K., Sun, L., Yu, C., & Shi, Y. (2016). Skin motion: What does skin movement tell us? *UbiComp 2016 Adjunct-Proceedings of the 2016 ACM International Joint Conference on Pervasive and Ubiquitous Computing*. https://doi.org/10.1145/2968219.2979132

Wang, Y., Zhang, X., Chakalasiya, J. M., Xu, X., Jiang, Y., Li, Y., Patel, S., & Shi, Y. (2022). HearCough: Enabling continuous cough event detection on edge computing hearables. *Methods*, *205*. https://doi.org/10. 1016/j.ymeth.2022.05.002

Wang, Y., Zhou, J., Li, H., Zhang, T., Gao, M., Cheng, Z., Yu, C., Patel, S., & Shi, Y. (2019). FlexTouch: Enabling Large-Scale Interaction Sensing Beyond Touchscreens Using Flexible and Conductive Materials. *Proceedings of the ACMon Interactive, Mobile, Wearable and Ubiquitous Technologies*, *3*(3). https://doi.org/10. 1145/3351267

Weng, Y., Yu, C., & Shi, Y. (2021). Facesight: Enabling hand-to-face gesture interaction on ar glasses with a downward-facing camera vision. *Conference on Human Factors in Computing Systems-Proceedings*. https://doi.org/10. 1145/3411764.3445484

Whitmire, E., Trutoiu, L., Cavin, R., Perek, D., Scally, B., Phillips, J., & Patel, S. (2016). EyeContact: Scleral coil eye tracking for virtual reality. *International Symposium on Wearable Computers, Digest of Papers*, *12-16-*

September-2016. https://doi.org/10.1145/2971763.2971771

Wu, E., Yuan, Y., Yeo, H. S., Quigley, A., Koike, H., & Kitani, K. M. (2020). Back-hand-pose: 3D hand pose estimation for a wrist-worn camera via dorsum deformation network. *UIST 2020-Proceedings of the 33rd Annual ACM Symposium on User Interface Software and Technology*. https://doi.org/10.1145/3379337.3415897

Xu, C., Govindarajan, L. N., Zhang, Y., & Cheng, L. (2017). Lie-X: Depth Image Based Articulated Object Pose Estimation, Tracking, and Action Recognition on Lie Groups. *International Journal of Computer Vision*, *123* (3). https://doi.org/10. 1007/s11263-017-0998-6

Xu, Q., Li, L., Lim, J. H., Tan, C., Mukawa, M., & Wang, G. (2014). A wearable virtual guide for context-aware cognitive indoor navigation. *MobileHCI 2014-Proceedings of the 16th ACM International Conference on Human-Computer Interaction with Mobile Devices and Services*. https://doi.org/10.1145/2628363.2628390

Xu, X., Li, J., Yuan, T., He, L., Liu, X., Yan, Y., Wang, Y., Shi, Y., Mankof, J., & Dey, A. K. (2021). Hulamove: Using commodity imu forwaist interaction. *Conference on Human Factors in Computing Systems-Proceedings*. https://doi.org/10. 1145/3411764.3445182

Xu, X., Shi, H., Yi, X., Liu, W. J., Yan, Y., Shi, Y., Mariakakis, A., Mankoff, J., & Dey, A. K. (2020). EarBuddy: Enabling On-Face Interaction via Wireless Earbuds. *Conference on Human Factors in Computing Systems-Proceedings*. https://doi.org/10.1145/3313831.3376836

Yan, Y., Liu, H., Shi, Y., Wang, J., Guo, R., Li, Z., Xu, X., Yu, C., Wang, Y., & Shi, Y. (2023). ConeSpeech: Exploring Direct ional Speech Interaction for Multi-Person Remote Communication in Virtual Reality. *IEEE Transactions on Visualization and Computer Graphics*. https://doi.org/10.1109/TVCG.2023.3247085

Yan, Y., Shi, Y., Yu, C., & Shi, Y. (2020). HeadCross: Exploring head-based crossing selection on head-mounted displays. *Proceedings of the ACM on Interactive, Mobile, Wearable and Ubiquitous Technologies*, *4*(1). https://doi.org/10. 1145/3380983

Yan, Y., Yu, C., Yi, X., Interactive, Y. S.-P. of the A. on, Mobile, undefined, & 2018, undefined. (2018). Headgesture: Hands-free input approach leveraging head movements for hmd devices. *Dl.Acm.Org*, *198*(4).

Yi, X., Qiu, L., Tang, W., Fan, Y., Li, H., & Shi, Y. (2022). DEEP: 3D Gaze Pointing in Virtual Reality Leveraging Eyelid Movement. *UIST 2022-Proceedings of the 35th Annual ACM Symposium on User Interface Software and Technology* . https://doi.org/10.1145/3526113.3545673

Yi, X., Yu, C., Shi, W., & Shi, Y. (2017). Is it too small? Investigating the performances and preferences of users when typing on tiny QWERTY keyboards. *International Journal ofHuman Computer Studies*, *106*. https://doi.org/10. 1016/j.ijhcs.2017.05.001

Yu, C., Wei, X., Vachher, S., Qin, Y., Liang, C., Weng, Y., Gu, Y., & Shi, Y. (2019). Handsee: Enabling Full Hand Interaction on Smartphones with Front Camera-based Stereo Vision. *Conference on Human Factors in Computing Systems-Proceedings*. https://doi.org/10.1145/3290605.3300935

Yu, C., Wen, H., Xiong, W., Bi, X., & Shi, Y. (2016). Investigating effects of post-selection feedback for acquiring ultra-small targets on touchscreen. *Conference on Human Factors in Computing Systems-Proceedings*. https://doi.org/10. 1145/2858036.2858593

Zhang, T., Zeng, X., Zhang, Y., Sun, K., Wang, Y., & Chen, Y. (2020). ThermalRing: Gesture and Tag Inputs Enabled by a Thermal Imaging Smart Ring. *Conference on Human Factors in Computing Systems-Proceedings*. https://doi.org/10. 1145/3313831.3376323

Zhang,X., Chen, X, Li,Y,Lantz, V., Wang, K.,& Yang, J.(2011). A framework for hand gesture recognition based on accelerometer and EMG sensors. IEEE Transactions on Systems, Man, and Cybernetics Part A: Systems and Humans, 41(6). https://doi.org/10.1109/TSMCA.2011.2116004

Zhang,Y, Kienzle, W.,Ma, Y, Ng, S.S., Benko, H.,& Harrison, C.(2019). ActiTouch: Robust touch detection for on-skin AR/VR interfaces. UIST 2019-Proceedings of the 32nd Annual ACM Symposium on User Interface Sofrware and Technology. https://doi.org/10.1145/3332165.3347869

Zhong, L, El-Daye, D, Kaufman, B., Tobaoda, N., Mohamed, T, & Liebschner, M.(2007). OsteoConduct: Wireless body-area communication based on bone conduction. BODYNETS 2007-2nd International ICST Conference on Body Area Networks. https://doi.org/10.4108/bodynets.2007.181

Zhuang, Y, Wang, Y, Yan, Y, Xu, X, & Shi, Y.(2021). ReflecTrack: Enabling 3D Acoustic Position Tracking Using Commodity Dual-Microphone Smartphones. UIST 2021-Proceedings of the 34th Annual ACM Symposium on User Interface Sofrware and Technology. https://doi.org/10.1145/3472749.3474805

作者简介

王运涛　博士，副研究员，毕业于清华大学，现就职于清华大学计算机科学与技术系。研究方向：人机交互、普适计算、生理计算。E-mail：yuntaowang@tsinghua.edu.cn。

第 24 章

人-机器人交互

本章导读

随着智能机器人的发展，机器人正进入人类的生产生活之中，人机共融已经成为重要发展趋势，人类迎来了人机共融的时代。人-机器人交互技术作为人机共融的核心技术正成为机器人和人工智能技术发展的重点研究方向之一。本章介绍目前人-机器人交互的主要研究内容，详细阐述人-机器人交互目前的热点研究问题，并从工程实现角度出发，结合具体案例探讨人-机器人交互实现的技术手段，最后对人-机器人交互的感知、双向理解和伦理的研究方向进行展望。

24.1 引言

什么是机器人？这个问题的答案在过去 100 年中已经修正了多次。在早期科幻电影中，机器人被定位为以人体为模型，但缺乏人类感情的类人自动机。20 世纪五六十年代，随着工业和制造业的发展以及生产线和汽车工业的自动化，机器人的概念被局限于从事重复作业的机械手臂。从 21 世纪初开始，具有移动功能且能从事社交、导航、决策等复杂功能的智能化机器人崭露头角。直至近几年，机器人的自主功能和智能化行为逐渐统一，机器人已成为目前人工智能技术的集中表现之一。虽然“机器人技术未来发展方向是什么？”仍然是一个非常开放的问题，但是，机器人将融入人类社会，与人类共同从事生产生活的发展趋势已经毋庸置疑。所以，考察机器人在社会中与人互动的方式成为了不同交叉学科（机器人学、社会学、人工智能、心理学、哲学等）的学者高度关注的话题。

人-机器人交互通常被认为是一个新兴的研究领域，但人类与机器人交互的概念从机器人本身的概念诞生之时就存在。艾萨克·阿西莫夫在创造“机器人”这个词的同时，就已经在考虑“人会在多大程度上信任机器人？”“人能和机器人有什么关系？”等问题。随着智能机器人技术的不断成熟，这些问题开始从科幻畅想成为现实。区别于其他智能技术，机器人的具身性是人与机器人交互过程中的重要特征，这种具身性对机器人在世界感知和行为上设置了物理限制，从而产生与人类交互的行为规则。同时，机器人与生物具身的相似性也使人类可以在人-机器人交互过程中使用生物世界交互的经验，这种经验在人-机器人交互过程中的反馈会促使交互的开展和进化。一方面，人-机器人交互的研究能够指导开发在日常环境中与人和谐相处、共同协作的机器人；另一方面，人-机器人交互也提供了一个独特的机会来研究人类的情感、认知和行为。

面向人-机器人交互需求，并为了实现人-机器人和谐相处的远景目标，从机器人智能化的角度出

本章作者：任沁源，郎奕霖，程茂桐，朱文欣。

发，产生了很多的挑战。首先，机器人设计从过去的功能要求导向开始逐渐转向人-机器人相融导向，设计机器人已经不仅是工程问题，而变成了由工程学、心理学、社会学等多学科交叉的研发命题。其次，作为人-机器人交互的基础，交互方式成为目前机器人学研究的热点问题之一。对于交互方式的研究，目前主要有两个层次：一个层次是从物理介质的角度模仿人类之间交互方式，使用类似视、听、触等方式构建人-机器人交互物理通道；另一个层次从人工智能算法的角度研究人-机器人之间交互信息的处理和再加工，使普通人能轻易地与机器人实现沟通。最后，人-机器人交互的落地应用以及解决代表性应用的关键技术也是相关领域研究者重点关注的工作。

在此背景下，本章将阐述首先介绍面向人-机器人交互需要的机器人设计的基本原则和代表性工作。然后，阐述人-机器人交互的方式，并结合人-机器人交互的应用案例，从实现角度进一步探讨人-机器人交互的热点研究问题和解决方法。最后，展望未来人-机器人交互的发展和挑战。

24.2 面向人-机器人交互需求的机器人设计

对于工程师而言，机器人设计是一个令人兴奋且充满挑战的工作。随着机器人智能技术的不断发展，机器人可以完成更多、更复杂的工作。在传统的设计过程中，工程师根据任务需求规划机器人的功能，然后根据功能要求将驱动器、微控制器、传感器以及其他支撑材料按特定的机械构造组合，并赋予这些机械组合驱动、控制、决策和智能交互软件以完成一套机器人系统。完成具体任务需求是这套机器人系统的功能化首要目标，而机器人的外观和特定的交互社交能力也建立在功能实现的技术基础上。通过这种思路设计出来的机器人，就如同英国科幻小说家玛丽·雪莱笔下的弗兰·肯斯坦一样具有完善的技术功能，但在与人交互的过程中不一定能被世人所接受。同时，随着机器人功能的愈发强大，这类机器人有可能被人视为怪物而让人感到厌恶和害怕。另一种面向人-机器人交互的机器人设计方法则先考虑机器人使用者、使用环境以及使用方法。这种方法始于期望的交互模式，并根据这种模式来确定机器人的外形和行为，最后将实现功能的技术融入机器人系统。这种考虑交互需求的设计方法从一开始就需要结合多个学科的专业知识。社会学家可能需要研究潜在的用户和使用环境，工程师、人工智能专家、心理学家和工业设计者可能需要彼此讨论以确定具体的设计思想如何在技术中体现，最后保证设计的机器人系统能与人相融，产生较好的交互关系。

机器人的形态和行为在人-机器人交互过程中至关重要，而且它与机器人的功能是有内在联系的，在机器人设计过程中，两者不能独立考虑。因此，设计者期望设计的机器人的外观与其有限的功能相符。同时，设计师还需要设计具有明确自解释性(affordance)的机器人系统。自解释性的概念来源于生态心理学，它解释了有机体与其环境之间的内在关系。在机器人设计中，自解释性表征了机器人外形和行为给予用户理解其能力和局限性的暗示。例如，类似动物狗外形的四足地面移动机器人(图 24.1(a))的行为也被期待像狗一样；又如机器人具有表情(图 24.1(b))，人们就期望它在交互过程中能理解交互对象的情绪。但如果这类由机器人外形和行为带来的期望并没有被其功能所满足，用户显然会失望，甚至对机器人产生严重的负面评价。一个典型的案例是日本国立研究机构"产业技术综合研究所"(National Institute of Advanced Industrial Science and Technology，AIST)于 1998 年推出的治愈型机器人 Paro(图 24.1(c))。Paro 是一款海豹外形的机器人，通过身上的五种传感器对声音、光、触觉、姿势、温度进行感应，对人的触摸做出互动反馈。通过这种互动方式，Paro 可以唤醒阿尔茨海默病患者过去养育子女、饲养宠物的记忆，可以辅助患者治疗。有趣的是，Paro 的外形是模仿人们不太熟识的海豹幼崽，而不是通常的宠物猫或者宠物狗，目的是在自解释性和机器人功能上获取平衡。用户人群很可能对宠物猫或者宠物狗熟识程度高，因此使用海豹原形可以避免过度期望，以免用户产生不良的心理落差。

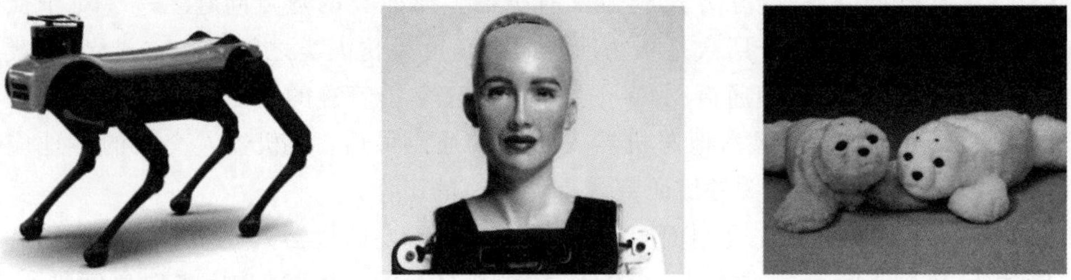

(a) 四足机器人绝影　　(b) 表情机器人Sophia　　(c) 治愈型机器人Paro

图 24.1　不同的机器人

在面向人-机器人交互需求的机器人设计过程中，“拟人化”值得关注。机器人拟人化指的是将情感、意图等典型性人类特征以及其他本质上的人类特征赋予机器人实体的过程。在社会性交互过程中，机器人对于绝大多数人而言是一个陌生群体，为了降低这些人在交互过程中的压力和焦虑，使他们在心理上获得安全感和控制力，将机器人拟人化是一个很好的方式。同时，拟人化的机器人也可以提升人群与机器人交互的意愿，满足缺乏社会关系时的社交需求。例如，软银研发的仿人形机器人NAO(图 24.2(a))可以实现多种功能的智能化人机交互，可在游戏互动、讲解介绍、迎宾接待等诸多社会性场景下与人亲切互动；百度大脑联合小度科技打造的基于大模型技术的“小度”配送机器人(图 24.2(b))具备主动多模态交互能力以及对话能力；新加坡南洋理工大学研发的社交机器人 Nadine(图 24.2(c))可以通过人工智能技术学习人类的表情、说话方式及肢体语言，从而在互动过程中表现得更为拟人；意大利技术研究院研发的 iCub 机器人(图 24.2(d))具有一个五岁小男孩的外形特征，可

(a) 软银公司开发的NAO机器人　　(b) 百度公司开发的“小度”配送机器人

(c) 新加坡南洋理工大学开发的Nadine机器人　　(d) 意大利理工研究院开发的iCub机器人

图 24.2　机器人的拟人化设计

通过搭载的触觉传感器、机器视觉系统、面部表情系统等完成良好的交流、握手、拥抱等人机交互行为。值得一提的是，当机器人和人类高度相似时，人们对这类机器人的好感度会急剧下降，这就是著名的“恐怖谷”理论。虽然在应用中已有很多案例证明了这个理论的有效性，但是对于“恐怖谷”理论是否合理的争议至今仍未有定论。但从自解释性角度而言，机器人越像人类，用户对其期望与目前有限的功能之间的矛盾也就越大，随之带来的失望和负面评价也就越高。

在面向人-机交互需求的机器人设计过程中，最后一个需要关注的是设计者、用户人群以及使用环境中的文化对机器人设计的影响。机器人设计者和使用者的认知受到的环境文化影响很大，不同文化背景的人群在与机器人交互过程中的信息交换效果不尽相同，充分考虑文化习惯对人-机器人交互过程的影响，并将这些影响应用到机器人设计中，会大大提高机器人的适用性。

24.3 人-机器人交互方式

随着面向人-机器人交互需求的机器人本体不断涌现，人和机器人两者之间的相互作用方式成为人-机器人交互研究的重要课题之一。在常见的人-机器人交互方式中，按照人和机器人是否共享工作空间，可以将交互方式大体分为两类——接触式和非接触式(图 24.3)。

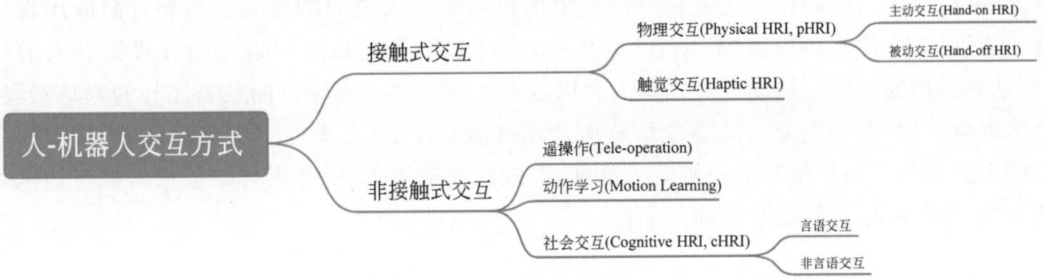

图 24.3 人-机器人交互方式

24.3.1 接触式交互

接触是人与人交互的一种基本形式，可以借此传授技术或表达情感。通过模仿人类的交互方式，研究人员开始尝试将其迁移到人和机器人的交互过程中。接触式交互的研究最早开始于工业界。1961 年，第一台工业机械臂 Unimate 在美国通用汽车公司的生产线上应用，但在这个阶段，人和机器人还没有产生物理层面的交互，仅仅是通过任务协作将人和机器人联系起来。随着工业机器人的推广和迭代，机器人和人的交互不再仅停留于任务层面，不可避免地产生工作空间上的重叠和物理层面的交互(Physical Human-Robot Interaction，pHRI)，即人类和机器人共享同一个工作空间并相互接触。pHRI 领域代表了机器人技术中两个独立研究领域的交叉：触觉反馈检测和人与机器人之间的交互(Argall & Billard，2010)。

触觉反馈检测是基于触觉的人机交互的前提。在人与人的接触式交互中存在着多样性的表达，如通过轻拍肩膀实现打招呼，通过握手表现合作或者友好或者通过感知搬运物体的重量变化实现协同搬运等，不同部位的接触性交互需要不同的接触信息检测方式，这要求开发多样的触觉反馈检测传感器和算法以实现不同的人机交互功能。对于用于检测触觉反馈的传感器的分类，考虑传感器上硬覆盖层和软覆盖层之间的差异，可以将目前的传感器分为硬皮肤和软皮肤。硬皮肤最常见的应用是检测意外碰撞并从中恢复。例如，由 Frigola 等开发的刚性碰撞传感器皮肤覆盖了工业机器人手臂的所有活动环节,以检测机器人是否与人类或其他物体发生了碰撞(Frigola et al., 2006);而软皮肤则应用在有助于行为执行的触觉反馈环境中。例如,Paro机器人的皮毛下方嵌入了一层传感器皮肤,能够感知力的大小和位置(Wada & Shibata, 2007)。针对这些不同类型的传感器需要开发相应的数据处理算法。如表24.1所示,目前触觉反馈的数据形式主要分为两大类。一类基于物体在受到力的作用下产生的应变(即变形),通过电信号将其转化为单点力信息或阵列力信息(Lu et al., 2022)。这类传感器大多数采用解析模型来处理数据;另一类是基于视觉的触觉反馈,如GelSight(Yuan et al., 2017)通过摄像头捕获传感器弹性表面在接触后发生的变化,然后通过弹性力学、计算机视觉等方法建立图片到触觉信息的映射关系。这种映射关系通常采用因子图、深度神经网络或图神经网络模型方法等进行处理。

根据触觉反馈信息可以获取人的操作意图,进一步地,根据人的操作意图可以将pHRI进一步分为主动交互(Hand-on pHRI)和被动交互(Hand-off pHRI)。其中,主动交互是人通过与机器人交互来共同完成某一任务(例如协作搬运、协同作业、任务示教、运动康复等,如图24.4所示),使系统最大化利用人和机器人的优势,提高生产效率。在这类交互过程中,人和机器人之间交互关系既可以表现为协作也可以表现为拮抗,这取决于人和机器人在任务中扮演的角色。例如,外骨骼机器人是一种在协同搬运过程中常见的机器人。这类机器人通过感知和分析人类的运动意图,来对人的行为进行辅助和补充,减少人体力的损耗。这就是一种典型的机器人与人协同的交互。当外骨骼应用在运动康复或者体能训练中,便不再扮演“辅助者”的角色,通过对人类运动施加阻尼的方式提升人的体能消耗,从而达到运动的目的。被动交互则是人和机器人共享工作空间导致的意料之外的物理接触,而出于安全等因素考虑,这一类交互需要尽量避免。在被动交互中,人类处于支配性地位,所有的交互行为都围绕人来展开。与传统制造业机器人准确、高效的期望不同,机器人可以放松对执行速度和绝对精度的要求,来提高运行的安全性和可靠性。

表24.1 接触式交互任务数据形式及常用数据处理模型

交互任务	数据形式	处理数据的模型
触觉反馈	电信号转化为力/力矩信号	解析模型
	图像转化为触觉信息	因子图(Factor Graph)(Sodhi et al., 2021)
		深度神经网络模型(DNN)(Lepora & Lloyd, 2020)
		图神经网络模型(GNN)(Gu et al., 2020)

24.3.2 非接触式交互

非接触式交互主要指机器人不需要和人类进行接触的交互方式,这种方式的模态多用于语义性质的交互,目前主要有语音、视觉等模态。

1. 语音

声音感知是人类的重要感知能力,由于人类的交互大量使用语言这一种形式进行交流,因此声音感知成为最直接的传达信息的方式。从理解人类意图的角度来看,学习人类的发音,学习人类的语言并利用所学习的内容进行交流是一个高度智能化的机器人的必要要求。研究领域中将利用声音信息与人类进行交互的系统称为语音对话系统,其主要由5部分组成,分别是自动语音识别模块(Automatic Speech Recognition, ASR)、自然语言理解模块(Natural Language Understanding,

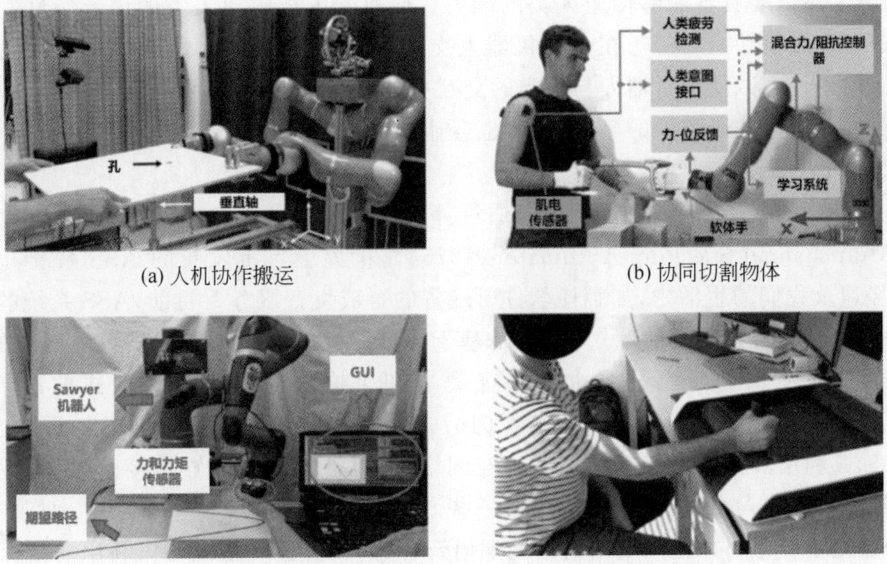

(a) 人机协作搬运　(b) 协同切割物体

(c) 机械臂任务示教　(d) 运动康复

图 24.4　人机协作示例

(a)人机协作搬运(Nemec et al., 2018);(b)协同切割物体(Peternel et al., 2018)
(c)机械臂任务示教(Xing et al., 2022);(d)运动康复(Li et al., 2019)

NLU)、对话管理模块(Dialogue, DM)、自然语言生成模块(Natural Language Generation, NLG)以及自动语言合成模块(Automatic Speech Synthesis, ASS),如图 24.5 所示。

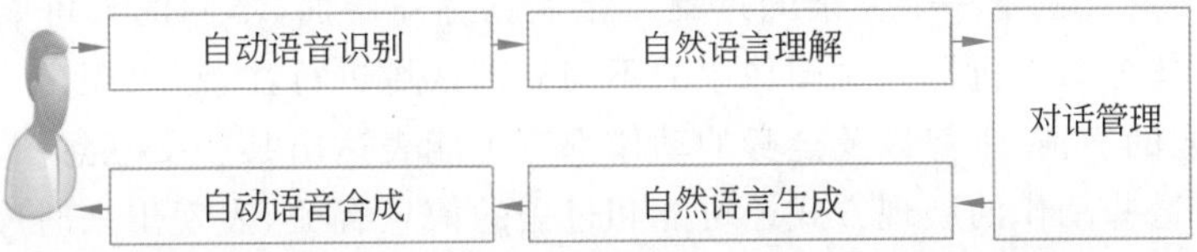

图 24.5　语音对话系统的框架(Fuji Ren & Yanwei Bao, 2020)

1) ASR 模块

机器人能够与人的交互前提是听懂人类发出的语音,使机器人听懂人类发出的语音的模块称为自动语音识别模块(ASR)。自动语音识别模块的主要任务就是将交互者发出的时域连续信号转换为一系列离散的发音单元或者单词,从而将信息从物理层面转移到语义层面。对于机器人来讲,为了感知到人类发出的交互信息,需要通过电子设备进行感知,借助计算机领域的相关算法从物理信息中识别语义信息。

ASR 的识别算法需要对一段长的音频序列进行合理拆分,然后对每一个独立的片段建立时序模型进行预测。在传统方法中,隐马尔可夫模型(Hidden Markov Models, HMMs)(Rabiner, 1989)在语音识别系统中得到了广泛的应用。基于 HMMs 的方法将一个语音信号视为一个静态信号或者短时的静态信号,通过数据驱动的方式推理语音背后的语义信息。

在过去,基于 HMMs 的语音研究主要从单个单词的识别(Rabiner, 1989)扩展到连续域上的一连串词语识别(Bahl et al., 1983),也有针对 HMMs 这一概率模型本身进行改进的研究(Bahl et al., 1986)。

2) ASS 模块

人与机器人的语音交互是一个基于语音信息传递的闭环过程。因此,除了需要听懂人类发出的语音信息,机器人还需要具备能够回应人类的能力。使机器人能够对人类的语音信息进行回应的模块称为自动语音合成模块(ASS)。在人与机器人交互过程中,ASS模块的性能极其重要,通过ASS发出类似于人的语音可以使得机器人与人类的交互更加自然,通过对不同的语义信息添加情感语气,可以让人类更好地把握住语音中的重要信息,也会让机器人具有更自然和丰富的表达能力,促进其融入人类社会。

ASS的主要作用是将单词或者音节信息通过算法和电子设备转化为对应的音频信息,使机器人发出声音。Multichannel Speaking Automaton(1975)是世界上首批发布的ASS系统,而直到现在,ASS系统已经遍及我们的生活中,如翻译软件所配置的合成发音服务。目前,ASS系统的研究主要有两种思路,一种是基于规则的思路,另一种则是基于数据驱动的思路。在深度神经网络的发展下,语音合成算法的性能借由神经网络强大的特征提取和生成能力得到了飞跃式的改善。例如,由DeepMind的A. V. D. Oord等(Oord et al., 2016)开发的WaveNet是第一个能生成人类自然语音的深度神经网络,其利用真实的语音记录训练神经网络,使得神经网络能够直接模拟人类发声的波形,生成听起来较为真实的人类声音。另外,还有一些研究者将情感加入声音合成中,如Y. Lee等(Lee et al., 2017)建立了一个可以输入情绪的端到端语音合成系统,这一系统可以利用情绪标签来合成指定语气下的语音信号。

2. 视觉

视觉,作为人类最直接和最常用的交互方式,在人与人的交互方式中占据了主要地位。从融入人类社会的角度来讲,拥有视觉交互能力的机器人,将更容易与人类进行信息的传递,完成更加灵活和更加自然的交互过程。目前通过视觉进行交互的研究领域称为机器视觉或者计算机视觉。

1) 交互场景下输入数据的特性

人与人的视觉交互过程是一个复杂的过程。在视觉感知层面,不同的人可能存在于图像中的不同位置,不同的交互任务要求机器人对图像中的不同局部区域进行注视,表现出了任务相关的注意力特点;在语义层面,人的表情、手势以及全身的动作都有可能表达出某些交互意图,展现了视觉交互形式下的多模态特点;这些动作的展现方式还可能和过去的信息有关,表现出来时序性的特点。视觉交互方式下的这些特点导致视觉处理算法既需要从整体提取图像信息,对局部进行注意,又需要满足交互的多模态和时序性,因此带来了极大的挑战。

2) 视觉识别

视觉交互感知的核心是识别,即当交互者做出相应的行为时(如表情、动作、姿态等),机器人需要准确的注意到对应的模态,然后识别出交互者的意图。在这一任务中,研究人员需要解决图像数据和交互信息带来的两方面挑战。近年来,由于深度学习算法的快速发展,各种深度神经网络结构被引入识别领域,使得识别性能得到了极大的增强。

面部表情领域就是进行人机交互识别的典型领域,交互者表现出快乐、苦恼、生气、伤心等情绪的表情时,机器人需要可靠、准确地判断人的情感。

面部情感识别的前提任务是检测图像中是否存在脸部信息。目前,已有多类算法实现了这一目的,如基于Faster R-CNN(Jiang & Learned-Miller, 2017)的检测算法(自顶向下)和Faceness-Net(Yang et al., 2018)算法(自底向上)。

面部情感识别的主要任务是进行面部表情信息的提取。Mollahosseini(Mollahosseini et al., 2016)等针对表情识别领域泛化性缺乏的问题,构建了一个全新的深度神经网络结构(包含inception层(Szegedy et al., 2015))。在跨数据集的面部表情分类任务中取得了当时的先进结果;J. Chen等

(Chen et al., 2018)利用多模态神经网络,将来自视频的音频信息和图像信息进行融合,构造出对表情分类足够鲁棒的特征用于分类。

目前,视觉交互信息的研究仍然还有许多方面亟待解决,例如如何增强算法对上下文信息的处理能力,以使计算机能够对较长范围内发生的交互意图进行理解;如何将人类的表情语言、肢体语言等多类模态信息进行融合,以增强算法对意图感知的鲁棒性;这些都是未来需要解决的研究难题(表 24.2)。

表 24.2　非接触式交互任务数据形式及常用数据处理模型

<table>
<tr><th>交互任务</th><th>数 据 形 式</th><th colspan="3">处理数据的模型</th></tr>
<tr><td rowspan="2">语音识别</td><td rowspan="2">时序电信号转化为音节或单词</td><td colspan="3">隐马尔可夫模型(Rabiner, 1989) (Bahl et al., 1983) (Bahl et al., 1986)</td></tr>
<tr><td colspan="3">深度神经网络模型</td></tr>
<tr><td rowspan="3">语音生成</td><td rowspan="3">音节或单词转化为时序电信号</td><td colspan="2" rowspan="2">基于规则的方法</td><td>基于共振峰合成</td></tr>
<tr><td>基于发音模拟</td></tr>
<tr><td colspan="2">基于数据驱动的方法</td><td>深度神经网络模型(Oord et al., 2016) (Lee et al., 2017)</td></tr>
<tr><td rowspan="3">视觉输入</td><td rowspan="3">图像矩阵</td><td rowspan="3">深度神经网络方法</td><td rowspan="2">视觉识别</td><td>自顶向下 (Jiang & Learned-Miller, 2017)</td></tr>
<tr><td>自底向上 (Yang et al., 2018)</td></tr>
<tr><td colspan="2">情感识别(Mollahosseini et al., 2016) (Szegedy et al., 2015) (Chen et al., 2018)</td></tr>
</table>

24.4 人-机器人交互中的应用

随着人工智能与自动控制技术的迅猛发展,机器人的应用范围逐渐超出了静态、结构化的工业生产场景,向着更为动态与开放的环境进军,与此相伴随的是日益广泛、深入的人-机器人交互。多种机器人类型也催生出多样的人机交互应用,如协作机器人、社交机器人、医疗护理机器人等的人机交互应用。协作机器人是一类能实现柔顺控制的新型工业机器人,有些甚至具备解释或产生社交信号的功能,相比于传统的工业机器人,它能更好地完成与人类的互动及协同作业。社交机器人是一种在外形上更为仿人,能够识别人的动作、姿态甚至表情,并能向人表达自身意图的智能机器人,可用于娱乐、陪伴、安抚等社交性场合。此外,还有面向老年人、残障人士或病人的交互医疗护理机器人,如手术机器人、康复机器人等。虽然通过人机交互方式可以在这些机器人平台上实现很多智能化功能,但需要指出的是,从技术角度而言,目前的人机交互技术仍有很多尚未解决的问题。下面将结合不同的应用场景,分别讨论人-机器人交互在工业机器人和服务机器人的具体应用案例。

24.4.1 工业机器人中的人-机器人交互

1. 示教学习

当机器人学习新任务时,传统的机器人编程方法需要专业技术和大量的时间投入。此外,传统方法要求使用者明确给出机器人的动作或运动序列。基于运动规划的方法能够部分地解决这些问题,但仍然需要目标位置、途径点等信息,这使得机器人的运动鲁棒性较差,难以适应环境变化。

示教学习(Learning from Demonstration, LfD)是指机器人通过模仿专家的动作来学习新技能,这让非专业的机器人编程成为可能(Argall et al., 2009)。在示教学习中,任务的约束和要求隐式地包含在示教轨迹中，因此习得的技能会具有更强的自适应性。同时，机器人能通过示教学习在非结构化的环境中找到最优的动作，而不仅仅是执行规定的简单动作（Ravichandar et al.，2020）。

示教学习的过程可以分为图 24.6 所示的 5 个阶段。首先需要选择合适的示教者，在大多数情况下，示教者应当是任务领域的专家，而非最优的示教动作可能会导致习得的技能也非最优。

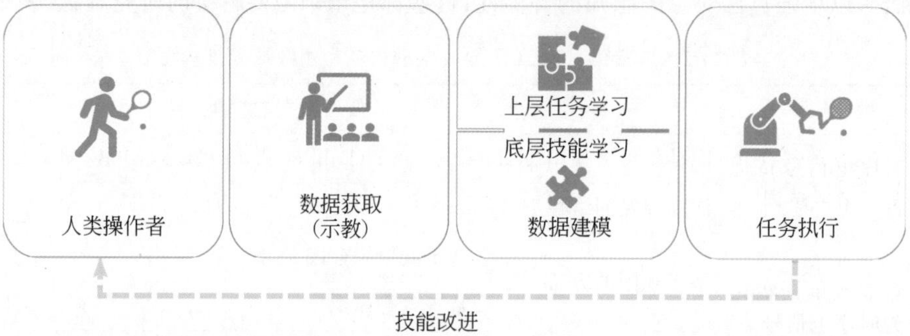

图 24.6　示教学习的 5 个阶段（Sosa-Ceron et al.，2022）

根据数据获取方法的不同，通常可以将示教学习分为 3 类：动觉示教、遥控操作和被动观察。在动觉示教中，操作者直接拖动机器人来进行示教（Calinon et al.，2007），通过与机器人的物理交互使机器人沿着期望轨迹运动，而机器人通过传感器记录运动信息，并将其作为训练数据。动觉示教非常符合直觉，不依赖外部传感器；但是，动觉示教对操作者动作的灵活性和平滑性有较高要求，且不适用于腿足式机器人、机械手等平台（图 24.7）。

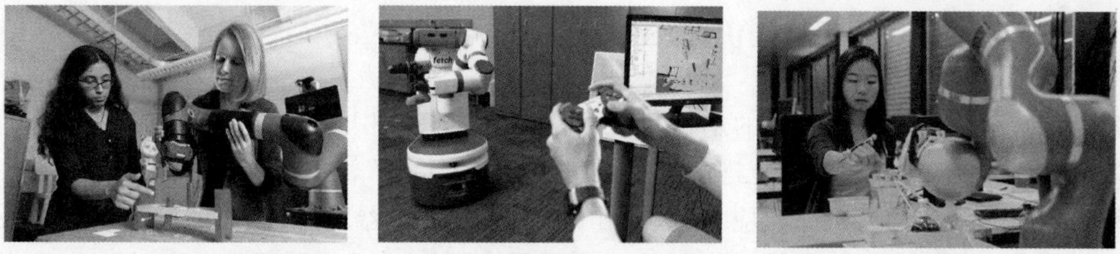

(a) 动觉示教　(b) 遥控操作　(c) 被动观察

图 24.7　3 种示教方法示例（Ravichandar et al.，2020）

在遥控操作中，操作者通过手柄、图形用户界面等外部输入设备对机器人进行遥控。在遥控操作的过程中，操作者需要综合机器人的反馈信息和自身的感知做出决策，与机器人进行远程交互，使机器人完成期望的任务。相比动觉示教，遥控操作可能有更高的学习成本，但也可以用于仿人机器人（Zhang et al.，2018）、水下机器人（Havoutis & Calinon，2019）等更为复杂的系统，也比较容易与仿真平台结合。

在被动观察中，操作者用自己的身体完成任务，而机器人并不参与到任务的执行中。通过被动观察来学习也称为模仿学习（imitation learning）（Argall et al.，2009），它对于操作者最为容易，也能够用于一些不适合动觉示教的机器人，这种学习方法已经被用于协同家具装配（Hayes & Scassellati，2014）、自动驾驶（Codevilla et al.，2018）、桌面操作（Pervez et al.，2017）等多种应用场景。但是在模仿学习中，机器人需要学习从人类动作到实际运动的映射，并需要处理传感器噪声、遮挡等问题。

在数据建模阶段，机器人通过示教获得的信息来学习一组规则（策略）。目前的学习方法可以被分为底层技能学习和上层任务学习两类。底层技能是指推动、抓取等基本的动作，这些动作是构成复杂任务的基本单元。在底层技能学习中，对单次示教或确定性学习通常使用动态运动基元法

(Dynamic Movement Primitives)，而对多次示教或概率性学习通常使用隐马尔可夫模型（Hidden Markov Models）、高斯混合模型（Gaussian Mixture Models）等方法。在上层任务学习中，需要将底层技能组合来完成给定的任务，此时常用强化学习、逆强化学习等方法。

在任务执行阶段，机器人根据习得的策略执行任务。示教学习的最终目标是使机器人能够通过在示教阶段编码（学习）的技能完成不同的给定任务。在许多场景下，希望机器人在最初的学习阶段之后还能够不断对任务的执行进行改进，或是使之前习得的技能能够适应更多的情况。此时，示教者可以在保留原有示教数据的情况下加入新的数据，这种学习方法通常被称作增量学习（Incremental learning）（Luo et al.，2020）。在示教学习中，增量学习可以在线完成（Mészáros et al.，2022），其中最常用的方法为主动学习（active learning），即在有大量可获得的数据但标记数据的成本非常高昂时，机器人可以向示教者提出询问，来获得未标记数据的标签（Lopes et al.，2009）。

机械臂是示教学习最常用的应用平台。在工业制造中，示教学习能够提高生产的自适应性和可迁移性；同时，相比重编程所需的大量劳动和由此带来的停机时间，从少量样本中习得技能能够提高生产的利润。自1980年以来，示教学习已经被用于机械臂各类技能的学习（Hirzinger，1984）。目前，示教学习的应用领域包括拾取-放置任务（Deniša et al.，2016）、抛光（Kronander et al.，2015）、抓取（Kent et al.，2016）、装配（Vogt et al.，2017）等（图24.8）。

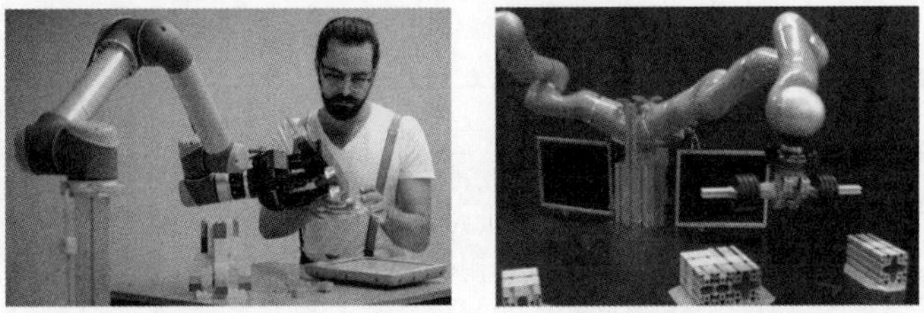

(a) 协作装配(Vogt et al.,2017)　(b) 抓取-放置(Deniša et al.,2016)

图 24.8　示教学习在工业制造中的应用

医疗健康也是机械臂应用的热门领域之一。在辅助人类、提供健康管理服务等任务中，示教学习能够对任务学习起到重要作用。目前，示教学习被用于喂食（Bhattacharjee et al.，2019）、物理康复（Fong & Tavakoli，2018）、机器人手术（Wang et al.，2016）、辅助日常活动（Moro et al.，2018）等多种任务。在这些任务中，机器人需要与人进行近距离的接触，因此操作的安全性非常重要，而示教学习中策略收敛性和稳定性的证明可以满足这一要求（图24.9）。

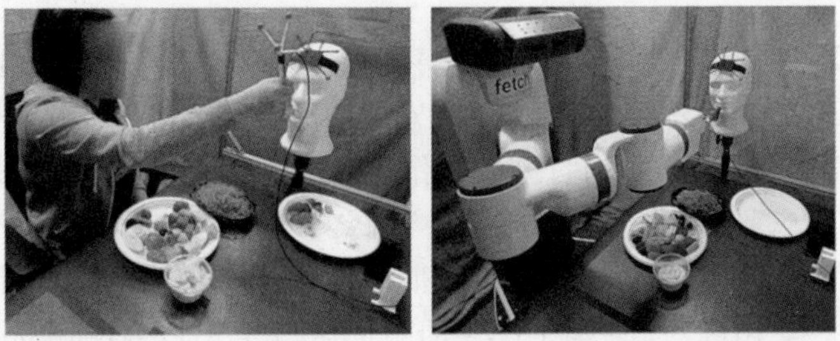

图 24.9　示教学习在医疗健康领域的应用：喂食动作的示教和学习（**Bhattacharjee et al.，2019**）

2. 物理人-机器人协作

物理人-机器人协作（Physical Human-robot Collaboration，pHRC）的定义是人、机器人和环境相互接触，形成紧密耦合的动力学系统来完成任务（Bauer et al.，2008）。理想情况下，该系统中的每一个智能体(人和机器人)都需要能够通过融合处理感知信息来观察和估计自身对整个系统响应的贡献,并由此产生相应的运动策略,这一过程被称作交互控制(Interaction Control)。下面将针对人-机器人交互控制的两个主要研究方向进行展开,即行为意图估计与预测和机器人运动策略生成(Li et al., 2022)。

在以人为中心的人-机器人交互场景当中,为了更好地决定机器人如何安全有效地协助人类,使得机器人能够产生预测性辅助行为,而不是简单地对人的行为进行顺从或反应,需要对人类的行为意图进行推断和预测。这种意图可以通过相互作用力、运动模态和人类电生理活动等感官线索来推断,也可以包含对正在执行的任务的先验知识。根据操作意图在任务中所处的不同层次,可以分为 3 类:

- 运动意图:基于人体的运动学和系统动力学,估计人-机器人交互特性与人的运动目标和趋势.
- 动作意图:通过对人类行为的观察,在提供的离散动作集与动作元语选择可能的动作指令。
- 任务意图:根据给定的目标协作任务知识,机器人对任务执行状态进行自主决策,使得协作任务能够达成。

通过对人类操作意图的识别,使得机器人能够依靠接触式物理信息交互来识别人类操作员运动计划,并改进交互控制(Li et al., 2020; Takagi et al., 2016)。表 24.3 给出了部分运动意图识别方法及其交互控制策略。

表 24.3 不同意图感知方法的优势比较与应用示例

意图感知方法	优 势	在 pHRC 中的应用案例
力反馈	对接触过程中的交互力和力矩可以精确估计,并且可以集成在控制循环中直接处理	阻抗控制(Kosuge & Kazamura, 1997) 顺服控制(Al-Jarrah & Zheng, 1997) 变阻抗控制(Gribovskaya et al., 2011; Peternel & Babič, 2013; Xing et al., 2023) 能量最优控制(Donner & Buss, 2016; Palunko et al., 2014)
	直观反映接触力	遥操作(Horiguchi et al., 2000) 变刚度控制(C. Yang et al., 2016) 实时轨迹生成(Fernandez et al., 2001)
生物信号	适应性强、通用性强,可用于检测人类的身体和认知状态变化	肌电信号引导(Bell et al., 2008; Rani et al., 2004) 力位混合阻抗控制(Peternel et al., 2016)
触觉反馈	轻量且可穿戴	变刚度控制(Ajoudani et al., 2014)

在以人为中心的交互控制方法研究中,阻抗/导纳控制被认为是产生有效地服从人类力量的机器人运动的主要方法,许多研究都试图通过对人类运动意图的推断来调整阻抗参数或参考轨迹,从而增强人机协作的交互稳定性。研究人员通过分析操作者的肌电信号(图 24.10(a)),间接推断出人类的潜在动作,并利用这些动作来适应机器人的阻抗参数(Ajoudani et al., 2012; Peternel et al., 2017)。Peternel 等提出了一种机器人适应人类疲劳的人机协作框架,其中肌电传感器为机器人提供关于人类运动行为的估计(图 24.10(c)),使其在任务的不同阶段实现适当的阻抗变换(Peternel et al., 2018)。此外,直接测量人类施加的相互作用力可以用来估计阻抗特性(Mitsantisuk et al., 2011)或运动模式(Li & Ge, 2014),从而可以进一步调整机器人的阻抗。为了解决人类行为的不确定性和时变问题,Medina 等提出了一种稀疏贝叶斯学习方法(Medina et al., 2019),用于预测人类行为意图和实现机械臂的自适应阻抗控制(图 24.10(b))。模型预测控制器(MPC)由于具有预测人和机器人未来

状态的能力，被认为是解决人机协作任务的一种很有前途的方案。考虑到工作空间的限制，MPC 被设计为优化多个目标并获得理想的阻抗特性。对于恒定外力的 pHRC，Roveda 等提出了一种基于阻抗控制的 MPC，其中人类行为模型由人工神经网络描述（Roveda et al.，2020）。Haninger 等使用由高斯过程编码的人类模型来推断人类的意图，并提出相关的 MPC 来优化机器人的适当协作行为（Haninger et al.，2022）。

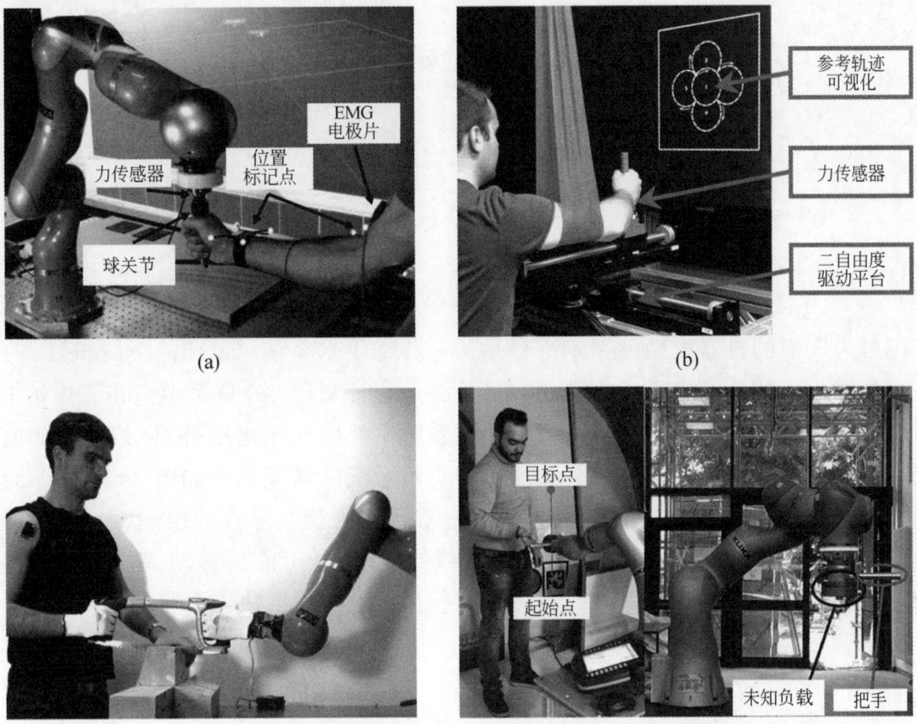

(a) (b) (c) (d)

图 24.10 基于意图估计的人-机器人协作

(a)肌电信号辅助下的人类运动意图跟踪（Ajoudani et al.，2012）；(b)基于贝叶斯估计的运动意图推断（Medina et al.，2019）；(c)协同切削任务中的自适应交互控制（Peternel et al.，2018）；(d)未知负载的协同搬运（Roveda et al.，2020）

24.4.2 服务机器人中的人-机器人交互

1. 手术机器人

传统的开放式手术具有出血量大、恢复时间长等缺点，从 20 世纪 70 年代中期开始，微创手术（Minimally Invasive Surgery，MIS）逐渐成为一种更好的选择，这也促进了手术机器人的发展。微创手术是指通过轻微创伤或自然通道，将特殊器械、物理能量或化学制剂送入人体，以去除、修复或重建人体内部畸形或创伤，从而达到治疗目的的手术方法。手术机器人具有成像视野广、定位精度高和远程控制能力强等特点，目前已经成为辅助实施微创手术的有效手段。根据手术类型的不同，MIS 机器人可分为 6 种类型：腹腔镜手术机器人、血管介入手术机器人、经皮穿刺手术机器人、神经外科机器人、自然孔手术机器人和骨科手术机器人（Sun et al.，2023）。

人机交互是人与数字环境之间的交互过程，作为手术机器人的重要组成部分，是外科医生感知、理解、分析反馈信息，并依靠自身专业能力做出决策的渠道。良好的人机交互设计可以提高手术效率，改善用户体验，因此也受到了许多研究者的关注。在手术过程中，人机交互系统的信息流向如图 24.11 所示。

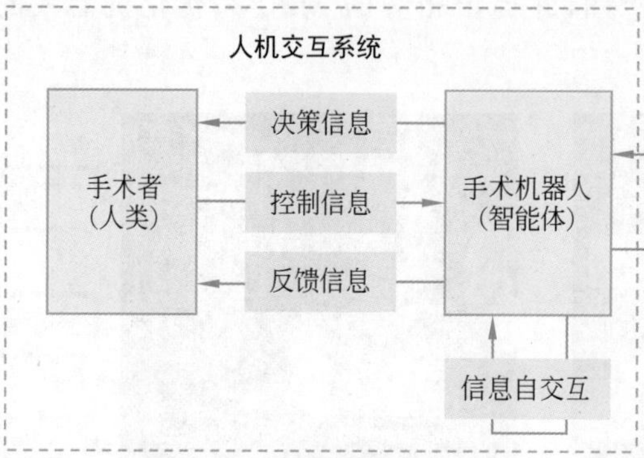

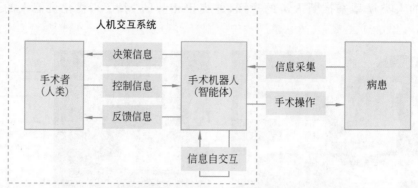

图 24.11 手术机器人中的人机交互系统(Sun et al., 2023)

目前应用最为广泛的机器人微创手术平台是达·芬奇手术系统(da Vinci surgical system)，它属于腹腔镜手术机器人。达·芬奇手术系统是一种外科远程控制器：外科医生坐在工作站上，通过操作几个主控器来控制病人体内的器械。达·芬奇手术系统广泛应用于泌尿外科、妇科和普通外科，并在胸腔镜和经口手术等领域也得到了应用。达·芬奇手术系统的组成部分如图 24.12 所示，该系统包括患者侧的器械和主控制台两部分，手术医生能够通过双目相机获取患者的组织、血管、病变等信息，并结合当前的其他数据做出控制决策，操控各个控制器的运动，做出前后移动、牵拉、切割等动作，而系统的反馈信息，例如术中创伤的形态等又会传回控制台，影响之后的决策。

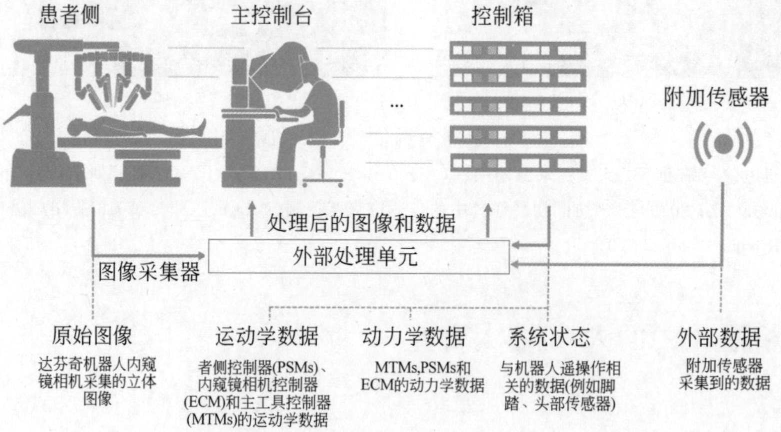

图 24.12 达·芬奇手术系统的组成部分(D'Ettorre et al., 2021)

为了满足手术过程中信息交换的需求，目前手术机器人的交互系统提供了多模态的交互方式，主要的交互方式包括图形界面、触觉反馈、眼动跟踪和声音控制。其中，图形用户界面是最常用的交互方式，它能够让手术医生直观地感受到病患的状态，从而提高操作的效率。声音交互能够有效解放操作者的双手，减轻疲劳，并帮助操作者避免必须中断操作来移动设备的情况；声音控制的典型应用为 AESOP 系列的腹腔镜手术机器人(Morrell et al., 2021)。眼动控制能够减小外界干扰、简化操作、提高自由度，帮助手术医生把注意力集中到关键的操作中；眼动控制的代表性产品为 Senhance 手术系统(Abdelaal et al., 2020)。触觉反馈通过力、震动和其他系列动作复现触觉信息,其代表性的产品包括 Versius 手术系统(Alkatout et al., 2022)、MiroSurger 手术系统(Millan et al., 2021)等。触觉反馈能够有效补偿孤立环境导致的认知偏差,从而避免过度用力对患者造成的二次伤害,并减轻手术医生肌肉的紧张和疲劳。

2. 康复机器人

康复机器人是一类特殊的可穿戴机器人,具备助残行走、康复治疗、减轻劳动强度等功能。康复机器人目前主要适用于神经系统损伤、肌肉损伤和骨科疾病等原因造成的上肢或下肢运动功能障碍,帮助患者恢复大脑对运动的控制或者替代失能部分的功能,从而提高患者日常生活能力。康复机器人可以依照不同的适用场景分为三大类:功能替代型、功能康复型和功能增强型(Fang et al., 2021)。

由于战争、疾病、工伤、交通事故以及自然灾害等因素,致使上千万人的健康肢体被截肢。智能假肢腿等康复机器人替代了人体的缺失功能。2006 年,德国 Ottobock 公司在莱比锡国家展览会上展示了世界上首例仿生智能假肢 C-Leg(图 24.13(a))(Seymour et al., 2007),该假肢的关节增加了角度传感器,可以实现对整个步态周期的控制(Huang et al., 2016; Kadrolkar & Sup, 2017)。伊朗阿米尔卡比理工大学 Dabiri 等(Dabiri et al., 2013)通过仿真模型测量步态周期中的肌肉刚度,并利用人工骨骼肌肉控制假肢。2019 年,北京大学王启宁等(Wang et al., 2019)提出了"人体电容"的运动意图识别概念,实现了对多种常见步态的精准识别(图 24.13(b))。赵晓东等(Liu et al., 2018)提出基于粒子群(PSO)优化支持向量机(SVM)的下肢假肢穿戴者跑动步态识别方法,将跑动步态识别率提高到 92.78%,优于 SVM 和 BP 神经网络。Su 等(Su et al., 2019)选择高斯混合隐马尔可夫模型作为分类器,对下肢假肢的运动意图进行识别,该算法对基本的运动步态——平地行走、上坡、下坡、上楼和下楼 5 种模式的识别率达到 98.99%,在包含 5 种稳态模式和 8 类转换模式中,其识别率可达到 96.92%(图 24.13(c))。

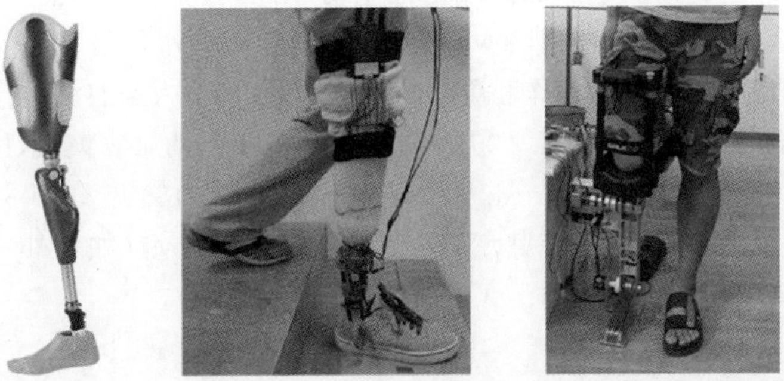

(a)　(b)　(c)

图 24.13　典型智能假肢腿

(a)德国 Ottobock 的 C-Leg; (b)"人体电容"意图识别假肢(Wang et al., 2019); (c)高斯混合-隐马尔可夫模型作为分类器的下肢假肢(Su et al., 2019)

由脑卒中、意外事故和老龄化等造成的脑损伤会引起人体的运动功能障碍。传统的治疗手段主要依靠康复技师或护理人员辅助患者进行关节活动和肌力训练,但随着人口老龄化的加剧和工作适龄人口的短缺,质量稳定且便于使用的康复机器人得到了迅猛的发展。MIT-MANUS(图 24.14(a))是第一种经过广泛临床测试并取得商业成功的机器人治疗设备(Krebs et al., 1998),由一台 SCARA 构型的两自由度机械臂构成,允许人的手臂进行平面运动,同时不需要力反馈控制。在此基础上,研究人员将该设备的运动拓展到了其他维度,以允许垂直运动(Buerger et al., 2001)、手腕运动

(Williams et al., 2001)和抓握动作(Masia et al., 2006),并开发了软件来提供分级阻力和运动辅助(Stein et al., 2004),并根据实时测量的患者在视频游戏中的表现来改变辅助的刚度(Krebs et al., 2003)。镜像运动增强器(Mirror Image Movement Enhancer,MIME,图 24.14(b))系统使用 Puma-560 机械臂来辅助病人手臂的运动(Lum et al., 2002),由于机械臂具有 6 个自由度,因此使得手臂的运动更加灵活。同时,由于机械臂需要产生复杂的运动模态,因此使得该系统必须依赖于交互力反馈,以便患者可以驱动机器人。目前为止,最为出色的临床试验结果来自 Bi-Manu-Track(图 24.14(c))。病人通过双手跟踪直线电机的运动,允许双手手腕屈伸(Hesse et al., 2005),同时根据人的运动意图,可以提供前臂旋前/旋后的康复动作。

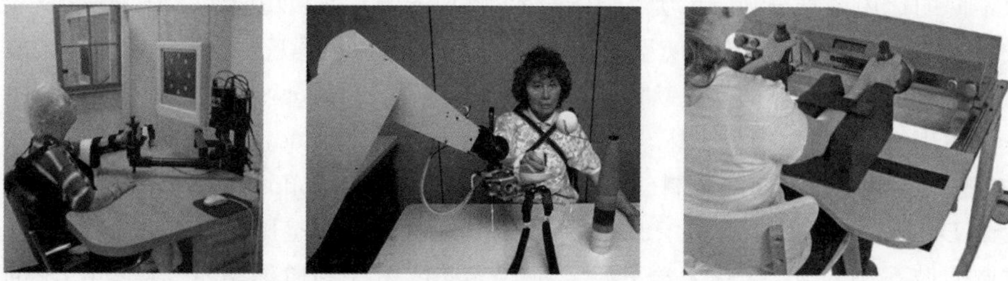

(a) (b) (c)

图 24.14 典型的上肢康复机器人举例

(a)MIT-MANUS 上肢康复机器人;(b)MIME 上肢康复机器人(Lum et al., 2002);(c)Bi-Manu-Track 康复机器人(Hesse et al., 2005)

康复类外骨骼最初被应用在瘫痪患者的运动功能恢复,应用范围逐渐扩展到对健全人和部分失能人的运动功能增强。Rose 等开发出一种刚柔混合型外骨骼手套 SPAR(Rose & O'Malley, 2019),该手套结合了意图检测、前臂的肌电图和近端定位驱动,用于手部功能增强和多种手部功能的训练。在下肢外骨骼中最具代表性的是以色列 Sewalk 公司的康复下肢外骨骼(Zeilig et al., 2012),它能够通过姿态传感器,检测穿戴者的肢体动作和重心的变化,进而模仿人类自然行走的步态并控制步行速度。美国 Ekso 外骨骼机器人(Pan et al., 2018)提供了 3 种不同的康复模式,用户可以根据自身康复情况选择对应模式进行康复训练。Lessard 等(Lessard et al., 2018)开发出一款软外骨骼服 CRUX,这是一款柔顺、多自由度的外骨骼服,穿戴者可以在众多非常规环境(如户外)中增强运动能力,帮助自身进行上肢功能恢复及辅助日常活动。

3. 农业机器人

传统的农业生产是一种十分繁重的体力活动,往往较多地依赖人力,具有劳动环境艰苦、体力耗费较大、生产效率较低等不足。机器人则十分擅长在艰苦、危险的环境中长期进行重复性的乏味工作。为了提升农业生产的效率和灵活性,改善生产者的劳动条件,学术界和应用界提出了农业领域的人-机器人交互。Adamides 等(Adamides, 2016)设计了一套农药喷洒机器人远程操作系统。如图 24.15(a)所示,该系统可以操纵机器人在果园中沿着一排排的葡萄架进行导航与作业,该系统为半自动远程操作,即大多数情况下机器人可以自主作业,在必要情况下采取远程手动操作。这种远程操作的人-机器人交互模式有效地隔离了人类与作业环境,可以保证工人不会接触到农药等有害品,从而保障了人类健康。人-机器人交互还被应用于精准农业中(Baxter et al., 2018),如图 24.15(b)所示,机器人可以帮助人类操作员或农民采摘草莓,人类与机器人之间安全性必须得到保障。此外,机器人由一名操作员远程控制,他们的任务是引导机器人在指定时间到达拾取者的位置,将装满的板条箱装载到机器人上，然后机器人将作物运送到储存设施附近。除了地面机器人以外，空中机器人也被广泛应用于农业生产领域（del Cerro et al., 2014），如图 24.15（c）所示，此类机器人一般支持地面遥操作与无人自主飞行，可完成如农药喷洒、作物情况调查等农业任务。以上介绍的农业人机交互均为孤立模式，即大多数情况下人和机器人处于分离状态，在需要完成任务时发生交互行为。除此以外，人和机器人还可以作为统一系统协同工作。图 24.15（d）所示为果园中的自主定位导航机器人（Freitas et al., 2012），在这个系统中，移动机器人沿着较为结构化的树木进行自主行驶，而移动机器人上的人类则集中精力执行一些特定的任务，如修剪、采摘等。

(a) (b) (c) (d)

图 24.15 典型的农业交互机器人

（a）农药喷洒机器人远程操作系统（Adamides, 2016）；（b）草莓协作采摘机器人（Baxter et al., 2018）；（c）支持遥操作的农业无人机 RHEA（del Cerro et al., 2014）；（d）承载人类操作员的移动机器人（Freitas et al., 2012）

4. 社交机器人

社交机器人是指那些可以通过与人类似的人际交往方式与人类进行交互，并在人类社会中与人一起工作的机器人，这类机器人可以在教育、健康护理、娱乐、陪伴等人类社会活动领域发挥重要的作用。社交机器人不仅需要在物理层面与人类进行互动，还需要在情感层面与人类产生交流，通过广泛的社会认知技能和其他思想理论来理解人类行为，并且被人类理解，以便为人类提供更加有效的社会和任务支持。为了使社交机器人更好地与人类进行语言、肢体和情感等方面的交互和协调，人们往往倾向于对此类机器人进行拟人化设计，将机器人的外观设计得更像人类或者动物，将动作或行为方式设计得与生命体类似，从而促进社交机器人为人类社会所接受。

对于社交机器人来说，要想更好地实现与人类的互动和协作，它们必须能够感知、理解并响应来自人类的语言、肢体和其他信息。人类是一种具有情感的生物，因此人类的交流和社会互动中往往包含诸多情感与意图因素。要想社交机器人更好地与人类进行交互,必须为它们赋予情感、意图的识别与理解能力,并基于理解的结果决策后续动作,对情感和意图做出回应。因此,考虑到人类行为的丰富性和社会环境的复杂性,许多社交机器人是当前最善于表达、行为最为丰富、适应性最强的机器人。

世界上许多研究机构设计出了多种人形社交机器人(图 24.16),它们能够与人类进行全身性的社交活动,例如跳舞(Tanaka et al., 2006)、手拉手散步(Lim et al., 2004)、演奏音乐、技能传授(Solis et al., 2004)以及搜索救援(Jung et al., 2013)等。它们可以通过手势或身体姿态与人类进行交流,如耸肩、握手或拥抱(Miwa, Itoh, Ito, et al., 2004; Miwa, Itoh, Matsumoto, et al., 2004; Roccella et al., 2004)。其中,有些甚至可以通过面部表情传递信息(Hayashi et al., 2006)。

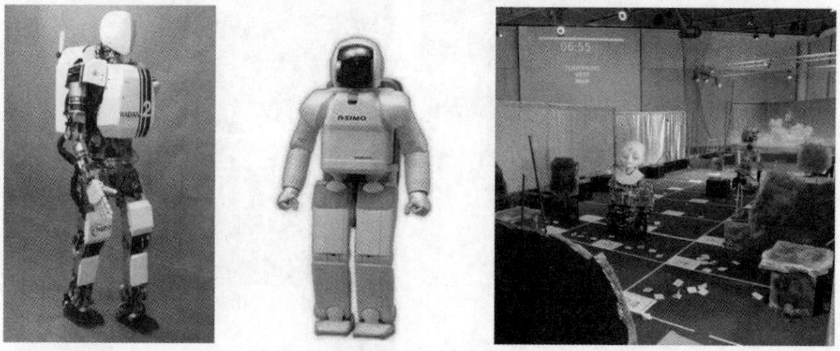

(a) (b) (c)

图 24.16 典型的人形社交机器人

(a)早稻田大学设计的人形机器人 WF-4RII、WABIAN-2 和 WE-4RII(Yu Ogura et al., 2006); (b)ATR 设计的人形机器人,可完成握手和拥抱等动作; (c)MIT 设计的人形机器人 Nexi 和 Maddox(Jung et al., 2013)

以上介绍的这些人形机器人一般采用机械外观,而 Android 类机器人则更采取了更为拟人化的设计,包括皮肤、牙齿、头发和衣物等,如图 24.17 所示。这类社交机器人往往可以更好地被人类社会接纳,但是不恰当的设计可能导致"恐怖谷"效应,即机器人的外观和行为与人类过分相似时会使人们反感和厌恶,引起人们强烈的负面反应(Mori, 1970)。为了避免"恐怖谷"效应,人们通过简化机器人的面部线条和动作设计出了像洋娃娃一样的机器人。

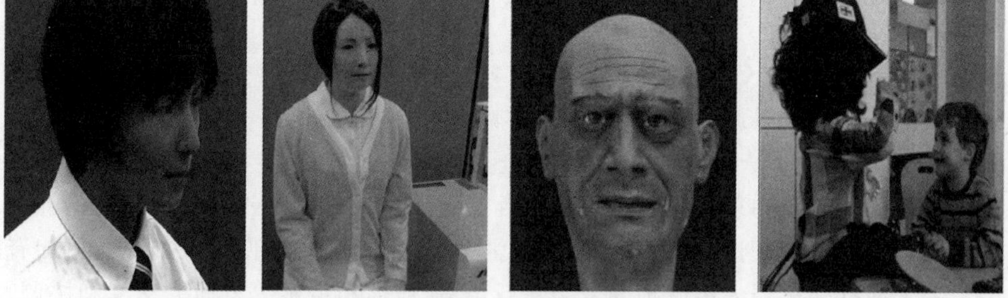

(a) (b) (c)

图 24.17 典型的 Android 类社交机器人

(a)应用于医疗领域的 Android 类社交机器人(Haring et al., 2014; Yoshikawa et al., 2011); (b)可控制面部表情的机器人 ROMAN(Berns & Hirth, 2006); (c)应用于儿童陪伴的机器人 KASPAR(Wood et al., 2021)

除了类似于人类的社交机器人，还有许多模仿动物形态和行为而设计出的社交机器人，图 24.18 展示了一些典型的仿动物社交机器人，它们更多地提供情感陪伴服务。考虑到人们会抚摸宠物，一些受动物启发的机器人开始探索基于触摸的交流方式。索尼的娱乐机器狗 AIBO（Wada & Shibata，2006）就是一个典型的动物型社交机器人案例。该类别中的其他机器人具有更为有机的外观，例如治疗伴侣机器人海豹 Paro（Wada et al.，2006）。研究人员还设计了一些具有更奇特外观的机器人，将拟人化与动物的特征融合在一起，如 Leonardo 等（Stiehl et al.，2005）。

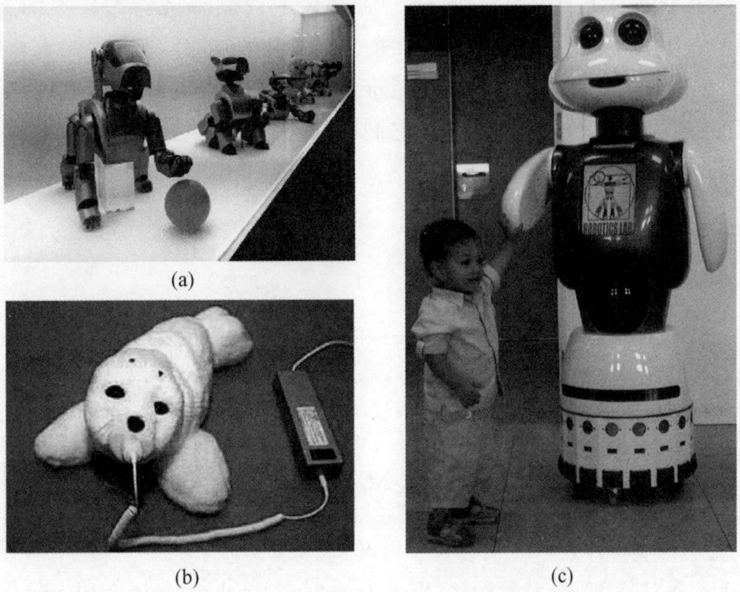

图 24.18　典型的仿动物型社交机器人

(a)索尼设计的机器狗 AIBO（Wada & Shibata，2006）；(b)AIST 设计的海豹机器人 Paro（Wada et al.，2006）；(c)RoboticsLab 设计的社交机器人 Maggie（Salichs et al.，2006）

除此之外，一些社交机器人装备了情感反应或情感启发决策系统。一些学者研究了情绪在协调行为方面的社交作用，如 FEELIX、Kismet（Breazeal，2004）等，以使社交机器人更智能，更好地学习，更好地适应在复杂环境中执行任务。最近，还有一些学者研究了情感与意图在人机协作执行搜索和救援任务中的作用（Chernova et al.，2011；Scheutz et al.，2006）。为了使机器人能够更好地处理人类的情感和意图，一些研究对情感进行了建模（Wada et al.，2006），促使社交机器人在教育、医疗等领域更好地与人类互动。

24.5　总结与展望

随着人工智能水平的提高和先进机器人技术的发展，人机协作的可能性将会变得更大。但是，虽然人们对人机交互协作的未来已有美好的憧憬，但很多可实用化的相关技术研发才刚刚开始，在实现人机自然交互过程中还存在很多挑战。以下三方面可能是未来重点的研究方向。

(1) 支持自然动作的感知技术。感知是人-机器人交互的基础。在目前的人机交互方式中，主要是基于视觉和语音的交互方式。但是，人与机器人都有物理具身性，肢体动作蕴含了丰富的语义，感知自然动作并从中理解动作蕴含的语义是人-机器人交互区别于一般人-计算机交互的重要技术，同时也是实现人-机器人自然交互的重要基础。

(2) 人-机器人交互过程中的双向理解。人与机器人真正协同共融的基础是对人的行为、意图和意义的理解。然而,目前的人工智能技术还很难将人的行为意图转换为机器可理解的数据。同时,从人的角度出发,面对智能机器人这类具有和动物类似但又不尽相同的新兴事物,仍存在着各种疑惑和不理解,这需要心理学家和社会学家从人的角度进行分析,提出相关理论和方法并提供给机器人设计者,实现人-机器人交互过程中的双向理解,驱动交互协作的自然形成。

(3) 人-机器人交互过程中产生的伦理问题。随着人工智能和机器人技术的发展,自机器人诞生便被考虑的伦理问题将切切实实地摆在人们的面前。当具有一定社会功能的人机交互和共融方式出现时,相关伦理及产生的法律问题必须落地,才能推动相关技术发展。智能机器人将会进入人们的生产生活中,会和人们进行社会性融合,如何保障它们的权力和约束它们的行为将成为未来的研究重点之一。

参考文献

Abdelaal, A. E., Mathur, P., & Salcudean, S. E. (2020). Robotics in vivo: A perspective on human-robot interaction in surgical robotics. *Annual Review of Control, Robotics, and Autonomous Systems*, *3*, 221-242.

Adamides, G. (2016). *Doctoral Dissertation: "User interfaces for human-robot interaction: Application on a semi-autonomous agricultural robot sprayer."*.

Ajoudani, A., Godfrey, S. B., Bianchi, M., Catalano, M. G., Grioli, G., Tsagarakis, N., & Bicchi, A. (2014). Exploring Teleimpedance and Tactile Feedback for Intuitive Control of the Pisa/IIT SoftHand. *IEEE Transactions on Haptics*, *7*(2), 203-215.

Ajoudani, A., Tsagarakis, N., & Bicchi, A. (2012). Tele-impedance: Teleoperation with impedance regulation using a body-machine interface. *The International Journal of Robotics Research*, *31*(13), 1642-1656.

Al-Jarrah, O. M., & Zheng, Y. F. (1997). Arm-manipulator coordination for load sharing using reflexive motion control. *Proceedings of International Conference on Robotics and Automation*, *3*, 2326-2331.

Alkatout, I., Salehiniya, H., & Allahqoli, L. (2022). Assessment of the Versius Robotic Surgical System in Minimal Access Surgery: A Systematic Review. *Journal of Clinical Medicine*, *11*(13), 3754.

Argall, B. D., & Billard, A. G. (2010). A survey of Tactile Human-Robot Interactions. *Robotics and Autonomous Systems*, *58*(10), 1159-1176.

Argall, B. D., Chernova, S., Veloso, M., & Browning, B. (2009). A survey of robot learning from demonstration. *Robotics and Autonomous Systems*, *57*(5), 469-483.

Bahl, L., Brown, P., De Souza, P., & Mercer, R. (1986). Maximum mutual information estimation of hidden Markov model parameters for speech recognition. *ICASSP '86. IEEE International Conference on Acoustics, Speech, and Signal Processing*, *11*, 49-52.

Bahl, L. R., Jelinek, F., & Mercer, R. L. (1983). A Maximum Likelihood Approach to Continuous Speech Recognition. *IEEE Transactions on Pattern Analysis and Machine Intelligence*, *PAMI*-5(2), 179-190.

Bauer, A., Wollherr, D., & Buss, M. (2008). Human-robot collaboration: A survey. *International Journal of Humanoid Robotics*, *05*(01), 47-66.

Baxter, P., Cielniak, G., Hanheide, M., & From, P. (2018). Safe Human-Robot Interaction in Agriculture. *Companion of the* 2018 *ACM/IEEE International Conference on Human-Robot Interaction*, 59-60.

Bell, C. J., Shenoy, P., Chalodhorn, R., & Rao, R. P. N. (2008). Control of a humanoid robot by a noninvasive brain-computer interface in humans. *Journal of Neural Engineering*, *5*(2), 214-220.

Berns, K., & Hirth, J. (2006). Control of facial expressions of the humanoid robot head ROMAN. *2006 IEEE/RSJ*

International Conference on Intelligent Robots and Systems , 3119-3124.

Bhattacharjee, T., Lee, G., Song, H., & Srinivasa, S. S. (2019). Towards robotic feeding: Role of haptics in fork-based food manipulation. *IEEE Robotics and Automation Letters*, *4*(2), 1485-1492.

Breazeal, C. (2004). Function meets style: Insights from emotion theory applied to HRI. *IEEE Transactions on Systems, Man, and Cybernetics, Part C (Applications and Reviews)*, *34*(2), 187-194.

Buerger, S. P., Krebs, H. I., & Hogan, N. (2001). Characterization and control of a screw-driven robot for neurorehabilitation. *Proceedings of the* 2001 *IEEE International Conference on Control Applications* (*CCA*'01) (*Cat. No.*01*CH*37204), 388-394.

Calinon, S., Guenter, F., & Billard, A. (2007). On learning, representing, and generalizing a task in a humanoid robot. *IEEE Transactions on Systems, Man, and Cybernetics, Part B (Cybernetics)*, *37*(2), 286-298.

Chen, J., Chen, Z., Chi, Z., & Fu, H. (2018). Facial Expression Recognition in Video with Multiple Feature Fusion. *IEEE Transactions on Affective Computing*, *9*(1), 38-50.

Chernova, S., DePalma, N., & Breazeal, C. (2011). Crowdsourcing Real World Human-Robot Dialog and Teamwork through Online Multiplayer Games. *AI Magazine*, *32*(4), Article 4.

Codevilla, F., Müller, M., López, A., Koltun, V., & Dosovitskiy, A. (2018). End-to-end driving via conditional imitation learning. *2018 IEEE International Conference on Robotics and Automation (ICRA)*, 4693-4700.

Dabiri, Y., Najarian, S., Eslami, M. R., Zahedi, S., & Moser, D. (2013). A powered prosthetic knee joint inspired from musculoskeletal system. *Biocybernetics and Biomedical Engineering*, *33*(2), 118-124.

Del Cerro, J., Barrientos, A., Sanz, D., & Valente, J. (2014). Aerial Fleet in RHEA Project: A High Vantage Point Contributions to ROBOT 2013. In M. A. Armada, A. Sanfeliu, & M. Ferre (Eds.), *ROBOT*2013: *First Iberian Robotics Conference: Advances in Robotics, Vol.* 1 (pp. 457-468). Springer International Publishing.

Deniša, M., Gams, A., Ude, A., & Petrič, T. (2016). Learning Compliant Movement Primitives Through Demonstration and Statistical Generalization. *IEEE/ASME Transactions on Mechatronics*, *21*(5), 2581-2594.

D'Ettorre, C., Mariani, A., Stilli, A., Rodriguez y Baena, F., Valdastri, P., Deguet, A., Kazanzides, P., Taylor, R. H., Fischer, G. S., DiMaio, S. P., Menciassi, A., & Stoyanov, D. (2021). Accelerating Surgical Robotics Research: A Review of 10 Years With the da Vinci Research Kit. *IEEE Robotics & Automation Magazine*, *28*(4), 56-78.

Donner, P., & Buss, M. (2016). Cooperative Swinging of Complex Pendulum-Like Objects: Experimental Evaluation. *IEEE Transactions on Robotics*, *32*(3), 744-753.

Fernandez, V., Balaguer, C., Blanco, D., & Salichs, M. A. (2001). Active human-mobile manipulator cooperation through intention recognition. *Proceedings* 2001 *ICRA. IEEE International Conference on Robotics and Automation* (*Cat. No.*01*CH*37164), *3*, 2668-2673.

Fong, J., & Tavakoli, M. (2018). Kinesthetic teaching of a therapist's behavior to a rehabilitation robot. *2018 International Symposium on Medical Robotics (ISMR)*, 1-6.

Freitas, G., Zhang, J., Hamner, B., Bergerman, M., & Kantor, G. (2012). A Low-Cost, Practical Localization System for Agricultural Vehicles. In C.-Y. Su, S. Rakheja, & H. Liu (Eds.), *Intelligent Robotics and Applications* (pp. 365-375). Springer.

Frigola, M., Casals, A., & Amat, J. (2006). Human-Robot Interaction Based on a Sensitive Bumper Skin. *2006 IEEE/RSJ International Conference on Intelligent Robots and Systems* , 283-287.

Gouaillier, D., Hugel, V., Blazevic, P., Kilner, C., Monceaux, J., Lafourcade, P., Marnier, B., Serre, J., & Maisonnier, B. (2008). *The NAO humanoid: A combination of performance and affordability* (arXiv: 0807.3223). arXiv.

Gribovskaya, E., Kheddar, A., & Billard, A. (2011). Motion learning and adaptive impedance for robot control during physical interaction with humans. *2011 IEEE International Conference on Robotics and Automation* , 4326-4332.

Gu, F., Sng, W., Taunyazov, T., & Soh, H. (2020). TactileSGNet: A Spiking Graph Neural Network for Event-based Tactile Object Recognition. *2020 IEEE/RSJ International Conference on Intelligent Robots and Systems (IROS)*, 9876-9882.

Haninger, K., Hegeler, C., & Peternel, L. (2022). Model Predictive Control with Gaussian Processes for Flexible Multi-Modal Physical Human Robot Interaction. *2022 International Conference on Robotics and Automation (ICRA)*, 6948-6955.

Haring, K. S., Silvera-Tawil, D., Matsumoto, Y., Velonaki, M., & Watanabe, K. (2014). Perception of an Android Robot in Japan and Australia: A Cross-Cultural Comparison. In M. Beetz, B. Johnston, & M.-A. Williams (Eds.), *Social Robotics* (pp. 166-175). Springer International Publishing.

Havoutis, I., & Calinon, S. (2019). Learning from demonstration for semi-autonomous teleoperation. *Autonomous Robots*, *43*, 713-726.

Hayashi, K., Onishi, Y., Itoh, K., Miwa, H., & Takanishi, A. (2006). Development and evaluation of face robot to express various face shape. *Proceedings 2006 IEEE International Conference on Robotics and Automation*, 2006. *ICRA 2006.*, 481-486.

Hayes, B., & Scassellati, B. (2014). Discovering task constraints through observation and active learning. *2014 IEEE/RSJ International Conference on Intelligent Robots and Systems*, 4442-4449.

Hesse, S., Werner, C., Pohl, M., Rueckriem, S., Mehrholz, J., & Lingnau, M. l. (2005). Computerized Arm Training Improves the Motor Control of the Severely Affected Arm After Stroke. *Stroke*, *36*(9), 1960-1966.

Hirzinger, G. (1984). Sensor Programming—A New Way for Teaching a Robot Paths and Sensory Patterns Simultaneously. *Robotics and Artificial Intelligence*, 395-410.

Horiguchi, Y., Sawaragi, T., & Akashi, G. (2000). Naturalistic human-robot collaboration based upon mixed-initiative interactions in teleoperating environment. *SMC 2000 Conference Proceedings. 2000 IEEE International Conference on Systems, Man and Cybernetics. "Cybernetics Evolving to Systems, Humans, Organizations, and Their Complex Interactions" (Cat. No.00CH37166)*, *2*, 876-881.

Huang, H., Li, T., Bruschini, C., Enz, C., Koch, V. M., Justiz, J., & Antfolk, C. (2016). EMG pattern recognition using decomposition techniques for constructing multiclass classifiers. *2016 6th IEEE International Conference on Biomedical Robotics and Biomechatronics (BioRob)*, 1296-1301.

Jiang, H., & Learned-Miller, E. (2017). Face Detection with the Faster R-CNN. *2017 12th IEEE International Conference on Automatic Face & Gesture Recognition (FG 2017)*, 650-657.

Jung, M. F., Lee, J. J., DePalma, N., Adalgeirsson, S. O., Hinds, P. J., & Breazeal, C. (2013). Engaging robots: Easing complex human-robot teamwork using backchanneling. *Proceedings of the 2013 Conference on Computer Supported Cooperative Work*, 1555-1566.

Kadrolkar, A., & Sup, F. C. (2017). Intent recognition of torso motion using wavelet transform feature extraction and linear discriminant analysis ensemble classification. *Biomedical Signal Processing and Control*, *38*, 250-264.

Kent, D., Behrooz, M., & Chernova, S. (2016). Construction of a 3D object recognition and manipulation database from grasp demonstrations. *Autonomous Robots*, *40*, 175-192.

Kosuge, K., & Kazamura, N. (1997). Control of a robot handling an object in cooperation with a human. *Proceedings 6th IEEE International Workshop on Robot and Human Communication. RO-MAN'97 SENDAI*, 142-147.

Krebs, H. I., Hogan, N., Aisen, M. L., & Volpe, B. T. (1998). Robot-aided neurorehabilitation. *IEEE Transactions on Rehabilitation Engineering*, *6*(1), 75-87.

Krebs, H. I., Palazzolo, J. J., Dipietro, L., Ferraro, M., Krol, J., Rannekleiv, K., Volpe, B. T., & Hogan, N. (2003). Rehabilitation Robotics: Performance-Based Progressive Robot-Assisted Therapy. *Autonomous Robots*, *15*(1), 7-20.

Kronander, K., Khansari, M., & Billard, A. (2015). Incremental motion learning with locally modulated dynamical systems. *Robotics and Autonomous Systems*, *70*, 52-62.

Lee, Y., Rabiee, A., & Lee, S.-Y. (2017). *Emotional End-to-End Neural Speech Synthesizer* (arXiv: 1711.05447).

arXiv.

Lepora, N. F., & Lloyd, J. (2020). Optimal Deep Learning for Robot Touch: Training Accurate Pose Models of 3D Surfaces and Edges. *IEEE Robotics & Automation Magazine*, *27*(2), 66-77.

Lessard, S., Pansodtee, P., Robbins, A., Trombadore, J. M., Kurniawan, S., & Teodorescu, M. (2018). A Soft Exosuit for Flexible Upper-Extremity Rehabilitation. *IEEE Transactions on Neural Systems and Rehabilitation Engineering*, *26*(8), 1604-1617.

Li, Y., Eden, J., Carboni, G., & Burdet, E. (2020). Improving Tracking through Human-Robot Sensory Augmentation. *IEEE Robotics and Automation Letters*, *5*(3), 4399-4406.

Li, Y., & Ge, S. S. (2014). Human-Robot Collaboration Based on Motion Intention Estimation. *IEEE-ASME Transactions on Mechatronics*, *19*(3), 1007-1014.

Li, Y., Sena, A., Wang, Z., Xing, X., Babič, J., Van Asseldonk, E., & Burdet, E. (2022). A review on interaction control for contact robots through intent detection. *Progress in Biomedical Engineering*, *4*(3), 032004.

Li, Y., Zhou, X., Zhong, J., & Li, X. (2019). Robotic Impedance Learning for Robot-Assisted Physical Training. *Frontiers in Robotics and AI*, *6*.

Lim, H., Ishii, A., & Takanishi, A. (2004). Emotion-based biped walking. *Robotica*, *22*(5), 577-586.

Lopes, M., Melo, F., & Montesano, L. (2009). Active learning for reward estimation in inverse reinforcement learning. *Joint European Conference on Machine Learning and Knowledge Discovery in Databases*, 31-46.

Lu, Z., Gao, X., & Yu, H. (2022). GTac: A Biomimetic Tactile Sensor With Skin-Like Heterogeneous Force Feedback for Robots. *IEEE Sensors Journal*, *22*(14), 14491-14500.

Lum, P. S., Burgar, C. G., Shor, P. C., Majmundar, M., & Van der Loos, M. (2002). Robot-assisted movement training compared with conventional therapy techniques for the rehabilitation of upper-limb motor function after stroke. *Archives of Physical Medicine and Rehabilitation*, *83*(7), 952-959.

Luo, Y., Yin, L., Bai, W., & Mao, K. (2020). An appraisal of incremental learning methods. *Entropy*, *22*(11), 1190.

Masia, L., Krebs, H. I., Cappa, P., & Hogan, N. (2006). Whole-Arm Rehabilitation Following Stroke: Hand Module. *The First IEEE/RAS-EMBS International Conference on Biomedical Robotics and Biomechatronics*, 2006. *BioRob* 2006., 1085-1089.

Medina, J. R., Börner, H., Endo, S., & Hirche, S. (2019). Impedance-Based Gaussian Processes for Modeling Human Motor Behavior in Physical and Non-Physical Interaction. *IEEE Transactions on Biomedical Engineering*, *66*(9), 2499-2511.

Mészáros, A., Franzese, G., & Kober, J. (2022). Learning to Pick at Non-Zero-Velocity From Interactive Demonstrations. *IEEE Robotics and Automation Letters*, *7*(3), 6052-6059.

Metta, G., Natale, L., Nori, F., Sandini, G., Vernon, D., Fadiga, L., von Hofsten, C., Rosander, K., Lopes, M., Santos-Victor, J., Bernardino, A., & Montesano, L. (2010). The iCub humanoid robot: An open-systems platform for research in cognitive development. *Neural Networks*, *23*(8), 1125-1134.

Millan, B., Nagpal, S., Ding, M., Lee, J. Y., & Kapoor, A. (2021). A scoping review of emerging and established surgical robotic platforms with applications in urologic surgery. *Société Internationale d'Urologie Journal*, *2*(5), 300-310.

Mitsantisuk, C., Ohishi, K., & Katsura, S. (2011). Variable mechanical stiffness control based on human stiffness estimation. *2011 IEEE International Conference on Mechatronics*, 731-736.

Miwa, H., Itoh, K., Ito, D., Takanobu, H., & Takanishi, A. (2004). Design and control of 9-DOFs emotion expression humanoid arm. *IEEE International Conference on Robotics and Automation*, 2004. *Proceedings. ICRA* '04. 2004, 128-133 Vol.1.

Miwa, H., Itoh, K., Matsumoto, M., Zecca, M., Takariobu, H., Roccella, S., Carrozza, M. C., Dario, P., & Takanishi, A. (2004). Effective emotional expressions with emotion expression humanoid robot WE-4RII. *2004*

IEEE/RSJ International Conference on Intelligent Robots and Systems (IROS) (IEEE Cat. No.04CH37566), *3*, 2203-2208.

Mollahosseini, A., Chan, D., & Mahoor, M. H. (2016). Going deeper in facial expression recognition using deep neural networks.*2016 IEEE Winter Conference on Applications of Computer Vision (WACV)*, 1-10.

Mori, M. (1970). Bukimi no tani [the uncanny valley].*Energy*, *7*, 33.

Moro, C., Nejat, G., & Mihailidis, A. (2018). Learning and personalizing socially assistive robot behaviors to aid with activities of daily living.*ACM Transactions on Human-Robot Interaction (THRI)*, *7*(2), 1-25.

Morrell, A. L. G., Morrell-Junior, A. C., Morrell, A. G., MENDES, J., FREITAS, M., TUSTUMI, F., & Morrell, A. (2021). The history of robotic surgery and its evolution: When illusion becomes reality.*Revista Do Colégio Brasileiro de Cirurgiões*, *48*, e20202798.

Nemec, B., Likar, N., Gams, A., & Ude, A. (2018). Human robot cooperation with compliance adaptation along the motion trajectory.*Autonomous Robots*, *42*(5), 1023-1035.

Oord, A. van den, Dieleman, S., Zen, H., Simonyan, K., Vinyals, O., Graves, A., Kalchbrenner, N., Senior, A., & Kavukcuoglu, K. (2016).*WaveNet: A Generative Model for Raw Audio* (arXiv: 1609.03499). arXiv.

Palunko, I., Donner, P., Buss, M., & Hirche, S. (2014). Cooperative suspended object manipulation using reinforcement learning and energy-based control.*2014 IEEE/RSJ International Conference on Intelligent Robots and Systems*, 885-891.

Pan, Y.-T., Lamb, Z., Macievich, J., & Strausser, K. A. (2018). A Vibrotactile Feedback Device for Balance Rehabilitation in the EksoGT™ Robotic Exoskeleton. *2018 7th IEEE International Conference on Biomedical Robotics and Biomechatronics (Biorob)*, 569-576.

Pervez, A., Mao, Y., & Lee, D. (2017). Learning deep movement primitives using convolutional neural networks. *2017 IEEE-RAS 17th International Conference on Humanoid Robotics (Humanoids)*, 191-197.

Peternel, L., & Babič, J. (2013). Learning of compliant human-robot interaction using full-body haptic interface. *Advanced Robotics*, *27*(13), 1003-1012.

Peternel, L., Tsagarakis, N., & Ajoudani, A. (2017). A Human-Robot Co-Manipulation Approach Based on Human Sensorimotor Information. *IEEE Transactions on Neural Systems and Rehabilitation Engineering*, *25* (7), 811-822.

Peternel, L., Tsagarakis, N., Caldwell, D., & Ajoudani, A. (2016). Adaptation of robot physical behaviour to human fatigue in human-robot co-manipulation. *2016 IEEE-RAS 16th International Conference on Humanoid Robots (Humanoids)*, 489-494.

Peternel, L., Tsagarakis, N., Caldwell, D., & Ajoudani, A. (2018). Robot adaptation to human physical fatigue in human-robot co-manipulation.*Autonomous Robots*, *42*(5), 1011-1021.

Rabiner, L. R. (1989). A tutorial on hidden Markov models and selected applications in speech recognition.*Proceedings of the IEEE*, *77*(2), 257-286.

Rani, P., Sarkar, N., Smith, C. A., & Kirby, L. D. (2004). Anxiety detecting robotic system - towards implicit human-robot collaboration.*Robotica*, *22*(1), 85-95.

Ravichandar, H., Polydoros, A. S., Chernova, S., & Billard, A. (2020). Recent Advances in Robot Learning from Demonstration.*Annual Review of Control, Robotics, and Autonomous Systems*, *3*(1), 297-330.

Ren, F., & Bao, Y. (2020). A Review on Human-Computer Interaction and Intelligent Robots.*International Journal of Information Technology & Decision Making*, *19*(01), 5-47.

Roccella, S., Carrozza, M. C., Cappiello, G., Zecca, M., Miwa, H., Ltoh, K., Matsumoto, M., Dario, P., Cabibihan, J. J., & Takanishi, A. (2004). Design, fabrication and preliminary results of a novel anthropomorphic hand for humanoid robotics: RCH-1.*2004 IEEE/RSJ International Conference on Intelligent Robots and Systems (IROS) (IEEE Cat. No.04CH37566)*, *1*, 266-271.

Rose, C. G., & O'Malley, M. K. (2019). Hybrid Rigid-Soft Hand Exoskeleton to Assist Functional Dexterity.*IEEE*

Robotics and Automation Letters, *4*(1), 73-80.

Roveda, L., Maskani, J., Franceschi, P., Abdi, A., Braghin, F., Molinari Tosatti, L., & Pedrocchi, N. (2020). Model-Based Reinforcement Learning Variable Impedance Control for Human-Robot Collaboration. *Journal of Intelligent & Robotic Systems*, *100*(2), 417-433.

Salichs, M. A., Barber, R., Khamis, A. M., Malfaz, M., Gorostiza, J. F., Pacheco, R., Rivas, R., Corrales, A., Delgado, E., & Garcia, D. (2006). Maggie: A Robotic Platform for Human-Robot Social Interaction. *2006 IEEE Conference on Robotics, Automation and Mechatronics*, 1-7.

Scheutz, M., Schermerhorn, P., & Kramer, J. (2006). The utility of affect expression in natural language interactions in joint human-robot tasks. *Proceedings of the 1st ACM SIGCHI/SIGART Conference on Human-Robot Interaction*, 226-233.

Seymour, R., Engbretson, B., Kott, K., Ordway, N., Brooks, G., Crannell, J., Hickernell, E., & Wheeler, K. (2007). Comparison Between the C-leg © Microprocessor-Controlled Prosthetic Knee and Non-Microprocessor Control Prosthetic Knees: A Preliminary Study of Energy Expenditure, Obstacle Course Performance, and Quality of Life Survey. *Prosthetics & Orthotics International*, *31*(1), 51-61.

Sodhi, P., Kaess, M., Mukadam, M., & Anderson, S. (2021). Learning Tactile Models for Factor Graph-based Estimation. *2021 IEEE International Conference on Robotics and Automation (ICRA)*, 13686-13692.

Solis, J., Bergamasco, M., Chida, K., Isoda, S., & Takanishi, A. (2004). The anthropomorphic flutist robot WF-4 teaching flute playing to beginner students. *IEEE International Conference on Robotics and Automation*, 2004. *Proceedings. ICRA* '04. 2004, 146-151 Vol.1.

Sosa-Ceron, A. D., Gonzalez-Hernandez, H. G., & Reyes-Avendaño, J. A. (2022). Learning from Demonstrations in Human-Robot Collaborative Scenarios: A Survey. *Robotics*, *11*(6), Article 6.

Stein, J., Krebs, H. I., Frontera, W. R., Fasoli, S. E., Hughes, R., & Hogan, N. (2004). Comparison of Two Techniques of Robot-Aided Upper Limb Exercise Training After Stroke. *American Journal of Physical Medicine & Rehabilitation*, *83*(9), 720.

Stiehl, W. D., Lieberman, J., Breazeal, C., Basel, L., Lalla, L., & Wolf, M. (2005). Design of a therapeutic robotic companion for relational, affective touch. *ROMAN* 2005. *IEEE International Workshop on Robot and Human Interactive Communication*, 2005., 408-415.

Su, B.-Y., Wang, J., Liu, S.-Q., Sheng, M., Jiang, J., & Xiang, K. (2019). A CNN-Based Method for Intent Recognition Using Inertial Measurement Units and Intelligent Lower Limb Prosthesis. *IEEE Transactions on Neural Systems and Rehabilitation Engineering*, *27*(5), 1032-1042.

Sun, B., Li, D., Song, B., Li, S., Li, C., Qian, C., Lu, Q., & Wang, X. (2023). An Overview of Minimally Invasive Surgery Robots from the Perspective of Human-Computer Interaction Design. *Applied Sciences*, *13*(15), 8872.

Szegedy, C., Liu, W., Jia, Y., Sermanet, P., Reed, S., Anguelov, D., Erhan, D., Vanhoucke, V., & Rabinovich, A. (2015). *Going Deeper With Convolutions*. 1-9.

Takagi, A., Beckers, N., & Burdet, E. (2016). Motion Plan Changes Predictably in Dyadic Reaching. *PLOS ONE*, *11*(12), e0167314.

Tanaka, F., Movellan, J. R., Fortenberry, B., & Aisaka, K. (2006). Daily HRI evaluation at a classroom environment: Reports from dance interaction experiments. *Proceedings of the 1st ACM SIGCHI/SIGART Conference on Human-Robot Interaction*, 3-9.

Thalmann, N. M., Tian, L., & Yao, F. (2017). Nadine: A Social Robot that Can Localize Objects and Grasp Them in a Human Way. In S. R. S. Prabaharan, N. M. Thalmann, & V. S. Kanchana Bhaaskaran (Eds.), *Frontiers in Electronic Technologies* (Vol. 433, pp. 1-23). Springer Singapore.

Vogt, D., Stepputtis, S., Grehl, S., Jung, B., & Amor, H. B. (2017). A system for learning continuous human-robot interactions from human-human demonstrations. *2017 IEEE International Conference on Robotics and*

Automation (ICRA), 2882-2889.

Wada, K., & Shibata, T. (2006). Living with Seal Robots in a Care House—Evaluations of Social and Physiological Influences. *2006 IEEE/RSJ International Conference on Intelligent Robots and Systems*, 4940-4945.

Wada, K., & Shibata, T. (2007). Social Effects of Robot Therapy in a Care House—Change of Social Network of the Residents for Two Months. *Proceedings* 2007 *IEEE International Conference on Robotics and Automation*, 1250-1255.

Wada, K., Shibata, T., Sakamoto, K., & Tanie, K. (2006). Long-term Interaction between Seal Robots and Elderly People—Robot Assisted Activity at a Health Service Facility for the Aged—. In K. Murase, K. Sekiyama, T. Naniwa, N. Kubota, & J. Sitte (Eds.), *Proceedings of the 3rd International Symposium on Autonomous Minirobots for Research and Edutainment* (*AMiRE* 2005) (pp. 325-330). Springer.

Wang, H., Chen, J., Lau, H. Y., & Ren, H. (2016). Motion planning based on learning from demonstration for multiple-segment flexible soft robots actuated by electroactive polymers. *IEEE Robotics and Automation Letters*, *1* (1), 391-398.

Williams, D. J., Krebs, H. I., & Hogan, N. (2001). A robot for wrist rehabilitation. *2001 Conference Proceedings of the 23rd Annual International Conference of the IEEE Engineering in Medicine and Biology Society*, *2*, 1336-1339 vol.2.

Wood, L. J., Zaraki, A., Robins, B., & Dautenhahn, K. (2021). Developing Kaspar: A Humanoid Robot for Children with Autism. *International Journal of Social Robotics*, *13*(3), 491-508.

Xing, X., Burdet, E., Si, W., Yang, C., & Li, Y. (2023). Impedance Learning for Human-Guided Robots in Contact With Unknown Environments. *IEEE Transactions on Robotics*, 1-17.

Xing, X., Xia, J., Huang, D., & Li, Y. (2022). Path Learning in Human-Robot Collaboration Tasks Using Iterative Learning Methods. *IEEE Transactions on Control Systems Technology*, *30*(5), 1946-1959.

Yang, C., Liang, P., Ajoudani, A., Li, Z., & Bicchi, A. (2016). Development of a robotic teaching interface for human to human skill transfer. *2016 IEEE/RSJ International Conference on Intelligent Robots and Systems (IROS)*, 710-716.

Yang, S., Luo, P., Loy, C. C., & Tang, X. (2018). Faceness-Net: Face Detection through Deep Facial Part Responses. *IEEE Transactions on Pattern Analysis and Machine Intelligence*, *40*(8), 1845-1859.

Yoshikawa, M., Matsumoto, Y., Sumitani, M., & Ishiguro, H. (2011). Development of an android robot for psychological support in medical and welfare fields. *2011 IEEE International Conference on Robotics and Biomimetics*, 2378-2383.

Yu Ogura, Aikawa, H., Shimomura, K., Kondo, H., Morishima, A., Hun-ok Lim, & Takanishi, A. (2006). Development of a new humanoid robot WABIAN-2. *Proceedings* 2006 *IEEE International Conference on Robotics and Automation*, 2006. *ICRA* 2006., 76-81.

Yuan, W., Dong, S., & Adelson, E. H. (2017). GelSight: High-Resolution Robot Tactile Sensors for Estimating Geometry and Force. *Sensors*, *17*(12), Article 12.

Zeilig, G., Weingarden, H., Zwecker, M., Dudkiewicz, I., Bloch, A., & Esquenazi, A. (2012). Safety and tolerance of the ReWalk™ exoskeleton suit for ambulation by people with complete spinal cord injury: A pilot study. *Journal of Spinal Cord Medicine*, *35*(2), 96-101.

Zhang, T., McCarthy, Z., Jow, O., Lee, D., Chen, X., Goldberg, K., & Abbeel, P. (2018). Deep imitation learning for complex manipulation tasks from virtual reality teleoperation. *2018 IEEE International Conference on Robotics and Automation (ICRA)*, 5628-5635.

刘作军，高新智，赵晓东，陈玲玲.(2018).下肢假肢穿戴者跑动步态识别与膝关节控制策略研究.仪器仪表学报，*39* (7)，74-82.

方斌，孙佰鑫，程光，戴佺民，刘伟锋，孙富春.(2021).紧耦合式物理人机系统的交互研究综述.机械工程学报，*57* (17)，10-20.

王启宁，郑恩昊，许东方，麦金耿.（2019）. 基于非接触式电容传感的人体运动意图识别. 机械工程学报，*55*(11)，19-27.

赵升.（2016）. 基于人工智能的智能机器人的语音控制系统以及方法（China Patent CN105427865A）.

作者简介

任沁源　博士，教授，博士生导师，浙江大学控制科学与工程学院。研究方向：人机交互、人机混合智能、仿生智能和柔性机器人控制与规划。E-mail：renqinyuan@zju.edu.cn。

郎奕霖　博士研究生，浙江大学控制科学与工程学院。研究方向：混合智能，人机协作。E-mail：langyilin@zju.edu.cn。

程茂桐　博士研究生，浙江大学控制科学与工程学院。研究方向：仿生智能与仿生控制。E-mail：maotong@zju.edu.cn。

朱文欣　博士研究生，浙江大学控制科学与工程学院。研究方向：仿生控制、柔顺控制。E-mail：wenxin_zhu@zju.edu.cn。

第 25 章

元宇宙与虚拟现实中的人智交互

▷ 本章导读

本章主要探讨在人机交互研究领域，元宇宙与虚拟现实中的人智交互前沿研究与技术。首先介绍并区分元宇宙和虚拟现实这两个相近但不同的概念与基于以人为中心 AI 的研究框架，并从人-智-机（用户-AI 一元宇宙/虚拟现实交互界面）和人-智-人（用户-AI-用户）的角度深入探索元宇宙和虚拟现实中的人智交互技术和前沿研究，具体包括人机界面下人类情感、交互意图的智能感知和优化技术，人在虚拟环境中的临场感和通过智能技术提升临场感的方法、人-人之间通过虚拟环境的交互方式、行为和现象，以及支撑多用户交互的智能技术。最后提出元宇宙和虚拟现实当前研究在技术、交互、社会、用户角度面临的挑战和未来研究的关键问题与发展前景。

25.1 引言

从 Jaron Lanier 1980 年在媒体上推广虚拟现实（virtual reality，VR）这一术语到 2023 年，虚拟现实的发展由于技术水平和硬件设备等的限制几经波折。虚拟现实被普遍定义为由计算机模拟出来的可以提供听觉、视觉、触觉等多模态感知觉反馈的可交互虚拟环境（Jerald，2015）。自 2000 年以来，VR 硬件设备产生了革命性发展，使其逐步广泛应用于医学和健康、教育和培训、商业、娱乐、艺术和通信等学术和工业领域（Bailenson，2018；Dyer et al.，2018；Lozano et al.，2002；Riva et al.，1999；Sveistrup，2004）。当前，学术界按照虚拟现实具体的实现技术和该技术提供的感受，将虚拟现实技术分为沉浸式（immersive VR）和非沉浸式（non-immersive VR）。沉浸式 VR 是指具有沉浸式视觉界面的 3D 环境（Slater & Sanchez-Vives，2016），例如 VR 头戴式显示器（HMD）和基于洞穴自动虚拟环境系统（CAVE）的沉浸式投影技术（Cruz-Neira et al.，1992）。前者提供的 3D 图形化界面会将用户的视觉注意力都吸引到虚拟世界，并降低其对物理世界的感知，而后者则使用投影仪在房间中的各个墙面进行 360°投射，让用户从现实的身体视角看到投射出的虚拟世界。而在其他研究中，研究人员采用传统的显示设备，如电脑显示器、投影仪等方法营造 3D 虚拟环境，这种方式称为非沉浸式 VR（Fuchs et al.，2011，Jerald，2015）。本章提到的虚拟现实技术主要指沉浸式 VR。

当前，人机交互领域中针对虚拟现实的研究主要从人的角度出发，研究用户体验的研究与评估（如临场感、对虚拟身体的具身感、眩晕程度）（Gonzalez-Franco & Peck，2018；Schuemie et al.，2001；Weech et al.，2019）、用户在虚拟环境中的移动定位方式和虚拟物体的交互技术（Boletsis，

本章作者：佟馨，易鑫，曹嘉迅。

2017)、多人交互的合作机制与促进合作的技术方法(Nguyen & Duval, 2014)、多人交互环境中的隐私安全、道德伦理和无障碍等问题(Ji et al., 2022; Maloney et al., 2020d),以及探索通过各种具体应用或场景改变人的看法、认知和行为的应用与方法(Latoschik et al., 2017)。在上述诸多研究领域中,人工智能技术被广泛采纳和应用,主要应用于理解用户的交互意图,识别预测用户的动作、行为和情绪(Yi et al., 2023),以及多人交互合作场景下的同步技术实现(Simiscuka et al., 2019; Weissker et al., 2021),以实现更好的用户临场感和体验。此外,如何将智能技术更好地应用到不同的虚拟现实交互场景已成为新兴的研究热点(Jerald, 2015)。

随着新一代信息技术,包括虚拟现实技术、计算机图形学、物联网、信息通信技术和 Web 3.0 的日益成熟和兴起,元宇宙这一概念也吸引了学术界和产业界的广泛关注,并且诞生了一系列社交应用,如早期的 Second Life,开放世界游戏如 Minecraft 和 Roblox,近几年来热门的 VRChat,以及 Web 3.0 区块链技术的 Sandbox 和 Decentraland 等新兴形式。20 世纪 90 年代,Neil Stephenson(1992)在他的科幻小说 *Snow Crash* 中将元宇宙描述为基于虚拟现实和互联网技术,并允许人在其中彼此互动或者和计算机生成的环境互动的完全沉浸式数字空间。在此基础上,研究人员提出元宇宙是基于现实世界,由虚拟世界、增强现实以及整个互联网技术实现,由共享的、用户创造的内容驱动,是所有具备自己的运行规则的不同虚拟空间的集合(Farjami et al., 2011,Dionisio et al., 2013,Hwang et al., 2022)。总结而言,学术界普遍将元宇宙定义为 collective virtual shared space,即支持多人在线可交互或共同分享的虚拟空间(Mozumder et al., 2022)。

由于元宇宙和沉浸式虚拟现实技术具有独特的共同特性——支持多人在线交互和共享的虚拟空间——两者的边界开始逐渐模糊。例如,无论是在元宇宙还是虚拟现实中,用户都可以使用虚拟化身(avatar)在 3D 虚拟环境中代表自己与其他用户交流合作,并生成虚拟内容(user-generated content, UGC)。然而,元宇宙允许大规模的用户集体加入社交活动,而多人交互的虚拟现实只允许少数用户在特定的虚拟环境中同步交流。此外,元宇宙可以通过沉浸式或非沉浸式的虚拟现实、增强现实或混合现实,以及非沉浸式的移动端等设备终端实现;所以,用户并不一定需要头戴显示器形式的沉浸式交互设备才能访问元宇宙,也可以直接多平台、跨平台地通过个人电子设备等移动终端访问。此外,两种技术下用户对虚拟物品的生成创造体验和物品所属权也不尽相同,大部分虚拟现实中的内容经常是由开发人员设计的特定内容,较少由用户创造或拥有;而元宇宙则强调用户的生成内容和经济,其中的虚拟物品和环境可能是用户创造的,并允许用户以去中心化的方式所有和分享,如虚拟土地、虚拟物品、数字货币等(元宇宙中的数字资产在物理世界中的价值和流通受到限制)。与此同时,由于元宇宙和虚拟现实在使用目的、底层技术架构和实现等方面的区别,大部分虚拟现实环境和应用是离线的个人平台,即使是多人交互的虚拟现实应用,也会在设备关停时停止渲染环境;而元宇宙环境作为一个在线、多人的交互平台则客观地持续存在。人机交互领域针对元宇宙的研究内容也更为宽泛,涵盖基础技术架构、社会影响、经济价值、具体应用等多个层面。图 25.1 总结了沉浸式虚拟现实和元宇宙的特点,以及彼此之间的区别和联系。在后续内容中,“元宇宙”与“虚拟现实技术”将不再区分使用,共同指代沉浸式或非沉浸式支持单人或多人交互的虚拟环境。

无论是人-虚拟现实交互技术,还是人—元宇宙交互技术的研究,都是以人为中心的角度出发进行设计研发。与虚拟现实技术的研究相似的是,当下针对元宇宙各层面的研究也注重探索如何通过 AI 技术来提高用户体验的交互效率和临场感,以及更好地同步支持用户和用户之间的社交合作。因此,本章提出基于“以人为中心 AI”智能技术的虚拟现实和元宇宙交互框架(图 25.2),提出在元宇宙与虚拟现实技术开发中突出人的中心地位,旨在开发自然有效、可用、符合用户体验、伦理化的解决方

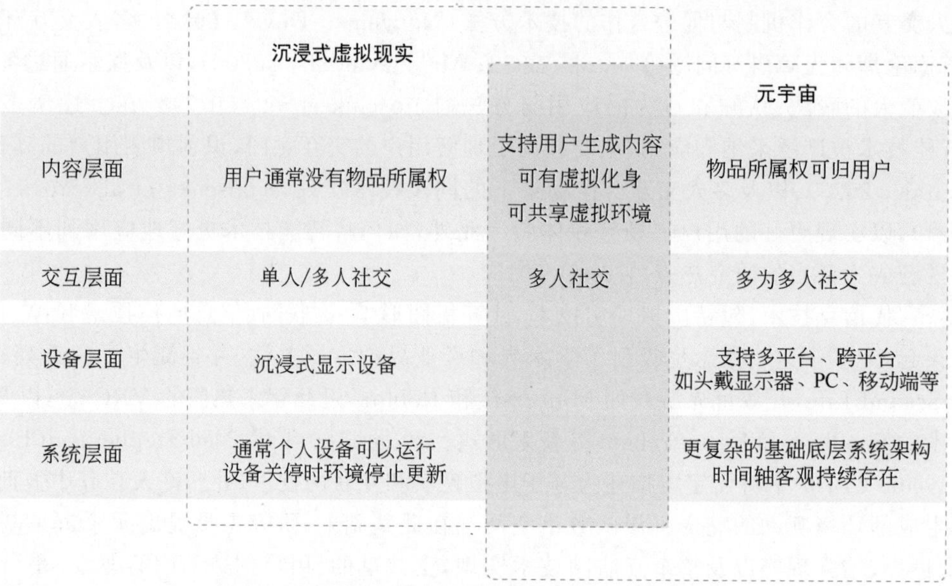
沉浸式虚拟现实
元宇宙
内容层面
用户通常没有物品所属权
支持用户生成内容
可有虚拟化身
可共享虚拟环境
物品所属权可归用户
交互层面
单人/多人社交
多人社交
多为多人社交
设备层面
沉浸式显示设备
支持多平台、跨平台
如头戴显示器、PC、移动端等
系统层面
通常个人设备可以运行
设备关停时环境停止更新
更复杂的基础底层系统架构
时间轴客观持续存在

图 25.1 虚拟现实和元宇宙技术的特点、区别和联系

案。在这一人-智-机交互框架下，本章重点介绍元宇宙与虚拟现实交互界面下的人-智-机(用户-AI-元宇宙/虚拟现实交互界面)交互技术，重点讨论用户情绪智能识别和交互意图的智能感知推理(图 25.2)；然后讨论人-智-人(用户-AI-用户)的交互关系，即如何通过智能技术提高用户的临场感，包括具身感和社交感，以提高用户在虚拟环境中的交互体验，达到虚拟环境和现实世界的认知共鸣(图 25.2)；最后提出人智交互框架下的机遇和挑战，从技术、交互、社会、用户等方面分析并提出关键问题和未来人智交互技术在元宇宙和虚拟现实中的发展方向。

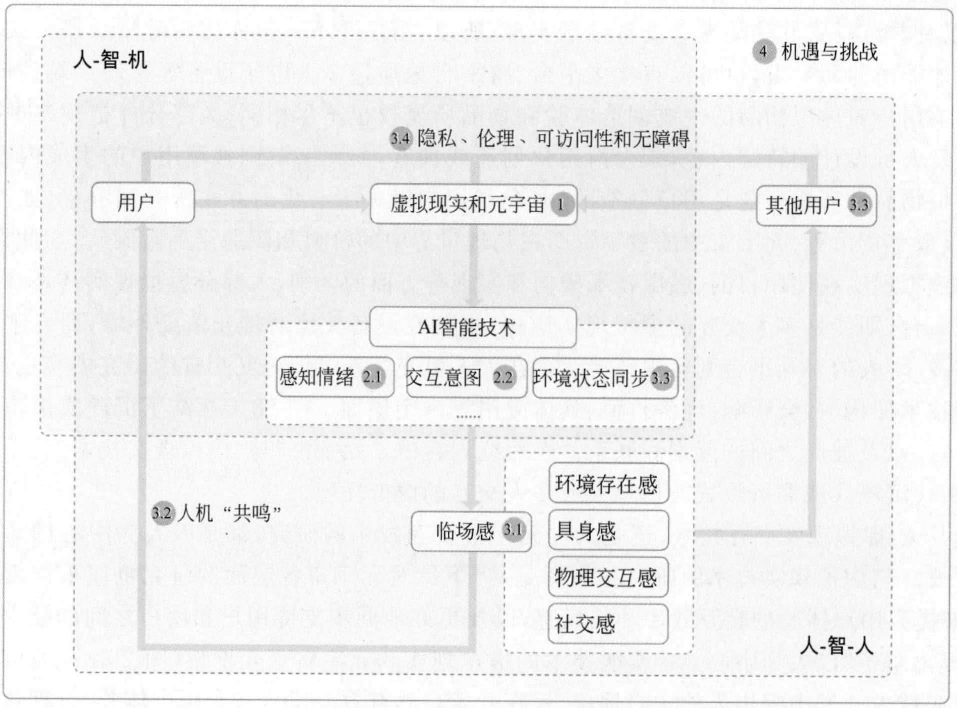

图 25.2 以人为中心的基于智能技术的虚拟现实和元宇宙交互框架

25.2 虚拟现实与元宇宙中的智能人机交互技术

元宇宙的目标是实现万物的信息化和智能化，创造一个信息充分包围人的虚实融合空间，演化生成时空无界的新型社会形态，其中人机交互是核心关键技术，它定义了人与机器之间的信息交换过程。随着虚拟现实和元宇宙技术的发展，智能人机交互技术也越来越受到关注。在虚拟现实与元宇宙中，IHCI 技术一般利用人工智能技术优化人与虚拟现实和元宇宙之间的交互和协同合作，使之更加自然、高效、准确和可信。

开发 IHCI 技术有多方面的原因。首先，目前虚拟现实和元宇宙中的人机交互方式还存在许多不足，例如晕眩症、交互的高疲劳度、低效率与不准确问题，这些问题影响了用户体验和满意度，也限制了虚拟现实和元宇宙技术在各个领域的应用潜力。其次，随着虚拟现实和元宇宙中的交互对象数量增加、交互关系更加复杂，传统的基于规则或手势识别等方法已经不能满足用户对于灵活、智能、个性化等需求，因此需要引入 AI 技术来提升人机交互系统的自适应性、可学习性、可理解性等特征。最后，未来可能出现更多涉及人类生命安全或社会伦理等重要问题的虚拟现实和元宇宙应用场景（如医疗、教育、娱乐等），这就要求人机交互系统具备更高水平的智能性和可靠性。

目前，IHCI 领域的研究已经取得了丰富的进展。例如，在感知层面，研究者利用深度学习等方法提升了语音识别、图像识别、情感识别等能力（Li et al.，2019）；在认知层面，利用强化学习等方法实现了对用户行为模式、偏好、意图等信息的建模与推理（Covington et al.，2016；Ni et al.，2018）；在表达层面，利用生成对抗网络等方法创造了更加逼真且富有表情与情感色彩的虚拟角色（Zhen et al.，2023）。

本章将介绍目前在虚拟现实和元宇宙中使用或正在研究的 IHCI 技术，包括人类情感的智能感知技术、用户自然交互意图的智能推理技术、面向人类感知认知能力的交互界面智能优化技术，并分析其优缺点及未来发展方向。

25.2.1 人类情感的智能感知

情感感知智能技术是指利用人工智能技术识别、理解和响应人类的情绪状态，从而实现更加自然和友好的人机交互。在虚拟现实和元宇宙中，情感感知智能技术有助于提升用户的沉浸感、满意度和信任感，也有助于提供更加个性化和适应性的服务。近年来，与虚拟现实和元宇宙相关的情感感知智能技术主要包括以下几方面。

（1）语音情感识别。利用深度学习等方法从语音信号中提取表达情绪的声学特征，并找出这些特征与人类情绪的映射关系，从而实现对用户语音中所包含的情绪信息的识别。这种技术可以用于虚拟助手、虚拟教师、虚拟医生等场景，以便根据用户的情绪状态提供更合适的反馈或建议。Xu 等提出了一种利用音频和识别文本在时序空间进行交互以提高语音情感识别性能的方法，该方法使用了一个双向长短期记忆网络（Bi-LSTM）和一个自注意力机制来对齐音频和文本，并使用一个多层感知器（MLP）来融合对齐后的特征（Xu et al.，2019）。Li，R.等提出了一种基于自注意力机制和全局上下文信息的卷积神经网络（CNN）模型以进行语音情感识别，该模型可以模拟情感语音特征的常见模式和发声之间的相对依赖关系，集中捕捉情感丰富的部分，增强情感显著信息在特征学习中的保留，并验证了通过使用深度神经网络（DNN），语音信号中的高维特征足以取得良好表现（Li et al.，2019）。该论文使用了一个 DNN 从原始语音信号中提取高维特征，并使用一个极限学习机（ELM）进行分类。

（2）视觉情感识别。利用深度学习等方法从图像或视频中提取表达情绪的视觉特征（如面部表情、眼球运动、姿态等)，并找出这些特征与人类情绪的映射关系，从而实现对用户视觉中所包含的情绪信息的识别。这种技术可以用于虚拟社交、虚拟娱乐、虚拟心理咨询等场景，以便根据用户的情绪状态提供更合适的互动或服务。Chen 等分析了人脸表情识别任务中存在的标注偏差问题，即不同标注者对同一张人脸图像可能有不同的标注结果，这会影响模型的泛化能力和公平性(Chen et al.，2021)。该论文同时提出了一种基于元学习和对抗学习的方法以减轻标注偏差的影响。Li 等对面部表情识别的相关信息进行了全面总结，包括对 FER 相关数据集的介绍、对基于深度神经网络的静态图片和动态图片序列(视频)FER 相关算法的优缺点总计，并对 FER 面临的机遇和挑战给出了说明(Li et al.，2020)。

(3) 情境情感识别。利用强化学习等方法从用户在虚拟环境中产生的行为数据(如选择、点击、移动等)中提取表达情绪的行为特征，并找出这些特征与人类情绪及其变化规律之间的关系，从而实现对用户在虚拟环境中所体验的情绪信息的识别。这种技术可以用于虚拟游戏、虚拟教育、虚拟旅游等场景，以便根据用户的情绪状态提供更合适的内容或难度。Kosti. R 等提出了一种基于场景背景的情感识别方法，该方法使用了一个卷积神经网络模型从图像中提取身体特征和图像特征，并使用一个融合网络结合这两种特征(Kosti et al.，2019)。

总之，情感感知智能技术是一种利用人工智能技术模拟人类情感感知和理解过程的技术，它在虚拟现实和元宇宙中有着广泛的应用前景和价值。随着人工智能技术的不断发展和完善，情感感知智能技术也将不断提高其准确性、鲁棒性和适应性，从而实现更加自然和友好的人机交互。

情感作为人与人之间交流时所表达的主要信息之一，对于增进交互亲密度、准确传递信息等方面都发挥着重要作用。近年来，社交场景被学者和业界(如 Meta、微软等)广泛认为是元宇宙和虚拟现实中最核心的交互场景之一，并出现了多个拥有全球影响力的虚拟现实社交平台。然而，现有的社交虚拟现实平台仍以支持用户创作个性化内容为主要功能，对于多人之间的沟通交流体验缺少足够的关注，其带来的结果是人们时常发现元宇宙中的虚拟形象表情僵硬、语气平淡、缺少感情，甚至带来“恐怖谷”效应。

针对这一问题，情感感知智能技术将在“以人为中心 AI”中发挥重要的作用。一方面，情感感知技术可用于实时监测用户在交互过程中的情感变化，进而反映用户对于交互的满意度等评价性指标。在此基础上，可使智能系统以更容易被用户接受的方式为用户提供更加适应其情感的内容，从而达到交互体验的提升。另一方面，人工智能的方法还可以用于生成和调控智能系统的情感，例如当前广泛使用的虚拟语音助手、虚拟现实中的虚拟角色等，以人工智能的方法为其生成更拟合真人的表情、语音和动作，进而为促进人对智能系统的行为和决策的理解带来帮助。

例如，在使用虚拟现实进行社交的过程中，由于用户佩戴的智能眼镜对于人的面部肌肉的压迫，人往往难以以自然的状态表现出丰富的面部表情，而是会出现运动部位缺失、运动幅度弱化等问题。在这样的情况下，用户在虚拟世界中的化身将与之对应，出现面部表情僵硬，甚至表情动作缺失的问题，从而使得与其交互的对象难以准确理解其想表达的情绪内容。为此，可以通过人工智能技术，基于用户的语音信号和部分缺失的表情信号动态识别用户当前所处于的情感状态。在此基础上，通过对虚拟角色的面部五官的运动进行补全、生成和放大，从而将其虚拟角色所表达的表情信息修正到交流对象可以准确识别的程度(图 25.3)。

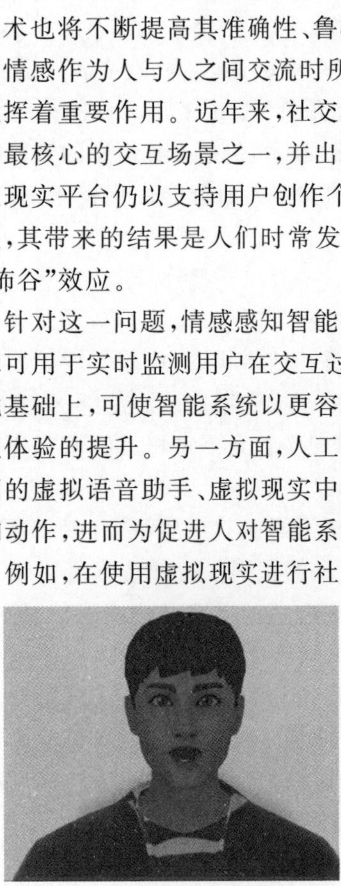

图 25.3 以人工智能技术驱动虚拟现实社交场景中的表情传达

此外,随着当前生成式人工智能的快速发展和广泛应用,越来越多的用户开始将其应用于元宇宙的虚拟资源(如场景、虚拟物品)的创建和编辑任务中。然而,由于其结果的不可控性和可理解性不足,用户往往需要对指令进行多次调整,才能得到满意的结果。而在迭代过程中,用户的情绪和情感可作为对人工智能生成结果质量的判据,指导模型在下一次迭代中会更加接近用户的目标。为了达到这一点,不仅需要研究针对人的情绪的智能识别算法,还需要进一步突破将人的情感作为评价指标纳入生成式人工智能模型的生成过程的融合算法。

面向上述应用前景,情感感知智能技术目前还存在以下局限性:(1)用户情感感知技术缺乏统一和标准化的数据集、评价指标和基准方法,导致不同研究之间难以进行有效和公平的比较和验证;(2)用户情感感知技术难以处理复杂和多样化的情感表达方式,例如隐晦、含蓄、反讽、幽默等,也难以处理多种或混合的情绪状态,例如快乐又悲伤、生气又害怕等;(3)用户情感感知技术缺乏足够的可解释性和可信赖性,导致用户对系统的判断和推理过程不清楚,也不容易接受和信任系统的结果和建议。

情感感知智能技术未来的研究方向至少包含以下几方面:(1)探索更有效和鲁棒的特征提取和特征融合方法,以应对不同场景、不同数据源、不同任务、不同领域等多样化和复杂化的情况;(2)探索更细粒度和更丰富化的情感表达方式,以捕捉人类表达情感时涉及的多种维度、多种层次、多种类型等方面;(3)探索更自然和更具有交互式的情感计算应用场景,以提高人机交互、社交媒体分析、智能教育等领域中用户体验、用户满意度、用户参与度等指标。

25.2.2 用户自然交互意图的智能推理

用户自然交互意图的智能推理是智能人机交互技术中的一个重要问题,它指的是如何根据用户在虚拟环境中的行为、语言、表情、姿态等多模态信息,推断出用户想要做什么、想要得到什么、想要表达什么等内在意图,并根据意图提供合适的反馈和服务。

元宇宙中,用户将通过在现实空间和虚拟空间中连续、自然的动作进行交互。然而,如何从模糊的自然行为数据中推理出用户的交互意图是一个难题。目前,已有一些研究取得了一定进展,它们基于用户动作推理交互意图。用户动作包括手指、手部、头部和身体等各种运动,是用户表达交互意图的主要途径。为了感知用户动作,可以使用多种传感器在特定的观测点按照一定的时间间隔采集数据。智能算法的主要任务是根据采集到的用户交互信号推断用户意图,这个问题面临着不确定性带来的挑战:(1)用户在规划一项动作时往往有确定的目标,但每次执行该动作时又会有细微的差异,体现在动作幅度、时长等方面;(2)不同用户对于同一交互意图可能采取不同的交互行为,例如在QWERTY(软)键盘上输入文本时,用户的指法可能不同。

意图推理问题的输入和输出因观测用户行为的方式(传感器、观测位置)和应用场景的不同而不同。一般来说,意图推理问题可以分为分类问题和回归问题。分类问题需要根据用户输入的信号从多个可能的类别中找到对应的分类(如状态检测),回归问题需要根据交互信号计算某一具体的数值或指标,以提升精度等。随着机器学习技术的快速发展,自然交互意图推理算法的种类也越来越丰富。按照算法本身的可解释性归纳,常用的方法包括以下几种。

(1)“白盒子”算法。通过构建数学表达对数据的统计特征或参数进行拟合和计算,进而实现分类或回归。“白盒子”算法的参数和模型结构具有明确的物理意义和可解释性,因此便于用户理解和调试其推理过程。例如,模板匹配类算法通过指标计算输入信号与不同的模板之间的相似度,此方法在分类问题的类别较少、混淆性较小时效果很好,而且其计算速度很快,适用于滑行文本输入、动作和手势识别、视线焦点位置计算等任务。但若模板数量过多或模板之间的相似性太大，其准确性和效率都会降低。决策树模型具有清晰的物理意义和高效的运行速度，其缺点是数据量不足时容易分类错误；数据量充足时又容易过拟合。随机森林则提升了决策面的维度（Li et al.，2016），这两种方法常用于视线焦点位置推测、动作识别、操作手指区分、滑动操作正确性判断、语言规则学习等任务。此外，各类线性回归、多项式回归算法（如逻辑回归等）也属于"白盒子"算法。

（2）"灰盒子"算法。通过引入先验知识假设，基于数据分布构建概率模型，并通过统计测量模型参数，或引入隐变量对剩余特征进行拟合，进而实现分类或回归任务，例如支持向量机（SVM）、隐马尔可夫模型（HMM）、贝叶斯算法等。这些算法构建的模型，其参数通常具有直接的物理意义。相比"黑盒子"方法，"灰盒子"方法对较小样本能产生更准确的结果，并能同时计算出结果的置信度和显著性。在实践中，贝叶斯算法广泛应用于文本输入、目标指点等具有输入模糊性的交互任务，SVM 等算法广泛应用于手势识别等分类任务。

（3）"黑盒子"算法。针对分布极其复杂、难以人为建立数学模型的数据，可以利用具有通用、强大描述能力的神经网络对输入进行建模，如长短期记忆网络、卷积神经网络等都广泛用于各种分类问题（例如手势识别、身份区分、握持姿势识别），具有计算速度快、准确性高的优点。此类方法利用多层"神经元"实现描述性极强的模型，在基于图像的分类和回归等问题上具有极高的准确性。然而，为了充分发挥其能力，它需要大量的训练数据。同时，神经网络算法的可解释性较差，往往难以解释其推理过程的物理意义。

其中，贝叶斯推理技术属于"灰盒子"算法，它融合了黑白盒子算法的优势，利用概率统计方法将人类知识嵌入算法模型，对于难以确定的变量和关系，可以采用"黑盒子"算法处理，它既能解释规律背后的原因，又能忠实地反映数据本身。Yan 等基于贝叶斯推理技术开发了交互意图推理框架，并将其应用于智能手机的握持意图识别和软键盘容错输入等国际领先的产品。前者有效解决了全面屏高误触的难题；后者显著提升了预测纠错能力和输入速度，惠及 7 亿多位用户。此外，该框架还结合了语言模型、触摸模型和空中多指联动模型，同时计算了落点位置、手指指法和语言信息，从而大幅提升了输入准确率。用户体验表明，优化的算法首次实现了空中双手盲打的输入体验，在接近每分钟 30 个单词的输入速度（手机输入的平均速度）下，达到近 100％的输入准确率（Yi et al.，2015）。在这一例子中，通过人工智能算法实现了交互从"人适应机"到"机适应人"的转变，达到了"以人为中心 AI"的目标。在以往的空中交互中，因为交互行为模糊、噪声大、交互意图推理不准确，所以用户被迫采用慢速、刻意、仔细瞄准的点击行为进行文本输入，不仅带来了极大的疲劳，还严重影响了输入的速度和准确率。而通过基于贝叶斯的智能算法，可以在完全不改变交互界面的前提下，使得输入意图推理能适应用户的交互行为，实现准确的推理结果。进而，用户可以放松、快速、流畅地进行输入。值得注意的是，这个例子中的智能算法只在基础的贝叶斯算法上进行了少量扩展，增加了点击手指作为先验知识。而如果进一步采用更加复杂、准确率更高的人工智能算法，则有望在更广泛、复杂的交互任务中实现更好的交互性能提升。

如前文所述，在虚拟空间中访问 3D 对象是一个基本的交互功能，但视觉注意过度会导致访问速度慢和眩晕感强。为此，Yan et al.研究了无视觉参与完成虚拟目标抓取的技术。用户行为研究显示，在不进行视觉搜索的情况下，用户可以依赖空间记忆和自体感知能力抓取目标位置，但用户抓取位置存在系统偏差和随机误差。该工作量优化了用户抓取动作偏差与概率之间的关系，并在解码时进行补偿，通过线性插值模拟整个空间中偏差分布。在此基础上首创了无须视觉注意的空中目标选取技术，将虚拟目标抓取速度从 Hololens 的有视觉反馈时长为 1.325s 的情况降低至 0.988s，并有效降低了眩晕感(Yan et al.，2019)。

在可穿戴交互中，由于人的生理、运动信号的微小，以及设备佩戴位置受限，其对信号的采集能力有限，这些因素共同导致了交互意图推理面临信号信噪比低、推理难度大的问题。例如，在当今广泛使用的智能耳机上，用户需要进行接电话、切歌等多种交互操作，而耳机本身的便携性要求导致其硬件设备难以满足多种交互功能。为了解决这一问题，Xu et al.等提出了一种让用户在皮肤表面(如面部)进行触摸手势来控制智能耳机的方法，以触发交互命令(Xu et al.，2020)。这一技术的原理是人的手指在面部进行滑动等操作时，由于碰撞和摩擦，会产生微小的声音信号，而声音经由骨头、皮肤等介质传导，可以被智能耳机的麦克风检测到。经过信号处理和识别算法，即有可能从声音信号中检测和识别出用户的操控手势，进而实现在无须接触耳机的情况下对其进行操控。在这一过程中，首先需要从人因角度考虑如何设计交互手势，能实现交互准确性、自然性、疲劳度等方面的平衡。同时，考虑到智能耳机的使用场景以及在面部交互的特殊性，还需要考虑社交接受度、隐私度等指标。在此基础上，需要利用信号处理的方法从采集到的低信噪比声音信号中过滤和提取出用户手指滑动所产生的微弱声音信号。进一步地，需要利用人工智能的方法对其进行识别。在这一例子中，通过结合梅尔倒频谱参数和SVM算法，技术能以超过95%的准确率识别八种交互手势，足以涵盖智能耳机上的常用功能。并且，通过这一交互方式的设计，用户可以以更快的速度、更便捷的操作、更隐私的动作实现对耳机、手机的控制(如控制音乐播放、接电话、看通知等)。可以想象，该方法也可以推广到智能手环、智能手表等其他的可穿戴设备形态和震动、血压等运动和生理信号上，从而通过人工智能技术使更加广泛场景和更加丰富交互任务中的自然交互意图推理进一步发展。

总而言之，近几年来，虚拟现实和元宇宙的快速发展使得人机交互的方式远远超出传统的键盘、鼠标规范操作，而是扩展到多通道(眼动、头动、手势、肢体动作等)、自然(有意动作与自然行为混杂、动作噪声大)交互，这也成为支撑虚拟现实和元宇宙中海量复杂交互场景的必需技术。然而，面对新的交互信号以及更低的信噪比，如何准确地推理交互意图、提供可靠的交互体验成为影响产业发展的重要因素。随着人工智能技术的发展和应用场景的增多，用户自然交互意图的智能推理技术也取得了一些进展。例如，在对话系统、虚拟助手、智能家居等领域，已经有一些基于深度学习、知识图谱、强化学习等方法的研究和产品。这些方法可以利用大量数据和先验知识学习用户意图和行为模式，并根据不同情境进行动态调整和优化。但是，目前技术还存在一些局限性。例如，在处理复杂、模糊或隐含的用户意图时，还缺乏有效的推理机制和可解释性；在跨领域或跨平台的场景下，还难以实现统一和协调的人机交互；在面对不同文化背景或个性化需求时，还难以保证人机交互的贴心度、通用性和灵活性。

未来研究方向可能包括以下几方面：(1)增强用户意图的多模态融合和推理能力，利用视觉、听觉、触觉等多种信息源提高用户意图的识别和理解精度；(2)探索用户意图的生成和预测方法，利用生成对抗网络、变分自编码器等技术模拟用户的思维过程和行为倾向，提前给出合适的反馈或建议；(3)开发用户意图的可解释和可信赖机制，利用注意力机制、对抗性训练等技术提高用户意图推理的透明度和鲁棒性，增加用户对系统的信任和满意度；(4)实现用户意图的跨领域和跨平台迁移学习，利用元学习、迁移学习等技术实现不同领域或平台之间的知识共享和适应，提高人机交互的通用性和灵活性；(5)研究用户意图的个性化和情感化处理方法，利用情感计算、推荐系统等技术考虑用户的个人特征、兴趣偏好、情感状态等因素，提供更贴心和人性化的服务。

25.2.3　面向人类感知认知能力的交互界面智能优化

人类感知认知能力是指人类通过感官(视觉、听觉、触觉、嗅觉、味觉)等接收外界信息，并通过大脑对信息进行加工、理解、记忆、判断和决策的能力。人类感知认知能力是人机交互的重要基础,因为它决定了人类对计算机的输入和输出的方式、效果和偏好。面向人类感知认知能力的交互界面智能优化是指根据人类的感知认知特征和需求,利用人工智能技术对交互界面进行智能化的分析、设计、评估和改进,以提高交互界面的可用性、易用性、美观性和有趣性。在虚拟现实领域,面向人类感知认知能力的交互界面智能优化旨在解决虚拟现实中的一些用户体验问题,例如提高虚拟现实的真实感、舒适感、自然感和社交感,减少虚拟现实的不适感、孤立感和恐惧感,增强虚拟现实的吸引力、沉浸感和参与感。

智能头戴式眼镜是用户进入虚拟现实和元宇宙空间的主要终端设备。眼镜的优势在于解放双手、沉浸三维、回归自然。然而,自然交互方面的难题却制约了眼镜的基本交互功能:(1)视觉注意力过度集中导致速度慢和眩晕,访问3D对象时,人眼视觉参与是必要的,但视觉注意力的高度集中和随动图像难以准确匹配人的视觉感知,不仅访问速度慢,还是造成用户眩晕的重要因素;(2)手势动作的设计空间大但可用性低,手势到命令的映射关系设计和用户表达需要符合人的认知和表达能力,同时还存在传感和识别技术上的困难;(3)文本输入必要但困难,用手势在空中访问虚拟键盘输入文字时,速度慢到不及手机的1/3;而语音并不是万能,出于隐私考虑,很多场合不便出声,并且缺少连续交互能力,每次都需要唤醒。因此,这些问题限制了用户的表达能力,是智能眼镜一直难以成为通用用户终端的症结所在。为解决这些问题,市场上还出现了专属折叠蓝牙键盘和鼠标这样不得不"回归"的配置,完全失去了"眼镜解放双手"的意义。

目前,针对智能眼镜的上述问题以及人类感知认知能力的特点,出现了多种交互界面智能优化技术。例如,虚拟现实智能眼镜可以通过手柄准确地访问虚拟场景中的可视对象,但在抽象命令表达和文本输入方面有所不足。为了解决这一问题,Liang et al.最新研制了一种精准的小型穿戴交互设备——DualRing。DualRing是两个佩戴在拇指和中指上的戒指,可以感知手指之间的相对运动和姿势。DualRing不仅可以感知相对于表面的绝对手势,还可以感知手节之间的相对姿势和运动,从而提供了丰富的自然手势交互的设计空间(Liang et al., 2021)。Li et al.提出了一种量化用户在运动不一致、幅度增大时注意到运动不一致的概率的方法,旨在指导虚拟现实中用户身体所有权感的干预。作者对化身的肩部和肘部关节施加了角度偏移,并通过一系列研究记录了用户是否识别出了不一致,并基于结果建立了一个统计模型。结果表明,运动不一致的可察觉性随着偏移的增大而大致呈二次增加,两个关节处的偏移对彼此的概率分布有负面影响。利用该模型,作者实现了一种用不可察觉的偏移放大虚拟现实用户的手臂运动的技术,然后评估了不同参数(偏移强度、偏移分布)的实现(Li et al., 2022)。

Cheng et al.提出了一种基于优化的算法,名为SemanticAdapt,用于自动适应不同环境下的混合现实布局。该算法考虑了虚拟界面元素和物理对象之间的语义关联。作者还通过用户研究探索了设计和适应混合现实布局的用户考虑因素和策略,并将其应用于SemanticAdapt和其他自动适应方法的设计中(Cheng, Y. et al., 2021)。这一例子充分展示了在交互界面的优化任务中,人与人工智能系统如何进行协作。首先,人工智能算法通过对用户所在的真实物理环境进行扫描、建模和分析,从而提取出关于物体分布、潜在虚拟对象容器等一系列信息,并基于先验知识获取每个物品所绑定的语义信息。值得注意的是,这里的语义信息与人对这些物体在功能、尺寸、位置等方面的理解和认知是一致的。由此,人工智能系统便以与人相似的认知视角理解了用户所处的空间特征。在此基础上,该算法基于人们排布虚拟元素时所依据的语义、位置、功能等特征维度,通过最优化的方法计算虚拟元素的推荐摆放位置、尺寸和朝向,从而自动生成与当前物理环境相对应的虚拟元素,同时使得其布局的可理解性是最优的。当然,人工智能的推荐结果并不总是满足每个用户的个性化需求,因此若用户对于推荐布局的局部不满意,则可以进一步通过手动操作的方式来进行调整。并且,在用户的调整发生后，人工智能系统还会结合当前调整的局部对全局布局再次进行微调，以避免用户手动调整可能带来的冲突，提升整体一致性。在这一例子中，不仅需要计算机视觉的方法对三维物理环境进行扫描、建模和分析，还需要基于人工智能的方法构建用户对于虚拟元素布局的认知模型，以拟合用户在复杂、多样的物理环境中对不同布局的认知规律。进一步地，智能算法需要具备动态生成布局界面的最优化能力，以及结合用户的手动调整进行全局修正的个性化能力。

Yi et al.提出了一种名为 GazeDock 的技术，它可以在虚拟现实中实现基于凝视的菜单选择，具有快速和健壮的特点。GazeDock 采用了一种固定视图的外围菜单布局，当用户的视线靠近或远离菜单区域时，菜单会自动出现或选择，从而提高了交互速度，同时降低了错误触发的可能性。作者根据用户的目光移动模式，设计了 GazeDock 的菜单 UI 个性化方案和优化的选择检测算法（Yi et al.，2022），这一方法显著提升了目标选择、命令触发等基本交互任务的效率、准确率与自然度，相关成果应用于亮风台智能眼镜和智能控制空间中。上述研究工作探索了感知和认知之间的联系，以及如何利用这些联系来提高交互界面的效率、效果和用户体验。这些研究工作往往基于人类感知和认知的心理学与神经科学的理论及实证研究，以及计算机科学和工程的方法与技术，涉及多种感官模式（如视觉、听觉、触觉等）和多种认知功能（如注意、记忆、推理、决策等）的交互与整合。目前的研究虽然取得了一定进展，但仍然面临着感知和认知之间的界限与关系的理论及实践的挑战，以及如何在交互界面中有效地表示和操作这些关系的技术与设计的挑战。

随着虚拟现实与元宇宙的应用范围不断扩大，人们越来越多地将其应用场景拓展到更加复杂、动态的情况中。在这样的前提下，提前为所有可能的场景和任务建立模型，并做好针对性的准备，已经成为不可实现的要求，必须转而寻求智能化的解决方法，在动态演变的交互场景和任务中捕捉与把握其连续性及一致性，从而为用户提供连续、可靠的交互服务。而作为人机交互的根本元素，交互界面的生成和调整就是其中不可或缺的一环。如前文所述，若仅仅依赖人力进行调整，则既无法满足应用场景的时效性需求，也难以在多维度的优化约束条件下保证结果的最优性；而若仅仅依赖人工智能进行生成，则往往难以体现用户的个性化需求。为此，通过人机融合，只有充分发挥智能系统在计算和智能上的优势，以及人在认知和适应性上的优势，才能真正推动人与人工智能的协作，实现面向人类感知认知能力的交互界面智能优化。

未来的研究方向至少包括：(1)探索更深入和全面的感知和认知之间的理论与实证的联系，以及如何将这些联系转换为交互界面的智能优化的原则和规律；(2)开发更先进和创新的感知与认知之间的交互及整合的技术和设计，以及如何在交互界面中实现更自然和流畅地感知与认知的体验及功能；(3)研究更广泛和多样的感知与认知之间的交互界面的应用及用户，以及如何在交互界面中满足和促进用户的感知与认知的需求及发展。

25.3　虚拟现实与元宇宙中基于临场感的“人-智-人”技术应用和机遇挑战

25.3.1　虚拟环境中的临场感概念

临场感(presence illusions)是衡量如元宇宙和虚拟现实等虚拟环境中用户体验的重要指标。研究认为，沉浸式 VR 触发用户的临场感或存在感是 VR 可以引发用户感知觉改变的最关键因素，也是使 VR 成为一种新颖媒介、前沿技术的重要原因(Jerald 2015)。临场感是指当用户处于由沉浸式 VR 所构建的虚拟世界时，用户接收到虚拟世界中的多通道感知觉的实时反馈，感受到身临其境，从而产生认知和心理层面的改变。Slater(2009)提出临场感主要由两种感受构成：位置感(place illusion，PI)——存在于一个地方的感觉和似真感(plausibility illusion，Psi)——所描绘的场景正在真实发生的感觉。后来，Jerald 基于前人的研究工作对似真感这一感受进一步细分，将其拆解成为具有身感(或具身存在感)、身体互动感(感觉具有与视觉表现相匹配的身体反应)和社交交流(社交存在感)(图 25.4)。

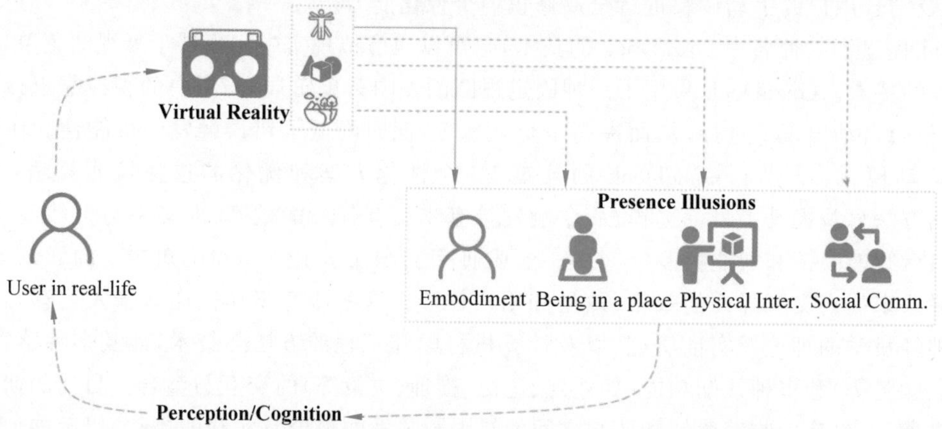

图 25.4　虚拟现实中的四类核心临场感感受：具身认知感、空间/环境存在感、身体交互感、社交感(Tong，2021)

(1) 固定空间/环境存在感(sense of being a stable place)。存在于一个稳定空间/环境的临场感也称为位置错觉(place illusion)(Slater，2009)或空间存在(spatial presence)(Schubert，2003)。Slater 认为一个人所处的物理环境是他们存在感的最重要的方面，并进一步将位置错觉定义为"在那里"(being there)，并且指出人的这种知觉错觉会在适当的条件下自然发生(sensorimotor contingencies)。然而，他也指出存在于一个稳定空间的临场感也会为人带来似真感或"身临其境"感。

(2) 身体交互感(the sense of physical interaction)。当用户的身体感觉与虚拟现实中的视觉呈现一致时，就会产生自身与虚拟环境互动的感受。这种反应不仅限于触觉，还可以是听觉、味觉或其他生理反馈(Jerald，2015)。

(3) 社交临场感，即社会存在感、社交感、共同存在感(the sense of social presence，social communication，or co-presence)。社会感指人与虚拟环境中的其他"人"或人物角色"进行语言或肢体交流(Gerhard et al.，2004；Jerald，2015；Nowak & Biocca，2003；Schroeder，2006)。"其他人"或人物角色也可以是由计算机或用户控制的，很多研究都尝试定义或测量社交临场感(Oh et al.，2018)。

(4) 具身感(the sense of embodiment，SoE)。具身感主要探索人对身体的感受和认知，这里的身体是指可以被医学科学实践的主体和客体(Gallagher，2001)。虽然虚拟现实技术模拟的并非物质世界，但它为人提供在虚拟世界中的虚拟身体和对虚拟身体所产生的认知体验，并将人通过头戴显示器、控制器、传感器所获得的虚拟世界的视觉、听觉、触觉等认知体验塑造成全新的技术——具身记忆和具身认知。根据(Jerald，2015)总结的虚拟现实中的四种临场存在感，具身感是唯一一个涉及用户的虚拟化身(avatar)或(部分)身体对人感知觉有影响的存在感。在虚拟现实中，用户同时产生在一个身体里，拥有一个身体，并能够控制这个身体的整体感受。Kilteni et al.(2012)基于虚拟环境中对虚拟身体感受的大量研究，明确地定义了具身感并归纳了具身感的三部分构成：用户对身体的自我拥有感(sense of ownership，SoO)、对身体的自主控制感(sense of agency，SoA)、在身体中的位置感(sense of self-location)。这一具身感的定义和框架被后续研究大量引用并接受。其中，自我拥有感对虚拟身体的拥有感是一种人对身体的自我归属感；自主控制感是指人对虚拟身体的全局运动控制，包括行动、控制、意图、运动选择的主观体验和意志的有意识体验等感觉；自我定位感是指一个人感觉自己所处的位置，它指的是在真实身体内的位置体验而非在世界或环境范围内的空间位置。通常，自我定位和身体空间与一个人在身体内感觉到的自我定位一致。

25.3.2　基于临场感的"人-虚拟环境"优化：达到虚拟与现实的认知"共鸣"

虚拟环境中人机交互的终极目标是让用户将虚拟"感知"为现实，并改变其"认知"及"行为"，在认知层面上达到人对虚拟和现实的共鸣。基于图 25.4 中的人-虚拟环境交互框架，元宇宙和虚拟现实可以从四个临场感方面进行设计和开发，从而提高用户的体验，并实现用户通过虚拟世界改变认知以和现实世界达到"共鸣"。

学术界多项研究主要针对虚拟环境中的多种临场感是否可以改变人的认知和行为，及其作用机制的实现方法，并广泛地应用于心理治疗、康复和神经科学等领域（Cipresso et al.，2018；Martini，2016；Matamala-Gomez et al.，2019；Riva et al.，2019；Tarr & Warren，2002；Tong，Wang，et al.，2020），通过上述四种临场感帮助病人解决自身问题，如焦虑压力、精神问题、慢性疼痛等；和在虚拟环境中转换用户的视角和虚拟化身，通过具身临场感提高同理心和降低对少数人群或弱势群体的隐性偏见（Tong，Gromala，et al.，2020），促进行为改变等研究领域。例如，有研究曾通过增强用户在虚拟环境中不同于现实的环境临场感，模拟森林场景并实时可视化用户的生理状态以促进其正念减压过程（Gromala et al.，2015），通过建立正反馈循环来降低其压力状态，也有研究通过提供虚拟冰雪世界来降低火灾受伤患者的灼痛感（Hoffman et al.，2008）。在转换视角促进具身临场感方面，有研究人员让同一被试者具身体验不同于现实的虚拟身体时（女性或男性，白人或黑人），改变了被试者对虚拟身体的身份角色群体的隐性偏见程度（Banakou et al.，2016，p. 20）。在另一研究中，Rosenberg et al.(2013)发现，当被试者处于有飞行能力的超级英雄虚拟身体中时，他们在虚拟环境中帮助别人的行为和对照组相比（作为乘客）更显著，这一研究则通过具身临场感改变了用户的行为决策。

在人和元宇宙/虚拟现实交互界面产生交互时，AI 智能技术也被用在多种途径以更好地构建、促进各种虚拟环境中的临场感，以及预测或提高用户在现实世界中认知和行为改变的"共鸣"效果。

根据 Huynh-The et al.(2023)的综述分析，当前元宇宙中用于提高用户体验和临场感的常见 AI 和 ML/DL 等智能技术主要包括自然语言处理、机器视觉、区块链、网络、数字孪生、神经接口，分别用于虚拟人的语言模型，基于图像的物体识别和用户的行为预测，数据存储、分享和安全，数据传输，建模仿真，脑机接口等不同研究领域（图 25.5）。

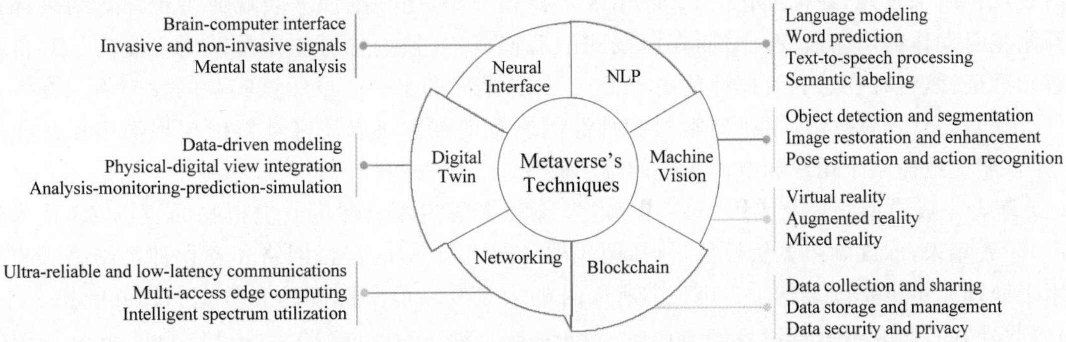

图 25.5　元宇宙中 AI 与机器学习以及深度学习架构在提升用户在虚拟世界中体验的各领域技术进展（Huynh-The et al.，2023）

本章主要从以下几个研究方面给出实例分析。

(1) 通过机器学习和数据挖掘等智能技术对用户在虚拟环境中的交互行为进行建模，如移动、手势等交互信息，可以实现对用户的行为和意图的理解与预测(Yi et al., 2023)，从而给出对应的多通道反馈信息，并提高身体交互临场感，增强"人-虚拟环境"的互动。

(2) 通过自然语言处理、语音识别和语音合成等技术(Huynh-The et al., 2023)赋能虚拟环境中的虚拟人，实现虚拟人或与用户之间的实时对话和交流，以增强社交临场感(Guimarães et al., 2020; Yalçın, 2019)。例如，Guimarães et al.通过使用 FAtiMA-Toolkit 工具系统构建了虚拟现实环境中的虚拟人(Guimarães et al.,2020, Mascarenha et al.,2022)。FAtiMA-Toolkit 是一个支持开发具有情感回应的智能虚拟人的工具(Mascarenha et al. 2018, 2022)。Guimarães et al.开发的虚拟人由三个不同的主要模块组成：对话模块负责虚拟人和用户对话的对话线、对话主题和对话状态；情感评估和决策模块负责虚拟人和用户交互时背后的情感和决策的计算模型；对话和情感决策均由 FAtiMA-Toolkit 实现；表现行为模块负责其在虚拟现实中为用户展现虚拟人的行为变化。该研究通过 AI 智能技术赋予虚拟人物在与用户交互过程中表达情感、注视且根据用户的状态给出多模态、适应性反馈内容的能力，并提高了用户的社交临场感。Yalçın et al.(2019)的研究也致力于通过提高虚拟人在语言层面的情感表达，让用户更好地感受到虚拟人的共情和社交能力，并从不同维度提出了测量虚拟人的共情能力的评估方法。

(3) 通过用户的多模态行为数据构建机器学习模型以预测临场感以及眩晕感(Jin et al., 2018; Magalie et al., 2018)。此外，现有研究通过追踪用户在现实世界中的部分身体的运动状态，由 AI 算法预测虚拟身体的同步状态，以提高用户的具身临场感(Schwind et al., 2020)。例如，Jin et al.通过使用机器学习的方法预测用户在不同的虚拟现实环境中观测到的视频数据来预测和评估用户的晕动反应(Jin et al., 2018)。该研究从 VR 中给用户的视觉输入、用户的头部运动状态和个体特征(如晕动感受)在内的异构数据源中提取特征，构建并对比了三个机器学习模型，包括卷积神经网络、长短期记忆循环神经网络和支持向量回归；结果发现，LSTM-RNN 这一模型在预测晕动感方面表现最佳。该研究通过应用机器学习模型分析用户在虚拟现实中和环境的数据，为交互式虚拟现实的自动运动预测提供了可行的解决方案。

在另一项相关研究中(Schwind et al., 2020)，作者研究了在两种情景下，通过神经网络，即 artificial neural networks(ANNs)对用户的虚拟化身的全身动作进行预测，以测量用户在虚拟现实中和运动有关的任务表现。Schwind et al.在虚拟现实中开展了两个实验，第一个实验基于标准化的二维 Fitts 定律任务研究了虚拟现实中的信息传输能力；第二个实验利用一个全身虚拟现实游戏来评估用户的表现。结果发现，在标准化的二维 Fitts 定律任务中，用户的任务表现或主观评价结果都没有因为预测化身动作而产生改变。然而在沉浸式游戏情境中，预测化身动作帮助用户提高了对自身位置的感知准确性，且存在感和身体评估高于 Fitts 任务期间的水平。虽然该实验的参与者只在特定任务条件下获益，但该研究体现了机器学习和神经网络智能技术可以用来补偿虚拟现实中系统相关的延迟，并且相应地提高了用户和身体相关的临场感受。

(4) 随着生成模型的普及应用，元宇宙/虚拟现实中很多虚拟环境或虚拟物品也由 AI 技术生成(AIGC)。近年来，深度学习算法模型，包括循环神经网络、长短时记忆网络和卷积神经网络等模型也已经用于处理元宇宙基础架构——IoT 中所面对的大量复杂的实际问题和数据(Huynh-The et al., 2023)。此外，随着 DeepDream、Generative Adversarial Networks(GAN)、Stable Diffusion 等图像生成模型的开源和应用，以及 ChatGPT 等大语言模型的普及流行，这些 AI 智能技术都被广泛应用到元宇宙和虚拟现实中，实现虚拟环境或虚拟物品的数字资产的生成，或者为这些数字资产的生成提供用户生成内容的创作平台或编辑器。例如，Li et al.的研究采用 Neural Style Transfer 等技术生成可以促进用户相关情感状态的虚拟环境以提高环境临场感(Li et al., 2023)；很多基于区块链技术的 NFT 数字艺术作品也由 AI 代码生成(Cetinic & She, 2022)。现有的 3D UGC 编辑器主要面临无法保证 UGC 的独特性和难以在模型粒度和 3D 建模难度之间找到权衡这两个挑战；也有研究通过在内容创作平台上应用 AI 技术辅助生成基于以太坊(Ethereum)区块链技术的 3D 模型。Duan et al.(2023)开发了 MetaCube 内容生成平台，通过调用一个 GAN 模型(DECOR-GAN)将用户创建的粗粒度模型细化为细粒度模型，以平衡模型生成颗粒度和用户建模难度的矛盾，并解决上述挑战。除了 3D 模型的生成之外，AIGC 也用于元宇宙中的叙事生成(Guo et al., 2023)。Guo et al.，通过聊天机器人(chatbot)与用户交互，将用户的输入信息和现实世界的知识导入生成模型，让人和人工智能合作创作故事，并基于该故事在元宇宙中可视化了去中心化的未来地球。这些研究都为未来工作提供了通过不同的 AIGC 技术结合用户的输入，生成元宇宙的环境内容和人与环境交互内容的启发。

(5) 虽然目前的科技手段在模拟人在虚拟身体经历的全方面感知觉(如全身触觉、嗅觉、味觉)方面面临挑战，但学术界和产业界一直在研究各种感知觉的硬件计算和传感设备，并旨在提高其性能，以提高“技术具身”中技术的质量，让人更自然地通过真实身体拥有和控制虚拟身体，提高用户在各种场景中的临场体验。在人机交互领域，研究人员分别对在虚拟现实中提供触觉、嗅觉、味觉反馈进行了探究和实验(Brooks et al., 2023a, 2023b, Lopes et al., 2017, Nith et al., 2017, Tanaka et al., 2023)。例如，Brooks 等开发了 Smell & Paste 这一低仿真度的研究原型，通过在卡带中放置不同味道的贴纸为虚拟现实中的嗅觉体验提供了工具基础(Brooks et al., 2023b)。在触觉领域，Lopes et al. 探索了在虚拟现实中为墙壁和其他沉重的物体添加用户触觉交互反馈的方法并开发了可穿戴原型；例如当用户试图推动虚拟墙壁或者搬运虚拟重物时，通过肌肉电刺激来激活用户的肩膀、手臂和手腕肌肉，从而创建一个反作用力将用户的手臂向后拉(Lopes et al., 2017)。然而，虽然前文提到的人机交互中的已有研究探索了实现各种感知觉的仿真传感方法，但是目前大部分工作都只能复制物理世界中的有限感知觉，如何能够提供自然、系统和整体的多感知觉智能仿真解决方案仍有待进一步的研究。

在产业界中，Noitom、Tesla Suit 和 HardlightVR 等虚拟现实技术公司为了给用户提供更加生动逼真的触觉反馈，研发了全身的触感套装。Meta 致力于将用户脸部表情和全身肢体运动情况同步到虚拟身体中，以提高虚拟身体之间的社交效果。与此同时，产业界也积极探索虚拟现实中的具身感对各种产业应用的意义和其可能带来的更加积极的影响，如游戏、电影、竞技运动、元宇宙等社交娱乐行业，职业技能培训等教育场景，以及远程会议等领域。如何在虚拟现实环境中为用户构建自然真实、多模态的“技术身体”的具身认知体验和临场感是值得学术界和产业界共同探索的一个重要研究方向和议题，也会进一步推动元宇宙和虚拟现实技术领域中人智交互、人机共生的和谐前景。

25.3.3 元宇宙中的多人交互研究与进展

自从元宇宙这一多人交互虚拟空间的概念被提出后，多人交互场景的研究和技术不断发展并经历了四个重要阶段——基于文本的互动游戏、开放式 3D 虚拟世界、大规模多人在线视频游戏(MMO)、去中心化的虚拟世界。基于文本的互动游戏是元宇宙的开创性尝试，也是网络空间中最早的社交互动场所，典型的例子有多用户地牢(Multi-User Dungeon)以及它的衍生版本——多用户空间、多用户领土以及多用户共享幻觉。在线上的 3D 虚拟环境中，人们可以用 3D 虚拟化身呈现自己并创建自己的虚拟世界。同时,用户的交流方式也从纯文本演变到了语音和文字混合的模式,提高了用户之间的沟通效率。一些广为人知的虚拟开放世界和大规模多人在线视频游戏,例如 Second Life、Minecraft、Roblox 和 Fortnight 都具备以上特点——通过 3D 化身交流、语音文字混合的交流模式,以及拥有大量的用户生成内容。其中,Minecraft 和 Roblox 都支持 VR 设备,加强了用户的沉浸式体验,使用户在协作虚拟环境下进行在线活动、学习、工作、社交(Cao, 2023; Churchill et al., 2012; Overby & Jones, 2015; Rospigliosi, 2022)。

在虚拟世界的基础上,区块链技术的出现使得一些虚拟世界具备一套能够对实体经济产生影响的内置经济体系。例如,Decentraland 是一个由以太坊支持的虚拟世界,允许用户通过以太坊交易虚拟场景、艺术品、建筑等用户生成内容,从而激励用户创作了大量的用户生成内容,形成了良性循环。值得一提的是,应用了区块链技术的虚拟世界也是迄今为止最接近元宇宙蓝图的版本。相比早期的现实虚拟环境,近年来的社交 VR 应用具备更完善和多元的社交属性,例如在 VRChat 中,用户可以和朋友在虚拟环境中拍照,还可以和对方的化身有具身互动,仿佛是在现实中和朋友玩耍。近年来,元宇宙中的多人在线交互研究主要集中于两方面:虚拟环境社交场景下的人—人的交互和社会关系和实现人—人社交的智能技术。

在虚拟环境社交场景下的人—人关系层面,研究人员重点讨论用户对于虚拟化身的呈现、自我认知与认同,社交关系和属性,多元文化社区的特点,道德伦理等社会问题(Freeman, 2022)。其中,虚拟化身的呈现研究重点探讨用户在虚拟世界中创建和定制虚拟化身的方式、动机和心理,并关注用户在虚拟世界中选择何种虚拟化身外貌、性别、种族、年龄等特征的偏好(Ducheneaut et al., 2009),以及这些选择对用户的自我认知、自尊心、自我表现的影响(Freeman et al., 2020),还有现实世界自我认知与真实身份的关联关系(Yee & Bailenson, 2009)。Saffo et al.的研究已经通过一个定量实验和一个定性实验探索验证了 VRChat 这一元宇宙平台可以作为有效的实验工具平台探索多人交互场景下的各项交互任务和研究(Saffo et al., 2021)。在 Saffo et al.的定量研究中,作者尝试复现在离线虚拟现实场景中的 Fitts' Law 实验(Clark et al., 2022),测试了 Clark 等的经验模型在虚拟现实社交平台下的普适性,证明了使用社交虚拟现实平台进行远程且控制变量的用户研究实验的有效性。在同一个研究中,Saffo et al.也复现了 Tang et al.(2006)关于多用户同时在社交虚拟环境中与台式显示器的协作关系。这一定性研究也检验了定性实验在社交虚拟现实环境中的可迁移性,展示使用虚拟现实社交平台进行远程但受监控的用户协作的定性实验的可行性和可扩展性。

此外,其他研究人员后续在 VRChat 这一虚拟社交平台探索了用户彼此之间的社交关系和影响社交的因素,例如其生成的场景中用于社交的道具,Fu 等(2023)的研究表明,VRChat 中有大量用户会聚集在镜子前进行聊天、拍照等一系列社交活动(Freeman et al., 2020);或者调研在元宇宙场景下人们在不同社交场景下的交互方式,例如在元宇宙博物馆中更好地策划展览中的展品内容和用户交互(Cao et al., 2023)。一部分研究也侧重于从社会计算的角度和方法出发,分析虚拟世界中用户之间的社交网络、社交互动模式、社交支持和社交认同等现象,以及这些社交关系对用户心理和社会行为的影响(Maloney et al., 2020c)。针对元宇宙中道德伦理的研究则探索在虚拟世界中存在的人和人之间的言语暴力、性骚扰、歧视等行为和可能应对这些问题的法规、措施(Blackwell et al., 2019)。在技术层面上,已有研究着重探索通过部署和结合 AI 和机器学习等智能技术促进社交合作,如多人的远程交互,同步如动作、表情等技术和环境等虚拟世界的信息(如环境、场景、物品等)(Pidel & Ackermann, 2020; Yi et al., 2023)及群体导航技术(Weissker et al., 2021)。在虚拟环境中,多人之间的实时语音、姿态、手势、表情等互动信息的同步是促进具身临场感和高效合作的关键,这需要高效的网络通信和多人同步算法，以确保多人在虚拟世界中流畅和自然的互动。例如，Yi et al.通过摄像头捕捉佩戴 HMD 的下半张脸并通过机器学习方法识别整脸表情，在社交场景下传递用户之间的情感状态（Yi et al.，2023）。也有研究人员探究在虚拟环境或元宇宙中不同的合作机制如何影响多人之间的合作效率和用户体验，例如 Guo et al.对比分析了在时间维度上（同步/异步合作）和空间维度上（同一地点/远程）的两人合作创作增强现实场景下虚拟物体的不同合作方式，并发现同步、同地点的沟通方式提高了用户的交流效率，但是远程、同地点的方式则允许用户创建探索更多、更丰富的内容（Guo et al.，2019）。

此外，群体导航交互技术也是实现多人交互场景的关键（Weissker et al.，2021），它主要尝试回答多人交互时的一个核心问题：如何适应或增强常见的单用户导航过程，以支持多用户共同探索共享虚拟空间。目前，群体导航交互技术主要是在以下三种情况：(1)并置式群体交互，群体的每个成员都分布在单个空间中，在同一物理位置佩戴头戴式显示器或使用多用户投影技术来共同体验一个虚拟场景；(2)分布式群体交互，群体的成员分布在不同的物理空间和位置，并使用网络连接加入共同的虚拟环境；(3)上述两种场景的混合，即一部分成员在同一物理空间，另一部分成员在不同的物理空间。群体导航技术需要突破的难点包括在导航途中成员之间失去联系，以及群体中每个成员在导航上不必要的注意力分配。为解决上述问题，Weissker 等(2021)提出了一种群体导航技术，允许群体在虚拟空间中聚集在一起，并且每次只允许一个人控制群体的移动。他们也提出了另一种方法，即允许不同用户在同一地点构建虚拟环境或完成任务。基于这项工作，Racsh et al.(2023)进一步探索了如何支持多用户共同在虚拟环境中执行瞬移交互(teleportation)，并且帮助多用户理解彼此的移动意图(如目标位置和方向等信息)。除了增强多用户共同控制运动的交互过程，也有研究人员通过提供虚拟空间中可俯视观看的缩小版“微世界”来增进团队合作场景下的群体导航移动(Chheang et al.,2022)。

然而，多人的远程交互的同步技术和群体导航技术的研发大多还处于起步阶段，并受到交互物理环境、同步技术、交互虚拟平台等各方面的限制。未来需要更多的研究人员关注目前相关技术的有限性，并在加强虚拟环境中的多人同步社交交互技术方面做出突破。

25.3.4　元宇宙中的隐私、伦理和可访问性研究进展

元宇宙中的隐私安全问题主要包括用户画像与用户隐私的泄漏。用户画像已经是成功的商业模式，该模式下的平台通过分析用户的浏览与互动行为对用户进行精确画像，并分析用户的身份、品位与倾向，以此精准投放广告；用户隐私则主要包括个人信息、行为以及通信交流。值得一提的是，尽管信息平台已被明令限制使用精准画像技术，并且用户可以自主拒绝被画像，但用户在网络上的碎片数据仍然足以泄露其画像信息。对用户而言，无论画像还是隐私的泄露，都会造成对隐私安全的侵害，而对隐私安全的保护则主要可以从技术方面解决。在元宇宙的场景中，针对用户的隐私安全问题所提出的对抗技术主要基于三类策略：(1)创建用户的克隆形象来隐藏用户活动；(2)为用户创建私有的活动空间或临时将其他用户锁定在一片区域之外；(3)允许用户使用传送、隐身以及其他形式的伪装(Di Pietro et al.，2021)。

元宇宙与现实领域中对伦理与道德的思考有所不同，这是因为元宇宙所产生的对现实的扭曲使伦理问题需要一个独特的思考领域(Miah，2023)。一些研究者参照目前在不同网络社区中的用户行为，认为在类似元宇宙的中心化平台中，每个用户都有自己的兴趣与享受方式，因此一些用户会利用尚未预料的行为对其他用户进行钓鱼、骚扰或利用(Di Pietro et al.，2021)。Ramirez et al.(2018)认为虚拟现实的体验产生了特定于技术媒介的伦理问题，并且为治理相关问题提出了一种等效原则(the equivalence principle)——如果使某些主体在现实中获得某种经历是错误的，那么令其在虚拟现实环境中获得这种经历也是错误的。在这一工作的基础上，有研究者对于虚拟与现实之间的价值平等提出了新的问题(Grinbaum et al., 2022)。虚拟环境中数字化的主体和作为真实人类的主体在道德上是否等同？研究者发现，人们愿意将现实中的道德问题与观念投射到扩展现实中。提出这一发现的研究者进一步强调，他们认为人们在虚拟环境中的认知与在现实中的认知缺乏对等性，因此将两者一概而论的做法是存有问题的，例如会造成在最新的人工智能对话系统中普遍存在的过度监管的现象。

元宇宙技术的可用性与可访问性也是这一技术的关键问题。作为一个需要用户使用的产品，其必然需要严格的产品设计与精准的质量控制，然而现有的虚拟现实开发环境却存在开发设备与产品设计者的需求不匹配的问题。为了提高元宇宙产品的可用性，Thalen et al.(2011)提出了终端用户开发原则(EUD)，该原则的一个例子是为A公司开发的元宇宙工具应该同样对B公司有用，而工具只需要根据不同用户对其参数进行适当调整即可。Song et al.(2022)总结了基于元宇宙的关于健康的技术与概念，并提出了与数字孪生相关的五类健康保健技术：建立个人健康数据及电子医疗记录(EHR)，个人健康风险因素信息上报，基于自测及应用数据的用于发现潜在疾病的症状检测，作为医疗器械的智能软件，集成传感器、数据及应用的跨层数字孪生模型。

尽管目前学术界对于元宇宙的伦理道德问题尚未达成一致，但已有大量研究观察到了部分边缘和弱势群体在元宇宙中遭遇的隐私安全问题，包括未成年人、女性、性少数群体(Blackwell et al., 2019; Freeman, 2022; Maloney et al., 2020a, 2020b)。对于未成年人来说，除了声音、外貌有可能通过语音聊天及化身这种元宇宙本身的交流媒介泄露以外，由于缺乏隐私意识，有一些未成年人还会在元宇宙中和陌生人分享家庭住址等隐私信息(Maloney et al., 2020a)。同时，由于缺少内容的监管、筛选和屏蔽机制，元宇宙中含有大量不适宜未成年人观看的内容，未成年人或女性"虚拟化身"也常常受到其他未成年人或成年人的骚扰(Maloney et al., 2020a)。由于元宇宙用户的性别比例极其不协调且男性用户占大多数，因此女性用户经常会在元宇宙中受到男性用户的肢体和语言骚扰(Blackwell et al., 2019)。同样经常受到性骚扰的还有元宇宙中的性少数群体，如跨性别者，即生理性别和心理性别认同不一致的群体。虽然元宇宙中的化身能让跨性别者更好地表达自己的性别认同，但他们通常会因为声音和化身性别的不匹配而遭到其他性别用户的骚扰(Freeman, 2022)。

除了对普遍用户群体都适用的可用性原则外，元宇宙产品也应该关注不同弱势及边缘群体的无障碍包容问题。例如，元宇宙的社交功能是否可以为老人、视听觉等障碍人士、儿童和青少年等群体等同地提供获取信息、分享信息的机会，以及与外界建立社交联系的资源。为了让元宇宙环境更适宜这类群体的社交，需要关注元宇宙对他们的机遇以及挑战，从而在设计层面上使元宇宙更加可访问、无障碍，并创建一个更为包容、平等的环境(Zallio & Clarkson, 2022)。例如，协助视听障碍人士更好地"看到""听到"来自虚拟环境和社交场景的信息(Ji et al., 2022)；允许不同障碍人士在元宇宙中可以自由选择化身，从而选择性地透露或不透露他们的身份(Zhang et al., 2022)，为了更好地满足他们的需求，元宇宙产品应该着重考量包容性设计准则，让弱势群体和障碍人士同等地使用元宇宙技术并与虚拟环境产生交互。

25.4 机遇与挑战

1. 当前研究的主要挑战

与图25.1对应，元宇宙与虚拟现实技术的挑战也来源于多方面。其中，设备层面面临平台技术的挑战，交互层面面临交互技术的挑战，内容层面面临信息安全的挑战。同时，由于其独特的多人交互和内容共享特征，还面临着社会文化、用户适应和情感方面的挑战。

（1）平台技术挑战。元宇宙需要大量的计算和图形处理能力，元宇宙中复杂的交互技术则需要大量传感器的高效处理作为支撑。如何有效地建立一个逼真、支持具身感知的虚拟世界，按照现实中的物理规律来运转，实现虚拟世界和现实物理世界的信息互通是元宇宙发展的难题。

（2）交互技术挑战。元宇宙中的用户交互行为无处不在且多模连续，导致交互数据模糊，为交互意图的准确推理带来了巨大挑战。无论是扩展现实的智能眼镜还是智慧互联的现实环境，交互接口不再是单一固定的界面设备。如何在虚拟化的空间上操控目标对象、表达抽象命令、输入语言内容这三个输入交互接口上的原子功能，是人机交互领域的热点研究方向。

（3）信息安全挑战。无论是元宇宙中的智能交互技术还是多元社交技术，都需要确保用户的安全和隐私，这意味着需要采取措施来保护用户的身份和数据，并防止虚拟犯罪和网络攻击。

（4）社会和文化挑战。如何提高元宇宙技术和场景的社会可接受度，社会是否能够接受在于行业的潜在风险、伦理道德等诸多因素。元宇宙本质上是一个虚拟世界，相比现实世界，元宇宙中的虚拟世界面对更多开放性问题。此外，元宇宙将影响人类社会的各方面，包括文化、价值观、教育和政治，因此元宇宙需要和社会、政府和文化领袖等各方建立合作关系，以确保元宇宙的发展符合社会的利益和价值观。

（5）用户适应和情感挑战。一方面，元宇宙需要支持多种设备和平台，包括 PC、手机和 VR 头盔等，这意味着交互行为需要兼容不同硬件和软件平台。即使如此，用户还是需要面对从手机、PC 无缝切换到元宇宙平台进行交互和体验的潜在问题。此外，元宇宙需要提供高度沉浸和情感化的体验，以吸引和保持用户的兴趣和参与度。这需要深入了解用户的需求和心理，设计出能够满足用户体验和情感需求的交互方式与虚拟环境。

2. 未来研究的关键问题

结合当前虚拟现实与元宇宙研究领域的发展现状，本章对元宇宙未来研究中的人智交互、人机交互领域的关键问题展望如下。

（1）交互的多元化、智能化问题。随着元宇宙的兴起，交互方式的多元化和智能化也成了研究的重要方向。在未来的发展中，如何设计更加自然和直观的交互方式以满足用户的需求，是一个重要的问题。其中，手势识别、语音识别、虚拟现实设备、头部追踪等技术将为元宇宙中的交互方式提供更加灵活和多样化的支持。例如，手势识别技术允许用户通过手部动作控制元宇宙中的角色或对象；语音识别技术允许用户通过语音命令完成操作或者控制物品；虚拟现实设备可以提供沉浸式的体验，让用户更加真实地感受到元宇宙中的场景和环境。此外，头部追踪等技术也可以让用户更加自然地感受到元宇宙中的场景和物品，提高用户的参与度和体验感。除此之外，如何结合多种不同的交互方式，包括听觉、视觉、触觉等，以提高用户的交互体验和感知，也是元宇宙中交互技术发展的一个重要方面。因此，元宇宙交互技术的多元化和智能化将成为未来研究和发展的重要方向。

（2）交互的隐私保护、情感化、个性化问题。在元宇宙的交互过程中，隐私保护问题是必须解决的关键问题之一。元宇宙中用户可能会在虚拟场景中分享敏感信息，如个人信息、财务信息等，而这些信息的泄露会对用户造成严重的损失。为了解决这些问题，可以采取加密技术和身份验证等措施保护用户的隐私安全。此外，个性化和情感化也是元宇宙中交互技术发展的关键问题。如何让用户在元宇宙中获得更真实的情感体验，从而提高用户的参与度和留存率也是需要思考的问题。为了解决这些问题，可以采用情感计算技术和个性化推荐算法等技术分析用户的情感和心理状态，从而更好地理解用户的需求，为用户提供更加个性化的服务。此外，多元化和个性化的社交需求也是元宇宙中交互技术发展的关键问题之一。为了让用户更好地互动和交流，需要建立多样化的社交网络和游戏场景，并将人工智能等技术应用到智能交互中，以提高用户的交互体验和互动感。总之，在元宇宙交互技术的发展过程中，需要综合考虑隐私保护、情感化、个性化和多样性等方面的问题，才能更好地满足用户的需求和提高用户的参与度与留存率。

(3) 交互的信任、管理、多样性和安全问题。首先，由于元宇宙是一个虚拟的环境，因此用户需要信任其所参与的社交网络和参与者，才能够在其中进行有意义的互动和交流。因此，建立可信的社交网络和诚信机制是至关重要的，这可以通过多种手段来实现，例如认证、信任度评估、监管机制等。同时，为了避免虚假信息、骗局、欺诈等问题出现，需要采取有效的安全措施，例如数据加密、反欺诈机制等，从而保护用户的权益和利益。其次，在元宇宙中，用户的社交行为和言论可能会影响其他用户和整个社交环境，因此需要建立健全的社交管理和治理机制，维护良好的社交秩序和环境，这可以通过制定社交规则、实施监管机制、开展社交教育等方式来实现。同时，元宇宙的社交环境中存在着多样性的用户和文化，如何处理不同文化之间的差异，如何建立包容性的社交环境是一个需要关注的问题。为了实现多样性的社交互动，需要加强文化交流和多元化的社交体验设计。最后，元宇宙中的社交互动和管理需要考虑到隐私和安全问题。在元宇宙中，用户的社交信息和行为可能会受到窥探、攻击和滥用，因此需要采取有效的社交隐私和安全措施，例如信息加密、身份验证等方式来保护用户的个人信息和隐私。同时，为了保护用户的安全，还需要建立应急响应机制，以及时处理社交安全问题，保障用户的社交安全。

25.5 总结

本章提供了虚拟现实和元宇宙相关的简要介绍，包括两者的发展过程、主要特点和关联比较。基于线上社交虚拟环境中的人机交互相关研究，提出了在元宇宙与虚拟现实中基于 AI 智能技术的“以人为中心”研究框架，并指出：通过智能技术感知用户的交互意图、情绪、行为，同步多用户的状态和环境等，最终以提高人的交互效率、临场感(包括环境、具身、互动和社交感)并达到虚拟与现实的认知“共鸣”，是人机交互领域最终的重要设计研究和实现目标。本章针对这一人智交互框架的各部分——“人-智-机”和“人-智-人”——分别通过已有研究举例并分析了其技术现状和实现问题，最后提出元宇宙和虚拟现实当前研究中在技术、交互、社会、用户角度面临的挑战和未来研究的关键问题与发展前景，探索了人智交互框架下的技术、交互、社会、用户等方面的机遇和挑战。综上，本章的内容为人机交互领域的研究人员提出了更全面的研究框架，并提出了解决这些挑战所面临的关键问题和未来人智交互技术在元宇宙和虚拟现实中的潜在发展方向。

参考文献

Bailenson, J. (2018). *Experience on demand: What virtual reality is, how it works, and what it can do*. WW Norton & Company.

Banakou, D., Hanumanthu, P. D., & Slater, M. (2016). Virtual embodiment of white people in a black virtual body leads to a sustained reduction in their implicit racial bias. *Frontiers in Human Neuroscience*, 601.

Blackwell, L., Ellison, N., Elliott-Deflo, N., & Schwartz, R. (2019). Harassment in social virtual reality: Challenges for platform governance. *Proceedings of the ACM on Human-Computer Interaction*, *3*(CSCW), 1-25.

Boletsis, C. (2017). The new era of virtual reality locomotion: A systematic literature review of techniques and a proposed typology. *Multimodal Technologies and Interaction*, *1*(4), 24.

Brooks, J., Bahremand, A., Lopes, P., Spackman, C., Amores Fernandez, J., Ho, H. N., ... & Niedenthal, S. (2023a). Sharing and Experiencing Hardware and Methods to Advance Smell, Taste, and Temperature Interfaces. In Extended Abstracts of the 2023 CHI Conference on Human Factors in Computing Systems (pp. 1-6).

Brooks, J., & Lopes, P. (2023b). Smell & Paste: Low-Fidelity Prototyping for Olfactory Experiences. In Proceedings of the 2023 CHI Conference on Human Factors in Computing Systems (pp. 1-16).

Cao, J., He, Q., Wang, Z., LC, R., & Tong, X. (2023). *DreamVR: curating an interactive exhibition in social VR through an autobiographical design study*. *In Proceedings of the 2023 CHI conference on human factors in computing systems* (pp. 1-18).

Cetinic, E., & She, J. (2022). Understanding and creating art with AI: review and outlook. *ACM Transactions on Multimedia Computing, Communications, and Applications* (*TOMM*), *18*(2), 1-22.

Chen, Y., & Joo, J. (2021). Understanding and mitigating annotation bias in facial expression recognition. In Proceedings of the IEEE/CVF International Conference on Computer Vision (pp. 14980-14991).

Cheng, Y., Yan, Y., Yi, X., Shi, Y., & Lindlbauer, D. (2021). Semanticadapt: Optimization-based adaptation of mixed reality layouts leveraging virtual-physical semantic connections. In The 34th Annual ACM Symposium on User Interface Software and Technology (pp. 282-297).

Chheang, V., Heinrich, F., Joeres, F., Saalfeld, P., Preim, B., & Hansen, C. (2022). Group wim: A group navigation technique for collaborative virtual reality environments. In 2022 IEEE Conference on Virtual Reality and 3D User Interfaces Abstracts and Workshops (VRW) (pp. 556-557). IEEE.

Churchill, E. F., Snowdon, D. N., & Munro, A. J. (2012). *Collaborative virtual environments: Digital places and spaces for interaction*. Springer Science & Business Media.

Cipresso, P., Giglioli, I. A. C., Raya, M. A., & Riva, G. (2018). The past, present, and future of virtual and augmented reality research: A network and cluster analysis of the literature. *Frontiers in Psychology*, 2086.

Clark, L. D., Bhagat, A. B., & Riggs, S. L. (2020). Extending Fitts' law in three-dimensional virtual environments with current low-cost virtual reality technology. International Journal of Human-Computer Studies, 139, 102413.

Covington, P., Adams, J., & Sargin, E. (2016). Deep neural networks for youtube recommendations. In Proceedings of the 10th ACM conference on recommender systems (pp. 191-198).

Di Pietro, R., & Cresci, S. (2021). Metaverse: Security and Privacy Issues. *2021 Third IEEE International Conference on Trust, Privacy and Security in Intelligent Systems and Applications* (*TPS-ISA*), 281-288.

Duan, H., Lin, Z., Wu, X., & Cai, W. (2023). MetaCube: A Crypto-Based Unique User-Generated Content Editor for Web3 Metaverse. IEEE Communications Magazine.

Ducheneaut, N., Wen, M.-H., Yee, N., & Wadley, G. (2009). *Body and mind: A study of avatar personalization in three virtual worlds*. 1151-1160.

Dyer, E., Swartzlander, B. J., & Gugliucci, M. R. (2018). Using virtual reality in medicaleducation to teach empathy. *Journal of the Medical Library Association*: *JMLA*, *106*(4), 498.

Freeman, G. (2022). *(Re)discovering the Physical Body Online: Strategies and Challenges to Approach Non-Cisgender Identity in Social Virtual Reality*. 15.

Freeman, G., Zamanifard, S., Maloney, D., & Adkins, A. (2020). My Body, My Avatar: How People Perceive Their Avatars in Social Virtual Reality. *Extended Abstracts of the 2020 CHI Conference on Human Factors in Computing Systems*, 1-8. https://doi.org/10.1145/3334480.3382923

Fu, K., Chen, Y., Cao, J., Tong, X., & LC, R. (2023). *"I Am a Mirror Dweller": Probing the Unique Strategies Users Take to Communicate in the Context of Mirrors in Social Virtual Reality. In Proceedings of the 2023 CHI Conference on Human Factors in Computing Systems* (pp. 1-19).

Fuchs, P., Moreau, G., & Guitton, P. (Eds.). (2011). *Virtual reality: concepts and technologies*. CRC Press.

Gallagher, S. (2001). Dimensions of embodiment: Body image and body schema in medical contexts. *Handbook of Phenomenology and Medicine*, 147-175.

Gerhard, M., Moore, D., & Hobbs, D. (2004). Embodiment and copresence in collaborative interfaces. *International Journal of Human-Computer Studies*, *61*(4), 453-480.

Gonzalez-Franco, M., & Peck, T. C. (2018). Avatar embodiment. Towards a standardized questionnaire. *Frontiers in Robotics and AI*, *5*, 74.

Grinbaum, A., & Adomaitis, L. (2022). Moral Equivalence in the Metaverse. *NanoEthics*, *16*(3), 257-270. https://doi.org/10.1007/s11569-022-00426-x

Gromala, D., Tong, X., Choo, A., Karamnejad, M., & Shaw, C. D. (2015). *The virtual meditative walk: Virtual reality therapy for chronic pain management*. 521-524.

Guimarães, M., Prada, R., Santos, P. A., Dias, J., Jhala, A., & Mascarenhas, S. (2020). *The impact of virtual reality in the social presence of a virtual agent*. 1-8.

Guo, A., Canberk, I., Murphy, H., Monroy-Hernández, A., & Vaish, R. (2019). Blocks: Collaborative and persistent augmented reality experiences. *Proceedings of the ACM on Interactive, Mobile, Wearable and Ubiquitous Technologies*, *3*(3), 1-24.

Guo, C., Dou, Y., Bai, T., Dai, X., Wang, C., & Wen, Y. (2023). Artverse: A paradigm for parallel human-machine collaborative painting creation in metaverses. IEEE Transactions on Systems, Man, and Cybernetics: Systems, 53(4), 2200-2208.

Hoffman, H. G., Patterson, D. R., Seibel, E., Soltani, M., Jewett-Leahy, L., & Sharar, S. R. (2008). Virtual reality pain control during burn wound debridement in the hydrotank. *The Clinical Journal of Pain*, *24*(4), 299-304.

Huynh-The, T., Pham, Q.-V., Pham, X.-Q., Nguyen, T. T., Han, Z., & Kim, D.-S. (2023). Artificial intelligence for the metaverse: A survey. *Engineering Applications of Artificial Intelligence*, *117*, 105581.

Jerald, J. (2015). *The VR book: Human-centered design for virtual reality*. Morgan & Claypool. Ji, T. F., Cochran, B., & Zhao, Y. (2022). *VRBubble: Enhancing Peripheral Awareness of Avatars for People with Visual Impairments in Social Virtual Reality*. 1-17.

Jin, W., Fan, J., Gromala, D., & Pasquier, P. (2018). *Automatic prediction of cybersickness for virtual reality games*. 1-9.

Kilteni, K., Groten, R., & Slater, M. (2012). The sense of embodiment in virtual reality. *Presence: Teleoperators and Virtual Environments*, *21*(4), 373-387.

Kosti, R., Alvarez, J. M., Recasens, A., & Lapedriza, A. (2019). Context based emotion recognition using emoticdataset. IEEE transactions on pattern analysis and machine intelligence, 42(11), 2755-2766.

Latoschik, M. E., Roth, D., Gall, D., Achenbach, J., Waltemate, T., & Botsch, M. (2017). *The effect of avatar realism in immersive social virtual realities*. 1-10.

Li, H., Zhang, P., Al Moubayed, S., Patel, S. N., & Sample, A. P. (2016). Id-match: A hybrid computer vision and rfid system for recognizing individuals in groups. In Proceedings of the 2016 CHI Conference on Human Factors in Computing Systems (pp. 4933-4944).

Li, R., Wu, Z., Jia, J., Bu, Y., Zhao, S., & Meng, H. (2019, August). Towards Discriminative Representation Learning for Speech Emotion Recognition. In IJCAI (pp. 5060-5066).

Li, S., & Deng, W. (2020). Deep facial expression recognition: A survey. IEEE transactions on affective computing, 13(3), 1195-1215.

Li, Y., Bai, L., Mao, Y., Peng, X., Zhang, Z., Tong, X., & LC, R. (2023). The Exploration and Evaluation of Generating Affective 360 $ ^\circ $ Panoramic VR Environments Through Neural Style Transfer. *ArXiv Preprint ArXiv: 2303.13535*.

Li, Z., Jiang, Y., Zhu, Y., Chen, R., Wang, R., Wang, Y., ... & Shi, Y. (2022). Modeling the Noticeability of

User-Avatar Movement Inconsistency for Sense of Body Ownership Intervention. Proceedings of the ACM on Interactive, Mobile, Wearable and Ubiquitous Technologies, 6(2), 1-26.

Liang, C., Yu, C., Qin, Y., Wang, Y., & Shi, Y. (2021). DualRing: Enabling subtle and expressive hand interaction with dual IMU rings. Proceedings of the ACM on Interactive, Mobile, Wearable and Ubiquitous Technologies, 5(3), 1-27.

Lopes, P., You, S., Cheng, L. P., Marwecki, S., & Baudisch, P. (2017). Providing haptics towalls & heavy objects in virtual reality by means of electrical muscle stimulation. In Proceedings of the 2017 CHI Conference on Human Factors in Computing Systems (pp. 1471-1482).

Lozano, J. A., Alcañiz, M., Gil, J. A., Moserrat, C., Juán, M. C., Grau, V., & Varvaró, H. (2002). Virtual food in virtual environments for the treatment of eating disorders. In *Medicine Meets Virtual Reality 02/10* (pp. 268-273). IOS Press.

Magalie, O., Sameer, J., & Philippe, B. (2018). *Toward an automatic prediction of the sense of presence in virtual reality environment*. 161-166.

Maloney, D., Freeman, G., & Robb, A. (2020a). It Is Complicated: Interacting with Children in Social Virtual Reality. *2020 IEEE Conference on Virtual Reality and 3D User Interfaces Abstracts and Workshops (VRW)*, 343-347.

Maloney, D., Freeman, G., & Robb, A. (2020b). A Virtual Space for All: Exploring Children's Experience in Social Virtual Reality. *Proceedings of the Annual Symposium on Computer-Human Interaction in Play*, 472-483.

Maloney, D., Freeman, G., & Wohn, D. Y. (2020c). "Talking without a Voice": Understanding Non-verbal Communication in Social Virtual Reality. *Proceedings of the ACM on Human-Computer Interaction*, *4*(CSCW2), 1-25.

Maloney, D., Zamanifard, S., & Freeman, G. (2020d). Anonymity vs. Familiarity: Self-Disclosure and Privacy in Social Virtual Reality. *26th ACM Symposium on Virtual Reality Software and Technology*, 1-9.

Martini, M. (2016). Real, rubber or virtual: The vision of "one's own" body as a means for pain modulation. A narrative review. *Consciousness and Cognition*, *43*, 143-151.

Matamala-Gomez, M., Donegan, T., Bottiroli, S., Sandrini, G., Sanchez-Vives, M. V., & Tassorelli, C. (2019). Immersive virtual reality and virtual embodiment for pain relief. *Frontiers in Human Neuroscience*, *13*, 279.

Mascarenhas, S., Guimarães, M., Prada, R., Dias, J., Santos, P. A., Star, K., ... & Kommeren, R. (2018, August). A virtual agent toolkit for serious games developers. In 2018 IEEE Conference on Computational Intelligence and Games (CIG) (pp. 1-7). IEEE.

Mascarenhas, S., Guimarães, M., Prada, R., Santos, P. A., Dias, J., & Paiva, A. (2022). FAtiMA Toolkit: Toward an accessible tool for the development of socio-emotional agents. ACM Transactions on Interactive Intelligent Systems (TiiS), 12(1), 1-30.

Miah, A. (2023). The Moral Metaverse: Establishing an Ethical Foundation for XR Design. In *Understanding Virtual Reality* (pp. 112-128). Routledge.

Mozumder, M. A. I., Sheeraz, M. M., Athar, A., Aich, S., & Kim, H.-C. (2022). *Overview: Technology roadmap of the future trend of metaverse based on IoT, blockchain, AI technique, and medical domain metaverse activity*. 256-261.

Nguyen, T. T. H., & Duval, T. (2014). *A survey of communication and awareness in collaborative virtual environments*. 1-8.

Ni, Y., Ou, D., Liu, S., Li, X., Ou, W., Zeng, A., & Si, L. (2018). Perceive your users in depth: Learning universal user representations from multiple e-commerce tasks. In Proceedings of the 24th ACM SIGKDD International Conference on Knowledge Discovery & Data Mining (pp. 596-605).

Nith, R., Serfaty, J., Shatzkin, S. G., Shen, A., & Lopes, P. (2023). JumpMod: Haptic Backpack that Modifies Users' Perceived Jump. In Proceedings of the 2023 CHI Conference on Human Factors in Computing Systems (pp.

1-15).

Nowak, K. L., & Biocca, F. (2003). The effect of the agency and anthropomorphism on users' sense of telepresence, copresence, and social presence in virtual environments. *Presence: Teleoperators & Virtual Environments*, *12*(5), 481-494.

Oh, C. S., Bailenson, J. N., & Welch, G. F. (2018). A systematic review of social presence: Definition, antecedents, and implications. *Frontiers in Robotics and AI*, *5*, 114.

Overby, A., & Jones, B. L. (2015). Virtual LEGOs: Incorporating Minecraft into the art education curriculum. *Art Education*, *68*(1), 21-27.

Pidel, C., & Ackermann, P. (2020). *Collaboration in virtual and augmented reality: A systematic overview*. 141-156.

Ramirez, E. J., & LaBarge, S. (2018). Real moral problems in the use of virtual reality. Ethics and Information Technology, 20(4), 249-263.

Rasch, J., Rusakov, V. D., Schmitz, M., & Müller, F. (2023, April). Going, Going, Gone: Exploring Intention Communication for Multi-User Locomotion in Virtual Reality. In Proceedings of the 2023 CHI Conference on Human Factors in Computing Systems (pp. 1-13).

Riva, G., Bacchetta, M., Baruffi, M., Rinaldi, S., & Molinari, E. (1999). Virtual reality based experiential cognitive treatment of anorexia nervosa. *Journal of Behavior Therapy and Experimental Psychiatry*, *30*(3), 221-230.

Riva, G., Wiederhold, B. K., & Mantovani, F. (2019). Neuroscience of virtual reality: From virtual exposure to embodied medicine. *Cyberpsychology, Behavior, and Social Networking*, *22*(1), 82-96.

Rosenberg, R. S., Baughman, S. L., & Bailenson, J. N. (2013). Virtual superheroes: Using superpowers in virtual reality to encourage prosocial behavior. *PloS One*, *8*(1), e55003.

Rospigliosi, P. 'asher.' (2022). Metaverse or Simulacra? Roblox, Minecraft, Meta and the turn to virtual reality for education, socialisation and work. *Interactive Learning Environments*, *30*(1), 1-3.

Saffo, D., Di Bartolomeo, S., Yildirim, C., & Dunne, C. (2021). *Remote and collaborative virtual reality experiments via social vr platforms*. 1-15.

Schroeder, R. (2006). Being there together and the future of connected presence. *Presence*, *15*(4), 438-454.

Schuemie, M. J., Van Der Straaten, P., Krijn, M., & Van Der Mast, C. A. (2001). Research on presence in virtual reality: A survey. *Cyberpsychology & Behavior*, *4*(2), 183-201.

Schwind, V., Halbhuber, D., Fehle, J., Sasse, J., Pfaffelhuber, A., Tögel, C., Dietz, J., & Henze, N. (2020). *The Effects of Full-Body Avatar Movement Predictions in Virtual Reality using Neural Networks*. 1-11.

Simiscuka, A. A., Markande, T. M., & Muntean, G.-M. (2019). Real-virtual world device synchronization in a cloud-enabled social virtual reality IoT network. *IEEE Access*, *7*, 106588-106599.

Slater, M. (2009). Place illusion and plausibility can lead to realistic behaviour in immersive virtual environments. *Philosophical Transactions of the Royal Society B: Biological Sciences*, *364*(1535), 3549-3557.

Slater, M., & Sanchez-Vives, M. V. (2016). Enhancing our lives with immersive virtual reality. *Frontiers in Robotics and AI*, *3*, 74.

Song, Y.-T., & Qin, J. (2022). Metaverse and Personal Healthcare. *Procedia Computer Science*, *210*(C), 189-197.

Stephenson, Neal (1992). Snow Crash (First ed.). New York, N.Y.: Bantam Books. ISBN 055308853X .

Sveistrup, H. (2004). Motor rehabilitation using virtual reality. *Journal of Neuroengineering and Rehabilitation*, *1*, 1-8.

Tanaka, Y., Shen, A., Kong, A., & Lopes, P. (2023). Full-hand Electro-Tactile Feedback without Obstructing Palmar Side of Hand. In Proceedings of the 2023 CHI Conference on Human Factors in Computing Systems (pp. 1-15).

Tang, A., Tory, M., Po, B., Neumann, P., & Carpendale, S. (2006). Collaborative coupling over tabletop displays. In Proceedings of the SIGCHI conference on Human Factors in computing systems (pp. 1181-1190)

Tarr, M. J., & Warren, W. H. (2002). Virtual reality in behavioral neuroscience and beyond. *Nature Neuroscience*, *5* (Suppl 11), 1089-1092.

Thalen, J. P., & van der Voort, M.C. (2011). Creating Useful, Usable and Accessible VR Design Tools: An EUD-Based Approach. In M. F. Costabile, Y. Dittrich, G. Fischer, & A. Piccinno (Eds.), *End-User Development*: *Vol*. 6654 *LNCS* (pp. 399-402). Springer Berlin Heidelberg.

Tong, X. (2021). *Bodily resonance*: *Exploring the effects of virtual embodiment on pain modulation and the fostering of empathy toward pain sufferers*.

Tong, X., Gromala, D., Kiaei Ziabari, S. P., & Shaw, C. D. (2020). Designing a Virtual Reality Game for Promoting Empathy Toward Patients With Chronic Pain: Feasibility and Usability Study. *JMIR Serious Games*, *8* (3), e17354.

Tong, X., Wang, X., Cai, Y., Gromala, D., Williamson, O., Fan, B., & Wei, K. (2020). "I dreamed of my hands and arms moving again": A case series investigating the effect of immersive virtual reality on phantom limb pain alleviation. *Frontiers in Neurology*, *11*, 876.

Weech, S., Kenny, S., & Barnett-Cowan, M. (2019). Presence and cybersickness in virtual reality are negatively related: A review. *Frontiers in Psychology*, *10*, 158.

Weissker, T., Bimberg, P., & Froehlich, B. (2021). *An overview of group navigation in multi-user virtual reality*. 363-369.

Xu, H., Zhang, H., Han, K., Wang, Y., Peng, Y., & Li, X. (2019). Learning alignment for multimodal emotion recognition from speech. arXiv preprint arXiv: 1909.05645.

Xu, X., Shi, H., Yi, X., Liu, W., Yan, Y., Shi, Y., ... & Dey, A. K. (2020). Earbuddy: Enabling on-face interaction via wireless earbuds. In *Proceedings of the 2020 CHI Conference on Human Factors in Computing Systems* (pp. 1-14).

Yalçın, Ö. N. (2019). *Evaluating empathy in artificial agents*. 1-7.

Yan, Y., Yu, C., Ma, X., Huang, S., Iqbal, H., & Shi, Y. (2018). Eyes-free target acquisition in interaction space around the body for virtual reality. In Proceedings of the 2018 CHI conference on human factors in computing systems (pp. 1-13).

Yee, N., & Bailenson, J. N. (2009). The difference between being and seeing: The relative contribution of self-perception and priming to behavioral changes via digitalself-representation. *Media Psychology*, *12*(2), 195-209.

Yi, X., Yu, C., Zhang, M., Gao, S., Sun, K., & Shi, Y. (2015). Atk: Enabling ten-finger freehand typing in air based on 3d hand tracking data. In Proceedings of the 28th Annual ACM Symposium on User Interface Software & Technology (pp. 539-548).

Yi, X., Lu, Y., Cai, Z., Wu, Z., Wang, Y., & Shi, Y. (2022). Gazedock: Gaze-only menu selection in virtual reality using auto-triggering peripheral menu. In 2022 IEEE Conference on Virtual Reality and 3D User Interfaces (VR) (pp. 832-842). IEEE.

Yi, X., Han, Z., Liu, X., Ren, Y., Tong, X., Kong, Y., & Li, H. (2023). *Catch my Eyebrow*, *Catch my Mind*: *Examining the Effect of Upper Facial Expressions on Emotional Recognition for VR Avatars*.

Yukang, Y. A. N., Xin, Y.I., Chun, Y. U., & Yuanchun, S. H. I. (2019). Gesture-based target acquisition in virtual and augmented reality. Virtual Reality & Intelligent Hardware, 1(3), 276-289.

Zallio, M., & Clarkson, P. J. (2022). Designing the metaverse: A study on inclusion, diversity, equity, accessibility and safety for digital immersive environments. *Telematics and Informatics*, *75*, 101909.

Zhang, K., Deldari, E., Lu, Z., Yao, Y., & Zhao, Y. (2022). "It's Just Part of Me: " Understanding Avatar Diversity and Self-presentation of People with Disabilities in Social Virtual Reality. *The 24th International ACM SIGACCESS Conference on Computers and Accessibility*, 1-16.

Zhen, R., Song, W., He, Q., Cao, J., Shi, L., & Luo, J. (2023). Human-Computer Interaction System: A Survey of Talking-Head Generation. Electronics, 12(1), 218.

作者简介

佟　馨　博士，助理教授，毕业于加拿大西蒙菲莎大学互动艺术与技术专业，曾任斯坦福大学博士后研究员，现就职于昆山杜克大学数据科学研究中心。研究方向：人机交互，虚拟现实，增强现实，医疗健康，无障碍，文化遗产。E-mail：xin.tong@dukekunshan.edu.cn。

易　鑫　博士，助理教授，博士生导师，毕业于清华大学，现就职于清华大学网络科学与网络空间研究院。研究方向：应用安全，人机交互。E-mail：yixin@tsinghua.edu.cn。

曹嘉迅　本科就读于昆山杜克大学，即将加入杜克大学计算机科学系攻读博士学位。研究方向：人机交互，隐私与安全。E-mail：jessie.cao@duke.edu。

第 26 章

基于人工智能技术的人类智能增强

▷ 本章导读

人工智能技术的发展可以赋能人类智能，认知是人类智能的核心，因此人类智能增强的重点在于通过智能"控脑"方式实现认知强化。本章从外在刺激调控和内在状态引导两个角度综述认知强化的主要方法，提出认知强化的关键在于构建闭环调控框架，在实时认知状态解码的基础上实现大脑干预参数的刷新。面对人脑这一复杂、高阶、时变、非线性、强噪声的系统，以及人类认知的个体差异和动态演化特性，相比于传统控制方法，基于智能交互的解码算法、干预方式和控制策略有更大的用武之地。要实现这一目标，需要突破认知状态数学建模、测量解码、精准调控、神经可塑和范式迁移等一系列关键问题。本章提出精细指尖力控制的触觉交互任务，以实现注意力强化作为案例。面向认知强化的智能交互技术将为揭示人类认知神经可塑性机理提供新的研究工具，并在认知障碍疾病康复、特种职业认知强化等领域产生应用价值。

26.1 引言

1. AI 时代的人类智能强化

近年来，人工智能技术的飞速发展对人类各领域的生产生活实践产生了巨大的影响。从谷歌 DeepMind 团队实现蛋白质结构预测而推动深度学习成为焦点，到 OpenAI 开发的 ChatGPT 给人机交互带来的颠覆影响，AI 技术在替代人的道路上逐个领域"攻城拔寨"，持续引发了全社会对于人工智能和人类智能之争的激烈讨论。一些学者针对这一讨论提出了独特的解决方案，即人工智能的发展可以实现人类智能增强(intelligence augmentation)，即"AI for IA"(王党校等，2018)。在 AI 发展的里程碑——达特茅斯会议召开后不久的 1962 年，鼠标的发明者——美国计算机科学家 Douglas C. Engelbart 即发表了题为《增强人类智力——一个概念框架》的报告(Engelbart，1962)，报告介绍了他的愿景和研究计划，旨在通过科技手段增强人类大脑的能力。这一观点成为后续 AI 技术发展的重要哲学建构，即人工智能的发展应该服务于人类智能的增强和提升，成为改造和优化人类自身机能与智能的一种工具。

随着 AI 技术的发展，"以人为中心 AI"的理念得到该领域研究者的广泛认可，通过 AI 技术服务人，继而增强人的能力同样是这一理念的核心内涵之一(Xu，2019)。《自然》杂志在 2012 年刊出了"人工智能之父"图灵诞辰百年的纪念文集，其中一篇文章指出，人脑与机器的协同和融合是人类迈向

本章作者：王党校，田博皓，余济凡。

人工智能时代的重要途径(Brooks et al., 2012)。在国务院印发的《新一代人工智能发展规划》中,明确提出面向 2030 年我国新一代人工智能发展的战略目标,将人机协同的混合增强智能作为规划部署的五个重要方向之一。由此可见,随着 AI 技术的发展,通过 AI 实现人机融合,继而强化人类智能有望成为未来社会的重要技术特征。

研究表明,人类的脑容量在进入文明时代以来未发生明显改变(姜树华等,2016)。在生物学水平上,人类大脑的演化依赖于代际遗传物质的传递和自然选择,其时间尺度长达万年以上,这与摩尔定律支配下发展呈指数级增长的计算机科学与人工智能技术产生了巨大的差异。通过 AI 技术实现人类智能强化,能够在生物学演化的基础上进一步提升人类大脑的能力,使得人类智能的提升速度显著加快,成为 AI 技术发展的受益者。同样,人类智能的增强也会反哺 AI,进一步启发和促进人工智能技术的进步,实现人类智能与机器智能共同进化的目的(Gao et al., 2021)。

值得注意的是,通过 AI 技术实现人类智能增强是一项多学科、多领域交叉,极具挑战性的研究。人类智能是人脑复杂神经网络的产物,需要深入理解脑网络协同机理才能实现针对性的提升和增强,这依赖于心理学、认知科学、脑科学等学科的基础研究;对人脑活动进行准确测量和解码,依赖于神经成像(neuroimaging)和脑机接口(brain-computer interface, BCI)技术的发展;对人脑进行刺激、干预和调控,涉及医学、遗传学、机械电子、信息科学等多领域的理论和工具。人类智能增强也为这些领域的创新和研究提供了新课题、新需求和新动力。

2. 人类认知增强的内涵

人类智能的概念极为广泛,包含人类感知环境信息,以及做出决策判断和响应所依赖的一些能力,例如学习、情感、社交等。认知是人类智能的基础,认知增强应当是人类智能增强的核心组成部分。认知指获得和理解知识的心理过程,包含感知、注意、记忆、判断、决策等,认知增强指对这些能力进行调控、训练和提升(丁锦红等,2010),如图 26.1 所示。

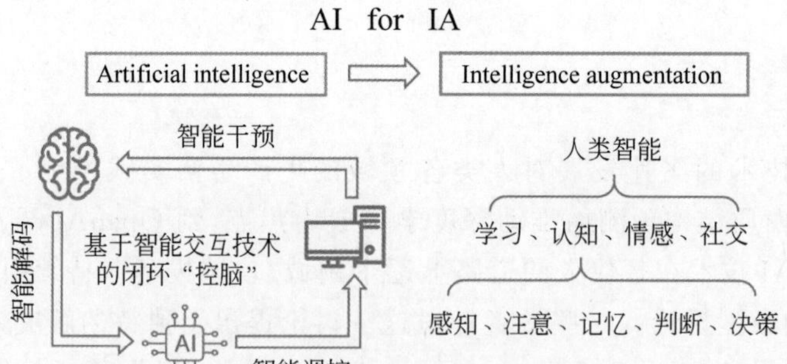

图 26.1 AI 服务人类认知增强

一些学者认为增强人脑功能的一种重要方式是通过外界刺激和信息(如电磁刺激、神经反馈等)改变与调控大脑的状态,即"控脑"。"控脑"指的是大脑作为被控对象,与大脑控制外围设备的"脑控"概念不同。"控脑"理论随着神经科学和脑机接口技术的发展得到了广泛的认可,如一些学者提出"情感脑机接口(affective BCI)",在实时识别和解码当前情绪的基础上,实现大脑情绪状态由消极到积极的调控(Mühl et al., 2014; Gu et al., 2015; Shanechi, 2019)。对于人类认知增强的研究也可以使用类似的思路,在对用户当前认知状态进行解码的基础上,通过干预大脑神经活动实现认知状态的迁移和调控,实现闭环的"认知脑机接口(cognition BCI)"(Min et al., 2017)。此处的"闭环"是相对"开环"的大脑状态干预方法而言的,前者指基于对认知状态实时解码的基础上驱动大脑状态干预参数的实时刷新,构成反馈闭环;后者指缺乏反馈,干预参数不以当前认知状态和神经活动为转移。

面向认知增强的"控脑"是一项极富挑战的工作。人脑由数百亿个神经元之间通过突触相连的神经网络构成，具有极高的复杂度；人脑具有神经可塑性，决定了大脑的系统特性和参数时刻处于演化当中；人类丰富的感觉器官接收的外部环境信息均由人脑处理，意味着大脑时刻面临外界刺激噪声的影响。神经科学的研究发现，人脑神经活动的系统动力学演化具备非线性特征(Pritchard & Duke, 1992; Roberts & Robinson, 2012)。面对大脑这一高复杂度的、时变的、强噪声的、非线性的系统，相比于传统的"控脑"方法和策略，基于人工智能技术的解码算法、干预方式和控制策略有更大的用武之地。

在诸多认知能力中，本章将注意力的提升和训练作为人类认知增强的案例。注意力是指人的心理活动指向和集中于某种事物的能力，有效的注意力控制能力是各类认知活动的基础。注意力有两个基本特点，一是指向性，是指心理活动有选择地反映一些现象而离开其余对象；二是集中性，是指心理活动对指向对象的持续反映(Knudsen, 2007; Pashler et al., 2001)。注意力存在一些特征，包括广度(指一个人在同一时间内所能清楚地指向的对象数量)、稳定性(注意力在一定对象上所能持续的时间)、分配(同一时间，注意力指向两种以上对象)、转移(主动把注意力从一个注意对象转向另一个对象)等。基于这些特征，一些学者提出了注意力的分类，包括持续性注意、选择性注意、交替性注意等(DeShazo et al., 2001; Fisher et al., 2019)。本章的研究案例关注的是单一指向对象下的持续性注意力，通过智能交互的方式对其进行解码和调控，未来将会探索面向更多注意力特征和种类的智能强化方法。

3. 人类认知增强的应用和价值

针对不同人群，智能增强领域的研究可以实现包括康复治疗、个性化教育、能力素质提升等多种应用功能，主要针对人的感知、行动和认知等能力进行增强。如果将认知能力按照人群从低到高排列，可以分为三类，分别为认知能力存在障碍的人群、普通人群和特种人群，得到如图26.2所示的"认知能力谱系"。认知能力存在障碍的人群，包括轻度认知障碍(mild cognitive impairment, MCI)、注意力缺陷障碍(attention deficit hyperactivity disorder, ADHD)、孤独症(autism spectrum disorder, ASD)等，此类人群由于精神疾病、神经疾病、脑损伤等原因，在认知能力上相比普通人较差，其需求是认知障碍的康复和治疗；特种人群的认知能力强于普通人，如空管员(air traffic controller, ATC)、运动员、飞行员、航天员等，由于特殊的工作任务，对他们的认知能力，如注意力、态势感知能力、记忆力提出了更高的要求，此类特种人员的需求是认知能力的提升和强化。

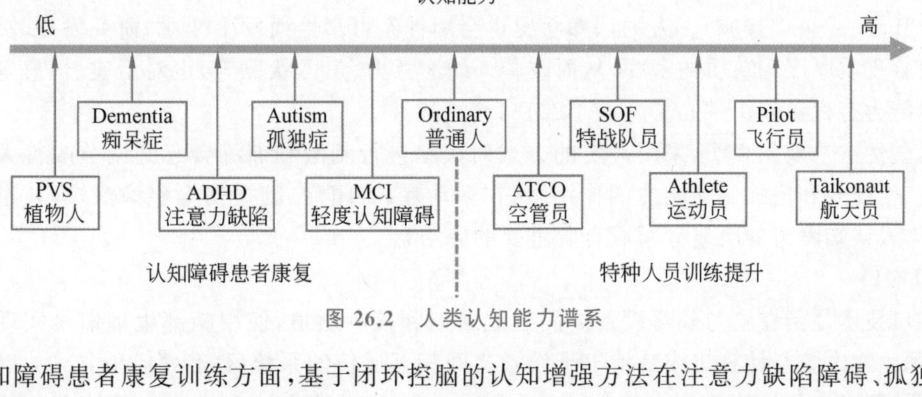

图26.2　人类认知能力谱系

在认知障碍患者康复训练方面，基于闭环控脑的认知增强方法在注意力缺陷障碍、孤独症等认知障碍患儿康复领域有了越来越多的相关研究和临床应用，提供了新的诊断、预防和治疗手段。注意力缺陷障碍和孤独症都是常见的儿童神经发育障碍性疾病。注意力缺陷障碍的三大核心症状包括注意缺陷、多动和冲动,对患者的身心发展和社交情况都可能造成不利影响(Biederman et al., 2018; Posner et al., 2020)。孤独症的核心症状包括社交沟通障碍和重复行为,可能对患者的感官功能和兴趣发展造成不利影响(Lord et al., 2020)。例如,一些神经反馈方法已经被应用于多项对认知障碍疾病或脑功能障碍的临床治疗研究中,包括注意力缺陷障碍、孤独症、焦虑症、抑郁症等,并收到了一定效果(Marzbani et al., 2016)。

认知增强方法同样也可以应用于特种人员认知能力的评估和训练,包括运动员、空管员、航天员等。运动员职业对运动能力的要求很高,且在竞技中需要保持较高的注意力水平,快速做出反应并保持心态平稳,神经反馈能够通过改善脑功能来提升运动员的运动表现、创造力并减轻焦虑情况,在弓箭手、射击运动员、高尔夫球员、游泳运动员等职业中均有报告(Gong et al., 2021)。在其他人群上, Aricò 等在模拟空中交通管制工作状态下,实现了对 12 名空管员的认知负荷的实时解码和评估(Aricò et al., 2016)。

26.2 理论基础

1. 人类神经可塑性

神经可塑性(neuroplasticity)是指大脑具有在外界环境和经验的作用下塑造大脑结构和功能的能力。研究发现,大脑各区域的结构和它们之间的连接不是一成不变的,重复性的刺激或者活动可以改变大脑的结构和功能。例如,大脑灰质的比重可以随着时间推移而改变,外界刺激可以增强或减弱一些突触的功能(Song et al., 2000)。神经可塑性的目的是在系统发育、个体发育、生理学习或脑损伤等情况下优化脑部神经系统。神经可塑性贯穿人的一生,但发育中的大脑往往能比成年大脑表现出更高的可塑性。

神经可塑性也可分为结构可塑性和功能可塑性。前者指大脑改变神经元或脑区之间结构连接的能力,如神经元的产生和凋亡、突触的建立与消失等;后者指大脑改变或适应神经元功能特性的能力,如某脑区功能变化、脑区之间连接强弱的变化等。神经可塑性在研究中已经得到了非常广泛的应用和验证。例如,连续数月的有氧运动可以改变人脑前额叶皮质和海马体中的灰质体积,从而提升人的执行功能(Erickson & Kramer, 2008)。Elbert 等采用脑磁图(magnetoencephalography)考察了小提琴家的大脑,发现其与普通人的大脑有着明显不同。音乐家大脑中与产生精细动作有关的脑区比普通人更强(Elbert et al., 1995)。人的认知状况也会因神经可塑性而发生变化,研究发现,冥想练习会增加人的大脑皮质厚度和灰质的密度,从而改善人的注意力、焦虑状况等,也对沮丧、愤怒等负面情绪及身体自愈能力有积极作用(Tang et al., 2015)。

神经可塑性这一现象表明,采用一定的方式对大脑进行刺激和训练会起到调节改善大脑结构和功能,从而产生提升和增强认知能力的作用,这在多动症、自闭症、脑损伤等疾病治疗,儿童学习障碍的训练,老年人认知障碍的康复等领域有着重要的应用意义。

2. 脑机接口

脑机接口技术是指在脑与外部设备之间建立通信和控制通道,使用脑部生理信号实现与外围设备交互,实现生物大脑与计算机或其他电子设备之间相互通信的系统(Daly & Wolpaw, 2008),其存在从大脑到计算机和从计算机到大脑这两个通信方向。从大脑到计算机这一通信方向的基本原理是,通过硬件设备采集大脑神经元的活动状态,然后使用软件对神经活动信号进行解码,最后将解码后的信息用于与外界交流,或控制轮椅、机械臂、无人机等外围设备,此通信方向大脑作为控制器,对外发出控制指令，可以称为“脑控”。从计算机到大脑这一通信方向则可使用电磁刺激、神经反馈、人机交互任务等方式实现，通过与计算机相连的硬件设备对大脑神经活动进行干预，此通信方向大脑作为被控对象，可以称为“控脑”。

脑机接口根据硬件采集系统的不同，可以分为侵入式和非侵入式脑机接口。侵入式脑机接口通过向大脑中直接植入微电极或微电极阵列，实现直接采集大脑神经信号，如脑皮层电图、皮质内神经元成像等。非侵入式手段将采集设备放置于头皮上或头附近，如头皮脑电图、脑磁图、功能性磁共振成像和功能性近红外光谱。侵入式采集设备具有更高的时间分辨率和良好的信噪比，但可观测的脑区空间范围较小，且需要使用手术等方式将设备植入颅中。非侵入式设备在颅骨和头皮外进行信号采集，记录的信号信噪比较低，空间分辨率较低，但非侵入式脑机接口方法避免了手术植入，安全性与便携性更高且易于使用。

3. 神经活动的干预方法

本章讨论的人类认知增强即在采集脑信号的基础上，通过脑机接口技术实现对感知、情感、认知等人脑功能进行干预。相比于用大脑信号控制外界设备的“脑控”通信方向，本章讨论的研究问题应属于“控脑”的范畴，大脑本身作为被控对象而非控制器。对于注意力、情感、社交等认知功能，都有对应的脑区或脑网络参与了与其相关的认知加工过程，因此对人类认知功能进行增强的基础是对相关脑区或脑网络的神经活动进行影响和干预。

如果按照施加影响的方式对神经调控方法进行分类，可以分为外界刺激调控和内在状态引导的干预两类。其中，外界刺激调控的方法指通过直接向大脑施加物理能量的方式实现对大脑状态和神经系统的干预，进而影响人的认知或行为。外界刺激的能量形式包括电磁能、声能、光能等，也可以通过输送药物等方式实现，主要手段包括深部脑刺激（deep brain stimulation，DBS）、经颅磁刺激（transcranial magnetic stimulation，TMS）、经颅直流电刺激（transcranial direct current stimulation，tDCS）等。外界刺激调控的方法直接向人脑施加能量，对大脑状态进行直接干预，其安全性存在争议。另一类方法是内在状态引导，包括神经反馈方法和交互任务。神经反馈利用大脑成像技术实时监测大脑活动，然后通过视觉、听觉或触觉反馈向个体传递信息（Gruzelier，2014）。交互任务引导则使用生物反馈、虚拟现实等技术帮助个体改善认知功能或调整行为，其与神经调控的共同点在于都关注如何影响和改变神经活动以实现特定目标或达到治疗目的，但神经反馈和交互任务主要依靠个体主动调整，而神经调控通常涉及对神经系统的直接外部干预。因此，基于神经反馈和交互任务的内在状态引导方法不涉及向人脑施加物理能量和刺激，因此不会形成创伤，其应用场景和群体更加广泛。

4. 人类闭环“控脑”理论

在闭环“控脑”为目的的认知控制论中，被控对象为人脑，如果设定人脑的目标认知状态（如注意力高度集中状态），控制器则为对大脑施加直接刺激或在交互任务中提供信息反馈。首先需要相应的解码器，根据观测到的人脑神经活动解码用户当前的认知状态，继而根据目标认知状态与当前认知状态之间的误差，决定刺激或交互任务参数的实时刷新，实现干预和改变大脑认知状态，继而增强人类认知的目的。由此可见，在“闭环控脑”的认知控制论中，至少包含三个环节，如图 26.1 所示。

（1）智能解码。这一环节的目的是从用户实时数据（主要是神经活动，也可以包含行为数据）中预测和估计当前认知状态。可以提取和认知状态相关的神经活动特征，根据该特征的波动估计认知状态的变化。由于神经活动数据通常具有时间分辨率高、数据量大的特点，且存在个体差异和个体内动态演化特性，因此在难以提取明确特征的情况下，可以通过搭建和训练机器学习和人工神经网络的方法对认知状态进行回归预测。

(2) 智能干预。除了对大脑直接施加刺激的干预方法外,也可以构建交互任务,通过任务参数的变化诱发用户认知状态的变化同样是认知调控的重要方式。需要构建高逼真度、高沉浸感、可实时控制的视听触觉多通道融合反馈环境,构建及时的人-机信息双向交互机制,通过调节人脑与虚拟任务环境的输入/输出信息,动态调整认知负荷和注意水平。

(3) 智能控制。相比于传统工程控制方法(如比例-微分-积分控制),对于大脑高阶、时变、非线性、强噪声的系统特性,可以充分发挥模糊控制、专家系统、人工神经网络控制等智能控制方法,实现对人脑的自适应学习和控制。

通过以上三个环节,可以构建面向人类认知增强的闭环"控脑"方法,刺激或交互任务参数能够随当前认知状态而实时变化,实现人脑认知状态由初始状态向目标状态的调控和迁移,通过长期的认知状态调控,促使认知相关的人脑神经网络发生可塑性变化,达到认知能力增强的目的。

26.3 研究现状

26.3.1 基于脑刺激的人类认知强化

人类认知强化方法可以根据对人脑施加影响的方式分为外界刺激调控和内在状态引导两类,如图 26.3 所示。外界刺激调控的方法指通过直接向大脑施加物理能量的方式改变其状态和功能,形成了一系列神经刺激手段,如深部脑刺激、经颅磁刺激、经颅电刺激等,可分为侵入式和非侵入式(或经颅)两类。此类方式虽然对大脑状态的改变立竿见影,但因为需要植入刺激装置或将刺激装置靠近人脑,所以存在安全方面的隐忧。基于内在状态引导的神经活动干预方法旨在引导用户自主完成对自己神经状态的主动调控,具有更普适的应用。

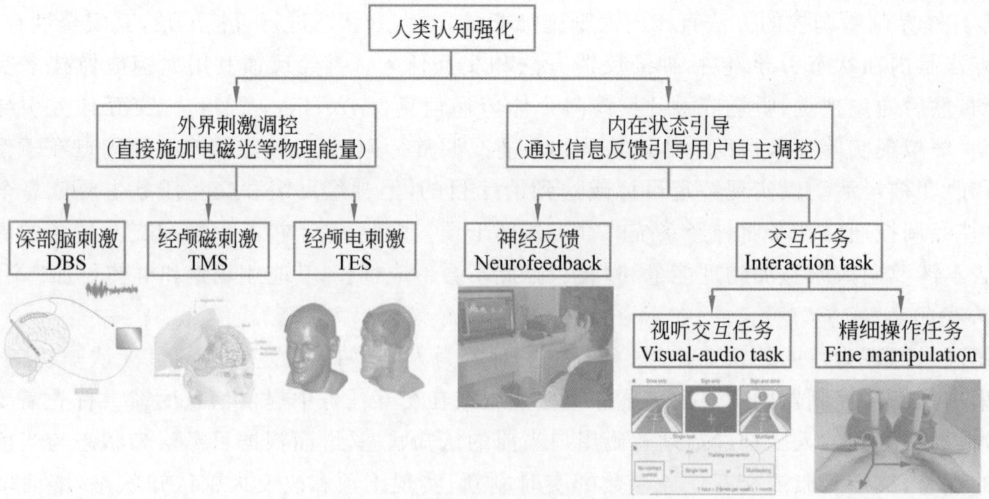

图 26.3 人类认知强化的方法

侵入式外界脑刺激干预方法主要为深部脑刺激(DBS)。深部脑刺激是采用立体定向设备,将电极精确置入脑内特定区域或核团,采用特定频率和幅值的电刺激调控指定脑区的功能的神经调控技术。当前,深部脑刺激已广泛用于涉及运动、边缘系统、认知及记忆环路的各种脑功能性疾病的治疗和机制研究中。深部脑刺激技术经历了从开环到闭环的发展历程,开环 DBS 指刺激参数提前设定,闭环 DBS 则根据实时测量的神经活动实现对刺激参数的自适应调整，通过电刺激调控神经活动，继而改善精神或认知疾病症状。

和深部脑刺激相比，非侵入式的经颅脑刺激技术为无创神经调控，不需要将刺激设备植入人脑，而是放置在体外，因此安全性和便捷性更高，也可以根据需求调整刺激设备的作用位置，适用于轻度认知障碍和运动障碍患者的康复。经颅脑刺激技术主要分为两种，包括经颅磁刺激和经颅电刺激。经颅磁刺激通过对由高导电线制成的磁线圈通电，能够在线圈表面产生 1.5～2T 的单相或双相时变磁场，磁场穿透头皮和颅骨后进而在大脑中诱发电场，在大脑皮层中感应出约 150V/m 的电场(Rossi et al., 2009)，其产生的感应电场能够通过调控神经元脉冲来引发或调节神经活动，如将神经元去极化或超极化，周期性重复施加的经颅磁刺激可用于调控认知状态(Rossi & Rossini, 2004)。

经颅电刺激主要包括经颅直流电刺激和经颅交流电刺激。经颅直流电刺激的工作原理是通过电极输入恒定的低直流电流，电流强度通常在 1mA 左右(Paulus, 2011)。在经颅直流电刺激过程中，电流必须直接流过颅骨，但颅骨电导率较低，所以需要施加较高的电压(Rossi et al., 2009)。当电极放置在特定脑区时，电流会引起脑内生物电状态的变化，诱发和改变特定区域中的神经元兴奋性，增加或减少对应区域内的神经活动，从而实现对大脑功能的调控(Gandiga et al., 2006; Zrenner et al., 2016)。经颅交流电刺激可以直接影响大脑震荡节律，而认知状态往往与大脑节律相关，所以经颅交流电刺激往往用于认知状态调控，如增强记忆力(Ketz et al., 2018)。虽然经颅磁刺激和经颅电刺激利用不同电磁原理将电流传递到特定皮质区域，从而诱导神经元兴奋，但是均存在空间分辨率相对较低(厘米量级)和难以刺激大脑皮层下组织等缺点。

26.3.2 基于神经反馈的人类认知强化

相比于直接对人脑施加物理刺激，神经反馈则将脑成像设备探测到的特定神经活动转化为便于理解的信号反馈给用户，使用户通过学习控制反馈信号实现脑功能的自我调节，其基本过程包括神经信号采集、反馈参数提取和反馈信号生成三个阶段(Sitaram et al., 2016)。在神经信号采集阶段，利用脑成像设备实时获取用户的脑功能影像数据，并实时传输到数据处理平台。在反馈参数提取阶段，确定需要调节的目标认知功能，依据先验知识定义调节的目标脑区或功能网络，对数据进行预处理，并从数据中实时提取目标神经活动作为反馈参数。在反馈信号生成阶段，将反馈参数转化为用户易于理解的视觉、听觉或触觉信号，便于用户逐步学会选择性地控制反馈信息，实现目标神经活动的自主调节。

近年来，诸多研究表明，基于 EEG、fMRI 和 fNIRS 的神经反馈技术可以有效调制大脑神经活动，从而诱导认知功能和行为能力的改变。神经反馈技术初期的研究多以 EEG 为基础，基于 EEG 的神经反馈训练对提升健康人群的认知功能、精神状态有一定的效果，在临床上也已经广泛应用在癫痫和 ADHD 治疗中(Ferreira et al., 2019; Ros et al., 2009)。

基于 EEG 的神经反馈研究揭示了特定 EEG 频段的增强或减弱与改善或强化认知功能之间的潜在联系。Herrman 等发现，训练较高的 α 频段可以促进健康被试认知功能的提高，且该频段的幅值随训练的进行呈现上升的趋势(Hanslmayr et al., 2005; Zoefel et al., 2011)。此外，将中线前额叶的 θ 频段的幅值作为反馈变量训练老年和年轻被试提高 θ 频段的幅值，在训练后年轻被试执行注意得分显著提高，老年被试的指向性注意、执行注意得分以及在工作记忆测试任务中的表现均有提高(Wang & Hsieh, 2013)，表明了基于 θ 波段提高的神经反馈训练在认知能力提高中的有效性。

fMRI 技术具有空间分辨率强的优势，可以观测到深部脑区，因此可以基于 fMRI 技术构建实时神经反馈(real-time neurofeedback)。例如,Weiskopf 等构建了基于 fMRI 的神经反馈系统,将辅助运动区和海马旁回的血氧信号以视觉形式反馈给被试,引导被试实现血氧信号的自主调控,帮助改善其认知控制能力,验证了 fMRI 神经反馈技术的可行性(Bruhl, 2015)。目前,基于 fMRI 的神经反馈技术主要涉及的脑区包括躯体运动皮质、前扣带回、杏仁体、岛叶等和认知、情感、运动等功能相关的区域(Watanabe et al., 2017)。近年来,基于 fMRI 的实时神经反馈有两个研究热点,一是探索将神经活动通过预先训练的解码器,得到目标功能的可能性,再将其通过视觉等方式的反馈向个体呈现,称作基于解码的神经反馈(decoded neurofeedback);二是将脑区之间的连通性,而不仅仅是激活程度作为特征进行反馈,称作基于功能连接的神经反馈(functional connectivity-based neuro feedback)(Watanabe, et al., 2017)。

fMRI 技术可以实现精细脑区位置的识别,但存在成本高、运动容忍度差的缺点。相比而言,fNIRS 可以反馈浅皮层的血氧活动水平且对运动具有较高的容忍度,因此用于 ADHD 患儿的治疗具有独特的优势。Marx 等借助 fNIRS,将前额叶的血氧浓度水平作为反馈变量,对 12 名 ADHD 患儿进行了为期 4～6 周的神经反馈训练,发现在训练 4 周后患儿的多动、无法集中注意力的症状显著降低,且可以保持 6 个月(Marx et al., 2015)。

综上所述,无论是基于 EEG、fMRI 或 fNIRS 的神经反馈,都可以用来改善认知功能,治疗认知疾病。进行神经反馈任务时,用户只能看到自己的神经活动,自主对其进行调节,在不断试错中找到可以实现靶标特征变化的心理策略。这种方法存在的局限在于用户缺乏神经活动调控策略上的引导,试错成本较高,且缺乏交互性。

26.3.3 基于视听交互任务的人类认知强化

通过交互任务对认知功能进行训练同样是神经调控的手段。在交互任务中,通过调用和认知功能相关的脑区的激活,使该脑区发生神经可塑性变化,继而实现增强认知能力的目的,可分为基于视听觉通道的交互任务和精细操作任务两类。

目前,多数认知功能训练的研究集中于采用视听觉任务范式。多项研究表明,游戏可以提高人的感知、注意等方面的认知能力(Green et al., 2010),其中,对认知能力提高有益的任务特性包括极端的视觉信息处理需求、大量的视觉干扰、复杂的运动反应需求、较大的知觉和认知负荷等。这些特性使得游戏玩家在长期的训练后获得了更高的视觉感知能力和信息处理速度,以及提高视觉信息存储到短期记忆的速度(Li et al., 2010)。因此,通过训练获得的认知功能提高可以迁移到类似的任务,例如,在视觉分辨率测试和对运动物体的视觉跟踪中取得更好的绩效(Hutchinson & Stocks, 2013; Wilms et al., 2013)。

在注意力控制能力方面,研究者指出动作类游戏可以提高玩家的空间和时间选择性注意,以及注意资源灵活分配和转换的能力。空间选择性注意是指当与任务相关和无关的信息同时出现在屏幕的不同位置时涉及的注意能力,最常用的测量视觉注意的空间分辨率的任务是"拥挤任务(crowding task)",在该任务中,被试需要在充满干扰目标的空间环境中找到指定的目标物。Dye 等通过 30 小时的纵向实验表明动作游戏玩家在拥挤任务中具有更好的表现,当干扰项与指定目标非常接近时,他们也能很快地分辨出目标(Dye & Bavelier, 2010)。时间选择性注意是指与任务相关和无关的信息在不同时间出现在屏幕上时使用的注意力,可以利用时间隐蔽任务(temporal masking task)进行评估。在目标出现前或出现后呈现一个干扰刺激(时间间隔很短,空间上在目标附近,但与目标不重叠),该干扰刺激将影响被试对目标的分辨,这种干扰称为隐蔽效应。与没有游戏经验的人群相比,游戏玩家受隐蔽效应影响的程度更低(Green & Bavelier，2003；Pohl et al.，2014)。

近些年，VR技术的发展推进了VR在认知调控领域的应用，如Tremmel等采用虚拟环境下的N-back任务实现了对认知负荷的解码评估，并通过参数随神经活动而改变的任务训练和提升了认知能力(Tremmel et al.，2019)。Mühl等通过VR环境下神经活动自适应的《变形虫吃细菌》交互游戏成功提升了被试游戏过程中EEG信号α波段的能量，被试的注意力也在训练中实现了提高，通过趣味性强的交互任务成功实现了认知调控的目的(Mühl et al.，2010)。

26.3.4　基于精细操作任务的认知强化

基于视听通道的游戏通过视觉和听觉通道给用户呈现持续的刺激和反馈，以吸引用户的注意力长期集中在视听觉信号中。虽然要求通过按键或手柄等对刺激信号做出频繁的运动响应，但没有挖掘和充分利用人类触觉通道的巨大潜力，尤其是手部强大的触觉感受能力、精确运动控制和力控制能力、触觉通道的选择注意能力，以及视听触跨感觉信息加工能力。与视听觉通道相比，与触觉通道相关的脑区在大脑皮层中占有更大的面积。此外，视听觉信号与大脑的通信是单向的，只具有传入通道，而在执行力控制和运动控制任务时，力觉信号与大脑通信是双向的，具有传入和传出通道。因此，基于人体触觉通道的感知、控制任务在提高认知能力方面具有很大的潜力。

一部分研究者使用触觉交互任务进行注意力等认知能力的训练。Wang等借助六自由度力觉反馈设备构建了如图26.4(a)～(b)所示的双手力反馈操作环境，并通过短期纵向实验证明，在不借助视听觉通道，仅通过向人手施加振动触觉反馈的方式进行手部精确力控制的训练过程，可以有效提高被试的注意控制能力，而且可以迁移到与触觉感知、力控制不直接相关的测试任务中(D. Wang et al.，2014)。

Dvorkin和Bortone等将触力觉反馈设备与虚拟现实环境相结合，研究涉及视触多感官通道的手部运动任务对于脑外伤患者和神经运动障碍患儿的认知功能康复效果(Bortone et al.，2018；Dvorkin et al.，2013)，如图26.4(c)～(d)所示。两项研究均表明视触融合的交互任务能够给予适当的多感觉输入和本体感觉反馈，提高患者的主动参与度和注意集中程度(X. Tang et al.，2016)。Liu等设计了一种VR环境中提供振动触觉反馈的视觉导航任务，用于评估上肢运动神经元损伤患者的手腕运动灵活性(Liu et al.，2019)，并指出视触融合的感知和操作任务对视觉运动协调能力有较高的要求，非常适合精细运动机能的评估与相关认知功能的康复训练，但这些通过在视听觉任务范式中增加振动触觉反馈的交互任务对于注意等认知功能的改善效果尚有待进一步探究。

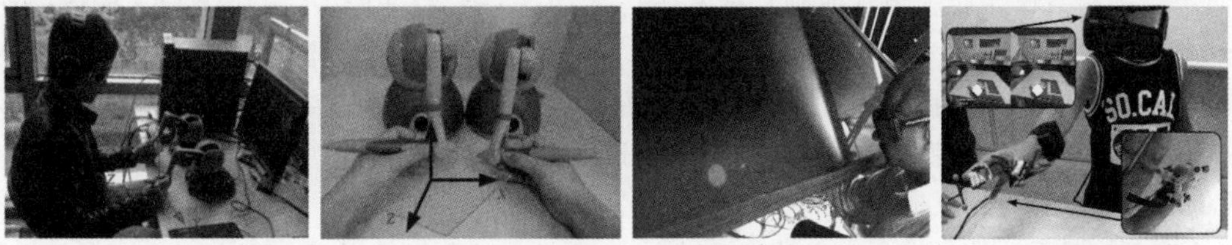

(a)　(b)　(c)　(d)

图26.4　基于复杂精细运动任务的认知强化

(a～b)触觉反馈下的双手力控制任务(D. Wang et al.，2014)；(c)视触融合VR用于严重脑外伤患者的注意力康复训练(Dvorkin et al.，2013)；(d)VR与穿戴式触觉设备用于认知障碍儿童康复(Bortone et al.，2018)

26.4 关键问题

1. 人类认知增强的被控对象建模

在面向人类认知增强的闭环"控脑"框架下，需要研究认知状态的数学建模、测量解码精准调控、神经可塑和范式迁移等一系列关键问题，形成图 26.5 所示的递进关系。

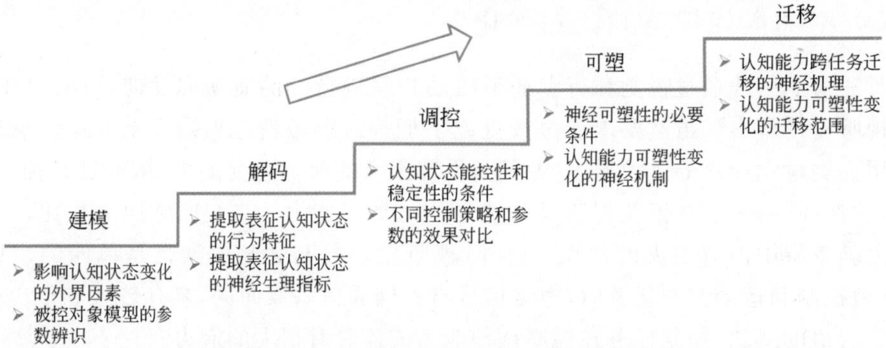

图 26.5 人类认知增强研究的递进关键问题

在自动控制理论中，控制器设计的重要依据是被控对象模型，也就是描述被控对象输入(控制指令)与输出之间的关系模型。在面向人类认知增强的闭环"控脑"研究中，被控对象为人脑，或者说是与认知相关的人脑神经活动，被控对象模型为描述与认知状态有关的神经活动与大脑刺激或交互任务参数(统称干预参数)之间关系的函数，即用干预参数预测神经活动的模型，可表达为 f_P：

$$N(t)=f_P(u) \tag{26.1}$$

其中，$N(t)$代表神经活动，u 代表控制指令(干预参数)。建立被控对象模型，需要研究的科学问题包括：认知状态如何量化表征；和认知状态相关的神经活动的影响因素有哪些；如何受到干预参数的影响；如何建立模型，用低维的干预参数预测相应的高维神经活动；被控对象模型的参数能否实现辨识。

建立被控对象模型的方法为神经动力学(neural dynamics)建模，是指把经典力学中关于动力学系统建模的方法推广到神经系统，对神经计算过程进行建模的方法。神经动力学建模的方法可分为两类：一是生物物理模型，即从生物物理学角度研究不同的外界刺激如何诱发特定神经元或脑区活动，继而由于脑网络连接而影响其他神经元和脑区活动这一生理过程，并用数学语言描述(Sritharan & Sarma, 2014)。如 Feng 等基于神经电生理学理论建立了丘脑电刺激与大脑电活动之间的模型(Feng et al., 2007)。生物物理建模的基础是研究神经元动作电位产生和传播的机制，如 Hodgkin-Huxley 模型表达了神经元膜电位的变化规律(Noble, 1960)。此类建模方法往往受限于算力，只能对有限数量的神经元进行计算模拟。

二是基于数据驱动的建模。由于认知能力涉及覆盖全脑分布式的复杂脑网络，并非单一脑区和特定神经回路，因此生物物理建模很难对认知状态相关的人脑神经活动受干预参数的影响进行量化数学描述。在这样的背景下，基于数据驱动方法的神经动力学建模具有明显的优势，即通过大量实验可以采集不同干预参数下人脑神经活动的响应数据，作为数据集训练机器学习模型，从而实现从刺激参数到神经活动的预测(Stiso et al., 2019)。如 Yang 等用线性状态空间方程建立大脑活动的动力学表达(包含大脑自身固有的神经活动动力学和大脑对刺激响应的神经活动动力学)，通过事先编码的一系列深部脑刺激采集神经活动，训练机器学习模型，得到状态空间方程的参数矩阵，首次实现了DBS参数对全脑网络神经活动的预测（Yang et al.，2021）。

2. 人类认知状态的测量和解码

在面向人类认知增强的闭环调控框架下，测量和解码用户当前的认知状态是认知调控的重要基础。认知状态不是恒定不变的，而是随时间波动和变化的，因此需要根据外显的行为表现数据和神经生理学数据，实现认知状态实时变化的测量和解码。这一环节可表示为认知状态的解码结果是用户行为数据和神经活动数据的函数，即

$$C_s(t) = f_D(N, B) \tag{26.2}$$

以注意力的测量为例，目前使用的主要方法有主观报告法、行为学指标评估和神经生理学指标评估。记录受试者对于自身注意状态的主观评价的方式包括离散思维探针（discrete thought-probes）和连续主观汇报（spontaneous self-reports）。离散思维探针是指被试在执行某项任务过程中随机询问其当前的注意状态如何，被试通常通过口头或者按键进行作答（Allan Cheyne et al.，2009；Levinson et al.，2014）。这种方法只能在某些离散时刻对被试的注意力状态进行询问，难以避免地会影响被试的任务表现。连续主观汇报是指被试在任务过程中不被外界打断，而是在主观上意识到走神时进行汇报（Braboszcz & Delorme，2011）。

行为学指标评估方法是指根据特定任务中的任务绩效评估注意力控制能力的方法，即寻找可以客观表征注意力的行为学指标，基于的前提假设是当测试任务的难度不变时，注意力越集中，任务中的行为表现越好。目前研究中常用的注意力测试任务包括注意网络测试任务（attentional network test，ANT）、Stroop测试和持续注意响应测试（sustained attention response test，SART）等（Fan et al.，2002；Oei & Patterson，2015）。这类方法目前已经相对成熟，而且在临床上得到了应用，但对任务特征敏感，而且依赖于任务执行过程中产生的反应时间、正确率等行为和绩效数据，因此均是任务后评价，在任务间和个体间的可对比性差，难以实现在线实时的注意状态监测。

大脑神经活动对认知情况的表征更为直接，用于表征认知状态的神经生理指标主要包括大脑活动引发的电磁场、脑血管血氧等。在测量脑活动电磁场的方法中，脑电图具有很高的时间分辨率，而且对使用环境要求较低，适合应用在复杂任务或运动任务中进行认知状态测量。脑电图的频域信号（如不同频率段的频谱能量）和时频特征事件相关电位（event-related potentials，ERP）都不同程度地对注意力状态的变化敏感，可用于研究注意力变化的生理指标和注意水平检测。

3. 人类认知调控策略

在被控对象建模的基础上，可以计算闭环认知状态调控中控制器参数（干预参数），选择最优干预参数作为控制指令，以达到调控目标。认知状态干预调控的控制器可以表达为 f_C，使得

$$u(t) = f_C(C_s) \tag{26.3}$$

其中，$u(t)$为控制指令，即干预参数，C_s 代表认知状态的解码结果，上式即为干预参数与解码得到的认知状态之间的关系。认知状态干预调控策略的研究需要解决的科学问题有：人脑认知状态能控性和稳定性是否存在边界条件，如何设计控制器使其稳定和收敛；如何比较不同控制策略和控制器参数对认知状态调控效果的差异。

目前，对于闭环调控策略的研究多为大脑电磁刺激的方式，如针对深部脑刺激（DBS）开发的闭环调控方法，根据实时测量的神经活动实现对刺激参数的自适应调整。2011年Rosin等搭建了基于开关控制的闭环自适应DBS系统，首次实现了对深部脑刺激参数的闭环控制（Rosin et al.，2011）。2017年，Wang等将模糊控制和专家系统的智能控制方法应用于闭环深部脑刺激的参数设计中（C.-F.

Wang et al., 2017)。遗传算法、贝叶斯优化等智能优化算法也应用于控制策略和参数的设计中,有效改善了闭环 DBS 系统的调控效果(Brocker et al., 2017; Park et al., 2020)。由此可见,针对深部脑刺激的闭环控制策略的研究经历了由简单到复杂的过程。

依托智能控制算法,闭环神经调控策略正逐步向个性化精准调控方向发展。个性化的闭环神经调控策略可以充分考虑用户神经动力学模型的个体差异,从而实现精准调控。He 等提出了针对特发性震颤的闭环神经调控策略,为每位病人建立了个性化的分类器,实现了个性化调控(He et al., 2021)。该研究提取了 12 个时频域的神经活动特征,输入预训练的分类器,以检测引起震颤的自主运动和姿势。Scangos 等探索了设计个性化闭环电刺激策略的可能性(Scangos et al., 2021),首先通过多天的颅内电生理学记录来确定个性化的症状神经标志物,并实施了神经标志物驱动的闭环刺激,使用户的抑郁症得到了快速和持续的改善。这些尝试表现出智能调控算法对于人脑这一复杂、高阶、非线性、个性化的对象进行干预和控制的优势。

除了对大脑施加直接刺激的闭环控制策略之外,一些神经反馈的研究也涉及策略的设计。如 Debettencourt 等在基于 fMRI 的神经反馈系统中引入负反馈控制(deBettencourt et al., 2015),该研究要求被试观察两幅以不同比例重叠的图片,一幅为人脸,另一幅为随机风景,被试需要将注意力集中在人脸图片上。利用机器学习的方法实现对被试当前注意状态的量化监测,若被试集中在人脸图片的注意力比例降低,则下一试次的任务难度就会提高,即人脸图片的重叠比例相对于风景图片会下降。研究发现,神经反馈组的行为学表现明显优于无反馈组。

4. 人类认知能力可塑性

根据以上所述,基于被控对象模型和认知状态解码模型,可以通过设计控制策略实现干预参数随神经活动实时变化,继而实现对认知状态的实时评估与闭环调控。另一个值得研究的问题是:如果长期对用户进行认知调控训练,能否引起认知能力的可塑性提升。这里的"认知能力"和"认知状态"不同,后者指某个时间点的状态,如注意状态、警觉性状态、情绪状态等,前者指主观调节认知状态的能力,如保持注意的能力、保持警觉的能力、保持积极情绪的能力等。认知能力可塑性的研究需要回答的科学问题有:认知能力发生可塑性变化的必要条件及其神经生理机制是什么;如何定量表征认知能力发生的可塑性变化。

在认知能力可塑性变化的定量表征上,应当探索两类指标和证据证明认知能力提升的训练效果。一是行为学证据,即对比在一段时间的认知调控训练前后,和该认知能力相关的行为表现是否存在提升。以注意力为例,可以采用 ANT 任务、SART 任务等经典注意力测量任务进行评估,可以提取的行为学特征包括任务中的正确率、反应时、反应时的标准差等。二是神经生理学证据,即采用神经影像的手段,对比在一段时间的认知调控训练前后,和该认知能力相关的神经活动特征是否发生改变。以注意力为例,前额叶皮层的激活程度、注意力脑网络(attention network)内部的连接强度等可作为神经活动特征(De La Fuente et al., 2013; M. I. Posner et al., 2016),这些特征在训练前后的提升可以作为注意力发生可塑性提升的证据。不同的神经观测工具(如 EEG、fNIRS、fMRI 等)对应的神经活动特征也有差异,应当具体分析。

5. 人类认知增强的迁移性

在闭环认知调控的研究中,如果采用交互任务的方法对用户认知能力进行训练,包含生物反馈、视听觉任务和精细运动任务等,则需要研究和验证训练带来的认知能力强化只体现在训练任务自身还是可以迁移到其他类型的任务当中。以一种任务进行认知训练所提升的认知能力可以体现在另一种任务中的特性称为认知强化的迁移性。认知增强的迁移性需要研究的科学问题包括:认知能力提升跨任务迁移的神经机理是什么；如何量化表征认知能力可塑性变化的迁移范围。

认知增强的迁移性应当存在一定的范围，一些学者提出了认知训练中的近迁移(near-transfer)和远迁移(far-transfer)的概念(Kassai et al., 2019；Sala et al., 2019)。当训练任务和迁移任务比较接近时，例如都是评估冲动抑制控制能力的 Stroop 和 SART 任务，可以认为认知能力提升的迁移范围较小，即近迁移，当训练任务和迁移任务类型差异较大，如信息交互通道不同(如触觉迁移到视觉)或任务测量对象不同(如注意力训练任务迁移到工作记忆训练任务)时，可以认为认知能力提升的迁移范围较大，即远迁移。例如，Wang 等通过触觉反馈下的精确力控制训练任务进行注意力训练，被试右手操纵力反馈设备按压虚拟平面，压力的大小会通过另一台力反馈设备传递给被试左手，该交互任务屏蔽了视听觉通道，只保留触觉通道与外界交互，但通过这种方法训练后，在视觉搜索任务、舒尔特方格任务等和触觉通道无关的视听觉交互任务中，依然表现出了注意力的提升(D. Wang et al., 2014)。这一研究表明，触觉通道反馈下的精确力控制任务能够提升注意力，而且可以迁移到与触觉无关的各类注意力控制任务中，证明了触觉通道进行注意力训练的跨模态跨通道迁移性。

26.5　实证研究：基于触觉人机交互的注意力强化

26.5.1　面向注意力强化的精细力控制任务范式

前文介绍了面向人类认知能力增强的智能交互理论，本节将介绍以触觉人机交互任务作为干预手段，对人类注意力进行实时解码和闭环调控的实证研究，通过智能解码算法、智能交互范式和智能调控策略，实现面向注意力强化的闭环“控脑”研究。

触觉是人类重要的感觉通道，人类通过触觉感知外界力、温度、刚度等多模态的信息，并输出力与运动完成和外界的交互。在人类数百万年的进化过程中，精细操作发挥了至关重要的作用，对人类大脑和智力的发展做出了重大贡献。最近的研究揭示了精细运动与力控制和各种大脑功能之间的基础联系，包括语言、感知和认知等高级功能(Putt et al., 2017；Thibault et al., 2021)。这些发现表明，通过精细运动控制和力控制任务来增强和训练特定的大脑功能，从而增强人类的智力是可能的。各种精细运动和力控制任务已经被用于一些认知障碍患者的康复，如注意力缺陷和轻度认知障碍等(Connor et al., 2002；Dvorkin et al., 2013)。注意力是人类各种认知能力的基础和核心，因此王党校等提出了通过精细触觉交互任务实现认知能力，尤其是注意力增强和训练的研究构想(D. Wang et al., 2019；王党校等，2018)，并开展了一系列工作。基于触觉交互任务的注意力训练研究同样具有上文论述的研究层次和关键问题，设计了虚拟现实环境下视听触融合的指尖精细力控制任务以实现注意力的训练(Peng et al., 2019，2021)。

考虑到人身体各部位中手指尖的触觉灵敏度较高，利用指尖进行的力触觉任务效果更佳。通过虚拟现实头盔显示器进行按压力的实时显示。任务中的视听觉信息由头戴式 VR 显示器呈现，为使用者提供更高的沉浸感。在虚拟环境中，从左至后依次排列四个半透明的竖直圆柱体，各圆柱体底部放置了一个圆盘，与圆柱体同轴并可以上下移动，如图 26.6(a)所示。使用者可以通过改变施加的指尖按压力来移动圆盘，圆盘高度与指尖力大小正相关。每根手指对应一个圆盘，指尖力由四个力传感器分别测量并传入计算机。在任务期间，同一时间只按压一根手指，只显示一个按压力目标圆柱。使用者需要调控一根手指的指尖力至某个给定的力范围。给定的力范围在虚拟现实环境中以白色圆柱体呈现，目标白色圆柱体同样与圆盘同轴心，位于圆盘上方，其高度和厚度分别指示了目标力大小和允许误差范围。在单个试次内，为完成任务，使用者需要控制圆盘连续保持在目标圆柱范围内不小于一定时间，如达到则本试次判定为成功；若在给定时间范围内未能使得圆盘连续保持在目标圆柱范围内足够的时长，则本试次判定为失败。任务的成功或失败情况由视觉画面和听觉音效进行反馈。

此范式涉及多指指尖精细力控制，通过接管用户视觉、听觉、触觉交互通道和高度精细的力控制操作，诱发用户进入注意力高度集中的精神状态，继而实现注意力的增强和训练。值得注意的是，此范式使用的指尖力传感器可以实现高精度（误差不超过 0.02%）和高时间分辨率（采样率超过 1kHz）的测量，有效支撑了通过按压力序列提取行为特征的过程。在任务中，圆柱的厚度代表指尖力控制的目标范围，也代表任务的难度。圆柱厚度越小，力控制目标范围越小，任务越难。任务难度可以无限逼近用户的指尖力控制精度极限，从而诱发高度专注状态，这样的指尖力控制任务称为“指尖上的瑜伽”。

在精细指尖力控制任务中，用户通过 VR 场景感知和加工视觉信息，做出调整指尖力输出的决策，通过初级运动皮层发出运动控制指令，这一指令通过运动神经元下行回路传递至手部骨骼肌，导致指尖力输出的变化，形成手眼协同的闭环指尖力控制过程，如图 26.6(b)所示。可以根据这一生理学基础建立描述闭环指尖力控制过程的数学模型。假设注意力状态的变化将影响闭环指尖力控制过程的执行周期 ΔT 和指尖力的最小调节步长 δF，这两个变量将影响指尖力输出的结果。在此基础上，可以根据指尖力输出的序列提取相关行为学特征，实现对任务过程中注意力秒级波动的测量和解码。

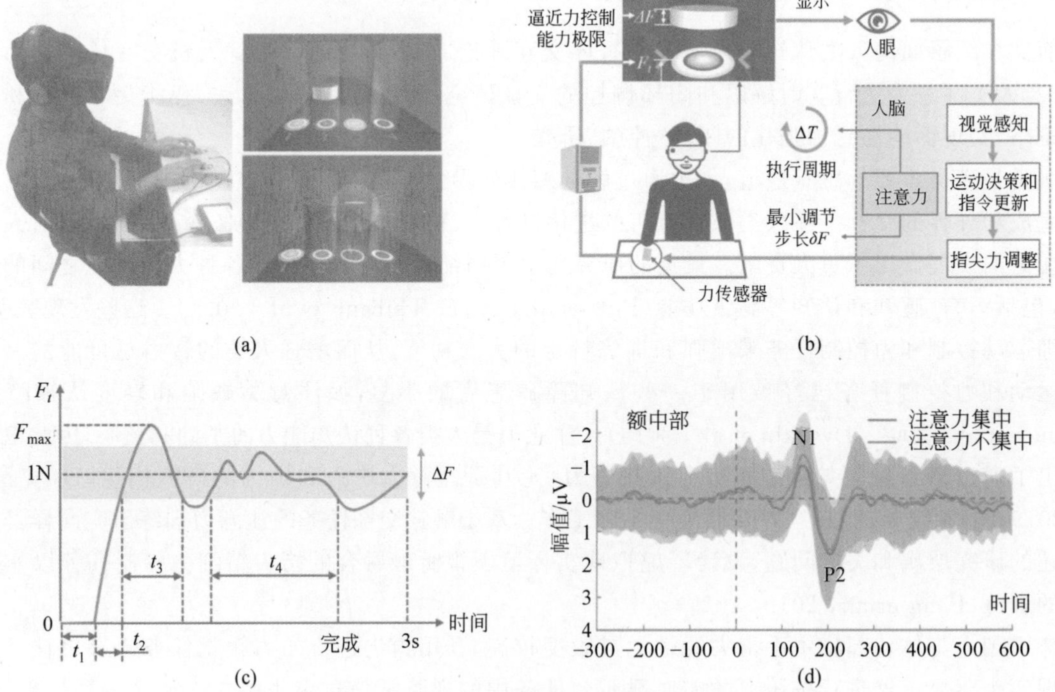

图 26.6 指尖精细力控制任务

(a)任务场景；(b)手眼协同闭环指尖力控制的生理过程；(c)单个试次内指尖按压力曲线；(d)EEG 信号额叶中部幅值变化（注意力集中和不集中的对比）

26.5.2 人类注意力的测量和解码

在构建范式的基础上，需要开发实时测量和解码注意力的智能算法。在任务中将注意力的测量和解码分为行为学解码和神经学解码两个层面，前者指基于任务过程中指尖力传感器采集的高分辨率按压力数据，提取行为特征实现表征注意力的波动，对于行为解码而言，需要以任务过程中用户主观汇报的注意力水平为金标准，验证提取的行为指标能否表征不同的注意力水平。

具体而言，需要对超过阈值的力信号进行去抖动毛刺操作，并去除按压力异常下降的数值，然后将采集到的每十次按压力数值划分为三个阶段。如图 26.6(c)所示，其中第一阶段为反应阶段，开始于目标按压力圆柱出现的时刻，结束于按压力达到预先设定的有效按压力阈值的时刻，即 t_1；第二阶段为按压力增加阶段，结束于按压力进入允许误差范围内的时刻，即 t_2；第三阶段为稳定阶段，计算按压力从进入目标范围至本试次结束。在图 26.6(c)中，时间 t_3 小于要求的时长，但 t_4 超过了要求的时长，因此根据任务设计，本试次判定为在 t_4 结束后成功。

此后在阶段内和阶段间提取按压力的行为特征，包括但不限于按压力平均值、反应阶段用时 t_1、按压力增加阶段用时 t_2、按压力保持在目标范围内的总时间 t_3+t_4、将最大值减去目标按压力得到的超调量 F_{OS}、将各采样点的按压力与目标力的偏差的平均值，即平均偏差 $\bar{F}_D$、由相邻两个采样点的指尖力变化计算得到的平均调整速率 $\bar{F}_A$ 等。按压力的超调量、平均偏差和平均力调整率的计算公式可以表示为

$$F_{OS}=\frac{|F_{\max}-F_T|}{F_T} \tag{26.4}$$

$$\bar{F}_D=\frac{\sum_{i=s}^{S}|F_i-F_{i,s}|}{N_s} \tag{26.5}$$

$$\bar{F}_A=\frac{\sum_{i=s}^{S}|F_i-F_{i,s}|}{(N_S-1)\Delta t} \tag{26.6}$$

其中，$F_{\max}$、F_T 分别为单个试次的最大力和目标的按压力(图 26.6(a)中白色圆柱的中线)。F_i 为单个试次中第 i 个采样点的按压力值，N_S 为采样点数量，Δt 为相邻采样点的时间间隔。可以通过多元回归的方法，基于以上行为特征实现对注意力水平的解码，可以表示为

$$A_t=TB+A_0 \tag{26.7}$$

其中，$B=[b_1, b_2, \cdots, b_n]^{\mathrm{T}}\in R^{N\times 1}$ 为表示行为指标向量，$T=[t_1, t_2, \cdots, t_n]\in R^{1\times N}$ 和 A_0 为解码参数，N 为行为指标的数量，A_t 为注意力状态的解码值。在行为解码的基础上，可以对任务过程中的注意力水平进行神经解码。脑电图(EEG)具有较高的时间分辨率，适宜作为注意力神经解码的数据采集工具，在任务中以 1kHz 的采样频率同步采集了 EEG 数据。对注意力进行神经解码可以归纳为两种思路，一是寻找能表征注意力的外显神经学指标，二是通过深度学习的方式对注意力进行预测和回归，这两种神经解码的思路都需要依赖于行为解码的结果作为金标准。

脑电图不同频率段的频谱能量和事件相关电位都不同程度地对注意力状态的变化敏感，可用于研究注意力变化的生理指标和注意水平检测。如 ERP 研究中 P3 成分的衰减通常在 ADHD 患者身上发现，被认为是注意力分配受损而导致信息评估和处理能力下降的表征(Kratz et al., 2012; Woltering et al., 2012)。而脑电信号的生理意义需要结合大脑的生理结构和功能进行分析，通过脑电信号反向定位激活脑区的问题，称为脑电的源分析。

对于精细指尖力控制任务范式而言，根据行为解码的结果将所有试次划分为注意力集中的试次和注意力不集中的试次，继而对比两类试次的 EEG 神经活动特征，包括 ERP 特征和各频段的功率谱能量分布特征。实验发现，相比于注意力不集中的试次，当注意力集中时，滞后于试次开始时间 20～

40ms 的诱发电位中额叶中央区域的幅值显著降低，如图 26.6(d)所示，且 α 波段功率在额中央、右颞和顶叶区域被显著抑制(Peng et al., 2021)。这些时域和频域的指标可以成为表征任务中注意力状态波动的外显神经学指标，实现对注意力状态的神经解码。

深度学习算法可以自动学习并提取 EEG 信号中的特征，不需要事先对 EEG 信号进行人工特征提取，在 EEG 分类问题上表现出了较好的效果。常用的 EEG 分类相关深度学习算法包括卷积神经网络、长短期记忆网络和图神经网络。卷积神经网络可以提取 EEG 信号的空间特征，通过设计不同尺寸的卷积核，可以提取全局或局部的不同空间特征(Schirrmeister et al., 2017)。长短期记忆网络常用于时序信号，可以提取 EEG 信号的时域特征。图神经网络针对 EEG 信号携带的拓扑信息，将 EEG 信号视为图的顶点，分析信号之间的拓扑关系(Y. Li, 2021)。

26.5.3 人类注意力闭环调控策略

在指尖精细力控制任务设计搭建、手眼协同生理建模、注意力定量解码测量的基础上，可以探索通过智能自适应的指尖力控制任务实现注意力的闭环调控，如图 26.7(a)所示。闭环调控的关键在于设计控制策略，即精细力控制任务参数随实时解码的注意状态自适应变化的规律，通过任务参数的实时刷新，主动适应被试当前的注意状态，实现注意力闭环调控的目的。在任务中，可以将任务参数，也就是控制指令 $u(t)$ 定义为

$$u(t)=\begin{bmatrix}\Delta F\\ \mathrm{Fin}_s\end{bmatrix} \tag{26.8}$$

其中，ΔF 为力控制的容许误差范围，即图 26.6(a)中白色圆柱的宽度，Fin_s 为表示任务中参与手指的数量和组合的向量，$\mathrm{Fin}_s \in R^{M\times 1}$，$M$ 为多指参与力控制任务时最多容许参与的手指数量。根据精细力控制任务过程中的行为特征和 EEG 神经活动特征，可以实现三种不同反馈方式的闭环注意力调控框架：一是行为学闭环调控，即任务参数根据从指尖力控制的行为特征中解码得到的注意状态而变化；二是神经学闭环调控，即将神经解码器在线部署，在实时对神经活动进行处理和分析的基础上得到注意力的神经解码结果，驱动任务参数的实时刷新；三是行为—神经双闭环调控，即任务参数同时根据注意力行为解码和神经解码结果而变化，实现两种反馈方式的融合，如图 26.7(b)所示。闭环注意力调控框架可表示为

$$u(t)=f_c(\beta_1 A_B(t)+\beta_2 A_N(t)) \tag{26.9}$$

其中，$A_B(t)$ 和 $A_N(t)$ 分别表示从行为特征和神经活动中解码的注意力，β_1 和 β_2 为系数，当 $\beta_2=0$ 时为行为学闭环调控，当 $\beta_1=0$ 时为神经学闭环调控，两者均不为 0 时为行为—神经双闭环调控。为了对比三种反馈方式对注意力调控的效果，需要设计对照条件进行对比。将对照组难度变化设置为随机函数，和三种实验条件进行对比，探索不同闭环反馈方式对注意力调控的效果。

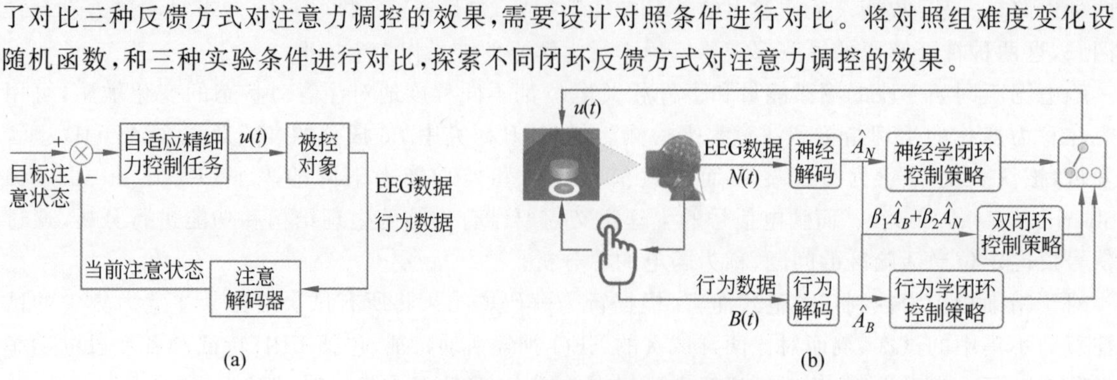

图 26.7 不同闭环反馈方式的注意力调控

(a)基于自适应精细力控制任务的注意力闭环控制框图；(b)三种控制策略的对比示意图

在控制策略的设计上，可以采用基于模型的控制方法和基于数据驱动的控制方法，前者基于被控对象的数学模型的先验知识，设计控制策略和控制器参数，后者诸如神经网络控制，在控制过程采集数据，不断迭代控制器参数，优化控制效果。

以最优控制为例，注意力调控的目标是将人的注意力由初始状态(如走神状态)调控至目标状态(如注意力高度集中的状态)，其最优控制探索的问题为是否存在最优的控制指令序列 $u(t)$，使得注意状态从初始状态向目标状态的迁移过程中人脑的能耗代价(mental effort)尽可能小。对于不同被试，可以建立不同参数的被控对象模型，继而求解不同的 $u(t)$，实现个性化控制。研究中需要对求解的最优任务参数序列对被试注意力调控的效果进行实验验证。

26.6 典型应用: 儿童 ADHD 诊断与康复

26.6.1 基于多指精细力控制任务的 ADHD 客观诊断

通过精细触觉操作的智能交互任务，可以实现人类注意力的闭环调控和增强训练，这一方法为揭示人类注意力的认知神经机理提供了新的工具，同时也有希望在注意力障碍疾病诊疗、对注意力有特殊需求的特种职业人员选拔训练等领域产生应用价值。本节以智能触觉交互任务实现 ADHD 儿童诊断和治疗为例，讲述了本章提出的基于智能交互技术的闭环“控脑”方法的典型应用。

ADHD 疾病即注意力缺陷障碍，存在注意缺陷、冲动和多动三种核心症状，由于 ADHD 症状对患者的影响不可忽视，所以最好尽早进行诊断和治疗，尤其是在儿童时期。ADHD 疾病的成因并未得到公认结论，但目前研究表明 ADHD 患者的注意力、感知、运动、决策等多方面能力均可能存在障碍，包括视觉、触觉的感官处理能力(Fuermaier et al., 2017; Puts et al., 2017)、运动控制能力(Hotham et al., 2018; Wyciszkiewicz et al., 2017)、决策和认知控制相关脑网络(Rubia, 2018)等。

现有的 ADHD 诊断往往基于医生问诊和量表相结合的方法，主观性较强，而且对经验丰富的医生有着高需求。考虑到注意力是 ADHD 疾病的核心症状之一，采用基于指尖力触觉的复杂精细运动任务对 ADHD 进行客观诊断。

相同数量的正常发育儿童和患有 ADHD 的儿童参与实验。每名受试需要完成三个任务，前两个任务设置不同的完成限制时间，每个试次若成功，则可提前将进入下一试次。第三个任务固定了限制时间，受试需要尽可能地维持按压力直到试次结束，不计算试次是否成功，并且不给出失败反馈。三个任务均有 100 个试次，每个任务时长为 5～8min，任务之间的休息时间为 2min，总时长约 30min。前两个任务可以分析不同实验难度下两组受试的力控制能力的差异，第三个任务则可以分析固定时间内的力曲线信息。

使用指定方法提取数据特征，然后使用配对 t 检验计算各个统计学指标的组之间的差异性，针对每个特征，对相同数量的正常儿童和 ADHD 儿童分别取计算得到的特征数值，构成两组数据，在两组数据之间计算差异性。在对差异性进行统计分析的基础上，挑选具有显著差异的指标用于正常儿童和 ADHD 儿童的二分类识别。分类使用支持向量机分类模型，针对数据集特征构成的特征空间计算出一个超平面，将数据集尽量按照标签进行划分。

与注意力测量方法类似，ADHD 的诊断也可以通过采集脑电数据进行分类。Alexander 等对比 ADHD 儿童和正常儿童的表现，发现来自 Pz 电极的基于 ERP 的 P3 成分在频率为 1 Hz 的 δ 波左右可以作为 ADHD 儿童的一个电生理特征(Alexander et al., 2008)。采集生理数据得到的数据量往往较大,数据中含有的特征较为隐蔽,为了得到含义明确的特征数值,需要对数据进行更复杂的预处理和特征提取。

26.6.2 基于多指精细力控制任务的 ADHD 康复训练

考虑到多指精细力控制任务与 ADHD 的症状相关度较高,使用多指精细力控制任务对 ADHD 进行康复训练是有前景的方法(图 26.8)。Lelong 等调研了 12 篇通过手部精细运动训练改善 ADHD 患儿症状的研究,发现几周的书写或简单的视觉运动练习在一定程度上可以改善 ADHD 儿童注意力不集中的症状,但改善效果仅通过家长或教师的主观调查得出,没有采用量表或认知能力测试进行评价(Lelong et al., 2021)。Dvorkin 和 Bortone 等将触力觉反馈设备与虚拟现实环境相结合,研究涉及视触多感官通道的手部运动任务对于脑外伤患者和神经运动障碍患儿的认知功能康复效果(Bortone et al., 2018; Dvorkin et al., 2013)。两项研究均表明视触融合的交互任务能够给予适当的多感觉输入和本体感觉反馈,提高了患者的主动参与度和注意集中程度(X. Tang et al., 2016)。

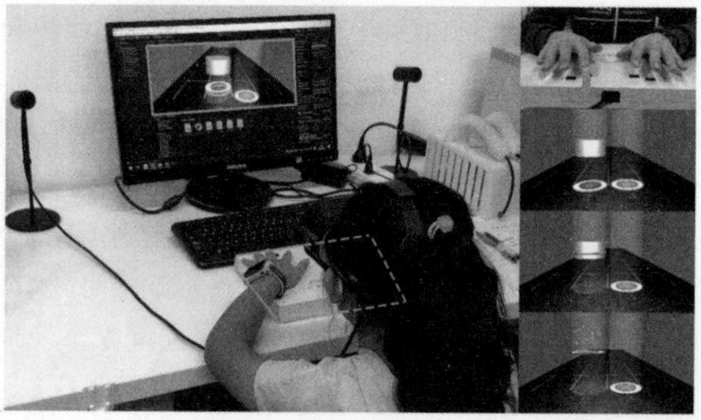

图 26.8 基于多指精细力控制任务的 ADHD 客观诊断实验平台

基于认知状态调控的理论模型,可以为 ADHD 儿童的康复训练设计调控策略。训练策略需要做到量身订制、智能调控,依据使用者的自身情况对训练参数进行自适应调节。使用者的自身情况可分为三类,分别为基础信息、病况信息与康复训练状态。基础信息包括患者的年龄、性别、智力水平等自身信息,病况信息包括患者所患疾病的亚型、当前病情、症状和医嘱等信息,训练状态包括当前训练过程中患者的行为学表现和神经学指标,以及患者已完成的各训练轮次的效果。训练参数包括训练次数和难度等数值,通过对训练参数进行自适应调整,可以使患者受到进行难度的训练,令训练达到更好的效果。

在训练完成后,可以使用如本章 4.4 节和 4.5 节所述方法对训练效果从可塑性和迁移性两个维度进行评估。可塑性评估结果能够体现患者是否通过训练实现了注意力的可塑性提升;可迁移性评估能够体现患者在训练过程中提升的注意力能否迁移到日常生活中,达到对患者症状的有效缓解,帮助患者更好地进行日常学习和生活。

26.7 总结

随着人工智能技术的不断发展,如何实现人类智能和人工智能的共融共生,促进二者的有机融合与优势互补是不可回避的话题。借助脑机接口、神经成像、虚拟现实、人机交互、人工智能等技术的发展,可以通过搭建面向人类认知增强的闭环调控框架实现对人类认知能力的训练和提升,达到通过人工智能技术增强人类智能的目的。面对认知的来源——人脑这一复杂、高阶、时变、非线性、强噪声的系统，需要依托认知状态的智能解码算法、智能交互范式和智能调控方式实现增强和训练。本章以触觉人机交互为基础的注意力强化研究为实例，提出了基于人脑神经可塑性机制，可以构建一种具有可调节的认知负荷、实时神经反馈以提升人体脑双向互动功能的新型人机交互系统，从而有效地支持包括注意力在内的人类认知能力的提升和训练。面向智能增强的人工智能将为揭示和认识人脑认知神经可塑性机制提供新的研究工具，同时将促进新型人机交互范式、交互硬件系统、交互软件方法等研究，研究成果将在认知疾病诊疗和康复、特种职业认知能力强化等领域得到应用。

参考文献

丁锦红，张钦，郭春彦，魏萍．(2010)．*认知心理学*．中国人民大学出版社．

王党校，郑一磊，李腾，彭聪，王丽君，张玉茹．(2018)．面向人类智能增强的多模态人机交互．*中国科学：信息科学*，*48*(4)，449-465．

姜树华 & 沈永红．(2016)．人类脑容量的演变及其影响因素．*生物学通报*，(1)，10-14．

Alexander，D. M.，Hermens，D. F.，Keage，H. A. D.，Clark，C. R.，Williams，L. M.，Kohn，M. R.，Clarke，S. D.，Lamb，C.，& Gordon，E. (2008). Event-related wave activity in the eeg provides new marker of adhd.*Clinical Neurophysiology*，*119*(1)，163-179.

Allan Cheyne，J.，Solman，G. J. F.，Carriere，J. S. A.，& Smilek，D. (2009). Anatomy of an error：a bidirectional state model of task engagement/disengagement and attention-related errors. *Cognition*，*111*(1)，98-113.

Aricò，P.，Borghini，G.，Di Flumeri，G.，Colosimo，A.，Pozzi，S.，& Babiloni，F. (2016). *A passive brain-computer interface application for the mental workload assessment on professional air traffic controllers during realistic air traffic control tasks* (pp. 295-328). Elsevier.

Biederman，J.，Fitzgerald，M.，Kirova，A.-M.，Woodworth，K. Y.，Biederman，I.，& Faraone，S. V. (2018). Further evidence of morbidity and dysfunction associated with subsyndromal adhd in clinically referred children. *The Journal of Clinical Psychiatry*，*79*(5).

Bortone，I.，Leonardis，D.，Mastronicola，N.，Crecchi，A.，Bonfiglio，L.，Procopio，C.，Solazzi，M.，& Frisoli，A. (2018). Wearable haptics and immersive virtual reality rehabilitation training in children with neuromotor impairments. *IEEE Transactions on Neural Systems and Rehabilitation Engineering*，*26*(7)，1469-1478.

Braboszcz，C.，& Delorme，A. (2011). Lost in thoughts：neural markers of low alertness during mind wandering. *NeuroImage*，*54*(4)，3040-3047.

Brocker，D. T.，Swan，B. D.，So，R. Q.，Turner，D. A.，Gross，R. E.，& Grill，W. M. (2017). Optimized temporal pattern of brain stimulation designed by computational evolution. *Science Translational Medicine*，*9* (371)，eaah3532.

Brooks，R.，Hassabis，D.，Bray，D.，& Shashua，A. (2012). Is the brain a good model for machine intelligence? *Nature*，*482*(7386)，462-463.

Bruhl，A. B. (2015). Making sense of real-time functional magnetic resonance imaging (rtfmri) and rtfmri neurofeedback.*International Journal of Neuropsychopharmacology*，*18*(6)，pyv020-pyv020.

Connor，B. B.，Wing，A. M.，Humphreys，G. W.，Bracewell，R. M.，& Harvey，D. A. (2002). Errorless learning using haptic guidance：research in cognitive rehabilitation following stroke. *ICDVRAT 2004*，77-83.

Daly，J. J.，& Wolpaw，J. R. (2008). Brain-computer interfaces in neurological rehabilitation. *The Lancet Neurology*，*7* (11)，1032-1043.

De La Fuente，A.，Xia，S.，Branch，C.，& Li，X. (2013). A review of attention-deficit/hyperactivity disorder from the perspective of brain networks.*Frontiers in Human Neuroscience*，*7*.

deBettencourt，M. T.，Cohen，J. D.，Lee，R. F.，Norman，K. A.，& Turk-Browne，N. B. (2015). Closed-loop training of attention with real-time brain imaging. Nature Neuroscience，*18*(3)，470-475.

DeShazo Barry, T., Klinger, L. G., Lyman, R. D., Bush, D., & Hawkins, L. (2001). Visual selective attention versus sustained attention in boys with Attention-Deficit/Hyperactivity Disorder. *Journal of Attention Disorders*, *4* (4), 193-202.

Dvorkin, A. Y., Ramaiya, M., Larson, E. B., Zollman, F. S., Hsu, N., Pacini, S., Shah, A., & Patton, J. L. (2013). A "virtually minimal" visuo-haptic training of attention in severe traumatic brain injury. *Journal of NeuroEngineering and Rehabilitation*, *10*(1), 92.

Dye, M. W. G., & Bavelier, D. (2010). Differential development of visual attention skills in school-age children. *Vision Research*, *50*(4), 452-459.

Elbert, T., Pantev, C., Wienbruch, C., Rockstroh, B., & Taub, E. (1995). Increased cortical representation of the fingers of the left hand in string players.*Science*, *270*(5234), 305-307.

Engelbart, D. C. (1962). *Augmenting Human Intellect: A Conceptual Framework*. Defense Technical Information Center.

Erickson, K. I., & Kramer, A. F. (2008). Aerobic exercise effects on cognitive and neural plasticity in older adults. *British Journal of Sports Medicine*, *43*(1), 22-24.

Fan, J., McCandliss, B. D., Sommer, T., Raz, A., & Posner, M. I. (2002). Testing the efficiency and independence of attentional networks.*Journal of Cognitive Neuroscience*, *14*(3), 340-347.

Feng, X.-J., Shea-Brown, E., Greenwald, B., Kosut, R., & Rabitz, H. (2007). Optimal deep brain stimulation of the subthalamic nucleus—a computational study. *Journal of Computational Neuroscience*, *23*(3), 265-282.

Ferreira, S., Pêgo, J. M., & Morgado, P. (2019). The efficacy of biofeedback approaches for obsessive-compulsive and related disorders: a systematic review and meta-analysis. *Psychiatry Research*, *272*, 237-245.

Fisher, A. V. (2019). Selective sustained attention: A developmental foundation for cognition. *Current opinion in psychology*, 29, 248-253.

Fuermaier, A. B. M., Hüpen, P., De Vries, S. M., Müller, M., Kok, F. M., Koerts, J., Heutink, J., Tucha, L., Gerlach, M., & Tucha, O. (2017). Perception in attention deficit hyperactivity disorder. *ADHD Attention Deficit and Hyperactivity Disorders*, *10*(1), 21-47.

Gandiga, P. C., Hummel, F. C., & Cohen, L. G. (2006). Transcranial dc stimulation (tdcs): a tool for double-blind sham-controlled clinical studies in brain stimulation.*Clinical Neurophysiology*, *117*(4), 845-850.

Gao, X., Wang, Y., Chen, X., & Gao, S. (2021). Interface, interaction, and intelligence in generalized brain-computer interfaces. *Trends in Cognitive Sciences*, *25*(8), 671-684.

Gong, A., Gu, F., Nan, W., Qu, Y., Jiang, C., & Fu, Y. (2021). A review of neurofeedback training for improving sport performance from the perspective of user experience. *Frontiers in Neuroscience*, *15*.

Green, C. S., & Bavelier, D. (2003). Action video game modifies visual selective attention. *Nature*, *423*(6939), 534-537.

Green, C. S., Pouget, A., & Bavelier, D. (2010). Improved probabilistic inference as a general learning mechanism with action video games.*Current Biology*, *20*(17), 1573-1579.

Gruzelier, J. H. (2014). EEG-neurofeedback for optimising performance. I: A review of cognitive and affective outcome in healthy participants. *Neuroscience & Biobehavioral Reviews*, *44*, 124-141.

Gu, S., Pasqualetti, F., Cieslak, M., Telesford, Q. K., Yu, A. B., Kahn, A. E., Medaglia, J. D., Vettel, J. M., Miller, M. B., Grafton, S. T., & Bassett, D. S. (2015). Controllability of structural brain networks. *Nature Communications*, *6*(1).

Hanslmayr, S., Sauseng, P., Doppelmayr, M., Schabus, M., & Klimesch, W. (2005). Increasing individual upper alpha power by neurofeedback improves cognitive performance in human subjects. *Applied Psychophysiology and Biofeedback*, *30*(1), 1-10.

He, S., Baig, F., Mostofi, A., Pogosyan, A., Debarros, J., Green, A. L., Aziz, T. Z., Pereira, E., Brown, P., & Tan, H. (2021). Closed - Loop deep brain stimulation for essential tremor based on thalamic local field potentials.

Movement Disorders, *36*(4), 863-873.

Hotham, E., Haberfield, M., Hillier, S., White, J. M., & Todd, G. (2018). Upper limb function in children with attention-deficit/hyperactivity disorder (adhd). *Journal of Neural Transmission*, *125*(4), 713-726.

Hutchinson, C. V., & Stocks, R. (2013). Selectively enhanced motion perception in core video gamers. *Perception*, *42*(6), 675-677.

Kassai, R., Futo, J., Demetrovics, Z., & Takacs, Z. K. (2019). A meta-analysis of the experimental evidence on the near-and far-transfer effects among children's executive function skills. *Psychological Bulletin*, *145*(2), 165-188.

Ketz, N., Jones, A. P., Bryant, N. B., Clark, V. P., & Pilly, P. K. (2018). Closed-loop slow-wave tacs improves sleep-dependent long-term memory generalization by modulating endogenous oscillations. *The Journal of Neuroscience*, *38*(33), 7314-7326.

Knudsen, E. I. (2007). Fundamental components of attention. *Annual Review of Neuroscience*, *30*(1), 57-78.

Kratz, O., Studer, P., Baack, J., Malcherek, S., Erbe, K., Moll, G. H., & Heinrich, H. (2012). Differential effects of methylphenidate and atomoxetine on attentional processes in children with adhd: an event-related potential study using the attention network test. *Progress in Neuro-Psychopharmacology and Biological Psychiatry*, *37*(1), 81-89.

Lelong, M., Zysset, A., Nievergelt, M., Luder, R., Götz, U., Schulze, C., & Wieber, F. (2021). How effective is fine motor training in children with adhd? a scoping review. *BMC Pediatrics*, *21*(1).

Levinson, D. B., Stoll, E. L., Kindy, S. D., Merry, H. L., & Davidson, R. J. (2014). A mind you can count on: validating breath counting as a behavioral measure of mindfulness. *Frontiers in Psychology*, *5*.

Li, R., Polat, U., Scalzo, F., & Bavelier, D. (2010). Reducing backward masking through action game training. *Journal of Vision*, *10*(14), 33-33.

Li, Y. (2021). A survey of eeg analysis based on graph neural network. *2021 2nd International Conference on Electronics, Communications and Information Technology (CECIT)*.

Liu, X., Zhu, Y., Huo, H., Wei, P., Wang, L., Sun, A., Hu, C., Yin, X., Lv, Z., & Fan, Y. (2019). Design of virtual guiding tasks with haptic feedback for assessing the wrist motor function of patients with upper motorneuron lesions. *IEEE Transactions on Neural Systems and Rehabilitation Engineering*, *27*(5), 984-994.

Lord, C., Brugha, T. S., Charman, T., Cusack, J., Dumas, G., Frazier, T., Jones, E. J. H., Jones, R. M., Pickles, A., State, M. W., Taylor, J. L., & Veenstra-VanderWeele, J. (2020). Autism spectrum disorder. *Nature Reviews Disease Primers*, *6*(1).

Marx, A.-M., Ehlis, A.-C., Furdea, A., Holtmann, M., Banaschewski, T., Brandeis, D., Rothenberger, A., Gevensleben, H., Freitag, C. M., Fuchsenberger, Y., Fallgatter, A. J., & Strehl, U. (2015). Near-infrared spectroscopy (nirs) neurofeedback as a treatment for children with attention deficit hyperactivity disorder (adhd)â€ a pilot study. *Frontiers in Human Neuroscience*, *8*.

Marzbani, H., Marateb, H., & Mansourian, M. (2016). Methodological note: neurofeedback: a comprehensive review on system design, methodology and clinical applications. *Basic and Clinical Neuroscience Journal*, *7*(2).

Min, B.-K., Chavarriaga, R., & Millán, J. del R. (2017). Harnessing prefrontal cognitive signals for brain-machine interfaces. *Trends in Biotechnology*, *35*(7), 585-597.

Mühl, C., Gürkök, H., Plass-Oude Bos, D., Thurlings, M. E., Scherffig, L., Duvinage, M., Elbakyan, A. A., Kang, S., Poel, M., & Heylen, D. (2010). Bacteria hunt. *Journal on Multimodal User Interfaces*, *4*(1), 11-25.

Mühl, C., Allison, B., Nijholt, A., & Chanel, G. (2014). A survey of affective brain computer interfaces: principles, state-of-the-art, and challenges. *Brain-Computer Interfaces*, *1*(2), 66-84.

Noble, D. (1960). Cardiac action and pacemaker potentials based on the hodgkin-huxley equations. *Nature*, *188*(4749), 495-497.

Oei, A. C., & Patterson, M. D. (2015). Enhancing perceptual and attentional skills requires common demands between the action video games and transfer tasks. *Frontiers in Psychology*, *6*.

Park, S.-E., Connolly, M. J., Exarchos, I., Fernandez, A., Ghetiya, M., Gutekunst, C.-A., & Gross, R. E. (2020). Optimizing neuromodulation based on surrogate neural states for seizure suppression in a rat temporal lobe epilepsy model. *Journal of Neural Engineering*, *17*(4), 046009.

Pashler, H., Johnston, J. C., & Ruthruff, E. (2001). Attention and performance.*Annual Review of Psychology*, *52*(1), 629-651.

Paulus, W. (2011). Transcranial electrical stimulation (tes-tdcs; trns, tacs) methods. *Neuropsychological Rehabilitation*, *21*(5), 602-617.

Peng, C., Peng, W., Feng, W., Zhang, Y., Xiao, J., & Wang, D. (2021). EEG correlates of sustained attention variability during discrete multi-finger force control tasks. *IEEE Transactions on Haptics*, *14*(3), 526-537.

Peng, C., Wang, D., Zhang, Y., & Xiao, J. (2019). A visuo-haptic attention training game with dynamic adjustment of difficulty.*IEEE Access*, *7*, 68878-68891.

Pohl, C., Kunde, W., Ganz, T., Conzelmann, A., Pauli, P., & Kiesel, A. (2014). Gaming to see: action video gaming is associated with enhanced processing of masked stimuli. *Frontiers in Psychology*, *5*.

Posner, J., Polanczyk, G. V., & Sonuga-Barke, E. (2020). Attention-deficit hyperactivity disorder.*The Lancet*, *395*(10222), 450-462.

Posner, M. I., Rothbart, M. K., & Voelker, P. (2016). Developing brain networks of attention.*Current Opinion in Pediatrics*, *28*(6), 720-724.

Pritchard, W. s., & Duke, D. w. (1992). Measuring chaos in the brain: a tutorial reviewof nonlinear dynamical eeg analysis. *International Journal of Neuroscience*, *67*(1-4), 31-80.

Puts, N. A. J., Harris, A. D., Mikkelsen, M., Tommerdahl, M., Edden, R. A. E., & Mostofsky, S. H. (2017). Altered tactile sensitivity in children with attention-deficit hyperactivity disorder. *Journal of Neurophysiology*, *118*(5), 2568-2578.

Putt, S. S., Wijeakumar, S., Franciscus, R. G., & Spencer, J. P. (2017). The functional brain networks that underlie early stone age tool manufacture.*Nature Human Behaviour*, *1*(6).

Roberts, J. A., & Robinson, P. A. (2012). Quantitative theory of driven nonlinear brain dynamics.*NeuroImage*, *62*(3), 1947-1955.

Ros, T., Moseley, M. J., Bloom, P. A., Benjamin, L., Parkinson, L. A., & Gruzelier, J. H. (2009). Optimizing microsurgical skills with eeg neurofeedback. *BMC Neuroscience*, *10*(1).

Rosin, B., Slovik, M., Mitelman, R., Rivlin-Etzion, M., Haber, S. N., Israel, Z., Vaadia, E., & Bergman, H. (2011). Closed-loop deep brain stimulation is superior in ameliorating parkinsonism.*Neuron*, *72*(2), 370-384.

Rossi, S., Hallett, M., Rossini, P. M., & Pascual-Leone, A. (2009). Safety, ethical considerations, and application guidelines for the use of transcranial magnetic stimulation in clinical practice and research. *Clinical Neurophysiology*, *120*(12), 2008-2039.

Rossi, S., & Rossini, P. M. (2004). TMS in cognitive plasticity and the potential for rehabilitation. *Trends in Cognitive Sciences*, *8*(6), 273-279.

Rubia, K. (2018). Cognitive neuroscience of attention deficit hyperactivity disorder (adhd) and its clinical translation. *Frontiers in Human Neuroscience*, *12*.

Sala, G., Aksayli, N. D., Tatlidil, K. S., Tatsumi, T., Gondo, Y., & Gobet, F. (2019). Near and Far Transfer in Cognitive Training: A Second-Order Meta-Analysis. *Collabra: Psychology*, *5*(1).

Scangos, K. W., Khambhati, A. N., Daly, P. M., Makhoul, G. S., Sugrue, L. P., Zamanian, H., Liu, T. X., Rao, V. R., Sellers, K. K., Dawes, H. E., Starr, P. A., Krystal, A. D., & Chang, E. F. (2021). Closed-loop neuromodulation in an individual with treatment-resistant depression. *Nature Medicine*.

Schirrmeister, R. T., Springenberg, J. T., Fiederer, L. D. J., Glasstetter, M., Eggensperger, K., Tangermann, M., Hutter, F., Burgard, W., & Ball, T. (2017). Deep learning with convolutional neural networks for eeg decoding and visualization. *Human Brain Mapping*, *38*(11), 5391-5420.

Shanechi, M. M. (2019). Brain-machine interfaces from motor to mood. *Nature Neuroscience*, *22*(10), 1554-1564.

Sitaram, R., Ros, T., Stoeckel, L., Haller, S., Scharnowski, F., Lewis-Peacock, J., Weiskopf, N., Blefari, M. L., Rana, M., Oblak, E., Birbaumer, N., & Sulzer, J. (2016). Closed-loop brain training: the science of neurofeedback. *Nature Reviews Neuroscience*, *18*(2), 86-100.

Song, S., Miller, K. D., & Abbott, L. F. (2000). Competitive hebbian learning through spike-timing-dependent synaptic plasticity. *Nature Neuroscience*, *3*(9), 919-926.

Sritharan, D., & Sarma, S. V. (2014). Fragility in dynamic networks: application to neural networks in the epileptic cortex. *Neural Computation*, *26*(10), 2294-2327.

Stiso, J., Khambhati, A. N., Menara, T., Kahn, A. E., Stein, J. M., Das, S. R., Gorniak, R., Tracy, J., Litt, B., Davis, K. A., Pasqualetti, F., Lucas, T. H., & Bassett, D. S. (2019). White matter network architecture guides direct electrical stimulation through optimal state transitions. *Cell Reports*, *28*(10), 2554-2566.e7.

Tang, X., Wu, J., & Shen, Y. (2016). The interactions of multisensory integration with endogenous and exogenous attention. *Neuroscience & Biobehavioral Reviews*, *61*, 208-224.

Tang, Y.-Y., Hölzel, B. K., & Posner, M. I. (2015). The neuroscience of mindfulness meditation. *Nature Reviews Neuroscience*, *16*(4), 213-225.

Thibault, S., Py, R., Gervasi, A. M., Salemme, R., Koun, E., Lövden, M., Boulenger, V., Roy, A. C., & Brozzoli, C. (2021). Tool use and language share syntactic processes and neural patterns in the basal ganglia. *Science*, *374*(6569).

Tremmel, C., Herff, C., Sato, T., Rechowicz, K., Yamani, Y., & Krusienski, D. J. (2019). Estimating cognitive workload in an interactive virtual reality environment using eeg. *Frontiers in Human Neuroscience*, *13*.

Wang, C.-F., Yang, S.-H., Lin, S.-H., Chen, P.-C., Lo, Y.-C., Pan, H.-C., Lai, H.-Y., Liao, L.-D., Lin, H.-C., Chen, H.-Y., Huang, W.-C., Huang, W.-J., & Chen, Y.-Y. (2017). A proof-of-principle simulation for closed-loop control based on preexisting experimental thalamic dbs-enhanced instrumental learning. *Brain Stimulation*, *10*(3), 672-683.

Wang, D., Li, T., Afzal, N., Zhang, J., & Zhang, Y. (2019). Haptics-mediated approaches for enhancing sustained attention: framework and challenges. *Science China Information Sciences*, *62*(11).

Wang, D., Zhang, Y., Yang, X., Yang, G., & Yang, Y. (2014). Force control tasks with pure haptic feedback promote short-term focused attention. *IEEE Transactions on Haptics*, *7*(4), 467-476.

Wang, J.-R., & Hsieh, S. (2013). Neurofeedback training improves attention and working memory performance. *Clinical Neurophysiology*, *124*(12), 2406-2420.

Watanabe, T., Sasaki, Y., Shibata, K., & Kawato, M. (2017). Advances in fmri real-time neurofeedback. *Trends in Cognitive Sciences*, *21*(12), 997-1010.

Wilms, I. L., Petersen, A., & Vangkilde, S. (2013). Intensive video gaming improves encoding speed to visual short-term memory in young male adults. *Acta Psychologica*, *142*(1), 108-118.

Woltering, S., Jung, J., Liu, Z., & Tannock, R. (2012). Resting state eeg oscillatory power differences in adhd college students and their peers. *Behavioral and Brain Functions*, *8*(1), 60.

Wyciszkiewicz, A., Pawlak, M. A., & Krawiec, K. (2017). Cerebellar volume in children with attention-deficit hyperactivity disorder (adhd). *Journal of Child Neurology*, *32*(2), 215-221.

Xu, W. (2019). Toward human-centered ai. *Interactions*, *26*(4), 42-46.

Yang, Y., Qiao, S., Sani, O. G., Sedillo, J. I., Ferrentino, B., Pesaran, B., & Shanechi, M. M. (2021). Modelling and prediction of the dynamic responses of large-scale brain networks during direct electrical stimulation. *Nature Biomedical Engineering*, *5*(4), 324-345.

Zoefel, B., Huster, R. J., & Herrmann, C. S. (2011). Neurofeedback training of the upper alpha frequency band in eeg improves cognitive performance. *NeuroImage*, *54*(2), 1427-1431.

Zrenner, C., Belardinelli, P., Müller-Dahlhaus, F., & Ziemann, U. (2016). Closed-loop neuroscience and non-invasive brain stimulation：a tale of two loops. *Frontiers in Cellular Neuroscience*，*10*.

作者简介

王党校　博士，教授，博士生导师，北京航空航天大学虚拟现实技术与系统全国重点实验室，虚拟现实技术与系统全国重点实验室副主任。研究方向：虚拟现实，触力觉人机交互，脑机交互。E-mail：hapticwang@buaa.edu.cn。

田博皓　博士研究生，北京航空航天大学机械工程及自动化学院。研究方向：认知神经科学，触力觉人机交互。E-mail：tianbohao@buaa.edu.cn。

余济凡　硕士研究生，北京航空航天大学国际通用工程学院。研究方向：触力觉人机交互，脑机接口。E-mail：jifanyu@buaa.edu.cn。

第 27 章

智能座舱中的驾驶行为建模

▷本章导读

随着人工智能技术的不断发展，人机混合智能交互协作日益紧密，针对驾驶员在各种智能座舱中的驾驶行为研究日益重要。本章介绍人的绩效建模方法，主要针对人的认知计算模型，对智能座舱中的驾驶行为进行建模；结合人的绩效建模软件，实现对智能座舱中驾驶行为的仿真，帮助评估智能座舱中的设计。

27.1 引言

随着科技尤其是人工智能技术的发展，各种人与智能机器的交互技术逐渐深入各行各业。在汽车行业，一些企业推出配备智能座舱的汽车产品，驾驶智能座舱旨在集成多种 IT 和 AI 技术，打造全新的车内一体化数字平台，为驾驶员提供智能体验，促进行车安全。

智能座舱的设计多种多样，在传统模式下，设计人员通过招募参试者做实验的方式评估不同的设计。为获得具有代表性的数据，完成完整实验需要较长的周期，然而项目周期较短，设计人员所招募的小样本参试者并不能代表大样本驾驶员的信息。不仅如此，为评估不同设计，做实验的资金花费也较高。

使用人的绩效建模方法，研究者能够构建驾驶员的驾驶行为计算模型，定量地预测不同交互任务以及不同智能座舱设计下的驾驶员行为以及任务绩效。不仅如此，有些文献提出了驾驶员在智能座舱中进行交互任务需要满足的原则，嵌入软件的计算模型能够帮助设计人员快速评估不同智能座舱设计是否满足相关原则，能节省大量的时间与资金花费。

本章首先介绍人的绩效建模，然后介绍如何使用人的绩效建模方法对智能座舱中的驾驶行为进行建模，最后介绍如何将模型嵌入软件以实现快速预测。

27.2 人的绩效建模概论

1. 什么是人的绩效建模

人的绩效建模是指通过建立人类行为的数学方程式，严格地分析、量化和预测人类绩效、工作负荷、脑电活动和其他人类行为指标。一方面，数学方程式中不同变量的关系可以帮助深入理解人类行

本章作者：李欣璘，吴昌旭。

为的机制；另一方面，数学方程式能够清晰地量化人类行为。

2. 为什么需要人的绩效建模

人是人智交互系统的训练者、使用者、受益者、发生冲突情况下的调节方或者被调节方。人工智能要达到100%的正确率，还要经历非常长的一段时间(Arel, Rose, & Karnowski, 2010)，并且智能机器完全替代人的情况也不是最佳情况。智能机器可以改变人的行为，包括产生新的人的行为，改变人的现有行为或者干预人的行为。但是在已有的相关研究中，大部分研究集中在智能机器本身，缺少对人的行为的系统研究。

从科学理论角度，人的绩效模型能够系统性地描述人类行为背后的机制，清晰地量化人类行为。在许多实验研究中，对人类行为机制的字面描述(有时是概念模型)非常重要；然而，这类描述无法对人类的行为做出准确的预测。此外，由于人类的认知和运动系统非常复杂，字面描述在很多情况下可能无法量化这些复杂的关系(Wu, 2018)，人的绩效模型可以解决这些问题。此外，人的绩效模型还可以指导研究者收集数据，并为研究者提供衡量人类绩效的基准线(Sinclair & Drury, 1979)。

从工程角度看，人的绩效模型能够协助设计人员快速准确地评估不同智能系统设计，节省时间与资金花费。不仅如此，嵌入人的绩效模型的软件可以通过提前预测人类行为等协助系统防止事故发生，提高系统中人的绩效以及系统的安全性。

3. 现有人的绩效建模主要方法及特点

认知计算模型既是一种整合性的理论，也是人类行为的计算机仿真程序。只有在认知计算模型这种整合的理论框架下进行人的绩效建模，才能完整地描述和预测人类的复杂行为，并且定量地预测人的绩效(杨娟 & 旷小芳,2020)。通过认知计算模型，人们一方面可以通过仿真理解人类的认知和学习过程，同时了解与行为和决策相关的认知过程；另一方面，可以通过将认知数据作为机器或系统输入的一部分，对指定行为或决策做出拟合或预测。正是因为认知计算模型可以实现和支持以上目标的实现，同时具有稳定和可复现的特征，认知计算模型才广泛应用于人机交互、决策评估、医疗诊断等多个领域(Cao, Qin, Jin, Zhao, & Shen, 2014)。

目前，受到学术界广泛认可的认知计算模型有以下四个。

(1) ACT-R(adaptive control of thought-rational)是一种描述认知机制的理论模型，通过编程构建实现特定任务的认知模型，包括感觉、学习与记忆等。该模型由多个模块组成：视觉模块、手-动模块、陈述型模块以及目标模块。这些模块行为的协调通过一个中央产生系统实现(Anderson et al., 2004)。

(2) SOAR(state, operator, and result)理论可以解释广泛的认知现象，例如即时反应(Sternberg现象)、运动技能(打字)、记忆与学习(通过训练熟练技能)与解决问题(数字计算)等，其目标是创建具有人类认知能力的计算系统(Laird, Newell, & Rosenbloom, 1987)。

(3) EPIC(executive process-interactive control)理论主要适用于模拟人类认知的多模式以及多任务，可以用于多种人机交互情景建模(Kieras & Meyer, 1997)。

(4) QN-MHP(queuing network-model human processor)模型通过排队网络的结构对大脑脑区的信息加工进行了架构，其能够对人脑信息加工进行系统和全面的数学建模。

27.3 人的绩效建模实例：智能座舱中驾驶行为的数学建模

1. 驾驶员的信息感知与处理

驾驶员在一条道路上行驶的过程中，会观察前方道路的各种情况，例如道路限速牌上的限速值、道路的弯曲程度、前方是否有车辆、是否有行人经过以及车辆的速度等，有研究者提出驾驶员感知到的速度取决于车辆的真实速度、外部环境的纹理密度与车辆内驾驶员眼睛的高度（Zhao，Wu & Qiao，2013）：

$$v_p=\left(\frac{D_c}{D_l}\right)^{k_1}\cdot\left(\frac{H_l}{H_c}\right)^{k_2}\cdot V \tag{27.1}$$

其中 k_1 和 k_2 为设定的参数值，D_c 表示当前环境的纹理密度，D_l 表示上一时刻环境的纹理密度，H_c 表示当前驾驶员眼睛的高度，H_l 表示上一时刻驾驶员眼睛的高度。

以基本驾驶任务为例，驾驶员在一条具有一定曲率的道路上行驶，根据看到的道路限速和道路曲率做出转向角度和速度的决策，转动方向盘，目标是保持车辆沿着车道前行。驾驶员从中央视野与周边视野中感受到道路限速和道路曲率等视觉信息（Owens & Tyrrell，1999），接着驾驶员对道路限速以及道路曲率进行初步处理。一般而言，道路曲率和道路限速越高，驾驶员接收到道路信息的频率也就越高，这也意味着驾驶员需要承受更高的工作负荷。

很多时候，驾驶员在进行基本驾驶任务的同时会进行第二任务，常见的如驾驶员在驾驶过程中接打电话。随着科技的发展，人们如今可以在车辆中使用手机、平板或者车载语音系统进行拨打电话、点播音乐、点播电影以及语音智能导航等任务。现在的一些智能座舱已经能够实现这些功能，驾驶员除了感知道路视觉信息外，还会感知触控屏交互下的视觉反馈信息、语音交互下的听觉反馈信息等。智能座舱内触控屏的尺寸、触控屏的位置以及触控屏的交互界面设计等都是驾驶员与触控屏交互下的重要视觉信息，语音交互系统的语音特征，如语音的响度与频率等是驾驶员与车载系统等语音交互下的重要听觉信息。

2. 驾驶员的决策

有较多研究者提出了不同的基本驾驶任务模型（Bi，Gan，Shang，& Liu，2012；Crossman & Szostak，1968；Donges，1978；Godthelp，1986；Tsimhoni & Liu，2003），这些模型都提到了车辆方向、道路方向、车辆中心线与道路中心线的距离以及转向角度。驾驶员在驾驶过程中感知到车辆方向与道路方向，进而判断车辆方向与道路方向之差，目标是使车辆方向尽量与道路方向一致。不仅如此，驾驶员会预估在目前的速度与转向角下，车辆在预测时间内是否有可能开出车道线之外，目标是使车辆尽量保持在车道线之内。总体而言，驾驶员会根据目前的车速、车辆方向与道路方向等持续不断地做出转向角决策。当车辆方向与道路方向的差值和车辆中心线与道路中心线的距离较小时，驾驶员可能会维持当前的转向角不变；而当车辆方向与道路方向的差值或者车辆中心线与道路中心线的距离较大时，驾驶员可能会改变转向角以保持车辆尽量在车道线之内。

除此以外，Salvucci 提出驾驶员会根据前方道路的近点与远点角度的变化值 θ_{near}、θ_{far} 做出转向角的决策（Salvucci & Gray，2004）：

$$\Delta\varphi=k_{\text{far}}\cdot\Delta\theta_{\text{far}}+k_{\text{near}}\cdot\Delta\theta_{\text{near}}+k_1\cdot\theta_{\text{near}}\cdot\Delta t \tag{27.2}$$

其中 k_1、k_{far} 和 k_{near} 为设定的参数值。考虑到一些驾驶员比较保守，对公式（27.1）进行修正，提出 $\theta_{n\max}$ 控制 θ_{near} 对转向角决策的影响（Salvucci & Gray，2004）：

$$\Delta\varphi=k_{\text{far}}\cdot\Delta\theta_{\text{far}}+k_{\text{near}}\cdot\Delta\theta_{\text{near}}+k_1\cdot\min(\theta_{\text{near}},\theta_{n\max})\cdot\Delta t \tag{27.3}$$

驾驶员如果同时进行第二任务，其决策会根据第二任务的内容而产生变化。例如当驾驶员在智能座舱中与语音系统进行交互时，驾驶员会对自己的口头行为、停顿时间与眼睛扫视进行决策。不仅如此，驾驶员可能会在进行第二任务时减速，在完成第二任务后再回速。又如驾驶员在智能座舱中用手指在触控屏上点播音乐时，驾驶员会对自己的手部行为、眼睛扫视与主次任务的切换进行决策，驾驶员不可能长时间一直点播音乐而忽略前方的道路情况，这很有可能导致交通事故的发生。当触控屏的尺寸与按钮大小设计合理时，驾驶员点播音乐的任务负荷较低，这对基本驾驶任务的影响较小，这样的设计下系统整体的安全性就会较高。总体而言，驾驶员做出的众多决策与外部道路情况以及智能座舱的设计具有明确的关系，外部道路的情况以及智能座舱设计的参数均可以使用明确的数值进行刻画，因此这些关系能够使用人的绩效建模的数学方程式进行清晰的量化。

3. 驾驶员的肢体动作

驾驶员做出决策之后，会产生对应的行为。在控制方向盘时，驾驶员的双手可能保持不动或者转动方向盘；在控制速度时，驾驶员的脚会在踏板中转换、踩动踏板等，有研究已经对这些肢体动作的运动方程进行了数学建模，脚踩踏板的运动时间与驾驶员的鞋子、踏板的宽度与踩踏距离有关(Drury，1975)，脚步运动的角速度与人的个性有关(Zhao & Wu，2013)。不仅如此，嘴巴说话的时间与音节有关。在进行触控屏交互时，手指的移动时间遵循菲茨定律(Welford，1968)：

$$\text{Movement Time} = Im \times \log_2\left(\frac{\text{Dis}}{S} + 0.5\right) \tag{27.4}$$

式中，Dis 表示当前位置与目标位置的距离，S 表示目标大小。

驾驶员做出行为之后，车辆的方向与位置会随之变化，根据车辆动力学可以准确地得出这些数值，驾驶员的行为指标等也可以计算出来。

4. 仅仅需要数学建模吗

仅仅对驾驶行为进行数学建模是不够的，驾驶行为在时间和空间上是连续发生的，驾驶员在一定时间或一定距离之内会不停地做出决策与行为，数学建模不能模拟驾驶员在时间段或距离内的行为。上文提及的 4 个学术界广泛认可的认知计算模型能够模拟人在时间和空间上的连续行为。在驾驶行为建模方面，QN-MHP 被用于成功建模驾驶员的速度感知(Zhao & Wu，2013；Zhao et al.，2013)、驾驶员速度控制(Zhao & Wu，2013；Zhao et al.，2013)以及语音告警特征对驾驶员绩效的影响(Zhang，Wu & Wan，2016)等。使用 QN-MHP 对驾驶行为进行建模，一方面能够对驾驶员行为背后的机制有更深入的理解，另一方面能够实现对驾驶行为实时的定量仿真与预测。因此，本章接下来的部分将对 QN-MHP 模型进行详细介绍，探讨如何使用 QN-MHP 对智能座舱中的驾驶行为进行建模。

27.4 使用 QN-MHP 的智能座舱中的驾驶行为建模

1. 什么是 QN-MHP

排队网络-人的信息处理计算模型(queuing network-model human processor，QN-MHP)是基于神经学在人脑脑区水平的科学实验发现而发展起来的一种认知架构。QN-MHP 通过排队网络的结构对大脑脑区的信息加工进行了架构，运用运筹学中的排队网络抓取了人脑信息加工的三大特点：人脑的信息加工是耗时的，人脑的信息加工是有容量限制的，人脑的信息加工是网络化多个脑区协同工作的结果。因此，这使 QN-MHP 能够对人脑的信息加工进行系统和全面的数学建模。

QN-MHP 中的处理器的功能和连接是根据对应的脑区功能和连接设计的，见表 27.1，每个处理器代表具有一些特定功能的脑区或者肢体。QN-MHP 有三个连续的子网络，即感知子网络、认知子网络以及动作控制子网络，它们分别代表人的信息处理的三个阶段，即感知、认知与动作控制，见

图 27.1，每个子网络由几个处理器组成，处理器之间的连接代表脑区中的神经通路，处理器的处理时间代表脑区对信息的处理时间或者动作控制时间，每个处理器还有处理容量的限制，这是由根据人的加工计算模型设定的。实体在 QN-MHP 中的流经路径代表对应刺激在人脑神经中的处理，实体从感知子网络进入，在认知子网络进行决策，在动作控制子网络触发行为。基于该模型的研究报告，已有超过 30 篇文章发表在世界主流的认知科学、心理学和人机工程学的期刊上。QN-MHP 被用于成功建模人的脑力负荷(Wu & Liu, 2007, 2008)、眼动(Wu & Liu, 2008)、速度感知(Zhao & Wu, 2013; Zhao et al., 2013)、文本信息分块(Wu & Liu, 2008)、双重任务干扰(Lin & Wu, 2012)、复杂认知决策(Zhao & Wu, 2013)、动作程序检索(Wu & Liu, 2008)、错误纠正(Lin & Wu, 2012)、驾驶员速度控制(Zhao & Wu, 2013; Zhao et al., 2013)以及语音告警特征对驾驶员绩效的影响(Zhang et al., 2016)等。

表 27.1 处理器名称、主要功能及其相应的大脑结构

处理器	主要功能	对应的生理结构	处理器	主要功能	对应的生理结构
1	视觉采样和神经元信号传输	眼睛，LGN，SC，视觉通路	5	将声波转换成神经信号	耳朵，听觉通路
2-4	视觉感官记忆和知觉	背腹系统，分布平行区，额上沟	6-8	听觉、感觉、记忆和知觉	初级听觉皮层与颞平面
A	图形空间存储图形信息	右半球的后顶叶皮层	B	存储听觉和文字信息的语音循环	左后顶叶皮层
C	中央执行：心理过程，反应抑制，绩效监控	背侧前额叶皮层，前扣，带皮层	D	长时程序性知识的记忆，特别是动作程序存储器	纹状体和小脑系统
E	人的绩效监控	脑前扣带皮层(ACC)	F	高认知功能：语音逻辑判断，视觉动作选择，心理计算	左内部分皮质，IPS 和 VLFC
G	动机的处理；动机的优先级安排	眶额区	H	长时陈述性记忆和空间记忆	海马体
V	在视觉-动作联想学习中选择动作	前动作皮层(BA6)	W	动作程序的提取	基底神经节
Y	动作程序装配和错误检测，双联协调	辅助动作区和前辅助动作区	Z	控制躯干动作	初级动作皮层
X	将感觉信息传送到大脑的其他区域	躯体-感觉皮层	21-25	眼睛、嘴巴、手、脚等动作执行器官；触觉反馈	—

2. QN-MHP 的驾驶行为建模

在基本驾驶任务下，道路信息作为视觉信息实体进入人的视觉感知子网络，实体流经服务器 1、服务器 2/3、服务器 4 进行初步的视觉信息处理，见公式(27.1)；然后到达认知子网络，进入视觉空间短时记忆服务器 A，存储在中央执行短时记忆 C 中，驾驶员对转向角度等的决策需要使用到复杂认知功能，实体在服务器 F 中判断车辆方向与道路方向的方向差等信息，通过这些信息做出转向角的决策，见公式(27.2)和式(27.3)，实体承载决策值回到服务器 C；接着实体进入动作控制子网络，到达服务器 W、服务器 Y 和服务器 Z，最后到达服务器 23/24，驾驶员做出转动方向盘的行为。

如果驾驶员在智能座舱中与车载系统进行语音交互，那么系统给出的语音信息作为听觉信息实体进入人的听觉感知子网络，实体流经服务器 5、服务器 6/7、服务器 8 进行初步的听觉信息处理；然

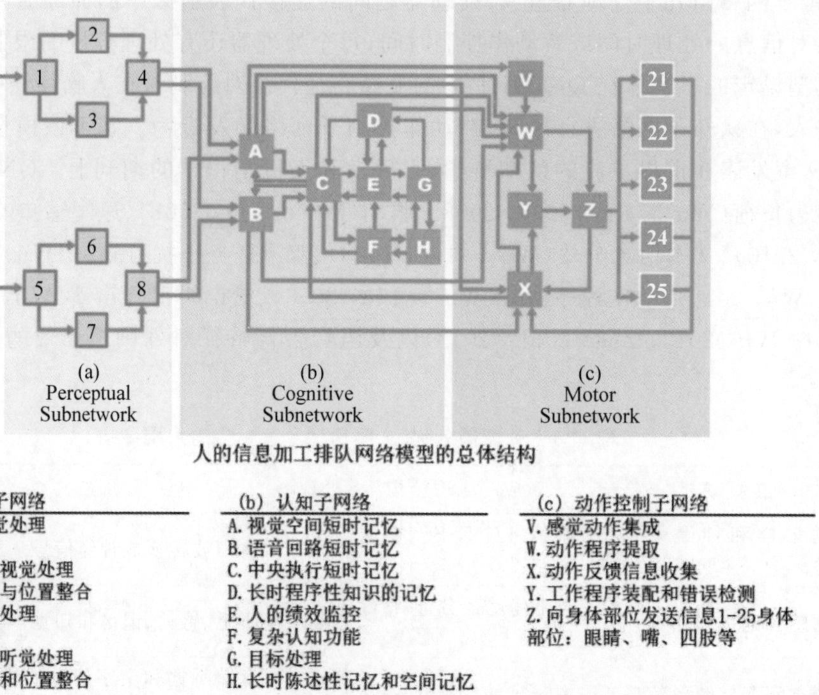

图 27.1 人的信息加工排队网络模型的总体结构

后到达认知子网络，进入语音回路短时记忆服务器 B，存储在中央执行短时记忆 C 中，后续的路径根据第二任务的不同而不同。如果驾驶员在智能座舱中与触控屏进行交互，那么在复杂认知功能服务器 F 中，复杂决策的内容会有不同。再如，动作控制子网络中右手服务器 23 的处理时间等都会有所不同，见公式(27.4)。

3. 智能座舱中点播音乐建模示例

以汽车智能座舱中常见的交互行为"点播音乐"为例。驾驶员在沿着道路驾驶的同时用手指使用中控触控屏点播音乐，首先驾驶员寻找并点击音乐播放 App 按钮，接着在音乐播放 App 页面中寻找目标音乐，若在当前页面没有找到目标音乐，则用手指滑动至下一页面寻找，找到之后点击播放目标音乐。假设中控屏幕的各控件布局设计如图 27.2 所示，各控件有具体的坐标。

驾驶员开始进行点播音乐行为时，眼睛看向中控屏寻找音乐 App 按钮。首先中控屏中各控件会作为视觉信息实体进入人的视觉感知子网络，然后经由服务器 A、服务器 C 到达服务器 F。在服务器 F 中，人需要将当前视觉信息与目标信息进行匹配，如果不匹配，则还需要继续寻找目标信息，此时该视觉信息实体离开服务器 F，沿着路径到达服务器 21。在服务器 21，人需要看向下一个视觉信息，重复以上行为直到找到目标信息为止，可以考虑影响人眼注视点移动的因素对人眼注视点的移动时间进行建模。

如果匹配，则表明找到了目标信息，则该匹配的视觉信息实体离开服务器 F，沿着路径到达服务器 23。在服务器 23，人的右手将离开方向盘伸向中控屏，手指点击 App 按钮，该过程的时间可用菲茨定律进行建模，见公式(27.4)。在驾驶员点击音乐 App 按钮之后，驾驶员在音乐 App 页面上搜索目标音乐，可采用与前文类似的建模方式对该过程进行建模。驾驶员在进行点播音乐任务时会对主要任务产生影响，例如驾驶员在用右手点击中控屏时无法进行双手转动方向盘的动作。

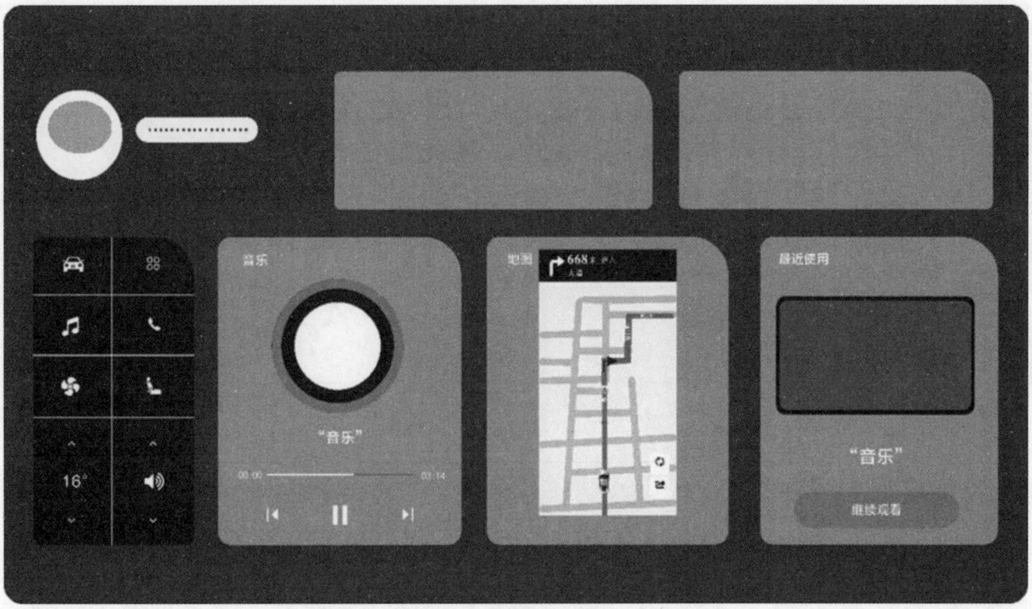

图 27.2　汽车智能座舱中控屏布局设计

值得注意的是，服务器 F 代表复杂认知功能，可以作为产生式系统对信息进行决策。产生系统理论的基本主张是人类认知的基础是一组产生式。条件规定了一些数据模式，如果匹配这些模式的元素在工作记忆中，那么就可以触发行动。在点播音乐这个示例中，可自行构建产生式库规则库。

27.5　人的绩效建模软件仿真

1. 人的认知与行为仿真软件

随着科技的发展，智能化和数字化人机界面在人机系统中起到了越来越关键的作用。如果能够在这些智能系统设计的早期快速预测到人的行为，然后评估与修改设计，就能够节省资金，降低成本。传统的人的建模工具和软件主要考虑人的外形去设计人机系统和产品，很难对人的思维活动、认知过程进行仿真以预测人的任务完成时间、工作负荷和错误率等。

针对此，为了解决我国无相关软件的问题，国内一家软件公司研发了人的认知与行为仿真软件，该软件可用于预测人的任务完成时间和工作负荷等重要的人的行为指标，也可以用于预测不同的人机界面设计下人的行为。

使用该软件可以搭建 QN-MHP 网络，见图 27.3，可以对网络中的每个服务器使用 Lua 语言进行编程。以服务器 1 为例，见图 27.4，STState = 1 表示服务器 1 为正常工作状态，promax 为一个全局变量，processtime=42 表示任一实体在服务器 1 中的处理时间为 42 毫秒。

各服务器编程完成之后，导入实体到达表，点击 Start 按钮软件开始进行仿真，仿真结束后点击 Output 按钮导出仿真结果。

2. 驾驶行为仿真程序示例

本节介绍如何使用人的认知与行为仿真软件对驾驶行为进行仿真。根据前文的介绍，QN-MHP 中处理器的处理时间代表脑区对信息处理的时间或者动作控制的时间，在程序中通过设定变量值 processtime 即可实现。不同的处理器对实体会进行不同的处理，将数学方程式以及逻辑等通过 Lua

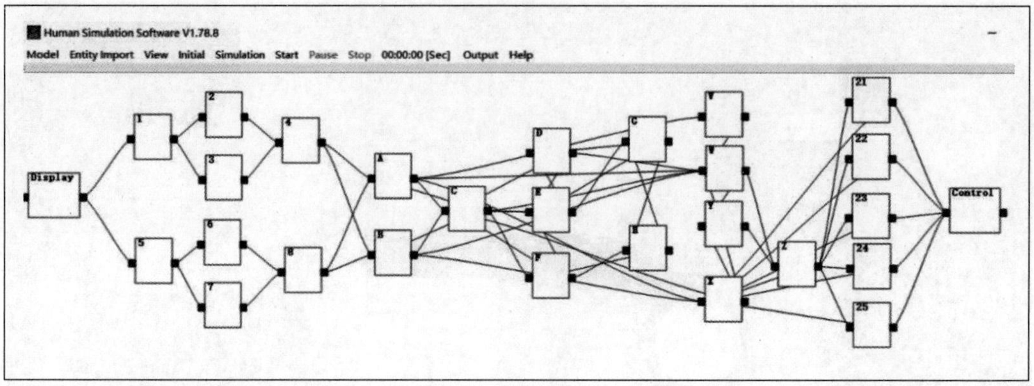

图 27.3 软件界面

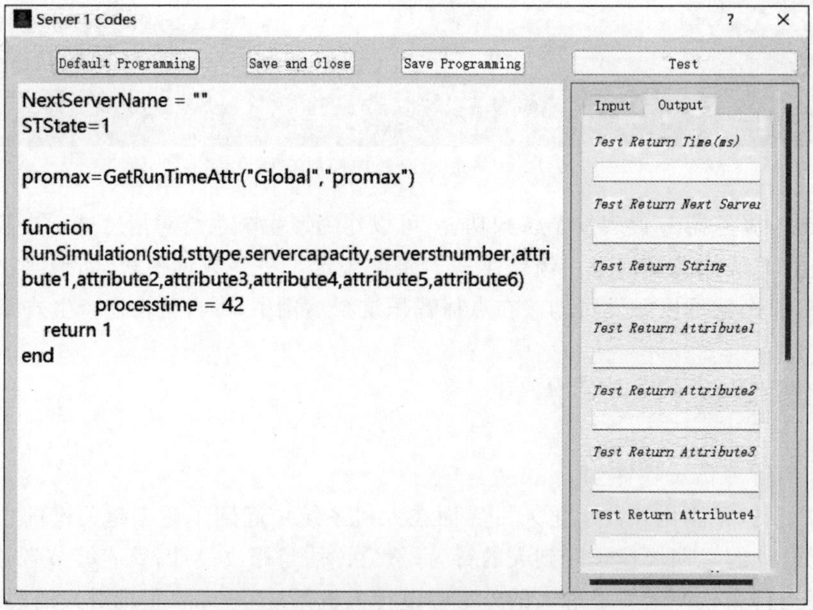

图 27.4 服务器 1 编程示例，人的认知与行为仿真软件

语言编入处理器即可实现仿真。

道路信息首先作为视觉信息实体进入视觉子网络，然后进入认知子网络服务器 F 做出复杂决策，首先向服务器 F 中编入数学方程式，计算出驾驶员转向角的决策，将做出的决策值存入实体中的 Attribute6，Attribute6 的值跟随实体到达后续的服务器，驾驶员做出转向行为之后，车辆的位置信息会随之更新，见图 27.5，服务器 Exit 获取实体中 Attribute6 的值，然后更新车辆位置信息等。

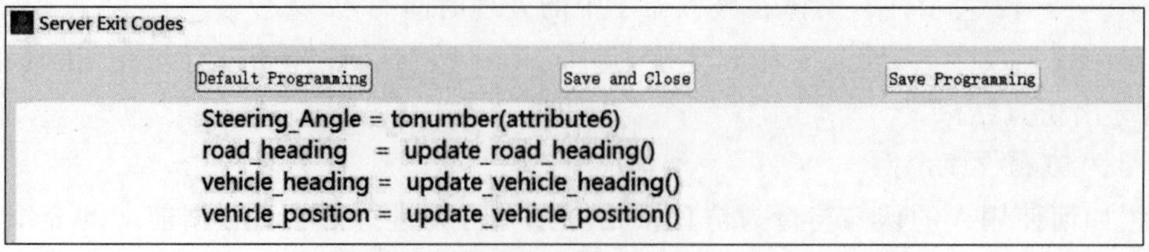

图 27.5 服务器 Exit 代码示例，人的认知与行为仿真软件

在智能座舱中的语音交互情况下，驾驶员需要向车载系统发出声音，服务器 22 代表嘴巴，驾驶员发出声音的时间与自身的语速以及语音交互系统有关，服务器 22 的处理时间需要由数学模型定义，见图 27.6。同理，驾驶员在智能座舱中使用触控屏点播音乐，代表右手臂与右手的服务器 23 的处理时间也需要由数学模型定义。

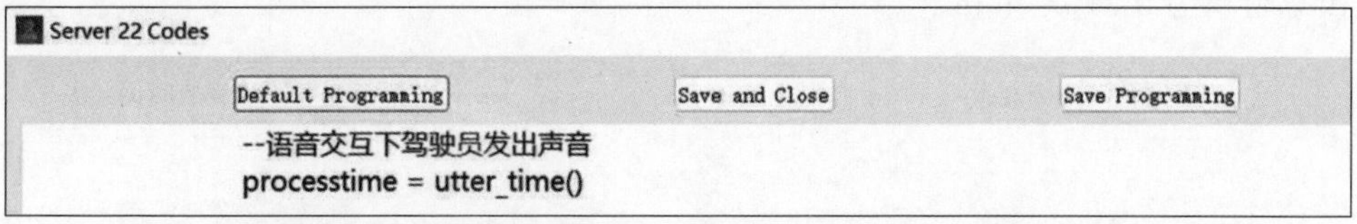

图 27.6　服务器 22 代码示例，人的认知与行为仿真软件

在仿真过程中，该软件可以显示驾驶员动作与实体在模型中流动的动画，界面见图 27.7。

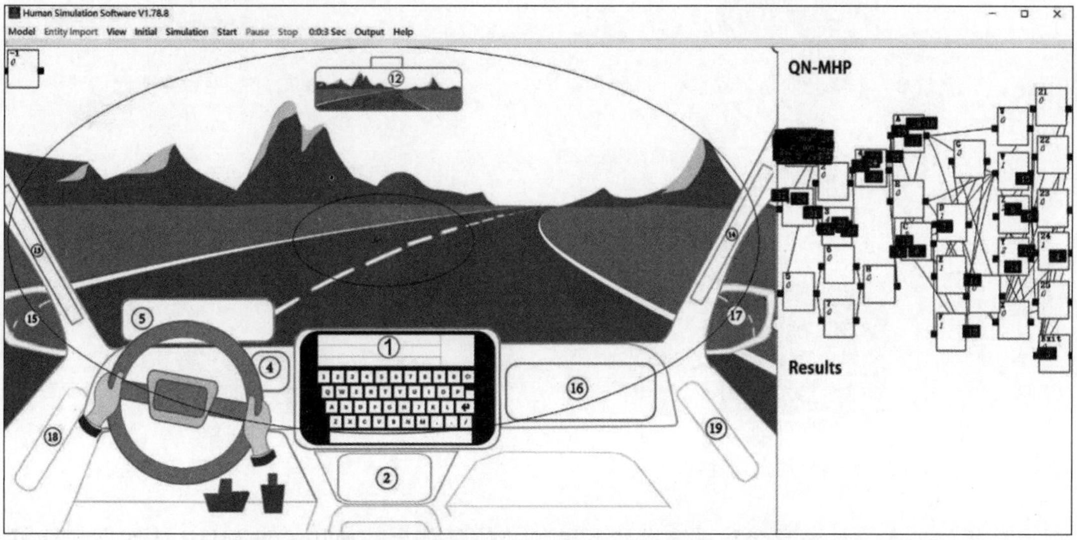

图 27.7　仿真动画界面，人的认知与行为仿真软件（企业版）

3. 语音交互情境下驾驶行为仿真示例

随着人工智能技术的发展，语音交互技术逐渐深入各行各业。语音交互技术在给驾驶员提供了诸多便利的同时，也可能造成危险。驾驶过程中的语音交互行为可能引起驾驶员分心，放松警惕，甚至可能引发交通事故。语音交互系统的设计多种多样，语音输入的方式、语音识别的精确度、语音识别的等待时间、语音识别的反馈方式与语音系统的声音设置等都是需要仔细考虑的设计因素。以驾驶员在驾驶过程中使用语音交互方式输入地址这一典型行为为例，使用 QN-MHP 对驾驶员在驾驶过程中使用语音交互方式输入地址的行为进行仿真。

驾驶员在道路曲率较高的道路上行驶，在行驶过程中，驾驶员向车载语音交互系统说出地址，例如设置地址为“某楼”。驾驶员说完地址之后，系统向驾驶员反馈地址信息，如果地址信息有误，则驾驶员需要重新输入地址直至地址信息正确。驾驶员一方面需要完成沿着道路行驶的主要任务，另一方面需要完成语音输入地址的第二任务。在 QN-MHP 中，在完成主要任务时，道路相关视觉信息进入视觉感知子网络，在认知子网络中用于决策驾驶转向角度，接着流入动作控制子网络以控制方向盘转动，路径为 0→1→3→4→A→C→F→C→F→E→D→W→Y→Z→24→Exit；在完成第二任务时，地址名称信息从短时记忆或者长时记忆中提取出，在认知子网络中与视觉相关信息进行竞争，接着流入动作控制子网络以控制嘴部发音，路径为 C→F→C→W→Y→Z→22。

研究者对以上行为进行建模与仿真，部分服务器的代码逻辑见图 27.4～图 27.6。在设定部分设计参数的情况下，例如设定语音识别准确率为 92%，得到以下任务绩效结果，见图 27.8～图 27.11。车辆转向角的标准差为 0.04rad，第二任务平均完成时间为 15.69s，车辆平均前向速度为 72.54km/h，车辆平均驶出车道率为 0.31 次/min。

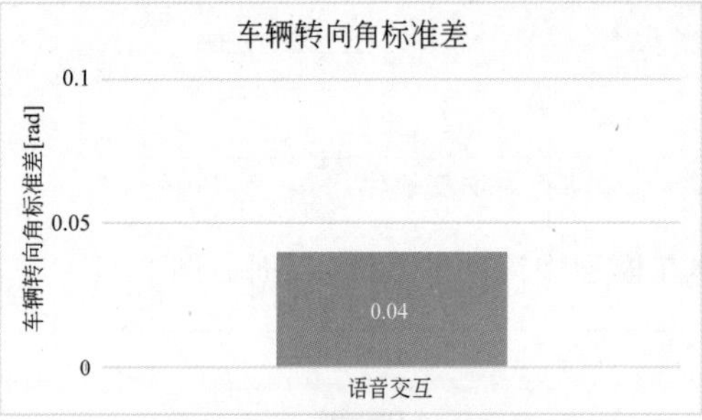

图 27.8　车辆转向角标准差

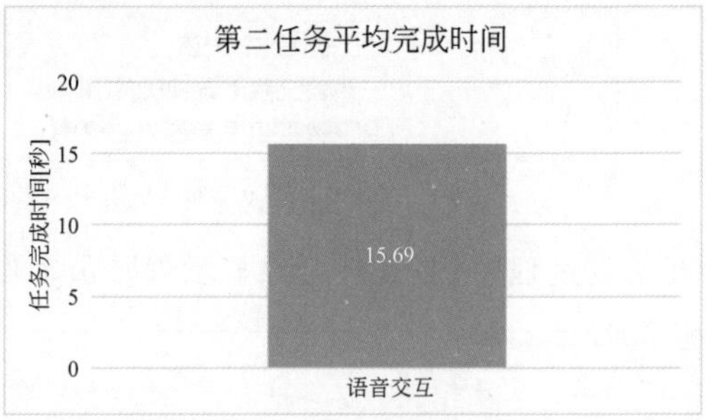

图 27.9　第二任务平均完成时间

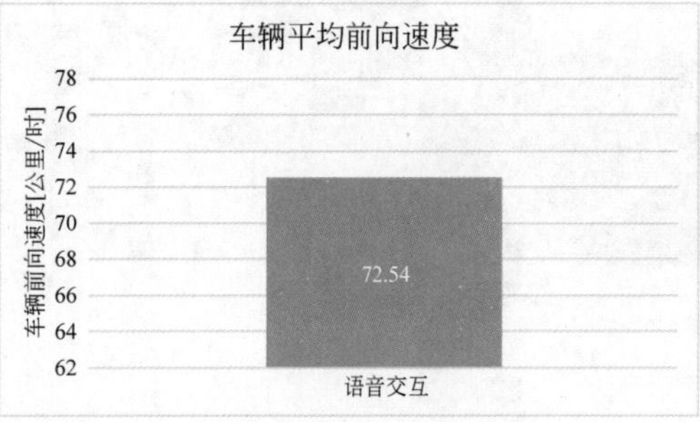

图 27.10　车辆平均前向速度

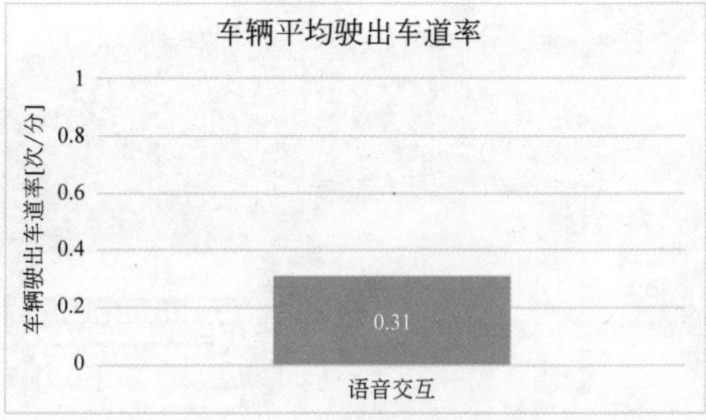

图 27.11　车辆平均驶出车道率

以上结果只是在一种语音交互系统设计下得到的仿真结果。使用 QN-MHP 认知框架能够对智能座舱中驾驶员的语音交互行为进行建模，通过对语音交互系统相关的设计参数设定不同的值，使用人的认知与行为仿真软件能够对不同语音交互系统设计下的驾驶行为进行仿真，得到的仿真结果可用于评估智能座舱中不同的语音交互设计。

假设研究者或设计人员使用以上方法评估两种不同的语音交互系统，相比于第一种语音交互系统设计，第二种语音交互系统设计下的仿真结果显示其第二任务的平均完成时间更少，其车辆平均驶出车道率更低，这表明第二种设计的安全性更高。

智能座舱中语音交互的任务场景十分丰富，例如驾驶员在说完地址后接着对地址进行选址，以及后续可能出现多轮语音交互行为。本节介绍的智能座舱中的语音交互任务及其仿真结果作为一个示例，表明人的绩效建模方法能够用于智能座舱中的驾驶行为建模，为评估智能座舱设计提供了定量分析。

除此以外，一些指南提出了驾驶员在智能座舱中进行交互任务需要满足的原则。例如 NHTSA 提供的一项指南中规定，驾驶员在非道路物体上平均单次扫视时间需要小于等于 2.0s，否则驾驶员在驾驶时不可执行该任务（NHTSA，2013）。使用驾驶行为计算模型，设计人员能够快速获得在不同设计下驾驶员在非道路物体上的平均单次扫视时间，以“2.0s”原则评估这些设计，比起传统的招募参试者做实验的方法节省了大量的时间。

27.6 总结与展望

本章首先介绍了人的绩效建模，通过建立人类行为的数学方程式，严格地分析、量化和预测人类绩效、工作负荷、脑电活动和其他人类行为指标；接着介绍了基于 QN-MHP 的智能座舱中的驾驶行为的数学建模，使用人的认知与行为仿真软件对智能座舱中语音交互情境下的驾驶行为进行仿真。该示例表明，通过分析仿真结果可评估驾驶智能座舱中不同的语音交互系统设计。

本章介绍的语音交互情境下的驾驶行为仿真示例只是驾驶员与智能座舱交互的一个简单示例，基于认知计算模型的智能座舱驾驶行为建模可以有相当丰富的内容。一方面，研究者在未来需要丰富智能座舱情境下的驾驶行为模型；另一方面，模型的结果需要更多地与智能座舱的设计相结合，以对未来汽车智能座舱的设计提出针对性的建议。不仅如此，随着自动驾驶车辆的高速发展，在未来的研究中，认知计算框架还可用于半自动与全自动情境下驾驶行为的建模，丰富人与自动驾驶车辆交互研究的理论、方法与应用。

参考文献

Anderson, J. R., Bothell, D., Byrne, M. D., Douglass, S., Lebiere, C., & Qin, Y. (2004). An integrated theory of the mind. *Psychological review, 111*(4), 1036.

Arel, I., Rose, D. C., & Karnowski, T. P. (2010). Deep machine learning-a new frontier in artificial intelligence research [research frontier]. *IEEE computational intelligence magazine, 5*(4), 13-18.

Bi, L., Gan, G., Shang, J., & Liu, Y. (2012). Queuing network modeling of driver lateral control with or without a cognitive distraction task. *IEEE Transactions on Intelligent Transportation Systems, 13*(4), 1810-1820.

Cao, S., Qin, Y. L., Jin, X. Y., Zhao, L., & Shen, M. W. (2014). Effect of driving experience on collision avoidance braking: an experimental investigation and computational modelling. *Behaviour & Information Technology, 33*(9), 929-940. doi: 10.1080/0144929x.2014.902100.

Crossman, E. R. F. W., & Szostak, H. T. (1968). *Man-machine models for car-steering*: Department of Industrial Engineering and Operations Research, University of California.

Donges, E. (1978). A two-level model of driver steering behavior. *Human Factors, 20*(6), 691-707.

Drury, C. G. (1975). Application of Fitts Law to foot-pedal design. *Human Factors, 17*(4), 368-373.

Godthelp, H. (1986). Vehicle control during curve driving. *Human Factors, 28*(2), 211-221.

Kieras, D. E., & Meyer, D. E. (1997). An overview of the EPIC architecture for cognition and performance with application to human-computer interaction. *Human-Computer Interaction, 12*(4), 391-438.

Laird, J. E., Newell, A., & Rosenbloom, P. S. (1987). Soar: An architecture for general intelligence. *Artificial intelligence, 33*(1), 1-64.

Lin, C.-J., & Wu, C. (2012). Mathematically modelling the effects of pacing, finger strategies and urgency on numerical typing performance with queuing network model human processor. *Ergonomics, 55*(10), 1180-1204.

NHTSA. (2013). *Visual-Manual NHTSA Driver Distraction Guidelines for in-Vehicle Electronic Devices*. (NHTSA-2010-0053-0135). NHTSA, Washington, DC Retrieved from https://www.regulations.gov/document/NHTSA-2010-0053-0135.

Owens, D. A., & Tyrrell, R. A. (1999). Effects of luminance, blur, and age on nighttime visual guidance: A test of the selective degradation hypothesis. *Journal of Experimental Psychology-Applied, 5*(2), 115-128.

Salvucci, D. D., & Gray, R. (2004). A two-point visual control model of steering. *Perception, 33*(10), 1233-1248.

Sinclair, M. A., & Drury, C. G. (1979). MATHEMATICAL-MODELING IN ERGONOMICS. *Applied Ergonomics,*

10(4), 225-234. doi: 10.1016/0003-6870(79)90215-1.

Tsimhoni, O., & Liu, Y. (2003). *Modeling steering using the queueing network—model human processor (QN-MHP)*. Paper presented at the Proceedings of the human factors and ergonomics society annual meeting.

Welford, A. T. (1968). Fundamentals of skill.

Wu, C. (2018). The five key questions of human performance modeling. *International journal of industrial ergonomics*, *63*, 3-6.

Wu, C. (2020). 人的绩效和认知的数学建模. Retrieved from https://www2.ie.tsinghua.edu.cn/wuchangxu/MathModelQNMHP_Online.htm.

Wu, C., & Liu, Y. (2007). Queuing network modeling of driver workload and performance. *IEEE Transactions on Intelligent Transportation Systems*, *8*(3), 528-537.

Wu, C., & Liu, Y. (2008). Queuing network modeling of transcription typing. *ACM Transactions on Computer-Human Interaction*, *15*(1), 1-45.

Zhang, Y., Wu, C., & Wan, J. (2016). Mathematical modeling of the effects of speech warning characteristics on human performance and its application in transportation cyberphysical systems. *IEEE Transactions on Intelligent Transportation Systems*, *17*(11), 3062-3074.

Zhao, G., & Wu, C. (2013). Mathematical modeling of driver speed control with individual differences. *IEEE transactions on systems, man, cybernetics: systems*, *43*(5), 1091-1104.

Zhao, G., Wu, C., & Qiao, C. (2013). A mathematical model for the prediction of speeding with its validation. *IEEE Transactions on Intelligent Transportation Systems*, *14*(2), 828-836.

杨娟, & 旷小芳. (2020). 认知计算模型在教育领域的构建及应用综述. *当代职业教育*(3), 51-59.

作者简介

李欣璘　博士研究生，清华大学工业工程系。研究方向：汽车智能座舱中的驾驶员行为建模。E-mail：lixl22@mails.tingshua.edu.cn。

吴昌旭　博士，教授，博士生导师，清华大学工业工程系，清华大学人因与智能交互研究所主任。研究方向：人的认知建模，人机系统设计，智能交通系统，人机系统安全和事故预防等。E-mail：changxu.wu@gmail.com。

第 28 章

人工智能+辅具

▷ 本章导读

辅具是辅助器具的简称,是指优化人的功能及减少残疾负担的产品,其中主要包括设备、仪器、装置和软件。随着智能生活的到来,AI+辅具把辅具和人工智能有机地结合起来,从相对简单的设备到复杂的高科技系统进行了全方位覆盖,高度呈现了"人机交互"的特点,贯彻了"以人为中心"的设计理念。AI+辅具不仅可以根据用户的偏好和历史数据提供个性化的功能,还能够与用户进行互动,给用户提供反馈和建议,以此引导人机交互方式的不断优化,持续提高用户体验。AI+辅具维持和改善了个人的独立性和功能,并进一步提高了残障人士的社会参与度与整体幸福感。本章对 AI+辅具的发展现状与趋势进行探讨,详细阐述现有的 AI+辅具便捷残障人士生活的六大方面及相关研究,提出 AI+辅具发展的痛点,最后对 AI+辅具的设计理念与实现平台进行归纳与展望。

28.1 引言

随着科技的进步迭代和发展,辅助器具获得了前所未有的发展。互联网络和人工智能的兴起更让辅具的发明和创新迈上新台阶,迎来了辅具智能化的新时代,也由此提出了 AI+辅具的新理念。从技术方面来讲,AI+辅具指的是人工智能与辅具的结合;从人文方面来看,也赋予了 AI"爱"的理念(爱的汉语拼音为 aì),给予了残障人士更多关爱。AI+辅具主要涉及多门学科的交叉,其中包括信息技术、数据科学、材料科学和神经科学,而与电子产品消费市场的重叠主要为通信、导航和游戏领域。对于辅助技术而言,没有一个被普遍接受的定义。世界卫生组织认为,辅助技术是那些"主要目的是维持或改善个人的独立性和功能,以促进参与和增进整体福祉"的产品(WHO, 2020)。

现代辅助技术的发展拥有庞大的需求背景和强有力的技术支持。在现代社会中,人工智能已经在很大程度上便利了人类的日常生活。然而,残障人士比健全人生活上的不便利要更多,因此 AI 对辅具的加持更具有必要性。可以这么说,AI 对于健全人的生活来说是锦上添花,但对于某些残障人士来说却是雪中送炭。例如,现在汽车的辅助驾驶功能对于健全人而言只是在原本驾驶的基础上提高了便捷度与舒适度;然而对于残障人士而言,却是其是否能正常且安全驾驶汽车的关键因素。举例来说,有些有辅助驾驶功能的电车,当油门踩踏器抬起时就是刹车,对用户腿部的灵活性要求更低,这使得只有一条腿的残障人士可以不用在刹车和油门之间来回切换,使其能够较为顺利地驾驶汽车。

人工智能给人类带来的各种便利涉及学习、日常生活等方面,不仅包括适用于普通大众的工具,

本章作者:胡芸绮,孙芹,王俨,王甦菁。

还有专门为残障人士设计的辅助工具。这些人工智能辅助工具对于残障人士的帮助至关重要。无论是正常人还是障碍人士，都可以受益于人工智能技术的发展。

28.2 辅具的历史沿革

从古至今，工具的制造和使用在人类社会的进化和发展上具有标志性意义。吐鲁番胜金店墓地出土的人类假肢，经过严谨的科学考证被证实是距今约2300年前的人类假肢，它比此前公认的世界最早的人类假肢——罗马卡普假腿早了数百年。此外，考古发现人类使用轮式家具已经具有数千年历史，最早的轮椅并没有文字记载，但在古希腊的花瓶中描绘了类似带轮椅子的图案。在我国，三国时期诸葛亮发明的移动辅具"木牛流马"是一种轻便的载物、载人的器具，很多学者认为其是轮椅的雏形。这些辅具此后也得到不断的完善和发展。例如《三国演义》中记载了"门旗影下，中央一辆四轮车，孔明端坐车中，纶巾羽扇"，诸葛亮又再度创新改造出更适合人乘坐的"四轮车"。辅具也渐渐发展出不同的种类、功用、材质等，甚至还上升为一种品鉴艺术。例如陆游在《老学庵笔记》中写道："柱杖，斑竹为上，竹欲老瘦而坚劲，斑欲微赤而点疏。"；贾长江有诗云："拣得林中最细枝，结根石上长身迟。"可见，人类对辅具的改进有着无尽的需求和无限的追求。

到了近现代，第一次世界大战后出现了大批截肢者，促使假肢制作在许多国家成为一个行业。美国军医署长召开了假肢会议讨论假肢技术和开发，随后成立了美国矫形器和假肢协会(AOPA)，主要负责改善假肢护理、组织美国假肢技师，以及研究和开发假肢。这期间，矫形器技术也得到了很大发展，特别是在20世纪40年代，布兰特(Blount)和斯密特(Schmidt)医生发明了密尔沃基颈胸腰骶矫形器(Mil waukee brace CTLSO)，这是首次使用非手术方法代替了脊柱融合术后石膏模型，随后也用于脊柱侧弯和后凸的治疗。1932年，美国的一名工程师发明了第一部可折叠式轮椅，用来运输在一次采矿事故中因为砸伤背部而瘫痪的工人，同时也帮助其日常行动。

到了现在，辅助器具与辅助技术的发展已经进入了智能化时代。在技术层面，有分析表明，所有已识别的新兴辅助产品都使用了一种或多种使能技术的组合，例如人工智能、物联网、脑机接口和高级传感器等，这些技术使得有需求的个体与辅具之间具有更高的配合度。智能辅助技术可以从用户的行为和环境中学习，优化和订制智能辅具的功能，并支持导航、远程医疗和智能护理等，这使得人与辅助器具之间达到了充分的交互与融合。举例来讲，可穿戴设备、可订制解决方案的辅具以及互联和智能设备都在极大程度上便利了人类的生活。

28.3 AI+辅具发展的社会基础

任何一项技术的发展都离不开其背后强大的需求动力。AI＋辅具的发展拥有着庞大的需求背景。随着社会发展和人类生活方式的变化，辅具所担任的角色也越来越广泛，不断渗透与深入人类学习与生活的方方面面，涉及康复、教育、就业和社会生活等多方面。不仅如此，AI＋辅具还需要便利有障碍个体现有的生活，并满足特定群体提出的康复需求。

1. 群体基础

目前，全球有超过10亿人至少需要一种辅具，随着人口老龄化时代的到来，这一数字预计会在未来10年内翻一番。经估计，全球有3560万人患有老龄化带来的各种疾病，并且这个数字每20年就会翻一番，可见全社会对辅具的需求非常迫切(Staff, 2021)。除此之外，医疗技术的发展使得人均寿命增长，这也意味着越来越多的人会经历晚年的“不方便”时期，在这个时期会出现例如肢体协调能力减弱、认知能力记忆力衰退等症状（乔之龙，2011）。研究表明，随着年龄增长，人的腰部肌肉、韧带、骨骼和关节易发生退变，产生腰痛、下肢痛、间歇性跛行等症状（荣雪芹，阚厚铭，2017）。还有研究表明，男性在衰老过程中体内睾酮水平逐渐下降，导致记忆力减退和大脑功能改变，这种改变与阿尔茨海默病的发生密切相关（徐瑜，李小英，2008）。随着人均寿命的延长，经历常见老年病及症状的人也会越来越多。因此，即使现在年轻且健康的群体对辅具没有刚性需求，但在其老年期也很有可能出现部分与残疾人、老年人、伤病人一样的症状，辅具也可能成为必需品，健康年轻的群体关注辅具与残障人士也是关注未来的自己。2023 年，辅具已经进入智能化时代，当代年轻人步入老年期至少还要 20～40 年，当他们进入老年期后，AI 的发展程度将会更加深入，AI＋辅具也将更加智能化。

同时，从积极心理学的角度出发，AI＋辅具也将给老年人增加生活的希望，提升主观幸福感。传统轮椅需要手动推行并且操作极其不方便，当遇到地形环境复杂的情况时，移动范围也会受到限制。肢体不便的老年群体不仅活动范围受限，而且在心理上会遭遇巨大挑战，大大降低幸福感。而 AI＋辅具可以通过增强个体的自主性、提供支持和鼓励、增加与外界的连通性等方式提升人类的生活幸福感，可以帮助人们更好地应对生活中的挑战和困难，从而提高他们的自我效能感，带来更加积极和满足的情感体验。

此外，残障群体也可以划分成多种不同的类别，不同群体在辅具的需求上也有所不同，这就对辅具的多样化与个性化提出了较为严格的要求。例如，对于脑瘫人士而言，有的患者是肢体障碍，有的患者是语言障碍，还有的患者既有肢体障碍，又有语言障碍。不同残疾类别和残疾程度的用户的需求也是不同的，所以对于辅具来说，需要进行个性化适配。

2. 群体的康复需求

有障碍群体不仅有便利生活的需求，还有康复的需求。现代康复治疗的目标着重在于使伤患和残疾人士改善功能、融入社会，从而提高生活质量（卓大宏，2003）。据中国残疾人数据科学研究院发布的《2020 年中国残疾人事业统计数据资料》显示，2020 年，我国残疾人（包括视力残疾、听力残疾、智力残疾等）的康复数量共达到 1077.7 万人。此外，世界卫生组织“康复 2030：呼吁采取行动”国际会议提出关注日益增长的康复需求，确认康复服务在实现联合国 2030 年可持续发展目标中的作用，并呼吁采取国际性的协调和具体的行动，强化健康服务体系中的康复服务（世界卫生组织等., 2020）。现在，全球有大量并持续增加的未满足的康复需求。同时，由于人口老龄化、疾病和损伤人群的增长，对康复服务的需求将继续增加（李安巧，2017）。因此，辅具不仅仅需要便利有障碍个体的现有生活，还需要满足特定群体提出的康复需求。

28.4 AI+ 辅具在残障人士生活中应用的六大方面

AI＋辅具的使用群体涉及多类不同特征的人群。一方面，有的人四肢健全，能自主行动，但在认知或记忆等方面有障碍。例如患有阿尔茨海默病的人，他们的记忆力减退，表达能力衰弱，但是四肢能够正常运动、自主行动，所以需要能帮助其提醒过去记忆、代替其清晰表达的辅具。而另一方面，有的人在认知能力、记忆力和表达能力方面虽无大碍，但四肢可能有残缺或障碍，不能自主行动，需要针对性的辅具来帮助其行走移动。诸如此类，不同的群体对辅具需求的差异性很大，因此不同的 AI＋辅具根据它们支持的人类功能领域进行了大致分类，即移动性、沟通、听力、视觉、环境和自我护理六方面。

28.4.1 移动性

移动性是指个体在同一环境内或不同环境之间移动身体和操纵物体的能力(Cowan et al., 2012)。具有移动性的个体,日常生活可以按自己的意志自由活动。相反,对于身体活动功能部分丧失或者完全丧失的个体,会大大限制其社会活动参与度,进而影响生活质量,不利于身心健康的发展。Morris 等(2022)用多案例分析方法在因各种原因导致的行动能力受损的群体中,开展了一项以用户为中心的调查研究,以此了解该群体对移动辅具的需求,以及可穿戴自适应等移动辅具如何改变人的生活质量。研究结果显示,因中风、年纪大、身体虚弱或下肢截肢而导致的身体行动功能丧失的人,在日常生活中会存在诸多不便,都有着既希望提高行走的速度,又害怕跌倒摔跤的共同经历。他们认为移动辅具改变了他们的生活方式,并对生活质量有很大提高。同时,他们也希望能有更多机会使用先进的辅具增加生活便利性(Morris et al., 2022)。

世界人口结构正在发生转型,社会从低预期寿命和高生育率转向高预期寿命和低生育率。截至 2015 年,世界上每 9 个人中就有一人在 60 岁或 60 岁以上,到 2050 年,这一比例预计将增加到五分之一,老年人口预计将有史以来首次超过青年人口(Guseh, 2015)。这也意味着越来越多的人需要辅具。目前,在需要辅具的群体中,仅有 10%的人能够获得使用(Alqahtani et al., 2021)。AI 的发展为辅具的普及提供了便利条件。随着人工智能技术的发展,诸如智能轮椅、先进假肢、助行器、外骨骼等带有移动性辅助功能的辅具研究和开发需求日益增长。在由欧洲和美国移动技术专业委员会成员联合世界技术评估中心(World Center for Technology Assessment, WTEC)进行的一项关于移动技术趋势研究中指出：包括功能性电刺激系统、先进假肢、智能轮椅和外骨骼在内的对现有移动辅助技术不断进行升级改进已成为未来移动技术(mobility technology)研究的八大趋势之一(Reinkensmeyer et al., 2012)。这些融合了最新技术的先进移动辅助技术大大增加了数百万残障人士和老年人对理想活动的参与(Alqahtani et al., 2021)。

目前,辅具向着智能化和实用化方向发展。研究者主要致力于以下三方面的不断创新,充分兼顾用户的自主能力,实现与辅具技术无缝融合：从辅具的机械力学构造方面,通过系统集成的软硬件更新来实现;从“用户—辅具”接口技术方面,更多地着眼于控制系统,利用用户的可用能力与系统交互达到对设备的控制;用户和辅具之间协同控制方面,包括四个主要实现手段,分别是智能轮椅、先进假肢、功能电刺激、机器人外骨骼(Cowan et al., 2012)。

1. 智能轮椅

当代最重要的广义相对论和宇宙创生论家——世界闻名的物理学家斯蒂芬·威廉·霍金的学术成果为人类理解时空、黑洞和宇宙奠定了基础(蔡荣根等, 2018)。但就是这样一位科学界的大亨,在 21 岁时患上肌肉萎缩性侧索硬化症。生理恶疾使得他逐渐失去了控制所有身体部位的能力,不能言语,只有三根手指可以活动,最后只能靠眼球转动和面部肌肉收缩来交流,而支撑这一切发生的,是霍金脚下的那款智能轮椅。有人形容霍金是“骑着魔法轮椅穿梭于宇宙中的一束脑电波”,的确,他的很多科学巨作都是在智能轮椅这一辅助工具的帮助下完成的。霍金的轮椅的“魔力”可谓是当时顶尖科技的结晶,是由苹果及英特尔等科技巨头根据霍金身体情况量身订制的高科技产品,轮椅上安装了集成红外线发射器和肌肉活动检测器的特殊眼镜,可以激活辅助语言系统,通过眼动追踪、联想输入和语音合成器播放等延续使用者“说话”的能力。2011 年,英特尔公司的人机交互团队基于霍金的深度需求,研发了可供所有残障人士使用的交互系统(assistive context aware toolkit, ACAT)。该系统集成人工智能预测技术,使用者可以利用面部任何肌肉微动作实现更加准确的语言表达。同时,霍金也可以利用该智能交互系统进行文件管理、多任务切换和收发电子邮件等，工作效率比之前高了10倍。随着霍金身体条件的变化，他的轮椅不断升级改造，最终成为以智能手指操控器、文字转换语音处理器、红外线监测技术、眼球追踪技术、智能文字预测技术、远程遥控技术为主的超级智能轮椅。依托智能轮椅这一辅具，残障没能阻挡霍金拥有梦想与抱负，他视自己为正常人，在科学界取得了令世人瞩目的成就。

随着技术的发展，基于人机协同控制的智能化、人性化的智能轮椅采用了包括基于肌电的接口（Moon et al.，2006）、多模式接口（Reis et al.，2010）、脑机接口（Long et al.，2012）、语音接口（Peixoto et al.，2013）、舌驱动系统（J. et al.，2013）、呼吸接口（Grewal et al.，2018）、眼动系统（Huang et al.，2017）等在内的不同种类的输入方法，充分协同人和机器各自的优势以减轻使用者的感知和认知负担，帮助混合不同障碍类型的肢体障碍者实现轮椅驱动控制。

智能轮椅主要包括站立式电动轮椅、升降式电动轮椅以及多地形巡航电动轮椅等（曲振波等，2020）。不同类型的智能轮椅分别辅助用户满足不同空间场景下的需求。例如日本Tmsuk机器人公司研发的Rodem轮椅机器人，用户可以在它身上骑行，这一设计能让用户很容易地从床上直接爬上轮椅；Nino Robotics可实现自主移动，为重度残疾用户实现空间移动提供了可能性；德国乌尔姆大学为具有严重运动障碍者设计了一款带有半自主和完全自主模式的机器人移动辅助设备Maid，该设备配备了导航系统和智能控制，可以满足使用者不同使用情景的需要（孔华萍等，2023）。

我国开展智能轮椅的研究相对较晚，但也形成了有特色的智能轮椅平台。例如一款由上海交通大学研发的名为“交龙”的智能轮椅（图28.1），集成了国际先进的机器人和自动化技术，可以通过触摸屏、语音（中文/英文）、操纵杆等多种人机交互方式对轮椅进行操控。另一款具有典型代表意义的智能轮椅是由中国科学院自动化研究所自主研发的RobotChair智能轮椅（图28.2），它采用多模态智能交互，在性能上有很大的提升，具有口令识别与语音合成、机器人自定位、动态随机避障、多传感器信息融合、实时自适应导航控制等功能。随着先进技术的不断拓展，自然化人机交互、智能网联系统以及物联数据共享等发展理念的产生，智能轮椅将更好地辅助使用人群。模块化设计、轻量化设计以及特殊人群定向开发的设计模式也会促使智能轮椅产生更优化的服务（曲振波等，2020）。此外，中国科学院心理研究所王甦菁也提出了一种基于SLAM（simultaneous localization and mapping，时定位与地图构建）的电动轮椅交互方式，旨在在特定的室内条件下解放电动轮椅用户的双手。

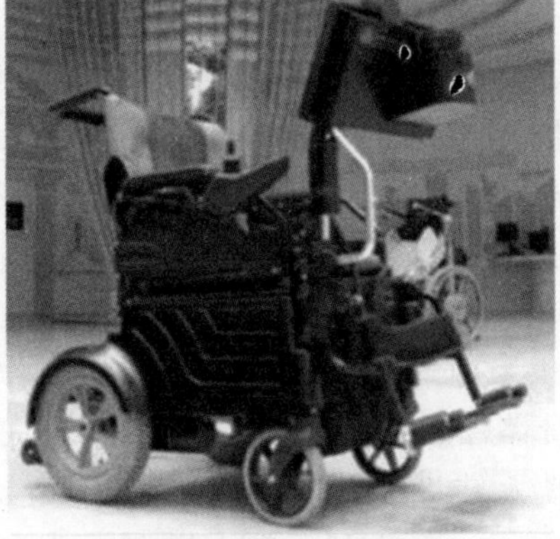

图28.1 “交龙”智能轮椅

图28.2 RobotChair智能轮椅

2. 先进的假肢

假肢是比较典型的代偿功能类辅具，是能够补偿、减轻或抵消因残疾造成的身体功能缺失或障碍的产品或器具。先进的假肢技术融合了智能控制技术、传感器技术、计算机技术、机械设计与制造技术、材料科学与康复工程技术等。这些技术可以对人体运动状态进行检测，适时调节假肢关节运动，其微控单元的内嵌程序可以对假肢的摆动速度进行调节（刘作军等，2021），实现对身体神经系统输出（具体运动）和输入（感觉反馈）部分功能的有效替代（Cowan et al.，2012）。

在过去的十年里，假肢领域一直在发展，研究人员对患者的周围神经系统和假肢之间的连接进行不断尝试，致力为四肢缺失的患者更加自然地控制他们的假肢提供解决方案，并创造了神经假肢领域（Yildiz et al.，2020）。目前，研究集中在基于体表肌电模式识别的假肢控制方法上，这是一种结合生物和机械电子的多功能、仿生操控的假肢系统。该方法利用截肢患者残留肢体表面输入的肌电信号与肢体动作之间的直接关联作为控制信号，让假肢听从大脑指令运动，以替代截肢患者缺失的肢体功能（Li et al.，2011；王人成，金德闻，2009）。

比较新的假肢控制技术主要包括运动动力学控制方法、计算机视觉增强控制方法和外周神经接口方法，第一种方法针对上肢假肢控制，后两种方法针对下肢假肢控制（Cowan et al.，2012）。Xu（2021）等基于人体踝关节假肢的运动特征，结合步态实验，提出了一种实时控制算法，并以此设计了一款主动-被动混合驱动的假肢，该设计的仿真结果与测试结果具有较高的接近率（Xu et al.，2021）。奥尔堡大学的研究人员开发了一种基于相机的人机协同控制系统，该系统利用图像识别技术，根据相机提供的目标对象图像，能够进行高级分析和自主决策（选择抓取类型和大小），为此减轻了用户在产品使用中的认知负担，用户可以更专注于需要做什么，而不是应该如何做，提高了假肢的灵活性（Dosen et al.，2010）。外周神经接口方法使得人类和机器设备通过神经系统直接通信的能力成为现实。接口技术使用个体自身的外周神经作为大脑和外部设备之间信号中继的通道。每个外周神经都由传入纤维和传出纤维组成，可以进行双向交流。传入纤维将信息传递到神经系统，传出纤维将信息从神经系统传递出去（Tyler et al.，2015）。

随着生物医学工程、神经科学和外科领域技术的发展，通过周围神经界面和侵入性电极技术的应用，以及神经信号输入与解码技术的进步，个体神经系统对假肢的控制能力得到有效提高，再加上 3D 快速成型和生物打印等合成生物制造技术在假肢制造中的广泛应用，促进了先进假肢技术的发展和临床使用。在学术界和工业界，医学和工程领域专家之间需要通力合作，不断优化仿生假肢结构及性能，以创造出多功能的先进假肢（Karczewski et al.，2021）。

3. 外骨骼

外骨骼是一种在认知方式和物理上与人类进行双重交互的可穿戴机器人。外骨骼机器人是附着在人体部位上的机械装置，包含影响人体运动的执行器，外骨骼的一个重要应用是对人体运动的支持，例如对残疾人的康复训练以及对健康者的力量增强（Fleischer et al.，2006）。可穿戴康复外骨骼在很大程度上为残疾人提供了更多低成本的康复运动的机会（Agarwal et al.，2013）。临床试验表明，机器人辅助治疗可以改善慢性中风后的肢体运动功能，并增加在练习任务中的感觉运动皮层活动。可穿戴机器人外骨骼为中风患者恢复运动功能提供了一个很好的选择途径，可以作为昂贵的常规理疗替代方案（Agarwal et al.，2013）。步态辅助外骨骼（gait-assisted exoskeletons）可以用于脑瘫和脊髓型肌萎缩症导致的行走困难患者进行机器人辅助步态康复训练（robot assisted gait rehabilitation training，RAGT）。Cumplido（2021）等进行的一项文献研究中提到，108 名脑瘫儿童在临床上使用了 RAGT 治疗，其行走功能得到改善且没有发生不良反应（Cumplido et al.，2021）。

从最初应用于医学康复治疗，到现在研究人员更多地将关注放在外骨骼促进功能性活动的辅助技术设备上，在未来治疗技术和辅助技术之间的区别将会弱化，随着机器人外骨骼的发展，患者将能够在家庭和社区佩戴,接受以活动为基础的治疗干预和根据需要的支持性援助,帮助残疾人提高活动能力(Cowan et al., 2012)。

4. 智能助行器

助行器(walking aids)具有辅助人站立与行走的作用,用于保持身体平衡、支撑体重、增加肌力,通常也称为行走辅助器(Demicheli et al., 2018)。传统助行器主要是借助人工力量或者简单器械带动患肢或患者进行移动,包括手杖、臂杖、腋拐、助步架等,功能单一,只起到被动支撑辅助作用,使用中需要消耗使用者大量的体力(于连甲,1996)。随着科技的发展,人工智能技术已经渗透到助行设备领域,先进的助行辅具能够利用智能技术帮助使用者突破行走能力的限制,提高活动能力,从而满足他们的生活需求。

根据功能,智能助行设备大致分为两类:一类是针对具有一定行走能力但视力较弱的人群,以导航避障功能为主的移动式导盲机器人;另一类是在日常行走或康复训练中提供物理辅助支撑的移动式助行机器人。Shim 等(2005)设计了一种基于激光测距仪、CCD 摄像机和 GPS 接收器的智能助行器,此助行器在室外环境还具有路径引导功能(Shim et al., 2005)。Jiang 等(2017)设计了一种在复杂室内环境中行走,具有全向移动底盘的助行机器人,不仅能够帮助行走障碍者避开意外障碍,还能够完成上下坡等环境的助行功能。在这项设计中,机器人的运动采用自主导航和顺应运动控制相结合,顺应性运动控制器使得机器人根据用户的运动意图更改行为,而自主引导在不与任何障碍物碰撞的情况下可以为机器人提供安全导航(Jiang et al., 2017)。

28.4.2 交互

交互属于设计师语言,在交叉型设计过程中,设计者以交互思维定义、设计、优化人与产品的互动过程。人机交互作为学术语言,《人机交互心理学》一书将其定义为一门研究系统与用户之间的交互关系的学问,系统可以是各种各样的机器,也可以是计算机化的系统和软件,其本质是通过人机接口技术使机器理解用户的交互意图,并将结果以某种形式的界面呈现给用户,以达到人与机器之间的信息交流和互动。在智能信息时代,人机交互与人工智能不断融合,机器被赋予人的能力,具备听觉、视觉、触觉等“五感”,以及对人类情感的感知与理解,可以更好地服务人类、便利生活。在当前技术背景下,AI+辅具理念的提出使辅具迎来了技术革新。秉承以“人”为中心的理念,各种智能语音交互、手势交互、脑机接口等多样性人机交互方式的涌现持续扩展了辅助技术的应用,积累了许多极具个性化的智能辅具成果。例如,为视障人士设计的结合多模式与现实环境交互的导盲系统;为肢体障碍人士设计的智能轮椅;为失语群体实现基本交流的智能助手等,这无疑为因生理限制而生活不便的残障人士提供了更多的帮助与支持。

1. 脑机接口

脑机接口(brain-computer interface, BCI)技术通过在“脑”与“机”之间的人工联结(结构)实现其特有的功能,为需要它的相关人群提供人工行动或人工感知,是一种具有信息技术、智能技术、神经技术、治疗与增强技术等多种技术的统一体,并体现出心物交互、知行交互和对人多向度延展的哲学特征(肖峰,2023)。BCI 主要分为两类:一类是从大脑到机器的输出式 BCI,这类 BCI 是利用中枢神经系统(central nervous system,CNS)产生的信号直接将人的感知觉、表象、认知或思想转化为指令信号与外部世界通信和控制的方式;另一类是从机器到大脑的输入式 BCI,它从外部环境向大脑输入电、磁、声和光等刺激或神经反馈(neural feedback,NF)。目前的研究多集中在第一类 BCI 方式上(罗建功等, 2022)。

脑机接口是一种新型的人机交互技术，旨在进一步提高人类的生活质量（罗建功等，2022）。很长一段时间，脑机接口的研究主要集中在临床应用上，尤其是使重度残疾人能够与周围环境实现交互。BCI技术应用于部分慢性意识障碍者的意识检测，通过运动意图感知实现意识的输出，以达到患者与外界的功能性交流，并可以提高隐匿意识的检测率，为医疗做出正确诊断与治疗策略提供可靠参考（陈凯天等，2021）。大量的临床研究表明，使用该技术对脑卒中患者偏瘫上肢功能的改善有显著效果，可辅助脑卒中患者的功能恢复（Bai et al.，2020）。目前已有BCI产品应用于生活中，例如可用于促进残疾人肢体康复、植物人意图识别以及大脑状态监测的仪器设备等（Douibi et al.，2021）。萎缩侧索硬化症、闭锁综合征、重症肌无力或失语症等患者通常无法自主操控肌肉以控制外围设备或者交流，BCI的替代增强功效可以为这些患者提供辅助交流工具，解决因语言障碍而产生的难以沟通的问题，帮助患者提高日常生活的独立性（Neto et al.，2017）。

2. 导航设备

常规的民用导航设备通过视觉或听觉方式为个体提供精确、正确率更高的信息及方向指引。面对现代越来越复杂的交通网络，越来越多的人使用导航设备便利自己的出行。而对有视力障碍的人来说，安全出行问题显得更为突出。视力障碍者和视力正常的人都可以基于非视觉模式建立认知地图，如听觉和触觉，结合多种模式与现实世界环境交互（Ottink et al.，2022）。

室外导盲系统的重要研究方向是设计盲人专门的地图。Balata等开发了一种在城市环境里基于民用GPS（global positioning system，全球定位系统）和GIS（geographic information system，地理信息系统）数据库的盲人专用地图，增加了马路、人行道、建筑等地标补充信息，可以为视障用户导航（Balata et al.，2018）。

在室内环境中，由于建筑物的遮蔽场景比较复杂，民用GPS系统已不适用实时导航（武曌晗等，2020），需要结合Wi-Fi、蓝牙、传感器和摄像头等多种技术协同，目前最先进的技术包括基于计算机视觉的方法、无线技术和航位推算技术，而基于视觉技术的室内导航方法具有巨大的潜力（Vajak et al.，2019）。

例如，Kuriakose等（2023）开发了一个基于深度学习的智能手机导航助手，该助手不仅可以为有视觉障碍的人提供检测障碍物的功能，还可以提供位置、距离、运动状态和场景信息。所有这些信息都通过音频方式传递给用户，这使得该导航助手具有很高的便携性和舒适性（Kuriakose et al.，2023）。同时，为提供更智能、更人性化的导盲服务，科研人员也将室内、室外导航进行了整合。例如，他们开发了一款针对视障人士的实时可穿戴导航辅助系统，并在不同的室内外环境下进行了实时测试，证明该系统具有良好的环境交互。该设备配备了先进的外部感受和本体感受传感器，用于提供关于导航参数（位置、速度、加速度和方向）和障碍物的数据；同时，利用基于机器人操作系统（robot operating system，ROS），能够以语音、触觉的形式生成信息，并利用多传感器数据融合和模糊分类器实现安全评估系统，能够确定使用者的安全路径（Bouteraa，2023）。

3. 智能助手

智能助手是一个智能软件集成系统，采用人工智能和机器学习技术完成复杂的行为，可以帮助用户进行通信、信息和时间管理（Azvine et al.，2000）。例如，雷涛等（2022）结合眼球运动方向捕捉技术与文本转语音技术，设计并制作了一款“眼-语”解决方案和装置，旨在为失语群体提供8种沟通情景下的128个高质量语音输出，而且这些语音均可订制。该系统具有较广的应用性，可以帮助失语群体消除社会参与障碍并实现基本交流（雷涛等，2022）。

28.4.3 听力

听觉是人类感知和识别外部世界的重要感官之一，日常的沟通交流也离不开听觉。近年来，随着大型数据库的发展和人工智能技术的结合，针对听力障碍者开发的辅助设备逐渐实现了高准确率的语音识别，从而帮助残障人士实现了无障碍沟通。同时，神经科学的迅速发展也为生理性耳聋患者带来了新的希望。

1. 自动唇读

人们对开发自动唇读系统（lip-reading，ALR）越来越感兴趣。唇读是一种视觉语音识别技术，它在没有语音信号的情况下，可以根据说话人嘴唇的运动特征来识别语音内容。即使没有语音信号，唇读也可以检测说话者的内容。近年来，传统的唇读方法已逐渐被深度学习算法所取代，其优点是可以从大型数据库中学习最佳特征（Hao et al.，2020）。Huang（2022）等提出了一种新型的基于Transformer 网络的唇读模型，在开源的 GRID 语料库（the GRID audiovisual sentence corpus，一个视听刺激语料库）上实现了 45.81％的单词水平唇读准确率。该模型的主要过程包括数据集的处理，使用预先训练好的神经网络提取嘴唇特征，以及输入 Transformer 网络进行训练（Huang et al.，2022）。

2. 手语转语音或文字

以手形为载体的手语是具有空间结构，不依赖有声语言，具有特别语法体系的一门语言（刘鸿宇等，2018）。手语是失语者的沟通方式，但对非失语者群体来说，手语的学习成本很高，因此在失语者与非失语者之间急需一款无障碍辅具作为沟通桥梁。为解决这一问题，研究者开发了多款手语、语音、文字识别产品。Sharma 和 Wasson(2012)开发了一种名为语音识别和合成工具（speech recognition and synthesis tool，SRST）的智能辅助技术，作为听障和视障人士之间的沟通媒介，实现了听障和视障人士之间的无障碍沟通。这项技术利用信息从文本到语音，再从语音到文本软件转换的有效结合，解决了视障人士无法阅读的仅以视觉形式呈现的信息，以及听障人士无法理解仅通过听觉呈现的信息（Sharma & Wasson，2012）。2016 年，由美国华盛顿大学学者研制的 SignAloud 电子手套通过内置传感器捕捉手语信号，再通过计算机匹配传输信号，将手语信号转化为声音和文字。这种电子手套形式的设备存在不便于携带或太过显眼等问题。2017 年，清华大学和北京航空航天大学共同研发的一款名为“手音”的手语翻译器既方便又人性化，它采用臂环的形式通过内置的肌电传感器，能将手语转为语音或将语音转为文字，可以让听障和语言障碍人群更加便捷地交流。

3. 听觉脑干植入

第一个听觉性脑干植入物（auditory brainstem implant，ABI）是 1979 年在 House 耳研究所开发的，作为用于神经纤维瘤病（NF2）患者的单通道植入物（Edgerton et al.，1982）。自此，ABI 成为最常见的植入中枢神经系统表面刺激器，在全球范围内有超过 1000 个配用者（Shetty et al.，2021）。ABI 是一种通过手术植入的假体装置，可直接刺激位于脑干内的耳蜗核体，为耳聋患者提供听力感知。ABI 被认为是对患有耳蜗畸形和（或）听觉神经损伤的患儿，以及那些不能从人工耳蜗植入手术中获益的患儿提供的有效替代方案，能够提高患儿的听力和语言发展（Martins et al.，2022）。Polak 等(2018)开发了一种可靠和客观地用于儿童的听觉性脑干植入物拟合方法，并对 17 名植入 ABI 的儿童在术中和设备激活时进行诱发听觉脑干反应（evoked auditory brainstem response，eABR）测量，结果显示，基于 eABR 的拟合有助于带有 ABI 的儿童更快地实现听觉感知和听力发展（Polak et al.，2018）。临床 ABI 一直有助于改善 NF2 患者的听力康复。生物工程、成像方式和基础科学的发展促使了 ABI 技术的不断改进，研究者致力于将其适应症扩大到非 NF2 群体，如顽固性耳鸣患者等（Shetty et al.，2021）。

28.4.4 视觉

与听觉一样，视觉也是人类感受外部世界的重要感官之一，日常生活中的绝大部分信息都来自视觉。市面上已经有许多与视觉感官拓展相关的数码产品，结合 AI 技术以及残障人士的需求，很多现有的视觉数码产品都可以改造成视觉辅具，帮助视觉障碍人士识别道路障碍与阅读文本。同时，结合计算机视觉技术（computer vision，CV），还能对视觉辅具的功能进行更大范围的拓展。

1. 智能眼镜

智能眼镜配备了透明光学显示屏，位于用户的视线中，用户可以通过眼前的显示屏同时查看周围的环境和显示屏中显示的虚拟内容。根据 Digi-captial 进行的市场研究，预计智能眼镜将成为继智能手机之后的下一个领先移动设备。因此，智能眼镜在增强现实领域具有巨大的潜力（Lee & Hui，2018）。当今市面上比较具有代表性的是谷歌智能眼镜（Berger et al.，2017），其具备强大的交互功能，允许通过基本的语音或视觉命令与互联网和网页进行交互。除此之外，还有其他团队也开发出了更轻量化且成本更低的智能眼镜系统（Busaeed et al.，2022），该系统使用机器学习对摄像头、激光雷达和超声波传感器等设备获取的信息进行融合以识别障碍物，提供了一种廉价、微型、绿色设备的设计。该系统可以内置或安装在任何一副眼镜甚至轮椅上，以帮助更多视力受损的人。针对室内场景，国内的研究团队设计了一款能有效改善用户在复杂室内环境下的出行体验的智能眼镜设备（Bai et al.，2017）。该设备基于深度图像和多传感器融合的算法解决了室内环境中小且透明的障碍物的避障问题。值得一提的是，针对弱视人群，该设备采用了 AR 技术对避障环境中的可行进方向进行了有效的视觉增强。

2. 增强现实

增强现实技术是结合了真实和虚拟内容且能实时交互的 3D 显示图像（Lee et al.，2015）。AR 技术拥有高度的直观性与可交互性，十分适合将其应用于辅具开发中。美国的研究团队提出了一个基于 AR 技术的环境识别系统（Yu et al.，2018），该系统使用 AR 标记的信息来识别特定的可用设施，如走廊、洗手间、楼梯和办公室等，结合室内环境不同表面的 AR 标记可以创建一个"视障人士友好型"房间。在这样的房间中，视障人士可以像正常人一样四处导航，使用各种设施或设备，避开障碍物，而无须与障碍物进行身体接触。增强现实系统还可以增强用户的视觉能力，使低视力用户更容易获得文本或其他细节，提高低视力人群的独立性和生活质量。有研究团队使用微软 HoloLens 设计了一款 AR 放大的应用程序（Stearns et al.，2018），该头戴式的视觉放大程序具备便携性、隐私性等优点，能让低视力人群拥有更自然的阅读体验，并提高了操作多设备的能力。

3. 虚拟现实

虚拟现实是一种基于计算模拟构建 3D 情景的技术，该技术在过去几年与 AR 技术同样发展迅速，并已被研究人员和设计人员广泛应用于不同领域（Bates，1992）。在很早之前，研究人员就已经认识到 VR 技术在为残障人士提供培训和康复方面的潜力（Latash，1998）。例如，将 VR 技术应用于对残障人士互动游戏的开发，以训练残障人士的空间能力，以及提高其对辅具的操作熟练度等（Tan et al.，2022）。美国微软研究院的研究团队设计了一种触觉手杖控制器，结合室内和室外 VR 场景使视障人士能在虚拟环境中进行手杖寻路技能的练习（Zhao et al.，2018）。该系统在 VR 中模拟了物理震动、物理阻力以及三维听觉反馈等信息，不仅能锻炼视障人群对手杖操作的熟练度，还能让视障人群体验和探索虚拟世界。

4. 其他计算机视觉相应的技术

随着深度学习技术的迅速发展以及计算机性能的提升，基于深度学习的各类智能辅具的功能得以拓展，计算延时降低，开发前景十分广阔。北京航空航天大学的研究团队开发了一套针对视障人士的智能避障系统，用于实时自动识别情景和场景中的物体(Muhammad et al., 2022)。视觉传感器用于检测障碍物和道路不平之处，可以识别特定方向(前、左、右)的障碍物。该系统还能为用户提供有关物体的信息，自动计算用户与障碍物之间的距离，并将障碍物的信息通过耳机中的语音提醒用户。此外，计算机视觉评估也是一个重要应用方向。例如，已有研究将计算机视觉用于评估食品质量，并发挥对食品的分类以及质量预测的作用(Du & Sun, 2006)，这尤其体现在将这些智能设备用于物体识别、导航、请求视力帮助、听有声读物、阅读电子书和光学字符识别等方面。

5. 电子助视器

助视器是可以帮助低视力患者提高或改善视觉能力的一种设备或装置，可以分为光学和非光学两大类，当前市面上技术发展较快且更容易与 AI 技术结合的助视器类别是电子助视器(electronic visual aids, EVA)。电子助视器在视障儿童教育领域有重要作用，除了日常生活使用以外，还可以作为一种教育辅具使用(Yu et al., 2020)。

随着技术的不断进步，电子助视器的发展逐渐领先于基于透镜的光学助视器，并且电子助视器还有便携、适用性强等优点(Culham et al., 2004)。电子助视器也因此适用于更多的任务，使用的频率也更高(Taylor et al., 2017)。另外，还有基于闭路电视系统设计的电子助视器(Rohrschneider et al., 2018)。与传统光学助视器相比，它除了可以提供最大放大率外，这些设备还具有提高对比灵敏度和扩大视野的额外优势。除此之外，上文提到的 AR 与 VR 技术结合的一些头戴显示设备在概念上也属于电子助视器。总体来说，在技术发展迅速的今天，对于视障人士的辅助设备基本以助视器的形式为主。

28.4.5 生活环境

要让残障人士像健全人一样便利的生活，仅仅在移动性和感官上通过辅具提供辅助是不够的，还需要对残障人士的生活环境进行适宜性和智能性上的改造，这就不仅涉及个体自身，还涉及个体在家庭、社区、城市中的生活与应用。结合物联网技术，智能家居领域的发展为残障人士提供了更舒适、更智能的居家生活；智慧城市的建设减少了残障人士的出行成本，提高了残障人士在城市中生活的便捷性与安全性；智能机器人作为辅具出现，更提供了一种兼容性更高的辅助方案。

1. 个体自身：辅助机器人

机器人技术的研究和应用已从传统的工业领域快速扩展到其他领域，如医疗康复、家政服务等(谭民 & 王硕,2013)。作为智能辅具，越来越多的机器人辅助设备被用于提高残障人士的独立生活的质量。智能喂食器、智能轮椅、独立移动机器人和社交辅助机器人等各种各样的设备逐渐在残障人士的临床治疗和日常生活中发挥出更大的作用(Brose et al., 2010)。借助辅助机器人为残障人士或老人等行动不便的人群提供服务的概念在很早之前就已经被科研人员讨论。如今，面向残障人士的辅助机器人研究面临的关键问题有康复机器人及多种康复训练模式、智能辅助系统与生机电技术、康复与辅助相关的多模态传感与控制方法、外骨骼和可穿戴设备、智能假肢与人机安全性等(侯增广等, 2016)。另外，护理机器人系统具有更高的兼容性，可以与其他现代技术(物联网、电子健康等)相结合，以有效提高其辅具能力和临床实践的作用(Christoforou et al., 2020)。

2. 家庭：智能家居

物联网(Internet of Things，IoT)技术的发展对人类生产生活的多个领域都产生了积极的推动作用，智能家居就是提高用户居家生活便捷性的物联网技术应用之一。智能家居可以将多种不同的家用电器统一操控与管理，为用户的居家生活提供更智能、更便利、更环保的解决方案。智能家居拥有很高的适用性，并且残障人士对居家环境的依赖程度更高。因此，尽管市面上还没有针对残障人士进行设计的智能家居方案，但也能在很大程度上方便残障人士的日常居家生活。例如，拉窗帘在日常生活中是一件小事，智能家居中的自动窗帘对健全人来说也许是更省时省力的辅助，但对一些有运动障碍的残障人士而言，可能只有借助自动窗帘才能独立完成拉窗帘这一小事。可见，残障人士在居家环境的日常生活中总会出现一些难以避免的限制与不便，随着技术持续不断的进步，智能家居领域为克服这些限制和不便提供了新的方法(Jamwal et al.，2022)。例如，智能手机上的 Google Assistant 应用程序可以对家用电器进行语音控制(Isyanto et al.，2020)。智能家居控制系统可以帮助残障人士仅使用语音命令即可控制家中的电视、电灯和风扇等家电，而无须亲自动身打开或关闭家电。还有国外的研究团队针对卧床不便的残障人士或老人开发了一款仅用手势即可驱动的智能家居解决方案(Jayaweera et al.，2020)。该方案使用深度学习、图像处理、物联网等技术，将摄像头记录到的手势识别后输出给智能插座等。各类智能家居系统的开发都为残障人士提供了更安全、更方便、更舒适的居家生活。

3. 城市：智慧城市

在城市中生活对于健全人来说可能是轻松便利的，但对残障人士来说，在城市的日常生活中会遇到一系列具有挑战性的问题。例如，过斑马线这件事情对于健全人来说也许容易，但对残障人士特别是视障人群来说却是充满挑战的。针对视障人群，国外研究团队将智能避障设备与物联网技术相结合，借助 eHealth 智能代理和智能城市的其他组件，开发了一种低成本且多功能的智能辅具组件(Zubov et al.，2018)。

在 5G 时代，物联网作为一项前沿技术正在逐步将现在的互联网转变为完全融合的未来互联网，将推动现有研究领域向智能家居、智能社区、智能健康、智能交通等新方向发展(Ji et al.，2020)。智慧城市的建设离不开物联网技术的快速发展，而物联网技术的新时代正在推动传统车向车联网(Internet of Vehicles，IoV)演进。车联网是通过新一代信息通信技术，实现车与云平台、车与车、车与路、车与人、车内等全方位网络连接的一项技术。车联网作为一种智慧城市新基建，其主要实现了“三网融合”，即将车内网、车际网和车载移动互联网进行融合(Yang et al.，2014)。车联网的目标是减少事故、缓解交通拥堵以及提供其他信息服务，这也为残障人士的辅具开发提供了灵感。例如，将辅助残障人士的智能轮椅并入车联网，让车联网的低延时网络系统和庞大的信息流也可以为残障人士服务(Contreras-Castillo et al.，2017)。“车联网”这个概念与轮椅等辅具出行现状的结合，在推动发展物联网技术应用的同时，还能让残障人士体验到智慧城市新基建的安全与便利。

28.4.6 自我护理

在各种辅具和环境设施的帮助下，残障人士的生活质量和心理状态都能得到有力的支持，但在健康监测和残障症状的治疗上却是一个长期的过程，离不开有效的护理与智能的管理。随着通信技术的发展，专业医护人员可以对残障人士的身心健康状态进行更快捷、更及时的判断；在配药等治疗场景中运用物联网技术，也能为医患双方带来便利。

1. 健康和情绪监测

普通人群和残障人士之间存在显著的健康差异，特别是在慢性病状况方面。因此，对残障人士的身体和情绪的健康监测是很有必要的。基于智能移动设备(手机、平板电脑)的普及,相关的医疗保健应用程序近年来出现巨大的增长,逐渐成为对残障人士进行身心健康监测的重要手段(Jones et al., 2018)。同时,随着传感技术的发展、集成电路的成本降低以及互联网与物联网技术的发展,通过可穿戴设备来识别身体活动,可以提供更好的运动和健康方面的监测(Nascimento et al., 2020)。

2. 智能配药和管理

对于残障人士或老年人群体来说,药物治疗与保健也许是生活中不可忽略的一部分,通过技术手段为用药人群提供智能配药管理的需求日益增加。德国斯图加特大学的研究团队基于物联网技术开发了一种智能配药器,对用药人群进行智能药物管理(Sahlab et al., 2020)。该智能配药方案使用智能移动设备的应用程序,将用户的用药数据存储在云服务器,云服务器负责确保整个系统同步,并提供网络接口以实现自动药品订购以及与医疗专业人员的接口以更新用药计划。对于有更高用药需求的用户,印度奇特卡拉大学的研究团队开发出了一种智能的 S-PICU(smart and portable intensive care unit)系统(Panda et al., 2022)。在该系统中,患者可以通过智能手机、平板电脑或个人电脑等设备接受医疗专家的问询和观察。专家可以看到患者持续的重要生命参数(血压、心电图),并与患者交谈,计划或运送必要的药物,从而为患者带来及时的治疗和临床诊断。

28.5 AI+ 辅具设计理念及实现平台

无论采用的技术如何发展,辅具被设计出来的最终目的仍然是"为人服务",因此,在采用各类技术对辅具进行设计与开发时,从用户的视角考虑其需求是必需的。其中,用户对于辅具的需求不止在于生理运动上的辅助,还应该考虑如何对用户的心理与情感需求进行辅助。以人为本的 AI+辅具设计理念应该是既能满足用户的生理功能辅助需求,又能满足用户的自尊心等情感需求的设计理念。

28.5.1 以人为本的设计理念

1. 个性化设计

个性化是辅具的重要特征之一,同时也体现了以人为本的理念。辅具重要的是要适合残障人士自身的需求,有益于残余功能的利用和状况的改善(袁洪伟,2014)。这种个性化订制和传统的制造工艺流程从根本上是不相符的,不能进行大批量的生产。3D 打印技术就很好地满足了个性化的需求。与传统的制造工艺相比,3D 打印技术是一种增材制造过程,省去了模具制造过程,这使得 3D 打印技术不仅提高了研制的速度,而且降低了研制成本,满足了障碍人士对辅具的个性化和低价格的要求。

例如,笔者的代步车上要安装一个手机支架,用于放置手机,但是笔者的手部也有障碍,市面上销售的手机支架均不能很好地满足笔者的需求。于是笔者使用 3D 打印技术自行打印了一个手机支架(3D 打印模型图、实物图见图 28.3)。该手机支架不仅能够很好地固定在笔者已有的代步车上,也不妨碍对全面屏手机的交互和单手轻松取放手机。此外,笔者又针对 iPhone 手机自带的 magsafe 功能,用磁铁进一步地使手机牢牢固定于支架上,使得笔者单手取放手机更方便。

2. 模块化设计

有些辅具可能不适合 3D 打印,所以在辅具的研发过程中也应该学习和使用程序设计中的模块化设计和统一规范接口的思想。模块化设计旨在于将一个系统细分为许多小单元,称为模块(block),可以独立地于不同的系统中被建立与使用。具体到智能辅具设计上,模块化设计是指按不同的功能将其设计为可重复利用的不同模块。

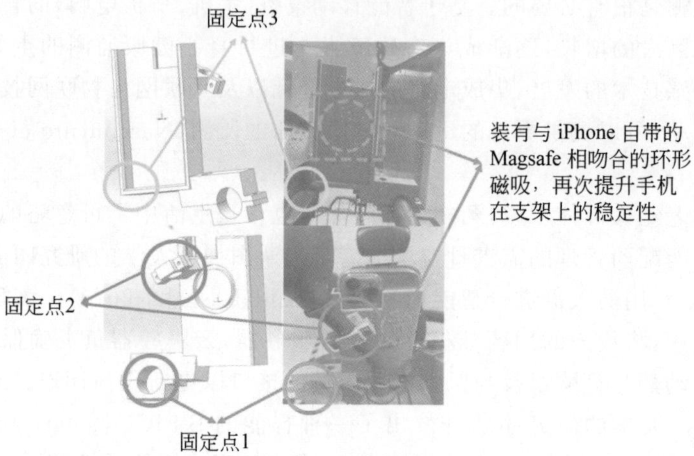

图 28.3　笔者的代步车和自制手机支架构造示意图

(1) 智能部件的模块化。每个模块的设计需要遵循统一的接口规范,以达到可扩充的目的。举例来说,一辆智能轮椅可以通过传统的操纵杆模块进行操作控制,也可以用语音理解的模块进行操作控制,还可以通过选装基于计算机视觉的模块,通过眼动、头部动作以及面部肌肉动作进行操作控制。用户可以根据自身的需要选择一个或多个模块组合,从而实现障碍人士对辅具的个性化要求。

(2) 非智能部件的模块化。除了智能化的部件可以考虑模块化设计外,非智能化部件也可以考虑模块化设计。例如电动代步车的座椅也可以应用模块化的设计。现在有很多种不同的办公座椅、休闲座椅等,当这些座椅的靠背坐垫部分与落地支撑部分的接口都进行模块化统一时,就意味着同一个落地端口可以接入不同的靠背坐垫端口,反之亦然,同一个靠背坐垫端口可以接入不同的落地端口。基于接口的统一性,就可以在电动代步车上接入自己认为最舒适、最心仪的坐垫靠背。不仅如此,由于接口的统一,用户能够自主地选择自己的带代步车安装什么材质、什么价位的座椅,从而能让用户在经济性和舒适性之间有了选择的余地,这从某种程度上也体现了人体工效学的原理。人体工效学研究了人在工作或劳动的自然规律或法则中,人的生理、心理以及人与机器和环境的关系,获取最大的劳动成果,同时保证人自身的安全、健康、舒适和满意,这涉及工程技术学科,它是工业工程专业的一个分支,是研究人和机器、环境的相互作用及其合理结合,使设计的机器和环境系统适合人的生理及心理等特点,达到在生产中提高效率、安全、健康和舒适目的的一门科学。将人体工效学的原理充分应用到辅具设计上,也将给残障人士带来更加舒适、便捷的生活。

3. 满足用户情感需求

从心理方面来看,智能辅具需要考虑残障人士的情感和认知需求,以提高其自尊心和自信心(Li et al., 2021; Zhao et al., 2022)。例如笔者亲历过一件事,在此与读者分享:笔者有一个轻便的可折叠的电动代步车,其中文名叫"拉风骑"(图 28.4),车的外形设计得很酷、很拉风。有一次笔者开着"拉风骑"在商场中购物,对面过来两个女孩,一个女孩对另一个女孩说道:"这车真好,开着它逛商场真省力!"从侧面来说,"拉风骑"的外观设计已经完全摆脱传统轮椅的概念,让人感觉倒更像类似于平衡车一样的时尚的代步工具。

具有时尚外观设计的辅具更能增强残疾人的使用信心和出行意愿。从 20 世纪 90 年代开始,人们开始使用"病"这个词,然而,"残障"一词意味着残疾人患有某种无法治愈的疾病,使他们变得不正常。不幸的是,尽管有人建议用"障"来代替第二个汉字,但这个词在今天仍然被广泛使用(Li et al.,

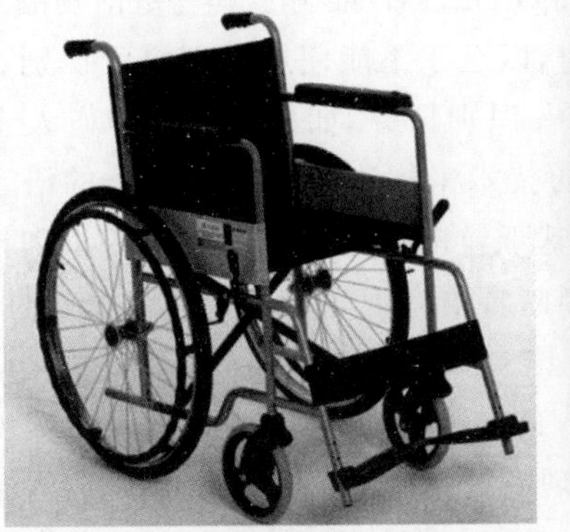

普通轮椅

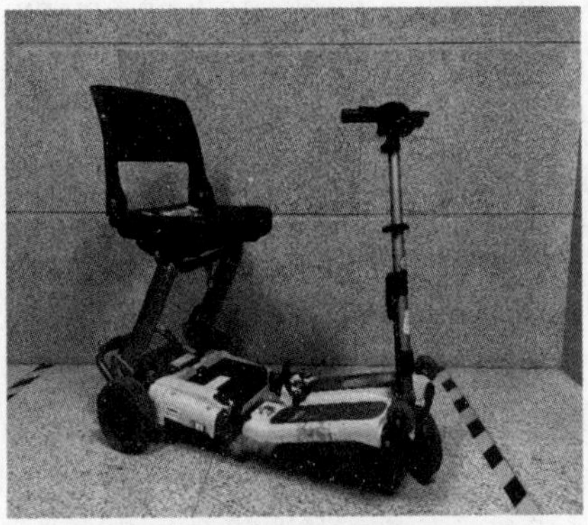

笔者的"拉风骑"

图 28.4 "拉风骑"

2021)。总而言之,许多中国人仍然对残障人士持有一种负面的态度,这使得残障人士常常会被认为是无能的、对社会没有贡献的,因此辅助工具更要能体现他们与普通大众同样的能力。Boiania 等的研究发现,普通大众对传统的手动轮椅在舒适性、美观性和享受性方面有更多的负面看法。因此,智能辅具设计现在更考虑到了运动障碍人群和公众的反馈,使得残障人士在公众面前的自信心有所提升(Boiani et al., 2019)。

4. 通用设计

通用设计是由国际公认的建筑师、产品设计师和教育家罗恩·梅斯(Ron Mace)创造的一个术语,用于描述设计产品和物理环境"在最大程度上美观和可供每个人使用,无论他们的年龄、能力或生活地位如何"(Jane, 2008)。"设计"这一概念旨在使产品、环境和系统能够尽可能地为所有人提供服务与便利,而非刻意强调面向残障人士的特殊适应性或设计。该设计理念的目的也是创造一个无障碍环境,在这样的环境中,残障人士与健全人一样,都可以方便地使用产品和服务(Hamraie, 2012)。在通用设计的环境下,残障人士并没有被"区别对待",而是能与健全人一样便利地使用产品和服务,这在服务生活的同时,还能为残障人士提供更好的心理舒适性。

当前,通用设计已应用于教育行业,如计算机设备、软件、学习网站、学习教科书甚至实验室设备(Bar & Galluzzo, 1999)。在设计学校环境时,设计师采用通用设计元素来确保宿舍、教室、图书馆和所有校舍的便利使用,并保证残疾学生与健全学生之间的平等。通用设计理念提倡在建筑物中使用自动门、坡道和路缘石,以方便残疾学生的行动,同时将残疾学生的活动路径与健全学生区分开,保障了残疾学生的自尊与自信。另一个例子是谷歌地图在 2019 年发布的一项功能——步行导航语音指导。谷歌地图的步行导航语音指导可以让视障人士在不熟悉的地方便利地自助导航,同时健全人也能更便利地使用这项导航服务。谷歌的目标是设计适合所有人的产品,而新的语音指导功能也证明是对广大谷歌地图用户有用的。

5. 迁移理念

迁移理念是指把一个或多个现有的成熟技术迁移到辅具设计中,用来满足残障人士某个特定的需求,这需要辅具设计人员既要对残障人士的需求痛点有深入的了解,也要对现有的技术有着广泛的了解,这也是为什么辅具设计需要和残障人士一起联合设计的原因。技术迁移可以在一定程度上降低开发成本及缩短研发周期,从而降低辅具的销售价格。例如,labrador 公司瞄准部分肢体障碍的残障人士在室内搬运物品的痛点,基于已经被广泛使用的扫地机器人和送餐机器人的室内同时定位与地图构建技术(simultaneous localization and mapping，SLAM)推出了具有室内物品运输功能的机器人来解决这一痛点。又如，笔者自身语言表达有障碍，以至于不能使用具有语音识别功能的一些智能产品。在语音识别领域，有针对低资源、小语种的语音识别任务，如果把语音障碍人士的语音看成某个特定小语种，这样可以利用针对小语种语音识别的技术来解决语言障碍人士的语音识别问题。科大讯飞利用基于统一空间的半监督语音识别技术及基于异构单元的自适应语音识别技术为笔者训练出个性化的语音识别模型。其中，基于统一空间的半监督语音识别技术利用了开拓性能更好、风格更加丰富的 Flow-CPC 合成方案，大大减少了对于训练语音数据的需求量，使得个性化语音识别建模成为可能。上述的两个例子，一个是把现有扫地机器人的技术应用到帮助障碍人士实现室内物品搬运的需求上，另一个是把低资源、小语种的语音识别的现有技术应用到语言表达障碍人士的语音识别任务中，这两个例子很好地体现了辅具设计过程中技术迁移的设计理念。

28.5.2 AI＋辅具的实现平台

笔者希望能够在中国残疾人联合会的领导和组织下，建立一个线上线下相结合的辅具自主设计平台，能够制定出一系列的相关国家标准或行业标准，在这个平台上的所有辅具产品或模块都遵循统一的接口规范。辅具自助设计平台是一种让用户能够自主设计、订制和制造自己所需的辅具的平台。障碍人士能够在这个平台上利用界面友好的设计软件，选取平台中的若干模块，组合形成满足个性化需求的辅具产品。这就好像在宜家网站上利用它们提供的设计界面选取不同的门框、内部配件、门、门柄和脚等不同的模块以组合成一个个性化订制的橱柜。如果以后有了这样一个辅具自助设计平台，残障人士就可以根据他们自己的需求和爱好，在平台上选择不同的轮子、电机、座椅和操纵模块等来组装一台个性化订制智能轮椅。可以看出，辅具自助设计平台具有以下优点。

(1) 个性化订制。平台允许用户根据自己的需求和喜好自主设计和订制适合自己的辅具。这种个性化订制能够大大提高辅具的舒适性和使用效果，从而更好地满足用户的需求。

(2) 降低成本。传统的辅具制造需要大量的人力、物力和财力投入。而辅具自助设计平台则可以通过数字化技术和自主设计减少中间环节的成本和时间，这样不仅可以降低制造成本，还可以提高生产效率和制造速度。

(3) 提高生产效率。辅具自主设计平台可以提高辅具的生产效率和制造速度，同时可以大量减少人工的参与，这种自动化的生产方式不仅可以提高生产效率，还可以提高产品的一致性和稳定性。

(4) 提高用户参与度。用户可以通过辅具自主设计平台直接参与辅具的设计和制造过程中，从而更好地了解和掌握自己所需的辅具的特点和性能。这种参与可以提高用户的满意度和对产品的认同感，也可以促进用户对辅具的改进和反馈。

(5) 可持续发展。辅具自主设计平台可以根据用户需求自主制造所需的辅具，不仅可以降低不必要的废弃物产生，还可以提高资源的利用效率，从而实现可持续发展的目标。

28.6 总结与建议

借助 AI 技术的力量，把温暖传递到世界上的每个角落，助力公益，为特殊群体服务，为爱发声。据我们所知，2019 年 10 月，笔者在科大讯飞 1024 开发者节上首次提出了“AI＋辅具”的概念。2019 年 12 月 16 日，中国计算机学会人机交互专业委员会在中国科学院心理研究所以“AI＋辅具”为主题召开了学术研讨会，从概况、需求、技术三个层面讨论了我国 AI＋辅具的现状、挑战与发展前景。2020 年 10 月 22 日，笔者又在中国计算机大会上组织了“AI＋辅具：让人工智能提高残障人士生活质量”技术论坛。该论坛让计算机科学家能够切身感受到残障人士的需求，也给了残障人士表达需求的平台。2022 年 12 月 2 日，残疾人事业发展研究会和中国计算机学会人机交互专业委员会于第十六届中国残疾人事业发展论坛举办“AI＋辅具”分论坛。在会议上，各位学者展开热烈讨论，就人机交互、多学科交叉融合的角度对辅助技术的发展提出了以下建议。

(1) 在辅具的内容上，触觉方面的拓展建设十分重要。目前的辅助技术主要聚焦于视觉与听觉，在触觉辅助技术上的部分空白还需要填补。

(2) 在辅具的研究上，一方面要重视对辅助技术的基础研究。辅助技术涉及多种学科，要深挖与发展辅助技术，就要打好辅助技术“大厦”的基础研究的“地基”。另一方面，相比于理论和数据驱动，更应该注重实践和应用驱动，不仅要有理、有据，更应该有用。要加快对切实有用的辅助工具的研发，人才是必不可少的一环。这就对教学体制提出了挑战，应当提高教学体制的完善性。

(3) 在辅具的发展道路上，AI＋辅具成为一个独立方向发展，放置于人机交互的大框架之下，或者将其作为一门学科建设，成立一个小的研究方向。

(4) 在辅具的发展重点与方向上，对于障碍人士而言，辅具在其作用上主要可分为替代和增强两种作用。上文提到多为替代作用。就增强作用而言，康复作用是辅助技术不可忽视的一个重点。

笔者认为，新兴智能辅具研究中最大的痛点正是研究者不明白残疾人需要什么，残疾人不知道人工智能技术能给他们带来什么。因此我们要更深入地关注残障人士的诉求，击破各个痛点。例如大多辅具价格昂贵，普通人难以承受；此外还有很多辅具的操作对用户的四肢协调以及手眼配合程度要求较高等。此外，更加智能的交互系统是智能辅具发展升级的重要一环，它能弥合智能理解、感知和推理用户与机器之间的鸿沟，提升残障人士的信息无障碍交互。

参考文献

Agarwal, P., Kuo, P. H., Neptune, R. R., & Deshpande, A. D. (2013). A novel framework for virtual prototyping of rehabilitation exoskeletons. *IEEE Int Conf Rehabil Robot*, *2013*, 6650382.

Alqahtani, S., Joseph, J., Dicianno, B., Layton, N. A., Toro, M. L., Ferretti, E., ... Cooper, R. (2021). Stakeholder perspectives on research and development priorities for mobility assistive-technology: a literature review. *Disabil Rehabil Assist Technol*, *16*(4), 362-376.

Azvine, B., Djian, D., Tsui, K., & Wobcke, W. R. (2000). The Intelligent Assistant: An Overview.

Bai, J., Lian, S., Liu, Z., Wang, K., & Liu, D. (2017). Smart guiding glasses for visually impaired people in indoor environment. *IEEE Transactions on Consumer Electronics*, *63*(3), 258-266.

Bai, Z., Fong, K. N. K., Zhang, J. J., Chan, J., & Ting, K. H. (2020). Immediate and long-term effects of BCI-based rehabilitation of the upper extremity after stroke: a systematic review and meta-analysis. *J Neuroeng Rehabil*, *17*(1), 57. https://doi.org/10.1186/s12984-020-00686-2.

Balata, J., Mikovec, Z., & Slavik, P. (2018). Landmark-enhanced route itineraries for navigation of blind pedestrians in urban environment. *Journal on Multimodal User Interfaces*, *12*(3), 181-198.

Bar, L., & Galluzzo, J. (1999). *The Accessible School: Universal Design for Educational Settings*. ERIC.

Bates, J. (1992). Virtual reality, art, and entertainment. *Presence: Teleoperators & Virtual Environments*, *1*(1), 133-138.

Berger, A., Vokalova, A., Maly, F., & Poulova, P. (2017). Google Glass Used as Assistive Technology Its

Utilization for Blind and Visually Impaired People. In *Mobile Web and Intelligent Information Systems* (pp. 70-82).

Boiani, J. A. M., Barili, S. R. M., Medola, F. O., & Sandnes, F. E. (2019). On the non-disabled perceptions of four common mobility devices in Norway: a comparative study based on semantic differentials. *Technology and Disability*, *31*(1-2), 15-25.

Bouteraa, Y. (2023). Smart real time wearable navigation support system for BVIP. *Alexandria Engineering Journal*, *62*, 223-235.

Brose, S. W., Weber, D. J., Salatin, B. A., Grindle, G. G., Wang, H., Vazquez, J. J., & Cooper, R. A. (2010). The role of assistive robotics in the lives of persons with disability. *American Journal of Physical Medicine & Rehabilitation*, *89*(6), 509-521.

Busaeed, S., Mehmood, R., Katib, I., & Corchado, J. M. (2022). LidSonic for Visually Impaired: Green Machine Learning-Based Assistive Smart Glasses with Smart App and Arduino. *Electronics*, *11*(7).

Christoforou, E. G., Avgousti, S., Ramdani, N., Novales, C., & Panayides, A. S. (2020). The upcoming role for nursing and assistive robotics: Opportunities and challenges ahead. *Frontiers in Digital Health*, *2*, 585656.

Contreras-Castillo, J., Zeadally, S., & Guerrero-Ibañez, J. A. (2017). Internet of vehicles: architecture, protocols, and security. *IEEE internet of things Journal*, *5*(5), 3701-3709.

Cowan, R. E., Fregly, B. J., Boninger, M. L., Chan, L., Rodgers, M. M., & Reinkensmeyer, D. J. (2012). Recent trends in assistive technology for mobility. *Journal of neuroengineering and rehabilitation*, *9*(1), 1-8.

Culham, L. E., Chabra, A., & Rubin, G. S. (2004). Clinical performance of electronic, head - mounted, low - vision devices. *Ophthalmic and Physiological Optics*, *24*(4), 281-290.

Cumplido, C., Delgado, E., Ramos, J., Puyuelo, G., Garcés, E., Destarac, M. A., ... García, E. (2021). Gait-assisted exoskeletons for children with cerebral palsy or spinal muscular atrophy: A systematic review. *NeuroRehabilitation*, *49*(3), 333-348.

Demicheli, V., Jefferson, T., Di Pietrantonj, C., Ferroni, E., Thorning, S., Thomas, R. E., & Rivetti, A. (2018). Vaccines for preventing influenza in the elderly. *Cochrane Database Syst Rev*, *2*(2), Cd004876.

Dosen, S., Cipriani, C., Kostić, M., Controzzi, M., Carrozza, M. C., & Popović, D. B. (2010). Cognitive vision system for control of dexterous prosthetic hands: experimental evaluation. *J Neuroeng Rehabil*, *7*, 42.

Douibi, K., Le Bars, S., Lemontey, A., Nag, L., Balp, R., & Breda, G. (2021). Toward EEG-Based BCI Applications for Industry 4.0: Challenges and Possible Applications. *Front Hum Neurosci*, *15*, 705064.

Du, C. J., & Sun, D. W. (2006). Learning techniques used in computer vision for food quality evaluation: a review. *Journal of Food Engineering*, *72*(1), 39-55.

Edgerton, B. J., House, W. F., & Hitselberger, W. E. (1982). Hearing by cochlear nucleus stimulation in humans. *Annals of Otology Rhinology & Laryngology Supplement*, *91*(2 Pt 3), 117.

Fleischer, C., Wege, A., Kondak, K., & Hommel, G. (2006). Application of EMG signals for controlling exoskeleton robots. *Biomed Tech (Berl)*, *51*(5-6), 314-319.

Grewal, H. S., Matthews, A., Tea, R., Contractor, V., & George, K. (2018). Sip-and-Puff Autonomous Wheelchair for Individuals with Severe Disabilities. 2018 9th IEEE Annual Ubiquitous Computing, Electronics & Mobile Communication Conference (UEMCON),

Guseh, J. S. (2015). *Aging of the World's Population*. The Wiley Blackwell Encyclopedia of Family Studies.

Hamraie, A. (2012). Universal Design Research as a New Materialist Practice. *Disability Studies Quarterly*, *32*(4).

Hao, M., Mamut, M., Yadikar, N., Aysa, A., & Ubul, K. (2020). A Survey of Research on Lipreading Technology. *IEEE Access*, *8*, 204518-204544.

Huang, H., Song, C., Jin, T., Tian, T., Hong, C., Di, Z., & Gao, D. (2022). A Novel Machine Lip Reading Model.

Huang, Q., He, S., Wang, Q., Gu, Z., Peng, N., Li, K., ... Li, Y. (2017). An EOG-Based Human-Machine

Interface for Wheelchair Control. *IEEE Transactions on Biomedical Engineering*, 1-1.

Isyanto, H., Arifin, A. S., & Suryanegara, M. (2020). Design and implementation of IoT-based smart home voice commands for disabled people using Google Assistant. 2020 International Conference on Smart Technology and Applications (ICoSTA),

J., Kim, H., Park, J., Bruce, ... Rowles. (2013). The Tongue Enables Computer and Wheelchair Control for People with Spinal Cord Injury. *Science Translational Medicine*, *5*(213).

Jamwal, R., Jarman, H. K., Roseingrave, E., Douglas, J., & Winkler, D. (2022). Smart home and communication technology for people with disability: a scoping review. *Disability and rehabilitation: assistive technology*, *17*(6), 624-644.

Jane, B. (2008). Universal Design: Is it Accessible? *multi the rit journal of plurality & diversity in design*.

Jayaweera, N., Gamage, B., Samaraweera, M., Liyanage, S., Lokuliyana, S., & Kuruppu, T. (2020). Gesture driven smart home solution for bedridden people. Proceedings of the 35th IEEE/ACM International Conference on Automated Software Engineering Workshops.

Ji, B., Zhang, X., Mumtaz, S., Han, C., Li, C., Wen, H., & Wang, D. (2020). Survey on the internet of vehicles: Network architectures and applications. *IEEE Communications Standards Magazine*, *4*(1), 34-41.

Jiang, S. Y., Lin, C. Y., Huang, K. T., & Song, K. T. (2017). Shared Control Design of a Walking-Assistant Robot. *IEEE Transactions on Control Systems Technology*, *25*(6), 2143-2150.

Jones, M., Morris, J., & Deruyter, F. (2018). Mobile Healthcare and People with Disabilities: Current State and Future Needs. *Int J Environ Res Public Health*, *15*(3).

Karczewski, A. M., Dingle, A. M., & Poore, S. O. (2021). The Need to Work Arm in Arm: Calling for Collaboration in Delivering Neuroprosthetic Limb Replacements. *Front Neurorobot*, *15*, 711028.

Kuriakose, B., Shrestha, R., & Sandnes, F. E. (2023). DeepNAVI: A deep learning based smartphone navigation assistant for people with visual impairments. *Expert Systems with Applications*, *212*.

Latash, M. L. (1998). Virtual reality: a fascinating tool for motor rehabilitation (to be used with caution). *Disability and Rehabilitation*, *20*(3), 104-105.

Lee, G., Clark, A., & Billinghurst, M. (2015). A Survey of Augmented Reality. *Foundations and Trends® in Human-Computer Interaction*, *8*(2-3), 73-272.

Lee, L.-H., & Hui, P. (2018). Interaction methods for smart glasses: A survey. *IEEE Access*, *6*, 28712-28732.

Li, F. M., Chen, D. L., Fan, M., & Truong, K. N. (2021). "I Choose Assistive Devices That Save My Face" A Study on Perceptions of Accessibility and Assistive Technology Use Conducted in China. Proceedings of the 2021 CHI Conference on Human Factors in Computing Systems,

Li, G., Li, Y., Yu, L., & Geng, Y. (2011). Conditioning and Sampling Issues of EMG Signals in Motion Recognition of Multifunctional Myoelectric Prostheses. *Annals of Biomedical Engineering*, *39*(6), 1779-1787.

Long, J., Li, Y., Wang, H., Yu, T., & Pan, J. (2012). Control of asimulated wheelchair based on a hybrid brain computer interface. International Conference of the IEEE Engineering in Medicine & Biology Society,

Martins, Q. P., Gindri, B. F. S., Valim, C. D., Ferreira, L., & Patatt, F. S. A. (2022). Hearing and language development in children with brainstem implants: a systematic review. *Braz J Otorhinolaryngol*, *88 Suppl 3* (Suppl 3), S225-S234.

Moon, I., Lee, M., Chu, J., & Mun, M. (2006). Wearable EMG-based HCI for Electric-Powered Wheelchair Users with Motor Disabilities. IEEE International Conference on Robotics & Automation,

Morris, L., Cramp, M., & Turton, A. (2022). User perspectives on the future of mobility assistive devices: Understanding users' assistive device experiences and needs. *J Rehabil Assist Technol Eng*, *9*, 20556683221114790.

Muhammad, Y., Jan, M. A., Mastorakis, S., & Zada, B. (2022). *A Deep Learning-Based Smart Assistive Framework for Visually Impaired People* 2022 IEEE International Conference on Omni-layer Intelligent Systems

(COINS),

Nascimento, L., Bonfati, L. V., Freitas, M. B., Mendes Junior, J. J. A., Siqueira, H. V., & Stevan, S. L., Jr. (2020). Sensors and Systems for Physical Rehabilitation and Health Monitoring-A Review. *Sensors (Basel)*, *20*(15).

Neto, L. L., Constantini, A. C., & Chun, R. Y. S. (2017). Communication vulnerable in patients with Amyotrophic Lateral Sclerosis: A systematic review. *NeuroRehabilitation*, *40*(4), 561-568.

Ottink, L., Buimer, H., van Raalte, B., Doeller, C. F., van der Geest, T. M., & van Wezel, R. J. A. (2022). Cognitive map formation supported by auditory, haptic, and multimodal information in persons with blindness. *Neurosci Biobehav Rev*, *140*, 104797.

Panda, S. N., Verma, S., Sharma, M., Desai, U., & Panda, A. (2022). *Smart and Portable IoT Drug Dispensing System for Elderly and Disabled Person* 2022 IEEE 7th International Conference on Recent Advances and Innovations in Engineering (ICRAIE),

Peixoto, N., Nik, H. G., & Charkhkar, H. (2013). Voice controlled wheelchairs: Fine control by humming. *Computer methods and programs in biomedicine*, *112*(1), 156-165.

Polak, M., Colletti, L., & Colletti, V. (2018). Novel method of fitting of children with auditory brainstem implants. *Eur Ann Otorhinolaryngol Head Neck Dis*, *135*(6), 403-409.

Reinkensmeyer, D. J., Bonato, P., Boninger, M. L., Chan, L., Cowan, R. E., Fregly, B. J., & Rodgers, M. M. (2012). Major trends in mobility technology research and development: overview of the results of the NSF-WTEC European study. *Journal of neuroengineering and rehabilitation*, *9*, 1-4.

Reis, L. P., Braga, R. A., Sousa, M., & Moreira, A. P. (2010). IntellWheels MMI: A flexible interface for an intelligent wheelchair. RoboCup 2009: Robot SoccerWorld Cup XIII 13,

Rohrschneider, K., Bayer, Y., & Brill, B. (2018). Closed-circuit television systems: Current importance and tips on adaptation and prescription. *Der Ophthalmologe*, *115*, 548-552.

Sahlab, N., Jazdi, N., Weyrich, M., Schmid, P., Reichelt, F., Maier, T., ... Kalka, G. (2020). Development of an Intelligent Pill Dispenser Based on an IoT-Approach. In T. Ahram, W. Karwowski, S. Pickl, & R. Taiar, *Human Systems Engineering and Design II* Cham.

Sharma, F. R., & Wasson, S. G. (2012). Speech recognition and synthesis tool: assistive technology for physically disabled persons.

Shetty, K. R., Ridge, S. E., Kanumuri, V., Zhu, A., Brown, M. C., & Lee, D. J. (2021). Clinical and scientific innovations in auditory brainstem implants. *World J Otorhinolaryngol Head Neck Surg*, *7*(2), 109-115.

Shim, H. M., Lee, E. H., Shim, J. H., Lee, S. M., & Hong, S. H. (2005). Implementation of an intelligent walking assistant robot for the elderly in outdoor environment. International Conference on Rehabilitation Robotics,

Staff, W. I. P. O. (2021). *WIPO Technology Trends 2021: Assistive Technology*. World Intellectual Property Organization.

Stearns, L., Findlater, L., & Froehlich, J. E. (2018). *Design of an Augmented Reality Magnification Aid for Low Vision Users* Proceedings of the 20th International ACM SIGACCESS Conference on Computers and Accessibility.

Tan, S., Huang, W., & Shang, J. (2022). Research Status and Trends of the Gamification Design for Visually Impaired People in Virtual Reality. In *HCI in Games* (pp. 637-651). https://doi.org/10.1007/978-3-031-05637-6_41.

Taylor, J. J., Bambrick, R., Brand, A., Bray, N., Dutton, M., Harper, R. A., ... Waterman, H. (2017). Effectiveness of portable electronic and optical magnifiers for near vision activities in low vision: a randomised crossover trial. *Ophthalmic and Physiological Optics*, *37*(4), 370-384.

Tyler, D. J., Polasek, K. H., & Schiefer, M. A. (2015). Peripheral Nerve Interfaces. *Nerves and Nerve Injuries*, 1033-1054.

Vajak, D., Vranje, M., Grbi, R., & Vranje, D. (2019). Recent Advances in Vision-Based Lane Detection Solutions for Automotive Applications. 2019 International Symposium ELMAR.

Xu, X., Xu, X., Liu, Y., Zhong, K., & Zhang, H. (2021). Design of bionic active-passive hybrid-driven prosthesisbased on gait analysis and simulation of compound control method. *Biomed Eng Online*, *20*(1), 126.

Yang, F., Wang, S., Li, J., Liu, Z., & Sun, Q. (2014). An overview of internet of vehicles.*China communications*, *11*(10), 1-15.

Yildiz, K. A., Shin, A. Y., & Kaufman, K. R. (2020). Interfaces with the peripheral nervous system for the control of a neuroprosthetic limb: a review. *J Neuroeng Rehabil*, *17*(1), 43.

Yu, M., Liu, W., Chen, M., & Dai, J. (2020). The assistance of electronic visual aids with perceptual learning for the improvement in visual acuity in visually impaired children. *International Ophthalmology*, *40*, 901-907.

Yu, X., Yang, G., Jones, S., & Saniie, J. (2018). AR marker aided obstacle localization system for assisting visually impaired. 2018 IEEE International Conference on Electro/Information Technology (EIT).

Zhao, X., Fan, M., & Han, T. (2022). "I Don't Want People to Look At Me Differently" Designing User-Defined Above-the-Neck Gestures for People with Upper Body Motor Impairments. Proceedings of the 2022 CHI Conference on Human Factors in Computing Systems.

Zhao, Y., Bennett, C. L., Benko, H., Cutrell, E., Holz, C., Morris, M. R., & Sinclair, M. (2018). *Enabling People with Visual Impairments to Navigate Virtual Reality with a Haptic and Auditory Cane Simulation* Proceedings of the 2018 CHI Conference on Human Factors in Computing Systems.

Zubov, D., Kose, U., Ramadhan, A. J., & Kupin, A. (2018). Mesh Network of eHealth Intelligent Agents in Smart City: A Case Study on Assistive Devices for Visually Impaired People. IDDM.

蔡荣根，曹利明，& 杨涛.(2018).轮椅上的宇宙——霍金的学术贡献及影响.*科技导报*，*36*(7)，6.

陈凯天，刘涛，杨艺，徐珑，& 何江弘.(2021).人机交互技术在意识障碍领域的应用.*立体定向和功能性神经外科杂志*，*34*(2)，118-124.

侯增广，赵新刚，程龙，王启宁，& 王卫群.(2016).康复机器人与智能辅助系统的研究进展.*自动化学报*，*42*(12)，1765-1779.

孔华萍，张艺于，黄韫喆，应雯，徐可盈，& 周波.(2023).智能轮椅研究进展.*科技创新与应用*，*13*(5)，45-50.

雷涛，许兆坤，王昭昳，李钊，张林媛，& 路国华.(2022).用于失语群体的智能"眼一语"助手的设计.*中国医疗设备*，*37*(7)，35-38.

李安巧.(2017).康复2030：国际康复发展状况与行动呼吁.*中国康复理论与实践*，*23*(4)，379-379.

刘鸿宇，曹阳，& 付继林.(2018).中国手语动词隐喻调查研究.*中国特殊教育*，*No.222*(12)，29-33+48.

刘作军，许长寿，陈玲玲，& 张燕.(2021).智能假肢膝关节的研发要点及其研究进展综述.*包装工程艺术版*，*42*(10)，54-63.

罗建功，丁鹏，龚安民，田贵鑫，徐浩天，赵磊综述，& 伏云发审校.(2022).脑机接口技术的应用，产业转化和商业价值.*生物医学工程学杂志*，*39*(2)，405-415.

乔之龙.(2011).*老年疾病*.老年疾病.

曲振波，王飞，& 张宏扬.(2020).智能轮椅的发展与设计趋势探析.*工业设计*(12)，113-114.

荣雪芹，& 阚厚铭.(2017).老年人腰腿痛诊疗进展.*实用老年医学*，*31*(1)，4.

失语者的福音.(2017).*知识就是力量*，*No.536*(7)，5.

世界卫生组织，邱卓英，郭键勋，& 李伦.(2020).健康服务体系中的康复.*26*(1)，1-14.

谭民，& 王硕.(2013).机器人技术研究进展.*自动化学报*，*39*(7)，963-972.

王人成，& 金德闻.(2009).仿生智能假肢的研究与进展.*中国医疗器械信息*，*15*(1)，3-5.

武曌晗，荣学文，& 范永.(2020).导盲机器人研究现状综述.*计算机工程与应用*，*56*(14)，1-13.

肖峰.(2023).从内涵和外延的解析看脑机接口的哲学特征.*长沙理工大学学报：社会科学版*，*38*(1)，10.

徐瑜，& 李小英.(2008).老年人肌肉内睾酮注射治疗：记忆力减退和大脑功能改变的证据.*中华内分泌代谢杂志*，*24*(1)，114-115.

于连甲.(1996).助行器的功能与分类.*中国康复*，*11*(4)，180-182.

袁洪伟.（2014）.3D 打印技术在辅具适配中的应用.*中国残疾人（6）*，68-69.
卓大宏.（2003）.现代康复功能训练的新概念与新技术.*中国康复医学杂志（7）*，4-7.

作者简介

胡芸绮　中国科学院心理研究所在读研究生，研究方向：微表情识别与测谎。E-mail：huyq@psych.ac.cn。

孙　芹　中国科学院心理研究所在职研究生，研究方向：人机交互，辅助技术。E-mail：iris119_sun@sina.com。

王　俨　中国科学院心理研究所在读研究生，研究方向：微表情识别，机器学习，图像处理。E-mail：wangyan1@psych.ac.cn。

王甦菁　博士，副研究员，博士生导师，中国科学院心理研究所、中国科学院大学心理学系。中国残疾人康复协会康复工程与辅助技术专业委员会委员，中国社会工作联合会康复医学工作委员会委员，残疾人事业发展研究会理事，被新华社称为“中国版霍金”。研究方向：微表情分析，智能辅具设计。E-mail：wangsujing@psych.ac.cn。

第29章

伦理化人工智能规范与治理

▷本章导读

人工智能的广泛应用在推动社会发展的同时，也带来了一系列法律和伦理挑战。本章概述国内外从政策、伦理、法律、行业自律等多个角度开展的人工智能治理工作，重点阐释以人为中心、发展安全并重、分级分类治理、科技法律协同、多元主体共治等人工智能治理的基本原则，提出构建政府政策倡导与科学监管、社会监督与行业自律、公民依法维权和企业有效自治的人工智能多元共治格局，并结合算法备案制度及企业治理实例进行分析，最后对完善人工智能治理体系、优化人工智能治理的中国方案进行展望。

29.1 引言

带来新一轮科技革命和产业变革的人工智能已经成为全球瞩目的科技热点。特别是21世纪以来，机器学习算法的发展、算力的提升与海量数据的支撑，使得人工智能在自然语言处理、计算机视觉等众多领域取得了重大进展，并被日益广泛地应用在社会各个领域，推动人类社会进入智能时代。

然而，人工智能在带来重大发展机遇的同时，也不可避免地带来了多种风险。首先，在数据使用方面，如果不采取安全和负责任的方式来开发和部署人工智能，人工智能将会产生相较以往而言更广泛和深刻的风险，给人们的权益和社会安全带来威胁。一是数据泄露和隐私侵犯的风险：由于人工智能依赖大量数据来运行，并且在运行时也往往涉及对于数据的处理，人们担心个人信息在未经知情同意的情况下就被收集、处理、泄露或滥用，因此确保个人信息得到合理保护、数据得到安全存储和处理至关重要。二是偏见和歧视的风险：大量基于机器学习的人工智能系统的训练结果与输入的数据紧密相关，如果这些数据有偏见或不完整，则可能将偏见固化到人工智能算法之中，导致不公平或带有歧视的结果；其次，在算法和系统方面，由于当前许多取得优异结果的人工智能算法往往是基于机器学习的结果，因此算法对于一些输入可能产生错误结果，并且仅如像素攻击等一些构建对抗样本等方法就可能导致人工智能系统产生错误的决策，带来公民权益的损害甚至社会安全问题。并且，由于算法黑箱、算法难解释等问题，可能导致问责的困难，导致用户信任缺失（苏宇，2020）。人工智能已应用在社会各个领域之中，可能由于对该应用领域的伦理、法律缺少监管而带来人工智能的误用、滥用问题。最后，在人工智能的中长期影响方面，随着人工智能的功能更加先进与多样，能够执行日益丰富的以前只能由人类完成的任务，因此将可能给人类社会带来大规模的失业冲击；人工智能在社会生活

本章作者：张吉豫，杜佳璐。

中的应用也引起了"个体沦为技术处理对象"等重要问题的社会关注和讨论。因此，我们需要关注人工智能是否符合人类伦理的问题，兼顾人工智能的安全与发展，通过科学治理来保障人工智能以合乎伦理和负责任的方式被开发和使用。

如何使人工智能符合人类伦理是一项复杂而持续的挑战，涉及技术、道德、法律和市场等多种治理路径的结合。近年来，许多国家或地区都发布了有关人工智能伦理的规范或指引，以推动符合人类伦理的人工智能（本书强调的伦理化人工智能）的发展。国家新一代人工智能治理专业委员会在2021年9月25日发布的《新一代人工智能伦理规范》的第一条即提出制定该规范的宗旨在于将伦理道德融入人工智能全生命周期（科技部，2021）。人工智能伦理问题已成为各方关注的焦点。本书的核心——以人为中心AI理念即强调在人工智能开发中保持人的中心地位，贯彻技术、人、伦理三方面相互依承的系统化人工智能开发思维，主张人工智能开发是一个跨学科协作的系统工程，从而开发出可靠的、安全的、可信赖的AI系统（XU Wei，2019）。

本书前部分已经对人工智能伦理体系进行了研究，本章主要围绕HCAI理念，对当前人工智能伦理规范的建立与治理的发展情况进行分析，并提出当前人工智能治理的基本原则和框架，以更好地保障和促进以人为中心的伦理化人工智能研发应用，增进人类福祉，促进科技向善。

29.2 人工智能伦理规范与治理发展

近些年，世界上一些主要国家和地区在人工智能伦理准则相关领域的发展和治理领域进行了大量工作，从整体的人工智能立法到分领域的人工智能立法，展开了一系列探索。本节对国际和国内相关发展进行概要介绍。

29.2.1 国际发展情况概述

国际上许多组织、机构以及企业都纷纷发布了人工智能相关的伦理准则、伦理规范，为伦理化人工智能的发展奠定了基础。例如，联合国教科文组织与世界科学知识与技术伦理委员会在2016年联合发布报告，讨论了人工智能进步所带来的社会与伦理道德问题，并提出了保护数据和隐私、发展责任分担机制、建立预警机制、退出机制、保险制度等一系列措施。2017年，未来生命研究院召开会议，达成了著名的"阿西洛马人工智能原则"。2019年，IEEE发布正式的《合伦理设计》（*Ethically Aligned Design*），提出人权、福祉、数据代理、有效、透明、可问责、对滥用认知、能力胜任八项基本原则。

下面概要介绍一些国家和地区在推动人工智能伦理化、可信发展方面的治理工作。

1. 欧盟

在人工智能伦理建设方面，2018年6月，欧盟建立"人工智能高级小组"（High Level Group on Artificial Intelligence，AI HLG），该咨询机构主要负责起草人工智能伦理指南，预测人工智能的挑战和机遇。2019年4月8日，欧盟委员会发布了正式版的《可信赖人工智能的伦理指南》，提出了实现可信赖人工智能全生命周期的框架，该指南由来自学术界、工业界和民间社会的52名专家组成的小组制定，他们组成了人工智能高级别专家组（AI HLEG），除了指南本身，人工智能高级别专家组还制定了一份"政策和投资建议"报告，为如何在实践中实施指南提供指导，并为政策制定者和投资者提供关于如何支持道德人工智能发展的建议。该准则是作为欧盟更广泛的"人工智能战略"的一部分而制定的，旨在确保欧洲在人工智能发展方面保持竞争力和领先地位，同时也促进符合道德和以人为本的人工智能，使整个社会受益。该指南强调合法性、合伦理性和技术稳健性(robust)，同时致力于打造值得信赖、尊重人权、具有民主价值观和法律合规的人工智能。为了实现这些目的，该指南提出10项可信赖人工智能的要求和12项用于实现可信赖人工智能的技术和非技术性方法，同时设计出一套评估清单，便于企业和监管方进行对照，为人工智能的监管提供了参考(European Commitment，2019)；该指南还提出了基于值得信赖的人工智能的七项关键要求：人类代理和监督、技术稳健性和安全性、隐私和数据治理、透明度、多样性、非歧视和公平性、环境和社会福祉以及问责制。同时，该指南为每项要求都提供了具体建议，例如确保人工智能系统是透明和可解释的，最大限度地减少人工智能中的偏见和歧视，以及确保人工智能不会损害环境或社会等。该指南因其提出了一系列全面的人工智能道德原则而受到广泛赞誉。但也有人认为，这些要求过于宽泛和理想化，可能不足以防止人工智能的潜在危害。尽管存在批评之声，但该指南对人工智能伦理的全球对话产生了积极影响，有助于提高对人工智能伦理和以人为本的人工智能发展的重要性的认识。

另外，欧盟支持成员国、欧盟消费者保护机构和数据保护机构加深对人工智能应用的理解。2020年，欧盟发布《人工智能、机器人和相关技术的伦理问题框架》(European Parliament，2020)，提出一系列原则要求，如对高风险人工智能、机器人及相关技术进行强制性合规评估等。

欧盟对人工智能相关法律问题同样关注较早。2015年1月，欧洲议会法律事务委员会专门成立了机器人技术与人工智能工作组，主要目的是反思相关法律问题，为起草机器人技术和人工智能领域的欧洲民法规则奠定基础。2017年1月，法律事务委员会提交了《关于机器人技术民事法律规则向欧盟委员会提出建议的报告草案》。同年2月16日，欧洲议会通过了《关于机器人技术的民事法律规则向欧盟委员会提出建议的决议》，暨《机器人技术民事法律规则》(European Parliament, 2017)，就具体规则对欧盟委员会提出了一系列建议。欧洲议会在该决议附件中还提供了《机器人技术工程师伦理行为准则》与《研究伦理委员会准则》等。尽管该决议本身并无法律效力，但推动了欧盟人工智能立法研究工作。

2021年4月21日，欧盟委员会发布了《制定关于人工智能的统一规则(人工智能法案)和修改某些工会立法的条例的提案》(以下简称"《人工智能法案》")，这是欧盟对人工智能的整体立法监管的尝试。提议的法律框架聚焦于人工智能系统的具体利用和相关风险，根据"基于风险的方法"对具有不同要求和义务的人工智能系统进行分类。一些具有"不可接受"风险的人工智能系统将被禁止。"高风险"人工智能系统要遵守一系列要求和义务才能进入欧盟市场。那些仅呈现"有限风险"的人工智能系统将受到比较轻微的透明度义务的约束。对于"最低风险"的人工智能系统，则可以不加特殊限制地使用。这种基于风险分级分类的治理思路，在学界也被比较普遍地接受。相关全流程监管要求包括准入和登记、建立风险管理体系、数据治理和管理、技术文档、日志记录留存、适当类型和程度的透明度、对人工监督的支持、问题上报等，并为高风险人工智能系统的用户也设定了一定义务，包括用户应根据系统附带的使用说明使用此类系统、应确保输入数据是与高风险AI系统的预期目的相关，等等。但在ChatGPT出现之后，原本已进入立法最后阶段的《人工智能法案》又进行了较多修改，专门增加了针对通用人工智能模型和生成式人工智能的规定。2024年3月13日，欧洲议会通过了《人工智能法案》。该法生效后，将在整个欧盟范围内具有法律约束力。

欧盟的人工智能治理探索反映了对于人工智能伦理问题的重视，以及以人类利益为中心进行风险治理的基本思路。

2. 美国

美国的人工智能科技发展处于世界领先位置，其对人工智能伦理和法治问题也较早予以了关注，特别是高度重视标准建设。

在美国2016年10月发布、2019年更新的《国家人工智能研究发展战略计划》中，均强调“解决人工智能的伦理道德、法律和社会影响”，并在2019版中强调“创建健康且值得信赖的人工智能系统”。此外，美国联邦贸易委员会发布的《人工智能和算法运用》(*Using Artificial Intelligence and Algorithms*)和《你的公司运用人工智能：以真实、公正、平等为目标》(*Aiming for Truth, Fairness, and Equity in Your Company's Use of AI*)这两份解释性规则也强调了算法服务提供者应遵循透明度原则，保障用户的知情权和选择权(许可，2022)。2022年10月，美国白宫科技政策办公室发布了《人工智能权利法案蓝图：让自动化系统为美国人民服务》，提出了五项原则：建立安全且有效的系统；避免算法歧视，以公平的方式使用和设计系统；保护数据隐私；通知和解释要清晰、及时、可访问；设计自动化系统失败时使用的替代方案、考虑因素和退出机制。该文件也列举了一些具体措施，为落实这些原则提供了参考。

在立法方面，以自动驾驶为例，美国自2011年内达华州认可自动驾驶的合法性以来，许多州陆续通过了自动驾驶相关法案或颁发了自动驾驶相关行政命令。美国交通运输部自2016年起接连颁布了《联邦自动驾驶汽车政策：加速下一代道路安全革命》《自动驾驶系统2.0：安全愿景》《准备迎接未来交通：自动驾驶汽车3.0》等重要文件，着重围绕提高多模式安全性、减少政策的不确定性、建立企业与交通部协同工作的流程等方面提出规范意见。尽管2017年美国《自动驾驶法案》(S.1885-AV START Act)被提上参议院立法议程，但目前尚未通过联邦层面的相关法律。近些年，美国在联邦层面推出了《人工智能增长研究法案》《人工智能政府法案》《算法问责法案》《促进数字隐私技术法案》《数字防御领导法案》《人工智能工作法案》《军事人工智能法案》等多维度的系列提案，但多数仍停留在参议院或众议院内审议阶段。2023年4月，美国国家远程通信和信息管理局(NTIA)发布了一项《人工智能问责政策的征求意见通知》(*AI Accountability Policy Request for Comment*)，该文件中提到，对于社交媒体、大型语言和其他生成人工智能模型等信息服务，可能具有提供错误信息、虚假信息，以及深度伪造、隐私侵犯等危害，因此需要建立包括人工智能审计和评估在内的问责机制，以表明人工智能系统是值得信赖的，从而促进算法系统的负责任开发和部署。

在评估标准方面，美国总统在2019年2月签订了“美国人工智能计划”行政令，并要求白宫科技政策办公室(OSTP)和美国国家标准与技术研究院(NIST)等政府机构制定标准，指导开发可靠、稳健、可信、安全、简洁和可协作的人工智能系统，并呼吁主导国际人工智能标准的制定。2021年，NIST发布了《可解释的人工智能的四个原则》；2023年，NIST发布了《人工智能风险管理框架》。此类工作为推动可信人工智能发展提供了参考。

在行业自律方面，美国一些领先科技企业也逐步确立了人工智能发展的相关原则，或在企业内部成立人工智能伦理委员会，加强企业发展中对于伦理的管理和重视。一些科技企业也提出了自己的伦理原则。OpenAI首席执行官山姆·阿尔特曼(Sam Altman)在美国国会就人工智能技术的潜在危险参加听证会，呼吁政府对生成式人工智能进行监管和干预，他建议美国政府可以考虑对人工智能模型的开发和发布提出批准和测试要求，如一套模型在投入使用前必须通过的安全标准和特定的测试，并允许独立审计员在模型推出前进行审查。

美国的相关治理情况反映了在法律之外伦理建设、标准建立、行业自律等方面的积极意义。

3. 其他一些代表性工作

其他一些国家和地区也对人工智能在特定领域的应用开展了立法研究和推动。

德国设立了自动驾驶汽车道德委员会，负责设定自动驾驶汽车相关的伦理标准和法律法规。德国还于 2018 年成立了数据伦理委员会，为人工智能发展提供道德规范和行为守则的建议，并于 2019 年发布报告，提出了 5 级风险划分和分级治理的建议。2018 年 5 月，德国公布首份自动驾驶伦理道德标准。德国交通部长向德国内阁提交报告，希望将该份道德伦理标准编入目前自动驾驶软件的开发之中。该准则要求自动驾驶车辆针对事故场景做出优先级判断，并将该判断加入自动驾驶系统的自我学习中，例如人类的安全始终优先于动物以及其他财产等。准则还规定，当自动驾驶车辆对于事故无可避免时，不得存在任何基于年龄、性别、种族、身体属性或任何其他区别因素的歧视判断；即使是由自动驾驶系统进行驾驶，也必须遵守已经明确的道路法规；自动驾驶车辆必须配置永续记录和存储行车数据的"黑匣子"，用以划分责任归属，黑匣子所记录的数据的唯一所有权属于自动驾驶汽车，交由第三方保管或转发需获得授权；人类应该在更多道德模棱两可的事件中重新获得车辆的控制权，而不应完全依赖于自动驾驶汽车的反应。在立法方面，2017 年 6 月，德国《道路交通法修正案》正式生效，首次将自动驾驶汽车测试的相关法律纳入其中，规定在特定条件下允许自动驾驶系统代替人类驾驶，以及自动驾驶模式下的责任认定、驾驶员的权利义务、自动驾驶引发交通事故的赔偿金额等。

英国也积极推进自动驾驶等人工智能领域立法。2018 年 7 月，英国《自动与电动汽车法案》(*The Automated and Electric Vehicles Bill*)正式成为法律，确立了自动驾驶汽车发生事故的保险和责任规则。英国还于 2022 年 7 月提出了建立促进创新的人工智能监管模式，旨在通过清晰、有益创新、灵活的方式监管人工智能；在维护基本价值观、保障人们安全的同时，促进人工智能技术创新，提升商业信心，促进投资，提高公众信任，最终推动整个人工智能产业经济的发展(Department for Science, Innovation and Technology, Office for Artificial Intelligence, Department for Digital, Culture, Media & Sport, and Department for Business, Energy & Industrial Strategy, 2022)。

对于政府或公共事务领域使用的人工智能应用或算法决策，一些国家和地区建立了以影响评估制度为核心的治理方式。例如，加拿大政府在 2019 年颁布《自动化决策指令》，针对加拿大政府越来越多地利用人工智能来制定或辅助制定行政决策以改善服务的情况和趋势，以透明度、可问责性、合法性和程序正义等核心行政法原则为指引，针对政府使用的决策或辅助决策算法建立影响评估制度。2020 年，新西兰颁发《算法宪章》，旨在为政府机构使用算法提供指导，以期提高政府的透明度和问责制，同时不会扼杀创新或造成不适当的合规负担。

日本在 2018 年 12 月 27 日发布了《以人类为中心的 AI 社会原则》(*Social Principles of Human-centric AI*)，这份文件将人工智能视为"高度复杂的通用信息系统"(highly complex information systems in general)，认为人工智能的重要性不仅在于将使用人工智能的效率和便利性所获得的利益返还给人们和社会，而且还在于将人工智能用于整个人类的公共利益，并通过社会条件的质变和真正的创新来确保可持续发展目标中概述的全球可持续性。这份文件也将人的尊严、多样性与包容性和可持续性置于重要地位，在这三个理念的指导下，从以人为中心的人工智能社会原则和人工智能的研发与利用原则两方面提出了一系列原则。其中，前者包括：以人为中心；教育/扫盲；隐私保护；确保安全；公平竞争；公平、问责、透明、创新，并从人的潜力、社会制度、产业结构、创新系统等方面来为实现前述原则进行架构上的支持，以构建一个尊重人的尊严的、具有多样性和包容性的社会。后者则呼吁人工智能的开发者和企业经营者根据前述人工智能的基本理念和社会原则，建立并遵守人工智能开发和利用原则，并通过公开讨论形成国际共识，并在非监管性、非约束性的框架下共享成果。

这些细分领域的立法探索工作也为人工智能治理提供了有益的参考经验。

29.2.2 国内发展情况

中国对于人工智能的发展和治理也给予了高度关注，近些年已有多部法律法规出台，更发布了众多指导性文件，致力于促进人工智能产业发展，实现算法治理、保障人工智能伦理安全。

1. 政策方面

人工智能伦理和法治是我国人工智能发展战略中的一项重要内容。习近平总书记在主持中共中央政治局就人工智能发展现状和趋势举行的集体学习时专门强调，要加强人工智能发展的潜在风险研判和防范，维护人民利益和国家安全，确保人工智能安全、可靠、可控。要整合多学科力量，加强人工智能相关法律、伦理、社会问题研究，建立健全保障人工智能健康发展的法律法规、制度体系、伦理道德。

我国人工智能相关立法工作呈现出伦理规范先行、多领域立法逐渐推进的特点。

2017 年 7 月 20 日，国务院发布《新一代人工智能发展规划》，提出要"加强人工智能相关法律、伦理和社会问题研究，建立保障人工智能健康发展的法律法规和伦理道德框架"，规划中还做出了分三步走的战略部署，最终要在 2030 年建成更加完善的人工智能法律法规、伦理规范和政策体系。同年 11 月 15 日，在国家科技体制改革和创新体系建设领导小组领导下，在国家科技计划管理部级联席会议框架内成立了新一代人工智能发展规划推进办公室，负责推进新一代人工智能发展规划和重大科技项目的组织实施。2019 年，该办公室成立了新一代人工智能治理专业委员会，全面开展人工智能治理方面政策体系、法律法规和伦理规范研究，建设人工智能治理工作网络，并进一步扩大国际交流合作，积极参与全球人工智能治理问题研究，增进国际共识。2019 年 6 月 17 日，国家新一代人工智能治理专业委员会发布《新一代人工智能治理原则——发展负责任的人工智能》，提出了人工智能治理的框架和行动指南。2021 年 9 月 25 日，国家新一代人工智能治理专业委员会发布了《新一代人工智能伦理规范》(以下简称《伦理规范》)，以确保人工智能安全可控，意图将人工智能的本质安全性问题置于正式的监管之下。2022 年 3 月，中共中央办公厅、国务院办公厅印发了《关于加强科技伦理治理的意见》，提出了伦理先行、敏捷治理等五项治理要求，明确了增进人类福祉等五项科技伦理原则，并对治理体制、制度保障、科技伦理审查和监管、科技伦理教育和宣传等方面均提出了相应意见。2023 年 4 月 4 日，由科技部牵头，会同相关部门研究起草了《科技伦理审查办法(试行)》，并向社会公开征求意见。该办法提出，从事人工智能等科技活动的单位，研究内容涉及科技伦理敏感领域的，应设立科技伦理(审查)委员会，以促进负责任创新。同时，该办法还明确了科技伦理审查的适用范围，提出了科学、独立、公正、透明的审查原则和要求;在程序上，也做出了一般性审查、简易审查、应急审查、纳入清单管理的科技活动专家复核等制度安排。

人工智能伦理是科技伦理治理的重要领域，上述伦理治理工作对于推进可信人工智能创新发展具有积极意义。

2. 治理发展

我国尚未制定专门的人工智能立法，但《民法典》《个人信息保护法》等法律均提供了对基于个人信息的自动化决策的规制，同时，一些部委在整体部署下开始研究和制定具体领域的人工智能治理相关规范，在自动驾驶、人工智能辅助医疗、互联网推荐算法、深度合成技术、智能投顾等方面均开展了不同层次、不同维度的相关立法工作。

个人信息保护进路是保障个人权益、规制智能算法的一项重要方式。《民法典》《个人信息保护法》《电子商务法》《网络安全法》和《刑法》中均为个人信息提供了不同维度的保护，这对于规制人工智能技术的运用有间接但非常重要的作用。《个人信息保护法》中特别建立了对于自动化决策的规制框架,其还建立了包括影响评估、要求决策透明和结果公平公正、建立退出机制、个人获得说明及拒绝自动化决策的权利等在内的多维度规制框架。这些规制措施旨在平衡数据利用和隐私保护之间的关系,对于推动人工智能的健康发展、保障用户的个人信息安全和权益具有重要意义,也是促进健康、可持续的数字经济发展、维护数字社会公正的必要措施。

我国高度重视互联网信息服务算法的治理。2021 年 9 月 17 日,九部委制定了《关于加强互联网信息服务算法综合治理的指导意见》,提出要利用三年左右时间,逐步建立治理机制健全、监管体系完善、算法生态规范的算法安全综合治理格局。同年 12 月 31 日,通过了《互联网信息服务算法推荐管理规定》(以下简称《算法推荐管理规定》)。《算法推荐管理规定》的发布和实施是我国政府积极应对互联网信息服务算法推荐问题的具体举措,同时也是世界范围内首个针对算法推荐建立的具体法律规范。该规定的实施有助于完善智能社会的法治秩序体系,是“数字中国”与“法治中国”建设深度融合发展中的重要探索。同时,该规定也充分体现了伦理与法治相结合、多元共治、分级分类治理、安全与发展并重等原则,为科技发展运用中的科技法理探索、发展和落实提供了有益的经验和参考。

我国法律中对公民权利的规定为深度合成技术的运用设置了必要的法律底线。深度合成技术的运用不能侵害人格权、物权、知识产权等权利,亦不得用于违法的不正当竞争行为。国家互联网信息办公室(以下简称“国家网信办”)也出台了一些针对性的管理办法,设置适当的平台责任,推动法律与技术的结合。2023 年 1 月 10 日起施行的《互联网信息服务深度合成管理规定》将深度合成技术界定为利用以深度学习、虚拟现实为代表的生成合成类算法制作文本、图像、音频、视频、虚拟场景等信息的技术,拟对应用深度合成技术提供互联网信息服务,以及为深度合成服务提供技术支持的活动进行规范。该规定旨在规范相关互联网信息服务和技术支持的活动,防范深度合成技术可能带来的不良影响,保障信息安全和公共利益。这也反映了我国政府对于新兴技术治理的高度关注和积极探索,同时,也需要关注该规定实施后的具体操作和产生的效果。

面对 ChatGPT 等新技术的挑战,国家网信办联合六部门于 2023 年 7 月公布了《生成式人工智能服务管理暂行办法》,其要求,面向中国境内公众提供生成式 AI 服务的,应当符合法律法规、社会公德、公序良俗的要求,以促进生成式人工智能健康发展和规范应用。

2023 年 5 月 31 日,国务院办公厅发布了《国务院 2023 年度立法工作计划》,其中包括预备提请全国人大常委会审议人工智能法草案,正式将“人工智能法”列入立法计划。

29.2.3 小结

世界范围内许多国家和地区都非常重视人工智能伦理和治理问题,从出台国家政策、发布伦理准则、倡导行业自律、立法和制定标准等不同路径开展了许多行动。在制定标准和立法方面,自动驾驶领域是当前多国开展的重点领域;在个人信息保护、算法规制、机器人相关法律方面,欧盟走在世界前列,特别是欧盟的《通用数据保护条例》引领了许多国家和地区的相关立法和研究,其中的复杂规定、高额罚金、长臂管辖等对世界各国的信息技术企业都产生了重要影响。许多研究认为,欧盟的举措与其信息技术产业发展形势具有高度关系,在整体不占竞争优势的情况下,欧盟的相关立法活动事实上增强了欧盟对全球信息技术产业的影响力。

尽管我国政府和社会对人工智能治理的关注程度很高,但仍面临许多挑战和问题。首先,人工智能治理理论和治理体系建设有待完善,在如何更好地统筹安全与发展、科学地保障人工智能以人类利益为中心的可信发展、有效预防和治理风险等方面还亟须加强理论研究和法律法规、行业标准的建设。其次，人工智能治理的职责分工和监管体系还不够完善，存在管理上的空白，缺乏协调。再次，人工智能技术的快速发展和应用也带来了一系列新的伦理问题，这些问题需要从技术机制和法律规制等角度进行深入研究和解决。最后，企业在人工智能领域伦理治理方面的自律意识尚待进一步推进，企业参与治理的意愿仍有待加强，还需要从理论研究、经验积累、最佳实践总结、标准建设等方面促进企业自治。

在我国立法活动中，一方面要重视人工智能伦理问题，另一方面要注意伦理问题的防控与促进创新发展之间的平衡。同时，在参考外国立法时，既要考虑国际形势，也要考虑我国产业发展状况与外国产业发展状况的异同，审慎考量通过法律法规约束我国企业和外国企业所带来的现实效益和副作用。

29.3 人工智能治理体系

29.3.1 人工智能治理的基本原则

1. 以人为中心

以人为中心是人工智能治理中最关键的基本原则。HAII 应从“人-伦理-技术”三个维度及其相互关系展开框架分析(许为等，2021)，将伦理化 AI 设计落实在包括开发在内的全过程之中。实现伦理化、负责任的人工智能需要从多个角度考虑。首先，跨学科方法是必要的，因为人工智能的开发不仅仅是计算机科学的问题，还涉及哲学、心理学、法律等多个领域的知识。以人为中心的人工智能治理也要求我们在人工智能的发展中密切关注人工智能与个人、社会、自然环境的关系，落实“人道主义”“社会公正”“人与自然和谐发展”三大工程伦理原则(陈光宇等，2020)。其次，有效的开发实践与标准制定也是不可少的，因为开发人工智能时需要遵循一系列的工程设计手段，确保人工智能的开发和使用符合一定的标准和规范。最后，利用工程设计手段也是非常重要的，可以将“有意义的人类控制(meaningful human control)”(Santoni De Sio，F，Van Den Hoven，J，2018)理念贯穿人工智能的开发过程，通过设计人机交互界面、强化其透明度和可解释性、采用多方参与等方式进行适当的监督和管理，确保人工智能伦理化，在人工智能的开发过程中保证公平、人的隐私、伦理道德、人的决策权等方面的权益不受损害。

2. 发展安全并重

人工智能产业的发展具有重要的战略意义，是实现国家经济和社会发展的重要手段。如果过度限制人工智能产业的发展，将会阻碍技术进步和经济繁荣，对产业创新以及国家的长远发展不利，最终影响公共利益和国家安全。另一方面，也需要在人工智能高速发展的过程中密切关注其带来的风险，应积极建立科学有效的风险治理方案和应急措施。但是，防治人工智能风险和促进人工智能产业发展并不矛盾，二者可以借助多种方式进行协调。例如，开发更先进的人工智能算法，以识别和消除偏见；开发安全的人工智能架构，以防止网络攻击；科学制定法律法规，引导和规范人工智能企业的行为；为不同类别的人工智能建立测试和认证要求，要求开发者证明其人工智能符合某些性能和安全标准等。

3. 分级分类治理

分级分类治理是一种相对科学、系统化、针对性强的治理方法，可以充分考虑到人工智能应用的多样性和复杂性，在治理时应考虑到不同类型人工智能所具有的特征和独特风险，并根据其对社会的潜在风险进行分级管理，更加精准地进行监管，从而提高治理效果。在实践中，需要对分类依据的科学性和客观性进行充分验证，避免出现分类的逻辑错误，保证不同类别之间的联系和协调。通过分级分类治理，可以使监管机构在治理时更有针对性和有效性，避免因过度监管而限制了人工智能产业的发展。同时，低风险应用程序和中风险应用程序可以得到更为灵活的监管，提高其发展和创新的自由度，有利于推进技术创新和经济发展。

4. 科技法律协同

人工智能的治理不可能简单地依靠法律就能实现，还必须以科技和法律相结合的视角进行研究，通过法律和技术手段来解决人工智能发展中面临的一系列问题，这一跨学科复合型规制手段能够为人工智能的发展提供保障和引导，同时也能够保护人类应有的基本权利和尊严，从而促进人工智能的可持续发展。从科技视角来治理，应在人工智能的开发过程中及时识别潜在的风险和漏洞，并采取相应的控制和保障措施，从而减轻这些风险和漏洞对系统的影响，提高系统的安全性和可靠性；从法律视角来治理，应使得开发者和用户更好地理解人工智能系统所涉及的法律问题，包括隐私、歧视、算法透明度和问责制等问题，从而保障人类的基本权益和价值。二者也不能相互割裂，而是应该充分进行融合考虑。

5. 多元主体共治

基于构建人工智能治理体系的特殊性和复杂性，实践中应进一步发展和完善已初见格局的政府监管、社会监督、公民维权、企业自治的多元共治体系。政府应规范人工智能的开发和应用，以保障公民的合法权益和社会的整体利益；社会应对人工智能的开发和应用时刻关注，监督并曝光违规行为，推动人工智能的良性发展；公众应积极参与人工智能开发和使用的讨论，提高对人工智能风险问题的认识，并确保其以符合公众价值观和利益的方式进行开发；企业是人工智能发展的利益相关者，应建立自我约束机制，制定内部规范和道德准则，确保人工智能的安全和可靠。多元主体之间需要进行协作和信息共享，以实现多路径体系化治理。此外，人工智能是一项全球性技术，其治理也需要考虑国际标准和合作。各国可以协商制定监管不同类别人工智能的全球标准和最佳实践，力求降低不同国家和地区之间的监管障碍。

29.3.2 多元共治格局下的人工智能治理

以人为中心的人工智能治理需要科学有效地充分发挥各类社会主体在人工智能治理中的积极作用。解决人工智能治理问题需要多方协作、多管齐下，以构建人工智能治理的多元共治格局，包括政府政策倡导与科学监管、社会深度监督、公民依法维权和企业有效自治四方面。通过协作治理，可以确保以符合伦理和负责任的方式开发和使用人工智能。

政府在人工智能治理中应当制定合适的政策和法规，引导企业按照规范的方式开发和使用人工智能；还应当通过科学监管手段对人工智能技术进行监督和评估，以保证其安全和可靠。社会各方面力量也应当参与到对人工智能的监督和评估中来，从而形成更加全面、公正和客观的监督结果；同时，社会深度监督也可以帮助政府和企业发现问题并及时纠正，从而保障公民权利。公民可以运用法律手段维护自身权益，通过提出诉讼或申请仲裁、向相关机构和企业提出投诉或建议等方式，促使人工智能在合法、公正和透明的框架内运行。企业在人工智能治理中也应当承担起责任和义务，建立有效的内部监管和治理机制，确保人工智能技术在合规、安全、透明的环境下开发和使用。

1. 政府政策倡导与科学监管

政府在人工智能治理中应主要承担两大功能：一是政策倡导，二是科学监管。一方面，政策倡导对于加强人工智能算法规则研究、普及人工智能教育、促进人工智能共治具有积极意义。近年来，我国政府从政策规划倡导、建立伦理机构、凝练伦理规则、加强伦理教育等方面进行了诸多努力，体现了党和政府对于人工智能相关创新中伦理和治理的高度重视；另一方面，政府对人工智能的科学监管的重点在于科学适应人工智能治理的特征和人工智能创新发展的需求，处理好秩序和活力的关系、自由和秩序的关系、安全和发展的关系，建立法律规范体系，构建敏捷治理型的动态互动监管，助推安全健康的人工智能创新应用。

为支撑政府政策落实和科学监管，应当做出一系列法律制度安排，以确保人工智能系统的开发和使用符合规范。

首先，建立完善人工智能伦理审查规范。2022 年 1 月 1 日正式实施的《科技进步法》中多处加入了科技伦理的相关规定，第 103 条明确：国家建立科技伦理委员会，完善科技伦理制度规范。人工智能系统在开发和应用过程中可能会涉及一些伦理和道德问题，例如侵犯隐私、产生偏见或歧视等。伦理审查和风险评估可以帮助识别潜在的风险和问题，并制定相应的控制措施。2023 年 10 月，科技部等十部委联合发布《科技伦理审查办法(试行)》，积极推动科技伦理审查工作。

其次，完善备案制度。一些国家和地区已经开始实施人工智能或算法备案制度，如 2022 年 3 月 1 日，我国正式实施的《算法推荐服务管理规定》就对算法备案进行了规定，要求算法推荐服务提供者提交包括算法自评估报告在内的多项信息，履行备案手续。算法备案制度可以通过要求算法开发者提供算法的设计原理、实现方法、数据来源、评估结果、风险分析等信息，以对算法进行全面的审核和评估，这有助于监管机构了解算法的设计思路和数据来源，从而对算法进行风险评估和调查，及时发现和解决潜在的法律、伦理、隐私等方面的问题。算法备案制度的实施有助于促进算法的合规性和透明度，提高算法的可信度和可接受度。

算法备案中对算法自评估报告的要求，可以有效地推动算法自评估的开展，激励企业自治，同时为监管机构提供更加有利于监管目的实现的重要信息。对于监管机构和社会公众关心的重要问题，都可以通过自评估模板的设计推动企业开展评估，方便企业强化问题意识，针对存在的问题进行调整和优化(张吉豫，2023)。未来，法律应建立明确的规则，要求对政府、企业、学校等各单位使用的可能具有较高风险的人工智能应用开展安全自评估，并向政府机构提交或公开自评估报告，以在更大程度上预防和保护公众免受潜在的算法风险和滥用行为的侵害。

最后，建立完善算法审计制度。算法审计是对算法进行评估和审查的过程，旨在确保算法的公正性、透明度、安全性和合规性。算法审计通常由专业的第三方机构或专业人士进行，审计流程包括对算法的设计、数据收集、数据处理、结果输出等方面进行综合评估，以发现算法中可能存在的风险、歧视、不公平等问题。我国《个人信息保护法》第五十四条、第六十四条都对算法审计做出了规定，要求个人信息处理者应当定期对其个人信息处理活动进行合规审计。通过算法审计活动，可以发现和修正算法中的潜在问题，提高算法的公正性和可靠性，确保个人信息处理活动安全合规。

此外，开展人工智能相关知识的教育和宣传有助于促进公众对这一快速发展的领域的理解。我国对这一方面高度重视，《数据安全法》《个人信息保护法》等对此都有规定，彰显了加强知识普及对于数据安全社会共治的重要意义。为了更好地开展个人信息保护宣传教育，可以制定针对不同受众的教育计划，如为专业人员、学生等创建在线课程、网络研讨会、线下交流和培训等，这有助于增进特定群体对人工智能相关概念和技术的理解；还可以迎合大众的喜好，创造短时间、低密度的信息内容，如短视频、播客等，并在社交媒体、网站和其他在线平台上共享，以清晰易懂的方式解释人工智能相关概念和技术，以传播给更广泛的民众；此外，还可以通过投资研究项目、提供奖学金等方式支持人工智能相关主题的研究，从而进一步加深对该领域的理解，为人工智能的宣传普及提供丰富的原材料。

2. 社会监督与行业自律

在算法治理中，社会监督应当发挥更为重要的作用，因为人工智能应用不仅涉及个人的权益，也涉及社会和国家的利益。全方位、深层次的社会监督可以防止人工智能被滥用或误用，促进人工智能良善治理，避免造成不良的社会后果。应形成社会各界对人工智能应用中不符合伦理道德和法律规定的行为进行监督的局面：在国家权力之外，新闻机构、社会组织和公民个人等形成治理共同体，对算法应用中不当行为进行全方位、深层次的监督，从而更好地维护公民权利、促进市场竞争、维护社会秩序、保障公共安全和国家安全。

第一，新闻媒体监督。新闻媒体在我国人工智能治理中已经发挥了重要作用。从私法角度来看，媒体通过监督推动了一些具体场景中人工智能算法的迭代更新，如新闻推荐、外卖时间预估等，从而改善了人们的生活。从公法角度来看，在行政上，媒体对政府的人工智能算法运用进行监督，有效地推动了地方政府的反思和审慎行政；在立法上，新闻媒体的监督和人工智能算法焦点事件的社会广泛讨论，还推动了立法者的积极回应，进一步完善了相关法律法规。如《算法推荐服务管理规定》关于向劳动者提供工作调度服务和向消费者销售商品或者提供服务的相关条款，就是对外卖骑手、大数据杀熟等新闻事件的针对性回应。

第二，社会组织监督。在人工智能治理体系中，很多社会组织有着天然的优势。这些组织可以代表公众进行有组织的、专业化的监督，不仅监督产业界使用的人工智能，而且对于国家机关运用人工智能也可以进行监督。如中国消费者协会就曾经召开座谈会，督促企业对自己的算法规则进行反思，并做出必要的调整；又如美国非营利性新闻组织"为了公民"(Pro Publican)发现美国司法领域使用较广的康帕斯(COMPAS)风险评估工具对黑人具有明显的歧视倾向，并对此提出批评意见，这也是社会组织行使监督权的一种表现。《个人信息保护法》第五十八条为超大互联网平台施加定期发布个人信息保护社会责任报告的义务，这一制度安排有利于社会对企业进行监督。未来的人工智能治理也可以为互联网平台规定更多、更合理的信息披露义务，在人工智能开发者、用户和利益相关者之间创建对话和合作平台，合理推进企业信息披露，为社会监督提供便利。社会组织在监督过程中，可以利用数据分析和推演等专业化的手段对人工智能原理、人工智能伦理、人工智能风险认识、风险预防等方面进行比较专业的评估，这种监督可以推动企业和政府进行反思和审慎行政，提高人工智能治理的质量和效果。

第三，行业协会推动行业自律。社会组织的监督作用也往往是在与政府的合作过程中实现的。在人工智能的治理中，政府与行业协会之间的合作尤为重要。制定人工智能开发和应用的法律和技术标准可以为决策者和相关从业者提供指导和方向，有助于促进行业自律，确保以负责任的方式开发和应用人工智能系统。例如，在政府的指导和监督下，我国一些行业协会/学会积极推动我国人工智能伦理准则和标准的建立。《算法推荐服务管理规定》为此规定"鼓励相关行业组织加强行业自律，建立健全自律制度和行业准则，组织制定行业标准，督促指导算法推荐服务提供者建立健全服务规范、依法提供服务并接受社会监督"。未来，行业组织将与政府建立更为密切的合作关系，共同推进算法治理体系和治理能力现代化。《网络安全法》《数据安全法》中均规定了行业组织推进行业自律的义务。《算法推荐服务管理规定》也鼓励相关行业组织加强行业自律，建立健全自律制度和行业准则并接受社会监督。但目前我国的立法实践中，相关条款往往是鼓励性的或宣示性的，未来的立法应进一步探讨如何通过"后设规制"进行监督和规制，使之具有可问责性(高秦伟，2015)。

第四，技术社区的专业监督和科技优化。技术领域的治理离不开科技力量。"十四五"规划中专门强调要"支持数字技术开源社区等创新联合体发展"。《数据安全法》第九条在列举社会多元共治的主体时，在一审稿、二审稿的基础上专门增加了"科研机构"(龙卫球，2021)，体现了对科技力量在数据治理中的作用的重视。在人工智能治理中，除高等教育机构和科研院所、企业研究院等科研机构外，开源社区、开放平台、"白帽子"等技术群体也是不可忽视的重要力量。目前许多人工智能算法通过开源社区、开放平台提供给应用层面的开发者，开放平台和开源软件是我国人工智能“新基建”的主要能力输出接口。在人工智能治理中，一方面，开源软件中人工智能算法在源代码层面的公开性使得其可以更好地接受公众监督；另一方面，由于开源社区、开放平台中的人工智能算法往往被大量使用，其优化可以有效推动行业中使用的人工智能算法的优化。但与此同时，开源软件也逐年报告存在不少漏洞，表明开源托管平台也可能存在“深度伪造”等争议性开源软件。未来，立法者需要进一步完善制度，规范开源软件等的传播行为。

3. 公民依法维权

在智能社会之中，公民既是人工智能应用的利益获得者，也是人工智能应用的潜在受害者。一方面，人工智能应用的推广和应用给公民带来了很多方便和利益，如智能家居、智能医疗等，使得生活更加智能化、高效化和舒适化。这些应用可以提高公民的生活质量，满足人们的需求；另一方面，在人工智能应用中，由于算法黑箱、算法歧视等问题，可能导致一些公民的权益受到侵害，如个人隐私泄露、人权被侵犯等。例如，智能家居中的智能摄像头、智能语音助手等设备可能会收集和泄露个人隐私信息；智能医疗中的人工智能诊断可能会导致误诊或漏诊等问题。因此，对于人工智能应用的治理，应当坚持以人为中心，加强对人工智能应用的监管和规范，保障公民的合法权益。公民最直接地面对人工智能对自己权益的影响，可以通过投诉、举报、提起诉讼等方式捍卫权利，参与人工智能治理。

首先，加快完善公民数字权利体系、引导公民依法理性地维护权利对人工智能治理来说至关重要。完善和发展公民数字权利体系。近几年，我国通过编纂《民法典》、制定《个人信息保护法》，扩展了肖像权，确定了声音权，规定了个人信息保护及“免受自动化决策权”等，不断完善数字权利体系。这些规定为人民群众共享数字科技成果提供了基本的法律条件，拓展了法律制度空间，也为公民依法维护各种数字权利提供了法律依据。但是，与数字科技的发展对社会的影响相比，公民数字权利体系总体仍然较为空泛，数字权利保护力度仍然有待提高。未来，应着重针对特定场景下人工智能运用的知情同意权、算法解释权、获得人工干预权等进行深入的针对性调研，进而做出明确的法律规定。

其次，明确平台义务，将其与侵权责任相衔接。对于网络服务提供者是否对网络用户的侵权行为构成共同侵权的判定上，《民法典》在规定“通知-必要措施”规则的同时，也规定了根据网络服务提供者是否知道或者应当知道对用户的侵权行为来进行判断。然而，相关诉讼中经常就平台是否构成“应知”产生争议。如果平台未履行算法管理中规定的平台义务，则可以作为平台未尽到注意义务的证据，以方便公民维权。《算法推荐服务管理规定》对于健全用于识别违法和不良信息的特征库、加强用户标签管理、加强算法推荐服务版面页面生态管理等方面做出了规定，可为民事侵权纠纷中平台注意义务的判断提供依据。

最后，建立便利的公民投诉、维权机制。《信息网络传播权保护条例》《侵权责任法》中建立了“通知-删除”规则。《算法推荐服务管理规定》第二十二条规定，算法推荐服务提供者应当接受社会监督、设置便捷的投诉举报入口，及时受理和处理公众投诉举报；建立用户申诉渠道和制度，规范处理用户申诉并及时对投诉做出反馈。这些规定都为方便公民维权、建立平台用户和平台之间的合作机制提供了有益的法律准则。

4. 企业有效自治

企业是人工智能的研发者和应用者，在促进人工智能创新及健康发展中发挥着至关重要的作用。随着人工智能在社会中的广泛应用，企业需要承担更多的责任和义务，包括对其研发、测试、应用和监管等方面的责任。在这个过程中，一方面，企业可以通过不断推进科技创新来克服人工智能算法的漏洞和缺陷；另一方面，企业也应该建立规章制度，把技术优势和制度优势结合起来，进行最直接、最有效的自我监管。企业自治的重要性在于，它可以有效地提升企业的管理水平和技术水平，促进人工智能系统的优化和升级。同时，企业自治还可以促进企业与社会的良性互动，提高企业的社会形象和品牌价值。需要注意的是，企业自治并不等同于其完全不受外部监管和约束。企业自治必须在法律法规和社会伦理道德规范的框架内进行，树立“可信负责”的伦理观，承担起社会责任和义务，确保人工智能的合法合规和安全可靠。只有这样，企业才能够在人工智能研发和应用过程中发挥自身的优势，同时也符合社会对企业的期望和要求。

首先，通过法律法规明确企业应采取的风险管理和防控措施。法律法规中应通过弹性条款与具体规定相结合的方式，推进企业积极采取有效的自治规范，完善的管理流程和安全的技术措施。例如，《算法推荐服务管理规定》对于互联网信息内容算法推荐规定了建立健全用户注册、信息发布审核、算法机制机理审核、安全评估监测、安全事件应急处置、数据安全保护和个人信息保护等管理制度；要求企业制定并公开算法推荐相关服务规则，配备与算法推荐服务规模相适应的专业人员和技术支撑，履行定期审核、评估、验证算法机制机理、模型、数据和应用结果等义务。这些规定使企业在人工智能算法推荐服务中能够遵循法律法规和伦理道德，尽可能减少算法带来的负面影响，有助于规范人工智能算法推荐服务行业，提升企业自我监管能力，增强用户信任感和安全感，最终促进人工智能算法创新和健康发展。

其次，推动企业建立责任机构。企业可建立相对独立集中、成员知识背景更加多元的人工智能风险防控委员会或工作小组，负责统筹和审查相关法律法规中涉及的合规事宜，监控人工智能在应用过程中的风险，减少企业对外部监管的依赖，同时提高企业自身的风险防控能力。通过制定相应的规章制度、管理流程、培训措施等方式，将人工智能风险防控纳入企业整体风险管理体系之中，实现风险可控，以使自己在接受外部审查时能够具有一定的前瞻性。此外，许多企业已经开始把人工智能安全作为企业社会责任的重要内容。谷歌在2018年发布了人工智能伦理准则，同年，微软也提出了人工智能应当遵循的六大原则；百度AI开放平台在2019年《自律性原则申明》中提出了遵守人工智能伦理的四项原则；等等。将人工智能安全作为企业社会责任的重要内容，不仅是企业在人工智能领域中承担社会责任的现实体现，也可以成为软法治理和硬法治理的衔接要素。企业可以在人工智能伦理规范等软法的指引下积极践行社会责任，完善管理制度和技术措施；企业在实践中展现出来的可行、有益措施，以及反映出来的问题和挑战，还可以成为立法机构制定法律、司法机构解释法律的依据。立法者可以参考企业践行社会责任中的成功案例，根据实践中的经验制定相应的硬法规范，加强对企业社会责任的监管和规范。同时，企业内部的责任机构还可以对外与其他企业或组织进行合作，共同探讨人工智能风险防控的相关问题，建立行业之间的信息共享和合作机制，通过将问题及其解决方案及时反馈给行业协会、主管部门，企业可以推动行业自律和行业标准的建设，进一步加强整个行业的合规和风险防控能力，促进行业的共同进步和健康发展。

再次，推进企业合规建设。一方面，立法可通过令企业承担取消备案、停止服务等行政责任等措施，有效推动企业履行人工智能合规责任；另一方面，立法也应注意人工智能快速创新发展的客观规律，建立助推人工智能健康安全发展的“引导性”法治体系。除行政监管中建立推动合规的机制之外，我国也在探索企业合规的刑法激励制度（蔡仙，2021）。近年来，我国一些地方检察机关开始尝试在审查起诉程序中引入企业合规机制，推行了一种颇具特色的“企业合规不起诉制度”，这些做法在发展迅速的新科技领域值得进一步探索和完善。在人工智能领域探索建立“企业合规不起诉制度”，可以将企业合规激励机制引入公诉制度，有助于建立预防与刑罚并举的风险防控系统（于冲，2019），在预防企业犯罪、加强企业自我监管、实现企业依法依规经营等方面发挥积极作用。

最后，激励企业技术创新。技术创新可以降低人工智能的伦理及安全风险，是人工智能治理的重要维度。在科研、市场、法律等的驱动下，许多科研机构和企业通过联邦学习、多方安全计算、可解释性人工智能算法的完善等措施完善个人信息保护、安全性、可解释性、公平性等多维价值维护，并对人工智能算法及数据集异常检测、训练样本评估等展开技术研究，提出了诸多不同领域的伦理智能体的模型结构。未来，立法需要进一步加强政策导向、完善专利制度，明确人工智能相关发明的可专利性，进一步激励这些支撑合伦理设计的技术研发。在人工智能应用相关标准制定中，立法者应强化对人工智能伦理准则的贯彻和支撑，注重对隐私保护、安全性、可用性、可解释性、可追溯性、可问责性、评估和监管支撑技术等方面的研发激励，鼓励企业提出和公布自己的更优算法标准。在条件成熟时，立法者可通过将相关先进技术纳入法律标准、公布企业最佳实践来促进相关技术的推广应用，为人工智能治理提供先进技术支撑和示范，也为创新者获得收益提供更多机会。同时，我国政府和企业应积极参与相关国际标准的制定和实施，大幅提升我国在国际人工智能伦理准则及相关标准制定中的话语权，为我国企业在国际竞争中创造更好的竞争环境。

29.4 应用实例

目前，各国先后出台人工智能伦理和监管政策，以加强人工智能治理；而这一趋势也使得人工智能合伦理和可信成为科技企业在市场竞争中的重要优势，科技公司越来越注重人工智能合规问题，通过各种手段和方式打磨出可信的人工智能产品和服务。本节介绍我国的算法备案制度这一政府治理实例，并对微软和阿里巴巴这两个国内外主流科技公司在伦理治理和技术治理两方面的实践做法进行比较分析，以提供应用实例和参考经验。

29.4.1 算法备案制度

人工智能系统离不开算法。算法备案是我国在新时代创设的一项算法治理制度，这项制度是“有效市场与有为政府相结合”的治理原则在数字领域的延伸和创新，其中特别关注到了如何通过信息治理来增进社会多类主体在算法治理中能够发挥的作用，是实现“以人为中心 AI”的一项治理实践。

自《互联网信息服务算法推荐管理规定》实施以来，国家网信办已经于 2024 年 4 月公布了第五批《境内深度合成服务算法备案清单》，发布了 394 项算法备案。社会公众可以通过备案清单了解算法名称、算法类别、主体名称、应用产品、主要用途和备案编号等信息，并可以在互联网信息服务算法备案系统中进一步查询公开的算法基本原理、算法运行机制、算法应用场景、算法目的意图等各项信息。已于 2023 年 1 月 10 日起开始实施的《互联网信息服务深度合成管理规定》也规定了具有舆论属性或者社会动员能力的深度合成服务提供者，应当按照《互联网信息服务算法推荐管理规定》履行备案和变更、注销备案手续；深度合成服务技术支持者应当参照该款规定履行备案和变更、注销备案手续。

在算法治理领域，信息是多元合作的一个必要基础，其意义在于：第一，为监管机构提供算法应用的具体情况及评估信息，便于科学有效监管；第二，面向社会公开的信息内容可以为社会监督、公众维权提供一定的线索和证据；第三，提交备案信息可以促使企业认真审查自己运用的算法并开展自评估，激励企业更好地开展合规建设和促进数字向善（张吉豫，2023）。这些方面结合起来就达到了多元共治的格局。具体而言，算法备案的主要制度性功能体现在以下方面。

1. 获取算法信息，提升监管机构治理效能

构建算法治理体系需要立法机构及监管机构能够掌握算法运用现状及动态，对各类算法风险进行科学评估，以建立分级分类的算法治理体系。通过算法备案制度，有关国家机关和管理部门依法对算法备案的内容进行整理、归纳和分析，及时获得社会中广泛运用的算法的动态信息，为进行算法风险分级分类、精准研判算法风险程度与范围、形成预防方案、锚定监管重点、制定算法安全技术标准等，提供切实的基础。

2. 推动算法透明，便利社会公众参与治理

算法备案收集的信息在主要为政府监管决策使用的同时，部分信息将向社会公众公开披露，这毫无疑问也是提升算法透明度的一种制度设计。算法透明一直是算法治理领域颇受关注的维度。面向公众的算法透明与事后的算法解释不同，它有助于在事前从整体上帮助消费者更好地了解算法对自己行为和权益有无影响或有多大影响，从而增加对算法的信任，也有助于消费者及时发现算法的问题，有的放矢地维护自己的合法权益。不仅如此，基于对算法情况的了解，还可以更好地帮助消费者在各种涉及算法的产品或服务之间进行选择，使自己的消费权益及安全度最大化。

3. 促进企业合规，推动数字科技向善发展

算法备案信息具有促进企业自治和合规的功能。除了一些关于算法主体和算法基本情况等信息之外，备案内容还包括企业算法安全自评估报告以及算法安全合规内部制度建设情况，如算法安全责任人、算法安全机构设置和算法安全管理制度建设情况等。企业为提交备案信息，必然要对相关信息内容予以关注和重视，从而进行内部机构建设、制度建设，开展算法评估。适当的信息公开可以减轻信息不对称，使消费者能够在具有更加充分信息的基础上更好地进行算法服务选择。正如食品配方可以帮助消费者选择合适的食品一样，一些受到公众关注的算法信息说明能够帮助消费者进行理性选择算法服务，进而使企业在市场竞争的驱动下更积极地优化公众关注的算法问题，在公正、无歧视、符合伦理价值等维度进行创新，推进数字科技向善发展。

29.4.2 企业人工智能自治实践

在建设可信人工智能方面，微软内设三个机构处理相关事务：(1)负责任人工智能办公室(office of responsible AI，ORA)，负责制定公司内部的负责任人工智能规则，为公司和客户提供团队支持、审查敏感用例以及推进制定公共政策；(2)人工智能、伦理与工程研究委员会(AI and ethics in engineering and research committee，aether committee)，负责就不断出现的关于负责任的人工智能的问题、技术、挑战和机遇等向领导层提供建议；(3)负责任人工智能战略管理团队(responsible AI strategy in engineering，RAISE)，负责开发负责任人工智能的工具和伦理策略(Microsoft，n.d.)。

为实现人工智能伦理治理，微软以人为本，在AI伦理方面提出公平、安全可靠、隐私保障、包容、透明、负责六大原则。微软认为，人工智能系统应该公平地对待所有人；应该安全、可靠地运行；应该是安全且尊重隐私的；应该给每个人赋权并尽力理解人们；应该是可以被人们所理解的；最后，在问责方面，人应该对人工智能系统负责(Microsoft，n.d.)。

除了伦理原则以外，微软还提供了一系列技术工具，以实现人工智能技术治理。这些技术方案包括贯穿整个AI生命周期的技术工具和管理工具。首先，对人工智能系统进行负责任的评估，包括确定人工智能开发中的高优先级领域，构建跟踪和审查流程的方法，以及获得相应的开发批准。其次，为了实现人工智能负责任的发展，微软要求在开发阶段，数据采集和处理既要确保算法性能，又要具有代表性和公平性。再次，在人工智能的使用阶段，微软通过文档、门控和场景认证等，确保人们负责

任地使用人工智能。最后,微软还提供了按照应用场景将需求特性集成到AI系统中的工具包(Microsoft,n.d.)。

阿里巴巴人工智能治理与可持续发展研究中心(AAIG)是阿里巴巴集团旗下的人工智能研发团队,致力于利用AI技术解决安全风险问题,并推动AI技术更加可用、可靠和可信。AAIG贯彻"科技创新是最好的网络安全"的理念,所研发的人工智能产品涵盖内容安全、业务风控、数字安防、数据安全与算法安全等多个领域,为其平台上的商家和消费者提供安全保障(阿里巴巴人工智能治理与可持续发展研究中心,n.d.)。

为实现人工智能伦理治理,阿里巴巴建立了人工智能伦理与道德实验室,致力于践行人人受益、责任担当、开放共享的原则,将可持续发展理念融入人工智能治理,建立助力人工智能发展的伦理道德规范,坚持以人为中心,让科技更包容、更有温度,推动人工智能技术向上向善发展。

为实现人工智能技术治理,阿里巴巴建立了人工智能安全实验室,致力于人工智能,特别是深度学习的前沿技术研究与应用实践,致力于人工智能安全性、鲁棒性、可解释性、公平性、迁移性、隐私保护和因果推理等基础理论研究和技术创新,以实现可靠、可信、可用的人工智能系统。

对比来看,微软和阿里巴巴都认为人工智能需要遵循公平、安全、可靠、隐私保障、透明和问责的原则。两家公司都建立了专门的机构来负责人工智能伦理治理,目前根据相关资料来看,微软的机构更加注重规则制定和审查,而阿里巴巴则更加注重道德规范和前沿技术研究。微软提供了技术和管理工具,而阿里巴巴则强调将可持续发展理念融入人工智能治理。

对于阿里巴巴的做法,值得肯定的是其设立了人工智能伦理与道德实验室以及人工智能安全实验室。在实践中,阿里巴巴也研发了多个人工智能产品,解决了很多安全风险问题,为其平台上的商家和消费者提供了安全保障。但目前,在人工智能伦理治理方面,阿里巴巴只公开了一些较为原则性的伦理道德规范,强调以人为中心,但并未公开较多的具体技术工具和管理工具,在人工智能治理的透明度和信息共享方面还可以进一步提升。

总体来说,无论是微软还是阿里巴巴,它们在人工智能伦理治理和技术治理方面都进行了积极的探索,并取得了相当的进展。然而,对于人工智能治理这样一项涉及伦理、社会、法律等多方面的复杂议题,还需要更多的科技公司和研究机构加入其中。因此,人工智能的治理目标必须在坚持传统技术目标体系的基础上,同时融入诸如公平公正、无歧视、隐私保护、透明度、可解释性、可问责性、正当程序等社会目标体系以及具体场景下的伦理价值体系,并将伦理价值内化于人工智能设计的目标体系,使伦理法理与信息技术两套目标体系深度融通,指导人工智能的研发和监管,以共同推进人工智能的健康、有序、可持续发展。

29.5 总结与展望

随着时代的发展,应用在社会各领域的人工智能带来了一系列法律和伦理挑战。新时代带来的崭新的法治实践需要匹配相应的与时俱进的法学概念体系、理论体系和方法体系(张文显,2019)。全世界都越来越重视规范人工智能的合伦理、负责任使用,尤其关注个人隐私、算法歧视、算法黑箱等问题。各国政府不约而同地在人工智能技术治理和伦理治理上发力,致力于成为人工智能新时代的治理领跑者。建立相应的法治实践体系、更新和完善法学概念、理论和方法、加强对人工智能的技术治理和伦理治理,是应对人工智能技术发展所带来的法律和伦理挑战的必要举措。许多组织以及科技企业也开始制定人工智能治理的框架。国际标准化组织IEEE提出了利用人工智能造福人类的合伦理化设计倡议;谷歌、微软和阿里巴巴等国内外众多科技公司也为自己以及整个行业的人工智能合伦理化应用提出了伦理原则和指南。这些行动一方面推动了人工智能应用的规范化和伦理化,另一方面也反映了行业自律和社会责任意识的提高,有助于促进人工智能技术良性发展,提升行业信誉和企业竞争力。大学和研究机构也纷纷投身人工智能治理的研究。麻省理工学院媒体实验室(MIT Media Lab)与哈佛大学伯克曼·克莱因互联网与社会研究中心(Berkman Klein Center for Internet & Society)合作推出耗资巨大的人工智能伦理研究计划(Stacie Slotnick,2017)。这些研究可以发现人工智能伦理治理的理论基础和方法体系,为人工智能应用领域的伦理和社会问题的解决提供参考,推动人工智能技术的良性发展和应用。

传统的人工智能设计目标体系主要是技术目标体系,包括准确度、速度、功耗、能耗、代码大小、稳健性、易懂性、易维护性、可扩展性等;而对于社会伦理价值、法律规范、公共利益等社会性问题的关注相对不够,合规设计也缺乏必要的支撑技术基础、人机交互模式、评测技术基础和复合型人才基础。随着人工智能的发展和应用,社会伦理价值观、法律规范和公共利益在人工智能研发中的重要性日益凸显。人工智能系统有可能对个人、社区和整个社会产生重大影响,因此必须考虑人工智能的伦理和社会影响。为了解决这一问题,需要将人工智能设计目标系统从纯粹的技术重点转向考虑伦理和社会价值的更平衡的重点,可以通过制定新的评估指标、标准和指导方针来实现,这些指标、标准、指导方针考虑了算法设计的伦理和社会影响。此外,为合规设计建立必要的技术支持和评估技术基础至关重要,包括开发新的工具和技术,以评估人工智能系统是否符合法律规范和道德原则。在一些特定领域,如智慧医疗、智慧金融等,对人工智能系统的合规性要求尤为严格。最后,需要培养新一代具有技术和社会领域专长的复合型人才,包括制订新的培训计划,将技术和社会科学结合起来,鼓励跨学科合作。这些复合型人才不仅需要具备技术能力,同时也要能够理解和关注人工智能系统对社会的影响,考虑到道德伦理和普遍价值等方面。

未来,我国可以进一步完善人工智能治理体系,以优化算法治理的中国方案,这可以通过以下几方面实现:第一,建立一个分级分类、敏捷联动的人工智能治理体系,这个体系可以根据不同的算法应用领域和行业进行分类,然后根据不同的风险等级来制定不同的监管政策和措施;第二,发展人工智能领域的社会监督组织,通过建立公众参与的平台,让社会各界参与到算法治理的过程中来,促进人工智能的透明度和公正性;第三,完善和发展公民数字权利体系,这可以通过制定相关的法规和政策,保障公民在数字世界中的个人信息和隐私权利,以及数字平等和数字权利来实现;第四,健全人工智能服务提供者的责任体系,通过建立相关的责任制度和机制,让人工智能服务提供者对他们所提供的人工智能产品和服务承担相应的责任,以确保人工智能的质量和安全性,并保持产业的发展动力;第五,建立有效的维权机制,通过畅通维权渠道、建立相关机构等方式保护个人和企业的合法权益,维护公平公正的市场竞争环境;第六,推进企业合规的创新措施,通过加强对企业创新的指导和监管,确保企业在创新的同时遵守相关的法规和规定,通过发展和完善技术措施和管理措施确保人工智能产品和服务合法合规;第七,鼓励技术创新发展,通过加强对人工智能领域的投资和支持,促进技术创新和发展,以提高人工智能产品和服务的质量和效益。

我国在人工智能法治建设中逐渐形成了政府、社会、公民、企业多元主体共治,法律、道德、市场、科技四管齐下的多元治理格局。未来可以在完善和发展以人为中心 AI 的理论和框架的基础上,进一步发展人工智能治理规则,使人工智能的开发应用增进人类福祉、尊重人类伦理、重塑人-AI 交互、提升人的能力、确保人类控制,形成科学有效的人工智能治理的中国方案。

参考文献

中文论文

张吉豫.(2023).论算法备案制度.东方法学，91(2),86-98.

张吉豫.(2022).构建多元共治的算法治理体系.法律科学(西北政法大学学报),40(1),115-123.

许可.(2022).驯服算法：算法治理的历史展开与当代体系.华东政法大学学报，25(1),99-113.

龙卫球.(2021).中华人民共和国数据安全法释义.北京：中国法制出版社.

蔡仙.(2021).论企业合规的刑法激励制度.法律科学,39(5),154-170.

许为，葛列众，高在峰.(2021).人AI交互：实现"以人为中心AI"理念的跨学科新领域.智能系统学报，4，607.

苏宇.(2020).算法规制的谱系.中国法学(3)，165-184.

陈光宇等.(2020).以人为本的人工智能工程伦理准则探析.22(6)，32-38.

张文显.(2019).在新的历史起点上推进中国特色法学体系构建.中国社会科学,286(10),23-42.

于冲.(2019).刑事合规视野下人工智能的刑法评价进路.环球法律评论，41(6),40-57.

高秦伟.(2015).社会自我规制与行政法的任务.中国法学，187(5),73-98.

英文论文

Shneiderman，B. (2020c). Human-centered artificialintelligence：Reliable，safe & trustworthy. International Journal of Human-Computer Interaction，36(6)，495-504.

Xu，W. (2019). Toward human-centered AI：a perspective from human-computer interaction. Interactions，26(4)，42-46.

Santoni de Sio，F and Van Den Hoven，J. (2018). Meaningful human control over autonomous systems：a philosophical account. Frontiers in robotics and AI，5，1-14.

网页

Department for Science，Innovation and Technology，Office for Artificial Intelligence，Department for Digital，Culture，Media & Sport & Department for Business，Energy & Industrial Strategy. (2022).Establishing a pro-innovation approach to regulating AI.https://www.gov.uk/government/publications/establishing-a-pro-innovation-approach-to-regulating-ai.

科技部.(2021).《新一代人工智能伦理规范》发布.中华人民共和国科技部网. https://www.safea.gov.cn/kjbgz/202109/t20210926_177063.html.

Competition and Markets Authority & Information Commissioner's Office. (2021). Competition and data protection in digital markets：a joint statement between the CMA and the ICO. https://www.gov.uk/government/publications/cma-ico-joint-statement-on-competition-and-data-protection-law.

European Parliament.(2020). Framework of ethical aspects of artificial intelligence，robotics and related technologies. https://www.europarl.europa.eu/doceo/document/TA-9-2020-0275_EN.html#title1.

Von der Leyen，U. (2020)，"Shaping Europe's Digital Future"，https://ec.europa.eu/commission/presscorner/detail/en/AC_20_260 .

European Commitment.(2019) High-Level Expert Group on AI. Ethics Guidelines for Trustworthy AI. https://digital-strategy.ec.europa.eu/en/library/ethics-guidelines-trustworthy-ai.

European Parliament，(2017) Civil Law Rules on Robotics，https://www.europarl.europa.eu/doceo/document/TA-8-2017-0051_EN.html.

Stacie Slotnick. (2017). MIT Media Lab to participate in new $27 million initiative on ethics and governance in AI. https://www. media. mit. edu/posts/mit-media-lab-to-participate-in-new-27-million-initiative-on-ethics-and-governance-in-ai/

阿里巴巴人工智能治理与可持续发展研究中心.(n.d.). https://s.alibaba.com/cn/aaig/home.

Microsoft responsible AI principles.(n.d.). https://www.microsoft.com/en-us/ai/our-approach? activetab=pivot1：primaryr5

作者简介

张吉豫 博士，副教授，博士生导师，中国人民大学法学院，中国人民大学未来法治研究院执行院长。研究方向：知识产权法学，数字法学。E-mail：zjy@ruc.edu.cn。

杜佳璐 博士研究生，中国人民大学法学院。研究方向：比较法学，数字法学。E-mail：dujialu@ruc.edu.cn。

第四篇

行业应用

第30章

智能驾驶的人车协同共驾

本章导读

面向复杂动态变化的驾驶环境，智能座舱中的人车协同理论与技术的发展备受关注。为了自然高效地完成驾驶任务，本章基于人机优势互补的协同混合智能特征，从人类驾驶员和机器智能体协同在环出发，首先梳理人车协同共驾的概念、特征及关键理论模型；然后，从协同感知、理解预测、决策控制认知活动的全链路层面讨论人车协同共驾系统的理论模型和交互机制，凝练出对应人车协同交互的设计策略，并辅以相关案例进行应用分析；最后，提出智能驾驶下人车协同共驾所面临的挑战和未来的工作，以促进该领域的发展。

30.1 智能座舱中的人车协同驾驶概述

30.1.1 人车协同共驾的概念与发展

智能座舱人机交互在智能驾驶领域起着至关重要的作用，智能座舱人机交互的重要性在于安全性、用户体验、人性化交互。然而，智能座舱人机交互也存在一些问题，如信息过载、交互形式不符合用户学习曲线、人机交互失效等，这种情况下，驾驶员可能无法获得所需的信息或控制车辆，对驾驶安全构成潜在威胁。为了克服这些问题，智能座舱交互设计应以驾驶员为中心，从人车协同认知交互出发，提升整体驾驶效能和体验。

人机协同共驾是一种典型的人车协同混合增强智能系统，即人类驾驶员和机器认知体协同在环路，自然高效地完成驾驶任务。人类驾驶员和机器认知体可从感知、理解预测、决策控制三个层次实现协同共驾。汽车自动化发展长期处于从部分自动化到完全自动化的过渡期。首先，技术层面上，L4级别以下的智能驾驶汽车仍需人类驾驶员参与驾驶活动（Carsten & Martens，2019；Gil et al.，2019）。然后，人不在回路的情况下，面对接管请求的安全性、机器认知体发出接管请求的时机和方法有待进一步的研究。最后，人在回路有利于提升人类对机器系统的理解，增强驾驶员的信任度和接受程度，减少驾驶技能退化。人车协同共驾有利于人机优势互补，保障驾驶安全。人类驾驶员拥有较强的学习和自适应能力，能较好地应对未知复杂工况，但其感知、决策与操作易受心理和生理状态影响，容易出现误操作，且很难严格精确地遵守交通规则；机器认知体是驾驶行为优化者和严格的规则遵守

本章作者：由芳，付倩文，王建民。

者，能实现精细化感知、规范化决策、精准化控制，但其应对未知复杂工况的适应能力较差，在很大程度上受到算法和技术的局限。因此，结合二者的优势，构建“1+1>2”的人车协同共驾系统，可极大地保障道路安全性。

30.1.2 人车协同共驾的核心特征与关键理论

1. 核心特征1——协同交互下的人车团队特征

人车合作形成团队的模式有助于提高智能驾驶系统的透明度和人机交互界面的可用性。在人机合作中比较经典的交互模型是骑手-马匹互动模型(H-Metaphor)(Dambock et al., 2011)，该模型以马匹与骑手之间的协调互动为灵感，将其转换为智能驾驶系统，车辆能够在一般条件下运行，避开障碍物和其他车辆，车辆还可能意识到驾驶员的参与程度，并相应调整其交互行为，如图30.1所示。

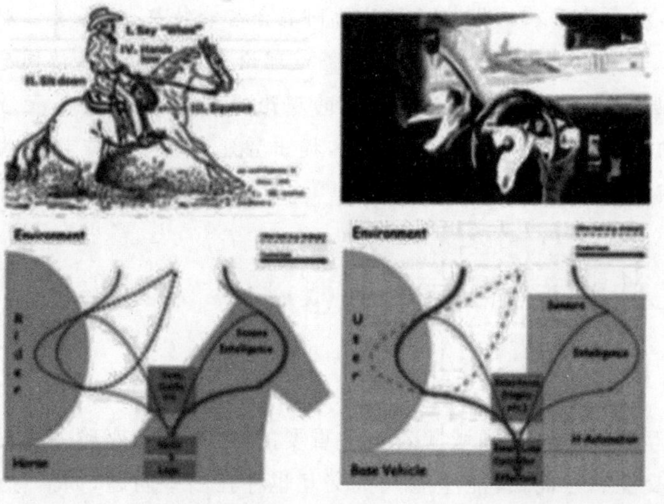

图30.1 人车协同共驾特征说明示意图

2. 核心特征2——人车协同感知、决策与控制特征

人类驾驶员作为人车共享控制系统中的重要代理人，应该对其认知过程、控制策略和决策过程进行精确建模。Norman(Norman, 1990)指出，在复杂的驾驶员-车辆系统中，人必须始终处于控制之中，积极参与并充分了解信息，并且人机必须正确地理解对方的意图。因此，对于人车共驾系统，分析和建模驾驶员的感知动力学、认知过程、限制状态和操作特性是十分重要的。

首先，在感知层面上，人类驾驶员可通过视觉、听觉、嗅觉等通道感知外部驾驶环境，但易受生理、心理状态影响，且具有感知盲区等局限性，机器认知体的感知范围和精确度都优于人类驾驶员，因此人车协同共驾设计中非常重要的一环是增强人类驾驶员感知能力的智能驾驶辅助设计。其次，在理解和预测层面上，智能车辆系统归纳人类感知缺失、认知偏差和生理限制的规律，而机器认知体受限于驾驶数据库和算法技术，对复杂和突发工况的理解、预测和自适应能力较差，所以通过相互预测的人车协同交互逻辑来构建人车双向感知理解预测透明度模型是十分重要的。最后，在决策和控制层面上，人机会根据共同的目标进行决策判断，若二者目标不完全一致或存在潜在冲突时，则应通过协商来达成共同目标。此外，人车协同共驾中的驾驶权分配应当遵循“以人为中心”的核心理念。虽然相比人类驾驶员，机器认知体拥有精确化控制的优势，但由于自动化程度的局限性，智能驾驶车辆仍然要求人在回路的人车协同共驾。

3. 关键理论

1）态势感知理论

人车协同共驾需要相互判断、相互指导和保持共同态势感知。因此，态势感知是人车协同共驾中保障安全性的重要命题，并贯穿人车协同共驾的感知和认知阶段。态势感知（situation awareness，SA）描述的是操作者如何对当前环境建立系统认知。Endsley（Endsley，1995）将态势感知定义为“在一定的时间和空间内对环境要素的感知，理解它们的意义，并预测它们不久后的将来状态”。基于此，Endsley 提出了三层次态势感知模型。态势感知第一层是感知，即在目标驱动下对当前环境进行信息搜集；第二层是理解，即整合感知到的元素并形成情境模型，情境模型是操作者对当前情境的最新认知；第三层是预测，即根据情境模型对未来事件进行推断。

团队态势感知和共享态势感知是人车协同共驾的关键研究课题，由于人车协同共驾可以看作一种团队合作，人车会有个体态势感知和团队态势感知（team SA，TSA）。智能驾驶中维持合适的驾驶员态势感知是影响人车协作的关键。智能驾驶系统与人类驾驶员的 TSA 会提升二者的协同操作效能。

2）透明度理论

机器透明度是指通过通信通道（如 HMI 界面）向用户传达有关任务、目的、推理过程和决策相关信息的程度。机器透明度使用户理解机器现状提升用户对机器的可预测性，促进理解和协作效率。以下将从透明度的类型、影响关系和评估指标展开分析。

关于透明度的类型，Pokam 等（Pokam et al.，2019）将其分为两类：机器对人类的透明度和人类对机器的透明度。前者对机器应该传达给人类的信息进行分类，后者表示系统采集并呈现给用户的关于用户本身的信息。提供太多或太少的透明度可能会使人类驾驶员过载或在环外，从而导致人机团队表现不佳。在智能驾驶过程中，人类驾驶员的责任、角色和认知状态会动态变化，因此，对人机界面（HMI）的透明度的影响关系和评估对于驾驶安全性的设计至关重要。

3）信任理论

人车协作需要人和车之间的相互信任机制，信任是人车协作的核心。信任度贯穿人车协同共驾的感知、理解预测和决策控制层。本节首先描述信任度与自动化之间的关系，接着讨论支撑相互信任的认知机制，以及如何进行信任校准。

从信任度与自动化之间的关系来看，在协作过程中，驾驶员存在两种不恰当的信任行为：过度信任和不信任，这会导致人车之间的两种不当协作：当机器认知体无法处理任务时，过度信任会导致态势感知较低和接管控制行为较晚；相反，不信任会导致驾驶员弃用智能驾驶。因此，充分校准的信任是人车协同驾驶的基础之一。Lv.C 等（C. Lv et al.，2019）在图 30.2(a)中描述了信任校准、自动化能力和解决方案之间的关系。如何判定信任状态是信任校准的前提。Krausman.A 等（Krausman et al.，2022）将人车协作的信任类型分为信任倾向、情感信任、感知信用、基于认知的信用、情境信任、习得信任，并提出测量不同阶段信任类型的“工具包”，以支持在不确定、有风险和动态环境中运作的人车协作信任的发展、维护和校准，如图 30.2(b)所示。de Visser. E. J.等（de Visser et al.，2020）提出的信任度模型对信任进行了动态的描述，图 30.2(c)中的虚线代表对团队伙伴的认知，这是被动的信任校准过程；实线是对自我的认知，这是主动的信任校准过程。这是一个双方互相影响心智模型的过程。

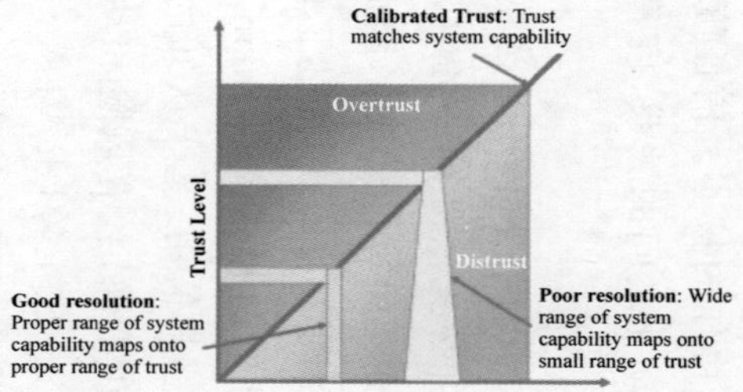

(a) 信任度与自动化关系图

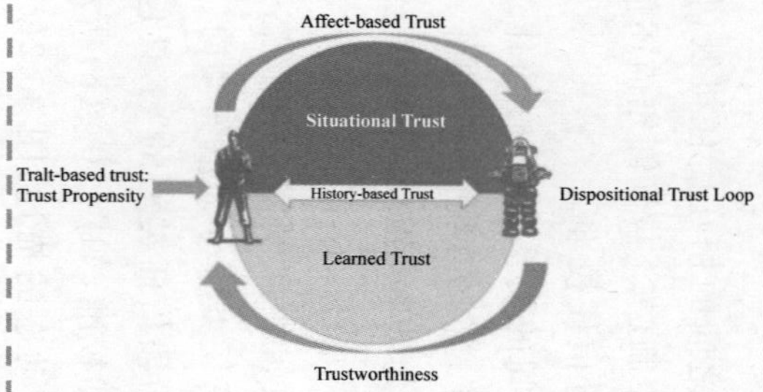

(b) 不同种类信任关系图

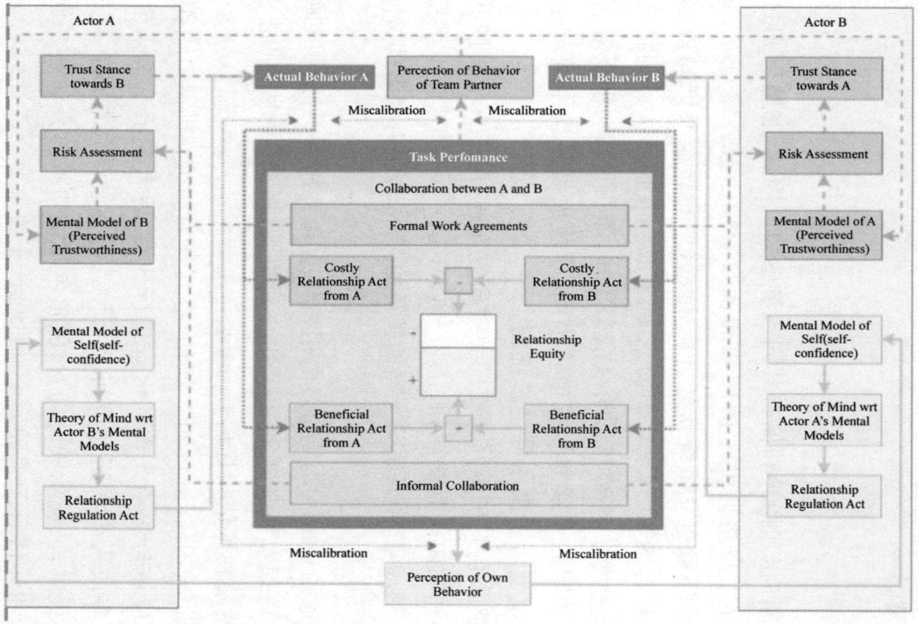

(c) 人机协作信任度模型

图 30.2　信任理论相关模型

30.2 智能驾驶的人车协同感知系统设计

1. 人车协同感知系统交互机制

在驾驶感知要素分析中，可以从驾驶员认知在环和认知不在环两种情况进行分析。Merat.N 等(Merat et al., 2019)区分了智能汽车的驾驶员感知环，即驾驶员在进行驾驶任务时属于人在环内，驾驶员在进行驾驶任务时过于疲惫或者分心，则人不在环内，这会造成驾驶安全问题。当人在环内所遇到的危险问题已经超越驾驶员的感知范围时，需要智能系统给予合作和帮助。在面对危险的信息交互模式上，Lenne 等(Lenne et al., 2008) 研究发现通过视觉和听觉警告向驾驶员传达危险信息、发出提前预警，可以有效缩短驾驶员的反应时间，提高驾驶者的注意力，使得驾驶员感知在环。

(1) 相互可观察。

可观察性指使某一事物的状态、对团队的了解、活动和所处环境相关的信息于他人而言可观察。在人车协同共驾系统中，可观察性具体指人类驾驶员和机器认知体的行为、意图和期望对彼此都是可观察的。Pokam 等(Pokam et al., 2019)提出，可观察性支持人类驾驶员了解环境情境和其他团队成员的情况，并防止误解、不当行为、模式混乱和不适当的信任级别。Lee.J.等(Lee et al., 2022)认为，可观察性会受到共同目标、团队一致性、团队领导力等因子的影响，然而涉及这些因子的交互方法在 ADS 研究中并没有得到很多关注，且由所有团队成员共享的沟通媒介(如 HMI 界面)对促进团队成员互相理解、提升 ADS 系统的可观察性是至关重要的。可观察性应当使驾驶员对于机器认知体是可观察的，这将支持响应自动化。并且，响应式自动化反过来补充了机器认知体的可观察性(Lee et al., 2022)。

(2) 人感知车。

多模态交互通道是人感知车的主要手段，多模态交互信号有利于建立人车共享态势感知。目前，人机界面被认为是人车交互的主要媒介。Bengler 等(Bengler et al., 2020)将高级智能驾驶中的 HMI 分为 5 类：自动化 aHMI 支持乘客与车辆交互；信息 iHMI 使乘客能够执行与驾驶无关的任务；车载 vHMI 通过听觉和视觉信号提供关于车辆状况的信息；外部 eHMI 支持与外部交通参与者互动；动态 dHMI 传达车辆动力学信息(如速度、加速度等)给交通参与者，如图 30.3(a)所示。然而，目前人机界面概念及其评估主要集中在单一的 HMI 或两种不同类型的组合并受限于特定的自动化水平，且各 HMI 应用的同步性或异步性需要进一步研究。

当驾驶员被视觉要求较高的任务分心时，提供视觉、听觉和触觉反馈的多模态人机界面更有可能提高驾驶员的感知能力，提高人车协作共同任务的表现。Basantis.A 等(Basantis et al., 2021)发现听觉和多模态 HMI 系统能更清晰地传达机器认知体的驾驶意图，并增加用户的舒适感、安全感和信任感。虽然多模态交互通道的合理应用能有效提高人对车的感知能力，但多模态交互信号对驾驶员注意力和认知负荷的影响有待进一步研究。

(3) 车感知人。

感知并识别人类驾驶员状态，并以此为基础推断驾驶意图，是机器认知体产生自适应协作策略的基础。由于人类驾驶员具有随机、多样、模糊、个性化和非职业化的特征，对人类驾驶员进行建模是车感知人的第一步。

关于驾驶员操纵行为建模方面的研究，为模拟驾驶员-车辆-道路闭环系统中真实驾驶员的操纵特性，Xie 等(Xie et al., 2021)提出了一种基于强化学习的智能汽车类人纵向驾驶员模型，以提高智能汽车在复杂工况的适应性。然而，目前驾驶员建模主要基于手动驾驶数据，根据人车协同共驾系统特性并考虑人的自学习能力进行建模更迭仍有待研究。目前关于驾驶员状态监测的研究主要是通过传感器监测驾驶员的眼部、头部、面部、手部和脚部的动作，基于生理信号、车辆和视觉的监测方法，采用传感器信息融合方法进行驾驶状态的监测和驾驶行为分析。胡云峰等（胡云峰，曲婷，刘俊，施竹清，2019）提出在监测驾驶员状态方面主要可以分为疲劳驾驶、分心驾驶和其他不当驾驶等，如图 30.3(b)所示。机器认知体可以通过传感器辅助人类驾驶员感知驾驶环境，弥补人类驾驶员感知的局限性，即增强驾驶员感知能力的智能辅助，通过智能系统分析并对驾驶员进行视听触多方位的预警，达到机器增强驾驶员感知的初级“人车协同”模式。

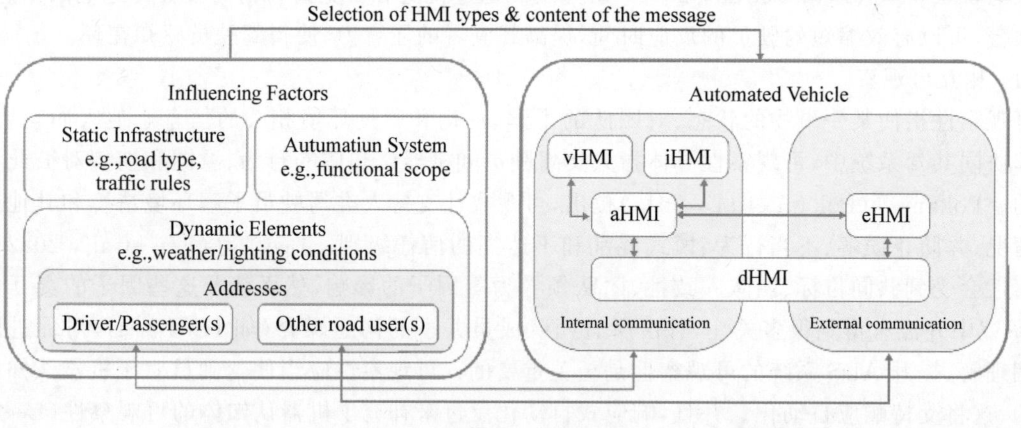

(a) 高级智能驾驶的HMI框架

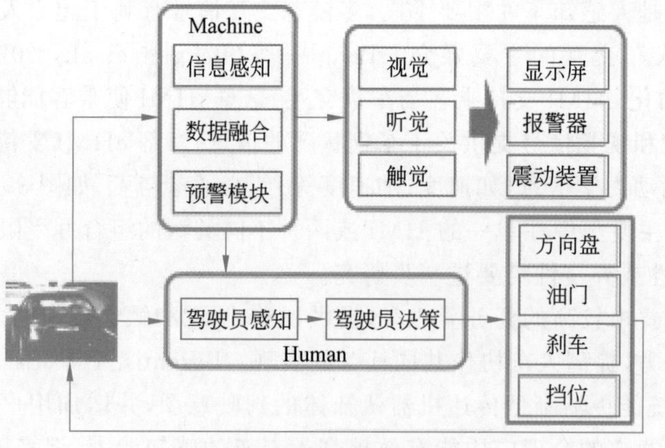

(b) 增强驾驶员感知示意图

图 30.3　协同感知理论模型说明示意图

此外，人机双向建立主动的通信通道可支持人车感知同步，以建立共享态势感知。双向通信信道允许驾驶员主动的信息请求。例如，驾驶员在需要时请求关于自动化状态的信息，而非被动地接收由系统共享的信息。类似地，自动化系统可以询问驾驶员的意图或状态更新，而不是仅仅依赖于基于传感器的估计。触觉通道作为双向通信通道具备发展潜力。Pocius.R 等（Pocius et al.，2020）建议将触觉反馈作为人机交互的一种无缝且自然的方式，并验证了触觉反馈在向用户传达机器目标方面的有效性。

设计评测可采用客观评测、主观量表评测和生理评测。在客观评测中，驾驶绩效指标是车辆动力学指标或交通参数指标（Nayak et al.，2022），主要包括纵向速度、纵向加速度、车头时距、制动踏板位置、油门踏板位置等车辆纵向控制指标，以及横向速度、横向加速度、方向盘转角、车道位置等车辆横向控制指标。在主观量表中，可评测态势感知、工作负荷、信任度和可用性等。用户的认知特征是影响用户需求的内因，作为可用性测试中的生理测试方法，可采用肌电数据、脑电数据和眼动数据等。脑电波使用电生理指标记录大脑活动时的电位变化，脑电技术则主要是通过相关电位的频率、潜伏期和波幅等指标研究认知信息。眼动追踪技术主要通过提取的视线轨迹、注视视觉、瞳孔变化等眼动数据研究人处理信息时的认知过程。

2. 人车协同感知系统设计原则与策略

（1）可观察性会受到共同目标、团队一致性、团队领导力等因素的影响，在交互方法的设计创意中需要涉及这三个要素。

（2）在设计过程中，通过建立共享界面和信息平台保证可观察性。共享界面和信息平台是团队合作所有成员所共享的、提供任务目标、任务状态、其他成员状态、环境情况以及其他成员目前和未来的工作安排等信息的平台。

（3）建立完善多模态通信通道，视觉通道是目前主要的沟通通道，包括增强现实抬头显示、仪表盘等，可以通过增加听觉、触觉等通道提高沟通效率。

（4）人车双方保持主动和双向通信，双向通信是建立互相理解、心智模型、共享公共空间、信息共享的基础，沟通内容需要根据任务情境和目标进行更新。主动通信支持驾驶员按需获取感知信息。发展团队态势感知，团队态势感知支持团队成员共享当前所处情境的认知并互相影响。

（5）通过安装或佩戴合适的传感器增强机器认知体对驾驶员的感知拓展作用，并选择合适的通信通道将感知内容传达给驾驶员，从而快速获得驾驶环境的态势感知。

3. 人车协同感知系统案例分析——基于透明度理论设计车载机器人的主动交互行为

1）场景定位

在人车协同共驾系统测试中，通常涉及多角色的相互协作，所以在考虑硬件环境搭建的过程中，需要对环境进行功能分区，如图 30.4 所示。根据实验中不同功能的需求，可以分为 4 大区域：接待区、主测试区、辅助驾驶区和操作监控区。接待区是进行实验前的活动区域，实验人员在这里进行被试人员的招募与实验引导。主测试区主要由主驾驶模拟器台架构成，功能是完成实验的评测主要任务。辅助驾驶区是辅助人员驾驶辅助仿真车辆的区域，在实验过程中为了营造更加真实的环境，需要加入若干辅助驾驶车辆以模拟真实的道路场景。操作监控区中有记录人员和测试工程师两种角色，主要功能是记录实时数据和维护测试系统的稳定。

为支撑整个人车协同共驾仿真系统，需要满足以下功能需求：汽车功能模拟、汽车驾驶场景演示、局域网内的网络连接、观察屏。软件系统按照实现的功能模块可以划分为测试车模块、环境场景与交通设施两大部分。测试车模块主要用来展示汽车的基本功能和结构。环境场景与交通设施模块主要为汽车提供驾驶环境，包括声音、天气、场景、智能车辆、道路、天空盒等模型，并对建筑物等模型设置碰撞体，同时设置智能车辆在不同场景中的行驶路线、速度和数量，尽量符合真实驾驶环境（刘雨佳 et al.，2020）。

基于透明度理论，本研究对车载机器人在不同通道下的不同透明度水平和信息组合进行测试和评估，主要关注用户在驾驶条件下的安全性、可用性、信任度和情感维度。SAT 模型由三个层次组

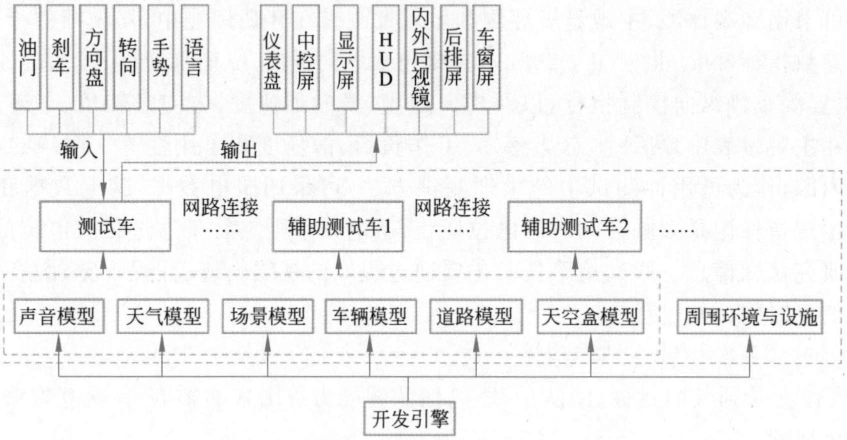

(a) 测试车模块软件系统框架

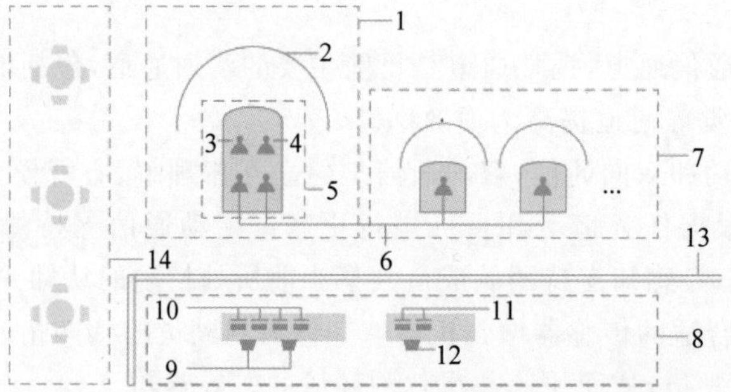

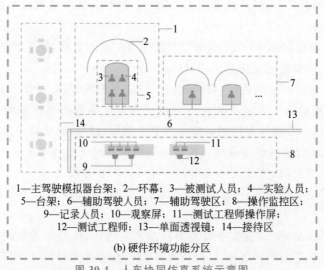

1—主驾驶模拟器台架；2—环幕；3—被测试人员；4—实验人员；
5—台架；6—辅助驾驶人员；7—辅助驾驶区；8—操作监控区；
9—记录人员；10—观察屏；11—测试工程师操作屏；
12—测试工程师；13—单面透视镜；14—接待区

(b) 硬件环境功能分区

图 30.4 人车协同仿真系统示意图

成：第一层（感知层），操作者应该得到代理人的目标和它对环境状况的感知；第二层（理解层），操作者应该得到代理人对情况的理解和行动的推理过程；第三层（预测层），操作者应该得到代理人对未来结果的预测。

2）方案设计

实验主要针对车载机器人的主动交互场景，并最终确定实验任务为“电话”和“超速”。电话任务要求司机和车载机器人一起完成一项非驾驶任务。其中，电话任务为接打蓝牙电话，超速任务则要求司机和车载机器人一起完成一项关键任务。实验采用了主体间设计，人类驾驶员与机器认知体存在共同目标。实验的目的是探索透明度水平的变化、每个水平内的信息量和驾驶行为之间的关系。

车载机器人信息显示的透明度等级设置参考了 SAT（situation awareness-based agent transparency theory，基于态势感知的代理透明度理论）模型。驾驶员驾驶行为采集的是被试的视线行为（扫视次数和视线固定时间）和驾驶数据（驾驶速度和车道偏移量）（图 30.5）。

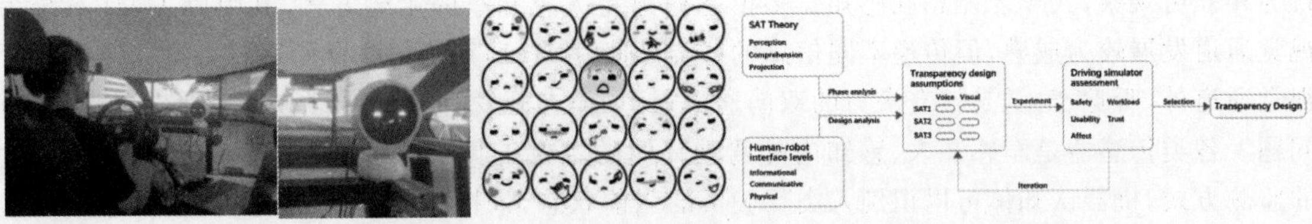

图 30.5　实验环境、实验用机器人、机器人面屏的表情设计、实验流程

在电话任务中,实验模拟了被试的朋友打来电话。然后,机器人主动提醒并询问对方是否接听。具体的实验组设计如下:第一组包含 SAT1 级和 SAT3 级的信息,第二组包含 SAT1 级、SAT2 级和 SAT3 级信息。SAT1 级的语音频道信息 Ring 被加入。在电话任务中,第二组中的语音通道信息使被试获得了更多的积极情绪,并减少了被试的工作量。然而,受试者对车辆的水平控制能力明显变差,且注视时间明显增加。这表明机器人导致被试注意力分散,这可能会造成危险。总体来说,SAT1 感知水平的存在提供了更高的透明度。然而,多通道的信息传达方式并不意味着人类和机器人之间有更好的合作(图 30.6)。

	Group1			Group2		
	SAT1	SAT2	SAT3	SAT1	SAT2	SAT3
Visual		pleasant expression	phoning expression		pleasant expression	phoning expression
Voice		'Wang is calling you'	'Whether to answer'	'Ring Ring'	'Wang is calling you'	'Whether to answer'

图 30.6　电话任务实验组设置

在超速任务中,受试者被要求以 30 公里/小时的速度在左侧车道行驶,然后加速到 70 公里/小时。一旦速度超过 60 公里/小时,机器人就会主动提醒司机注意限速。具体的实验组设计如下:第一组包含 SAT 2 级和 SAT 3 级信息,第二组也包含 SAT 2 级和 SAT 3 级的信息,在实验组一信息的基础上,增加了一个限速表情,包含 SAT 3 级的视觉通道信息,第三组包含 SAT 1 级、SAT2 级和 SAT3 级的信息。在超速任务中,SAT2 级与 SAT3 级语音和视觉通道信息使人类驾驶员更好地感知车。但在安全方面,添加 SAT3 的视觉通道信息或 SAT1 级别的语音通道信息会使驾驶员对车辆的水平控制变差,且 SAT3 级视觉通道信息增加了被试的工作负荷。因此,在超速任务中,车载机器人的设计可以省略对任务帮助不大的 SAT1 级信息,复杂的 SAT3 级视觉信息同样可以排除,以提高安全性,减少工作量(图 30.7)。

	Group1			Group2			Group3		
	SAT1	SAT2	SAT3	SAT1	SAT2	SAT3	SAT1	SAT2	SAT3
Visual		fear expression			fear expression	speed limit		fear expression	
Voice		'The speed limit...'	'Slow down...'		'The speed limit...'	'Slow down...'	'Oops'	'The speed limit...'	'Slow down...'

图 30.7　加速任务实验组设置

综上所述,首先应选择合适通道传达 SAT1 级感知信息,在提高人类驾驶员感知能力的同时,尽量避免信息冗余和注意力分散。其次,非关键场景(电话)和关键场景(超速)对机器透明度的要求不同,非关键场景的机器透明度可以相对较高,情感化的信息表达可以使用户获得积极情绪;关键场景的机器透明度可以相对较低,尽量避免信息冗余导致注意力分散。

4. 小结

人车协同感知系统是理解和预测系统的基础。相互可观察是人车协同感知的前提,只有确保人车行为相互可观察，人车才能相互感知。多模态通道是人感知车的主要方式，其中以 HMI 系统为主的视觉通道发展较为成熟，但传递不同信息的各类功能性 HMI 系统的联合使用有待进一步开发。除了视觉通道外，听觉、触觉是较有潜力的双向通信通道，但在开发时需要注意信息冗余、增加工作负荷等问题。各类传感器是车感知人、感知内外驾驶环境的主要工具。基于生理信号、车辆操作、视觉识别的监测方式，机器认知体可以识别人类驾驶员的当前状态，包括疲劳程度、注意力集中状态等，这是后续驾驶员意图识别的基础。通过内外驾驶环境，机器认知体可以弥补人类驾驶员的感知盲区，实现增强驾驶员感知能力的作用。

30.3 智能驾驶的人车协同理解和预测系统设计

1. 人车协同理解和预测系统交互机制

本节基于机器与人类的感知-理解-预测-决策-行为规律，探讨人与车辆在面向任务时联合认知的内在协同交互机制与逻辑，增强人车协同的相互理解和相互可预测，从而提升人机协作效能。

1）相互理解(mutual understanding)

"相互理解"是智能驾驶下人车协同链路中的重要一环。从自主系统看，需要具有透明度使其具有可理解性。从人类看，人的显式意图可以自然地输入机器，此外，机器还需要通过情绪识别人的隐式意图来停止、调整行动或修正交互轨迹。人和机器通过相互理解将隐性意图转为显性交互逻辑和表征，增加交互的稳定性和灵活性，减少交互系统不确定性和脆弱性，从而提升人机共驾的协作效率。本节会围绕透明度(transparency)和可指导性(directability)这两个相互理解中的关键主题展开分析，梳理相关模型与研究重点。

可指导性被定义为"一个人指导他人行为并互补地被他人指导的能力"。在人-ADS 系统中，可指导性是指人类驾驶员和自动化系统彼此之间能够根据目标、状态、能力来评估和指导对方的行动，以便进行干预或调整战略，以适应不断变化的情况或优先事项。Lee 等(Lee et al., 2022)研究提出，人车之间的可观察性和可指导性应当是相互的，这将支持响应式自动化，而这反过来也会补充 ADS 的可观察性和可指导性。在可指导性维度，HMI 界面应该可以提供对车辆能力的信息以及车辆行动的结果信息，以让人类驾驶员确定是否参与对方结果的控制，反之亦然。

2）相互可预测(mutual predictability)

相互可预测性是指一个人/代理的行为应该是足够可预测的，以至于其他人/代理在考虑自己的行为时可以合理地依赖预测到的信息。不仅自己的行为要对他人有足够的可预测性，在发展自己的行为时也要考虑他人的状态，从而构成相互可预测。

未来相互可预测与信任度有关，前一次合作的结果表现会影响下一次合作的信任程度，从而影响人机之间的未来相互可预测。为了最大限度地提高驾驶安全性和舒适度，智能驾驶系统可以通过实施考虑了不同潜在场景发展情况的预测性行为选择来受益。Wang 等(Wang et al., 2021)强调预测级别(prediction-level)的人车共驾，允许人类在智能驾驶汽车继续谨慎选择合适的行动时注入额外的预测。

此外，认知推理是人类结合感知刺激与记忆形成对外部环境认识的过程。快速发展的机器学习、深度学习技术重塑了交通系统，并在智能汽车的情景感知与任务分析中发挥了重要作用。认知可以通过智能驾驶的场景认知表示，即基于感知数据实现对当前场景的识别和分析。目前，学者从认知角度和数据驱动的角度对驾驶行为进行了建模。Li 等(W. Li et al., 2022)提出了一种基于情感认知过程理论和深度网络的认知特征增强的驾驶员情绪检测方法。自动化系统应该感知人类的状态以产生自适应的协作策略。人类的状态包括生理状态和心理状态。一般地,驾驶员生理行为和状态可以通过传感器系统收集并检测(如心率、血压),而驾驶员心理状态可以通过分析生理行为得到,此外还可以通过光脑仪(PPG)等方式进行评估。Perpetuini 等(Perpetuini et al., 2021)研究了一种多变量数据驱动的方法,通过 PPG 特征来估计被测的心理状态。

2. 人车协同理解预测系统设计原则与策略

(1) 达成人车共驾的相互信任:创建清晰、具体、简单的交互界面,尽量减少自动化功能的复杂性;考虑类人的驾驶行为,使车辆行为更可预测;呈现界面和可视化指示。

(2) 界面需要呈现自动化的目的、过程和表现:显示自动化所看到的和它的计划;实现可指导的自动化和信任修复;向人们提供适当的控制和反馈;在发生事故时提供解释。

(3) 促进人车协同的相互理解与可预测:保持双向沟通,沟通内容需要根据任务情境和目标进行更新;建立多通道的双向沟通方法,提高双向沟通效率;保证可指导性,通过互相监督了解合作伙伴的工作状态,从而确定之后的操作方向。

(4) 自适应的自动化可以根据人类驾驶员的现状确定行为引导方案:当人类驾驶员的工作负荷和态势感知过低时,智能驾驶系统可以通过鼓励更积极地参与驾驶工作;反之,自动化系统可以自适应地提供预设的驾驶动作序列建议或直接承担大部分的驾驶工作。

3. 人车协同理解预测系统案例分析——构建信任的智能驾驶接管系统交互设计

1) 场景定位

选择人机合作驾驶中一个人机控制权切换点"接管",探讨在该过程中如何创建协同理解与预测的信任界面。驾驶员接到接管提示后进行接管的操作会受外界环境、驾驶认知、车辆性能等的影响而呈现不同的驾驶行为反馈。为帮助驾驶员在接管过程中保持清晰的驾驶权意识及态势感知,本设计深入分析了接管系统的应用场景以及 HMI 交互策略,从驾驶协同理解与预测信任的角度出发,提出了 HMI 设计的影响因素模型,并以此为基础提出了以强化驾驶协同理解与预测的信任为目的接管系统的 HMI 交互设计方案。本设计基于 Hoff 和 Bashir(Hoff et al., 2015)的研究成果绘制了接管交互前后信任模型。针对改善人机系统信任度的交互设计,需要考虑到完整的交互过程,包括可观察、可预测性和信息反馈的及时性与直接性等。具有 HAD(Highly Automated Driving)功能的汽车具有智能决策和控制能力,可以通过多种方式协助驾驶员。如图 30.8 所示,按照接管前(HAD 功能可用提示、HAD 使用阶段)、系统发出接管请求、驾驶员接管后进入非 HAD 驾驶模式阶段这四个具体阶段的影响因素权重进行了分析。

2) 方案设计

接管前驾驶员在典型场景中,在接到系统 HAD 可用提醒之前处于自适应巡航状态,故驾驶员是驾驶任务的主导者,需要关注车内外驾驶环境。当系统提示 HAD 功能可用后,开启 HAD 功能,解放其双眼和双手进行驾驶无关活动。在接管中场景中,前方跟随车辆变道行驶,系统检测到前方障碍物无法继续使用 HAD 功能后,对驾驶员进行接管提醒。驾驶员结合系统提醒做出符合驾驶习惯的接管行为,对系统进行有效的接管。在该阶段中,如图 30.9 所示,驾驶员的接管前后的关注区有部分的重叠区域,该区域作为驾驶的核心操作和观察区,是 HMI 设计的核心关注区域。在驾驶员进行有效接管后,车辆进入非 HAD 的驾驶模式,在该模式下,驾驶员必须时刻关注路面状态且不能脱手。对于车内信息来说,驾驶员需要具有确认当前驾驶模式的通道,同时,驾驶员在接管后最好能及时了解自己驾驶的责任范围,以进行更有效的协作。

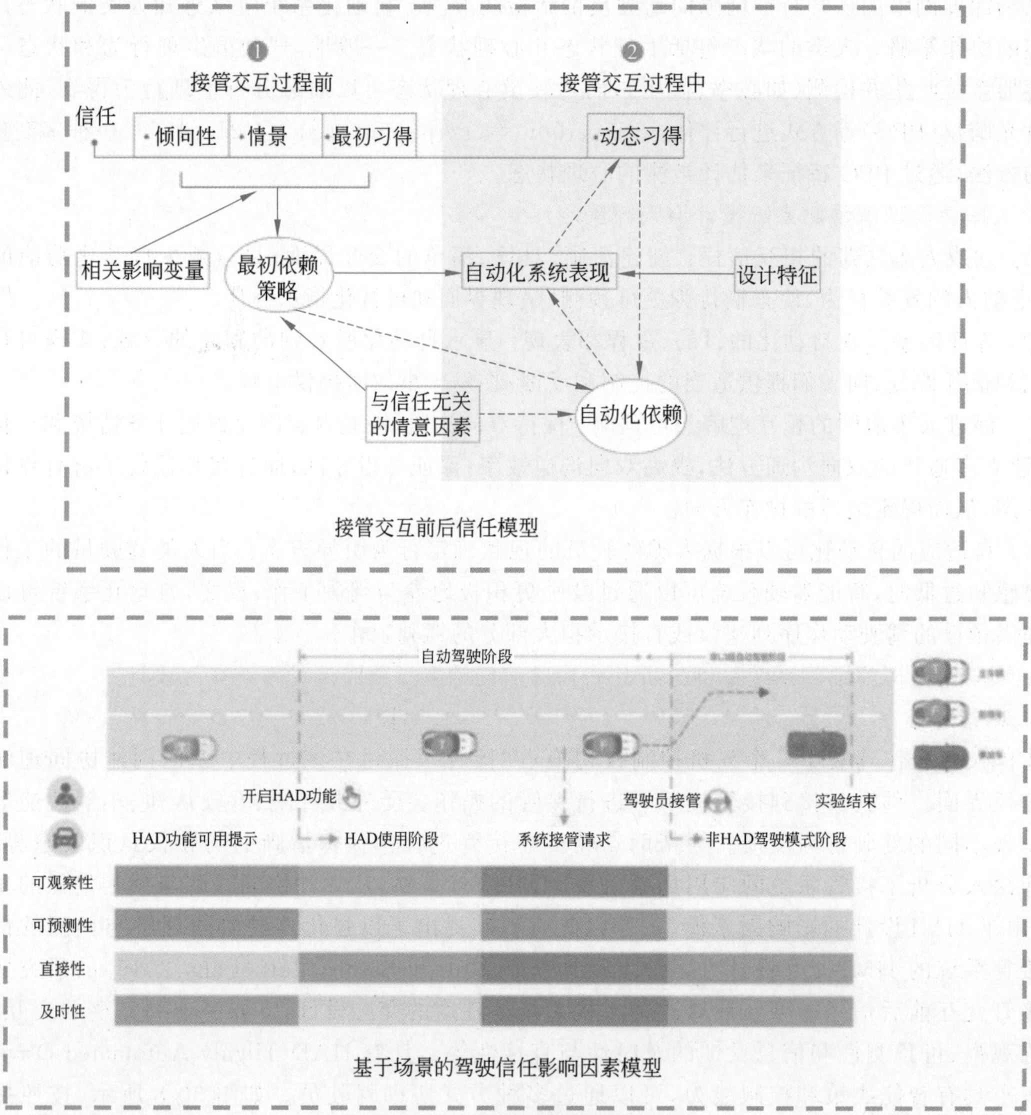

图 30.8 涉及的基础模型

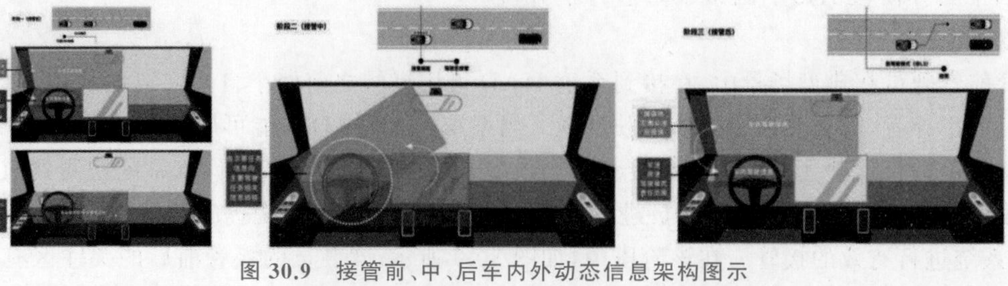

图 30.9 接管前、中、后车内外动态信息架构图示

在协作中，人和车辆之间的主要通信方式是人机界面。此外，本研究设计了方向盘灯带装置，以灯带颜色提示驾驶员当前所处的驾驶模式及警示状态。本案例分别从两个维度分析接管系统典型应用场景下的车内动态信息架构设计，分别为时间线轴和动态信息。时间轴分为三个阶段，第一个阶段

为接管前：在不存在驾驶分心的一般状况下，此阶段驾驶员的视野集中在车内主驾驶控制区及前方路况区，驾驶员接收到系统的 HAD 可用提醒——结合相关信息根据当下情境决策并执行操作——进入 HAD 驾驶模式。第二阶段为接管中：受到前方路障影响，前方跟随车辆变道行驶，系统检测到前方障碍物无法继续使用 HAD 功能后，对驾驶员进行接管提醒——驾驶员进行驾驶接管。第三阶段为接管后：系统提示当下的驾驶模式，驾驶员在新的模式下进行驾驶以避开故障区，在驾驶员进行有效接管后，车辆进入非 HAD 的驾驶模式，在该模式下，驾驶员必须时刻关注路面状态且不能脱手。动态信息分为车外动态信息和车内动态信息，车外动态信息主要包括环境信息，例如周边车辆状态、前方故障区等，车内动态信息主要为 HAD 可用提醒、接管提醒、新模式提醒等信息以及驾驶员的设置操作(表 30.1)。

表 30.1　典型驾驶接管场景 HMI 设计方案

阶　段	HMI 和方向盘灯带装置状态
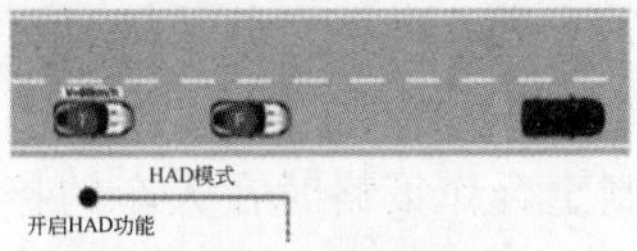 阶段一：接管前	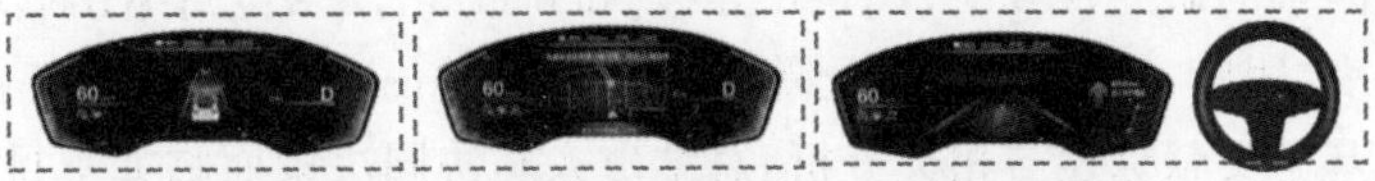 非 HAD 模式；HAD 可用提醒；HAD 模式
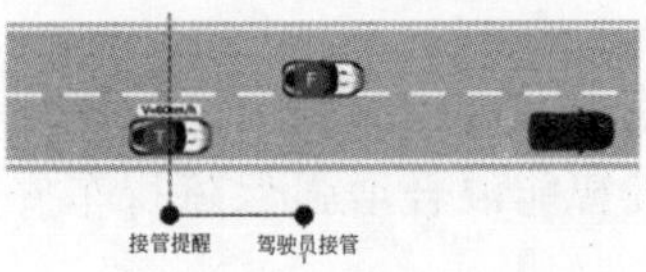 阶段二：接管中	 一级接管提醒；二级接管提醒；三级接管提醒
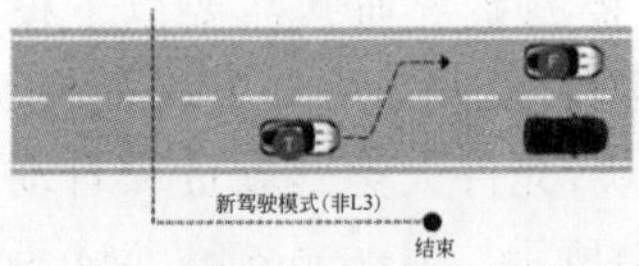 阶段三：接管后	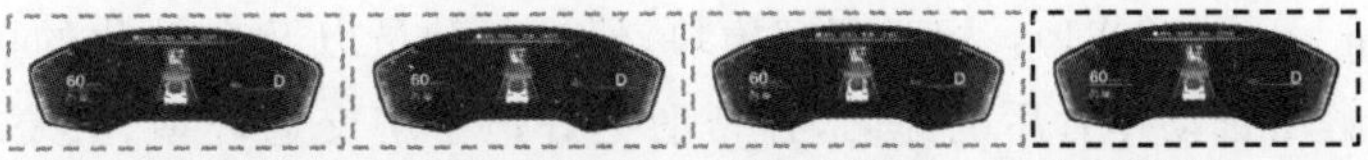 接管后提醒 1；接管后提醒 2；接管后提醒 3；接管后提醒 4

4. 小结

协调人车协同联合认知系统中的相互信任、理解和可预测是一个复杂和多方面的设计挑战。通过前文分析可以发现，人与车之间经过良好校准的信任关系，使得两个智能体在驾驶意图、能力、偏好和习惯等方面能够更好地理解彼此。人和机器通过相互理解，将隐性意图转为显性交互逻辑和表征，增加交互的稳定性和灵活性，减少交互系统不确定性和脆弱性，从而提升人机共驾的协作效率。另外，人车协同增强场景预测的应用可以提高系统的前瞻性驾驶能力。由于因素之间通常是相互耦合的，因此如何有效地对信任、理解、预测进行联合建模和校准将是未来重点的研究课题。

30.4 智能驾驶的人车协同决策控制系统设计

1. 人车协同决策控制系统交互机制

复杂任务场景中的非线性、动态及未加预测事件下，人机协作认知能力与决策行为存在社会域、认知域、信息域、物理域等边界阈，需要通过协同决策控制过程中权利、能力、责任和控制过渡机制和交互任务活动板块上下文分析制定决策权力分配模式和关键的决策建议，以支持控制系统的设计和交互任务的推进。本节基于意图-决策-行为的关联关系，挖掘人与车辆在面向任务时决策控制的内在交互机制，增强人机协作的协同决策及控制，提升人机协作效能。

1）协同决策（cooperative decision-making）

从决策方法分类来看，Yang 等（Yang et al.，2022）介绍了人机协作中不同控制方法与协作策略之间的嵌套关系，包含引导控制、监督控制、交易控制、共享控制（间接/直接共享）、分配控制。在影响决策因素的研究领域中，Lynch 等（Lynch et al.，2021）归纳出影响决策的主题：决策支助系统、信任、透明度、团队、任务/作用分配等，并在图 30.10（a）中揭示了这些主题之间的相互联系。

基于文献综述与相关分析，总结出人车协同决策面临如下挑战：在制定合作策略时在人车的控制权限之间找到平衡；合作决策模型应该综合环境信息、空间和时间信息、任务的难度、背景中的自动化水平、人员当前的自信、机器人对自动化的信任以及来自 HMC 系统的命令，以平衡人车之间的决策。

2）共享控制（shared control）

智能汽车人机共享控制是指由人类和机器共同完成驾驶任务，平稳地共享控制是为了确保驾驶员和智能驾驶系统在感知-行动循环中保持一致的相互作用，通过人机智能混合增强保障行车安全（杨俊儒 et al.，2022）（M. Li et al.，2022）。

未来，以人为本的 ADAs（Advanced Driving Assistance System）应该能够在不同条件下灵活地与人类驾驶员进行协作，以获得用户的信任和接受。以人为中心的共享控制系统通常需要以下模块（Xing et al.，2021）：相互理解模块，保证驾驶员以及自动化的可预测性和可理解性；相互沟通模块，以了解所选动作背后的原因，并帮助更好地了解交通环境；共享控制模块，允许人类驾驶员和自动化自适应判断并评估其行为和动作，以生成优化的解决方案，如图 30.10（b）所示。Marcano 等（Marcano et al.，2020）将共享控制框架分为两大类，即耦合共享控制（与触觉制导系统相关）和非耦合共享控制（采用输入混合方式）。共享控制应充分发挥人类和机器各自的智能优势，通过制定合理的共享策略，发掘人车协同系统的最大潜能，提升在极限工况下的控制效果。此外，不同的驾驶员具有不同的驾驶风格和操作特性，控制系统的设计应根据驾驶员的特点和喜好进行个性化服务，有助于提升舒适性，减少人机冲突。

此外，驾驶员因素分析的研究内容主要包括驾驶员状态监测和意图识别。通过实时监测驾驶员状态并动态调整共享控制权，可以有效减小人机冲突。目前，关于驾驶员状态监测的研究集中在识别疲劳驾驶、分心驾驶以及其他不当驾驶行为，主要有基于生理信号、基于车辆和基于视觉的三种监测方法。基于计算机视觉的驾驶员监测系统已经得到了商业应用，技术更为成熟，但较少将驾驶员状态、车辆状态、周围交通环境信息综合考虑。因此，建立多种信息融合的驾驶员监测系统是未来的发展趋势。另外，人机共享控制需要提升机器系统对人类的理解能力，根据驾驶员状态自适应决策提高人类对机器系统的信任度。

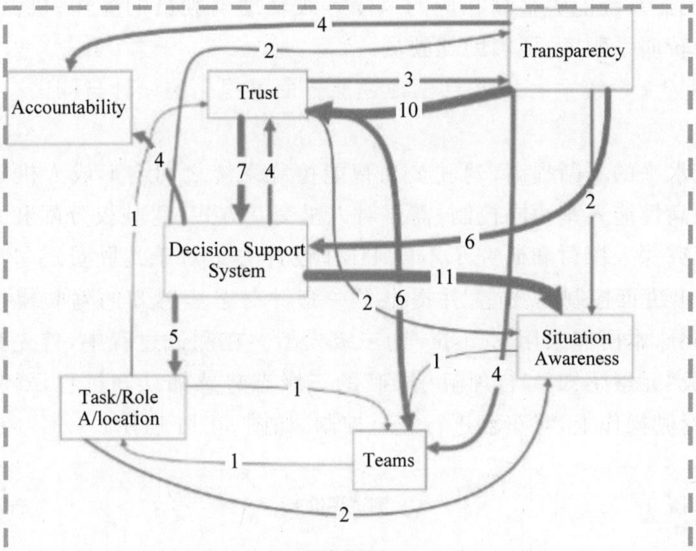

(a) 决策关联图

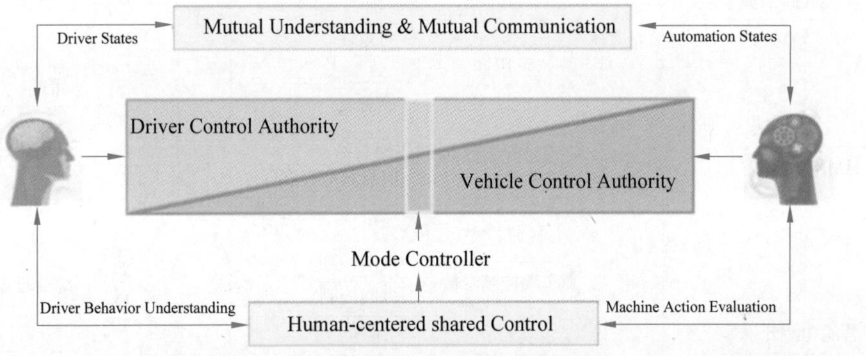

(b) 以人为本的共享控制系统的示范性结构

图 30.10 协同决策控制系统理论模型

2. 人车协同决策控制系统设计原则与策略

(1) 构建复杂交互任务下人机决策权分配模型。基于人的显隐性交互意图，匹配人的生理和行为指标，建立意图-决策-行为的关联关系，探索人类意图背后的决策行为特征。基于复杂任务场景，分析非线性、动态及未加预测事件下人机协作认知能力与决策行为的边界阈。在决策权分配问题中，分析制定决策权力分配模式和关键的决策建议，以支持交互任务。

(2) 构建复杂交互任务下人机系统控制操作模型。制定人机控制决策策略，为弥补人类感知缺失可制定机器引导人类决策控制操作模式；为满足机器常规工作控制或紧急情况检测，可制定人类监督机器决策控制操作模式；为完成超越团队成员权限阈值的任务，可制定人机接管决策控制操作模式；为使人类集中于高指令任务目标，且认知和操作负荷，可制定人机共享决策控制操作模式；为高效完成人机负责的子任务，可制定分配决策控制操作模式。

(3) 智能驾驶共享控制系统的设计要求。要具有双向信息传输通道；当车辆处于安全的条件下应遵循驾驶员的意图；机器系统能够根据相应的风险等级辅助驾驶员的操作；机器系统能主动（提供辅助力矩）或被动（改变转向系刚度）地辅助驾驶员。

3. 人车协同决策控制系统案例分析-自适应巡航界面可视化的设计与测试

1）场景定位

随着汽车智能化水平的不断提高，驾驶员和智能控制系统之间会形成人机并行控制的复杂动态交互关系。为了实现高性能人车协同控制，需要对人机交互方式、驾驶权分配和人车协同关系等因素进行深入研究。本研究深入探讨和研究了不同HMI设计方案对于驾驶员态势感知的影响，从感知-理解-预测分析，反馈出决策控制的效能，并提出了一套针对态势感知的驾驶模拟器测试方法。在驾驶员态势感知模型部分，本研究采用Endsley的三级模型。在测试过程中，首先交通环境对驾驶产生刺激，随后驾驶员形成"元素感知-综合理解-预判"的三级态势感知认知过程，驾驶员根据态势感知做出决策，最后反映在驾驶操作上，对车辆进行安全控制，如图30.11所示。

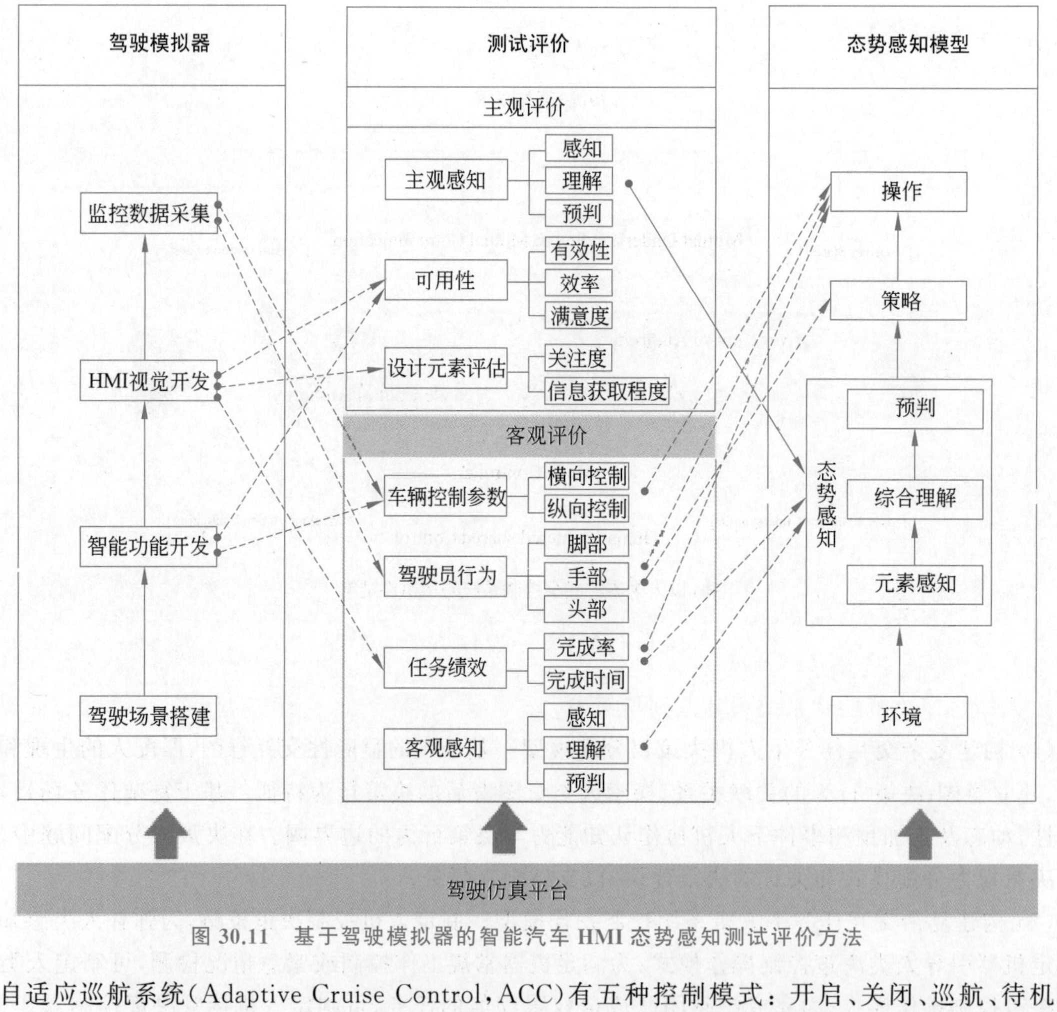

图30.11　基于驾驶模拟器的智能汽车HMI态势感知测试评价方法

自适应巡航系统（Adaptive Cruise Control，ACC）有五种控制模式：开启、关闭、巡航、待机和跟车。ACC可以在不同控制模式间切换。巡航和跟随模式之间的切换意味着当车辆接近前方的另一辆车时驾驶员不必踩刹车。如果前车切出本车所在车道，则系统返回到巡航模式。驾驶员全程都拥有手动取消巡航和跟车模式的自由控制权。ACC不同控制模式的切换如图30.12所示。

进一步对 ACC 的 HMI 设计进行需求分析。在巡航阶段，本车所在车道前方无车，本车处于定速巡航状态，HMI 应呈现常规驾驶信息和 ACC 的基础设置信息：ACC 开启情况、设定速度、跟车时距。若 ACC 系统检测到前车，则开始进入跟车状态，HMI 除了呈现先前两个信息外，还呈现前车识别情况。在跟车阶段，本车处于稳定跟车状态，和切入阶段的信息呈现基本相同。

2）方案设计

切入场景下的关键设计点及控制策略参数中，首先整理了切入场景下的 HMI 关键设计点，以及在关键设计点需要获取的控制策略参数，为驾驶模拟器中 HMI 交互逻辑的开发打下基础。切入的关键设计点主要包括启动、定速巡航、前车切入、警告、系统制动、跟车、驶远等，针对这些不同关键设计点，总结所需控制策略参数，如图 30.13 所示。

切入场景下的原型设计元素主要包括当前车速、自适应巡航控制标志、前方车辆、跟车时距、设定速度等。设计元素的形状主要参考当前用户所普遍认同的图标，以简洁易辨为主。设计元素的颜色也会根据安全及警告状态的不同而切换为蓝色、黄色或红色，如图 30.14 所示。

在切入场景下的多屏互动原型设计方案中，根据切入的任务流程，利用原型设计元素对智能汽车多屏 HMI 进行设计，包括仪表、挡风玻璃抬头显示和增强现实抬头显示，整理出 ACC 在切入工况下的初步原型设计方案，如图 30.15 所示。

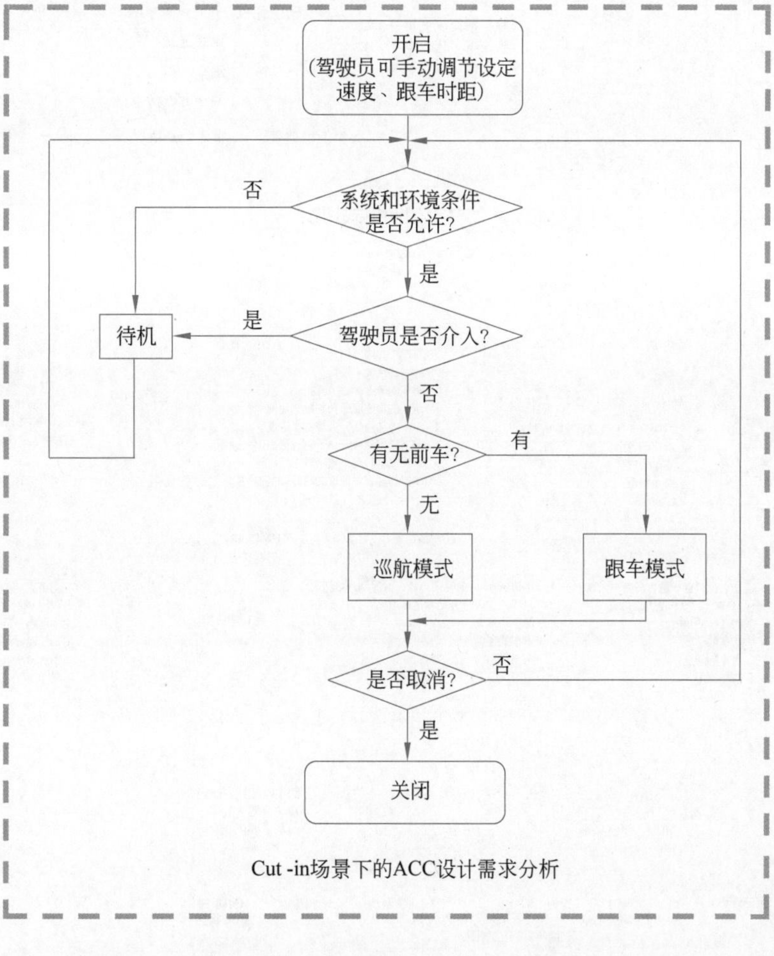

图 30.12 ACC 不同控制模式的切换

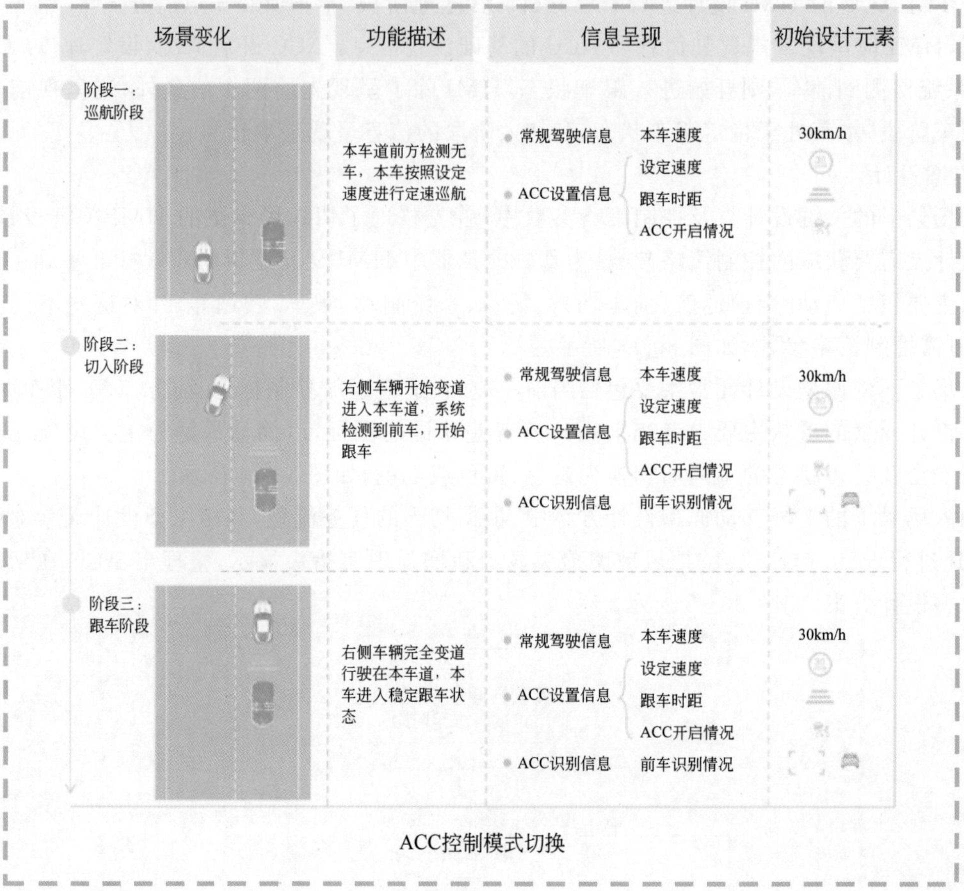

图 30.12 （续）

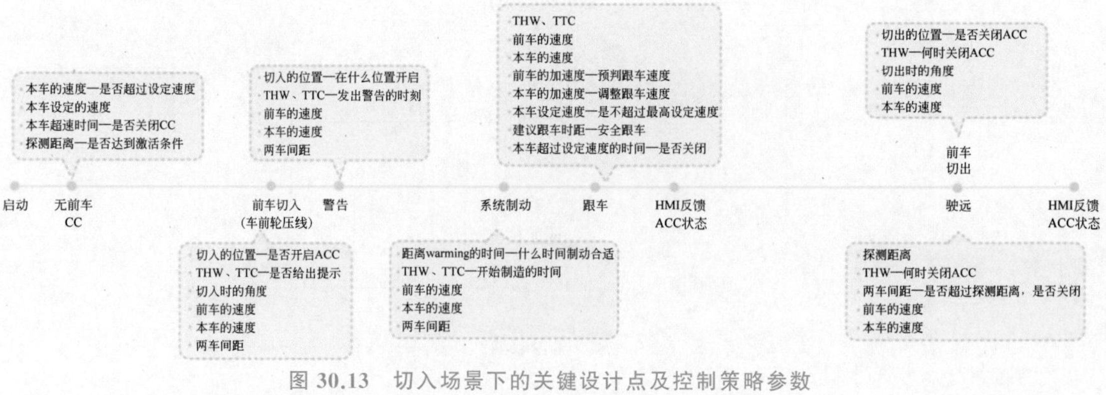

图 30.13 切入场景下的关键设计点及控制策略参数

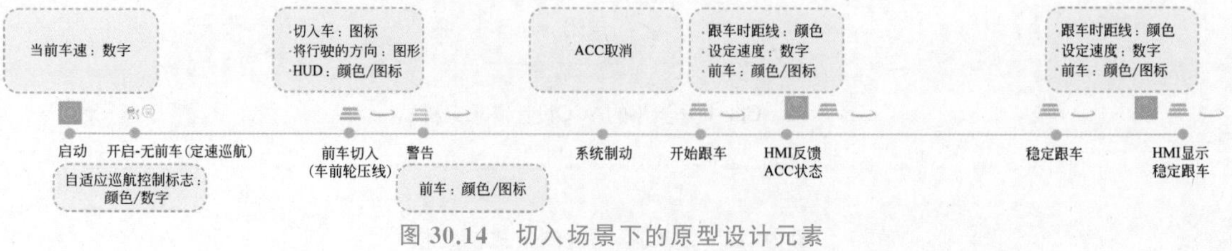

图 30.14 切入场景下的原型设计元素

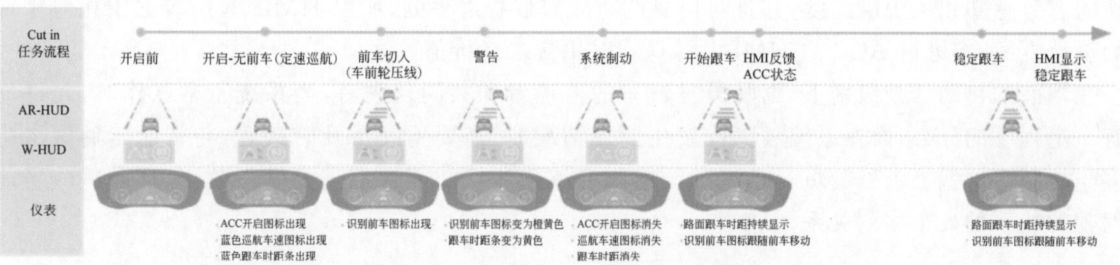

图 30.15 切入场景下的多屏互动原型设计方案

该实验采用单因素重复测量实验设计，实验中每位被试都接受所有自变量水平的处理。自变量为 ACC 的不同 HMI 设计方案，分析其对切入场景下驾驶员态势感知的影响。

HMI1 设计方案如图 30.16(a)所示。实验的基础设计和其他设计方案都从该基础设计演变而来，与其进行对比研究。该基准方案的设计参考了市场上已有的配备 ACC 功能车辆。在该方案中，仪表盘和 WHUD 上使用了相同的设计元素，包括当前速度、ACC 标识、设定速度、前车识别标识和时距；HMI2 设计方案如图 30.16(b)所示：与 HMI1 相比，前车切入本车道被识别后，表示识别前车的 HMI 设计元素(包括前车识别标识和时距)显示时间更提前。在 HMI1 中，当前车的车身完全进入本车所在车道时，识别信息出现；而在 HMI2 中，一旦前车的车轮跨过车道线，识别信息便会出现。HMI3 设计方案如图 30.16(c)所示。与 HMI1 设计相比，前车切入本车道被识别后 HMI 设计元素在 W-HUD 显示空间上减少了部分冗余信息。在 HMI1 中，当前速度、ACC 标识、设定速度、前车识别标识和时距元素全部显示在 W-HUD 上；而在 HMI2 中，前车被识别后，W-HUD 上只保留了当前速度，其他 ACC 相关元素被去除。实验中有 4 组因变量，包括态势感知量表数据、驾驶员行为、可用性和设计元素主观评估。

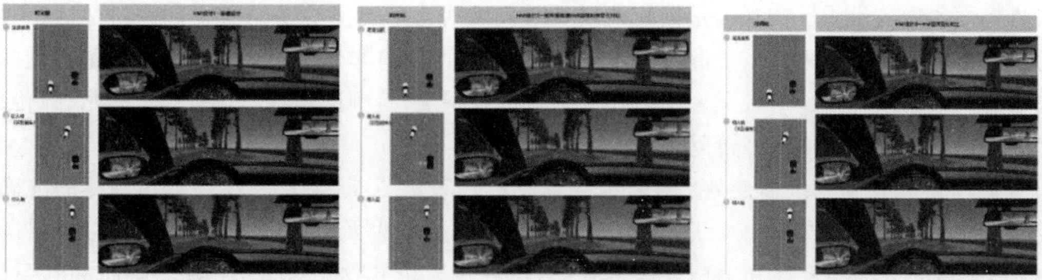

(a) HMI1设计方案 (b) HMI2设计方案 (c) HMI3设计方案

图 30.16 设计方案

基于相对于基准设计 HMI1，HMI2 中识别前车标识的设计元素在出现时间上提前显示，结果表明：显示时间的变化对驾驶员的态势感知具有显著影响，并且在侧车压线后出现识别标识的设计(HMI2)的切入工况中，驾驶员对于周围环境有更好的态势感知；显示时间的变化对主观满意程度具有显著影响，驾驶员对于 HMI2 的主观满意程度明显高于 HMI1；显示时间的变化对信息的有效获取程度具有显著影响，HMI2 设计下驾驶员对于 ACC 信息的有效获取程度更高。相对于基准设计 HMI1，HMI3 中 ACC 相关信息的设计元素在显示空间上减少了部分冗余显示，结果表明：显示空间的变化对主观满意程度具有显著影响，驾驶员对于 HMI1 的主观满意程度明显高于 HMI3；显示空间的变化对信息的有效获取程度具有显著影响，HMI1 设计下驾驶员对于 ACC 信息的有效获取程度更高。综合 HMI1、HMI2 和 HMI3 的测评结果，三种设计方案对比之后，被试在 HMI2 设计方案下有更高的态势感知和主观满意度，并且对信息的有效获取程度更高，所以 HMI2 是三者之中相对来说更优的设计方案，在进行 ACC 的 HMI 设计迭代时更具参考价值。

在当前的自动驾驶级别下，驾驶员是汽车的监控者和共同驾驶者，当系统正常工作时，允许驾驶员有一定程度的分心，而在系统故障或发生紧急情况时，需要驾驶员及时接管，与智能车辆做出协同决策与控制。这就要求驾驶员对于汽车的感知理解预测认知因素都需要做出改变，从而适应当前自动驾驶功能下的人车共驾关系。

30.5 总结与展望

人车协同共驾是实现全工况智能驾驶之前的重要驾驶模式。目前，人车协同共驾在协同感知、协同理解和预测以及协同决策控制系统都有了一定的研究进展，人车协同共驾的总结与展望如下。

人车协同共驾系统包含人和车两个变量。人类驾驶员具有随机、多样、模糊、时变性、个性化的特征，智能汽车具有车型多样化的特征，研究满足个性化需求且适应于各种车型的人车协同共驾系统是重点之一。对于智能驾驶的人车协同感知系统，在车感知人方面，基于计算机视觉的驾驶员监测系统已经得到了商业应用，技术较为成熟，但目前视觉传感器依旧存在低帧率、动态范围限制的局限性，容易错过人脸瞬间的微表情。此外，驾驶员状态监测如何妥善处理用户隐私问题有待解决。在人感知车方面，可通过多模态通道提高机器认知体的透明度，同时在不增加驾驶员认知负荷的前提下提高增强驾驶员感知能力的智能辅助效果。基于驾驶员状态监测的驾驶员意图识别是协同理解和预测系统的基础。目前，相关研究成果主要是针对某一特定的驾驶员状态进行监测和意图识别，并且研究大多是基于大量的实测数据和统计分析的方法，如何在理论上分析驾驶员在驾驶过程中的随机性、复杂性和时变性，需要进行系统的深入研究。另外，人机共享控制需要提升机器认知体对人类的理解能力，根据驾驶员状态自适应决策。同时，在人机界面实现人机柔性交互也是提升驾驶员对人机共驾系统接受度的重要问题。然后，在协同决策控制系统方面，如何实现人机系统混合增强，而不是造成冲突与非合作模式是提升性能最关键的因素。最后，人车协同共驾系统是一个人-车-环境-任务的强耦合系统，其测试场景和任务难以穷尽，评价准则纷繁复杂，人车协同系统的测试与评价问题也是重点之一。

今后，人车协同共驾系统需要致力于：提高驾驶员驾驶意图、状态及习性建模与预测的准确性；增强驾驶员在回路的人车协同感知与认知；实现人机在决策规划以及控制执行中的交互与协同；实现人车协同控制车辆的运动稳定性和碰撞安全性控制；个性化人机共驾系统开发；人车协同共驾系统验证平台的开发与测试评价方法的确定。

参考文献

Basantis, A., Miller, M., Doerzaph, Z., & Neurauter, M. L. (2021). Assessing Alternative Approaches for Conveying Automated Vehicle "Intentions". *Ieee Transactions On Human-Machine Systems*, 51(6), 622-631. http://doi.org/10.1109/THMS.2021.3106892.

Bengler, K., Rettenmaier, M., Fritz, N., & Feierle, A. (2020). From HMI to HMIs: Towards an HMI Framework for Automated Driving. *Information*(No.2), 61.

Carsten, O., & Martens, M. H. (2019). How can humans understand their automated cars? HMI principles, problems and solutions. *Cognition Technology & Work*, 21(1), 3-20. http://doi.org/10.1007/s10111-018-0484-0.

Dambock, D., Kienle, M., Bengler, K., & Bubb, H. (2011). *The H-Metaphor as an Example for Cooperative*

Vehicle Driving (Vol. 6763).

de Visser, E. J., Peeters, M., Jung, M. F., Kohn, S., Shaw, T. H., Pak, R., & Neerincx, M. A. (2020). Towards a Theory of Longitudinal Trust Calibration in Human-Robot Teams. *International Journal of Social Robotics*, 12 (2), 459-478. http://doi.org/10.1007/s12369-019-00596-x.

Endsley, M. R. (1995). Toward a Theory of Situation Awareness in Dynamic Systems. *Human Factors* (No.1), 32-64.

Gil, M., Albert, M., Fons, J., & Pelechano, V. (2019). Designing human-in-the-loop autonomous Cyber-Physical Systems. *International Journal of Human-Computer Studies*, 130, 21-39. http://doi.org/10.1016/j.ijhcs.2019.04.006.

Hoc, J. C. O. N., Mars, F. C. O. N., Milleville-Pennel, I. C. O. N., Jolly, É. C. O. N., Netto, M. C. O. N., & Blosseville, J. C. O. N. (2006). Human-machine cooperation in car driving for lateral safety: Delegation and mutual control. *Le Travail\ Humain: A Bilingual and Multi-Disciplinary Journal in Human Factors* (No.2), 153-182.

Hoff, K. A., & Bashir, M. (2015). Trust in Automation: Integrating Empirical Evidence on Factors That Influence Trust. *Human Factors*, 57(3), 407-434. http://doi.org/10.1177/0018720814547570.

Krausman, A., Neubauer, C., Forster, D., Lakhmani, S., Baker, A. L., Fitzhugh, S. M., Gremillion, G., Wright, J. L., Metcalfe, J. S., & Schaefer, K. E. (2022). Trust Measurement in Human-Autonomy Teams: Development of a Conceptual Toolkit. *Acm Transactions On Human-Robot Interaction*, 11(3) http://doi.org/10.1145/3530874.

Lee, J., Rheem, H., Lee, J. D., Szczerba, J. F., & Tsimhoni, O. (2022). Teaming withYour Car: Redefining the Driver-Automation Relationship in Highly Automated Vehicles. *Journal of Cognitive Engineering and Decision Making* http://doi.org/10.1177/15553434221132636.

Lenne, M. G., Triggs, T. J., Mulvihill, C. M., Regan, M. A., & Corben, B. F. (2008). Detection of emergency vehicles: Driver responses to advance warning in a driving simulator. *Human Factors*, 50(1), 135-144. http://doi.org/10.1518/001872008X250557.

Li, M., Cao, H., Li, G., Zhao, S., Song, X., Chen, Y., & Cao, D. (2022). A Two-Layer Potential-Field-Driven Model Predictive Shared Control Towards Driver-Automation Cooperation. *Ieee Transactions On Intelligent Transportation Systems*, 23(5), 4415-4431. http://doi.org/10.1109/TITS.2020.3044666.

Li, W., Zeng, G., Zhang, J., Xu, Y., Xing, Y., Zhou, R., Guo, G., Shen, Y., Cao, D., & Wang, F. (2022). CogEmoNet: A Cognitive-Feature-Augmented Driver Emotion Recognition Model for Smart Cockpit. *Ieee Transactions On Computational Social Systems*, 9(3), 667-678. http://doi.org/10.1109/TCSS.2021.3127935.

Lv, C. L. C., Hu, X. H. X., Sangiovanni-Vincentelli, A. S. A., Li, Y. L. Y., Martinez, C. M. C. M., & Cao, D. C. D. (2019). Driving-Style-Based Codesign Optimization of an Automated Electric Vehicle: A Cyber-Physical System Approach. *Ieee Transactions On Industrial Electronics* (No.4), 2965-2975.

Lv, C., Hu, X. S., Sangiovanni-Vincentelli, A., Li, Y. T., Martinez, C. M., & Cao, D. P. (2019). Driving-Style-Based Codesign Optimization of an Automated Electric Vehicle: A Cyber-Physical System Approach. *Ieee Transactions On Industrial Electronics*, 66(4), 2965-2975. http://doi.org/10.1109/TIE.2018.2850031.

Lynch, K. M., Banks, V. A., Roberts, A. P. J., Radcliffe, S., & Plant, K. L. What factors may influence decision-making in the operation of Maritime autonomous surface ships? A systematic review. *Theoretical Issues in Ergonomics Science* http://doi.org/10.1080/1463922X.2022.2152900.

Marcano, M., Diaz, S., Perez, J., & Irigoyen, E. (2020). A Review of Shared Control for Automated Vehicles: Theory and Applications. *Ieee Transactions On Human-Machine Systems*, 50(6), 475-491. http://doi.org/10.1109/THMS.2020.3017748.

Merat, N., Seppelt, B., Louw, T., Engstrom, J., Lee, J. D., Johansson, E., Green, C. A., Katazaki, S., Monk, C., Itoh, M., McGehee, D., Sunda, T., Unoura, K., Victor, T., Schieben, A., & Keinath, A. (2019). The "Out-of-the-Loop" concept in automated driving: proposed definition, measures and implications. *Cognition Technology & Work*, 21(1), 87-98. http://doi.org/10.1007/s10111-018-0525-8.

Nayak, B. P., Hota, L., Kumar, A., Turuk, A. K., & Chong, P. (2022). Autonomous Vehicles: Resource Allocation, Security, and Data Privacy. *Ieee Transactions On Green Communications and Networking*, 6(1), 117-

131. http://doi.org/10.1109/TGCN.2021.3110822.

Norman, D. A. (1990). The Problem With Automation-Inappropriate Feedback and Interaction, not Over-Automation. *Philosophical Transactions of the Royal Society of London Series B-Biological Sciences*, 327(1241), 585-593. http://doi.org/DOI 10.1098/rstb.1990.0101.

Perpetuini, D., Chiarelli, A. M., Cardone, D., Filippini, C., Rinella, S., Massimino, S., Bianco, F., Bucciarelli, V., Vinciguerra, V., Fallica, P., Perciavalle, V., Gallina, S., Conoci, S., & Merla, A. (2021). Prediction of state anxiety by machine learning applied to photoplethysmography data. *Peerj*, 9 http://doi.org/10.7717/peerj.10448.

Pocius, R., Zamani, N., Culbertson, H., & Nikolaidis, S. (2020). *Communicating Robot Goals via Haptic Feedback in Manipulation Tasks*. https://doi.org/10.1145/3371382.3377444.

Pokam, R., Debernard, S., Chauvin, C., & Langlois, S. (2019). Principles of transparency for autonomous vehicles: first results of an experiment with an augmented reality human-machine interface. *Cognition, Technology & Work*, 21(4), 643-656. http://doi.org/10.1007/s10111-019-00552-9.

Wang, C., Weisswange, T. H., Kruger, M., Wiebel-Herboth, C. B., & IEEE. (2021). Human-Vehicle Cooperation on Prediction-Level: Enhancing Automated Driving with Human Foresight *2021 IEEE Intelligent Vehicles Symposium Workshops (IV Workshops)* (25-30). 32nd IEEE Intelligent Vehicles Symposium (IV).

Wang, J., Yue, T., Liu, Y., Wang, Y., Wang, C., Yan, F., & You, F. (2022). Design of Proactive Interaction for In-Vehicle Robots Based on Transparency. *Sensors* (No.10), 3875.

Xie, J., Xu, X., Wang, F., & Jiang, H. B. (2021). Modeling human-like longitudinal driver model for intelligent vehicles based on reinforcement learning. *Proceedings of the Institution of Mechanical Engineers Part D-Journal of Automobile Engineering*, 235(8), 2226-2241. http://doi.org/10.1177/0954407020983579.

Xing, Y., Huang, C., Lv, C., & IEEE. (2020). Driver-Automation Collaboration for Automated Vehicles: A Review of Human-Centered Shared Control *2020 IEEE Intelligent Vehicles Symposium (IV)* (1964-1971). 31st IEEE Intelligent Vehicles Symposium (IV).

Xing, Y., Lv, C., Cao, D. P., & Hang, P. (2021). Toward human-vehicle collaboration: Review and perspectives on human-centered collaborative automated driving. *Transportation Research Part C-Emerging Technologies*, 128 http://doi.org/10.1016/j.trc.2021.103199.

Yang, C., Zhu, Y., & Chen, Y. (2022). A Review of Human-Machine Cooperation in the Robotics Domain. *Ieee Transactions On Human-Machine Systems*, 52(1), 12-25. http://doi.org/10.1109/THMS.2021.3131684.

胡云峰. 曲婷. 刘俊. 施竹清, l. ù. H. (2019). 智能汽车人车协同控制的研究现状与展望. *自动化学报*, 45(7), 1261-1280.

刘雨佳, 王建民, 王文娟, & 张小龙. (2020). 基于驾驶模拟器的HMI可用性测试实验环境研究. *北京理工大学学报*(第9期), 949-955.

杨俊儒, 褚端峰, 陆丽萍, 王金湘, 吴超仲, & 殷国栋. (2022). 智能汽车人机共享控制研究综述. *机械工程学报*, 58(18), 31-55.

作者简介

由　芳　教授，博士，博士生导师，同济大学艺术与传媒学院用户体验实验室/汽车交互设计实验室主任。研究方向：智能交互设计，汽车交互设计，数字媒体设计。E-mail：youfang@tongji.edu.cn。

王建民　教授，博士，博士生导师（设计学、软件工程），同济大学艺术与传媒学院副院长。研究方向：智能媒介，智能汽车交互设计，虚拟仿真。E-mail：wangjianmin@tongji.edu.cn。

付倩文　在读博士研究生，同济大学设计创意学院。研究方向：智能汽车交互设计，智能系统人因工效与体验设计。E-mail：2110963@tongji.edu.cn。

第31章

以飞行员为中心的智能化民用飞机驾驶舱

▷本章导读

飞机驾驶舱正处于由数字化自动驾驶舱向智能驾驶舱转化的阶段，各大民机主制造商也在积极参与飞机智能驾驶舱的研发，其目的主要是以飞行员为中心进行设计，降低飞行员操作的负荷并提升效率，以增加民航运营的安全性。为实现这一目的，智能驾驶舱采用智能辅助系统和智能交互系统，以提升人员的态势感知并降低飞机操作复杂性，同时利用智能生理监测系统监测人员的实时状态和能力，以此优化驾驶舱环境。虽然目前面临诸多技术和政策的挑战，但随着研究的深入和技术的不断进步，未来智能驾驶舱有望逐步克服这些挑战，为航空业带来革命性的改变。

31.1 智能驾驶舱发展现状

飞机驾驶舱经历了机械化仪表驾驶舱到数字化自动驾驶舱的发展，目前正处于由数字化自动驾驶舱向智能驾驶舱转化的阶段。智能驾驶舱(intelligent cockpit)是一种将高级自动化及人工智能技术综合应用于飞机驾驶舱的软硬件系统，能够提供更高效、更安全、更智能的驾驶体验。智能驾驶舱被认为是可以将多模态传感器融合技术、机器学习技术、大数据技术、深度学习技术、强化学习技术应用在驾驶舱内，能够实现对飞行器状态和机组成员状态的智能感知、对飞行数据和信息的智能分析，并能利用智能人机交互手段为飞行员提供智能决策甚至智能控制，从而弥补个体飞行员能力和知识的局限的一种驾驶环境。本章旨在介绍并讨论以飞行员为中心的智能化驾驶舱技术及发展，因此目前人工智能无人驾驶技术不在本章讨论范围之内。

31.1.1 智能驾驶舱在非民机领域的进展

随着数字化技术和人工智能技术在各行业的广泛应用，尽管智能驾驶舱尚未应用于商业航线上的民用飞机，但其在非民机领域的应用也已经得到蓬勃发展，在法规要求相对宽松的非商业航空领域(军用飞机)已经开展了诸多智能驾驶舱的应用；船舶领域内具有智能驾驶舱的船舶也已投入商业运营；而地面交通领域内，轨道交通、汽车的智能驾驶舱已经得到了全面的推广，并取得了相当广泛的技术进步和社会认可。

(1) 非商业航空领域。智能驾驶舱已经被应用于某些军用飞机中，它可以通过集成多个传感器和控制系统来提高飞行员的感知和操作能力，从而提高飞行安全和任务成功率。世界上先进的第四代

本章作者：张炯，曾锐，张弛。

固定翼飞机座舱已集成了大屏显示器、多点触控、头盔显示器、三维音频告警、指令式语音控制等技术，为飞行员提供大视场显示、自主界面重构、三维战场态势感知和快速指令执行等功能，如美国 F-35 战斗机，中国歼-10、歼-20 等型号。直升机操作复杂且具有特有的低空/超低空飞行方式，开展具备智能化工作环境的直升机驾驶舱设计可以将飞行员从繁重的四肢工作中解脱出来，减轻飞行员的工作负荷。

(2) 船舶领域。智能驾驶舱技术在船舶领域的应用也正在发展。船舶可以通过智能驾驶舱的自主控制和监测系统实现船舶的自主导航和自主操纵，通过监测船舶的位置、航向、速度、温度、湿度等参数及时发现船舶故障和异常情况，通过集成船舶之间的无线通信设备和卫星通信设备，实现船舶之间的信息共享和数据交换，提高了船舶的安全性和效率，减少事故风险，提高船舶的协同性。

(3) 地面交通领域。在城市轨道交通和高速铁路系统中，智能驾驶舱技术可以用于驾驶员的辅助决策系统中，例如列车速度控制、列车行驶路线选择等，如中国高铁的 ATO 自动驾驶系统(Chen et al., 2021)以及正在发展的车地协同 iATO 也成功应用了智能驾驶舱。2021 年 11 月，中国国家能源集团的国能铁路装备公司也已将智能辅助决策驾驶舱投入试用(李红侠，2019)。汽车的智能驾驶舱应用则更为广泛，以新能源汽车为代表的一些车型已经装备了智能驾驶舱系统，可以实现自动泊车、自适应巡航、车道保持等功能。此外，智能驾驶舱还可以用于车内娱乐、车内环境控制等方面，提升驾驶员和乘客的驾驶体验。

总体来说，智能驾驶舱技术在非民机领域的应用正在逐步扩展，为各种交通工具提供更高效、更安全、更智能的驾驶体验。

31.1.2 智能驾驶舱在民机领域的现状

在国际上，欧洲航空安全局(EASA)(2020)发布了《AI 路线图》，波音和空客等企业正积极探索 AI 技术在航空领域的应用。中国商飞在 2020 年发布了“有人监督模式下的大型客机自主飞行技术研究”的技术指南(杨志刚 等，2021)。智能驾驶舱的发展也在各国政府和主制造商、系统制造商的努力下快速发展。在智能驾驶舱整体研究领域，美国、法国、欧盟等拥有先进民机工业的国家和地区均已开展了不同程度的探索。2016 年，欧盟资助的“航空高安全性领航模型”(A-PiMod, Applying Pilot Models for Safer Aircraft)项目(Cahill et al., 2016)和“设计和评估驾驶舱的虚拟环境技术”(i-VISION, Immersive Semantics-based Virtual Environments for the Design and Validation of Human-centered Aircraft Cockpits)项目均已完成研究计划。A-PiMod 项目的研发任务是运用虚拟现实技术设计智能化的驾驶舱。A-PiMod 系统通过计算飞行员的姿势、眼睛活动情况和飞行员输入的信息来判定飞行员的压力水平和工作负荷，并为飞行员提出即时建议，以减轻飞行员的负担和压力，避免航空事故的发生。i-VISION 项目是根据空客公司的实际需求拟定的，空客公司希望研发一套既可以设计飞机驾驶舱，又能够对驾驶舱性能进行评估的设备。该项目的技术路线是：借助头戴式显示器、手指追踪系统和飞行模拟器分析飞行器的数据以及飞行员的行为，评估驾驶舱组件以及人机交互的情况。2020—2024 年期间，德国航宇中心计划在“下一代智能驾驶舱”(Next Generation Intelligent Cockpit, NICo)项目中，正在开发和研究未来高度自动化驾驶舱的概念和架构，通过在驾驶舱模拟器(Generic Experimental Cockpit, GECo)和全动态模拟器(Air Vehicle Simulator, AVeS)中进行了一系列模拟器的研究来进行调查，最后选定的 NICo 系统将在德国航宇中心的研究飞机 ISTAR(In-flight Systems and Technology Airborne Research)上进行飞行测试。NICo 项目将探索单一飞行员驾驶的技术并开发一个部分基于人工智能技术的虚拟共驾飞行员，该项目的研究成功亦能为当前双飞行员的场景减轻工作负荷并提高安全性(DLR，2020)。

民机主制造商方面，除了积极参与上述国家和地区发起的科研项目外，各国大型商用飞机主制造商也纷纷推动人工智能技术在民机驾驶舱内应用的探索。空客公司认为 AI 技术将成为其未来的核心竞争力，并将在未来 5 年内聚焦于将人工智能技术应用于知识抽取、计算机视觉、异常检测、对话式助理、智能决策、自主飞行六方面。在美国波音公司的一项研究中，研究人员正在研究如何使用机器学习和深度学习技术帮助飞行员处理复杂的飞行任务，该系统可以自动化地分析飞行数据，并提供实时建议，帮助飞行员做出更好的决策。另外，美国国家航空和宇宙航行局(NASA)的人工智能监测系统可以自动监测飞行中的故障和问题，并将信息传输给地面控制中心，这些信息可以帮助控制中心制定应对措施，从而提高安全性和效率。达索公司选择猎鹰 10X 作为第一个使用 Falcon 智能油门平台的猎鹰喷气机，该平台将飞行控制系统和自动驾驶系统中的动力控制进行整合，为飞机控制增加了另一个维度，并具有自动帮助飞行员避免失控问题的能力。中国商飞在 2016 年推出了大型民机未来智能驾驶舱的演示模型，该驾驶舱采用触摸和语音控制作为主要控制方案，集成增强型态势感知技术，可实现驾驶舱的智能控制；集成地空移动宽带通信等技术手段，可实现驾驶舱的空地、空空信息互联；采用超宽超大触摸显示屏，具有布局简洁等特点。中国商飞在 2021 年推出的人机共驾智能飞行研究平台围绕“智能飞行”的概念和愿景，开展单一飞行员驾驶技术研究的试验平台，通过采用机器人、机器视觉、智能语音等新一代人工智能技术，对飞机“智能飞行”所需的综合感知、执行控制、人机交互、辅助决策等进行探索研究，旨在进一步提高飞机智能自主驾驶和空地一体化协同能力，提升飞行效能，降低运行成本。

Thales 公司开发的 Thales TrUE AI 方法代表了“可视化的人工智能”，用户可以看到所有用于得出结论的数据；也是“可理解的人工智能”，可以解释和证明结果；同时也是“合乎伦理的人工智能”，它遵循客观标准、协议、法律和人权。美国佳明公司、风河公司(Wind River)与柯林斯航空航天公司(Collins Aerospace)也各自推出了自己应用了人工智能技术的飞机驾驶舱航电系统。

31.1.3 以飞行员为中心的智能驾驶舱需求特点

飞机驾驶舱设计早期遵循的是“人适应于机器”的设计理念，随着计算机技术的应用而开发的自动化飞机驾驶舱最初遵循的是“以技术为中心的自动化”理念(Billings，1996)。针对 Sarter 和 Woods(1995)等提出的“自动化惊奇”(automation surprise)等由驾驶舱自动化带来的可能产生人因差错的隐患，Billings(1997)提出了“以人为中心的自动化”设计理念。随后，学术界和工业界均对如何“以人为中心”设计自动化驾驶舱做出了诸多探索。Endsley(2017)综合了以往的研究，提出了一个人-自动化监督(HASO)模型，该模型以产生自动化人因问题的主要因素为驱动，为实现有效的“以人为中心的自动化”提出了一个人因工程解决方案。波音公司和空客公司也以各自的技术路径强调了在驾驶舱设计中的“以人为中心”(许为，2022b)。随着人工智能技术的发展，相当多的探索把注意力集中在如何将这些技术应用于飞机驾驶舱，以实现减轻飞行员的操作负担，提高飞行品质及安全，降低运营成本以及提升管制效率等具体目的，并积极推进人工智能技术可信赖性和可解释性研究，以获得适航认证，但如何设计一个“以人为中心的智能驾驶舱”的整体研究尚处于起步阶段。美国国家研究委员会(NRC)在 2014 年发布的《民航自主化研究：迈向飞行新时代》中强调，智能系统的操作需要人的参与，人与智能系统是协作伙伴的关系。欧洲航空安全局(EASA)(2020)发布了《AI 路线图》明确了智能系统的开发理念应为“以人为中心的航空 AI 途径”。中国商飞在 2020 年发布了“有人监督模式下的大型客机自主飞行技术研究”的技术指南(杨志刚等，2021)，强调了开发智能系统要以飞行员为核心，一切智能化功能均应围绕飞行员操作和决策需求进行开发。许为、陈勇等(2022)强调了在大型商用飞机单一飞行员驾驶(SPO)中要“以人为中心”来指导研发，并提出了相应的设计理念和设计指导原则。欧洲人因和工效研究院(CIEHF)(2020)在《未来驾驶舱技术的以用户为中心的设计和评估》白皮书中强调，机载智能系统的设计应该“以飞行员为中心”；机载智能系统是“智能助手”，不能完全取代人类操作员。这些文件均对智能驾驶舱的技术发展进行了展望，并对“以人(飞行员)为中心”的智能驾驶舱设计提出了指导性建议。总体来说，智能驾驶舱应以提高飞行员的操作效率和安全性为基础理念，而以飞行员为中心的智能驾驶舱除了需要利用智能技术为飞行员提供更全面的信息、更精准高效的飞行操作、更少的操作负担甚至更少的机组成员，还必须确保驾驶舱对飞行员状态的全过程感知，并将在人工智能自主化操作中将飞行员置于环路中，给予飞行员最高的优先级和最终的决定权。

1. 智能驾驶舱设计理念

在正常飞行场景下，自动化飞行系统可以自动操控几乎所有的飞行任务，设计系统时，未考虑的飞行场景出现或飞行场景出现快速变化时，需要飞行员及时切换自动化飞行控制方式或者通过手动飞行操纵来执行人工干预。智能驾驶舱应不仅可以针对正常飞行场景进行自动化操作，更可以对非正常的飞行场景进行自主判决，并在飞行员的最终决定下执行自主操作。智能驾驶舱的基础设计理念如下。

(1) 自然的人机交互。飞机驾驶舱的人机交互设计一直是学术界和工业界关注的重点，从最早的机械式驾驶舱到最新的可定制化驾驶舱(Thales FlytX)，一直在改进驾驶舱人机交互，试图给飞行员提供舒适、易感知、易操作的驾驶环境。人工智能技术获得快速发展后，将自然语音识别、手势识别、触控、眼动监测、凝视交互等技术应用于飞机驾驶舱的尝试始终在进行并取得了一些进展。一方面，这些研究只是在单项人工智能技术方向上进行，多种交互方式尚未能融合，因此多模态融合的人机交互应得到更多的关注；另一方面，当前的人机交互多局限在被动地回应飞行员，缺少根据飞行场景和飞行员的状态变化而发起的对飞行员的主动交互请求。当前驾驶舱的“主动交互”局限于告警信号提示，当飞行员因为忽视或失能而始终未能对告警信号进行响应时，当前驾驶舱不能进行进一步的交互或采取措施。自然的人机交互除了需要给飞行员提供多模态、自然的交互手段外，也需要对飞行员的状态进行识别并及时进行主动交互，确保飞行员始终置于环路中并拥有最终决定权。

(2) 驾驶舱的自适应性。智能驾驶舱需要具有自适应能力，能够根据飞行员的不同需求和操作方式自动调整界面和工作流程，从而最大限度地提高工作效率。当前先进的飞机驾驶舱具有一定程度的自适应性，可根据飞行任务阶段自动调整显示界面。未来，智能驾驶舱应具备根据不同飞行场景自主提出界面调整方案并建议工作流程能力，协助飞行员进行推理决策，并最终由飞行员依据个人的工作习惯决定界面的显示并选择操作流程。

(3) 数据的智能可视化。飞机驾驶舱从早期的机械式驾驶舱到最新的具备一些智能功能的自动化驾驶舱，一直在进行数据可视化的努力。智能驾驶舱中的智能辅助系统应具备如下功能：对飞机本身状态、飞行状态、空域情况和管制信息的全感知，对各类感知信息的综合分析、过滤和判决，对飞机状态和飞行状态的预测。这些功能应通过可视化的方式呈现给飞行员，并依据重要性在显示方式上进行区分，结合主动人机交互，让飞行员在环路中对经由智能辅助系统处理过的数据和预测进行判读，做到让飞行员不仅了解当前的飞行状态和智能辅助系统的自主状态，同时能对呈现的数据和预测进行回溯、了解、分析和预测，这不仅保障了飞行员的情景意识，也可以有效改善飞行员对智能驾驶舱的信赖。

2. 围绕飞行器适航的设计约束与方法

2004 年，美国航空总局(FAA)在 FAA25 部中按照“以飞行员为中心”的方式增补了一项新条款 CS25.1302 来系统解决如何在适航要求中充分考虑飞行员能力，如何有效地支持飞行员作业绩效以及如何有效管理人为差错等人因问题。自动化驾驶舱人因问题(FAA，2004)这一新条款将整个驾驶舱中与飞行员飞行任务相关的设备和功能视为一个整合的人机交互系统，以飞行员任务为导向，以能否支持飞行员有效和安全地完成规定的飞行任务(作业绩效)为目标，规定了这些设备和功能的设计必须与飞行员的能力相匹配，从而能够有效地支持飞行员作业绩效和人为差错管理，并且最大限度地减少飞行员人为差错等人因问题(罗青，2013)。欧洲航空安全局(EASA)和 FAA 分别于 2007 年和 2013 年正式将该新条款(CS25.1302)纳入适航认证要求(EASE，2007；FAA，2013)，中国商飞也已将 CS25.1302 条款纳入 C919 型号的适航认证中(党亚斌，2012)。在适航条例未做出进一步修订前，过于激进的智能驾驶舱设计难以在当前得到适航批准。杨志刚等(2021)根据目前适航条例的要求制定了针对不同适航标准的智能飞行实施阶段，针对 25 部约束的运输类飞机提出了应用辅助驾驶技术和决策辅助技术，并对 23 部约束的运输类飞机和轻型运动类飞机提出了应用全阶段自动飞行技术、应急情况自动着陆技术、主动风险避让技术和智能网联技术的规划。上述技术应用规划均处于现行适航条例约束框架内。同时，杨志刚等(2021)也提出推进智能技术适航可信性研究的五个方向：(1)航空数据质量保证技术研究方向；(2)训练模型可解释性方向；(3)算法鲁棒性和模型鲁棒性研究方向；(4)模型输出数据不确定性分析研究方向；(5)智能飞行软件适航复合型验证流程。在遵守现行适航条例的同时，推进人工智能新技术的适航可信性研究可以帮助使用这些技术的智能驾驶舱尽早应用在有更高安全性、可靠性要求的飞机类型上。

31.2 以飞行员为中心的智能驾驶舱系统设计要求

31.2.1 系统功能模块设计

AI 界一般认为 AI 技术主要经历了三次浪潮。前两次浪潮集中在科学探索，局限于“以技术为中心”的视野，呈现“学术主导”的特征。深度机器学习、张量算力、大数据等技术推动了第三次浪潮的兴起。在第三次浪潮中，人们开始重视 AI 技术的应用落地场景，开发对人类有用的前端应用和人机交互技术，考虑 AI 伦理等问题(许为等，2021)。同时，AI 界开始提倡将人与 AI 视为一个人机系统，引入人的作用(Zheng et al.，2017；吴朝晖，2017，2019)。第三次浪潮开始围绕“人的因素”来开发 AI，促使人们更多地考虑“以人为中心 AI”的理念。因此，第三次浪潮呈现“技术提升＋应用开发＋以人为中心”的特征(Xu，2019)，意味着 AI 开发不仅是一个技术方案，还是跨学科合作的系统工程。中国商飞提出商用飞机智能飞行愿景规划，制定了辅助智能、增强智能与完全智能三阶段实施计划，逐步推动智能飞行技术成熟度提升与试验能力建设。这三个阶段的计划均提出了不同的智能辅助系统要求。辅助智能阶段要求利用灵敏传感器和高度空地通信管道，拓展对飞机、机组与周边环境的感知能力，降低舱内认知负荷，优化自动驾驶功能的适用范围，改善机组操作负荷。增强智能阶段要求具备飞机全态势感知与飞行状态预测功能，以及自主任务决策能力。完全智能阶段要求具备完全飞行场景感知能力与辨识能力，基于统一规则的系统决策能力，以及全自主运行能力。智能驾驶舱在全感知、辅助决策、自主飞行等方面的能力主要由在机载系统内运行的智能辅助系统提供，而智能生理监测和智能人机交互则确保了飞行员始终在环路中且始终拥有最终决定权以批准使用智能辅助系统提供的能力。

31.2.2 智能辅助系统

1. 智能辅助系统的应用目的

智能辅助系统的应用目的主要为降低飞行员操作负担并提高飞行安全性，具体可体现在以下方面。

(1) 在正常场景和标准飞行流程下减轻飞行员操作负荷。扩展自动驾驶能力，在正常场景下具备实现门到门全自动驾驶、具备检查单等相关准备工作的全自动执行能力。

(2) 在正常与非正常操作场景和飞机故障情况下为飞行员提供信息融合和决策指引。智能辅助系统应能结合飞机当前状态，结合外部环境的感知，依靠系统内的知识图谱和决策树等技术为飞行员提供决策指引，解决复杂场景下飞行员决策难的问题。当大量信息出现时，智能辅助系统应通过人工智能算法对信息进行结构化分析并进行融合、过滤、排序，按优先级呈现给飞行员，并提供信息回溯能力。

(3) 对飞行状态和机组状态的主动感知并提供辅助决策。对飞机本体状态的感知和对机组成员生理状态的感知相结合，根据机组成员的生理状态提供相应的辅助决策。例如，根据飞机本体状态提供故障预测并推送决策建议，对飞行员的误操作进行识别并提出告警和建议，根据机组是否失能尝试执行唤醒或主动向管制单位报备，并执行自动化接管等操作，以提升飞行安全。此外，目前已发生的航空事故中有部分是因飞行员过低的工作负荷而产生懈怠、无聊、自满等情绪导致的。随着飞机操作自动化水平的不断提高，辅助决策、智能人机交互等智能化系统的引入会进一步降低飞行员在正常场景下的工作负荷，使其更加接近下限，增加人在环外出现的概率。智能辅助系统应根据对机组成员的生理状态感知，判断机组成员是否处于低感知状态或有人在环外的风险，利用先进的人机交互能力主动与机组成员互动，提升机组成员的感知程度，并确保机组成员的人在环状态。

2. 智能辅助系统的工作范围

在正常场景下，大多数航段都可以由自动飞行系统执行，但是如起飞和着陆场景仍需要飞行员人工操作，过程安全性严重依赖飞行员的能力。智能辅助系统应结合先进传感器和智能算法增强对所有飞行场景的态势感知，并提供所有场景的自动驾驶能力。智能辅助系统应能自动进行飞行场景识别，并进行不同场景的检查单操作，及时将检查单结果反馈给飞行员，同时结合飞行计划和空管指令，对飞行员的操作进行吻合性检测，识别飞行员误操作并进行提醒与确认，确保飞行员知晓自己的操作。结合智能人机交互系统，智能辅助系统应简化飞行员的操作，对飞行安全影响较小的操作应具备多通道人机交互的方式，减少飞行员抬头、低头进行操作的时间。

在复杂场景下，目前飞行员仅能根据机上仪表显示的信息和外部环境视觉，依靠驾驶能力、经验与飞行手册独立完成决策。智能辅助系统应具备信息融合能力，将机组告警系统(CAS)的信息与飞机本体状态感知传感器信号进行融合，对系统故障进行分析与预测，并针对故障提出决策建议。在关键场景遭遇故障和外界环境突变时，智能辅助系统应具备识别场景和故障以及外部环境的能力，并根据系统内的知识图谱和决策树给出辅助决策建议供飞行员快速决策。在整个飞行过程中，智能辅助系统应确保对全机状态的实时监测并对已出现的故障进行定位和诊断，对未出现的故障或飞机状态对飞行计划造成的影响进行预测，并给出建议决策。

结合 IoT 设备及智能生理监测设备，智能辅助系统应确认飞行员时刻处于正常状态，利用眼动、凝视等设备确认飞行员看向正确的显示器或操作区。当飞行员处于高压状态时，智能辅助系统应首先确认飞行场景是否正常，如飞行场景正常，则对飞行员的高压状态向管制单位报备；如果处于非正常场景，则优先为飞行员提供辅助决策。当智能生理监测系统识别到飞行员处于失能状态(走神、睡眠、发病或昏迷）时，应结合智能人机交互系统尝试对飞行员进行唤醒，唤醒失败后及时对尚未失能的机组成员提供决策、指引及飞行计划建议，或切换至自动飞行状态并自动联系管制单位。

3. 智能辅助的合理实现方案

通过新增图像（可见光、红外）、激光雷达等机载传感器实现传感器融合，提升更多或所有飞行阶段的飞行态势感知能力，集成自动飞行系统，完成飞行引导、监视监控和飞行控制，实现门到门自动驾驶。结合智能人机交互，对空管指令和飞行员的指令进行充分理解，结合地面导航设施和电子航图电子机场地图等地面信息，实现正常场景下从地面滑行开始到降落等所有航段的自动运行。

对于非正常场景和飞机故障情况，应基于历史大数据、飞行手册、标准规范、运行规章、驾驶经验构建任务场景决策知识图谱，构造飞机当前状态与决策操作指引之间的关联模型，为飞行员在关键复杂场景，如起飞、着陆阶段遭遇故障，外部环境突变时提供决策建议，帮助飞行员定位级联故障和诊断问题，将关键信息融合过滤后呈现给飞行员。

智能生理监测系统以 IoT、可穿戴设备、眼动仪设备为手段，利用多种生理指标识别飞行员的生理状态，从而确认机组是否处于清醒状态，并可利用智能人机交互系统确保机组始终处于清醒状态。

4. 智能辅助系统的意义

智能辅助系统作为智能驾驶舱的核心，决定了驾驶舱的智能程度，进而影响整个驾驶舱是否能够真正实现减轻驾驶员工作负荷，提高飞行品质和安全的目标。不具备智能辅助系统或仅能执行自动化操作的辅助系统即使与智能人机交互系统和智能生理检测系统融合，也无法实现智能驾驶舱的应用目的。因此，根据现行适航条例开发的智能辅助系统以及瞄准未来人工智能可信赖适航而开发的智能辅助系统决定了智能驾驶舱是否真正具备“智能”，其设计和开发应始终以飞行员为中心，为飞行员减轻正常和非正常场景下的操作负荷，通过对飞机状态、飞行状态、机组状态的感知为飞行员提供辅助决策，在确保飞行员始终处于操作和决策的环路中的前提下提高飞行员应对各类场景、风险的能力，进而提高飞行安全性。

31.2.3 智能生理监测

智能生理监测系统是一种利用传感器、计算机技术和通信手段来实时监测、分析和处理生理数据的系统。这些系统通常包括数据采集、数据传输和数据分析三个关键部分，可以实时监测个体的生理参数，如心率、血压、血氧饱和度和体温等。智能生理监测系统的主要优点在于可以在不影响个体正常活动的情况下，长时间、无创地收集生理信息。

近年来，随着可穿戴设备和移动互联网的发展，智能生理监测系统在医疗、运动和老年关怀等领域得到了广泛应用（Patel et al., 2012；Wac, 2017）。同时，新型生物传感器、机器学习技术和物联网技术的不断进步，使得智能生理监测系统的性能得到了显著提升（Haghi et al., 2017；Li et al., 2020）。随着科技的快速发展，民用航空领域也正迅速迈向智能化、自动化和数字化。在这一背景下，以飞行员为中心的智能化民用飞机驾驶舱逐渐成为航空业的发展趋势，其中智能生理监测系统在以飞行员为中心的智能驾驶舱系统设计中发挥着重要作用。

1. 智能生理监测系统的目的

智能生理监测的目的是通过持续评估飞行员的生理参数，及时识别和缓解潜在的健康风险或疲劳相关问题（Caldwell，1997）。同时，监测系统还可以根据个体飞行员需求，促进实时调整驾驶舱设置和工作负荷分配，以提高人力资源利用效率和任务成功率（Wickens，2008）。智能生理监测系统是通过整合先进的传感技术、数据分析和自适应反馈机制，能够增强飞行员的舒适度，从而提升其绩效，并促进以人为本的航空安全方式(Endsley & Garland,2000)。

首先,智能生理检测系统能够提升飞行的安全性。飞行员的生理状态对飞行安全至关重要,因为飞行员的生理状态直接影响着飞行操作的准确率和及时性。智能生理监测系统通过实时监测飞行员的生理参数(如心率、血氧饱和度、体温等),及时发现可能影响飞行安全的生理问题,并提供预警和异常状态的告警。通过对生理数据的实时分析,该系统能够预测飞行员可能出现的生理疲劳、心理负荷升高、失压等不良症状,并向飞行员及时发出警报,以便采取相应措施,降低飞行风险。这些都是飞行安全的隐患,如果不能及时发现并处理,就会给飞行带来极大的危险。而智能生理监测系统的出现则为飞行员提供了更好的保障,使他们在飞行中更加安全。结合智能辅助系统的功能,根据智能生理监测系统所分析的信息,智能机载系统还能采取相应措施,降低飞行风险。例如,在飞行员出现异常状态时,系统会及时发出警报,并向飞行员提供相应的建议,如降低飞行高度、放慢飞行速度、加强休息等。这些建议能够有效降低飞行风险,并提高整个飞行任务的安全性。

其次,智能生理监测系统能够优化驾驶舱的环境。该系统与机舱控制系统连通,能够根据飞行员的生理需求自动调节驾驶舱环境,如自动调节座椅的舒适度、控制驾驶舱温度和湿度、调节光线等。这些调节可以降低飞行员的生理和心理负担,提高工作效率,从而增强整体飞行安全性。具体来说,商用飞机的巡航高度通常在海拔 10000 米以上,这种高空环境下的气温约为−51℃,气压是海平面的 1/5,而空气中几乎没有水分(Logo et al., 2002)。根据胡祥龙(2014)介绍,飞机通常配备由增压座舱、座舱供气和空气分配、温度控制和湿度控制等子系统组成的环境控制系统(environmental control system),即 ECS,以应对在该空气的条件下,飞行员和乘客能够正常呼吸和操作。在智能驾驶舱的设计构想中,机载系统能够根据飞行员的智能生理监测系统提供的数据,并结合智能驾驶舱中的环境监测传感器自动调节 ECS。例如,张新苗等(2017)介绍在波音 787 机型中,其智能驾驶舱能够根据环境自动调节驾驶舱的湿度,根据当前的湿度为驾驶舱增湿,以改善飞行员呼吸的空气,提升其在驾驶阶段的整体舒适度。

最后,智能生理监测系统能够通过监测、预警、建议等手段配合相关的部门增强机组生理和心理健康。飞行员长时间处于高空、高压、高噪声的工作环境中,容易引发生理健康问题。智能生理监测系统可对飞行员进行全面的生理健康评估,为飞行员提供个性化的健康建议。此外,系统还能够通过对飞行员生理数据的长期收集和分析,发现潜在的健康隐患,提前进行干预和治疗。这些目的是智能生理监测系统作用的延伸,在此不详细介绍用途。

2. 智能生理监测的范围

智能生理监测在航空领域的实施是在已有的地面定期检查和飞前检查基础上的延伸,旨在处理在飞行中出现的突发情况。智能生理检测的发展主要集中在飞机控制方面与人相关的关键部分,例如疲劳和工作负荷评估和失能监测等,这些因素都可能对飞机的操作产生影响。

首先,由于飞行员的疲劳状况对飞行安全有直接影响,智能生理监测系统需要具备疲劳度监测功能。根据 ICAO(2020),即 9966 号文件中提供的定义,疲劳为"A physiological state of reduced mental or physical performance capability resulting from sleep loss, extended wakefulness, circadian phase, and/or workload(mental and/or physical activity) that can impair a person's alertness and ability to perform safety related operational duties",翻译为:由于睡眠不足、持续清醒、昼夜节律以及/或工作量(精神和/或身体活动)引起的会造成心理或身体工作能力下降的生理状态,会影响人的警觉性和执行安全相关操作职责的能力。而如上文介绍,智能生理监测是建立在已有的地面定期和飞前检查的基础上,因此睡眠不足、持续清醒、昼夜节律的因素在飞前检查的阶段就会被筛选出来,智能生理监测系统通常不考虑这些因素造成的疲劳，更关注于因为工作量导致的机组疲劳。依靠智能生理监测系统的传感器和视觉采集设备，智能系统能够通过综合分析生理参数、面部视觉特征等数据，实时评估飞行员的疲劳程度，并在必要时向飞行员发出警报，提醒其采取休息或其他缓解疲劳的措施。

其次，对工作负荷的监测也非常有必要。工作负荷分为心理工作负荷和生理工作负荷，而飞机操作对生理工作负荷的提升较低，因此主要关注于心理负荷。心理负荷是指执行特定任务或任务集所需的认知努力和资源的数量，其会受到任务复杂度、时间压力、个体的认知能力以及任务领域的专业水平等因素的影响（Hart et al.，1988），高心理负荷可能导致表现下降、压力增加和错误发生的可能性增加，而低心理负荷可能导致疲劳和警觉性降低。因此，其持续评估对于防止由于压力、认知超载或疲劳等因素导致的性能下降至关重要，以避免飞行员的决策能力和操作效率下降，从而影响飞行安全和航班效率。通过将心理负荷监测技术整合到智能驾驶舱系统中，可以实时识别和缓解这些风险因素，从而提高飞行员的绩效，确保机组人员和乘客的安全和健康。

失能监测也是智能生理监测系统的重要组成部分，旨在实时追踪飞行员的身体和认知状况。据史守智（1999）介绍，飞行员失能在全球航空公司中是一个常见现象，原因包括突发的心理冲击、疾病、食物中毒和极度疲劳等多种因素。这种事件的发生频率甚至高于飞机紧急情况，存在着巨大的危险。飞行员失能在飞行的任何阶段和年龄都会发生，特别是在起飞和降落阶段，情况变得尤为紧急。在双人驾驶舱中，当其中一名飞行员失能时，另一名飞行员将不得不承受巨大的心理压力，应对繁重的工作负担和危险的环境。如果负责控制飞机的飞行员突然失能，而另一名飞行员无法接管操作，则飞机将失控，造成难以预料的后果，因此对于失能的监测尤为重要。失能监测能够采用包括可穿戴生物传感器、眼动追踪和视觉特征采集的方式，对飞行员的能力实时监测，以便及早检测飞行员失能的早期迹象，通过提供及时的警报和促进适当的干预，失能监测有助于预防潜在事故，提高商业航空的整体安全性和可靠性。同时，智能生理监测系统也会对其失能时的特征实施分析，在出现严重的影响前察觉并防范。

随着技术的不断发展，未来的智能生理检测系统将包括更多的范围和功能，其中一项可能的扩展是对飞行员的情绪进行监测，以避免由于极端情绪而导致的恶意操纵飞机的情况发生。这种情况在过去发生过，因此对情绪的监测和分析将成为智能生理监测系统中一个重要的组成部分，以确保飞行安全和航班顺利运营。此外，智能生理监测系统还可以扩展到其他领域，例如，对飞行员的交流和协作能力进行监测和评估，以提高团队合作和机组协作的效率和水平。这些新的监测方法和技术将为航空公司和飞行员提供更加全面和精准的生理和心理状态数据，帮助他们更好地管理工作负荷、避免人为错误和提高航班安全和效率。

3. 智能生理监测合理方案

为实现上述以飞行员为中心的智能驾驶舱系统设计中的机组生理监测，需要采用合理的智能生理监测方案，以实现对飞行员生理状况的有效监测并提高飞行安全性。目前，对民航机组的智能生理监测尚处于起步阶段，中国民用航空局（2021）提供了相应的生理监测方案的建议，但是内容较为简单宽泛，更多的是提供一个值得应用的思路。而在汽车领域中，已经有了较为深入具体的研究，因此用于智能驾驶舱的生理监测系统的发展可以更多地借鉴汽车领域中的生理监测的合理方式。例如，在SAE International（2020）的 *Driver Drowsiness and Fatigue in the Safe Operation of Vehicles-Definition of Terms and Concepts* 报告中，详细列举了能够监测驾驶员疲劳的生理监测方式。

依据汽车与航空领域研究与应用的检测方法，主要可划分为两大类别：接触式和非接触式。接触式监测途径通过与人体直接接触收集生理数据，例如，在皮肤表面安置传感器或利用可穿戴设备采集数据。相较之下，非接触式检测手段无须与人体直接接触，从而获取生理与心理数据，如利用摄像头及计算机视觉算法捕捉面部表情与身体姿态，或通过语音分析提取语言特征等。接触式检测的优势在于其数据准确性与稳定性较高，然而由于需与人体直接接触，可能对个人隐私甚至自尊造成侵害。非接触式检测则无须与人体直接接触，有利于提升个人隐私保护，但鉴于无法直接观测生理变化，其数据准确性与稳定性相对较差。

接触式生理监测可以采用光信号和电信号两种方式。光信号生物传感器设备，例如智能手表通过光的吸收和反射来采集生理参数，如心率、血氧饱和度等，不需要使用电极，从而减少飞行员的不适感。同时，一些产品也集成了如电极、加速度传感器及温度传感器的监测方式，能够监测呼吸频率和皮肤温度等参数。此举能增加设备的集成度，减少易损的传感器数量，提高生理参数监测的准确性和可靠性。电信号生物传感器设备则通过贴片电极或干湿电极等方式，使用电信号来检测生理参数，例如，心电图（ECG）、脑电图（EEG）和皮肤电反应（GSR）等。尽管这种方式的舒适性相对较低，并且连接线容易受损，但准确率较高，设备拓展性强，能够根据需求更换连接的传感器，并且能够根据需求定制设备。

脑电图利用佩戴在头皮上的电极测量并记录电活动，并以此得出实时的脑波。Lal 和 Craig（2001）认为 EEG 可用作预测工具以检测警觉度和警觉性的变化，在依靠其监测到的脑波中的 α 和 θ 频段通常证明人员处于疲劳状态。然而，这种方法需要测试人员佩戴带有导线的头套，因此必然限制其在智能驾驶舱中的应用。虽然无线 EEG 系统也正在开发中，但仍需要使用头套（SAE International，2020）（图 31.1）。

眼电图（EOG）设备能够记录眼睛周围肌肉的电信号，从而获知人眼球的位置。而眼球及眼睑的运动也通常被当作测试人员疲劳及工作负荷的参数，例如，眨眼振幅和速度比（Anderson et al.，2013）、眨眼持续时间（Anund et al.，2008）、眨眼闭合和开启持续时间（Picot et al.，2012）以及百分比眼睑闭合，即 PERCLOS（Wierwille et al.，1994）都被认为是监测疲劳的指标。尤其是 PERCLOS，该参数代表的是瞳孔被眼睑覆盖 80%以上时间的百分比，被广泛认可用于检测疲劳。与 EEG 类似，测量 EOG 也需要在眼睛周围放置电极贴片以获取眼部肌肉的电信号，因此同样限制了其在智能驾驶舱中的使用（图 31.2）。

图 31.1　脑电测量头套

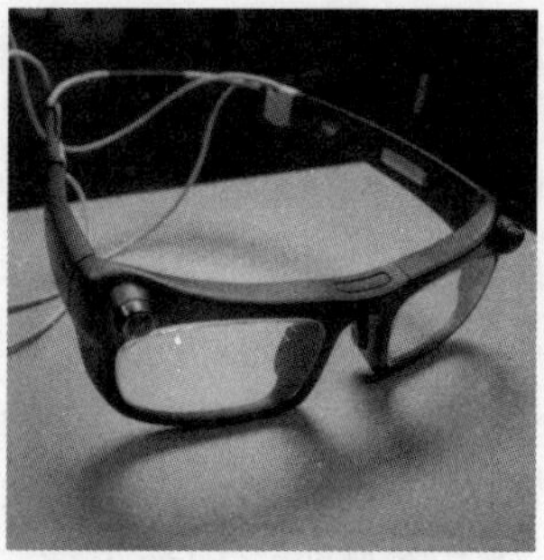

图 31.2　商用眼动测量设备

心电图测量心血管功能，在智能生理监测中获取心率（HR）和心率变异性（HRV），而使用脉搏波（PPG）是通过检测组织中光吸收变化来获取血流动态信息，这种方式不能进行较高精度的测量，因此不能准确获取关于 HRV 的数据。HR 可以用作生理负荷以及人员的疲劳程度的测量（Hartley et al.,1994;Lal et al.,2001)。在疲劳的状态下,HR 会降低(Riemersma et al.,1977;Lal et al.,2000;Lal et al.,2002;Jagannath et al.,2014)。HRV 是心跳之间时间间隔的变化,通常分为时域和频域两种不同的分析方式,能够提供中枢神经系统活动相关的信息,当人员出现疲劳或者警觉度降低时,通常都会降低 HRV。除了电信号与光信号两种接触式的监测方式,目前也有基于视频的非接触式 HR 测量系统正在开发中,只是其效果还有待验证(SAE International,2020)。

血氧饱和度(SpO2)是血红蛋白结合氧气的百分比,可以通过脉搏血氧仪设备进行测量,其原理是基于血红蛋白(Hb)和氧合血红蛋白(HbO2)对光的吸收特性不同。正常的血氧饱和度在海平面高度一般保持在 95%以上,其对维持生理和认知过程和功能至关重要(Sung et al.,2005)。虽然疲劳状态时氧饱和度会降低(Schutz,2001),但这个相关性还不能确定(Jagannath et al.,2014;Sung et al.,2005),并且飞机中的气压会低于海平面的气压,也会在一定程度上影响使用 SpO2 的方式评估人员所处的状态。

电皮肤活动(electrodermal activity)即 EDA,也称为 galvanic skin response(GSR),是一种测量皮肤上两点之间电导率的方法,会根据汗腺分泌的汗液呈现不同的电导率数值。EDA 可以反映大脑皮质活动的变化,与情绪、认知和生理反应等因素密切相关。EDA 设备包括放置在皮肤上的两个电极、一个放大器和一个数字转换器(Bundele et al.,2009)。在疲劳状态时,EDA 会增加,但是皮肤电导率并非一个可靠的监测方式,因为其会受其他因素的影响(如心理压力或天气炎热),因此 EDA 准确识别疲劳的有效性尚不明确(Dawson et al.,2014; Miro et al.,2002)。文献表明,除非与其他生理传感器(如 EEG 和 ECG)结合使用,否则 EDA 在识别疲劳方面的效果较差(Baek et al.,2009; Boon-Leng et al.,2015; Lim et al.,2006)。

非接触式的生理检测方式可分为光学式和雷达式两种。光学式监测采用摄像头和眼动仪等设备,用于捕捉可见光或红外光并识别飞行员的面部动作、眼球移动和整体姿态,进而利用先进的计算机视觉算法分析数据,识别出疲劳、压力或认知负荷的迹象。光学式监测还可以利用红外光测量飞行员的面部皮肤温度,以显示早期认知压力或身体不适的迹象。雷达式监测主要利用毫米波进行远程监测,例如心率和呼吸率等生命体征,以确定飞行员的压力水平和整体健康状况。然而,这种监测方式对机载设备有潜在的干扰,其在驾驶舱中的应用仍需进一步研究。

对于视觉检测疲劳的方式,一个主要的指标也是眼睑的运动,如眨眼和眼睑闭合,以及嘴部打哈欠的动作。但是这种评估方式会使用基于经验的标准,以疲劳为例,中国质量认证中心(2021)提出,若闭眼时间持续 2 秒以上或 40 秒内打哈欠数次,则被认定为处于疲劳状态;而广东省道路运输协会(2020)提出的标准认为,闭眼时间大于 2 秒或者 1 分钟内眨眼次数超出 6 次,又或 5 分钟打哈欠的次数大于 3,会被认为处在疲劳状态;四川省道路运输协会(2021)将持续闭眼 2 秒和打哈欠持续 4 秒定于疲劳的标准。可见,即使在疲劳监测相对有进展的汽车领域,还是没有统一的标准。另外,视觉检测的方式也会用到上述介绍 PERCLOS 指标监测状态。

当然,也能使用量表或任务测试在飞前或睡眠惯性期后对飞行员的疲劳程度和警觉性实施评估,包括卡罗林斯卡嗜睡量表(Karolinska sleepiness scale,KSS)和精神运动警惕性测试(PVT)以及查尔德疲劳量表(Chalder fatigue scale,CFS)。对于工作负荷,据胡银环等(2020)介绍,国内外广泛使用的心理工作负荷测量工具主要包括美国航空航天局开发的任务负荷指标(National Aeronautics and Space Administration-task load index,NASA-TLX)、美国空军基地航空医学研究所开发的主观负荷评估技术(subjective workload assessment technique,SWAT)、库伯-哈珀量表(CH)及其修正量表(MCH),以及全工作负荷量表等。

另一种能够侧面反映飞行员状态的监测方式是根据其表现来推测当前状态，例如使用飞行品质来推测飞行员的当前状态，但是这种方式相较于生理监测有一定的延迟性。这些并非智能生理监测的范畴，但是应当配合智能生理监测系统使用，以提高该系统监测的准确率。

4. 使用智能生理监测的意义

总体来说，智能生理监测系统在智能驾驶系统中具有重要意义，可实现实时数据采集和个性化干预，提高飞行安全，优化飞行员绩效，确保飞行员的身心健康。此外，从智能生理监测系统收集的数据可以用于个性化驾驶舱环境的调整，例如照明、温度和信息呈现等因素，以适应每位飞行员的偏好和需求，优化驾驶舱环境。

除了驾驶阶段的辅助作用，智能生理监测系统还能在民航运营的其他方面产生改善效果。例如，从监测系统收集的数据可以用于制订制化的飞行员培训计划，提高整体技能发展和能力。通过解决与飞行员疲劳、压力和认知过载有关的潜在问题，航空公司可以降低与事故、事件和非计划维护相关的运营成本。提高飞行员的绩效和健康状况，可以提高燃油效率和执行更有效的飞行操作。此外，智能生理监测系统可以增加乘客的信心，通过生理监测来提高飞行安全，从而提高客户满意度和忠诚度。

31.2.4 智能人机交互：目的、方式、作用

智能人机交互代表人类与计算机通信、协作和共存方式的范式转变。通过利用人工智能、机器学习、自然语言处理和计算机视觉方面的进步，实现人类与计算机之间更直观、高效、无缝的交互，创建能够以自然且有意义的方式理解、解释和响应人类输入的系统。这个不仅需要识别口头和书面语言，还需要理解非语言输入，如手势、面部表情和肢体语言。智能人机交互能够适应个人用户的偏好和需求，提供自然、高效、吸引人的交互，促进更个性化和身临其境的交互。

1. 智能人机交互的应用目的

在以飞行员为中心的智能驾驶舱中，座舱是飞行员与飞行器的重要人机接口，影响飞行安全和任务完成率（李娜，2020）。智能人机交互系统的目的是提高飞行员的效率、表现和整体安全性。通过利用人工智能、机器学习和自然语言处理等先进技术，智能人机交互不仅能够促进飞行员与驾驶舱各子系统之间以及与其他机组和空管之间的沟通和协作，还能够增强态势感知能力及降低决策负担（吴佳驹等，2022）。

当任务正常状态时，飞行员能够依靠高效的交互设备获取准确且详细的数据，这种优势能够极大程度地提升获取信息的效率，有助于提高其态势感知能力，同时减轻飞行员的工作负荷，也降低了疲劳出现的概率，并提升飞行员操作整体绩效，从而增加航程的整体安全性。而智能人机交互采用的大面积触屏也能在飞行员输入时提高效率，同样能提升人员整体表现及驾驶安全。在决策过程中，智能人机交互系统能够通过多种方式提供与任务直接相关的辅助决策信息，并且允许飞行员随时查看座舱做出决策的依据，以便自己判断是否执行或不执行该决策（吴文海等，2016）。智能人机交互系统在决策辅助中的功能主要是提供决策选项和分析，但并不会直接介入决策过程。这种做法不仅可以使飞行员充分信任座舱，而且不会让智能人机交互系统的权限超出应有的范围。当然，在智能驾驶舱系统中，还会根据智能生理监测的结果来判断飞行员是否处于驾驶所需的状态，如果不是，则智能辅助系统将直接介入，这就涉及智能辅助系统的功能，不在这里详述。

2. 驾驶舱智能人机交互的范围

吴文海等（2016）根据 Parasuraman 等（2000）对人与自动化系统交互程度 10 级划分的修订，按照

智能驾驶舱的特点，将智能座舱辅助决策等级划分为4级，即受控、待命、顾问和接管状态。其中，受控状态是飞行员直接分配任务给智能座舱，此时系统机械地执行分配任务，状态与传统自动化系统相似，飞行员可以随时查看系统执行任务的状态；待命状态是飞行员在需要帮助时选择该模式，智能座舱根据当前任务要求以及外部态势给出建议；顾问状态是智能座舱根据当前态势直接给出建议，飞行员可以选择执行或取消行动；接管状态是智能座舱自动推理任务及目标，制定决策并执行，同时给飞行员汇报相应情况。为了保证“人在回路”的要求，飞行员可以随时打断任务进程，重新获取控制权。该模式下，智能座舱的智能性充分得到体现。结合智能人机交互系统应用的目的，范围能集中在三个方向，一是提供高效合理的人机交互方式增强飞行员的态势感知能力；二是根据对生理和飞行品质的监测，提供适当的调整和应对；三是在必要时使用高效的方式提供决策辅助。

首先，智能人机交互系统能够提高飞行员的态势感知能力，体现在飞行状态和飞机状态两方面。现在的驾驶舱已经能提供较全面的飞行状态信息，而智能人机交互系统需要使用更为高效的方式展现这些数据。对于飞机状态的信息展示，主要为对飞机各系统工作状态的了解，能够根据现有状态识别或预测故障情况，预防风险发生。根据张新苗等(2017)的描述，目前，波音、空客、巴航工业等国际制造商都建立了自己的健康管理系统，实时收集飞机的状态信息，获取飞机的健康状态，并对飞机全寿命周期内的健康状态进行管理，其中的典型代表是波音的飞机健康管理(AHM)系统，其是一种数字化运营的支持技术和增值服务，能提升航空运输安全性与经济性。故障预测与健康管理(PHM)技术是AHM系统的核心技术，其是以无线网络为数据传输手段，整合机上和地面资源，实现民机实时监控、故障诊断、健康预测和健康管理等功能，技术有助于实现从计划性的事后维修到基于状态的维修，在降低维修成本的同时减少飞机停机时间，提高航班运行效率。我国研究人员提出了一种基于云计算的远程故障诊断方法，相较于传统的远程诊断方法，能够将现有的诊断技术和诊断数据资源分布在一个计算机网络上，通过网络实时提供给用户，从而最大限度地利用飞行数据提高故障诊断能力。基于这个思路，智能人机交互功能则对收集的飞机实时状态信息整合并分析，或是传输给远程处理模块，评估飞机当前的状态及预测未来状态，并提供给飞行员以了解当前的状态以及可能出现的硬件或软件的故障，提升飞行员的态势感知能力并增加安全性。

其次，智能人机交互可以根据智能生理检测结果做出响应。通过结合先进的传感器技术、生理监测方法和人工智能算法，智能人机交互系统能够实时捕获飞行员的生理状况和心理状态，依靠接触式和非接触式的途径分析飞行员生理状态，实时了解飞行员的疲劳程度、心理工作负荷和注意力分布。对于疲劳，使用对应诸如告警的方式改善飞行员当前警觉性情况。另外，智能人机交互还可以实现认知负荷管理，通过实时监测飞行员的认知负荷，动态调整信息和任务的流动，以防止超出心理工作负荷极限，从而确保飞机持续安全运行，并减少人为错误。例如，当飞行员面临复杂任务时，系统可以自动筛选和优先展示关键信息，降低认知负荷，提高决策效率。同时，系统还可以根据飞行员的个人特点和喜好订制信息展示方式和任务分配策略，从而确保飞行员在整个飞行过程中保持专注并发挥最佳表现。而对于失能或无法维持正常操作的情况，系统可以依靠智能人机交互让飞行员确认当前状态，若响应有异常，则机载系统能够自动执行例行任务或暂时接管飞机控制，保证航行安全，系统同时还可以通过数据分析和机器学习技术预测飞行员可能面临的风险，提前采取措施，降低事故发生的概率。

智能人机交互不仅关注飞行员的生理和心理状况，还能根据对飞行品质的全面监测和管理判断人员状态，并使用智能人机交互系统响应。通过不断监测飞行员的动作和机载系统，实时识别潜在的错误和差异，智能人机交互系统可以识别出潜在的错误和差异，并在关键时刻提醒飞行员或自主启动纠正措施，以最小化这些错误对飞行安全和性能的影响。

最后，智能人机交互还能提供决策协助，针对各种飞行阶段，如起飞、导航和降落时应对决策需要，智能人机交互能够汇总并分析大量来自飞机传感器、系统和外部来源的数据，例如飞机状态、飞行状态、空域状态、所处位置在内的一系列因素，并生成有价值的预测，提供多个选项供飞行员决策及不同选项的优势及不足之处，帮助飞行员将注意力集中在决策而非收集处理信息上，使其在复杂或快速变化的情况下做出更为合理的决策，同时也能减少认知负荷。特别是在紧急的情况下，该系统能够快速评估当前的紧急状况，例如发动机故障、恶劣天气或机上医疗紧急情况等，并为飞行员提供订制的指导和支持，以确保对各种挑战做出适当的反应。

3. 智能人机交互的合理方式

对于增强态势感知能力，应该从输出和输入两个角度讨论。输出方式通常为视觉和听觉，当然诸如波音公司的飞机也会使用触觉的方式交互，但是并不被广泛的认可和使用，因此只考虑视觉和听觉提升态势感知的合理方式。吴文海等(2016)提出，显示过多的数据可能导致飞行员无法集中精力掌握执行任务所需的重要信息，而显示过少的数据又难以帮助飞行员全面了解当前状况。因此，人机交互显示子系统应根据当前任务和环境调整显示内容和信息。另外，由于飞行员之间的操作习惯存在差异，在实际飞行过程中，他们不太可能严格遵循任务数据进行操作。针对较小偏差的持续提示，可能会对飞行员的注意力产生影响。因此，人机交互系统应兼顾任务偏差数据与飞行员的历史操作数据，智能化地为飞行员提供相关信息。该系统需要使用更合理的信息展示方式，例如整体屏幕或者增强现实技术，较大的屏幕能够显示更多的信息，同时利用抬头显示功能将更多的信息显示在飞行员的视野内，并且能够高效地将实际的视野与智能人机交互的信息投射到一起以便于飞行员获取。根据张新苗等(2017)的介绍，波音 787 驾驶舱的 5 个显示屏总面积约为 3500 平方厘米(546 平方英寸)，并且包括双平视显示器和双电子飞行包。平视显示器使得飞行员在观察窗外情况时可以同时看到飞行数据。双电子飞行包是一种可通过触摸屏操作的第三类智能信息系统，能够提供实时数据，从而便于更精确地管理飞机性能。这些功能使得数据更为全面且更加直观，都能够提高飞行员获取信息的效率，增强飞行员的态势感知能力。除常规信息外，该系统也能够监控飞机各部件和系统的健康状况，以确保在问题升级之前解决潜在隐患，从而降低飞行事故的风险，并提高飞机的整体安全性。

在此基础上，也需要配合提示音的使用获取机组的注意力，并提升机组的态势感知。该提示音应当根据不同机型的背景噪声在各频率下的音量再确定，例如飞机发动机的空气噪音集中在 500Hz 以下，而较高的频率不容易被年长的飞行员察觉，因此提示音则应该设置到 500～1000Hz。另外，太强的提示音会由于 Yerkes-Dodson 定律影响到飞行员的绩效，因此提示音的强度应该适中，根据紧急程度确定提示音。

对于输入部分，智能人机交互系统应采用一体化触控方式，允许飞行员用符合直觉的方式高效操作和输入。同时，为了提高操作效率，智能人机交互系统应具备自然语言交流的功能，智能人机交互还能加入自然语言交流功能，使飞行员能够使用自然语言、语音命令或手势与驾驶舱的子系统进行交互，这样能够减少手动输入的需求，同时还可以让飞行员专注于关键任务并保持情境感知，而为了实现其相应功能，该系统还需要具备精确的语音识别和自然语言处理技术，提供更好的信息及指令交换的体验并提高效率。

对于辅助决策，智能人机交互系统应当具备根据飞行员状态和任务信息自动调整座舱辅助等级的能力，从而有效降低操作频率，这样可以确保飞行员专注于关键任务，同时减轻其认知负荷，提高飞行安全性和效率(吴文海等,2016),此部分在智能辅助系统和智能生理监测中有详细的介绍。而对于机组动作和飞机状态监测,应建立相应的差错模型,并使用超限裕度算法来实现对操作品质的监测。

4. 使用智能人机交互的意义

智能驾驶舱中的智能人机交互系统旨在彻底改变飞行员与飞机之间的互动方式,从而增强飞行员的态势感知和决策能力,简化通信,使飞行员能够保持最佳表现,提高整体安全性和效率。依靠智能人机交互系统,智能驾驶舱能够解决飞行员当前面临的挑战,并为实现更高效、可持续和具有弹性的航空生态系统提供可能,是智能驾驶舱不断演进的重要组成部分,也是能够确保智能驾驶舱成为航空技术持续演进的关键驱动力。

31.3 实例

在航空领域,不断创新和发展的技术是推动进步的关键因素,也促进了研究人员不断创新。本节将描述中国商飞基于前沿技术成果的一个智能驾驶舱的概念性尝试,并分析其功能优势。未来的智能驾驶舱旨在通过对人机功能分配的优化来减少飞行员的操作工作量,同时确保飞行操作的正常实现。为了实现这一目标,智能驾驶舱采用机械臂替代副驾驶,以解决驾驶舱内复杂不确定环境下机组自动化系统实现精准操控过程中的挑战。通过三维视觉粗定位、视觉伺服精确引导、全局相机障碍识别检测与自主避障、力控制自适应策略等方法,满足自动化系统对驾驶舱环境对象的操控安全,实现安全可靠的智能飞行过程执行。

该智能驾驶舱由全局环境感知模块、局部环境感知模块、机组自动化系统自感知模块、信息融合模块、运动合成模块、环境振动抑制模块组成,以实现上述目标,而为飞行员提供更安全、高效和人性化的飞行体验,需要更多地关注智能辅助、智能生理监测和智能人机交互方面的设计。

在智能辅助功能部分,该智能驾驶舱通过机械臂替代传统的副驾驶,以实现更精准的飞行操作。机械臂具备高度自动化和智能化的特点,能够在自动驾驶模式下独立完成从起飞到降落的全飞行流程,也可以在人机共驾模式下与飞行员协同完成飞行操作。这种灵活的模式切换使得智能驾驶舱能够根据实际飞行场景、飞行状态、驾驶舱环境和突发事件等因素进行自主调整,实现最佳的飞行效果。

从智能生理监测角度看,为确保飞行员的健康状况,智能驾驶舱配备了先进的生理监测系统,该系统能够实时监测飞行员的生命体征,如心率、血压、血氧饱和度等。一旦监测到异常情况,智能驾驶舱会立即发出警报,以便飞行员采取相应的紧急措施。此外,在飞行员失能等紧急状况下,机组自动化系统能够接管飞机驾驶权,确保飞行安全。

对于智能人机交互而言,为提高飞行员与驾驶舱系统的交互效率,智能驾驶舱采用了先进的人机交互技术,包括全局和局部环境感知模块,用于精确控制机械臂的位置和动作;信息融合模块,可以实现多种通信接口与数据处理的高效融合;运动合成模块,可以提供执行系统的运动规划计算能力;自感知模块和环境振动抑制模块,可以在典型湍流气象条件下抑制机器人副驾驶的挠性震动,并提供虚拟墙和碰撞保护。这些智能人机交互技术确保了飞行员与驾驶舱系统之间的高效协同。

总体来说,使用机械臂的智能驾驶舱是融合航空领域技术创新和发展的以飞行员为中心的智能驾驶舱典型代表,它不仅减轻了飞行员的工作负担,提高了飞行安全性和效率,还通过智能辅助、智能生理监测和智能人机交互等方面的设计,提供更加安全、高效和人性化的飞行体验。同时应注意到,引入机械臂代替副驾驶不仅实现了自动化驾驶舱向智能化驾驶舱的转变,同样也实现了从双人制机组向单人制机组的转变。机械臂在执行原有副驾驶应履行的操作外,并未完全取代人类副驾驶的地位。尽管机械臂的功能和感知可以不断增强以至独立完成所有飞行阶段的操作，提供类似人类副驾驶一般的驾驶冗余，但副驾驶的缺失给飞行员带来的缺少真实交流互动、长期处在单调环境等负面影响是机械臂本身无法解决的。因此，在以飞行员为中心设计智能驾驶舱时，不仅应减轻飞行员的操作负担，也应考虑到维持飞行员积极健康的情绪和心理健康，全方位地实现安全、智能的飞行(图 31.3，图 31.4)。

图 31.3　中国商飞人机共驾智能驾驶舱调试

图 31.4　中国商飞人机共驾智能驾驶舱概念舱

31.4　以飞行员为中心的智能驾驶舱的挑战与展望

1. 技术挑战

以飞行员为中心的智能驾驶舱的开发和实施面临着多项技术挑战，必须加以解决，以确保系统能够成功地整合到航空业中。

首先，为有效使用生理检测和语音识别功能，需要可靠的软硬件系统支持。生理监测需要考虑到传感器的舒适性、便携性、可靠性，其必须在不影响正常操作的前提下监测生理参数以保障安全。同样，语音识别功能也需要高鲁棒性的识别技术，能够在不同的环境中准确识别语音指令和沟通信息，由于航空用语有独特的语料库，因此现有的算法不能用于识别语音，必须单独训练检测模型。

其次，对于系统本身，智能驾驶舱意味着更多互连的模块和子系统，势必会增加系统的复杂性，其中的逻辑设计也会有更高的要求，确保这些组件可靠高效的协同工作，同时也要考量任务分配，以平衡人机工作量。除此之外，智能驾驶舱需要处理更多的信息，若仅依靠机载计算单位处理，可能会出现数据信息过载，导致延迟，甚至系统崩溃。而依靠卫星通信传输信息，使用地面计算单位处理，会牵扯到数据安全和隐私以及通信延迟，未经授权的访问、篡改、网络攻击或网络延迟都会危及飞行安全。

另外，智能驾驶舱相较于传统模式，需要重新全面培训飞行员，这无疑会对推广该技术造成阻碍，并且智能驾驶舱系统需要更为昂贵的维护，这都会增加使用的成本。

2. 政策挑战

由于航空业的高度监管，只有符合适航要求的机载系统才能被允许进入商业飞机，而获得智能驾驶舱及其组件的认证可能是一个复杂而耗时的过程。首要考虑的是其可靠性和安全性，包括监测设备、运算设备、交互设备、通信设备，并且这些子系统在不同条件下能够长时间稳定运转是基础。其次，还需要考虑其信息安全性，如上文所示，智能座舱中数字系统和人工智能驱动组件的使用也增加了远程网络攻击和恶意侵入的风险。

另外，对飞行员的生理、动作持续监测和记录会涉及隐私，由于智能座舱收集和处理大量数据，人们可能会对这些信息的存储和使用重点考虑。从公众的角度看，该技术需要获得乘客的信任，因此对该技术要有极高的要求才能大规模使用。而且，由智能系统来决策会涉及伦理考虑，例如在事故或系统故障发生时的责任判定。

3. 人因/人机交互设计挑战

人机交互的主要目的是提高人机之间信息交换的效率，即机载系统提供易于定位、阅读和理解的信息，并拥有易于操作的交互界面。智能驾驶舱需要为飞行员提供更全面的信息，因此在进行人机交互设计时，复杂的界面可能影响对所需信息的定位，所呈现的信息也应该被充分整合分析，并向飞行员提供简洁的信息，根据实时情况提供多个决策供飞行员选择，否则会导致认知负荷超出能力范围。

在设计系统时，需要考虑到可能发生的人员或设备故障，因此需要根据实际使用需求确定系统的冗余性，确保足够且合理的数量。但是增加设备数量可能会增加飞行员的工作量或者影响其正常操作，这为人机交互设计带来了挑战。

人对系统的信任也十分重要，对于新兴系统，飞行员通常会持怀疑态度，这需要开发能够以飞行员易于理解的方式解释其建议和决策的交互方式，确保透明度并促进对系统的信心。但是，这也可能会导致飞行员过于依赖机载系统而减少自己的分析和决策能力。

4. 未来展望

中国商飞北研中心作为前沿性技术研究单位，携手大型民机“未来智能驾驶舱”的深入探索成果参加了“十二五”科技成果展，“简洁、智能、互联与安全”是未来驾驶舱的三大设计理念（张新苗等，2017）。研究采用触摸和语音控制集成增强型态势感知技术，作为驾驶舱的主要智能控制方案。采用集成地空移动宽带通信等技术手段，实现驾驶舱的空地、空空信息互联。相信以飞行员为中心的智能驾驶舱能够彻底改变航空业，提高其安全性、效率和整体飞行体验。通过利用人工智能、机器学习和人机界面等先进技术，智能驾驶舱将为飞行员提供实时数据和决策支持，确保人类专业知识与自动化系统之间的无缝协作。向以飞行员为中心的智能驾驶舱过渡，无疑会重新定义飞行员的角色，成为天空中更加可持续和互联互通的新形态。

参考文献

广东省道路运输协会. (2020). 道路运输车辆智能视频监控报警系统终端技术规范 (T/GDRTA 001—2020).

胡祥龙. (2014). 基于智能优化算法的飞机座舱环境设计 (硕士学位论文). 天津大学环境科学与工程学院.

胡银环，邓璐，谢金柱，鲁春桃，张锐. (2020). 医生心理工作负荷测量指标体系构建探析. 中国医院，24(4)，54-57. https://doi.org/10.19660/j.issn.1671-0592.2020.04.08.

蒋引，高杉，谭维，& 汪磊. (2021). 基于人因工程视角的民机驾驶舱告警系统研究综述. 民用飞机设计与研究，(1)，85-91.

李红侠，我国智能高铁自动及时技术应用，《铁道标准设计》，2019-06，Vol. 63，No. 6.

李娜. (2020). 飞机座舱显示控制界面设计. 航空工程进展，11(3)，430-436.

罗青.(2013). 运输类飞机人为因素适航评审过程概述.科技信息，21，83-84.

马智. (2014). 飞机驾驶舱人机一体化设计方法研究 (Doctoral dissertation，西安：西北工业大学).

史守智. (1999). 警惕飞行员失能. 民航飞行与安全，99(2)，16-17.

四川省道路运输协会. (2021). 道路运输车辆主动安全智能防控系统技术规范 (T/SCSDX 0002—2021).

吴佳驹，& 苏幸君. (2022). 飞机智能座舱发展研究. 航空电子技术，53(1)，08-14. doi：10.12175/j.issn.1006-141X.2022.01.02.

吴文海，张源原，刘锦涛，周思羽，梅丹. (2016). 新一代智能座舱总体结构设计. 航空学报，37(1)，290-299. DOI：

10.7527/S1000-6893.2015.0231.

许为.(2020).五论以用户为中心的设计：从自动化到智能时代的自主化以及自动驾驶车.应用心理学，1.

许为，葛列众，& 高在峰.(2021).人-AI 交互：实现"以人为中心 AI"理念的跨学科新领域.智能系统学报，16(4)，605-621.

许为.(2022a).七论以用户为中心的设计：从自动化飞机驾驶舱到智能化飞机驾驶舱.应用心理学，28(4)，291-313.

许为.(2022b).八论以用户为中心的设计：一个智能社会技术系统新框架及人因工程研究展望.应用心理学，28(5)，387-401.

许为,陈勇,董文俊,董大勇，葛列众.(2022).大型商用飞机单一飞行员驾驶的人因工程研究进展与展望.航空工程进展，13(1)，18 张新苗，余自武，& 杨雨绮.(2017).人工智能在波音 787 上的应用与思考.工业工程与管理，22(6)，169-174. doi：10.19495/j.cnki.1007-5429.2017.06.024.

中国民用航空局.(2021 年 5 月 14 日).CCAR121 部合格证持有人的疲劳管理要求.民航规〔2021〕14 号,咨询通告，AC-121-FS-014.

中国质量认证中心.(2021).疲劳驾驶预警系统性能要求和测试规程 (CQC 1653-2020).

Anderson, C., Chang, A.M., Ronda, J.M., and Czeisler, C.A. (2013). Real-time drowsiness as determined by infra-reflectance oculography is commensurate with gold standard laboratory measures: A validation study. Sleep, 33 (Suppl), A108.

Anund, A., Kecklund, G., Peters, B., Forsman, A., Lowden, A., and Akerstedt, T. (2008). Driver impairment at night and its relation to physiological sleepiness. Scandinavian Journal of Work, Environment and Health, 34, 142-150.

Airbus, https://www.airbus.com/en/innovation/industry-4-0/artificial-intelligence.

BAE Systems, https://www. baesystems. com/en/article/bae-systems-mixed-reality-cockpit-technology-aims-to-revolutionise-future-aircraft-----

Baek, H.J., Lee, H.B., Kim, J.S., Choi, J.M., Kim, K.K., and Park, K.S. (2009). Nonintrusive biological signal monitoring in a car to evaluate a driver's stress and health state. Telemedicine and e-Health, 15(2), 182-189.

Billings, C. E. (1996). Human-centered aviation automation: Principles and guidelines (No. NASA-TM-110381).

Billings, C. E. (2018). Aviation automation: The search for a human-centered approach. CRC Press.

Boon-Leng, L., Dae-Seok, L., and Boon-Giin, L. (2015). Mobile-based wearable-type of driver fatigue detection by GSR and EMG. TENCON 2015-2015 IEEE Region 10 Conference, Macao, China.

Bundele, M. and Banerjee, R. (2009). Detection of fatigue of vehicular driver using skin conductance and oximetry pulse: A neural network approach. In Proceedings of the 11th International Conference on Information Integration and Web-based Applications and Services (IIWAS 09; pp. 739-744). New York, NY: ACM.

Button, K. (2019, January). AI in the cockpithttps://aerospaceamerica.aiaa.org/features/a-i-in-the-cockpit/

Cahill, J., Callari, T. C., Fortmann, F., Javaux, D., & Hasselberg, A. (2016). A-PiMod: A new approach to solving human factors problems with automation. In Engineering Psychology and Cognitive Ergonomics: 13th International Conference, EPCE 2016, Held as Part of HCI International 2016, Toronto, ON, Canada, July 17-22, 2016, Proceedings 13 (pp. 269-279). Springer International Publishing.

Caldwell, J. A. (1997). Fatigue in the aviation environment: An overview of the causes and effects as well as recommended countermeasures. Aviation, Space, and Environmental Medicine, 68(10), 932-938.

Chartered Institute for Ergonomics and Human Factors (CIEHF). (2020). The Human Dimension in Tomorrows Aviation System [White Paper] https://www. ergonomics. org. uk/common/Uploaded% 20files/Publications/CIEHF-Future-of Aviation-White-Paper.pdf.

Chen, Y., Yu, S., Chu, J., Chen, D., & Yu, M. (2021). Evaluating aircraft cockpit emotion through a neural network approach. AI EDAM, 35(1), 81-98. doi: 10.1017/S0890060420000475.

Chen, Y., Yu, S., Chu, J., Yu, M., & Chen, D. (2021). Fuzzy emotional evaluation of color matching for aircraft cockpit design. Journal of Intelligent & Fuzzy Systems, 40(3), 3899-3917.

Cordis, 2016, https://cordis.europa.eu/project/id/605550/reporting.

Dassault, https://www.dassaultfalcon.com/en/Aircraft/Models/10X/Pages/overview.aspx.

Dawson, D., Searle, A.K., and Paterson, J.L. (2014). Look before you s(leep): Evaluating the use of fatigue detection technologies within a fatigue risk management system for theroad transport industry. Sleep Medicine Reviews, 18(2), 141-152.

Deutsches Zentrum für Luft. (2020). NICo (Next Generation Intelligent Cockpit). http://www.nico.dlr.de/

Endsley, M. R., & Garland, D. J. (Eds.). (2000).Situation awareness analysis and measurement. CRC Press.

European Aviation Safety Agency(EASA).(2020)Artificial Intelligence Roadmap: A human-centric approach to AI in aviation. European Aviation Safety Agency.

Federal Aviation Administration(FAA).(2004). Human Factors-Harmonization Working Group. Flight Crew Error/Flight Crew Performance Considerations in the Flight Deck Certification Process, Human Factors-HWG Final Report.

Haghi, M., Thurow, K., & Stoll, R. (2017). Wearable devices in medical internet ofthings: Scientific research and commercially available devices. Healthcare Informatics Research, 23(1), 4-15. doi: 10.4258/hir.2017.23.1.4.

Hart, S. G., & Staveland, L. E. (1988). Development of NASA-TLX (Task Load Index): Results of empirical and theoretical research. In P. A. Hancock & N. Meshkati (Eds.), Human Mental Workload (pp. 139-183). Elsevier Science Publishers.

Hartley, L.R., Arnold, P.K., Smythe, G., and Hansen, J. (1994). Indicators of fatigue in truck drivers. Applied Ergonomics, 25(3), 143-156. Downloaded from SAE International by Univ of Toronto, Tuesday, July 27, 2021.

International Civil Aviation Organization. (2020). Manual for the Oversight of Fatigue Management Approaches (Doc 9966). Montreal, Canada: International Civil Aviation Organization.

Jagannath, M. and Balasubramanian, V. (2014). Assessment of early onset of driver fatigue using multimodal fatigue measures in a static simulator. Applied Ergonomics, 45(4), 1140-1147.

Lal, S. K. L. and Craig, A. (2000). Psychophysiological effects associated with drowsiness: Driver fatigue and electroencephalography. International Journal of Psychophysiology, 35(1), 39.

Lal, S.K.L. and Craig, A. (2001). A critical review of the psychophysiology of driver fatigue. Biological Psychology, 55(3), 173-194.

Lal, S. K. L. and Craig, A. (2002). Driver fatigue: Electroencephalography and psychological assessment. Psychophysiology, 39, 313-321.

Li, X., Chen, W., & Zhang, X. (2020). A survey on wearable devices: Healthcare applications, technical challenges and future trends. Computers, Materials & Continua, 66(1), 23-46. doi: 10.32604/cmc.2020.010691.

Lim, Y.G., Kim, K.K., and Park, K.S. (2006). ECG measurement on a chair without conductive contact. IEEE Transactions on Biomedical Engineering, 53, 956-959.

Logo, N. N., & To, H. (2002). The airliner cabin environment and the health of passengers and crew. National Academy Press. doi: 10.17226/10238.

Lounis, C., Peysakhovich, V., & Causse, M. (2018, June). Intelligent cockpit: eye tracking integration to enhance the pilot-aircraft interaction. In Proceedings of the 2018 acm symposium on eye tracking research & applications (pp. 1-3).

Miro, E., Cano-Lozano, M.C., and Buela-Casal, G. (2002). Electrodermal activity during total sleep deprivation and its relationship with otheractivation and performance measures. Journal of Sleep Research, 11(2), 105-112.

Parasuraman, R., Sheridan, T. B., & Wickens, C. D. (2000). A model for types and levels of human interaction with automation. IEEE Transactions on Systems, Man and Cybernetics, 30(3), 286-297.

Pasiyadala, S. R., & Rupesh, A. (2022, September). Artificial intelligence in cockpit alerting system. In AIP Conference Proceedings (Vol. 2640, No. 1, p. 020006). AIP Publishing LLC.

Patel, S., Park, H., Bonato, P., Chan, L., & Rodgers, M. (2012). A review of wearable sensors and systems with application in rehabilitation. Journal of NeuroEngineering and Rehabilitation，9(1)，21. doi：10.1186/1743-0003-9-21.

Picot，A.，Charbonnier，S.，and Caplier，A.（2012）. On-line detection of drowsiness using brain and visual information. IEEE Transactions on Systems，Man，and Cybernetics-Part A：Systems and Humans，42(3)，764-775.

Riemersma，J.B.J.，Sanders，A.F.，Hildervanck，C.，and Gaillard，A.W.（1977）. Performance decrement during prolonged night driving. In R. Mackie（Ed.），Vigilance：Theory，operational performance and physiological correlates（pp. 41-58）. New York：Plenum Press.

SAE International.（2020）. Surface Vehicle Information Report J3198™：Driver Drowsiness and Fatigue in the Safe Operation of Vehicles-Definition of Terms and Concepts. Issued 2020-10.

Sarter，N. B.，Woods，D. D.，& Billings，C. E.（1997）. Automation surprises（Vol. 2，pp. 1926-1943）. Wiley：New York.Anderson，C.，Chang，A.M.，Ronda，J.M.，and Czeisler，C.A.（2013）. Real-time drowsiness as determined by infra-reflectance oculography is commensurate with gold standard laboratory measures：A validation study. Sleep，33(Suppl)，A108.

Schutz，S.L.（2001）. Oxygen saturation monitoring by pulse oximetry. In AACN proceduremanual for critical care（4th ed.，pp. 77-82）. Philadephia，PA：W.B. Saunders Company.

Sung，E.J.，Min，B.C.，Kim，S.C.，and Kim，C.J.（2005）. Effects of oxygen concentrations on driver fatigue during simulated driving. Applied Ergonomics，36(1). 25-31.

Thales Group，https://www. thalesgroup. com/en/group/journalist/press _ release/thales-true-ai-approach-artificial-intelligence-be-unveiled-paris.

Wac，K.（2017）. Smartphone as a personal，pervasive health informatics services platform：Literature review. Yearbook of Medical Informatics，26(1)，83-93. doi：10.15265/IY-2017-007.

Wickens，C. D.（2008）. Multiple resources and mental workload. Human Factors，50(3)，449-455.

Wierwille，W. W.，Wreggit，S. S.，Kirn，C. L.，Ellsworth，L. A.，& Fairbanks，R. J.（1994）. Research on vehicle-based driver status/performance monitoring：Development，validation，and refinement algorithms for detection of driver drowsiness（report No. DOT HS 808 247）. Washington，D. C. National Highway Traffic Safety Administration.

Zhang，X.，Sun，Y.，& Zhang，Y.（2021）. Evolutionary Game and Collaboration Mechanism of Human-Computer Interaction for Future Intelligent Aircraft Cockpit Based on System Dynamics. IEEE Transactions on Human-Machine Systems，52(1)，87-98.

Zhang，Z. T.，Liu，Y.，& Hußmann，H.（2021，September）. Pilot attitudes toward AI in the cockpit：implications for design. In 2021 IEEE 2nd International Conference on Human-Machine Systems（ICHMS）（pp. 1-6）. IEEE.

Zhang，X.，Sun，Y.，& Zhang，Y.（2021）. Ontology modelling of intelligent HCI in aircraft cockpit. Aircraft Engineering and Aerospace Technology，93(5)，794-808.

作者简介

张　炯　工学博士，研究员，中国商用飞机有限公司北京民用飞机研究中心，中国商飞北研中心新能源技术研究所副所长。研究方向：智能人机交互，民机新能源，飞机总体设计。E-mail：zhangjiong@comac.cc。

曾　锐　工学博士，高工，博士研究生，中国商用飞机有限公司北京民用飞机研究中心，中国商飞人工智能创新中心副主任。研究方向：智能人机交互，人为因素，航空电子。E-mail：zengrui@comac.cc。

张　弛　哲学博士，博士研究生，中国商用飞机有限公司北京民用飞机研究中心，中国商飞人工智能创新中心研发工程师。研究方向：智能人机交互，语音识别，语义理解。E-mail：zhangchi4@comac.cc。

第 32 章

载人航天中的人-智能系统联合探测

本章导读

在当前以及未来的载人航天任务中，人与智能系统联合作业将成为重要的技术手段和作业模式。非结构化航天探测任务的不确定性对人-智能系统执行联合探测的安全性和效率提出了巨大的挑战。本章首先从载人航天中人-智能系统联合探测的应用需求出发，分析当前人-智能系统整合的现状、问题和差距，论述相关技术领域的研究内容、技术路线和进展，并以典型航天智能系统为例，阐述人机协同与交互技术的应用。最后，针对未来航天员-智能系统联合探测任务的需求和挑战，提出本领域技术的重点发展方向。

32.1 引言

1. 载人航天发展背景及智能系统需求

快速发展的人工智能技术和机器人技术为人类的近地轨道飞行、载人月球探测以及更遥远的火星探测等航天探索任务提供了新的机遇，航天员人数和时间有限，有些工作对人类来说存在着可行性或效率的挑战，此时以智能机器人为代表的智能系统可以替代或者辅助航天员完成任务。

人机联合探测作为主要的作业模式，将人的智能与机器智能、机械效能有效整合，扩展了人类探索太空的范围，提高了探测效率，是未来太空探测、星球基地建设的重要手段和保障(Fong et al., 2006)。与无人参与的智能系统独立作业最大的不同之处在于，载人航天飞行中的智能系统需要具备和航天员协同工作的能力，能与人类伙伴在感知、决策和执行层面上建立有效的交互，使得两者共享信息、协同决策和操作(Marquez et al., 2016)。具体来讲，需要满足如下需求。

(1) 与航天员协同感知。在载人航天任务中，严峻的空间环境与复杂的任务情境对航天员的作业安全性与作业能力挑战极大，而智能系统需要在其中有效辅助航天员完成作业，如 3D 感知、机载地形测绘等(M. G. Bualat et al., 2011)。然而，在现有技术水平下，机器的智能与决策能力还有一定的局限性，同时机器智能水平越高，系统结构就越复杂，系统的可靠性和可维护性也逐步降低，而动态非结构太空环境必然存在各种非预期的不确定因素。因此，为确保任务安全性和任务的高效能要求，智能系统需要在人-机合作关系中建立有效的协同感知机制。

(2) 与航天员协同决策。载人航天任务中会产生人机协同相关数据，智能系统可以从中总结规律，从而更好地辅助航天员决策(Braun et al., 2020)。同时，数据分类与优化需要智能系统拥有强大

本章作者：王春慧，付艳，薛书骐。

的数学计算与数据存储功能，通过机器学习和数据分析等技术对传感器收集的数据进行处理，用于决策的自动数据分析，更好地帮助航天员理解和掌握任务的相关信息，提升决策效率与正确率，进而提高航天任务的成功率。

（3）高适应性人机交互模式。在载人航天任务中，航天员需要在巡视车、作业机器人等多种异构智能系统的协助下完成作业，同时人-系统交互必须是安全、高效和自然的(Schmaus et al., 2020)。然而，智能系统具有不同的运动构型和人机接口模式，可能导致航天员在任务执行中面临信息融合加工负荷较大、操控知识技能迁移困难等问题。因此，智能系统需要考虑更加智能化的人机交互模式，让航天员通过多模态交互、监督控制与近邻交互等方法，适应性地进行人机交互，提高航天任务的效率和可靠性。

（4）以人为中心的多智能体协同模式。现有的人机联合探测中，人与机器人的关系主要是操控关系，随着任务场景的复杂度和探测作业广度的增加，未来航天探测要实现人和机器人的协同工作，充分发挥机器人智能和人的智能的互补优势、团队优势，有效的模式应该是人和机器人并行工作，通过交互解决执行中的问题(信息共享、协同决策)，即两者具有独立性和互补性。但现有的人-机器人交互控制所使用的体系架构主要是支持传统的人对机器人的主-从控制模式，系统架构是以平台结构和功能连接为出发点，要实现人-机器人团队成员(人和机器人)以对等方式进行交互，必须构建一种新的基于协同控制模式的架构，可以支持宽范围的团队配置、动态的人机协同决策模式、多模态人机交互等，可以使人和机器人以面向任务和解决问题的形式进行协同合作，实现人机更紧密的协作，增强安全保障、提高作业效率。

（5）人机系统总体效能最大化。目前，载人航天任务中，人-机器人联合作业模式设计了多种方式，如舱内航天员与舱外机器人的联合、航天员-机器人在舱外肩并肩联合、机器人-地面操作者联合等。无论哪种工作模式，人-机器人联合作业的目标都是充分利用人的综合感知与决策能力，以及机器人的信息感知、记忆、操作及恶劣环境适应能力，使人和机器人做到优势互补，发挥人-机器人团队效能。人-机器人协同方式、机器人应用领域的不断变化对人-机器人系统效能的评价不断提出新的要求，传统的效能评价主要考虑代价和任务完成质量，而为了体现以人为中心的载人航天系统的高效能，除了考虑传统的任务成功率、时间、能耗等指标外，还需要对操作者相关的作业负荷、情境意识等指标进行评估，以实现人机系统总体效能的优化设计。

2. 载人航天系统中的智能系统及作用

在载人航天领域中，智能系统可以替代人类航天员进行长时间、危险的舱外作业，协助完成高精度、高可靠度的舱内外任务等，在未来载人航天探索中将占据重要地位。从对人类活动的辅助性用途上划分，主要的智能系统可分为舱内智能辅助系统、舱外辅助设备与星球表面机器人三类，相关实例如图 32.1 所示。

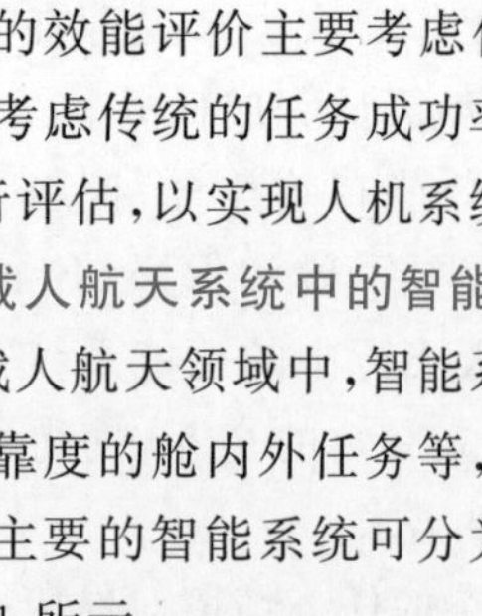
(a) 舱内智能辅助系统

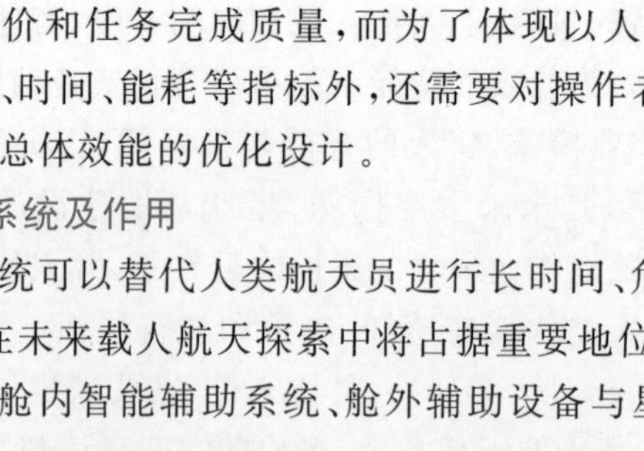
(b) 舱外辅助设备

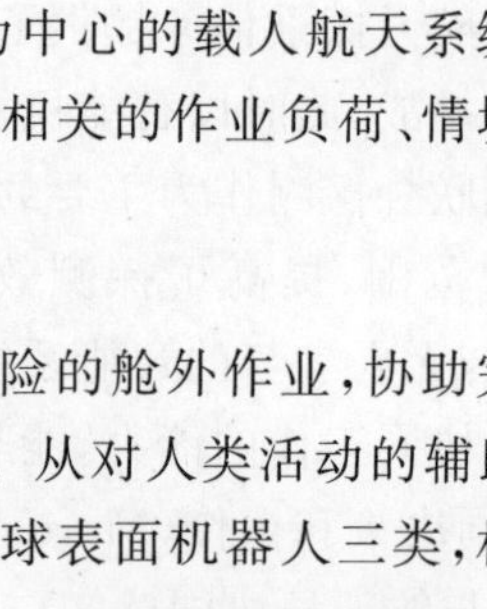
(c) 星球表面机器人

图 32.1　主要的智能系统

(1) 舱内智能辅助系统。舱内智能辅助系统是指安装在航天器内部的智能设备,如舱内悬浮机器人 Acrobee 等(Rui et al.,2019)。这些设备可以通过各种传感器和控制器实现航天器的自主控制和自动化操作,帮助航天员完成各种任务。例如,这些系统可以监测航天员的健康状况、管理食物和水等舱内资源,以及协助航天员执行部分任务和科学实验。

(2) 舱外辅助设备。舱外辅助设备包括各种机械臂、摄像机、传感器等,它们安装在航天器的外部,主要用于维护、修理、升级航天器,以及收集地球和其他星球的信息(Hirsh et al.,n.d.)。这些设备需要非常高的精确度和稳定性,因为它们必须在极端的太空环境中工作,并且必须保证对航天器和航天员的安全不造成任何危害。

(3) 星球表面机器人。星球表面机器人是指安装在其他星球表面的智能机器人设备,它们能够自主探索和采集地外星球的各种信息,并与地球保持联系。这些机器人通常配备了各种传感器、摄像机和科学仪器,可以实现自主导航、地形探测、采样和分析样品、通信等功能,为人类探索宇宙提供了强有力的支持。例如,NASA 的火星探测车"好奇号"已经在火星上工作了数年,并向地球发送了大量的科学数据和图像(Rankin et al.,2021)。

智能系统在人机协同航天任务中已经取得了一定的进展,例如月面采样、火星探测、在轨服务等。然而,为扩展智能系统的应用范围和可靠性,智能系统必须与人进行协同,否则系统将过于复杂、代价高昂、可维护性差。当前,对智能系统与航天员的交互和协同等方面的研究尚不够深入,导致任务执行中的不稳定和风险增加等。因此,我们需要更加智能化和高度自适应的智能系统来支持和帮助航天员完成任务,以更加高效、安全和可靠地完成载人航天任务。

3. 人机协同面临的人因问题和差距

在载人航天人机联合探测中,人机协同的好坏将直接影响任务的成功(王春慧等,2018)。然而,由于人和机器在认知和行为模式上的差异,人机协同中会面临许多的人因挑战和问题,包括以下几方面。

(1) 满足新型人机关系的协同架构。现有的人机联合探测,人与机器人的关系主要是操控关系或监视关系,而未来深空探测要实现人和机器人的协同工作,需要充分发挥机器人智能和人类智能的互补优势,有效的模式应该是人和机器人进行信息共享、协同决策,实现航天员和智能机器人以团队成员方式进行交互,一方面需要构建一种新的基于协同控制模式的架构,以支持宽范围的团队配置、动态的人机协同决策模式、多模态人机交互等;另一方面,这种将"将操作员拉出回路"的架构也有降低情境意识水平的风险,因此,新的架构既需要保证操作员的认知闭环,也需要保证人和机器人以面向任务和解决问题的形式进行协同合作。

(2) 人机的互理解性。人机协同作业执行过程中,要想提高人和机器人的协同感知和交互能力,最大的障碍是由人与机器人信息处理机制和能力的差异所导致的互理解能力不足,无法实现感知决策等信息的充分共享和交互,同时人机双向信任也是其中的重点问题。通常,载人航天任务中存在多种异构机器人(如轮式机器人、多关节机械臂和双臂机器人等),具有不同的运动构型和人机接口模式。多种异构机器人使用不同的操控界面、操控形式和操控方法,给航天员造成较高的认知和操作负荷。因此,需要在深入研究航天员作业过程中感知和认知特性的基础上,建立一种支持航天员和智能机器人实现以人为中心的一致性信息表达框架,增强人机之间的互理解性,构建合理的互信水平,为实现人和机器人有效协同感知与交互提供支撑。

(3) 面向任务的人机功能分配的动态性。载人航天人-智能系统联合探测任务中,智能系统的自动化程度较高,航天员需要在任务过程中同时监视多个系统运行状态或处理多个不同的任务。传统的自动化系统也称为静态自动化，是指在系统设计实现以后，人与机器系统的协作关系相对固定，人的作用和机器系统的作用相对固定。然而，航天员的功能状态直接影响着任务过程中的任务绩效，其功能状态主要是指与完成任务相关的生理、心理功能和认知功能的总和，是生理状态、心理状态和工作能力状态的统一。功能状态的变化受任务复杂程度、环境因素以及航天员自身个性特征和心理敏感性的影响。传统的自动化人机协作系统无法根据人的心理和认知功能状态等的变化动态地分配任务，人机系统的灵活性和安全性的提升受到了限制。

(4) 多通道人机交互的整合。当前关于多通道的人机交互的研究主要致力于提升交互技术的性能和功能，而对交互技术与任务的适应性关注较少。要实现航天员-智能机器人的高效交互，必须充分考虑航天员的操作能力和局限性，面向任务需求、任务特征、人机团队交互需求，特别是未来多人多机团队作业易导致的多任务切换等应用场景。因此，需要选择适宜的交互技术与用户界面，并考虑操作者个体的差异因素，进行多通道交互技术的整合设计，以此有针对性地提高人、机器人的协同感知和交互能力。

为了解决上述问题，需要在人机协同中采用一系列策略和技术，如设计适合人类操作的人机界面、建立人机交互模型、优化任务分配和协作方式等。同时，还需要通过训练提高航天员和地面控制人员的相关技能和经验，增强人机协同的能力。

近年来，中国航天取得了一系列重大进展，如载人航天、探月工程、北斗导航等。在智能系统的航天应用方面，中国也进行了大量的研究和开发，然而，与国际先进水平相比还存在一些差距，如美国航空航天局(NASA)在航天领域人机协同和自主决策方面的研究和应用更为成熟，在航天领域的经验和技术积累也更为丰富。不过随着相关自主技术的不断发展，中国与国际先进国家的差距正在逐步缩小。

32.2 航天员-智能系统有效整合中的人因技术

有航天员参与是载人航天的一大特点，航天员能力和作用的发挥对于飞行任务至关重要，但同时也对人的安全性和操作可靠性提出了更高要求，这大大增加了飞行任务和系统的复杂性。必须基于"以航天员为中心"思想，系统分析研究航天人机联合探测任务特因环境下航天员生理、心理等能力特性及其变化规律，从系统层面研究解决航天员、智能系统、航天环境之间的关系问题，确保航天员在轨安全、高效、舒适工作，实现人-系统优化整合(王春慧等，2018)。

载人航天任务中开展航天员-智能系统协同设计，必须围绕航天员安全性和系统可靠性开展，减少航天员工作负荷并为其提供更好的决策支持的机制，重点工作包括(张立宪等，2020；李卫华等，2023)：

(1) 探究解决航天员与智能系统协同、交互的能力特性、变化规律及机制；

(2) 研究航天员与智能系统合理的团队配置和功能分配，使航天员能够有效进行管理和监控；

(3) 发展面向任务的人-智能系统高适应性协同交互技术，实现航天员在作业环境、着服等诸多约束下与智能系统进行自然高效的信息交互和共享；

(4) 研究航天员与智能系统协同模式和架构，保证人-机系统的高可靠性和高安全性；

(5) 建立航天员-智能系统协作完成任务的测试、分析和评估方法。

为达成上述目标，需要从人机团队的搭建、人机协同机制、人机交互方法等多方面展开相关研究和关键技术攻关。

32.2.1 团队设计与人机功能分配

1. 研究内容与技术路线

在有智能系统参与的联合探测任务中，航天员的功能状态的变化受任务复杂程度、环境因素作用大小以及航天员自身个性特征和心理敏感性的影响较为显著，进而影响人机系统联合探测任务的安全性和绩效。传统的自动化系统中，人与机器系统的协作关系相对固定，人的作用和机器系统的作用相对固定，无法根据人的因素以及任务情境的变化进行动态的任务分配，人机系统的灵活性和安全性的提升受到了限制。

为确保任务的安全性和高效能，改善操作员"超负荷"现象和"人不在回路"现象，充分发挥人-机器人团队效能，需要实现人机功能在任务进程中的有效调整，人机功能分配的实现路径如下：首先，对团队任务进行分解和规划，生成任务执行序列，并明确各子任务的特征；其次，设定人机能力评估体系，按照设定的规则计算人机各项相关的能力指标及其状态参数，量化人和机器人执行任务的能力水平；再次，建立人机功能动态分配或调整的触发机制，明确对任务执行状况的计算和预测逻辑，并设置触发动态分配的指标阈值；最后，以任务内容、人机能力评估结果、任务的执行区域、执行数量以及执行时间等多个参数作为输入，构建静态或动态的人机功能分配模型，输出人机功能分配结果，形成最佳的人机耦合模式，以应对复杂的任务环境。

2. 当前进展

人机功能分配方法主要分为静态和动态两种，人机功能静态分配方法主要有以下几种：人机能力比较分配法、Price 决策图法、Sheffield 法、自动化分类与等级设计法、York 法（图 32.2）（付亚芝等，2021）等，而对于载人航天领域的人机功能分配，目前还没有一个系统的、可普遍采用的方法，实践中主要采用定性分析法进行分配。

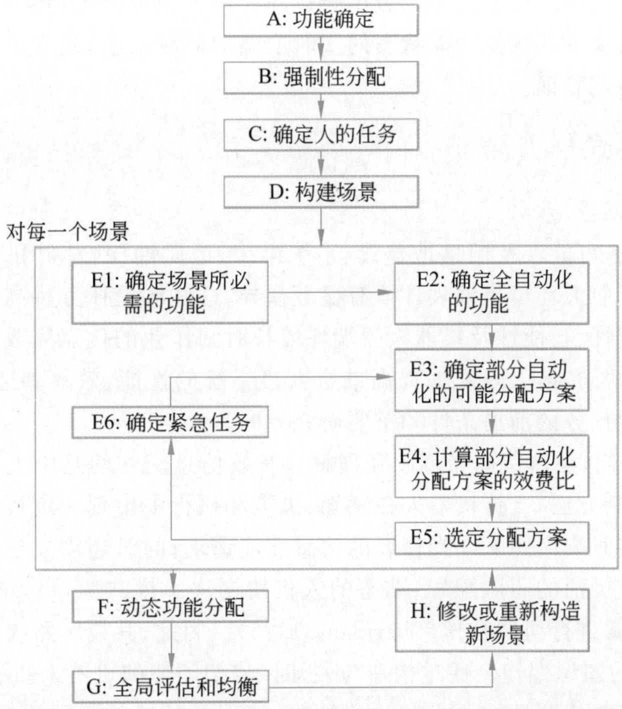

图 32.2 York 法流程图[12]

近年来出现的人机功能静态分配方法中较有影响力的是模糊数学法,周前祥、周诗华使用模糊多目标决策法研究了载人航天器系统的人机功能分配方法(周前祥等,2003)。但以上静态功能分配方法只是机械地对功能进行分配,忽略了环境变化对人机系统的影响,且其只着眼于局部功能而未考虑到整个系统。

相较于静态功能分配,动态功能分配(dynamic function allocation, DFA)能够对人与自动化资源做合理分配,使人维持高的情境感知水平,同时降低工作疲劳与失误操作,高效地完成复杂任务(汤志荔等,2010)。Kaber 和 Endsley 在研究动态控制任务中的人机功能分配方案时,从手动控制到完全自主控制定义了 10 种自动化等级,研究表明低等级的自动化辅助会比完全自主控制产生更好的性能。动态功能分配可以在需要的时候引入自动化系统来减少工作量,同时又保持操作员在控制回路中,从而降低发生"超负荷"现象和"人不在回路"现象的可能性。动态功能分配一般使用以下五种策略。

(1) 紧急事件:特殊的事件引发功能分配。

(2) 操作员性能测量:操作员的认知状态可以从主要或次要的任务性能中推断出来,并作为改变自动化等级决策的基础。

(3) 操作员生理状态评估:利用被证实的、有效的生理检测手段(如心率变化、脑电图信号、眼动等)来评估操作员工作量和压力,并用于触发动态功能分配。

(4) 系统性能建模:一个预先建立的系统性能模型,用于拟定一份操作员和自动化系统的分配计划。

(5) 合成方法:将前面提到的技术中的一个或多个进行整合(钟浩, 2001)。

关于人机功能动态分配方法的研究,当前的一个热点问题是如何整合机器人的局部自主性和航天员的智能参与性,以共享控制的模式达到人机智能的融合。目前的空间站上都有人工控制和自动控制系统,航天员可在两者之间进行切换,这种控制功能是由操作者动态分配的,但研究表明,在负荷过高或其他紧急情况下,操作者可能会难以做出合适的决策。中国航天员科研训练中心与天津大学、华中科技大学合作,从航天员的认知功能状态的实时准确的监测入手,建立了自适应人机功能分配方法,并正在进行相关的地基验证。

32.2.2 人机协同模式与方法

1. 研究内容和技术路线

未来的载人航天任务可能涉及栖息地建设、系统维护、地质勘探、发射和着陆准备等需要在危险环境中进行的作业,由于航天环境与地表环境有显著差异,这些航天任务将高度依赖航天员与机器人协同完成,结合人的主观性、智能性及机器人极端环境长时间作业的优点完成更复杂的空间作业。保证人与智能系统的有效协同,最大限度地提高耦合人机系统的性能、效率和适用性,是未来进行更复杂、更多样化的航天探索任务的前提条件和重要研究方向。

要实现人-机器人协同,在解决两者意图互理解和有效信息交互的基础上,必须建立新的、与操作者智能同构的机器人控制方法,支持机器人在感知、决策和执行中出现一定程度不确定性时主动表达信息交互请求,并能够实时响应团队中操作者的信息交互请求;同时还需要建立一种新的支持协同控制模式的架构,可以支撑灵活的团队配置、动态的人机协同决策模式等,可以使人和机器人能够以面向任务和解决问题的形式进行协同合作(Sheridan, 1995)。因此,其技术路线主要包括以下方面。

(1) 搭建人机同构的知识架构。通过构建与人知识构架类似的机器人知识架构,主要包含人利用自然语言描述空间特征、物体属性的语义和语法结构,实现一致性的空间感知与认知,为了让人能够更好地理解机器人掌握的知识，采用对机器人的决策补充解释信息的方法，开发基本计算模型，用于生成解释（Reiter，1987），通过附加的信息让人更容易理解，从而使人与机器人的交互方式更加贴近于人与人的交互方式。

（2）构建新型人机交互通道。人通过交互通道将自身意图输送给机器人，机器人经过解码了解人的意图后进行相应运动；另外，机器人也可对自身的信息进行加工并输送给人。通过语音交互、手势识别、现实增强技术等方式进行多模式的控制输出或反馈，解决人机交互中信息加工与传递阻隔的问题，实现人与机器人的自然交流。

（3）机器人对人意图的识别与预测。机器人对人的意图进行识别，在人机协同中，机器人通过推理人的意图获取人的知识，能够为人提供可靠的信息，将机器人的知识共享给人，使得机器人在协同作业时能够较好地理解自己在任务中的角色及任务，在执行任务中，机器人能实时动态地判断是否需要人的帮助，并在人比较擅长的领域适时地寻求人的帮助（图 32.3）。

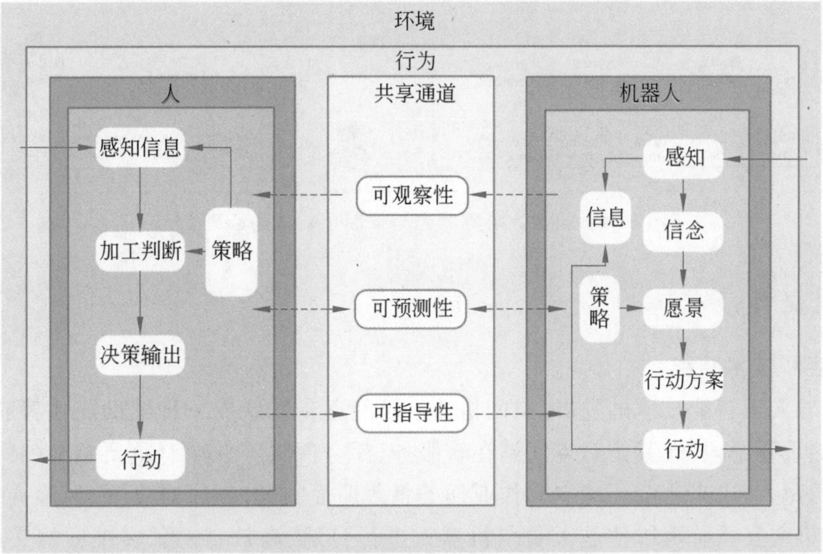

图 32.3　人机协同作业模式

2. 当前进展

人机同构的知识架构的搭建方面，为机器人的决策补充解释的研究主要分为两类（Miller，2019），一类是通过修改机器人的推理模型，使其决策直接具备可解释性（Koh et al.，2017；Ribeiro et al.，2016；Zhang et al.，2017），另一类是通过在机器人的决策结果中增加解释来提升其可解释性（Dannenhauer et al.，n.d.；Sridharan et al.，2019），如 Sridharan 等为了让机器人能够对其决策、基本知识和信念以及影响这些信念的经验具备可解释性，从信息的三个维度，即抽象性、特异性和全面性来评估决策结果的可解释性。

新型人机交互通道的构建方面，高庆（高庆等，2018）等针对月面探测机器人-航天员手势交互的问题，以航天员助手机器人（AAR-2）为实验平台，运用卷积神经网络模型提出了一种静态手势识别方法，并自制了一套小型空间人机交互的手势数据集；马宝元（马宝元等，2018）等针对现有舱外航天服人机交互方式较为单一的问题，提出了一种利用头戴式增强现实显示技术与头戴式眼动仪相结合的眼动交互方法，实现了人眼注视方向的准确估计；谭启蒙（谭启蒙等，2018）等研究了如何实现视觉、听觉等多源传感器信息的高效融合，为此提出了一种基于多模态信息融合的在轨人机交互系统设计。

机器人对人意图的识别与预测方面，多位研究者将心理学理论(ToM)用于机器人领域，通过构建机器人的感知世界与人的感知世界之间的联系(Berlin et al.，2006；Milliez et al.，2014；Trafton et al.，2005)，进而让机器人能够从人类的角度构建对当前情况的解释，最终向人类共享状态知识；Devin 等(Devin et al.，2016)开发了一个框架，允许机器人长时间跟踪人类的活动状态以评估人类的心理状态，以此判断人类在当前时刻状态所需的信息；Gao 等(Gao et al.，2020)基于 AOG 模型提出了 XAI 框架，机器人通过观察人的行为来推断人的意图，对人的心理状态进行建模，以此更新其任务计划和心智模型以适应任务的变化，如图 32.4 所示。

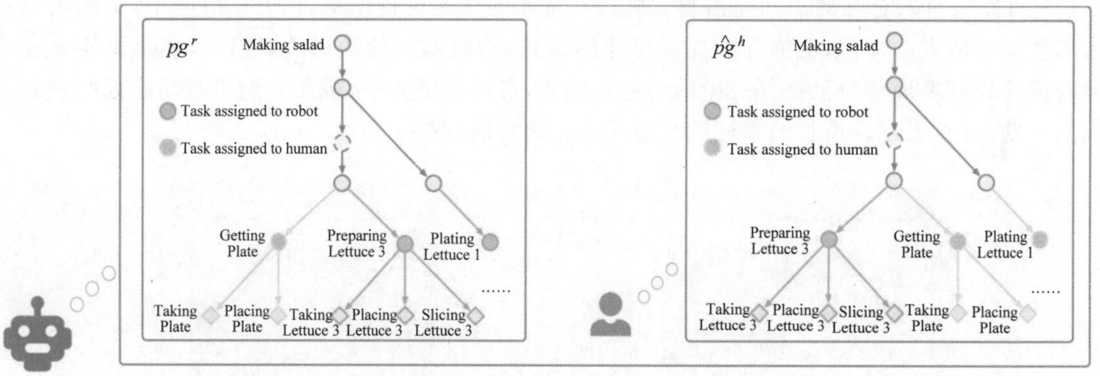

图 32.4　机器人心理状态与推断出的人的心理状态

32.2.3　人机交互技术

1. 研究内容和技术路线

近年来，随着人工智能技术的发展，空间机器人已经逐步发展成一种辅助或代替航天员开展多种复杂空间作业的重要手段，尤其是对空间站在轨服务、深空探测等领域有重要意义(林益明等，2015)。随着航天探索的深入，未来复杂环境空间作业任务将普遍面临耗时长、难度大、风险高、环境恶劣等问题，需要在轨人机交互系统可以使航天员与机器人进行自然、高效、频繁、多维度的交互，达到人类高智能与机器高性能的有机结合，实现二者协同完成任务，以提高任务完成的效率并降低风险。

当前的人机交互方式有语音反馈、图文显示，以及键盘、鼠标、手控器、手势、语音指令交互等。人机交互技术的快速发展为航天员在轨信息管理、航天器操作控制等提供了新型的交互途径，但如何建立与人的认知行为特性相匹配的交互模式，解决多通道信息的语义融合(语言、手势、眼神、身体姿势等)、多维信息的整合和协同模式等成为当前航天人因工程的关注重点，这也是确保这些先进技术真正得到在轨应用的前提(陈善广等，2015)。

2. 当前进展

(1) 手控器交互控制。手控器是航天应用中比较重要的人机交互控制设备，同时具有运动输出和力反馈功能。一方面，手控器将操作员手部的运动信息传给远端的空间机器人控制器，以控制机器人的运动；另一方面，手控器将远端机器人与环境的相互作用力/力矩或“虚拟”力/力矩信息反馈给主端，通过手控器的力反馈作用于操作员手部，为操作员提供力觉临场感。手控器作为同时具备运动控制和力觉反馈功能的交互控制设备，在遥操作中得到了广泛的研究和应用。为了解决人在遥操作回路中，人与操作目标时空隔离、缺乏环境信息和天地回路大时延等实际问题，以及减少空间机器人缺乏自主智能性和操作者手抖颤等不利因素，针对空间在轨服务操作交互问题，程瑞洲等(程瑞洲等，

2021)提出一种基于增强虚拟安全通道(AVSC)的分层辅助遥操作(LAT)方法。邵斌澄于2021年提出了一种基于力反馈及虚拟现实的移动机器人训练及控制系统(邵斌澄,2021),包括从端移动机器人、主端力反馈主手和虚拟训练仿真软件,通过遥控操作实验验证了系统的有效性及可靠性。

(2) 语音交互技术。语音交互可以分为两类:自由形式的语音交互(如苹果公司的Siri、微软小冰语音对话系统),以及对特定命令的增强识别(如各专业领域的语音交互系统)。自由形式语音交互的特点是通用性强,然而在交互中应用的缺点是对所识别的语音内容的语义难以建立通用性的高准确率理解。而命令识别则通过算法和训练提高特定领域和特定类型及范围词汇的识别精度与语义理解准确度,是在各专业领域应用时的重要策略。隋雨檠等(隋雨檠等,2021)从认知心理学的视角探究了中国被试在空间语言交流中的认知特点,并且发现中国被试和欧美被试在人-机空间语言交互方式中存在一些视角选择和指令类型方面的差异。王笃明等(王笃明等,2021)研究发现在通过语言交互进行参照系选择时,社会因素、环境因素、物体布局因素都会影响人们在空间交互中的参照系选择,且三者之间还存在交互作用。

(3) 手势与体感交互技术。基于手势和体感的人机交互技术是目前新型人机交互技术研究的热点,这种更自然、更符合人类习惯的交互方式能够促进人与机器人更协调、更高效的合作。该技术主要包含两部分:一是对人手部或身体部位运动的跟踪;二是把人的运动解释为具有一定语义的指令。广义的手势定义指的是用来传递意图的人的手、臂、面部或身体的物理运动,从这一点看,它包含手势和体感两类交互手段。手势分为动态手势和静态手势。针对航天员虚拟训练中的人机自然交互问题,基于体态/手势识别和人体运动特性,中国航天员科研训练中心提出了一种多通道数据融合的虚拟驱动与交互方法(邹俞等,2018)。

32.2.4 系统设计要求及效能评估

1. 研究内容和技术路线

面向载人航天中的人-智能系统联合探测的任务特征是兼具复杂性、系统性和团队性,在绩效表现层面,不仅需要关注机器人等智能系统的各单项硬件素质指标和算法能力指标,也要充分考虑航天员-智能系统协同完成任务的整体性、过程性指标;在安全性方面,不仅需要防止物理碰撞、机器人软硬件失效等风险,还要避免可能对航天员产生负面的心理影响,如失去信任、主观感到威胁危险等。

因此,传统的以单一指标和以结果为导向的指标不能充分评估人-智能系统执行任务的整体效能,其多视角、多阶段特性不明显,对任务特征以及航天员,特别是着舱外服的航天员能力特性缺乏统筹考虑,无法有效评估航天员-智能系统执行联合探测任务的效能,无法准确、全面地提出系统设计要求。

主要研究路线包括:

(1) 从感知、认知决策与执行的任务认知流程出发,以具有航天员人群能力特性数据为驱动,构建以人为中心的人-智能系统协同效能评估指标体系;

(2) 从航天员-智能系统执行联合探测任务的绩效层面、安全性层面、航天员认知与行为层面、机器人效能层面整合考虑,通过定量研究和定性研究结合,专家知识与主观量表结合等方式,进行评估模型构建;

(3) 提出面向任务、面向团队、以人为中心的人-智能系统联合探测系统设计准则。

2. 当前进展

在指标体系构建方面,可采用Delphi法、层次分析法、认知走查等方法,针对基于任务各阶段特性,从功能、非功能角度抽取感知、决策、执行等功能阶段、以人为中心的非功能层面的基准指标集合;

基于人机协同任务中的不同活动阶段，构建基准指标集合-单/多活动的关联矩阵、关联函数，利用专家打分法输出基准指标集合与单/多活动的关联程度，初步筛选对应指标，再设计并开展不同分组角色受试者参与的单因素、多因素交叉对比实验，从覆盖性、有效性、敏感性等角度进行各活动阶段的指标优选、定选，作为单/多活动的评估输入。

在效能评估模型构建方面，可基于AHP、专家知识库等将人机联合探测任务进行功能解构，形成功能网络、非功能网络。根据指标定选结果，从功能上对任务贡献程度、功能对团队互理解性增强程度、功能对人的生理心理资源需求三方面形成同构功能网络。基于功能同构网络、非功能网络，通过实验获取指标属性值，按网络拓扑结构的复杂程度、专家知识给出对应权重，整合形成评估模型。

在前期研究中，面向月面人-机器人联合探测任务，从人-机器人系统的安全、绩效出发，建立效能评估指导框架，反映影响安全性和绩效的主要影响因素，利用焦点小组法确定初始指标集合。为研制指标集合的科学性，邀请专家进行评估，从而确定指标集合。运用AHP法对指标赋予权重，完成评估模型构建，如图32.5所示。

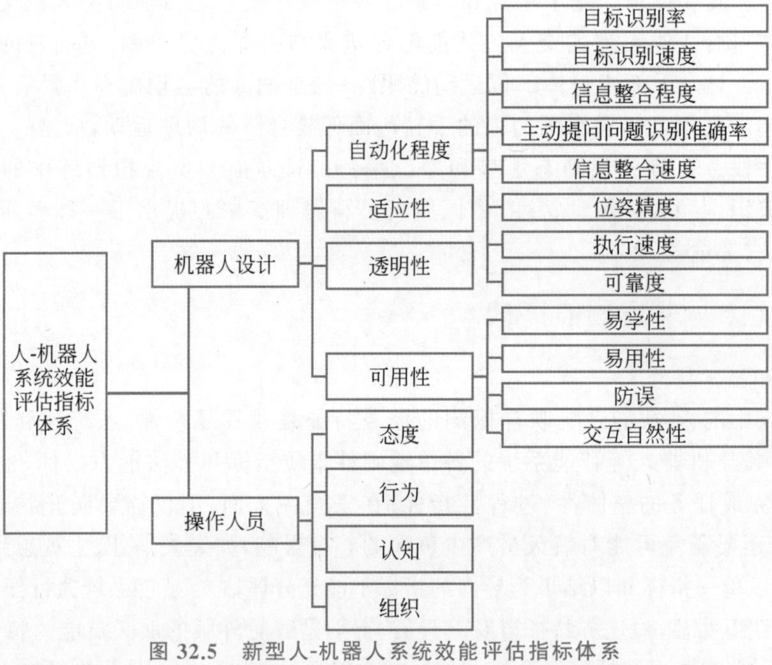

图32.5 新型人-机器人系统效能评估指标体系

韩亮亮等(韩亮亮等，2015)提出了面向空间站在轨服务人机系统的总体设计思想：(1)类人的工作能力和可达空间、拟人化友好外形设计；(2)高灵活性和可靠性机器人系统；(3)可利用空间站舱外扶手攀爬；(4)人机交互与自主协同控制。中国航天员科研训练中心王春慧等(王春慧等，2018)从人-系统整合的角度分析提出了工效学要求指标体系，基于小样本理论和可靠性试验方法建立了复杂人控回路工效学评价方法王春慧等(王春慧等，2011)，对人控交会对接系统工程设计开展了系统级评价试验，重点评估了航天器显控系统与人的能力匹配性，并提出了我国空间站任务阶段航天器人控交会对接系统工效学研究的重点。孙建华等(孙建华等，2020)根据软件人机界面工效学评价中分级评价、明确评价结论和建议等要求，提出涵盖要素属性、整合属性和交互属性三类工效学指标体系，建立了覆盖界面层、操作层和需求层的工效学评价方法。左政等(Zheng et al.，2019)在建模框架的基础上，提出了装备故障、人为失误以及环境扰动的建模方式，将这些因素合理考虑进来，并提出了一种面向复杂人机系统任务可靠性的评价方法。

32.3 实例：人机交互协同与交互

32.3.1 空间机械臂系统

空间机械臂系统是现代航天技术中的重要组成部分，其功能包括在轨组装、维护、检查和辅助航天员活动等。中国空间站遥控机械臂系统（Chinese space station remote manipulator system, CSSRMS）由核心舱机械臂（core module manipulator，CMM）和实验舱机械臂（experimental module manipulator，EMM）组成（图 33.6），为完成在轨装配、维护、操纵辅助和航天员在轨保障等航天任务，该系统需要视觉感知对接与捕获技术、系统安全保障技术以及智能协同与操控技术。

对于空间遥操作，不仅任务类型迥然有异，还面临着空间微重力、振动与噪声、特殊光照环境、通信链路时延等各种特殊环境因素的考验，从航天员的角度来考虑系统，即从人因的角度考虑遥操作系统，主要表现为两方面的问题，即远程感知（remote perception）和远程操作（remote manipulation）（Sheridan，1992）。

为有效操作机器人执行任务，一方面通过传统的视觉信息显示界面的优化和创新来提高操作者的透明度，从人机界面上获得对远端环境足够的信息以得到较完整的情境感知，并且能对机器人发出准确的控制指令。如何将远端的环境信息通过显示设备提供给操作者，为操作者提供更好的操作体验，提升其“遥现（telepresence）”能力，是目前空间机械臂遥操作领域人机界面研究的重要方面（薛书骐等，2017）。

随着空间任务的日益复杂，空间机械臂的构型配置也逐渐变得多样化。针对不同构型的空间机械臂，学术界和工业界围绕“高临场感”目标开发了若干自然交互方式。仿人空间机器人方面，哈尔滨工业大学也开发了机器人航天员，其样机如图 33.7 所示（刘宏等，2021）。该机器人具有多传感器融合的模块化柔顺关节、紧凑型多传感的 DLR-HIT 机械手，以及基于触觉反馈的遥控操作技术，并融合了虚拟现实技术及柔顺控制来解决遥操作的大时延及模型匹配误差问题，其机械臂也成功用于验证在轨服务的人机协同、在轨遥操作等技术。

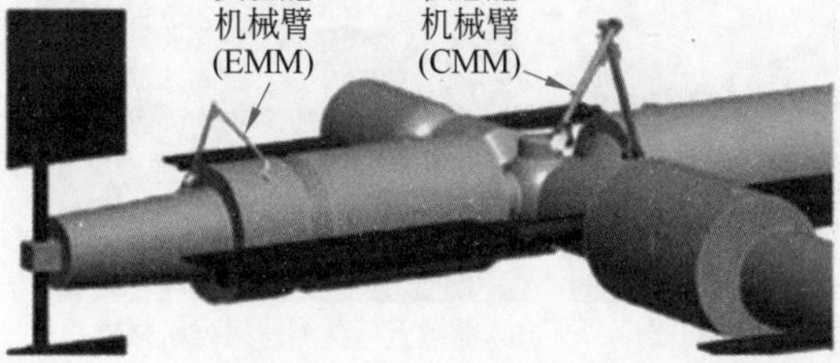

图 33.6 EMM 和 CMM

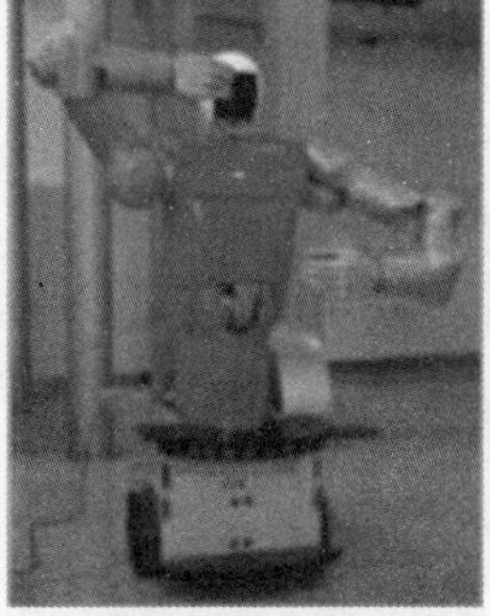

图 33.7 哈尔滨工业大学仿人机器人样机

总而言之，空间机械臂系统高度集成、构成复杂、接口众多，需要运用到多种先进的人机交互协同和交互技术。目前，空间机械臂的在轨操控技术仍存在许多挑战，短期内实现机械臂的完全自主操控还存在许多困难，双边或半自主的机械臂操控仍占有重要地位，但传统的交互设备在交互过程中面临着操作者临场感不强、便携性差、操作空间有限等挑战，故而面向人机自然交互的机械臂操控成为主要趋势(王春慧等，2022)，但仍有许多问题亟待解决，未来需要应用更加先进的人机交互协同与交互技术来有效地进行多源信息的融合，使机械臂控制更贴近于人类的自然操纵方式，简化交互的过程。

32.3.2 星球探测智能系统

星球探测智能系统是一种集成了多种智能技术的系统，用于探测和研究其他星球和天体。机器人的发展经历了一个从简单到复杂、从功能单一到功能多样、信息处理能力和智能水平不断提高的过程。星球探测智能系统智能水平和自主水平的提高直接导致了人-机器人协同和控制方式的改变，如图 33.8 所示的人-机器人协同控制方式，从直接控制(direct control)到动态自主(dynamic autonomy)，包含遥操作控制、监督控制、协同控制、肩并肩协同等多种控制方式(Y. Gao et al.，2017)。人-机器人协同和控制问题表现为将不同层次的不同功能在操作员和机器人之间进行分配，具体的分配方案取决于任务的复杂性、环境的复杂性、操作员的技能以及机器人的自主能力等方面的因素。

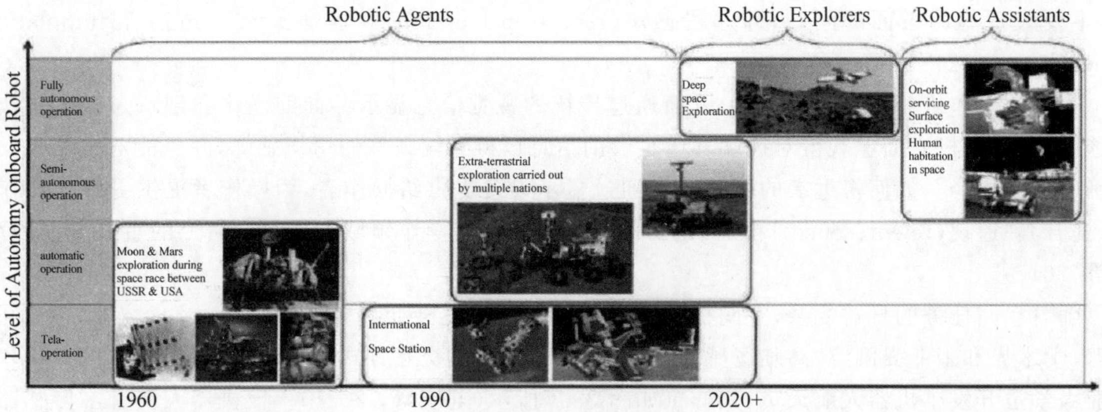

图 33.8 人-机器人协同控制方式

面向月球探测、火星探测等工程任务需求，中国目前自行研制了多套空间机器人系统，多项关键技术获得验证。如玉兔号、嫦娥三号巡视器、嫦娥五号月球表面采样机械臂是我国研制的典型的月球探测机器人系统，主要采用遥操作控制实现对月面的探测和采样(图 33.9)(吴伟仁等，2014；李群智等，2008)。

(a) 玉兔号探测器　(b) 玉兔号与嫦娥三号探测器　(c) 嫦娥五号探测器采样机械臂系统

图 33.9 中国的主要无人探测器及采样机械臂系统

随着要执行的任务和所处环境的不确定因素的增加，机器人执行任务的可靠性降低且风险增加，任务执行过程中，人-机器人协同感知和交互的需求也同步增加，人要根据需要在感知、决策和执行几个层面与机器人进行信息交互或协同操作。对于这种交互需求，传统的人操控机器的交互模式(相对固定的界面和操控指令）不再适用，需要针对两个“智能系统”构建新型的交互模式，一是要能根据任务和环境的不确定性，在需要的时候（机器人执行遇到问题或人发现问题）发起交互；二是人和机器人之间的交互需要从以往的空间和执行层面发展到感知、决策和执行各个层面，这样当面对月面探测任务执行过程中的各种任务和环境的不确定性风险时，人和机器人能够实现共同感知、共同决策、协同操作，真正发挥人-机器人团队效能，做到优势互补。一方面，人类操作者将更多地承担监督指导或控制的角色，机器人负责执行；另一方面，在同一时空任务场景中，人和机器人需要建立伙伴的关系，完成肩并肩的人机协同。当前，人-机器人团队协同探测的交互模式单一，效能不高，协同体在信息感知理解中交互频繁、效率低，信息共享能力有限，无法实现高度协同的人机伙伴关系，这就需要建立一种人机智能同构的信息感知与加工系统，将多感知通道反馈技术、多模态新型交互技术、空间信息混合现实呈现技术进行结合，这是未来载人月面探测任务构建高效的航天员-机器人团队协同的基础。

针对空间机器人、服务机器人的应用需求，NASA 以及国外大学和研究机构围绕人-机器人团队协同框架开展了较多研究。中国航天员科研训练中心对月面人机联合探测系统特征与配置、人机团队耦合技术、典型探测任务与探测模式等进行了深入研究，提出了后续需要突破的人服系统能力、人机团队功能分配与交互技术等关键技术。进一步围绕伙伴关系提出新的、与操作者智能同构的机器人控制方法，支持机器人在感知、决策和执行中出现一定程度不确定性时主动表达信息交互请求，并能够实时响应团队中操作者的信息交互请求；同时还需要建立一种新的支持协同控制模式的架构，可以支撑灵活的团队配置、动态的人机协同决策模式等，使人和机器人能够以面向任务和解决问题的形式协同合作。

32.3.3 舱内智能辅助

舱内智能辅助是指在宇宙飞船、航天器或空间站等太空环境中，应用多种人机交互协同与交互技术，为航天员提供智能化的辅助工具和支持服务。舱内智能辅助的主要作用有三个：(1)为航天员提供娱乐和情感陪伴；(2)辅助航天员完成任务，降低航天员的工作强度；(3)监测舱内情况，记录相关数据。在这种人机协同系统中，人主要起到监视作用，舱内智能系统与航天员通过多模态的信息交互实现人机的强耦合。在人-机器人协作中，研究者通过在视频图像显示上叠加状态信息、提示信息等综合信息，或进行信息融合，形成增强显示（augment display），以提高操作绩效，降低操作者的负荷。通过听觉显示、力触觉显示与视觉显示的整合，能提高操作者的情境感知，降低其作业负荷，对人-机器人协同至关重要。鉴于界面信息呈现在人-机器人系统中的关键作用，美国、日本、德国等发达国家竞相投入大量的人力、物力和财力开展相关技术的研究和开发，如力反馈和触觉再现技术、三维立体视觉显示技术和虚拟环境技术等，但多模态信息整合方面的研究还不多。

交互控制是人-机器人多模态信息交互的另一个重要方面。除了传统的代码指令、手柄操作外，近年来基于语音识别、手势和体感识别、视觉跟踪等技术的自然人机交互控制模式得到了越来越多的应用。如面向空间探索任务的人形机器人 Robonaut2 除了可通过程序指令控制外，还可以与人进行语音交互，并可以利用力反馈手套通过手势等方式进行操控。不同交互控制模式在场景适应性上具有较大的差异，例如为航天员提供娱乐和情感陪伴时，需要智能系统能主动识别航天员的情绪和意图。德国航天中心委托 Airbus 公司开发的 CIMON（Crew Interactive Mobile Companion，组员互动移动伙伴）机器人（M.Bualat et al.，2015）就具备这一功能，可以识别航天员的五官，并与之进行对话交流。中国科学院沈阳自动化所提出的航天员助理机器人（AAR-2）也具备这一功能（图 33.10 和图 33.11）（张锐，2019）。

图 33.10 CIMON 机器人

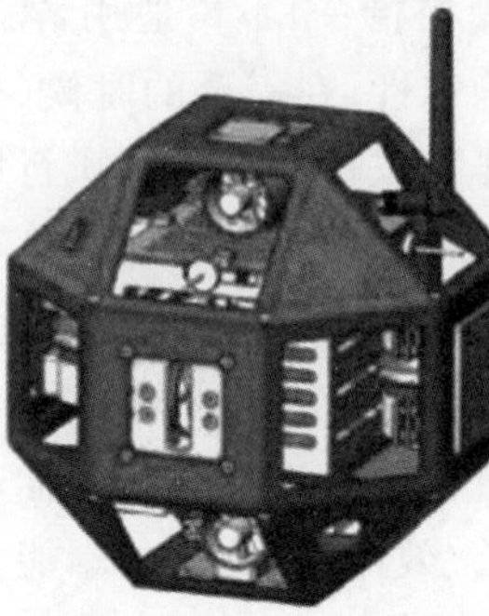

图 33.11 航天员助理机器人

在辅助航天员完成任务的过程中，由于任务的多样性，需要运用到更为复杂的人机协同与交互技术，包括视觉识别和图像处理技术、自主巡航定位技术、天地巡航的协同控制技术、加载小型操作的机械臂技术等。当前关于各种人机交互技术的研究非常多，但大多只关注交互技术的性能和功能，而较少地关注交互技术与任务适应性。要实现人-机器人团队协同过程中的高效交互，研究思路是充分考虑航天员操作能力和局限性，面向各种任务需求选择适宜的交互技术并进行多通道交互技术整合设计，从而针对性地提高人机协同感知和交互能力，而在这方面，目前还缺少相应的技术方法。

在监测舱内类任务场景下，智能系统处于长时间自主工作，在异常状态下向航天员发出交互请求，从人因角度需要考虑交互信息模式如何有效地快速提升人的情境意识水平，能对报警信息、海量呈现信息进行正确的感知、理解并做出正确的判定(图 33.12)。

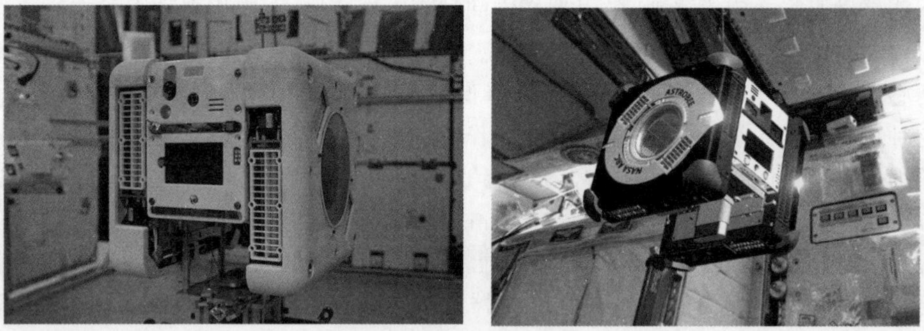

图 33.12 Astrobee 机器人

总之，舱内机器人主要从事的是一些辅助和检测的工作，该系统与人类操作者的合作更加密切，对人机交互协同与交互技术的要求同样很高。舱内智能辅助系统是太空探索领域的重要发展方向之一，可以提高航天员在太空中的工作效率和生活质量，减轻他们的工作负担，同时也可以为人类在太空中的长期生存和探索提供更好的支持和保障。

32.4 未来的挑战与展望

1. 长期空间飞行及深空探测需求与挑战

在长期空间飞行和深空探测任务中，人机协同涉及航天员和智能机器人之间的相互作用，需要在复杂和非结构化的环境中高效和安全地任务执行，以下是在人机协同方面可能面临的需求与挑战。

(1) 空间环境的不确定性。在联合探测任务中，航天员和机器人将面临各种环境变化，如辐射、微重力和极端温度等。这些变化可能会对任务执行和设备运行产生负面影响，因此需要开发和应用适应性的人机系统设计和人机协同/交互技术来解决这些问题。

(2) 长期飞行的人类因素。航天员面临长期飞行中的生理和心理挑战，如肌肉萎缩、失重症状和身心疲劳等问题。因此，需要开发和应用适当的智能辅助系统来对航天员的身体和心理健康进行监控和干预支持，进一步保障航天员工作和生活的安全与顺利。

(3) 数据处理和决策。在联合探测任务中，航天员和机器人会面临大量的数据和信息，包括传感器读数、通信数据、科学数据等。如何处理这些数据并做出正确的决策是一个挑战，需要开发和应用自适应的智能系统来解决这些问题。

(4) 人机沟通协作。航天员和智能系统在信息加工模式上存在明显差异，人更擅长于归纳推理与判断决策，机器人能更好地进行环境感知，彼此之间的沟通和协作至关重要。因此，需要开发和应用高度更具任务适应性的数据整合处理能力与可解释的人机沟通技术来确保航天员和机器人之间的高效交互和协作。

(5) 安全性和可靠性。在长期飞行和深空探测中，安全和可靠性是最重要的因素。需要开发和应用高度可靠和安全的技术来确保航天员和机器人的安全。

综上所述，载人航天中的人-智能系统联合探测的系统设计面临着多重挑战和难题。随着科学技术的不断发展和创新，终将实现各项技术的突破，实现人类深空探测的愿景。

2. 未来的发展重点

未来，面向航天中的人因特异性，需要专注于以下几方面开展人-智能系统协同的研究。

(1) 人和机器人协同机制。在深空探测任务中，机器人比较于人，能够执行一些风险较高或环境恶劣的任务，减轻航天员的工作负担并保障航天员的安全。然而，当前研究主要从机器人的功能性能角度进行设计，而通过研究人类因素来指导机器人设计有所欠缺。因此，需要进一步研究航天任务中人的认知机制，并以此发展具有自主决策和执行能力的机器人，使其能够更好地与航天员实现相互理解，提高任务执行效率和安全性。

(2) 人机交互方法。未来的人机交互系统需要具备更加智能化和自然化的特点，可以根据航天员的需要和特点进行个性化设置和优化，要能在感知、决策和执行层面上建立有效的交互范式，使得两者共享信息、协同决策和操作，使人机交互更加智能化和自然化，例如，使用当前人工智能领域蓬勃发展的生成式人工智能技术提高航天人员与设备的交互效率和舒适度。

(3) 任务、流程与人的整合。航天员在相对封闭的环境下长期生活和工作，可能会对身体和心理健康产生不良影响，而且在执行任务时需要遵循严格的流程和规定。因此，未来的任务和流程需要结合人类因素，针对长期空间飞行和深空探测任务的特殊要求，完成更适合的人机团队设计及任务流程。例如，针对多人多机在复杂地形环境下的功能分配，在静态任务分配的基础上，进一步结合人工智能等新兴技术，加强在实际任务动态变化的情境下进行动态任务分配的演算研究。

(4) 地面仿真和在轨验证新模式和方法。在航天任务执行过程中，地面仿真可以对任务的执行过程进行全方位的模拟和验证，提前发现和解决问题，起到降本增效的作用。因此，未来需要继续建立逼真有效的地面仿真系统，对人机协作任务，以及智能技术和设备进行模拟和验证，确保其在实际任务中的可靠性和有效性。

总之，未来的航天领域人因发展重点将集中在航天员-智能系统协同、人机交互、航天员参与的任务流程的整合设计、地面仿真和在轨验证等方面，将有助于解决实际任务中的关键问题，提高任务执行效率和安全性，推动航天事业不断发展，以应对长期空间飞行和深空探测的需求和挑战。

参考文献

Berlin, M., Gray, J., Thomaz, A. L., & Breazeal, C. (2006). Perspective Taking: An Organizing Principle for Learning in Human-Robot Interaction. National Conference on Artificial Intelligence.

Braun, M., Gollins, N., Trivino, V., Hosseini, S., Schonenborg, R., & Landgraf, M. (2020). Human lunar return: An analysis of human lunar exploration scenarios within the upcoming decade. Acta Astronautica, 177, 737-748. https://doi.org/10.1016/j.actaastro.2020.03.037.

Bualat, M., Barlow, J., Fong, T., Provencher, C., & Smith, T. (2015, August 31). Astrobee: Developing a Free-flying Robot for the International Space Station. AIAA SPACE 2015 Conference and Exposition. AIAA SPACE 2015 Conference and Exposition, Pasadena, California. https://doi.org/10.2514/6.2015-4643.

Bualat, M. G., Abercromby, A., Allan, M., Bouyssounouse, X., Deans, M. C., Fong, T., Flückiger, L., Hodges, K. V., Hurtado, J., Keely, L., Kobayashi, L., Landis, R., Lee, P. C., Lee, S. Y., Lees, D., Pacis, E., Park, E., Pedersen, L., Schreckenghost, D., … Utz, H. (2011). Robotic recon for human exploration: Method, assessment, and lessons learned. In W. B. Garry & J. E. Bleacher, Analogs for Planetary Exploration. Geological Society of America. https://doi.org/10.1130/2011.2483(08).

Dannenhauer, D., Floyd, M. W., Magazzeni, D., & Aha, D. W. (n.d.). Explaining Rebel Behavior in Goal Reasoning Agents.

Devin, S., &Alami, R. (2016). An implemented theory of mind to improve human-robot shared plans execution. 2016 11th ACM/IEEE International Conference on Human-Robot Interaction (HRI), 319-326. https://doi.org/10.1109/HRI.2016.7451768.

Fong, T.,Scholtz, J., Shah, J. A., Fluckiger, L., Kunz, C., Lees, D., Schreiner, J., Siegel, M., Hiatt, L. M., Nourbakhsh, I., Simmons, R., Antonishek, B., Bugajska, M., Ambrose, R., Burridge, R., Schultz, A., & Trafton, J. G. (2006). A Preliminary Study of Peer-to-Peer Human-Robot Interaction. 2006 IEEE International Conference on Systems, Man and Cybernetics, 3198-3203. https://doi.org/10.1109/ICSMC.2006.384609.

Gao, X., Gong, R., Zhao, Y., Wang, S., Shu, T., & Zhu, S.-C. (2020). Joint Mind Modeling for Explanation Generation in Complex Human-Robot Collaborative Tasks. 2020 29th IEEE International Conference on Robot and Human Interactive Communication (RO-MAN), 1119-1126. https://doi.org/10.1109/RO-MAN47096.2020.9223595.

Gao, Y., & Chien, S. (2017). Review on space robotics: Toward top-level science through space exploration. Science Robotics, 2(7), eaan5074. https://doi.org/10.1126/scirobotics.aan5074.

Hirsh, R., Graham, J., Technologies, K., Tyree, K.,Sierhuis, M., & Clancey, W. J. (n.d.). INTELLIGENCE FOR HUMAN-ASSISTANT PLANETARY SURFACE ROBOTS.

Koh, P. W., & Liang, P. (2017). Understanding Black-box Predictions via Influence Functions.

Marquez, J. J., Adelstein, B. D., Ellis, S., Chang, M. L., & Howard, R. (2016). Evaluation of human and automation/robotics integration needs for future human exploration missions. 2016 IEEE Aerospace Conference, 1-9. https://doi.org/10.1109/AERO.2016.7500580.

Miller, T. (2019). Explanation in artificial intelligence: Insights from the social sciences. Artificial Intelligence, 267, 1-38. https://doi.org/10.1016/j.artint.2018.07.007.

Milliez, G., Warnier, M., Clodic, A., & Alami, R. (2014). A framework for endowing an interactive robot with reasoning capabilities about perspective-taking and belief management. Ro-Man: The IEEE International Symposium on Robot & Human Interactive Communication.

Rankin, A.,Maimone, M., Biesiadecki, J., Patel, N., Levine, D., & Toupet, O. (2021). Mars curiosity rover mobility trends during the first 7 years. Journal of Field Robotics, 38(5), 759-800. https://doi.org/10.1002/

rob.22011.

Reiter, R. (1987). A theory of diagnosis from first principles. Elsevier B.V., 57-95.

Ribeiro, M. T., Singh, S., & Guestrin, C. (2016). "Why Should I Trust You?": Explaining the Predictions of Any Classifier. Proceedings of the 22nd ACM SIGKDD International Conference on Knowledge Discovery and Data Mining, 1135-1144. https://doi.org/10.1145/2939672.2939778.

Rui, Z., Zhaokui, W., & Yulin, Z. (2019). A person-following nanosatellite for in-cabin astronaut assistance: System design and deep-learning-based astronaut visual tracking implementation. Acta Astronautica, 162, 121-134. https://doi.org/10.1016/j.actaastro.2019.06.003.

Schmaus, P., Leidner, D., Kruger, T., Bayer, R., Pleintinger, B., Schiele, A., & Lii, N. Y. (2020). Knowledge Driven Orbit-to-Ground Teleoperation of a Robot Coworker. IEEE Robotics and Automation Letters, 5(1), 143-150. https://doi.org/10.1109/LRA.2019.2948128.

Sheridan, T. B. (1992). Musings on Telepresence and Virtual Presence. Presence: Teleoperators and Virtual Environments, 1(1), 120-126. https://doi.org/10.1162/pres.1992.1.1.120.

Sheridan, T. B. (1995). Human centered automation: Oxymoron or common sense? 1995 IEEE International Conference on Systems, Man and Cybernetics. Intelligent Systems for the 21st Century, 1, 823-828. https://doi.org/10.1109/ICSMC.1995.537867.

Sridharan, M., & Meadows, B. (2019). Towards a Theory of Explanations for Human-Robot Collaboration. KI-Künstliche Intelligenz, 33(4), 331-342. https://doi.org/10.1007/s13218-019-00616-y.

Trafton, J. G., Cassimatis, N. L., Bugajska, M. D., Brock, D. P., Mintz, F. E., & Schultz, A. C. (2005). Enabling Effective Human-Robot Interaction Using Perspective-Taking in Robots. IEEE Transactions on Systems, Man, and Cybernetics-Part A: Systems and Humans, 35(4), 460-470. https://doi.org/10.1109/TSMCA.2005.850592.

Zhang, Y., Sreedharan, S., Kulkarni, A., Chakraborti, T., Zhuo, H. H., & Kambhampati, S. (2017). Plan explicability and predictability for robot task planning. 2017 IEEE International Conference on Robotics and Automation (ICRA), 1313-1320. https://doi.org/10.1109/ICRA.2017.7989155.

陈善广;姜国华;王春慧;(2015). 航天人因工程研究进展. 载人航天, 02 vo 21, 95-105. https://doi.org/10.16329/j.cnki.zrht.2015.02.001.

程瑞洲;黄攀峰;刘正雄;鹿振宇;(2021). 一种面向在轨服务的空间遥操作人机交互方法. 宇航学报, 09 vo 42, 1187-1196.

付亚芝;郭进利;(2021). 基于非合作博弈的动态人机系统功能分配法. 火力与指挥控制, 02 vo 46, 30-34.

高庆;刘金国;张飞宇;郑永春;(2018). 面向月面探测的空间机器人-航天员手势交互方法的研究. 载人航天, 03 vo 24, 321-326. https://doi.org/10.16329/j.cnki.zrht.2018.03.006.

韩亮亮;杨健;陈萌;唐平;曾占魁;张崇峰;(2015). 面向空间站在轨服务的人机系统概念设计. 载人航天, 04 vo 21, 322-328+372. https://doi.org/10.16329/j.cnki.zrht.2015.04.002.

李群智;宁远明;申振荣;贾阳;(2008). 行星表面巡视探测器遥操作技术研究. 航天器工程, 03, 29-35.

李卫华;郭军龙;丁亮;高海波;(2023). 月球车地面遥操作技术发展现状与未来展望. 航空学报, 01 vo 44, 163-182.

林益明;李大明;王耀兵;王友渔;(2015). 空间机器人发展现状与思考. 航天器工程, 05 vo 24, 1-7.

刘宏;刘冬雨;蒋再男;(2021). 空间机械臂技术综述及展望. 航空学报, 01 vo 42, 33-46.

马宝元;赵歆波;彭明地;(2018). 面向舱外航天服的眼动交互技术研究. 载人航天, 03 vo 24, 352-357+387. https://doi.org/10.16329/j.cnki.zrht.2018.03.011.

邵斌澄. (2021). 基于力反馈及虚拟现实的移动机器人训练及控制技术. https://doi.org/10.27014/d.cnki.gdnau.2021.001716.

隋雨檠;吴雨婷;肖承丽;周仁来;(2021). 模拟人-机器人协同探测任务中的空间语言交互规律研究. 载人航天, 05 vo 27, 549-558. https://doi.org/10.16329/j.cnki.zrht.2021.05.003.

孙建华;蒋婷;王春慧;刘旺;姜昌华;孙恒硕;宋玲;崔玉静;杨燕昆;张小鹏;吴立涛;(2020). 航天器软件人机界面工效评价指标与评价方法研究. 载人航天, 02 vo 26, 208-213. https://doi.org/10.16329/j.cnki.zrht.2020.02.011.

谭启蒙;陈磊;周永辉;孙沂昆;王耀兵;高升;(2018). 一种空间服务机器人在轨人机交互系统设计. 载人航天, 03 vo 24, 292-298+332. https://doi.org/10.16329/j.cnki.zrht.2018.03.002.

汤志荔;张安;曹璐;刘跃峰;(2010). 复杂人机智能系统功能分配方法综述. 人类工效学, 01 vo 16, 68-71. https://doi.org/10.13837/j.issn.1006-8309.2010.01.015.

王春慧,蒋婷.手控交会对接任务中 显示-控制系统的工效学 研究[J].载人航天,2011 ,17(02): 50-53+ 64.DOI: 10.16329/j.cnk i.zrht.2011.02.009.

王春慧;陈晓萍;蒋婷;王丽;姜昌华;王波;黄守鹏;肖毅;田雨;焦学军;(2018). 航天工效学研究与实践. 航天医学与医学工程, 02 vo 31, 172-181. https://doi.org/10.16289/j.cnki.1002-0837.2018.02.011.

王春慧,薛书骐,蒋 婷 & 谭丽芬.(2022).空间 站机械臂操控工效学研究 概述. 中国航天(04),23- 29.

王笃明;马奔川;田雨;王琦君;王春慧;(2021). 空间语言交互中参照系的选择及其影响因素. 航天医学与医学工程, 05 vo 34, 399-406. https://doi.org/10.16289/j.cnki.1002-0837.2021.05.008.

吴伟仁;周建亮;王保丰;刘传凯;(2014). 嫦娥三号"玉兔号"巡视器遥操作中的关键技术. 中国科学:信息科学, 04 vo 44, 425-440.

薛书骐,田志强 ,王春慧,等.机械臂遥操 作任务中操作者的情境意 识分析[J].航天医学与医 学工程,2017,30(06): 431 - 437.DOI: 10.16289/j.cnk i.1002- 0837.2017.06.008.

张立宪;肖广洲;王东哲;李云鹏;韩岳江;刘冬雨;王为;(2020). 在轨对星球表面遥操作技术现状与展望. 中国科学:技术科学, 06 vo 50, 716-728.

张锐. (2019). 基于深度学习的空间站舱内航天员智能检测与跟踪研究. https://doi.org/10.27052/d.cnki.gzjgu.2019.000276.

钟浩;(2001). 载人航天中的人-机功能分配及遥操作. 合肥工业大学学报杂志社,计算机模拟与信息技术会议论文集, 197-199.

周前祥周诗华. (2003). 一种用于载人航天器人机功能分配的模型. 人类工效学, 02, 3-6. https://doi.org/10.13837/j.issn.1006-8309.2003.02.002.

邹俞;晁建刚;杨进;(2018). 航天员虚拟交互操作训练多体感融合驱动方法研究. 图学学报, 04 vo 39, 742-751.

左政;于英扬;李士强. (2019). 基于 Agent 的复杂人机系统任务可靠性评估方法. 中国航天科工集团第七届环境与可靠性技术交流会.

作者简介

王春慧　博士,研究员,中国载人航天工程航天员系统副总设计师,中国航天员科研训练中心,人因工程全国重点实验室。研究方向:航天工效学、人机交互、人机协同。E-mail: chunhui_89@163.com。

付　艳　博士,副教授,博士生导师,华中科技大学机械科学与工程学院。研究方向:机器人与智能系统、人机交互、机器学;E-mail: laura_fy@mail.hust.edu.cn。

薛书骐　硕士,助理研究员,中国航天员科研训练中心,人因工程全国重点实验室。研究方向:航天工效学、人机协同、情境意识。E-mail: xavierxuper@163.com。

第33章

以患者为中心的智慧医疗

▷本章导读

从以疾病为中心到以病人为中心的时代已经到来。随着中国特色社会主义进入新时代，人民群众对健康的需求也不断提高。传统的医疗模式更多地关注疾病的诊疗，而以患者为中心的医疗模式则强调全生命周期的预防和健康管理，进而帮助患者更好地管理自己的健康，从而减少疾病的发生和复发。近年来，国务院印发的《健康中国2030规划纲要》等政策文件也持续强调了医疗服务从以“疾病”为中心向以“患者”为中心转变的必要性。依靠人工智能等新技术，智能医疗能为病人提供智能化的专门医疗管理，使治疗更加人性化。本章对以患者为中心的智能医疗概念进行探讨，详细阐述医疗领域中的人工智能技术发展、智能医疗中的人机交互，以及以患者为中心的智能医疗管理与服务及相关研究，围绕多种临床场景提出智能技术与个性化诊疗流程相融合的若干重要问题，最后对以患者为中心的智能医疗的未来研究方向进行展望。

33.1 引言

传统医学在过去更多地围绕着疾病诊疗，相对忽略了对患者的疾病预防和个性化健康管理。然而，现代医学的发展越来越依赖于跨学科和跨专业的协作，以及患者自身在诊疗流程中的主动参与。当越来越多以信息化手段实现疾病流程化的管理手段出现之后，医疗的实施者意识到以疾病为中心的发展并不是医疗的初衷，继而出现了以精准医疗、个性化医疗这样围绕患者的发展方向，也促使了现代医学从基础医疗管理到订制个性化医疗管理的转变。而以患者为中心的医疗思维在中国有很悠久的传统，中医十分注重“治未病”和整体观念，了解病人本身比了解病人所患的疾病更加重要。疾病的诊治应因人而异，同样的病情会因为病人的性别、年龄、身体状况的不同而有治疗方法上的差异，针对性地治疗才能提高康复的效率，这也成了未来智能化技术在医疗领域应用的方向，依靠新技术为病人提供个性化的专门医疗管理，个性化解决方案使医疗更加人性化。本章将以人工智能的前沿技术为切入点，介绍智能技术在医疗领域的发展和应用，并总结从以疾病为中心到以患者为中心的转变在信息化和智能化时代面临的挑战。

本章作者：马婷，叶辰飞。

33.2 医疗领域中的人工智能技术前沿

33.2.1 自然语言处理技术

以患者为中心是现代医学的重要理念之一，强调将患者置于医疗决策的核心地位。在这一理念的指导下，自然语言处理技术可以广泛应用于疾病相关语义挖掘和可交互的算法、模型、系统的开发中，以提供更好的患者护理并改善医疗保健。在过去的20年中，随着计算机技术的快速发展，自然语言处理作为人工智能领域的重要技术迅速扩展，在医学领域中的应用越来越广泛，它可以提高非结构化电子健康记录(EHR)的利用率，并提供一种与患者进行交流的方式来回答问题和提供咨询服务。该技术的主要目标是处理文本或语音输入和输出，不仅作为字符、句子、短语或段落的序列，而且将其视为包含复杂句法和语义数据的数据。自然语言处理利用一系列算法和各种假设来对观察到的数据进行推断，与人类相比，该技术可以在很短的时间内分析大规模的数据集，并在更短的时间内获得相当于人类一生的经验，从而实现动态学习或培训。自然语言处理在许多领域有广泛的应用，包括自然语言翻译、智能交互、语音识别和生成、医学辅助决策等。在医疗领域，它在提高生产力、提升用户体验、促进创新和改善医疗保健等方面具有巨大的潜力，从而带来广泛的应用，涵盖科研、患者护理、诊断、临床编码和智能交互等多方面。

首先，可交互的算法、模型可以使医疗系统与患者之间产生直接交互，自然语言处理可以使这种交互更加自然和高效，以帮助患者更好地管理自身的健康和疾病。例如，人工智能虚拟助手可以与患者进行对话，回答关于症状、药物剂量和营养建议等方面的问题，同时可以根据患者的需求和偏好进行订制(Lin et al., 2019)，这种交互方式可以更好地满足患者的需求，并提高他们的满意度。医疗记录中的自由文本元素保留了大量的表达灵活性，但对于信息的持续使用提出了挑战。自然语言处理可用于处理和分析自由文本元素，从而将“非结构化”转换为“结构化”，使临床医生能够评估治疗和干预措施的有效性。其次，自然语言处理还可用于简化临床编码，如英国国民医疗服务体系(NHS)中的免费应用程序 CogStack(Jackson et al., 2018)。尽管使用标准化术语的结构化电子健康记录越来越普遍，但由于疾病描述的复杂性，医疗记录仍需要包含一些自由文本文档。因此，自然语言处理将继续在未来的结构化电子健康记录中发挥作用。

自然语言处理技术的重要应用之一是可以改善电子健康记录、预测患者结果和识别适合重症监护试验的患者。为了改善电子健康记录，自然语言处理用于从患者笔记中提取信息，以生成更完整的问题列表(Marafino et al., 2018)。这种技术特别强大，因为它可以分析电子健康记录中的许多自由文本注释，并建议临床医生将一些诊断或事件纳入问题列表。一项研究表明，使用自然语言处理模型可以将问题列表的敏感度从8.9%提高到77.4%。这明显有助于提高患者的安全，并减少延误和成本(Meystre et al., 2006)。除了改善电子健康记录，自然语言处理还被用于从自由文本注释中提取额外细节，以增强重症监护中的预测任务，这可以改进基于生命体征记录和实验室结果的预测能力。这种技术也可以轻松应用于其他任务，例如，临床研究中的风险评估调整和质量改进计划。自然语言处理还用于识别适合重症监护试验的患者，可以提高临床试验的效率和成功率(Marafino et al., 2018)。综上所述，自然语言处理在重症监护中的应用可以改善患者护理和临床研究，从而提高医疗保健的效率和效果。

自然语言处理的另一个典型场景是知识图谱的应用。在分析基因、疾病、药物、蛋白质等之间的相互作用和关系时，将数据表示为图表很有意义。使用自然语言处理技术可以帮助人们绘制药物、疾病和其他生物医学概念之间的联系。通过使用自然语言处理流水线高效阅读所有的研究论文，可以量化上百万个概念之间的相关性，如 Finlayson 等最近发布的“医学图谱”(Finlayson et al., 2014)。此外，Sondhi 等使用自然语言处理测量临床笔记中提到的两个概念之间的距离，以确定结果图中的边缘强度(Sondhi et al., 2012)。古德温等将医生的信念状态纳入病历中的断言(Goodwin et al., 2013)。这些方法都考虑了医学概念之间的纯粹关联关系。与此不同的是，Rotmensch 等的方法模拟了更复杂的关系，评估侧重于所提出的算法是否可以得出疾病和症状之间已知的因果关系(Rotmensch et al., 2017)。人工智能算法还可用于扩充和维护现有的知识图，例如，它们可以使用现有的知识图在当前电子病历数据上定期运行，以随着时间的推移提出以前未知的新关联。

由于语言描述背后的语义具有通用价值，自然语言处理技术在医疗以及相关科研领域被广泛引入和使用。药物研发高昂的费用也使得该领域尽可能地利用智能技术提升效率和降低成本，自然语言处理技术也较早被引入该领域，可用于在大型数据库中搜索相关临床试验，以及用于简化药物发现过程，例如，预测目标和识别不良事件。在直接的患者护理方面，已证明自然语言处理可成功预测急诊科患者的入院情况，从而可以增强现有的分诊流程，改善临床结果(Levin et al., 2018; Xingyu Zhang et al., 2017)。此外，该技术在诊断环境中也非常成功，可用于对放射学报告进行分类以识别适当的临床反应，从而减少人工输入。

目前，面向患者的自然语言处理应用程序正在快速发展，自然语言理解(NLU)和自然语言生成(NLG)的聊天机器人已成为医疗保健领域自然语言处理应用开发的重要发展方向。其中，最广泛使用的功能是通过手机应用程序，如 Babylon Health 和 Health Tap，提供比搜索引擎更高效和用户友好的界面(Lin et al., 2019)。除此之外，一些专业的聊天机器人，如 Pharmabot 可以向父母或患者解释普通儿科药物；而 Mandy 则是一种更复杂的聊天机器人，能够促进与初级保健患者的面谈，以自动接收患者并开始诊断过程(Comendador et al., 2015)；甚至还有聊天机器人专门回答关于 Covid-19 大流行的问题。当患者在不确定的环境中面临突然的信息冲击时，该类应用技术特别有用，能帮助患者快速找到有用信息。医学自然语言处理应用程序的广度突出了它在医学中的实用性，其开发速度相对较快，并且自然语言处理的预测能力非常强大，有助于提高时间效率和个性化医疗决策。

随着人工智能技术的飞速发展，刚刚面世的 ChatGPT 和 GPT-4 是一种非常强大的预训练的生成式人工智能技术，成为全球最热门的聊天机器人，其基于自然语言处理技术，能够无缝地理解人类提示并给出文本答案。这些机器人的出现标志着人工智能技术已经达到了新的高度，同时也将大大推动自然语言处理技术在医疗领域的应用。例如，最新版 ChatGPT 以优异的成绩通过了美国医疗执照考试，答对了超过 90%的问题。然而，我们也要认识到，这些技术还需要不断发展和完善，以提高其可靠性和安全性。

总之，以患者为中心的疾病相关语义挖掘和可交互的算法、模型、系统，利用自然语言处理技术在医疗领域中有着广泛的应用前景。这些技术可以帮助医生更好地了解患者的需求和情况，提供个性化的解决方案，改善医疗保健的质量和效率。

33.2.2　医学影像处理

人工智能技术在医学影像处理中的应用已经被广泛接受，医疗影像分析的价值在于可以提高疾病筛查、诊断和治疗的准确性和效率，进而为以患者为中心的医疗保健提供更好的支持。人工智能技术在医学影像处理中的应用可以显著改善医疗影像的筛查和诊断，从而使医疗更加精准和快捷。医学图像的计算机处理和分析包括图像检索、图像创建、图像分析和基于图像的可视化等多个方向的研究，其中深度学习是一种常用的方法，可以提高后续状态的准确性，为医学图像分析开启了新的大门。深度学习应用涉及各种各样的问题，例如，癌症筛查、感染监测、病灶检测和个性化治疗建议。医学图像计算与医学成像密不可分，它们的重要性在于通过对图像的计算分析实现以患者为中心的医疗保健。常见的医学图像包括X射线、计算机断层扫描(CT)、磁共振成像(MRI)、超声图像(ultrasound)、正电子发射断层摄影(PET)、病理图像(pathological images)等。

处理医学图像的深度学习通常采用多个卷积节点的人工神经网络来学习数据结构中的模式，随着神经网络技术的发展，如反向传播模型(1961)、卷积神经网络模型(1978)、长短期记忆(1996)、ImageNet(2008)、AlexNet(2010)、Transformer(2017)等的出现为深度学习应用于医疗图像分析打开了新的大门。这些模型的不断发展和改进，使得深度学习在医疗图像分析方面得到了广泛应用，例如，图像分割、图像配准、图像重建、器官识别等。

医学图像分割在计算机辅助诊断系统中扮演着重要角色，通过医学图像分割技术，可以自动或半自动地检测3D(三维)和/或2D(二维)图像数据。图像分割是将数字图像分成多个像素的过程，其首要目标是使其更加清晰，并将医学图像表示转化为有意义的主题。然而，由于照片的高度可变性，分割是一项具有挑战性的任务。近年来，人工智能和机器学习计算一直在鼓励放射科医生进行临床影像的分割，例如，对CT胸片或脑部磁共振图像进行肿瘤、结节、离缺血灶等进行分割，这有助于放射科医生进行定量评估，并为进一步治疗安排提供更好的支持，甚至已经出现了利用3D卷积神经网络进行临床图像分割的软件，以提高病灶识别的准确度和效率，例如肺结节筛查等。

医学图像重建是医学成像领域基本的组成部分之一，其主要目标是以最小的成本和风险为患者获取高质量的医学图像，以供临床使用。在医学图像重建中，数学模型(或更一般地说，计算机视觉中的图像恢复)一直发挥着突出的作用。早期的数学模型大多是基于人类的知识或对待重建图像的假设设计的，我们称这些模型为人工模型。最近，随着越来越多的数据和计算资源可用，基于深度学习的模型(或深度模型)将数据驱动的建模推向了极端，其中模型主要基于最少的人工设计进行学习。最近，随着越来越多的数据和计算资源可用，基于深度学习的模型(或深度模型)将数据驱动的建模推向了极端，其中模型主要基于最少的人工设计进行学习。人工建模和数据驱动建模各有优缺点(Adler et al.，2017)。典型的人工模型在稳健性、可恢复性、复杂性等方面具有坚实的理论支持，能够提供良好的解释，但它们可能在灵活性和复杂性方面存在局限，无法充分利用大型数据集。另外，数据驱动模型，尤其是深度模型，在从大型数据集中提取有用信息方面通常更加灵活和有效，但目前仍缺乏理论基础。因此，医学成像的主要研究趋势之一是将人工建模与深度建模相结合，以便从这两种方法中受益。

另一个重要的任务是识别器官或其他生物结构在空间(2D和3D)或时间、地标或物体(视频/4D)中的位置。一般使用的深度学习算法是在每个2D平面上使用单独的CNN来识别兴趣交集3D图像(Kowsari et al.，2020)。生物结构的定位是不同医学图像调查计划的基本先决条件之一。尽管放射科医生可以轻松地进行定位，但对于神经网络来说，这通常是一项具有挑战性的任务，因为神经网络容易受到医学数字图像变化的影响，例如，由于图像获取过程的差异、结构差异和病理学之间的差异。因此，在医学图像处理中，解剖结构的定位对于许多处理流程都是必要的(De Vos et al.，2017)。例如，通过在ConvNet中使用2D图像数据切片来定义它们的存在，并使用空间金字塔池来让ConvNet检查不同大小的切片，从而自动定位3D医学图像中的一个或多个解剖系统；在识别后，结合所有切片中ConvNet的输出生成三维卷积层，最终可根据既定限制对系统进行定位和检测，以获得最佳结果。

图像配准也是医疗影像处理中的重要任务，图像配准的目标是找到变换坐标以对齐同一事物的不同图像，例如 MRI 和 CT 扫描，或者建立在不同位置进行两次扫描之间的映射关系，这里使用的一般深度学习算法是深度回归网络和深度学习网络（DNN）（Vedaldi et al.，2015）。图像配准在医学领域具有重要意义，因为它可以将各种图像数据集转换成具有匹配成像内容的匹配坐标系。在图像处理中，图像配准是一个关键阶段，因为有用的信息可以在多张照片中传输，这意味着在不同时间、不同角度或通过各种传感器获得的图像需要被协调。因此，准确融合来自至少两幅图像的有用数据非常关键（Jian Wang et al.，2020）。

未来，人工智能在医学影像处理技术中将会更广泛地应用，能够帮助医生更快速、准确地进行疾病筛查和诊断，甚至可以基于患者数据进行预测和定量化分析，同时也有望进一步推动医学成像领域的发展，进而使得以患者为中心的医疗得到更好的发展。此外，通过影像与患者的交互也是一个重要的方向，图像以其独有的可视化效果成了与患者形成良好交互的界面，医生可以通过三维重建、病灶提取等可视化交互界面向患者更好地解释病情，提升患者对自身医疗方案的参与度，从而实现更加个性化和有效的治疗方案。因此，医学图像处理和人工智能技术将会在未来的医疗保健中扮演更加重要的角色。

33.2.3 决策优化与新药设计技术

强化学习（reinforcement learning）是 AI 领域的一个子领域，旨在解决动态决策问题。强化学习的独特之处在于，它着眼于实现个体化学习，通过对个体在环境中行为的评估和反馈来逐步提升个体的决策能力，这使得强化学习更能够保障 AI 的个性化医疗辅助（Huang et al.，2016）。随着深度学习的不断进步，深度强化学习已经崭露头角，该方法通过将强化学习和深度神经网络结合起来，进一步提高了强化学习的效果和适用范围。利用强化学习和个体化辅助的特性，可以更好地支持以患者为中心的医疗保健，提高医疗决策的准确性和效率，为患者提供更好的医疗服务。

虽然当前用于优化治疗序列的强化学习方法各不相同，但它们都遵循同一框架。强化学习算法将决策制定者和环境的交互序列作为输入。在每个决策点，强化学习算法根据其策略选择一个动作，并接收新的观察结果和即时奖励。在医疗保健领域，强化学习已被应用于优化 HIV 的抗反转录病毒疗法（D. Li et al.，2013）、订制抗癫痫药物以控制癫痫发作（Guez et al.，2008），以及确定管理败血症的最佳方法（Komorowski et al.，2018）。与更常见的 AI 应用不同，强化学习系统的输出或决策将直接影响患者未来的健康和治疗选择，因此其长期影响更加难以估计。

制药行业使用强化学习技术的主要原因是业务需求驱动，旨在降低成本。药物开发的成功率（从一期临床试验到药物批准）在所有治疗领域和全球制药行业都非常低，这是广为人知的现实。最近一项研究对 21143 种化合物进行了分析，结果显示总体成功率仅为 6.2%（Wong et al.，2019）。为了识别新的药物靶点及提供更有力的靶点——疾病关联证据、改进小分子化合物的设计和优化、增加对疾病机制的理解、增加对疾病和非疾病表型的理解（Godinez et al.，2017）、开发用于预后、进展和药物疗效的新生物标志物（Mamoshina et al.，2018）、改进对来自患者监测和可穿戴设备的生物特征和其他数据的分析、增强数字病理成像（Olsen et al.，2018）并提取高内涵的信息，制药行业已经在所有药物开发阶段，包括临床试验，开始开发和利用强化学习算法和软件。因此，许多制药公司已开始投资资源、技术和服务来生成和整理数据集，以支持该领域的研究。

蛋白质解析与合成也是强化学习的重要应用之一，蛋白质扮演着生物体信息流系统的执行者角色，每个蛋白质执行着一个或多个特定编码的功能，这些功能共同定义了相应生物体的特征。然而，由于其严格限制的工作环境和相对较短的使用寿命，天然蛋白质不能完全满足人类不断增长的需求。此外，由于天然蛋白质在经过数百万年的进化和自然选择的压力下逐渐优化，因此它们可能无法在数百年内应对人类社会面临的挑战。因此，进行人工改造蛋白质，甚至是从头设计全新的蛋白质变得越来越重要。幸运的是，随着对蛋白质生化和生物物理学的研究的不断深入，蛋白质设计技术逐渐成了可能。尽管传统方法在蛋白质设计方面已经取得了重大进展，但这些方法是基于现有知识的，并依赖于物理原理和统计规则。随着蛋白质序列、结构和功能以及它们之间的关系的大量数据积累，近年来蛋白质设计的研究兴趣逐渐转向了数据驱动方法。深度学习技术已经在自然语言处理和计算机视觉等许多其他领域中产生了革命性影响。在蛋白质设计方面，强化学习通过扩大感知野，为高阶统计提供了最简单、最通用的近似和参数化方法，因此，它可以集成到基于结构的蛋白质设计的所有领域中，以进一步改进甚至突破。现在可以构建学习蛋白质序列和结构复杂功能的强化学习模型，例如蛋白质骨架生成模型(Eguchi et al., 2020)和蛋白质结构预测模型(Senior et al., 2019)。迄今为止，基于结构的机器学习设计方法主要侧重于突变预测(Y. Zhang et al., 2020)、天然序列的旋转异构体重新包装(Du, et al., 2020)和氨基酸序列设计中没有侧链构象异构体建模(Jingxue Wang et al., 2018)。然而，通过将深度学习与传统方法相结合，可以改善并解决许多蛋白质设计面临的挑战。蛋白质是大自然赠予人类的重要礼物，而深度学习为人类提供了窥探其蓝图的机会。

总之，强化学习是当前和未来的热门话题，也势必将在医疗领域产生重大影响。在应用技术的同时，我们也需要认真对待与之相关的问题和挑战，以确保这些技术能够更好地造福人类。

33.3 智能医疗中人与人工智能的交互

33.3.1 医疗虚拟助手

随着人工智能在医疗健康领域的快速发展，如精准医疗、预防性健康保健等在传统医疗体系下只能通过增加医疗领域的人力资源投入的困难问题出现了可替代的解决方案。得益于人工智能技术爆炸式的进步，基于人工智能技术的虚拟医疗助手正在逐渐完善并致力于帮助医疗人员为患者提供更优质的服务。医疗虚拟助手是一种具备大量医疗知识的人工智能技术，用来在医疗健康领域帮助患者得到准确、有效的医疗个性化服务，同时也可以让医疗保健领域的专业人士更高效地了解和满足患者的切实需求。目前已经存在很多投入使用的医疗虚拟助手，如美国的 Alma Health Coach、Babylon Health、Conversa Health，欧洲的 Your.MD、Ada Health 等，中国市场上同样也存在相当成熟的灵医智慧、智能预问诊、健康 160 等用于医疗咨询的虚拟助手。当前，医疗虚拟助手能够在三方面提高医疗系统的服务水平，可以作为诊前助手和保健提醒为患者提供更加精细和个性化的医疗服务；面向医疗工作者，可以作为辅助问诊工具和医学知识查询等工具为专业人士提供更丰富的信息以辅助诊断和治疗；针对医疗领域中的辅助人员实现智能管理系统，提供如电子病历、用药提醒等辅助管理功能，减少医护人员在医疗服务中非必要的心智负担，为提高医疗服务水平创造空间。

医疗虚拟助手可以参与医疗领域中不同环节的工作，基于先进的自然语言处理技术可以实现真实的对话体验，这使得非人工的处理简单或非急症患者的需求成为可能，例如在Ⅱ型糖尿病全球高发的慢性病案例上，医疗虚拟助手展现了非常优秀的可用性和有效性(Balsa et al., 2020; Roca et al., 2021)。随着人口平均寿命的提升，Ⅱ型糖尿病患病率正稳步上升，这与人们普遍的不注重血糖控制有密切的关系，这类慢性病会增加心脏病发作、中风、视力丧失、截肢和肾衰竭的风险。然而，针对慢性病的治疗方案却需要长期和大量的医疗投入，一方面，患者难以长期坚持；另一方面，高成本的医疗投入也是治疗此类慢性病的阻碍。幸运的是，医疗虚拟助手可以给出令人相对满意的解决方案，目前已经有大量关于人工智能在慢性病治疗领域的前沿研究。结合医疗虚拟助手的真实的交互体验和专业的医疗知识，以患者为中心的自我护理理念可以得到实现，其概念包括自我预防、自我诊断、自我用药和自我管理等，实现患者对自身病情的高度可控。基于 Corbin 和 Strauss(Lorig et al., 2003)的开创性慢性病医疗实践将慢性病的自我管理分为三种不同方向的工作：医疗行为管理、个体角色管理和情绪管理。VASelfCare 项目(Balsa et al., 2020)是在先前工作基础上实现针对Ⅱ型糖尿病老年患者的自我护理功能的医疗虚拟助手。在该项目中，实现了一个可以与患者进行日常对话的可视化虚拟助手，在轻松日常的对话交流中通过一系列专业的条件判断和了解患者的各项身体指标，给出最新的药物、运动和饮食建议。医疗虚拟助手在慢性病的护理疗程中作为整个系统的核心帮助患者了解自身病情、制定个性化治疗方案，同时还能帮助患者舒缓情绪、积极治疗，实现以患者为中心的医疗解决方案，符合现代消费者日益增长的个性化消费需求，同时给出更精细化的治疗方案。

医疗虚拟助手在慢性病治疗上可以提供优质的服务，但目前仍然存在一些技术和伦理问题。与专业医师不同，医疗虚拟助手是基于人工智能技术训练的对话模型，一些不存在于自然人之间沟通的问题需要得到更多的关注，例如如何实现患者与虚拟助手的平等沟通问题。医疗虚拟助手用于对患者提供专业的帮助和支持，现阶段的虚拟助手在通常情况下只能通过与患者的交流得到初步诊断的结果，如在新型冠状病毒大流行时，医生通过虚拟助手对出院患者的恢复情况进行问诊，报告相关症状，若症状严重则会转接至医生接受进一步治疗(Drukker et al., 2020)。如果患者与虚拟助手的交流有所隐瞒或者不能准确表达当前症状，对于诊断的结果可能会导致非常严重的后果。因此，医疗虚拟助手需要在与患者沟通的过程中表现出平等的关系，这可以增加患者对虚拟助手的信任，让患者更愿意与虚拟助手进行沟通。在对话问题以外，目前的医疗虚拟助手还不能保证在复杂医疗环境中的有效性，需要针对不同的医疗问题进行更大规模的调研和研究。在可靠性方面，不严谨的医疗知识建议可能会对患者的健康造成不可逆的损害，因此在医疗领域的虚拟助手项目中，不同疾病的实践项目必须得到严格的可靠性验证。在伦理和法律方面，医疗虚拟助手还要考虑到医疗虚拟助手对于患者隐私的尊重，虚拟助手在提供建议的同时必须遵守隐私保护法规，尊重并禁止泄露患者信息。在美国，HIPAA(Health Insurance Portability and Accountability Act)法案规定了对患者医疗信息的隐私和保护措施。在欧洲，一般数据保护条例(GDPR)也适用于医疗数据的处理。在中国，《个人信息保护法》等法规也适用于医疗数据的隐私和保护，很多医疗虚拟助手的开发商和提供商也制定了一系列严格的数据和隐私保密政策，但正如快速发展的人工智能技术一般，医疗虚拟助手的快速发展在未来也可能会出现新的问题，需要不断完善相关法律法规，建立健全的监管机制，才能更好地实现尊重患者、平等沟通，让医疗虚拟助手在医疗健康领域得到长足发展。

医疗虚拟助手具有极高的发展潜力和蓬勃的发展前景，当前的医疗虚拟助手仅在部分医疗领域落地，最大的限制在于人工智能技术的发展水平尚未能代替真实的专业医师，但这一限制正逐渐被突破。过去几年，人工智能技术在对话场景取得了突飞猛进，其中最具有代表性的应用便是 ChatGPT，这是由 OpenAI 开发的自然语言处理模型，目前已实现近乎人类的对话反馈，这一应用已经成为最有可能实现医疗虚拟助手大规模落地的基础。这一颠覆性技术的出现让人们得以展望更丰富和完善的医疗用途，例如向医生提供临床诊断建议、提供实时的医疗翻译、病例保存、医疗信息记录和自动分类、患者分诊和情绪疏导等。在未来，先进的人工智能技术结合大数据科学会创造出功能更加强大的医疗虚拟助手，从患者、医生、护理人员等多角度帮助人类构建新型医疗体系，让医疗服务真正做到以患者为中心，提升医疗服务水平，提高人类生命质量。

33.3.2 医疗机器人

人工智能技术的发展同样带动了机器人行业的快速变革，医疗机器人正是机器人在医疗健康行业的细分领域。根据国际机器人联合会(IFR)的分类，医疗机器人可以分为手术机器人、康复机器人、辅助机器人和医疗服务机器人。医疗机器人旨在帮助医生高质量地完成手术、辅助病人安全完成康复训练、协助专业人士完成医疗过程中非必要的人工劳动。医疗机器人可以有效地减少医疗行业的成本，提高医疗的服务质量，减少医护负担。虽然医疗机器人只是机器人应用的细分领域，但仍然具有超过 200 亿美元的市场规模。因此，碍于篇幅所限，这里仅重点针对康复机器人中体现人工智能技术的人机智能协同功能进行介绍。

康复机器人应用于各种不同类型的康复治疗，包括物理治疗、认知训练等，通常可以将康复机器人看作可穿戴设备，其具备助残行走、康复治疗、减轻运动强度等作用。在康复机器人的发展过程中，人机交互技术是一个重要的发展方向。通过更好地理解人类行为和认知过程，康复机器人可以更加智能地与患者交互，从而更好地适应患者的康复需求。当前在康复机器人上，人机智能协同技术实现比较好的应用有下肢康复机器人 LoKomat、手臂康复机器人 ReoGo、上肢下肢康复机器人 THERA-Trianer 和多关节康复机器人 Kinesis 等。这些优秀的康复机器人通常使用传感器和算法来监测患者的活动和进步，为医护人员提供数据支持，从而帮助患者更好地康复。

Lokomat 下肢康复机器人旨在帮助脊髓损伤(Alashram et al., 2021)、中风(Bruni et al., 2018)等下肢瘫痪患者进行步态康复。此外，机器人辅助步态训练对于改善脊髓损伤患者的运动功能、平衡能力和日常生活能力也具有积极的改善作用(Alashram et al., 2021)。Lokomat 是一种由一对机械臂和一个体重支持跑步机系统组成的设备。机械臂可以固定在个人的下肢，在跑步机上行走时，体重由 BWS 系统支撑(Colombo et al., 2001)。下肢康复机器人和治疗的有效性在很大程度上取决于其训练模式，Lokomat 采用主动辅助模式，使用混合传感技术以及多传感器一起识别和判断人类步态(Bernhardt et al., 2005)，结合各种传感器的检测信息，控制系统可以获得准确的运动信息，为达到安全和有效的康复效果，下肢康复机器人实现了人机智能协同系统，这样的系统需要多种交互方式，包括视觉、听觉和触觉模式。根据矫形支架的膝盖和髋关节角度，实现一个动画人物在虚拟环境中移动，以增强患者的动力和提供物理反馈(Wellner et al., 2007)。这里总结该下肢康复机器人具备的双向交互手段。首先是视觉交互，下肢康复机器人配备了显示屏和摄像头，一方面通过显示器向患者提供实时数据和相关指标，帮助患者及时调整训练状态；另一方面，从摄像头中获得患者的训练动作数据，帮助患者维持最佳训练状态，提供反馈和指导。此外，还具备声音交互的功能，表现在可以通过扬声器和麦克风与患者进行实时的语音交互，患者可通过语音提出需要，机器人可通过语音给予指导和鼓励。康复机器人属于可穿戴设备，因此具备动作交互的功能，该款下肢康复机器人的动作系统非常精密，可以表现出精准的运动参数，同时可以适应多种训练姿势(Hidler & Wall, 2005)。患者也可以通过机器人的动作辅助得到更精准的运动指导。在以上面对患者的交互层面之外，下肢康复机器人还具备数据交互能力，可以将康复训练的数据传达给康复师，用来帮助康复师更准确地了解患者当前的生理状态，帮助康复师制定有效的训练计划。

目前的医疗机器人受限于机器人结构问题，只能应用于特定的医疗领域代替治疗医师，普遍还达不到治疗师的水平。例如，下肢康复机器人专用于参与下肢康复医疗服务，上身或心理康复服务仍然需要治疗医师或者其他种类的康复机器人参与，因此医疗机器人在未来需要更加个性化的机械设计，使其能够适用于多种医疗场景。同时,单依靠步态等机械运动指标难以保证在患者存在个体差异时能达到最优效果,应该利用人工智能技术将不同种类的身体指标和生理信号进行多模态分析,已经有一些研究利用更丰富的生理信号,如肌电信号(Chu et al., 2005; Zoss et al., 2006)和脑电信号(X. Zhang et al., 2015)作为医疗机器人康复训练中的重要指标,取得了不错的效果。可以预见,在未来进一步地结合脑机接口技术将使得医疗机器人能够在医疗保健服务中成为难以取代的重要力量。目前的人工智能技术还不能满足完美的人机智能协同,人机交互能力较弱,需要进一步提高人工智能技术水平,随着里程碑式的人工智能对话模型 ChatGPT 的大规模应用,医疗机器人领域中的人机智能协同会使得医疗机器人的智能化水平大幅提升,未来的患者或许会实现脱离治疗医师,仅借助具有丰富医疗知识和强大交互能力的医疗机器人即可完成科学康复治疗。

33.3.3 疾病辅助诊断

人工智能与人的交互在疾病辅助诊断中主要是通过书写行为、语言及步态等方式实现的。这些方式的特点是通过人工智能与人的交互评估患者感官功能的变化,进而辅助医生对患者的诊断。采用这些交互方式的一大优势是无侵入性。医生通过这些方式便能无创地得到并分析疾病在交互模态的表征,不仅提高了患者的检测舒适度,还节省了费用。人智交互对于一些感官疾病的辅助诊断具有明显的优势,如语言功能受损、运动调节功能障碍和生理信号异常等体现为触觉、听觉等多个感官功能受损的问题。基于以上特点,将人智交互方法应用于疾病辅助诊断得到了海内外学者的重视。下面主要介绍两种人工智能与人的交互方式在疾病辅助诊断中的应用实例,分别是书写交互和语音交互。

书写交互又称笔交互,它是通过患者使用电子笔进行一些书写操作实现的。虽然人书写时在动作细节上并不会思考太多,但实际上,人的书写过程中包含诸多信息,如书写速度、书写力度等,这些都能为疾病的诊断提供信息。对于神经系统疾病患者,他们在运笔时可能存在速度缓慢、震颤、认知障碍等多种与大部分健康受试区别较明显的情况,这一区别就可以帮助医生进行评估。采用具备传感器技术的电子笔,可以获得书写位置的 x 和 y 坐标及其时间戳、笔倾斜度和书写压力等原始数据(Impedovo et al., 2019)。相对于肉眼观察,通过电子设备可获得更多可量化的信息,将这些信息输入人工智能模型便可学习出一些特征,进而进行分类。通过对其书写时的运动功能状态及书写内容或图形绘制结果进行分析,辅以人工智能技术,医生便可更轻松地评估患者是否存在运动功能受损以及认知功能异常等问题。

从临床实例看,针对帕金森病(PD)等的书写交互任务有绘图及书写文字两类。绘图一般是画直线、螺旋等指定形状,以评估患者是否存在运动障碍等问题。例如,绘出阿基米德螺旋是常见的书写任务之一,其在帕金森病的评估上具有明显的优势。书写文字任务的种类更加丰富且对评估功能更有针对性,一般需要写出的文字都是经过考量的,其能够反映需评估的功能,且不容易受到其他因素的影响。除此之外,还有一些相对复杂的书写交互任务,如针对阿尔茨海默病(AD)等使用的时钟绘图测试等,这些任务一般涉及各种神经心理学功能,包括但不限于听觉感知、听觉记忆、视觉感知、视觉记忆、视觉空间功能和抽象能力等。

书写交互在对特定问题或疾病的辅助诊断效果是十分显著的,如 Catherine 等(Taleb et al., 2020)使用卷积神经网络和双向长短期记忆网络的组合模型,在训练后,其对帕金森病的早期检测准确率达到了 97.62%,体现出人智交互为疾病辅助诊断带来的帮助。该结果表明,书写交互是一种有效且可靠的辅助诊断方法,但在人智交互过程中也存在一些局限性和挑战,如数据质量、样本量、特征选择、模型选择等。

语音交互是通过患者发音实现的，该交互方式不同于对环境要求低的书写交互，其需要在安静的诊室进行，对环境要求较高。不过它的成本较低，只需要使用普通的声音采集设备。语言交互任务一般也比较简单，多为连续语句发音和持续元音发音等任务，它的本质是语音分析，这是一种利用人声的变化来评估人们的身心健康状况的技术，它可以诊断出阿尔茨海默病、帕金森病、创伤后应激障碍(PTSD)等多种疾病。语音分析可以通过记录和处理人们说话时的声音特征，如音调、说话节奏、声音大小等，还有一些人们不容易注意到的平均说话时间、平均静音时间等，识别出潜在的问题。而这个分析既可以采用传统的声音信号分析方法，也可以采用人工智能手段来提升识别的精度，实现人智交互。

语音交互的典型临床应用案例是在帕金森病的临床诊断。帕金森病患者的语音主要缺陷是声音强度丧失、音调和响度单调、不协调的沉默、短促的语音以及部分发音困难，与健康人相比存在很多生理方面的差异。将麦克风采集到的患者语言输入训练好的人工神经网络后，网络基于语音信号中的特征，给出判决供医生参考。人工智能给出的诊断准确率能高达 85%，超出了运动障碍专家的平均诊断准确率(Wroge et al., 2018)，这足以说明将人智交互应用在疾病辅助诊断上的重要性。

语音交互也有它的局限性，其可能受到一些因素的干扰或误导，如说话者的情绪、口音、背景噪音等。对于一些精度要求高、社会影响大的诊断任务，语音交互还无法胜任。在新冠肺炎的诊断上，语音交互也起了一定作用。由于核酸检测时间长、成本高，且在排队过程中有交叉感染的可能，而新冠肺炎患者的说话和咳嗽声与健康人有明显差异，有部分学者开始研究通过声音检测新冠肺炎。在国际声学、语音与信号处理会议(ICASSP)发起的第二届新冠声音诊断挑战赛中，中国科技大学陈星宇等使用了一种基于双向长短期记忆网络的模型，在呼吸、咳嗽、语音融合赛道上，其体现模型分类结果好坏的指标——受试者工作特征曲线下的面积(ROC-AUC)取得了 88.44 的好成绩，是该赛道的冠军(X. Y. Chen et al., 2022)。这个指标已经十分优秀，但由于传染病防治工作的要求更高等原因，该方法无法普及使用，只能作为参考，这便是语音交互局限性的例子。

上述人智交互方式都有其优点和局限性。而未来人智交互在疾病诊断的发展重点是多交互模态融合，以此提高诊断的准确率，使疾病的诊断全面而可靠。随着 GPT-4 等大型语言模型开始支持多模态，相信多交互模态融合的人工智能疾病辅助诊断方法会在不远的将来走向成熟。

33.3.4 药物研发

药物研发是一个精细、复杂、耗时和高风险的系统性工程，需要大量的数据、知识和多次实验。随着生命科学和信息技术的快速发展，人工智能在药物研发中扮演了越来越重要的角色。人工智能在药物研发中有很多应用，药物研发人员可以通过人工智能的辅助来提高研发效率、降低研发成本。在药物研发的全流程都可以应用人工智能技术。在药物研发的前期，药物研发者可以通过自然语言处理、机器学习等技术，从文献、数据库、临床试验记录等来源提取并整合相关信息，构建医药研发知识图谱，对推动药物研发的知识进行聚类分析，辅助提出新的可被验证的假说以加速药物研发。

靶点识别是新药研发的基础，通过分析多组大规模生物数据，人工智能可以辅助找出与特定疾病相关的分子靶点，并预测其可治愈性和安全性；还可以通过机器学习模型构建疾病的调控网络，缩小潜在靶点的可能范围。使用人工智能技术还可以进行化合物设计。通过使用深度学习、生成对抗网络、强化学习等算法，人工智能可以自动设计出具有特定结构和活性的候选化合物，并优化其药效、选择性和毒性，生成具有较优特性的新型分子化合物。

在临床前研究阶段，可以通过人工智能进行新适应症拓展。利用深度学习和认知计算技术，将处于研发管线或已上市的药物与疾病进行匹配，发现新靶点，增加药物的治疗用途，也可以通过模拟随机临床试验发现药物新用途。药物在人体内的吸收、分布、代谢、排泄和毒性等性质在药物设计和药物筛选中十分重要，若能准确预测这些性质，就能对先导化合物进行有针对性的选取和优化改造，这能显著提高药物研发的成功率，并减少药物研发中的资金浪费。而利用深度神经网络提取结构特征的预测方式可以有效提升对这些性质的预测准确度。在临床试验阶段，研究者可以借助自然语言处理技术和大数据技术，通过读取医学资料和数据库优化临床试验设计，并为临床试验寻找合适的患者。例如，英国的 AI 药物研发公司 Exscientia 与多家知名药企合作开展了药物研发项目。在与日本住友制药的合作项目中，其利用人工智能技术发现了治疗强迫症（OCD）的新药候选物 DSP-1181，该项目仅用了 12 个月的时间就完成了探索研究阶段，比传统方法快了近 4 倍。Iktos 是一家法国的 AI 药物研发公司，专注于利用生成对抗网络技术进行分子设计，其与赛诺菲的合作项目是利用人工智能技术发现治疗自身免疫性疾病的新药候选物，该项目已经成功从数百万种化合物中筛选出具有高效活性和良好安全性的新药候选物。由此可见，人工智能辅助药物研发已经确实走入了人们的生活。

在新药靶点自动发现的研发过程中，目前仍无法完全依赖 AI，有效的人智交互模式将决定新药研发的成功率，对于药企提升研发效率、降低研发成本起着至关重要的作用。在人工智能与药物研发相结合的过程中，人类（尤其是具有深厚生物医学研究背景的医药专家）并没有被边缘化，仍然起着至关重要的作用。一方面，人类需要提供高质量和多样性的数据给人工智能学习和训练，包括生物医学文献、临床试验结果、基因组信息、分子结构等，只有拥有充足而准确的数据，人工智能才能够生成有效而可靠的预测和建议；另一方面，由于人工智能技术本身还存在不完善和不确定性的问题，人类需要监督和验证人工智能的输出结果，并根据实际情况进行调整和改进。例如，专注于使用人工智能驱动药物研发的德睿智药（MindRank AI）自主研发的一体化 AI 新药发现平台 Molecule Pro 会产生大量的图像数据，不仅包括单个细胞图像数据，还混合了多种不同类型的细胞，在图像中用不同的颜色进行表达。若想在这种复杂场景下实现高性能的细胞自动检测、分割及形态的描述及后续细致的分析，需要在分析流程的各个环节中加入专家的质量评估，同时也需要依赖医药专家的经验来根据平台的 AI 生成结果指导下一步实验方式。只有实现了 AI 模型和领域专家的交互闭环，才能更快地发现一些有效的药物，发现一个合理的靶点。

总之，在人工智能与药物研发相结合的人智交互过程中，人类仍然起着至关重要的作用，并要保证人类对于药物研发过程的主导权和责任感。随着 LLM 的飞速发展，未来人工智能为药物研发助力的能力也会越来越强，范围也会越来越广，人与智能有效协同与互补便是充分利用 AI 技术在药物研发领域中所带来的优势的不二法门。

33.4 以患者为中心的智能医疗管理与服务

33.4.1 院内数据智能管理

随着科技的发展和医疗服务水平的提高，人们对医疗服务的期望也越来越高。在这个背景下，智能医疗和患者中心化成为医疗服务的重要趋势。卒中数据平台是院内数据智能管理的基础，是院内数据智能管理的数据来源。院内数据智能管理是指利用数据分析、人工智能等技术手段，对卒中患者在就诊过程中产生的数据进行收集、整合、分析和应用，以患者为中心，实现医疗资源的最优配置和患者个性化医疗服务的提供。卒中数据平台提供了数据支持，而院内数据智能管理则是对这些数据进行分析和应用的过程。院内数据智能管理可以帮助医院更好地利用卒中数据平台中的数据资源，优化医院内部的卒中医疗服务流程，提高医疗服务的质量和效率，最终实现患者的满意度和健康水平的提高。因此，卒中数据平台和院内数据智能管理是紧密联系的，二者相互促进，共同推动卒中医疗服务的优化和升级。卫健委的医院智慧服务分级评估标准体系是一个评估医院智能化水平的体系，它通过对医院智能化水平的各方面进行评估，为医院提供了一些指导和建议，使医院能够更好地满足患者的需求。

医院管理智能化水平是衡量医院管理现代化水平的重要标志。通过院内数据智能管理，医院可以实现对医疗服务、医院运营等各方面的全面管理。信息化平台可以将各个部门的信息进行整合，实现医院内部各环节的信息共享和流通，有助于医院决策者更加全面、及时地了解医院的运营情况，从而实现对医院的管理智能化；实现医疗过程信息化，医疗过程信息化是指将医疗过程中的各环节进行信息化管理，包括电子病历、电子处方、电子医嘱、电子护理记录等。通过医疗过程信息化，医院可以提高医疗质量和效率，减少医疗差错，提高患者满意度；加强医疗信息安全，医疗信息安全是医疗信息化建设的重要组成部分。医院应该建立完善的信息安全管理制度，保护患者的隐私和医疗信息安全；实现移动医疗，移动医疗是指通过移动设备提供医疗服务，包括远程诊断、远程医疗、移动医疗应用等。通过移动医疗，患者可以更加便捷地获得医疗服务，医院可以提高医疗效率和质量（曾梦良，2022）。

患者中心化是智慧医疗服务的核心理念之一，也是当前医疗服务体系的一大趋势。传统医疗服务往往是以医生为中心的，由医生决定患者的治疗方案和流程。但随着社会进步和医疗科技的发展，患者对医疗服务的要求也越来越高。患者中心化的理念则是将患者放在服务的中心，将患者的需求和权益放在首位，让医疗服务更加注重患者的个性化需求和体验。

在智慧医疗服务中，患者中心化的趋势表现在以下几方面。(1)患者参与程度更高：智慧医疗服务的实施使得患者参与医疗服务的程度更高，通过智能化的预约、挂号、就诊流程等，患者可以更方便地进行医疗服务，同时也更容易了解自己的病情和治疗方案，提高了患者的医疗体验和治疗效果。(2)医疗服务更加个性化：智慧医疗服务可以通过数据分析和智能算法等技术为患者提供更加个性化的医疗服务，例如，根据患者的病情和历史记录，智能化系统可以推荐最适合患者的治疗方案，提高了医疗服务的效果和满意度。(3)医疗服务更加全面化：智慧医疗服务可以整合不同的医疗资源和服务，为患者提供更加全面的医疗服务，例如，智能化系统可以整合患者的病历、检查报告、治疗方案等信息，为医生提供更加全面的患者状况分析和治疗建议，让患者能够更好地获得个性化的医疗服务。(4)医疗服务更加便捷化：智慧医疗服务可以通过数字化的手段让患者更加便捷地获取医疗服务，例如，智能化系统可以提供在线问诊、远程诊断等服务，让患者不用到医院就能获得医生的专业建议和指导。(5)医疗服务更加安全化：智慧医疗服务可以通过信息技术加强医疗数据的保护和安全，保证患者的隐私和权益得到有效保障，例如，智能化系统可以加密患者的个人信息和医疗数据，避免信息泄露和滥用。

在智慧医疗服务中，患者中心化的趋势是不可避免的，这一趋势不仅可以提高医疗服务的效率和质量，也能够满足患者的需求和期望，提高患者的医疗体验和满意度。然而，智慧医疗服务的实施需要充分考虑医生、患者和医疗机构等各方面的需求和利益，避免因过分追求患者中心化而导致其他方面的失衡和不足。因此，在智慧医疗服务的实施过程中，需要建立完善的制度和规范，保障患者的权益和医疗质量，同时充分发挥智慧医疗服务的优势和价值。

33.4.2 院外全病程健康管理

院内数据智能管理和院外全病程健康管理都是现代医疗领域中的重要概念，它们在不同的阶段为患者提供了不同的服务和关注。院内数据智能管理主要涉及医院内部的数据采集、整合、分析和应用，旨在为医生提供更好的患者治疗方案和更高效的医疗服务。院外全病程健康管理则更注重患者在医院外的整个病程，包括诊断、治疗、康复和生活中的各种健康管理活动。这种管理模式的目标是为患者提供更全面、个性化和持续的健康管理服务，帮助他们实现健康生活的目标。通过健康管理平台和移动医疗应用等方式，医生可以跟踪患者的健康状况，提供健康建议和指导，协助患者管理疾病和预防疾病的发生。将患者放在中心，同时运用这两种管理模式，可以更好地满足患者的需求和期望，提高医疗服务的效率和质量。以慢性病患者健康为中心，以健康大数据为基础，以"互联网＋"为手段，涵盖"大预防、大诊治、大康复"三位一体的健康管理全过程，是一种新兴的健康管理模式。

"大预防"是院外全病程健康管理的重要组成部分。慢性病的预防是重中之重。通过早期预防和干预，可以减少患者的疾病发生率和病情的严重程度。通过分析大量的健康数据，可以发现不同人群中慢性病的发病率和危险因素。根据这些数据，可以制定相应的预防措施，为患者提供更好的预防服务。健康教育是预防慢性病的重要手段之一。通过"互联网＋"健康管理平台，可以为患者提供各种健康教育资源。通过大数据分析和健康评估，可以为患者提供个性化的预防方案。"大诊治"是院外全病程健康管理的重要环节。慢性病的诊治是管理慢性病的重要环节之一。"互联网＋"健康管理平台可以为患者提供病情监测服务，通过患者的生命体征监测、症状记录和用药情况等数据的采集和分析，可以及时发现和预防疾病的进展和并发症的发生，还可以提供在线问诊服务，使患者在家中就能获得医生的咨询和诊疗服务。"大康复"是院外全病程健康管理的重要目标。"互联网＋"健康管理平台可以为患者提供康复指导服务。通过视频和文字等方式为患者提供康复训练和指导，帮助患者尽快恢复正常生活和工作能力，还可以为患者提供社区康复服务。通过与社区医疗机构和社区居民委员会等机构的合作，为患者提供康复服务和社区照护服务，帮助患者更好地适应社区生活和社会环境。通过康复数据分析，为医生和患者提供更加全面、科学的康复服务。

穿戴式生命体征监测设备和远程患者管理 App 是院外全病程健康管理的两个典型应用案例。穿戴式生命体征监测设备可以实时监测患者的生命体征数据，例如心率、血压、体温等，并将这些数据上传到云平台，医生可以通过远程患者管理 App 实时获取和分析这些数据，实现对患者的远程监测和管理。远程患者管理 App 也可以提供健康咨询、疾病诊断、治疗方案等服务，方便患者进行健康管理和疾病治疗。院外全病程健康管理的优势在于，它可以帮助患者实现从被动治疗到主动预防的转变，从而提高生活质量，减少医疗费用。通过远程患者管理 App 和穿戴式生命体征监测设备，医生可以实现对患者的远程监测和管理，节省医生的时间和精力，提高医疗服务效率。院外全病程健康管理是一种基于互联网和健康大数据的健康管理模式，可以帮助患者实现从被动治疗到主动预防的转变，提高健康管理效果、患者的自我管理能力、降低医疗费用和提高医疗服务效率。穿戴式生命体征监测设备和远程患者管理 App 是这种健康管理模式的典型应用案例，将为未来的医疗健康管理提供更加便捷、高效的解决方案。

未来的医疗健康管理领域将会越来越注重院外全病程健康管理结合人工智能的发展。人工智能技术可以根据患者的基因、病史、生活方式等数据为每个患者提供个性化的健康管理方案，这样的健康管理方案可以更好地满足患者的个体化需求，提高患者的健康管理效果。人工智能技术也可以通过分析大量数据建立模型和算法，提高疾病诊断和治疗的精准度，从而为患者提供更好的健康管理服务，这样的健康管理服务可以更快地发现和治疗疾病，减少治疗时间和费用。将人工智能技术与移动设备和智能穿戴设备等结合，为患者提供实时的健康监测和管理服务，增强患者对健康管理的参与度，这样的健康管理服务可以更好地让患者获得健康管理的信息，使患者更好地参与到健康管理中。

33.4.3 面向多中心研究的医疗数据管理

临床医学研究旨在研究人类生命本质及其疾病的发生、发展和防治规律，以增进人类健康，延长寿命和提高劳动能力。开展高质量的临床医学研究对于加深对人的生命和疾病现象及其发生、发展规律的认识，发展医学新理论，开拓研究新领域，攻克技术新难关，寻求维护人类健康和防治疾病的最佳途径和方法，提高医疗技术和医疗质量具有重要意义。在此背景下，如何有效建立与管理以患者为中心的多中心医疗数据集，是支撑未来临床医学研究发展的重要基础。本节以中国致死率最高的疾病——脑卒中为例，阐述以患者为中心的多中心医疗数据平台的建立与管理，以及数据集的开放共享与应用研究。

随着人口老龄化的加剧，脑卒中在全球范围已成为仅次于恶性肿瘤的第二大死亡原因，在中国是第一大死亡原因，也是造成残疾的主要原因，这对于我国的卒中防治工作提出了更高的要求。卒中数据共享平台是卒中研究领域的重要工具，可以促进卒中研究的跨学科合作和进步，提高卒中的预防和治疗水平。自 20 世纪 90 年代以来，西方发达国家陆续创建了大型医学数据库和脑卒中网络登记中心，并以此为基础开展大量的临床研究(Bronstein et al., 1986; Investigators, 1988)。2007 年，中国国家卒中登记(CNSR)数据库建立，填补了国内大型脑卒中数据库的空白。2015 年，由中国卒中协会牵头的中国卒中中心联盟(CSCA)成立，组建了多中心脑卒中数据监测平台和临床研究网络。2019 年，中国医学科学院北京协和医院牵头的国内多中心颅内出血影像学数据库建设项目成立。国内卒中数据共享平台以卒中病历分类标准体系为基础，实现了病历数据的结构化、标准化和专病数据的采集、标准化和开放共享。在人工智能技术快速发展的今天，大数据挖掘以及数据共享已成为促进科学研究进展必不可少的环节之一。

卒中病历分类标准体系的建立是卒中数据共享平台的基础，在建立这一标准体系时，以患者为中心是非常重要的原则，这需要在病历分类标准体系的设计中充分考虑到卒中患者的个性化需求和差异性。例如，不同类型的卒中患者需要不同类型的治疗方案，因此病历分类标准体系需要提供具体的分类标准和诊断标准，以便医生能够根据患者的情况进行治疗。此外，还应该考虑到患者的个人隐私和信息安全问题，保护患者的隐私和权益。为了建立卒中病历分类标准体系，国内平台大多参考了国际上常用的卒中病历分类标准，如 TOAST 分型、BAM 分型、Oxfordshire Community Stroke Project 分型等(P. H. Chen et al., 2012; Pittock et al., 2003)，并结合我国卒中患者的特点和实际情况，制定了适合我国国情的卒中病历分类标准体系。

病历数据结构化、标准化实现是卒中数据共享平台的另一个重要组成部分。该过程主要通过对卒中病历数据的提取、清洗和标准化等环节，实现卒中病历数据的规范化和标准化(邓宇含等，2022)。实现以患者为中心的卒中病历数据结构化和标准化是为了更好地为患者提供个性化的医疗护理。例如，使用一些数据分析和可视化工具对数据进行分析和可视化，进而帮助医生快速识别卒中患者的特点、风险因素和治疗方案，并以患者为中心进行个性化的医疗护理。为了更好地了解和预防卒中，建立以患者为中心的卒中专病数据采集、标准化和开放共享流程是非常必要的。数据采集是建立这个流程的第一步。在这个过程中，患者是最重要的一环。数据标准化是数据采集后的重要工作。数据开放共享是整个流程的最终目标，这需要建立数据共享平台，制定数据共享政策，保护患者隐私，加速卒中研究进展。数据共享可以促进卒中研究的进展，提高数据的可比性和可用性。以患者为中心的卒中专病数据采集、标准化和开放共享流程不仅可以加速卒中研究的进展，还可以促进卒中患者的治疗和康复。通过收集、分析和共享卒中患者的数据，研究人员可以更好地了解卒中的发病机制，发现新的治疗方法和康复策略，为卒中患者提供个性化的治疗和康复方案。

卒中风险预测模型是指基于卒中患者的相关数据和人群数据，对未来卒中发病风险进行预测的数学模型。平台在协助多家医院进行卒中数据采集和分析的基础上，开展了人群层面的卒中风险预测模型建立工作。模型的优势在于可以根据人群的不同特点，订制化地预测卒中的风险，从而实现个性化的预防措施。以患者为中心的人群层面的卒中风险预测模型是一种重要的卒中预防措施，可以帮助医生和研究人员更好地了解卒中的危险因素和机制，从而为卒中的预防和治疗提供更有效的支持。我国卒中数据共享平台通过收集和整合全国范围内的卒中数据，并利用数据分析技术进行深入挖掘，可以为各地卒中防控资源配置提供经济负担测算(李芬等，2021；潘锋，2021)。具体来说，通过分析不同地区卒中的发病率、死亡率、住院率、治疗费用等指标，可以对各地卒中防控资源的需求量和投入成本进行预测和测算，从而实现有针对性的资源配置。此外，卒中数据共享平台还可以通过对卒中患者的临床资料、治疗情况和康复效果等数据的分析，为各地制定卒中防控策略和方案提供科学依据和决策支持，进一步提高卒中防控的效果和经济效益。

随着人工智能技术的不断发展和应用，卒中数据共享平台将会发挥越来越重要的作用，未来卒中数据共享平台将会不断发展，通过数据的集成和共享实现不同医疗机构和研究机构之间的数据互通，促进卒中研究的进一步深入。卒中数据共享平台结合人工智能技术可以为患者提供更加个性化、高效的医疗服务，帮助患者更好地管理自己的疾病，提高治疗效果。同时，卒中数据共享平台可以为不同学科的医生提供一个合作的平台，帮助他们更好地合作、交流，实现多学科的协同治疗，提高治疗效果和患者的生活质量。但是，卒中数据共享平台也面临一些挑战和难点。其中，数据安全和隐私保护是卒中数据共享平台面临的重要问题。在数据共享和利用的同时，必须保护患者的隐私权，防止患者的个人信息被泄露和滥用。

33.5 以患者为中心的智能医疗应用案例

我国人口老龄化的速度明显增快。截至2022年，我国的老年人数量规模已经有2.1亿，人口老龄化问题严重，很多老年人存在长寿但不健康的问题，其中大约1.9亿老年人有慢性病，约有4000万失能老人，面对巨大的老年病医疗需求，以患者为中心的慢性病管理体系建设迫在眉睫。本节将以老年慢性病中常见的帕金森病诊疗场景为例，探讨以帕金森病患者为中心的智能医疗的现状与未来。

1. 帕金森病精准防治需求紧迫

帕金森病(Parkinson's Disease)是一种常见的中老年神经系统退行性疾病，主要以黑质多巴胺能神经元进行性蜕变和路易小体形成的病理变化，纹状体区多巴胺递质降低、多巴胺与乙酰胆碱递质失平衡的生化改变，震颤、肌强直、动作迟缓、姿势平衡障碍等运动症状和睡眠障碍、嗅觉障碍、自主神经功能障碍、认知和精神障碍等非运动症状的临床表现为显著特征。我国现有帕金森病患者约350万，几乎占全球帕金森病患者总人数的一半，据预测，至2030年，我国帕金森病患者人数将达到500万左右。过去十年间，我国神经变性病，如帕金森病、阿尔茨海默病等门诊病人数增长迅速，以单个医院为例，首都医科大学北京宣武医院平均每年的帕金森病门诊人次就高达3.5万人次。由于缺乏治愈性手段，疾病管理、早筛、早干预对帕金森病患者来说至关重要。然而，帕金森病的超早期症状隐匿，缺乏特异性，有的患者在确诊时回忆道，多年来被入睡困难、嗅觉减退、便秘等困扰；部分患者经常做噩梦、伴随梦境出现大喊大叫或“拳打脚踢”。帕金森病的早期预警信号还包括手抖、肢体僵硬、行动缓慢、步态不稳、嗅觉失灵、焦虑抑郁等，患者及家属不可误以为是“认知障碍”等疾病而步入误诊、漏诊的歧途。

由于帕金森病的关键在于早诊断、早干预，一旦失代偿出现了临床症状，不论是在病理上还是功能上，再想挽回就很难了。因此，了解神经变性疾病和脑衰老进展的特征，对于疾病的防治很重要，而标准化、大样本、多维度临床信息的采集就是这一切的基础。

2. 以帕金森病患者获益为目标构建诊疗新生态

尽管帕金森病已是常见的慢性病，但大众对帕金森病的认知情况却不容乐观。随着人口老龄化，帕金森病等脑慢性病患病率持续攀升，目前都难以治愈。帕金森病并非致死性疾病，因此治疗目标主要是保证功能正常，让患者尽可能正常活动和工作。通过药物重建脑内多巴胺功能，临床上有多种可以有效改善症状的药物，其中左旋多巴是标准疗法。然而，大多数患者随着疾病的进展和左旋多巴的长期使用，会对药物不敏感，产生运动并发症，包括症状波动（剂末恶化和“开-关”现象）和异动症，这正是帕金森药物治疗中需要关注的核心问题——如何个性化调整治疗方案，尽可能延长药物有效的时间。基于治疗方法的进步，目前中国也更详细地提出了相应处理建议。例如，针对剂末现象，主张调整合理服药时间，包括增加左旋多巴次数、换用左旋多巴控释剂或加用其他类型药物。对“开-关”现象的处理可以加用多巴胺受体激动剂；针对口服药物无法改善的严重“关期”患者，可考虑采用阿扑吗啡持续皮下注射或左旋多巴肠凝胶灌注，或是手术治疗。针对异动症也推荐了相应的治疗方案调整原则和手术。值得注意的是，疾病早期不建议刻意推迟使用左旋多巴，但应在维持满足症状控制前提下，尽可能采用低剂量。

由此可见，解决帕金森病等慢性病的核心不在于“治好”，而是“管理好”。一方面，对于已发生的疾病，要规范管理、预防残疾和意外事件的发生；另一方面，要通过早期预防干预，延缓疾病的发生。然而，目前的医疗体系以“病”为中心。大医院普遍在为患者“首诊”，而在首诊之前和之后，在社区层面缺乏对患者的长期健康管理。随着理念的转变，现在人们更关注“活得好”，而不是“不患病”。世界卫生组织最新提出的“健康老龄化”概念强调发展和维持身体功能（functional ability），让老年人能够完成自己想做的事，享受生活。要实现上述目标，离不开全程管理，这有两层含义：无论人身在何处，都可以管理；无论疾病处于什么阶段，从早期高危到晚期功能障碍甚至残疾，都有办法可以管理到。如何实现连续管理？首先，互联网医疗要打破地域限制，通过汇聚不同层级的医护人员促进分级诊疗的连续；其次，数字医疗要实现患者画像，帮助医生更全面地了解患者；在此基础上形成闭环管理。

可以想象，未来以患者为中心的智能医疗模式将通过对帕金森病领域的全国医生开展培训实现分级诊疗；研发可穿戴设备，帮助医生“看得见、摸得着”患者；打造标准化的大数据平台，连接影像、基因和穿戴检测数据等；此外，通过人工智能提高效率，结合专家参与，从而在规范化、标准化诊疗的基础上实现个体化、精准化。大多数患者无须远赴国家级中心医院，在当地就能得到远程闭环管理。

针对这一目标，成立于2016年的首都医科大学宣武医院国家老年疾病临床医学研究中心，围绕衰老和帕金森病在内的老年疾病诊治、防控和研究等主要问题，构建了全国一体化老年医疗服务技术和科学创新体系，建立了衰老和老年医学研究网络和转化医学基地，开展探索以患者为中心的老年医学服务和研究模式。该中心先后承担了科技部“十三五”“十四五”重点研发计划，启动了中国神经退行疾病与衰老项目，简称CHINA项目（China Initiative on Neurodegeneration and Aging）。该项目通过建设一个神经退行疾病临床研究体系、两大数据平台、三个智能化系统，实现了围绕神经疾病的临床数据标准化、信息多维度的自动整合，以及可共享的国家大数据库，能够充分发挥全国性临床协作联盟的作用，利用疾病分级管理体系，实现对包括帕金森病在内的神经变性病的早期预警、精准诊断和治疗，最终实现我国神经变性病临床研究达到国际一流水平。目前，CHINA 项目建立的数据平台已覆盖中国 100 多家单位、800 多位医生、6 万多患者。目前，项目团队正持续对患者进行数字化的、深度的表型观察。具体来说，围绕特定患者全方位收集生命数据，包括临床信息、基因信息、影像信息、穿戴信息、治疗用药信息、治疗反应信息等。

3. 帕金森病脑影像智能评估系统

医学影像分析是帕金森病临床诊断和预后的关键手段，也是目前智能医学与 AI 赋能的关键场景。对于临床医生来说，医学影像可以直观了解人脑的状态，找到共病、共症的证据，因此，如何有效地采集、处理和共享影像数据是关键一环。由哈尔滨工业大学(深圳)团队负责的“CHINA 项目”影像大数据平台完成了一站式神经影像自动分析云，实现了脑影像的在线一键式自动量化分析和判读，该平台同时成为国家老年疾病临床医学研究中心的影像大数据平台的底座。国家中心在影像建设规划方面，搭建大型平台的目的是使得信息收集、信息处理、信息存储、信息使用实现标准化和规范化，使数据利用在未来能充分发挥在临床的工作流程中。CHINA 项目影像大数据云是一个标准化的影像处理和分析工具平台，当医生将病人的影像数据上传到后台后，就可以基于 AI 技术将人脑影像自动进行 200 多个脑区的标准化绘制，同时将影像中的客观信息以不同量化参数的方式分析出来，这在某种程度上在影像数据产生之后到医生能够看到初步的数据分析结果之间起到无缝连接的作用，在精准医疗上形成了客观的证据指标，既提高了诊断效率，又缩短了中间过程，使得分析处理更加标准化和快速简便。今后，人工智能的发展将更进一步地与医生形成合作，如何在技术的初步处理的情况下和临床医生的经验结合，更加准确地判断分析疾病的情况、更加准确地诊断，还有待于进一步的挖掘技术和临床紧密的结合(图 33.1)。

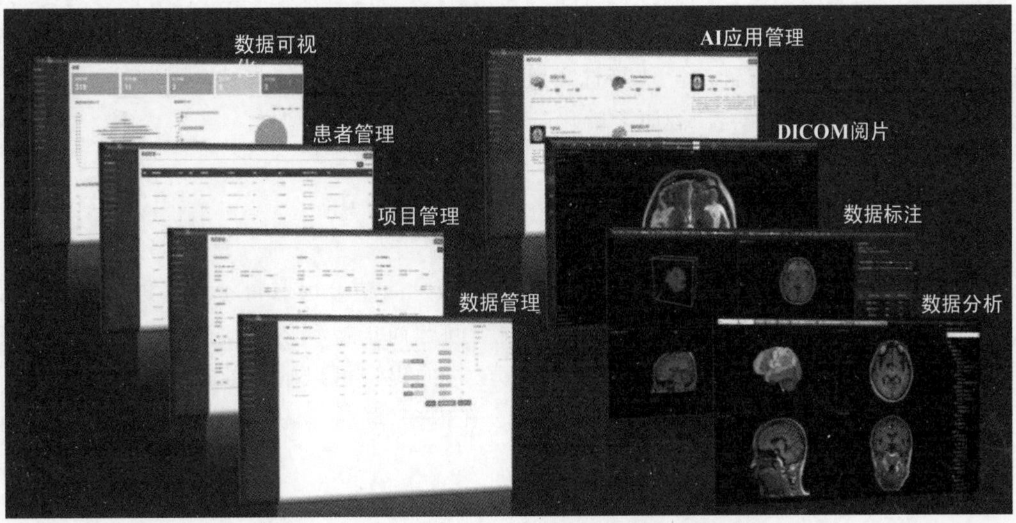

图 33.1　CHINA 项目帕金森病脑影像智能评估系统

例如，CHINA 项目影像云中，PET 影像因其对多巴胺功能的优异评估能力，已经逐渐成为帕金森病诊断的重要依据，但作为一种分子成像手段，PET 影像本身不包含人脑结构信息，因此在临床上往往需要采用其他结构成像手段，例如 MRI 辅助结构识别与 ROI 提取。由于额外获取 MR 图像昂贵且不方便,不依赖 MR 的 PET 分割方法是当前临床研究的难点与痛点。科研领域广泛使用的模板法将被试 PET 影像配准至带有标签的标准化模板空间,忽略了不同疾病状态下受试者影像的强度分布差异性,单一模板无法适应复杂脑结构的精确配准,精准量化多巴胺功能在特定脑区的异常更无从谈起。针对这一痛点,CHINA 项目影像团队研发了我国首个多巴胺功能影像定量分析智能系统。该系统利用多模态图像联合计算的优势,可直接基于 PET 影像实现目标脑区的快速分割,并自动计算影像标准化摄取值,精准量化帕金森病进展过程中多巴胺能神经元的衰退,为帕金森病的临床研究、精准诊断和早期筛查提供生物标志物量化工具(图 33.2)。

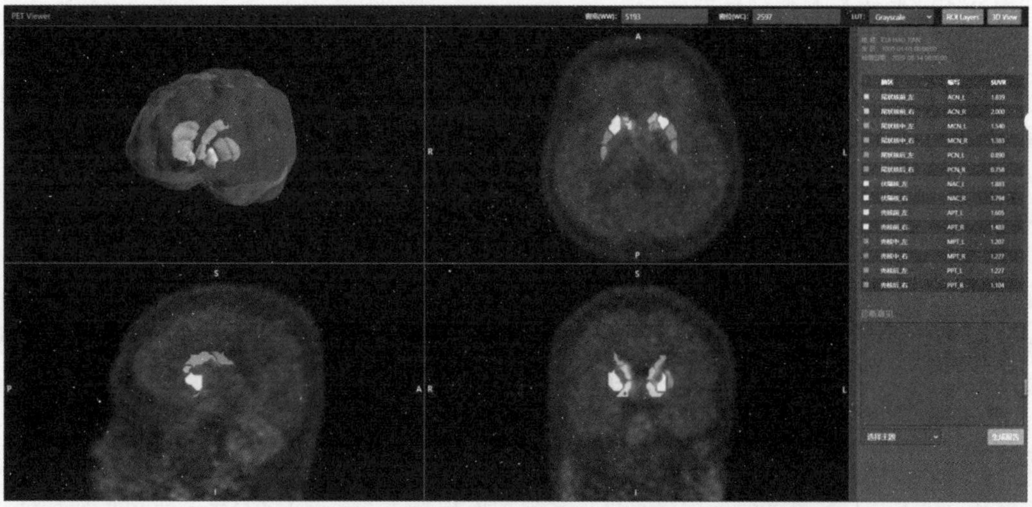

图 33.2　帕金森病多巴胺功能影像定量分析智能系统

CHINA 项目平台未来对帕金森病人的管理将融合影像与其他临床信息(包括基因信息),个性化地进行治疗方案的制定与调整,并通过人工智能手段进行疾病预后预测,患者也可以参与到解决方案的设计中。随着人工智能大模型的兴起,针对专病多模态数据的人工智能大模型也将势在必行,利用大数据与人工智能预测功能有针对性地筛选高风险人群进行早期干预与预防,使得主动健康与疾病管理能够更好地衔接与融合,朝着“健康老龄化”迈进一大步。

33.6　以患者为中心的智能医疗的挑战与未来

人工智能在医疗保健领域发展迅速,在许多复杂的医疗问题上也取得了良好进展。然而,由于缺乏患者电子病历标准以及医疗数据的隐私保护和安全问题尚未得到妥善解决,散落在各处的医疗数据阻碍了人工智能在医疗保健中的广泛应用。联邦学习的出现可以解决数据碎片问题,并且与隐私保护算法相结合,可以在很大程度上解决隐私问题。在未来,联邦学习还可以与区块链、边缘计算和其他技术相结合,以提高安全性和计算效率。

1. 医疗数据碎片化与领域标准医疗大数据构建

随着医疗行业信息化的推进,医疗数据的产生量不断增加。然而,由于医疗机构之间的信息孤岛、数据格式不一致等问题,医疗数据碎片化严重,难以有效利用和共享,这不仅给医疗工作带来了困难,也限制了医疗技术的发展和创新。医疗数据碎片化的问题主要体现在以下几方面。首先,医疗机构之间的信息孤岛问题严重。不同的医疗机构使用的电子病历系统、医疗设备等不同,导致数据格式不一致、数据内容有差异。同时，由于医疗机构之间缺乏数据共享和互操作机制，导致医疗数据难以共享和利用。其次，医疗数据的质量和可信度对医疗决策和临床研究至关重要。但由于数据收集、存储、处理等环节存在诸多问题，如数据缺失、数据错误、数据篡改等，导致医疗数据的质量和可信度无法保证。最后，医疗数据的重复和冗余问题严重。医疗数据涉及多个环节，包括医疗记录、检验报告、影像资料等。不同环节中可能存在大量的数据重复和冗余，导致数据的利用效率低下。

以医学成像数据为例，数据的碎片化导致无法有效在临床场景中体现普遍实用性的医疗人工智能技术应用。即使是该领域目前最大的医学影像数据库，其数据量也远少于 ImageNet3 或者用于在自动驾驶等训练算法代理的数据量(Fridman et al., 2019)。此外，医学数据集通常来自相对较少的机构或者地理区域的患者人口统计，因此可能包含无法量化的偏见，因为他们在共病、种族、性别等协变量方面不完整。然而，世界范围内人群数据库的总和可能包含足够的数据来回答许多重要问题，显然，无法访问和利用这些数据对人工智能在该领域的应用构成了重大障碍。

为了解决医疗数据碎片化的问题，需要构建领域标准医疗大数据。领域标准医疗大数据可以将医疗数据进行标准化处理，建立统一的数据模型和规范，使得数据具有可重用性、可分享性和可互操作性。领域标准医疗大数据可以解决医疗数据碎片化的问题，促进医疗数据的共享和利用，提高医疗工作的效率和质量，促进医疗技术的发展和创新。未来构建标准化医疗大数据有望解决医疗数据碎片化的问题，主要体现在以下几方面。首先，标准化医疗大数据可以促进医疗知识的共享和创新。医疗领域的知识和经验分布在不同的机构和组织之间，其中很多是碎片化的，难以进行有效的共享和应用。通过构建标准化的医疗大数据，可以将分散的数据资源整合起来，形成一个共享的平台，可以使得医疗研究人员和临床医生共享数据、交流经验、协同研究。其次，标准化医疗大数据可以提高医疗研究和临床实践的效率和质量。医疗数据的标准化可以减少数据的重复和冗余，提高数据的一致性和可比性，从而提高数据的利用价值和分析效果。通过标准化的医疗大数据，可以进行更加精准的医疗诊断、治疗和预测。最后，标准化医疗大数据可以促进医疗产业的发展和创新。医疗产业是一个信息密集型产业，数据是医疗产业的重要资源。通过构建标准化的医疗大数据，可以促进医疗企业的数据驱动型转型，提高医疗产品和服务的质量和效益，从而推动医疗产业的发展和创新。

2. 医疗数据隐私与联邦学习

在构建标准化医疗大数据的过程中，随之而来的是数据隐私和安全问题。隐私泄露一直是世界各地的一个长期问题，2007 年的 Prism Gate 事件、2018 年的 Facebook 数据隐私丑闻以及 2021 的阿里云泄露只是隐私泄露的冰山一角。根据 IBM 2020 的一份报告，全球数据泄露的平均成本达到 386 万美元，其中医疗保健行业的成本最高，为 713 万美元(H. Li et al., 2023)。因此，美国《健康保险便携与责任法案》(HIPAA)、欧洲《通用数据保护条例》(GDPR)都规定了严格的个人身份信息和健康数据的存储和交换规则，要求进行身份验证、授权、问责，这引发了有关数据处理、所有权和 AI 治理的考虑(Cath & Sciences, 2018)。伦理、道德和科学指南(软法)还规定了尊重隐私的要求，即保留对个人信息的完全控制和保密能力。

在医疗行业中，机器学习有助于提高临床试验和决策过程的效率，但其在训练模型过程中存在着隐私泄露的风险。联邦学习(federated learning，FL)的引入是解决这些问题的完美方案。联邦学习强调的核心理念是“数据不动模型动，数据可用不可见”。当通过联邦学习训练模型算法时，只需要传输参数，不需要共享医疗数据。联邦学习是在分布式机器学习的基础上发展起来的。机器学习自 20 世纪 80 年代以来一直很流行，在分类和预测方面表现良好，在语音、图像和文本预测和分类方面接近或超过了人类。随着分布式和区块链技术的发展，出现了分布式机器学习。联合学习是分布式机器学习的一个分支，专注于构建没有隐私泄露的协作模型，它完美地解决了分布式机器学习缺乏隐私保护的问题。随着联邦学习的发展，其安全性也将受到越来越多的威胁，随着分布式和区块链技术的发展，现已出现分布式机器学习、联邦学习和区块链联邦学习。联邦学习由谷歌公司于 2016 年首次提出，谷歌键盘的下一个单词预测是第一个应用于移动设备的联邦学习系统（Banabilah et al.，2022）。随着联邦学习的发展，它在许多领域发挥着推动作用（T. Li et al.，2020），尤其在医学领域得到了广泛应用。研究表明，基于联邦学习在多家医院和机构中，训练实际健康数据可以提高医疗诊断质量（Dong et al.，2020）。联邦学习模型训练过程的主要步骤为：(1)中央服务器发布通用全局模型和默认梯度信息，每个用户客户端将全局模型和默认梯度信息下载到本地客户端；(2)客户端对全局模型和默认梯度信息进行修改，使用本地数据对下载的全局模型进行多次训练，将加密的梯度信息上传到中央服务器；(3)中央服务器对上传的梯度信息进行联邦平均，并再次发布带有梯度信息的全局模型，以此类推。最终，模型性能结果达到预期。目前主流的联邦学习框架有两个：TensorFlow 和 WebBank Fate。此外，还有其他衍生框架如 Flower。根据参与者不同的数据特征空间和数据样本空间分布，联邦学习可以分为横向联邦学习、纵向联邦学习和联邦迁移学习。

由此可见，联邦学习技术在未来可能解决医疗大数据隐私保护的问题。在传统的医疗数据共享中，由于医疗数据包含大量的敏感信息，例如病人的身份信息、病史、药物治疗等，因此面临着隐私泄露的风险。而联邦学习技术则可以在不暴露敏感数据的前提下完成数据共享和模型训练，它采用了一种分布式的学习方法，将数据存储在本地设备上进行模型训练，并通过加密技术和安全协议实现模型参数的聚合，从而保护了数据的隐私性。其次，联邦学习技术在未来可能解决医疗大数据碎片化的问题。医疗数据的收集和存储通常是由不同的机构和组织完成的，数据之间缺乏统一的标准和格式，因此很难进行有效的数据共享和利用。而联邦学习技术可以将分散的数据资源汇聚起来进行模型训练和知识共享，从而打破数据孤岛，促进跨机构和跨地域的数据共享和利用。

3. 智能医疗的伦理与法律挑战

在以患者为中心的智能医疗不断催生出新的医疗场景的同时，社会应重点关注医学人文相关伦理问题，包括对医师专业精神的要求、精准服务患者的个性需求、医疗人工智能服务公平可及，以及医患之间情感互动等问题。医疗人工智能技术的迅猛发展在带来颠覆性改变的同时，其在具体医疗场景中的实施应用也困扰着许多医学领域的相关从业人员，例如医疗人工智能系统的准确性难以得到广泛认同、医疗事故的权责如何重新界定、患者对医疗人工智能的接受度不一等。以下将围绕其中一些关键问题进行介绍与探讨。

智能医疗能否提供满足患者不同需求的个性化诊疗一直是相关伦理讨论的重点议题。从原理上讲，人工智能旨在通过对每位患者的个性化数据追踪与记录，描绘出患者的数字化模型，进而实现更有针对性的诊疗。在这个意义上，可以说医疗人工智能的发展与信息数字化的进步都在着力推动精准医疗与个性化医疗的落地。每位患者都被视为一个更加独立的个体，而不是模式化地对症下药的流程处理。患者感受到机器的“记忆”甚至远远超过自己，真实客观的数据记录避免了因为个体（包括医生和患者）的忽视而造成的病情延误。然而，患者的健康需求往往不是数据指标所能完全定义的，患者的偏好，尤其是合理的个人偏好也在很大程度上影响着患者的健康需求以及治疗过程中的依从性。关注患者合理的个人偏好不仅是尊重患者自主性的根本要求，也是提升患者依从性、保障治疗效果的前提。因此，医疗人工智能的设计和研发还需要更充分地考虑和关注医学的这一特点，及时将患者合理的个性化偏好和需求纳入考虑范围。

另一个值得关注的问题是智能医疗中的人工智能系统能否确保患者的最佳利益。当前，机器学习技术在医疗领域的应用主要依赖于对电子记录的学习，电子记录所反映的均是客观的患者病情，虽然随着计算能力的迅速发展，计算机已经可以通过超大规模的训练对多种模态的数据进行学习、建立推理模型，但是所有的计算都完全脱离医患沟通的非记录信息的交流，这也是目前人工智能技术还不能取得患者信任的重要原因之一。无论学习的数据多么庞大、技术复杂度多么高超，只要学习对象不包含共情的情感计算，就不会产生医师精神的推理结论，就无法产生类人的医疗人工智能技术。医疗人工智能是否能够实现在情感层面上理解并回应患者的需求，而被机器"计算"出来的共情能否被认可与接纳，人类的情感能否脱离本体存在且赋有传递价值，这些都是哲学和伦理层面值得深度探讨的问题，这些问题的探讨无疑将进一步有效指导人工智能在医学领域应用的健康发展。

围绕上述问题，笔者曾提出医疗人工智能的"图灵测试"的概念（马婷等，2020）。众所周知，"图灵测试"是人工智能领域公认的机器智能化的测试标准，这个标准饱含了深刻的对人性的理解与哲学思考，体现了作为人工智能之父的图灵本人超前的伦理意识和对未来现实的把握。当人工智能应用到医学领域时，是否有可能提出或建构一个类似的测试标准？即如果一台机器通过了这个测试，是否有可能更好地理解和回应患者的健康需求、保障患者最佳利益？是否有希望替代部分甚至大多数医生的工作与属性？当患者在未知的情况下接受诊疗之后，无法分辨对方是医生或者机器时，是否意味着这个机器在基本程度上通过了医疗"图灵测试"的考核？笔者认为，为了更好地规范智能医疗的伦理和法律边界，一方面，应针对医疗人工智能的发展设置一个合理的目标，这个目标应该在技术上能够实现，同时，也应在人类可控的范围之内。人类可控包含着一个重要的伦理内涵，即从伦理维度为技术发展限定一个边界，尽管目前尚无法明确这个边界在哪里，但一个最基本的底线应当是坚持"科技向善"原则。人们应该在这样一个合理目标的引导下规划并推进医疗人工智能的发展。另一方面，也应推动智能医疗的伦理从"事后监督"到"事先预防"的理念转变。既往对于伦理问题的探讨，往往是在问题发生之后，相关伦理争议也主要是针对当下或既往已经发生的事情，这使得伦理考量常常显得批判有余而建设性不足。而"事先预防"则要求在医疗人工智能研发和应用发展规划中实质性地纳入伦理考量，并将相关伦理考虑和反思纳入医疗人工智能的规划、研发和应用之中。

参考文献

Adler, J., & Öktem, O. (2017). Solving ill-posed inverse problems using iterative deep neural networks. *Inverse Problems*, *33*(12), 124007.

Alashram, A. R., Annino, G., & Padua, E. (2021). Robot-assisted gait training in individuals with spinal cord injury: A systematic review for the clinical effectiveness of Lokomat. *Journal of Clinical Neuroscience*, *91*, 260-269.

Balsa, J., Félix, I., Cláudio, A. P., Carmo, M. B., Silva, I. C. e., Guerreiro, A., ... Guerreiro, M. P. (2020). Usability of an intelligent virtual assistant for promoting behavior change and self-care in older people with type 2 diabetes. *Journal of Medical Systems*, *44*, 1-12.

Banabilah, S., Aloqaily, M., Alsayed, E., Malik, N., Jararweh, Y. J. I. p., & management. (2022). Federated learning review: Fundamentals, enabling technologies, and future applications.*59*(6), 103061.

Bernhardt, M., Frey, M., Colombo, G., & Riener, R. (2005). *Hybrid force-position control yields cooperative behaviour of the rehabilitation robot LOKOMAT*. Paper presented at the 9th International Conference on Rehabilitation Robotics, 2005. ICORR 2005.

Bronstein, K., Murray, P., Licata-Gehr, E., Banko, M., Kelly-Hayes, M., Fast, S., & Kunitz, S. (1986). The Stroke Data Bank project: implications for nursing research.*Journal of Neuroscience Nursing*, *18*(3), 132-134.

Bruni, M. F., Melegari, C., De Cola, M. C., Bramanti, A., Bramanti, P., & Calabrò, R. S. (2018). What does best evidence tell us about robotic gait rehabilitation in stroke patients: a systematic review and meta-analysis. *Journal of Clinical Neuroscience*, *48*, 11-17.

Cath, C. J. P. T. o. t. R. S. A. M., Physical, & Sciences, E. (2018). Governing artificial intelligence: ethical, legal and technical opportunities and challenges. *376*(2133), 20180080.

Chen, P. H., Gao, S., Wang, Y. J., Xu, A. D., Li, Y. S., & Wang, D. (2012). Classifying ischemic stroke, from TOAST to CISS. *CNS neuroscience & therapeutics*, *18*(6), 452-456.

Chen, X. Y., Zhu, Q. S., Zhang, J., & Dai, L. R. (2022, 23-27 May 2022). *Supervised and Self-Supervised Pretraining Based Covid-19 Detection Using Acoustic Breathing/Cough/Speech Signals*. Paper presented at the ICASSP 2022-2022 IEEE International Conference on Acoustics, Speech and Signal Processing (ICASSP).

Chu, A., Kazerooni, H., & Zoss, A. (2005). *On the biomimetic design of the berkeley lower extremity exoskeleton (BLEEX)*. Paper presented at the Proceedings of the 2005 IEEE international conference on robotics and automation.

Colombo, G., Wirz, M., & Dietz, V. (2001). Driven gait orthosis for improvementof locomotor training in paraplegic patients. *Spinal Cord*, *39*(5), 252-255.

Comendador, B. E. V., Francisco, B. M. B., Medenilla, J. S., & Mae, S. (2015). Pharmabot: a pediatric generic medicine consultant chatbot. *Journal of Automation and Control Engineering*, *3*(2).

De Vos, B. D., Wolterink, J. M., de Jong, P. A., Leiner, T., Viergever, M. A., & Išgum, I. (2017). ConvNet-based localization of anatomical structures in 3-D medical images. *IEEE transactions on medical imaging*, *36*(7), 1470-1481.

Dong, Y., Chen, X., Shen, L., & Wang, D. (2020). *Privacy-preserving distributed machine learning based on secret sharing*. Paper presented at the Information and Communications Security: 21st International Conference, ICICS 2019, Beijing, China, December 15-17, 2019, Revised Selected Papers 21.

Drukker, L., Noble, J. A., & Papageorghiou, A. T. (2020). Introduction to artificial intelligence in ultrasound imaging in obstetrics and gynecology. *Ultrasound Obstet Gynecol*, *56*(4), 498-505. doi: 10.1002/uog.22122.

Du, Y., Meier, J., Ma, J., Fergus, R., & Rives, A. (2020). Energy-based models for atomic-resolution protein conformations. *arXiv preprint arXiv*: *2004.13167*.

Eguchi, R. R., Anand, N., Choe, C. A., & Huang, P.-S. (2020). IG-VAE: generative modeling of immunoglobulin proteins by direct 3D coordinate generation. *bioRxiv*, *2020*, 8.

Finlayson, S. G., LePendu, P., & Shah, N. H. (2014). Building the graph of medicine from millions of clinical narratives. *Scientific data*, *1*(1), 1-9.

Fridman, L., Brown, D. E., Glazer, M., Angell, W., Dodd, S., Jenik, B., ... Ding, L. J. I. A. (2019). MIT advanced vehicle technology study: Large-scale naturalistic driving study of driver behavior and interaction with automation. *7*, 102021-102038.

Godinez, W. J., Hossain, I., Lazic, S. E., Davies, J. W., & Zhang, X. (2017). A multi-scale convolutional neural network for phenotyping high-content cellular images. *Bioinformatics*, *33*(13), 2010-2019.

Goodwin, T., & Harabagiu, S. M. (2013). *Automatic generation of a qualified medical knowledge graph and its usage for retrieving patient cohorts from electronic medical records*. Paper presented at the 2013 IEEE Seventh International Conference on Semantic Computing.

Guez, A., Vincent, R. D., Avoli, M., & Pineau, J. (2008). *Adaptive Treatment of Epilepsy via Batch-mode Reinforcement Learning*. Paper presented at the AAAI.

Hidler, J. M., & Wall, A. E. (2005). Alterations in muscle activation patterns during robotic-assisted walking. *Clinical Biomechanics*, *20*(2), 184-193.

Huang, P.-S., Boyken, S. E., & Baker, D. (2016). The coming of age of de novo protein design. *nature*, *537*(7620), 320-327.

Impedovo, D., Pirlo, G., Vessio, G., & Angelillo, M. T. (2019). A Handwriting-Based Protocol for Assessing

Neurodegenerative Dementia.*Cognitive Computation*, *11*, 576-586.

Investigators, W. M. P. P. (1988). The World Health Organization MONICA Project (monitoring trends and determinants in cardiovascular disease): a major international collaboration.*Journal of clinical epidemiology*, *41*(2), 105-114.

Jackson, R., Kartoglu, I., Stringer, C., Gorrell, G., Roberts, A., Song, X., ... Groza, T. (2018). CogStack-experiences of deploying integrated information retrieval and extraction services in a large National Health Service Foundation Trust hospital. *BMC medical informatics and decision making*, *18*(1), 1-13.

Komorowski, M., Celi, L. A., Badawi, O., Gordon, A. C., & Faisal, A. A. (2018). The artificial intelligence clinician learns optimal treatment strategies for sepsis in intensive care.*Nature medicine*, *24*(11), 1716-1720.

Kowsari, K., Sali, R., Ehsan, L., Adorno, W., Ali, A., Moore, S., ... Brown, D. (2020). Hmic: Hierarchical medical image classification, a deep learning approach.*Information*, *11*(6), 318.

Levin, S., Toerper, M., Hamrock, E., Hinson, J. S., Barnes, S., Gardner, H., ... Kelen, G. (2018). Machine-learning-based electronic triage more accurately differentiates patients with respect to clinical outcomes compared with the emergency severity index. *Annals of emergency medicine*, *71*(5), 565-574. e562.

Li, D., Thermeau, T., Chute, C., & Liu, H. (2013). AMIA summits on translational science proceedings. In.

Li, H., Li, C., Wang, J., Yang, A., Ma, Z., Zhang, Z., & Hua, D. J. F. G. C. S. (2023). Review on security of federated learning and its application in healthcare.*144*, 271-290.

Li, T., Sahu, A. K., Talwalkar, A., & Smith, V. J. I. s. p. m. (2020). Federated learning: Challenges, methods, and future directions.*37*(3), 50-60.

Lin, S. Y., Mahoney, M. R., & Sinsky, C. A. (2019). Ten ways artificial intelligence will transform primary care. *Journal of general internal medicine*, *34*, 1626-1630.

Lorig, K. R., & Holman, H. (2003). Self-management education: history, definition, outcomes, and mechanisms. *Ann Behav Med*, *26*(1), 1-7. doi: 10.1207/s15324796abm2601_01.

Mamoshina, P., Volosnikova, M., Ozerov, I. V., Putin, E., Skibina, E., Cortese, F., & Zhavoronkov, A. (2018). Machine learning on human muscle transcriptomic data for biomarker discovery and tissue-specific drug target identification.*Frontiers in genetics*, *9*, 242.

Marafino, B. J., Park, M., Davies, J. M., Thombley, R., Luft, H. S., Sing, D. C., ... Dean, M. L. (2018). Validation of prediction models for critical care outcomes using natural language processing of electronic health record data. *JAMA network open*, *1*(8), e185097-e185097.

Meystre, S., & Haug, P. (2006).*Improving the sensitivity of the problem list in an intensive care unit by using natural language processing*. Paper presented at the AMIA annual symposium proceedings.

Olsen, T. G., Jackson, B. H., Feeser, T. A., Kent, M. N., Moad, J. C., Krishnamurthy, S., ... Soans, R. E. (2018). Diagnostic performance of deep learning algorithms applied to three common diagnoses in dermatopathology.*Journal of pathology informatics*, *9*(1), 32.

Pittock, S. J., Meldrum, D., Hardiman, O., Thornton, J., Brennan, P., & Moroney, J. T. (2003). The Oxfordshire Community Stroke Project classification: correlation with imaging, associated complications, and prediction of outcome in acute ischemic stroke. *Journal of Stroke and Cerebrovascular Diseases*, *12*(1), 1-7.

Roca, S., Lozano, M. L., García, J., & Alesanco, Á. (2021). Validation of a virtual assistant for improving medication adherence in patients with comorbid type 2 diabetes mellitus and depressive disorder. *International Journal of Environmental Research and Public Health*, *18*(22), 12056.

Rotmensch, M., Halpern, Y., Tlimat, A., Horng, S., & Sontag, D. (2017). Learning a health knowledge graph from electronic medical records.*Scientific reports*, *7*(1), 1-11.

Senior, A. W., Evans, R., Jumper, J., Kirkpatrick, J., Sifre, L., Green, T., ... Bridgland, A. (2019). Protein structure prediction using multiple deep neural networks in the 13th Critical Assessment of Protein Structure Prediction (CASP13).*Proteins: Structure, Function, and Bioinformatics*, *87*(12), 1141-1148.

Sondhi，P.，Sun，J.，Tong，H.，& Zhai，C.（2012）. *SympGraph：a framework for mining clinical notes through symptom relation graphs*. Paper presented at the Proceedings of the 18th ACM SIGKDD international conference on Knowledge discovery and data mining.

Taleb，C.，Likforman-Sulem，L.，Mokbel，C.，& Khachab，M.（2020）. Detection of Parkinson's disease from handwriting using deep learning：a comparative study. *Evolutionary Intelligence*. doi：10.1007/s12065-020-00470-0.

Vedaldi，A.，& Lenc，K.（2015）. *Matconvnet：Convolutional neural networks for matlab*. Paper presented at the Proceedings of the 23rd ACM international conference on Multimedia.

Wang，J.，Cao，H.，Zhang，J. Z.，& Qi，Y.（2018）. Computational protein design with deep learning neural networks. *Scientific reports*，*8*（1），1-9.

Wang，J.，& Zhang，M.（2020）. *Deepflash：An efficient network for learning-based medical image registration*. Paper presented at the Proceedings of the IEEE/CVF conference on computer vision and pattern recognition.

Wellner，M.，Thüring，T.，Smajic，E.，von Zitzewitz，J.，Duschau-Wicke，A.，& Riener，R.（2007）. Obstacle crossing in a virtual environment with the rehabilitation gait robot LOKOMAT. *Stud Health Technol Inform*，*125*，497-499.

Wong，C. H.，Siah，K. W.，& Lo，A. W.（2019）. Estimation of clinical trial success rates and related parameters. *Biostatistics*，*20*（2），273-286.

Wroge，T. J.，Özkanca，Y.，Demiroglu，C.，Si，D.，Atkins，D. C.，& Ghomi，R. H.（2018，1-1 Dec. 2018）. *Parkinson's Disease Diagnosis Using Machine Learning and Voice*. Paper presented at the 2018 IEEE Signal Processing in Medicine and Biology Symposium（SPMB）.

Zhang，X.，Kim，J.，Patzer，R. E.，Pitts，S. R.，Patzer，A.，& Schrager，J. D.（2017）. Prediction of emergency department hospital admission based on natural language processing and neural networks. *Methods of information in medicine*，*56*（5），377-389.

Zhang，X.，Xu，G.，Xie，J.，Li，M.，Pei，W.，& Zhang，J.（2015，25-29 Aug. 2015）. *An EEG-driven Lower Limb Rehabilitation Training System for Active and Passive Co-stimulation*. Paper presented at the 2015 37th Annual International Conference of the IEEE Engineering in Medicine and Biology Society（EMBC）.

Zhang，Y.，Chen，Y.，Wang，C.，Lo，C. C.，Liu，X.，Wu，W.，& Zhang，J.（2020）. ProDCoNN：Protein design using a convolutional neural network. *Proteins：Structure，Function，and Bioinformatics*，*88*（7），819-829.

Zoss，A. B.，Kazerooni，H.，& Chu，A.（2006）. Biomechanical design of the Berkeley lower extremity exoskeleton（BLEEX）. *IEEE/ASME Transactions on Mechatronics*，*11*（2），128-138. doi：10.1109/TMECH.2006.871087.

曾梦良.（2022）. 新一代智慧医院数字化建设总体规划. *数字技术与应用*，*40*（12），3.

邓宇含，刘爽，王子尧，汪雨欣，& 刘宝花.（2022）. 基于结构化数据和机器学习模型预测普通人群卒中发病风险的系统评价和meta分析. *中国卒中杂志*，*17*（11），1189-1197.

李芬，朱碧帆，陈玉倩，覃心宇，& 陈多.（2021）. 基于个案管理的社区慢性病智慧防治策略：以脑卒中为例. *中国卫生资源*.

马婷，& 张海洪.（2020）. 医疗人工智能的"图灵测试"：路在何方. *医学与哲学*，*41*（20），7.

潘锋.（2021）. 我国卒中防控工作取得多项重要进展. *中国当代医药 2021 年 28 卷 24 期 1-3 页*.

作者简介

马　婷　博士，教授，博士生导师，哈尔滨工业大学（深圳）电子与信息工程学院教授。研究方向：医学影像人工智能，神经信息计算。E-mail：tma@hit.edu.cn。

叶辰飞　博士，助理研究员，哈尔滨工业大学（深圳）国际人工智能研究院助理研究员。研究方向：神经信息计算，脑连接组。E-mail：yechenfei@hit.edu.cn。

第 34 章

以儿童为中心的自闭症人工智能辅助诊疗

▷ 本章导读

自闭症是儿童时期常见的神经发育疾病,目前的诊疗依赖临床专家对儿童的定性行为学观察,缺乏客观量化的行为评估指标,主观性强,且干预无规范化标准和个性化课程。随着 AI 技术的发展逐渐成熟,以儿童为中心的机器辅助诊疗为解决我国自闭症诊疗现状的困境提供了新的思路。本章对自闭症 AI 辅助诊疗系统及多模态行为分析研究进行总结,并介绍基于非接触式视觉系统的自闭症早期辅助筛查,以及基于沉浸式虚拟系统的早期干预案例,旨在通过多传感器获取丰富的场景以及客观量化的自闭症儿童病理信息,为个性化干预提供干预定量指标,同时制定干预标准和个性化干预课程,推动以儿童为中心的自闭症 AI 辅助诊疗,为自闭症患者和家庭带来更好的福祉。

34.1 孤独症谱系障碍

1. 自闭症的特性

孤独症谱系障碍(autism spectrum disorder, ASD)又称自闭症,是儿童时期常见的脑部神经发育障碍性疾病之一,其临床症状主要表现为社交沟通障碍、刻板行为和兴趣狭窄。在过去的几十年中,自闭症的患病率呈逐年上升趋势(Myers et al., 2019)。美国疾病控制中心(CDC)在 2023 年发布的《自闭症群体报告》指出自闭症的发病率呈现逐年快速递增的趋势,8 岁儿童发病率高达 1∶36(Disabilities, 2020)。《中国自闭症教育康复行业发展状况报告》(五彩鹿自闭症研究院,2015)显示,中国自闭症患者已超 1300 万;根据最新的统计,我国自闭症的估计患病率约为 0.7%(Zhou et al., 2020)。自闭症会严重影响患儿的日常生活,并给家庭和社会带来巨大的花销(Rodgers et al., 2021)。自闭症目前无特效治疗方法,循证早期干预可以优化自闭症儿童的预后康复,对家庭和社会具有巨大的益处,且越早干预效果越好(Rogge et al., 2019)。

2. 自闭症临床诊疗方法

"早筛查、早诊断、早干预"是自闭症领域的专家共识,对减轻自闭症患儿的症状,提高其生活质量至关重要。目前对自闭症的临床评估和诊断主要是对儿童行为学症状或功能的评估。专业人员根据《精神障碍诊断与统计手册(第五版)》(*Diagnostic and Statistical Manual of Mental Disorders*, *DSM-5*)(Chlebowski et al., 2013)和国际疾病分类(第 11 版)(*International Classification of Diseases*, *ICD-11*)(Organization, 2015)标准,结合自闭症诊断访谈修订版(Autism Diagnostic

本章作者:王志永,王新明,陈博文,聂伟,张瀚林,刘洪海。

Interview Revised，ADI-R）和自闭症诊断观察计划（Autism Diagnostic Observation Schedule，ADOS）（Dover et al.，2007；Matson et al.，2007）等一些评估量表，通过与儿童在场景中的互动测试儿童的能力，观察并记录儿童是否缺乏社交沟通能力、局限兴趣和刻板行为等。目前的医疗技术在2周岁左右就能够检查出儿童是否患有自闭症，但实际的平均确诊时间却是4.5周岁，耽误了儿童的最佳干预时机（Baio et al.，2018）。临床的诊断和干预模式需要大量的专业医师，儿童能够参与的时间有限，在现阶段医疗资源非常短缺的形势下，非常不利于儿童的康复。为完善和规范自闭症早期识别，中华医学会儿科发育行为学组及相关专家提出了五种行为作为自闭症早期识别的标志，称为"五不"行为，具体为：（1）不（少）看；（2）不（少）应；（3）不（少）指；（4）不（少）语；（5）不当行为（中华医学会儿科学分会发育行为学组等，2017）。自闭症的诊断具有挑战性，主要原因包括每个患病儿童的表现各不相同，缺乏客观量化的指标，且超过50%的患儿同时患有癫痫、精神发育迟缓或者语言发育迟缓等并发症（Woolfenden et al.，2012）。

目前的干预主要是基于国际疾病分类（international classification of diseases，ICD）的角度出发对自闭症个体的康复过程进行干预及评估。相较于ICD，《国际功能、残疾和健康分类儿童和青少年版》（*International Classification of Functioning，Disability and Health-Children and Youth，ICF-CY*）（Organization，2007）从个体健康的角度提出编码体系，广谱性地描述儿童和青少年的身体功能、身体结构健康状态、活动参与局限性及相关的环境因素。随着实践的积累，针对自闭症儿童的干预方法层出不穷，可以对儿童的认知、感统、大小肌肉运动、语言理解和表达、情感表达和社交互动等方面进行系统性的训练。在众多干预方法中，被认可为循证实践（evidence-based practices，EBPs）的为数不多。迄今为止，美国国家自闭症干预专业发展中心在2020年发布的最新一版循证实践（Hume et al.，2021）名单中，对自闭症的循证实践方案进行了重新分类和重新定义，并总结了包含28项的自闭症循证干预实践。然而，自闭症早期行为干预大多依赖于临床康复医师及康复机构专业人员。例如，通过行为学观察制定相应的干预方案并进行一对一或者一对多的行为干预。

当前的临床诊断和干预仍然有很多困难和需要解决的问题，主要问题如下。

（1）自闭症儿童的活动范围很广，具有很高的不确定性，且不同自闭症儿童的特征表现各异，社交行为缺失程度不同。在短时间内的互动过程中，医生很难实时准确地考察儿童的所有表现。

（2）评估过程缺乏量化的行为表现指标，自闭症儿童的行为表现存在不同程度的个体差异，需要医生具有非常丰富的临床经验和敏锐的观察能力，不同医生给出的诊断结果会有一些差异，只有少数经验丰富的医生能够做出准确的判断。

（3）自闭症目前的干预方式专业康复师数量严重不足，干预与诊断过程是相对独立的，干预场景和干预内容的设定与诊断过程中的能力评估结果关联性不足，个性化程度差，也缺乏儿童症状学行为改善的指标。

3. 自闭症AI辅助诊疗

近年来，各种工程技术的快速发展，尤其是人工智能技术的进步为自闭症治疗康复提供了新的思路和方法手段。自闭症儿童在神经激活、言语、面部、身体姿势和生理反应等方面都伴有异常症状。相应地，人们研究了不同的传感模式，例如功能性核磁共振技术（functional magnetic resonance imaging，fMRI）、脑电图（electroencephalogram，EEG）、心电图、音频、视频、加速度计等，以呈现自闭症的特征。EEG研究主要关注自闭症患者大脑神经发育的差异；fMRI研究主要是从大脑结构方面的差异对自闭症进行分类。基于可穿戴系统相关的研究主要评估自闭症儿童的某些特定功能，如皮肤电、运动功能等。基于计算机视觉系统的研究更多地关注自闭症的行为症状，通过评估儿童的社交沟通、共同注意、异常行为等功能缺陷来进行自闭症的临床辅助诊断。这些缺陷通过视线、动作等表现出来，经过临床观察分析，最终由专业医师做出诊断。研究表明，通过相机及其他传感器提供的信息，可以有效分析自闭症儿童“人-机”或“人-人”的社交行为，从而辅助完成诊疗过程(Thill et al., 2012)。这些技术中的大多数已被用于在实验中将自闭症儿童与正常发育的儿童进行区分，并且发现了许多自闭症患儿特定的表现形式，但是至今尚无特有、唯一的特征可用于诊断自闭症。

基于工程技术手段的自闭症干预治疗主要包含针对脑部神经修复的直接刺激以及基于行为训练的干预方式。脑部神经刺激的方式有重复性经颅磁刺激(repetitive transcranial magnetic stimulation, rTMS)和经颅直流电刺激(transcranial direct-current stimulation, tDCS)两种。基于行为训练的干预则通过机器系统参与到自闭症儿童的日常训练中，从而提升儿童的参与度及训练效果。但是，现有研究大多缺乏干预过程的患儿病理特征的信息化表达，干预效果缺乏客观评估依据，且干预过程与定性症状评估脱节，无法满足个性化干预要求。

34.2 自闭症辅助诊疗系统

1. 辅助评估系统

1) 基于脑电图的评估

自闭症是一种大脑发育障碍，因此许多研究都使用脑电图来分析自闭症和正常发育儿童之间的大脑电生理信息差异。Boal 等(Bosl et al., 2018)使用从 EEG 信号中提取的非线性特征作为统计学习方法的输入，以预测婴儿是否患有 ASD。Billeci 等(Billeci et al., 2017)探索了高功能自闭症儿童响应和发起共同注意的神经相关性，他们利用集成的脑电图/眼动追踪系统以相同的采样率(500Hz)同时收集 EEG 和眼动数据。这些研究表明，EEG 可能作为评估自闭症干预效果随时间推移的生理指标之一。

2) 基于核磁共振图像的评估

核磁共振(magnetic resonance imaging, MRI)是一种用于放射学的医学成像技术，在疾病的诊断和研究中起着非常重要的作用。Akshoomoff 等(Akshoomoff et al., 2004)首次提出了六种神经解剖学预测因子(小脑白质和灰质体积、小脑前后蚓部面积、大脑白质和灰质体积)用于判别功能分析，以对 ASD 和正常发育儿童(typical developed children, TD)进行分类，初步证明了利用影像学指标辅助临床诊断的可行性。Hazlett 等(Hazlett et al., 2017)的研究表明，在 15 名在 24 个月龄被诊断患有自闭症的高危婴儿中，在 12～24 个月期间比 6～12 个月期间观察到的皮质表面积过度扩张先于脑容量过度增长。同时，个体高危儿童 24 个月时自闭症的预测诊断准确率达到 81%，敏感度为 88%。MRI 技术的空间分辨率非常高，可以精确地对儿童脑部发育状况进行检查。然而，目前尚未发现自闭症唯一性的生物标记。此外，MRI 数据采集需要严格的静止状态，数据采集困难，因此现有研究大都集中在公开数据集的研究中，在早期筛查中研究较少。

3) 基于可穿戴系统的评估

可穿戴系统广泛应用于人们的日常生活和学术研究，如运动手环、表面肌电信号采集等。一些研究采用可穿戴系统，例如可穿戴相机、嵌入加速度计的腕带或皮肤电反应传感器来分析 ASD 患者的行为。Basilio 等(Noris et al., 2011)开发了一种头戴式眼动仪，将两个摄像头和一面镜子固定在帽子上。摄像头可以从患者的视角记录图像，同时可以捕捉到用户的面部，因此可以识别来自面部的信息，如面部表情、注视方向，并在自然交互中检测并记录孩子的注视点和面前的视野。Mohammad 等

(Wedyan et al., 2016)分析了儿童的精细运动和物体操纵技能,以区分高风险对象和低风险对象。该任务要求儿童将一个特定形状的物体插入一个带有对应形状孔洞的盒子中。可穿戴设备可以记录自闭症儿童的生理或者行为信息,从而量化自闭症儿童的一些行为,但目前研究的量化指标都非常单一,不能作为筛查和诊断的依据。此外,可穿戴设备需要与儿童接触,可能不被儿童,尤其是年幼的儿童所接受,因此,可穿戴设备的研究近年来相对较少。

4) 基于非接触式视觉系统的评估

计算机视觉系统使用相机和计算机代替人眼来识别、跟踪和测量目标,是一种非接触式获取人类行为信息的方法,也被用来分析自闭症儿童的行为。Wall 等(Kosmicki et al., 2015)设计了一个名为 Cognoa Screener 的移动应用程序作为筛选工具。除了 15 个与孩子行为有关的选择问卷外,它要求父母提供四段符合要求的视频。该方法通过视频利用一些机器学习算法对 ASD 进行远程筛查,使筛查更加准确和便捷。Hashemi 等(Hashemi et al., 2018)使用带有视频刺激的移动应用程序来诱发和分析儿童的行为,通过面部特征点、头部姿势估计等算法记录对称呼、参与和情绪反应。除移动平台外,其他基于计算机视觉的自闭症诊断研究近年来也受到了广泛关注。Belen 等(de Belen et al., 2020)总结了一篇关于 2009—2019 年基于计算机视觉的 ASD 调查的综述文章,其中详细介绍了设备和受试者。计算机视觉系统可以从多个视角捕捉儿童的行为并给出量化特征,使评估过程具有客观指标。由于成本低、操作简单、非接触性的特点,计算机视觉系统在自闭症的早期诊断中潜力巨大。

2. AI 辅助干预系统

1) 基于人形机器人辅助治疗

美国耶鲁大学 Scassellati 等(Scassellati, 2007)于 2004 年提出利用机器辅助的方法通过传感器检测视线方向、追踪对象位置、分析声音韵律等方式获取量化的客观数据,协助专业医师以及临床专业人员进行自闭症的诊断。法国巴黎第六大学的 Anzalone 等(Anzalone et al., 2014)将人形机器人 NAO 与基于 Kinect 的感知系统相结合,通过 NAO 的视线、指向以及声音使自闭症儿童产生共同注意,由此观察其活动特性。还有很多研究将人形机器人应用在自闭症的干预过程中,用于提高患儿的参与度,提升干预效果(Cai et al., 2018)。研究表明,人形机器人的参与能够提高儿童的参与度,但患儿接受机器人加入的干预后,在实际生活中与人社交沟通能力的提高仍然需要进一步验证。

2) 非侵入式脑部刺激治疗

非侵入式脑部刺激技术可以改变特定脑区的脑活动,并在网络水平上塑造可塑性。因此,重复经颅磁刺激(rTMS)和经颅直流电刺激(tDCS)这两种方法已被研究用于自闭症的治疗。Sokhadze 等(Sokhadze et al., 2009)证明了 rTMS 的潜在治疗效益,通过增强皮层 γ 波振荡机制提供改变神经可塑性的手段。在行为水平上,rTMS 可以降低易怒性、多动行为、刻板行为和强制行为等方面的评分。tDCS 则是通过施加低幅度(0.5～2mA)的直流电来增加或降低神经元的兴奋性。Giordano 等(D'Urso et al., 2014)首次在治疗 ASD 患者中使用了 tDCS。在实验中,阴极位于左侧额叶前额皮质上,阳极则放置在对侧三角肌上,施加了 1.5mA 的直流电。结果显示,患者的行为异常有显著减轻。rTMS 和 tDCS 为 ASD 的治疗带来了新的维度。需要进一步研究以验证其有效性和相关性,并详细确定其功能区域、最佳参数和效果,直到可以在临床上使用。

3) 基于虚拟游戏的干预治疗

虚拟游戏对孩子们非常有吸引力,为了提高参与度和训练效果,一些研究人员利用虚拟现实技术开发虚拟游戏,以干预和评估自闭症儿童的情况。Weilun 等开发了一款交互式的训练程序,其中使用虚拟化身提问,并设计了一个相扑游戏来训练运动技能。Huan 等(Zhao et al., 2018)设计了一个增强交流的协作虚拟环境系统——“携手同行”，通过使用简单的手势帮助自闭症儿童玩一系列交互式游戏。另外，VR 设备本身的安装和连接的复杂性也可能会对患儿的人身安全造成较大的威胁。虽然这些研究仍处于初级阶段，而且虚拟游戏训练的能力是否能够在现实生活中具有普适性仍然存在疑问，但虚拟游戏在某些方面对训练和教育自闭症儿童具有巨大潜力。

为了克服头戴式设备的缺点，一种名为 CAVE 的 3D 自动虚拟环境系统被引入，该系统通过投影系统为患儿提供沉浸式体验，但是受试者仍然需要手持操纵杆与系统进行交互。Skevi 等较早地使用 CAVE 虚拟系统进行自闭症患儿生活能力的锻炼(Matsentidou et al., 2014)，它模拟了一个城市环境让自闭症患儿学习如何识别街道上的信号灯并躲避来往车辆。最近，Tsai 等(Tsai et al., 2021)通过虚拟 CAVE 环境中的一系列角色扮演游戏来帮助自闭症患儿学习与人交往，例如如何回应其他人的感情、人脸表情以及身体运动等。从目前国际上的研究成果来看，虚拟现实使目前的康复手段更加丰富，特别是智能虚拟人技术和虚拟现实中的体感交互，使康复训练的体验感极大提升，通过合适的康复训练剧情，可以帮助患者在特定的虚拟情境下学习特定的技能，CAVE 系统拥有自由度高、沉浸感强、拟真度好等优点，但是国内的相关研究甚少，还没有被广泛应用在自闭症干预领域。因此，针对 CAVE 系统的有效性进行科学的长期对比论证是非常必要且有重大现实意义的。

3. 目前 AI 辅助自闭症诊疗存在的问题

大多数技术仅处于初步阶段，尚未被广泛用于临床诊断和干预，现有技术方法仍存在许多问题和挑战。首先，大多数方法只关注 ASD 的单一症状，与临床症状学评估差异大，临床应用性差。其次，一些传感器的对使用环境的要求相当苛刻，如果想要获得稳定可靠的信号，儿童活动的不受限制和室内环境的不确定性可能会对数据造成很大干扰。第三，基于症状学的评估结果和干预目标的映射不清楚，干预无规范化标准和个性化课程。

自闭症诊断的方向应该专注于解决现有技术方法在临床中应用的问题。有必要在临床专家的指导下，根据 ICD 和 ICF 核心集的结构化或半结构化实验范式进行有效评估。尽管基于非接触式视觉传感的视线估计、行为识别等当前的准确性还需要进一步提高，但是多传感器数据的联合分析仍然是自闭症诊断中非常有前途的研究方向，它可以提供量化的行为特征，为个性化干预提供干预定量指标及效果评估依据。针对自闭症儿童的干预，面向自闭症儿童发育的干预课程势在必行，除了一些基础认知教育外，干预应该集中在培训孩子们日常生活中所需的社交和生活技能。在实际生活中是否有效是评估这种方法有效性的最重要指标。无论是在沉浸式还是非沉浸式的虚拟环境中，自闭症儿童都可以在感兴趣的情况下学习技能和知识，并可以通过视频等对儿童行为特征的变化进行量化分析，定量化评估儿童的干预效果。

34.3 多模态自闭症行为分析方法

多模态自闭症行为分析以各类信号源为输入，通过机器学习、深度学习等方法建立输入信号与自闭症患儿行为的映射关系，旨在量化自闭症行为。按照不同的信号源分类，多模态自闭症行为分析模型可大致分为基于可穿戴设备信号和基于图像视觉信号两类模型。可穿戴设备信号包括脑活动信号、肌电信号、惯性传感器信号、虚拟现实设备信号。图像视觉信号来源于对自闭症患儿行为进行捕捉的彩色相机或深度相机。这些方法主要利用机器学习、深度学习算法提取自闭症患儿特征并对其人体运动行为进行分析，包括受试者的脑活动、肌肉活动、肢体运动、虚拟现实交互行为及眼睛视线、头部姿态、面部表情、肢体动作以及手势等方面。本节将从计算机视觉的角度介绍这些内容。

34.3.1 基于可穿戴设备信号的自闭症行为分析方法

1. 脑活动分析方法

自闭症是一种大脑发育障碍，因此许多研究都使用脑电图来分析自闭症和正常发育儿童之间的大脑电生理信息差异。Boal 等(Bosl et al.，2018)使用从 EEG 信号中提取的非线性特征作为统计学习方法的输入，以预测婴儿是否患有 ASD。Billeci 等(Billeci et al.，2017)探索了高功能自闭症儿童响应和发起共同注意的神经相关性，他们利用集成的脑电图/眼动追踪系统以相同的采样率(500Hz)同时收集 EEG 和眼动数据。这些研究表明，EEG 可能作为评估自闭症干预效果随时间推移的生理指标之一。核磁共振是一种用于放射学的医学成像技术，在疾病的诊断和研究中起着非常重要的作用。

2. 肌肉活动分析方法

自闭症患儿在生长发育中的各项运动能力发展也面临着缺失，因此许多研究工作旨在探究自闭症患儿群体与典型发育群体之间的异同。Rosales 等(Rosales et al.，2018)探究了在着落任务中自闭症患儿群体与典型发育群体之间肌肉激活的时间和持续时间的异同。表面肌电传感器被放置于 6 名儿童身体两侧为腓肠肌、胫骨前肌、股直肌、半腱肌和竖脊肌等位置，并记录 6 名儿童在听到指令后向左跑、向右跑、留在原地的肌电图数据。实验结果显示，典型发育群体呈现出更多及更长的肌肉激活爆发。Nor 等(Nor et al.，2016)研究了自闭症儿童与典型发育儿童行走运动状态下下肢肌肉的肌电图信号差异。实验涉及 8 名自闭症患儿与 10 名典型发育儿童。无线肌电传感器被放置于受试者的胫骨前肌和腓肠肌，t 检验方法用于分析受试者的步态模式及组群差异。结果表明，在站立中期，自闭症患儿和典型发育儿童的腓肠肌肌肉存在显著差异，在这项研究中，腓肠肌肌肉的表面肌电信号在区分自闭症患儿和典型发育儿童中起着重要作用。然而，肌电信号的获取依赖于接触式传感器，并不被所有的自闭症患儿群体所接受。

3. 肢体运动分析方法

自闭症患儿通常与特定的非典型姿势或运动行为有关，其中刻板运动会干扰学习和社交互动。一些研究使用惯性传感器数据研究自闭症患儿的肢体运动行为以分析其群体与典型发育群体的异同。Rad(Rad et al.，2016)提出使用深度学习模型来学习刻板行为模式的鉴别特征，其模型的数据来源于放置于 6 位受试者的加速度计，6 位受试者分别在实验室和教室环境下自然发生身体摇摆、手拍打或同时身体摇摆和手拍打的刻板行为。实验结果显示，该深度学习模型能较好地识别受试者所发生的刻板行为，但个体之间的刻板行为差异性仍然是需要解决的一个问题。在一项工作中(Taffoni et al.，2012)，研究人员使用磁惯性传感器研究 12～36 个月大的患儿在非结构化环境中的精细操作和运动规划技能。通过计算扔、堆叠、安置等精细动作下的平均加速度、平均峰值加速度等特征分析不同的行为。

34.3.2 基于非接触式图像视觉信号的自闭症行为分析方法

1. 视线估计方法

视线在生物学上的定义为视网膜小凹与角膜曲率中心所构成的射线，如图 34.1 左图所示的视轴。视线通常可以用来反映人的内在情感以及注意力。因此，通过研究眼睛及其视线可以帮助我们了解人类视觉机制，理解人类心理活动以及情感状态。

在计算机视觉方面，视线的数学定义，如图 34.1 右图所示，视线的方向可以用空间中的三维向量

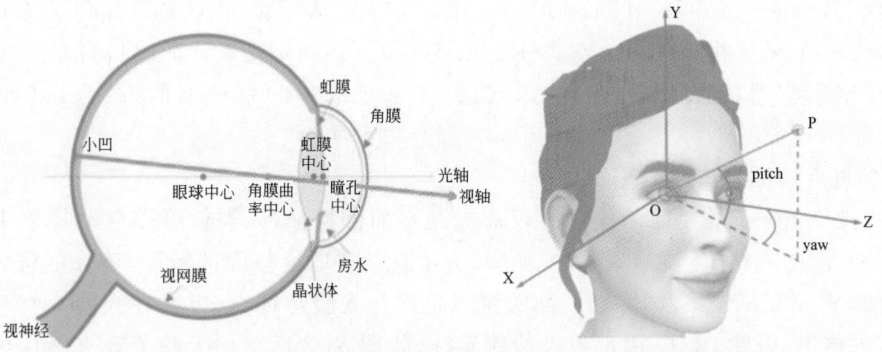

图 34.1　生理学及计算机视觉领域中视线定义（刘佳惠等，2021）

或者欧拉角中的俯仰角和偏航角来表示，且二者可以相互转换。目前主流的视线估计通常有两种方法，其一是基于特征的方法，基于特征的方法会从收集到的图像中检测眼睛的瞳孔、虹膜、眼角、角膜反射点等视觉特征相关的参数，构建几何模型或映射关系来计算注视向量；其二是基于外观的注视估计，通过深度学习的方法利用大量的数据来训练出可以直接映射人眼外观与注视信息的模型（Lu et al.，2014；Lu et al.，2012）。该映射函数只需要输入眼部图像的所有像素值点以构成高维特征向量，就可以输出估计后的凝视方向，具体可以表示为凝视点在屏幕上的像素点（x，y）或者相对于头部的偏转角度。

2. 头部姿态估计方法

头部姿态估计即确定人体头部相对于摄像机视线方向的姿态，是基于人体生物特征的计算机视觉领域的重要分支（Murphy-Chutorian et al.，2008）。头部是人脸、虹膜、眼睛的承载体，其信息会随着头部姿态的改变而改变，这势必会影响人脸识别、虹膜识别、视线估计和表情识别方法的研究。因此，头部姿态估计可以体现人的注意力、凝视关注度等信息。如图 34.2 所示，头部姿态的表达方式主要有脸部朝向以及欧拉旋转角两种。

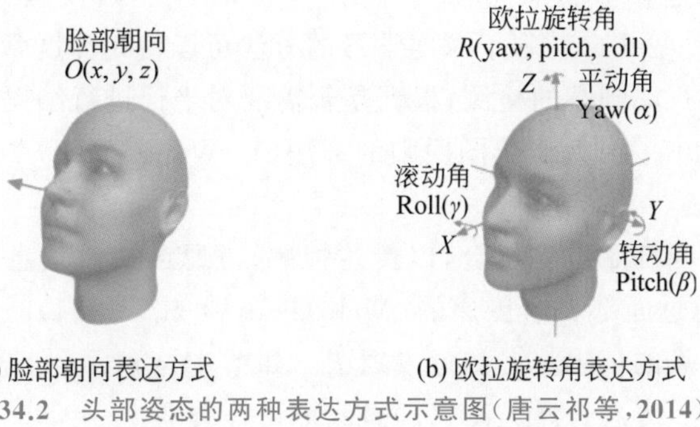

图 34.2　头部姿态的两种表达方式示意图（唐云祁等，2014）

在计算机视觉中，头部姿态估计（head pose estimation）技术通常是让计算机从采集到的视频图像中估计出用户头部的姿态参数（唐云祁等，2014）。头部姿态估计问题的复杂性在某种程度上导致了头部姿态估计方法的多样性。自 20 世纪 90 年代以来，国际上提出了几十种头部姿态估计方法，形成了多种方法并存的局面。根据依赖数据源的不同，大致可将这些方法分为基于二维彩色图像的方法（Beymer，1994）、基于深度图像的方法（Malassiotis et al.，2005）和基于三维图像的方法（Gurbuz et al.，2012）三类。根据人工干预程度的不同，还可分为全自动头部姿态估计方法和半自动头部姿态估计方法（J.-G. Wang et al.，2007）。根据实现原理和方式的不同，头部姿态估计方法又可分为基于形状模板的方法(Beymer, 1994; Malassiotis et al., 2005)、基于脸部关键点几何关系的方法(J.-G. Wang et al., 2007)、基于检测阵列的方法(Rowley et al., 1998)、基于特征回归的方法(Fanelli et al., 2013)、基于子空间学习的方法(范进富等,2012)和基于局部约束模型的方法(Baltrušaitis et al., 2012)六大类。

3. 面部关键点检测方法

人脸在视觉交流中起着重要的作用。仅通过观察面部特征,人类就可以自动提取出许多非语言类信息,如身份、意图和情感。在计算机视觉中,为了自动提取这些面部特征,精确定位人脸关键点是一个关键步骤(Y. Wu et al., 2019)。人脸关键点也称为人脸特征点,定义在人脸含有明确的语义信息的器官上,如眉毛、眼睛、鼻子、嘴巴以及脸颊轮廓,如图 34.3 所示。人脸关键点不仅可以反映人脸的几何结构信息,还具有足够强的语义信息,故许多人脸相关的分析任务,如表情识别、人脸识别、人脸重建、视线估计等都是在精确检测人脸关键点的基础上建立起来的。

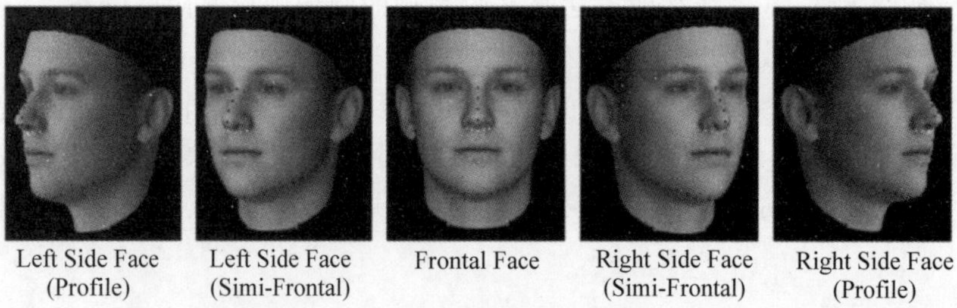

图 34.3 多角度下的人脸关键点位置示意图(Bodini, 2019)

在计算机视觉中,人脸关键点(facial landmark detection)检测技术通常从人脸图像或视频中提取相关的特征以定位预定义关键点的位置。人脸关键点检测算法根据关键点的维度分为二维人脸关键点检测(W. Wu et al., 2018)和三维人脸关键点检测(Manal et al., 2019)两类,根据是否需要人工设计特征可分为基于传统建模的算法(Timothy F Cootes et al., 1995)和基于深度学习的算法(Y. Sun et al., 2013)。基于传统建模方法需要人工设计和提取特征以及构建后续分类以及回归模型(Timothy F. Cootes et al., 2001)。基于深度学习的方法可以使用深度学习模型,可以直接从面部图像或视频中学习特征并进行端到端的检测,根据是否需要对坐标进行编码可以分为两大类:基于坐标回归的方法(Guo et al., 2019)和基于热图回归的方法(X. Wang et al., 2019)。

4. 面部表情识别方法

面部表情是人类使用面部肌肉的组合,以传达情感、意愿或交流信息的方式。研究表明,在交流过程中有 55%的信息是通过面部表情传递的(Mehrabian et al., 1974)。通过识别和分类面部表情,可以帮助我们更好地理解人的情感状态和行为意图。如图 34.4 所示,根据面部表情所表达的情感,面部表情常被分为中立、愤怒、厌恶、恐惧、高兴、悲伤、惊讶等类别。

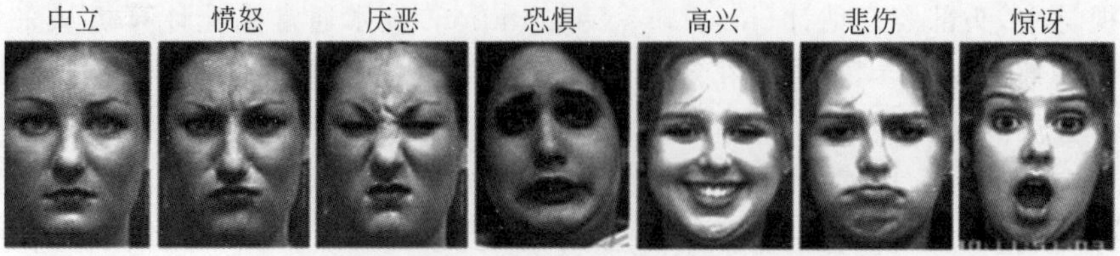

图 34.4 面部表情类别示意图(彭小江,2020)

在计算机视觉中，面部表情识别（facial expression recognition，FER）技术通常是从人脸图像或视频中提取出与面部表情相关的特征，以描述人的情感状态。现有的FER方法可分为两大类，即传统的方法和基于深度学习的方法。传统的方法通常先手工从面部图像或视频中提取特定的面部特征，例如Haar-like特征、LBP特征等，然后使用分类器（如支持向量机、决策树等）对这些特征进行分类和识别。这种方法的主要优点是速度较快，但需要手工设计和选择合适的特征，且准确率较低。近年来，随着深度学习技术的发展，深度学习模型的特征提取能力不断增强，同时训练数据和计算资源也日益丰富，大大提高了面部表情识别的准确率。目前，深度学习算法已经成为表情识别领域的主流，使用深度学习模型可以直接从面部图像或视频中学习特征，并进行端到端的分类和识别。根据采用的模型可分为基于卷积神经网络的端到端方法（Y. Zhang et al.，2022）、基于循环神经网络的方法（Liang et al.，2020）、基于Transformer架构的方法（Xue et al.，2021）、基于生成对抗网络的方法（Dharanya et al.，2021）等。

5. 肢体动作识别方法

人类动作可以解释为人类在时间上有序地组织多个姿势而形成的一种连续性的运动表现（Aggarwal et al.，2011）。在运动过程中，人类需要不断地调整姿势和身体部位的位置，以达到预定的目标。这个过程涉及神经系统、肌肉系统和认知系统等多方面的协同作用。人类动作是繁多而复杂的，图34.5列举了几种动作。

图34.5 人类动作示例图（Gorelick et al.，2007；Marszalek et al.，2009）

以上动作可以分为单人动作和交互动作两类。行走、跳跃和跑步属于单人动作，这些动作可以反映人类的肌肉和神经系统协调性。拥抱和握手属于交互动作，这些动作可以反映人类的情感表达能力和社交能力。

人类动作识别（human action recognition，HAR）是计算机视觉的一项基本任务，旨在根据视频提供的信息自动识别视频中人类执行的动作。现有的人类动作识别方法可分为两大类，即基于手工特征的方法和基于深度学习的方法。基于手工特征的方法旨在捕捉能表示视频中的人类运动和时空变化的特征以识别动作，包括基于时空体积的方法、基于时空兴趣点的方法、基于骨骼关节轨迹的方法和基于图像序列的方法等，这些特征主要用在支持向量机（support vector machine，SVM）等经典的机器学习方法中以识别动作（H.-B. Zhang et al.，2019）。这类方法准确性高，但是计算成本大（Xu et al.，2015），并且难以拓展和部署。近年来，随着深度学习技术的巨大进步和大规模人类行为数据集的出现，各种基于深度学习的人类行为识别方法也被提出，这些方法通过使用深度神经网络来自动提取特征，端对端地识别人类行为，常见方法包括使用双流网络、循环神经网络、3D卷积神经网络等（Z. Sun et al.，2022）。这类方法可以自动提取特征，具有强大的表征能力，但是模型可解释性差。

6. 手势识别方法

手势是肢体语言的一部分，可以通过手掌中心、手指位置和手部构造的形状来表达（Oudah et al.，2020），它可用于表达情感和意图、辅助语言交流、传递信息等。手势可以分为静态与动态两类，静态手势是指手的稳定形状，动态手势包括一系列的手部动作，如挥手。常见的静态手势可分为7类，如

图 34.6 所示，从左至右分别为握拳、竖食指、竖拇指、剪刀手、比心、OK、张开五指。其中，竖拇指通常表示赞成、认可或鼓励；竖食指在不同情境下有不同的含义，在描述内容时通常表示为数字 1，在表达观点时常用来传递指向需求。

图 34.6　常见手势图像(Marin et al., 2016)

基于计算机视觉的手势识别可以分为基于图像的手势识别、基于手部骨架点的手势识别、基于三维重建的手势识别、基于深度信息的手势识别。基于图像的手势识别方法(Narayana et al., 2018)利用卷积神经网络或者 Transformer 直接处理手势图像，设计通道和空间感知模块来增强对手势信息的理解。基于手部骨架点的手势识别方法(Nguyen et al., 2019)首先识别手势关键点，然后利用图卷积网络或者多层感知机等建模关键点之间的关联，最终得到手势分类结果；另外，有工作提出多流网络分别处理图像信息与关键点信息(Sahoo et al., 2023)，融合各通道的信息来优化分类。基于三维重建的手势识别(Tekin et al., 2019)通过输入图像与三维手部模型投影的二维外观的比较而得到手部参数，依据手部参数进行手势分类。基于深度信息的手势识别(Avola et al., 2022)联合应用图像信息与深度信息，融合多维度特征表征手势的语义信息，往往在手势识别上可以取得更佳的效果，也是近年来手势识别的研究趋势。

34.3.3　目前多模态自闭症行为分析方法存在的问题

目前，多模态自闭症行为分析方法主要分为基于可穿戴设备信号的分析方法与基于非接触式图像视觉信号的分析方法。基于可穿戴设备信号的分析方法主要侧重于分析患者的脑活动、肌肉活动、肢体运动，以及在虚拟现实场景下的交互行为，基于非接触式图像视觉信号的分析方法侧重于分析患者的视线、面部表情、头部姿态、面部关键点、肢体运动及手势。两类方法的目的都旨在量化自闭症儿童的行为，通过特征提取和机器学习方法，对自闭症患儿的特定行为及其代表的特定能力进行表征并量化其能力水平，以便后续进行个性化干预。

然而，可穿戴设备面临两个问题，一是需要患者佩戴，但在临床诊疗中，自闭症患儿普遍对于佩戴可穿戴设备存在抵触情绪；二是可穿戴设备往往针对特定的生理信号，不利于表征患者的各项能力。相较之下，非接触式的视觉图像分析方法因其隐蔽式的方式，更易于被自闭症群体所接受，也更易于在临床中普及并用于量化分析自闭症儿童的各项能力，以便于后续的个性化干预推荐。

34.4　以人为中心的自闭症 AI 辅助诊断

34.4.1　硬件系统

自闭症筛查系统的硬件布局如图 34.7 所示(W. Zhang et al., 2018)。筛查师和幼儿面对面坐着，通常为稳定幼儿情绪，由家长抱着幼儿一同坐在筛查师对面。RGB 相机 C1 用于俯拍筛查师和幼儿的手势交互和玩具信息，RGB 相机 C2 用于捕捉幼儿面部信息，RGB 相机 C3 从侧视角捕捉筛查师和幼儿的肢体信息，Azure Kinect 是微软开发的集 RGB 图像采集、深度信息采集于一体的 RGBD 相机，且配有麦克风阵列，用于捕捉完整的场景信息和音频信息。

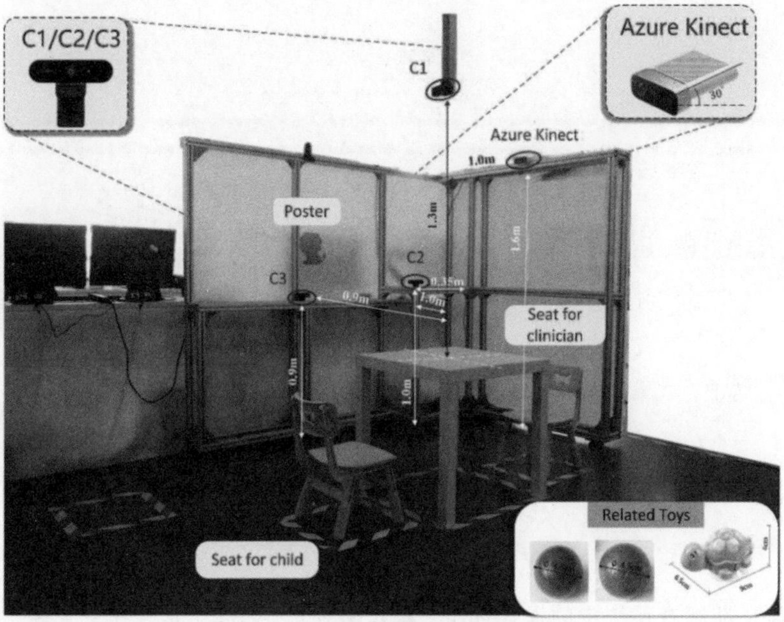

图 34.7　自闭症早期筛查辅助系统

34.4.2　叫名反应范式

叫名反应(Z. Wang et al., 2019)是指幼儿听到自己名字时做出的反应，可定义为：当幼儿听到自己的名字时，幼儿眼睛能看向叫自己名字的人，并且保持一定时长的目光接触。幼儿对父母的呼唤声充耳不闻、叫名反应不敏感通常是家长较早发现的自闭症表现之一。

该范式自闭症早期筛查系统中的操作如下：家长坐在椅子上，幼儿坐在家长腿上并玩桌面上的玩具，筛查师轻轻走到位于幼儿左斜后方或者右斜后方(离幼儿约 0.5 米)，筛查师确认幼儿注意力不在自己身上后，用正常的音调、清晰地发声呼唤幼儿的名字(常用的小名、乳名亦可)。该范式一共进行四轮，每轮间隔两分钟。

叫名反应范式评估算法如图 34.8 所示，在每轮叫名反应过程中，首先通过语音识别检测筛查师的唤名时刻，将时刻作为该轮叫名反应开始时间。随即通过人脸检测和人脸识别定位幼儿和筛查师的人脸位置，利用头部姿态估计算法获取幼儿注意力的方向，通过人体姿态估计算法获得幼儿眉心的三维位置作为注意力起点。基于注意力起点和方向，通过空间计算判断幼儿听到唤名后是否转头朝向筛查师。当幼儿的注意力从筛查师面部转移或筛查师离开叫名处，该轮叫名反应结束。当幼儿在筛查师唤名后的一定时长内始终没有转头回应时，同视为该轮叫名反应结束。

34.4.3　指令回应范式

对简单指令的回应(Jiang et al., 2022; Liu et al., 2020)是指幼儿听到简单指令时做出的反应，可定义为：当幼儿听到简单指令时，幼儿可以对声音有恰当的反应，如理解指令并听从完成指令内容。幼儿的听觉理解较弱，容易分心，不能专注倾听及跟从“语言指令”是比较典型的自闭症表现之一。

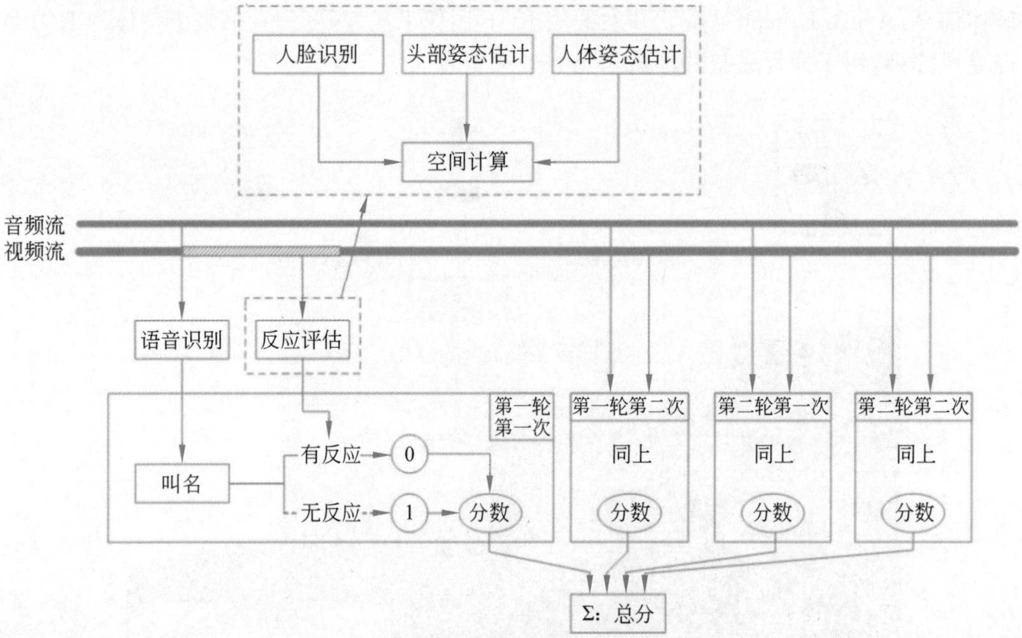

图 34.8 叫名反应范式流程

该范式自闭症早期筛查系统中的操作如下：家长坐在椅子上，幼儿坐在家长腿上并与筛查师一起玩桌面上的玩具，筛查师确认幼儿注意力不在自己身上后，用正常的音调、清晰的发声对幼儿发出“把球球给阿姨”等指令。该范式一共进行四轮，其中第一、二轮的玩具为红色和蓝色手抓球，第三、四轮玩具为小乌龟；第一、三轮医生只发出语言指令，第二、四轮医生会伸出手提示，每轮间隔两分钟。

对简单指令的回应范式评估算法如图 34.9 所示，在每轮过程中，首先通过语音识别检测筛查师发出指令的时刻，将时刻作为该轮对简单指令的回应范式开始时间。随即通过目标检测算法获得医生的手部、儿童的手部以及玩具的位置信息，然后通过空间位置计算判断儿童是否在听到指令后将玩具递给医生；同时通过视线估计算法获得儿童视线，判断儿童在是否在筛查师发出指令后看向筛查师，综合分析儿童在该轮次对语言是否有回应。

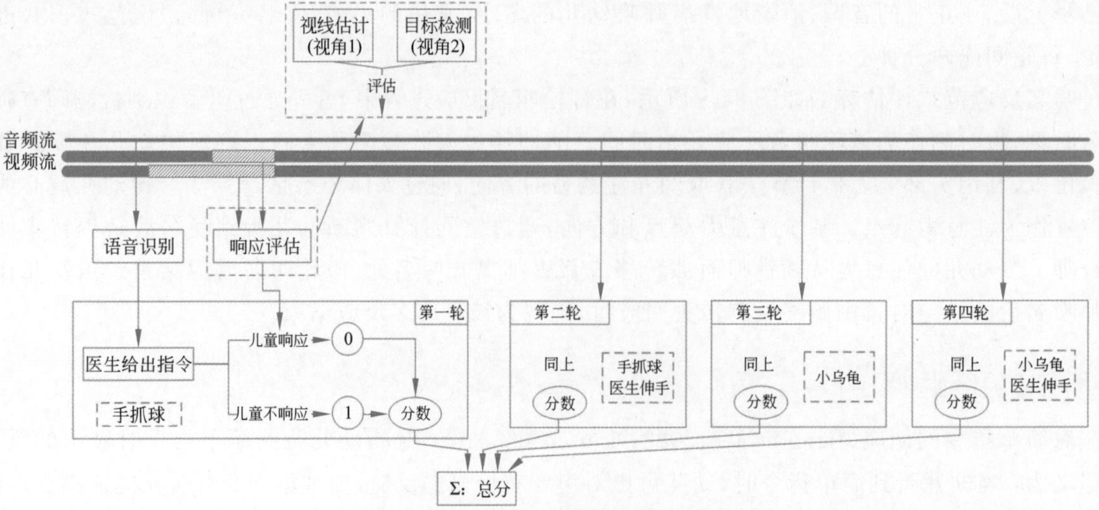

图 34.9 指令的回应范式流程

当幼儿的注意力从玩具转移到筛查师并把玩具递给筛查师时，该轮对简单指令的回应结束。当幼儿在筛查师发出指令后的一定时长内始终没有反应时，同视为该轮对简单指令的回应结束。累加该范式下的所有轮次，获得该范式下的总得分。

34.4.4　共同注意范式

共同注意(Lin et al.，2022；W. Zhang et al.，2019)是指儿童通过跟随或引发他人对第三方事物的关注，以共同分享对该事物兴趣与知觉体验的过程。以主动性与表现形式为划分依据，共同注意可分为响应性共同注意(responding joint attention，RJA)与自发性共同注意(initiating joint attention，IJA)。其中，响应性共同注意是共同注意的基础表现，可定义为：幼儿能跟随他人的视线，以转头、手指指示等方式将注意力转移至他人所关注的物品上。共同注意缺陷是自闭症儿童特有的缺陷，可以辨别自闭症与其他疾病。

该范式自闭症早期筛查系统的操作如下：在第一轮测试中，家长坐在椅子上，幼儿坐在家长腿上，筛查师坐在幼儿对面，给予幼儿玩具让其自由玩耍。2～3分钟后，筛查师通过正常语调唤名或牵拉幼儿的手以获得幼儿的注意力，筛查师确认幼儿注意力已经在自己身上后(确保幼儿看向自己)，发出语音指令，如"看，小狗！"，转头看向提前设置在筛查系统侧上方的图片，再转头看向幼儿。第二轮测试方式同第一轮描述进行。在第三轮测试中，幼儿仍然自由玩耍玩具2～3分钟，筛查师通过相同的方式获得幼儿的注意力，筛查师在确认幼儿看向自己后，发出语音指令，如"看，小狗！"，同时手指指向提前设置在筛查系统侧上方的图片，然后转头看向图片，再转头看向幼儿。第四轮测试同第三轮描述进行。该范式一共进行四轮，每轮间隔两分钟。

共同注意范式评估算法如图34.10所示，在每轮共同注意过程中，首先通过头部姿态估计和人体姿态估计检测筛查师发起共同注意指令的时刻，将该时刻作为该轮共同注意的开始时间。随即通过人脸检测和人脸识别定位幼儿和筛查师的人脸位置，利用头部姿态估计算法获取幼儿的注意力方向，通过人体姿态估计算法获得幼儿眉心的三维位置作为注意力起点。基于注意力起点和方向，通过空间计算判断幼儿听到语音指令和看到手势后是否转头朝向指定图片。范式自开始时刻后进行一定时长后，该轮共同注意结束。当幼儿在筛查师唤名或牵手后的一定时长内始终没有看向筛查师时，同视为该轮共同注意结束。

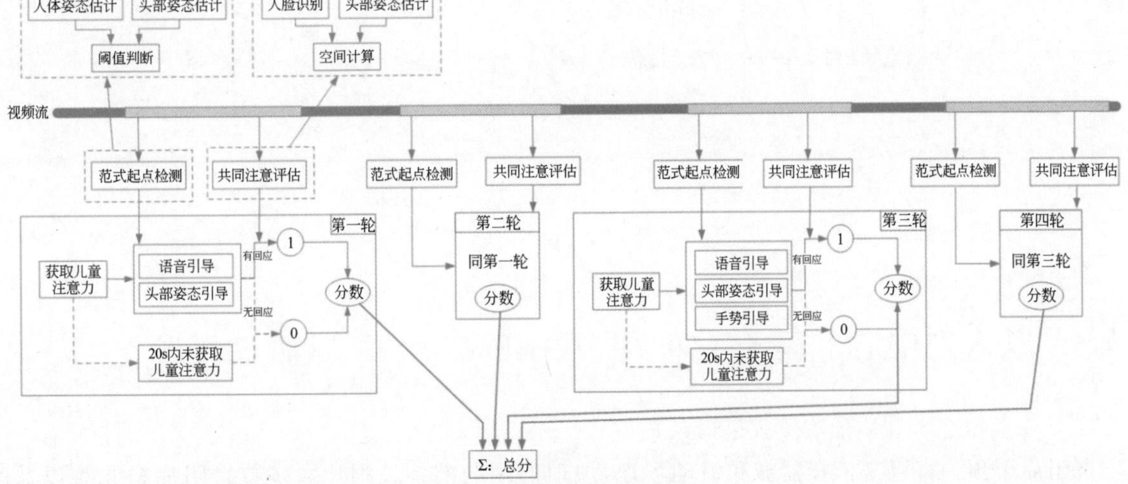

图34.10　共同注意范式流程

34.4.5 食指指点范式

食指指点表达需求(Chen et al., 2022; Qin et al., 2021)范式是指幼儿在被激发兴趣后使用食指来表达需求,可定义为:幼儿能看向筛查师,并且食指指点幼儿有兴趣但是拿不到的玩具来表达需求。幼儿不能正常表达需求通常被认为是自闭症的表现之一。

该范式自闭症早期筛查系统中的操作如下:家长坐在椅子上,幼儿坐在家长腿上,筛查师坐在幼儿正对面,筛查师使用玩具成功激发幼儿的兴趣后,将玩具放在幼儿不容易拿到的位置,然后筛查系统检测儿童能否正常表达需求。该范式一共进行两轮,分别使用泡泡水或发光球作为玩具进行一轮。

食指指点表达需求范式的评估算法如图 34.11 所示,在每轮食指指点表达需求的过程中,首先对视频流使用目标检测算法,获得玩具、幼儿手部等目标的位置信息。在该范式中,需要评估幼儿的两个行为,一个是指点行为,另一个是视线注视行为。为了评估幼儿的指点行为,首先利用手部关键点算法对视频流进行处理,检测和跟踪幼儿手部的关键点,实现幼儿手势识别和指向估计,随后通过空间计算判断幼儿是否伸出食指并指向玩具。同时,结合使用视线估计算法和人体姿态估计算法来获得幼儿视线的起点和终点,接着通过空间计算判断幼儿是否通过视线表达需求,即幼儿视线的终点是否会在筛查师面部和玩具这两个位置之间交替移动。结合幼儿的指点行为和视线注视行为可以评估幼儿的表现,幼儿的表现可以分为三个等级:食指指点、不完全指点、没有指点,分别对应 0、1、2 的分数。

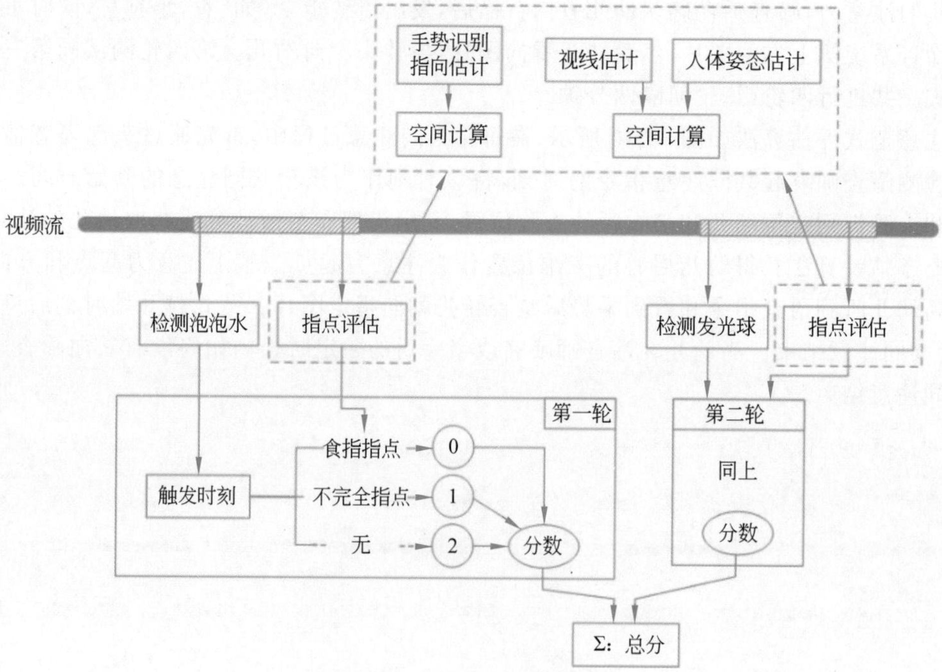

图 34.11 食指指点范式流程

34.5 以人为中心的基于 CAVE 系统的自闭症 AI 辅助干预

1. 基于虚拟现实环境的沉浸式干预系统

自闭症干预一直以来依赖器械和活动场地,烦琐的预约准备过程让大多数自闭症患儿难以及时接受充分的干预。干预过程及干预后的评估同样受制于现有资源。医师在带领儿童参与干预课程的同时,也要评判儿童的表现。这样的评判往往来源于主观感受,缺乏具体参数化指标,且很难细致到儿童每个行为或状态表征。针对自闭症治疗领域的两个亟待解决的问题,本节展示了一种集成了干预、评估两重功能的自闭症干预系统。该系统具有灵活布置、干预内容丰富可拓展、干预评估一体化的特点,其整体架构如图 34.12 所示。该干预系统给出了基于激光雷达的触控交互和基于图像和神经网络的体感交互,这两种交互方式的结合可以将干预内容的覆盖范围从基础的语言理解和认知层面拓展到模仿、小肌肉大肌肉等高阶层面。同时,该系统还集成了图像信息和生理信号的采集与分析,使系统能从传统医师评估手段无法实现的角度对儿童干预前中后水平定量、定性评估。

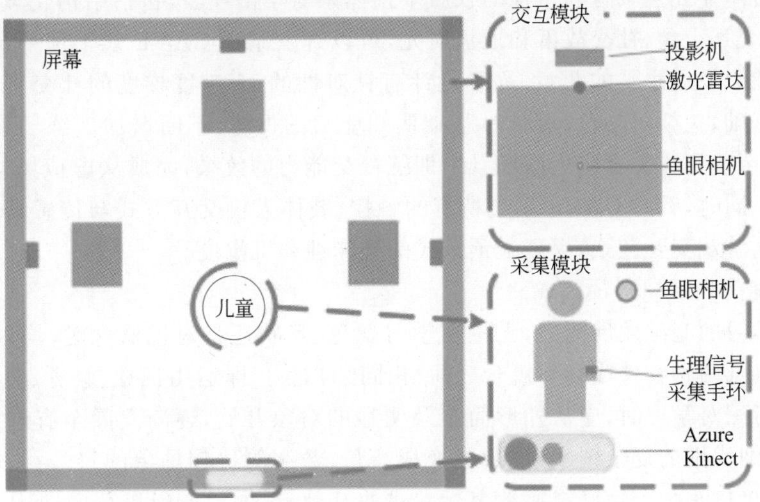

图 34.12 面向大肌肉能力的运动干预范式效果图

在该干预系统中,AI 技术作为一种重要的儿童状态感知工具,在干预进程控制方面发挥了极大的作用。情绪会反映一个人的心理状态,心理状态的波动会导致人在想法和行动上的变化。通过感知儿童的情绪,可以了解儿童当前的心理状态。例如,当儿童在多次干预任务失败后出现较大的情绪波动时,就需要临床医师介入。如果儿童在干预任务中始终处于积极情绪,则可以增大干预难度,提高干预效率。因此,基于 AI 技术的儿童情绪感知拥有重大的临床意义。由于自闭症儿童很多存在情绪理解和表达障碍,其情绪难以被直接观测或理解,因此当用单一模态分类模型描述自闭症儿童某一时刻的情绪时,很难准确用某种基本情绪匹配他们的状态。因此,本节通过 AI 技术提取多维度(面部表情、生理信号、视线)信息,然后利用多维度信息感知儿童的情绪。

基于面部表情的情绪识别模块首先通过正脸筛选输出与头部外接矩形框大小一致的图像,图像首先经过人脸检测器提取尺寸更小的人脸区域,以便有更准确的识别结果。检测到的人脸图像输入深度神经网络,实现对情绪的积极、中性和消极三级分类。基于生理信号的情绪唤起识别模块,首先针对不同模态数据进行相应的预处理,从而准确提取预期信息,然后将预处理信号输入基于多模态生理信号的情感识别正则化深度融合框架,实现对情绪唤起的积极、中性和消极三级分类。引入亲和度损失函数,提升网络对相似情绪下生理信号各特征的区分能力。视线估计过程分为两个阶段,第一阶段为头部姿态和身体朝向估计,第二阶段为视线估计。在第一阶段中,系统利用鱼眼相机采集干预图像,并分别对图像中儿童头部和身体进行定位,针对当前帧提取头部特征、身体特征,根据当前帧与前期视频信息计算儿童在当前帧的运动速度,将速度特征与头部特征和身体特征结合,输入神经网络,利用时序特征估计儿童在当前帧的头部姿态和身体朝向。在第二阶段中，将第一阶段得到的头部姿态和身体朝向输入第二个神经网络，进一步估计儿童的视线（包含视线方向与可信度）。针对部署在干预系统中的三个鱼眼相机，每个视角都输出相应的视线方向与可信度，根据可信度对每个视角视线的估计结果进行加权求和，从而得到最终视线估计结果。最后，基于视线关注点的抖动情况判断儿童的注意力是否仍然集中在范式内。通过融合基于面部表情的情绪识别结果、基于生理信号的情绪识别结果与注意力抖动情况，得到最终的儿童情绪识别结果。如果儿童情绪积极且专注，则提高干预难度，否则下调干预难度，直至人工介入。

2. 基于 CAVE 系统的自闭症辅助干预原理

基于国内外自闭症儿童教育和干预的权威干预体系与丰富经验，包括结构化教学法、应用行为分析治疗、人机关系交互干预、社交故事和地板时光，可以开发基于 CAVE 式干预系统的社交能力干预课程。针对不同能力发展水平的儿童，逐级设计有针对性的、有难度梯度的社交干预范式。例如，以基础认知训练为基础，包括对颜色、形状等基础认知能力的训练，不断增加训练场景的复杂度与训练目标的困难度，直至达到在类真实生活场景中训练社交能力的效果，完成从虚拟场景训练到真实生活社交场景的迁移。同时，针对 CAVE 系统特有的触控、肢体人机交互方式与传感器布局，设计 CAVE 虚拟现实环境专属游戏交互范式，提高干预范式的趣味性和沉浸度。

3. 面向配对能力的认知干预范式设计

配对是认知学习的基础发展能力，无论在学习颜色、形状还是对比概念时，均以配对作为首要发展阶段。配对是察觉两种物件或物种概念之间“相同”的能力，即运用视觉、触觉、听觉、味觉和嗅觉等来辨识对象。进行配对学习时，应从外形简单及明显的对象开始，逐渐发展至有许多细节、些许差异的对象，或需要仔细辨别的复杂图案，最后可换成字母、数字等比较抽象的符号。本节在儿童能专注于活动、能理解简单口头指令且已经熟悉交互方式的基础上，展示如何进行面向配对能力的 AI 辅助认知干预范式设计。

该范式分为四个基础干预等级，分别涵盖同形状不同颜色、同颜色不同形状、不同形状不同颜色和不同颜色的日常生活卡通道具。此外，系统还包括进阶的简单生活场景下的生活用品配对以及复杂生活场景下的生活用品配对。通过每个基础等级的训练，患者可以提升在限定干预场景下的配对能力。通过进一步的进阶训练，可以将限定场景下的能力迁移到现实生活场景，实现能力的结构化训练与迁移。干预场景如图 34.13 所示。

图 34.13 面向配对能力的认知干预场景图

每个干预等级中都会给出一个查询对象、一个待匹配对象与四个干扰项。查询对象与待匹配对象完全相同，待匹配对象与四个干扰项仅颜色不同。在 NPC 给出查询对象时，儿童需要在所有选项中找到待匹配对象。当儿童选择正确时，给予语音奖励：“做得非常好！这是一个黑色圆形！来看看下一个吧！”这里为了进行强调认知概念，需要语音说出道具的名称。例如，查询对象是一个红色三角形，则需要改成：“做得非常好！这是一个红色三角形！”如果儿童选择不正确，则给予语音反馈：“这不是我要找的东西，加油再试一试吧！”如果儿童情绪紧张或者长时间没有选择正确选项，则增加引导等级。范式引导等级与面向颜色形状基础能力的认知干预范式设计相同。儿童在当前等级的表现决定了干预等级的调控。由于不同关卡对应的能力区间差异较大,因此设计关卡转换标准如表 34.1 所示。

表 34.1 关卡转换标准

当前等级	过关标准	达到过关标准	未达到过关标准
等级 1	正确率大于三分之二	进入等级 2	先进入等级 2,人工干预
等级 2	正确率大于三分之二	进入等级 3	人工干预
等级 3	正确率大于四分之三	进入等级 4	重新开始等级 3
等级 4	正确率大于四分之三	进入等级 5	重新开始等级 4

34.6 总结与展望

"以人为中心 AI"促进了自闭症诊疗技术突飞猛进的发展,实现了从劳动密集型的人工诊疗到智能化的 AI 辅助诊疗的转型,提升了自闭症诊断的快速性、客观性、准确性以及自闭症干预的有效性、适应性,展示了 AI 辅助自闭症诊疗的光明前景。但是 AI 辅助的自闭症诊疗技术仍然处于发展阶段,还面临着许多挑战。

1. AI 辅助筛查

目前 AI 辅助筛查还处于临床试验阶段,并没有大规模推广应用,还有以下几方面需要提升以促进 AI 辅助筛查的临床推广应用。

(1) 提高针对自闭症亚型的适应性,拓宽 AI 辅助筛查的应用场景。目前,大部分的 AI 辅助筛查只针对自闭症谱系障碍中的一个亚型,只能在特定的人群中区分自闭症与典型发育儿童。而对于发育迟缓或者语言障碍等自闭症亚型的诊断,目前的 AI 辅助筛查方法的应用效果并不是很好,还有待进一步提高。AI 辅助筛查研究人员还需要针对自闭症的多种亚型开发适应性算法,提升 AI 辅助筛查工具对于不同亚型的筛查准确性,提升 AI 辅助筛查的总体泛化性,拓宽应用场景。

(2) 提升辅助筛查的自动化程度,提升评估结果的客观性。目前,AI 辅助筛查的结果生成自动化程度还不够高,仍然需要医生在筛查过程进行一定的操作,这导致筛查结果的精度与医生操作的准确性相关,使得筛查结果存在一定的主观性。因此,需要进一步提升 AI 辅助筛查的自动化程度,减少人为因素对筛查结果的影响,提升筛查结果的客观性,使得筛查结果更具说服力。

(3) 细化筛查过程中对能力的评估,提升筛查的精细度以及与后续治疗的连接性。目前,AI 辅助筛查得到的结果一般只针对自闭症亚型的分类,还不能给出自闭症患者的核心缺陷能力的评估结果,这不利于筛查结果的解释以及后续治疗方案的制定。因此,需要细化 AI 辅助筛查过程中对自闭症患者的能力评估,对自闭症患者的核心缺陷能力进行能力水平分级,提升 AI 辅助筛查结果的可解释性,方便后续治疗方案的制定。

(4) 标准化 AI 辅助筛查数据格式,提升泛化性。AI 辅助筛查是基于数据驱动的人工智能算法来完成的,因此需要采集大量的自闭症相关数据来完成算法训练。但是目前没有统一的标准化筛查数据采集场景,也没有统一的数据标注格式,导致无法建立适合大规模推广的标准化自闭症筛查数据库。标准化自闭症筛查数据库可以针对自闭症的不同症状或功能对数据进行分类,然后根据不同的模式对数据进行分类管理,并能够清晰地标记自闭症核心缺陷行为发生的时刻,这能够提升数据使用的便捷性,从而帮助算法研究人员更有针对性地研发 AI 辅助筛查算法,大幅提升 AI 辅助筛查的泛化性能以及准确性。

2. AI 辅助干预

自闭症儿童对 AI 辅助干预有着非常好的适应性,因此 AI 辅助干预是一种非常具有潜力的干预方法。目前 AI 辅助干预的实际应用还相对较少,主要流行于学术研究,因此还需要改进以下几方面来帮助推广 AI 辅助干预。

(1) 将家庭干预与 AI 辅助干预相结合,提升家庭干预效果。研究表明,家庭干预可以显著提升自闭症的治疗效果,但是作为家庭干预主体的父母,一般很少接受过正规的干预培训,只根据干预手册对自闭症儿童进行干预而缺乏第三方指导容易导致干预过程不规范,最终导致干预效果不明显。而在家庭干预中引入 AI 辅助干预,可以帮助父母规范干预过程,提高自闭症患者对于干预过程的适应性,显著提升家庭干预效果。

(2) 推进 AI 辅助干预方案个性化,提升干预治疗的有效性。目前,大部分 AI 辅助干预范式都是一般性干预范式,没有针对自闭症患者的能力水平进行适配,从而无法特别针对自闭症患者较弱的能力进行干预,导致干预效果提升不高。因此,需要针对自闭症患者的能力评估结果对干预方案进行个性化订制,从而提升干预效果,缩短干预周期,帮助自闭症患者快速提升核心能力。

(3) 构建干预方案智能推荐系统,减少医生负担。目前,自闭症干预方案的制定主要依赖于经验丰富的临床医师,但是目前国内自闭症医疗资源短缺,非常不利于自闭症疾病的管理。因此,需要在 AI 辅助干预过程中构建干预方案智能推荐系统,实现自闭症干预治疗方案的快速、客观推荐,并根据自闭症的干预治疗水平实时调整干预治疗方案,加速自闭症患者的干预治疗。

(4) 对 AI 辅助干预的自闭症儿童进行长期跟踪,验证 AI 辅助干预的长期有效性。目前,AI 辅助干预系统的研究工作主要聚焦于短期干预、少量受试者的效果验证。较少长期跟踪患者、研究长期干预情景下 AI 辅助干预的有效性,因此需要进行长期跟踪研究,验证 AI 辅助系统的长期干预有效性,提高 AI 辅助干预的接受度。

总而言之,自闭症 AI 辅助诊疗技术是一个具有广阔前景和潜力的研究领域,旨在通过人工智能技术来提高自闭症患者的诊疗水平和生活质量。虽然目前该技术还处于发展阶段,仍然面临着许多问题需要解决,但是随着研究的不断发展,在科技、医疗和社会的共同努力下,AI 辅助诊疗技术将会得到进一步的发展和推广,为自闭症患者和家庭带来更好的福祉。

参考文献

Aggarwal, J. K., & Ryoo, M. S. (2011). Human activity analysis: A review. *Acm Computing Surveys (Csur)*, *43*(3), 1-43.

Akshoomoff, N., Lord, C., Lincoln, A. J., Courchesne, R. Y., Carper, R. A., Townsend, J., & Courchesne, E. (2004). Outcome classification of preschool children with autism spectrum disorders using MRI brain measures. *Journal of the American Academy of Child & Adolescent Psychiatry*, *43*(3), 349-357.

Anzalone, S. M., Tilmont, E., Boucenna, S., Xavier, J., Jouen, A.-L., Bodeau, N., ... Group, M. S. (2014). How children with autism spectrum disorder behave and explore the 4-dimensional (spatial 3D+ time) environment during a joint attention induction task with a robot. *Research in Autism Spectrum Disorders*, *8*(7), 814-826.

Avola, D., Cinque, L., Fagioli, A., Foresti, G. L., Fragomeni, A., & Pannone, D. (2022). 3D hand pose and shape estimation from RGB images for keypoint-based hand gesture recognition.*Pattern Recognition*，*129*，108762.

Baio，J.，Wiggins，L.，Christensen，D. L.，Maenner，M. J.，Daniels，J.，Warren，Z.，... White，T.（2018）. Prevalence of autism spectrum disorder among children aged 8 years—autism and developmental disabilities monitoring network，11 sites，United States，2014. *MMWR Surveillance Summaries*，*67*(6)，1-23.

Baltrušaitis，T.，Robinson，P.，& Morency，L.-P.（2012）. *3D constrained local model for rigid and non-rigid facial tracking.* Paper presented at the Proceedings of IEEE Conference on Computer Vision and Pattern Recognition.

Beymer，D.（1994）.*Face recognition under varying pose*. Paper presented at the Proceedings of Image Understanding Workshop.

Billeci，L.，Narzisi，A.，Tonacci，A.，Sbriscia-Fioretti，B.，Serasini，L.，Fulceri，F.，... Muratori，F.（2017）. An integrated EEG and eye-tracking approach for the study of responding and initiating joint attention in Autism Spectrum Disorders.*Scientific Reports*，*7*(1)，13560.

Bodini，M.（2019）. A review of facial landmark extraction in 2D images and videos using deep learning.*Big Data and Cognitive Computing*，*3*(1)，14.

Bosl，W. J.，Tager-Flusberg，H.，& Nelson，C. A.（2018）. EEG analytics for early detection of autism spectrum disorder：a data-driven approach. *Scientific Reports*，*8*(1)，1-20.

Cai，H.，Fang，Y.，Ju，Z.，Costescu，C.，David，D.，Billing，E.，... Vanderborght，B.（2018）. Sensing-enhanced therapy system for assessing children with autism spectrum disorders：A feasibility study. *IEEE Sensors Journal*，*19*(4)，1508-1518.

Chen，B.，Ren，W.，Liu，H.，Li，H.，Xu，X.，Zhou，B.，& Xu，Q.（2022）.*AutoENP：An Auto Rating Pipeline for Expressing Needs via Pointing Protocol*. Paper presented at the Proceedings of International Conference on Pattern Recognition.

Chlebowski，C.，Robins，D. L.，Barton，M. L.，& Fein，D.（2013）. Large-scale use of the modified checklist for autism in low-risk toddlers.*Pediatrics*，*131*(4)，e1121-e1127.

Cootes，T. F.，Edwards，G. J.，& Taylor，C. J.（2001）. Active appearance models. *IEEE Transactions on Pattern Analysis and Machine Intelligence*，*23*(6)，681-685.

Cootes，T. F.，Taylor，C. J.，Cooper，D. H.，& Graham，J.（1995）. Active shape models-their training and application. *Computer Vision and Image Understanding*，*61*(1)，38-59.

D'Urso，G.，Ferrucci，R.，Bruzzese，D.，Pascotto，A.，Priori，A.，Altamura，C. A.，... Bravaccio，C.（2014）. Transcranial direct current stimulation for autistic disorder. *Biological Psychiatry*，*76*(5)，e5-e6.

de Belen，R. A. J.，Bednarz，T.，Sowmya，A.，& Del Favero，D.（2020）. Computer vision in autism spectrum disorder research：a systematic review of published studies from 2009 to 2019. *Translational Psychiatry*，*10*(1)，333.

Dharanya，V.，Raj，A. N. J.，& Gopi，V. P.（2021）. Facial Expression Recognition through person-wise regeneration of expressions using Auxiliary Classifier Generative Adversarial Network（AC-GAN）based model. *Journal of Visual Communication and Image Representation*，*77*，103110.

Disabilities，N. C. o. B. D. a. D.（2020）.*Key Findings from the ADDM Network：A Snapshot of Autism Spectrum Disorder*. Retrieved from https://www.cdc.gov/ncbddd/autism/addm-community-report/key-findings.html

Dover，C. J.，& Le Couteur，A.（2007）. How to diagnose autism.*Archives of Disease in Childhood*，*92*(6)，540-545.

Fanelli，G.，Dantone，M.，Gall，J.，Fossati，A.，& Van Gool，L.（2013）. Random forests for real time 3d face analysis. *International Journal of Computer Vision*，*101*，437-458.

Gorelick，L.，Blank，M.，Shechtman，E.，Irani，M.，& Basri，R.（2007）. Actions as space-time shapes. *IEEE Transactions on Pattern Analysis and Machine Intelligence*，*29*(12)，2247-2253.

Guo，X.，Li，S.，Yu，J.，Zhang，J.，Ma，J.，Ma，L.，... Ling，H.（2019）. PFLD：A practical facial landmark detector.*arXiv preprint arXiv*：*1902*.10859.

Gurbuz，S.，Oztop，E.，& Inoue，N.（2012）. Model free head pose estimation using stereovision. *Pattern Recognition*，

45(1), 33-42.

Hashemi, J., Dawson, G., Carpenter, K. L., Campbell, K., Qiu, Q., Espinosa, S., ... Sapiro, G. (2018). Computer vision analysis for quantification of autism risk behaviors. *IEEE Transactions on Affective Computing*, *12*(1), 215-226.

Hazlett, H. C., Gu, H., Munsell, B. C., Kim, S. H., Styner, M., Wolff, J. J., ... Botteron, K. N. (2017). Early brain development in infants at high risk for autism spectrum disorder. *Nature*, *542*(7641), 348-351.

Hume, K., Steinbrenner, J. R., Odom, S. L., Morin, K. L., Nowell, S. W., Tomaszewski, B., ... Savage, M. N. (2021). Evidence-based practices for children, youth, and young adults with autism: Third generation review. *Journal of Autism and Developmental Disorders*, *51*(11), 4013-4032.

Jiang, W., Ren, W., Chen, B., Shi, Y., Ma, H., Xu, X., ... Liu, H. (2022). *Detection of Response to Instruction in Autistic Children Based on Human-Object Interaction*. Paper presented at the Proceedings of International Conference on Intelligent Robotics and Applications.

Kosmicki, J., Sochat, V., Duda, M., & Wall, D. (2015). Searching for a minimal set of behaviors for autism detection through feature selection-based machine learning. *Translational Psychiatry*, *5*(2), e514-e514.

Liang, D., Liang, H., Yu, Z., & Zhang, Y. (2020). Deep convolutional BiLSTM fusion network for facial expression recognition. *The Visual Computer*, *36*, 499-508.

Lin, R., Zhang, H., Wang, X., Ren, W., Wu, W., Liu, Z., ... Liu, H. (2022). *Multi-task Facial Landmark Detection Network for Early ASD Screening*. Paper presented at the Proceedings of International Conference on Intelligent Robotics and Applications.

Liu, J., Wang, Z., Xu, K., Ji, B., Zhang, G., Wang, Y., ... Liu, H. (2020). Early screening of autism in toddlers via response-to-instructions protocol. *IEEE Transactions on Cybernetics*, *52*(5), 3914-3924.

Lu, F., Okabe, T., Sugano, Y., & Sato, Y. (2014). Learning gaze biases with head motion for head pose-free gaze estimation. *Image and Vision Computing*, *32*(3), 169-179.

Lu, F., Sugano, Y., Okabe, T., & Sato, Y. (2012). *Head pose-free appearance-based gaze sensing via eye image synthesis*. Paper presented at the Proceedings of International Conference on Pattern Recognition.

Malassiotis, S., & Strintzis, M. G. (2005). Robust real-time 3D head pose estimation from range data. *Pattern Recognition*, *38*(8), 1153-1165.

Manal, E. R., Arsalane, Z., & Aicha, M. (2019). Survey on the approaches based geometric information for 3D face landmarks detection. *IET Image Processing*, *13*(8), 1225-1231.

Marin, G., Dominio, F., & Zanuttigh, P. (2016). Hand gesture recognition with jointly calibrated leap motion and depth sensor. *Multimedia Tools and Applications*, *75*, 14991-15015.

Marszalek, M., Laptev, I., & Schmid, C. (2009). *Actions in context*. Paper presented at the Proceedings of IEEE Conference on Computer Vision and Pattern Recognition.

Matsentidou, S., & Poullis, C. (2014). *Immersive visualizations in a VR cave environment for the training and enhancement of social skills for children with autism*. Paper presented at the Proceedings of International Conference on Computer Vision Theory and Applications.

Matson, J. L., Nebel-Schwalm, M., & Matson, M. L. (2007). A review of methodological issues in the differential diagnosis of autism spectrum disorders in children. *Research in Autism Spectrum Disorders*, *1*(1), 38-54.

Mehrabian, A., & Russell, J. A. (1974). *An approach to environmental psychology*: the MIT Press.

Murphy-Chutorian, E., & Trivedi, M. M. (2008). Head pose estimation in computer vision: A survey. *IEEE Transactions on Pattern Analysis and Machine Intelligence*, *31*(4), 607-626.

Myers, S. M., Voigt, R. G., Colligan, R. C., Weaver, A. L., Storlie, C. B., Stoeckel, R. E., ... Katusic, S. K. (2019). Autism spectrum disorder: Incidence and time trends over two decades in a population-based birth cohort. *Journal of Autism and Developmental Disorders*, *49*, 1455-1474.

Narayana, P., Beveridge, R., & Draper, B. A. (2018). *Gesture recognition: Focus on the hands*. Paper presented at the Proceedings of the IEEE Conference on Computer Vision and Pattern Recognition.

Nguyen, X. S., Brun, L., Lézoray, O., & Bougleux, S. (2019). *A neural network based on SPD manifold learning for skeleton-based hand gesture recognition*. Paper presented at the Proceedings of the IEEE/CVF Conference on Computer Vision and Pattern Recognition.

Nor, M. M., Jailani, R., & Tahir, N. (2016). *Analysis of EMG signals of TA and GAS muscles during walking of Autism Spectrum Disorder (ASD) children*. Paper presented at the Proceedings of IEEE Symposium on Computer Applications & Industrial Electronics.

Noris, B., Barker, M., Nadel, J., Hentsch, F., Ansermet, F., & Billard, A. (2011). *Measuring gaze of children with autism spectrum disorders in naturalistic interactions*. Paper presented at the Proceedings of International Conference of the IEEE Engineering in Medicine and Biology Society.

Organization, W. H. (2007). *International Classification of Functioning, Disability, and Health: Children & Youth Version: ICF-CY*: World Health Organization.

Oudah, M., Al-Naji, A., & Chahl, J. (2020). Hand gesture recognition based on computervision: a review of techniques. *Journal of Imaging*, *6*(8), 73.

Qin, H., Wang, Z., Liu, J., Xu, Q., Li, H., Xu, X., & Liu, H. (2021). *Vision-based pointing estimation and evaluation in toddlers for autism screening*. Paper presented at the Proceedings of International Conference on Intelligent Robotics and Applications.

Rad, N. M., & Furlanello, C. (2016). *Applying deep learning to stereotypical motor movement detection in autism spectrum disorders*. Paper presented at the Proceedings of IEEE International Conference on Data Mining Workshops.

Rodgers, M., Simmonds, M., Marshall, D., Hodgson, R., Stewart, L. A., Rai, D., ... Eldevik, S. (2021). Intensive behavioural interventions based on applied behaviour analysis for young children with autism: An international collaborative individual participant data meta-analysis. *Autism*, *25*(4), 1137-1153.

Rogge, N., & Janssen, J. (2019). The economic costs of autism spectrum disorder: A literature review. *Journal of Autism and Developmental Disorders*, *49*(7), 2873-2900.

Rosales, M. R., Romack, J., & Angulo-Barroso, R. (2018). sEMG analysis during landing in children with autism spectrum disorder: a pilot study. *Pediatric Physical Therapy*, *30*(3), 192-194.

Rowley, H. A., Baluja, S., & Kanade, T. (1998). *Rotation invariant neural network-based face detection*. Paper presented at the Proceedings of IEEE Computer Society Conference on Computer Vision and Pattern Recognition.

Sahoo, J. P., Sahoo, S. P., Ari, S., & Patra, S. K. (2023). DeReFNet: Dual-stream Dense Residual FusionNetwork for static hand gesture recognition. *Displays*, *77*, 102388.

Scassellati, B. (2007). *How social robots will help us to diagnose, treat, and understand autism*. Paper presented at the Proceedings of the International Symposium of Robotics Research.

Sokhadze, E. M., El-Baz, A., Baruth, J., Mathai, G., Sears, L., & Casanova, M. F. (2009). Effects of low frequency repetitive transcranial magnetic stimulation (rTMS) on gamma frequency oscillations and event-related potentials during processing of illusory figures in autism. *Journal of Autism and Developmental Disorders*, *39*, 619-634.

Sun, Y., Wang, X., & Tang, X. (2013). *Deep convolutional network cascade for facial point detection*. Paper presented at the Proceedings of the IEEE Conference on Computer Vision and Pattern Recognition.

Sun, Z., Ke, Q., Rahmani, H., Bennamoun, M., Wang, G., & Liu, J. (2022). Human action recognition from various data modalities: A review. *IEEE Transactions on Pattern Analysis and Machine Intelligence*.

Taffoni, F., Focaroli, V., Formica, D., Gugliemelli, E., Keller, F., & Iverson, J. M. (2012). *Sensor-based technology in the study of motor skills in infants at risk for ASD*. Paper presented at the Proceedings of IEEE RAS & EMBS International Conference on Biomedical Robotics and Biomechatronics.

Tekin, B., Bogo, F., & Pollefeys, M. (2019). *$H^{+}o$: Unified egocentric recognition of 3d hand-object poses and* *interactions*. Paper presented at the Proceedings of the IEEE/CVF Conference on Computer Vision and Pattern Recognition.

Thill, S., Pop, C. A., Belpaeme, T., Ziemke, T., & Vanderborght, B. (2012). Robot-assisted therapy for autism spectrum disorders with (partially) autonomous control: Challenges and outlook. *Paladyn*, *3*, 209-217.

Tsai, W.-T., Lee, I.-J., & Chen, C.-H. (2021). Inclusion of third-person perspective in CAVE-like immersive 3D virtual reality role-playing games for social reciprocity training of children with an autism spectrum disorder. *Universal Access in the Information Society*, *20*, 375-389.

Wang, J.-G., & Sung, E. (2007). EM enhancement of 3D head pose estimated by point at infinity. *Image and Vision Computing*, *25*(12), 1864-1874.

Wang, X., Bo, L., & Fuxin, L. (2019). *Adaptive wing loss for robust face alignment via heatmap regression*. Paper presented at the Proceedings of the IEEE/CVF International Conference on Computer Vision.

Wang, Z., Liu, J., He, K., Xu, Q., Xu, X., & Liu, H. (2019). Screening early children with autism spectrum disorder via response-to-name protocol. *IEEE Transactions on Industrial Informatics*, *17*(1), 587-595.

Wedyan, M., & Al-Jumaily, A. (2016). *Upper limb motor coordination based early diagnosis in high risk subjects for Autism*. Paper presented at the Proceedings of IEEE Symposium Series on Computational Intelligence.

Weilun, L., Elara, M. R., & Garcia, E. M. A. (2011). *Virtual game approach for rehabilitation in autistic children*. Paper presented at the Proceedings of International Conference on Information, Communications & Signal Processing.

Woolfenden, S., Sarkozy, V., Ridley, G., Coory, M., & Williams, K. (2012). A systematic review of two outcomes in autism spectrum disorder-epilepsy and mortality. *Developmental Medicine & Child Neurology*, *54* (4), 306-312.

Wu, W., Qian, C., Yang, S., Wang, Q., Cai, Y., & Zhou, Q. (2018). *Look at boundary: A boundary-aware face alignment algorithm*. Paper presented at the Proceedings of the IEEE Conference on Computer Vision and Pattern Recognition.

Wu, Y., & Ji, Q. (2019). Facial landmark detection: A literature survey. *International Journal of Computer Vision*, *127*, 115-142.

Xu, Z., Yang, Y., & Hauptmann, A. G. (2015). *A discriminative CNN video representation for event detection*. Paper presented at the Proceedings of the IEEE Conference on Computer Vision and Pattern Recognition.

Xue, F., Wang, Q., & Guo, G. (2021). *Transfer: Learning relation-aware facial expression representations with transformers*. Paper presented at the Proceedings of the IEEE/CVF International Conference on Computer Vision.

Zhang, H.-B., Zhang, Y.-X., Zhong, B., Lei, Q., Yang, L., Du, J.-X., & Chen, D.-S. (2019). A comprehensive survey of vision-based human action recognition methods. *Sensors*, *19*(5), 1005.

Zhang, W., Wang, Z., Cai, H., & Liu, H. (2018). *Detection for joint attention based on a multi-sensor visual system*. Paper presented at the Proceedings of International Conference on Mechatronics and Machine Vision in Practice.

Zhang, W., Wang, Z., & Liu, H. (2019). *Vision-based joint attention detection for autism spectrum disorders*. Paper presented at the Proceedings of International Conference on Cognitive Systems and Signal Processing.

Zhang, Y., Wang, C., Ling, X., & Deng, W. (2022). *Learn from all: Erasing attention consistency for noisy label facial expression recognition*. Paper presented at the Proceedings of European Conference on Computer Vision.

Zhao, H., Swanson, A. R., Weitlauf, A. S., Warren, Z. E., & Sarkar, N. (2018). Hand-in-hand: A communication-enhancement collaborative virtual reality system for promoting social interaction in children withautism spectrum disorders. *IEEE Transactions on Human-Machine Systems*, *48*(2), 136-148.

Zhou, H., Xu, X., Yan, W., Zou, X., Wu, L., Luo, X., ... Chen, X. (2020). Prevalence of autism spectrum disorder in China: a nationwide multi-center population-basedstudy among children aged 6 to 12 years. *Neuroscience Bulletin*, *36*, 961-971.

范进富, & 陈锻生. (2012). 流形学习与非线性回归结合的头部姿态估计. *中国图象图形学报*, *17*(8), 1002-1010.

刘佳惠，迟健男，& 尹怡欣.（2021）. 基于特征的视线跟踪方法研究综述. *自动化学报*，*47*(2)，252-277.

彭小江，乔.（2020）. 面部表情分析进展和挑战. *中国图象图形学报*，*25*(11)，12.

唐云祁，孙哲南，& 谭铁牛.（2014）. 头部姿势估计研究综述. *模式识别与人工智能*，*27*(3)，213-225.

五彩鹿自闭症研究院.（2015）. *中国自闭症教育康复行业发展状况报告*. Retrieved from https://weread.qq.com/web/reader/d74328b071cd10e0d743bfakecc32f3013eccbc87e4b62e

中华医学会儿科学分会发育行为学组，中国医师协会儿科分会儿童保健专业委员会，& 儿童孤独症诊断与防治技术和标准研究项目专家组.（2017）. 孤独症谱系障碍儿童早期识别筛查和早期干预专家共识. *中华儿科杂志*，*55*(12)，890-897.

作者简介

王志永 博士，硕士生导师，哈尔滨工业大学（深圳）。研究方向：从事视线估计技术、多模态融合感知与理解、人机交互技术及其在医疗应用领域的应用。E-mail：zhiyong.wang@hit.edu.cn。

王新明 博士，哈尔滨工业大学（深圳）。研究方向：从事视线估计技术、视线行为分析、社交行为理解及其在医疗应用领域的应用。E-mail：20B953008@stu.hit.edu.cn。

陈博文 博士，哈尔滨工业大学（深圳）。研究方向：从事人体行为理解、人物交互检测及其在医疗应用领域的应用。E-mail：chenbw@stu.hit.edu.cn。

聂 伟 博士，哈尔滨工业大学（深圳）。研究方向：从事表情识别技术，社交行为感知与理解，人机交互技术及其在智慧医疗领域的应用。E-mail：wei.nie@stu.hit.edu.cn。

张瀚林 博士，哈尔滨工业大学（深圳）。研究方向：从事视线估计技术、眼动与脑电相关分析、人机交互技术及其在医疗应用领域的应用。E-mail：hanlin.zhang@stu.hit.edu.cn。

刘洪海 博士，教授，欧洲科学院院士，IEEE Fellow，哈尔滨工业大学（深圳）。研究方向：从事多模态人机交互感知与理解、机器学习、机器视觉、医疗机器辅助智能系统理论及应用等方面的研究。E-mail：honghai.liu@icloud.com。

第 35 章

基于人工智能的智慧康复与无障碍设计

▷本章导读

随着人工智能技术的迅速发展，各个领域都在不断探索其应用。与此同时，社会对于特殊群体的康复和生存状况的关注也日益增加。因此，“以人为中心 AI”与康复辅助器具相结合，将有机会为智能康复医疗领域带来新的机遇。本章主要从基于人工智能的残障人士辅助技术及基于人工智能的信息无障碍设计两方面展开，系统梳理当前人工智能康复辅助设备、康复辅助技术及应用、信息无障碍设计呈现、应用案例等方面的内容，同时论述当前技术背景下所面临的一些难题以及未来的发展方向，最后展望未来人工智能、5G 技术与智能康复医疗的结合，有望逐步改变传统医疗模式，为康复辅助器具提供新的活力。

35.1 引言

1. 以人为中心 AI 的模式

近年来，中国各个领域蓬勃发展，计算机信息技术的进步也有力地推动了各学科的研究和应用。在智能时代，人机关系呈现出一种新的关系模式和研究范式，以“以人为中心 AI”作为智能时代工程的学科理念，为各行各业带来了新的机遇(许为等，2020)。此外，在智能时代，人类对于各种需求也更加丰富和多元化，涵盖生理、认知、情感、安全、个人隐私等方面。同时，智能技术、医疗、康复也正朝着残疾人、老年人、医疗康复等特殊群体的普及和推广方向发展，这促进了更广阔的医疗、康复领域的蓬勃发展，并开拓了针对这些特殊群体服务的一系列智能产品的应用落地场景，其中就包含残障人士辅助及信息无障碍设计相关内容。

2. 坚持以人为中心的人工智能残障人士辅助技术

据《世界报告》称，估计全球有 10 亿人(占世界人口的 15%)是残障人士(Kostanjsek et al.，2013)，有 1.19 亿人经历严重或极度功能损害。长久以来，我国残障人士也一直占据着很大的比例，国家也一直提供人文的支持、关怀和鼓励。现在，我国对残障人士的康复辅助技术越来越重视，为他们提供智能康复具有良好的社会价值。

50 多年前，美国研究者率先提出康复工程的概念，随着社会发展和科技进步，康复辅助技术展现出良好的发展趋势，为各类特殊残障人群提供了帮助，提高了生活质量。康复辅助技术是指为改善功能障碍者状况而设计和利用的装置、服务、策略和训练方法(张济川，2011)。目前，智能上肢康复机器人可以为上肢功能障碍人群提供生活便利；下肢骨骼机器人和可穿戴式下肢康复机器人可以让老年

本章作者：郭琪，吕杰，郭潘靖，王多多，李雨珉，汪瑞琴，徐浩然。

患者实现步行的可能；脑机接口的康复辅助技术可以为脑疾病和认知功能障碍患者提供表达自己的可能；智能助听器和视觉康复辅助系统满足了视听障碍患者的要求（张洪峰等，2022）。进入人工智能时代，国家强调了基于人工智能的康复技术的重要性，并重点加强了康复辅助器具前沿技术及创新研究，发展康复辅助器具的新理论、新方法、新技术和新产品。人工智能已经延伸到各个领域，包括机器人、模式识别、机器视觉、语言翻译、图像识别等。而智能康复实现了医学与工程的紧密结合，把多学科，例如康复治疗、神经科学、计算机技术、心理学等融为一体，不断提升康复辅助评估技术、康复干预技术、辅具适配技术、生活护理类辅具产品、功能代偿类辅具产品和康复训练类辅具产品六方面，以取得新的突破（樊瑜波，2019）。

3. 坚持以人为中心人工智能信息无障碍设计

1974年，联合国提出无障碍设计的概念，即旨在设计满足广大人群各项需求，并且特别关注儿童、老年人、残障人士等弱势群体。在无障碍设计中，"平等地使用"原则被视为首要原则（张玉忠等，2009）。我国也强调关注弱势群体各方面的需求，倡导营造具备人文关怀、安全舒适的现代生活环境，并确保以人为中心的设计理念。随着互联网的迅速发展，信息无障碍已经从起初的专属领域逐步普及如今的各类人群，包括特殊需求的健全人。我国对于信息无障碍的定义为：针对所有人，无论在什么情况下都能够平等、便捷地获取各种信息。信息无障碍包括两方面：信息技术和电子设备无障碍，以及网络建设的无障碍（马嫱，2014）。

信息无障碍设计涵盖多种残障人士，如视力、听力、言语、认知、神经功能障碍人士和老年人等。我国对信息无障碍设计的应用十分重视，涉及视觉包装、听力功能、软件应用、日常生活、康复治疗等多方面（马嫱，2014）。随着大数据时代的到来，我国正在积极发展人工智能产业，并将其应用于各个领域。其中，研究学者将数据挖掘、图像处理等分支应用于信息无障碍设计，以确保残疾人、老龄人和儿童能够平等、便捷、无障碍地获取和使用信息，从而改善所有人的视觉、听觉、体能、生理、心理等方面的能力和需求（刘业勤，2015）。信息无障碍设计具有重要的社会意义和研究价值，需要得到国家、政府以及社会各界的支持和帮助，这将有助于推动我国乃至全球信息无障碍交流事业的发展和进步。

35.2　基于人工智能的残障人士辅助

35.2.1　基于人工智能的康复辅助设备

随着我国人口老龄化程度的不断加重，2001—2020年老年人口的年均增长速率约为3.3%，高于世界平均水平，预计到2050年，老年人口将占我国总人口数的三分之一（李秋萍，2020）。由于脑卒中、脊髓损伤、脑外伤、慢性病康复等原因，残障人口数量迅速增加。康复辅助设备，如康复辅助机器人、可穿戴康复辅助设备和智能辅具可以有效辅助残障病人，满足他们的日常需求，为其提供自主生活的希望，从而大大提高使用者的生活自信心。

1. 康复辅助机器人

康复机器人的研究兴起于20世纪90年代，康复机器人涉及康复医学、生物力学、机械学、电子学、计算机科学、机器人学等领域，已成为国际机器人领域的研究热点（张晓玉，2012）。康复辅助机器人分为两类，分别是上肢康复机器人和下肢康复机器人。

1）上肢康复机器人

最常见的归类方法是按照不同的支撑方式以及机器人的构型将上肢康复机器人分为两类：末端

执行器式和外骨骼式(尹姣姣,2015)。

末端执行器式机器人采用刚性连杆机构,在患者肢体末端上工作。例如,采用五连杆串联机器人装置 MIT-Manus(Fasoli et al.,2003)(图 35.1),其主体是五连杆结构,具有两个自由度,可以协助患者完成手臂的平面运动以及沿着不同轨迹的运动,同步反馈手臂的运动参数(Reinkensmeyer et al.,2016),它可以帮助患者恢复手部和上肢的运动功能,可以用于中风、脊髓损伤、肌无力等病症的康复治疗,研究表明其取得了良好的疗效;西班牙瓦拉多利德大学开发的 E2Rebot 机器人(图 35.2)利用连杆的二轴滑动机构实现了二维空间的定位(Fraile et al.,2016),可用于治疗中风、脑卒中和上肢肌肉功能受限的患者,对改善上肢功能和生活质量具有积极的疗效。上海卓道医疗科技有限公司研发的 Arm Guider 康复机器人采用并联四连杆机构,可以提供个性化轨迹,患者可以在平面内完成被动、助力、抗阻三种训练模式(余灵等,2020),可用于治疗中风、脑卒中、手部损伤等病症,可以显著提高患者的功能恢复。意大利公司 Humanware 开发的 MOTORE 桌面式上肢康复机器人由三个全向轮驱动患者受损的上肢,并且将设备放在专用桌面上,利用光学技术读取位置(Jakob et al.,2018)(图 35.3),适用于治疗中风、脑卒中、手部损伤等上肢功能受限的患者,其在上肢康复中具有潜力,能够改善患者的功能恢复和生活质量;美国斯坦福大学开发的镜像运动增强型上肢镜像康复机器人(图 35.4)包括两个可移动的手臂支架,通过 PUMA560 的镜像驱动方式将患者健康侧的手臂运动轨迹复制到瘫痪侧,从而实现肩部、肘部、前臂三个关节的多自由度运动(冷冰等,2021),可以帮助患者恢复上肢肌肉力量、协调性和运动控制,提高患者的康复疗效;意大利 Padua 大学设计的绳索悬吊上肢康复机器人具有 3 自由度(Stefano et al.,2014)(图 35.5),可以用于治疗中风、脊髓损伤、手部肌无力等,可以改善上肢的肌肉力量,促进患者功能恢复;英国雷丁大学设计的悬吊上肢康复机器人(图 35.6)通过悬吊机构固定并拉动患者的相应关节,带动患者进行康复训练。

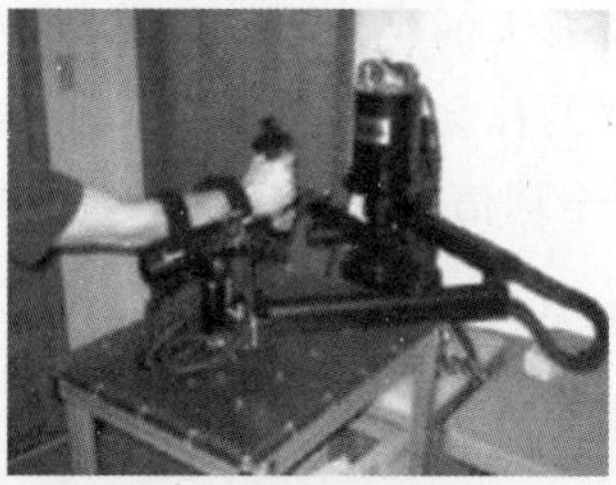

图 35.1 MIT-Manus 机构装置(Fasoli et al.,2003)

图 35.2 E2Rebot 机器人(Fraile et al.,2016)

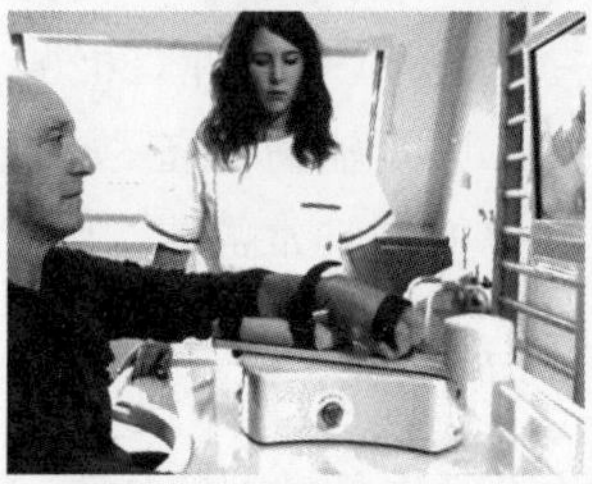

图 35.3 桌面式康复机器人(Jakob et al.,2018)

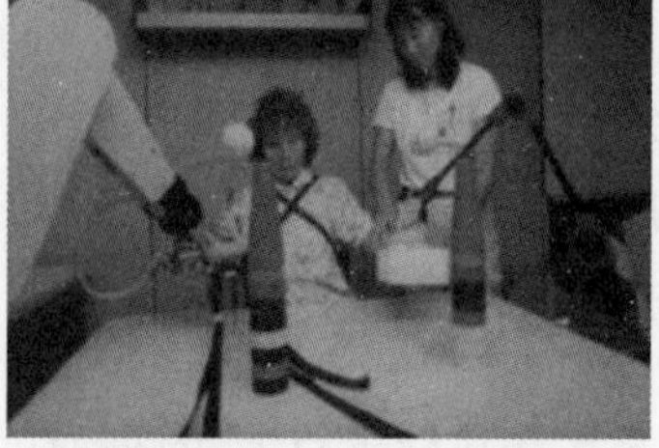

图 35.4 上肢镜像康复机器人(冷冰,等,2021)

外骨骼式机器人融合了人工智能和机械力学方面的知识。典型的外骨骼式康复机器人有以下几种:米兰理工大学 Marta 等设计的 BRIDGE 机器人(图 35.7)可以结合轮椅平台使用(Gandolla et al.,2017),适用于中风、脑卒中、运动障碍等患者,可以改善患者的运动功能和生活质量;英国南安普顿大学研制的 5 自由度上肢康复机器人(图 35.8)将电刺激系统和机械臂支撑机构相结合，构成一套完整的康复系统，主要针对由中风导致的上肢功能障碍(Cai et al.,2011)，适用于存在一定肌力的人群，对于无肌力或者肌力较低的人群不适用；意大利的 ALEx 上肢康复机器人(图 35.9)拥有一个座椅，座椅后安装有一个固定的框架式外骨骼，可同时连接两个机械臂，进而允许患者同时进行双侧康复运动(Mekki et al.,2018)，能够改善患者的运动能力和生活质量。美国亚利桑那大学研发了一种 4 自由度的康复机器人 RUPERT(图 35.10)，采用气动肌肉的驱动方式来完成康复训练，设计灵巧轻便，符合人体工程学要求(Sugar et al.,2007)，适用于各种上肢功能障碍的患者，能够帮助患者进行上肢康复训练。

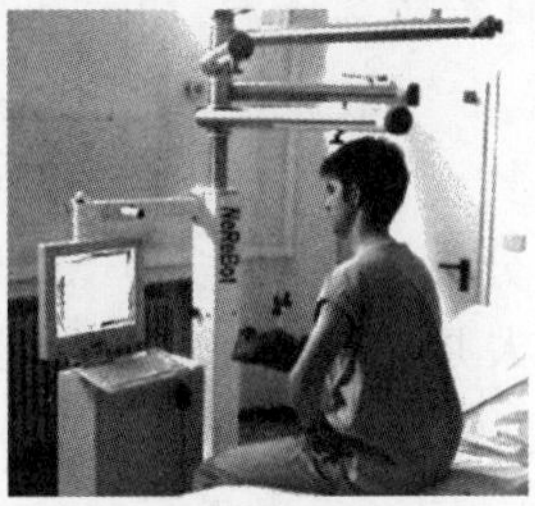

图 35.5　悬吊上肢康复机器人(Stefano et al.,2014)

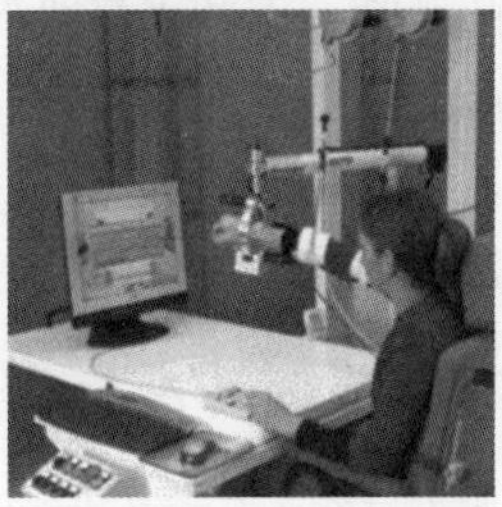

图 35.6　悬吊上肢康复机器人(Stefano et al.,2014)

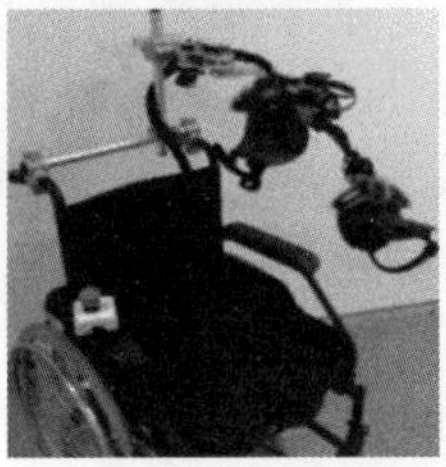

图 35.7　BRIDGE 机器人(Gandolla et al.,2017)

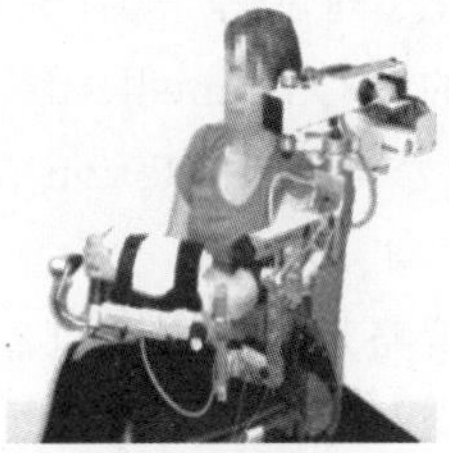

图 35.8　英国南安普顿大学康复机器人(Cai et al.,2011)

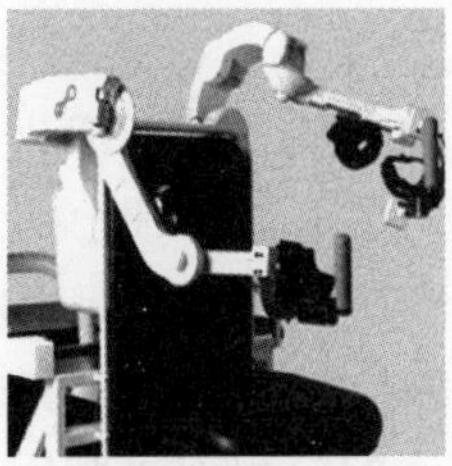

图 35.9　ALEx 上肢康复机器人(Mekki et al.,2018)

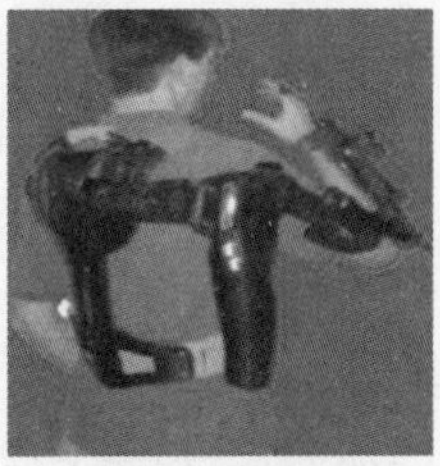

图 35.10　RUPERT 康复机器人(Sugar et al.,2007)

经过多年的发展，国内外的研究学者逐步深入地研究了主动训练、柔顺性控制、处方设计、康复评价等技术，并且目前已经开始应用于临床(Maciejasz et al.,2014)。但是现有的上肢康复机器人依然存在一些不足，如成本高、应用普及范围小、康复效果受限等(Krebs et al., 2011)。康复机器人的设计与实际患者的康复需求存在密切的联系，有一定的特殊性，因此在研究时更需要注重人机交互问题。

目前，结合人工智能和物联网打造上肢机器人康复系统的技术较为流行，这种系统使用传感器、机械臂和控制器等组件，帮助患者在康复过程中恢复上肢的运动能力，控制系统通过对患者和设备运动的实时数据进行采集、处理及反馈，针对不同情况的患者采用不同的训练模式，需要精度较高的控制系统及控制算法(冷冰等,2021)。控制系统主要是基于控制算法的力控制策略、位置控制策略和阻抗控制策略(李庆玲,2009)。人工智能技术可以帮助识别患者的动作和姿势,实时调整机器人的运动,以适应患者的需求;物联网技术可以将患者的信息和机器人的运动数据实时传送到云端,以便康复治疗师进行远程监测。

近些年,上肢机器人康复系统的研究取得了显著的进展,在机械设计、人机交互、软件开发等方面均取得了显著的成就。但其依然存在一些不足,如机器人的使用难度大、成本高等。未来,研究人员将会继续发展和完善上肢康复机器人系统,使机器人更加简单易用、高效实用。

2) 下肢康复机器人

脑卒中患者的步态通常具有不对称性和不稳定性(Woolley et al.,2001),这些会消耗患者身体能量并增加跌倒的风险。下肢康复机器人在患者步行康复训练中具有较多优点,如主动与抗阻结合性、可重复性、训练对称性、环境虚拟性、信息可反馈等(郑彭等,2017)。下肢康复机器人是一种特殊的康复辅助机器人,主要用于帮助患者恢复正常的步态,它与传统康复设备的主要区别在于,它可以通过人机交互和机器学习技术智能地支持患者运动。下肢机器人可分为站立式、多体式、坐卧式(杜妍辰等,2022)。较为具有代表性的产品有:最初的下肢康复机器人是由瑞士 Hocoma 公司所研制的 Lokomat(Chaparro-Rico et al., 2020);以色列研制的穿戴式下肢外骨骼机器人 ReWalk 是一款重要的下肢康复机器人,可以为髋关节和膝关节提供动力以模仿人体步态(薛建明等,2019),使患者重新学习站立和行走;瑞士 Hocoma 公司研制的 Erigo 多体式下肢康复机器人对于脑损伤患者的康复训练有着一定的疗效(刘林等,2015);也有一些通过脚蹬车的圆周运动来康复训练的机器人,例如 RECK 公司研发的 MOTOmedletto2 康复训练器以及坐姿使用的 MOTOmedviva(查海星等,2017);瑞士 SWORTEC 公司研发 Motion Maker 坐卧式下肢康复机器人的临床疗效很好(HU W et al., 2017)。

多模态交互策略是下肢康复机器人的一项重要技术,它定义了机器人与使用者之间的交互模式,该策略涵盖多种交互模式,包括触觉、视觉、听觉等,以帮助使用者更好地理解和控制机器人,从而提高人机交互的效率和体验。运动意图识别是下肢康复机器人的另一项重要的技术,这种技术可以通过识别患者的运动意图来支持患者的运动,例如,该技术可以通过识别患者的姿态和运动特征识别患者是否需要站立、行走或坐下。

随着科技的不断进步和研究的不断深入,下肢康复机器人的发展仍在不断演进,更多的研究和创新将为患者带来更多的选择和更好的康复效果。下肢康复机器人是康复领域中的重要研究方向,在帮助患者恢复步态和行走能力方面发挥重要的作用。但目前依然存在一些不足,如人机交互效果不佳、使用成本高等,因此未来研究人员应不断改进机器人的设计和控制算法,研究如何更好地融合机器人和使用者之间的交互,以提高效率。下肢康复机器人有着广泛的应用前景和巨大的潜力,但是依然不能取代康复治疗师,在临床步态康复中,应根据患者具体的身体情况与其他的康复技术相结合,为患者提供更有效的康复治疗(张佩佩等,2022)。

2. 可穿戴设备及其相关技术

可穿戴设备是一种康复辅助的工具,可穿戴设备是使用最广泛的产品,应用在生活的各个领域当中,包括用于健康监护、安全监测、家庭康复训练以及疗效评价方面,其优点有便携、不易受干扰、功耗低,能够让传感器继续保持运行(李炜喆等,2022)。可穿戴康复辅助设备通常使用传感器来获取用户的生理信息,如肌肉张力、骨骼角度等,并使用人工智能技术对数据进行分析。有监督学习算法、无监督学习算法和半监督学习算法等都可以用于识别患者的运动模式并调整辅助设备的参数,以最大程度地帮助患者恢复。数据挖掘、深度学习、有监督学习、无监督学习、半监督学习和强化学习等多种人工智能技术在可穿戴设备上都有很多实际应用。上肢与下肢康复机器人中也包含一些可穿戴设备，除此之外，可穿戴设备也有一系列代表性的产品，如 Myo Gesture Control Armband 是一款利用手势识别技术的可穿戴设备，它能够通过感应手臂的肌肉运动将手势转换为控制信号，实现与电子设备的交互，其广泛应用于虚拟现实与增强现实领域；Google Glass 是谷歌推出的一款智能眼镜，具备可穿戴计算和增强现实功能，可以将信息显示在视野中，实现导航、拍摄照片、实时翻译等功能；Apple watch 也是一款备受瞩目且流行的可穿戴设备，由苹果公司开发，它不仅是一款智能手表，还具备多种健康和健身功能，还能监测心率、血氧、睡眠质量等生理指标。这些代表性产品展示了技术的进步和创新，为用户提供了更加智能化、个性化和便捷的体验。

目前，可穿戴设备大致有以下几种研究方向。

(1) 可穿戴康复设备的设计和制造。通过计算机辅助设计，设计出适合患者身体形态的设备，以提高康复效果。

(2) 可穿戴康复设备的信息处理和控制。通过数据挖掘和深度学习等人工智能技术，对设备的数据进行处理，实现更加精细的控制。

(3) 可穿戴康复设备与人体运动模型的研究。通过建立人体运动模型，更好地理解人体运动规律，从而提高设备的康复效果。

可穿戴设备在不同领域中都发挥着重要的作用，为我们的生活方式和健康提供了新的可能性。但其仍然面临着一些挑战，例如电池寿命、舒适度和隐私保护等问题仍然需要解决。未来，可穿戴设备有望在健康管理、医疗辅助、虚拟现实、智能家居和人机交互方面发挥更加重要的作用。通过不断的技术创新和研究发展，我们可以期待更多功能强大、智能化、舒适度高的可穿戴设备产品的问世，为我们的生活带来更多的便利和可能性。同时，跨学科的合作和产业链的协同发展也将推动可穿戴设备行业拥有更广阔的发展前景。

35.2.2 基于人工智能的康复辅助技术

随着大数据时代的到来和人工智能技术的加速发展，智能康复和医学领域之间形成了紧密而不可分割的联系。特别是在后疫情时代，智能康复机器人、康复评定系统等技术在辅助康复训练和评估方面展现出巨大的潜力。传统的“被动式”康复逐渐转变为“主动式”康复，一些新技术，如机器视觉、虚拟现实、脑机接口、机器学习等在临床康复领域得到了广泛应用。

1. 基于机器视觉的康复辅助技术

机器视觉作为一种新兴技术，为康复领域提供了新的发展思路。基于机器视觉康复辅助技术能辅助康复人员从被动化到主动完成训练，实时评估康复效果和调整方案，以提高他们的肢体运动、触发躯干控制和平衡训练，并加速整个康复周期，提高医患双方的效率(杨荣等，2021)。

1) 机器视觉在辅助类康复辅助中的应用

辅助类康复辅助技术的范围较广，涉及老年人、残障人士出行以及家庭式主动康复等诸多问题，深受社会关注。机器视觉技术已逐渐渗透到辅助类康复装置中，包括智能辅助站立装置、辅助移动装置、辅助评估系统等，提高了他们的生活独立性与康复质量，减少了专业康复人员的短缺，满足了高质量人工护理的需求，缓解了家庭以及国家医疗保健系统的巨大经济负担。

辅助站立与残障人士出行的研究能够为老年人和残障康复人员带来实际的改善。例如，孙勇等基于视觉技术和运动捕捉技术，追踪手动标定的关节点位，获取关节的运动轨迹，为下肢通用型康复设备定制方案提供了重要支持，该方案能够有效提高患者的自主康复与坐立运动(STS)的训练效果

(孙勇等,2022)。

关于家庭式主动康复、远程视频会诊等问题,这是全球医疗系统的一个扩展部分。广泛使用远程视频评估设备能够减轻身体虚弱及行动能力受损的人的负担,并减少偏远地区的人获得医疗保健服务的不平等性。机器视觉技术有潜力提供客观的运动测量与评估,从而增强医生的临床判断,提高其准确性(Li et al.,2022)。国外 Tang 等基于 AlphaPose 算法和机器学习分类器建立了一个基于机器视觉的人工智能步态分析仪,用于早期筛查步态障碍患者(Tang et al.,2022)。国内许多研究学者也为此做出了卓越的贡献。江文提出了一种功能更为丰富的在线问诊和居家康复评估指导系统,利用人体姿态识别技术来识别人体骨骼,并与标准进行对比分析,为用户提供实时反馈和相应的指导意见(江文,2022)。针对人体体形差异和老年人动作滞后的问题,郑奇等则设计了一种基于计算机视觉和支持向量机的居家康复训练评估算法,仅针对老年人群平衡和活动能力等运动功能受损问题(郑奇等,2022)。因此,现阶段世界各国越来越倡导家庭康复训练,家庭式主动康复以及远程视频会诊的发展能够有效解决康复患者在离院后的康复过程中开展康复训练的高成本以及缺乏专业医护人员的指导和评估这两大问题,切实改善患者在家庭康复过程中锻炼方案坚持程度较低、治疗时间拖长、医疗费增加等难题,缓解其焦虑情感和提高生活质量。因此利用机器视觉等智能技术开展居家型主动康复对于出院后康复患者而言格外重要。

2) 机器视觉在肢体类康复辅助中的应用

肢体类康复辅助技术主要应用于上肢及下肢两大部分,具体细分为手指、手臂、大小腿部和各关节处的应用。基于机器视觉的肢体康复系统不受时间、空间的约束,能够为患者提供更高效、便捷的康复方式与环境。国外很早就开始了相关系统的开发,例如 Adamovich 等设计了手部虚拟钢琴康复系统(Adamovich et al., 2009);Heuser 等设计了虚拟击球以及插板等手部运动康复系统(Heuser et al., 2007);Ustinova 等开发了虚拟栽花系统(Ustinova et al., 2010)。林燕姿等基于机器视觉,针对手部运动功能障碍患者设计了 ARAT 康复训练系统,根据手部抓握状态模型,并利用体感控制器 Leap Motion 跟踪受试者手部抓握时的运动状态,促进手部运动功能障碍患者出院后持续的居家康复治疗(林燕姿等,2015)。除了手指康复的部分外,丁伟利等为提高中风以及其他神经损伤患者手部及上肢的运动及控制功能,基于视觉交互设计了一套经济实用的虚拟康复系统,通过对虚拟仪器的移动、推、抓等动作,能够有效帮助患者达到手部康复的目的(丁伟利等,2012)。

下肢康复机器人已经成为治疗脑卒中及行走障碍患者的重要康复设备,其设计方法形式各异,结合机器视觉也为康复机器人的运动检测提供了新思路。Shen 等设计了一种 3D 视觉系统的步行者型移动机器人,可自行感知人机的相对位置,增加康复锻炼的安全性(Shen et al., 2020)。祝敏航设计了视觉运动检测系统,以人机运动一致性为评价标准,检测评估康复外骨骼在康复训练过程中的执行效果,不仅评估了外骨骼设计的有效性,而且为外骨骼设计提供了改进参数,提高了执行效果(祝敏航,2016)。刘笃信坚持以人为中心的人-机协同智能研究,实现根据环境信息做出基于人的高级运动意图为主、机器自主决策为辅的实时规划调整,从而使人-机系统安全、稳定、可靠地完成辅助行走任务。此外,他将机器视觉技术引入下肢外骨骼机器人,并建立了多层次融合决策机制,为机器人系统提供行走环境中的视觉反馈(刘笃信,2018)。

3) 机器视觉在认知康复辅助中的应用

在康复训练中,脑卒中患者及脑退行性疾病患者常常面临认知功能障碍的问题。为了帮助这些患者恢复记忆、抽象思维、计算、理解等认知功能,机器视觉被应用于康复训练中。2004 年,Sharlin 等设计了一种用于认知训练的交互式系统,通过实时操作进行认知训练(Sharlin et al., 2004)。2012

年，为防止老年人脑力衰退，Chiang 等设计了用 Kinect 传感器提升老年人认知功能的体感交互游戏，有明显的改善效果（Chiang et al.，2012）。2015 年，Rudzicz 等开发了名为 ED 的移动机器人康复平台，旨在替代医务护理人员帮助认知障碍患者完成日常活动（Rudzicz et al.，2015）。如今，计算机辅助认知训练已经成为一种针对轻度认知功能障碍患者的有效干预措施，但目前的认知交互系统并不够友好。为改善这一状况，王一帆设计了一种基于机器视觉的认知训练模仿机器人系统。该系统以魔方训练为载体，通过手势进行人机交互，训练多种认知能力，能够有效地增强使用者在训练时的沉浸感与参与感（王一帆，2019）。由于不同康复训练需要对大脑的不同区域进行刺激，因此针对轻度认知障碍，陈浩东设计了基于机器视觉的辅助认知康复机器人系统，该系统使用机器臂和摄像头系统进行认知康复任务中的积木任务示教与锻炼（陈浩东，2019）。

4）小结

机器视觉作为人工智能重要领域之一，在机器人系统的研究设计中具有不可替代的作用，也得到了广泛的关注和应用。机器人所承担的任务越来越复杂多样，因此需要机器视觉作为信息反馈的装置，实现对环境的非接触式测量感知，同时获取更多的信息，提高机器人系统操作灵活性和准确性。此外，机器视觉技术与个性化 3D 打印技术相结合，正在成为康复领域的热点研究内容。这种技术主要应用于智能矫形器的制作，例如矫形鞋垫、假肢、脊柱侧弯矫形器等，以及各种类骨关节和订制化骨修复等人工器官植入与置换装置（杨荣等，2021）。然而对于目前的研究来说，仍存在以下问题。

① 国内机器视觉研究目前还处于初始研究阶段，虽然一些研发成果已经取得了进展，但大部分仍处于实验室阶段，泛化能力和通用性不高，距离大规模应用还需要创新和努力。

② 目前绝大多数研究成果都是基于健康患者的测试和应用，为了持续改进和反馈，加大对不同患者的测试是非常必要的，这将提高机器视觉技术的安全性和实用性。

2. 基于虚拟现实康复技术

虚拟现实通过计算机等处理器模拟生成三维虚拟数字世界，并可以通过软件程序和硬件设备提供真实且复杂的实时反馈，使人们在现实世界感知虚拟世界，并完成一系列的动作。作为一种新兴手段，虚拟现实技术目前已经逐渐应用于康复医学领域，为残障人士提供更真实、更便捷、更有效的康复手段。近年来，VR 技术在康复的各个领域中都展现出独特能力，尤其在神经康复、骨科康复、心脏康复、儿童康复等领域得到了广泛应用，并在认知障碍、上下肢运动功能障碍、平衡与协调障碍以及步行能力等康复训练中取得了不错的效果。随着技术的进步，VR 技术能够相对便捷地提供更加丰富的场景，并为不同程度个性化与不同功能障碍的身体部位搭建有针对性的训练场景。通过对患者视、听、触等不同感官的刺激，锻炼大脑的不同区域，从而改善患者的功能障碍区域（李泽辉等，2022）。

1）虚拟现实技术在认知障碍中的应用

国内外专业的康复医师会根据专业评估方法对脑卒中患者进行功能评定和康复治疗。康复治疗主要根据患者的受损部位进行针对性的改善工作，如认知、平衡、上肢功能和肌肉力量等。对于脑卒中患者的认知障碍，一些有趣的治疗方法逐渐被应用，并逐步代替传统的作业治疗。计算机辅助认知康复与虚拟现实技术相结合的方法已经在临床康复环境中得到广泛应用。研究证明，计算机辅助认知与虚拟现实相结合的疗法对脑损伤患者的记忆力、注意力、空间等认知障碍康复有着显著的效果，可以利用计算机、头戴显示器、传感器、接口设备等使参与者沉浸在一个随头部和身体动作自然变化的计算机生成的虚拟世界中进行康复治疗（Lange et al.，2012），例如 HMD 头盔沉浸式虚拟现实训练（Dong-Rae et al.，2019）、You Grabber VR 训练系统（Brunner，et al.，2014）等，它能够无约束并最大限度地使参与者与虚拟世界进行交互，可以提供不同强度、重复性高、多感知交互的目标任务，促进不同病变程度的脑功能障碍患者进行神经可塑性锻炼(Kleim et al.,2008)。与传统作业治疗相比,在康复治疗中运用虚拟现实技术可以促进患者的认知恢复,能够有效改善其日常生活活动(ADL)的能力,而 ADL 能力与认知能力息息相关。

帕金森病是一种罕见的中老年神经系统疾病,主要表现为震颤、运动迟缓、僵硬和姿势不稳定等运动功能障碍,但帕金森病还会侵犯患者的神经功能,表现为认知功能障碍及一些精神系统症状。其中,最常见的认知功能障碍表现为注意力、记忆力、执行能力的下降。为了应对上述症状,虚拟现实技术已经被运用在帕金森病的诊疗和康复中。一些任务导向性训练对于帕金森病患者的认知水平提高具有相当积极的作用。虚拟现实康复训练通过各种不同类型的游戏,有助于患者脑功能代偿及脑功能重组,使患者形成较好的信息处理能力和认知资源调动能力,从而促进帕金森病患者认知障碍的恢复。

2) 虚拟现实技术在肢体、平衡康复中的应用

虚拟现实技术在康复领域的应用可有效帮助患者恢复肢体运动功能,并且对于平衡能力和步速调节能力的改善也有显著的帮助。具体来说,虚拟现实技术主要惠及脑卒中、帕金森病上肢及平衡功能障碍患者、脊髓损伤下肢功能障碍患者等。

应用 VR 进行上肢运动功能康复在脑卒中后急性期、亚急性期和后遗症期均有显著的疗效(朱诗洁等,2021)。Shahmoradi 等将虚拟现实游戏应用于脑卒中的康复中,发现在上肢肩关节水平外展、肘关节屈曲、旋后和腕关节屈曲方面有着良好的应用效果,具有极大的潜力。在肌力低下患者的治疗练习中,通过反馈、评分、基于重复的任务以及根据患者能力订制不同级别的挑战(Shahmoradi et al.,2021)。VR 更有助于患者的肢体运动功能恢复,VR 交互时间的长短与改善程度呈正比(Gibbons et al.,2016)。此外,VR 技术还能够显著改善患者的平衡能力与步速调节能力。综上,VR 技术不仅能够帮助患者恢复肢体运动功能,还能够大大改善患者的日常生活质量。

有研究表明,虚拟现实技术对帕金森病患者平衡障碍的改善具有积极的作用。帕金森病患者的平衡障碍主要表现为运动迟缓,难以控制平衡能力,导致前馈控制困难。为了提高这种能力,运用 VR 能有效训练帕金森病患者形成前馈控制。通过有监督和无监督的上肢虚拟现实训练系统调节患者的上肢感觉运动功能,使得患者的腕关节本体感觉、手法灵活性以及握力均得到显著改善(Hashemi et al.,2022)。居家虚拟现实平衡训练对于帕金森病患者的运动速度和时间、平衡、姿势控制以及上肢功能等方面均有更为显著的影响(Yang et al.,2016)。虚拟现实技术中提供的 3D 图像可以有效提供良好地视觉刺激,从而改善患者平衡能力。此外,虚拟现实中的游戏反馈能够帮助患者在视觉跟踪的基础上获得自身在空间中的定位及运动方位,从而调节身体位置的控制,改善帕金森患者的震颤状态和冻结步态等问题。

3) 小结

① 虚拟现实技术为医学领域带来了一种全新的康复手段,在医院康复和居家康复治疗中都展现出了显著的治疗效果,主要集中在认知、运动、平衡、身心功能健康等多方面的诊疗上。

② 目前,虚拟现实技术的康复有效性参考数据相对较少,需要更多的临床试验来证实其有效性,并在康复过程中形成对应的治疗指南,指导 VR 康复训练。此外,还需要确定 VR 技术是否能对更多未知疾病进行康复诊疗,这也是未来的一大研究方向(李泽辉等,2022)。

3. 基于脑-机接口康复机器人技术

对于新型康复机器人而言,脑-机接口(BCI)是目前研究的热点。BCI 是一项新兴的神经技术,具有提高脑卒中(CS)、脊髓损伤(SCI)和肌萎缩侧索硬化(ALS)所致神经肌肉疾病患者生活质量的潜

力。脑-机接口是一种新的外部信息交换和控制技术,它可以使人脑与计算机或其他电子设备进行沟通控制,不依赖于传统的大脑信息输出途径,从而帮助严重运动功能障碍患者直接与现实世界沟通。脑机接口康复机器人的训练应用中,通过急性期主动康复,采用人脑和计算机两者协同作用的方式驱使人体或机器运动或运转,能够有效缓解脑神经功能障碍以及后续损伤,对于脑神经的修复有着积极的作用。对患者而言,相比于传统的康复训练,此种训练方式在康复表现上更为优异(何艳等,2021)。

1) 上肢运动康复的BCI康复机器人技术应用

由于脑卒中导致的损害性运动损伤对患者的生活质量影响巨大,脑机接口最常见的临床应用是脑卒中后的运动康复,其中之一就是手部康复。Buch等十多年前在这一领域就取得了突破性进展,他们使用基于脑磁图(MEG)-BCI控制的手矫形器进行脑卒中的预后康复(Buch et al.,2008),该技术能够帮助受试者调节手矫形器的节律振幅,以实现对矫形器的二元控制。然而,该研究并未实现显著的临床改善。在随后的研究中,大量非侵入性BCI技术被报道为一种干预工具,可以结合使用康复机器人或矫形器为临床康复提供帮助。在一些研究BCI康复机器人疗效的对照临床试验中提及了其积极的作用,这些研究使用Fugl-Meyer评分(FMA)和行动研究手臂测试(ARAT)来诱导上肢进行运动改善,并对其康复结果进行评估。然而,这些研究在患者人口统计学、损伤程度、病变位置、实验阶段之间的强度、间隔以及康复机器人类型(触觉旋钮、矫正装置、手外骨骼)方面有所不同,但在物理治疗之前进行BCI康复机器人训练并进行连续矫正反馈,可显著改善慢性中风患者的FMA。另一个重要探讨主题则是脑机接口对于康复干预的长期影响。在Ramos-Murguialday等(Ramos-Murguialday et al.,2019)的研究中,BCI康复机器人技术干预慢性中风受试者后,FMA显著增加,6个月的随访显示,患者的FMA均有所提高。Bhagat等(Bhagat et al.,2020)研究提出了一种用于肘关节训练的BCI外骨骼,它不仅表现出FMA和ARAT得分的显著改善,还论述了基于运动学的治疗后运动质量的改善情况,患者的运动质量改善均比普通物理治疗更好。

上述基于BCI康复机器人的研究均使用了体积庞大、身体结实的机器人,这些机器人通常价格昂贵,需要复杂的控制并限制运动范围。然而,软机器人是一类轻巧、可穿戴且采用柔性安装执行器的机器人,其应用已被证明可以提高手部康复的效果(Proulx et al.,2020)。因此,通过将软机器人与BCI集成,可以在反馈回路中引入非限制性、自然且真实的运动感觉,将对运动康复产生更为积极的影响。

2) 下肢运动康复的BCI康复机器人技术应用

目前,国内外对于脑卒中后下肢康复的研究并不多,在脑卒中患者的下肢康复中,有效的BCI设计是非常重要的,其一是BCI对肢体肌肉知觉的步行意图图像的闭环精确解码,其二是对康复机器人(或外骨骼)的实时控制。目前,前者往往受到下肢解码存在一些性能未优化的限制,而后者在进行康复训练中也存在一些安全风险。一些文献研究证明了使用BCI解码行走过程中下肢关节运动学和动力学的可行性。尽管如此,近年来国内外科研人员仍在广泛研究BCI步态解码器技术,表现出连续步态解码的高精度和潜力。最近,Nakagome等(Nakagome et al.,2020)对几种基于脑电图的步态解码方法进行了严格比较,以评估其在在线解码系统设计中的可行性。通过比较和探索从简单线性解码器到递归神经网络(RNN)等不同方法,为如何使用基于离线基准测试的RNN变体精确控制BCI的康复机器人提供了技术建议。最近一项针对健康受试者的研究采用了长短期记忆(LSTM)深度神经网络,实现了在离线和在线情景下对步态的稳健重建(Tortora et al.,2020)。

3) 认知障碍康复的BCI康复机器人技术应用

脑卒中患者除了由于神经损伤会导致运动功能障碍外,还常常伴随认知及交流功能障碍,因此需要积极干预以恢复和保留这些功能。对于神经认知损伤后的恢复，恢复速度和情况在很大程度上取决于患者在患病后进行专注和持续康复训练的数量和质量。然而，由于此种康复训练通常需要专业康复师的监督和管理，其局限性也非常明显，但并不是所有有效的认知、交流康复治疗都需要治疗师与患者接触，一种非接触的治疗方法逐渐被采纳，例如机器人与患者之间的交互也能够刺激患者的认知及交流功能(程洪等，2021)。

BCI 康复机器人旨在帮助患者基于运动想象产生运动意念，主动进行肢体运动训练，可以准确控制假肢、轮椅和键盘等外部设备，从而恢复部分日常功能。虚拟现实技术可以提供一个虚拟的、身临其境的、真实的空间或环境，为用户提供视觉、触觉、听觉和其他感官反馈。相较于传统的反馈方式，VR 反馈具有更积极、丰富、直观、直接和实时的反馈，具有积极的效果。国内部分研究机构也在致力于研发通过使用 BCI，并结合虚拟环境与上肢、下肢形成基础运动训练，让患者在游戏体验中进行运动和认知能力的训练。Zeng 等(Zeng et al.，2017)提出了一种结合 VR、BCI 和机器人技术的脑驱动下肢康复训练系统，个体可以通过该系统实现左转、右转和加速等多个指令，机器人和虚拟人同时执行相应的运动行为，患者取得了较好的康复训练效果。Lupu 等(Lupu et al.，2018)使用基于 MI 的 BCI 和 VR 系统对中风患者进行康复。根据虚拟治疗师的指导，个体使用 MI 控制 VR 场景中的虚拟角色。相较于传统康复方法，该方法不仅在现有基础上完成了运动康复的功能，同时对患者的认知功能也有提升，实现了相辅相成的治疗效果。

4) 小结

目前，BCI 技术主要应用于康复机器人，并在上肢、下肢运动功能障碍、认知功能障碍的诊疗中有着显著的康复效果。BCI 康复机器人的研究目前正处于快速发展的阶段，结合多领域对患者进行康复训练。多项研究已经证实了其临床功能影响，并为 BCI 引起的神经可塑性变化提供了神经生理学证据，表明 BCI 康复机器人是具有潜力的，但其仍存在以下问题。

① 目前可用的临床试验数据相对有限，其干预效果的说服力还有待提升。从小样本临床试验中观察到的差异具有临床意义，但不能被一概而论。

② 关于日常生活活动干预影响的报告也十分有限，阻碍了康复治疗转换为标准临床实践。

因此，未来的研究必须考虑康复方案的标准化，并通过大样本量和大规模的临床评估和长期研究确定 BCI 在康复机器人对于脑卒中疾病的康复影响情况。

4. 基于机器学习的康复预测、识别技术

目前，在康复治疗领域中，基于机器学习等相关智能模型的人工智能技术被广泛应用。机器学习是指机器能够自动学习的算法，主要是从大量数据中自动化分析并得出相应规律，最后利用所学规律对未知的数据进行预测。机器学习可以用于对康复训练患者的动作意图进行识别、分类，以及对预期康复结果进行预测。目前，人工神经网络、深度学习等技术成为机器学习领域的热点，广泛应用于康复治疗领域。

1) 基于人工神经网络的康复评定、预测、识别技术

平衡能力与老年患者的跌倒风险密切相关。对脑卒中、帕金森病、脊髓损伤等患者，评估他们的平衡能力非常重要。然而，目前更多的平衡能力评定方法采用间接且定性的问卷调查法，难以客观、定量地评定患者的平衡能力。有研究(Shestakov et al.，2007)发现，基于人工神经网络构建了虚拟的多关节生物力学平衡控制仿生仿真系统，并用模糊调节器模拟人体运动系统的各个特性。该研究使用 ANN 模拟真实环境和产生动作，能够快速、有效地定量评估参与者的平衡能力。也有实验(Pickle et al.，2019)使用摄影系统以及动态神经网络对患者进行平衡能力评定，通过一组身体节段的加速度

和角速度计算该阶段对角动量的贡献，评定平衡协调能力。然而，这些方法受限于样本数量有限和不同种类疾病之间的差异，缺乏临床可行性的研究。步态分析往往与平衡能力密切相关，一些中枢神经疾病或下肢功能障碍患者都存在不良的步态，这会严重影响患者的日常生活。目前，步态分析的康复主要是基于康复师对患者进行有计划、有规律的锻炼，并使用康复器具辅助行走以进行步态康复训练。现在，ANN 可以依据患者现有的临床行走步态数据对不同疾病、病程、年龄的患者进行反复的数据迭代，最终模拟计算患者的最终步态参数。随着研究的深入，可以通过患者的基本信息来模拟步态参数，并结合实际的临床步态参数精确判断患者的步态问题，从而客观且有效地制定康复训练计划。

目前，深度学习也应用于康复领域，主要采用卷积神经网络、循环神经网络、融合注意力机制模型等深层网络结构，应用于患者康复中的意图识别、动作识别和自动评定等领域。Wang 等（Wang et al.，2018）基于预训练的 AlexNet 模型生成了一个改进的多层卷积神经网络，用于识别和分类典型手势，从而实现了下肢康复辅助支撑系统的手势控制。任志扬（任志扬，2021）基于融合注意力机制的卷积循环神经网络模型实现了患者上肢康复训练动作的识别，最高准确率达 96.7%。樊炎（樊炎，2021）基于时空联合卷积神经网络，对提取的患者脑电信号的空间特征和时间特征进行分类，具有良好的运动意图识别效果。孙凡原（孙凡原，2022）基于计算机视觉的人体姿态估计，设计了一套基于深度学习的康复训练动作评价系统，能够自动对康复动作进行评分和评价，并能够纠正异常姿势，有效地促进了居家康复。

近年来，人工神经网络作为康复医学领域的热点，还被广泛应用于预测康复效果方面的研究。这些研究主要利用患者的人口学和临床特征来预测患者在接受康复治疗后的康复程度。目前，该领域已在多个康复领域得到应用，包括膝关节骨性关节炎康复程度、脊髓损伤患者步行能力、脑卒中后肢体功能预测以及驾驶车辆能力的预测等。

2）小结

如今，在医疗领域，机器学习已经取得了较大的发展，但仍面临着不少的挑战。

① 首先，无论是机器学习还是深度学习，都要基于海量数据进行模型预测、分类和识别。因此，缺少大量的真实数据是机器学习领域目前的一大挑战。由于医疗数据的特殊性，患者的隐私、部分数据的复杂程度都使得这一问题在目前不易解决。

② 其次，数据标准化和数据质量也是一大难题。不同医院在采集数据时使用的设备不同，难以实现相关数据的标准化。此外，数据质量问题也逐渐成为影响因素，质量低下导致数据训练难以准确分类，使用率低导致模型构建出现困难。

综上所述，人工智能的机器学习分支能够改善患者的康复训练，评定康复效果，预测最终康复结果和识别康复动作，改善了当前人机交互的状况。

35.2.3　康复辅助技术的人工智能应用（数字化创新）

人口老龄化带来的疾病高发、慢弱病残等问题将不断扩大康复辅助器具的需求市场。将智能产品融入居家护理、康复辅具（rehabilitation assistive devices，RADs）的个性化设计开发将成为未来长期的发展趋势。智能可穿戴传感器、物联网（internet of things，IoT）和云计算等工业 4.0 技术的成熟加速了 RADs 的迭代、数字化和智能制造系统，扩展了智能医疗保健服务的增值组件（Wang et al.，2022）。工业物联网（industrial internet of things，IIoT）利用传感、监控、控制、移动通信、智能分析等先进技术大幅提升生产效率，优化产品质量，降低产品成本，最大限度地减少资源浪费，引领传统工业发展进入智能化新时代。智慧产品服务系统（smart product-service system，SPSS）通过为用户提供个性化产品和增值服务实施产品生命周期管理机制，逐步形成互联网-产品-服务生态系统。然而，针对特殊人群的RADs的SPSS研究相对有限。本节将具体分析基于物联网的RADs生产模式和基于SPSS的特殊人群多模式医疗增值服务开发方法，为RADs设计厂商提供一定的指导。

1. 多模式医疗增值服务

IIoT、产品嵌入式信息设备、智能传感器等具有感知能力的智能互联产品(smart connected products，SCPs)在制造业中得到了广泛应用(Lerch et al.，2015)。此类SCPs推动了制造业由自动化向服务化和智能化方向的演进，实现了转型升级。智能互联产品通过"一体化"的协同运作，为保证上层制造系统与底层服务系统之间的实时双向信息交换，形成了以用户为中心的基于物联网的RADs生产模式。特殊人群一般是指由疾病所引起的肢体运动异常的人群。因此，引入多模态康复疗效评估机制可以改善特殊人群使用公共医疗服务的体验。传统模式下的康复评估是将患者的诊疗数据与行为调查数据相结合，利用单一数据评估特殊人群，其中大多数为用户体验数据集。然而，这种评估方法很容易受到用户心理、环境等因素的影响，误差较大，评估结果可能不够准确、客观、完整。因此，为了解决这些问题，现在有必要开发一套用户数据采集方法，结合智能互联产品用于康复评估系统和增值服务。

首先，用户需求是智能互联系统发展的主要动力。传统的产品制造更加注重功能和技术的改进，难以完全满足用户的需求。现有关于RADs的产品多集中于基于神经修复康复治疗技术的康复设备(Yakub et al.，2014)、外骨骼机器人和柔性可穿戴设备(Huo et al.，2014)。只有少数研究考虑了康复辅助设备和智能服务系统之间的集成，因此辅助设备的开发过程仍然缓慢，导致RADs市场有限。为调动用户的参与积极性，设备需要更加智能化，并具有分析数据的能力；配备传感技术以提高互动性；促进各利益相关者之间的良性互动，促进系统更好地升级改造。为避免评估结果的不准确，用户的需求是基于脑功能成像、行为数据追踪、临床评估测试共同生成的数据结果。传感系统将数据传输到采集模块，然后进行在线和离线处理(Wang et al.，2022)。

其次，数据的传递是系统发展中的关键环节。通过获取多源数据对加工链上的物料、生产设备、成品、运输产业链的控制，掌握产品制造的数字化信息，从而将信息进行集成处理，形成可用于决策的执行命令。

最后，个性化的增值服务是推动系统发展的重要因素，也是解决用户痛点的潜在机会。智能服务系统一方面满足了市场上某些特定需求，创造了新产品，提供了新服务，提高了市场效率；另一方面通过提高市场运营效率实现了人力资源价值。增值服务可提供以下应用模块。

(1) 推送个性化广告，发现用户有趣的康复需求，提供相应的定制RADs组件模块(例如，康复器具不同部位的尺寸选择)，提升患者的康复治疗体验。

(2) 开发适配的电脑游戏，通过智能产品互联更好地帮助患者进行治疗，并激发患者的积极性。让患者参与一个可以记录数据(游戏评分、活动范围、完成程度、治疗时间等)的游戏互动，并将其产生的数据上传至系统平台，帮助医生实时了解患者的治疗进度。

2. 智能产品服务系统流程

目前，RADs正朝着数字化、智能化、个性化的方向发展。数字化和服务化催生了一种新兴的商业模式——智能产品服务系统(Jia et al.，2021)。因此，研发部门不仅需要设计产品和功能，还应注重服务流程的管理和资源整合。服务系统涉及两类人群：一种是与服务相关的(如服务接受者——患者、家属，服务提供者——医生、康复辅具)，另一种是与利益相关的(如厂家及其他利益相关者)。此外，数据的采集、传输、存储和分析也是服务系统的重要组成部分。患者及其家属提供临床数据和移动终端实时反馈的行为数据，设备数据包括产品出厂时的设计相关数据和患者使用时产生的生理数据。对于服务提供者而言，数据资源不仅可以反馈用户需求而优化产品，还能为利益相关者构建环境，产生增值服务。通过用户人群调研、系统设计和建立个性化的智能康复方法，可以提供稳定的用户关系和拓展客户渠道。服务流程主要包括以下步骤：从用户角度出发，通过问卷调查、文献研究、行为分析、利益相关者价值网分析等方式锁定核心用户，分析用户行为，识别各阶段用户痛点和需求。系统流程主要可以分为五个步骤：用户需求分析；平台层开发；数据处理；服务创新；系统可用性评估。

3. 小结

鉴于目前还没有完善的政策机制，未来应逐步完善智慧医疗的相应产业链建设。医疗系统应广泛建立医患大数据系统，为医护人员和患者打造一个全新的线上线下结合的服务平台，实现医疗平台之间的资源共享。在注重创新的前提下，智能医疗产品的开发者应注重产品的性价比和普适性，直击患者的痛点，真正实现医疗的便民、利民。

35.2.4　康复辅助技术的5G拓展

在第五代(5G)移动技术的发展背景下，智慧医疗、物联网、大数据、云计算等技术越来越完善。虽然4G时代为医疗领域的许多应用奠定了基础，例如远程医疗、数据云、康复机器人等，但同时也留下了一些亟待解决的问题，如网络质量不佳、远程控制延迟等。考虑到我国的医疗发展水平，当前医疗发展的重点是推动智慧医疗与5G技术的深度融合，逐步推进医疗模式，让每个人都能获得优质的医疗服务。

第五代移动通信技术具有以下特点。低功耗：降低联网和设备使用功耗。泛在网：5G网络存在与覆盖将更加广泛。万物互联：5G可以将更多的人、数据和事物等结合，效率更高，联系更加多样化。重构安全：5G使得通信和网络发生变化，带来更高的安全需求(刘胜兰等，2020)。根据这些特点，结合医疗卫生服务可概括出以下四个应用。

(1) 在第五代(5G)移动通信技术的背景下，边缘计算不仅具有云计算的优势，还能利用更快的带宽和更低的延迟来快速有效地处理和分析数据，从而降低设备的使用功耗并提高运算效率。边缘计算通过节省时间和整合生活质量(quality of life，QoL)特征来提高用户体验的质量(Dave et al.，2021)。生活质量特征是患者评价医疗系统的重要指标。系统可以将医疗设备产生的数据实时反馈给平台，患者和医生可以同时查看这些数据，以便医生能够制定一个不断适应患者病情的个人治疗计划以加速患者的康复。

(2) 5G技术的低延迟将空口延迟降低到1毫秒，大幅降低了远程医疗操作中机械臂造成的延迟，提高通话质量，降低视频延迟，保证操作的准确性和带宽。未来，它可以与VR技术相结合，实现医疗领域的沉浸式体验，5G技术可以保证图像质量、交互速度，并提供带宽。手术操作过程中，移动终端可以清晰地显示主刀医生在外面的操作情况，便于培训外科医生。在康复治疗中，患者的高真实度体验和感官刺激也能大大改善治疗效果。5G技术的海量接入可以满足大量医疗设备的接入需求，构建智能化医疗服务系统，实现医患的高效安全信息互联(王润，2021)。

(3) 5G技术的进步带来了患者康复和治疗的重大变化，将传统的二维医患互动模式转变为涉及医生、保险、网络和患者的多维互动模式。这种新模式改善了医患关系，最大限度地满足了患者的需求，提高了医疗和日常生活能力，让更多的患者能够回归家庭和社区(曲鑫等，2021)。患者将从移动终端连接的数据库中获取各种信息，一是有利于对自身情况的了解，二是能享受专业医生的实时康复指导。对于慢性疾病，数据的收集、传输、处理和存储对于疾病控制至关重要。借助5G技术实现疾病的即刻诊断与干预，构建“医院-社区-家庭”三维健康管理交互模式也有望在未来实现。

(4) 智慧医疗的发展极大地方便了我们的生活。数据共享和集成系统的建立大大提高了医疗服务的效率。但是，随之而来的医疗数据安全问题应该得到更多的关注。随着5G在通信和网络化方面带来的变化，对于特定的医疗系统，只有特定的频率才能访问医院内的监控信号，数据只有在发送到软件时才能进行处理。一旦病人离开病房，如果他们不向护士报告，则护士无法获得病人的任何位置信息。如果发生危急情况，患者将无法得到及时治疗。在5G移动技术的支持下，设想的服务和商业模式将发生根本性的变化。最终，服务将由嵌入在不同网络切片中的不同提供商提供(Lillard et al.，2010)。

5G订制网推动了智慧康复医疗的发展，但同时也面临以下问题。

(1) 组网建设成本高。5G网络需要部署更多的基站，大约是4G基站的2～3倍，成本较高(王小平等，2020)。同时，通信网络必须保证网络服务质量，控制网络建设的速度。

(2) 设备管理难度大。5G医疗器械认证体系不完善，行业标准尚不成熟，这意味着使用5G的医疗器械将面临相关行业标准的要求。

(3) 通信质量标准高。由于传统的医疗模式是医生和病人之间的二维互动，在固定的地点为病人提供服务，而5G要想在医疗领域广泛应用，必须保证传输标准达到与医院内部网络相同的频率，因此在偏远地区也应大力发展电信技术，以确保远程医疗的顺利进行。医疗网络的部署应不断提高通信技术，以满足医疗系统的高要求。

(4) 数据安全和共享困难。建立内部云平台，确保病人的个人信息和医疗记录的安全，保证不同医疗系统之间灵活地传输和共享数据，满足患者足不出户的个性化服务需求。

35.3 基于人工智能的信息无障碍设计

“信息无障碍”是指在任何群体中，每个人获取和使用信息的机会和成本都是相同的(张世颖，2010)。在当前我国的信息无障碍设计中，“以人为本”一直是设计原则和理念。信息无障碍设计的目标是让每个人都能够平等高效地获取信息，这体现了我国在各方面发展中考虑到了每位公民的需求。

1. 信息的无障碍化设计原则

信息无障碍设计的本质在于使得不同群体，尤其是残障人士群体提高其整体的生活参与感和幸福感。因此，信息无障碍设计的原则必须以“以人为本”为核心要求，将“人”的需求置于中心，确保设计能够在各个群体中通用，适用于大众。主要的设计原则可以归纳为以下几方面(汪海波等，2019)。

(1) 信息无障碍设计的核心理念是“以人为本”，应该具有包容性，即最大限度地满足和平衡不同群体用户的需求，在实现信息无障碍设计不断发展和广泛应用的同时确保其可持续性和通用性。

(2) 为了让有认知障碍的残障人士更容易获取信息，信息无障碍设计应该遵循易读性原则。在设计商品包装或网页浏览界面时，在通常情况下，可以使用插图或图像信息代替枯燥的文字描述。在浏览导航界面中提供良好的内容组织结构，确保关键信息可以有效传达。

(3) 针对视觉障碍人群，应具有信息上的可传达性和操作的便利性。视觉障碍人群的范围为从无法分辨颜色到全盲。因此，在设计时应选择颜色对比度较强的配色方案，并在图片旁边提供对应的文字描述以弥补颜色方案中忽略的重要信息(洪嘉乐等，2019)。

(4) 在网站导航方面，信息无障碍设计应该具备简洁性、通用性和层次性。在进行信息无障碍设计时，整个网页的导航顺序应该遵循以下规则：从左到右，从上到下，由顶部导航到内容区，最后是页脚。这样的设计能够提高导航的清晰度和可用性，从而更好地为用户服务。

2. 信息的无障碍化处理方法

我国的信息无障碍化建设在某些城市中已经取得了一定程度的成就。但我们也必须认识到，城市的信息交换能力仍然处于初级阶段，并在信息无障碍化的全覆盖方面仍然存在许多问题。

(1) 就建设信息无障碍化环境而言，缺少专门性的法律法规和措施是地方层面面临的问题之一。

(2) 信息无障碍化环境设计缺乏相关产品技术，辅助型产品无法满足残障人士的多样化需求。此外，信息无障碍化产品的技术成果转化效果不佳。

(3) 信息无障碍化环境全方面建设缺乏资源投入，政府等建设主体履行责任的效果不尽人意。

(4) 在社会层面，各个群体对于信息无障碍环境建设的社会意识不够强，信息无障碍化的理念并未得到广泛传播(李牧等，2022)。

针对上述无障碍环境建设面临的问题，应该从三个层面解决，以进一步提供无障碍环境建设的保障。首先是国家层面，政府应加强信息无障碍建设的法律制度保障，包括整理相关法律条款并对其进行细化，提高政策的实操性，使信息无障碍化理念深入人心；其次是地方层面，政府应针对问题(2)和(3)采取相应措施，确保无障碍建设的技术和资源得到投入，应用智能新兴技术加快残疾人辅助产品的研发，并广泛招揽信息无障碍建设人才，以促进残疾人辅助产品的成果转化，实现无障碍环境建设高智力、高速度、高质量的发展；最后是群体层面，除了大力支持环境建设硬件方面，还应增强相关群体的意识和认知，促进每个行业具备完善对应服务的措施和规则，使信息无障碍化成为每个群体以及每个人自觉参与的活动。

3. 基于人工智能的信息无障碍呈现

信息无障碍的发展必然顺应着当代医工结合领域的发展潮流，也是社会发展的必然趋势，“人工智能+信息无障碍”的设计是大势所趋。在信息全球化的国际大环境下，信息的传播以及快速平等地获得信息成为每个人的现实需求，特别是身边具有肢体障碍、视觉障碍、听觉障碍这些生理上有缺陷的群体(唐思慧等，2011)。在信息无障碍理论中，技术领域涉及的范围是十分广泛的，其中秉承的核心思想就是“以人为本”。

1) 智能辅助装置

残障人士在日常生活中会遇到诸多不便，而辅助的无障碍设计产品在很大程度上能改善其生活质量。针对不同生理缺陷的弱势群体，设计者需要从实际情况出发去解决现状，例如对于视觉缺陷群体来说要有专门使用的阅读机，肢体障碍人群要有专门设计的电动轮椅等。

2) 平面介质

平面介质是最为便捷的一种传播方式，例如针对视障人群来说，就是在视障人群平时所需要的生活必需品上对其进行盲文标注。因此平面介质这个领域是信息无障碍技术的一个重要切入点。

3) 智能辅助的电子产品与服务

随着科学技术的不断发展与成熟，使得电子设备愈加智能化和方便化，例如针对听觉障碍人群的实时穿戴式聋人语言识别系统、智能手机关联耳机等个人扩音产品。针对这类特殊人群，设计者可以通过手机的硬件以及其内部的软件结合信息无障碍的理念去研发产品。

4) 互联网无障碍设计

互联网作为当今世界一大信息平台，也是一个跨度人群比较广泛的平台。在对于网页内容的设计和排版上要遵循国际通用的信息无障碍准则，可以让更多的弱势群体从网页的设计和排版中快速、便捷地获取相关信息。

5）城市公共基础设施信息无障碍服务

公共基础设施是城市能够正常运作的前提与基础，其中无障碍设计与城市公共设施的相结合成了一个不可避免的发展趋势。纵观世界历史，可以看到现在的许多发达国家在这一方面都有着健全的机制，这也是非发达国家城市建设中的一大缺憾。例如，在城市导航中，现有的城市导向标识设计可以使健全的人完成导航信息，但缺失了对于视障人群的考虑，导致在导航的过程中存在障碍。

4. 基于人工智能的信息无障碍的应用案例

1）人工智能＋视听辅助系统

人工智能与信息无障碍理念的结合可以解决当前社会中信息获取的问题。不同群体对于信息获取的特征以及使用需求不同，展现出了人工智能的广泛性，给视听、认知、语言等方面存在障碍的人群提供了帮助。

对于视觉障碍的群体，他们在视力上的能力较弱，需要更敏锐的听觉去辅助他们获取信息（马嫱，2014），因此在通过电脑获取信息时会选择屏幕阅读。屏幕阅读系统（JAWS）主要可以通过触摸屏幕的形式把文字实时转换为语言播放，使其获取信息（郭亚军等，2020）。对于听觉上有障碍的使用者，可以使用“讯飞听见”，其作用主要是将收集到的语言信息转换为文字在学习屏幕上呈现，并利用深度学习技术学习和分析不同场景下文字代表的意思。

对于认知障碍的群体，主要针对认知水平低于常人的群体。利用人工智能技术研发出的科大讯飞的“阿尔法大蛋”，依据儿童的认知特点，针对他们的口齿表达不清或者口语问题采用童声识别技术和语义服务，确保儿童可以无障碍交流，同时，知识谱图技术可以将各类技术、信息数字化整合起来供儿童使用。

2）人工智能＋图书馆信息无障碍设计

视障人群一直都是阅读障碍中最需要辅助的群体。近年来，人工智能等新一代信息技术的逐渐成熟不断为解决视障用户提供技术支持，主要针对视障人群提出了四点需求：服务支持需求、馆藏资源需求、技术支持需求以及主动性和心理疏导。

人工智能技术的快速发展不断改变着公共图书馆的信息无障碍服务。因为视障人群获取信息有限，故可以使用文本转语音的软件在计算机大屏幕上对数字文本进行朗读，将视障用户的阅读方式由传统的纸质阅读转换为全媒体阅读（杨志顺，2022）。同时，利用深度相机和远程机器人为不同视力状况下的使用者建设个性化图书搜索系统，针对不同使用者的偏好、总体特征开发出自然探测语音合成器，全面提升公共图书馆视障用户信息无障碍服务能力。

3）人工智能＋语言转换

听力损失是现在常见的慢性疾病之一，每年在听力方面受损的病人数量都在快速增加，有听力障碍的人与他人的交流主要是通过手语来完成的。然而，大多数健康人不懂手语，这不仅阻碍了听力障碍人群的健康生活和发展，同样也给社会带来了一定的压力。因此，将手语转换为相应语言的技术成为健康人与听力障碍患者沟通的一个主要媒介。近年来，传统的语言转换方法已逐渐被深度学习算法所取代，其优点是可以从大数据库中提取最佳特征。Nan 等提出了一种基于 DCGAN 训练手势识别和面部表情的模型，然后，他们又训练了一个基于 LSTM 的情绪语言声学模型，其手势识别的识别率为 93.96％，CK＋数据库中表情识别的识别率为 96.01％。两个模型的相互结合不仅实现了手语到情感语言的转换，同时还能准确表达面部表情（Nan et al.，2018）。

4）人工智能＋家居

近年来，随着人工智能、物联网等技术的不断发展，其对于人类生活的诸多方面都产生了积极的推动作用，智能家居就是在这个过程中孕育的一个新技术。智能家居无论是对于健康人群体还是残疾人群体都提供了一种更加便利、更加智能的生活方式。例如，开关灯在日常生活中是一件小事，结合智能家居的理念实现了仅使用语言来控制灯的开与关，同样的方法还可以辐射到电视、空调、窗帘布等。由此可见，智能家居的出现可以在很大程度上辅助残疾人群体的日常起居生活(Fernandes et al.,2017)。

智能家居对于健康人群来说就是一个可以省时、省力的小帮手。例如，智能家居最早出现在厨房的报警器方面，当燃气警报器检测到厨房内的燃气浓度过高时，便会立即切断燃气的供应。智能家居还可以在厨房电器设备上实现，如自动电饭煲、自动炒菜机，人们只需要将食材放入其中并设定好具体的口味、时间、功能，便可以等候美食出锅。

5) 人工智能＋社区

在智慧社区的建设上，特别是信息通信基础设施、信息无障碍环境建设、智能产品的使用和服务上仍然有很大的问题。优秀的智慧社区，如合肥市的部分社区针对老年群体，在基础医疗服务设施方面增设了阅读机器人、语音提示器。在门诊大厅放置了社区健康一体机，自助公共设备进一步实现老年人的就医便捷化(张圣欣,2021)。

智能产品对于老年人群体来说比较陌生，操作困难、字体太小等问题在他们接收信息上来说比较困难。所以，打造适老化(大字模式、声音响亮，同时可以使用语音控制)的人性化智能产品成了一个非常有优势的方面。在此过程中可以优化操作界面，提升老年人的人机交互体验，让老年人更好地融入信息无障碍环境。

从社区的角度出发，社区可以针对这些智能服务自行组织智慧社区的学习课堂供老年人学习，在此过程中，主动上门陪伴和指导教学服务可以更好地关注老年人群体的心理状态。

35.4 总结与展望

1. 基于人工智能的残障人士辅助总结与展望

在设备层面，康复辅助设备是为了帮助身体残疾或功能受损人群设计的，可以增强或恢复他们的生活能力，提高生活质量。随着人工智能、机器学习、大数据等技术的不断发展，康复辅助设备的功能会愈发强大，可穿戴、智能化等新型康复辅具设备将成为未来的发展趋势。

(1) 康复辅助设备将逐渐实现个性化订制，根据不同人的身体情况和需求进行设计和制造，从而更好地满足人们的需求。

(2) 随着人口老龄化趋势的加剧，康复辅助设备的需求也会不断增加，目前康复辅具设备的市场正在快速增长，预计未来也将继续增长。康复辅助设备已经应用到各个领域，成为康复治疗的重要手段之一。随着技术的不断进步和医疗市场的不断扩大，智能辅具的应用前景非常广阔，有望在未来实现更多的场景和创新应用。

在技术层面，随着人工智能的加速发展，避障、传感、机器视觉、虚拟现实、脑机接口、机器学习、深度学习等技术均在康复辅助技术中得到应用。一些智能化、个性化的设备也随之产生，为脑卒中患者、脊髓损伤患者、帕金森病患者、老年病患者的康复带来了更多的普惠和便利。尽管目前在价格、智能化程度上并没有满足人们当前的所有需求，但相信随着我国在智能康复技术领域的不断发展和创新，人们的需求一定会逐步得到满足。同时，我们也倡导各行各业的专业技术人员可以通过跨领域合作，为医疗康复行业贡献自己的力量。

人工智能在康复辅助技术中的应用还存在以下问题和挑战(骆陈城等,2021)。

(1) 在医疗康复领域需要更具有解释性的人工智能。在算法方面，需要提高其透明度和可解释性，推动算法审计。在疾病和康复面前，严谨性是首位的，必须通过具有科学性的解释来证明治疗和康复过程的合理性和有效性。

(2) 在医疗康复领域需要更具有保密性的人工智能。由于患者这一群体的特殊性，其隐私保护是重中之重。在数据挖掘和分析的过程中，一旦敏感的健康信息被暴露、剽窃、盗用，将给患者带来极大的安全隐患。

(3) 建立相关的技术标准体系或康复标准体系。目前，随着人工智能的快速发展，很多基于机器视觉、虚拟现实、脑机接口、机器学习等技术研发的设备已经投入临床测试使用。对于技术而言，人工智能应用于医疗康复行业的相关基础理论、框架、技术标准还存在些许不足。对于上述技术的评估、验证均需要一套完整并科学的体系和行业标准。对于患者使用设备而言，新型设备的安全性和有效性也是需要深刻考虑的。

未来，人工智能等新技术的诞生将进一步提升残障人士康复的种类和临床效果。在康复领域，人工智能和康复辅助器具的有机结合也必然为康复医学领域带来巨大的变革。

2. 基于人工智能的无障碍设计总结与展望

人工智能的出现对实现“所有人平等、便捷地获取和使用信息”这个目标起到了重要的推动作用，信息无障碍的理念与人工智能先进技术的结合推动人们向高质量生活的发展，建设智慧社区，实现信息共享符合世界城市建设发展的潮流。

(1) 未来要抓住先进技术的发展趋势，着力发展人工智能在信息无障碍领域的应用落地。

(2) 目前对于人工智能的开发与使用仍处在初级阶段，但是人工智能和云计算、物联网等技术的优越性、便捷性及实现的可能性已经体现，需要将其与信息无障碍在多方面有机结合，最终才能造福残障人士。

(3) 如今针对人工智能在信息无障碍技术上的交叉研究比较少，对于信息无障碍领域的自身研究与学科发展也远远不够深入，人工智能应用仅仅是技术发展的被动应用，所以应该对于信息无障碍的理论进行补充，同时加大对于两大学科的融合与研发力度，使人工智能的发展方向主要以人文为主(郭亚军等，2020)。

(4) 信息无障碍领域内的人工智能大多局限在某一具体情景，属于被动的人工智能，缺乏情景切换下的智能性，情景多次切换可能会导致无法继续使用的情况。当两大学科进行融合时，要使不同情况下的信息可以实现共享互通，因此在设计之初就要注重具体情景的结合，保证应用的通用性达到最大化(郭亚军等，2020)。

我们相信，随着这些技术不断地迭代更新、深度融合、协同发展，最终一定可以实现信息无障碍这一共同的目标。

3. 基于人工智能的康复医疗生态链

目前，人工智能的加速发展无疑带动了整个康复治疗的生态链发展，但中国智慧康复产业仍处于起步阶段，还没有完善的政策机制，未来应逐步完善相关技术、智慧医疗、智慧康复的相应产业链建设，其中包含所提及的多模态医疗增值服务及智能产品服务系统流程。

对于整个大健康领域，应当建立医患大数据平台，为医护人员和康复患者打造一个共享且免费的线上线下相结合平台，实现医疗系统之间的资源共享。此外，在注重隐私及创新的前提下，智能医疗产品的开发者应注重产品的性价比和普适性，切实解决目前康复患者的现实问题。

此外，5G技术有着良好的低延时性和高可靠性，与康复领域相结合能够改善残障患者的地域限制，提高优秀康复医院及优秀医生的利用率。相较于传统手段，将5G技术有机融合在智慧远程康复事业的构建中，能促进通信技术、信息技术、大数据技术的新发展。发展5G远程康复辅助事业与康复资源的有机整合，使得康复患者有机会平等、自由、无限制地接受康复辅助的资源，在诊断、治疗、监护康复等多层级给予切实的帮助，并减少康复支出，降低康复患者的经济压力。

最后，5G技术在信息交互方面有着不错的表现，在推进智慧远程康复事业中，其高带宽、低时延等优良的特性能够支撑包括康复辅助设备、智能产品服务系统的应用，对于康复数据的安全、高速传输，跨地域、跨机构的信息共享起到了至关重要的作用，可以有效提高优质康复资源的利用率和康复服务的整体效率，推动远程康复行业良性及可持续发展。而在保证基本的康复服务之外，还可以为残障人士提供更丰富的多模态医疗增值服务，从而实现价值链的延伸。未来，人工智能+5G技术+智能康复医疗的结合将有望逐步改变传统的医疗模式，真正实现全民共享优质医疗康复服务的目标。

参考文献

陈浩东.(2019).*基于机器视觉的认知康复机器人系统设计*(硕士学位论文,合肥工业大学).

程洪,黄瑞,邱静,王艺霖,邹朝彬 & 施柯丞.(2021).康复机器人及其临床应用综述. *机器人*(05),606-619. doi: 10.13973/j.cnki.robot.200570.

丁伟利,代岩,苏玉萍,曹秀燕 & 李小俚.(2012).基于视觉交互的手部运动虚拟康复系统. *系统仿真学报*(09),2027-2029. doi: 10.16182/j.cnki.joss.2012.09.027.

杜妍辰，张鑫，喻洪流.(2022).下肢康复机器人研究现状. *生物医学工程学进展*，*43*(2)，88-91.

樊炎.(2021).*基于卷积神经网络的运动想象意图识别及应用研究*(硕士学位论文,苏州大学).

樊瑜波.(2019).康复工程研究与康复辅具创新.*科技导报*(22),6-7.

何艳 & 张通.(2021).脑机接口技术在慢性脑卒中患者上肢康复中的研究进展. *中国康复理论与实践*(03),277-281.

洪嘉乐 & 孙琦.(2019).关爱无界——浅析视觉信息无障碍设计. *大众文艺*(13),121-122.

江文.(2022).*基于人体姿态识别的在线问诊和康复系统*(硕士学位论文,山东大学).

冷冰,李旺鑫 & 刘斌.(2021).上肢康复机器人研究及发展. *科学技术与工程*(11),4311-4322.

李牧,马卉,李群弟 & 胡哲铭.(2022).我国信息无障碍环境建设支持研究. *残疾人研究*(S1),42-50.

李庆玲.(2009).*基于sEMG信号的外骨骼式机器人上肢康复系统研究*(博士学位论文,哈尔滨工业大学).

李秋萍，韩斌如，& 陈曦.(2020).2018年我国社区护理研究现状及热点的文献计量学分析. *中华现代护理杂志*，*26*(22)，3041-3046.

李炜喆 & 田甜.(2022).可穿戴设备在医疗健康领域的应用研究. *石河子科技*(05),71-72.

李泽辉 & 王德强.(2022).虚拟现实技术在康复治疗中的研究进展. *中国医学创新*(06),184-188.

林燕姿,赵翠莲,范志坚 & 罗林辉.(2015).基于机器视觉的抓握状态模型及其适用性. *计算机应用与软件*(08),166-169.

刘笃信.(2018).*下肢外骨骼机器人多模融合控制策略研究*(博士学位论文,中国科学院大学(中国科学院深圳先进技术研究院)).

刘林.(2015).*下肢康复机器人的分析与研究*(硕士学位论文，沈阳工业大学).

刘胜兰,邱勤,赵蓓 & 杜雪涛.(2020).基于5G的物联网安全技术.(eds.)*5G网络创新研讨会(2020)论文集*(pp.125-129).《移动通信》编辑部.

刘业勤.(2015).*城市导向识别系统的视觉信息无障碍设计探究*(硕士学位论文,浙江工业大学).

骆陈城 & 李精钟.(2021).人工智能在儿童医疗健康领域的应用与思考. *医学信息学杂志*(10),54-59.

马嫱.(2014).*基于信息无障碍下的视障人群网购系统中的产品设计研究*(硕士学位论文,西南交通大学).

曲鑫,潘琳,刘威,陈安天 & 段晓琴.(2021).5G技术在康复医学领域的应用及进展. *机器人外科学杂志(中英文)*(03),213-219.

任志扬.(2021).*基于卷积神经网络的脑卒中上肢康复训练动作识别的研究*(硕士学位论文,电子科技大学).

孙凡原.(2022).*基于深度学习的康复训练动作评价系统研究*(硕士学位论文,浙江大学).

孙勇,朱留宪 & 冷真龙.(2022).下肢康复设备的用户定制设计方法研究.*机械设计与制造*(08),217-222. doi: 10.19356/j.cnki.1001-3997.2022.08.021.

唐思慧 & 邓美维.(2011).我国信息无障碍研究综述.*档案学通讯*(03),83-87. doi: 10.16113/j.cnki.daxtx.2011.03.011.

汪海波,胡雪茜,郭会娟 & 胡芮瑞.(2019).针对全盲用户的导航软件信息无障碍设计.*包装工程*(16),123-127+133. doi: 10.19554/j.cnki.1001-3563.2019.16.018.

王润.(2021).5G 技术在智慧医院建设中的应用.*医学信息*(11),26-27.

王小平 & 张定发.(2020).5G 技术在智慧医疗领域的应用场景研究.*现代临床医学*(01),62-64.

王一帆.(2019).*基于视觉的认知训练魔方机器人系统研究*(硕士学位论文,合肥工业大学).

许为 & 葛列众.(2020).智能时代的工程心理学.*心理科学进展*(09),1409-1425.

薛建明.(2019).医疗外骨骼康复机器人的发展.*医学信息*,*32*(9),11-13.

杨荣,宋亮,魏鹏绪 & 潘国新.(2021).机器视觉技术在康复领域的应用.*北京生物医学工程*(04),425-429.

杨志顺.(2022).*人工智能背景下公共图书馆视障用户信息无障碍服务研究*(硕士学位论文,郑州航空工业管理学院).

尹姣姣.(2015).*人体上肢康复训练机器人机构的综合与研究*(硕士学位论文,中北大学).

余灵 & 喻洪流.(2020).上肢康复机器人研究进展.*生物医学工程学进展*(03),134-138+143.

查海星.(2017).*坐姿肢体协同训练康复机构的设计与分析*.(硕士学位论文,合肥工业大学).

张洪峰,焦永亮,李博,徐桂勇 & 刘玮佳.(2022).人工智能在康复辅助技术中的应用研究进展与趋势.*科学技术与工程*(27),11751-11760.

张济川.(2011).康复工程和辅助技术的发展历程、内涵和理论基础.*中国康复理论与实践*(06),581-582.

张佩佩,CAO Ning,陈真 & 荣积峰.(2022).下肢康复机器人在早期脑卒中患者步态康复中的应用进展.*中国临床医学*(03),493-498.

张圣欣.(2021).*合肥市智慧社区建设成效实证研究*(硕士学位论文,安徽大学).

张世颖.(2010).信息无障碍:概念及其实现途径.*山东图书馆学刊*(05),37-41

张晓玉.(2012).*智能辅具及其应用*.中国社会出版社.

张玉忠,& 杨蕾.(2009)."图像时代"下视觉传达无障碍设计研究.*作家*,(16),259-260+266.

郑彭,& 黄国志.(2017).下肢康复机器人在脑卒中患者运动功能障碍中的应用进展.*中国康复医学杂志*,32(6),716-719.

郑奇,郭立泉,陈静,杨朝,王晓军 & 熊大曦.(2022).基于计算机视觉的居家康复训练评估算法.*小型微型计算机系统*(11),2336-2341.

朱诗洁,林书妍,许诗颖 & 杨永红.(2021).虚拟现实技术用于脑卒中后上肢功能康复的研究进展.*华西医学*(08),1120-1125.

祝敏航.(2016).基于机器视觉的下肢外骨骼康复运动检测系统(硕士学位论文,浙江大学).

Adamovich, S. V., Fluet, G. G., Mathai, A., Qiu, Q., & Merians, A. S. (2009). Design of a complex virtual reality simulation to train finger motion for persons with hemiparesis: a proof of concept study. *Journal of NeuroEngineering and Rehabilitation*, *6*(1), 28.

Bhagat, N. A., Yozbatiran, N., Sullivan, J. L., Paranjape, R., Losey, C., Hernandez, Z., ... & Contreras-Vidal, J. L. (2020). Neural activity modulations and motor recovery following brain-exoskeleton interface mediated stroke rehabilitation.*NeuroImage: Clinical*, *28*, 102502.

Brunner, I., Skouen, J. S., Hofstad, H., AMus, J., Becker, F., & Sanders, A. M., et al. (2017). Virtual reality training for upper extremity in subacute stroke (virtues): a multicenter rct. *Neurology*, 10.1212/WNL.0000000000004744.

Buch, E., Weber, C., Cohen, L. G., Braun, C., Dimyan, M. A., Ard, T., ... & Birbaumer, N. (2008). Think to move: a neuromagnetic brain-computer interface (BCI) system for chronic stroke.*Stroke*, *39*(3), 910-917.

Cai, Z., Tong, D., Meadmore, K. L., Freeman, C. T., Hughes, A. M., Rogers, E., & Burridge, J. H. (2011, June). Design & control of a 3D stroke rehabilitation platform. In *2011 IEEE International Conference on*

Rehabilitation Robotics (pp. 1-6). IEEE.

Chaparro-Rico, B. D. M., Cafolla, D., Tortola, P., et al. (2020). Assessing stiffness, joint torque and ROM for paretic and non-paretic lower limbs during the subacute phase of stroke using Lokomat tools.*Applied Sciences, 10* (18), 6168.

Chiang, I. T., Tsai, J. C., & Chen, S. T. . (2012). Using Xbox 360 Kinect Games on Enhancing Visual Performance Skills on Institutionalized Older Adults with Wheelchairs. *IEEE Fourth International Conference on Digital Game & Intelligent Toy Enhanced Learning*. IEEE.

Dave, R., Seliya,N., & Siddiqui, N. (2021). The benefits of edge computing in healthcare, smart cities, and IoT. *arXiv preprint arXiv*: 2112.01250.

Dong-Rae, Cho, Sang-Heon, & Lee. (2019). Effects of virtual reality immersive training with computerized cognitive training oncognitive function and activities of daily living performance in patients with acute stage stroke: a preliminary randomized controlled trial. *Medicine*.

Fasoli, S. E., Krebs, H. I., Stein, J., Frontera, W. R., & Hogan, N. (2003). Effects of robotic therapyon motor impairment and recovery in chronic stroke. *Archives of physical medicine and rehabilitation*, *84*(4), 477-482.

Fernandes, H., Alam, M., Ferreira, J., & Fonseca, J. . (2017). Acoustic smart sensors based integrated system for smart homes.*International Smart Cities Conference*. IEEE.

Fraile, J. C., Perez-Turiel, J., Baeyens, E., Vinas, P., Alonso, R., Cuadrado, A., ... & Laurentiu, L. (2016). E2Rebot: A robotic platform for upper limb rehabilitation in patients with neuromotor disability.*Advances in Mechanical Engineering*, *8*(8), 1687814016659050.

Gandolla, M., Costa, A., Aquilante, L., Gfoehler, M., Puchinger, M., Braghin, F., & Pedrocchi, A. (2017, July). BRIDGE—behavioural reaching interfaces during daily antigravity activities through upper limb exoskeleton: preliminary results. In *2017 International Conference on Rehabilitation Robotics (ICORR)* (pp. 1007-1012). IEEE.

Gibbons, E. M., Thomson, A. N., de Noronha, M., & Joseph, S. (2016). Are virtual reality technologies effective in improving lower limb outcomes for patients following stroke-a systematic review with meta-analysis. *Topics in stroke rehabilitation*, *23*(6), 440-457.

Hashemi, Y., Taghizadeh, G., Azad, A., & Behzadipour, S. (2022). The effects of supervised and non-supervised upper limb virtual reality exercises on upper limb sensory-motor functions in patients with idiopathic Parkinson's disease. *Human Movement Science*, *85*, 102977.

Heuser, A., Kourtev, H., Winter, S., Fensterheim, D., & Forducey, P. . (2007). Telerehabilitation using the Rutgers Master Ⅱ glove following carpal tunnel release surgery: proof-of-concept. *International Workshop on Virtual Rehabilitation*. IEEE.

Hu, W., Li, G., Sun, Y., et al. (2017). A review of upper and lower limb rehabilitation training robot.*Intelligent Robotic Applications*, 570-580.

Huo, W., Mohammed, S., Moreno, J. C., & Amirat, Y. (2014). Lower limb wearable robots for assistance and rehabilitation: A state of the art.*IEEE systems Journal*, *10*(3), 1068-1081.

Jakob, I., Kollreider, A., Germanotta, M., Benetti, F., Cruciani, A., Padua, L., & Aprile, I. (2018). Robotic and sensor technology for upper limb rehabilitation. *PM&R*, *10*(9), S189-S197.

Jia, G., Zhang, G., Yuan, X., Gu, X., Liu, H., Fan, Z., & Bu, L. (2021). A synthetical development approach for rehabilitation assistive smart product-service systems: A case study. *Advanced Engineering Informatics*, *48*, 101310.

Kleim, J. A., & Jones, T. A. (2008). Principles of experience-dependent neural plasticity: implications for rehabilitation after brain damage.

Kostanjsek, N., Good, A., Madden, R. H., Üstün, T. B., Chatterji, S., Mathers, C. D., & Officer, A. (2013). Counting disability: Global and national estimation.*Disability and rehabilitation*, *35*(13), 1065-1069.

Krebs, H. I. (2011, August). Rehabilitation robotics: an academic engineer perspective. In *2011 Annual International*

Conference of the IEEE Engineering in Medicine and Biology Society (pp. 6709-6712). IEEE.

Lange, B., Koenig, S., Chang, C. Y., McConnell, E., Suma, E., Bolas, M., & Rizzo, A. (2012). Designing informed game-based rehabilitation tasks leveraging advances in virtual reality. *Disability and rehabilitation*, *34* (22), 1863-1870.

Lerch, C., & Gotsch, M. (2015). Digitalized product-service systems in manufacturing firms: A case study analysis. *Research-technology management*, *58*(5), 45-52.

Li, R., St George, R. J., Wang, X., Lawler, K., Hill, E., Garg, S., ... & Alty, J. (2022). Moving towards intelligent telemedicine: Computer vision measurement of human movement.*Computers in Biology and Medicine*, *147*, 105776.

Lillard, T. V., Garrison, C. P., Schiller, C. A., & Steele, J. (2010). The future of cloud computing. *Digital Forensics for Network, Internet, and Cloud Computing*, *12*, 319-339.

Lupu, R. G., Irimia, D. C., Ungureanu, F., Poboroniuc, M. S., & Moldoveanu, A. (2018). BCI and FES based therapy for stroke rehabilitation using VR facilities.*Wireless Communications and Mobile Computing*, 2018.

Maciejasz, P., Eschweiler, J., Gerlach-Hahn, K., Jansen-Troy, A., & Leonhardt, S. (2014). A survey on robotic devices for upper limb rehabilitation. *Journal of neuroengineering and rehabilitation*, *11*(1), 1-29.

Mekki, M., Delgado, A. D., Fry, A., Putrino, D., & Huang, V. (2018). Robotic rehabilitation and spinal cord injury: a narrative review. *Neurotherapeutics*, *15*, 604-617.

Nakagome, S., Luu, T. P., He, Y., Ravindran, A. S., & Contreras-Vidal, J. L. (2020). An empirical comparison of neural networks and machine learning algorithms for EEG gait decoding.*Scientific reports*, *10*(1), 1-17.

Nan, S., Yang, H., & Zhi, P. . (2018). Towards Realizing Sign Language to Emotional Speech Conversion by Deep Learning. International Conference of Pioneering Computer Scientists, *Engineers and Educators*. Springer, Singapore.

Pickle, N. T., Shearin, S. M., & Fey, N. P. (2019). Dynamic neural network approach to targeted balance assessment of individuals with and without neurological disease during non-steady-state locomotion. *Journal of neuroengineering and rehabilitation*, *16*(1), 1-9.

Proulx, C. E., Beaulac, M., David, M., Deguire, C., Haché, C., Klug, F., ... & Gagnon, D. H. (2020). Review of the effects of soft robotic gloves for activity-based rehabilitation in individuals with reduced hand function and manual dexterity following a neurological event. *Journal of rehabilitation and assistive technologies engineering*, *7*, 2055668320918130.

Ramos-Murguialday, A., Curado, M. R., Broetz, D., Yilmaz, Ö., Brasil, F. L., Liberati, G., ... & Birbaumer, N. (2019). Brain-machine interface in chronic stroke: randomized trial long-term follow-up. *Neurorehabilitation and neural repair*, *33*(3), 188-198.

Reinkensmeyer, D. J., & Dietz, V. (Eds.). (2016).*Neurorehabilitation technology* (pp. 1-647). New York: Springer.

Rudzicz, F., Wang, R., Begum, M., & Mihailidis, A. . (2015). Speech interaction with personal assistive robots supporting aging at home for individuals with alzheimer's disease.*Acm Transactions on Accessible Computing*, *7*(2), 1-22.

Shahmoradi, L., Almasi, S., Ahmadi, H., Bashiri, A., Azadi, T., Mirbagherie, A., ... & Honarpishe, R. (2021). Virtual reality games for rehabilitation of upper extremities in stroke patients. *Journal of Bodywork and Movement Therapies*, *26*, 113-122.

Sharlin, E., Itoh, Y., Watson, B., Kitamura, Y., Sutphen, S., & Liu, L., et al. (2004). Spatial tangible user interfaces for cognitive assessment and training. *DBLP*.

Shen, T., Afsar, M. R., Zhang, H., Ye, C., & Shen, X. . (2020). A 3d computer vision-guided robotic companion for non-contact human assistance and rehabilitation. *Journal of Intelligent and Robotic Systems*(6).

Shestakov, M. P. (2007). Balance of a multijoint biomechanical system in natural and artificial environments: a simulation model.*Journal of Physiological Anthropology*, *26*(3), 419-423.

Stefano, M., Patrizia, P., Mario, A., Ferlini, G., Rizzello, R., & Rosati, G. (2014). Robotic upper limb rehabilitation after acute stroke by NeReBot: evaluation of treatment costs. *BioMed research international*, 2014.

Sugar, T. G., He, J., Koeneman, E. J., Koeneman, J. B., Herman, R., Huang, H., ... & Ward, J. A. (2007). Design and control of RUPERT: a device for robotic upper extremity repetitive therapy. *IEEE transactions on neural systems and rehabilitation engineering*, *15*(3), 336-346.

Tang, Y. M., Wang, Y. H., Feng, X. Y., Zou, Q. S., Wang, Q., Ding, J., ... & Wang, X. (2022). Diagnostic value of a vision-based intelligent gait analyzer in screening for gait abnormalities. *Gait & Posture*, *91*, 205-211.

Tortora, S., Ghidoni, S., Chisari, C., Micera, S., & Artoni, F. (2020). Deep learning-based BCI for gait decoding from EEG with LSTM recurrent neural network. *Journal of neural engineering*, *17*(4), 046011.

Ustinova, K. I., Perkins, J., Szostakowski, L., Tamkei, L. S., & Leonard, W. A. . (2010). Effect of viewing angle on arm reaching while standing in a virtual environment: potential for virtual rehabilitation. *Acta Psychologica*, *133*(2), 180-190.

Wang, P., Zhang, Q., Li, L., Ru, F., Li, D., & Jin, Y. (2018, May). Deep learning-based gesture recognition for control of mobile body-weight support platform. In *2018 13th IEEE Conference on Industrial Electronics and Applications (ICIEA)* (pp. 1803-1808). IEEE.

Wang, Z., Cui, L., Guo, W., Zhao, L., Yuan, X., Gu, X., ... & Huang, W. (2022). A design method for an intelligent manufacturing and service system for rehabilitation assistive devices and special groups. *Advanced Engineering Informatics*, *51*, 101504.

Woolley, S. M. (2001). Characteristics of gait in hemiplegia. *Topics in stroke rehabilitation*, *7*(4), 1-18.

Yakub, F., Khudzari, A. Z. M., & Mori, Y. (2014). Recent trends for practical rehabilitation robotics, current challenges and the future. *International Journal of Rehabilitation Research*, *37*(1), 9-21.

Yang, W. C., Wang, H. K., Wu, R. M., Lo, C. S., & Lin, K. H. (2016). Home-based virtual reality balance training and conventional balance training in Parkinson's disease: A randomized controlled trial. *Journal of the Formosan Medical Association*, *115*(9), 734-743.

Zeng, X., Zhu, G., Yue, L., Zhang, M., & Xie, S. (2017). A feasibility study of ssvep-based passive training on an ankle rehabilitation robot. *Journal of healthcare engineering*, 2017.

作者简介

郭　琪　博士，教授，博士生导师，上海健康医学院，上海健康医学院康复学院院长，上海市慢性疾病康复研究中心主任。研究方向：慢性病康复与老年病康复。E-mail：1981460083@qq.com。

吕　杰　博士，副教授，硕士生导师，上海健康医学院，上海健康医学院康复学院副院长。研究方向：生物力学系统建模与仿真，康复生物力学。E-mail：lvj@sumhs.edu.cn。

郭潘靖　硕士研究生，上海理工大学健康科学与工程学院。研究方向：康复生物力学，足底生物力学。E-mail：guopj981025@163.com。

王多多　硕士研究生，上海理工大学健康科学与工程学院。研究方向：生物力学。E-mail：wang1124x@163.com。

李雨珉　硕士研究生，上海理工大学健康科学与工程学院。研究方向：康复生物力学。E-mail：18616807860@163.com。

汪瑞琴　硕士研究生，上海理工大学健康科学与工程学院。研究方向：3D运动捕捉，生物力学。E-mail：2085431179@qq.com。

徐浩然　硕士研究生，上海理工大学健康科学与工程学院。研究方向：康复步态研究，足底生物力学。E-mail：1934146083@qq.com。

第 36 章

以人为中心构建虚实融合的教育元宇宙

▷本章导读

本章探讨以人为中心构建虚实融合的教育元宇宙，其基本要求是回归教育本质，符合教学规律，关键路径是在线教育和沉浸式教育的融合，而在线教育与线下教育、虚拟空间与实体课堂的融合是完善教育元宇宙的重要过程。本章提出以人为中心的沉浸互动计算系统框架与虚实融合的技术范式，并基于中远距离大幅面 AR、VR 和体感、手势等自然人机交互技术设计构建了四个虚实融合的教学系统。在不给教师和学生穿戴或绑定额外设备的前提下提供沉浸互动教学体验，让数字世界与物理世界有机融合，探索元宇宙应用到教学场景的最佳实践。

36.1 引言

2021 年，随着一些头部互联网公司先后入局元宇宙，引爆了各界对元宇宙新纪元的构想，人类也进入了主动开辟元宇宙的时代。元宇宙尚无统一定义，各界人士从不同角度也都有自己的理解（于佳宁等，2021）。笔者认为元宇宙是一种在线虚拟数字生活空间。一方面，人们逐渐适应了在线办公、在线学习等生活方式，为将来迎接更加完善的在线虚拟数字生活进行了铺垫，打下了社会基础；另一方面，人工智能、增强现实、虚拟现实、第五代移动通信技术、边缘计算、物联网、区块链等新兴技术在过去十年的集中爆发也为构建更加完善的在线虚拟数字空间提供了可能，奠定了技术基础（周鹏远等，2023；Lee et al.，2021；Ning et al.，2021）。

元宇宙在网络环境中构建人们工作、学习、社交、娱乐的沉浸化虚拟空间，并发展全新的数字经济与文化体系，这是网络与虚拟的融合。但元宇宙并不仅仅是虚拟空间，还要与物理世界和实体经济打通，才能发挥更大的价值，这是虚拟与现实的融合。虚实融合将贯穿在元宇宙的整个构建过程中，并辐射到元宇宙数字生活的方方面面，包括本章探讨的教育元宇宙。

元宇宙与教学结合使未来教育充满想象。回归教学本质、符合教学规律是教育专家对元宇宙系统的期待，但考虑到元宇宙刚刚兴起，目前的方案更多的还是基于现有的 VR 头显等设备开发适配教育的内容与应用。这在某种程度上还是以技术为中心，需要人以头戴等非自然的状态或多或少地适应设备的形态和能力。据此，本章探讨能否将以人为中心作为出发点，使技术的开发与应用充分考虑并符合教学规律，回归教学本质，构建虚实融合的教育元宇宙。

本章作者：段勇。

36.2 教育元宇宙

1. 以人为中心

元宇宙概念爆发之后，来自教育、计算机等相关领域的专家、学者和从业人员也都针对教育元宇宙提出了各自的方法建议与指导框架(李骏翼等，2022；Dahan et al.，2022；Han et al.，2021；Jeon et al.，2021；Jovanović et al.，2022；Kye et al.，2021；Suzuki et al.，2020；Xu et al.，2021；Zhu，2022)，基本共识就是教育元宇宙的构建要符合教育规律和教学原则。美国布鲁金斯学会于2022年发布政策报告《一个全新的世界：当教育遇上元宇宙》(Hirsh-Pasek et al.，2022)，在肯定了元宇宙将会给教育带来全新可能的同时，也指出需要将教育学中的一些原则和理念，包括学生“学什么”以及应该“怎么学”等研究结论应用到教育元宇宙的构建中。“学什么”明确了学生需要具备的6C技能组合：协同合作(collaboration)、交流沟通(communication)、知识内容(content)、批判思维(critical thinking)、创新创造(creative innovation)、自知自信(confidence)。“怎么学”总结了开展有效学习的6个原则：积极主动(active)、专注投入(engaging)、意义驱动(meaningful)、社交互动(social)、迭代更新(iterative)、快乐有趣(joyful)。教育元宇宙的构建要以人为中心，回归教育本质，符合教学规律(图36.1)。

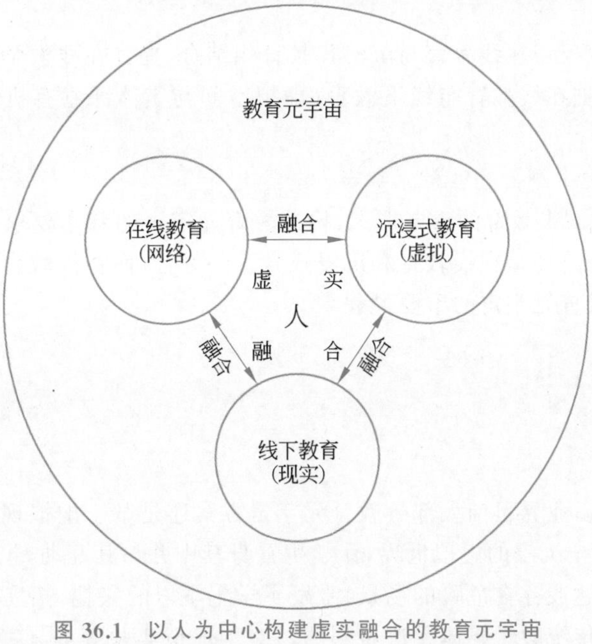

图36.1 以人为中心构建虚实融合的教育元宇宙

教育元宇宙因其沉浸化互动性等特点，在知识内容呈现、批判思维养成、创新能力提升方面具有优势，给学生带来积极主动、专注投入、迭代更新、快乐有趣的学习。但与此同时，教育元宇宙在社交互动、协同合作、交流沟通等方面却面临挑战，而合作与交流恰恰是6C技能组合的基础技能。报告指出，无论虚拟模型看起来有多么逼真，数字化身的互动始终无法代替真人互动，而后者对孩子的大脑发育和学习效果有重要影响(Hirsh-Pasek et al.，2022)。

2. 虚实融合

在线教育是人们接入教育元宇宙的基本方式，从诞生之初就承担着改造传统线下教育的使命。纵观当下的在线教育和线下教育，存在着效率和效果的矛盾。在线教育在打破时间和地域进行高效率教学的同时，牺牲了线下课堂教师对学生耳提面命的沉浸式效果。在线教育的推广和普及暴露了其诸多问题，如容易走神、损伤视力、答疑滞后等。后疫情时代，学生重返课堂，在线教育与线下教育也进入了融合发展的阶段。

沉浸式教育是人们体验教育元宇宙的主要途径，AR、VR是其关键技术。业界和学界近几年致力于通过AR、VR等技术提供沉浸式学习体验(黄奕宇，2018；Liu et al.，2017；Microsoft，2019)，相关机构也率先进入了对教育元宇宙的探索，未来只要戴上眼镜或头显，即可进入在线虚拟教学空间进行学习和训练。当前，VR教育已落地很多院校，基于头戴式设备的VR教室在给学生带来虚拟现实体验的同时，也带来了一些问题，如佩戴不适、交流不畅、头晕恶心等。这些问题的解决有待技术的进一步提高，也使人们开始关注其他形态的AR、VR设备用于教育场景的可能性(图36.2)。

VR头显　　立体显示　　CAVE系统　　AR眼镜

图36.2　虚拟现实与增强现实教学

构建教育元宇宙不仅要将在线教育与沉浸式教育相结合，提升在线教学的临场感与沉浸感，实现效率与效果的统一，还要把在线教育与线下教育、虚拟空间与实体课堂有机融合，构建虚实一体的未来教学空间。

3. 以人为中心构建虚实融合的教育元宇宙

如图36.1所示，作为未来教育的重要形态，构建教育元宇宙的基本要求是以人为中心，回归教育本质，符合教学规律，关键路径是在线教育和沉浸式教育的融合，而在线教育与线下教育、虚拟空间与实体课堂的融合是完善教育元宇宙的重要过程。

36.3 相关工作

1. 虚拟现实教学

元宇宙概念刚刚兴起，业界目前大部分教育元宇宙方案还是基于虚拟现实技术的VR头显方案。VR头显能够提供一个完全沉浸的虚拟世界，让学生置身其中并与其互动，包括大到宏观的宇宙，小到微观的粒子，或是难以到达或存在危险的场景，激发了学生学习的兴趣，拓展了学习探索的体验，增强了已学知识的记忆，这是传统教学媒体无法做到的。对于虚拟实验等场景，VR教学还有助于缓解一些学校在场地和经费等方面的困难与压力，同时提高实验教学质量。但与此同时，VR头显也因其设备形态特点使佩戴者完全与外部世界隔离，这就造成教师与学生、学生与学生在教学过程中的社交互动变得困难，而协同合作与交流沟通能力的培养对孩子的成长至关重要。此外，VR头显存在视觉辐辏调节冲突问题，这会导致生理上的视疲劳，长时间观看还会出现视力下降、视线模糊、眼睛干涩、头晕恶心等症状，不利于视觉健康(Hoffman et al.，2008；Wann et al.，1997)。

虚拟现实显示技术的核心诉求是提供沉浸式的视觉体验，因此要求显示系统具备足够大的视场角、足够高的分辨率，且最好能够呈现三维立体效果。头戴显示方案只是虚拟现实显示技术的一种，通过微显示技术直接将显示画面覆于人眼之前，提供了一种包裹式的沉浸感与立体感。当显示设备远离人眼后，我们依然可以通过增大显示系统画幅的方式提供沉浸视觉体验，例如CAVE就是一种多方位大幅面的沉浸投影显示系统(Cruz-Neira et al., 1992)，而结合偏光或快门式眼镜的立体显示设备也能够提供高沉浸感的三维效果(马群刚等，2020；Loup-Escande et al., 2016)。将这样的虚拟现实显示技术应用于教育场景，在给学生提供与头显类似的沉浸体验效果的同时，也能在一定程度上解决头显带来的协作困难与沟通不畅的问题。

zSpace公司致力于将立体显示技术应用于教育场景，包括笔记本电脑、一体机等设备形态。配合立体眼镜使屏幕显示的视差图像分别进入左右眼，形成立体视觉的效果。对触笔进行6个自由度的跟踪，能够在空间中对立体呈现的三维对象进行操作，目前已用于普教、职教等领域，包括物理、化学、生物、代数、几何、艺术等互动教学软件与虚拟实验内容。与VR头显不同，立体眼镜并非全封闭包裹式的，因此不会影响学生之间的沟通交流。

美国伊利诺伊大学于1992年首次提出并研发CAVE系统，让用户置身于多个投影面围成的立方体显示空间中，并佩戴3D眼镜感受沉浸化的立体虚拟场景，而动作捕捉设备能够让用户进一步与场景中的虚拟对象互动(Cruz-Neira et al., 1992)。该团队于2013年发布的CAVE2系统采用LCD屏幕拼接的方式建成一个环状的显示空间，相较投影方案有更高的亮度水平与更好的色彩体验，并同样支持立体显示效果(Febretti et al., 2013)。同样来自伊利诺伊州的Visbox公司也是全球主要的CAVE系统生产商之一，致力于CAVE系统的标准化构建与模块化部署，并用于各类场景。CAVE系统非常适合沉浸式教育，例如伊利诺伊大学物理系就曾将CAVE2系统用于天文课程，提供沉浸化教学体验。而随着CAVE系统技术的成熟，全球很多国家和地区的教育行业也将其作为沉浸化教学的方案之一。相较VR头显方案，CAVE系统支持多人协作，且不影响交流沟通，这对于虚拟现实在教育行业的应用非常重要。

通过对VR头显、立体显示、CAVE系统的讨论可以看出，虚拟现实技术方案可以根据设备与人眼的距离进行划分：VR头显覆于眼前(近距)，立体显示置于桌面(中距)，CAVE系统环绕空间(远距)。随着距离越来越远，显示幅面要对应增大以保持体验相当的视场角度。VR头显因采用微显示技术，所以能直接通过双眼前方的小屏幕显示视差图进行立体成像，而立体显示和CAVE系统则需要借助偏光或快门式眼镜将左右图像分离以产生立体视觉。VR头显、立体显示、CAVE系统带来的沉浸体验与视觉效果会因视场角、分辨率、显示尺寸及环绕度等系统参数的不同而有所差异，但用于教育场景时，在提供了相当程度的沉浸体验之后，协同合作与交流沟通是需要着重考虑的因素。立体显示与CAVE系统在合作与交流方面具有优势，即使在佩戴3D眼镜的情况下也优于完全封闭式的VR头显。

2. 增强现实教学

将虚拟现实技术应用于教育，主要还是在脱离物理世界的数字层面提供沉浸式体验。对于VR头显，虽然这个数字世界的参与者来自现实世界，但用户更多的还是以数字化身的形态进入虚拟世界。对于立体显示和CAVE系统来说，虽然用户本人面朝设备或置身其中进行互动，但物理用户与数字内容只是互动层面的关联，或称为浅度的融合。物理世界与数字世界、现实世界与虚拟世界的深度融合需要将虚拟数字信息与真实物理世界交叠，即增强现实技术。研究表明，相较书本教学，孩子在现实场景中学习会得到更多的意义驱动，也更容易实现知识的迁移(Hopkins et al., 2017)。虚拟现实当然可以通过逼真的图形模拟真实的效果，但在物理场景通过虚实融合进行教学会更加直接。

与虚拟现实技术类似，增强现实技术也可以根据设备与人眼的距离划分为近距、中距和远距三个类型。AR眼镜距离人眼最近，车载抬头显示(HUD)、镜面显示等设备的距离适中，全息投影则距离更远(Besserer et al.，2016；Elmorshidy，2010；Prabhakar et al.，2020)。这些增强现实技术都可以称为光学式 AR。还有一类增强现实方案使用摄像头采集现实世界的视频画面，并将虚拟数字内容在视频中进行叠加，可以称为视频式 AR。视频式 AR 与 VR 类似，只不过其数字画面来源于现实物理世界的直接拍摄，也可以看作一种增强现实升级版的 VR，通常使用在手机、平板等移动设备上。

将 AR 设备用于职业教育或企业培训，可以在行业场景中将增强显示的互动讲解与操作流程叠加在现场环境与设备上，帮助学员快速直观地理解生产流程或测试过程，并根据提示进行操作，这有利于知识的迁移并快速转换为职业需要的技能。系统也可以记录学员的实训情况，综合分析并给出建议，提升员工的职业能力。将增强现实方案用于学校教育，更多的还是与虚拟现实结合，通过增强显示、实物交互等方式增加教学过程的沉浸感与趣味性，激发学习的欲望。

3. 总结与分析

表 36.1 总结了上述虚拟现实与增强现实技术根据设备与人眼的距离所划分的类型。下面对这些技术应用于教学场景进行分析：VR 头显给教学带来沉浸感与互动性，激发了学生主动学习的欲望，但存在协同合作与交流沟通的困难，以及视觉健康的风险；立体显示与 CAVE 系统在维持沉浸互动体验的同时兼具合作交流的优势，不过虚拟现实方案整体来说还是脱离物理世界的虚拟数字环境，并未直接连接到现实生活与物理世界，而是通过模拟与构造的方式间接映射；增强现实将虚拟数字信息与真实物理场景交叠，更容易实现知识的迁移并转化为应用的能力，但 AR 眼镜等方式依然需要学生佩戴才能体验虚实融合的教学场景，也存在舒适度与视觉健康的问题，并且人与人的沟通也并非完全自然的面对面，而是看到彼此佩戴特殊的眼镜，在一定程度上会影响眼神的交流。综上所述，将这些方案用于教育还是以技术为中心，需要人或多或少地适应设备的形态和能力，甚至以违背部分教育规律和教学原则为代价。能否让教育元宇宙的构建回归教育本质，通过技术创新让人以一种与生俱来的自然状态沉浸在学习的乐趣中，而无需适应机器或选择取舍，真正做到以人为中心？

表 36.1　虚拟现实与增强现实技术

设备与人眼的距离 / 虚拟与现实的关系	近距（头戴式）	中距（桌面/壁挂式）	远距（空间式）	移动（手持式）
虚拟现实（脱离现实的虚拟）	VR 头显等	立体显示、大屏显示等	CAVE 系统等	手机、平板等兼有 AR/VR 特点
增强现实（叠加虚拟于现实）	AR 眼镜等	抬头显示、镜面显示等	全息投影等	视频式 AR 升级版 VR

36.4 设计思路和目标

纵观虚拟现实与增强现实的相关技术与方案，随着设备与人的距离越远，显示幅面尺寸也会越大，以满足沉浸观看的需要。相较近距离的头戴式设备，中远距离的设备能够提供裸眼虚拟现实和增强现实的体验，适合多人共同观看，也不会影响人与人之间的交流和沟通。将中远距大幅面 AR、VR 引入教育元宇宙的构建体系，并融入教学环境，能够在头戴设备之外提供更加多元的沉浸体验选项。教师和学生不再必须头戴设备才能体验元宇宙，而是可以通过融入教学环境的各类设备直接感受数字空间。数字内容也会适应不同环境设备的特点以恰当的方式呈现。另外，数字世界与物理环境的融合也使师生可以用更加自然的方式和教育元宇宙进行互动，而无需借助手持控制器或穿戴设备。

本章探索虚实融合的教育元宇宙，设计并构建虚实融合的教学系统。基本设计目标是以人为中心，在不给教师和学生穿戴或绑定额外设备的前提下提供沉浸互动教学体验，让数字世界与物理世界有机融合。接下来将提出以人为中心的沉浸互动计算系统框架，并梳理虚实融合的技术范式，然后基于这样的系统框架与技术范式构造多个虚实融合的教学系统和方案，应用到教育场景中。

36.5　系统框架与技术范式

36.5.1　以人为中心的沉浸互动计算系统框架

本章设计研发的沉浸互动教学系统本质上还是一个计算系统。自电子计算机诞生以来，从大型机到小型机，再到微型计算机，从台式机到笔记本，再到平板电脑、智能手机、可穿戴设备等，计算设备的物理形态发生了很大变化。而计算机网络的发展也从局域网到广域网，从传统互联网到移动互联网，使得计算设备的连接方式不断进化。尽管计算机技术的发展日新月异，但计算系统的结构却始终包括输入、输出、计算和网络这几部分。本章探讨的沉浸互动教学系统也由这几部分构成，不过相较传统的计算系统，在各部分都有自己的特点：是以自然输入、沉浸输出、智能计算与全真互联为特征构建的计算系统。

传统输入基于键盘、鼠标、遥控、触屏等设备，用户通常要先学习再使用，并通过主动明确的点击、触摸等行为进行操作。自然输入基于手势、体感、眼动、语音等人类本能的方式与计算设备进行交互，自然直观、简单易学且更为人性化。传统输出基于显示器、打印机、扬声器等设备，技术与效果都有了长足进步，例如显示设备就在逐渐轻薄化与精细化。沉浸输出从人的视觉、听觉、触觉乃至嗅觉和味觉等感官通道为用户提供身临其境的体验，显示效果也追求更加的沉浸化与立体化。传统计算基于软件和算法使计算设备成为重要的辅助工具与信息平台，驱动数字化与信息化。智能计算基于计算机视觉、机器学习等人工智能技术使计算设备成为感知人、理解人的智能体，实现智能化。传统网络从固网通信到移动互联，从音频文字到图像传输，再到视频串流，数据带宽不断提升。全真互联基于5G、云计算、边缘计算等技术，实现了虚拟世界的高速接入和虚实相融的稳定联通。

本章以自然输入、沉浸输出、智能计算与全真互联为系统框架构建虚实融合的沉浸互动计算系统。这并不仅仅是将人工智能、人机交互、增强现实、虚拟现实、5G、边缘计算等新兴技术应用于计算系统各部分并进行简单的升级，而是各模块彼此有内在的逻辑关联，构成一个有机完整的以人为中心的计算系统。对于以设备为中心的计算系统来说，人位于系统之外学习适应面前的计算设备。而以人为中心的计算系统，人置身系统之中，被周围的计算环境感知理解。为此，计算系统的各部分不仅要升级技术，还要协同配合才能实现以人为中心。

具体来说，沉浸输出需要自然输入：当用户不再面对台式机，而是置身于沉浸化、立体化的数字虚拟空间时，使用键盘、鼠标这样的传统输入就会有违直觉，而基于人类本能的自然输入则更加适合这样的环境与空间。自然输入要求智能计算：无论是手势、体感、眼动还是语音等交互方式，都要求计算机首先能够感知并理解人的行为，进而将其作为输入并加以回应，这是传统计算无法做到的。沉浸输出也要求智能计算：好的沉浸体验不仅仅是将人置于大幅立体显示或环绕立体声场中，还要能感知重建三维空间的人与环境，并将虚拟世界和物理空间进行映射叠加和有机融合，让人真正融入并沉浸在数字环境中。全真互联支持沉浸输出与自然输入：当沉浸虚拟空间需要远程接入，当大批数字化身涌入虚拟世界，海量的场景数据与频繁的自然交互需要高速、稳定、低时延且大连接的全真互联作为基础与保障。全真互联也是智能计算的基础：智能计算离不开算法、算力和数据，而全真互联将为其提供强大的云端算力支撑与大数据平台。如图 36.3 所示，自然输入、沉浸输出、智能计算与全真互联彼此之间有很强的内在逻辑关系，需要协同配合以构成一个有机的整体，才能实现以人为中心的计算。

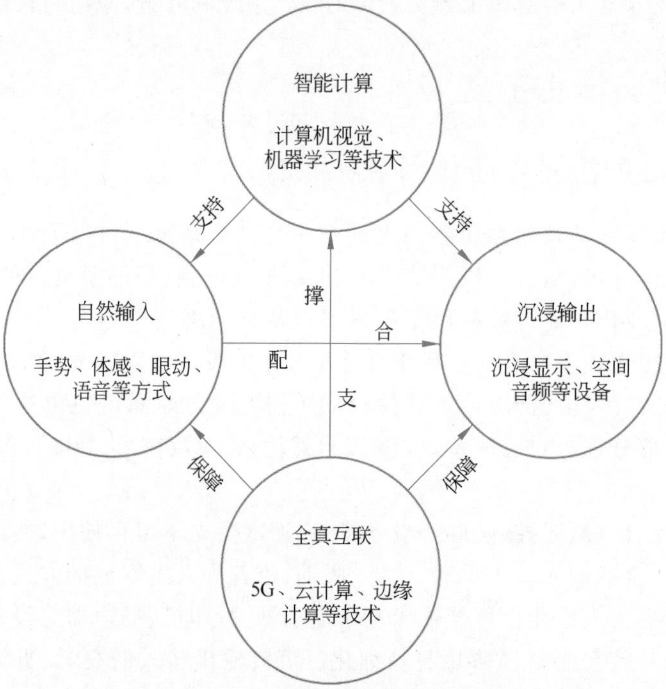

图 36.3 以人为中心的沉浸互动计算系统框架

36.5.2 虚实融合的技术范式

自然输入、沉浸输出、智能计算和全真互联所构成的系统框架为沉浸互动计算提供了基本结构与运行基础。本章基于这样的系统框架进一步讨论如何实现虚实融合，并梳理出一套实现虚实融合的技术范式。

虚实融合实现了虚拟数字世界和真实物理世界的相互交融与深度互动，是人与信息关系发展的高级阶段。人类的信息记载与传递经历了从语言交流到文字读写，再到影像视觉的发展阶段，而以电子计算机和通信技术为代表的现代信息技术又进一步提高了信息的生产、存储、获取、传播和利用能力。从电子文本到数字音频，再到图像视频甚至三维模型，数字内容的构建由抽象符号到形象视觉不断丰富。从实体卡带到光盘存储，再到应用商店甚至媒体串流，数字内容的传播由实体媒介到网络分发不断进化。从阅读文本到聆听音乐，再到观看影像甚至操作应用，人与信息的关系由被动接受到主动交互不断发展。随着数字内容构建与传播能力的持续提升，最终将突破阈值，使构造一个视听丰富与高速接入的沉浸化虚拟数字世界成为可能，实现从数字内容到数字世界的蜕变。而这也让人与信息的关系更进一步，从人在其外——信息只是生活的一部分到身在其中——信息融入生活环境本身，最终进化为真实物理世界与虚拟数字世界的相互交融与深度互动，实现虚实融合。

虚实融合模糊了数字与物理、真实和虚拟的边界，虚中有实，实中有虚，在视觉、听觉、触觉、嗅觉和味觉等人类感官通道营造虚拟数字世界和真实物理世界无缝衔接、自然过渡的体验，使人不再注意或容易忽略数字设备及内容在物理环境中呈现的空间边界感，这就需要将数字世界和物理世界的空间环境彼此连通，而与数字对象和物理对象的互动体验则要基本相同。为了实现这种效果，首先要将数字世界和物理世界进行统一，一种思路是数字实体化，另一种思路是实体数字化。数字实体化的一个典型例子就是像迪士尼乐园、环球影城这样的沉浸式主题公园，将虚拟世界中的角色与环境实体化到真实的场景中，让人可以在其中漫游体验互动。本章立足沉浸互动计算系统，重点讨论实体数字化，首先构建生成物理世界的数字版本，然后将虚拟世界与之连接对齐，并且渲染呈现给用户，进而与用户进行互动，即为了实现虚实融合的沉浸互动体验，需要经过数字构建、虚实映射、虚实叠加和虚实互动这几个环节，而这四部分也构成了虚实融合的技术范式(图 36.4)。

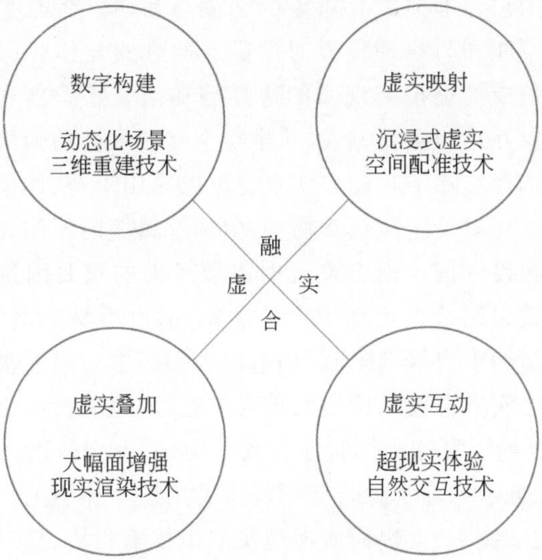

图 36.4　虚实融合的技术范式

数字构建计算物理世界用户和场景的空间结构与三维模型。人类视觉能够很容易地感知三维世界，而机器视觉则尝试让计算机通过二维影像恢复场景的三维结构。计算场景三维信息的手段和方法有很多，根据采集设备是否向场景中投射能量可分为主动测距和被动测距；根据成像设备运动与否可分为运动恢复结构和多视点立体视觉；根据计算方法趋于几何还是偏向图像可分为基于图像的建模和基于图像的渲染。而近年来将深度学习用于三维重建更是取得了很好的效果。考虑虚实融合的应用特点，用户通常置身于中型或大型的沉浸计算环境，从而要求数字构建能够对大型动态场景，尤其是场景中的互动用户进行全身的实时重建，即动态化场景三维重建技术。

虚实映射将物理世界中的用户和场景与虚拟世界进行对齐。将空间对齐或配准通常从多个匹配的特征点集合中估计空间的运动变换，也可看成摄像机从不同位置和角度进行拍摄的位姿变换，或称为摄像机的外参数标定过程。摄像机标定通常也是三维重建过程的重要步骤，无论是运动恢复结构中估计摄像机在运动的各个位置之间的变换配准关系，还是多视点立体视觉中计算多台摄像机彼此之间的位姿关系。在虚实融合的应用场景中，考虑到物理世界通常基于成像设备进行采集和重建，而虚拟世界通常展示在沉浸显示或立体显示设备上，空间配准就意味着成像设备与显示设备的位姿关系标定。另外，由于沉浸式环境往往是暗场环境，基于颜色信息提取特征点面临挑战，而在显示平面使用诸如棋盘格类的标定物也会影响沉浸感，所以虚实映射需要综合考虑虚实融合的环境特点加以构造，即沉浸式虚实空间配准技术。

虚实叠加渲染虚拟世界并呈现与物理世界叠加融合的效果。计算机图形学基于几何模型渲染数字图像，这与计算机视觉从数字图像估计几何模型刚好相反。与计算机图形学发展相适应的是三维动画与游戏产业的繁荣兴盛，这也导致一大批优秀的三维动画软件与三维游戏引擎出现，如 Maya、3ds Max、Cinema 4D 等软件与 Unreal Engine、Unity 等引擎。这些技术和工具也被广泛用于可视化和虚拟现实等领域。在大型动态的虚实融合场景中，用户通常置身其中并进行实时互动，这样虚实叠加在渲染时就要充分考虑人在其中的因素，一方面要处理好物理的人与数字图像在渲染融合时的遮挡关系、边缘过渡等问题，另一方面则要估计人的视点变化对增强现实渲染带来的影响，打造以人为中心的大幅面增强现实渲染技术。

虚实互动实现物理世界用户与虚拟世界对象的交流与互动。在虚实融合的应用场景中，用户与虚拟世界对象的交互应当尽可能和与物理世界对象交互的方式与体验保持一致，避免或减轻因虚实空间交互方式的明显差异而造成的虚拟与现实的边界感和割裂感。自然交互基于人类本能，也是人们日常生活中与真实世界对象互动的主要方式，从虚实交互一致性的角度考虑，将其用于与虚拟物体和对象的互动是一个不错的选择。除了互动方式本身可以采用手势、体感、眼动、语音等自然交互外，考虑到真实世界对象和虚拟世界对象还存在着物理、生物等属性的不同，这些数字对象如何根据用户的操作和行为做出反应也是在设计虚实融合交互时需要考虑的重要因素。当然，虚拟世界可以模拟真实世界的互动规则和反应效果以接近更加拟真的体验，但也不是必须如此。虚拟世界的魅力之一就是可以不受现实世界的环境约束与规则限制，创造出人们心中理想的世界形态，因此更夸张甚至是超现实的互动体验也是发挥虚实融合场景价值的重要主题，即超现实体验自然交互技术。

如图 36.4 所示，虚实融合的沉浸互动体验涉及数字构建、虚实映射、虚实叠加和虚实互动等技术环节，并且各技术的构建要充分考虑虚实融合应用场景中用户与环境的特点，打造以动态化场景三维重建技术、沉浸式虚实空间配准技术、大幅面增强现实渲染技术和超现实体验自然交互技术为核心的虚实融合技术范式。

36.6 虚实融合教学

基于以人为中心的沉浸互动计算系统框架与虚实融合的技术范式，本章设计并构建了四个虚实融合的教学系统。在每个系统的设计中都引入了不同类型的沉浸显示设备，构建适应其显示特点的交互技术，并探索应用到教学场景的最佳实践。综合沉浸显示的技术特点和教学场景的功能特点，本章构建的虚实融合教学系统分别为全息讲台教学、全息讲桌教学、远程拟真教学和镜面互动教学。

全息讲台教学和全息讲桌教学引入全息投影膜和佩珀尔幻象等伪全息显示技术，以增强临场感与沉浸感(Wikipedia，2023)。相较基于光的干涉和衍射原理记录并重现三维物体光波信息的全息三维显示技术(Gabor，1948)，伪全息显示虽未完全重现三维物体的空间信息，但通过边缘消隐造成显示浮空等效果能够带来一定程度的空间感和立体感，且技术成熟可大规模应用。远程拟真教学在学生端基于全息讲台系统，在教师端引入大幅面弧形投影，提升了远程教学两端的沉浸感和临场感。镜面互动教学则在镜子这一日常环境中随处可见的设备中引入镜面显示，带来丰富的互动教学体验。

36.6.1 全息讲台教学

全息讲台教学通过全息投影构建虚实融合的演讲与教学空间(图 36.5)。教学内容以三维全息的方式呈现在全息投影幕上，教师在投影幕后方通过触控和体感等方式和虚拟内容互动，并与其身体叠加融合形成混合现实的效果。

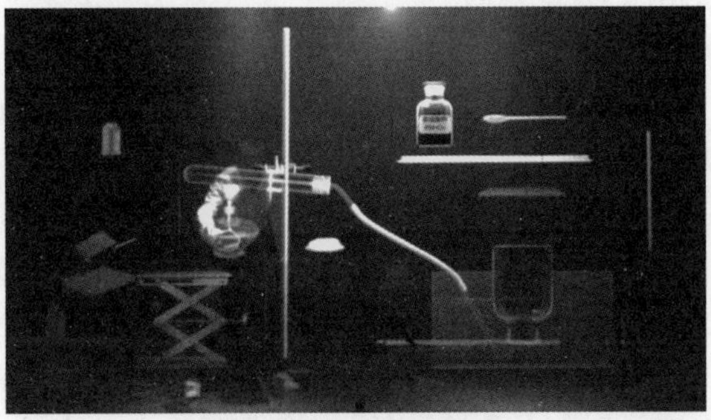

图 36.5　全息讲台教学

1. 系统结构

如图 36.6 所示，在教室前端搭建全息讲台系统，作为主体的全息投影幕在玻璃基材表面贴合半透半反效果的全息投影膜，笔记本电脑的内容画面通过前置投影仪投射在幕上，而学生透过玻璃也能看到后方的教师。两个激光雷达分别位于投影幕前后表面的下方，通过激光扫描获取投影平面各点的位置信息，使投影幕后的教师和投影幕前的学生均可以通过触控屏幕与投影画面进行互动。深度摄像头采用 Microsoft Kinect（Zhang，2012），位于投影幕后约 2 米处，实时采集幕后教师的深度图像，分析人体轮廓与骨骼信息，使教师通过体感与投影画面进行互动。深度摄像头与全息投影幕的位置关系提前进行标定，能够将摄像头采集的物理空间教师人体与投影幕显示的数字空间内容画面对应融合到一起，形成虚实融合的效果。

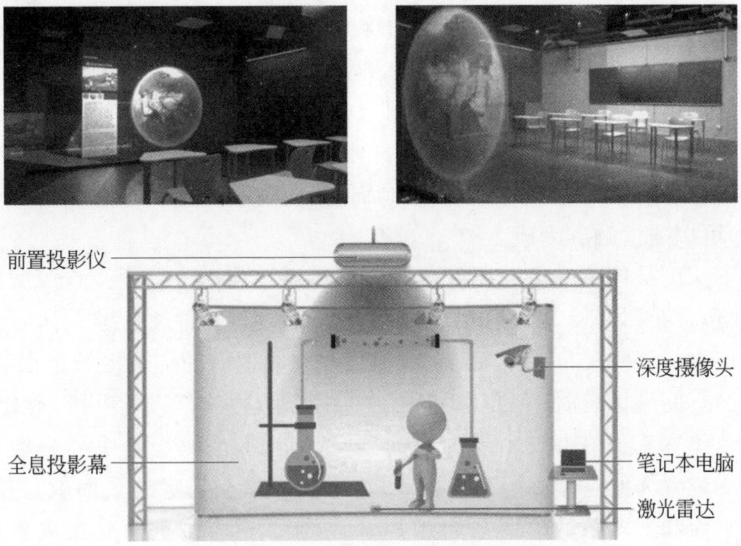

图 36.6　全息讲台教学环境与系统结构

2. 交互技术

全息讲台的交互方式包括触控交互与体感交互。触控交互引入激光雷达扫描投影平面，手指触摸投影幕的地方激光反射回来，通过分析反射的激光信号计算手指的位置信息，进而在投影平面模拟单击、双击、滑动等触控交互。体感交互利用深度摄像头获取人体的轮廓骨骼等信息，基于空间标定参数将人体三维数据映射到投影幕所在空间，进而与全息投影平面显示的数字内容叠加融合。

本章以全息讲台为例，阐述以数字构建、虚实映射、虚实叠加和虚实互动为核心的虚实融合技术范式如何应用到全息互动教学场景中。

1）数字构建

考虑到全息讲台教学要求暗场环境，本章基于主动距离获取的深度摄像头采集动态化场景的空间信息，主要是用户与全息投影幕的实时三维数据。将深度摄像头置于投影幕后方而不是前面，一方面是因为从前置视角采集投影幕后的人体会严重受到半透半反投影膜的影响；另一方面也可以避免遮挡学生观看投影幕的视线。当然，从后方采集的动态人体与场景数据在计算时需要根据情况进行镜像处理。图 36.7 为深度摄像头从用户背后视角实时采集的场景深度图像（左图）和计算恢复的三维空间点云（中图）。将深度图中每三个水平与垂直方向邻接的像素对应的空间点组成三角面片，进而重建场景的三维面片模型（右图），且该模型的空间位置是以摄像机坐标系为参考的。

图 36.7　动态化场景三维重建

2）虚实映射

将虚实空间进行对齐或配准，需要标定深度摄像头与全息投影幕的位置关系。传统的标定方法通常使用尺寸已知的标定物，并分析其坐标与图像点的对应关系，计算摄像机的内外参数（Zhang，2020），本章针对全息讲台的方案特点设计了一种互动式的标定方法，无须设置特定的标定物，而是利用深度摄像头采集的人体三维数据进行标定。用户在投影幕后通过旋转、平移自己映射在屏幕上的人体轮廓画面进行标定，渲染的人体轮廓画面与身体的实际轮廓重合即完成标定。因为全息投影幕具有半透属性，所以用户在投影幕后也能够看到画面，从而观察身体渲染画面与身体实际轮廓是否重合。旋转、平移操作可以通过触屏完成。

互动式标定基于深度摄像头采集的图像数据进行计算。如图 36.8 所示，深度摄像头位于投影幕后方，能够实时获取包含投影幕及其背后用户的场景深度图像。通过三维人体跟踪识别将图像中的用户部分和屏幕区域进行分割（Shotton et al.，2011）。在图像中的屏幕区域选取三个点，并计算各点在摄像机坐标系下的空间坐标，确保和在空间中不共线，则基于这三个点可以确定一个平面，并能够以原点建立空间直角坐标系。根据三个点的坐标，可以计算摄像机坐标系和坐标系之间的空间变换关系。以投影幕中心位置为原点建立屏幕坐标系，考虑到三个点确定的平面就是投影幕的表面，所以屏幕坐标系的坐标平面和坐标系的坐标平面是共面的，那么两者的空间变换关系只与绕轴的旋转以及沿轴和轴的平移有关。在标定过程中，旋转和平移参数的选择和确定可以通过用户互动来完成。由当前的变换关系能够计算摄像机坐标系与屏幕坐标系的变换关系。基于能够将用户的人体三维数据映射在屏幕上并渲染出人体的轮廓画面，具体可参考步骤 3）。考虑到当前计算用到的旋转和平移参数与真实空间位置关系并不相符，因此得到的人体轮廓画面与用户的实际身体轮廓不能对应重合。当用户通过互动调整旋转和平移参数时，人体映射在屏幕上的轮廓位置和方向也会动态变化。当映射的人体轮廓画面与用户的实际轮廓完全重合时，对应的旋转和平移参数反映了实际空间变换关系。这样计算得到的就是深度摄像头与全息投影幕的标定结果。

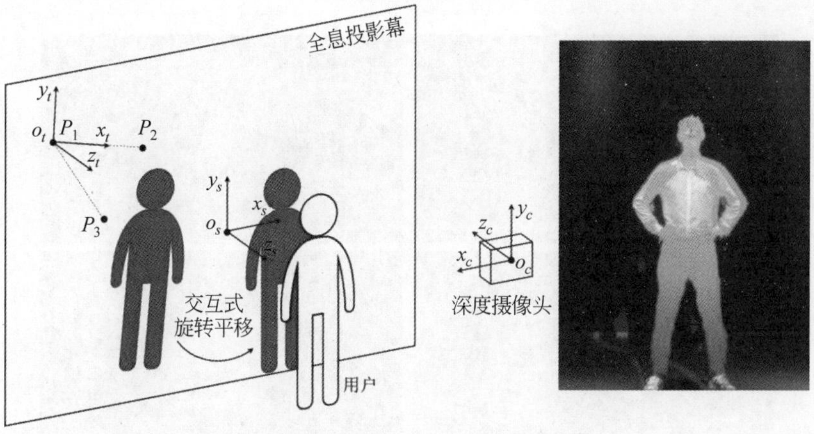

图 36.8　沉浸式虚实空间配准

3）虚实叠加

虚实叠加需要将摄像头采集的人体三维数据变换到全息投影幕的屏幕空间，进而与屏幕中的虚拟物体和内容形成互动。将人体三维面片模型放到图形渲染管线中处理，管线的模型视图变换基于深度摄像头与全息投影幕的标定参数构建，管线的投影变换采用正交投影并基于投影幕的物理尺寸和分辨率构建。人体三维面片模型在经过订制化图形渲染管线处理后，就变换到了屏幕空间并映射在屏幕上，渲染出人体的轮廓画面。从学生的角度看，渲染出来的教师轮廓画面与透过投影幕看到的教师身体实际轮廓重合。图 36.9 为对人体、轮廓和骨骼点进行大幅面增强现实渲染的效果。在大部分应用场景中，渲染的轮廓画面不会显式地呈现，而是用于虚实互动的后台计算，这样学生会看到教师在用自己的物理身体与虚拟内容互动。

图 36.9　大幅面增强现实渲染

4）虚实互动

基于人体、轮廓和骨骼点的增强现实渲染数据可以实现很多有趣的互动，例如通过给人体轮廓添加物理属性使其与掉落的虚拟小球进行互动，或者在人体表面引入粒子系统产生燃烧或冰冻的效果，还可以通过检测轮廓边缘模拟人体扫描的感觉，甚至基于人体骨骼点在身体的对应位置呈现心脏的跳动。图 36.10 展示了上述虚实融合的超现实互动例子。通过技术创新，超现实互动还有更多的可能性。

图 36.11 总结了将虚实融合技术范式应用于全息讲台教学的四个技术环节。充分考虑全息互动场景中用户与环境的特点，打造动态化场景三维重建技术、沉浸式虚实空间配准技术、大幅面增强现实渲染技术和超现实体验自然交互技术，给师生带来虚实融合的沉浸互动教学体验。

3. 教学体验

图 36.12 为将全息讲台用于地理、天文、物理、化学等课程的互动教学场景。

图 36.10　超现实体验自然交互

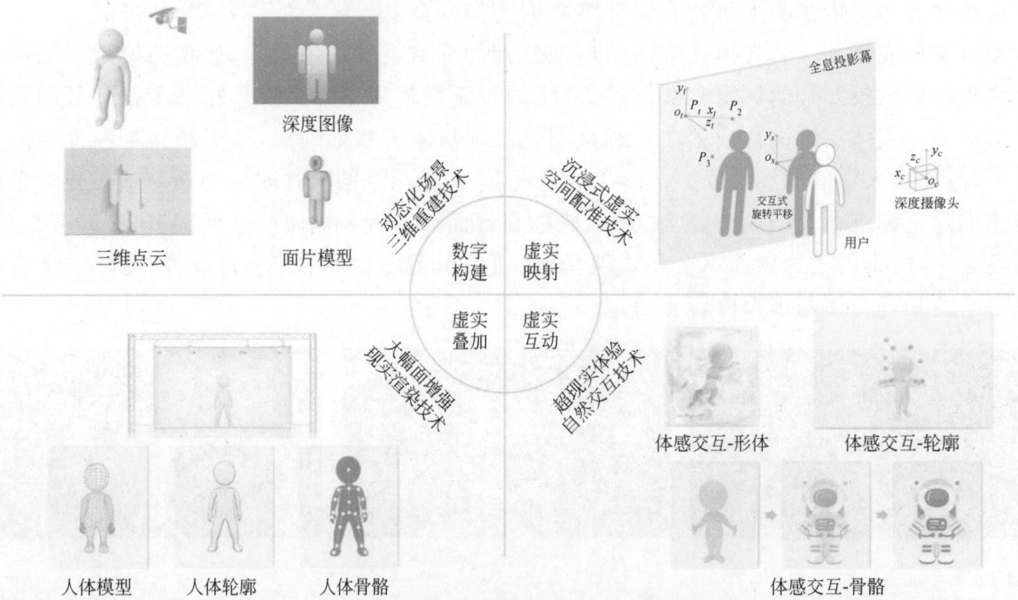

图 36.11　虚实融合技术范式应用于全息讲台教学

图 36.12　全息讲台教学场景

全息讲台提供了一种前所未有的沉浸互动教学体验。与目前智慧教室通常采用的智慧黑板、教育大屏等设备相比,全息讲台具有更大的显示幅面与视场角度,能够提供更加沉浸以及融入物理环境的视觉体验,激发学生的兴趣并提升学生的专注力。以地理课为例,全息讲台可以显示逼真的三维地球模型,其透明显示属性会使地球呈现悬浮空中的效果。教师与学生可以直接通过触控手势与其互动——旋转、缩放地球并选择国家、城市乃至景点,呈现与之关联的图片和介绍,还能够可视化地球上各种动物的分布情况和具体信息,非常直观。如果想切换天文内容,则可以挥手退出地球场景并看向星空,互动探索星座的奥秘。

与基于头戴显示的 VR 教室相比,全息讲台不会让学生在视觉上与物理世界隔绝,而是像在普通教室一样能够彼此看到对方,并与教师流畅沟通。以化学课为例,全息讲台可以呈现虚拟的化学实验仪器,多名学生和教师可以在全息屏前后围站在实验设备旁边。教师在全息屏后进行实验的准备工作,并同时进行讲解。当讲到一些关键的知识点时,教师可以停下让全息屏前的学生通过互动操作完成对应的实验步骤。在这个过程中,教师与学生、学生与学生可以随时沟通讨论,甚至能够一起动手试验不同的可能。

与基于立体显示或 CAVE 系统的虚拟现实教学环境相比,全息讲台是一种增强现实的方案。一方面,这会带来有趣的超现实互动。以游戏教学为例,教师或学生可以站在全息屏后,伸展手臂用身体接住从上方掉落的虚拟小球。小球与身体的互动基于真实的物理模拟,能够出现弹跳与滚动的效果;另一方面,还可以进行一些与现实结合的教学。以生物课为例,在讲授心脏及血液循环时,教师可以直接通过增强现实的方式在自己胸腔中部偏左下方的位置显示一个跳动的心脏,让学生直观地了解心脏的位置,并进一步放大以观察心脏的外部形态与内部结构。

36.6.2 全息讲桌教学

全息讲桌教学基于佩珀尔幻象呈现具有空间纵深感的三维教学内容,使教师与学生能够通过手势与三维空间中的对象进行互动(图 36.13)。

图 36.13 全息讲桌教学

1. 系统结构

如图 36.14 所示,全息讲桌由全息显示、手势交互设备、触控面板、计算设备等部分组成。全息显示基于佩珀尔幻象,由半透半反玻璃构成四面锥体,通过反射顶部显示器的画面形成具有空间纵深感的三维影像。触控面板用于三维内容的导航与选择。手势交互设备使用 Leap Motion,能够识别用户的手势并映射到全息空间与三维内容互动(Guna et al., 2014)。计算设备是软件系统运行的平台。

2. 交互技术

全息讲桌的显示结构为金字塔式,能够从四面椎体的不同角度观察三维物体的不同侧面,这种呈

图 36.14　全息讲桌教学系统结构

现形态非常适合多人沟通与交流。金字塔表面反射显示器的画面，成像的纵深感使用户在视觉上认为呈现的三维物体位于金字塔的中心，带来一定程度的空间感与沉浸感。交互设计借鉴了人们在日常生活中操作真实三维物体的方式，采用虚拟手隐喻，在金字塔三维空间构建用户手的虚拟化身，对三维物体进行旋转、缩放、选择和重置等操作。如图 36.15 所示，全息讲桌教学系统设计并实现了一整套三维交互手势。

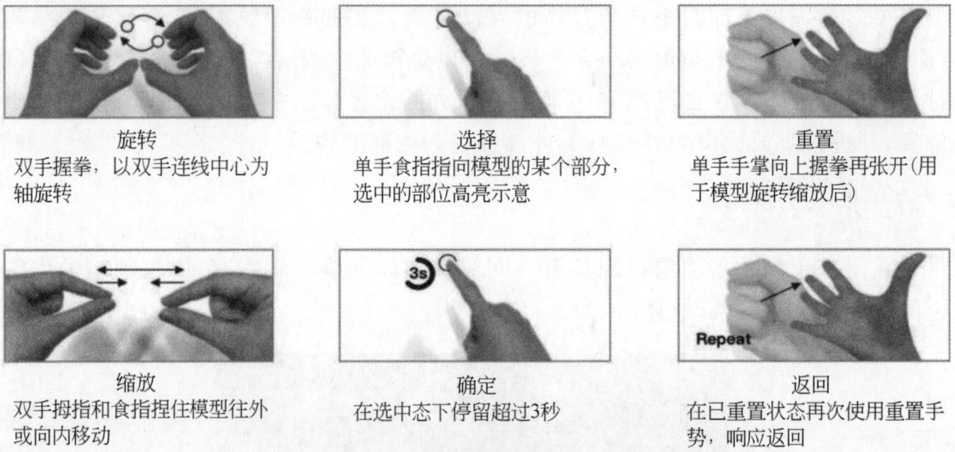

旋转
双手握拳，以双手连线中心为轴旋转
选择
单手食指指向模型的某个部分，选中的部位高亮示意
重置
单手手掌向上握拳再张开(用于模型旋转缩放后)
缩放
双手拇指和食指捏住模型往外或向内移动
3s
确定
在选中态下停留超过3秒
Repeat
返回
在已重置状态再次使用重置手势，响应返回

图 36.15　全息讲桌教学交互技术

3. 教学体验

图 36.16 为将全息讲桌用于心脏疾病医疗教学和肝脏疾病医疗教学等职业教育以及知识森林可视化和虚拟实验等 K12 教育的场景(Zheng et al., 2019)。

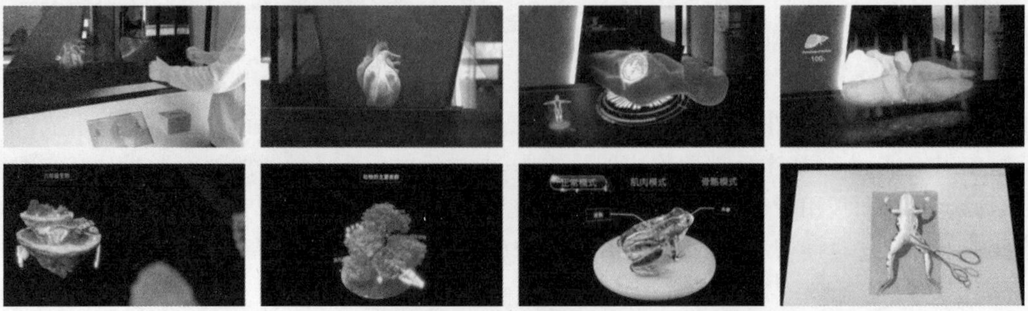

图 36.16　全息讲桌教学场景

以 K12 教育场景为例，全息讲桌能够将课程知识体系按照森林、树林及树木的层级进行组织，并以三维全息的方式生动直观地展现在师生面前，还能从多个角度全方位地进行观察。学生可以通过手势互动的方式在森林中进行探索，对森林、树林和树木进行旋转、缩放、选择和重置等操作，激发学生主动探索知识的欲望，同时也满足了教师对知识点的直观演示和讲解需求。另外，基于全息讲桌进行互动教学并不影响教师与学生、学生与学生之间的交流和沟通，大家可以围站在全息讲桌周围，在教师互动讲解的同时从各自的角度进行观察，并随时提问和讨论。

对于需要结合实验环节才能更好掌握的知识点，全息讲桌引入了虚拟实验，让学生通过自然互动的方式在虚拟环境中进行模拟和演练。以青蛙解剖为例，全息讲桌呈现一只待解剖的青蛙，并高亮显示标线代表解剖的位置。用户可以做出剪刀手势并移到标线位置对青蛙进行解剖，然后观察青蛙的内脏器官，并进一步通过手势对器官进行选择与操作。近些年，随着尊重生命与科学实验冲突引发的各种热议，活体动物解剖是否适合中学实验课程也频频引发人们的关注和思考。通过引入虚拟实验，让学生更好认识动物的同时，又避免了活体解剖对学生的心理影响。还有一些极为宏观、极为微观、存在危险或涉及复杂构造的实验内容也非常适合采用三维虚拟互动的方式。

36.6.3　远程拟真教学

全息讲台和全息讲桌教学着眼于本地教学沉浸感的提升，是沉浸式教育与线下教育的融合。远程拟真教学则尝试增强远程教学的临场感，探索在线教育、沉浸式教育与线下教育的虚实融合。目前，远程课堂教学通常配备摄像头、麦克风等设备，将教师的声音、画面和课件实时传递给远端教室，并在大屏、投影等设备上呈现。远程拟真教学引入大幅面全息投影膜和弧形投影幕，提升教师端授课和学生端听课的临场感和沉浸感(图 36.17)。

图 36.17　远程拟真教学

1. 系统结构

如图 36.18 所示，远程拟真教学可分为教师端和学生端。学生端的硬件方案与全息讲台基本相同，但增加了广角摄像头和麦克风，用于学生和教室环境的音视频采集，扬声器用于远程教师的声音回放。教师端采用大幅面广视角弧形投影幕，通过融合左右两台投影仪的视频信号呈现宽幅画面，1∶1 再现远程教室和学生的场景，提升教师授课的临场感。教师端同样布置摄像头、麦克风和扬声器用于音视频的采集和回放。教师背后采用绿色背景墙面，通过绿幕抠像技术处理摄像头采集的教师影像，实时获取教师的前景轮廓画面。教师用笔记本电脑演示授课内容，通过将内容画面与教师的轮廓影像融合渲染，最终呈现在学生端的全息投影幕上，提升学生上课的空间感与沉浸感。除了笔记本电脑的键鼠操控和手写交互，教师端还引入深度摄像头 Microsoft Kinect 和手势交互设备 Leap Motion，以支持体感和手势互动。教师端和学生端均有一台计算机用于音视频的采集、编解码和网络传输。

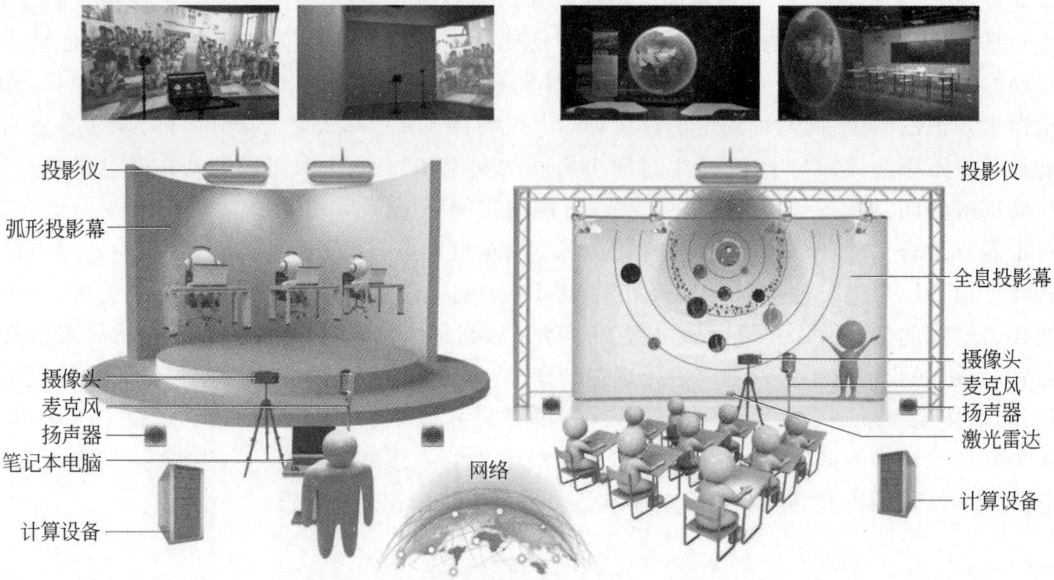

图 36.18 远程拟真教学环境与系统结构

2. 交互技术

远程拟真教学采用基于手写、手势、体感、语音的多模态自然人机交互技术，为教师远程授课提供丰富的互动体验，如图 36.19 所示。教师端授课电脑采用二合一形态的笔记本，显示屏在需要时可以分体作为平板独立使用，方便教师手持并用触控笔进行书写，而写的内容在学生端以板书呈现。授课电脑外接手势交互设备，让教师可以对虚拟场景中的三维对象进行旋转、缩放、选择、重置等操作。教师端还引入了深度摄像头，使教师能够基于空间位置与三维场景进行交互，也可以基于骨骼运动跟踪驱动虚拟数字形象与远端学生互动。通过语音识别，可以方便教师完成一些控制操作，也可以作为语音助手辅助教学过程。

图 36.19 远程拟真教学交互技术

3. 教学体验

远程拟真教学构建系统级服务，并兼容已有的教学工具与软件。当教师在操作各类应用与内容时，其前景影像会叠加在应用桌面之上并与之融合，实时传递到远端课堂。通过引入手势、体感等交互方式，系统也支持教师构建三维场景并与之互动，为虚实融合的教学提供更多选项。图 36.20 为一些远程拟真教学场景。

图 36.20　远程拟真教学场景

远程拟真教学打破了空间距离的约束，将教学双方所处物理空间在虚拟环境中融合连通，使教师仿佛亲临课堂现场，让学生感觉教师就在眼前，在虚实融合的沉浸课堂中进行无缝沟通与互动教学。与传统的基于平板或大屏设备的远程课堂方案相比，远程拟真系统提供了一种沉浸立体、真人等比以及混合现实的综合体验。

以太阳系教学为例，本地课堂的大幅面全息投影幕呈现太阳与行星的运动效果，提供一种沉浸式的视觉体验。透明显示属性也使画面背景能够消隐边缘，融入教室的物理环境，让星球看起来好像浮于空中，带来一定程度的立体感。远程教师的影像画面等比显示在课堂前方，有一种真人就在眼前的感觉。教师可以在太阳系中漫步，通过手势、体感的方式与星球交互，还能化身宇航员带领学生登陆星球表面，这是一种混合现实的体验，增加了课堂的互动性与趣味性。学生可以随时与远程教师交流沟通，还可以到全息屏前与教师协同合作，一起进行星际探索。未来如果基于双师教学的模式，本地课堂的教师甚至可以在全息屏后与远程教师形成“虚实双师”共同配合，给学生呈现精彩的课堂教学。

对于远程教师来说，除了可以看到笔记本电脑上当前演示的教学内容外，还能够看到眼前弧形投影幕上等比显示的课堂现场，就好像自己正站在教室前的讲台面对现场的学生上课，具有强烈的临场感。教师也能够直观地看到学生在课堂的状态，即时调整授课思路，并随时与学生互动。教师将不再扮演传统教学中单纯进行内容输出与讲解的角色，而是会作为一名向导指引学生在这个虚实融合的教学环境中享受探索知识的乐趣。

36.6.4　镜面互动教学

元宇宙时代，每个人在虚拟空间中都会有一个数字化身，不仅仅是数字形象，还包括数字身份等个人信息。而在真实的物理世界中，人们同样存在另一个分身，那就是镜子中的自己，位于镜像空间中。镜子是人们日常生活中随处可见也必不可少的物品，将人的物理镜像与数字空间相结合，提供了一种未来随时接入元宇宙并与自身映射的全新方式，让物理世界与数字世界无缝地融合在一起(图 36.21)。

1. 系统结构

如图 36.22 所示，智能镜子由高清显示屏、半透半反玻璃、深度摄像头、计算设备等部分组成。半透半反玻璃覆于高清显示屏表面，一方面能够透过显示屏呈现数字内容，另一方面也能够反射镜子前用户与场景的物理镜像。深度摄像头使用 Intel RealSense，能够采集场景的深度图像，进而识别用户的肢体动作和手势操作(Keselman et al.，2017)。计算设备是算法和软件运行的平台。

图 36.21　镜面互动教学

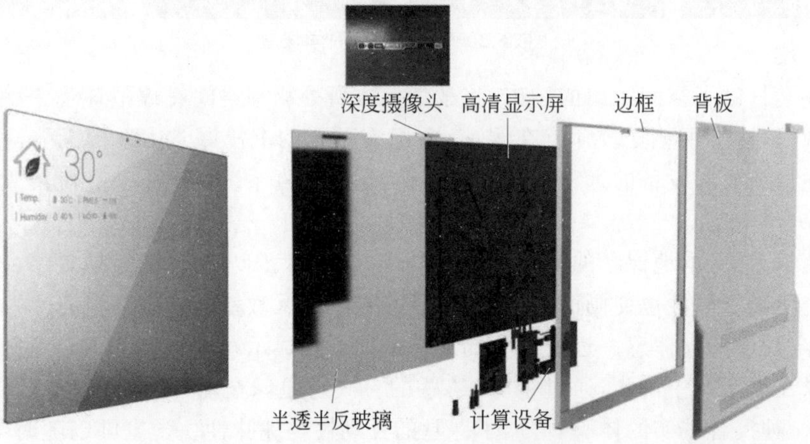

图 36.22　镜面互动教学系统结构

2. 交互技术

本节针对镜子的反射特质提出了镜像交互,即用人的物理镜像作为交互的载体与镜子中的数字内容进行互动。如图 36.23 所示,镜像交互技术的实现可分为两步。第一步是计算用户的虚像,第二步是基于用户的视点位置将用户的虚像投影到二维镜面,进而与镜面上显示的数字内容形成互动。

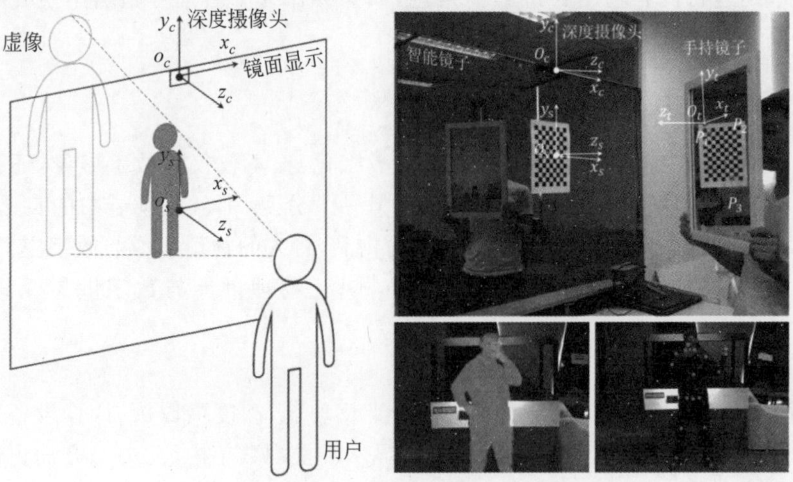

图 36.23　镜像交互技术

1）计算用户虚像

本节设计了一种镜面标定方法，能够得到深度摄像头与智能镜面的空间位置关系。基于二者的位置关系，再根据用户与其虚像大小相等且关于镜面对称的几何光学原理，可以计算深度摄像头采集的用户在镜子中的虚像。为了标定摄像机坐标系与镜面屏幕坐标系的位置关系，引入另一面手持镜子。智能镜子表面贴棋盘格标定纸，手持镜子表面贴三个标记点，通过调整手持镜子的角度使深度摄像头能够同时看到标记点和手持镜子中反射的棋盘格，由此可以建立空间直角坐标系，其坐标平面即为手持镜面。因为摄像头采集的棋盘格镜像与棋盘格关于手持镜面对称，故可以计算棋盘格标定纸在摄像机坐标系下的位置，进而得到摄像机坐标系与镜面屏幕坐标系的位置关系。

2）用户虚像投影

根据用户的视点位置，将用户的虚像投影到二维镜面。基于深度摄像头实时采集的用户深度图像构造人体三维面片模型，该模型的空间位置以摄像机坐标系为参考。将人体三维面片模型放到图形渲染管线中处理，管线的模型视图变换基于深度摄像头与智能镜面的标定参数构建，管线的投影变换采用透视投影并基于用户视点构建。人体三维面片模型在经过订制化图形渲染管线处理后，就变换到了屏幕空间并投影在屏幕上，渲染出人体的轮廓画面。从用户的视角看，渲染出来的身体轮廓画面与镜面反射的身体实际轮廓重合。在大部分应用场景中，渲染的轮廓画面不会显式地呈现，而是用于镜像交互的后台计算。另外，通过运动跟踪获得的人体骨骼点也能够与物理镜像实际对应。图 36.24 所示为一些镜像交互示例。

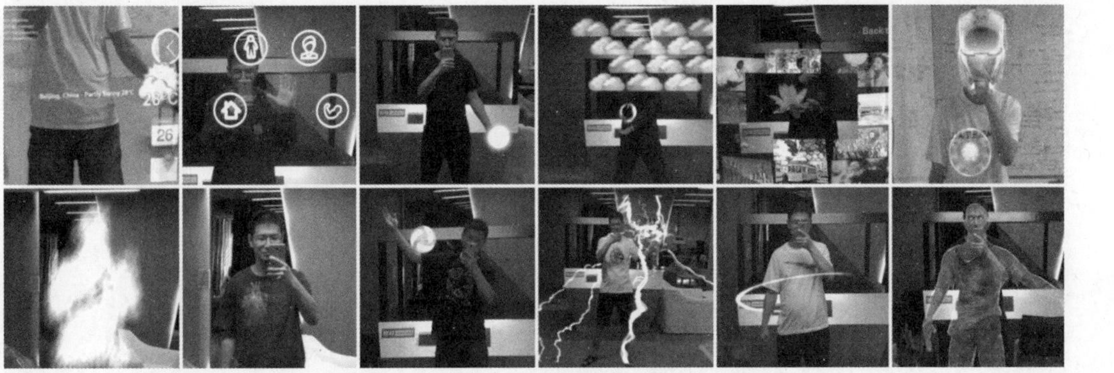

图 36.24 镜像交互示例

3. 教学体验

图 36.25 为一些镜面互动教学场景。将镜面互动应用于教学，通常涉及一些需要关注自身属性与状态的课程，例如体育课的健身指导或舞蹈课的动作纠正。而将镜面互动用于学校的日常活动也会充满趣味和想象。例如将学校公共区域的仪容镜换成具有显示属性的互动镜面，则可以在学生路过和整理仪容时通过人脸识别显示该学生的个人信息、课表安排或者当下应该前往的教学地点；还可以在一些特定的节日通过镜面增强现实在学生身上叠加主题配饰或效果，并提供游戏互动等。

图 36.25 镜面互动教学场景

相较常见的基于大屏显示与体感手势呈现镜面互动效果的系统来说，本节将人的物理镜像作为交互载体更加自然直观，并具有独特优势。前者通常用摄像头采集大屏前站立的人像，并显示在屏幕上模拟照镜子的效果，本质上是一面视频式的镜子。而且基于体感手势通常会使用显式的光标代表手的位置与数字内容进行互动，这是一种相对定位，也是一种间接定位，并且可能呈现视觉上的跟踪抖动，影响交互体验。而本节的镜像交互基于真实的物理世界，直接用镜子里的手与界面元素进行交互，是一种绝对定位，也是直接定位，并且不存在光标的视觉抖动问题。另外，光学镜面与视频式镜面的增强现实与互动体验对比类似于光学式 AR 和视频式 AR 的区别，前者直接将现实物理世界与虚拟数字内容进行叠加，而后者则首先将现实物理世界通过拍摄转换为数字视频版本，再间接地与虚拟内容叠加。

图 36.26 为将镜像交互与 Wii 遥控器和 Kinect 体感互动在六个维度进行用户主观评测的对比结果。可以看出，相较 Wii 遥控器和 Kinect，镜像交互更加自然和直观。这里的自然是指不需要任何附件，用户本人过来就可以直接交互，而且可以随时开始和随时停止。Wii 遥控器在自然度上不太理想，因为每次交互时用户都得先拿起遥控器，不是特别自然。直观是指用户能够直接根据自己的交互行为判断操作结果。对于 Wii 遥控器和 Kinect 来说，会首先将用户的操作映射到一个虚拟的光标上，然后通过虚拟光标与目标元素进行互动，中间实际上多了一层线索，不是特别直观。当然，在有些维度，如舒适度和疲劳度，Wii 遥控器有着天然的优势，不需要用户的肢体进行大幅的摆动。不过考虑到镜子场景的设计，通常并不会让用户进行非常重度的操作，因此舒适度和疲劳度不会有太大影响。

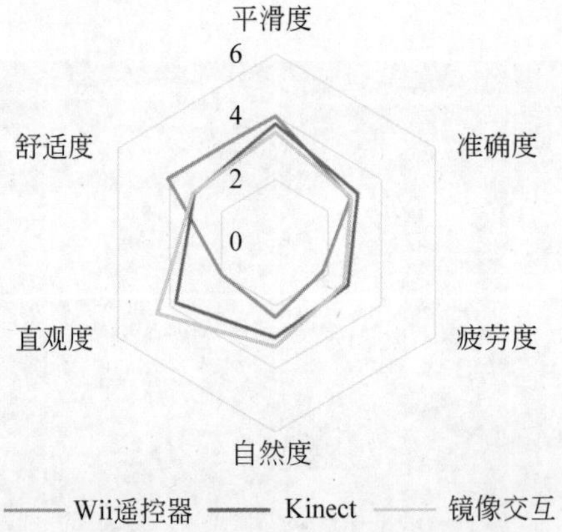

图 36.26 镜像交互与其他体感互动的主观评测对比

36.7 总结与展望

本章探讨了以人为中心构建虚实融合的教育元宇宙，提出了以人为中心的沉浸互动计算系统框架与虚实融合的技术范式，并基于此框架和范式设计了四个虚实融合的教学系统，探索了教育元宇宙构建过程中在线教育、沉浸式教育、线下教育相互融合的思路与方案。与头戴设备结合控制器的方案不同，本章基于中远距离大幅面 AR、VR，并结合体感、手势等自然人机交互技术，希望教师与学生能够通过融入教学环境的各类设备，以裸眼、自然且沉浸的方式直接体验元宇宙的数字世界，同时也不影响彼此的协同合作与交流沟通。其中，全息讲台和全息讲桌面向本地教学提升沉浸感，远程拟真面向在线教学提升临场感，而镜面互动则适合一些关注自身形体与状态的教学场景。全息讲台相较全息讲桌显示幅面更大，并能够支持双面多人同时互动，但对教室的空间尺寸要求较高，部署成本与难度也相对较大。全息讲桌可订制不同尺寸，对空间占用的需求比较灵活，可支持多人围观，但无法同时互动。全息讲台适合课上教学与展示，除了全息互动，还支持板书、课件、视频等传统的教学内容与工具，而全息讲桌更适合课后练习与互动，并针对知识森林、虚拟实验等内容进行操作和讨论。

当然，随着计算机技术日新月异的飞速发展，未来虚拟现实对真实物理世界的重建或模拟也许会达到以假乱真的程度，例如 Google 的 Starline 项目和 Microsoft Research 的 VirtualCube 系统就实时还原了具有高拟真度的人体三维模型，用于远程通信及会议场景，并优化眼神交流等问题，虽然眼镜、头发等部位的恢复依然存在一些问题(Lawrence et al., 2021; Zhang et al., 2021)，但我们相信，未来实时重建与真人无异的三维化身是非常有可能的。当这一天到来时，虚拟现实与增强现实的界限会进一步模糊，因为通过眼前的景象你可能无法确定看到的究竟是真人还是真人的数字化身。在这种情况下，教育场景中协同合作与交流沟通能力的培养，也许在一定程度上就能够用数字化身的互动代替真人互动了，同时也不影响孩子的大脑发育和学习效果。

人工智能生成内容(AIGC)的技术突破，尤其是三维生成技术的快速进步，也会加速教育元宇宙的发展。虚实融合的未来教育需要大量生动逼真的三维模型去构建内容丰富的虚拟世界，如果完全依靠人工设计，则会面临成本与效率的问题，而人工智能三维生成在一定程度上能够降本增效。当然，这需要三维生成技术在模型质量、生成效率等方面进一步提升，以满足场景需求。而基于自然语言生成并渲染三维模型在未来教育中也充满想象，教师和学生可以通过语言描述在虚拟环境中自动构建需要的场景与角色，对数字世界进行灵活多样的订制与创造，使教学充满更多的可能性。

另外，随着显示屏的分辨率越来越高，基于 AI 的眼部追踪效果越来越好，实时 3D 渲染的能力越来越强，基于多视点 3D 的自由立体显示技术也日趋成熟。宏碁发布的 SpatialLabs 裸眼 3D 技术已应用在笔记本电脑上，用户无须佩戴立体眼镜即可感受到立体效果。zSpace 也基于 SpatialLabs 技术推出了 Inspire 系统，进一步提升了教学体验。未来，让用户无须佩戴或绑定额外的设备就能够沉浸地体验元宇宙空间的技术和方案会越来越多，以人为中心构建的教育元宇宙终会到来！

参考文献

黄奕宇. (2018). 虚拟现实(VR)教育应用研究综述. *中国教育信息化*(1), 11-16.

李骏翼, 杨丹, & 徐远重. (2022). *元宇宙教育*. 北京: 中译出版社.

马群刚, & 夏军. (2020). *3D显示技术*. 北京: 电子工业出版社.

于佳宁, & 何超. (2021). *元宇宙*. 北京: 中信出版社.

周鹏远, 李力恒, & 许彬. (2023). *元宇宙漫游*. 北京: 人民邮电出版社.

Besserer, D., Burle, J., Nikic, A., Honold, F., & Weber, M. (2016). Fitmirror: a smart mirror for positive affect in everyday user morning routines. *ICMI' 16 MA 3HMI Workshop*. ACM, 48-55.

Cruz-Neira, C., Sandin, D. J., Defanti, T. A., Kenyon, R. V., & Hart, J. C. (1992). The cave: audio visual experience automatic virtual environment. *Communications of the ACM*, *35*(6), 64-72.

Dahan, N. A., Al-Razgan, M., Al-Laith, A., Alsoufi, M. A., Al-Asaly, M. S., & Alfakih, T. (2022). Metaverse Framework: A Case Study on E-Learning Environment (ELEM). *Electronics (Basel)*, *11*(10), 1616.

Elmorshidy, A. (2010). Holographic projection technology: the world is changing. *Journal of telecommunications*, *2*(2), 104-112.

Loup-Escande, E., Jamet, E., Ragot, M., Erhel, S. & Michinov, N. (2016). Effects of stereoscopic display on learning and user experience in an educational virtual environment. *International Journal of Human-Computer Interaction*, 1-8.

Febretti, A., Nishimoto, A., Thigpen, T., Talandis, J., Long, L., Pirtle, J. D., ... & Leigh, J. (2013). Cave2: a hybrid reality environment for immersive simulation and information analysis. *The Engineering Reality of Virtual Reality 2013*.

Gabor, D. (1948). A new microscopic principle. *Nature*, *161*(4098), 777-778.

Guna, J., Jakus, G., Pogačnik, M., Tomažič, S., & Sodnik, J. (2014). An analysis of the precision and reliability of the leap motion sensor and its suitability for static and dynamic tracking. *Sensors*, *14*(2), 3702-3720.

Han, S., & Noh, Y. (2021). Analyzing higher education instructors' perception on metaverse-based education. *Journal of Digital Contents Society*, *22*(11), 1793-1806.

Hirsh-Pasek, K., Zosh, J. M., Hadani, H. S., Golinkoff, R. M., Clark, K., Donohue, C., & Wartella, E. (2022). *A whole new world: education meets the metaverse*. Retrieved January 1, 2023, from Brookings Website: https://www.brookings.edu/research/a-whole-new-world-education-meets-the-metaverse/

Hoffman, D. M., Girshick, A. R., Akeley, K., & Banks, M. S. (2008). Vergence-accommodation conflicts hinder visual performance and cause visual fatigue. *Journal of vision*, *8*(3), 33-33.

Hopkins, E. J., & Weisberg, D. S. (2017). The youngest readers' dilemma: A review of children's learning from fictional sources. *Developmental Review*, *43*, 48-70.

Jeon, J. H. (2021). A study on education utilizing metaverse for effective communication in a convergence subject. *International Journal of Internet Broadcasting and Communication*, *13*(4), 129-134.

Jovanović, A., & Milosavljević, A. (2022). VoRtex Metaverse platform for gamified collaborative learning. *Electronics (Basel)*, *11*(3), 317.

Keselman, L., Woodfill, J. I., Grunnet-Jepsen, A., & Bhowmik, A. (2017). Intel realsense stereoscopic depth cameras. *CVPRW 2017. IEEE*, 1267-1276.

Kye, B., Han, N., Kim, E., Park, Y., & Jo, S. (2021). Educational applications of metaverse: Possibilities and limitations. *Journal of Educational Evaluation for Health Professions*, *18*, 18.

Lawrence, J., Goldman, D. B., Achar, S., Blascovich, G. M., Desloge, J. G., Fortes, T., ... & Tong, K. (2021). Project Starline: A high-fidelity telepresence system. *ACM Transactions on Graphics*, *40*(6).

Lee, L. H., Braud, T., Zhou, P., Wang, L., Xu, D., Lin, Z., ... & Hui, P. (2021). All one needs to know about metaverse: a complete survey on technological singularity, virtual ecosystem, and research agenda.

Liu, D., Dede, C., Huang, R. and Richards, J. (2017). *Virtual, Augmented, and Mixed Realities in Education*.

Microsoft. (2019). *Immersive Experiences in Education (White Paper)*.

Ning, H., Wang, H., Lin, Y., Wang, W., Dhelim, S., Farha, F., & Daneshmand, M. (2021). A survey on metaverse: the state-of-the-art, technologies, applications, and challenges.

Prabhakar, G., Ramakrishnan, A., Madan, M., Murthy, L. R. D., Sharma, V. K., Deshmukh, S., & Biswas, P. (2020). Interactive gaze and finger controlled hud for cars. *Journal on multimodal user interfaces*, *14*(1), 101-121.

Pepper's ghost. *Wikipedia*. Retrieved January 1, 2023, from https://encyclopedia.thefreedictionary.com/Pepper%27s+ghost

Shotton, J., Fitzgibbon, A., Cook, M., Sharp, T., Finoechio, M., Moore, R., ... & Blake, A. (2011). Real-time human pose recognition in parts from single depth images. *CVPR 2011. IEEE*, 1297-1304.

Suzuki, S. N., Kanematsu, H., Barry, D. M., Ogawa, N., Yajima, K., Nakahira, K. T., ... & Yoshitake, M. (2020). Virtual experiments in metaverse and their applications to collaborative projects: the framework and its significance. *Procedia Computer Science*, *176*, 2125-2132.

Wann, J. P., & Mon-Williams, M. (1997). Health issues with virtual reality displays: What we do know and what we don't. *ACM SIGGRAPH Computer Graphics*, *31*(2), 53-57.

Xu, M., Niyato, D., Kang, J., Xiong, Z., Miao, C., & Kim, D. I. (2021). Wireless edge-empowered metaverse: a learning-based incentive mechanism for virtual reality.

Zhang, Y., Yang, J., Liu, Z., Wang, R., Chen, G., Tong, X., & Guo, B. (2021). Virtualcube: an immersive 3d video communication system. *IEEE Transactions on Visualization and Computer Graphics*.

Zhang, Z. (2012). Microsoftkinect sensor and its effect. *IEEE Multimedia*, *19*(2), 4-10.

Zhang, Z. (2000). A flexible new technique for camera calibration. *IEEE Transactions on Pattern Analysis and Machine Intelligence*, *22*(11), 1330-1334.

Zheng, Q., Liu, J., Zeng, H., Guo, Z., Bei, W., & Wei, B. (2019). Knowledge forest: a novel model to organize knowledge fragments. *Science China Information Sciences*.

Zhu, H. (2022). Metaonce: a metaverse framework based on multi-scene relations and entity-relation-event game.

作者简介

段　勇　联想研究院资深研究员，北京理工大学计算机应用技术博士，中国计算机学会高级会员及人机交互专委会执行委员，国家科技专家库专家，研究方向包括计算机视觉、人机交互等。E-mail：duanyong1@lenovo.com。

第 37 章

人本智造：从理念到实践

▷ 本章导读

人是社会的主体，智能制造最终要满足和依赖人的可持续发展。本章基于"以人为本"的国内外相关新理念，进一步阐述作者团队在 2020 年提出的"人本智造"的主要内涵，并从人本问题、发展现状、人的因素、技术架构、使能技术、应用实践等方面对人本智造进行探讨，最后总结分析人本智造目前面临的社会挑战和技术挑战，并针对性地从政策、企业、科研 3 个层面提出若干建议：政策引导完善人机共融技术伦理体系、企业重视对员工的高素质培养、加强新兴技术的基础方研究等，以促进人本智造的未来发展和应用实践。

37.1 引言

秉承以人为本的理念推进制造业高端化、智能化、绿色化发展，是中国特色社会主义现代化的发展路径与特色。近年来，国内外兴起了"以人为中心"的相关新理念和新研究范式，包括人本智造、人-信息-物理系统（HCPS）、工业 5.0、社会 5.0、工业元宇宙等。在分析这些理念与范式的基础上，本节将进一步论述作者团队在 2020 年提出的人本智造的主要内涵。

1. 人本智造相关新理念、新趋势

1）人-信息-物理系统

新一代信息技术在制造业的深入应用推动了制造系统由传统的人-物理系统（human-physical systems，HPS）升级为人-信息-物理系统（human-cyber-physical systems，HCPS）（王柏村等，2018；周济等，2019；Wang et al.，2022；Wang et al.，2022）。与传统制造系统相比，HCPS 在人与物理系统之间加入了一个信息系统（cyber system），辅助完成以前由人类操作员执行的各种任务，包括传感、分析、决策和控制。

面向智能制造的 HCPS，随着信息技术的升级经历了三个阶段的发展：从 HCPS1.0 到 HCPS1.5，再到 HCPS2.0。数字化技术推动 HCPS1.0 集成了人类、网络系统和物理系统的优势，极大地增强了计算、分析、精确控制和感知等方面的能力。网络化技术搭建了连接制造商-服务提供者-终端客户的网络社区，使制造业从以产品为中心的模式转变为以用户为中心的模式，称为 HCPS1.5（Wang，2018）。AI 技术重塑制造业进入 HCPS2.0，将人类知识与制造知识融合，实现制造系统的智能化。而人类作为智能机器的创造者、管理者和操作者，能力和智力潜能将得到了充分释放（Zhou et al.，2019）。

本章作者：王柏村，白洁，谢海波，杨华勇。

HCPS现阶段已发展为以人为中心的智能制造范式(Wang et al.,2022),为制造业的技术革新与融合发展提供了新思路,其影响已扩展到智慧建筑、健康办公等领域,呈现出“技术革新”+“以人为中心”+“跨学科合作”的新趋势。

2）工业5.0

工业5.0是在工业4.0的基础上引入人的因素,以改变人类与智能系统之间的关系,实现数字化制造与人类智慧协同的新一代工业模式(Leng et al.,2022)。工业5.0主要有三个视角的定义,Breque等认为工业5.0考虑到工业的未来,是一个以人为本、可持续和有弹性的制造/生产系统(EUROPEAN COMMISSION, 2021)。Nahavandi认为工业5.0是通过人类劳动力和机器密切合作,通过将工作流与智能系统集成,利用人类的创造力和脑力来提高流程效率(Nahavandi, 2019)。因此,工业5.0被认为是“以人为本”的社会智能工厂时代。

欧盟发布的《工业5.0白皮书》提到工业5.0有三个特点：以人为本、可持续性、弹性(Fraga-Lamas et al.,2021)。其中,以人为本的制造是工厂追求灵活性、敏捷性和抗风险能力的先决条件(王柏村等,2020)。以人为本超越了传统的人为因素,以人的需要和利益为核心,从技术驱动的方式转变为以人为中心、以社会为中心(Xu, 2021)。

可见,工业5.0也呈现了“以人为本”的新趋势。同时,工业5.0仍是一个开放的、不断发展的概念,正朝着一个人机协作、共创未来世界新工业体系的愿景发展(Leng et al.,2022)。

3）社会5.0

工业是社会的一个组成部分,工业5.0的出现也驱动了社会5.0的产生。社会5.0被定义为：通过网络空间和物理空间的高度融合,能够不受地域、年龄、性别或语言的限制,通过提供商品和服务来解决各种潜在需求,从而平衡经济发展和解决社会问题(Kravets et al.,2022)。

在技术层面,社会5.0通过整合新一代智能技术、认知科学和社会心理学等多个领域的知识,实现用户、机器、企业之间的互联互通,推进人类社交行为的全面智能化发展。

在社会发展层面,社会5.0以建设以人为本的新型社会为目标,重构了社会-技术关系。社会5.0被确定为联合国2030年可持续发展议程的目标之一,且为了促进各个领域的理解,制定了社会5.0的综合指标S5I,以此对各个国家的社会5.0水平进行排名(De Felice et al.,2021)。

“以人为中心的社会”成为社会5.0的愿景之一(Leng et al.,2022),并朝着不断增进人类福祉的方向发展。

4）工业元宇宙

元宇宙(metaverse)一词由meta(超越/beyond)和verse(源自universe)构成,即超越当前宇宙外的另一个宇宙(由数字化技术生成的虚拟宇宙),表征用户以虚拟化身在三维虚拟空间中与对方进行社交、娱乐、生产、生活等互动。工业元宇宙是元宇宙在工业领域的落地与拓展,其内涵是虚实共生、综合集成的新型工业数字空间;是虚实协同、全沉浸式的新型工业互联网系统;是虚拟经济和实体经济融合发展的新型工业经济载体(姚锡凡等,2022)。

工业元宇宙具体而言是指利用物联网、云计算、人工智能等新一代信息技术打造的一个虚拟世界,将现实世界中的物理对象、生产过程、资源信息等数字化、网络化、智能化,并通过实时监测、控制、优化等手段,实现工业生产的高效、智能、可持续发展。目前,元宇宙的技术体系还未成熟完善,需要积极开展制造业相关的虚实融合技术,包括AR、VR、MR、数字孪生(digital twin)等技术,以及面向元宇宙的制造基础关键技术研究,特别是区块链、交互、AI、网络(5G、6G)及运算(云计算、边缘计算)、物联网、超高精度显示等底层驱动技术研究,为面向元宇宙的制造系统积累关键共性技术以及人才储备，使超越现实的制造场景得以实现。工业元宇宙将成为推进数字经济、实现智能制造的重要战略手段。

综上，工业元宇宙是由人主导的虚实交互的新型复杂社会技术系统，未来的工业元宇宙将实现全制造过程的三维沉浸式体验，使生产者和消费者的关系得以数字化，精神世界（社会世界）、物理世界和信息世界得以交汇融合。因此，“以人为中心”仍是工业元宇宙的核心新趋势。

2. 人本智造的提出

由上述四种新理念可知，人是推动其产生并发展的重要因素，且呈现出“以人为本”的共同新趋势。早在 2011 年，Hedelind 和 Jackson 就强调了以人为本的解决方案，这也是日本工厂在集成精益机器人项目方面更加成功的关键因素之一（Touriki et al.，2021）。在此背景下，以人为本的制造新模式——人本智造应运而生。

人本智造是将以人为本的理念贯穿于智能制造系统的全生命周期过程（包括设计、制造、管理、销售、服务等），充分考虑人（包括设计者、生产者、管理者、用户等）的各种因素（如生理、认知、组织、文化、社会因素等），运用先进的数字化、网络化、智能化技术，充分发挥人与机器的优势来协作完成各种工作任务，最大限度地实现提高生产效率和质量、确保人员身心安全、满足用户需求、促进社会可持续发展的目的（王柏村等，2020）。

37.2 人本智造

37.2.1 人本智造的提出背景以及发展现状

1. 智能制造面临的人本问题

本节从制造范畴局部到整体的四个维度：制造单元、制造过程、制造系统和制造生态，对智能制造面临的人本问题进行分析论述，如图 37.1 所示。其中，制造单元主要面临的是智能化机械参与到生产一线后，与现场作业人员之间的人机交互问题；制造过程主要面临的是当机械自动化发展到瓶颈期后，如何融入人类智慧以实现制造过程自主化的问题，从而进一步提高生产效益；制造系统主要面临

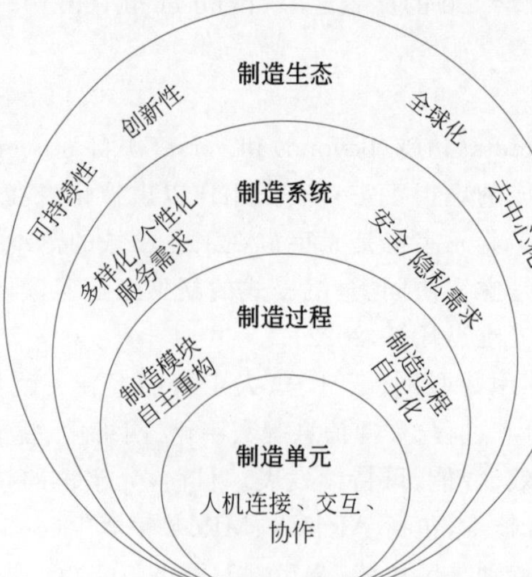

图 37.1 智能制造需要面临的人本问题

的是随着社会的发展，如何不断提升制造系统多样性和安全性的问题，以适应用户多样化、个性化的需求；制造生态主要面临的是如何不断提升其创新性、可持续性和去中心化的问题，以应对现代化工业带来的人力释放、人才创新性转型和全球化发展的新趋势。

1）人机交互

随着新兴信息技术在制造业中的广泛应用，结合了AI等技术的智能体可在特定的场景下自主地代替人类完成以往自动化技术所不能完成的任务。进一步地，自主智能体可从一种支持人类操作的辅助工具的角色发展成为与人类操作员共同合作的队友，扮演“辅助工具＋人机合作队友”的双重新角色。

为了达成这种“人机合作”关系，AI系统丰富的应用场景和用户需求需要有效的人机交互范式，包括人机之间的连接、交互、协作等。现有的人机连接及交互方式已经取得了很大进展，如人体姿态、设备运行等状态数据的连接感知，语音、视觉、脑机等生理信息的人机交互。但目前仍存在感知通道有限、交互带宽不足、输入/输出带宽不平衡、交互方式不自然等局限，需要在情境感知、意图理解等方面取得更大的突破（范向民等，2019）。

以ChatGPT为代表的大语言模型的突破性进展为多模态融合及个性化的人机互动提供了可能。其中，包括对人类知识的分布式认知理论、支持人机协作所需的情景意识分享和人机互信等，以及基于用户的历史数据和上下文互动数据分析用户的需求和偏好，以实现更自然、更个性化的人机互动等，都将是今后人机交互的重要研究内容。此外，现有的标准主要针对非AI系统，面向AI系统的人机交互设计指南较少，更全面、更有效的人机交互规范还需要行业内各方的共同努力。

2）融入人类智慧的制造过程自主化

人是制造系统的管理者和参与者，人类智慧是人类学习和理解知识的能力，从而利用自身的技能创造性地管理和操作相关领域的过程和活动，并成功实现企业或系统的目标（Wang et al.，2022）。人类智慧作为制造系统管理水平的决定性因素，融入人类智慧以实现制造过程自主化是智能制造成功的关键。

制造过程自主化包括制造模块的自主化生产、生产模块的自主重构和制造过程的自主异常恢复。虽然AI技术等机器智能在制造业的众多场景蓬勃发展，大幅提升了制造过程的自主化程度，如生产加工过程的自动化，但若要实现制造的自主化管理，还需要融入人类的管理智慧，如视觉推理、知识图嵌入等技术（Zheng et al.，2021），使机器能够模拟人类大脑的推理过程，以自然的方式及时正确地理解、解释和响应人类的行为和指令（X. Li et al.，2021）。

对于机器无法自主完成的任务，还需要引入人类操作员和机器的协作智能（collaborative intelligence），实现人机协作。协作智能是人-辅助-机器和机器-辅助-人类的交互模式。其中，人-辅助-机器模式需要人类操作员来训练机器学习人的动作，并提供必要的辅助，以维持机器的正常工作；机器-辅助-人类是通过机器以人机交互的模式对人类工作进行辅助，以增强人类的工作能力（如提供操作效率）或实现人类无法实现的具体操作（如高吨位物品拿取）。在此过程中，使人类和机器形成一个知识学习和协作的反馈循环，通过推理框架、因果模型和知识生成等方法，实现制造过程的自主故障修正和流程配置自主化。

基于人类智慧的制造过程自主化可确保制造任务的精准分配，并促进复杂制造系统中的人机协作，提高生产质量和效率。其中，机器智能目前已有较多成果，而人类智慧如何与机器智能融合、合作，仍然是目前需要深入研究和解决的问题。

3）制造系统的多样性和安全性

随着工业化水平和人民物质生活水平的日益提高，消费者已不再局限于产品本身及其相关服务的受用者，而是逐渐参与到产品的制造、设计甚至售后服务等环节。生产模式逐步走向隐私化、个性化订制，更加关注社会的多层次、多样化、安全性需求。

面对多种多样的需求，如何收集与产品和用户相关的数据，并研究数据分析算法，生成和更新适合客户需求和偏好的产品设计，是个性化时代的重要研究问题。目前，有一些远程、沉浸式的技术手段可吸引用户参与到产品的设计制造过程中，如数字孪生、虚拟现实、增强现实等，实现的高交互、高沉浸式的开发模式，充分发挥人类的想象力。然而参与者是少量的，更多的有效数据仍需要方法和渠道来实现和收集。

随着大众对数据安全的认知提高，数据隐私已成为保护企业和个人利益的关键问题，这让用户多样化需求数据采集变得更困难，也对产品的数据隐私性发起了挑战。目前，已经开发了多种数据安全的方法，例如联邦学习对分散的原始数据进行数据分析，并保存在本地服务器中，以最大限度地降低数据泄漏的风险。此外，可以开发数据加密和识别方法以保护个人隐私和道德，如区块链、同态加密等。虽然方法较多，但数据安全事故仍时有发生，因此还需进一步地开发更安全的方法，并研究如何与用户建立数据安全信任。

4）制造生态的创新性、可持续性和去中心化

现代化工业的高速发展逐渐使人类从繁重体力劳动和大量脑力劳动中解放出来，从事更有价值的创新性工作。工业 5.0 也关注到新型的人力分配方式，形成以人为中心、弹性和可持续性三个核心价值观。同时，无处不在的物联网和互联网将聚集全球相似企业、消费者的创新思想，形成全球化创新模式。上述原因促使今后的制造生态将具有创新性、可持续性和去中心化的特点。

人力释放的同时也面临人才转型培养的问题，把人力从原有工作中释放出来后，需要及时对人员进行创新型工作能力的培养。将人作为制造生态的参与者，充分发挥人类的创造性，为制造生态提供持续的新动力。

制造生态可持续发展的一个目标是关注对制造业有贡献的要素（Wang et al.，2022）。其中，人力资本的可持续性是最多变和最重要的因素，因为人类拥有大量的知识，利益相关者合理利用这些知识将极大地改善制造生态。同时，随着人口的急速下降，企业很可能会遇到技术人才的短缺，这种短缺可能发生在任何层面，包括企业高层、车间层以及任何参与管理和使用相关智能制造服务的人员。

在网络技术的辅助下，资源的共享扩展、价值创造的改善和用户参与的增强都将加快制造生态的去中心化，形成全球产业链（Tao et al.，2017）。此时，不仅要考虑资源利用率问题，还要考虑全球产业链资源配置问题、产品全生命周期管理所有利益相关人员的需求以及碳排放等人类福祉问题。例如，如何融合多方人员的创造力、形成新的价值评价标准，使全球产业链用户受益等。

2. 人本智能制造发展现状

人本智造的概念由浙江大学王柏村等于 2020 年首次提出（王柏村等，2020），一经提出就引起了国内外的广泛关注和研究，目前该领域的相关研究主要聚焦在人本智造的理念、技术和应用三方面。

1）人本智造的核心理念是以人为中心

人是制造生产活动中最具能动性和最具活力的因素，智能制造终需回归到服务和满足人们美好生活的需求上来。因此，朱铎先和王柏村认为智能制造系统的核心不是技术本身，而应该是人（朱铎先等，2020），并将以人为本的理念贯穿于智能制造的全生命周期流程中的制造新模式，称为人本智造（王柏村等，2020）。针对人工智能主导的环境，如何最大限度地发挥人类优势，实现人与机器优劣互补的问题，王柏村等又提出了以人为本的人机共融体模式，并建立了实施组织管理框架，同时从增强智能、协作机器人、放大创造力、增强创造力、创新改进和通过视觉分析增强学习六方面提出人机融合

的方法，推进以人为本的智能制造的探索和实践（王柏村等，2021）。

2）人本智造的技术架构

王柏村等基于HCPS理论提出了人本智造的三层技术架构，包含单元级智能制造、系统级智能制造、系统之系统级智能制造及其涉及的智能技术。其中，单元级智能制造主要包括机器智能技术（如智能感知、智能决策、智能控制、学习认知等）、制造领域技术（如切削 加工、焊接、增材制造等）、人机协同技术和人机关系三方面。在单元级智能制造的基础上，通过工业网络集成、物联网、智能调度、工业互联网、云平台等技术，可构建系统级、系统之系统级智能制造（如智能车间、智能产线、智能工厂等）。进一步地，为了促进人与企业的创新，打造紧密型的社会化合作生态，构建了以人为中心、包含六阶模型的智能制造新体系，充分利用自动化、数字化、网络化、智能化等技术手段解放人的体力与脑力，赋能与拓展人的能力，发挥协同的优势，构建富有竞争力和可持续性的商业模式（朱铎先等，2020）。

3）人本智造的应用

王柏村等从产品、生产、模式、基础四个维度探索了人本智造的应用实践（王柏村等，2020），如表37.1所示，随着研究的深入，各个维度都有了新的应用进展。产品方面，现有研究主要聚焦在产品的设计上，如Hien Nguyen Ngoc等研究了以人为本的产品设计（Nguyen Ngoc et al.，2022）。在生产方面，从制造系统到操作工层面都有了新的进展，如在制造系统层面，Alessia Napoleone等研究了面向以人为中心的可重构制造系统，以减少制造业中不可预测的市场场景所导致的制造流程重构工作量（Napoleone et al.，2023）；在制造单元层面，Lihui Wang从以人为中心的未来智能制造角度研究了零部件装配，指出为了确保可持续性和复原力，以人为本应放在任何人力资源管理系统的中心位置（Wang，2022），以及实时数据驱动的以人为中心的智能装配线同步重构（Ling et al.，2022）；在生产控

表37.1　人本智造的应用

应用维度	应用内容	文献来源
产品应用	以人为本的产品设计	（Nguyen Ngoc et al.，2022）
生产应用	制造系统层面 以人为中心的可重构制造系统	（Napoleone et al.，2023）
	制造单元层面 以人为中心的未来零部件装配 实时数据驱动的以人为中心的智能装配线同步重构	（Wang，2022） （Ling et al.，2022）；
	生产控制层面 以人为本的生产计划与控制框架 引入人类决策的认知引擎的制造过程控制 基于情境感知决策信息包的以人为本的制造系统	（Kessler et al.，2022） （Wong et al.，2022） （Hoos et al.，2017）
	生产系统仿真层面 基于混合现实的以人为中心的生产系统仿真	（Baroroh et al.，2022）
	操作工层面 面向人本智造的新一代操作工	（黄思翰等，2022）
模式应用	以人为中心的概率推理方法来普及人工智能的使用 工业5.0下人机交互方式及人机共生关系 以人为中心的零缺陷制造模式	（How et al.，2020） （马南峰等，2022） （Wan et al.，2023）
基础应用	结合人为因素和人体工程学的以人为本的工作系统设计框架 基于以人为本的未来工厂设计的价值导向和伦理技术	（Kadir et al.，2021） （Longo et al.，2020）

制层面，包括以人为本的生产计划与控制框架(Kessler et al.，2022)；进一步地，在制造过程控制中引入人类决策的认知引擎(Wong et al.，2022)以及情境感知决策信息包，实现了以人为本的制造系统(Hoos et al.,2017)；在生产系统仿真层面，Dawi Karomati Baroroh 研究了混合现实中以人为中心的生产系统仿真，以促进涉及人工操作的生产计划(Baroroh et al.，2022)；在操作工层面，黄思翰等研究了面向人本智造的新一代操作工(黄思翰等，2022)；在模式方面，现有研究主要聚集在如何引入以人为中心的思想，改善现有的制造模式，如研究如何通过用户友好的以人为中心的概率推理方法来普及人工智能的使用(How et al.,2020)；研究工业 5.0 背景下人机交互方式及人机共生关系(马南峰等，2022)；研究以人为中心的零缺陷制造，操作员可以通过知识捕获和反馈功能来帮助工程师更好地设计纠正措施以防止错误(Wan et al.，2023)。在基础方面，现有技术主要聚焦在技术架构和价值伦理，如 Bzhwen A. Kadir 等提出了一种以人为本的工作系统设计框架，该框架结合了人为因素和人体工程学、工作系统建模和策略设计(Kadir et al.，2021)。Francesco Longo 等从以人为本的视角研究了未来工厂设计的价值导向和伦理技术(Longo et al.,2020)，提出了价值敏感设计方法，并讨论了价值设计方法如何帮助调查和缓解技术解决方案实施过程中出现的伦理问题，从而支持人机共生工厂的发展。

4) 人本智造的发展规划

人本智造仍是一个不断发展的概念，对未来的发展方向和路径规划也是一个重要的研究问题。王柏村等研究认为，HCPS 作为一种新兴的以人为中心的系统范式，可以为人本智造的发展和实施提供指导，包括概念、体系架构、使能技术、核心特性及在智能制造中的应用等方面，可为人本智造的设计、评估和实现提供关键知识和参考模型(Wang et al.,2022)。姚锡凡等从工业革命进程角度分析指出，人本智造是智能制造面临的人机交互和人类需求多样化问题的解决路径，并将向工业元宇宙、融合智能+混合制造、人机协作进化的方向发展(姚锡凡等，2022)。Yuqian Lu 等认为以人为本的制造系统需要具有双向共情、主动沟通和协作智能的能力，以建立值得信赖的人机共同进化关系，形成高性能的人机团队。因此，人本智造的研究重点应该是开发透明、可靠和可量化的技术，提供一个由现实世界需求驱动的工作环境(Lu et al.,2022)。

37.2.2 智能制造中人的因素

人作为制造系统的管理者和执行者，贯穿了制造全生命周期流程。其中，智能制造系统中涉及的人的因素主要包括人的作用、人机关系、人体工效学、认知工效学、组织工效学(王柏村等，2020)。

1. 人的作用

人的作用主要体现在人在智能制造系统中担任的角色、发挥的作用及工作的类型等方面。在智能化方面，人的作用在于知识创造和流程创造，正是基于 AI 等融合了人类智慧的科技成果对制造业的赋能，以及制造业人员经验、知识的持续沉淀和不断实践，制造业智能化水平才得以不断优化和提升。

没有人的智慧做支持，技术将无法充分发挥其潜力，只有将先进技术、人和组织集成协同起来才能真正发挥作用，进而产生效益。秉承以人为中心的理念来分析关键的社会及制造数据，才能做出正确的决策。美国通用电气公司在其工业互联网报告中指出，人是工业互联网中的重要因素之一(Wang et al.,2020)。在 HCPS 中，人的角色可以总结为操作者、代理人、用户以及传感终端等，作用包括人不在控制回路的监测、指导和人在回路的控制，以及数据获取、状态推断、驱动、控制、监测等方面(Fantini et al.,2020)。工业 5.0 将工人置于生产系统的中心，人既是设计者、操作者、监督者，也是智能制造系统服务的对象。将人的需求和利益作为制造过程的核心，在产消者的大规模个性化需求下，人的存在给系统带来了更多的容错能力。同时，人还是用户信任的纽带，将以人为本的思想引入工业工作系统是克服现有障碍的可行解决方案，可以提高系统的整体性能和人类福祉（Leng et al., 2022）。

2. 人因工程/人类工效学

人因工程或人类工效学指综合运用生理学、心理学、计算机科学、系统科学等多学科的研究方法和手段，致力于研究人、机器及其工作环境之间的相互关系和影响规律，以实现提高系统性能，确保人的安全、健康和舒适等目标的学科，包括人体工效学、认知工效学和组织工效学等（王柏村等，2020）。

人因工程/人类工效学主要有三方面的研究内容：①传统的人体工效学研究包括工作姿势、重复动作、工作地点布局、工作疾病、员工安全等；在智能制造系统中，人体工效学的主要研究有部分工作和动作自动化、人的安全、可穿戴设备等；②认知工效学关注的是心理过程，研究内容包括脑力负荷、决策、工作压力、人的可靠性以及技能表现等；在智能制造语义下，主要的研究进展包括虚实融合、信息技术减轻认知压力、技术储备（Fantini et al., 2020）；此外，感知、模拟仿真技术、AI、云技术、大数据、数字孪生等技术的主要目的都在于提高或模拟增强人的各种认知能力，因此也属于认知工效学的研究范畴；③组织工效学关注的是社会技术系统的优化，包括工作设计、人力资源管理、团队合作、虚拟组织以及组织文化等内容；在智能制造系统中，相关研究进展包括组织结构扁平化、更新工作设计方式、产用融合等。

3. 人机关系

人机关系指人类在生产生活过程中不断地改造自然、社会和人类本身，并与劳动对象和生产工具发生联系，具体包括人机交互、人机合作等。人机关系方面的代表性研究有人与机器人的关系研究、第四代操作工（Operator 4.0）、第五代操作工（Operator 5.0）、人与 CPS 的关系研究以及以人为中心的智能制造系统研究等。Operator 4.0 擅长在以人为中心的智能工厂中利用自动化辅助系统实现人-自动化共生系统的社会可持续劳动力的任务。此外，还设想了弹性操作员 5.0，分为两部分：①建立“弹性”劳动力，与身体状况有关；②“弹性”人机系统，考虑维护人机系统功能的替代方法（Leng et al., 2022）。

智能制造系统中人的作用不可替代，随着制造系统智能化的推广应用，人在整个系统中的角色将逐渐从“操作者”转向“监管者”，成为影响制造系统能动性的最大因素。在劳动力有限、人力成本增高的情况下，有必要优化人员配置，改进人工操控与机器运作之间的匹配，进而实现高效协作。

37.2.3 人本智造的架构

1. 人本智造的技术体系

针对目前智能制造所面临的四个维度的人本问题，结合 HCPS 理论，人本智造的系统架构如图 37.2(a)所示，包含三层参考架构：单元级智能制造、系统级智能制造以及系统之系统级智能制造。

单元级智能制造面向制造单元的人机连接、交互和协作问题，构建的技术体系如图 37.2(b)所示，主要包括机器智能技术（如智能感知、智能决策、智能控制、学习认知等）、制造领域技术（如切削加工、焊接、增材制造等）以及人机协同技术/人机关系三方面。单元级技术涵盖人本智造中的人、机器及其交互的所有因素，包括人类（如操作员、工程师等）、机器（如协作机器人、VR 设备、机床等）以及信息系统，三者相互配合构成人-信息系统（HCS）、人-物理系统（HPS）和信息-物理系统（CPS），共同构成了智能制造系统的基本单元。其中，人(H)是关键，通过协同智能，人可以向机器学习，机器也可以向人

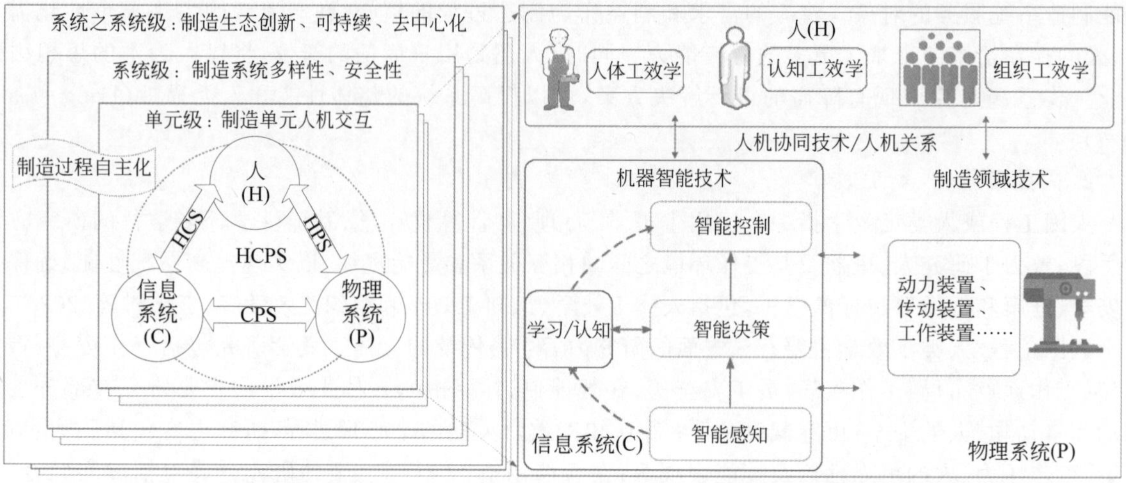

(a) 人本智造的系统架构　　(b) 人本智造的技术体系

图 37.2　人本智造的技术体系示意图(王柏村等，2020)

学习，人类和机器也可以联合起来，通过经验分享和学习共同达成制造目标。在此过程中，需要人机协作技术来实现，如生物电信号接口技术等实现人机连接、增强现实技术等实现人机交互、人因工程和智能决策等技术实现人机协作，实现人机直观和安全的集成。同时，将机器智能技术应用于网络系统(C)，增强人类的感知、认知和控制能力，并与物理系统(P)中的制造领域技术(如机械加工、铸造等)相结合，共同执行最终的生产操作。

在人本智造系统中，信息系统的作用主要是与人一起对物理系统进行必要的感知、认知、分析决策与控制，从而使物理系统(如机器、加工过程等)以尽可能最优的方式运行，包括认知层面、决策层面以及控制层面的人机协同等，同时还需要考虑人体工效学、认知工效学、组织工效学等内容。通过在制造过程中整合多个制造单元智能和人类的管理经验等知识，实现制造过程的自动化、自主化，从而实现制造资源与人力资源在更大范围的优化配置。

在单元级智能制造的基础上，通过物联网、智能调度、数字孪生、边缘计算、人工智能、5G/6G 通信、区块链等技术，可以构建系统级(如智能车间、智能产线、智能工厂等制造系统)。智能制造系统之间通过工业网络集成、工业互联网及云平台技术等可构建系统之系统级智能制造(制造生态)。针对制造系统多样性和安全性的人本问题，人本智造的相关技术主要有：以人为本的设计、控制、AI、计算、自动化、服务、管理等。例如，以人为本的设计也称为“参与式设计”，在设计中注重人的思维、情感和行为，是一种创新性的解决问题的方法，从一开始就关注最终用户的需求，并将其作为数字设计过程的中心；以人为本的 AI 则强调 AI 的发展应该以 AI 对人类社会的影响为指导，AI 应该用来增强人类技能而非取代人类，AI 需更多地融入人类智慧的多样性、差异性和深度性。同时，人这一关键因素贯穿了整个人本智造过程，通过积极发挥人类智慧，打造创新性、可持续的制造生态，从而面对制造全球化这一未来趋势。

2. 人本智造的系统维度

基于上述系统架构，人本智造可以从产品(系统级)、生产(单元级)、模式(系统之系统级)、基础四个维度来认识和理解，其中，以人为本的智能产品是主体，以人为本的智能生产是主线，以人为本的产业模式变革是主题，以 HCPS、工业 5.0、社会 5.0、工业元宇宙和人因工程为基础，如图 37.3 所示。

图 37.3 展示了“人本智造”的四个维度，其中，HCPS、工业 5.0、社会 5.0、工业元宇宙和人因工程

在上文及现有很多文献中已有研究。因此，本节将聚焦应用层面，对以人为本的智能产品、以人为本的智能生产以及以人为本的产业模式变革展开讨论。

1）以人为本的智能产品

产品和制造装备是智能制造的主体。其中，产品是智能制造的价值载体，制造装备是实施智能制造的前提和基础。这里的"以人为本"指智能产品和装备的服务目的在设计之初就应充分考虑人的需求和人的因素，并鼓励用户参与到产品的设计中来。当然，在智能工业装备的设计之初也需要充分考虑人工干预的可能情况，在设计上留有权限和空间。

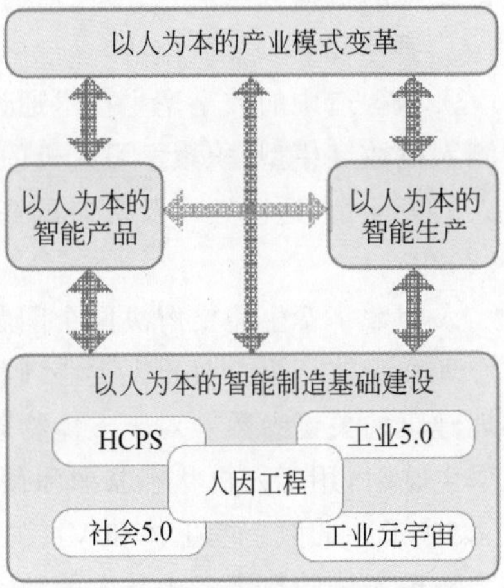

图 37.3 "人本智造"的四个维度（王柏村等，2020）

2）以人为本的智能生产

制造业数字化网络化智能化是生产技术创新的共性使能技术，推动了制造业逐步向智能化集成制造系统的方向发展。在此过程中，需要坚持以人为本，全面提升产品设计、制造和管理水平，构建智能企业。以人为本的智能生产的应用实践具体有人机合作设计、人机协作装配、以人为本的生产管理等。

3）以人为本的产业模式变革

以智能服务为核心的产业模式变革是人本智造的主题。数字化、网络化、智能化等先进技术的应用将推动制造业从以产品为中心向以用户为中心转变，产业模式从大规模流水线生产向规模订制化生产转变，产业形态从生产型制造向服务型制造转变。

37.3 人本智造核心使能技术

1. 智能感知

感知是学习认知、决策和控制的基础与前提。人和机器的感知是数据收集和结构化的过程，是后续分析、决策和执行的基础。在人本智造体系中，除了用于人机交互的智能硬件传感器外，还需要对人的行为进行感知，且人在智造体系中还可以充当社会传感器的角色（Longo et al.，2020；Wang et al.，2022）。

在制造过程中，人类数据的收集主要包括人体行为识别和人体信号。人体行为感知一般通过人体运动检测、跟踪传感器和智能算法实现。可穿戴惯性传感器可以监测人类的运动，如基于可穿戴腕式摄像头的手势识别算法可以通过手直接控制机器人实现人机协作；集成了深度学习算法的电子皮肤传感器用于实时解码五指的复杂运动或从骨盆中提取步态运动（Kim et al.，2020）；用于精神和身体健康监测的可穿戴设备或摄像头（Longo et al.，2020）；当操作人员无法集中精力工作时，智能传感器（如智能手表）可以识别并向系统提供信息，改变生产节奏，避免可能发生的事故等。人体信号（如脑电图、肌电图等）可通过生物传感器和相关算法实现，如生理参数主要采用穿戴式生理监测技术，针对心电、呼吸、体温、脉率、血压和血氧饱和度等基本生理参数设计低功率检测电路，实现单生理参数或者多生理参数检测，提供丰富的生命体征数据，并基于生理状态监测和辨识人体心理健康状态；柔性可穿戴应变传感器可检测眼球运动数据，且可基于该数据控制无人机等（Jie et al.，2021）。此外，人类可以成为工厂中的传感器，尤其是用来收集其他传感器无法轻易识别的信息，例如操作员可以识别并上传复杂的机器故障信息并进行维护，这是物理传感器难以实现的。

2. 数字孪生

人本智造中的数字孪生技术通过在物理世界和信息世界中映射出“人”和“机”的孪生对象，监管、预测人机数字模型，积累学习人机的技能知识、经验教训和交互特征等，协调构建决策和创新机制，融合人的灵活性、适应性以及机器的高效性、准确性等各自优势，推动人机关系质的飞跃和发展（杨赓等，2022）。

人的数字孪生需要解决两个问题：①人与机器之间的通信；②人的心理状态和身体行为建模，包括心理和身体行为。对于人类心理状态建模，可采用智能传感器和机器学习算法来检测人类情绪和心理健康的关键参数。对于人体物理行为的建模，可通过传感器获得人体的物理姿态和位置，基于数字孪生映射，用于人机状态监测和预测。目前已有人的数字孪生的成功应用，如人体腰椎健康实时监测、集成了人的数字孪生体和 VR 的人机协作仿真系统，它们可更准确地预测安全事故的发生。

物理实体的数字孪生与人的数字孪生结合还可驱动智能人机协作。人机协作的实施方式运用智能化设备采集人和机器的各类数据，通过数字孪生系统组织、整合和提炼数据，匹配刻画人机数字模型，并在数字孪生系统中融合智能算法，构建决策服务模型，基于人和机器的反馈提供动态自适应的解决方案，并不断迭代和完善，形成数字孪生驱动的闭环机制。例如，以数字孪生和可穿戴 AR 设备为驱动的大型空间可展开机构的以人为中心的协同装配系统，解决了卫星核心支撑结构大规模空间可展开机构人员与装配现场资源协作不足的问题（Liu et al.，2022）。

3. 扩展现实

扩展现实（extended reality，XR）是虚拟现实（VR）、增强现实（AR）和混合现实（MR）等沉浸式技术的总称。VR 通过智能头盔等设备将用户带入虚拟环境，AR 能够将渲染图像叠加到真实世界中，而 MR 则将真实世界与渲染图形进行融合，用户可以直接与数字和物理世界一起互动体验。XR 技术和产品的广泛应用使其已成为人本智造的关键技术基础。XR 可增强人的感知，还可作为人类虚拟助手，用于改善制造系统的设计和执行。

VR 在制造业中的可视化支持主要体现在两方面：一是可视化危险的工业场景，以支持远程控制或在虚拟环境中训练操作员，从而确保工人的安全；二是可视化所需的数据，特别是在产品设计的早期阶段，通过提供模型可视化和仿真，设计师可以获得更多的视觉细节，更早、更快地发现设计问题，如虚拟空间的设计，VR 可优化人体工效学或人机交互体验（Guo et al.，2020）。

AR 提供了人和数字化世界交互的接口，被自然而广泛地应用于人机合作中。AR 在人机交互中的主要贡献是实时将多模式信息渲染到物理世界中，以增强人类的感知。如通过结合智能算法、数据库、5G、云计算等方法，AR 可以实时从环境中获取和分析数据，帮助人类操作员识别、定位和跟踪制造操作，从而减少人力负荷，提高人类认知能力（Baroroh et al.，2021）。基于物联网的 AR 还可以将人类数据集成到制造系统中，实现人类与机器之间的实时和双向通信，增强人机互动认知。AR 还可应用于人机协作场景，当机器人在危险区动作时，可以通过视觉和音频警告操作人员，同时按操作人员的需要可在 AR 设备的视野中可视化各个工作区域。

目前的 XR 技术已经不限于音像加强的领域，如 WEIKANG LIN 等在 XR 中引入触觉支持，研发了一款可穿戴触觉渲染系统，模拟具有高空间分辨率和快速响应率的触觉反馈，可应用于包括盲文显示屏、虚拟现实购物和游戏，以及宇航员、深海潜水员和其他需要戴厚手套的人员和场景（Lin et al.，2022）。随着 XR 和 AI 技术的持续发展，从虚拟助手到引导人类完成项目的智能教练将会在制造系统中发挥更大的作用。

4. 协作机器人

工业机器人是制造业产业升级的核心环节，已被广泛应用于生产加工、搬运等各个环节。人与机器的关系也从人-机器人共存、互动、合作发展到今天的共生协作（Wang et al.，2019）。在人机共存的工作需求下，融合机器人自动化与人类操作员认知能力的人机协作机器人随之出现。人与协作机器人通过实时通信实现感知、认知、执行、自我学习等能力的自适应相互支持（Li et al.，2021），实现人机的自然交互和协调互补，并确保人机物安全（王柏村等，2020）。

与全自动或人工操作相比，人机协作结合了人与机器的优势，可显著提高工作效率和灵活性。例如，优傲、库卡和 ABB 主要品牌机器人的主要用途为物料搬运、装配和取放，通过操作员和协作机器人协同完成制造任务，在提高效率的同时，还可实现柔性自动化生产（郑湃等，2023）。面向具体场景的人机协作方法的研究也有很多，如用于汽车装配的人机协作方法（Michalos et al.，2018）、人机协作的试剂盒原材料分拣方法（Fager et al.，2020）、协作机器人与操作者的柔顺交互以及碰撞避让方法等（张秀丽等，2016）。进一步地，基于人、机与制造系统之间的知识融合，还可在人机合作、时空合作预测、自组织学习与调度等方面实现双向认知/共情，为实现主动的人机协作奠定基础（Li et al.，2021）。

安全的人机交互关系是实现人本智造的基础（王柏村等，2020）。由于协作机器人打破了原本人机隔离的工作模式，与人类共享工作空间，因此确保操作员的安全是第一要素。为此，协作机器人安全设计准则被制定了出来，如 ISO 10218-2 和 ISO/TS 15066；同时，AI 等先进技术也用于增强人机之间的安全性和信任度，例如将增强现实技术和深度强化学习应用到人机交互中（Baroroh et al.，2021），通过将虚拟信息叠加在真实世界的视野中可以增强人对现场环境的感知和认知能力，实现信息的实时通信和双向传递；以及通过深度强化学习算法进行路径规划、规避障碍，提高机器人的认知决策能力，保证人员的安全，并提高安全系统的灵活性和效率（Singh et al.，2022）。

5. 外骨骼机器人

外骨骼机器人是一种以人为核心的人机耦合系统，在人机协作中的角色从辅助型转变为增强型后，更能发挥人的主观能动性（杨赓等，2022）。相较于传统机器结构，外骨骼机器人集人类操作员的高水平任务规划、灵活性与机器的可重复性、高精度、高负载能力为一体。人通过外骨骼机器人的功能加强，可轻松完成艰难的任务，如提升物流、建筑、汽车装配等领域从业人员搬运托举能力，强化单兵军事作战能力等（曹武警等，2022）。外骨骼机器人还广泛用于社会关怀，如帮助瘫痪患者进行康复锻炼和功能重建，提高老年人或残疾人的行走能力，在经济、社会、国防等层面都发挥了积极作用。

在制造领域，主要利用外骨骼技术为工人赋能，减轻工作负荷，提高工作效率。例如，在进行汽车装配时，工人需要长时间手持笨重工具抬头作业，容易造成上肢肌肉疲劳。为此，意大利 COMAU 公司与冰岛 ÖSSUR 公司、意大利生物机械学研究所分支机构 IUVO 共同合作研发的外骨骼机器人产品 MATE，基于无源弹簧机制驱动，跟随上肢运动并为肩膀和手臂提供支撑。类似地，全身被动助力外骨骼系统采用机械结构同时实现肩部、背部和下肢的助力与保护，以及腰部助力外骨骼，可以提高操作人员的核心部位（如腰背部）和核心肌群（如腰部竖脊肌）的高强度负重能力（曹武警等，2022）。

外骨骼机器人与数字孪生、运动学、生物力学和人因工程等技术结合，还可执行特定环境任务，拓展人机协作的应用场景。例如，将遥操作机器人技术与外骨骼机器人结合，运用工效学、认知工程和机器学等理论设计人机协作系统，远程操作机器人完成任务规划、培训练习，有助于减轻人类操作员的工作负担，改善人类操作员的工作条件。

外骨骼机器人与人类的强耦合性为发挥人在制造过程中的作用提供了重要技术支持，目前在医疗健康和军工领域应用较多，而在工业领域应用较少。针对具体制造场景中的人本问题的外骨骼机器人、优化机器人与人的动态适应性、改善人类穿戴的舒适性和便捷性等方向的研究，都将对人本智造的实现产生积极的推动作用(Bilberg et al.，2019)。

37.4 人本智造典型应用

37.4.1 人机协作装配

人机协作将彻底改变工业机器人学习与人类工人合作的方式执行新的制造任务，特别是具有挑战性的组装领域操作。图 37.4 所示为人机协作装配解决汽车启动器组装难以自动化的案例。Kolektor 公司的汽车启动器装配过程中有一步是需要将滑环插入金属托盘，然后将其转移到成型机。由于滑动环的高柔韧性和弹性，该工艺要求很高，因此将滑环插入托盘的过程是手动执行的，很难实现自动化，造成装配效率不高。之前的自动化尝试有两个失败原因：一是滑环经常粘在运输板上，难以抓取；二是由于滑环的柔韧性和弹性特点无法保证插入成功率。

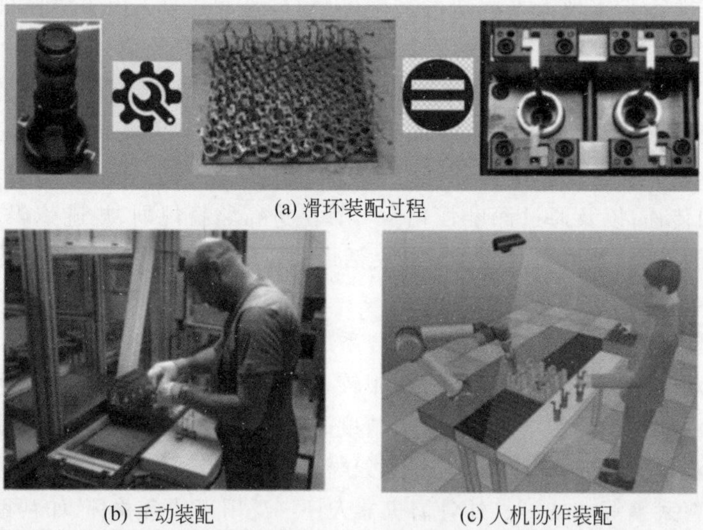
(a) 滑环装配过程
(b) 手动装配　(c) 人机协作装配

图 37.4　人机协作装配

而采用人机协作装配可解决该问题，其中，机器分担大部分工作，可以减轻工人的工作量。人机协作装配重新分工，此时滑环的插入可分为三个阶段：从托盘中抓取零件、事先没有确定零件位置的零件粗插入和零件的精细调整。工人的任务将是：①从运输托盘上抓起环并将其放在桌子上，由机器组装；②监督组装并在必要时进行纠正。具体的实施方式为，首先由人类操作演示，采集人类数据并生成与捕获轨迹置信度相关的近似轨迹和概率；接下来，操作员将手动引导机器人沿着这条轨迹进行微调；最后，机器人将开始开发阶段和自主细化装配轨迹，使接触力和扭矩最小化，并成功完成装配任务。装配操作的成功将从以下几方面来决定：①观察操作员是否必须纠正装配；②来自视觉传感器，系统将从人类的反馈中学习。

通过人与机器持续的交互学习，当装配系统趋于成熟稳定后，工人将可以不再对机器装配进行挑战。因此，工人把足量的滑环放置好后，工人可离开车间去监督其他的生产车间，提高人力资源利用率。

类似的人机协作装配系统可在短周期时间内变得越来越自主，协作随之更加高效和安全。对于中小企业而言，很多工作流程并不适合固定自动化，因为这会提高低批量生产的生产成本，增加安装时间。通过应用可重构的硬件元素，相同的工作单元将用于当前手动执行的许多操作。因此，人机协作装配的理念在中小企业和工艺生产的许多任务中具有很大的推广潜力。

此外，针对部分行业或工艺过程不能完全部署机器人的实际情况，瑞典皇家理工学院 Wang Lihui 团队在欧盟科研框架计划“地平线 2020”的资助下，开展了人机共生协作装配项目（SYMBIO-TIC）的研究（Wang et al.，2019）。项目聚焦人机协作装配，主要研究传感与通信、主动防碰撞、动态任务规划、适应性机器人控制、移动式工人辅助等，旨在确保工人安全参与人机高效协作，并已与多家汽车公司和机器人公司开展应用合作。

37.4.2 新一代操作工

人是人本智造中最重要的因素，操作工人是其中数量最多、最灵活、最具有主观能动性的部分。结合智能制造发展需求以及可穿戴设备、虚拟现实等新兴技术的发展，ROMERO 等提出了新一代操作工（Operator 4.0）的理念，强调通过人机共生来完成制造任务（Romero et al.，2016）。新一代操作工更强调“以人为本”，不仅仅是用各类设备来替代操作工，而是通过智能化设备和方法增强操作工作各方面的能力，应对不同加工任务和难题，不断迭代更新、提升自身的技术水平，并从作业任务到制造系统进行整体规划，进而构建人机共生系统，最终提高制造效率。作为智能制造系统高效运行的关键要素，新一代操作工有望成为智能制造高质量、可持续发展的关键要素。

伴随人工智能技术在制造领域的广泛应用，新一代操作工已经形成了一批典型应用场景，如图 37.5 所示，包括工业机器人辅助制造（协作型操作工）、基于扩展现实的复杂产品装配和培训（XR 增强型操作工）（黄思翰等，2022）。

1. 协作型操作工——工业机器人辅助制造

与上个案例中人机分别执行各自的工序进行协作不同，协作型操作工还可与机器合作完成同一道工序。如工业机器人在协助操作工完成物料搬运、焊接、减材制造、增材制造等业务场景中展现了其巨大的应用推广价值。又如图 37.5(b)所示，KHALID 等提出了一种系统性的 HCPS 开发指导方法和工具以保证人机协同过程的安全性，并在重负荷业务场景验证了其可行性（Khalid et al.，2017）。此外，机器人的高柔性、高灵活性赋予了智能制造过程高效、自主应对个性化、订制化需求的能力。如 GONZALEZ 等提出了一种面向工业环境的可移动机器人导航方法，在网络互联的基础上，融合嵌入式监督控制器和分布式导航架构，通过人-机、机-机互动等快速适应不同的业务场景（Gonzalez et al.，2018）。协作型操作工将会在难以自动化的工业领域发挥重大的辅助作用。

2. XR 增强型操作工——基于 XR 的复杂产品装配和培训

XR 在制造业中的应用为操作工提供了在虚拟世界、现实世界之间进行实时交互的丰富技术路径，因此被广泛用来对操作工进行技能培训；MR 为操作工提供虚拟世界和现实世界的协同交互。

在复杂装配过程中，操作工个体的差异性会导致装配质量不一致、效率低下等问题。增强型操作工可借助 AR 技术对装配过程进行监控、引导和预测预警等（武颖等，2019）。图 37.5(c)所示是一个操作工基于 XR 进行复杂产品装配和培训的案例。增强型操作工可以便捷直观地在 HoloLens 等可穿戴设备上获取装配信息（Miller et al.，2020）。进一步地，可基于 VR 开发了一个复杂装配培训系统，利用 VR 技术复现工作环境，结合培训过程挖掘技术收集和存储操作工的经验知识（Roldán et al.，2019）。

XR 增强型操作工在工业场景中的应用非常广泛，如基于 AR 设备的实时反馈数据可以对复杂产

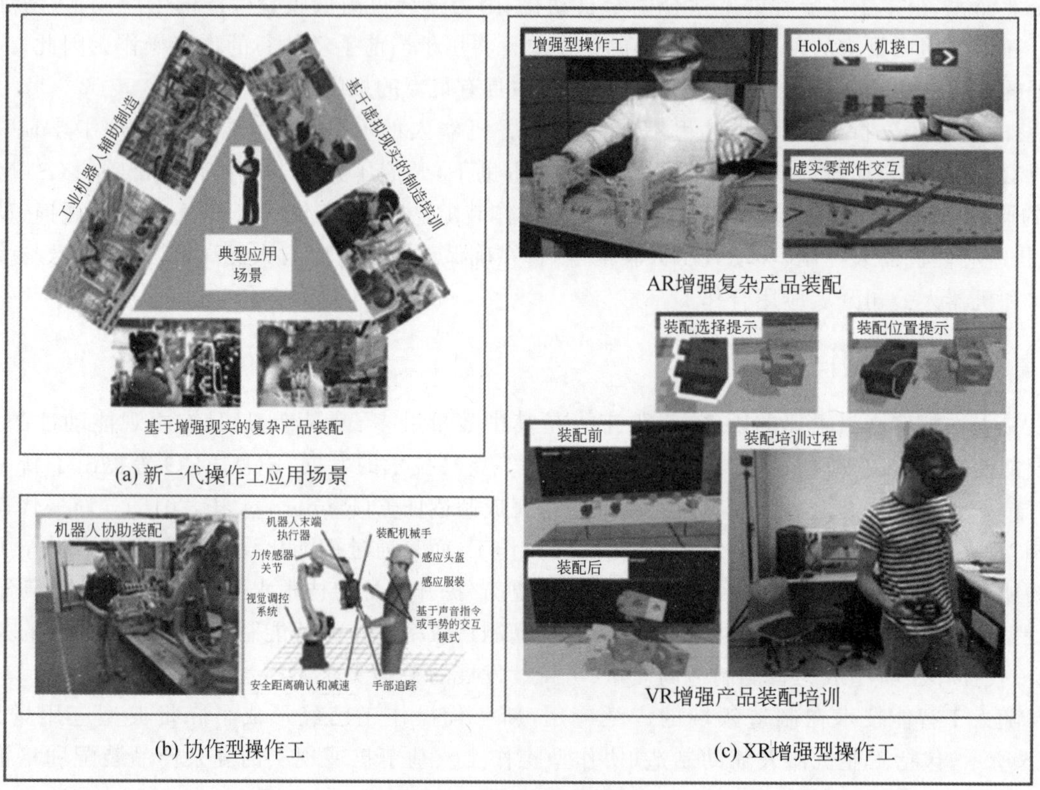

图 37.5　新一代操作工应用场景

品装配设计和规划过程进行动态优化。Wang 等对基于 AR 的复杂产品装配应用情况进行了分析，发现其可以减少高达 50％的装配时间和装配错误率，实现了复杂产品的高质量、高效率装配(Wang et al.,2016)。基于 VR 的教学培训也应用各行各业，如蔡宝等将 VR 技术应用于铣床加工教学实践，增强学员学习兴趣的同时避免了操作实际设备可能发生的危险(蔡宝等,2020)。Salah 等开展了制造系统设计、交互和操作等环节的示教(Salah et al.,2019)。VR 提供的影像化、多感知、云端的培训模式，效果大大超过纸质指导书、视频演示等传统的培训方式。

人本智能应用场景广泛，还包括操作技能传递、共享制造、服务机器人等。以人为本的制造模式在各行各业的广泛应用使生产者与消费者等利益相关者都可以参与到产品的全生命周期管理、制造的全价值链中，将极大地推动制造业的可持续创新发展。

37.5　总结与展望

1. 小结

人本智造是人类可持续生存、发展的前进方向，但挑战依然存在，主要体现在技术和社会两个层面。

1) 社会挑战

(1) 用户隐私。

在实现人本智造过程中，需要在工作环境中加入智能设备，采集人相关的数据，如人机协作中需要采集人的姿势、动作甚至生理数据，以及在一些智能化车间，工人需要时时刻刻工作在摄像头下。

这些都涉及工作人员的隐私问题。目前的社会环境下，人们对个人隐私数据比较敏感，对高度曝光的工作环境的接受度不高。

(2) 技术接受度。

新技术从出现到被接受，往往要经历信任和成本的双重考验。人本智造系统能否被广泛应用，在很大程度上依赖于人类对新智能技术的信任。同时，人们对新事物充满好奇又充满警戒，人工智能技术诞生之初就引起了AI毁灭人类的讨论。因此，在制造环境中，与操作人员紧密接触的新技术同样存在信任度和接受度的问题。此外，接受新技术的成本可能是巨大的，包括购买技术的经济成本和学习技术的时间成本。特别是对中小型企业而言，技术升级的成本很可能是承受不住的(Wan et al., 2023)。

(3) 机器替代人员就业。

人类在重复性劳动任务中体力有限、效率有限，很容易被机器取代。此外，人类在知识增量、认知、整体视野、预测和推理方面的智力能力也有限，而机器智能在高速发展，无法做出比机器更优决策的管理人员也将被机器取代。因此，人本智造中使用的广泛机器智能会造成大量现有工作人员的失业问题。因此，机器替代引发的人员失业及再就业问题成为又一社会挑战。

(4) 人机共生伦理。

随着人机协作的深入，会带来新的人机关系和伦理问题。一方面，机器智能在人的工作中深入什么程度会影响人的生活质量，造成“过度自动化”，以及由谁来评价是“安全的”，这需要与法律相结合的技术伦理规则(Longo et al.,2020)；另一方面，技术需要具有可靠性、安全性和宜人性，这就增加了人类在可信赖的环境中对机器产生移情的风险，仍缺少一个普遍接受的人工智能伦理体系向智能系统灌输伦理原则(Hagendorff, 2020; Lu et al.,2022)。调查显示，28%的受访者所在的组织没有任何正式的道德规范(Longo et al.,2020)，这为在人本智造中设计和使用人机共生技术提出了挑战。

2) 技术挑战

(1) 人机知识融合技术。

人本智能的关键技术是人与机器之间的连接和协同，其中，人-机之间的知识融合是实现的数据基础。然而，人-机之间知识的自动连接和动态补充发展仍然是一个技术挑战(Zheng et al.,2021)。核心问题是缺乏自动化的识别并构建非标准化知识数据之间关联关系的技术，导致无法将海量的无序知识数据进行结构化，因此无法大范围地建立人机知识的语义连接，在人机协作过程中也达不到主动识别并修复故障的自适应的协同进化水平。

(2) 数据隐私和安全技术。

以人为本的制造过程中，针对涉及的人的数据，要保证用户数据的隐私性和安全性。目前，大量数据主要存储在云端，而云服务提供商是独立的管理实体，数据外包实际上放弃了用户对其数据命运的最终控制权，对用户而言数据的隐私就无法保障。此外，云服务提供商服务中断和安全漏洞的问题不时出现，云服务提供商也可能会基于成本的考虑，丢弃未被访问或很少被访问的数据，甚至隐藏数据丢失事件以维持声誉。因此，云上数据的完整性和安全性同样无法保障(Patil, 2017)。针对上述问题，目前面临相应的技术挑战。在数据安全方面，还需要研究云数据存储的公共审计服务及审计过程中的数据保护技术，通过引入第三方审计云数据的完整性和安全性，在可验证的情况下监督云服务提供商为用户提供数据安全和隐私保障。在数据隐私方面，还需要研究多方位的、更好的加密方案，如基于属性的加密、同态加密、存储路径加密等的混合使用。

(3) 可解释性AI。

人机协作系统的透明度(机器理解并配合操作者意图)、可读性(机器易于被操作者理解的运动意图)是保证人机协作稳定性和安全性的重要因素。因此,需要明确人工智能是如何做出决策并行动的,而以机器学习为代表的大规模使用的 AI 技术机理不明。可解释型 AI 虽然也经历了很长时间的研究,但目前的成果远不如学习训练型的 AI 技术。因此,需要新的研究成果提高智能系统的可解释性,增强用户对机器的理解、管理能力和信任度(Lu et al.,2022)。

(4) 以人为本的增强型人工智能。

人本智造是利用人工智能技术协同、增强人类的生产力,而不是取代人类。因此,提高人类核心竞争力的增强型人工智能是重要的技术基础。而现存的 XR 和协作机器人等技术在提高人的创新能力方面效果有限。尤其是目前的人工智能技术无法根据个人能力、工作方式、健康和职业抱负进行个性化订制(Lu et al.,2022)。发展以人为本的增强型、个性化的人工智能技术仍是一个挑战。

2. 展望

(1) 政策层面。

人本智造在全国范围内的实践落地还需要政策上的顶层设计和制度完善,需要将"以人为本"的理念纳入国家战略布局,并针对性地完善与人本智造体系相关的人机共融技术伦理规范和法律体系。在政策上扶持制造业新技术的研发,并激励企业落地应用,尤其是对中小企业技术升级的经济扶持。制定人机伦理规范,以人的利益和安全为先,构建良好的人机共生关系。尤其是以 ChatGPT 4.0 为代表的新一代互动式人工智能,在训练时需要加入伦理准则、隐私和安全规则、自我审查制度等。同时,完善人机系统的法律体系,约束新技术体系规则制定者的权利,保障人本智造的公平公正和可持续发展。

(2) 企业层面。

企业层面应抛弃"人口红利"的理念,更加注重对员工的高素质培养。随着自动化程度的逐步提高,增加员工体力劳动的想法已违反市场发展规律。企业应转变为以人才为核心的经营战略,加大对员工担任工程师和管理人员能力的培养。在投资新技术之前,应优先关注所有员工的福利,从人类的角度寻找解决方案,让新技术支持人才发展。颠覆性技术的引入不会停止,但都需要人类角色进行协作、集成。因此,在新技术的开发和部署中要关注人的需求,不断培养新型技术人才,才能保持企业竞争力的可持续发展。

(3) 研究层面。

从研究层面看,人本智造与 HCPS、工业 5.0、社会 5.0、工业元宇宙等先进的制造理念还处于探索阶段,需要进一步加强技术和落地实践方面的研究,以及新领域研究人才的培养。针对性地研究应对人本智造的社会和技术挑战,包括人机知识融合技术、以人为本的增强型人工智能、数据隐私和安全技术、可解释性 AI 等方面的技术问题研究,以及用户隐私、技术接受度、机器替代人员就业、人机共生伦理等方面的社会学问题研究,突破人本智造的发展瓶颈。此外,新技术与新理念的突破如何与产业融合并实现应用推广,也是新的研究问题。

参考文献

蔡宝,朱文华,孙张弛,& 顾鸿良.(2020).虚拟现实技术在铣削加工实训教学中的应用.*实验技术与管理*,*37*(1),137-140.

曹武警,王大帅,何勇,& 吴新宇.(2022).外骨骼机器人研发应用现状与挑战.*人工智能*,*3*,105-112.

范向民,范俊君,田丰,& 戴国忠.(2019).人机交互与人工智能:从交替浮沉到协同共进.*中国科学:信息科学*,*49*(3),361-368.

黄思翰,王柏村,张美迪,黄金棠,朱启章,& 杨赓.(2022).面向人本智造的新一代操作工:参考架构、使能技术与典型场景. *机械工程学报*，*58*(18)，251-264.

马南峰，姚锡凡，陈飞翔，俞鸿均，& 王柯赛.(2022). 面向工业 5.0 的人本智造. *机械工程学报*，*58*(18)，15. https://doi.org/10.3901/JME.2022.18.088.

王柏村，黄思翰，易兵，& 鲍劲松.(2020). 面向智能制造的人因工程研究与发展. *机械工程学报*，*56*(16)，240-253.

王柏村，彭晨，易兵，& 杨赓.(2021). 智能时代的人机共融体：技术驱动、以人为本——《The Humachine: Humankind,Machines,andthe Future of Enterprise》导读. *中国机械工程*，*32*(19)，2390-2393.

王柏村，薛塬，延建林，杨晓迎，& 周源.(2020). 以人为本的智能制造：理念、技术与应用. *中国工程科学*，*22*(4)，139-146. https://doi.org/10.15302/J-SSCAE-2020.04.020.

王柏村，臧冀原，屈贤明，董景辰，& 周艳红.(2018). 基于人-信息-物理系统(HCPS)的新一代智能制造研究. *中国工程科学*，*20*(4)，29-34.

武颖，姚丽亚，熊辉，庄存波，赵浩然，& 刘检华.(2019). 基于数字孪生技术的复杂产品装配过程质量管控方法. *计算机集成制造系统*，*25*(6)，1568-1575.

杨赓，周慧颖，& 王柏村.(2022). 数字孪生驱动的智能人机协作：理论、技术与应用. *机械工程学报*，*58*(18)，279-291.

姚锡凡，马南峰，张存吉，& 周佳军.(2022). 以人为本的智能制造：演进与展望. *机械工程学报*，*58*(18)，2-15.

张秀丽，谷小旭，赵洪福，& 王昆.(2016). 一种基于串联弹性驱动器的柔顺机械臂设计. *机器人*，*38*(4)，385-394.

郑湃，李成熙，殷悦，张荣，& 鲍劲松.(2023). 增强现实辅助的互认知人机安全交互系统—中国知网. *机械工程学报*.

周济，周艳红，王柏村，& 臧冀原.(2019). 面向新一代智能制造的人-信息-物理系统(HCPS). *Engineering*，*5*(04)，71-97.

朱铎先 & 王柏村.(2020). 以人为本，构建智能制造新体系. *中国经济周刊*，*23*，102-106.

Baroroh, D. K., & Chu, C.-H. (2022). Human-centric production system simulation in mixed reality: An exemplary case of logistic facility design. *Journal of Manufacturing Systems*, *65*, 146-157.

Baroroh, D. K., Chu, C.-H., & Wang, L. (2021). Systematic literature review on augmented reality in smart manufacturing: Collaboration between human and computational intelligence. *Journal of Manufacturing Systems*, *61*, 696-711.

Berg, L. P., & Vance, J. M. (2017). Industry use of virtual reality in product design and manufacturing: A survey. *Virtual Reality*, *21*(1), 1-17.

Bilberg, A., & Malik, A. A. (2019). Digital twin driven human-robot collaborative assembly. *CIRP Annals*, *68*(1), 499-502.

De Felice, F., Travaglioni, M., & Petrillo, A. (2021). Innovation Trajectories for a Society 5.0. *Data*, *6*(11), Article 11.

European Commission. Directorate General for Research and Innovation. (2021). *Industry 5.0: Towards a sustainable, human centric and resilient European industry*. Publications Office.

Fager, P., Calzavara, M., & Sgarbossa, F. (2020). Modelling time efficiency of cobot-supported kit preparation. *The International Journal of Advanced Manufacturing Technology*, *106*(5), 2227-2241.

Fantini, P., Pinzone, M., & Taisch, M. (2020). Placing the operator at the centre of Industry 4.0 design: Modelling and assessing human activities within cyber-physical systems. *Computers & Industrial Engineering*, *139*, 105058.

Fraga-Lamas, P., Varela-Barbeito, J., & Fernández-Caramés, T. M. (2021). Next Generation Auto-Identification and Traceability Technologies for Industry 5.0: A Methodology and Practical Use Case for the Shipbuilding Industry. *IEEE Access*, *9*, 140700-140730.

Gonzalez, A., Alves, M., Viana, G., Carvalho, L., & Basilio, J. (2018). *Supervisory Control-Based Navigation Architecture: A New Framework for Autonomous Robots in Industry 4.0 Environments*.

Guo, Z., Zhou, D., Zhou, Q., Zhang, X., Geng, J., Zeng, S., Lv, C., & Hao, A. (2020). Applications of virtual reality in maintenance during the industrial product lifecycle: A systematic review. *Journal of Manufacturing*

Systems，*56*，525-538.

Hagendorff，T.（2020）. The Ethics of AI Ethics：An Evaluation of Guidelines.*Minds and Machines*，*30*(1)，99-120.

Hoos，E.，Hirmer，P.，& Mitschang，B.（2017）. Context-Aware Decision Information Packages：An Approach to Human-Centric Smart Factories.*Advances in Databases and Information Systems*，42-56.

How，M.-L.，Cheah，S.-M.，Chan，Y.-J.，Khor，A. C.，& Say，E. M. P.（2020）. Artificial Intelligence-Enhanced Decision Support for Informing Global Sustainable Development：A Human-Centric AI-Thinking Approach. *Information*，*11*(1)，Article 1.

Jie W.，Jianming X.，Tao C.，Linlin S.，Yunlin Z.，Qihang L.，Mingjiong W.，Fengxia W.，Ninghua M.，& Lining S.（2021）. Wearable human-machine interface based on the self-healing strain sensors array for control interface of unmanned aerial vehicle. *Sensors and Actuators*，*A. Physical*，*321*(1).

Kadir，B. A.，& Broberg，O.（2021）. Human-centered design of work systems in the transition to industry 4.0. *Applied Ergonomics*，*92*，103334.

Kessler，M.，& Arlinghaus，J. C.（2022）. A framework for human-centered production planning and control in smart manufacturing. *Journal of Manufacturing Systems*，*65*，220-232.

Khalid，A.，Kirisci，P.，Ghrairi，Z.，Pannek，J.，& Thoben，K.-D.（2017）.*Implementing Safety and Security Concepts for Human-Robot Collaboration in the context of Industry 4.0*.

Kim，K. K.，Ha，I.，Kim，M.，Choi，J.，Won，P.，Jo，S.，& Ko，S. H.（2020）. A deep-learned skin sensor decoding the epicentral human motions. *Nature Communications*，*11*(1)，Article 1.

Kravets，A. G.，Bolshakov，A. A.，& Shcherbakov，M.（编）.（2022）. *Society 5.0：Human-Centered Society Challenges and Solutions*（卷 416）. Springer International Publishing.

Leng，J.，Sha，W.，Wang，B.，Zheng，P.，Zhuang，C.，Liu，Q.，Wuest，T.，Mourtzis，D.，& Wang，L.（2022）. Industry 5.0：Prospect and retrospect.*Journal of Manufacturing Systems*，*65*，279-295.

Li，S.，Wang，R.，Zheng，P.，& Wang，L.（2021）. Towards proactive human-robot collaboration：A foreseeable cognitive manufacturing paradigm. *Journal of Manufacturing Systems*，*60*，547-552.

Li，X.，Zheng，P.，Bao，J.，Gao，L.，& Xu，X.（2021）. Achieving Cognitive Mass Personalization via the Self-X Cognitive Manufacturing Network：An Industrial Knowledge Graph-and Graph Embedding-Enabled Pathway. *Engineering*.

Lin，W.，Zhang，D.，Lee，W. W.，Li，X.，Hong，Y.，Pan，Q.，Zhang，R.，Peng，G.，Tan，H. Z.，Zhang，Z.，Wei，L.，& Yang，Z.（2022）. Super-resolution wearable electrotactile rendering system. *Science Advances*，*8*(36)，eabp8738.

Ling，S.，Guo，D.，Rong，Y.，& Huang，G. Q.（2022）. Real-time data-driven synchronous reconfiguration of human-centric smart assembly cell line under graduation intelligent manufacturing system. *Journal of Manufacturing Systems*，*65*，378-390.

Liu，X.，Zheng，L.，Wang，Y.，Yang，W.，Jiang，Z.，Wang，B.，Tao，F.，& Li，Y.（2022）. Human-centric collaborative assembly system for large-scale space deployable mechanism driven by Digital Twins and wearable AR devices. *Journal of Manufacturing Systems*，*65*，720-742.

Longo，F.，Padovano，A.，& Umbrello，S.（2020）. Value-Oriented and Ethical Technology Engineering in Industry 5.0：A Human-Centric Perspective for the Design of the Factory of the Future. *Applied Sciences*，*10*(12)，Article 12.

Lu，Y.，Zheng，H.，Chand，S.，Xia，W.，Liu，Z.，Xu，X.，Wang，L.，Qin，Z.，& Bao，J.（2022）. Outlook on human-centric manufacturing towards Industry 5.0. *Journal of Manufacturing Systems*，*62*，612-627.

Michalos，G.，Kousi，N.，Karagiannis，P.，Gkournelos，C.，Dimoulas，K.，Koukas，S.，Mparis，K.，Papavasileiou，A.，& Makris，S.（2018）. Seamless human robot collaborative assembly-An automotive case study. *Mechatronics*，*55*，194-211.

Miller，J.，Hoover，M.，& Winer，E.（2020）. Mitigation of the Microsoft HoloLens' hardware limitations for a controlled product assembly process. *The International Journal of Advanced Manufacturing Technology*，*109*(5)，1741-1754.

Nahavandi, S. (2019). Industry 5.0—A Human-Centric Solution. *Sustainability*, *11*(16), Article 16.

Napoleone, A., Andersen, A.-L., Brunoe, T. D., & Nielsen, K. (2023). Towards human-centric reconfigurable manufacturing systems: Literature review of reconfigurability enablers for reduced reconfiguration effort and classification frameworks. *Journal of Manufacturing Systems*, *67*, 23-34.

Nguyen Ngoc, H., Lasa, G., & Iriarte, I. (2022). Human-centred design in industry 4.0: Case study review and opportunities for future research. *Journal of Intelligent Manufacturing*, *33*(1), 35-76.

Patil, K. (2017).*big data privacy: a technological perspective and review*. *4*(11).

Performing Car Starter Assembly. Collaborate Project.

Roldán, J. J., Crespo, E., Martín-Barrio, A., Peña-Tapia, E., & Barrientos, A. (2019). A training system for Industry 4.0 operators in complex assemblies based on virtual reality and process mining. *Robotics and Computer-Integrated Manufacturing*, *59*, 305-316.

Romero, D., Bernus, P., Noran, O., Stahre, J., & Fast-Berglund, Å. (2016). The Operator 4.0: Human Cyber-Physical Systems & Adaptive Automation Towards Human-Automation Symbiosis Work Systems.*Advances in Production Management Systems. Initiatives for a Sustainable World*, 677-686.

Salah, B., Abidi, M. H., Mian, S. H., Krid, M., Alkhalefah, H., & Abdo, A. (2019). Virtual Reality-Based Engineering Education to Enhance Manufacturing Sustainability in Industry 4.0. *Sustainability*, *11*(5), Article 5.

Singh, B., Kumar, R., & Singh, V. P. (2022). Reinforcement learning in robotic applications: A comprehensive survey.*Artificial Intelligence Review*, *55*(2), 945-990.

Tao, F., Cheng, Y., Zhang, L., & Nee, A. Y. C. (2017). Advanced manufacturing systems: Socialization characteristics and trends. *Journal of Intelligent Manufacturing*, *28*(5), 1079-1094.

Touriki, F. E., Benkhati, I., Kamble, S. S., Belhadi, A., & El fezazi, S. (2021). An integrated smart, green, resilient, and lean manufacturing framework: A literature review and future research directions. *Journal of Cleaner Production*, *319*, 128691.

Wan, P. K., & Leirmo, T. L. (2023). Human-centric zero-defect manufacturing: State-of-the-art review, perspectives, and challenges. *Computers in Industry*, *144*, 103792.

Wang, B. (2018). The Future of Manufacturing: A New Perspective.*Engineering*, *4*(5), 722-728.

Wang, B., Hu, S. J., Sun, L., & Freiheit, T. (2020). Intelligent welding system technologies: State-of-the-art review and perspectives. *Journal of Manufacturing Systems*, *56*, 373-391.

Wang, B., Li, Y., & Freiheit, T. (2022). Towards intelligent welding systems from a HCPS perspective: A technology framework and implementation roadmap.*Journal of Manufacturing Systems*, *65*, 244-259.

Wang, B., Zheng, P., Yin, Y., Shih, A., & Wang, L. (2022). Toward human-centric smart manufacturing: A human-cyber-physical systems (HCPS) perspective.*Journal of Manufacturing Systems*, *63*, 471-490.

Wang, L. (2022). A futuristic perspective on human-centric assembly. *Journal of Manufacturing Systems*, *62*, 199-201.

Wang, L., Gao, R., Váncza, J., Krüger, J., Wang, X. V., Makris, S., & Chryssolouris, G. (2019). Symbiotic human-robot collaborative assembly. *CIRP Annals*, *68*(2), 701-726.

Wang, X., Ong, S. K., & Nee, A. Y. C. (2016). A comprehensive survey of augmented reality assembly research. *Advances in Manufacturing*, *4*(1), 1-22.

Wong, P.-M., & Chui, C.-K. (2022). Cognitive engine for augmented human decision-making in manufacturing process control. *Journal of Manufacturing Systems*, *65*, 115-129.

Xu, X. (2021). Industry 4.0 and Industry 5.0—Inception, conception and perception. *Journal of Manufacturing Systems*, 6.

Zheng, P., Xia, L., Li, C., Li, X., & Liu, B. (2021). Towards Self-X cognitive manufacturing network: An industrial knowledge graph-based multi-agent reinforcement learning approach. *Journal of Manufacturing Systems*, *61*, 16-26.

Zhou, J., Zhou, Y., Wang, B., & Zang, J. (2019). Human-Cyber-Physical Systems (HCPSs) in the Context of New-Generation Intelligent Manufacturing. *Engineering (Beijing, China)*, *5*(4), 624-636.

作者简介

王柏村　博士，研究员，博士生导师，浙江大学，机械工程学院院长助理。研究方向：人本智造，智能制造，人机协作等。E-mail：baicunw@zju.edu.cn。

白　洁　博士，浙江大学高端装备研究院。研究方向：智能制造，云制造，工业互联网。E-mail：sslnbyy@zju.edu.cn。

谢海波　博士，教授，教育部长江学者，博士生导师，浙江大学高端装备研究院常务副院长。研究方向：高端工程机械，高性能液压元件与系统，智能盾构等。E-mail：hbxie@zju.edu.cn。

杨华勇　博士，教授，中国工程院院士，博士生导师，浙江大学工学部主任。研究方向：智能电液控制元件与系统，智能制造与工业互联网，智能电动工程机械等。E-mail：yhy@zju.edu.cn。